D1605165

THE
ASTRONOMICAL
ALMANAC

FOR THE YEAR

2007

and its companion

The Astronomical Almanac Online

Data for Astronomy, Space Sciences, Geodesy,
Surveying, Navigation and other applications

WASHINGTON

Issued by the
Nautical Almanac Office
United States
Naval Observatory
by direction of the
Secretary of the Navy
and under the
authority of Congress

LONDON

Issued by
Her Majesty's
Nautical Almanac Office
Rutherford Appleton Laboratory
on behalf of the
Council for the
Central Laboratory
of the Research Councils

WASHINGTON: U.S. GOVERNMENT PRINTING OFFICE
LONDON: THE STATIONERY OFFICE

ISBN 0 11 887337 7

ISSN 0737-6421

UNITED STATES

For sale by the
U.S. Government Printing Office
Superintendent of Documents
Mail Stop: SSOP
Washington, DC 20402-9328

http://www.gpoaccess.gov/

UNITED KINGDOM

Published by TSO (The Stationery Office) and available from:

Online
http://www.tsoshop.co.uk/

Mail, Telephone, Fax & E-mail
TSO
PO Box 29, Norwich NR3 1GN
Telephone Orders/General enquiries 0870 600 5522
Fax orders 0870 600 5533
E-mail book.orders@tso.co.uk
Textphone 0870 240 3701

TSO Shops
123 Kingsway, London WC2B 6PQ
020 7242 6393   Fax 020 7242 6394
68-69 Bull Street, Birmingham B4 6AD
0121 236 9696   Fax 0121 236 9699
9-21 Princess Street, Manchester M60 8AS
0161 834 7201   Fax 0161 833 0634
16 Arthur Street, Belfast BT1 4GD
028 9023 8451   Fax 028 9023 5401
18-19 High Street, Cardiff CF10 1PT
029 2039 5548   Fax 029 2038 4347
71 Lothian Road, Edinburgh EH3 9AZ
0870 606 5566   Fax 0870 606 5588

TSO Accredited Agents
(see Yellow Pages)

and through good booksellers

NOTE
Every care is taken to prevent errors in the production of this publication. As a final precaution it is recommended that the sequence of pages in this copy be examined on receipt. If faulty it should be returned for replacement.

Printed in the United States of America
by the U.S. Government Printing Office

Beginning with the edition for 1981, the title *The Astronomical Almanac* replaced both the title *The American Ephemeris and Nautical Almanac* and the title *The Astronomical Ephemeris*. The changes in title symbolise the unification of the two series, which until 1980 were published separately in the United States of America since 1855 and in the United Kingdom since 1767. *The Astronomical Almanac* is prepared jointly by the Nautical Almanac Office, United States Naval Observatory, and H.M. Nautical Almanac Office, Rutherford Appleton Laboratory, and is published jointly by the United States Government Printing Office and The Stationery Office; it is printed only in the United States of America using reproducible material from both offices.

By international agreement the tasks of computation and publication of astronomical ephemerides are shared among the ephemeris offices of several countries. The contributors of the basic data for this Almanac are listed on page vii. This volume was designed in consultation with other astronomers of many countries, and is intended to provide current, accurate astronomical data for use in the making and reduction of observations and for general purposes. (The other publications listed on pages viii-ix give astronomical data for particular applications, such as navigation and surveying.)

Beginning with the 1984 edition, most of the data tabulated in *The Astronomical Almanac* have been based on the fundamental ephemerides of the planets and the Moon prepared at the Jet Propulsion Laboratory. In particular, since the 2003 edition, the JPL Planetary and Lunar Ephemerides DE405/LE405 have been the basis of the tabulations. Beginning with the 2006 edition, all the relevant International Astronomical Union (IAU) resolutions up to and including 2003 have been implemented throughout affecting in some way virtually all of the tabulated data. *U.S. Naval Observatory Circular No. 179* (see page ix) gives a detailed explanation of the resolutions and their effects.

The Astronomical Almanac Online is a companion to this volume. It is designed to broaden the scope of this publication. In addition to ancillary information, the data provided will appeal to specialist groups as well as those needing more precise information. Much of the material may also be downloaded.

Suggestions for further improvement of this Almanac would be welcomed; they should be sent to the Chief, Nautical Almanac Office, United States Naval Observatory or to the Head, H.M. Nautical Almanac Office, Rutherford Appleton Laboratory.

FREDRICK M. TETTELBACH, II
Captain, U.S. Navy,
Superintendent, U.S. Naval Observatory,
3450 Massachusetts Avenue NW,
Washington, D.C. 20392–5420
U.S.A.

RICHARD HOLDAWAY,
Director,
Space Science and Technology,
Rutherford Appleton Laboratory,
Chilton, Didcot, OX11 0QX,
United Kingdom

September 2005

An up-to-date list of all errata are given on *The Astronomical Almanac Online* at
http://asa.usno.navy.mil/Errata/Errata.html   &   http://asa.nao.rl.ac.uk/Errata/Errata.html

Corrections to The Astronomical Almanac, 2005

Page C1, Mean orbital elements of the Sun, last line: *replace* E3-E4 *with* E5-E6

Page D1, Contents of Section D, Eclipses of the Moon: *replace* A78 *with* A80

Page E2, Heliocentric coordinates, line 2: *replace* C6-C20 *with* C4-C18

Page H10, HR 2736: *replace* β^2 Vol *with* γ^2 Vol

Corrections to The Astronomical Almanac, 2006

Page A3, Heliocentric Phenomena: dates of Aphelion of Venus *add* Dec. 27

Page B8, second paragraph, last line: *replace* 216°·20 *with* 63°·16

Page B30, Reduction for nutation - rigorous formulae: *replace* entire section *with* the equivalent section on page B31 of this edition.

Pages B32-B39, Nutation, Obliquity & Intermediate System: *insert* 245 under 0^h TT in the column headed Julian Date on each page.

Page B56, Approximate formulae for the CIP:
$$replace \quad L = 297°5 + 0·996\,d \quad with \quad L = 279°5 + 0·986\,d$$

Page B57, Table containing the terms for the Series Parts of s and the Equation of the Equinoxes, fourth column headed "Coefficient C'_k for EqE"
replace all + signs *with* − signs *and replace* all − signs *with* + signs.

The correct table is now on page B59 of this edition.

Page C1, Eccentricity of the Sun:
replace 0·016 683 38 − 0·000 000 0116 d *with* 0·016 706 11 − 0·000 000 0012 d

Page C1, Mean orbital elements of the Sun, last line: *replace* E3-E4 *with* E5-E6

Page E2, Heliocentric coordinates, second line: *replace* C6-C20 *with* C4-C18

Page E45, Semidiameter and parallax, last paragraph, first line:
$$replace\ 8''794\ 148 \quad with \quad 8''794\ 143$$

Page H10, HR 2736: *replace* β^2 Vol *with* γ^2 Vol

Page K6, Item 7, Light-time for unit distance, third line:
replace $= 173^d·144\ 632\ 684\ 7$ (TDB) with $1/\tau_A = 173·144\ 632\ 684\ 7$ au/day (TDB)

Changes introduced for 2007

Sections **A & E**: New formulae for calculating magnitudes of Mercury and Venus.

Section **B**: The fundamental content remains unchanged. However, explanatory material has been improved as a result of the clarification of the concepts involved. The nomenclature used follows the recommendations of the IAU Working Group on Nomenclature for Fundamental Astronomy and is subject to ratification by the IAU General Assembly 2006.

Section **H**: Updated data for variable stars, open clusters, pulsars and double stars. The list of pulsars has been extended.

Section **H**: Revised positions and proper motions for the table of X-Ray sources.

PRELIMINARIES

Section A   PHENOMENA

Seasons: Moon's phases; principal occultations; planetary phenomena; elongations and magnitudes of planets; visibility of planets; diary of phenomena; times of sunrise, sunset, twilight, moonrise and moonset; eclipses, transits, use of Besselian elements.

Section B   TIME-SCALES AND COORDINATE SYSTEMS

Calendar; chronological cycles and eras; religious calendars; relationships between time scales; universal and sidereal times, Earth rotation angle; reduction of celestial coordinates; proper motion, annual parallax, aberration, light-deflection, precession and nutation; coordinates of the CIP & CIO, matrix elements for both frame bias, precession-nutation, and GCRS to the Celestial Intermediate Reference System, rigorous formulae for apparent and intermediate place reduction, approximate formulae for intermediate place reduction; position and velocity of the Earth; polar motion; diurnal parallax and aberration; altitude, azimuth; refraction; pole star formulae and table.

Section C   SUN

Mean orbital elements, elements of rotation; ecliptic and equatorial coordinates; heliographic coordinates, horizontal parallax, semi-diameter and time of transit; geocentric rectangular coordinates; low-precision formulae for coordinates of the Sun and the equation of time.

Section D   MOON

Phases; perigee and apogee; mean elements of orbit and rotation; lengths of mean months; geocentric, topocentric and selenographic coordinates; formulae for libration; ecliptic and equatorial coordinates, distance, horizontal parallax, semi-diameter and time of transit; physical ephemeris; low-precision formulae for geocentric and topocentric coordinates.

Section E   MAJOR PLANETS

Rotation elements for Mercury, Venus, Mars, Jupiter, Saturn, Uranus, Neptune and Pluto; physical ephemerides; osculating orbital elements (including the Earth-Moon barycentre); heliocentric ecliptic coordinates; geocentric equatorial coordinates; times of transit.

Section F   SATELLITES OF THE PLANETS

Ephemerides and phenomena of the satellites of Mars, Jupiter, Saturn (including the rings), Uranus, Neptune and Pluto.

Section G   MINOR PLANETS AND COMETS

Osculating elements; opposition dates; geocentric equatorial coordinates, visual magnitudes, time of transit of those at opposition. Osculating elements for periodic comets.

Section H   STARS AND STELLAR SYSTEMS

Lists of bright stars, double stars, *UBVRI* standard stars, *uvby* and Hβ standard stars, radial velocity standard stars, variable stars, bright galaxies, open clusters, globular clusters, ICRF radio source positions, radio telescope flux calibrators, X-ray sources, quasars, pulsars, and gamma ray sources.

Section J   OBSERVATORIES

Index of observatory name and place; lists of optical and radio observatories.

Section K   TABLES AND DATA

Julian dates of Gregorian calendar dates; selected astronomical constants; reduction of time scales; reduction of terrestrial coordinates; interpolation methods.

Section L   NOTES AND REFERENCES   Section M GLOSSARY   Section N INDEX

THE ASTRONOMICAL ALMANAC ONLINE

http://asa.usno.navy.mil   &   http://asa.nao.rl.ac.uk

Besselian and second-order day numbers; lunar polynomial coefficients; satellite offsets, apparent distances, position angles, eclipses and occultations of Galilean satellites; bright stars, *UBVRI* standard stars, selected X-ray and gamma ray sources; full list of Observatories; errata; glossary.

The pagination within each section is given in full on the first page of each section.

U.S. NAVAL OBSERVATORY

Captain Fredrick M. Tettelbach, II, *U.S.N., Superintendent*
Commander Charles L. Schilling, *U.S.N., Deputy Superintendent*
Kenneth J. Johnston, *Scientific Director*

ASTRONOMICAL APPLICATIONS DEPARTMENT

John A. Bangert, *Head*
Sean E. Urban *Chief, Nautical Almanac Office*
George H. Kaplan, *Chief, Science Support Division*
Nancy A. Oliversen, *Chief, Software Products Division*

James L. Hilton   Marc A. Murison
Robert J. Miller   William J. Tangren
Susan G. Stewart   Mark T. Stollberg
Michael Efroimsky   William T. Harris
Wendy K. Puatua   Yvette Hines
QMC (SW) Blake Myers, U.S.N.

RUTHERFORD APPLETON LABORATORY

SPACE SCIENCE AND TECHNOLOGY DEPARTMENT

Richard Holdaway, *Director, Space Science and Technology*
Peter Allan, *Head, Space Data Division*

HER MAJESTY'S NAUTICAL ALMANAC OFFICE

Patrick T. Wallace, *Head*

Catherine Y. Hohenkerk   Donald B. Taylor
Steven A. Bell

The data in this volume have been prepared as follows:

By H.M. Nautical Almanac Office, Rutherford Appleton Laboratory:

Section A—phenomena, rising, setting of Sun and Moon, lunar eclipses; B—ephemerides and tables relating to time-scales and coordinate reference frames; D—physical ephemerides and geocentric coordinates of the Moon; F—ephemerides for sixteen of the major planetary satellites; G—opposition dates, geocentric coordinates, transit times, and osculating orbital elements, of selected minor planets; K—tables and data.

By the Nautical Almanac Office, United States Naval Observatory:

Section A—eclipses of the Sun; C—physical ephemerides, geocentric and rectangular coordinates of the Sun; E—physical ephemerides, geocentric coordinates and transit times of the major planets; F—phenomena and ephemerides of satellites, except Jupiter I–IV; G—ephemerides of the largest and/or brightest 93 minor planets; H—data for lists of bright stars, lists of photometric standard stars, radial velocity standard stars, bright galaxies, open clusters, globular clusters, radio source positions, radio flux calibrators, X-ray sources, quasars, pulsars, variable stars, double stars and gamma ray sources; J—information on observatories; L—notes and references; M—glossary; N—index.

By the Jet Propulsion Laboratory, California Institute of Technology:

The planetary and lunar ephemerides DE405/LE405.

By the IAU Standards Of Fundamental Astronomy (SOFA) initiative

Software implementation of fundamental quantities used in sections A, B, D and G.

By the Institut de Mécanique Céleste et de Calcul des Éphémérides, Paris Observatory:

Section F—ephemerides and phenomena of satellites I–IV of Jupiter.

By the Minor Planet Center, Cambridge, Massachusetts:

Section G—orbital elements of periodic comets.

In general the Office responsible for the preparation of the data has drafted the related explanatory notes and auxiliary material, but both have contributed to the final form of the material. The preliminaries, Section A, except the solar eclipses, and Sections B, D, G and K have been composed in the United Kingdom, while the rest of the material has been composed in the United States. The work of proofreading has been shared, but no attempt has been made to eliminate the differences in spelling and style between the contributions of the two Offices.

Joint publications of the Rutherford Appleton Laboratory and the United States Naval Observatory

These publications are published by and available from, The Stationery Office (UK), and the Superintendent of Documents, U.S. Government Printing Office except where noted. Their addresses are listed on the reverse of the title page of this volume.

The Nautical Almanac contains ephemerides at an interval of one hour and auxiliary astronomical data for marine navigation.

The Air Almanac contains ephemerides at an interval of ten minutes and auxiliary astronomical data for air navigation. The page images are also supplied as Adobe portable document files (pdf) on an included CD-ROM. It is not published by The Stationery Office.

Astronomical Phenomena contains extracts from *The Astronomical Almanac* and is published annually in advance of the main volume. Included are dates and times of planetary and lunar phenomena and other astronomical data of general interest. This volume is available in the UK from Earth and Sky, see below.

Explanatory Supplement to The Astronomical Ephemeris and The American Ephemeris and Nautical Almanac is out of print. The new *Explanatory Supplement to The Astronomical Almanac* is available, see below.

Other publications of Rutherford Appleton Laboratory

These publications are available from The Stationery Office.

The Star Almanac for Land Surveyors contains the Greenwich hour angle of Aries and the position of the Sun, tabulated for every six hours, and represented by monthly polynomial coefficients. Positions of all stars brighter than magnitude 4·0 are tabulated monthly to a precision of 0^s1 in right ascension and $1''$ in declination. A CD-ROM accompanies this book which contains the electronic edition plus coefficients, in ASCII format, representing the data.

NavPac and Compact Data for 2006–2010 contains software, algorithms and data, which are mainly in the form of polynomial coefficients, for calculating the positions of the Sun, Moon, navigational planets and bright stars. It enables navigators to compute their position at sea from sextant observations using an IBM PC or compatible for the period 1986–2010. The tabular data are also supplied as ASCII files on the CD-ROM.

Planetary and Lunar Coordinates, 2001–2020 provides low-precision astronomical data and phenomena for use well in advance of the annual ephemerides. It contains heliocentric, geocentric, spherical and rectangular coordinates of the Sun, Moon and planets, eclipse maps and auxiliary data. All the tabular ephemerides are supplied solely on CD-ROM as ASCII and Adobe's portable document format files. The full printed edition is published in the United States by Willmann-Bell Inc, PO Box 35025, Richmond VA 23235, USA.

Rapid Sight Reduction Tables for Navigation (AP3270 / NP 303), 3 volumes, formerly entitled *Sight Reduction Tables for Air Navigation*. Volume 1, selected stars for epoch 2005·0, containing the altitude to $1'$ and true azimuth to $1°$ for the seven stars most suitable for navigation, for all latitudes and hour angles of Aries. Volumes 2 and 3 contain altitudes to $1'$ and azimuths to $1°$ for integral degrees of declination from N 29° to S 29°, for relevant latitudes and all hour angles at which the zenith distance is less than 95° providing for sights of the Sun, Moon and planets.

Sight Reduction Tables for Marine Navigation (NP 401), 6 volumes. This series is designed to effect all solutions of the navigational triangle and is intended for use with *The Nautical Almanac*.

The UK Air Almanac contains data useful in the planning of activities where the level of illumination is important, particularly aircraft movements, and is produced to the general requirements of the Royal Air Force.

Other publications of the United States Naval Observatory

Astronomical Papers of the American Ephemeris[†] are issued irregularly and contain reports of research in celestial mechanics with particular relevance to ephemerides.

U.S. Naval Observatory Circulars[†] are issued irregularly to disseminate astronomical data concerning ephemerides or astronomical phenomena.

U.S. Naval Observatory Circular No. 179, The IAU Resolutions on Astronomical Reference Systems, Time Scales, and Earth Rotation Models explains resolutions and their effects on the data, and available at http://aa.usno.navy.mil/publications/docs/Circular179.html.

Explanatory Supplement to The Astronomical Almanac edited by P. Kenneth Seidelmann of the U.S. Naval Observatory. This book is an authoritative source on the basis and derivation of information contained in *The Astronomical Almanac*, and it contains material that is relevant to positional and dynamical astronomy and to chronology. It includes details of the FK5 J2000·0 reference system and transformations. The publication is a collaborative work with authors from the U.S. Naval Observatory, H.M. Nautical Almanac Office, the Jet Propulsion Laboratory and the Bureau des Longitudes. It is published by, and available from, University Science Books, 55D Gate Five Road, Sausalito, CA 94965, whose UK distributor is Macmillan.

MICA is an interactive astronomical almanac for professional applications. Software for both PC systems with Intel processors and Apple Macintosh computers is provided on a single CD-ROM. *MICA* allows a user to compute, to full precision, much of the tabular data contained in *The Astronomical Almanac*, as well as data for specific times and locations. All calculations are made in real time and data are not interpolated from tables. MICA is published by, and available from, Willmann-Bell Inc. The latest version covers the interval 1800-2050.

† These publications are available from the Nautical Almanac Office, U.S. Naval Observatory, Washington, DC 20392-5420.

Publications of other countries

Apparent Places of Fundamental Stars is prepared by the Astronomisches Rechen-Institut, Heidelberg (www.ari.uni-heidelberg.de). The printed version of APFS gives the data for a few fundamental stars only, together with the explanation and examples. The apparent places of stars using the FK6 or Hipparcos catalogues are provided by the on-line database ARIAPFS (www.ari.uni-heidelberg.de/ariapfs). The printed booklet also contains the so-called '10-Day-Stars' and the 'Circumpolar Stars' and is available from Verlag G. Braun, Karl-Friedrich-Strasse, 14–18, Karlsruhe, Germany.

Ephemerides of Minor Planets is prepared annually by the Institute of Applied Astronomy (www.ipa.nw.ru), and published by the Russian Academy of Sciences. Included in this volume are elements, opposition dates and opposition ephemerides of all numbered minor planets. This volume is available from the Institute of Theoretical Astronomy, Naberezhnaya Kutuzova 10, 191187 St. Petersburg, Russia.

Electronic Publications

The Astronomical Almanac Online (AsA Online): The companion publication of *The Astronomical Almanac* is available at

http://asa.usno.navy.mil/   &   http://asa.nao.rl.ac.uk/

Please refer to the relevant World Wide Web address for further details about the publications and services provided by the following organisations.

U.S. Naval Observatory

- Astronomical Applications at http://aa.usno.navy.mil/
- *The Astronomical Almanac Online* (AsA-Online) at http://asa.usno.navy.mil/
- *USNO Circular 179* at http://aa.usno.navy.mil/publications/docs/Circular179.html

H.M. Nautical Almanac Office

- General information at http://www.nao.rl.ac.uk/
- *The Astronomical Almanac Online* (AsA-Online) at http://asa.nao.rl.ac.uk/
- Eclipses Online at http://www.eclipse.org.uk/
- Online data services at http://websurf.nao.rl.ac.uk/

Publishers and Suppliers

- The Stationery Office (TSO) at http://www.tso.co.uk/ and at http://www.tsoshop.co.uk/
- U.S. Government Printing Office at http://www.gpoaccess.gov/
- University Science Books at http://www.uscibooks.com/
- Willmann-Bell at http://www.willbell.com/
- Earth and Sky at http://www.earthandsky.co.uk/
- Macmillan Distribution at http://www.palgrave.com/
- Bernan Associates (TSO's agents in the U.S.) at http://www.bernan.com/

CONTENTS OF SECTION A

NOTE: All the times in this section are expressed in Universal Time (UT).

THE SUN

		d h			d h m			d h m
Perigee	... Jan.	3 20	Equinoxes	... Mar.	21 00 07 ...	... Sept.	23 09 51
Apogee	... July	7 00	Solstices	... June	21 18 06 ...	... Dec.	22 06 08

PHASES OF THE MOON

Lunation	New Moon			First Quarter			Full Moon			Last Quarter		
	d	h	m	d	h	m	d	h	m	d	h	m
1039							Jan. 3	13	57	Jan. 11	12	45
1040	Jan. 19	04	01	Jan. 25	23	01	Feb. 2	05	45	Feb. 10	09	51
1041	Feb. 17	16	14	Feb. 24	07	56	Mar. 3	23	17	Mar. 12	03	54
1042	Mar. 19	02	43	Mar. 25	18	16	Apr. 2	17	15	Apr. 10	18	04
1043	Apr. 17	11	36	Apr. 24	06	36	May 2	10	09	May 10	04	27
1044	May 16	19	27	May 23	21	03	June 1	01	04	June 8	11	43
1045	June 15	03	13	June 22	13	15	June 30	13	49	July 7	16	54
1046	July 14	12	04	July 22	06	29	July 30	00	48	Aug. 5	21	20
1047	Aug. 12	23	03	Aug. 20	23	54	Aug. 28	10	35	Sept. 4	02	32
1048	Sept. 11	12	44	Sept. 19	16	48	Sept. 26	19	45	Oct. 3	10	06
1049	Oct. 11	05	01	Oct. 19	08	33	Oct. 26	04	52	Nov. 1	21	18
1050	Nov. 9	23	03	Nov. 17	22	33	Nov. 24	14	30	Dec. 1	12	44
1051	Dec. 9	17	40	Dec. 17	10	18	Dec. 24	01	16	Dec. 31	07	51

ECLIPSES

A total eclipse of the Moon	Mar. 3-4	The Arctic, Asia except the eastern part, Europe including the British Isles, Africa, South America and the eastern parts of central and North America.
A partial eclipse of the Sun	Mar. 19	Most of Alaska, eastern and central Asia except the central parts of Japan and the western part of Russia.
A total eclipse of the Moon	Aug. 28	Americas except the eastern part of South America and the north-eastern parts of North America, the Pacific Ocean, eastern parts of Asia, Australasia and Antarctica.
A partial eclipse of the Sun	Sept. 11	Parts of Antarctica, South America except the northern part and the south-western Atlantic Ocean.

MOON AT PERIGEE

d h	d h	d h
Jan. 22 13	June 12 17	Oct. 26 12
Feb. 19 10	July 9 22	Nov. 24 00
Mar. 19 19	Aug. 4 00	Dec. 22 10
Apr. 17 06	Aug. 31 00	
May 15 15	Sept. 28 02	

MOON AT APOGEE

d h	d h	d h
Jan. 10 16	May 27 22	Oct. 13 10
Feb. 7 13	June 24 14	Nov. 9 13
Mar. 7 04	July 22 09	Dec. 6 17
Apr. 3 09	Aug. 19 03	
Apr. 30 11	Sept. 15 21	

OCCULTATIONS OF PLANETS AND BRIGHT STARS BY THE MOON

Date	Body	Areas of Visibility
d h		
Jan. 6 18	Saturn	N.E. Russia, Arctic regions, N. Scandinavia, N.W. Canada, Alaska
Jan. 7 05	*Regulus*	E. Europe, E. Scandinavia, W. Russia
Jan. 11 20	*Spica*	Most of Antarctica, S.E. Indian Ocean
Jan. 15 13	*Antares*	S. tip of Africa, part of Antarctica, S. tip of S. America
Jan. 20 17	Venus	S.W. Africa, most of Antarctica, S. tip of S. America
Jan. 22 06	Uranus	Japan, Philippines, Indonesia, E. Indian Ocean, S. tip of India
Feb. 02 23	Saturn	Central Asia, E. Scandinavia, Arctic regions
Feb. 03 14	*Regulus*	N.W. North America, N. Greenland
Feb. 08 04	*Spica*	Drake Passage, S. of S. America
Feb. 11 22	*Antares*	Southern oceans, Antarctica
Mar. 02 02	Saturn	W. Russia, Europe except W. British Isles and S.W. Europe
Mar. 02 21	*Regulus*	E. Central Asia, Arctic regions
Mar. 11 06	*Antares*	Antarctica, S. part of S. America
Mar. 17 03	Mercury	Southern Ocean south of New Zealand
Mar. 29 04	Saturn	N. British Isles, N. Scandinavia, N. Atlantic Ocean, E. Greenland
Mar. 30 03	*Regulus*	W. Europe inc. British Isles, Scandinavia, Arctic regions
Apr. 07 13	*Antares*	S. part of S. America, W. Antarctica, W. Oceania
Apr. 14 02	Mars	S. and E. Asia, India, E. tip of Africa
Apr. 14 20	Uranus	E. Siberia, Japan, Alaska, N.W. Canada
Apr. 25 10	Saturn	N. Greenland, N.W. Canada, Alaska, E. tip of Siberia
Apr. 26 09	*Regulus*	N.W. North America, Arctic regions
May 04 18	*Antares*	New Zealand, Tasmania, par of Antarctica, S.E. Africa
May 12 07	Uranus	N. Atlantic Ocean, British Isles except S.E. part, E. Greenland
May 22 19	Saturn	Europe inc. British Isles, N.E. Africa, N.W. Asia, Arctic regions, N.W. Canada

Date	Body	Areas of Visibility
d h		
May 23 16	*Regulus*	Asia except E. part, N.E. Europe including British Isles, Greenland, N.E. tip of Canada
June 01 01	*Antares*	S. half of S. America, part of Antarctica, S.W. Indian Ocean
June 18 15	Venus	W. Asia, Europe including British Isles except S. Iberia, Greenland, N. Canada
June 19 08	Saturn	Japan, Central Asia, E. part of Europe
June 20 00	*Regulus*	E. Siberia, N. America except N.E., Caribbean, N.W. South America
June 28 08	*Antares*	W. Oceania, W. tip of Antarctica, S. part of S. America
July 03 19	Neptune	Bellingshausen Sea (Antarctica)
July 16 23	Saturn	Hawaiian Islands, W. parts of central S. America
July 17 09	*Regulus*	Europe including British Isles, S. and W. Asia, Indonesia, S. Philippines, N.W. Australia
July 25 16	*Antares*	S. tip of Africa, most of Antarctica, S. parts of Australia and New Zealand
July 31 01	Neptune	Part of Antarctica, Kerguelen Is
Aug. 22 01	*Antares*	Antarctica, southern oceans, New Zealand
Sept. 10 01	*Regulus*	Polynesia, Japan, Central Asia
Sept. 10 04	Saturn	S. Indian Ocean, W. tip of Australia, part of Antarctica
Sept. 18 08	*Antares*	Antarctica, southern oceans, S. Madagascar
Oct. 07 07	*Regulus*	Europe inc. S. British Isles, N. and E. Africa, Middle East
Oct. 07 16	Saturn	Southern Ocean S. of Polynesia
Oct. 15 15	*Antares*	Larger part of Antarctica, S. half of S. America
Oct. 21 03	Neptune	Part of Antarctica, S. Georgia
Nov. 03 13	*Regulus*	S. North America, Caribbean, north S. America
Nov. 11 21	*Antares*	S. part of S. America, S. Pacific Ocean, most of New Zealand, Polynesia
Nov. 17 11	Neptune	Antarctica, S. Australia, New Zealand

continued on page A8 ...

GEOCENTRIC PHENOMENA

MERCURY

	d h	d h	d h	d h
Superior conjunction ...	Jan. 7 06	May 3 04	Aug. 15 20	Dec. 17 15
Greatest elongation East	Feb. 7 17 (18°)	June 2 10 (23°)	Sept. 29 16 (26°)	—
Stationary	Feb. 13 14	June 15 16	Oct. 12 07	—
Inferior conjunction ...	Feb. 23 05	June 28 19	Oct. 24 00	—
Stationary	Mar. 7 10	July 10 02	Nov. 1 13	—
Greatest elongation West	Mar. 22 02 (28°)	July 20 15 (20°)	Nov. 8 21 (19°)	—

VENUS

	d h		d h
Greatest elongation East	June 9 03 (45°)	Stationary	Sept. 7 14
Greatest illuminated extent	July 12 14	Greatest illuminated extent	Sept. 23 23
Stationary	July 25 13	Greatest elongation West	Oct. 28 15 (46°)
Inferior conjunction ...	Aug. 18 04		

SUPERIOR PLANETS

	Stationary	Opposition	Stationary	Conjunction
	d h	d h	d h	d h
Mars	Nov. 15 16	Dec. 24 20	—	—
Jupiter	Apr. 6 02	June 5 23	Aug. 7 06	Dec. 23 06
Saturn	Dec. 20 12 |	Feb. 10 19	Apr. 20 01	Aug. 21 23
Uranus	June 23 23	Sept. 9 19	Nov. 24 18 |	Mar. 5 16
Neptune	May 25 06	Aug. 13 18	Oct. 31 20 |	Feb. 8 16
Pluto	Apr. 1 00	June 19 07	Sept. 7 22	Dec. 21 00

The vertical bars indicate where the dates for the planet are not in chronological order.

OCCULTATIONS BY PLANETS AND SATELLITES

Details of predictions of occultations of stars by planets, minor planets and satellites are given in *The Handbook of the British Astronomical Association.*

AVAILABILITY OF PREDICTIONS OF LUNAR OCCULTATIONS

The International Lunar Occultation Centre, Astronomical Division, Hydrographic Department, Tsukiji-5, Chuo-ku, Tokyo, 104 JAPAN is responsible for the predictions and for the reductions of timings of occultations of stars by the Moon. See the bottom of page A11 for this years list of occultations of X-ray sources.

HELIOCENTRIC PHENOMENA

	Perihelion	Aphelion	Greatest Lat. South	Ascending Node	Greatest Lat. North	Descending Node
Mercury	Feb. 9	Mar. 25	Jan. 17	Feb. 5	Feb. 20	Mar. 15
	May 8	June 21	Apr. 15	May 4	May 19	June 11
	Aug. 4	Sept. 17	July 12	July 31	Aug. 15	Sept. 7
	Oct. 31	Dec. 14	Oct. 8	Oct. 27	Nov. 11	Dec. 4
Venus	Apr. 19	Aug. 9	Jan. 19	Mar. 16	May 11	July 6
	Nov. 30	—	Aug. 31	Oct. 27	Dec. 21	—
Mars	June 4	—	May 9	Oct. 3	—	—

Uranus: Greatest Lat. South, Jan. 3
Jupiter, Saturn, Neptune, Pluto: None in 2007

PHENOMENA, 2007

ELONGATIONS AND MAGNITUDES OF PLANETS AT 0ʰ UT

Date	Mercury Elong.	Mag.	Venus Elong.	Mag.	Date	Mercury Elong.	Mag.	Venus Elong.	Mag.
Jan. 0	W. 4	−1·0	E. 16	−3·9	**July 4**	W. 9	+4·2	E. 42	−4·6
5	W. 2	−1·3	E. 17	−3·9	9	W. 15	+2·6	E. 41	−4·7
10	E. 3	−1·3	E. 18	−3·9	14	W. 18	+1·3	E. 38	−4·7
15	E. 5	−1·2	E. 19	−3·9	19	W. 20	+0·4	E. 36	−4·7
20	E. 9	−1·1	E. 20	−3·9	24	W. 20	−0·2	E. 32	−4·6
25	E. 12	−1·0	E. 22	−3·9	29	W. 18	−0·7	E. 28	−4·6
30	E. 15	−1·0	E. 23	−3·9	**Aug. 3**	W. 14	−1·1	E. 22	−4·4
Feb. 4	E. 18	−0·9	E. 24	−3·9	8	W. 9	−1·5	E. 17	−4·2
9	E. 18	−0·5	E. 25	−3·9	13	W. 3	−1·9	E. 11	−4·1
14	E. 15	+0·7	E. 26	−3·9	18	E. 3	−1·8	E. 8	−4·1
19	E. 9	+3·1	E. 27	−3·9	23	E. 7	−1·2	W. 11	−4·1
24	W. 4	+5·2	E. 28	−3·9	28	E. 11	−0·8	W. 17	−4·3
Mar. 1	W. 12	+2·8	E. 29	−3·9	**Sept. 2**	E. 15	−0·5	W. 23	−4·5
6	W. 19	+1·3	E. 30	−3·9	7	E. 18	−0·3	W. 28	−4·6
11	W. 24	+0·6	E. 32	−3·9	12	E. 21	−0·1	W. 33	−4·7
16	W. 27	+0·3	E. 33	−3·9	17	E. 23	−0·1	W. 36	−4·8
21	W. 28	+0·2	E. 34	−4·0	22	E. 25	0·0	W. 39	−4·8
26	W. 27	+0·1	E. 35	−4·0	27	E. 26	0·0	W. 41	−4·8
31	W. 26	0·0	E. 36	−4·0	**Oct. 2**	E. 26	0·0	W. 43	−4·7
Apr. 5	W. 24	−0·1	E. 37	−4·0	7	E. 25	+0·2	W. 44	−4·7
10	W. 21	−0·3	E. 38	−4·0	12	E. 21	+0·6	W. 45	−4·7
15	W. 18	−0·5	E. 39	−4·1	17	E. 15	+1·8	W. 46	−4·6
20	W. 14	−0·8	E. 40	−4·1	22	E. 5	+4·7	W. 46	−4·6
25	W. 9	−1·2	E. 41	−4·1	27	W. 7	+3·8	W. 46	−4·5
30	W. 4	−1·9	E. 41	−4·1	**Nov. 1**	W. 15	+0·8	W. 46	−4·5
May 5	E. 2	−2·2	E. 42	−4·2	6	W. 19	−0·4	W. 46	−4·4
10	E. 8	−1·6	E. 43	−4·2	11	W. 19	−0·7	W. 46	−4·4
15	E. 14	−1·1	E. 44	−4·2	16	W. 17	−0·7	W. 46	−4·4
20	E. 18	−0·7	E. 44	−4·3	21	W. 15	−0·7	W. 45	−4·3
25	E. 21	−0·3	E. 45	−4·3	26	W. 12	−0·7	W. 44	−4·3
30	E. 23	+0·1	E. 45	−4·3	**Dec. 1**	W. 9	−0·8	W. 44	−4·2
June 4	E. 23	+0·6	E. 45	−4·4	6	W. 6	−0·9	W. 43	−4·2
9	E. 22	+1·1	E. 45	−4·4	11	W. 4	−1·1	W. 42	−4·2
14	E. 19	+1·9	E. 45	−4·5	16	W. 2	−1·3	W. 41	−4·1
19	E. 14	+3·1	E. 45	−4·5	21	E. 2	−1·2	W. 41	−4·1
24	E. 8	+4·6	E. 44	−4·6	26	E. 5	−1·1	W. 40	−4·1
29	W. 4	·	E. 44	−4·6	31	E. 8	−0·9	W. 39	−4·1
July 4	W. 9	+4·2	E. 42	−4·6	36	E. 11	−0·9	W. 38	−4·0

MINOR PLANETS

	Conjunction	Stationary	Opposition	Stationary
Ceres	Mar. 22	Sept. 21	Nov. 9	—
Pallas	Feb. 1	July 6	Sept. 3	Oct. 22
Juno	Nov. 14	Feb. 19	Apr. 10	June 5
Vesta	—	Apr. 18	May 30	July 14

ELONGATIONS AND MAGNITUDES OF PLANETS AT 0^h UT

Date	Mars Elong.	Mag.	Jupiter Elong.	Mag.	Saturn Elong.	Mag.	Uranus Elong.	Neptune Elong.	Pluto Elong.
Jan. 10	W. 18	+1·5	W. 23	−1·7	W. 124	+0·3	E. 72	E. 49	W. 7
0	W. 21	+1·5	W. 31	−1·8	W. 135	+0·3	E. 62	E. 39	W. 14
10	W. 24	+1·5	W. 39	−1·8	W. 145	+0·2	E. 53	E. 29	W. 23
20	W. 27	+1·4	W. 48	−1·8	W. 156	+0·1	E. 43	E. 19	W. 33
30	W. 30	+1·4	W. 56	−1·9	W. 167	0·0	E. 33	E. 9	W. 42
Feb. 9	W. 33	+1·4	W. 65	−1·9	W. 178	0·0	E. 23	0	W. 52
19	W. 35	+1·3	W. 73	−2·0	E. 171	0·0	E. 14	W. 10	W. 62
Mar. 1	W. 38	+1·3	W. 82	−2·0	E. 160	0·0	E. 4	W. 20	W. 71
11	W. 40	+1·2	W. 91	−2·1	E. 149	+0·1	W. 5	W. 29	W. 81
21	W. 43	+1·2	W. 101	−2·2	E. 139	+0·2	W. 14	W. 39	W. 91
31	W. 45	+1·1	W. 110	−2·3	E. 129	+0·2	W. 24	W. 49	W. 101
Apr. 10	W. 47	+1·1	W. 120	−2·3	E. 118	+0·3	W. 33	W. 58	W. 111
20	W. 49	+1·0	W. 130	−2·4	E. 109	+0·3	W. 42	W. 68	W. 120
30	W. 51	+1·0	W. 140	−2·5	E. 99	+0·4	W. 52	W. 77	W. 130
May 10	W. 53	+1·0	W. 151	−2·5	E. 90	+0·4	W. 61	W. 87	W. 140
20	W. 55	+0·9	W. 162	−2·6	E. 80	+0·5	W. 70	W. 97	W. 149
30	W. 57	+0·9	W. 172	−2·6	E. 71	+0·5	W. 80	W. 106	W. 159
June 9	W. 59	+0·8	E. 177	−2·6	E. 62	+0·5	W. 89	W. 116	W. 168
19	W. 62	+0·8	E. 166	−2·6	E. 54	+0·6	W. 99	W. 125	W. 173
29	W. 64	+0·7	E. 155	−2·5	E. 45	+0·6	W. 108	W. 135	E. 168
July 9	W. 66	+0·7	E. 145	−2·5	E. 37	+0·6	W. 118	W. 145	E. 160
19	W. 69	+0·6	E. 134	−2·5	E. 28	+0·6	W. 128	W. 155	E. 150
29	W. 72	+0·5	E. 125	−2·4	E. 20	+0·6	W. 137	W. 164	E. 141
Aug. 8	W. 75	+0·5	E. 115	−2·3	E. 12	+0·6	W. 147	W. 174	E. 131
18	W. 78	+0·4	E. 105	−2·3	E. 4	+0·6	W. 157	E. 176	E. 121
28	W. 81	+0·3	E. 96	−2·2	W. 5	+0·6	W. 167	E. 166	E. 112
Sept. 7	W. 85	+0·2	E. 87	−2·1	W. 14	+0·6	W. 177	E. 156	E. 102
17	W. 90	+0·1	E. 79	−2·1	W. 22	+0·7	E. 173	E. 146	E. 93
27	W. 94	0·0	E. 70	−2·0	W. 31	+0·7	E. 163	E. 136	E. 83
Oct. 7	W. 100	−0·2	E. 62	−2·0	W. 39	+0·8	E. 152	E. 126	E. 73
17	W. 106	−0·3	E. 54	−1·9	W. 48	+0·8	E. 142	E. 116	E. 64
27	W. 113	−0·5	E. 45	−1·9	W. 57	+0·8	E. 132	E. 106	E. 54
Nov. 6	W. 121	−0·7	E. 37	−1·9	W. 66	+0·8	E. 122	E. 96	E. 44
16	W. 131	−1·0	E. 29	−1·8	W. 76	+0·8	E. 112	E. 86	E. 35
26	W. 142	−1·2	E. 22	−1·8	W. 85	+0·8	E. 101	E. 76	E. 25
Dec. 6	W. 154	−1·4	E. 14	−1·8	W. 95	+0·7	E. 91	E. 66	E. 16
16	W. 167	−1·6	E. 6	−1·8	W. 105	+0·7	E. 81	E. 56	E. 8
26	E. 176	−1·6	W. 2	−1·8	W. 115	+0·6	E. 71	E. 46	W. 8
36	E. 164	−1·4	W. 10	−1·8	W. 126	+0·6	E. 61	E. 36	W. 16

Magnitudes at opposition: Uranus 5·7   Neptune 7·8   Pluto 13·9

VISUAL MAGNITUDES OF MINOR PLANETS

	Jan. 10	Feb. 19	Mar. 31	May 10	June 19	July 29	Sept. 7	Oct. 17	Nov. 26	Dec. 36
Ceres	9·3	9·2	9·0	9·2	9·2	9·0	8·5	7·7	7·5	8·3
Pallas	10·5	10·5	10·6	10·5	10·1	9·5	8·8	9·5	10·0	10·1
Juno	10·8	10·3	9·8	10·2	10·9	11·3	11·5	11·5	11·4	11·5
Vesta	7·8	7·4	6·7	5·8	5·8	6·6	7·3	7·7	7·9	8·0

VISIBILITY OF PLANETS

The planet diagram on page A7 shows, in graphical form for any date during the year, the local mean times of meridian passage of the Sun, of the five planets, Mercury, Venus, Mars, Jupiter and Saturn, and of every 2^h of right ascension. Intermediate lines, corresponding to particular stars, may be drawn in by the user if desired. The diagram is intended to provide a general picture of the availability of planets and stars for observation during the year.

On each side of the line marking the time of meridian passage of the Sun, a band 45^m wide is shaded to indicate that planets and most stars crossing the meridian within 45^m of the Sun are generally too close to the Sun for observation.

For any date the diagram provides immediately the local mean time of meridian passage of the Sun, planets and stars, and thus the following information:
  a) whether a planet or star is too close to the Sun for observation;
  b) visibility of a planet or star in the morning or evening;
  c) location of a planet or star during twilight;
  d) proximity of planets to stars or other planets.

When the meridian passage of a body occurs at midnight, it is close to opposition to the Sun and is visible all night, and may be observed in both morning and evening twilights. As the time of meridian passage decreases, the body ceases to be observable in the morning, but its altitude above the eastern horizon during evening twilight gradually increases until it is on the meridian at evening twilight. From then onwards the body is observable above the western horizon, its altitude at evening twilight gradually decreasing, until it becomes too close to the Sun for observation. When it again becomes visible, it is seen in the morning twilight, low in the east. Its altitude at morning twilight gradually increases until meridian passage occurs at the time of morning twilight, then as the time of meridian passage decreases to 0^h, the body is observable in the west in the morning twilight with a gradually decreasing altitude, until it once again reaches opposition.

Notes on the visibility of the principal planets, except Pluto, are given on page A8. Further information on the visibility of planets may be obtained from the diagram below which shows, in graphical form for any date during the year, the declinations of the bodies plotted on the planet diagram on page A7.

DECLINATION OF SUN AND PLANETS, 2007

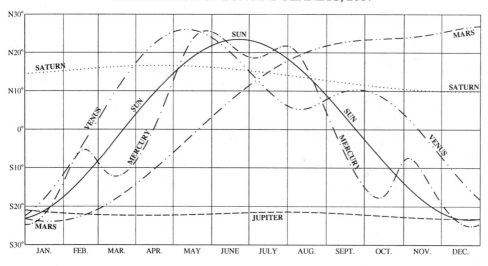

LOCAL MEAN TIME OF MERIDIAN PASSAGE

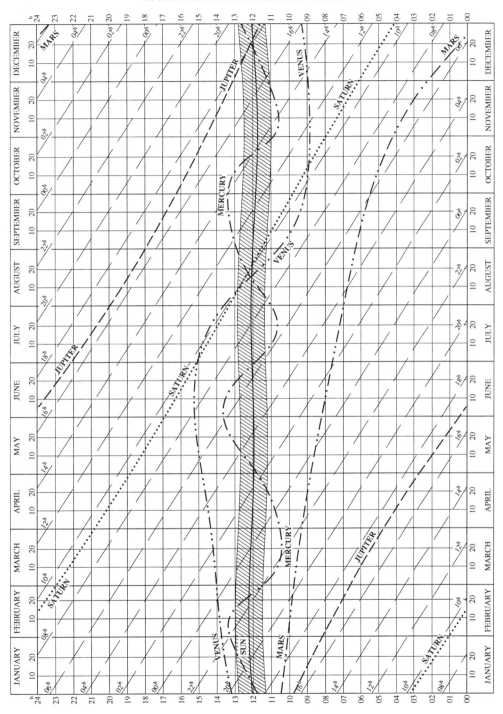

LOCAL MEAN TIME OF MERIDIAN PASSAGE

VISIBILITY OF PLANETS

MERCURY can only be seen low in the east before sunrise, or low in the west after sunset (about the time of beginning or end of civil twilight). It is visible in the mornings between the following approximate dates: Mar. 2 to Apr. 25, July 8 to Aug. 8, and Oct. 30 to Dec. 1. The planet is brighter at the end of each period, (the best conditions in northern latitudes occur in the first half of November and in southern latitudes from mid-March to early April). It is visible in the evenings between the following approximate dates: Jan. 21 to Feb. 17, May 11 to June 19 and Aug. 25 to Oct. 18. The planet is brighter at the beginning of each period, (the best conditions in northern latitudes occur in the first half of February and mid-May to early June and in southern latitudes from mid-September to mid-October).

VENUS is a brilliant object in the evening sky until mid-August when it becomes too close to the Sun for observation. From the start of the fourth week in August it reappears in the morning sky where it stays until the end of the year. Venus is in conjunction with Saturn on July 2, August 9 and October 15.

MARS can be seen in the morning sky from the beginning of the year as it passes through Ophiuchus, Sagittarius, Capricornus, Aquarius, Pisces, briefly into Cetus, returning to Pisces then into Aries and Taurus. Its westward elongation increases (passing 5° N of *Aldebaran* on August 24) and moves into Gemini in late September. It is at opposition on December 24 when it is visible throughout the night.

JUPITER rises well before sunrise at the beginning of the year in Ophiuchus (passing 5° N of *Antares* on January 5) and by early March can be seen for more than half the night. Its westward elongation gradually increases until on June 5 it is at opposition when it is visible throughout the night. Its eastward elongation then decreases and from early September can only be seen in the evening sky. It passes into Sagittarius in early December but during the second week of December it becomes too close to the Sun for observation.

SATURN rises after sunset at the beginning of the year in Leo and remains in this constellation throughout the year. It is at opposition on February 10 when it can be seen throughout the night. From mid-May until early August it is visible only in the evening sky, and then becomes too close to the Sun for observation. It can be seen only in the morning sky from the start of the second week of September until early December. For the remainder of the year it is visible for more than half the night. Saturn is in conjunction with Venus on July 2, August 9 and October 15.

URANUS is visible from the beginning of the year until mid-February in the evening sky in Aquarius and remains in this constellation throughout the year. From mid-February it becomes too close to the Sun for observation and reappears in late March in the morning sky. It is at opposition on Sept. 9. Its eastward elongation gradually decreases and from early December it can be seen only in the evening sky.

NEPTUNE is visible for the first half of January in the evening sky in Capricornus and remains in this constellation throughout the year. It then becomes too close to the Sun for observation until early March when it reappears in the morning sky. It is at opposition on August 13 and from mid-November can be seen only in the evening sky.

DO NOT CONFUSE (1) Venus with Saturn in late June to mid-July and again with Saturn in mid-October on both occasions Venus is the brighter object.

VISIBILITY OF PLANETS IN MORNING AND EVENING TWILIGHT

	Morning		Evening	
Venus	August 22	– December 31	January 1	– August 13
Mars	January 1	– December 24	December 24	– December 31
Jupiter	January 1	– June 5	June 5	– December 10
Saturn	January 1	– February 10	February 10	– August 4
	September 9	– December 31		

... *continued from page A2*

OCCULTATIONS OF PLANETS AND BRIGHT STARS BY THE MOON

Date	Body	Areas of Visibility	Date	Body	Areas of Visibility
d h			d h		
Nov. 30 20	*Regulus*	E. India, S.E. Asia, N.E. Australia, New Zealand, Micronesia, Melanesia	Dec. 16 01	Pallas	N.W. Canada, Alaska, E. tip of Siberia, Hawaiian Islands
Dec. 12 21	Vesta	S. America except N.W. part, New Zealand	Dec. 24 03	Mars	N.W. Canada, Alaska, Arctic regions, N. Russia, E. Europe, N.E. British Isles
Dec. 14 18	Neptune	Part of Antarctica, S. tip S. America, S. Africa	Dec. 28 05	*Regulus*	S. America except S. part, S. Atlantic Ocean

CONFIGURATIONS OF SUN, MOON AND PLANETS

d h		
Jan. 3 14	FULL MOON	
3 20	Earth at perihelion	
5 04	Jupiter 5° N. of *Antares*	
6 18	Saturn 0°9 S. of Moon	Occn.
7 05	*Regulus* 1°2 S. of Moon	Occn.
7 06	Mercury in superior conjunction	
10 16	Moon at apogee	
11 13	LAST QUARTER	
11 20	*Spica* 1°1 N. of Moon	Occn.
15 13	*Antares* 0°5 N. of Moon	Occn.
15 17	Jupiter 6° N. of Moon	
17 02	Mars 5° N. of Moon	
18 18	Venus 1°4 S. of Neptune	
19 04	NEW MOON	
20 13	Neptune 2° N. of Moon	
20 17	Venus 0°8 N. of Moon	Occn.
22 06	Uranus 0°4 S. of Moon	Occn.
22 13	Moon at perigee	
25 23	FIRST QUARTER	
Feb. 1 22	Pallas in conjunction with Sun	
2 06	FULL MOON	
2 23	Saturn 0°9 S. of Moon	Occn.
3 14	*Regulus* 1°1 S. of Moon	Occn.
7 13	Moon at apogee	
7 13	Venus 0°7 S. of Uranus	
7 17	Mercury greatest elong. E. (18°)	
8 04	*Spica* 1°3 N. of Moon	Occn.
8 16	Neptune in conjunction with Sun	
10 10	LAST QUARTER	
10 19	Saturn at opposition	
11 22	*Antares* 0°7 N. of Moon	Occn.
12 10	Jupiter 6° N. of Moon	
13 14	Mercury stationary	
15 01	Mars 4° N. of Moon	
17 16	NEW MOON	
19 00	Juno stationary	
19 10	Moon at perigee	
19 17	Venus 2° S. of Moon	
23 05	Mercury in inferior conjunction	
24 08	FIRST QUARTER	
Mar. 2 02	Saturn 1°1 S. of Moon	Occn.
2 21	*Regulus* 1°1 S. of Moon	Occn.
3 23	FULL MOON	Eclipse
5 16	Uranus in conjunction with Sun	
7 04	Moon at apogee	
7 10	Mercury stationary	
11 06	*Antares* 0°7 N. of Moon	Occn.
12 00	Jupiter 6° N. of Moon	
12 04	LAST QUARTER	

d h		
Mar. 16 01	Mars 1°9 N. of Moon	
16 13	Neptune 2° N. of Moon	
17 03	Mercury 1°4 N. of Moon	Occn.
19 03	NEW MOON	Eclipse
19 19	Moon at perigee	
21 00	Equinox	
21 15	Venus 4° S. of Moon	
22 02	Mercury greatest elong. W. (28°)	
22 04	Ceres in conjunction with Sun	
25 07	Mars 1°0 S. of Neptune	
25 18	FIRST QUARTER	
29 04	Saturn 1°2 S. of Moon	Occn.
30 03	*Regulus* 1°1 S. of Moon	Occn.
Apr. 1 00	Pluto stationary	
1 07	Mercury 1°6 S. of Uranus	
2 17	FULL MOON	
3 09	Moon at apogee	
6 02	Jupiter stationary	
7 13	*Antares* 0°6 N. of Moon	Occn.
8 09	Jupiter 6° N. of Moon	
10 02	Juno at opposition	
10 18	LAST QUARTER	
13 00	Neptune 2° N. of Moon	
14 02	Mars 0°5 S. of Moon	Occn.
14 20	Uranus 1°0 S. of Moon	Occn.
16 11	Mercury 5° S. of Moon	
17 06	Moon at perigee	
17 12	NEW MOON	
18 18	Vesta stationary	
20 01	Saturn stationary	
20 08	Venus 3° S. of Moon	
21 12	Venus 7° N. of *Aldebaran*	
24 07	FIRST QUARTER	
25 10	Saturn 1°1 S. of Moon	Occn.
26 09	*Regulus* 1°0 S. of Moon	Occn.
28 19	Mars 0°7 S. of Uranus	
30 11	Moon at apogee	
May 2 10	FULL MOON	
3 04	Mercury in superior conjunction	
4 18	*Antares* 0°5 N. of Moon	Occn.
5 12	Jupiter 6° N. of Moon	
10 04	LAST QUARTER	
10 08	Neptune 1°8 N. of Moon	
12 07	Uranus 1°3 S. of Moon	Occn.
13 01	Mars 3° S. of Moon	
15 15	Moon at perigee	
16 19	NEW MOON	
16 21	Mercury 7° N. of *Aldebaran*	
18 00	Mercury 3° S. of Moon	
20 01	Venus 1°7 S. of Moon	

CONFIGURATIONS OF SUN, MOON AND PLANETS

d	h		
May 22	19	Saturn 0°.8 S. of Moon	Occn.
23	16	*Regulus* 0°.7 S. of Moon	Occn.
23	21	FIRST QUARTER	
25	06	Neptune stationary	
27	22	Moon at apogee	
30	14	Vesta at opposition	
30	19	Venus 4° S. of *Pollux*	
June 1	01	*Antares* 0°.4 N. of Moon	Occn.
1	01	FULL MOON	
1	12	Jupiter 6° N. of Moon	
2	10	Mercury greatest elong. E. (23°)	
5	12	Juno stationary	
5	23	Jupiter at opposition	
6	14	Neptune 1°.5 N. of Moon	
8	12	LAST QUARTER	
8	15	Uranus 1°.6 S. of Moon	
9	03	Venus greatest elong. E. (45°)	
10	22	Mars 5° S. of Moon	
12	17	Moon at perigee	
15	03	NEW MOON	
15	16	Mercury stationary	
16	09	Mercury 6° S. of Moon	
18	15	Venus 0°.6 S. of Moon	Occn.
19	07	Pluto at opposition	
19	08	Saturn 0°.4 S. of Moon	Occn.
20	00	*Regulus* 0°.4 S. of Moon	Occn.
21	18	Solstice	
22	13	FIRST QUARTER	
23	23	Uranus stationary	
24	14	Moon at apogee	
28	08	*Antares* 0°.5 N. of Moon	Occn.
28	14	Jupiter 6° N. of Moon	
28	19	Mercury in inferior conjunction	
30	14	FULL MOON	
July 2	01	Venus 0°.8 S. of Saturn	
3	19	Neptune 1°.3 N. of Moon	Occn.
5	21	Uranus 1°.9 S. of Moon	
6	14	Pallas stationary	
7	00	Earth at aphelion	
7	17	LAST QUARTER	
9	15	Mars 6° S. of Moon	
9	22	Moon at perigee	
10	02	Mercury stationary	
12	14	Venus greatest illuminated extent	
13	03	Mercury 9° S. of Moon	
14	10	Vesta stationary	
14	12	NEW MOON	
16	15	Venus 2° S. of *Regulus*	
16	23	Saturn 0°.04 N. of Moon	Occn.
17	09	*Regulus* 0°.3 S. of Moon	Occn.
17	10	Venus 3° S. of Moon	
20	15	Mercury greatest elong. W. (20°)	
July 22	06	FIRST QUARTER	
22	09	Moon at apogee	
25	13	Venus stationary	
25	16	*Antares* 0°.6 N. of Moon	Occn.
25	18	Jupiter 6° N. of Moon	
30	01	FULL MOON	
31	01	Neptune 1°.3 N. of Moon	Occn.
Aug. 1	19	Mercury 6° S. of *Pollux*	
2	02	Uranus 2° S. of Moon	
3	04	Venus 6° S. of *Regulus*	
4	00	Moon at perigee	
5	21	LAST QUARTER	
7	04	Mars 6° S. of Moon	
7	06	Jupiter stationary	
12	23	NEW MOON	
13	18	Neptune at opposition	
15	20	Mercury in superior conjunction	
18	04	Venus in inferior conjunction	
19	03	Moon at apogee	
21	00	FIRST QUARTER	
21	23	Saturn in conjunction with Sun	
22	01	*Antares* 0°.7 N. of Moon	Occn.
22	03	Jupiter 6° N. of Moon	
24	00	Mars 5° N. of *Aldebaran*	
27	09	Neptune 1°.4 N. of Moon	
28	11	FULL MOON	Eclipse
29	09	Uranus 2° S. of Moon	
31	00	Moon at perigee	
Sept. 3	00	Pallas at opposition	
4	03	LAST QUARTER	
4	14	Mars 6° S. of Moon	
7	14	Venus stationary	
7	22	Pluto stationary	
8	19	Venus 9° S. of Moon	
9	19	Uranus at opposition	
10	01	*Regulus* 0°.2 S. of Moon	Occn.
10	04	Saturn 0°.8 N. of Moon	Occn.
11	13	NEW MOON	Eclipse
13	14	Mercury 2° N. of Moon	
15	21	Moon at apogee	
18	08	*Antares* 0°.7 N. of Moon	Occn.
18	15	Jupiter 6° N. of Moon	
19	17	FIRST QUARTER	
21	03	Ceres stationary	
22	09	Mercury 0°.09 N. of *Spica*	
23	10	Equinox	
23	18	Neptune 1°.4 N. of Moon	
23	23	Venus greatest illuminated extent	
25	17	Uranus 1°.9 S. of Moon	

CONFIGURATIONS OF SUN, MOON AND PLANETS

d	h		
Sept. 26	20	FULL MOON	
28	02	Moon at perigee	
29	16	Mercury greatest elong. E. (26°)	
Oct. 2	20	Mars 5° S. of Moon	
3	10	LAST QUARTER	
7	03	Venus 3° S. of Moon	
7	07	*Regulus* 0°2 S. of Moon	Occn.
7	16	Saturn 1°3 N. of Moon	Occn.
9	11	Venus 3° S. of *Regulus*	
11	05	NEW MOON	
12	07	Mercury stationary	
13	01	Mercury 1°3 N. of Moon	
13	10	Moon at apogee	
15	14	Venus 3° S. of Saturn	
15	15	*Antares* 0°5 N. of Moon	Occn.
16	06	Jupiter 5° N. of Moon	
19	09	FIRST QUARTER	
21	03	Neptune 1°3 N. of Moon	Occn.
22	15	Pallas stationary	
23	02	Uranus 1°8 S. of Moon	
24	00	Mercury in inferior conjunction	
26	05	FULL MOON	
26	12	Moon at perigee	
28	15	Venus greatest elong. W. (46°)	
30	19	Mars 3° S. of Moon	
31	20	Neptune stationary	
Nov. 1	13	Mercury stationary	
1	21	LAST QUARTER	
3	13	*Regulus* 0°03 N. of Moon	Occn.
4	03	Saturn 1°8 N. of Moon	
5	20	Venus 3° N. of Moon	
8	11	Mercury 7° N. of Moon	
8	21	Mercury greatest elong. W. (19°)	
9	13	Moon at apogee	
9	15	Ceres at opposition	
9	23	NEW MOON	
11	21	*Antares* 0°4 N. of Moon	Occn.

d	h		
Nov. 12	22	Jupiter 5° N. of Moon	
14	12	Juno in conjunction with Sun	
15	16	Mars stationary	
17	11	Neptune 1°0 N. of Moon	Occn.
17	23	FIRST QUARTER	
19	11	Uranus 2° S. of Moon	
24	00	Moon at perigee	
24	14	FULL MOON	
24	18	Uranus stationary	
27	06	Mars 1°7 S. of Moon	
28	22	Venus 4° N. of *Spica*	
30	20	*Regulus* 0°3 N. of Moon	Occn.
Dec. 1	13	LAST QUARTER	
1	13	Saturn 2° N. of Moon	
6	01	Venus 7° N. of Moon	
6	17	Moon at apogee	
9	18	NEW MOON	
12	21	Vesta 0°4 N. of Moon	Occn.
14	18	Neptune 0°7 N. of Moon	Occn.
16	01	Pallas 1°0 S. of Moon	Occn.
16	18	Uranus 2° S. of Moon	
17	10	FIRST QUARTER	
17	15	Mercury in superior conjunction	
19	00	Mars closest approach	
20	12	Saturn stationary	
21	00	Pluto in conjunction with Sun	
22	06	Solstice	
22	10	Moon at perigee	
23	06	Jupiter in conjunction with Sun	
24	01	FULL MOON	
24	03	Mars 0°9 S. of Moon	Occn.
24	20	Mars at opposition	
28	05	*Regulus* 0°6 N. of Moon	Occn.
28	22	Saturn 3° N. of Moon	
31	08	LAST QUARTER	

OCCULTATIONS OF X-RAY SOURCES BY THE MOON

Occultations occur at intervals of a lunar month between the dates given below:

Source	Dates	Source	Dates
4U0548 + 29	Jan. 02–Dec. 23	3U1743 − 29 GCX	Jan. 16–Oct. 17
A1020 + 13	Jan. 07–May. 23	MXB1743 − 28	Jan. 16–Dec. 10
3U1237 − 07	Jan. 10–Dec. 31	GX + 0.2 − 1.2	Jan. 16–May. 06
4U1240 − 05	Jan. 10–Apr. 29		Jul. 27–Sep. 19
H1645 − 284	Jan. 15–Oct. 15	GX + 1·1 − 1.0	Jan. 16–Dec. 10
3U1735 − 28 GX359 + 1	Jan. 16–Dec. 10	OSO − 8 BURST	Jan. 17–Dec. 10
A1742 − 28	Jan. 16–Dec. 10	4U0015 + 02	Jan. 23–Jul. 07
A1742 − 294	Jan. 16–Aug. 23	H0220 + 184 (NGC918)	Jan. 26–Dec. 20

Arrangement and basis of the tabulations

The tabulations of risings, settings and twilights on pages A14–A77 refer to the instants when the true geocentric zenith distance of the central point of the disk of the Sun or Moon takes the value indicated in the following table. The tabular times are in universal time (UT) for selected latitudes on the meridian of Greenwich; the times for other latitudes and longitudes may be obtained by interpolation as described below and as exemplified on page A13.

	Phenomena	*Zenith distance*	*Pages*
SUN (interval 4 days):	sunrise and sunset	90° 50′	A14–A21
	civil twilight	96°	A22–A29
	nautical twilight	102°	A30–A37
	astronomical twilight	108°	A38–A45
MOON (interval 1 day):	moonrise and moonset	90° 34′ + s − π	A46–A77

(s = semidiameter, π =horizontal parallax)

The zenith distance at the times for rising and setting is such that under normal conditions the upper limb of the Sun and Moon appears to be on the horizon of an observer at sea-level. The parallax of the Sun is ignored. The observed time may differ from the tabular time because of a variation of the atmospheric refraction from the adopted value (34′) and because of a difference in height of the observer and the actual horizon.

Use of tabulations

The following procedure may be used to obtain times of the phenomena for a non-tabular place and date.

Step 1:   Interpolate linearly for latitude. The differences between adjacent values are usually small and so the required interpolates can often be obtained by inspection.

Step 2:   Interpolate linearly for date and longitude in order to obtain the local mean times of the phenomena at the longitude concerned. For the Sun the variations with longitude of the local mean times of the phenomena are small, but to obtain better precision the interpolation factor for date should be increased by

$$\text{west longitude in degrees } /1440$$

since the interval of tabulation is 4 days. For the Moon, the interpolating factor to be used is simply

$$\text{west longitude in degrees } /360$$

since the interval of tabulation is 1 day; backward interpolation should be carried out for east longitudes.

Step 3:   Convert the times so obtained (which are on the scale of local mean time for the local meridian) to universal time (UT) or to the appropriate clock time, which may differ from the time of the nearest standard meridian according to the customs of the country concerned. The UT of the phenomenon is obtained from the local mean time by applying the longitude expressed in time measure (1 hour for each 15° of longitude), adding for west longitudes and subtracting for east longitudes. The times so obtained may require adjustment by 24^h; if so, the corresponding date must be changed accordingly.

Approximate formulae for direct calculation

The approximate UT of rising or setting of a body with right ascension α and declination δ at latitude ϕ and *east* longitude λ may be calculated from

$$UT = 0.997\,27\,\{\alpha - \lambda \pm \cos^{-1}(-\tan\phi\tan\delta) - (GMST \text{ at } 0^h \text{ UT})\}$$

where each term is expressed in time measure and the GMST at 0^h UT is given in the tabulations on pages B12–B19. The negative sign corresponds to rising and the positive sign to setting. The formula ignores refraction, semi-diameter and any changes in α and δ during the day. If $\tan\phi\tan\delta$ is numerically greater than 1, there is no phenomenon.

Examples

The following examples of the calculations of the times of rising and setting phenomena use the procedure described on page A12.

1. To find the times of sunrise and sunset for Paris on 2007 July 20. Paris is at latitude N 48° 52′ (= +48°87), longitude E 2° 20′ (= E 2°33 = E 0^h 09^m), and in the summer the clocks are kept two hours in advance of UT. The relevant portions of the tabulation on page A19 and the results of the interpolation for latitude are as follows, where the interpolation factor is (48·87 − 48)/2 = 0·43:

	Sunrise			Sunset		
	+48°	+50°	+48°87	+48°	+50°	+48°87
	h m	h m	h m	h m	h m	h m
July 17	04 18	04 09	04 14	19 54	20 02	19 57
July 21	04 22	04 14	04 19	19 50	19 58	19 53

The interpolation factor for date and longitude is (20 − 17)/4 − 2·33/1440 = 0·75

	Sunrise	Sunset
	d h m	d h m
Interpolate to obtain local mean time:	20 04 18	20 19 54
Subtract 0^h 09^m to obtain universal time:	20 04 09	20 19 45
Add 2^h to obtain clock time:	20 06 09	20 21 45

2. To find the times of beginning and end of astronomical twilight for Canberra, Australia on 2007 November 15. Canberra is at latitude S 35° 18′ (= −35°30), longitude E 149° 08′ (= E 149°13 = E 9^h 57^m), and in the summer the clocks are kept eleven hours in advance of UT. The relevant portions of the tabulation on page A44 and the results of the interpolation for latitude are as follows, where the interpolation factor is (−35·30 − (−40))/5 = 0·94:

	Astronomical Twilight					
	beginning			end		
	−40°	−35°	−35°30	−40°	−35°	−35°30
	h m	h m	h m	h m	h m	h m
Nov. 14	02 47	03 09	03 08	20 43	20 20	20 21
Nov. 18	02 42	03 05	03 04	20 50	20 26	20 27

The interpolation factor for date and longitude is (15 − 14)/4 − 149·13/1440 = 0·15

	Astronomical Twilight	
	beginning	end
	d h m	d h m
Interpolation to obtain local mean time:	15 03 07	15 20 22
Subtract 9^h 57^m to obtain universal time:	14 17 10	15 10 25
Add 11^h to obtain clock time:	15 04 10	15 21 25

3. To find the times of moonrise and moonset for Washington, D.C. on 2007 January 30. Washington is at latitude N 38° 55′ (= +38°92), longitude W 77° 00′ (= W 77°00 = W 5^h 08^m), and in the winter the clocks are kept five hours behind UT. The relevant portions of the tabulation on page A48 and the results of the interpolation for latitude are as follows, where the interpolation factor is (38·92 − 35)/5 = 0·78:

	Moonrise			Moonset		
	+35°	+40°	+38°92	+35°	+40°	+38°92
	h m	h m	h m	h m	h m	h m
Jan. 30	14 37	14 17	14 21	05 09	05 28	05 24
Jan. 31	15 41	15 24	15 28	06 00	06 18	06 14

The interpolation factor for longitude is 77·0/360 = 0·21

	Moonrise	Moonset
	d h m	d h m
Interpolate to obtain local mean time:	30 14 35	30 05 35
Add 5^h 08^m to obtain universal time:	30 19 43	30 10 43
Subtract 5^h to obtain clock time:	30 14 43	30 05 43

SUNRISE AND SUNSET, 2007

UNIVERSAL TIME FOR MERIDIAN OF GREENWICH

SUNRISE

Lat.	−55°	−50°	−45°	−40°	−35°	−30°	−20°	−10°	0°	+10°	+20°	+30°	+35°	+40°
	h m	h m	h m	h m	h m	h m	h m	h m	h m	h m	h m	h m	h m	h m
Jan. −2	3 22	3 52	4 14	4 32	4 47	5 00	5 22	5 41	5 58	6 16	6 34	6 55	7 07	7 21
2	3 27	3 56	4 18	4 35	4 50	5 03	5 24	5 43	6 00	6 17	6 35	6 56	7 08	7 22
6	3 32	4 00	4 22	4 39	4 53	5 06	5 27	5 45	6 02	6 19	6 36	6 57	7 09	7 22
10	3 38	4 06	4 26	4 43	4 57	5 09	5 30	5 47	6 04	6 20	6 37	6 57	7 08	7 22
14	3 45	4 11	4 31	4 47	5 01	5 12	5 32	5 49	6 05	6 21	6 38	6 57	7 08	7 21
18	3 53	4 17	4 36	4 52	5 05	5 16	5 35	5 51	6 07	6 22	6 38	6 56	7 07	7 19
22	4 01	4 24	4 42	4 56	5 09	5 19	5 38	5 53	6 08	6 22	6 38	6 55	7 05	7 17
26	4 09	4 31	4 47	5 01	5 13	5 23	5 40	5 55	6 09	6 23	6 37	6 54	7 03	7 14
30	4 17	4 37	4 53	5 06	5 17	5 26	5 43	5 57	6 10	6 23	6 36	6 52	7 01	7 11
Feb. 3	4 26	4 44	4 59	5 11	5 21	5 30	5 45	5 58	6 10	6 22	6 35	6 49	6 58	7 07
7	4 35	4 52	5 05	5 16	5 25	5 33	5 47	5 59	6 11	6 22	6 33	6 47	6 54	7 03
11	4 43	4 59	5 11	5 21	5 29	5 37	5 50	6 01	6 11	6 21	6 32	6 44	6 51	6 58
15	4 52	5 06	5 17	5 26	5 33	5 40	5 52	6 01	6 11	6 20	6 29	6 40	6 47	6 51
19	5 01	5 13	5 22	5 30	5 37	5 43	5 53	6 02	6 10	6 19	6 27	6 37	6 42	6 48
23	5 09	5 20	5 28	5 35	5 41	5 46	5 55	6 03	6 10	6 17	6 24	6 33	6 37	6 43
27	5 18	5 27	5 34	5 40	5 45	5 49	5 57	6 03	6 09	6 15	6 22	6 29	6 33	6 37
Mar. 3	5 26	5 33	5 39	5 44	5 48	5 52	5 58	6 04	6 09	6 14	6 19	6 24	6 28	6 31
7	5 34	5 40	5 45	5 49	5 52	5 55	6 00	6 04	6 08	6 12	6 16	6 20	6 22	6 25
11	5 42	5 47	5 50	5 53	5 55	5 57	6 01	6 04	6 07	6 09	6 12	6 15	6 17	6 19
15	5 50	5 53	5 55	5 57	5 59	6 00	6 02	6 04	6 06	6 07	6 09	6 10	6 11	6 12
19	5 58	5 59	6 00	6 01	6 02	6 03	6 03	6 04	6 05	6 05	6 05	6 06	6 06	6 06
23	6 06	6 06	6 06	6 05	6 05	6 05	6 04	6 04	6 03	6 03	6 02	6 01	6 00	5 59
27	6 14	6 12	6 11	6 09	6 08	6 07	6 06	6 04	6 02	6 00	5 58	5 56	5 55	5 53
31	6 22	6 18	6 16	6 14	6 12	6 10	6 07	6 04	6 01	5 58	5 55	5 51	5 49	5 46
Apr. 4	6 29	6 25	6 21	6 18	6 15	6 12	6 08	6 04	6 00	5 56	5 51	5 46	5 43	5 40

SUNSET

Lat.	−55°	−50°	−45°	−40°	−35°	−30°	−20°	−10°	0°	+10°	+20°	+30°	+35°	+40°
	h m	h m	h m	h m	h m	h m	h m	h m	h m	h m	h m	h m	h m	h m
Jan. −2	20 41	20 12	19 49	19 32	19 17	19 04	18 42	18 23	18 06	17 48	17 30	17 09	16 57	16 43
2	20 40	20 11	19 50	19 32	19 17	19 05	18 43	18 25	18 08	17 51	17 33	17 12	17 00	16 46
6	20 39	20 10	19 49	19 32	19 18	19 05	18 44	18 26	18 09	17 53	17 35	17 15	17 03	16 50
10	20 36	20 09	19 48	19 31	19 18	19 06	18 45	18 27	18 11	17 55	17 38	17 18	17 07	16 53
14	20 32	20 06	19 46	19 30	19 17	19 05	18 45	18 28	18 13	17 57	17 40	17 21	17 10	16 58
18	20 27	20 02	19 44	19 28	19 16	19 05	18 46	18 29	18 14	17 59	17 43	17 25	17 14	17 02
22	20 21	19 58	19 41	19 26	19 14	19 03	18 45	18 30	18 15	18 01	17 46	17 28	17 18	17 07
26	20 15	19 53	19 37	19 23	19 12	19 02	18 45	18 30	18 16	18 02	17 48	17 32	17 22	17 11
30	20 08	19 48	19 33	19 20	19 09	19 00	18 44	18 30	18 17	18 04	17 50	17 35	17 26	17 16
Feb. 3	20 00	19 42	19 28	19 16	19 06	18 57	18 42	18 29	18 17	18 05	17 53	17 39	17 30	17 21
7	19 52	19 36	19 22	19 12	19 02	18 54	18 41	18 29	18 18	18 07	17 55	17 42	17 34	17 26
11	19 44	19 29	19 17	19 07	18 59	18 51	18 39	18 28	18 18	18 08	17 57	17 45	17 38	17 31
15	19 35	19 21	19 11	19 02	18 54	18 48	18 36	18 27	18 18	18 09	17 59	17 48	17 42	17 35
19	19 26	19 14	19 04	18 57	18 50	18 44	18 34	18 25	18 17	18 09	18 01	17 51	17 46	17 40
23	19 16	19 06	18 58	18 51	18 45	18 40	18 31	18 24	18 17	18 10	18 03	17 54	17 50	17 45
27	19 07	18 58	18 51	18 45	18 40	18 36	18 28	18 22	18 16	18 10	18 04	17 57	17 53	17 49
Mar. 3	18 57	18 50	18 44	18 39	18 35	18 32	18 25	18 20	18 15	18 11	18 06	18 00	17 57	17 54
7	18 47	18 41	18 37	18 33	18 30	18 27	18 22	18 18	18 14	18 11	18 07	18 03	18 00	17 58
11	18 37	18 33	18 29	18 27	18 24	18 22	18 19	18 16	18 13	18 11	18 08	18 05	18 04	18 02
15	18 27	18 24	18 22	18 20	18 19	18 18	18 16	18 14	18 12	18 11	18 09	18 08	18 07	18 06
19	18 16	18 15	18 14	18 14	18 13	18 13	18 12	18 12	18 11	18 11	18 11	18 11	18 10	18 10
23	18 06	18 07	18 07	18 07	18 08	18 08	18 09	18 09	18 10	18 11	18 12	18 13	18 14	18 15
27	17 56	17 58	17 59	18 01	18 02	18 03	18 05	18 07	18 09	18 11	18 13	18 15	18 17	18 19
31	17 46	17 49	17 52	17 54	17 56	17 58	18 02	18 05	18 08	18 11	18 14	18 18	18 20	18 23
Apr. 4	17 36	17 41	17 45	17 48	17 51	17 54	17 58	18 02	18 06	18 10	18 15	18 20	18 23	18 27

UNIVERSAL TIME FOR MERIDIAN OF GREENWICH

SUNRISE

Lat.	+40°	+42°	+44°	+46°	+48°	+50°	+52°	+54°	+56°	+58°	+60°	+62°	+64°	+66°
	h m	h m	h m	h m	h m	h m	h m	h m	h m	h m	h m	h m	h m	h m
Jan. −2	7 21	7 28	7 34	7 42	7 50	7 58	8 08	8 19	8 32	8 46	9 03	9 25	9 52	10 33
2	7 22	7 28	7 35	7 42	7 50	7 59	8 08	8 19	8 31	8 45	9 02	9 22	9 49	10 27
6	7 22	7 28	7 35	7 42	7 49	7 58	8 07	8 17	8 29	8 43	8 59	9 19	9 44	10 18
10	7 22	7 27	7 34	7 41	7 48	7 56	8 05	8 15	8 27	8 40	8 55	9 14	9 37	10 08
14	7 21	7 26	7 32	7 39	7 46	7 54	8 02	8 12	8 23	8 35	8 50	9 07	9 29	9 57
18	7 19	7 24	7 30	7 36	7 43	7 51	7 59	8 08	8 18	8 30	8 43	9 00	9 19	9 45
22	7 17	7 22	7 27	7 33	7 40	7 47	7 54	8 03	8 13	8 24	8 36	8 51	9 09	9 32
26	7 14	7 19	7 24	7 30	7 36	7 42	7 49	7 57	8 06	8 16	8 28	8 42	8 58	9 18
30	7 11	7 15	7 20	7 25	7 31	7 37	7 44	7 51	7 59	8 09	8 19	8 32	8 47	9 05
Feb. 3	7 07	7 11	7 16	7 20	7 26	7 31	7 37	7 44	7 52	8 00	8 10	8 21	8 35	8 50
7	7 03	7 07	7 11	7 15	7 20	7 25	7 31	7 37	7 44	7 51	8 00	8 10	8 22	8 36
11	6 58	7 02	7 06	7 10	7 14	7 18	7 23	7 29	7 35	7 42	7 50	7 59	8 09	8 22
15	6 54	6 57	7 00	7 03	7 07	7 11	7 16	7 21	7 26	7 32	7 39	7 47	7 56	8 07
19	6 48	6 51	6 54	6 57	7 00	7 04	7 08	7 12	7 17	7 22	7 28	7 35	7 43	7 52
23	6 43	6 45	6 48	6 50	6 53	6 56	7 00	7 03	7 07	7 12	7 17	7 23	7 29	7 37
27	6 37	6 39	6 41	6 43	6 46	6 48	6 51	6 54	6 58	7 01	7 06	7 10	7 16	7 22
Mar. 3	6 31	6 33	6 34	6 36	6 38	6 40	6 42	6 45	6 48	6 51	6 54	6 58	7 02	7 07
7	6 25	6 26	6 27	6 29	6 30	6 32	6 34	6 35	6 37	6 40	6 42	6 45	6 48	6 52
11	6 19	6 20	6 20	6 21	6 22	6 23	6 24	6 26	6 27	6 29	6 30	6 32	6 34	6 37
15	6 12	6 13	6 13	6 14	6 14	6 15	6 15	6 16	6 17	6 17	6 18	6 19	6 20	6 21
19	6 06	6 06	6 06	6 06	6 06	6 06	6 06	6 06	6 06	6 06	6 06	6 06	6 06	6 06
23	5 59	5 59	5 59	5 58	5 58	5 57	5 57	5 56	5 56	5 55	5 54	5 53	5 52	5 51
27	5 53	5 52	5 51	5 51	5 50	5 49	5 48	5 46	5 45	5 44	5 42	5 40	5 38	5 35
31	5 46	5 45	5 44	5 43	5 41	5 40	5 38	5 36	5 34	5 32	5 30	5 27	5 24	5 20
Apr. 4	5 40	5 39	5 37	5 35	5 33	5 31	5 29	5 27	5 24	5 21	5 18	5 14	5 09	5 04

SUNSET

Lat.	+40°	+42°	+44°	+46°	+48°	+50°	+52°	+54°	+56°	+58°	+60°	+62°	+64°	+66°
	h m	h m	h m	h m	h m	h m	h m	h m	h m	h m	h m	h m	h m	h m
Jan. −2	16 43	16 37	16 30	16 22	16 14	16 06	15 56	15 45	15 32	15 18	15 01	14 40	14 12	13 32
2	16 46	16 40	16 33	16 26	16 18	16 09	16 00	15 49	15 37	15 23	15 06	14 46	14 19	13 41
6	16 50	16 43	16 37	16 30	16 22	16 14	16 05	15 54	15 42	15 29	15 13	14 53	14 28	13 53
10	16 53	16 48	16 41	16 35	16 27	16 19	16 10	16 00	15 49	15 36	15 20	15 02	14 38	14 07
14	16 58	16 52	16 46	16 39	16 32	16 25	16 16	16 06	15 56	15 43	15 29	15 11	14 50	14 21
18	17 02	16 57	16 51	16 45	16 38	16 31	16 22	16 13	16 03	15 51	15 38	15 22	15 02	14 37
22	17 07	17 02	16 56	16 50	16 44	16 37	16 29	16 21	16 11	16 00	15 47	15 33	15 15	14 52
26	17 11	17 07	17 01	16 56	16 50	16 43	16 36	16 28	16 19	16 09	15 58	15 44	15 28	15 07
30	17 16	17 12	17 07	17 02	16 56	16 50	16 43	16 36	16 28	16 19	16 08	15 56	15 41	15 23
Feb. 3	17 21	17 17	17 12	17 08	17 03	16 57	16 51	16 44	16 37	16 28	16 18	16 07	15 54	15 38
7	17 26	17 22	17 18	17 14	17 09	17 04	16 58	16 52	16 45	16 38	16 29	16 19	16 07	15 53
11	17 31	17 27	17 23	17 20	17 15	17 11	17 06	17 00	16 54	16 47	16 40	16 31	16 20	16 08
15	17 35	17 32	17 29	17 25	17 22	17 18	17 13	17 08	17 03	16 57	16 50	16 42	16 33	16 23
19	17 40	17 37	17 34	17 31	17 28	17 25	17 21	17 16	17 12	17 06	17 01	16 54	16 46	16 37
23	17 45	17 42	17 40	17 37	17 34	17 31	17 28	17 24	17 20	17 16	17 11	17 05	16 59	16 51
27	17 49	17 47	17 45	17 43	17 41	17 38	17 35	17 32	17 29	17 25	17 21	17 17	17 11	17 05
Mar. 3	17 54	17 52	17 50	17 49	17 47	17 45	17 43	17 40	17 37	17 35	17 31	17 28	17 23	17 19
7	17 58	17 57	17 55	17 54	17 53	17 51	17 50	17 48	17 46	17 44	17 41	17 39	17 36	17 32
11	18 02	18 01	18 01	18 00	17 59	17 58	17 57	17 56	17 54	17 53	17 51	17 50	17 48	17 45
15	18 06	18 06	18 06	18 05	18 05	18 04	18 04	18 03	18 03	18 02	18 01	18 00	18 00	17 58
19	18 10	18 11	18 11	18 11	18 11	18 11	18 11	18 11	18 11	18 11	18 11	18 11	18 11	18 12
23	18 15	18 15	18 15	18 16	18 16	18 17	18 18	18 18	18 19	18 20	18 21	18 22	18 23	18 25
27	18 19	18 20	18 20	18 21	18 22	18 23	18 24	18 26	18 27	18 29	18 31	18 33	18 35	18 38
31	18 23	18 24	18 25	18 27	18 28	18 30	18 31	18 33	18 35	18 38	18 40	18 43	18 47	18 51
Apr. 4	18 27	18 28	18 30	18 32	18 34	18 36	18 38	18 41	18 43	18 47	18 50	18 54	18 59	19 04

SUNRISE AND SUNSET, 2007
UNIVERSAL TIME FOR MERIDIAN OF GREENWICH
SUNRISE

Lat.	−55°	−50°	−45°	−40°	−35°	−30°	−20°	−10°	0°	+10°	+20°	+30°	+35°	+40°
	h m	h m	h m	h m	h m	h m	h m	h m	h m	h m	h m	h m	h m	h m
Mar. 31	6 22	6 18	6 16	6 14	6 12	6 10	6 07	6 04	6 01	5 58	5 55	5 51	5 49	5 46
Apr. 4	6 29	6 25	6 21	6 18	6 15	6 12	6 08	6 04	6 00	5 56	5 51	5 46	5 43	5 40
8	6 37	6 31	6 26	6 22	6 18	6 15	6 09	6 04	5 59	5 54	5 48	5 42	5 38	5 34
12	6 45	6 37	6 31	6 26	6 21	6 17	6 10	6 04	5 58	5 51	5 45	5 37	5 33	5 28
16	6 52	6 43	6 36	6 30	6 24	6 19	6 11	6 04	5 57	5 49	5 42	5 33	5 27	5 21
20	7 00	6 49	6 41	6 34	6 27	6 22	6 12	6 04	5 56	5 47	5 39	5 28	5 22	5 16
24	7 07	6 55	6 46	6 38	6 31	6 24	6 14	6 04	5 55	5 46	5 36	5 24	5 18	5 10
28	7 15	7 01	6 51	6 41	6 34	6 27	6 15	6 04	5 54	5 44	5 33	5 20	5 13	5 05
May 2	7 22	7 07	6 55	6 45	6 37	6 29	6 16	6 05	5 54	5 42	5 31	5 17	5 09	4 59
6	7 30	7 13	7 00	6 49	6 40	6 32	6 18	6 05	5 53	5 41	5 28	5 13	5 05	4 55
10	7 37	7 19	7 05	6 53	6 43	6 34	6 19	6 06	5 53	5 40	5 26	5 10	5 01	4 50
14	7 44	7 25	7 10	6 57	6 46	6 37	6 21	6 06	5 53	5 39	5 25	5 08	4 58	4 46
18	7 51	7 30	7 14	7 01	6 49	6 39	6 22	6 07	5 53	5 39	5 23	5 05	4 55	4 43
22	7 57	7 35	7 18	7 04	6 52	6 42	6 24	6 08	5 53	5 38	5 22	5 03	4 52	4 39
26	8 03	7 40	7 22	7 08	6 55	6 44	6 25	6 09	5 53	5 38	5 21	5 01	4 50	4 37
30	8 09	7 45	7 26	7 11	6 58	6 46	6 27	6 10	5 54	5 38	5 20	5 00	4 48	4 34
June 3	8 14	7 49	7 29	7 13	7 00	6 48	6 28	6 11	5 54	5 38	5 20	4 59	4 47	4 33
7	8 18	7 52	7 32	7 16	7 02	6 50	6 30	6 12	5 55	5 38	5 20	4 58	4 46	4 31
11	8 22	7 55	7 35	7 18	7 04	6 52	6 31	6 13	5 56	5 39	5 20	4 58	4 45	4 31
15	8 24	7 57	7 37	7 20	7 06	6 54	6 33	6 14	5 57	5 39	5 20	4 58	4 45	4 31
19	8 26	7 59	7 38	7 21	7 07	6 55	6 34	6 15	5 58	5 40	5 21	4 59	4 46	4 31
23	8 27	8 00	7 39	7 22	7 08	6 56	6 34	6 16	5 58	5 41	5 22	5 00	4 47	4 32
27	8 27	8 00	7 40	7 23	7 09	6 56	6 35	6 17	5 59	5 42	5 23	5 01	4 48	4 33
July 1	8 26	8 00	7 39	7 23	7 09	6 57	6 36	6 17	6 00	5 43	5 24	5 02	4 49	4 35
5	8 24	7 58	7 38	7 22	7 08	6 56	6 36	6 18	6 01	5 44	5 25	5 04	4 51	4 37

SUNSET

Lat.	−55°	−50°	−45°	−40°	−35°	−30°	−20°	−10°	0°	+10°	+20°	+30°	+35°	+40°
	h m	h m	h m	h m	h m	h m	h m	h m	h m	h m	h m	h m	h m	h m
Mar. 31	17 46	17 49	17 52	17 54	17 56	17 58	18 02	18 05	18 08	18 11	18 14	18 18	18 20	18 23
Apr. 4	17 36	17 41	17 45	17 48	17 51	17 54	17 58	18 02	18 06	18 10	18 15	18 20	18 23	18 27
8	17 26	17 32	17 37	17 42	17 46	17 49	17 55	18 00	18 05	18 10	18 16	18 23	18 26	18 31
12	17 16	17 24	17 30	17 36	17 40	17 44	17 52	17 58	18 04	18 10	18 17	18 25	18 30	18 35
16	17 07	17 16	17 23	17 30	17 35	17 40	17 48	17 56	18 03	18 11	18 18	18 28	18 33	18 39
20	16 57	17 08	17 17	17 24	17 30	17 36	17 45	17 54	18 02	18 11	18 20	18 30	18 36	18 43
24	16 48	17 00	17 10	17 18	17 25	17 32	17 43	17 52	18 02	18 11	18 21	18 33	18 39	18 47
28	16 39	16 53	17 04	17 13	17 21	17 28	17 40	17 51	18 01	18 11	18 22	18 35	18 43	18 51
May 2	16 31	16 46	16 58	17 08	17 17	17 24	17 38	17 49	18 00	18 12	18 24	18 38	18 46	18 55
6	16 23	16 39	16 53	17 03	17 13	17 21	17 35	17 48	18 00	18 12	18 25	18 40	18 49	18 59
10	16 15	16 33	16 47	16 59	17 09	17 18	17 34	17 47	18 00	18 13	18 27	18 43	18 52	19 03
14	16 08	16 27	16 43	16 55	17 06	17 15	17 32	17 46	18 00	18 14	18 28	18 45	18 56	19 07
18	16 01	16 22	16 38	16 52	17 03	17 13	17 30	17 46	18 00	18 14	18 30	18 48	18 59	19 11
22	15 56	16 18	16 35	16 49	17 01	17 11	17 29	17 45	18 00	18 15	18 32	18 51	19 02	19 14
26	15 50	16 13	16 31	16 46	16 59	17 10	17 28	17 45	18 01	18 16	18 33	18 53	19 04	19 18
30	15 46	16 10	16 29	16 44	16 57	17 08	17 28	17 45	18 01	18 17	18 35	18 55	19 07	19 21
June 3	15 42	16 07	16 27	16 42	16 56	17 08	17 28	17 45	18 02	18 18	18 36	18 57	19 10	19 24
7	15 39	16 05	16 25	16 41	16 55	17 07	17 28	17 46	18 02	18 19	18 38	18 59	19 12	19 26
11	15 37	16 04	16 24	16 41	16 55	17 07	17 28	17 46	18 03	18 21	18 39	19 01	19 14	19 29
15	15 36	16 03	16 24	16 41	16 55	17 07	17 28	17 47	18 04	18 22	18 40	19 02	19 15	19 30
19	15 36	16 04	16 24	16 41	16 55	17 08	17 29	17 47	18 05	18 23	18 42	19 04	19 17	19 32
23	15 37	16 04	16 25	16 42	16 56	17 09	17 30	17 48	18 06	18 23	18 42	19 04	19 18	19 33
27	15 39	16 06	16 27	16 43	16 57	17 10	17 31	17 49	18 07	18 24	18 43	19 05	19 18	19 33
July 1	15 42	16 08	16 28	16 45	16 59	17 11	17 32	17 50	18 07	18 25	18 43	19 05	19 18	19 33
5	15 45	16 11	16 31	16 47	17 01	17 13	17 33	17 51	18 08	18 25	18 44	19 05	19 18	19 32

SUNRISE AND SUNSET, 2007

UNIVERSAL TIME FOR MERIDIAN OF GREENWICH

SUNRISE

Lat.	+40°	+42°	+44°	+46°	+48°	+50°	+52°	+54°	+56°	+58°	+60°	+62°	+64°	+66°
	h m	h m	h m	h m	h m	h m	h m	h m	h m	h m	h m	h m	h m	h m
Mar. 31	5 46	5 45	5 44	5 43	5 41	5 40	5 38	5 36	5 34	5 32	5 30	5 27	5 24	5 20
Apr. 4	5 40	5 39	5 37	5 35	5 33	5 31	5 29	5 27	5 24	5 21	5 18	5 14	5 09	5 04
8	5 34	5 32	5 30	5 28	5 25	5 23	5 20	5 17	5 14	5 10	5 06	5 01	4 55	4 49
12	5 28	5 25	5 23	5 20	5 17	5 14	5 11	5 07	5 03	4 59	4 54	4 48	4 41	4 33
16	5 21	5 19	5 16	5 13	5 10	5 06	5 02	4 58	4 53	4 48	4 42	4 35	4 27	4 18
20	5 16	5 13	5 09	5 06	5 02	4 58	4 54	4 49	4 43	4 37	4 30	4 22	4 13	4 02
24	5 10	5 07	5 03	4 59	4 55	4 50	4 45	4 40	4 33	4 27	4 19	4 10	3 59	3 47
28	5 05	5 01	4 57	4 52	4 48	4 43	4 37	4 31	4 24	4 16	4 07	3 57	3 45	3 31
May 2	4 59	4 55	4 51	4 46	4 41	4 35	4 29	4 22	4 15	4 06	3 56	3 45	3 32	3 15
6	4 55	4 50	4 45	4 40	4 35	4 29	4 22	4 14	4 06	3 57	3 46	3 33	3 18	2 59
10	4 50	4 45	4 40	4 35	4 29	4 22	4 15	4 07	3 58	3 47	3 36	3 22	3 05	2 44
14	4 46	4 41	4 36	4 30	4 23	4 16	4 08	4 00	3 50	3 39	3 26	3 10	2 52	2 28
18	4 43	4 37	4 31	4 25	4 18	4 11	4 02	3 53	3 43	3 31	3 16	3 00	2 39	2 12
22	4 39	4 34	4 28	4 21	4 14	4 06	3 57	3 47	3 36	3 23	3 08	2 50	2 27	1 56
26	4 37	4 31	4 24	4 17	4 10	4 01	3 52	3 42	3 30	3 16	3 00	2 40	2 15	1 39
30	4 34	4 28	4 22	4 14	4 06	3 58	3 48	3 37	3 25	3 10	2 53	2 32	2 04	1 23
June 3	4 33	4 26	4 19	4 12	4 04	3 55	3 45	3 33	3 20	3 05	2 47	2 24	1 54	1 05
7	4 31	4 25	4 18	4 10	4 02	3 53	3 42	3 30	3 17	3 01	2 42	2 18	1 45	0 47
11	4 31	4 24	4 17	4 09	4 00	3 51	3 40	3 28	3 15	2 58	2 39	2 13	1 38	0 24
15	4 31	4 24	4 16	4 09	4 00	3 50	3 39	3 27	3 13	2 57	2 36	2 10	1 33	☐
19	4 31	4 24	4 17	4 09	4 00	3 50	3 39	3 27	3 13	2 56	2 35	2 09	1 31	☐
23	4 32	4 25	4 18	4 10	4 01	3 51	3 40	3 28	3 14	2 57	2 36	2 10	1 31	☐
27	4 33	4 26	4 19	4 11	4 02	3 52	3 42	3 29	3 15	2 59	2 38	2 12	1 35	☐
July 1	4 35	4 28	4 21	4 13	4 04	3 55	3 44	3 32	3 18	3 02	2 42	2 16	1 40	0 14
5	4 37	4 30	4 23	4 15	4 07	3 57	3 47	3 35	3 22	3 06	2 46	2 22	1 48	0 45

SUNSET

Lat.	+40°	+42°	+44°	+46°	+48°	+50°	+52°	+54°	+56°	+58°	+60°	+62°	+64°	+66°
	h m	h m	h m	h m	h m	h m	h m	h m	h m	h m	h m	h m	h m	h m
Mar. 31	18 23	18 24	18 25	18 27	18 28	18 30	18 31	18 33	18 35	18 38	18 40	18 43	18 47	18 51
Apr. 4	18 27	18 28	18 30	18 32	18 34	18 36	18 38	18 41	18 43	18 47	18 50	18 54	18 59	19 04
8	18 31	18 33	18 35	18 37	18 40	18 42	18 45	18 48	18 52	18 56	19 00	19 05	19 11	19 17
12	18 35	18 37	18 40	18 42	18 45	18 48	18 52	18 56	19 00	19 04	19 10	19 16	19 23	19 31
16	18 39	18 42	18 45	18 48	18 51	18 55	18 59	19 03	19 08	19 13	19 20	19 27	19 35	19 44
20	18 43	18 46	18 49	18 53	18 57	19 01	19 06	19 11	19 16	19 22	19 29	19 38	19 47	19 58
24	18 47	18 51	18 54	18 58	19 03	19 07	19 12	19 18	19 24	19 31	19 39	19 49	20 00	20 12
28	18 51	18 55	18 59	19 03	19 08	19 13	19 19	19 25	19 32	19 40	19 49	20 00	20 12	20 27
May 2	18 55	18 59	19 04	19 09	19 14	19 20	19 26	19 33	19 41	19 49	19 59	20 11	20 25	20 42
6	18 59	19 04	19 09	19 14	19 19	19 26	19 32	19 40	19 49	19 58	20 09	20 22	20 38	20 57
10	19 03	19 08	19 13	19 19	19 25	19 32	19 39	19 47	19 56	20 07	20 19	20 33	20 51	21 12
14	19 07	19 12	19 18	19 24	19 30	19 37	19 45	19 54	20 04	20 15	20 29	20 44	21 03	21 28
18	19 11	19 16	19 22	19 28	19 35	19 43	19 51	20 01	20 11	20 24	20 38	20 55	21 16	21 44
22	19 14	19 20	19 26	19 33	19 40	19 48	19 57	20 07	20 19	20 32	20 47	21 06	21 29	22 01
26	19 18	19 24	19 30	19 37	19 45	19 53	20 03	20 13	20 25	20 39	20 55	21 16	21 41	22 18
30	19 21	19 27	19 34	19 41	19 49	19 58	20 08	20 19	20 31	20 46	21 03	21 25	21 53	22 36
June 3	19 24	19 30	19 37	19 45	19 53	20 02	20 12	20 23	20 37	20 52	21 10	21 33	22 04	22 55
7	19 26	19 33	19 40	19 48	19 56	20 05	20 16	20 28	20 41	20 57	21 16	21 41	22 14	23 16
11	19 29	19 35	19 42	19 50	19 59	20 08	20 19	20 31	20 45	21 01	21 21	21 47	22 22	23 43
15	19 30	19 37	19 44	19 52	20 01	20 11	20 22	20 34	20 48	21 05	21 25	21 51	22 28	☐
19	19 32	19 39	19 46	19 54	20 03	20 12	20 23	20 36	20 50	21 07	21 27	21 54	22 32	☐
23	19 33	19 39	19 47	19 55	20 04	20 13	20 24	20 36	20 51	21 08	21 28	21 54	22 33	☐
27	19 33	19 40	19 47	19 55	20 04	20 13	20 24	20 36	20 50	21 07	21 27	21 53	22 30	☐
July 1	19 33	19 39	19 47	19 55	20 03	20 13	20 23	20 35	20 49	21 05	21 25	21 50	22 26	23 43
5	19 32	19 39	19 46	19 53	20 02	20 11	20 22	20 33	20 47	21 03	21 22	21 46	22 19	23 19

☐ indicates Sun continuously above horizon.

SUNRISE AND SUNSET, 2007

UNIVERSAL TIME FOR MERIDIAN OF GREENWICH

SUNRISE

Lat.	−55°	−50°	−45°	−40°	−35°	−30°	−20°	−10°	0°	+10°	+20°	+30°	+35°	+40°
	h m	h m	h m	h m	h m	h m	h m	h m	h m	h m	h m	h m	h m	h m
July 1	8 26	8 00	7 39	7 23	7 09	6 57	6 36	6 17	6 00	5 43	5 24	5 02	4 49	4 35
5	8 24	7 58	7 38	7 22	7 08	6 56	6 36	6 18	6 01	5 44	5 25	5 04	4 51	4 37
9	8 22	7 56	7 37	7 21	7 08	6 56	6 36	6 18	6 02	5 45	5 27	5 06	4 53	4 39
13	8 18	7 54	7 35	7 19	7 06	6 55	6 35	6 18	6 02	5 46	5 28	5 08	4 56	4 42
17	8 14	7 50	7 32	7 17	7 05	6 54	6 35	6 18	6 03	5 47	5 30	5 10	4 58	4 45
21	8 08	7 46	7 29	7 15	7 03	6 52	6 34	6 18	6 03	5 48	5 31	5 12	5 01	4 48
25	8 02	7 42	7 25	7 12	7 00	6 50	6 33	6 17	6 03	5 48	5 33	5 15	5 04	4 52
29	7 56	7 36	7 21	7 08	6 57	6 48	6 31	6 17	6 03	5 49	5 34	5 17	5 07	4 55
Aug. 2	7 49	7 31	7 16	7 04	6 54	6 45	6 29	6 16	6 03	5 50	5 36	5 19	5 10	4 59
6	7 41	7 24	7 11	7 00	6 50	6 42	6 27	6 15	6 02	5 50	5 37	5 22	5 13	5 03
10	7 33	7 18	7 05	6 55	6 46	6 39	6 25	6 13	6 02	5 51	5 38	5 24	5 16	5 06
14	7 25	7 11	7 00	6 50	6 42	6 35	6 23	6 12	6 01	5 51	5 40	5 26	5 19	5 10
18	7 16	7 03	6 53	6 45	6 38	6 31	6 20	6 10	6 01	5 51	5 41	5 29	5 22	5 14
22	7 07	6 56	6 47	6 39	6 33	6 27	6 17	6 08	6 00	5 51	5 42	5 31	5 25	5 18
26	6 57	6 48	6 40	6 33	6 28	6 23	6 14	6 06	5 59	5 51	5 43	5 33	5 28	5 22
30	6 48	6 40	6 33	6 27	6 22	6 18	6 11	6 04	5 57	5 51	5 44	5 36	5 31	5 25
Sept. 3	6 38	6 31	6 26	6 21	6 17	6 13	6 07	6 02	5 56	5 51	5 45	5 38	5 34	5 29
7	6 28	6 23	6 18	6 15	6 12	6 09	6 04	5 59	5 55	5 50	5 46	5 40	5 37	5 33
11	6 18	6 14	6 11	6 08	6 06	6 04	6 00	5 57	5 53	5 50	5 46	5 42	5 40	5 37
15	6 08	6 05	6 03	6 02	6 00	5 59	5 56	5 54	5 52	5 50	5 47	5 44	5 42	5 40
19	5 57	5 57	5 56	5 55	5 54	5 54	5 53	5 52	5 51	5 49	5 48	5 46	5 45	5 44
23	5 47	5 48	5 48	5 48	5 49	5 49	5 49	5 49	5 49	5 49	5 49	5 49	5 48	5 48
27	5 37	5 39	5 41	5 42	5 43	5 44	5 45	5 47	5 48	5 49	5 50	5 51	5 51	5 52
Oct. 1	5 27	5 30	5 33	5 35	5 37	5 39	5 42	5 44	5 47	5 49	5 51	5 53	5 54	5 56
5	5 16	5 21	5 25	5 29	5 32	5 34	5 38	5 42	5 45	5 48	5 52	5 55	5 57	6 00

SUNSET

Lat.	−55°	−50°	−45°	−40°	−35°	−30°	−20°	−10°	0°	+10°	+20°	+30°	+35°	+40°
	h m	h m	h m	h m	h m	h m	h m	h m	h m	h m	h m	h m	h m	h m
July 1	15 42	16 08	16 28	16 45	16 59	17 11	17 32	17 50	18 07	18 25	18 43	19 05	19 18	19 33
5	15 45	16 11	16 31	16 47	17 01	17 13	17 33	17 51	18 08	18 25	18 44	19 05	19 18	19 32
9	15 49	16 14	16 34	16 49	17 03	17 15	17 35	17 52	18 09	18 26	18 43	19 04	19 17	19 31
13	15 54	16 18	16 37	16 52	17 05	17 17	17 36	17 53	18 09	18 26	18 43	19 03	19 15	19 29
17	15 59	16 22	16 40	16 55	17 08	17 19	17 38	17 54	18 10	18 25	18 42	19 02	19 14	19 27
21	16 05	16 27	16 44	16 58	17 10	17 21	17 39	17 55	18 10	18 25	18 41	19 00	19 11	19 24
25	16 11	16 32	16 48	17 02	17 13	17 23	17 40	17 56	18 10	18 25	18 40	18 58	19 09	19 21
29	16 18	16 37	16 53	17 05	17 16	17 25	17 42	17 56	18 10	18 24	18 39	18 56	19 06	19 17
Aug. 2	16 24	16 43	16 57	17 09	17 19	17 28	17 43	17 57	18 10	18 23	18 37	18 53	19 02	19 13
6	16 31	16 48	17 01	17 12	17 22	17 30	17 45	17 57	18 09	18 22	18 35	18 50	18 59	19 09
10	16 38	16 54	17 06	17 16	17 25	17 32	17 46	17 58	18 09	18 20	18 32	18 46	18 54	19 04
14	16 46	16 59	17 11	17 20	17 28	17 35	17 47	17 58	18 08	18 18	18 30	18 43	18 50	18 59
18	16 53	17 05	17 15	17 24	17 31	17 37	17 48	17 58	18 07	18 17	18 27	18 39	18 45	18 53
22	17 00	17 11	17 20	17 27	17 34	17 39	17 49	17 58	18 06	18 15	18 24	18 34	18 41	18 48
26	17 07	17 17	17 25	17 31	17 37	17 42	17 50	17 58	18 05	18 13	18 21	18 30	18 35	18 42
30	17 15	17 23	17 29	17 35	17 39	17 44	17 51	17 58	18 04	18 10	18 17	18 25	18 30	18 35
Sept. 3	17 22	17 29	17 34	17 38	17 42	17 46	17 52	17 57	18 03	18 08	18 14	18 21	18 25	18 29
7	17 29	17 34	17 39	17 42	17 45	17 48	17 53	17 57	18 01	18 06	18 10	18 16	18 19	18 23
11	17 37	17 40	17 43	17 46	17 48	17 50	17 54	17 57	18 00	18 03	18 07	18 11	18 13	18 16
15	17 44	17 46	17 48	17 50	17 51	17 52	17 54	17 57	17 59	18 01	18 03	18 06	18 08	18 10
19	17 51	17 52	17 53	17 53	17 54	17 54	17 55	17 56	17 57	17 58	17 59	18 01	18 02	18 03
23	17 59	17 58	17 58	17 57	17 57	17 57	17 56	17 56	17 56	17 56	17 56	17 56	17 56	17 56
27	18 06	18 04	18 02	18 01	18 00	17 59	17 57	17 56	17 54	17 53	17 52	17 51	17 50	17 50
Oct. 1	18 14	18 10	18 07	18 05	18 03	18 01	17 58	17 55	17 53	17 51	17 49	17 46	17 45	17 43
5	18 22	18 17	18 12	18 09	18 06	18 03	17 59	17 55	17 52	17 48	17 45	17 41	17 39	17 37

UNIVERSAL TIME FOR MERIDIAN OF GREENWICH

SUNRISE

Lat.	+40°	+42°	+44°	+46°	+48°	+50°	+52°	+54°	+56°	+58°	+60°	+62°	+64°	+66°
	h m	h m	h m	h m	h m	h m	h m	h m	h m	h m	h m	h m	h m	h m
July 1	4 35	4 28	4 21	4 13	4 04	3 55	3 44	3 32	3 18	3 02	2 42	2 16	1 40	0 14
5	4 37	4 30	4 23	4 15	4 07	3 57	3 47	3 35	3 22	3 06	2 46	2 22	1 48	0 45
9	4 39	4 33	4 26	4 18	4 10	4 01	3 51	3 39	3 26	3 11	2 52	2 29	1 58	1 05
13	4 42	4 36	4 29	4 22	4 14	4 05	3 55	3 44	3 31	3 17	2 59	2 37	2 08	1 24
17	4 45	4 39	4 32	4 25	4 18	4 09	4 00	3 49	3 37	3 23	3 07	2 46	2 20	1 42
21	4 48	4 42	4 36	4 29	4 22	4 14	4 05	3 55	3 44	3 30	3 15	2 56	2 32	1 59
25	4 52	4 46	4 40	4 34	4 27	4 19	4 11	4 01	3 50	3 38	3 24	3 06	2 45	2 16
29	4 55	4 50	4 44	4 38	4 32	4 24	4 16	4 08	3 57	3 46	3 33	3 17	2 57	2 32
Aug. 2	4 59	4 54	4 49	4 43	4 37	4 30	4 23	4 14	4 05	3 54	3 42	3 27	3 10	2 48
6	5 03	4 58	4 53	4 48	4 42	4 36	4 29	4 21	4 12	4 03	3 51	3 38	3 22	3 03
10	5 06	5 02	4 58	4 53	4 47	4 42	4 35	4 28	4 20	4 11	4 01	3 49	3 35	3 18
14	5 10	5 06	5 02	4 58	4 53	4 47	4 42	4 35	4 28	4 20	4 11	4 00	3 47	3 32
18	5 14	5 10	5 07	5 03	4 58	4 53	4 48	4 42	4 36	4 29	4 20	4 11	4 00	3 46
22	5 18	5 15	5 11	5 08	5 04	4 59	4 55	4 49	4 44	4 37	4 30	4 22	4 12	4 00
26	5 22	5 19	5 16	5 13	5 09	5 05	5 01	4 57	4 52	4 46	4 39	4 32	4 24	4 14
30	5 25	5 23	5 20	5 18	5 15	5 11	5 08	5 04	4 59	4 55	4 49	4 43	4 36	4 27
Sept. 3	5 29	5 27	5 25	5 23	5 20	5 17	5 14	5 11	5 07	5 03	4 58	4 53	4 47	4 40
7	5 33	5 31	5 29	5 27	5 25	5 23	5 21	5 18	5 15	5 12	5 08	5 04	4 59	4 53
11	5 37	5 35	5 34	5 32	5 31	5 29	5 27	5 25	5 23	5 20	5 17	5 14	5 10	5 06
15	5 40	5 40	5 39	5 37	5 36	5 35	5 34	5 32	5 31	5 29	5 27	5 24	5 22	5 19
19	5 44	5 44	5 43	5 42	5 42	5 41	5 40	5 39	5 38	5 37	5 36	5 35	5 33	5 31
23	5 48	5 48	5 48	5 48	5 47	5 47	5 47	5 47	5 46	5 46	5 45	5 45	5 44	5 44
27	5 52	5 52	5 52	5 53	5 53	5 53	5 53	5 54	5 54	5 54	5 55	5 55	5 56	5 56
Oct. 1	5 56	5 56	5 57	5 58	5 58	5 59	6 00	6 01	6 02	6 03	6 04	6 06	6 07	6 09
5	6 00	6 01	6 02	6 03	6 04	6 05	6 07	6 08	6 10	6 12	6 14	6 16	6 19	6 22

SUNSET

Lat.	+40°	+42°	+44°	+46°	+48°	+50°	+52°	+54°	+56°	+58°	+60°	+62°	+64°	+66°
	h m	h m	h m	h m	h m	h m	h m	h m	h m	h m	h m	h m	h m	h m
July 1	19 33	19 39	19 47	19 55	20 03	20 13	20 23	20 35	20 49	21 05	21 25	21 50	22 26	23 43
5	19 32	19 39	19 46	19 53	20 02	20 11	20 22	20 33	20 47	21 03	21 22	21 46	22 19	23 19
9	19 31	19 37	19 44	19 52	20 00	20 09	20 19	20 30	20 43	20 59	21 17	21 40	22 11	23 01
13	19 29	19 35	19 42	19 49	19 57	20 06	20 16	20 27	20 39	20 54	21 11	21 33	22 01	22 43
17	19 27	19 33	19 39	19 46	19 54	20 02	20 12	20 22	20 34	20 48	21 04	21 24	21 50	22 26
21	19 24	19 30	19 36	19 43	19 50	19 58	20 07	20 17	20 28	20 41	20 56	21 15	21 38	22 10
25	19 21	19 26	19 32	19 39	19 46	19 53	20 01	20 11	20 22	20 34	20 48	21 05	21 26	21 54
29	19 17	19 22	19 28	19 34	19 40	19 48	19 56	20 04	20 14	20 26	20 39	20 54	21 13	21 38
Aug. 2	19 13	19 18	19 23	19 29	19 35	19 42	19 49	19 57	20 06	20 17	20 29	20 43	21 00	21 22
6	19 09	19 13	19 18	19 23	19 29	19 35	19 42	19 50	19 58	20 08	20 19	20 32	20 47	21 06
10	19 04	19 08	19 13	19 17	19 23	19 28	19 35	19 42	19 49	19 58	20 08	20 20	20 34	20 50
14	18 59	19 03	19 07	19 11	19 16	19 21	19 27	19 33	19 40	19 48	19 57	20 08	20 20	20 35
18	18 53	18 57	19 00	19 04	19 09	19 13	19 19	19 24	19 31	19 38	19 46	19 55	20 06	20 19
22	18 48	18 51	18 54	18 58	19 01	19 06	19 10	19 15	19 21	19 27	19 34	19 43	19 52	20 03
26	18 42	18 44	18 47	18 50	18 54	18 57	19 02	19 06	19 11	19 16	19 23	19 30	19 38	19 48
30	18 35	18 38	18 40	18 43	18 46	18 49	18 53	18 57	19 01	19 05	19 11	19 17	19 24	19 32
Sept. 3	18 29	18 31	18 33	18 36	18 38	18 41	18 44	18 47	18 50	18 54	18 59	19 04	19 10	19 17
7	18 23	18 24	18 26	18 28	18 30	18 32	18 34	18 37	18 40	18 43	18 47	18 51	18 56	19 01
11	18 16	18 17	18 19	18 20	18 22	18 23	18 25	18 27	18 29	18 32	18 35	18 38	18 41	18 46
15	18 10	18 10	18 11	18 12	18 13	18 15	18 16	18 17	18 19	18 21	18 23	18 25	18 27	18 30
19	18 03	18 03	18 04	18 05	18 05	18 06	18 07	18 07	18 08	18 09	18 10	18 12	18 13	18 15
23	17 56	17 56	17 57	17 57	17 57	17 57	17 57	17 57	17 58	17 58	17 58	17 59	17 59	17 59
27	17 50	17 49	17 49	17 49	17 49	17 48	17 48	17 47	17 47	17 47	17 46	17 45	17 45	17 44
Oct. 1	17 43	17 42	17 42	17 41	17 40	17 39	17 39	17 38	17 36	17 35	17 34	17 32	17 31	17 29
5	17 37	17 36	17 35	17 33	17 32	17 31	17 29	17 28	17 26	17 24	17 22	17 19	17 17	17 14

SUNRISE AND SUNSET, 2007

UNIVERSAL TIME FOR MERIDIAN OF GREENWICH

SUNRISE

Lat.	−55°	−50°	−45°	−40°	−35°	−30°	−20°	−10°	0°	+10°	+20°	+30°	+35°	+40°
	h m	h m	h m	h m	h m	h m	h m	h m	h m	h m	h m	h m	h m	h m
Oct. 1	5 27	5 30	5 33	5 35	5 37	5 39	5 42	5 44	5 47	5 49	5 51	5 53	5 54	5 56
5	5 16	5 21	5 25	5 29	5 32	5 34	5 38	5 42	5 45	5 48	5 52	5 55	5 57	6 00
9	5 06	5 13	5 18	5 22	5 26	5 29	5 35	5 40	5 44	5 48	5 53	5 58	6 01	6 04
13	4 56	5 04	5 11	5 16	5 21	5 25	5 32	5 38	5 43	5 48	5 54	6 00	6 04	6 08
17	4 47	4 56	5 04	5 10	5 16	5 20	5 28	5 36	5 42	5 49	5 55	6 03	6 07	6 12
21	4 37	4 48	4 57	5 04	5 11	5 16	5 26	5 34	5 41	5 49	5 57	6 06	6 11	6 16
25	4 27	4 40	4 50	4 59	5 06	5 12	5 23	5 32	5 41	5 49	5 58	6 08	6 14	6 21
29	4 18	4 33	4 44	4 53	5 01	5 08	5 20	5 31	5 40	5 50	6 00	6 11	6 18	6 25
Nov. 2	4 10	4 25	4 38	4 48	4 57	5 05	5 18	5 30	5 40	5 51	6 02	6 14	6 21	6 30
6	4 01	4 19	4 32	4 44	4 53	5 02	5 16	5 29	5 40	5 52	6 04	6 17	6 25	6 34
10	3 53	4 12	4 27	4 40	4 50	4 59	5 15	5 28	5 40	5 53	6 06	6 21	6 29	6 39
14	3 46	4 07	4 23	4 36	4 47	4 57	5 13	5 28	5 41	5 54	6 08	6 24	6 33	6 43
18	3 39	4 01	4 19	4 33	4 44	4 55	5 12	5 27	5 42	5 55	6 10	6 27	6 37	6 48
22	3 33	3 57	4 15	4 30	4 42	4 53	5 12	5 28	5 42	5 57	6 13	6 30	6 41	6 53
26	3 28	3 53	4 12	4 28	4 41	4 52	5 11	5 28	5 44	5 59	6 15	6 34	6 45	6 57
30	3 23	3 50	4 10	4 26	4 40	4 51	5 11	5 29	5 45	6 01	6 18	6 37	6 48	7 01
Dec. 4	3 20	3 47	4 08	4 25	4 39	4 51	5 12	5 30	5 46	6 03	6 20	6 40	6 52	7 05
8	3 17	3 46	4 07	4 24	4 39	4 51	5 13	5 31	5 48	6 05	6 23	6 43	6 55	7 09
12	3 16	3 45	4 07	4 25	4 39	4 52	5 14	5 33	5 50	6 07	6 25	6 46	6 58	7 12
16	3 15	3 45	4 08	4 25	4 40	4 53	5 15	5 34	5 52	6 09	6 28	6 49	7 01	7 15
20	3 16	3 46	4 09	4 27	4 42	4 55	5 17	5 36	5 54	6 11	6 30	6 51	7 03	7 18
24	3 18	3 48	4 11	4 29	4 44	4 57	5 19	5 38	5 56	6 13	6 32	6 53	7 05	7 20
28	3 21	3 51	4 13	4 31	4 46	4 59	5 21	5 40	5 58	6 15	6 33	6 55	7 07	7 21
32	3 25	3 55	4 17	4 34	4 49	5 02	5 24	5 42	6 00	6 17	6 35	6 56	7 08	7 22
36	3 30	3 59	4 21	4 38	4 52	5 05	5 26	5 44	6 01	6 18	6 36	6 57	7 09	7 22

SUNSET

Lat.	−55°	−50°	−45°	−40°	−35°	−30°	−20°	−10°	0°	+10°	+20°	+30°	+35°	+40°
	h m	h m	h m	h m	h m	h m	h m	h m	h m	h m	h m	h m	h m	h m
Oct. 1	18 14	18 10	18 07	18 05	18 03	18 01	17 58	17 55	17 53	17 51	17 49	17 46	17 45	17 43
5	18 22	18 17	18 12	18 09	18 06	18 03	17 59	17 55	17 52	17 48	17 45	17 41	17 39	17 37
9	18 30	18 23	18 18	18 13	18 09	18 06	18 00	17 55	17 51	17 46	17 42	17 37	17 34	17 30
13	18 38	18 29	18 23	18 17	18 12	18 08	18 01	17 55	17 50	17 44	17 38	17 32	17 28	17 24
17	18 46	18 36	18 28	18 21	18 16	18 11	18 03	17 55	17 49	17 42	17 35	17 28	17 23	17 18
21	18 54	18 42	18 33	18 26	18 19	18 14	18 04	17 56	17 48	17 40	17 32	17 23	17 18	17 13
25	19 02	18 49	18 39	18 30	18 23	18 17	18 06	17 56	17 47	17 39	17 30	17 20	17 14	17 07
29	19 10	18 56	18 44	18 35	18 27	18 20	18 07	17 57	17 47	17 38	17 27	17 16	17 09	17 02
Nov. 2	19 19	19 03	18 50	18 39	18 30	18 23	18 09	17 58	17 47	17 36	17 25	17 13	17 05	16 57
6	19 27	19 10	18 56	18 44	18 34	18 26	18 11	17 59	17 47	17 36	17 23	17 10	17 02	16 53
10	19 36	19 16	19 01	18 49	18 38	18 29	18 13	18 00	17 47	17 35	17 22	17 07	16 58	16 49
14	19 44	19 23	19 07	18 54	18 42	18 33	18 16	18 01	17 48	17 35	17 21	17 05	16 55	16 45
18	19 52	19 30	19 12	18 58	18 46	18 36	18 18	18 03	17 49	17 35	17 20	17 03	16 53	16 42
22	20 00	19 36	19 18	19 03	18 50	18 39	18 21	18 05	17 50	17 35	17 19	17 01	16 51	16 39
26	20 08	19 42	19 23	19 07	18 54	18 43	18 23	18 06	17 51	17 35	17 19	17 00	16 50	16 37
30	20 15	19 48	19 28	19 12	18 58	18 46	18 26	18 08	17 52	17 36	17 19	17 00	16 49	16 36
Dec. 4	20 21	19 53	19 32	19 16	19 01	18 49	18 28	18 10	17 54	17 37	17 20	17 00	16 48	16 35
8	20 27	19 58	19 37	19 19	19 05	18 52	18 31	18 12	17 55	17 39	17 21	17 00	16 48	16 35
12	20 32	20 02	19 40	19 23	19 08	18 55	18 33	18 15	17 57	17 40	17 22	17 01	16 49	16 35
16	20 36	20 06	19 44	19 26	19 11	18 58	18 36	18 17	17 59	17 42	17 23	17 02	16 50	16 36
20	20 39	20 09	19 46	19 28	19 13	19 00	18 38	18 19	18 01	17 44	17 25	17 04	16 52	16 37
24	20 41	20 11	19 48	19 30	19 15	19 02	18 40	18 21	18 03	17 46	17 27	17 06	16 54	16 39
28	20 41	20 12	19 49	19 31	19 16	19 03	18 41	18 23	18 05	17 48	17 29	17 08	16 56	16 42
32	20 41	20 12	19 50	19 32	19 17	19 05	18 43	18 24	18 07	17 50	17 32	17 11	16 59	16 45
36	20 39	20 11	19 49	19 32	19 18	19 05	18 44	18 26	18 09	17 52	17 34	17 14	17 02	16 48

UNIVERSAL TIME FOR MERIDIAN OF GREENWICH

SUNRISE

Lat.	+40°	+42°	+44°	+46°	+48°	+50°	+52°	+54°	+56°	+58°	+60°	+62°	+64°	+66°
	h m	h m	h m	h m	h m	h m	h m	h m	h m	h m	h m	h m	h m	h m
Oct. 1	5 56	5 56	5 57	5 58	5 58	5 59	6 00	6 01	6 02	6 03	6 04	6 06	6 07	6 09
5	6 00	6 01	6 02	6 03	6 04	6 05	6 07	6 08	6 10	6 12	6 14	6 16	6 19	6 22
9	6 04	6 05	6 07	6 08	6 10	6 12	6 14	6 16	6 18	6 21	6 24	6 27	6 31	6 35
13	6 08	6 10	6 11	6 13	6 16	6 18	6 20	6 23	6 26	6 30	6 33	6 38	6 42	6 48
17	6 12	6 14	6 16	6 19	6 21	6 24	6 27	6 31	6 34	6 39	6 43	6 48	6 54	7 01
21	6 16	6 19	6 21	6 24	6 27	6 31	6 34	6 38	6 43	6 48	6 53	6 59	7 07	7 15
25	6 21	6 24	6 27	6 30	6 33	6 37	6 41	6 46	6 51	6 57	7 03	7 10	7 19	7 29
29	6 25	6 28	6 32	6 36	6 40	6 44	6 49	6 54	7 00	7 06	7 13	7 22	7 31	7 43
Nov. 2	6 30	6 33	6 37	6 41	6 46	6 51	6 56	7 02	7 08	7 15	7 24	7 33	7 44	7 57
6	6 34	6 38	6 42	6 47	6 52	6 57	7 03	7 09	7 17	7 25	7 34	7 44	7 57	8 12
10	6 39	6 43	6 48	6 53	6 58	7 04	7 10	7 17	7 25	7 34	7 44	7 56	8 10	8 27
14	6 43	6 48	6 53	6 58	7 04	7 10	7 17	7 25	7 34	7 43	7 54	8 07	8 23	8 42
18	6 48	6 53	6 58	7 04	7 10	7 17	7 24	7 33	7 42	7 52	8 04	8 19	8 36	8 57
22	6 53	6 58	7 03	7 09	7 16	7 23	7 31	7 40	7 50	8 01	8 14	8 29	8 48	9 12
26	6 57	7 02	7 08	7 15	7 22	7 29	7 37	7 47	7 57	8 09	8 23	8 40	9 01	9 27
30	7 01	7 07	7 13	7 20	7 27	7 35	7 44	7 53	8 04	8 17	8 32	8 50	9 12	9 42
Dec. 4	7 05	7 11	7 17	7 24	7 32	7 40	7 49	7 59	8 11	8 24	8 40	8 59	9 23	9 56
8	7 09	7 15	7 21	7 29	7 36	7 45	7 54	8 05	8 17	8 31	8 47	9 07	9 33	10 09
12	7 12	7 18	7 25	7 32	7 40	7 49	7 59	8 09	8 22	8 36	8 53	9 14	9 41	10 20
16	7 15	7 21	7 28	7 36	7 44	7 52	8 02	8 13	8 26	8 40	8 58	9 19	9 47	10 28
20	7 18	7 24	7 31	7 38	7 46	7 55	8 05	8 16	8 29	8 44	9 01	9 23	9 51	10 34
24	7 20	7 26	7 33	7 40	7 48	7 57	8 07	8 18	8 31	8 46	9 03	9 25	9 53	10 36
28	7 21	7 27	7 34	7 41	7 49	7 58	8 08	8 19	8 32	8 46	9 04	9 25	9 53	10 34
32	7 22	7 28	7 35	7 42	7 50	7 59	8 08	8 19	8 31	8 46	9 03	9 23	9 50	10 29
36	7 22	7 28	7 35	7 42	7 50	7 58	8 07	8 18	8 30	8 44	9 00	9 20	9 45	10 21

SUNSET

Lat.	+40°	+42°	+44°	+46°	+48°	+50°	+52°	+54°	+56°	+58°	+60°	+62°	+64°	+66°
	h m	h m	h m	h m	h m	h m	h m	h m	h m	h m	h m	h m	h m	h m
Oct. 1	17 43	17 42	17 42	17 41	17 40	17 39	17 39	17 38	17 36	17 35	17 34	17 32	17 31	17 29
5	17 37	17 36	17 35	17 33	17 32	17 31	17 29	17 28	17 26	17 24	17 22	17 19	17 17	17 14
9	17 30	17 29	17 27	17 26	17 24	17 22	17 20	17 18	17 16	17 13	17 10	17 07	17 03	16 58
13	17 24	17 22	17 21	17 18	17 16	17 14	17 11	17 09	17 05	17 02	16 58	16 54	16 49	16 43
17	17 18	17 16	17 14	17 11	17 09	17 06	17 03	16 59	16 55	16 51	16 47	16 41	16 35	16 28
21	17 13	17 10	17 07	17 04	17 01	16 58	16 54	16 50	16 46	16 41	16 35	16 29	16 22	16 13
25	17 07	17 04	17 01	16 58	16 54	16 50	16 46	16 41	16 36	16 30	16 24	16 17	16 08	15 58
29	17 02	16 59	16 55	16 51	16 47	16 43	16 38	16 33	16 27	16 20	16 13	16 05	15 55	15 43
Nov. 2	16 57	16 53	16 49	16 45	16 41	16 36	16 31	16 25	16 18	16 11	16 03	15 53	15 42	15 29
6	16 53	16 49	16 44	16 40	16 35	16 29	16 23	16 17	16 10	16 02	15 52	15 42	15 29	15 14
10	16 49	16 44	16 40	16 35	16 29	16 23	16 17	16 10	16 02	15 53	15 43	15 31	15 17	15 00
14	16 45	16 40	16 35	16 30	16 24	16 18	16 11	16 03	15 55	15 45	15 34	15 21	15 05	14 46
18	16 42	16 37	16 32	16 26	16 20	16 13	16 05	15 57	15 48	15 37	15 25	15 11	14 54	14 32
22	16 39	16 34	16 28	16 22	16 16	16 08	16 01	15 52	15 42	15 30	15 17	15 02	14 43	14 19
26	16 37	16 32	16 26	16 19	16 12	16 05	15 56	15 47	15 37	15 25	15 10	14 54	14 33	14 06
30	16 36	16 30	16 24	16 17	16 10	16 02	15 53	15 43	15 32	15 19	15 05	14 47	14 24	13 55
Dec. 4	16 35	16 29	16 22	16 16	16 08	16 00	15 51	15 40	15 29	15 15	15 00	14 41	14 17	13 44
8	16 35	16 28	16 22	16 15	16 07	15 58	15 49	15 38	15 26	15 13	14 56	14 36	14 11	13 34
12	16 35	16 29	16 22	16 15	16 07	15 58	15 48	15 38	15 25	15 11	14 54	14 33	14 06	13 27
16	16 36	16 29	16 23	16 15	16 07	15 58	15 49	15 38	15 25	15 10	14 53	14 32	14 04	13 22
20	16 37	16 31	16 24	16 17	16 09	16 00	15 50	15 39	15 26	15 11	14 54	14 32	14 04	13 21
24	16 39	16 33	16 26	16 19	16 11	16 02	15 52	15 41	15 28	15 13	14 56	14 34	14 06	13 23
28	16 42	16 36	16 29	16 21	16 13	16 05	15 55	15 44	15 31	15 17	14 59	14 38	14 10	13 29
32	16 45	16 39	16 32	16 25	16 17	16 08	15 59	15 48	15 35	15 21	15 04	14 44	14 17	13 38
36	16 48	16 42	16 36	16 29	16 21	16 13	16 03	15 53	15 41	15 27	15 10	14 51	14 25	13 50

CIVIL TWILIGHT, 2007

UNIVERSAL TIME FOR MERIDIAN OF GREENWICH
BEGINNING OF MORNING CIVIL TWILIGHT

Lat.	−55°	−50°	−45°	−40°	−35°	−30°	−20°	−10°	0°	+10°	+20°	+30°	+35°	+40°
	h m	h m	h m	h m	h m	h m	h m	h m	h m	h m	h m	h m	h m	h m
Jan. −2	2 25	3 08	3 37	3 59	4 18	4 33	4 57	5 18	5 36	5 53	6 10	6 29	6 39	6 51
2	2 30	3 12	3 41	4 03	4 21	4 36	5 00	5 20	5 38	5 54	6 11	6 30	6 40	6 52
6	2 37	3 17	3 45	4 07	4 24	4 39	5 03	5 22	5 40	5 56	6 13	6 31	6 41	6 52
10	2 44	3 23	3 50	4 11	4 28	4 42	5 05	5 24	5 41	5 57	6 14	6 31	6 41	6 52
14	2 53	3 29	3 55	4 15	4 32	4 46	5 08	5 27	5 43	5 59	6 14	6 31	6 40	6 51
18	3 02	3 36	4 01	4 20	4 36	4 49	5 11	5 29	5 45	5 59	6 14	6 30	6 39	6 49
22	3 11	3 44	4 07	4 25	4 40	4 53	5 14	5 31	5 46	6 00	6 14	6 30	6 38	6 47
26	3 21	3 51	4 13	4 31	4 45	4 57	5 17	5 33	5 47	6 00	6 14	6 28	6 36	6 45
30	3 31	3 59	4 20	4 36	4 49	5 01	5 19	5 35	5 48	6 01	6 13	6 27	6 34	6 42
Feb. 3	3 41	4 07	4 26	4 41	4 54	5 04	5 22	5 36	5 49	6 00	6 12	6 24	6 31	6 39
7	3 51	4 15	4 32	4 46	4 58	5 08	5 24	5 38	5 49	6 00	6 11	6 22	6 28	6 35
11	4 01	4 23	4 39	4 52	5 02	5 12	5 27	5 39	5 49	5 59	6 09	6 19	6 24	6 30
15	4 11	4 30	4 45	4 57	5 07	5 15	5 29	5 40	5 50	5 58	6 07	6 16	6 21	6 26
19	4 21	4 38	4 51	5 02	5 11	5 18	5 31	5 41	5 49	5 57	6 05	6 12	6 16	6 21
23	4 30	4 45	4 57	5 07	5 15	5 22	5 33	5 42	5 49	5 56	6 02	6 09	6 12	6 15
27	4 39	4 53	5 03	5 12	5 19	5 25	5 34	5 42	5 49	5 54	5 59	6 05	6 07	6 10
Mar. 3	4 48	5 00	5 09	5 17	5 23	5 28	5 36	5 43	5 48	5 52	5 57	6 00	6 02	6 04
7	4 57	5 07	5 15	5 21	5 26	5 31	5 38	5 43	5 47	5 51	5 53	5 56	5 57	5 58
11	5 05	5 14	5 20	5 26	5 30	5 33	5 39	5 43	5 46	5 48	5 50	5 51	5 52	5 52
15	5 14	5 21	5 26	5 30	5 33	5 36	5 40	5 43	5 45	5 46	5 47	5 47	5 46	5 45
19	5 22	5 27	5 31	5 34	5 37	5 39	5 41	5 43	5 44	5 44	5 43	5 42	5 41	5 39
23	5 30	5 34	5 36	5 38	5 40	5 41	5 43	5 43	5 43	5 42	5 40	5 37	5 35	5 32
27	5 38	5 40	5 41	5 42	5 43	5 44	5 44	5 43	5 42	5 39	5 36	5 32	5 29	5 26
31	5 45	5 46	5 46	5 46	5 46	5 46	5 45	5 43	5 40	5 37	5 33	5 27	5 24	5 19
Apr. 4	5 53	5 52	5 51	5 50	5 49	5 48	5 46	5 43	5 39	5 35	5 29	5 22	5 18	5 13

END OF EVENING CIVIL TWILIGHT

Lat.	−55°	−50°	−45°	−40°	−35°	−30°	−20°	−10°	0°	+10°	+20°	+30°	+35°	+40°
	h m	h m	h m	h m	h m	h m	h m	h m	h m	h m	h m	h m	h m	h m
Jan. −2	21 39	20 56	20 27	20 04	19 46	19 31	19 06	18 46	18 28	18 11	17 54	17 35	17 25	17 13
2	21 37	20 55	20 27	20 05	19 47	19 32	19 08	18 48	18 30	18 13	17 56	17 38	17 28	17 16
6	21 34	20 54	20 26	20 04	19 47	19 33	19 09	18 49	18 32	18 15	17 59	17 41	17 31	17 20
10	21 29	20 51	20 24	20 04	19 47	19 33	19 09	18 50	18 33	18 17	18 01	17 44	17 34	17 23
14	21 24	20 48	20 22	20 02	19 46	19 32	19 10	18 51	18 35	18 19	18 04	17 47	17 38	17 27
18	21 17	20 43	20 19	20 00	19 44	19 31	19 09	18 52	18 36	18 21	18 06	17 50	17 42	17 32
22	21 10	20 38	20 15	19 57	19 42	19 30	19 09	18 52	18 37	18 23	18 09	17 54	17 45	17 36
26	21 02	20 33	20 11	19 54	19 40	19 28	19 08	18 52	18 38	18 25	18 11	17 57	17 49	17 40
30	20 54	20 26	20 06	19 50	19 37	19 25	19 07	18 52	18 38	18 26	18 14	18 00	17 53	17 45
Feb. 3	20 45	20 20	20 01	19 46	19 33	19 23	19 05	18 51	18 39	18 27	18 16	18 04	17 57	17 49
7	20 35	20 12	19 55	19 41	19 30	19 20	19 04	18 51	18 39	18 28	18 18	18 07	18 01	17 54
11	20 26	20 05	19 49	19 36	19 25	19 16	19 02	18 49	18 39	18 29	18 20	18 10	18 04	17 59
15	20 16	19 57	19 42	19 31	19 21	19 13	18 59	18 48	18 39	18 30	18 22	18 13	18 08	18 03
19	20 06	19 49	19 35	19 25	19 16	19 09	18 57	18 47	18 38	18 31	18 23	18 16	18 12	18 08
23	19 55	19 40	19 28	19 19	19 11	19 05	18 54	18 45	18 38	18 31	18 25	18 19	18 15	18 12
27	19 45	19 32	19 21	19 13	19 06	19 00	18 51	18 43	18 37	18 31	18 26	18 21	18 19	18 16
Mar. 3	19 34	19 23	19 14	19 07	19 01	18 56	18 48	18 41	18 36	18 32	18 28	18 24	18 22	18 21
7	19 24	19 14	19 06	19 00	18 55	18 51	18 44	18 39	18 35	18 32	18 29	18 27	18 26	18 25
11	19 13	19 05	18 59	18 54	18 50	18 46	18 41	18 37	18 34	18 32	18 30	18 29	18 29	18 29
15	19 03	18 56	18 51	18 47	18 44	18 42	18 38	18 35	18 33	18 32	18 31	18 32	18 32	18 33
19	18 53	18 48	18 44	18 41	18 38	18 37	18 34	18 33	18 32	18 32	18 33	18 34	18 36	18 38
23	18 42	18 39	18 36	18 34	18 33	18 32	18 31	18 30	18 31	18 32	18 34	18 37	18 39	18 42
27	18 32	18 30	18 29	18 28	18 27	18 27	18 27	18 28	18 29	18 32	18 35	18 39	18 42	18 46
31	18 22	18 21	18 21	18 21	18 22	18 22	18 24	18 26	18 28	18 32	18 36	18 42	18 46	18 50
Apr. 4	18 12	18 13	18 14	18 15	18 16	18 17	18 20	18 23	18 27	18 32	18 37	18 44	18 49	18 54

UNIVERSAL TIME FOR MERIDIAN OF GREENWICH
BEGINNING OF MORNING CIVIL TWILIGHT

Lat.	+40°	+42°	+44°	+46°	+48°	+50°	+52°	+54°	+56°	+58°	+60°	+62°	+64°	+66°
	h m	h m	h m	h m	h m	h m	h m	h m	h m	h m	h m	h m	h m	h m
Jan. −2	6 51	6 56	7 01	7 07	7 13	7 20	7 27	7 36	7 45	7 55	8 06	8 20	8 35	8 55
2	6 52	6 57	7 02	7 08	7 14	7 20	7 28	7 35	7 44	7 54	8 05	8 18	8 34	8 53
6	6 52	6 57	7 02	7 07	7 13	7 20	7 27	7 35	7 43	7 53	8 04	8 16	8 31	8 49
10	6 52	6 56	7 01	7 07	7 12	7 19	7 25	7 33	7 41	7 50	8 01	8 13	8 27	8 44
14	6 51	6 55	7 00	7 05	7 11	7 17	7 23	7 30	7 38	7 47	7 57	8 08	8 21	8 37
18	6 49	6 54	6 58	7 03	7 08	7 14	7 20	7 27	7 34	7 42	7 52	8 02	8 14	8 29
22	6 47	6 51	6 56	7 00	7 05	7 11	7 16	7 22	7 29	7 37	7 46	7 55	8 07	8 20
26	6 45	6 49	6 53	6 57	7 02	7 06	7 12	7 18	7 24	7 31	7 39	7 48	7 58	8 10
30	6 42	6 46	6 49	6 53	6 57	7 02	7 07	7 12	7 18	7 24	7 31	7 40	7 49	8 00
Feb. 3	6 39	6 42	6 45	6 49	6 53	6 57	7 01	7 06	7 11	7 17	7 23	7 30	7 39	7 48
7	6 35	6 38	6 41	6 44	6 47	6 51	6 55	6 59	7 04	7 09	7 14	7 21	7 28	7 37
11	6 30	6 33	6 36	6 38	6 41	6 45	6 48	6 52	6 56	7 00	7 05	7 11	7 17	7 24
15	6 26	6 28	6 30	6 33	6 35	6 38	6 41	6 44	6 47	6 51	6 55	7 00	7 05	7 11
19	6 21	6 23	6 25	6 27	6 29	6 31	6 33	6 36	6 39	6 42	6 45	6 49	6 53	6 58
23	6 15	6 17	6 18	6 20	6 22	6 24	6 25	6 27	6 30	6 32	6 34	6 37	6 40	6 44
27	6 10	6 11	6 12	6 13	6 15	6 16	6 17	6 19	6 20	6 22	6 23	6 25	6 28	6 30
Mar. 3	6 04	6 05	6 06	6 06	6 07	6 08	6 09	6 09	6 10	6 11	6 12	6 13	6 14	6 15
7	5 58	5 58	5 59	5 59	5 59	6 00	6 00	6 00	6 00	6 01	6 01	6 01	6 01	6 01
11	5 52	5 52	5 52	5 52	5 51	5 51	5 51	5 51	5 50	5 50	5 49	5 48	5 47	5 46
15	5 45	5 45	5 45	5 44	5 43	5 43	5 42	5 41	5 40	5 38	5 37	5 35	5 33	5 31
19	5 39	5 38	5 37	5 36	5 35	5 34	5 32	5 31	5 29	5 27	5 25	5 22	5 19	5 15
23	5 32	5 31	5 30	5 28	5 27	5 25	5 23	5 21	5 18	5 16	5 12	5 09	5 04	4 59
27	5 26	5 24	5 23	5 21	5 19	5 16	5 14	5 11	5 08	5 04	5 00	4 55	4 49	4 43
31	5 19	5 17	5 15	5 13	5 10	5 07	5 04	5 01	4 57	4 52	4 47	4 41	4 34	4 26
Apr. 4	5 13	5 10	5 08	5 05	5 02	4 58	4 55	4 50	4 46	4 40	4 34	4 27	4 19	4 10

END OF EVENING CIVIL TWILIGHT

Lat.	+40°	+42°	+44°	+46°	+48°	+50°	+52°	+54°	+56°	+58°	+60°	+62°	+64°	+66°
	h m	h m	h m	h m	h m	h m	h m	h m	h m	h m	h m	h m	h m	h m
Jan. −2	17 13	17 08	17 03	16 57	16 51	16 44	16 37	16 29	16 20	16 10	15 58	15 45	15 29	15 10
2	17 16	17 11	17 06	17 00	16 54	16 48	16 40	16 33	16 24	16 14	16 03	15 50	15 34	15 16
6	17 20	17 15	17 10	17 04	16 58	16 52	16 45	16 37	16 29	16 19	16 08	15 56	15 41	15 23
10	17 23	17 19	17 14	17 08	17 03	16 57	16 50	16 42	16 34	16 25	16 15	16 03	15 49	15 32
14	17 27	17 23	17 18	17 13	17 08	17 02	16 55	16 48	16 40	16 32	16 22	16 11	15 57	15 42
18	17 32	17 27	17 23	17 18	17 13	17 07	17 01	16 54	16 47	16 39	16 30	16 19	16 07	15 52
22	17 36	17 32	17 28	17 23	17 18	17 13	17 07	17 01	16 54	16 47	16 38	16 28	16 17	16 04
26	17 40	17 37	17 33	17 28	17 24	17 19	17 14	17 08	17 02	16 55	16 47	16 38	16 28	16 16
30	17 45	17 41	17 38	17 34	17 30	17 25	17 20	17 15	17 09	17 03	16 56	16 48	16 39	16 28
Feb. 3	17 49	17 46	17 43	17 39	17 36	17 32	17 27	17 23	17 17	17 12	17 05	16 58	16 50	16 40
7	17 54	17 51	17 48	17 45	17 42	17 38	17 34	17 30	17 25	17 20	17 15	17 08	17 01	16 53
11	17 59	17 56	17 53	17 51	17 48	17 45	17 41	17 38	17 34	17 29	17 24	17 19	17 13	17 06
15	18 03	18 01	17 59	17 56	17 54	17 51	17 48	17 45	17 42	17 38	17 34	17 30	17 24	17 19
19	18 08	18 06	18 04	18 02	18 00	17 58	17 55	17 53	17 50	17 47	17 44	17 40	17 36	17 31
23	18 12	18 11	18 09	18 07	18 06	18 04	18 02	18 00	17 58	17 56	17 54	17 51	17 48	17 44
27	18 16	18 15	18 14	18 13	18 12	18 11	18 09	18 08	18 07	18 05	18 03	18 02	18 00	17 57
Mar. 3	18 21	18 20	18 19	18 19	18 18	18 17	18 16	18 16	18 15	18 14	18 13	18 12	18 11	18 10
7	18 25	18 25	18 24	18 24	18 24	18 24	18 23	18 23	18 23	18 23	18 23	18 23	18 23	18 23
11	18 29	18 29	18 29	18 29	18 30	18 30	18 30	18 31	18 31	18 32	18 33	18 34	18 35	18 36
15	18 33	18 34	18 34	18 35	18 36	18 36	18 37	18 38	18 40	18 41	18 43	18 45	18 47	18 50
19	18 38	18 38	18 39	18 40	18 42	18 43	18 44	18 46	18 48	18 50	18 53	18 56	18 59	19 03
23	18 42	18 43	18 44	18 46	18 48	18 49	18 51	18 54	18 56	18 59	19 03	19 07	19 11	19 17
27	18 46	18 48	18 49	18 51	18 53	18 56	18 59	19 01	19 05	19 09	19 13	19 19	19 24	19 30
31	18 50	18 52	18 54	18 57	18 59	19 02	19 06	19 09	19 13	19 18	19 23	19 29	19 36	19 45
Apr. 4	18 54	18 57	18 59	19 02	19 05	19 09	19 13	19 17	19 22	19 27	19 34	19 41	19 49	19 59

CIVIL TWILIGHT, 2007

UNIVERSAL TIME FOR MERIDIAN OF GREENWICH
BEGINNING OF MORNING CIVIL TWILIGHT

Lat.	−55°	−50°	−45°	−40°	−35°	−30°	−20°	−10°	0°	+10°	+20°	+30°	+35°	+40°
	h m	h m	h m	h m	h m	h m	h m	h m	h m	h m	h m	h m	h m	h m
Mar. 31	5 45	5 46	5 46	5 46	5 46	5 46	5 45	5 43	5 40	5 37	5 33	5 27	5 24	5 19
Apr. 4	5 53	5 52	5 51	5 50	5 49	5 48	5 46	5 43	5 39	5 35	5 29	5 22	5 18	5 13
8	6 01	5 58	5 56	5 54	5 52	5 51	5 47	5 42	5 38	5 32	5 26	5 17	5 12	5 06
12	6 08	6 04	6 01	5 58	5 56	5 53	5 48	5 42	5 37	5 30	5 22	5 13	5 07	5 00
16	6 15	6 10	6 06	6 02	5 59	5 55	5 49	5 42	5 36	5 28	5 19	5 08	5 01	4 53
20	6 22	6 16	6 11	6 06	6 02	5 58	5 50	5 42	5 35	5 26	5 16	5 04	4 56	4 47
24	6 30	6 22	6 15	6 10	6 05	6 00	5 51	5 42	5 34	5 24	5 13	4 59	4 51	4 41
28	6 37	6 28	6 20	6 13	6 08	6 02	5 52	5 43	5 33	5 22	5 10	4 55	4 46	4 36
May 2	6 44	6 33	6 25	6 17	6 11	6 05	5 53	5 43	5 32	5 21	5 07	4 51	4 42	4 30
6	6 50	6 39	6 29	6 21	6 14	6 07	5 55	5 43	5 32	5 19	5 05	4 48	4 37	4 25
10	6 57	6 44	6 33	6 24	6 16	6 09	5 56	5 44	5 31	5 18	5 03	4 44	4 33	4 20
14	7 03	6 49	6 38	6 28	6 19	6 12	5 57	5 44	5 31	5 17	5 01	4 41	4 30	4 16
18	7 09	6 54	6 42	6 31	6 22	6 14	5 59	5 45	5 31	5 16	4 59	4 39	4 26	4 12
22	7 15	6 59	6 46	6 35	6 25	6 16	6 00	5 46	5 31	5 15	4 58	4 37	4 24	4 08
26	7 20	7 03	6 49	6 38	6 28	6 18	6 02	5 46	5 31	5 15	4 57	4 35	4 21	4 05
30	7 25	7 07	6 53	6 41	6 30	6 20	6 03	5 47	5 32	5 15	4 56	4 33	4 19	4 02
June 3	7 29	7 11	6 56	6 43	6 32	6 22	6 05	5 48	5 32	5 15	4 56	4 32	4 18	4 00
7	7 33	7 14	6 59	6 46	6 34	6 24	6 06	5 49	5 33	5 15	4 55	4 31	4 16	3 59
11	7 36	7 17	7 01	6 48	6 36	6 26	6 07	5 50	5 33	5 16	4 55	4 31	4 16	3 58
15	7 39	7 19	7 03	6 49	6 38	6 27	6 09	5 51	5 34	5 16	4 56	4 31	4 16	3 58
19	7 41	7 20	7 04	6 51	6 39	6 28	6 10	5 52	5 35	5 17	4 56	4 31	4 16	3 58
23	7 42	7 21	7 05	6 52	6 40	6 29	6 10	5 53	5 36	5 18	4 57	4 32	4 17	3 59
27	7 42	7 22	7 06	6 52	6 40	6 30	6 11	5 54	5 37	5 19	4 58	4 33	4 18	4 00
July 1	7 41	7 21	7 06	6 52	6 41	6 30	6 12	5 55	5 38	5 20	5 00	4 35	4 20	4 02
5	7 40	7 20	7 05	6 52	6 40	6 30	6 12	5 55	5 38	5 21	5 01	4 37	4 22	4 04

END OF EVENING CIVIL TWILIGHT

Lat.	−55°	−50°	−45°	−40°	−35°	−30°	−20°	−10°	0°	+10°	+20°	+30°	+35°	+40°
	h m	h m	h m	h m	h m	h m	h m	h m	h m	h m	h m	h m	h m	h m
Mar. 31	18 22	18 21	18 21	18 21	18 22	18 22	18 24	18 26	18 28	18 32	18 36	18 42	18 46	18 50
Apr. 4	18 12	18 13	18 14	18 15	18 16	18 17	18 20	18 23	18 27	18 32	18 37	18 44	18 49	18 54
8	18 02	18 05	18 07	18 09	18 11	18 13	18 17	18 21	18 26	18 32	18 38	18 47	18 52	18 59
12	17 53	17 57	18 00	18 03	18 06	18 08	18 14	18 19	18 25	18 32	18 40	18 50	18 56	19 03
16	17 44	17 49	17 53	17 57	18 01	18 04	18 11	18 17	18 24	18 32	18 41	18 52	18 59	19 07
20	17 35	17 41	17 47	17 51	17 56	18 00	18 08	18 16	18 23	18 32	18 42	18 55	19 02	19 11
24	17 26	17 34	17 40	17 46	17 51	17 56	18 05	18 14	18 23	18 33	18 44	18 58	19 06	19 16
28	17 18	17 27	17 34	17 41	17 47	17 53	18 03	18 12	18 22	18 33	18 45	19 00	19 10	19 20
May 2	17 10	17 20	17 29	17 36	17 43	17 49	18 00	18 11	18 22	18 34	18 47	19 03	19 13	19 25
6	17 02	17 14	17 24	17 32	17 39	17 46	17 58	18 10	18 22	18 34	18 49	19 06	19 17	19 29
10	16 55	17 08	17 19	17 28	17 36	17 43	17 57	18 09	18 22	18 35	18 50	19 09	19 20	19 33
14	16 49	17 03	17 14	17 24	17 33	17 41	17 55	18 08	18 22	18 36	18 52	19 12	19 24	19 38
18	16 43	16 58	17 11	17 21	17 30	17 39	17 54	18 08	18 22	18 37	18 54	19 14	19 27	19 42
22	16 38	16 54	17 07	17 18	17 28	17 37	17 53	18 08	18 22	18 38	18 56	19 17	19 30	19 46
26	16 33	16 50	17 04	17 16	17 26	17 35	17 52	18 07	18 23	18 39	18 57	19 20	19 33	19 49
30	16 30	16 47	17 02	17 14	17 25	17 34	17 52	18 08	18 23	18 40	18 59	19 22	19 36	19 53
June 3	16 26	16 45	17 00	17 13	17 24	17 34	17 51	18 08	18 24	18 41	19 01	19 24	19 39	19 56
7	16 24	16 43	16 59	17 12	17 23	17 33	17 51	18 08	18 25	18 42	19 02	19 27	19 41	19 59
11	16 23	16 42	16 58	17 11	17 23	17 33	17 52	18 09	18 26	18 44	19 04	19 28	19 43	20 01
15	16 22	16 42	16 58	17 11	17 23	17 33	17 52	18 10	18 27	18 45	19 05	19 30	19 45	20 03
19	16 22	16 42	16 58	17 12	17 23	17 34	17 53	18 10	18 27	18 46	19 06	19 31	19 46	20 05
23	16 23	16 43	16 59	17 13	17 24	17 35	17 54	18 11	18 28	18 46	19 07	19 32	19 47	20 05
27	16 24	16 44	17 00	17 14	17 26	17 36	17 55	18 12	18 29	18 47	19 08	19 32	19 48	20 06
July 1	16 27	16 46	17 02	17 15	17 27	17 37	17 56	18 13	18 30	18 48	19 08	19 33	19 48	20 05
5	16 30	16 49	17 04	17 17	17 29	17 39	17 57	18 14	18 31	18 48	19 08	19 32	19 47	20 05

UNIVERSAL TIME FOR MERIDIAN OF GREENWICH
BEGINNING OF MORNING CIVIL TWILIGHT

Lat.	+40°	+42°	+44°	+46°	+48°	+50°	+52°	+54°	+56°	+58°	+60°	+62°	+64°	+66°
	h m	h m	h m	h m	h m	h m	h m	h m	h m	h m	h m	h m	h m	h m
Mar. 31	5 19	5 17	5 15	5 13	5 10	5 07	5 04	5 01	4 57	4 52	4 47	4 41	4 34	4 26
Apr. 4	5 13	5 10	5 08	5 05	5 02	4 58	4 55	4 50	4 46	4 40	4 34	4 27	4 19	4 10
8	5 06	5 03	5 00	4 57	4 53	4 49	4 45	4 40	4 35	4 29	4 21	4 13	4 04	3 52
12	5 00	4 57	4 53	4 49	4 45	4 41	4 36	4 30	4 24	4 17	4 09	3 59	3 48	3 35
16	4 53	4 50	4 46	4 42	4 37	4 32	4 26	4 20	4 13	4 05	3 56	3 45	3 32	3 16
20	4 47	4 43	4 39	4 34	4 29	4 23	4 17	4 10	4 02	3 53	3 42	3 30	3 15	2 57
24	4 41	4 37	4 32	4 27	4 21	4 15	4 08	4 00	3 51	3 41	3 29	3 15	2 58	2 37
28	4 36	4 31	4 26	4 20	4 14	4 07	3 59	3 50	3 41	3 29	3 16	3 00	2 41	2 15
May 2	4 30	4 25	4 19	4 13	4 06	3 59	3 50	3 41	3 30	3 18	3 03	2 45	2 23	1 52
6	4 25	4 19	4 13	4 07	3 59	3 51	3 42	3 32	3 20	3 06	2 50	2 30	2 03	1 24
10	4 20	4 14	4 08	4 01	3 53	3 44	3 34	3 23	3 10	2 55	2 37	2 14	1 42	0 46
14	4 16	4 09	4 02	3 55	3 46	3 37	3 27	3 15	3 01	2 44	2 24	1 57	1 18	// //
18	4 12	4 05	3 58	3 50	3 41	3 31	3 20	3 07	2 52	2 33	2 11	1 40	0 47	// //
22	4 08	4 01	3 53	3 45	3 36	3 25	3 13	2 59	2 43	2 23	1 58	1 21	// //	// //
26	4 05	3 58	3 50	3 41	3 31	3 20	3 07	2 53	2 35	2 14	1 45	1 01	// //	// //
30	4 02	3 55	3 46	3 37	3 27	3 15	3 02	2 47	2 28	2 05	1 33	0 34	// //	// //
June 3	4 00	3 53	3 44	3 34	3 24	3 12	2 58	2 42	2 22	1 57	1 22	// //	// //	// //
7	3 59	3 51	3 42	3 32	3 21	3 09	2 55	2 38	2 17	1 51	1 11	// //	// //	// //
11	3 58	3 50	3 41	3 31	3 20	3 07	2 52	2 35	2 13	1 45	1 01	// //	// //	// //
15	3 58	3 49	3 40	3 30	3 19	3 06	2 51	2 33	2 11	1 42	0 54	// //	// //	▭
19	3 58	3 50	3 40	3 30	3 19	3 06	2 50	2 32	2 10	1 40	0 49	// //	// //	▭
23	3 59	3 50	3 41	3 31	3 19	3 06	2 51	2 33	2 11	1 41	0 50	// //	// //	▭
27	4 00	3 52	3 43	3 32	3 21	3 08	2 53	2 35	2 13	1 43	0 54	// //	// //	▭
July 1	4 02	3 54	3 45	3 34	3 23	3 10	2 56	2 38	2 16	1 48	1 02	// //	// //	// //
5	4 04	3 56	3 47	3 37	3 26	3 14	2 59	2 42	2 21	1 54	1 13	// //	// //	// //

END OF EVENING CIVIL TWILIGHT

Lat.	+40°	+42°	+44°	+46°	+48°	+50°	+52°	+54°	+56°	+58°	+60°	+62°	+64°	+66°
	h m	h m	h m	h m	h m	h m	h m	h m	h m	h m	h m	h m	h m	h m
Mar. 31	18 50	18 52	18 54	18 57	18 59	19 02	19 06	19 09	19 13	19 18	19 23	19 29	19 36	19 45
Apr. 4	18 54	18 57	18 59	19 02	19 05	19 09	19 13	19 17	19 22	19 27	19 34	19 41	19 49	19 59
8	18 59	19 01	19 04	19 08	19 12	19 16	19 20	19 25	19 31	19 37	19 44	19 53	20 03	20 14
12	19 03	19 06	19 10	19 13	19 18	19 22	19 27	19 33	19 40	19 47	19 55	20 05	20 16	20 30
16	19 07	19 11	19 15	19 19	19 24	19 29	19 35	19 41	19 49	19 57	20 06	20 17	20 31	20 47
20	19 11	19 16	19 20	19 25	19 30	19 36	19 42	19 50	19 58	20 07	20 18	20 30	20 46	21 04
24	19 16	19 20	19 25	19 31	19 36	19 43	19 50	19 58	20 07	20 17	20 29	20 44	21 01	21 23
28	19 20	19 25	19 30	19 36	19 43	19 50	19 57	20 06	20 16	20 28	20 41	20 57	21 18	21 44
May 2	19 25	19 30	19 36	19 42	19 49	19 56	20 05	20 15	20 26	20 38	20 53	21 12	21 35	22 08
6	19 29	19 35	19 41	19 48	19 55	20 03	20 13	20 23	20 35	20 49	21 06	21 27	21 54	22 36
10	19 33	19 39	19 46	19 53	20 01	20 10	20 20	20 31	20 44	21 00	21 19	21 42	22 16	23 20
14	19 38	19 44	19 51	19 59	20 07	20 17	20 27	20 40	20 54	21 11	21 32	21 59	22 41	// //
18	19 42	19 49	19 56	20 04	20 13	20 23	20 34	20 48	21 03	21 21	21 45	22 17	23 16	// //
22	19 46	19 53	20 01	20 09	20 19	20 29	20 41	20 55	21 12	21 32	21 58	22 36	// //	// //
26	19 49	19 57	20 05	20 14	20 24	20 35	20 48	21 03	21 20	21 42	22 11	22 59	// //	// //
30	19 53	20 01	20 09	20 18	20 29	20 40	20 54	21 09	21 28	21 52	22 24	23 31	// //	// //
June 3	19 56	20 04	20 13	20 22	20 33	20 45	20 59	21 15	21 35	22 01	22 37	// //	// //	// //
7	19 59	20 07	20 16	20 26	20 37	20 49	21 04	21 21	21 41	22 08	22 49	// //	// //	// //
11	20 01	20 10	20 19	20 29	20 40	20 53	21 07	21 25	21 46	22 15	23 00	// //	// //	// //
15	20 03	20 12	20 21	20 31	20 42	20 55	21 10	21 28	21 50	22 20	23 09	// //	// //	▭
19	20 05	20 13	20 22	20 32	20 44	20 57	21 12	21 30	21 53	22 23	23 14	// //	// //	▭
23	20 05	20 14	20 23	20 33	20 45	20 58	21 13	21 31	21 53	22 23	23 14	// //	// //	▭
27	20 06	20 14	20 23	20 33	20 45	20 58	21 13	21 31	21 53	22 22	23 11	// //	// //	▭
July 1	20 05	20 14	20 23	20 33	20 44	20 57	21 11	21 29	21 50	22 19	23 03	// //	// //	// //
5	20 05	20 13	20 22	20 31	20 42	20 55	21 09	21 26	21 47	22 14	22 54	// //	// //	// //

▭ indicates Sun continuously above horizon.
// // indicates continuous twilight.

CIVIL TWILIGHT, 2007

UNIVERSAL TIME FOR MERIDIAN OF GREENWICH
BEGINNING OF MORNING CIVIL TWILIGHT

Lat.	−55°	−50°	−45°	−40°	−35°	−30°	−20°	−10°	0°	+10°	+20°	+30°	+35°	+40°
	h m	h m	h m	h m	h m	h m	h m	h m	h m	h m	h m	h m	h m	h m
July 1	7 41	7 21	7 06	6 52	6 41	6 30	6 12	5 55	5 38	5 20	5 00	4 35	4 20	4 02
5	7 40	7 20	7 05	6 52	6 40	6 30	6 12	5 55	5 38	5 21	5 01	4 37	4 22	4 04
9	7 37	7 19	7 04	6 51	6 40	6 30	6 12	5 55	5 39	5 22	5 02	4 39	4 24	4 07
13	7 34	7 16	7 02	6 49	6 39	6 29	6 12	5 56	5 40	5 23	5 04	4 41	4 27	4 10
17	7 30	7 13	6 59	6 48	6 37	6 28	6 11	5 56	5 40	5 24	5 06	4 43	4 29	4 13
21	7 26	7 10	6 56	6 45	6 35	6 26	6 10	5 56	5 41	5 25	5 07	4 46	4 32	4 17
25	7 21	7 05	6 53	6 42	6 33	6 25	6 09	5 55	5 41	5 26	5 09	4 48	4 35	4 21
29	7 15	7 01	6 49	6 39	6 30	6 22	6 08	5 55	5 41	5 27	5 11	4 51	4 39	4 24
Aug. 2	7 09	6 55	6 45	6 35	6 27	6 20	6 06	5 54	5 41	5 28	5 12	4 53	4 42	4 29
6	7 02	6 50	6 40	6 31	6 24	6 17	6 04	5 53	5 41	5 28	5 14	4 56	4 45	4 33
10	6 54	6 43	6 35	6 27	6 20	6 14	6 02	5 52	5 41	5 29	5 15	4 59	4 49	4 37
14	6 46	6 37	6 29	6 22	6 16	6 10	6 00	5 50	5 40	5 29	5 17	5 01	4 52	4 41
18	6 38	6 30	6 23	6 17	6 12	6 07	5 57	5 48	5 39	5 29	5 18	5 04	4 55	4 45
22	6 29	6 22	6 17	6 12	6 07	6 03	5 55	5 47	5 39	5 30	5 19	5 06	4 58	4 49
26	6 20	6 15	6 10	6 06	6 02	5 58	5 52	5 45	5 38	5 30	5 20	5 09	5 02	4 53
30	6 11	6 07	6 03	6 00	5 57	5 54	5 48	5 43	5 36	5 30	5 21	5 11	5 05	4 57
Sept. 3	6 02	5 59	5 56	5 54	5 52	5 49	5 45	5 40	5 35	5 29	5 22	5 13	5 08	5 0!
7	5 52	5 50	5 49	5 48	5 46	5 45	5 42	5 38	5 34	5 29	5 23	5 16	5 11	5 05
11	5 42	5 42	5 42	5 41	5 41	5 40	5 38	5 36	5 33	5 29	5 24	5 18	5 14	5 09
15	5 32	5 33	5 34	5 35	5 35	5 35	5 34	5 33	5 31	5 29	5 25	5 20	5 17	5 13
19	5 21	5 24	5 27	5 28	5 29	5 30	5 31	5 31	5 30	5 28	5 26	5 22	5 20	5 17
23	5 11	5 16	5 19	5 21	5 23	5 25	5 27	5 28	5 29	5 28	5 27	5 25	5 23	5 21
27	5 01	5 07	5 11	5 15	5 18	5 20	5 23	5 26	5 27	5 28	5 28	5 27	5 26	5 25
Oct. 1	4 50	4 58	5 03	5 08	5 12	5 15	5 20	5 23	5 26	5 28	5 29	5 29	5 29	5 29
5	4 39	4 49	4 56	5 01	5 06	5 10	5 16	5 21	5 25	5 27	5 30	5 31	5 32	5 33

END OF EVENING CIVIL TWILIGHT

	h m	h m	h m	h m	h m	h m	h m	h m	h m	h m	h m	h m	h m	h m
July 1	16 27	16 46	17 02	17 15	17 27	17 37	17 56	18 13	18 30	18 48	19 08	19 33	19 48	20 05
5	16 30	16 49	17 04	17 17	17 29	17 39	17 57	18 14	18 31	18 48	19 08	19 32	19 47	20 05
9	16 33	16 52	17 07	17 20	17 31	17 41	17 58	18 15	18 31	18 48	19 08	19 32	19 46	20 03
13	16 38	16 55	17 10	17 22	17 33	17 43	18 00	18 16	18 32	18 48	19 07	19 30	19 44	20 01
17	16 42	16 59	17 13	17 25	17 35	17 45	18 01	18 17	18 32	18 48	19 06	19 29	19 42	19 59
21	16 47	17 04	17 17	17 28	17 38	17 47	18 03	18 17	18 32	18 48	19 05	19 27	19 40	19 55
25	16 53	17 08	17 20	17 31	17 40	17 49	18 04	18 18	18 32	18 47	19 04	19 25	19 37	19 52
29	16 59	17 13	17 24	17 34	17 43	17 51	18 05	18 18	18 32	18 46	19 02	19 22	19 34	19 48
Aug. 2	17 05	17 18	17 28	17 38	17 46	17 53	18 06	18 19	18 31	18 45	19 00	19 19	19 30	19 43
6	17 11	17 23	17 33	17 41	17 48	17 55	18 08	18 19	18 31	18 44	18 58	19 15	19 26	19 38
10	17 17	17 28	17 37	17 44	17 51	17 57	18 09	18 19	18 30	18 42	18 55	19 12	19 22	19 33
14	17 24	17 33	17 41	17 48	17 54	17 59	18 10	18 19	18 29	18 40	18 53	19 08	19 17	19 28
18	17 31	17 39	17 46	17 51	17 57	18 02	18 11	18 19	18 29	18 38	18 50	19 04	19 12	19 22
22	17 38	17 44	17 50	17 55	17 59	18 04	18 12	18 19	18 27	18 36	18 47	18 59	19 07	19 16
26	17 44	17 50	17 54	17 58	18 02	18 06	18 13	18 19	18 26	18 34	18 43	18 55	19 02	19 10
30	17 51	17 55	17 59	18 02	18 05	18 08	18 13	18 19	18 25	18 32	18 40	18 50	18 56	19 03
Sept. 3	17 58	18 01	18 03	18 06	18 08	18 10	18 14	18 19	18 24	18 29	18 36	18 45	18 50	18 57
7	18 06	18 07	18 08	18 09	18 11	18 12	18 15	18 18	18 22	18 27	18 33	18 40	18 45	18 50
11	18 13	18 13	18 13	18 13	18 13	18 14	18 16	18 18	18 21	18 24	18 29	18 35	18 39	18 43
15	18 20	18 18	18 17	18 17	18 16	18 16	18 16	18 18	18 19	18 22	18 25	18 30	18 33	18 37
19	18 28	18 24	18 22	18 20	18 19	18 18	18 17	18 17	18 18	18 19	18 21	18 25	18 27	18 30
23	18 35	18 31	18 27	18 24	18 22	18 20	18 18	18 17	18 16	18 17	18 18	18 20	18 21	18 23
27	18 43	18 37	18 32	18 28	18 25	18 23	18 19	18 17	18 15	18 14	18 14	18 15	18 16	18 17
Oct. 1	18 51	18 43	18 37	18 32	18 28	18 25	18 20	18 16	18 14	18 12	18 11	18 10	18 10	18 10
5	18 59	18 49	18 42	18 36	18 31	18 27	18 21	18 16	18 13	18 09	18 07	18 05	18 04	18 04

UNIVERSAL TIME FOR MERIDIAN OF GREENWICH
BEGINNING OF MORNING CIVIL TWILIGHT

Lat.	+40°	+42°	+44°	+46°	+48°	+50°	+52°	+54°	+56°	+58°	+60°	+62°	+64°	+66°
	h m	h m	h m	h m	h m	h m	h m	h m	h m	h m	h m	h m	h m	h m
July 1	4 02	3 54	3 45	3 34	3 23	3 10	2 56	2 38	2 16	1 48	1 02	// //	// //	// //
5	4 04	3 56	3 47	3 37	3 26	3 14	2 59	2 42	2 21	1 54	1 13	// //	// //	// //
9	4 07	3 59	3 50	3 41	3 30	3 18	3 04	2 47	2 27	2 02	1 24	// //	// //	// //
13	4 10	4 02	3 54	3 44	3 34	3 22	3 09	2 53	2 34	2 10	1 37	0 25	// //	// //
17	4 13	4 06	3 58	3 49	3 39	3 27	3 15	3 00	2 42	2 20	1 50	1 01	// //	// //
21	4 17	4 10	4 02	3 53	3 44	3 33	3 21	3 07	2 50	2 30	2 03	1 24	// //	// //
25	4 21	4 14	4 06	3 58	3 49	3 39	3 27	3 14	2 59	2 40	2 16	1 43	0 38	// //
29	4 24	4 18	4 11	4 03	3 55	3 45	3 34	3 22	3 08	2 50	2 29	2 01	1 17	// //
Aug. 2	4 29	4 22	4 16	4 08	4 00	3 51	3 41	3 30	3 17	3 01	2 42	2 17	1 43	0 27
6	4 33	4 27	4 21	4 14	4 06	3 58	3 49	3 38	3 26	3 11	2 54	2 33	2 04	1 20
10	4 37	4 31	4 26	4 19	4 12	4 04	3 56	3 46	3 35	3 22	3 06	2 48	2 23	1 49
14	4 41	4 36	4 31	4 25	4 18	4 11	4 03	3 54	3 44	3 32	3 18	3 02	2 41	2 13
18	4 45	4 41	4 36	4 30	4 24	4 18	4 10	4 02	3 53	3 42	3 30	3 15	2 57	2 34
22	4 49	4 45	4 41	4 36	4 30	4 24	4 18	4 10	4 02	3 52	3 41	3 28	3 13	2 53
26	4 53	4 50	4 45	4 41	4 36	4 31	4 25	4 18	4 11	4 02	3 52	3 41	3 27	3 10
30	4 57	4 54	4 50	4 46	4 42	4 37	4 32	4 26	4 19	4 12	4 03	3 53	3 41	3 27
Sept. 3	5 01	4 58	4 55	4 52	4 48	4 44	4 39	4 34	4 28	4 21	4 14	4 05	3 55	3 42
7	5 05	5 03	5 00	4 57	4 54	4 50	4 46	4 41	4 36	4 31	4 24	4 17	4 08	3 57
11	5 09	5 07	5 05	5 02	4 59	4 56	4 53	4 49	4 45	4 40	4 34	4 28	4 20	4 12
15	5 13	5 11	5 09	5 07	5 05	5 02	5 00	4 56	4 53	4 49	4 44	4 39	4 33	4 26
19	5 17	5 16	5 14	5 13	5 11	5 09	5 06	5 04	5 01	4 58	4 54	4 50	4 45	4 39
23	5 21	5 20	5 19	5 18	5 16	5 15	5 13	5 11	5 09	5 07	5 04	5 01	4 57	4 52
27	5 25	5 24	5 24	5 23	5 22	5 21	5 20	5 18	5 17	5 15	5 13	5 11	5 08	5 05
Oct. 1	5 29	5 28	5 28	5 28	5 27	5 27	5 26	5 26	5 25	5 24	5 23	5 22	5 20	5 18
5	5 33	5 33	5 33	5 33	5 33	5 33	5 33	5 33	5 33	5 33	5 32	5 32	5 31	5 31

END OF EVENING CIVIL TWILIGHT

Lat.	+40°	+42°	+44°	+46°	+48°	+50°	+52°	+54°	+56°	+58°	+60°	+62°	+64°	+66°
	h m	h m	h m	h m	h m	h m	h m	h m	h m	h m	h m	h m	h m	h m
July 1	20 05	20 14	20 23	20 33	20 44	20 57	21 11	21 29	21 50	22 19	23 03	// //	// //	// //
5	20 05	20 13	20 22	20 31	20 42	20 55	21 09	21 26	21 47	22 14	22 54	// //	// //	// //
9	20 03	20 11	20 20	20 29	20 40	20 52	21 06	21 22	21 42	22 07	22 43	// //	// //	// //
13	20 01	20 09	20 17	20 26	20 37	20 48	21 02	21 17	21 36	21 59	22 32	23 35	// //	// //
17	19 59	20 06	20 14	20 23	20 33	20 44	20 57	21 11	21 29	21 51	22 20	23 06	// //	// //
21	19 55	20 03	20 10	20 19	20 28	20 39	20 51	21 05	21 21	21 41	22 07	22 45	// //	// //
25	19 52	19 59	20 06	20 14	20 23	20 33	20 44	20 57	21 13	21 31	21 54	22 26	23 23	// //
29	19 48	19 54	20 01	20 09	20 17	20 27	20 37	20 50	21 04	21 21	21 41	22 09	22 50	// //
Aug. 2	19 43	19 49	19 56	20 03	20 11	20 20	20 30	20 41	20 54	21 10	21 28	21 52	22 25	23 26
6	19 38	19 44	19 50	19 57	20 05	20 13	20 22	20 32	20 44	20 58	21 15	21 36	22 03	22 45
10	19 33	19 39	19 44	19 51	19 57	20 05	20 14	20 23	20 34	20 47	21 02	21 20	21 44	22 16
14	19 28	19 33	19 38	19 44	19 50	19 57	20 05	20 14	20 24	20 35	20 49	21 05	21 25	21 52
18	19 22	19 26	19 31	19 37	19 42	19 49	19 56	20 04	20 13	20 24	20 36	20 50	21 07	21 30
22	19 16	19 20	19 24	19 29	19 35	19 40	19 47	19 54	20 02	20 12	20 22	20 35	20 50	21 09
26	19 10	19 13	19 17	19 22	19 27	19 32	19 38	19 44	19 51	20 00	20 09	20 21	20 34	20 50
30	19 03	19 07	19 10	19 14	19 18	19 23	19 28	19 34	19 40	19 48	19 56	20 06	20 18	20 32
Sept. 3	18 57	19 00	19 03	19 06	19 10	19 14	19 19	19 24	19 29	19 36	19 43	19 52	20 02	20 14
7	18 50	18 53	18 55	18 58	19 02	19 05	19 09	19 13	19 18	19 24	19 30	19 38	19 46	19 56
11	18 43	18 46	18 48	18 50	18 53	18 56	18 59	19 03	19 07	19 12	19 17	19 24	19 31	19 39
15	18 37	18 38	18 40	18 42	18 45	18 47	18 50	18 53	18 56	19 00	19 05	19 10	19 16	19 23
19	18 30	18 31	18 33	18 34	18 36	18 38	18 40	18 43	18 45	18 49	18 52	18 56	19 01	19 07
23	18 23	18 24	18 25	18 26	18 28	18 29	18 31	18 33	18 35	18 37	18 40	18 43	18 46	18 51
27	18 17	18 17	18 18	18 19	18 19	18 20	18 21	18 23	18 24	18 25	18 27	18 29	18 32	18 35
Oct. 1	18 10	18 10	18 11	18 11	18 11	18 12	18 12	18 13	18 13	18 14	18 15	18 16	18 18	18 20
5	18 04	18 03	18 03	18 03	18 03	18 03	18 03	18 03	18 03	18 03	18 03	18 04	18 04	18 04

// // indicates continuous twilight.

CIVIL TWILIGHT, 2007

UNIVERSAL TIME FOR MERIDIAN OF GREENWICH
BEGINNING OF MORNING CIVIL TWILIGHT

Lat.	−55°	−50°	−45°	−40°	−35°	−30°	−20°	−10°	0°	+10°	+20°	+30°	+35°	+40°
	h m	h m	h m	h m	h m	h m	h m	h m	h m	h m	h m	h m	h m	h m
Oct. 1	4 50	4 58	5 03	5 08	5 12	5 15	5 20	5 23	5 26	5 28	5 29	5 29	5 29	5 29
5	4 39	4 49	4 56	5 01	5 06	5 10	5 16	5 21	5 25	5 27	5 30	5 31	5 32	5 33
9	4 29	4 40	4 48	4 55	5 01	5 05	5 13	5 19	5 23	5 27	5 31	5 34	5 35	5 37
13	4 18	4 31	4 41	4 48	4 55	5 00	5 09	5 16	5 22	5 27	5 32	5 36	5 38	5 41
17	4 08	4 22	4 33	4 42	4 50	4 56	5 06	5 14	5 21	5 27	5 33	5 39	5 42	5 45
21	3 57	4 14	4 26	4 36	4 44	4 51	5 03	5 12	5 20	5 28	5 34	5 41	5 45	5 49
25	3 47	4 05	4 19	4 30	4 39	4 47	5 00	5 11	5 20	5 28	5 36	5 44	5 48	5 53
29	3 37	3 57	4 12	4 25	4 35	4 43	4 57	5 09	5 19	5 28	5 37	5 47	5 52	5 57
Nov. 2	3 27	3 49	4 06	4 19	4 30	4 40	4 55	5 08	5 19	5 29	5 39	5 50	5 55	6 01
6	3 18	3 42	4 00	4 14	4 26	4 36	4 53	5 07	5 19	5 30	5 41	5 52	5 59	6 06
10	3 08	3 35	3 54	4 10	4 22	4 33	4 51	5 06	5 19	5 31	5 43	5 55	6 02	6 10
14	3 00	3 28	3 49	4 05	4 19	4 31	4 50	5 05	5 19	5 32	5 45	5 59	6 06	6 15
18	2 51	3 22	3 44	4 02	4 16	4 28	4 49	5 05	5 20	5 33	5 47	6 02	6 10	6 19
22	2 44	3 16	3 40	3 59	4 14	4 27	4 48	5 05	5 20	5 35	5 49	6 05	6 13	6 23
26	2 37	3 11	3 37	3 56	4 12	4 25	4 47	5 05	5 21	5 36	5 52	6 08	6 17	6 27
30	2 30	3 07	3 34	3 54	4 11	4 24	4 47	5 06	5 23	5 38	5 54	6 11	6 21	6 31
Dec. 4	2 25	3 04	3 32	3 53	4 10	4 24	4 48	5 07	5 24	5 40	5 56	6 14	6 24	6 35
8	2 21	3 02	3 30	3 52	4 10	4 24	4 48	5 08	5 26	5 42	5 59	6 17	6 27	6 38
12	2 19	3 01	3 30	3 52	4 10	4 25	4 49	5 10	5 27	5 44	6 01	6 20	6 30	6 42
16	2 18	3 01	3 30	3 53	4 11	4 26	4 51	5 11	5 29	5 46	6 04	6 22	6 33	6 45
20	2 18	3 02	3 31	3 54	4 12	4 28	4 52	5 13	5 31	5 48	6 06	6 25	6 35	6 47
24	2 20	3 04	3 33	3 56	4 14	4 29	4 54	5 15	5 33	5 50	6 08	6 27	6 37	6 49
28	2 23	3 07	3 36	3 59	4 17	4 32	4 57	5 17	5 35	5 52	6 09	6 28	6 39	6 50
32	2 28	3 10	3 40	4 02	4 20	4 35	4 59	5 19	5 37	5 54	6 11	6 29	6 40	6 51
36	2 34	3 15	3 44	4 05	4 23	4 38	5 02	5 22	5 39	5 56	6 12	6 30	6 41	6 52

END OF EVENING CIVIL TWILIGHT

Lat.	−55°	−50°	−45°	−40°	−35°	−30°	−20°	−10°	0°	+10°	+20°	+30°	+35°	+40°
	h m	h m	h m	h m	h m	h m	h m	h m	h m	h m	h m	h m	h m	h m
Oct. 1	18 51	18 43	18 37	18 32	18 28	18 25	18 20	18 16	18 14	18 12	18 11	18 10	18 10	18 10
5	18 59	18 49	18 42	18 36	18 31	18 27	18 21	18 16	18 13	18 09	18 07	18 05	18 04	18 04
9	19 07	18 56	18 47	18 41	18 35	18 30	18 22	18 16	18 11	18 07	18 04	18 00	17 59	17 57
13	19 16	19 03	18 53	18 45	18 38	18 33	18 24	18 16	18 10	18 05	18 01	17 56	17 54	17 51
17	19 25	19 10	18 59	18 49	18 42	18 36	18 25	18 17	18 10	18 03	17 58	17 52	17 49	17 46
21	19 33	19 17	19 04	18 54	18 46	18 38	18 27	18 17	18 09	18 02	17 55	17 48	17 44	17 40
25	19 43	19 24	19 10	18 59	18 49	18 41	18 28	18 18	18 09	18 00	17 52	17 44	17 39	17 35
29	19 52	19 32	19 16	19 04	18 53	18 45	18 30	18 19	18 08	17 59	17 50	17 40	17 35	17 30
Nov. 2	20 02	19 39	19 22	19 09	18 57	18 48	18 32	18 20	18 08	17 58	17 48	17 37	17 31	17 25
6	20 11	19 47	19 28	19 14	19 02	18 51	18 35	18 21	18 09	17 57	17 46	17 34	17 28	17 21
10	20 21	19 54	19 35	19 19	19 06	18 55	18 37	18 22	18 09	17 57	17 45	17 32	17 25	17 17
14	20 31	20 02	19 41	19 24	19 10	18 59	18 39	18 24	18 10	17 57	17 44	17 30	17 22	17 14
18	20 41	20 10	19 47	19 29	19 14	19 02	18 42	18 25	18 11	17 57	17 43	17 28	17 20	17 11
22	20 50	20 17	19 53	19 34	19 19	19 06	18 45	18 27	18 12	17 57	17 43	17 27	17 18	17 09
26	20 59	20 24	19 59	19 39	19 23	19 09	18 47	18 29	18 13	17 58	17 43	17 26	17 17	17 07
30	21 08	20 30	20 04	19 43	19 27	19 13	18 50	18 31	18 14	17 59	17 43	17 26	17 16	17 06
Dec. 4	21 16	20 37	20 09	19 48	19 31	19 16	18 53	18 33	18 16	18 00	17 44	17 26	17 16	17 05
8	21 23	20 42	20 14	19 52	19 34	19 19	18 55	18 35	18 18	18 01	17 45	17 26	17 16	17 05
12	21 29	20 47	20 18	19 55	19 37	19 22	18 58	18 38	18 20	18 03	17 46	17 27	17 17	17 05
16	21 34	20 50	20 21	19 58	19 40	19 25	19 00	18 40	18 22	18 05	17 47	17 29	17 18	17 06
20	21 37	20 53	20 24	20 01	19 43	19 27	19 02	18 42	18 24	18 07	17 49	17 30	17 20	17 08
24	21 39	20 55	20 25	20 03	19 45	19 29	19 04	18 44	18 26	18 09	17 51	17 32	17 22	17 10
28	21 39	20 56	20 26	20 04	19 46	19 31	19 06	18 46	18 28	18 11	17 53	17 35	17 24	17 12
32	21 38	20 56	20 27	20 05	19 47	19 32	19 07	18 47	18 30	18 13	17 56	17 37	17 27	17 15
36	21 35	20 54	20 26	20 05	19 47	19 32	19 08	18 49	18 31	18 15	17 58	17 40	17 30	17 19

UNIVERSAL TIME FOR MERIDIAN OF GREENWICH
BEGINNING OF MORNING CIVIL TWILIGHT

Lat.	+40°	+42°	+44°	+46°	+48°	+50°	+52°	+54°	+56°	+58°	+60°	+62°	+64°	+66°
	h m	h m	h m	h m	h m	h m	h m	h m	h m	h m	h m	h m	h m	h m
Oct. 1	5 29	5 28	5 28	5 28	5 27	5 27	5 26	5 26	5 25	5 24	5 23	5 22	5 20	5 18
5	5 33	5 33	5 33	5 33	5 33	5 33	5 33	5 33	5 33	5 33	5 32	5 32	5 31	5 31
9	5 37	5 37	5 38	5 38	5 39	5 39	5 40	5 40	5 41	5 41	5 42	5 42	5 43	5 43
13	5 41	5 42	5 42	5 43	5 44	5 45	5 46	5 48	5 49	5 50	5 51	5 53	5 54	5 56
17	5 45	5 46	5 47	5 49	5 50	5 52	5 53	5 55	5 57	5 59	6 01	6 03	6 06	6 09
21	5 49	5 50	5 52	5 54	5 56	5 58	6 00	6 02	6 05	6 07	6 10	6 13	6 17	6 21
25	5 53	5 55	5 57	5 59	6 02	6 04	6 07	6 09	6 13	6 16	6 20	6 24	6 28	6 34
29	5 57	6 00	6 02	6 05	6 07	6 10	6 13	6 17	6 20	6 24	6 29	6 34	6 40	6 46
Nov. 2	6 01	6 04	6 07	6 10	6 13	6 16	6 20	6 24	6 28	6 33	6 38	6 44	6 51	6 59
6	6 06	6 09	6 12	6 15	6 19	6 23	6 27	6 31	6 36	6 42	6 48	6 54	7 02	7 11
10	6 10	6 13	6 17	6 21	6 25	6 29	6 34	6 38	6 44	6 50	6 57	7 04	7 13	7 23
14	6 15	6 18	6 22	6 26	6 30	6 35	6 40	6 46	6 52	6 58	7 06	7 14	7 24	7 35
18	6 19	6 23	6 27	6 31	6 36	6 41	6 46	6 52	6 59	7 06	7 14	7 24	7 35	7 47
22	6 23	6 27	6 32	6 36	6 41	6 47	6 53	6 59	7 06	7 14	7 23	7 33	7 45	7 59
26	6 27	6 32	6 36	6 41	6 47	6 52	6 59	7 05	7 13	7 21	7 31	7 42	7 54	8 10
30	6 31	6 36	6 41	6 46	6 51	6 57	7 04	7 11	7 19	7 28	7 38	7 50	8 03	8 20
Dec. 4	6 35	6 40	6 45	6 50	6 56	7 02	7 09	7 17	7 25	7 34	7 45	7 57	8 12	8 29
8	6 38	6 43	6 49	6 54	7 00	7 07	7 14	7 22	7 30	7 40	7 51	8 04	8 19	8 37
12	6 42	6 47	6 52	6 58	7 04	7 11	7 18	7 26	7 35	7 45	7 56	8 09	8 25	8 44
16	6 45	6 50	6 55	7 01	7 07	7 14	7 21	7 29	7 39	7 49	8 00	8 14	8 30	8 49
20	6 47	6 52	6 58	7 03	7 10	7 17	7 24	7 32	7 41	7 52	8 03	8 17	8 33	8 53
24	6 49	6 54	7 00	7 05	7 12	7 19	7 26	7 34	7 43	7 54	8 05	8 19	8 35	8 55
28	6 50	6 56	7 01	7 07	7 13	7 20	7 27	7 35	7 44	7 55	8 06	8 20	8 35	8 55
32	6 51	6 56	7 02	7 08	7 14	7 20	7 28	7 36	7 44	7 54	8 06	8 19	8 34	8 53
36	6 52	6 57	7 02	7 08	7 14	7 20	7 27	7 35	7 44	7 53	8 04	8 17	8 32	8 50

END OF EVENING CIVIL TWILIGHT

Lat.	+40°	+42°	+44°	+46°	+48°	+50°	+52°	+54°	+56°	+58°	+60°	+62°	+64°	+66°
	h m	h m	h m	h m	h m	h m	h m	h m	h m	h m	h m	h m	h m	h m
Oct. 1	18 10	18 10	18 11	18 11	18 11	18 12	18 12	18 13	18 13	18 14	18 15	18 16	18 18	18 20
5	18 04	18 03	18 03	18 03	18 03	18 03	18 03	18 03	18 03	18 03	18 03	18 04	18 04	18 04
9	17 57	17 57	17 56	17 56	17 55	17 55	17 54	17 53	17 53	17 52	17 52	17 51	17 50	17 50
13	17 51	17 50	17 49	17 48	17 47	17 46	17 45	17 44	17 43	17 42	17 40	17 39	17 37	17 35
17	17 46	17 44	17 43	17 41	17 40	17 38	17 37	17 35	17 33	17 31	17 29	17 27	17 24	17 21
21	17 40	17 38	17 37	17 35	17 33	17 31	17 29	17 26	17 24	17 21	17 18	17 15	17 11	17 07
25	17 35	17 33	17 31	17 28	17 26	17 23	17 21	17 18	17 15	17 11	17 08	17 03	16 59	16 53
29	17 30	17 27	17 25	17 22	17 19	17 16	17 13	17 10	17 06	17 02	16 57	16 52	16 47	16 40
Nov. 2	17 25	17 22	17 20	17 17	17 13	17 10	17 06	17 02	16 58	16 53	16 48	16 42	16 35	16 27
6	17 21	17 18	17 15	17 11	17 08	17 04	17 00	16 55	16 50	16 45	16 39	16 32	16 24	16 15
10	17 17	17 14	17 10	17 06	17 02	16 58	16 54	16 49	16 43	16 37	16 30	16 22	16 14	16 03
14	17 14	17 10	17 06	17 02	16 58	16 53	16 48	16 43	16 36	16 30	16 22	16 14	16 04	15 52
18	17 11	17 07	17 03	16 58	16 54	16 49	16 43	16 37	16 31	16 23	16 15	16 06	15 55	15 42
22	17 09	17 04	17 00	16 55	16 50	16 45	16 39	16 33	16 25	16 17	16 09	15 58	15 47	15 33
26	17 07	17 02	16 58	16 53	16 47	16 42	16 35	16 29	16 21	16 13	16 03	15 52	15 39	15 24
30	17 06	17 01	16 56	16 51	16 45	16 39	16 33	16 25	16 17	16 08	15 58	15 47	15 33	15 17
Dec. 4	17 05	17 00	16 55	16 50	16 44	16 37	16 31	16 23	16 15	16 05	15 55	15 42	15 28	15 11
8	17 05	17 00	16 55	16 49	16 43	16 36	16 29	16 22	16 13	16 03	15 52	15 39	15 24	15 06
12	17 05	17 00	16 55	16 49	16 43	16 36	16 29	16 21	16 12	16 02	15 51	15 38	15 22	15 03
16	17 06	17 01	16 56	16 50	16 44	16 37	16 29	16 21	16 12	16 02	15 50	15 37	15 21	15 02
20	17 08	17 03	16 57	16 51	16 45	16 38	16 31	16 23	16 13	16 03	15 51	15 38	15 22	15 02
24	17 10	17 05	16 59	16 53	16 47	16 40	16 33	16 25	16 15	16 05	15 54	15 40	15 24	15 04
28	17 12	17 07	17 02	16 56	16 50	16 43	16 36	16 28	16 18	16 08	15 57	15 43	15 27	15 08
32	17 15	17 10	17 05	16 59	16 53	16 46	16 39	16 31	16 22	16 12	16 01	15 48	15 32	15 14
36	17 19	17 14	17 09	17 03	16 57	16 50	16 43	16 36	16 27	16 17	16 06	15 54	15 39	15 21

NAUTICAL TWILIGHT, 2007

UNIVERSAL TIME FOR MERIDIAN OF GREENWICH
BEGINNING OF MORNING NAUTICAL TWILIGHT

Lat.	−55°	−50°	−45°	−40°	−35°	−30°	−20°	−10°	0°	+10°	+20°	+30°	+35°	+40°
	h m	h m	h m	h m	h m	h m	h m	h m	h m	h m	h m	h m	h m	h m
Jan. −2	// //	2 03	2 48	3 18	3 41	3 59	4 28	4 51	5 10	5 26	5 42	5 59	6 07	6 17
2	0 14	2 08	2 52	3 22	3 44	4 02	4 31	4 53	5 12	5 28	5 44	6 00	6 09	6 18
6	0 44	2 15	2 57	3 26	3 48	4 06	4 34	4 55	5 14	5 30	5 45	6 01	6 09	6 18
10	1 04	2 22	3 02	3 30	3 52	4 09	4 36	4 58	5 15	5 31	5 46	6 01	6 09	6 18
14	1 22	2 31	3 09	3 36	3 56	4 13	4 39	5 00	5 17	5 33	5 47	6 02	6 09	6 17
18	1 39	2 40	3 15	3 41	4 01	4 17	4 43	5 02	5 19	5 34	5 47	6 01	6 08	6 16
22	1 55	2 49	3 22	3 47	4 06	4 21	4 46	5 05	5 20	5 34	5 47	6 00	6 07	6 14
26	2 10	2 59	3 30	3 53	4 11	4 25	4 49	5 07	5 22	5 35	5 47	5 59	6 06	6 12
30	2 25	3 08	3 37	3 59	4 16	4 30	4 52	5 09	5 23	5 35	5 47	5 58	6 04	6 09
Feb. 3	2 39	3 18	3 45	4 05	4 21	4 34	4 54	5 10	5 24	5 35	5 46	5 56	6 01	6 06
7	2 52	3 27	3 52	4 11	4 25	4 38	4 57	5 12	5 24	5 35	5 44	5 53	5 58	6 03
11	3 05	3 37	3 59	4 16	4 30	4 42	5 00	5 13	5 25	5 34	5 43	5 51	5 55	5 59
15	3 17	3 46	4 06	4 22	4 35	4 45	5 02	5 15	5 25	5 34	5 41	5 48	5 51	5 54
19	3 29	3 55	4 13	4 28	4 39	4 49	5 04	5 16	5 25	5 32	5 39	5 44	5 47	5 49
23	3 40	4 03	4 20	4 33	4 44	4 53	5 06	5 17	5 25	5 31	5 36	5 41	5 42	5 44
27	3 51	4 11	4 27	4 39	4 48	4 56	5 08	5 17	5 24	5 30	5 34	5 37	5 38	5 38
Mar. 3	4 01	4 19	4 33	4 44	4 52	4 59	5 10	5 18	5 24	5 28	5 31	5 33	5 33	5 33
7	4 11	4 27	4 39	4 49	4 56	5 02	5 12	5 18	5 23	5 26	5 28	5 28	5 28	5 27
11	4 21	4 35	4 45	4 53	5 00	5 05	5 13	5 19	5 22	5 24	5 25	5 24	5 22	5 20
15	4 30	4 42	4 51	4 58	5 04	5 08	5 15	5 19	5 21	5 22	5 21	5 19	5 17	5 14
19	4 39	4 49	4 57	5 02	5 07	5 11	5 16	5 19	5 20	5 20	5 18	5 14	5 11	5 07
23	4 47	4 56	5 02	5 07	5 10	5 13	5 17	5 19	5 19	5 17	5 14	5 09	5 05	5 01
27	4 55	5 02	5 07	5 11	5 14	5 16	5 18	5 19	5 18	5 15	5 11	5 04	5 00	4 54
31	5 03	5 09	5 12	5 15	5 17	5 18	5 19	5 18	5 16	5 13	5 07	4 59	4 54	4 47
Apr. 4	5 11	5 15	5 17	5 19	5 20	5 21	5 20	5 18	5 15	5 10	5 03	4 54	4 48	4 40

END OF EVENING NAUTICAL TWILIGHT

Lat.	−55°	−50°	−45°	−40°	−35°	−30°	−20°	−10°	0°	+10°	+20°	+30°	+35°	+40°
	h m	h m	h m	h m	h m	h m	h m	h m	h m	h m	h m	h m	h m	h m
Jan. −2	// //	22 01	21 16	20 46	20 23	20 04	19 36	19 13	18 54	18 38	18 22	18 05	17 57	17 47
2	23 44	21 59	21 15	20 46	20 23	20 05	19 37	19 15	18 56	18 40	18 24	18 08	17 59	17 50
6	23 23	21 56	21 14	20 45	20 23	20 05	19 38	19 16	18 58	18 42	18 26	18 11	18 02	17 54
10	23 07	21 51	21 12	20 44	20 22	20 05	19 38	19 17	18 59	18 44	18 29	18 14	18 06	17 57
14	22 52	21 46	21 08	20 42	20 21	20 04	19 38	19 18	19 01	18 45	18 31	18 17	18 09	18 01
18	22 38	21 39	21 04	20 39	20 19	20 03	19 38	19 18	19 02	18 47	18 33	18 20	18 12	18 05
22	22 25	21 32	20 59	20 35	20 17	20 01	19 37	19 18	19 03	18 49	18 36	18 23	18 16	18 09
26	22 12	21 25	20 54	20 31	20 14	19 59	19 36	19 18	19 03	18 50	18 38	18 26	18 20	18 13
30	21 59	21 16	20 48	20 27	20 10	19 56	19 35	19 18	19 04	18 51	18 40	18 29	18 23	18 17
Feb. 3	21 46	21 08	20 42	20 22	20 06	19 53	19 33	19 17	19 04	18 53	18 42	18 32	18 27	18 22
7	21 33	20 59	20 35	20 17	20 02	19 50	19 31	19 16	19 04	18 53	18 44	18 35	18 31	18 26
11	21 21	20 50	20 28	20 11	19 57	19 46	19 28	19 15	19 04	18 54	18 46	18 38	18 34	18 31
15	21 09	20 41	20 21	20 05	19 53	19 42	19 26	19 13	19 03	18 55	18 48	18 41	18 38	18 35
19	20 57	20 32	20 13	19 59	19 47	19 38	19 23	19 12	19 03	18 55	18 49	18 44	18 41	18 39
23	20 44	20 22	20 06	19 53	19 42	19 34	19 20	19 10	19 02	18 56	18 51	18 47	18 45	18 43
27	20 33	20 13	19 58	19 46	19 37	19 29	19 17	19 08	19 01	18 56	18 52	18 49	18 48	18 48
Mar. 3	20 21	20 03	19 50	19 39	19 31	19 24	19 14	19 06	19 00	18 56	18 53	18 52	18 52	18 52
7	20 09	19 54	19 42	19 33	19 25	19 19	19 10	19 04	18 59	18 56	18 55	18 54	18 55	18 56
11	19 58	19 44	19 34	19 26	19 20	19 14	19 07	19 02	18 58	18 56	18 56	18 57	18 58	19 01
15	19 47	19 35	19 26	19 19	19 14	19 09	19 03	18 59	18 57	18 56	18 57	19 00	19 02	19 05
19	19 36	19 26	19 18	19 12	19 08	19 04	19 00	18 57	18 56	18 56	18 58	19 02	19 05	19 09
23	19 25	19 17	19 10	19 06	19 02	19 00	18 56	18 55	18 55	18 56	18 59	19 05	19 09	19 13
27	19 14	19 08	19 03	18 59	18 57	18 55	18 53	18 52	18 53	18 56	19 01	19 07	19 12	19 18
31	19 04	18 59	18 55	18 53	18 51	18 50	18 49	18 50	18 52	18 56	19 02	19 10	19 16	19 22
Apr. 4	18 54	18 50	18 48	18 46	18 46	18 45	18 46	18 48	18 51	18 56	19 03	19 13	19 19	19 27

// // indicates continuous twilight.

UNIVERSAL TIME FOR MERIDIAN OF GREENWICH
BEGINNING OF MORNING NAUTICAL TWILIGHT

Lat.	+40°	+42°	+44°	+46°	+48°	+50°	+52°	+54°	+56°	+58°	+60°	+62°	+64°	+66°
	h m	h m	h m	h m	h m	h m	h m	h m	h m	h m	h m	h m	h m	h m
Jan. −2	6 17	6 21	6 25	6 29	6 34	6 39	6 44	6 49	6 56	7 02	7 10	7 18	7 27	7 38
2	6 18	6 22	6 26	6 30	6 34	6 39	6 44	6 50	6 56	7 02	7 09	7 17	7 26	7 37
6	6 18	6 22	6 26	6 30	6 34	6 39	6 44	6 49	6 55	7 01	7 08	7 16	7 24	7 35
10	6 18	6 22	6 25	6 29	6 33	6 38	6 43	6 48	6 53	6 59	7 06	7 13	7 21	7 31
14	6 17	6 21	6 24	6 28	6 32	6 36	6 41	6 45	6 50	6 56	7 02	7 09	7 17	7 26
18	6 16	6 19	6 23	6 26	6 30	6 34	6 38	6 42	6 47	6 52	6 58	7 04	7 12	7 20
22	6 14	6 17	6 21	6 24	6 27	6 31	6 35	6 39	6 43	6 48	6 53	6 59	7 05	7 12
26	6 12	6 15	6 18	6 21	6 24	6 27	6 31	6 34	6 38	6 42	6 47	6 52	6 58	7 04
30	6 09	6 12	6 15	6 17	6 20	6 23	6 26	6 29	6 33	6 36	6 40	6 45	6 50	6 55
Feb. 3	6 06	6 08	6 11	6 13	6 15	6 18	6 21	6 23	6 26	6 29	6 33	6 37	6 41	6 45
7	6 03	6 04	6 06	6 08	6 10	6 13	6 15	6 17	6 19	6 22	6 25	6 28	6 31	6 34
11	5 59	6 00	6 02	6 03	6 05	6 07	6 08	6 10	6 12	6 14	6 16	6 18	6 20	6 23
15	5 54	5 55	5 56	5 58	5 59	6 00	6 01	6 03	6 04	6 05	6 07	6 08	6 09	6 11
19	5 49	5 50	5 51	5 52	5 53	5 53	5 54	5 55	5 55	5 56	5 57	5 57	5 58	5 58
23	5 44	5 45	5 45	5 45	5 46	5 46	5 46	5 46	5 47	5 46	5 46	5 46	5 46	5 45
27	5 38	5 39	5 39	5 39	5 39	5 38	5 38	5 38	5 37	5 36	5 35	5 34	5 33	5 31
Mar. 3	5 33	5 32	5 32	5 32	5 31	5 31	5 30	5 29	5 27	5 26	5 24	5 22	5 20	5 16
7	5 27	5 26	5 25	5 24	5 23	5 22	5 21	5 19	5 17	5 15	5 13	5 09	5 06	5 01
11	5 20	5 19	5 18	5 17	5 15	5 14	5 12	5 10	5 07	5 04	5 00	4 56	4 51	4 46
15	5 14	5 13	5 11	5 09	5 07	5 05	5 02	5 00	4 56	4 52	4 48	4 43	4 37	4 29
19	5 07	5 06	5 04	5 01	4 59	4 56	4 53	4 49	4 45	4 41	4 35	4 29	4 21	4 12
23	5 01	4 59	4 56	4 53	4 50	4 47	4 43	4 39	4 34	4 28	4 22	4 14	4 05	3 55
27	4 54	4 51	4 48	4 45	4 42	4 38	4 33	4 28	4 22	4 16	4 08	3 59	3 49	3 36
31	4 47	4 44	4 41	4 37	4 33	4 28	4 23	4 17	4 11	4 03	3 54	3 44	3 32	3 17
Apr. 4	4 40	4 37	4 33	4 29	4 24	4 19	4 13	4 06	3 59	3 50	3 40	3 28	3 14	2 56

END OF EVENING NAUTICAL TWILIGHT

Lat.	+40°	+42°	+44°	+46°	+48°	+50°	+52°	+54°	+56°	+58°	+60°	+62°	+64°	+66°
	h m	h m	h m	h m	h m	h m	h m	h m	h m	h m	h m	h m	h m	h m
Jan. −2	17 47	17 43	17 39	17 35	17 30	17 25	17 20	17 15	17 09	17 02	16 55	16 46	16 37	16 26
2	17 50	17 46	17 42	17 38	17 34	17 29	17 24	17 18	17 13	17 06	16 59	16 51	16 42	16 31
6	17 54	17 50	17 46	17 42	17 37	17 33	17 28	17 23	17 17	17 11	17 04	16 56	16 47	16 37
10	17 57	17 54	17 50	17 46	17 42	17 37	17 33	17 28	17 22	17 16	17 10	17 02	16 54	16 45
14	18 01	17 57	17 54	17 50	17 46	17 42	17 38	17 33	17 28	17 22	17 16	17 09	17 02	16 53
18	18 05	18 02	17 58	17 55	17 51	17 47	17 43	17 39	17 34	17 29	17 23	17 17	17 10	17 02
22	18 09	18 06	18 03	18 00	17 56	17 53	17 49	17 45	17 41	17 36	17 31	17 25	17 19	17 11
26	18 13	18 10	18 08	18 05	18 02	17 58	17 55	17 51	17 48	17 43	17 39	17 34	17 28	17 22
30	18 17	18 15	18 13	18 10	18 07	18 04	18 01	17 58	17 55	17 51	17 47	17 43	17 38	17 32
Feb. 3	18 22	18 20	18 17	18 15	18 13	18 10	18 08	18 05	18 02	17 59	17 56	17 52	17 48	17 44
7	18 26	18 24	18 22	18 20	18 19	18 16	18 14	18 12	18 10	18 07	18 05	18 02	17 59	17 55
11	18 31	18 29	18 27	18 26	18 24	18 23	18 21	18 19	18 18	18 16	18 14	18 12	18 09	18 07
15	18 35	18 34	18 32	18 31	18 30	18 29	18 28	18 27	18 25	18 24	18 23	18 22	18 20	18 19
19	18 39	18 38	18 38	18 37	18 36	18 35	18 35	18 34	18 33	18 33	18 32	18 32	18 32	18 31
23	18 43	18 43	18 43	18 42	18 42	18 42	18 41	18 41	18 41	18 42	18 42	18 42	18 43	18 44
27	18 48	18 48	18 48	18 48	18 48	18 48	18 48	18 49	18 50	18 50	18 52	18 53	18 54	18 57
Mar. 3	18 52	18 52	18 53	18 53	18 54	18 55	18 55	18 57	18 58	18 59	19 01	19 04	19 06	19 10
7	18 56	18 57	18 58	18 59	19 00	19 01	19 02	19 04	19 06	19 09	19 11	19 15	19 19	19 23
11	19 01	19 02	19 03	19 04	19 06	19 08	19 10	19 12	19 15	19 18	19 21	19 26	19 31	19 37
15	19 05	19 06	19 08	19 10	19 12	19 14	19 17	19 20	19 23	19 27	19 32	19 37	19 44	19 51
19	19 09	19 11	19 13	19 15	19 18	19 21	19 24	19 28	19 32	19 37	19 43	19 49	19 57	20 06
23	19 13	19 16	19 18	19 21	19 24	19 28	19 32	19 36	19 41	19 47	19 53	20 01	20 10	20 22
27	19 18	19 21	19 24	19 27	19 31	19 35	19 39	19 44	19 50	19 57	20 05	20 14	20 25	20 38
31	19 22	19 25	19 29	19 33	19 37	19 42	19 47	19 53	20 00	20 07	20 16	20 27	20 40	20 56
Apr. 4	19 27	19 30	19 34	19 39	19 44	19 49	19 55	20 02	20 09	20 18	20 29	20 41	20 56	21 15

NAUTICAL TWILIGHT, 2007

UNIVERSAL TIME FOR MERIDIAN OF GREENWICH
BEGINNING OF MORNING NAUTICAL TWILIGHT

Lat.	−55°	−50°	−45°	−40°	−35°	−30°	−20°	−10°	0°	+10°	+20°	+30°	+35°	+40°
	h m	h m	h m	h m	h m	h m	h m	h m	h m	h m	h m	h m	h m	h m
Mar. 31	5 03	5 09	5 12	5 15	5 17	5 18	5 19	5 18	5 16	5 13	5 07	4 59	4 54	4 47
Apr. 4	5 11	5 15	5 17	5 19	5 20	5 21	5 20	5 18	5 15	5 10	5 03	4 54	4 48	4 40
8	5 19	5 21	5 22	5 23	5 23	5 23	5 21	5 18	5 14	5 08	5 00	4 49	4 42	4 33
12	5 26	5 27	5 27	5 27	5 26	5 25	5 22	5 18	5 12	5 05	4 56	4 44	4 36	4 27
16	5 33	5 33	5 32	5 31	5 29	5 27	5 23	5 18	5 11	5 03	4 53	4 39	4 30	4 20
20	5 40	5 38	5 36	5 34	5 32	5 29	5 24	5 18	5 10	5 01	4 49	4 34	4 25	4 13
24	5 47	5 44	5 41	5 38	5 35	5 32	5 25	5 18	5 09	4 59	4 46	4 30	4 19	4 07
28	5 54	5 49	5 45	5 42	5 38	5 34	5 26	5 18	5 08	4 57	4 43	4 25	4 14	4 00
May 2	6 00	5 55	5 50	5 45	5 41	5 36	5 27	5 18	5 07	4 55	4 40	4 21	4 09	3 54
6	6 07	6 00	5 54	5 49	5 43	5 38	5 28	5 18	5 07	4 54	4 38	4 17	4 04	3 49
10	6 13	6 05	5 58	5 52	5 46	5 40	5 30	5 18	5 06	4 52	4 35	4 14	4 00	3 43
14	6 19	6 10	6 02	5 55	5 49	5 43	5 31	5 19	5 06	4 51	4 33	4 10	3 56	3 38
18	6 24	6 14	6 06	5 58	5 51	5 45	5 32	5 19	5 05	4 50	4 31	4 07	3 52	3 33
22	6 29	6 19	6 10	6 01	5 54	5 47	5 33	5 20	5 05	4 49	4 30	4 05	3 49	3 29
26	6 34	6 23	6 13	6 04	5 56	5 49	5 35	5 21	5 05	4 49	4 28	4 02	3 46	3 26
30	6 39	6 27	6 16	6 07	5 59	5 51	5 36	5 21	5 06	4 48	4 27	4 01	3 43	3 22
June 3	6 43	6 30	6 19	6 10	6 01	5 53	5 37	5 22	5 06	4 48	4 27	3 59	3 42	3 20
7	6 46	6 33	6 22	6 12	6 03	5 54	5 39	5 23	5 07	4 48	4 26	3 58	3 40	3 18
11	6 49	6 35	6 24	6 14	6 05	5 56	5 40	5 24	5 07	4 49	4 26	3 58	3 39	3 17
15	6 51	6 37	6 26	6 15	6 06	5 57	5 41	5 25	5 08	4 49	4 27	3 58	3 39	3 16
19	6 53	6 39	6 27	6 17	6 07	5 59	5 42	5 26	5 09	4 50	4 27	3 58	3 39	3 16
23	6 54	6 40	6 28	6 18	6 08	5 59	5 43	5 27	5 10	4 51	4 28	3 59	3 40	3 17
27	6 54	6 40	6 28	6 18	6 09	6 00	5 44	5 28	5 11	4 52	4 29	4 00	3 42	3 18
July 1	6 54	6 40	6 28	6 18	6 09	6 00	5 44	5 28	5 11	4 53	4 30	4 02	3 43	3 20
5	6 52	6 39	6 28	6 18	6 09	6 00	5 45	5 29	5 12	4 54	4 32	4 04	3 45	3 23

END OF EVENING NAUTICAL TWILIGHT

Lat.	−55°	−50°	−45°	−40°	−35°	−30°	−20°	−10°	0°	+10°	+20°	+30°	+35°	+40°
	h m	h m	h m	h m	h m	h m	h m	h m	h m	h m	h m	h m	h m	h m
Mar. 31	19 04	18 59	18 55	18 53	18 51	18 50	18 49	18 50	18 52	18 56	19 02	19 10	19 16	19 22
Apr. 4	18 54	18 50	18 48	18 46	18 46	18 45	18 46	18 48	18 51	18 56	19 03	19 13	19 19	19 27
8	18 44	18 42	18 41	18 40	18 40	18 41	18 43	18 46	18 50	18 56	19 04	19 15	19 23	19 31
12	18 35	18 34	18 34	18 34	18 35	18 36	18 39	18 44	18 49	18 57	19 06	19 18	19 26	19 36
16	18 25	18 26	18 27	18 29	18 30	18 32	18 37	18 42	18 49	18 57	19 07	19 21	19 30	19 41
20	18 17	18 19	18 21	18 23	18 25	18 28	18 34	18 40	18 48	18 57	19 09	19 24	19 34	19 46
24	18 08	18 12	18 15	18 18	18 21	18 24	18 31	18 39	18 47	18 58	19 11	19 27	19 38	19 51
28	18 00	18 05	18 09	18 13	18 17	18 21	18 29	18 37	18 47	18 58	19 12	19 30	19 42	19 56
May 2	17 53	17 59	18 04	18 08	18 13	18 18	18 27	18 36	18 47	18 59	19 14	19 33	19 46	20 01
6	17 46	17 53	17 59	18 04	18 10	18 15	18 25	18 35	18 47	19 00	19 16	19 37	19 50	20 06
10	17 39	17 47	17 54	18 00	18 06	18 12	18 23	18 34	18 47	19 01	19 18	19 40	19 54	20 11
14	17 33	17 42	17 50	17 57	18 04	18 10	18 22	18 34	18 47	19 02	19 20	19 43	19 58	20 15
18	17 28	17 38	17 46	17 54	18 01	18 08	18 21	18 34	18 47	19 03	19 22	19 46	20 01	20 20
22	17 23	17 34	17 43	17 51	17 59	18 06	18 20	18 33	18 48	19 04	19 24	19 49	20 05	20 25
26	17 19	17 31	17 41	17 49	17 57	18 05	18 19	18 33	18 49	19 06	19 26	19 52	20 09	20 29
30	17 16	17 28	17 38	17 48	17 56	18 04	18 19	18 34	18 49	19 07	19 28	19 55	20 12	20 33
June 3	17 13	17 26	17 37	17 46	17 55	18 03	18 19	18 34	18 50	19 08	19 30	19 57	20 15	20 37
7	17 11	17 24	17 36	17 46	17 55	18 03	18 19	18 34	18 51	19 09	19 31	20 00	20 18	20 40
11	17 10	17 24	17 35	17 45	17 54	18 03	18 19	18 35	18 52	19 11	19 33	20 02	20 20	20 43
15	17 09	17 23	17 35	17 45	17 55	18 03	18 20	18 36	18 53	19 12	19 34	20 03	20 22	20 45
19	17 10	17 24	17 35	17 46	17 55	18 04	18 20	18 37	18 54	19 13	19 35	20 04	20 23	20 46
23	17 10	17 24	17 36	17 47	17 56	18 05	18 21	18 38	18 55	19 14	19 36	20 05	20 24	20 47
27	17 12	17 26	17 38	17 48	17 57	18 06	18 22	18 38	18 55	19 14	19 37	20 06	20 24	20 47
July 1	17 14	17 28	17 39	17 49	17 59	18 07	18 23	18 39	18 56	19 15	19 37	20 06	20 24	20 47
5	17 17	17 30	17 41	17 51	18 00	18 09	18 25	18 40	18 57	19 15	19 37	20 05	20 23	20 46

UNIVERSAL TIME FOR MERIDIAN OF GREENWICH
BEGINNING OF MORNING NAUTICAL TWILIGHT

Lat.	+40°	+42°	+44°	+46°	+48°	+50°	+52°	+54°	+56°	+58°	+60°	+62°	+64°	+66°
	h m	h m	h m	h m	h m	h m	h m	h m	h m	h m	h m	h m	h m	h m
Mar. 31	4 47	4 44	4 41	4 37	4 33	4 28	4 23	4 17	4 11	4 03	3 54	3 44	3 32	3 17
Apr. 4	4 40	4 37	4 33	4 29	4 24	4 19	4 13	4 06	3 59	3 50	3 40	3 28	3 14	2 56
8	4 33	4 29	4 25	4 20	4 15	4 09	4 02	3 55	3 46	3 37	3 25	3 11	2 54	2 33
12	4 27	4 22	4 17	4 12	4 06	3 59	3 52	3 44	3 34	3 23	3 10	2 54	2 34	2 07
16	4 20	4 15	4 10	4 04	3 57	3 50	3 42	3 32	3 21	3 09	2 54	2 35	2 11	1 37
20	4 13	4 08	4 02	3 55	3 48	3 40	3 31	3 21	3 09	2 54	2 37	2 15	1 45	0 54
24	4 07	4 01	3 54	3 47	3 39	3 31	3 21	3 09	2 56	2 39	2 19	1 53	1 13	// //
28	4 00	3 54	3 47	3 39	3 31	3 21	3 10	2 57	2 42	2 24	2 00	1 27	0 10	// //
May 2	3 54	3 48	3 40	3 32	3 22	3 12	3 00	2 46	2 29	2 08	1 39	0 53	// //	// //
6	3 49	3 41	3 33	3 24	3 14	3 03	2 50	2 34	2 15	1 50	1 15	// //	// //	// //
10	3 43	3 35	3 27	3 17	3 06	2 54	2 39	2 22	2 01	1 31	0 41	// //	// //	// //
14	3 38	3 30	3 21	3 10	2 59	2 45	2 30	2 10	1 46	1 10	// //	// //	// //	// //
18	3 33	3 25	3 15	3 04	2 52	2 37	2 20	1 59	1 30	0 42	// //	// //	// //	// //
22	3 29	3 20	3 10	2 58	2 45	2 30	2 11	1 47	1 14	// //	// //	// //	// //	// //
26	3 26	3 16	3 05	2 53	2 39	2 23	2 02	1 36	0 55	// //	// //	// //	// //	// //
30	3 22	3 12	3 01	2 48	2 34	2 16	1 54	1 25	0 30	// //	// //	// //	// //	// //
June 3	3 20	3 10	2 58	2 45	2 29	2 11	1 47	1 14	// //	// //	// //	// //	// //	// //
7	3 18	3 07	2 55	2 42	2 26	2 06	1 41	1 04	// //	// //	// //	// //	// //	// //
11	3 17	3 06	2 54	2 40	2 23	2 03	1 37	0 56	// //	// //	// //	// //	// //	// //
15	3 16	3 05	2 53	2 38	2 21	2 01	1 33	0 49	// //	// //	// //	// //	// //	☐
19	3 16	3 05	2 53	2 38	2 21	2 00	1 32	0 45	// //	// //	// //	// //	// //	☐
23	3 17	3 06	2 53	2 39	2 22	2 01	1 33	0 45	// //	// //	// //	// //	// //	☐
27	3 18	3 07	2 55	2 40	2 23	2 03	1 35	0 50	// //	// //	// //	// //	// //	☐
July 1	3 20	3 10	2 57	2 43	2 26	2 06	1 39	0 57	// //	// //	// //	// //	// //	// //
5	3 23	3 12	3 00	2 46	2 30	2 10	1 45	1 07	// //	// //	// //	// //	// //	// //

END OF EVENING NAUTICAL TWILIGHT

Lat.	+40°	+42°	+44°	+46°	+48°	+50°	+52°	+54°	+56°	+58°	+60°	+62°	+64°	+66°
	h m	h m	h m	h m	h m	h m	h m	h m	h m	h m	h m	h m	h m	h m
Mar. 31	19 22	19 25	19 29	19 33	19 37	19 42	19 47	19 53	20 00	20 07	20 16	20 27	20 40	20 56
Apr. 4	19 27	19 30	19 34	19 39	19 44	19 49	19 55	20 02	20 09	20 18	20 29	20 41	20 56	21 15
8	19 31	19 35	19 40	19 45	19 50	19 56	20 03	20 11	20 19	20 29	20 41	20 56	21 13	21 36
12	19 36	19 41	19 46	19 51	19 57	20 04	20 11	20 20	20 30	20 41	20 55	21 11	21 32	22 00
16	19 41	19 46	19 51	19 57	20 04	20 11	20 20	20 29	20 40	20 53	21 09	21 28	21 54	22 31
20	19 46	19 51	19 57	20 04	20 11	20 19	20 29	20 39	20 52	21 06	21 24	21 47	22 19	23 19
24	19 51	19 57	20 03	20 10	20 18	20 27	20 38	20 49	21 03	21 20	21 41	22 08	22 53	// //
28	19 56	20 02	20 09	20 17	20 26	20 35	20 47	21 00	21 15	21 34	21 59	22 34	// //	// //
May 2	20 01	20 07	20 15	20 24	20 33	20 44	20 56	21 11	21 28	21 50	22 20	23 12	// //	// //
6	20 06	20 13	20 21	20 30	20 40	20 52	21 06	21 22	21 41	22 07	22 45	// //	// //	// //
10	20 11	20 18	20 27	20 37	20 48	21 01	21 15	21 33	21 55	22 26	23 24	// //	// //	// //
14	20 15	20 24	20 33	20 43	20 55	21 09	21 25	21 45	22 10	22 48	// //	// //	// //	// //
18	20 20	20 29	20 39	20 50	21 03	21 17	21 35	21 57	22 26	23 20	// //	// //	// //	// //
22	20 25	20 34	20 44	20 56	21 09	21 25	21 44	22 09	22 44	// //	// //	// //	// //	// //
26	20 29	20 39	20 50	21 02	21 16	21 33	21 53	22 21	23 04	// //	// //	// //	// //	// //
30	20 33	20 43	20 55	21 07	21 22	21 40	22 02	22 33	23 33	// //	// //	// //	// //	// //
June 3	20 37	20 47	20 59	21 12	21 28	21 47	22 10	22 44	// //	// //	// //	// //	// //	// //
7	20 40	20 51	21 03	21 17	21 33	21 52	22 18	22 55	// //	// //	// //	// //	// //	// //
11	20 43	20 54	21 06	21 20	21 37	21 57	22 24	23 05	// //	// //	// //	// //	// //	// //
15	20 45	20 56	21 08	21 23	21 40	22 01	22 28	23 13	// //	// //	// //	// //	// //	☐
19	20 46	20 57	21 10	21 25	21 42	22 03	22 31	23 18	// //	// //	// //	// //	// //	☐
23	20 47	20 58	21 11	21 25	21 42	22 04	22 31	23 18	// //	// //	// //	// //	// //	☐
27	20 47	20 58	21 11	21 25	21 42	22 03	22 30	23 15	// //	// //	// //	// //	// //	☐
July 1	20 47	20 58	21 10	21 24	21 41	22 01	22 27	23 09	// //	// //	// //	// //	// //	// //
5	20 46	20 56	21 08	21 22	21 38	21 58	22 23	23 00	// //	// //	// //	// //	// //	// //

☐ indicates Sun continuously above horizon.
// // indicates continuous twilight.

NAUTICAL TWILIGHT, 2007

UNIVERSAL TIME FOR MERIDIAN OF GREENWICH
BEGINNING OF MORNING NAUTICAL TWILIGHT

Lat.	−55°	−50°	−45°	−40°	−35°	−30°	−20°	−10°	0°	+10°	+20°	+30°	+35°	+40°
	h m	h m	h m	h m	h m	h m	h m	h m	h m	h m	h m	h m	h m	h m
July 1	6 54	6 40	6 28	6 18	6 09	6 00	5 44	5 28	5 11	4 53	4 30	4 02	3 43	3 20
5	6 52	6 39	6 28	6 18	6 09	6 00	5 45	5 29	5 12	4 54	4 32	4 04	3 45	3 23
9	6 50	6 38	6 27	6 17	6 08	6 00	5 45	5 29	5 13	4 55	4 33	4 06	3 48	3 26
13	6 48	6 36	6 25	6 16	6 07	6 00	5 45	5 30	5 14	4 56	4 35	4 08	3 51	3 30
17	6 44	6 33	6 23	6 14	6 06	5 59	5 44	5 30	5 15	4 57	4 37	4 11	3 54	3 33
21	6 40	6 30	6 20	6 12	6 04	5 57	5 43	5 30	5 15	4 59	4 39	4 14	3 57	3 38
25	6 36	6 26	6 17	6 09	6 02	5 56	5 43	5 29	5 15	5 00	4 41	4 16	4 01	3 42
29	6 30	6 21	6 13	6 06	6 00	5 53	5 41	5 29	5 16	5 01	4 43	4 19	4 05	3 47
Aug. 2	6 24	6 16	6 09	6 03	5 57	5 51	5 40	5 28	5 16	5 02	4 44	4 22	4 08	3 51
6	6 18	6 11	6 05	5 59	5 54	5 48	5 38	5 27	5 16	5 02	4 46	4 25	4 12	3 56
10	6 11	6 05	6 00	5 55	5 50	5 45	5 36	5 26	5 16	5 03	4 48	4 28	4 16	4 01
14	6 03	5 59	5 54	5 50	5 46	5 42	5 34	5 25	5 15	5 04	4 50	4 31	4 20	4 06
18	5 55	5 52	5 49	5 45	5 42	5 38	5 31	5 24	5 15	5 04	4 51	4 34	4 23	4 10
22	5 47	5 45	5 42	5 40	5 37	5 35	5 29	5 22	5 14	5 04	4 53	4 37	4 27	4 15
26	5 38	5 37	5 36	5 34	5 33	5 31	5 26	5 20	5 13	5 05	4 54	4 40	4 31	4 20
30	5 29	5 30	5 29	5 29	5 28	5 26	5 23	5 18	5 12	5 05	4 55	4 42	4 34	4 24
Sept. 3	5 20	5 21	5 22	5 23	5 22	5 22	5 19	5 16	5 11	5 05	4 56	4 45	4 37	4 28
7	5 10	5 13	5 15	5 16	5 17	5 17	5 16	5 14	5 10	5 05	4 57	4 47	4 41	4 33
11	5 00	5 04	5 08	5 10	5 11	5 12	5 13	5 11	5 09	5 05	4 58	4 50	4 44	4 37
15	4 50	4 56	5 00	5 03	5 06	5 07	5 09	5 09	5 07	5 04	4 59	4 52	4 47	4 41
19	4 39	4 47	4 52	4 57	5 00	5 02	5 05	5 06	5 06	5 04	5 00	4 55	4 50	4 45
23	4 28	4 38	4 45	4 50	4 54	4 57	5 02	5 04	5 05	5 04	5 01	4 57	4 54	4 49
27	4 17	4 28	4 37	4 43	4 48	4 52	4 58	5 01	5 03	5 03	5 02	4 59	4 57	4 53
Oct. 1	4 06	4 19	4 29	4 36	4 42	4 47	4 54	4 59	5 02	5 03	5 03	5 01	5 00	4 57
5	3 54	4 09	4 21	4 29	4 36	4 42	4 50	4 56	5 00	5 03	5 04	5 04	5 03	5 01

END OF EVENING NAUTICAL TWILIGHT

Lat.	−55°	−50°	−45°	−40°	−35°	−30°	−20°	−10°	0°	+10°	+20°	+30°	+35°	+40°
	h m	h m	h m	h m	h m	h m	h m	h m	h m	h m	h m	h m	h m	h m
July 1	17 14	17 28	17 39	17 49	17 59	18 07	18 23	18 39	18 56	19 15	19 37	20 06	20 24	20 47
5	17 17	17 30	17 41	17 51	18 00	18 09	18 25	18 40	18 57	19 15	19 37	20 05	20 23	20 46
9	17 20	17 33	17 44	17 53	18 02	18 10	18 26	18 41	18 57	19 15	19 37	20 04	20 22	20 44
13	17 24	17 36	17 47	17 56	18 04	18 12	18 27	18 42	18 58	19 15	19 36	20 03	20 20	20 41
17	17 28	17 40	17 50	17 58	18 06	18 14	18 28	18 43	18 58	19 15	19 35	20 01	20 18	20 38
21	17 33	17 44	17 53	18 01	18 09	18 16	18 29	18 43	18 58	19 14	19 34	19 59	20 15	20 34
25	17 38	17 48	17 56	18 04	18 11	18 18	18 31	18 44	18 58	19 13	19 32	19 56	20 12	20 30
29	17 43	17 52	18 00	18 07	18 14	18 20	18 32	18 44	18 57	19 12	19 30	19 53	20 08	20 26
Aug. 2	17 49	17 57	18 04	18 10	18 16	18 22	18 33	18 44	18 57	19 11	19 28	19 50	20 04	20 20
6	17 55	18 02	18 08	18 13	18 19	18 24	18 34	18 44	18 56	19 09	19 25	19 46	19 59	20 15
10	18 01	18 06	18 12	18 17	18 21	18 26	18 35	18 45	18 55	19 08	19 23	19 42	19 54	20 09
14	18 07	18 12	18 16	18 20	18 24	18 28	18 36	18 45	18 54	19 06	19 20	19 38	19 49	20 03
18	18 13	18 17	18 20	18 23	18 26	18 30	18 37	18 44	18 53	19 04	19 16	19 33	19 44	19 57
22	18 20	18 22	18 24	18 27	18 29	18 32	18 38	18 44	18 52	19 01	19 13	19 28	19 38	19 50
26	18 27	18 27	18 29	18 30	18 32	18 34	18 38	18 44	18 51	18 59	19 10	19 24	19 33	19 43
30	18 33	18 33	18 33	18 33	18 34	18 36	18 39	18 44	18 49	18 57	19 06	19 19	19 27	19 37
Sept. 3	18 40	18 38	18 37	18 37	18 37	18 38	18 40	18 43	18 48	18 54	19 02	19 14	19 21	19 30
7	18 48	18 44	18 42	18 41	18 40	18 40	18 40	18 43	18 46	18 51	18 58	19 08	19 15	19 23
11	18 55	18 50	18 47	18 44	18 43	18 42	18 41	18 42	18 45	18 49	18 55	19 03	19 09	19 16
15	19 02	18 56	18 51	18 48	18 46	18 44	18 42	18 42	18 43	18 46	18 51	18 58	19 03	19 09
19	19 10	19 02	18 56	18 52	18 49	18 46	18 43	18 42	18 42	18 44	18 47	18 53	18 57	19 02
23	19 18	19 09	19 01	18 56	18 52	18 48	18 44	18 41	18 40	18 41	18 43	18 48	18 51	18 55
27	19 27	19 15	19 07	19 00	18 55	18 51	18 45	18 41	18 39	18 39	18 40	18 43	18 45	18 48
Oct. 1	19 35	19 22	19 12	19 04	18 58	18 53	18 46	18 41	18 38	18 36	18 36	18 38	18 39	18 41
5	19 44	19 29	19 18	19 09	19 02	18 56	18 47	18 41	18 37	18 34	18 33	18 33	18 34	18 35

UNIVERSAL TIME FOR MERIDIAN OF GREENWICH

BEGINNING OF MORNING NAUTICAL TWILIGHT

Lat.	+40°	+42°	+44°	+46°	+48°	+50°	+52°	+54°	+56°	+58°	+60°	+62°	+64°	+66°
	h m	h m	h m	h m	h m	h m	h m	h m	h m	h m	h m	h m	h m	h m
July 1	3 20	3 10	2 57	2 43	2 26	2 06	1 39	0 57	// //	// //	// //	// //	// //	// //
5	3 23	3 12	3 00	2 46	2 30	2 10	1 45	1 07	// //	// //	// //	// //	// //	// //
9	3 26	3 16	3 04	2 50	2 35	2 16	1 52	1 17	// //	// //	// //	// //	// //	// //
13	3 30	3 19	3 08	2 55	2 40	2 22	2 00	1 29	0 23	// //	// //	// //	// //	// //
17	3 33	3 24	3 13	3 00	2 46	2 29	2 08	1 41	0 56	// //	// //	// //	// //	// //
21	3 38	3 28	3 18	3 06	2 53	2 37	2 17	1 53	1 16	// //	// //	// //	// //	// //
25	3 42	3 33	3 23	3 12	2 59	2 44	2 27	2 05	1 34	0 35	// //	// //	// //	// //
29	3 47	3 38	3 29	3 18	3 06	2 53	2 36	2 16	1 50	1 10	// //	// //	// //	// //
Aug. 2	3 51	3 43	3 34	3 25	3 13	3 01	2 46	2 28	2 05	1 33	0 25	// //	// //	// //
6	3 56	3 49	3 40	3 31	3 21	3 09	2 55	2 39	2 19	1 52	1 12	// //	// //	// //
10	4 01	3 54	3 46	3 37	3 28	3 17	3 04	2 50	2 32	2 09	1 38	0 38	// //	// //
14	4 06	3 59	3 52	3 44	3 35	3 25	3 13	3 00	2 44	2 25	1 59	1 21	// //	// //
18	4 10	4 04	3 58	3 50	3 42	3 33	3 22	3 10	2 56	2 39	2 17	1 48	0 59	// //
22	4 15	4 09	4 03	3 57	3 49	3 41	3 31	3 20	3 07	2 52	2 34	2 10	1 36	0 14
26	4 20	4 14	4 09	4 03	3 56	3 48	3 40	3 30	3 18	3 05	2 49	2 29	2 02	1 22
30	4 24	4 19	4 14	4 09	4 02	3 56	3 48	3 39	3 29	3 17	3 03	2 46	2 24	1 54
Sept. 3	4 28	4 24	4 20	4 15	4 09	4 03	3 56	3 48	3 39	3 28	3 16	3 01	2 43	2 19
7	4 33	4 29	4 25	4 20	4 15	4 10	4 04	3 57	3 49	3 39	3 29	3 16	3 00	2 40
11	4 37	4 34	4 30	4 26	4 22	4 17	4 11	4 05	3 58	3 50	3 41	3 29	3 16	2 59
15	4 41	4 38	4 35	4 32	4 28	4 24	4 19	4 13	4 07	4 00	3 52	3 42	3 31	3 17
19	4 45	4 43	4 40	4 37	4 34	4 30	4 26	4 21	4 16	4 10	4 03	3 55	3 45	3 33
23	4 49	4 47	4 45	4 43	4 40	4 37	4 33	4 29	4 25	4 20	4 14	4 07	3 58	3 49
27	4 53	4 52	4 50	4 48	4 46	4 43	4 40	4 37	4 33	4 29	4 24	4 18	4 11	4 03
Oct. 1	4 57	4 56	4 55	4 53	4 51	4 49	4 47	4 44	4 41	4 38	4 34	4 29	4 24	4 17
5	5 01	5 00	4 59	4 58	4 57	4 56	4 54	4 52	4 50	4 47	4 44	4 40	4 36	4 31

END OF EVENING NAUTICAL TWILIGHT

Lat.	+40°	+42°	+44°	+46°	+48°	+50°	+52°	+54°	+56°	+58°	+60°	+62°	+64°	+66°
	h m	h m	h m	h m	h m	h m	h m	h m	h m	h m	h m	h m	h m	h m
July 1	20 47	20 58	21 10	21 24	21 41	22 01	22 27	23 09	// //	// //	// //	// //	// //	// //
5	20 46	20 56	21 08	21 22	21 38	21 58	22 23	23 00	// //	// //	// //	// //	// //	// //
9	20 44	20 54	21 06	21 19	21 35	21 53	22 17	22 50	// //	// //	// //	// //	// //	// //
13	20 41	20 51	21 03	21 15	21 30	21 48	22 10	22 40	23 38	// //	// //	// //	// //	// //
17	20 38	20 48	20 59	21 11	21 25	21 42	22 02	22 29	23 11	// //	// //	// //	// //	// //
21	20 34	20 44	20 54	21 06	21 19	21 35	21 54	22 18	22 52	// //	// //	// //	// //	// //
25	20 30	20 39	20 49	21 00	21 12	21 27	21 44	22 06	22 35	23 27	// //	// //	// //	// //
29	20 26	20 34	20 43	20 54	21 05	21 19	21 35	21 54	22 20	22 57	// //	// //	// //	// //
Aug. 2	20 20	20 28	20 37	20 47	20 58	21 10	21 25	21 43	22 05	22 35	23 31	// //	// //	// //
6	20 15	20 22	20 31	20 40	20 50	21 01	21 15	21 31	21 50	22 16	22 53	// //	// //	// //
10	20 09	20 16	20 24	20 32	20 42	20 52	21 05	21 19	21 36	21 58	22 28	23 19	// //	// //
14	20 03	20 09	20 17	20 24	20 33	20 43	20 54	21 07	21 23	21 42	22 06	22 41	// //	// //
18	19 57	20 03	20 09	20 16	20 24	20 33	20 44	20 56	21 09	21 26	21 47	22 15	22 58	// //
22	19 50	19 56	20 02	20 08	20 16	20 24	20 33	20 44	20 56	21 11	21 29	21 52	22 24	23 23
26	19 43	19 48	19 54	20 00	20 07	20 14	20 23	20 32	20 43	20 56	21 12	21 31	21 57	22 34
30	19 37	19 41	19 46	19 52	19 58	20 04	20 12	20 21	20 31	20 42	20 56	21 12	21 33	22 02
Sept. 3	19 30	19 34	19 38	19 43	19 49	19 55	20 02	20 09	20 18	20 28	20 40	20 55	21 12	21 35
7	19 23	19 26	19 30	19 35	19 40	19 45	19 51	19 58	20 06	20 15	20 25	20 38	20 53	21 12
11	19 16	19 19	19 22	19 26	19 31	19 35	19 41	19 47	19 54	20 02	20 11	20 22	20 34	20 50
15	19 09	19 11	19 15	19 18	19 22	19 26	19 31	19 36	19 42	19 49	19 57	20 06	20 17	20 30
19	19 02	19 04	19 07	19 10	19 13	19 16	19 20	19 25	19 30	19 36	19 43	19 51	20 00	20 12
23	18 55	18 57	18 59	19 01	19 04	19 07	19 11	19 14	19 19	19 24	19 29	19 36	19 44	19 54
27	18 48	18 50	18 51	18 53	18 56	18 58	19 01	19 04	19 08	19 12	19 16	19 22	19 29	19 36
Oct. 1	18 41	18 43	18 44	18 45	18 47	18 49	18 51	18 54	18 57	19 00	19 04	19 08	19 14	19 20
5	18 35	18 36	18 37	18 38	18 39	18 40	18 42	18 44	18 46	18 49	18 51	18 55	18 59	19 04

// // indicates continuous twilight.

NAUTICAL TWILIGHT, 2007

UNIVERSAL TIME FOR MERIDIAN OF GREENWICH
BEGINNING OF MORNING NAUTICAL TWILIGHT

Lat.	−55°	−50°	−45°	−40°	−35°	−30°	−20°	−10°	0°	+10°	+20°	+30°	+35°	+40°
	h m	h m	h m	h m	h m	h m	h m	h m	h m	h m	h m	h m	h m	h m
Oct. 1	4 06	4 19	4 29	4 36	4 42	4 47	4 54	4 59	5 02	5 03	5 03	5 01	5 00	4 57
5	3 54	4 09	4 21	4 29	4 36	4 42	4 50	4 56	5 00	5 03	5 04	5 04	5 03	5 01
9	3 43	4 00	4 12	4 22	4 30	4 37	4 47	4 54	4 59	5 03	5 05	5 06	5 06	5 05
13	3 31	3 50	4 04	4 16	4 25	4 32	4 43	4 52	4 58	5 03	5 06	5 08	5 09	5 09
17	3 19	3 41	3 57	4 09	4 19	4 27	4 40	4 49	4 57	5 03	5 07	5 11	5 12	5 13
21	3 07	3 31	3 49	4 02	4 13	4 22	4 37	4 47	4 56	5 03	5 09	5 13	5 15	5 17
25	2 55	3 22	3 41	3 56	4 08	4 18	4 34	4 45	4 55	5 03	5 10	5 16	5 19	5 21
29	2 43	3 12	3 33	3 50	4 03	4 14	4 31	4 44	4 54	5 03	5 11	5 18	5 22	5 25
Nov. 2	2 31	3 03	3 26	3 44	3 58	4 10	4 28	4 42	4 54	5 04	5 13	5 21	5 25	5 29
6	2 18	2 54	3 19	3 38	3 53	4 06	4 26	4 41	4 54	5 05	5 15	5 24	5 29	5 34
10	2 05	2 45	3 13	3 33	3 49	4 03	4 24	4 40	4 54	5 05	5 16	5 27	5 32	5 38
14	1 52	2 37	3 06	3 28	3 45	4 00	4 22	4 39	4 54	5 06	5 18	5 30	5 36	5 42
18	1 39	2 29	3 01	3 24	3 42	3 57	4 21	4 39	4 54	5 08	5 20	5 33	5 39	5 46
22	1 26	2 21	2 55	3 20	3 39	3 55	4 20	4 39	4 55	5 09	5 22	5 36	5 43	5 50
26	1 13	2 15	2 51	3 17	3 37	3 53	4 19	4 39	4 56	5 11	5 25	5 39	5 46	5 54
30	0 58	2 09	2 47	3 14	3 35	3 52	4 19	4 39	4 57	5 12	5 27	5 42	5 49	5 58
Dec. 4	0 43	2 04	2 44	3 12	3 34	3 51	4 19	4 40	4 58	5 14	5 29	5 44	5 53	6 01
8	0 26	2 00	2 42	3 11	3 33	3 51	4 19	4 41	5 00	5 16	5 31	5 47	5 56	6 05
12	// //	1 57	2 41	3 11	3 33	3 52	4 20	4 43	5 01	5 18	5 34	5 50	5 59	6 08
16	// //	1 56	2 41	3 11	3 34	3 53	4 22	4 44	5 03	5 20	5 36	5 52	6 01	6 10
20	// //	1 56	2 42	3 12	3 35	3 54	4 23	4 46	5 05	5 22	5 38	5 55	6 03	6 13
24	// //	1 58	2 44	3 14	3 37	3 56	4 25	4 48	5 07	5 24	5 40	5 57	6 05	6 15
28	// //	2 01	2 47	3 17	3 40	3 59	4 27	4 50	5 09	5 26	5 42	5 58	6 07	6 16
32	// //	2 06	2 50	3 20	3 43	4 01	4 30	4 52	5 11	5 28	5 44	6 00	6 08	6 17
36	0 37	2 13	2 55	3 24	3 47	4 05	4 33	4 55	5 13	5 29	5 45	6 01	6 09	6 18

END OF EVENING NAUTICAL TWILIGHT

Lat.	−55°	−50°	−45°	−40°	−35°	−30°	−20°	−10°	0°	+10°	+20°	+30°	+35°	+40°
	h m	h m	h m	h m	h m	h m	h m	h m	h m	h m	h m	h m	h m	h m
Oct. 1	19 35	19 22	19 12	19 04	18 58	18 53	18 46	18 41	18 38	18 36	18 36	18 38	18 39	18 41
5	19 44	19 29	19 18	19 09	19 02	18 56	18 47	18 41	18 37	18 34	18 33	18 33	18 34	18 35
9	19 54	19 36	19 23	19 13	19 05	18 58	18 48	18 41	18 36	18 32	18 29	18 28	18 28	18 29
13	20 03	19 44	19 29	19 18	19 09	19 01	18 50	18 41	18 35	18 30	18 26	18 24	18 23	18 23
17	20 13	19 52	19 35	19 23	19 13	19 04	18 51	18 42	18 34	18 28	18 23	18 20	18 18	18 17
21	20 24	20 00	19 42	19 28	19 17	19 08	18 53	18 42	18 34	18 26	18 21	18 16	18 13	18 12
25	20 35	20 08	19 48	19 33	19 21	19 11	18 55	18 43	18 33	18 25	18 18	18 12	18 09	18 06
29	20 47	20 17	19 55	19 39	19 25	19 14	18 57	18 44	18 33	18 24	18 16	18 09	18 05	18 02
Nov. 2	20 59	20 26	20 02	19 44	19 30	19 18	18 59	18 45	18 33	18 23	18 14	18 06	18 01	17 57
6	21 12	20 35	20 09	19 50	19 35	19 22	19 02	18 46	18 34	18 23	18 12	18 03	17 58	17 53
10	21 25	20 44	20 16	19 56	19 39	19 26	19 04	18 48	18 34	18 22	18 11	18 01	17 55	17 50
14	21 39	20 54	20 24	20 02	19 44	19 30	19 07	18 50	18 35	18 22	18 10	17 59	17 53	17 46
18	21 54	21 03	20 31	20 07	19 49	19 34	19 10	18 51	18 36	18 22	18 10	17 57	17 51	17 44
22	22 09	21 12	20 38	20 13	19 54	19 38	19 13	18 53	18 37	18 23	18 10	17 56	17 49	17 42
26	22 25	21 21	20 45	20 18	19 58	19 42	19 16	18 56	18 39	18 24	18 10	17 55	17 48	17 40
30	22 42	21 30	20 51	20 24	20 03	19 45	19 19	18 58	18 40	18 25	18 10	17 55	17 47	17 39
Dec. 4	23 01	21 38	20 57	20 28	20 07	19 49	19 22	19 00	18 42	18 26	18 11	17 55	17 47	17 39
8	23 23	21 45	21 02	20 33	20 11	19 52	19 24	19 02	18 44	18 28	18 12	17 56	17 48	17 39
12	// //	21 51	21 07	20 37	20 14	19 56	19 27	19 05	18 46	18 29	18 13	17 57	17 48	17 39
16	// //	21 56	21 11	20 40	20 17	19 58	19 29	19 07	18 48	18 31	18 15	17 58	17 50	17 40
20	// //	21 59	21 13	20 43	20 19	20 01	19 32	19 09	18 50	18 33	18 17	18 00	17 51	17 42
24	// //	22 01	21 15	20 45	20 21	20 03	19 34	19 11	18 52	18 35	18 19	18 02	17 53	17 44
28	// //	22 01	21 16	20 46	20 23	20 04	19 35	19 13	18 54	18 37	18 21	18 04	17 56	17 46
32	23 58	22 00	21 16	20 46	20 23	20 05	19 36	19 14	18 56	18 39	18 23	18 07	17 58	17 49
36	23 28	21 57	21 15	20 46	20 23	20 05	19 37	19 16	18 57	18 41	18 25	18 10	18 01	17 53

// // indicates continuous twilight.

UNIVERSAL TIME FOR MERIDIAN OF GREENWICH
BEGINNING OF MORNING NAUTICAL TWILIGHT

Lat.	+40°	+42°	+44°	+46°	+48°	+50°	+52°	+54°	+56°	+58°	+60°	+62°	+64°	+66°
	h m	h m	h m	h m	h m	h m	h m	h m	h m	h m	h m	h m	h m	h m
Oct. 1	4 57	4 56	4 55	4 53	4 51	4 49	4 47	4 44	4 41	4 38	4 34	4 29	4 24	4 17
5	5 01	5 00	4 59	4 58	4 57	4 56	4 54	4 52	4 50	4 47	4 44	4 40	4 36	4 31
9	5 05	5 05	5 04	5 04	5 03	5 02	5 01	4 59	4 58	4 56	4 54	4 51	4 48	4 44
13	5 09	5 09	5 09	5 09	5 08	5 08	5 07	5 07	5 06	5 05	5 03	5 01	4 59	4 57
17	5 13	5 14	5 14	5 14	5 14	5 14	5 14	5 14	5 14	5 13	5 13	5 12	5 11	5 09
21	5 17	5 18	5 19	5 19	5 20	5 20	5 21	5 21	5 21	5 22	5 22	5 22	5 22	5 21
25	5 21	5 22	5 23	5 24	5 25	5 26	5 27	5 28	5 29	5 30	5 31	5 32	5 33	5 34
29	5 25	5 27	5 28	5 29	5 31	5 32	5 34	5 35	5 37	5 38	5 40	5 42	5 43	5 45
Nov. 2	5 29	5 31	5 33	5 35	5 36	5 38	5 40	5 42	5 44	5 46	5 49	5 51	5 54	5 57
6	5 34	5 36	5 38	5 40	5 42	5 44	5 47	5 49	5 52	5 54	5 57	6 01	6 04	6 08
10	5 38	5 40	5 42	5 45	5 47	5 50	5 53	5 56	5 59	6 02	6 06	6 10	6 14	6 19
14	5 42	5 44	5 47	5 50	5 53	5 56	5 59	6 02	6 06	6 10	6 14	6 19	6 24	6 30
18	5 46	5 49	5 52	5 55	5 58	6 01	6 05	6 09	6 13	6 17	6 22	6 27	6 33	6 40
22	5 50	5 53	5 56	6 00	6 03	6 07	6 11	6 15	6 19	6 24	6 30	6 36	6 42	6 50
26	5 54	5 57	6 01	6 04	6 08	6 12	6 16	6 21	6 26	6 31	6 37	6 43	6 51	6 59
30	5 58	6 01	6 05	6 09	6 13	6 17	6 21	6 26	6 32	6 37	6 44	6 51	6 59	7 08
Dec. 4	6 01	6 05	6 09	6 13	6 17	6 21	6 26	6 31	6 37	6 43	6 50	6 57	7 06	7 15
8	6 05	6 08	6 12	6 17	6 21	6 26	6 31	6 36	6 42	6 48	6 55	7 03	7 12	7 22
12	6 08	6 12	6 16	6 20	6 24	6 29	6 34	6 40	6 46	6 52	7 00	7 08	7 17	7 28
16	6 10	6 14	6 19	6 23	6 28	6 32	6 38	6 43	6 49	6 56	7 04	7 12	7 21	7 32
20	6 13	6 17	6 21	6 25	6 30	6 35	6 40	6 46	6 52	6 59	7 06	7 15	7 25	7 36
24	6 15	6 19	6 23	6 27	6 32	6 37	6 42	6 48	6 54	7 01	7 08	7 17	7 27	7 38
28	6 16	6 20	6 24	6 29	6 33	6 38	6 44	6 49	6 55	7 02	7 09	7 18	7 27	7 38
32	6 17	6 21	6 25	6 30	6 34	6 39	6 44	6 50	6 56	7 02	7 09	7 18	7 27	7 38
36	6 18	6 22	6 26	6 30	6 34	6 39	6 44	6 49	6 55	7 01	7 08	7 16	7 25	7 35

END OF EVENING NAUTICAL TWILIGHT

Lat.	+40°	+42°	+44°	+46°	+48°	+50°	+52°	+54°	+56°	+58°	+60°	+62°	+64°	+66°
	h m	h m	h m	h m	h m	h m	h m	h m	h m	h m	h m	h m	h m	h m
Oct. 1	18 41	18 43	18 44	18 45	18 47	18 49	18 51	18 54	18 57	19 00	19 04	19 08	19 14	19 20
5	18 35	18 36	18 37	18 38	18 39	18 40	18 42	18 44	18 46	18 49	18 51	18 55	18 59	19 04
9	18 29	18 29	18 30	18 30	18 31	18 32	18 33	18 34	18 36	18 37	18 40	18 42	18 45	18 49
13	18 23	18 23	18 23	18 23	18 23	18 24	18 24	18 25	18 26	18 27	18 28	18 30	18 32	18 34
17	18 17	18 17	18 16	18 16	18 16	18 16	18 16	18 16	18 16	18 16	18 17	18 18	18 19	18 20
21	18 12	18 11	18 10	18 09	18 09	18 08	18 08	18 07	18 07	18 07	18 06	18 06	18 06	18 06
25	18 06	18 05	18 04	18 03	18 02	18 01	18 00	17 59	17 58	17 57	17 56	17 55	17 54	17 53
29	18 02	18 00	17 59	17 57	17 56	17 54	17 53	17 51	17 50	17 48	17 46	17 45	17 43	17 41
Nov. 2	17 57	17 55	17 54	17 52	17 50	17 48	17 46	17 44	17 42	17 40	17 37	17 35	17 32	17 29
6	17 53	17 51	17 49	17 47	17 45	17 42	17 40	17 37	17 35	17 32	17 29	17 25	17 22	17 18
10	17 50	17 47	17 45	17 42	17 40	17 37	17 34	17 31	17 28	17 25	17 21	17 17	17 12	17 07
14	17 46	17 44	17 41	17 38	17 35	17 32	17 29	17 26	17 22	17 18	17 14	17 09	17 04	16 58
18	17 44	17 41	17 38	17 35	17 32	17 28	17 25	17 21	17 17	17 12	17 07	17 02	16 56	16 49
22	17 42	17 39	17 35	17 32	17 29	17 25	17 21	17 17	17 12	17 07	17 02	16 56	16 49	16 41
26	17 40	17 37	17 33	17 30	17 26	17 22	17 18	17 13	17 08	17 03	16 57	16 50	16 43	16 34
30	17 39	17 36	17 32	17 28	17 24	17 20	17 15	17 10	17 05	16 59	16 53	16 46	16 38	16 29
Dec. 4	17 39	17 35	17 31	17 27	17 23	17 18	17 14	17 08	17 03	16 57	16 50	16 42	16 34	16 24
8	17 39	17 35	17 31	17 27	17 22	17 18	17 13	17 07	17 01	16 55	16 48	16 40	16 31	16 21
12	17 39	17 35	17 31	17 27	17 22	17 18	17 13	17 07	17 01	16 54	16 47	16 39	16 30	16 19
16	17 40	17 36	17 32	17 28	17 23	17 18	17 13	17 08	17 01	16 55	16 47	16 39	16 29	16 18
20	17 42	17 38	17 34	17 29	17 25	17 20	17 15	17 09	17 03	16 56	16 48	16 40	16 30	16 19
24	17 44	17 40	17 36	17 31	17 27	17 22	17 17	17 11	17 05	16 58	16 50	16 42	16 32	16 21
28	17 46	17 43	17 38	17 34	17 29	17 25	17 19	17 14	17 08	17 01	16 53	16 45	16 36	16 25
32	17 49	17 45	17 41	17 37	17 33	17 28	17 23	17 17	17 11	17 05	16 57	16 49	16 40	16 29
36	17 53	17 49	17 45	17 41	17 36	17 32	17 27	17 21	17 16	17 09	17 02	16 54	16 46	16 35

ASTRONOMICAL TWILIGHT, 2007

UNIVERSAL TIME FOR MERIDIAN OF GREENWICH
BEGINNING OF MORNING ASTRONOMICAL TWILIGHT

Lat.	−55°	−50°	−45°	−40°	−35°	−30°	−20°	−10°	0°	+10°	+20°	+30°	+35°	+40°
	h m	h m	h m	h m	h m	h m	h m	h m	h m	h m	h m	h m	h m	h m
Jan. −2	// //	// //	1 42	2 30	3 00	3 24	3 58	4 23	4 43	5 00	5 15	5 30	5 37	5 44
2	// //	// //	1 48	2 34	3 04	3 27	4 01	4 26	4 45	5 02	5 17	5 31	5 38	5 45
6	// //	// //	1 55	2 39	3 08	3 31	4 04	4 28	4 47	5 04	5 18	5 32	5 39	5 45
10	// //	// //	2 03	2 44	3 13	3 34	4 07	4 31	4 49	5 05	5 19	5 32	5 39	5 45
14	// //	0 50	2 11	2 50	3 18	3 39	4 10	4 33	4 51	5 07	5 20	5 33	5 39	5 45
18	// //	1 13	2 20	2 57	3 23	3 43	4 13	4 36	4 53	5 08	5 21	5 32	5 38	5 44
22	// //	1 31	2 29	3 04	3 28	3 48	4 17	4 38	4 55	5 09	5 21	5 32	5 37	5 42
26	// //	1 48	2 39	3 11	3 34	3 52	4 20	4 40	4 56	5 09	5 21	5 31	5 36	5 40
30	// //	2 03	2 48	3 18	3 40	3 57	4 23	4 42	4 57	5 10	5 20	5 29	5 34	5 38
Feb. 3	0 45	2 17	2 57	3 25	3 45	4 02	4 26	4 44	4 58	5 10	5 20	5 28	5 31	5 35
7	1 24	2 30	3 07	3 32	3 51	4 06	4 29	4 46	4 59	5 10	5 18	5 25	5 28	5 31
11	1 48	2 43	3 15	3 39	3 56	4 11	4 32	4 48	5 00	5 09	5 17	5 23	5 25	5 27
15	2 08	2 55	3 24	3 45	4 02	4 15	4 35	4 49	5 00	5 09	5 15	5 20	5 22	5 23
19	2 26	3 06	3 32	3 52	4 07	4 19	4 37	4 51	5 00	5 08	5 13	5 17	5 18	5 18
23	2 41	3 16	3 40	3 58	4 12	4 23	4 40	4 52	5 00	5 07	5 11	5 13	5 13	5 13
27	2 55	3 26	3 48	4 04	4 17	4 27	4 42	4 52	5 00	5 05	5 08	5 09	5 09	5 07
Mar. 3	3 08	3 36	3 55	4 10	4 21	4 30	4 44	4 53	5 00	5 04	5 05	5 05	5 04	5 01
7	3 21	3 45	4 02	4 15	4 25	4 34	4 46	4 54	4 59	5 02	5 02	5 00	4 58	4 55
11	3 32	3 53	4 09	4 20	4 29	4 37	4 47	4 54	4 58	5 00	4 59	4 56	4 53	4 49
15	3 43	4 01	4 15	4 25	4 33	4 40	4 49	4 54	4 57	4 58	4 56	4 51	4 47	4 42
19	3 53	4 09	4 21	4 30	4 37	4 43	4 50	4 54	4 56	4 55	4 52	4 46	4 41	4 35
23	4 02	4 16	4 27	4 35	4 41	4 45	4 51	4 54	4 55	4 53	4 49	4 41	4 36	4 28
27	4 11	4 24	4 33	4 39	4 44	4 48	4 52	4 54	4 54	4 51	4 45	4 36	4 29	4 21
31	4 20	4 30	4 38	4 43	4 47	4 50	4 54	4 54	4 52	4 48	4 41	4 31	4 23	4 14
Apr. 4	4 28	4 37	4 43	4 48	4 51	4 53	4 55	4 54	4 51	4 46	4 37	4 25	4 17	4 07

END OF EVENING ASTRONOMICAL TWILIGHT

Lat.	−55°	−50°	−45°	−40°	−35°	−30°	−20°	−10°	0°	+10°	+20°	+30°	+35°	+40°
	h m	h m	h m	h m	h m	h m	h m	h m	h m	h m	h m	h m	h m	h m
Jan. −2	// //	// //	22 21	21 34	21 03	20 40	20 06	19 41	19 21	19 04	18 49	18 34	18 27	18 20
2	// //	// //	22 19	21 34	21 03	20 41	20 07	19 42	19 22	19 06	18 51	18 37	18 30	18 23
6	// //	// //	22 15	21 32	21 03	20 41	20 08	19 43	19 24	19 08	18 53	18 40	18 33	18 26
10	// //	23 50	22 11	21 30	21 02	20 40	20 08	19 44	19 25	19 10	18 56	18 43	18 36	18 30
14	// //	23 22	22 05	21 27	21 00	20 39	20 08	19 45	19 27	19 11	18 58	18 45	18 39	18 33
18	// //	23 04	21 59	21 23	20 57	20 37	20 07	19 45	19 27	19 13	19 00	18 48	18 43	18 37
22	// //	22 48	21 52	21 18	20 54	20 35	20 06	19 45	19 28	19 14	19 02	18 51	18 46	18 41
26	// //	22 34	21 44	21 13	20 50	20 32	20 05	19 45	19 29	19 16	19 04	18 54	18 50	18 45
30	// //	22 21	21 37	21 08	20 46	20 29	20 03	19 44	19 29	19 17	19 06	18 57	18 53	18 49
Feb. 3	23 31	22 08	21 28	21 02	20 41	20 25	20 01	19 43	19 29	19 18	19 08	19 00	18 57	18 54
7	22 59	21 55	21 20	20 55	20 36	20 21	19 59	19 42	19 29	19 18	19 10	19 03	19 00	18 58
11	22 36	21 43	21 11	20 49	20 31	20 17	19 56	19 40	19 28	19 19	19 12	19 06	19 04	19 02
15	22 16	21 31	21 03	20 42	20 26	20 13	19 53	19 39	19 28	19 20	19 13	19 09	19 07	19 06
19	21 59	21 20	20 54	20 35	20 20	20 08	19 50	19 37	19 27	19 20	19 15	19 12	19 11	19 11
23	21 43	21 09	20 45	20 28	20 14	20 03	19 47	19 35	19 26	19 20	19 16	19 14	19 14	19 15
27	21 27	20 57	20 36	20 21	20 08	19 58	19 43	19 33	19 26	19 21	19 18	19 17	19 18	19 19
Mar. 3	21 13	20 47	20 28	20 13	20 02	19 53	19 40	19 31	19 24	19 21	19 19	19 19	19 21	19 23
7	20 59	20 36	20 19	20 06	19 56	19 48	19 36	19 28	19 23	19 21	19 20	19 22	19 25	19 28
11	20 46	20 25	20 10	19 59	19 50	19 43	19 33	19 26	19 22	19 21	19 21	19 25	19 28	19 32
15	20 34	20 15	20 02	19 52	19 44	19 38	19 29	19 24	19 21	19 21	19 23	19 28	19 31	19 37
19	20 21	20 05	19 54	19 45	19 38	19 33	19 25	19 21	19 20	19 21	19 24	19 30	19 35	19 41
23	20 10	19 56	19 45	19 38	19 32	19 28	19 22	19 19	19 19	19 21	19 25	19 33	19 39	19 46
27	19 58	19 46	19 37	19 31	19 26	19 23	19 18	19 17	19 17	19 21	19 26	19 36	19 42	19 51
31	19 47	19 37	19 30	19 24	19 20	19 18	19 15	19 14	19 16	19 21	19 28	19 39	19 46	19 55
Apr. 4	19 37	19 28	19 22	19 18	19 15	19 13	19 11	19 12	19 15	19 21	19 29	19 42	19 50	20 00

// // indicates continuous twilight.

UNIVERSAL TIME FOR MERIDIAN OF GREENWICH
BEGINNING OF MORNING ASTRONOMICAL TWILIGHT

Lat.	+40°	+42°	+44°	+46°	+48°	+50°	+52°	+54°	+56°	+58°	+60°	+62°	+64°	+66°
	h m	h m	h m	h m	h m	h m	h m	h m	h m	h m	h m	h m	h m	h m
Jan. −2	5 44	5 47	5 50	5 53	5 56	5 59	6 03	6 06	6 10	6 14	6 18	6 23	6 28	6 33
2	5 45	5 48	5 51	5 54	5 57	6 00	6 03	6 06	6 10	6 14	6 18	6 22	6 27	6 33
6	5 45	5 48	5 51	5 54	5 57	6 00	6 03	6 06	6 09	6 13	6 17	6 21	6 26	6 31
10	5 45	5 48	5 51	5 53	5 56	5 59	6 02	6 05	6 08	6 11	6 15	6 19	6 23	6 28
14	5 45	5 47	5 50	5 52	5 55	5 57	6 00	6 03	6 06	6 09	6 12	6 15	6 19	6 23
18	5 44	5 46	5 48	5 51	5 53	5 55	5 58	6 00	6 03	6 05	6 08	6 11	6 14	6 18
22	5 42	5 44	5 46	5 48	5 50	5 52	5 55	5 57	5 59	6 01	6 04	6 06	6 09	6 11
26	5 40	5 42	5 44	5 45	5 47	5 49	5 51	5 53	5 54	5 56	5 58	6 00	6 02	6 04
30	5 38	5 39	5 41	5 42	5 43	5 45	5 46	5 48	5 49	5 50	5 52	5 53	5 54	5 55
Feb. 3	5 35	5 36	5 37	5 38	5 39	5 40	5 41	5 42	5 43	5 44	5 44	5 45	5 45	5 46
7	5 31	5 32	5 33	5 34	5 34	5 35	5 36	5 36	5 36	5 36	5 36	5 36	5 36	5 35
11	5 27	5 28	5 28	5 29	5 29	5 29	5 29	5 29	5 29	5 29	5 28	5 27	5 26	5 24
15	5 23	5 23	5 23	5 23	5 23	5 23	5 22	5 22	5 21	5 20	5 19	5 17	5 15	5 12
19	5 18	5 18	5 18	5 17	5 17	5 16	5 15	5 14	5 13	5 11	5 09	5 06	5 03	4 59
23	5 13	5 12	5 12	5 11	5 10	5 09	5 07	5 06	5 04	5 01	4 58	4 55	4 50	4 45
27	5 07	5 06	5 05	5 04	5 03	5 01	4 59	4 57	4 54	4 51	4 47	4 42	4 37	4 30
Mar. 3	5 01	5 00	4 59	4 57	4 55	4 53	4 50	4 47	4 44	4 40	4 35	4 29	4 23	4 15
7	4 55	4 54	4 52	4 50	4 47	4 44	4 41	4 38	4 33	4 28	4 23	4 16	4 08	3 58
11	4 49	4 47	4 45	4 42	4 39	4 36	4 32	4 27	4 22	4 17	4 10	4 02	3 52	3 40
15	4 42	4 40	4 37	4 34	4 30	4 26	4 22	4 17	4 11	4 04	3 56	3 47	3 35	3 21
19	4 35	4 33	4 29	4 26	4 22	4 17	4 12	4 06	3 59	3 51	3 42	3 31	3 17	3 00
23	4 28	4 25	4 21	4 17	4 12	4 07	4 01	3 54	3 46	3 37	3 27	3 14	2 58	2 37
27	4 21	4 17	4 13	4 08	4 03	3 57	3 50	3 43	3 34	3 23	3 11	2 55	2 36	2 11
31	4 14	4 10	4 05	4 00	3 54	3 47	3 39	3 30	3 20	3 08	2 54	2 36	2 12	1 39
Apr. 4	4 07	4 02	3 57	3 51	3 44	3 36	3 28	3 18	3 06	2 52	2 35	2 14	1 44	0 51

END OF EVENING ASTRONOMICAL TWILIGHT

Lat.	+40°	+42°	+44°	+46°	+48°	+50°	+52°	+54°	+56°	+58°	+60°	+62°	+64°	+66°
	h m	h m	h m	h m	h m	h m	h m	h m	h m	h m	h m	h m	h m	h m
Jan. −2	18 20	18 17	18 14	18 11	18 08	18 05	18 02	17 58	17 54	17 50	17 46	17 41	17 36	17 31
2	18 23	18 20	18 17	18 14	18 11	18 08	18 05	18 02	17 58	17 54	17 50	17 46	17 41	17 35
6	18 26	18 24	18 21	18 18	18 15	18 12	18 09	18 06	18 02	17 59	17 55	17 51	17 46	17 41
10	18 30	18 27	18 25	18 22	18 19	18 16	18 13	18 10	18 07	18 04	18 00	17 57	17 52	17 48
14	18 33	18 31	18 29	18 26	18 24	18 21	18 18	18 16	18 13	18 10	18 06	18 03	17 59	17 55
18	18 37	18 35	18 33	18 31	18 28	18 26	18 24	18 21	18 19	18 16	18 13	18 10	18 07	18 04
22	18 41	18 39	18 37	18 35	18 33	18 31	18 29	18 27	18 25	18 23	18 20	18 18	18 15	18 13
26	18 45	18 44	18 42	18 40	18 38	18 37	18 35	18 33	18 31	18 30	18 28	18 26	18 24	18 22
30	18 49	18 48	18 46	18 45	18 44	18 42	18 41	18 40	18 38	18 37	18 36	18 35	18 34	18 33
Feb. 3	18 54	18 52	18 51	18 50	18 49	18 48	18 47	18 46	18 46	18 45	18 44	18 44	18 43	18 43
7	18 58	18 57	18 56	18 55	18 55	18 54	18 54	18 53	18 53	18 53	18 53	18 53	18 54	18 54
11	19 02	19 01	19 01	19 01	19 00	19 00	19 00	19 00	19 01	19 01	19 02	19 03	19 04	19 06
15	19 06	19 06	19 06	19 06	19 06	19 06	19 07	19 08	19 08	19 10	19 11	19 13	19 15	19 18
19	19 11	19 11	19 11	19 11	19 12	19 13	19 14	19 15	19 16	19 18	19 21	19 23	19 27	19 31
23	19 15	19 15	19 16	19 17	19 18	19 19	19 21	19 22	19 25	19 27	19 30	19 34	19 39	19 44
27	19 19	19 20	19 21	19 22	19 24	19 26	19 28	19 30	19 33	19 36	19 40	19 45	19 51	19 58
Mar. 3	19 23	19 25	19 26	19 28	19 30	19 32	19 35	19 38	19 42	19 46	19 51	19 57	20 04	20 12
7	19 28	19 29	19 31	19 34	19 36	19 39	19 42	19 46	19 50	19 56	20 01	20 08	20 17	20 27
11	19 32	19 34	19 37	19 39	19 42	19 46	19 50	19 54	20 00	20 06	20 13	20 21	20 31	20 43
15	19 37	19 39	19 42	19 45	19 49	19 53	19 58	20 03	20 09	20 16	20 24	20 34	20 46	21 00
19	19 41	19 44	19 48	19 51	19 55	20 00	20 06	20 12	20 19	20 27	20 37	20 48	21 02	21 20
23	19 46	19 49	19 53	19 57	20 02	20 08	20 14	20 21	20 29	20 38	20 49	21 03	21 19	21 41
27	19 51	19 55	19 59	20 04	20 09	20 15	20 22	20 30	20 40	20 50	21 03	21 19	21 39	22 06
31	19 55	20 00	20 05	20 10	20 16	20 23	20 31	20 40	20 51	21 03	21 18	21 37	22 02	22 38
Apr. 4	20 00	20 05	20 11	20 17	20 24	20 32	20 40	20 51	21 03	21 17	21 34	21 57	22 29	23 37

ASTRONOMICAL TWILIGHT, 2007

UNIVERSAL TIME FOR MERIDIAN OF GREENWICH
BEGINNING OF MORNING ASTRONOMICAL TWILIGHT

Lat.	−55°	−50°	−45°	−40°	−35°	−30°	−20°	−10°	0°	+10°	+20°	+30°	+35°	+40°
	h m	h m	h m	h m	h m	h m	h m	h m	h m	h m	h m	h m	h m	h m
Mar. 31	4 20	4 30	4 38	4 43	4 47	4 50	4 54	4 54	4 52	4 48	4 41	4 31	4 23	4 14
Apr. 4	4 28	4 37	4 43	4 48	4 51	4 53	4 55	4 54	4 51	4 46	4 37	4 25	4 17	4 07
8	4 36	4 43	4 48	4 52	4 54	4 55	4 55	4 54	4 49	4 43	4 34	4 20	4 11	3 59
12	4 44	4 49	4 53	4 55	4 57	4 57	4 56	4 53	4 48	4 41	4 30	4 15	4 05	3 52
16	4 51	4 55	4 58	4 59	5 00	5 00	4 57	4 53	4 47	4 38	4 26	4 09	3 58	3 45
20	4 58	5 01	5 02	5 03	5 03	5 02	4 58	4 53	4 46	4 36	4 23	4 04	3 52	3 37
24	5 05	5 07	5 07	5 07	5 05	5 04	4 59	4 53	4 44	4 33	4 19	3 59	3 46	3 30
28	5 12	5 12	5 11	5 10	5 08	5 06	5 00	4 53	4 43	4 31	4 16	3 54	3 40	3 23
May 2	5 18	5 17	5 16	5 13	5 11	5 08	5 01	4 53	4 42	4 29	4 13	3 50	3 35	3 16
6	5 24	5 22	5 20	5 17	5 14	5 10	5 02	4 53	4 41	4 28	4 10	3 45	3 29	3 09
10	5 30	5 27	5 24	5 20	5 16	5 12	5 03	4 53	4 41	4 26	4 07	3 41	3 24	3 03
14	5 36	5 32	5 27	5 23	5 19	5 14	5 04	4 53	4 40	4 24	4 05	3 37	3 19	2 57
18	5 41	5 36	5 31	5 26	5 21	5 16	5 06	4 54	4 40	4 23	4 02	3 34	3 15	2 51
22	5 46	5 40	5 35	5 29	5 24	5 18	5 07	4 54	4 40	4 22	4 00	3 31	3 11	2 46
26	5 51	5 44	5 38	5 32	5 26	5 20	5 08	4 55	4 40	4 22	3 59	3 28	3 08	2 41
30	5 55	5 48	5 41	5 34	5 28	5 22	5 09	4 55	4 40	4 21	3 58	3 26	3 05	2 37
June 3	5 59	5 51	5 44	5 37	5 30	5 24	5 10	4 56	4 40	4 21	3 57	3 24	3 02	2 33
7	6 02	5 54	5 46	5 39	5 32	5 25	5 12	4 57	4 40	4 21	3 56	3 23	3 00	2 31
11	6 05	5 56	5 48	5 41	5 34	5 27	5 13	4 58	4 41	4 21	3 56	3 22	2 59	2 29
15	6 07	5 58	5 50	5 42	5 35	5 28	5 14	4 59	4 42	4 22	3 56	3 22	2 59	2 28
19	6 08	5 59	5 51	5 44	5 36	5 29	5 15	5 00	4 42	4 22	3 57	3 22	2 59	2 28
23	6 09	6 00	5 52	5 45	5 37	5 30	5 16	5 00	4 43	4 23	3 58	3 23	3 00	2 28
27	6 10	6 01	5 53	5 45	5 38	5 31	5 17	5 01	4 44	4 24	3 59	3 24	3 01	2 30
July 1	6 09	6 01	5 53	5 45	5 38	5 31	5 17	5 02	4 45	4 25	4 00	3 26	3 03	2 32
5	6 08	6 00	5 52	5 45	5 38	5 31	5 17	5 03	4 46	4 26	4 02	3 28	3 05	2 35

END OF EVENING ASTRONOMICAL TWILIGHT

Lat.	−55°	−50°	−45°	−40°	−35°	−30°	−20°	−10°	0°	+10°	+20°	+30°	+35°	+40°
	h m	h m	h m	h m	h m	h m	h m	h m	h m	h m	h m	h m	h m	h m
Mar. 31	19 47	19 37	19 30	19 24	19 20	19 18	19 15	19 14	19 16	19 21	19 28	19 39	19 46	19 55
Apr. 4	19 37	19 28	19 22	19 18	19 15	19 13	19 11	19 12	19 15	19 21	19 29	19 42	19 50	20 00
8	19 26	19 20	19 15	19 12	19 10	19 08	19 08	19 10	19 14	19 21	19 31	19 45	19 54	20 06
12	19 17	19 11	19 08	19 06	19 04	19 04	19 05	19 08	19 14	19 21	19 32	19 48	19 58	20 11
16	19 07	19 03	19 01	19 00	18 59	19 00	19 02	19 07	19 13	19 22	19 34	19 51	20 02	20 16
20	18 59	18 56	18 55	18 54	18 55	18 56	18 59	19 05	19 12	19 22	19 36	19 54	20 07	20 22
24	18 50	18 49	18 49	18 49	18 50	18 52	18 57	19 04	19 12	19 23	19 38	19 58	20 11	20 28
28	18 42	18 42	18 43	18 45	18 46	18 49	18 55	19 02	19 12	19 24	19 40	20 01	20 16	20 33
May 2	18 35	18 36	18 38	18 40	18 43	18 46	18 53	19 01	19 12	19 25	19 42	20 05	20 20	20 39
6	18 28	18 30	18 33	18 36	18 39	18 43	18 51	19 00	19 12	19 26	19 44	20 09	20 25	20 45
10	18 22	18 25	18 29	18 32	18 36	18 40	18 49	19 00	19 12	19 27	19 46	20 12	20 29	20 51
14	18 16	18 20	18 25	18 29	18 34	18 38	18 48	18 59	19 12	19 28	19 49	20 16	20 34	20 57
18	18 11	18 16	18 21	18 26	18 31	18 36	18 47	18 59	19 13	19 30	19 51	20 19	20 39	21 03
22	18 07	18 13	18 18	18 24	18 29	18 35	18 46	18 59	19 14	19 31	19 53	20 23	20 43	21 09
26	18 03	18 09	18 16	18 22	18 28	18 34	18 46	18 59	19 14	19 33	19 55	20 26	20 47	21 14
30	18 00	18 07	18 14	18 20	18 27	18 33	18 46	19 00	19 15	19 34	19 57	20 29	20 51	21 19
June 3	17 57	18 05	18 12	18 19	18 26	18 32	18 46	19 00	19 16	19 35	19 59	20 32	20 54	21 24
7	17 55	18 04	18 11	18 18	18 25	18 32	18 46	19 01	19 17	19 37	20 01	20 35	20 58	21 28
11	17 54	18 03	18 11	18 18	18 25	18 32	18 46	19 01	19 18	19 38	20 03	20 37	21 00	21 31
15	17 54	18 03	18 11	18 18	18 25	18 33	18 47	19 02	19 19	19 39	20 04	20 39	21 02	21 33
19	17 54	18 03	18 11	18 19	18 26	18 33	18 48	19 03	19 20	19 40	20 06	20 40	21 04	21 35
23	17 55	18 04	18 12	18 20	18 27	18 34	18 49	19 04	19 21	19 41	20 06	20 41	21 05	21 36
27	17 56	18 05	18 13	18 21	18 28	18 35	18 49	19 05	19 22	19 42	20 07	20 41	21 05	21 36
July 1	17 58	18 07	18 15	18 22	18 29	18 36	18 51	19 06	19 22	19 42	20 07	20 41	21 04	21 35
5	18 01	18 09	18 17	18 24	18 31	18 38	18 52	19 06	19 23	19 42	20 07	20 41	21 03	21 33

UNIVERSAL TIME FOR MERIDIAN OF GREENWICH
BEGINNING OF MORNING ASTRONOMICAL TWILIGHT

Lat.	+40°	+42°	+44°	+46°	+48°	+50°	+52°	+54°	+56°	+58°	+60°	+62°	+64°	+66°
	h m	h m	h m	h m	h m	h m	h m	h m	h m	h m	h m	h m	h m	h m
Mar. 31	4 14	4 10	4 05	4 00	3 54	3 47	3 39	3 30	3 20	3 08	2 54	2 36	2 12	1 39
Apr. 4	4 07	4 02	3 57	3 51	3 44	3 36	3 28	3 18	3 06	2 52	2 35	2 14	1 44	0 51
8	3 59	3 54	3 48	3 41	3 34	3 25	3 16	3 05	2 51	2 35	2 15	1 48	1 06	// //
12	3 52	3 46	3 39	3 32	3 24	3 14	3 04	2 51	2 36	2 17	1 53	1 17	// //	// //
16	3 45	3 38	3 31	3 23	3 14	3 03	2 51	2 37	2 19	1 57	1 26	0 18	// //	// //
20	3 37	3 30	3 22	3 13	3 03	2 52	2 38	2 22	2 01	1 34	0 48	// //	// //	// //
24	3 30	3 22	3 14	3 04	2 53	2 40	2 25	2 06	1 41	1 05	// //	// //	// //	// //
28	3 23	3 14	3 05	2 54	2 42	2 28	2 11	1 49	1 18	0 08	// //	// //	// //	// //
May 2	3 16	3 07	2 57	2 45	2 32	2 16	1 56	1 30	0 48	// //	// //	// //	// //	// //
6	3 09	2 59	2 48	2 36	2 21	2 03	1 40	1 08	// //	// //	// //	// //	// //	// //
10	3 03	2 52	2 40	2 27	2 10	1 50	1 23	0 37	// //	// //	// //	// //	// //	// //
14	2 57	2 45	2 33	2 18	2 00	1 37	1 03	// //	// //	// //	// //	// //	// //	// //
18	2 51	2 39	2 25	2 09	1 49	1 23	0 38	// //	// //	// //	// //	// //	// //	// //
22	2 46	2 33	2 18	2 01	1 39	1 07	// //	// //	// //	// //	// //	// //	// //	// //
26	2 41	2 27	2 12	1 53	1 28	0 50	// //	// //	// //	// //	// //	// //	// //	// //
30	2 37	2 23	2 06	1 46	1 18	0 28	// //	// //	// //	// //	// //	// //	// //	// //
June 3	2 33	2 19	2 01	1 39	1 08	// //	// //	// //	// //	// //	// //	// //	// //	// //
7	2 31	2 15	1 57	1 34	0 59	// //	// //	// //	// //	// //	// //	// //	// //	// //
11	2 29	2 13	1 54	1 29	0 51	// //	// //	// //	// //	// //	// //	// //	// //	// //
15	2 28	2 12	1 52	1 27	0 45	// //	// //	// //	// //	// //	// //	// //	// //	□
19	2 28	2 11	1 52	1 25	0 42	// //	// //	// //	// //	// //	// //	// //	// //	□
23	2 28	2 12	1 52	1 26	0 42	// //	// //	// //	// //	// //	// //	// //	// //	□
27	2 30	2 14	1 54	1 28	0 46	// //	// //	// //	// //	// //	// //	// //	// //	□
July 1	2 32	2 16	1 57	1 32	0 53	// //	// //	// //	// //	// //	// //	// //	// //	// //
5	2 35	2 20	2 01	1 37	1 02	// //	// //	// //	// //	// //	// //	// //	// //	// //

END OF EVENING ASTRONOMICAL TWILIGHT

Lat.	+40°	+42°	+44°	+46°	+48°	+50°	+52°	+54°	+56°	+58°	+60°	+62°	+64°	+66°
	h m	h m	h m	h m	h m	h m	h m	h m	h m	h m	h m	h m	h m	h m
Mar. 31	19 55	20 00	20 05	20 10	20 16	20 23	20 31	20 40	20 51	21 03	21 18	21 37	22 02	22 38
Apr. 4	20 00	20 05	20 11	20 17	20 24	20 32	20 40	20 51	21 03	21 17	21 34	21 57	22 29	23 37
8	20 06	20 11	20 17	20 24	20 32	20 40	20 50	21 02	21 15	21 32	21 53	22 21	23 10	// //
12	20 11	20 17	20 24	20 31	20 40	20 49	21 00	21 13	21 29	21 48	22 14	22 54	// //	// //
16	20 16	20 23	20 30	20 39	20 48	20 59	21 11	21 26	21 44	22 07	22 41	// //	// //	// //
20	20 22	20 29	20 37	20 46	20 57	21 08	21 22	21 39	22 00	22 30	23 23	// //	// //	// //
24	20 28	20 35	20 44	20 54	21 05	21 19	21 34	21 54	22 19	22 59	// //	// //	// //	// //
28	20 33	20 42	20 51	21 02	21 15	21 29	21 47	22 10	22 43	// //	// //	// //	// //	// //
May 2	20 39	20 48	20 59	21 11	21 24	21 41	22 01	22 29	23 16	// //	// //	// //	// //	// //
6	20 45	20 55	21 06	21 19	21 34	21 53	22 16	22 52	// //	// //	// //	// //	// //	// //
10	20 51	21 02	21 14	21 28	21 45	22 05	22 34	23 27	// //	// //	// //	// //	// //	// //
14	20 57	21 09	21 22	21 37	21 55	22 19	22 54	// //	// //	// //	// //	// //	// //	// //
18	21 03	21 15	21 29	21 46	22 06	22 34	23 23	// //	// //	// //	// //	// //	// //	// //
22	21 09	21 21	21 36	21 54	22 17	22 50	// //	// //	// //	// //	// //	// //	// //	// //
26	21 14	21 28	21 43	22 03	22 28	23 08	// //	// //	// //	// //	// //	// //	// //	// //
30	21 19	21 33	21 50	22 11	22 39	23 35	// //	// //	// //	// //	// //	// //	// //	// //
June 3	21 24	21 38	21 56	22 18	22 50	// //	// //	// //	// //	// //	// //	// //	// //	// //
7	21 28	21 43	22 01	22 25	23 00	// //	// //	// //	// //	// //	// //	// //	// //	// //
11	21 31	21 47	22 06	22 31	23 09	// //	// //	// //	// //	// //	// //	// //	// //	// //
15	21 33	21 49	22 09	22 35	23 17	// //	// //	// //	// //	// //	// //	// //	// //	□
19	21 35	21 51	22 11	22 37	23 21	// //	// //	// //	// //	// //	// //	// //	// //	□
23	21 36	21 52	22 12	22 38	23 22	// //	// //	// //	// //	// //	// //	// //	// //	□
27	21 36	21 52	22 12	22 37	23 19	// //	// //	// //	// //	// //	// //	// //	// //	□
July 1	21 35	21 51	22 10	22 35	23 13	// //	// //	// //	// //	// //	// //	// //	// //	// //
5	21 33	21 48	22 07	22 30	23 05	// //	// //	// //	// //	// //	// //	// //	// //	// //

□ indicates Sun continuously above horizon.
// // indicates continuous twilight.

ASTRONOMICAL TWILIGHT, 2007

UNIVERSAL TIME FOR MERIDIAN OF GREENWICH

BEGINNING OF MORNING ASTRONOMICAL TWILIGHT

Lat.	−55°	−50°	−45°	−40°	−35°	−30°	−20°	−10°	0°	+10°	+20°	+30°	+35°	+40°
	h m	h m	h m	h m	h m	h m	h m	h m	h m	h m	h m	h m	h m	h m
July 1	6 09	6 01	5 53	5 45	5 38	5 31	5 17	5 02	4 45	4 25	4 00	3 26	3 03	2 32
5	6 08	6 00	5 52	5 45	5 38	5 31	5 17	5 03	4 46	4 26	4 02	3 28	3 05	2 35
9	6 06	5 59	5 51	5 44	5 38	5 31	5 18	5 03	4 47	4 28	4 04	3 31	3 08	2 39
13	6 04	5 57	5 50	5 43	5 37	5 31	5 18	5 04	4 48	4 29	4 06	3 33	3 12	2 44
17	6 01	5 54	5 48	5 42	5 36	5 30	5 17	5 04	4 49	4 30	4 08	3 36	3 16	2 48
21	5 57	5 51	5 45	5 40	5 34	5 28	5 17	5 04	4 49	4 32	4 10	3 40	3 20	2 54
25	5 53	5 47	5 42	5 37	5 32	5 27	5 16	5 04	4 50	4 33	4 12	3 43	3 24	2 59
29	5 48	5 43	5 39	5 34	5 30	5 25	5 15	5 04	4 50	4 34	4 14	3 46	3 28	3 05
Aug. 2	5 42	5 38	5 35	5 31	5 27	5 23	5 14	5 03	4 51	4 35	4 16	3 50	3 32	3 10
6	5 36	5 33	5 30	5 27	5 24	5 20	5 12	5 02	4 51	4 36	4 18	3 53	3 37	3 16
10	5 29	5 27	5 26	5 23	5 20	5 17	5 10	5 01	4 51	4 37	4 20	3 57	3 41	3 22
14	5 22	5 21	5 20	5 19	5 17	5 14	5 08	5 00	4 50	4 38	4 22	4 00	3 46	3 28
18	5 14	5 15	5 15	5 14	5 12	5 11	5 06	4 59	4 50	4 39	4 24	4 03	3 50	3 33
22	5 05	5 08	5 09	5 09	5 08	5 07	5 03	4 57	4 49	4 39	4 26	4 07	3 54	3 39
26	4 56	5 00	5 02	5 03	5 03	5 03	5 00	4 55	4 49	4 40	4 27	4 10	3 58	3 44
30	4 47	4 52	4 55	4 57	4 58	4 59	4 57	4 54	4 48	4 40	4 29	4 13	4 02	3 49
Sept. 3	4 37	4 44	4 48	4 51	4 53	4 54	4 54	4 51	4 47	4 40	4 30	4 16	4 06	3 54
7	4 27	4 35	4 41	4 45	4 48	4 49	4 51	4 49	4 46	4 40	4 31	4 18	4 10	3 59
11	4 17	4 27	4 33	4 38	4 42	4 44	4 47	4 47	4 45	4 40	4 32	4 21	4 13	4 04
15	4 06	4 17	4 26	4 32	4 36	4 40	4 43	4 45	4 43	4 40	4 34	4 24	4 17	4 08
19	3 55	4 08	4 18	4 25	4 30	4 34	4 40	4 42	4 42	4 40	4 35	4 26	4 20	4 13
23	3 43	3 58	4 09	4 18	4 24	4 29	4 36	4 40	4 41	4 39	4 36	4 29	4 24	4 17
27	3 31	3 48	4 01	4 11	4 18	4 24	4 32	4 37	4 39	4 39	4 37	4 31	4 27	4 21
Oct. 1	3 18	3 38	3 52	4 03	4 12	4 19	4 28	4 34	4 38	4 39	4 38	4 34	4 30	4 26
5	3 05	3 28	3 44	3 56	4 06	4 13	4 24	4 32	4 36	4 39	4 39	4 36	4 33	4 30

END OF EVENING ASTRONOMICAL TWILIGHT

Lat.	−55°	−50°	−45°	−40°	−35°	−30°	−20°	−10°	0°	+10°	+20°	+30°	+35°	+40°
	h m	h m	h m	h m	h m	h m	h m	h m	h m	h m	h m	h m	h m	h m
July 1	17 58	18 07	18 15	18 22	18 29	18 36	18 51	19 06	19 22	19 42	20 07	20 41	21 04	21 35
5	18 01	18 09	18 17	18 24	18 31	18 38	18 52	19 06	19 23	19 42	20 07	20 41	21 03	21 33
9	18 04	18 12	18 19	18 26	18 33	18 39	18 53	19 07	19 23	19 42	20 07	20 39	21 01	21 30
13	18 08	18 15	18 22	18 28	18 35	18 41	18 54	19 08	19 24	19 42	20 06	20 38	20 59	21 27
17	18 12	18 19	18 25	18 31	18 37	18 43	18 55	19 08	19 24	19 42	20 04	20 35	20 56	21 23
21	18 16	18 22	18 28	18 33	18 39	18 45	18 56	19 09	19 23	19 41	20 03	20 33	20 53	21 18
25	18 21	18 26	18 31	18 36	18 41	18 46	18 57	19 09	19 23	19 40	20 01	20 30	20 49	21 13
29	18 26	18 30	18 35	18 39	18 44	18 48	18 58	19 10	19 23	19 39	19 59	20 26	20 44	21 07
Aug. 2	18 31	18 35	18 38	18 42	18 46	18 50	18 59	19 10	19 22	19 37	19 56	20 22	20 39	21 01
6	18 37	18 39	18 42	18 45	18 48	18 52	19 00	19 10	19 21	19 35	19 53	20 18	20 34	20 55
10	18 43	18 44	18 46	18 48	18 51	18 54	19 01	19 10	19 20	19 33	19 50	20 13	20 29	20 48
14	18 49	18 49	18 50	18 51	18 53	18 56	19 02	19 09	19 19	19 31	19 47	20 09	20 23	20 41
18	18 55	18 54	18 54	18 55	18 56	18 58	19 03	19 09	19 18	19 29	19 44	20 04	20 17	20 34
22	19 02	18 59	18 58	18 58	18 58	19 00	19 03	19 09	19 16	19 27	19 40	19 59	20 11	20 26
26	19 09	19 05	19 03	19 01	19 01	19 01	19 04	19 08	19 15	19 24	19 36	19 53	20 05	20 19
30	19 16	19 10	19 07	19 05	19 04	19 03	19 05	19 08	19 14	19 21	19 32	19 48	19 58	20 11
Sept. 3	19 23	19 16	19 11	19 08	19 06	19 05	19 05	19 08	19 12	19 19	19 29	19 43	19 52	20 04
7	19 30	19 22	19 16	19 12	19 09	19 07	19 06	19 07	19 10	19 16	19 25	19 37	19 46	19 56
11	19 38	19 28	19 21	19 16	19 12	19 10	19 07	19 07	19 09	19 13	19 21	19 32	19 39	19 49
15	19 46	19 35	19 26	19 20	19 15	19 12	19 08	19 06	19 07	19 11	19 17	19 26	19 33	19 41
19	19 55	19 41	19 31	19 24	19 18	19 14	19 08	19 06	19 06	19 08	19 13	19 21	19 27	19 34
23	20 04	19 48	19 37	19 28	19 21	19 16	19 09	19 06	19 04	19 05	19 09	19 16	19 21	19 27
27	20 13	19 55	19 42	19 33	19 25	19 19	19 10	19 05	19 03	19 03	19 05	19 10	19 15	19 20
Oct. 1	20 23	20 03	19 48	19 37	19 28	19 22	19 12	19 05	19 02	19 01	19 02	19 05	19 09	19 13
5	20 34	20 11	19 55	19 42	19 32	19 24	19 13	19 05	19 01	18 58	18 58	19 01	19 03	19 07

UNIVERSAL TIME FOR MERIDIAN OF GREENWICH
BEGINNING OF MORNING ASTRONOMICAL TWILIGHT

Lat.	+40°	+42°	+44°	+46°	+48°	+50°	+52°	+54°	+56°	+58°	+60°	+62°	+64°	+66°
	h m	h m	h m	h m	h m	h m	h m	h m	h m	h m	h m	h m	h m	h m
July 1	2 32	2 16	1 57	1 32	0 53	// //	// //	// //	// //	// //	// //	// //	// //	// //
5	2 35	2 20	2 01	1 37	1 02	// //	// //	// //	// //	// //	// //	// //	// //	// //
9	2 39	2 24	2 06	1 44	1 12	// //	// //	// //	// //	// //	// //	// //	// //	// //
13	2 44	2 29	2 12	1 51	1 22	0 22	// //	// //	// //	// //	// //	// //	// //	// //
17	2 48	2 35	2 19	1 59	1 33	0 52	// //	// //	// //	// //	// //	// //	// //	// //
21	2 54	2 41	2 26	2 07	1 44	1 11	// //	// //	// //	// //	// //	// //	// //	// //
25	2 59	2 47	2 33	2 16	1 55	1 27	0 33	// //	// //	// //	// //	// //	// //	// //
29	3 05	2 53	2 40	2 25	2 06	1 41	1 05	// //	// //	// //	// //	// //	// //	// //
Aug. 2	3 10	3 00	2 47	2 33	2 16	1 55	1 26	0 23	// //	// //	// //	// //	// //	// //
6	3 16	3 06	2 55	2 42	2 26	2 07	1 43	1 06	// //	// //	// //	// //	// //	// //
10	3 22	3 13	3 02	2 50	2 36	2 19	1 58	1 30	0 35	// //	// //	// //	// //	// //
14	3 28	3 19	3 09	2 58	2 45	2 30	2 12	1 48	1 14	// //	// //	// //	// //	// //
18	3 33	3 25	3 16	3 06	2 54	2 41	2 25	2 05	1 38	0 54	// //	// //	// //	// //
22	3 39	3 31	3 23	3 14	3 03	2 51	2 37	2 19	1 57	1 26	0 12	// //	// //	// //
26	3 44	3 37	3 30	3 21	3 12	3 01	2 48	2 33	2 14	1 49	1 13	// //	// //	// //
30	3 49	3 43	3 36	3 28	3 20	3 10	2 58	2 45	2 29	2 08	1 41	0 56	// //	// //
Sept. 3	3 54	3 48	3 42	3 35	3 27	3 18	3 08	2 56	2 42	2 25	2 03	1 32	0 31	// //
7	3 59	3 54	3 48	3 42	3 35	3 27	3 18	3 07	2 55	2 40	2 21	1 57	1 22	// //
11	4 04	3 59	3 54	3 48	3 42	3 35	3 27	3 17	3 06	2 53	2 38	2 18	1 51	1 10
15	4 08	4 04	4 00	3 55	3 49	3 43	3 35	3 27	3 17	3 06	2 53	2 36	2 15	1 45
19	4 13	4 09	4 05	4 01	3 56	3 50	3 44	3 36	3 28	3 18	3 06	2 52	2 34	2 11
23	4 17	4 14	4 10	4 07	4 02	3 57	3 52	3 45	3 38	3 29	3 19	3 07	2 52	2 33
27	4 21	4 19	4 16	4 12	4 08	4 04	3 59	3 54	3 47	3 40	3 31	3 21	3 08	2 52
Oct. 1	4 26	4 23	4 21	4 18	4 15	4 11	4 07	4 02	3 56	3 50	3 42	3 34	3 23	3 10
5	4 30	4 28	4 26	4 23	4 21	4 18	4 14	4 10	4 05	4 00	3 53	3 46	3 37	3 26

END OF EVENING ASTRONOMICAL TWILIGHT

	+40°	+42°	+44°	+46°	+48°	+50°	+52°	+54°	+56°	+58°	+60°	+62°	+64°	+66°
	h m	h m	h m	h m	h m	h m	h m	h m	h m	h m	h m	h m	h m	h m
July 1	21 35	21 51	22 10	22 35	23 13	// //	// //	// //	// //	// //	// //	// //	// //	// //
5	21 33	21 48	22 07	22 30	23 05	// //	// //	// //	// //	// //	// //	// //	// //	// //
9	21 30	21 45	22 03	22 25	22 56	// //	// //	// //	// //	// //	// //	// //	// //	// //
13	21 27	21 41	21 58	22 19	22 47	23 40	// //	// //	// //	// //	// //	// //	// //	// //
17	21 23	21 36	21 52	22 11	22 37	23 16	// //	// //	// //	// //	// //	// //	// //	// //
21	21 18	21 31	21 46	22 04	22 26	22 58	// //	// //	// //	// //	// //	// //	// //	// //
25	21 13	21 25	21 39	21 55	22 16	22 43	23 31	// //	// //	// //	// //	// //	// //	// //
29	21 07	21 19	21 31	21 47	22 05	22 29	23 03	// //	// //	// //	// //	// //	// //	// //
Aug. 2	21 01	21 12	21 24	21 38	21 54	22 15	22 43	23 34	// //	// //	// //	// //	// //	// //
6	20 55	21 04	21 16	21 28	21 44	22 02	22 25	23 00	// //	// //	// //	// //	// //	// //
10	20 48	20 57	21 07	21 19	21 33	21 49	22 10	22 37	23 23	// //	// //	// //	// //	// //
14	20 41	20 49	20 59	21 10	21 22	21 37	21 55	22 17	22 49	// //	// //	// //	// //	// //
18	20 34	20 41	20 50	21 00	21 12	21 25	21 40	22 00	22 25	23 05	// //	// //	// //	// //
22	20 26	20 34	20 42	20 51	21 01	21 13	21 27	21 44	22 05	22 34	23 28	// //	// //	// //
26	20 19	20 25	20 33	20 41	20 51	21 01	21 14	21 29	21 47	22 10	22 44	// //	// //	// //
30	20 11	20 17	20 24	20 32	20 40	20 50	21 01	21 14	21 30	21 49	22 15	22 55	// //	// //
Sept. 3	20 04	20 09	20 15	20 22	20 30	20 39	20 49	21 00	21 14	21 31	21 52	22 21	23 11	// //
7	19 56	20 01	20 07	20 13	20 20	20 28	20 37	20 47	20 59	21 14	21 31	21 54	22 27	23 40
11	19 49	19 53	19 58	20 04	20 10	20 17	20 25	20 34	20 45	20 57	21 13	21 32	21 57	22 34
15	19 41	19 45	19 50	19 55	20 00	20 07	20 14	20 22	20 31	20 42	20 55	21 11	21 32	21 59
19	19 34	19 38	19 42	19 46	19 51	19 56	20 03	20 10	20 18	20 28	20 39	20 53	21 10	21 32
23	19 27	19 30	19 33	19 37	19 42	19 46	19 52	19 58	20 05	20 14	20 24	20 35	20 50	21 08
27	19 20	19 23	19 26	19 29	19 33	19 37	19 42	19 47	19 53	20 00	20 09	20 19	20 31	20 46
Oct. 1	19 13	19 15	19 18	19 21	19 24	19 27	19 31	19 36	19 41	19 48	19 55	20 04	20 14	20 26
5	19 07	19 08	19 10	19 13	19 15	19 18	19 22	19 26	19 30	19 35	19 42	19 49	19 58	20 08

// // indicates continuous twilight.

ASTRONOMICAL TWILIGHT, 2007

UNIVERSAL TIME FOR MERIDIAN OF GREENWICH
BEGINNING OF MORNING ASTRONOMICAL TWILIGHT

Lat.	−55°	−50°	−45°	−40°	−35°	−30°	−20°	−10°	0°	+10°	+20°	+30°	+35°	+40°
	h m	h m	h m	h m	h m	h m	h m	h m	h m	h m	h m	h m	h m	h m
Oct. 1	3 18	3 38	3 52	4 03	4 12	4 19	4 28	4 34	4 38	4 39	4 38	4 34	4 30	4 26
5	3 05	3 28	3 44	3 56	4 06	4 13	4 24	4 32	4 36	4 39	4 39	4 36	4 33	4 30
9	2 52	3 17	3 35	3 49	3 59	4 08	4 21	4 29	4 35	4 38	4 40	4 38	4 37	4 34
13	2 38	3 06	3 26	3 41	3 53	4 03	4 17	4 27	4 34	4 38	4 41	4 41	4 40	4 38
17	2 23	2 55	3 17	3 34	3 47	3 58	4 13	4 25	4 33	4 38	4 42	4 43	4 43	4 42
21	2 07	2 44	3 08	3 27	3 41	3 53	4 10	4 22	4 31	4 38	4 43	4 46	4 46	4 46
25	1 50	2 32	3 00	3 20	3 35	3 48	4 07	4 20	4 31	4 38	4 44	4 48	4 49	4 50
29	1 32	2 20	2 51	3 13	3 29	3 43	4 03	4 18	4 30	4 39	4 45	4 51	4 52	4 54
Nov. 2	1 11	2 08	2 42	3 06	3 24	3 38	4 01	4 17	4 29	4 39	4 47	4 53	4 56	4 58
6	0 45	1 56	2 33	2 59	3 19	3 34	3 58	4 15	4 29	4 39	4 48	4 56	4 59	5 02
10	// //	1 43	2 25	2 53	3 14	3 30	3 56	4 14	4 28	4 40	4 50	4 59	5 02	5 06
14	// //	1 30	2 17	2 47	3 09	3 27	3 53	4 13	4 28	4 41	4 52	5 01	5 06	5 10
18	// //	1 17	2 09	2 42	3 05	3 24	3 52	4 12	4 29	4 42	4 54	5 04	5 09	5 14
22	// //	1 02	2 02	2 37	3 02	3 21	3 50	4 12	4 29	4 43	4 56	5 07	5 12	5 18
26	// //	0 45	1 55	2 32	2 59	3 19	3 50	4 12	4 30	4 45	4 58	5 10	5 16	5 21
30	// //	0 25	1 49	2 29	2 56	3 17	3 49	4 12	4 31	4 46	5 00	5 13	5 19	5 25
Dec. 4	// //	// //	1 44	2 26	2 55	3 16	3 49	4 13	4 32	4 48	5 02	5 15	5 22	5 28
8	// //	// //	1 40	2 24	2 53	3 16	3 49	4 14	4 33	4 50	5 04	5 18	5 25	5 32
12	// //	// //	1 37	2 23	2 53	3 16	3 50	4 15	4 35	4 52	5 07	5 21	5 28	5 35
16	// //	// //	1 35	2 23	2 54	3 17	3 51	4 17	4 37	4 54	5 09	5 23	5 30	5 37
20	// //	// //	1 35	2 24	2 55	3 18	3 53	4 18	4 39	4 56	5 11	5 25	5 33	5 40
24	// //	// //	1 37	2 25	2 57	3 20	3 55	4 20	4 41	4 58	5 13	5 27	5 35	5 42
28	// //	// //	1 41	2 28	2 59	3 23	3 57	4 22	4 43	5 00	5 15	5 29	5 36	5 43
32	// //	// //	1 46	2 32	3 03	3 26	4 00	4 25	4 45	5 01	5 16	5 31	5 37	5 45
36	// //	// //	1 53	2 37	3 07	3 29	4 03	4 27	4 47	5 03	5 18	5 32	5 38	5 45

END OF EVENING ASTRONOMICAL TWILIGHT

Lat.	−55°	−50°	−45°	−40°	−35°	−30°	−20°	−10°	0°	+10°	+20°	+30°	+35°	+40°
	h m	h m	h m	h m	h m	h m	h m	h m	h m	h m	h m	h m	h m	h m
Oct. 1	20 23	20 03	19 48	19 37	19 28	19 22	19 12	19 05	19 02	19 01	19 02	19 05	19 09	19 13
5	20 34	20 11	19 55	19 42	19 32	19 24	19 13	19 05	19 01	18 58	18 58	19 01	19 03	19 07
9	20 45	20 19	20 01	19 47	19 36	19 27	19 14	19 06	19 00	18 56	18 55	18 56	18 58	19 00
13	20 58	20 28	20 08	19 52	19 40	19 31	19 16	19 06	18 59	18 54	18 52	18 51	18 52	18 54
17	21 11	20 38	20 15	19 58	19 45	19 34	19 18	19 07	18 58	18 53	18 49	18 47	18 47	18 48
21	21 25	20 48	20 22	20 04	19 49	19 38	19 20	19 07	18 58	18 51	18 46	18 43	18 43	18 43
25	21 41	20 58	20 30	20 10	19 54	19 41	19 22	19 08	18 58	18 50	18 44	18 40	18 38	18 38
29	22 00	21 09	20 38	20 16	19 59	19 45	19 24	19 09	18 58	18 49	18 42	18 37	18 35	18 33
Nov. 2	22 21	21 21	20 47	20 23	20 04	19 49	19 27	19 11	18 58	18 48	18 40	18 34	18 31	18 29
6	22 50	21 34	20 55	20 29	20 09	19 54	19 30	19 12	18 59	18 48	18 39	18 31	18 28	18 25
10	// //	21 47	21 04	20 36	20 15	19 58	19 33	19 14	18 59	18 47	18 37	18 29	18 25	18 21
14	// //	22 01	21 14	20 43	20 20	20 02	19 36	19 16	19 00	18 48	18 37	18 27	18 23	18 18
18	// //	22 17	21 23	20 50	20 26	20 07	19 39	19 18	19 02	18 48	18 36	18 26	18 21	18 16
22	// //	22 34	21 32	20 56	20 31	20 11	19 42	19 20	19 03	18 49	18 36	18 25	18 19	18 14
26	// //	22 53	21 41	21 03	20 36	20 16	19 45	19 23	19 05	18 50	18 36	18 24	18 18	18 13
30	// //	23 19	21 50	21 09	20 41	20 20	19 48	19 25	19 06	18 51	18 37	18 24	18 18	18 12
Dec. 4	// //	// //	21 58	21 15	20 46	20 24	19 51	19 27	19 08	18 52	18 38	18 24	18 18	18 11
8	// //	// //	22 05	21 20	20 50	20 28	19 54	19 30	19 10	18 54	18 39	18 25	18 18	18 12
12	// //	// //	22 11	21 25	20 54	20 31	19 57	19 32	19 12	18 55	18 40	18 26	18 19	18 12
16	// //	// //	22 16	21 29	20 57	20 34	20 00	19 34	19 14	18 57	18 42	18 28	18 21	18 13
20	// //	// //	22 20	21 31	21 00	20 37	20 02	19 37	19 16	18 59	18 44	18 29	18 22	18 15
24	// //	// //	22 21	21 33	21 02	20 38	20 04	19 38	19 18	19 01	18 46	18 31	18 24	18 17
28	// //	// //	22 21	21 34	21 03	20 40	20 05	19 40	19 20	19 03	18 48	18 34	18 27	18 19
32	// //	// //	22 20	21 34	21 03	20 40	20 07	19 42	19 22	19 05	18 50	18 36	18 29	18 22
36	// //	// //	22 17	21 33	21 03	20 41	20 07	19 43	19 24	19 07	18 53	18 39	18 32	18 25

// // indicates continuous twilight.

UNIVERSAL TIME FOR MERIDIAN OF GREENWICH
BEGINNING OF MORNING ASTRONOMICAL TWILIGHT

Lat.	+40°	+42°	+44°	+46°	+48°	+50°	+52°	+54°	+56°	+58°	+60°	+62°	+64°	+66°
	h m	h m	h m	h m	h m	h m	h m	h m	h m	h m	h m	h m	h m	h m
Oct. 1	4 26	4 23	4 21	4 18	4 15	4 11	4 07	4 02	3 56	3 50	3 42	3 34	3 23	3 10
5	4 30	4 28	4 26	4 23	4 21	4 18	4 14	4 10	4 05	4 00	3 53	3 46	3 37	3 26
9	4 34	4 32	4 31	4 29	4 27	4 24	4 21	4 18	4 14	4 09	4 04	3 58	3 50	3 41
13	4 38	4 37	4 36	4 34	4 32	4 30	4 28	4 25	4 22	4 18	4 14	4 09	4 03	3 55
17	4 42	4 41	4 40	4 39	4 38	4 37	4 35	4 33	4 30	4 27	4 24	4 20	4 15	4 09
21	4 46	4 46	4 45	4 45	4 44	4 43	4 42	4 40	4 38	4 36	4 33	4 30	4 26	4 22
25	4 50	4 50	4 50	4 50	4 49	4 49	4 48	4 47	4 46	4 45	4 43	4 40	4 38	4 34
29	4 54	4 54	4 55	4 55	4 55	4 55	4 55	4 54	4 54	4 53	4 52	4 50	4 48	4 46
Nov. 2	4 58	4 59	4 59	5 00	5 00	5 01	5 01	5 01	5 01	5 01	5 00	5 00	4 59	4 58
6	5 02	5 03	5 04	5 05	5 06	5 07	5 07	5 08	5 08	5 09	5 09	5 09	5 09	5 09
10	5 06	5 07	5 09	5 10	5 11	5 12	5 13	5 14	5 15	5 16	5 17	5 18	5 19	5 19
14	5 10	5 11	5 13	5 15	5 16	5 18	5 19	5 21	5 22	5 24	5 25	5 27	5 28	5 30
18	5 14	5 16	5 18	5 19	5 21	5 23	5 25	5 27	5 29	5 31	5 33	5 35	5 37	5 39
22	5 18	5 20	5 22	5 24	5 26	5 28	5 31	5 33	5 35	5 38	5 40	5 43	5 45	5 48
26	5 21	5 24	5 26	5 28	5 31	5 33	5 36	5 38	5 41	5 44	5 47	5 50	5 53	5 57
30	5 25	5 28	5 30	5 33	5 35	5 38	5 41	5 44	5 47	5 50	5 53	5 57	6 01	6 05
Dec. 4	5 28	5 31	5 34	5 37	5 39	5 42	5 45	5 48	5 52	5 55	5 59	6 03	6 07	6 12
8	5 32	5 35	5 37	5 40	5 43	5 46	5 50	5 53	5 56	6 00	6 04	6 08	6 13	6 18
12	5 35	5 38	5 41	5 44	5 47	5 50	5 53	5 57	6 00	6 04	6 08	6 13	6 18	6 23
16	5 37	5 40	5 43	5 47	5 50	5 53	5 56	6 00	6 04	6 08	6 12	6 17	6 22	6 28
20	5 40	5 43	5 46	5 49	5 52	5 56	5 59	6 03	6 06	6 11	6 15	6 20	6 25	6 31
24	5 42	5 45	5 48	5 51	5 54	5 58	6 01	6 05	6 08	6 13	6 17	6 22	6 27	6 33
28	5 43	5 46	5 49	5 52	5 56	5 59	6 02	6 06	6 10	6 14	6 18	6 23	6 28	6 33
32	5 45	5 47	5 50	5 53	5 56	6 00	6 03	6 06	6 10	6 14	6 18	6 23	6 28	6 33
36	5 45	5 48	5 51	5 54	5 57	6 00	6 03	6 06	6 10	6 13	6 17	6 22	6 26	6 31

END OF EVENING ASTRONOMICAL TWILIGHT

Lat.	+40°	+42°	+44°	+46°	+48°	+50°	+52°	+54°	+56°	+58°	+60°	+62°	+64°	+66°
	h m	h m	h m	h m	h m	h m	h m	h m	h m	h m	h m	h m	h m	h m
Oct. 1	19 13	19 15	19 18	19 21	19 24	19 27	19 31	19 36	19 41	19 48	19 55	20 04	20 14	20 26
5	19 07	19 08	19 10	19 13	19 15	19 18	19 22	19 26	19 30	19 35	19 42	19 49	19 58	20 08
9	19 00	19 02	19 03	19 05	19 07	19 10	19 12	19 16	19 19	19 24	19 29	19 35	19 42	19 51
13	18 54	18 55	18 56	18 58	18 59	19 01	19 03	19 06	19 09	19 13	19 17	19 22	19 28	19 35
17	18 48	18 49	18 50	18 51	18 52	18 53	18 55	18 57	18 59	19 02	19 05	19 09	19 14	19 20
21	18 43	18 43	18 43	18 44	18 45	18 46	18 47	18 48	18 50	18 52	18 54	18 57	19 01	19 06
25	18 38	18 38	18 38	18 38	18 38	18 38	18 39	18 40	18 41	18 42	18 44	18 46	18 49	18 52
29	18 33	18 33	18 32	18 32	18 32	18 32	18 32	18 32	18 33	18 33	18 34	18 36	18 37	18 40
Nov. 2	18 29	18 28	18 27	18 27	18 26	18 26	18 25	18 25	18 25	18 25	18 25	18 26	18 27	18 28
6	18 25	18 24	18 23	18 22	18 21	18 20	18 19	18 19	18 18	18 17	18 17	18 17	18 17	18 17
10	18 21	18 20	18 19	18 17	18 16	18 15	18 14	18 13	18 11	18 10	18 09	18 09	18 08	18 07
14	18 18	18 17	18 15	18 14	18 12	18 10	18 09	18 07	18 06	18 04	18 03	18 01	17 59	17 58
18	18 16	18 14	18 12	18 10	18 08	18 06	18 05	18 03	18 01	17 59	17 57	17 54	17 52	17 50
22	18 14	18 12	18 10	18 08	18 05	18 03	18 01	17 59	17 56	17 54	17 51	17 49	17 46	17 43
26	18 13	18 10	18 08	18 06	18 03	18 01	17 58	17 55	17 53	17 50	17 47	17 44	17 40	17 36
30	18 12	18 09	18 07	18 04	18 01	17 59	17 56	17 53	17 50	17 47	17 43	17 40	17 36	17 31
Dec. 4	18 11	18 09	18 06	18 03	18 00	17 57	17 54	17 51	17 48	17 44	17 41	17 37	17 32	17 28
8	18 12	18 09	18 06	18 03	18 00	17 57	17 54	17 50	17 47	17 43	17 39	17 35	17 30	17 25
12	18 12	18 09	18 06	18 03	18 00	17 57	17 54	17 50	17 47	17 43	17 38	17 34	17 29	17 23
16	18 13	18 10	18 07	18 04	18 01	17 58	17 54	17 51	17 47	17 43	17 39	17 34	17 29	17 23
20	18 15	18 12	18 09	18 06	18 03	17 59	17 56	17 52	17 48	17 44	17 40	17 35	17 30	17 24
24	18 17	18 14	18 11	18 08	18 05	18 01	17 58	17 54	17 50	17 46	17 42	17 37	17 32	17 26
28	18 19	18 16	18 13	18 10	18 07	18 04	18 01	17 57	17 53	17 49	17 45	17 40	17 35	17 30
32	18 22	18 19	18 16	18 13	18 10	18 07	18 04	18 00	17 57	17 53	17 49	17 44	17 39	17 34
36	18 25	18 23	18 20	18 17	18 14	18 11	18 08	18 04	18 01	17 57	17 53	17 49	17 44	17 39

UNIVERSAL TIME FOR MERIDIAN OF GREENWICH

MOONRISE

Lat.	−55°	−50°	−45°	−40°	−35°	−30°	−20°	−10°	0°	+10°	+20°	+30°	+35°	+40°
	h m	h m	h m	h m	h m	h m	h m	h m	h m	h m	h m	h m	h m	h m
Jan. 0	18 20	17 44	17 18	16 57	16 39	16 25	15 59	15 38	15 18	14 58	14 37	14 12	13 58	13 42
1	19 44	19 02	18 31	18 08	17 48	17 32	17 04	16 40	16 18	15 55	15 32	15 04	14 48	14 29
2	20 48	20 05	19 34	19 10	18 51	18 34	18 05	17 41	17 18	16 55	16 31	16 03	15 46	15 26
3	21 29	20 52	20 24	20 02	19 44	19 28	19 01	18 38	18 17	17 55	17 32	17 05	16 49	16 31
4	21 54	21 24	21 01	20 43	20 27	20 14	19 51	19 31	19 12	18 53	18 33	18 10	17 56	17 40
5	22 09	21 47	21 30	21 15	21 03	20 52	20 34	20 18	20 03	19 47	19 31	19 12	19 01	18 48
6	22 20	22 04	21 52	21 42	21 33	21 25	21 12	21 00	20 49	20 37	20 25	20 12	20 04	19 54
7	22 27	22 18	22 10	22 04	21 59	21 54	21 45	21 38	21 31	21 24	21 17	21 08	21 03	20 58
8	22 33	22 30	22 27	22 24	22 22	22 20	22 17	22 14	22 11	22 09	22 06	22 02	22 00	21 58
9	22 39	22 41	22 42	22 43	22 44	22 45	22 47	22 49	22 50	22 52	22 53	22 55	22 56	22 58
10	22 44	22 52	22 58	23 03	23 07	23 11	23 18	23 24	23 29	23 35	23 41	23 48	23 52	23 57
11	22 51	23 04	23 15	23 24	23 31	23 38	23 50	.. ..	.. ..	.. ..	.. ..	.. ..	.. ..	.. ..
12	23 00	23 19	23 35	23 47	23 58	.. ..	.. ..	0 00	0 10	0 19	0 30	0 42	0 49	0 57
13	23 12	23 39	23 59	.. ..	.. ..	0 08	0 24	0 39	0 52	1 06	1 21	1 38	1 48	2 00
14	23 31	.. ..	.. ..	0 16	0 30	0 42	1 03	1 21	1 39	1 56	2 15	2 37	2 49	3 04
15	.. ..	0 05	0 30	0 51	1 08	1 22	1 47	2 09	2 29	2 50	3 12	3 37	3 52	4 10
16	0 02	0 43	1 12	1 35	1 54	2 10	2 38	3 02	3 24	3 46	4 11	4 39	4 55	5 15
17	0 52	1 35	2 06	2 30	2 50	3 07	3 35	3 59	4 22	4 45	5 09	5 38	5 55	6 15
18	2 05	2 45	3 13	3 36	3 54	4 10	4 37	5 00	5 22	5 43	6 06	6 33	6 48	7 06
19	3 34	4 06	4 30	4 49	5 05	5 18	5 41	6 01	6 20	6 38	6 58	7 21	7 34	7 49
20	5 10	5 33	5 51	6 05	6 17	6 28	6 46	7 01	7 16	7 30	7 46	8 03	8 13	8 25
21	6 47	7 01	7 12	7 21	7 29	7 36	7 48	7 59	8 08	8 18	8 28	8 40	8 47	8 54
22	8 20	8 27	8 32	8 36	8 40	8 43	8 49	8 54	8 58	9 03	9 08	9 14	9 17	9 20
23	9 52	9 51	9 51	9 50	9 49	9 49	9 48	9 48	9 47	9 46	9 46	9 45	9 45	9 45
24	11 24	11 15	11 09	11 03	10 59	10 54	10 47	10 41	10 35	10 30	10 24	10 17	10 13	10 09

MOONSET

Lat.	−55°	−50°	−45°	−40°	−35°	−30°	−20°	−10°	0°	+10°	+20°	+30°	+35°	+40°
	h m	h m	h m	h m	h m	h m	h m	h m	h m	h m	h m	h m	h m	h m
Jan. 0	0 11	0 40	1 02	1 20	1 35	1 48	2 10	2 29	2 48	3 06	3 26	3 49	4 02	4 18
1	0 36	1 13	1 41	2 02	2 20	2 36	3 02	3 25	3 46	4 07	4 30	4 57	5 13	5 31
2	1 17	2 00	2 31	2 54	3 14	3 31	3 59	4 24	4 47	5 09	5 34	6 02	6 19	6 39
3	2 19	3 02	3 32	3 56	4 15	4 32	5 00	5 24	5 47	6 09	6 33	7 00	7 17	7 36
4	3 38	4 15	4 42	5 03	5 21	5 36	6 02	6 24	6 44	7 04	7 26	7 51	8 05	8 22
5	5 05	5 34	5 55	6 13	6 27	6 40	7 01	7 20	7 37	7 54	8 12	8 33	8 45	8 59
6	6 31	6 51	7 07	7 20	7 31	7 41	7 58	8 12	8 25	8 38	8 52	9 08	9 17	9 28
7	7 52	8 06	8 16	8 25	8 33	8 39	8 50	9 00	9 09	9 18	9 28	9 39	9 45	9 52
8	9 10	9 17	9 22	9 27	9 31	9 35	9 41	9 46	9 51	9 55	10 01	10 06	10 10	10 13
9	10 25	10 26	10 26	10 27	10 28	10 28	10 29	10 29	10 30	10 31	10 31	10 32	10 32	10 33
10	11 39	11 34	11 30	11 26	11 23	11 21	11 16	11 13	11 09	11 05	11 02	10 57	10 55	10 52
11	12 53	12 42	12 33	12 26	12 20	12 14	12 05	11 56	11 48	11 41	11 33	11 23	11 18	11 12
12	14 10	13 52	13 38	13 27	13 17	13 09	12 54	12 42	12 30	12 18	12 06	11 51	11 43	11 34
13	15 30	15 05	14 46	14 30	14 17	14 06	13 47	13 30	13 14	12 59	12 42	12 23	12 12	12 00
14	16 52	16 19	15 55	15 36	15 19	15 06	14 42	14 21	14 02	13 44	13 23	13 00	12 46	12 31
15	18 12	17 32	17 04	16 41	16 23	16 07	15 40	15 17	14 55	14 34	14 11	13 44	13 28	13 10
16	19 21	18 38	18 08	17 44	17 24	17 07	16 39	16 14	15 52	15 29	15 04	14 36	14 19	13 59
17	20 12	19 32	19 03	18 40	18 21	18 04	17 37	17 13	16 51	16 28	16 04	15 36	15 19	15 00
18	20 45	20 12	19 47	19 27	19 10	18 56	18 31	18 10	17 50	17 29	17 08	16 42	16 27	16 10
19	21 06	20 41	20 22	20 06	19 53	19 41	19 21	19 03	18 47	18 30	18 12	17 51	17 39	17 25
20	21 19	21 03	20 49	20 38	20 29	20 21	20 06	19 53	19 41	19 29	19 16	19 01	18 52	18 42
21	21 29	21 20	21 12	21 06	21 00	20 56	20 47	20 40	20 32	20 25	20 17	20 08	20 03	19 57
22	21 37	21 35	21 33	21 31	21 29	21 28	21 26	21 24	21 22	21 20	21 17	21 15	21 13	21 12
23	21 45	21 49	21 52	21 55	21 57	22 00	22 03	22 07	22 10	22 13	22 16	22 20	22 22	22 25
24	21 53	22 04	22 13	22 20	22 26	22 32	22 42	22 51	22 59	23 07	23 16	23 26	23 32	23 38

.. .. indicates phenomenon will occur the next day.

UNIVERSAL TIME FOR MERIDIAN OF GREENWICH

MOONRISE

Lat.		+40°	+42°	+44°	+46°	+48°	+50°	+52°	+54°	+56°	+58°	+60°	+62°	+64°	+66°
		h m	h m	h m	h m	h m	h m	h m	h m	h m	h m	h m	h m	h m	h m
Jan.	0	13 42	13 34	13 26	13 18	13 08	12 58	12 46	12 33	12 17	11 59	11 37	11 09	10 28	□
	1	14 29	14 20	14 11	14 01	13 50	13 37	13 23	13 07	12 47	12 23	11 52	11 00	□	□
	2	15 26	15 17	15 07	14 57	14 45	14 32	14 16	13 59	13 37	13 10	12 32	□	□	□
	3	16 31	16 23	16 13	16 03	15 52	15 40	15 26	15 09	14 50	14 26	13 53	12 58	□	□
	4	17 40	17 32	17 25	17 16	17 07	16 56	16 45	16 31	16 16	15 58	15 35	15 05	14 19	□
	5	18 48	18 43	18 36	18 30	18 23	18 15	18 06	17 56	17 45	17 32	17 16	16 58	16 35	16 04
	6	19 54	19 50	19 46	19 41	19 36	19 31	19 24	19 18	19 10	19 01	18 51	18 40	18 26	18 10
	7	20 58	20 55	20 52	20 50	20 46	20 43	20 39	20 35	20 31	20 26	20 20	20 14	20 06	19 57
	8	21 58	21 57	21 56	21 55	21 54	21 53	21 51	21 50	21 48	21 46	21 44	21 42	21 39	21 36
	9	22 58	22 58	22 59	22 59	23 00	23 01	23 02	23 02	23 03	23 05	23 06	23 07	23 09	23 11
	10	23 57	23 59	.. ..	.. ..	.. ..	.. ..	.. ..	.. ..	.. ..	.. ..	.. ..	.. ..	.. ..	.. ..
	11	.. ..	.. ..	0 01	0 03	0 06	0 09	0 12	0 15	0 19	0 23	0 28	0 33	0 39	0 46
	12	0 57	1 01	1 05	1 09	1 13	1 18	1 23	1 29	1 36	1 43	1 52	2 02	2 13	2 27
	13	2 00	2 05	2 10	2 16	2 23	2 30	2 38	2 46	2 56	3 08	3 21	3 37	3 56	4 21
	14	3 04	3 11	3 18	3 26	3 34	3 44	3 54	4 06	4 20	4 36	4 56	5 21	5 55	6 57
	15	4 10	4 18	4 27	4 36	4 47	4 58	5 12	5 27	5 45	6 07	6 36	7 18	■	■
	16	5 15	5 24	5 33	5 44	5 56	6 09	6 24	6 42	7 03	7 30	8 10	■	■	■
	17	6 15	6 24	6 33	6 44	6 56	7 09	7 25	7 42	8 04	8 32	9 11	■	■	■
	18	7 06	7 15	7 24	7 33	7 44	7 56	8 09	8 25	8 43	9 05	9 34	10 16	■	■
	19	7 49	7 56	8 04	8 12	8 20	8 30	8 41	8 53	9 06	9 22	9 41	10 05	10 36	11 24
	20	8 25	8 30	8 35	8 41	8 48	8 55	9 02	9 11	9 20	9 31	9 44	9 58	10 15	10 36
	21	8 54	8 58	9 01	9 05	9 09	9 14	9 19	9 24	9 30	9 36	9 44	9 52	10 02	10 13
	22	9 20	9 22	9 24	9 25	9 27	9 29	9 32	9 34	9 37	9 40	9 43	9 47	9 51	9 56
	23	9 45	9 44	9 44	9 44	9 44	9 44	9 43	9 43	9 43	9 43	9 42	9 42	9 42	9 41
	24	10 09	10 07	10 05	10 03	10 01	9 58	9 55	9 52	9 49	9 46	9 42	9 37	9 32	9 26

MOONSET

Lat.		+40°	+42°	+44°	+46°	+48°	+50°	+52°	+54°	+56°	+58°	+60°	+62°	+64°	+66°
		h m	h m	h m	h m	h m	h m	h m	h m	h m	h m	h m	h m	h m	h m
Jan.	0	4 18	4 25	4 32	4 40	4 49	4 59	5 11	5 23	5 38	5 56	6 17	6 45	7 25	□
	1	5 31	5 40	5 49	5 58	6 09	6 22	6 36	6 52	7 11	7 35	8 06	8 57	□	□
	2	6 39	6 47	6 57	7 08	7 20	7 33	7 48	8 06	8 27	8 54	9 33	□	□	□
	3	7 36	7 44	7 54	8 04	8 15	8 28	8 42	8 59	9 19	9 43	10 16	11 11	□	□
	4	8 22	8 30	8 38	8 47	8 56	9 07	9 19	9 33	9 49	10 08	10 31	11 01	11 48	□
	5	8 59	9 05	9 11	9 18	9 26	9 35	9 44	9 55	10 06	10 20	10 36	10 55	11 19	11 51
	6	9 28	9 32	9 37	9 43	9 48	9 55	10 01	10 09	10 17	10 27	10 38	10 50	11 05	11 23
	7	9 52	9 55	9 58	10 02	10 06	10 10	10 14	10 19	10 25	10 31	10 38	10 45	10 54	11 05
	8	10 13	10 15	10 17	10 18	10 20	10 23	10 25	10 27	10 30	10 33	10 37	10 41	10 45	10 50
	9	10 33	10 33	10 33	10 33	10 34	10 34	10 34	10 34	10 35	10 35	10 36	10 36	10 36	10 37
	10	10 52	10 51	10 49	10 48	10 47	10 45	10 43	10 41	10 39	10 37	10 34	10 31	10 28	10 24
	11	11 12	11 09	11 06	11 03	11 00	10 57	10 53	10 48	10 44	10 39	10 33	10 26	10 19	10 10
	12	11 34	11 30	11 25	11 21	11 16	11 10	11 04	10 57	10 50	10 42	10 32	10 21	10 09	9 53
	13	12 00	11 54	11 48	11 41	11 34	11 27	11 18	11 09	10 58	10 46	10 32	10 16	9 55	9 30
	14	12 31	12 24	12 16	12 08	11 59	11 49	11 38	11 25	11 11	10 54	10 34	10 09	9 34	8 31
	15	13 10	13 02	12 53	12 43	12 32	12 20	12 07	11 51	11 33	11 10	10 41	9 58	■	■
	16	13 59	13 50	13 41	13 30	13 18	13 05	12 49	12 32	12 10	11 43	11 03	■	■	■
	17	15 00	14 51	14 41	14 31	14 19	14 06	13 50	13 33	13 11	12 44	12 05	■	■	■
	18	16 10	16 02	15 53	15 44	15 33	15 22	15 08	14 53	14 34	14 14	13 46	13 04	■	■
	19	17 25	17 18	17 12	17 04	16 56	16 47	16 37	16 25	16 12	15 57	15 39	15 16	14 46	13 58
	20	18 42	18 37	18 32	18 27	18 21	18 15	18 08	18 00	17 52	17 42	17 30	17 17	17 01	16 41
	21	19 57	19 55	19 52	19 49	19 45	19 42	19 38	19 34	19 29	19 23	19 17	19 10	19 02	18 53
	22	21 12	21 11	21 10	21 09	21 08	21 07	21 06	21 05	21 03	21 02	21 00	20 58	20 56	20 53
	23	22 25	22 26	22 27	22 28	22 30	22 31	22 33	22 35	22 37	22 39	22 41	22 44	22 47	22 51
	24	23 38	23 41	23 44	23 48	23 52	23 56	.. ..	.. ..	.. ..	.. ..	.. ..	.. ..	.. ..	.. ..

□ indicates Moon continuously above horizon.
■ indicates Moon continuously below horizon.
.. .. indicates phenomenon will occur the next day.

MOONRISE AND MOONSET, 2007
UNIVERSAL TIME FOR MERIDIAN OF GREENWICH
MOONRISE

Lat.	−55°	−50°	−45°	−40°	−35°	−30°	−20°	−10°	0°	+10°	+20°	+30°	+35°	+40°
	h m	h m	h m	h m	h m	h m	h m	h m	h m	h m	h m	h m	h m	h m
Jan. 23	9 52	9 51	9 51	9 50	9 49	9 49	9 48	9 48	9 47	9 46	9 46	9 45	9 45	9 45
24	11 24	11 15	11 09	11 03	10 59	10 54	10 47	10 41	10 35	10 30	10 24	10 17	10 13	10 09
25	12 56	12 40	12 28	12 17	12 08	12 00	11 47	11 36	11 25	11 14	11 03	10 51	10 43	10 35
26	14 31	14 06	13 47	13 32	13 19	13 08	12 49	12 32	12 17	12 02	11 46	11 27	11 17	11 05
27	16 05	15 31	15 06	14 46	14 30	14 16	13 52	13 31	13 12	12 53	12 33	12 09	11 56	11 40
28	17 32	16 50	16 21	15 58	15 39	15 22	14 55	14 31	14 10	13 48	13 25	12 58	12 42	12 24
29	18 41	17 57	17 26	17 02	16 42	16 25	15 56	15 31	15 09	14 46	14 21	13 53	13 36	13 16
30	19 29	18 48	18 19	17 56	17 37	17 21	16 53	16 29	16 07	15 45	15 21	14 53	14 37	14 17
31	19 58	19 25	19 00	18 40	18 23	18 09	17 44	17 23	17 03	16 43	16 21	15 56	15 41	15 24
Feb. 1	20 16	19 50	19 31	19 15	19 01	18 49	18 29	18 11	17 54	17 38	17 20	16 59	16 47	16 32
2	20 27	20 09	19 55	19 43	19 33	19 24	19 08	18 55	18 42	18 29	18 15	17 59	17 50	17 39
3	20 36	20 24	20 15	20 07	20 00	19 54	19 44	19 34	19 26	19 17	19 08	18 57	18 51	18 44
4	20 42	20 36	20 32	20 28	20 24	20 21	20 16	20 11	20 07	20 02	19 58	19 52	19 49	19 46
5	20 48	20 47	20 47	20 47	20 47	20 47	20 47	20 46	20 46	20 46	20 46	20 46	20 46	20 46
6	20 53	20 58	21 03	21 06	21 09	21 12	21 17	21 21	21 25	21 29	21 34	21 39	21 42	21 45
7	20 59	21 10	21 19	21 26	21 33	21 38	21 48	21 57	22 05	22 13	22 22	22 32	22 38	22 45
8	21 07	21 24	21 37	21 48	21 58	22 06	22 21	22 34	22 46	22 59	23 12	23 27	23 36	23 46
9	21 17	21 41	21 59	22 14	22 27	22 38	22 58	23 15	23 31	23 47	.. ..	.. ..	.. ..	.. ..
10	21 32	22 03	22 27	22 45	23 01	23 15	23 39	23 59	.. ..	.. ..	0 04	0 24	0 36	0 49
11	21 56	22 35	23 02	23 24	23 43	23 59	.. ..	.. ..	0 18	0 38	0 58	1 23	1 37	1 54
12	22 36	23 19	23 50	.. ..	.. ..	.. ..	0 25	0 49	1 10	1 32	1 55	2 23	2 39	2 58
13	23 37	.. ..	.. ..	0 13	0 33	0 50	1 18	1 43	2 06	2 29	2 53	3 22	3 39	3 59
14	.. ..	0 20	0 50	1 13	1 33	1 49	2 17	2 42	3 04	3 26	3 50	4 18	4 35	4 54
15	0 59	1 35	2 02	2 23	2 40	2 55	3 21	3 42	4 03	4 23	4 45	5 09	5 24	5 41
16	2 33	3 01	3 22	3 38	3 52	4 05	4 25	4 43	5 00	5 17	5 34	5 55	6 06	6 20

MOONSET

Lat.	−55°	−50°	−45°	−40°	−35°	−30°	−20°	−10°	0°	+10°	+20°	+30°	+35°	+40°
	h m	h m	h m	h m	h m	h m	h m	h m	h m	h m	h m	h m	h m	h m
Jan. 23	21 45	21 49	21 52	21 55	21 57	22 00	22 03	22 07	22 10	22 13	22 16	22 20	22 22	22 25
24	21 53	22 04	22 13	22 20	22 26	22 32	22 42	22 51	22 59	23 07	23 16	23 26	23 32	23 38
25	22 03	22 21	22 35	22 48	22 58	23 07	23 23	23 36	23 49	.. ..	.. ..	.. ..	.. ..	.. ..
26	22 16	22 43	23 03	23 20	23 34	23 46	.. ..	.. ..	.. ..	0 02	0 16	0 32	0 42	0 53
27	22 37	23 12	23 38	23 59	.. ..	.. ..	0 07	0 25	0 43	1 00	1 19	1 40	1 53	2 07
28	23 11	23 53	.. ..	.. ..	0 16	0 31	0 57	1 19	1 39	2 00	2 22	2 48	3 03	3 21
29	.. ..	.. ..	0 23	0 47	1 06	1 23	1 51	2 15	2 38	3 00	3 25	3 53	4 09	4 29
30	0 05	0 49	1 20	1 44	2 04	2 21	2 50	3 14	3 37	4 00	4 24	4 52	5 09	5 28
31	1 18	1 58	2 26	2 49	3 07	3 23	3 50	4 13	4 34	4 55	5 18	5 44	6 00	6 18
Feb. 1	2 42	3 14	3 38	3 57	4 13	4 26	4 50	5 09	5 28	5 46	6 06	6 29	6 42	6 57
2	4 08	4 32	4 50	5 05	5 17	5 28	5 47	6 03	6 18	6 32	6 48	7 06	7 16	7 28
3	5 31	5 48	6 00	6 11	6 20	6 28	6 41	6 52	7 03	7 14	7 25	7 38	7 46	7 54
4	6 51	7 00	7 08	7 14	7 19	7 24	7 32	7 39	7 46	7 52	7 59	8 07	8 11	8 16
5	8 07	8 10	8 13	8 15	8 17	8 18	8 21	8 24	8 26	8 28	8 31	8 33	8 35	8 36
6	9 21	9 19	9 16	9 15	9 13	9 12	9 09	9 07	9 05	9 03	9 01	8 59	8 57	8 56
7	10 36	10 27	10 20	10 14	10 09	10 05	9 57	9 50	9 44	9 38	9 32	9 24	9 20	9 15
8	11 51	11 36	11 24	11 14	11 06	10 59	10 46	10 35	10 25	10 14	10 03	9 51	9 44	9 36
9	13 09	12 47	12 30	12 16	12 04	11 54	11 37	11 21	11 07	10 53	10 38	10 21	10 11	10 00
10	14 30	14 00	13 38	13 20	13 05	12 52	12 30	12 11	11 53	11 35	11 16	10 55	10 42	10 28
11	15 50	15 13	14 46	14 24	14 07	13 51	13 26	13 03	12 43	12 22	12 00	11 35	11 20	11 02
12	17 04	16 21	15 51	15 27	15 08	14 51	14 23	13 59	13 37	13 14	12 50	12 22	12 05	11 46
13	18 03	17 20	16 50	16 26	16 06	15 49	15 21	14 56	14 34	14 11	13 46	13 17	13 00	12 40
14	18 43	18 06	17 38	17 17	16 59	16 43	16 17	15 54	15 32	15 10	14 47	14 20	14 04	13 45
15	19 08	18 40	18 17	18 00	17 44	17 31	17 09	16 49	16 30	16 12	15 51	15 28	15 14	14 58
16	19 25	19 04	18 48	18 35	18 24	18 13	17 56	17 41	17 26	17 12	16 56	16 38	16 27	16 15

.. .. indicates phenomenon will occur the next day.

UNIVERSAL TIME FOR MERIDIAN OF GREENWICH
MOONRISE

Lat.	+40°	+42°	+44°	+46°	+48°	+50°	+52°	+54°	+56°	+58°	+60°	+62°	+64°	+66°
	h m	h m	h m	h m	h m	h m	h m	h m	h m	h m	h m	h m	h m	h m
Jan. 23	9 45	9 44	9 44	9 44	9 44	9 44	9 43	9 43	9 43	9 43	9 42	9 42	9 42	9 41
24	10 09	10 07	10 05	10 03	10 01	9 58	9 55	9 52	9 49	9 46	9 42	9 37	9 32	9 26
25	10 35	10 31	10 27	10 23	10 19	10 14	10 09	10 03	9 56	9 49	9 41	9 32	9 21	9 09
26	11 05	10 59	10 54	10 47	10 41	10 33	10 25	10 16	10 06	9 55	9 42	9 27	9 08	8 45
27	11 40	11 33	11 26	11 17	11 09	10 59	10 48	10 35	10 21	10 05	9 45	9 20	8 47	7 52
28	12 24	12 15	12 06	11 56	11 46	11 34	11 20	11 04	10 46	10 24	9 55	9 12	▢	▢
29	13 16	13 07	12 58	12 47	12 35	12 22	12 07	11 49	11 28	11 00	10 22	▢	▢	▢
30	14 17	14 09	13 59	13 49	13 37	13 24	13 09	12 52	12 31	12 05	11 29	▢	▢	▢
31	15 24	15 16	15 08	14 59	14 49	14 37	14 25	14 10	13 53	13 32	13 06	12 28	▢	▢
Feb. 1	16 32	16 26	16 19	16 12	16 04	15 55	15 45	15 33	15 21	15 06	14 48	14 25	13 56	13 11
2	17 39	17 35	17 30	17 24	17 18	17 12	17 04	16 56	16 47	16 37	16 25	16 11	15 54	15 33
3	18 44	18 41	18 37	18 34	18 30	18 26	18 21	18 16	18 10	18 04	17 57	17 48	17 38	17 27
4	19 46	19 44	19 43	19 41	19 39	19 37	19 34	19 32	19 29	19 26	19 23	19 19	19 14	19 09
5	20 46	20 46	20 46	20 46	20 46	20 46	20 46	20 46	20 46	20 46	20 46	20 45	20 45	20 45
6	21 45	21 47	21 48	21 50	21 52	21 54	21 56	21 58	22 01	22 04	22 07	22 11	22 16	22 21
7	22 45	22 48	22 51	22 55	22 59	23 03	23 07	23 12	23 17	23 24	23 31	23 39	23 48	23 59
8	23 46	23 51	23 56	.. ..	.. ..	.. ..	.. ..	.. ..	.. ..	.. ..	.. ..	.. ..	.. ..	.. ..
9	.. ..	.. ..	.. ..	0 01	0 07	0 13	0 20	0 27	0 36	0 46	0 57	1 10	1 26	1 46
10	0 49	0 55	1 02	1 09	1 17	1 25	1 35	1 45	1 58	2 12	2 29	2 49	3 16	3 55
11	1 54	2 01	2 09	2 18	2 28	2 39	2 51	3 05	3 21	3 41	4 06	4 39	5 41	■
12	2 58	3 06	3 16	3 26	3 37	3 50	4 05	4 22	4 42	5 08	5 43	6 58	■	■
13	3 59	4 08	4 18	4 29	4 41	4 55	5 10	5 29	5 51	6 20	7 02	■	■	■
14	4 54	5 03	5 12	5 23	5 34	5 47	6 02	6 19	6 39	7 05	7 39	8 46	■	■
15	5 41	5 49	5 57	6 06	6 16	6 27	6 39	6 53	7 09	7 28	7 51	8 22	9 11	■
16	6 20	6 26	6 32	6 39	6 47	6 55	7 04	7 15	7 26	7 39	7 55	8 13	8 36	9 06

MOONSET

Lat.	+40°	+42°	+44°	+46°	+48°	+50°	+52°	+54°	+56°	+58°	+60°	+62°	+64°	+66°
	h m	h m	h m	h m	h m	h m	h m	h m	h m	h m	h m	h m	h m	h m
Jan. 23	22 25	22 26	22 27	22 28	22 30	22 31	22 33	22 35	22 37	22 39	22 41	22 44	22 47	22 51
24	23 38	23 41	23 44	23 48	23 52	23 56	.. ..	.. ..	.. ..	.. ..	.. ..	.. ..	.. ..	.. ..
25	.. ..	.. ..	.. ..	.. ..	.. ..	.. ..	0 00	0 05	0 10	0 16	0 23	0 31	0 40	0 51
26	0 53	0 57	1 03	1 08	1 14	1 21	1 28	1 36	1 46	1 56	2 08	2 22	2 40	3 01
27	2 07	2 14	2 21	2 29	2 37	2 47	2 57	3 09	3 22	3 38	3 57	4 21	4 53	5 48
28	3 21	3 29	3 37	3 47	3 57	4 09	4 22	4 38	4 56	5 18	5 47	6 29	▢	▢
29	4 29	4 38	4 47	4 58	5 10	5 23	5 38	5 56	6 17	6 44	7 22	▢	▢	▢
30	5 28	5 37	5 47	5 58	6 09	6 22	6 37	6 55	7 16	7 42	8 19	▢	▢	▢
31	6 18	6 26	6 34	6 44	6 54	7 06	7 19	7 34	7 52	8 13	8 40	9 18	▢	▢
Feb. 1	6 57	7 04	7 11	7 19	7 27	7 37	7 47	7 59	8 12	8 28	8 47	9 10	9 40	10 26
2	7 28	7 33	7 39	7 45	7 52	7 59	8 07	8 15	8 25	8 36	8 49	9 04	9 22	9 44
3	7 54	7 58	8 02	8 06	8 11	8 16	8 21	8 27	8 33	8 41	8 49	8 59	9 10	9 23
4	8 16	8 19	8 21	8 23	8 26	8 29	8 32	8 36	8 39	8 44	8 48	8 54	9 00	9 07
5	8 36	8 37	8 38	8 39	8 40	8 41	8 42	8 43	8 44	8 46	8 47	8 49	8 51	8 53
6	8 56	8 55	8 54	8 53	8 53	8 52	8 51	8 50	8 48	8 47	8 46	8 44	8 42	8 40
7	9 15	9 13	9 11	9 08	9 06	9 03	9 00	8 56	8 53	8 49	8 44	8 39	8 33	8 26
8	9 36	9 32	9 29	9 24	9 20	9 15	9 10	9 04	8 58	8 51	8 43	8 34	8 23	8 11
9	10 00	9 55	9 49	9 43	9 37	9 30	9 23	9 14	9 05	8 54	8 42	8 28	8 11	7 50
10	10 28	10 21	10 14	10 07	9 58	9 49	9 39	9 28	9 15	9 00	8 43	8 22	7 54	7 15
11	11 02	10 55	10 46	10 37	10 27	10 16	10 03	9 49	9 32	9 12	8 47	8 12	7 10	■
12	11 46	11 37	11 28	11 17	11 06	10 53	10 38	10 21	10 00	9 34	8 59	7 43	■	■
13	12 40	12 31	12 21	12 10	11 58	11 45	11 29	11 11	10 49	10 20	9 37	■	■	■
14	13 45	13 37	13 27	13 17	13 06	12 53	12 39	12 22	12 02	11 37	11 02	9 56	■	■
15	14 58	14 51	14 43	14 35	14 25	14 15	14 03	13 50	13 34	13 16	12 53	12 22	11 34	■
16	16 15	16 10	16 04	15 57	15 50	15 43	15 34	15 25	15 14	15 02	14 47	14 30	14 08	13 39

▢ indicates Moon continuously above horizon.
■ indicates Moon continuously below horizon.
.. .. indicates phenomenon will occur the next day.

MOONRISE AND MOONSET, 2007

UNIVERSAL TIME FOR MERIDIAN OF GREENWICH

MOONRISE

Lat.	−55°	−50°	−45°	−40°	−35°	−30°	−20°	−10°	0°	+10°	+20°	+30°	+35°	+40°
	h m	h m	h m	h m	h m	h m	h m	h m	h m	h m	h m	h m	h m	h m
Feb. 15	0 59	1 35	2 02	2 23	2 40	2 55	3 21	3 42	4 03	4 23	4 45	5 09	5 24	5 41
16	2 33	3 01	3 22	3 38	3 52	4 05	4 25	4 43	5 00	5 17	5 34	5 55	6 06	6 20
17	4 12	4 30	4 44	4 56	5 06	5 15	5 30	5 43	5 55	6 07	6 20	6 34	6 43	6 52
18	5 49	5 59	6 07	6 14	6 19	6 24	6 33	6 40	6 47	6 54	7 02	7 10	7 15	7 20
19	7 25	7 27	7 29	7 30	7 32	7 33	7 35	7 36	7 38	7 40	7 42	7 44	7 45	7 46
20	9 00	8 55	8 50	8 47	8 43	8 41	8 36	8 32	8 28	8 25	8 21	8 16	8 14	8 11
21	10 36	10 22	10 12	10 03	9 56	9 49	9 38	9 28	9 19	9 10	9 01	8 50	8 44	8 37
22	12 13	11 51	11 34	11 20	11 08	10 58	10 41	10 26	10 12	9 58	9 43	9 27	9 17	9 06
23	13 50	13 18	12 55	12 36	12 21	12 07	11 45	11 25	11 07	10 49	10 30	10 08	9 55	9 40
24	15 21	14 41	14 12	13 50	13 31	13 15	12 49	12 26	12 05	11 43	11 21	10 55	10 39	10 22
25	16 37	15 52	15 21	14 57	14 37	14 20	13 51	13 26	13 03	12 41	12 16	11 48	11 31	11 12
26	17 30	16 47	16 17	15 53	15 34	15 17	14 49	14 24	14 02	13 39	13 15	12 46	12 30	12 10
27	18 03	17 27	17 01	16 40	16 22	16 07	15 41	15 19	14 58	14 37	14 14	13 48	13 33	13 15
28	18 23	17 55	17 34	17 16	17 02	16 49	16 27	16 08	15 50	15 32	15 13	14 50	14 37	14 22
Mar. 1	18 36	18 16	18 00	17 46	17 35	17 25	17 07	16 52	16 38	16 24	16 08	15 51	15 40	15 28
2	18 45	18 31	18 20	18 11	18 03	17 56	17 44	17 33	17 23	17 12	17 01	16 49	16 41	16 33
3	18 52	18 44	18 38	18 32	18 28	18 24	18 16	18 10	18 04	17 58	17 52	17 45	17 40	17 35
4	18 58	18 55	18 54	18 52	18 51	18 50	18 48	18 46	18 44	18 42	18 41	18 39	18 37	18 36
5	19 03	19 06	19 09	19 11	19 13	19 15	19 18	19 21	19 23	19 26	19 28	19 32	19 33	19 36
6	19 09	19 18	19 25	19 31	19 36	19 41	19 49	19 56	20 02	20 09	20 16	20 25	20 30	20 35
7	19 16	19 30	19 42	19 52	20 00	20 08	20 21	20 32	20 43	20 54	21 06	21 19	21 27	21 36
8	19 25	19 46	20 02	20 16	20 28	20 38	20 56	21 11	21 26	21 41	21 56	22 15	22 25	22 38
9	19 37	20 06	20 27	20 45	20 59	21 12	21 34	21 54	22 12	22 30	22 49	23 12	23 26	23 41
10	19 57	20 33	20 59	21 20	21 37	21 52	22 18	22 40	23 01	23 22	23 45	.. ..	.. ..	.. ..
11	20 29	21 10	21 40	22 03	22 23	22 39	23 07	23 32	23 54	.. ..	.. ..	0 11	0 26	0 45

MOONSET

Lat.	−55°	−50°	−45°	−40°	−35°	−30°	−20°	−10°	0°	+10°	+20°	+30°	+35°	+40°
	h m	h m	h m	h m	h m	h m	h m	h m	h m	h m	h m	h m	h m	h m
Feb. 15	19 08	18 40	18 17	18 00	17 44	17 31	17 09	16 49	16 30	16 12	15 51	15 28	15 14	14 58
16	19 25	19 04	18 48	18 35	18 24	18 13	17 56	17 41	17 26	17 12	16 56	16 38	16 27	16 15
17	19 36	19 24	19 14	19 05	18 58	18 51	18 40	18 30	18 20	18 10	18 00	17 48	17 41	17 33
18	19 45	19 40	19 35	19 32	19 28	19 25	19 20	19 16	19 12	19 07	19 02	18 57	18 54	18 50
19	19 53	19 55	19 56	19 57	19 58	19 58	20 00	20 01	20 02	20 03	20 04	20 05	20 06	20 07
20	20 01	20 09	20 16	20 22	20 27	20 31	20 39	20 46	20 52	20 59	21 05	21 13	21 18	21 23
21	20 10	20 26	20 39	20 49	20 58	21 06	21 20	21 32	21 44	21 55	22 08	22 22	22 30	22 40
22	20 23	20 47	21 05	21 21	21 34	21 45	22 04	22 22	22 38	22 54	23 11	23 31	23 43	23 56
23	20 41	21 14	21 38	21 58	22 15	22 29	22 53	23 14	23 34	23 54	.. ..	.. ..	.. ..	.. ..
24	21 11	21 51	22 21	22 44	23 03	23 19	23 47	.. ..	.. ..	.. ..	0 15	0 40	0 55	1 12
25	21 58	22 42	23 14	23 38	23 58	.. ..	.. ..	0 10	0 33	0 55	1 19	1 47	2 03	2 22
26	23 05	23 47	.. ..	.. ..	.. ..	0 15	0 44	1 09	1 32	1 55	2 19	2 48	3 05	3 25
27	.. ..	.. ..	0 17	0 40	0 59	1 16	1 43	2 07	2 29	2 51	3 14	3 42	3 58	4 16
28	0 26	1 01	1 26	1 47	2 03	2 18	2 43	3 04	3 23	3 43	4 04	4 28	4 42	4 58
Mar. 1	1 51	2 17	2 38	2 54	3 08	3 20	3 40	3 57	4 14	4 30	4 47	5 06	5 18	5 31
2	3 14	3 33	3 48	4 00	4 10	4 19	4 34	4 48	5 00	5 12	5 25	5 40	5 48	5 58
3	4 34	4 46	4 56	5 03	5 10	5 16	5 26	5 35	5 43	5 51	5 59	6 09	6 15	6 21
4	5 51	5 57	6 01	6 05	6 08	6 11	6 16	6 20	6 24	6 27	6 31	6 36	6 38	6 41
5	7 06	7 06	7 05	7 05	7 05	7 04	7 04	7 03	7 03	7 02	7 02	7 01	7 01	7 01
6	8 20	8 14	8 09	8 04	8 01	7 57	7 52	7 47	7 42	7 37	7 32	7 27	7 24	7 20
7	9 36	9 23	9 13	9 04	8 57	8 51	8 40	8 31	8 22	8 13	8 04	7 53	7 47	7 40
8	10 53	10 33	10 18	10 06	9 55	9 46	9 30	9 16	9 03	8 51	8 37	8 22	8 13	8 02
9	12 12	11 45	11 25	11 08	10 54	10 42	10 22	10 04	9 48	9 31	9 14	8 54	8 42	8 29
10	13 32	12 57	12 32	12 12	11 55	11 40	11 16	10 55	10 35	10 16	9 55	9 30	9 16	9 00
11	14 48	14 07	13 37	13 14	12 55	12 39	12 12	11 48	11 26	11 04	10 41	10 14	9 58	9 39

.. .. indicates phenomenon will occur the next day.

UNIVERSAL TIME FOR MERIDIAN OF GREENWICH

MOONRISE

Lat.	+40°	+42°	+44°	+46°	+48°	+50°	+52°	+54°	+56°	+58°	+60°	+62°	+64°	+66°
	h m	h m	h m	h m	h m	h m	h m	h m	h m	h m	h m	h m	h m	h m
Feb. 15	5 41	5 49	5 57	6 06	6 16	6 27	6 39	6 53	7 09	7 28	7 51	8 22	9 11	■
16	6 20	6 26	6 32	6 39	6 47	6 55	7 04	7 15	7 26	7 39	7 55	8 13	8 36	9 06
17	6 52	6 57	7 01	7 06	7 11	7 17	7 23	7 30	7 37	7 46	7 56	8 07	8 20	8 35
18	7 20	7 23	7 25	7 28	7 31	7 34	7 38	7 41	7 45	7 50	7 55	8 01	8 08	8 15
19	7 46	7 47	7 47	7 48	7 49	7 49	7 50	7 51	7 52	7 53	7 54	7 56	7 57	7 59
20	8 11	8 10	8 08	8 07	8 06	8 04	8 02	8 00	7 58	7 56	7 53	7 50	7 47	7 43
21	8 37	8 34	8 31	8 27	8 24	8 20	8 15	8 10	8 05	7 59	7 53	7 45	7 37	7 27
22	9 06	9 01	8 56	8 51	8 45	8 38	8 31	8 23	8 14	8 04	7 53	7 40	7 24	7 05
23	9 40	9 34	9 27	9 19	9 11	9 02	8 51	8 40	8 27	8 12	7 55	7 33	7 06	6 27
24	10 22	10 14	10 05	9 55	9 45	9 34	9 21	9 06	8 48	8 28	8 01	7 25	6 07	□
25	11 12	11 03	10 53	10 42	10 31	10 18	10 03	9 45	9 24	8 58	8 21	□	□	□
26	12 10	12 01	11 51	11 41	11 29	11 16	11 00	10 42	10 21	9 53	9 14	□	□	□
27	13 15	13 06	12 58	12 48	12 37	12 25	12 12	11 56	11 37	11 14	10 44	9 58	□	□
28	14 22	14 15	14 07	13 59	13 51	13 41	13 30	13 17	13 03	12 46	12 26	11 59	11 22	□
Mar. 1	15 28	15 23	15 17	15 11	15 05	14 57	14 49	14 40	14 29	14 18	14 04	13 47	13 27	13 01
2	16 33	16 29	16 25	16 21	16 17	16 11	16 06	16 00	15 53	15 45	15 36	15 26	15 14	15 00
3	17 35	17 33	17 31	17 29	17 26	17 23	17 20	17 17	17 13	17 08	17 04	16 58	16 52	16 44
4	18 36	18 35	18 35	18 34	18 33	18 33	18 32	18 31	18 30	18 29	18 27	18 26	18 24	18 22
5	19 36	19 37	19 38	19 39	19 40	19 41	19 42	19 44	19 45	19 47	19 49	19 52	19 54	19 58
6	20 35	20 38	20 40	20 43	20 46	20 49	20 53	20 57	21 01	21 06	21 12	21 18	21 26	21 35
7	21 36	21 40	21 44	21 49	21 54	21 59	22 05	22 12	22 19	22 28	22 37	22 48	23 02	23 18
8	22 38	22 43	22 49	22 56	23 03	23 10	23 19	23 28	23 39	23 52	.. ..	.. ..	.. ..	.. ..
9	23 41	23 48	23 56	.. ..	.. ..	.. ..	.. ..	.. ..	.. ..	.. ..	0 06	0 24	0 46	1 15
10	.. ..	.. ..	.. ..	0 04	0 13	0 23	0 34	0 47	1 02	1 19	1 40	2 08	2 49	■
11	0 45	0 53	1 02	1 12	1 22	1 34	1 48	2 04	2 23	2 46	3 17	4 07	■	■

MOONSET

Lat.	+40°	+42°	+44°	+46°	+48°	+50°	+52°	+54°	+56°	+58°	+60°	+62°	+64°	+66°
	h m	h m	h m	h m	h m	h m	h m	h m	h m	h m	h m	h m	h m	h m
Feb. 15	14 58	14 51	14 43	14 35	14 25	14 15	14 03	13 50	13 34	13 16	12 53	12 22	11 34	■
16	16 15	16 10	16 04	15 57	15 50	15 43	15 34	15 25	15 14	15 02	14 47	14 30	14 08	13 39
17	17 33	17 30	17 26	17 22	17 17	17 12	17 07	17 01	16 55	16 47	16 39	16 29	16 17	16 03
18	18 50	18 49	18 47	18 45	18 43	18 41	18 39	18 36	18 33	18 30	18 26	18 22	18 18	18 12
19	20 07	20 07	20 07	20 08	20 08	20 09	20 09	20 10	20 10	20 11	20 12	20 13	20 14	20 15
20	21 23	21 25	21 28	21 30	21 33	21 36	21 39	21 43	21 47	21 52	21 57	22 03	22 10	22 18
21	22 40	22 44	22 48	22 53	22 58	23 04	23 11	23 18	23 26	23 34	23 45	23 57	.. ..	.. ..
22	23 56	.. ..	.. ..	.. ..	.. ..	.. ..	.. ..	.. ..	.. ..	.. ..	.. ..	.. ..	0 11	0 28
23	.. ..	0 02	0 09	0 16	0 24	0 32	0 42	0 53	1 05	1 19	1 36	1 56	2 23	3 01
24	1 12	1 19	1 28	1 37	1 47	1 58	2 11	2 25	2 42	3 02	3 28	4 04	5 21	□
25	2 22	2 31	2 41	2 51	3 03	3 16	3 31	3 48	4 09	4 35	5 12	□	□	□
26	3 25	3 34	3 43	3 54	4 06	4 19	4 35	4 53	5 14	5 42	6 22	□	□	□
27	4 16	4 25	4 34	4 44	4 55	5 07	5 21	5 37	5 56	6 19	6 49	7 36	□	□
28	4 58	5 05	5 13	5 21	5 30	5 41	5 52	6 05	6 20	6 37	6 59	7 26	8 04	□
Mar. 1	5 31	5 37	5 43	5 49	5 57	6 05	6 13	6 23	6 34	6 47	7 01	7 19	7 40	8 07
2	5 58	6 02	6 07	6 12	6 17	6 23	6 29	6 36	6 43	6 52	7 02	7 13	7 26	7 42
3	6 21	6 24	6 27	6 30	6 33	6 37	6 41	6 45	6 50	6 55	7 01	7 08	7 16	7 25
4	6 41	6 43	6 44	6 45	6 47	6 49	6 51	6 53	6 55	6 57	7 00	7 03	7 06	7 10
5	7 01	7 01	7 00	7 00	7 00	7 00	7 00	6 59	6 59	6 59	6 58	6 58	6 57	6 57
6	7 20	7 18	7 17	7 15	7 13	7 11	7 08	7 06	7 03	7 00	6 57	6 53	6 49	6 43
7	7 40	7 37	7 34	7 30	7 27	7 23	7 18	7 13	7 08	7 02	6 55	6 48	6 39	6 29
8	8 02	7 58	7 53	7 48	7 42	7 36	7 30	7 22	7 14	7 05	6 54	6 42	6 28	6 11
9	8 29	8 23	8 16	8 09	8 02	7 53	7 44	7 34	7 23	7 10	6 54	6 36	6 13	5 43
10	9 00	8 53	8 45	8 36	8 27	8 16	8 05	7 51	7 36	7 18	6 56	6 28	5 47	■
11	9 39	9 31	9 21	9 11	9 00	8 48	8 34	8 18	7 58	7 35	7 03	6 13	■	■

□ indicates Moon continuously above horizon.
■ indicates Moon continuously below horizon.
.. .. indicates phenomenon will occur the next day.

MOONRISE AND MOONSET, 2007

UNIVERSAL TIME FOR MERIDIAN OF GREENWICH

MOONRISE

Lat.	−55°	−50°	−45°	−40°	−35°	−30°	−20°	−10°	0°	+10°	+20°	+30°	+35°	+40°
	h m	h m	h m	h m	h m	h m	h m	h m	h m	h m	h m	h m	h m	h m
Mar. 9	19 37	20 06	20 27	20 45	20 59	21 12	21 34	21 54	22 12	22 30	22 49	23 12	23 26	23 41
10	19 57	20 33	20 59	21 20	21 37	21 52	22 18	22 40	23 01	23 22	23 45	.. ..	.. ..	.. ..
11	20 29	21 10	21 40	22 03	22 23	22 39	23 07	23 32	23 54	.. ..	.. ..	0 11	0 26	0 45
12	21 18	22 02	22 33	22 57	23 17	23 34	.. ..	.. ..	.. ..	0 17	0 41	1 09	1 26	1 46
13	22 30	23 09	23 38	.. ..	.. ..	.. ..	0 02	0 27	0 50	1 13	1 37	2 06	2 23	2 42
14	23 57	.. ..	.. ..	0 01	0 19	0 35	1 02	1 25	1 47	2 08	2 31	2 58	3 13	3 32
15	.. ..	0 29	0 53	1 12	1 28	1 41	2 04	2 25	2 43	3 02	3 22	3 44	3 58	4 13
16	1 32	1 55	2 13	2 27	2 39	2 50	3 08	3 24	3 38	3 53	4 08	4 26	4 36	4 48
17	3 09	3 23	3 35	3 44	3 52	3 59	4 11	4 22	4 31	4 41	4 51	5 03	5 10	5 18
18	4 46	4 52	4 57	5 02	5 05	5 08	5 14	5 19	5 23	5 28	5 32	5 38	5 41	5 44
19	6 23	6 21	6 20	6 19	6 18	6 18	6 16	6 15	6 14	6 13	6 12	6 11	6 11	6 10
20	8 01	7 51	7 44	7 38	7 32	7 28	7 19	7 12	7 06	7 00	6 53	6 45	6 41	6 36
21	9 41	9 23	9 09	8 57	8 47	8 39	8 24	8 11	8 00	7 48	7 36	7 22	7 14	7 05
22	11 22	10 55	10 34	10 17	10 03	9 51	9 30	9 12	8 56	8 40	8 22	8 02	7 51	7 38
23	13 00	12 23	11 56	11 35	11 18	11 03	10 37	10 15	9 55	9 35	9 13	8 49	8 34	8 17
24	14 25	13 42	13 11	12 47	12 27	12 11	11 42	11 18	10 56	10 33	10 09	9 41	9 25	9 06
25	15 28	14 44	14 13	13 49	13 29	13 12	12 43	12 19	11 56	11 33	11 08	10 40	10 23	10 03
26	16 07	15 29	15 01	14 39	14 21	14 05	13 38	13 15	12 53	12 32	12 08	11 41	11 25	11 07
27	16 31	16 00	15 37	15 19	15 03	14 49	14 26	14 06	13 47	13 28	13 08	12 44	12 30	12 14
28	16 45	16 23	16 05	15 50	15 38	15 27	15 08	14 52	14 36	14 21	14 04	13 45	13 34	13 21
29	16 55	16 39	16 27	16 16	16 07	15 59	15 45	15 33	15 21	15 10	14 57	14 43	14 35	14 26
30	17 02	16 53	16 45	16 38	16 32	16 27	16 19	16 11	16 03	15 56	15 48	15 39	15 34	15 28
31	17 08	17 04	17 01	16 58	16 56	16 54	16 50	16 47	16 43	16 40	16 37	16 33	16 31	16 29
Apr. 1	17 14	17 15	17 16	17 17	17 18	17 19	17 20	17 21	17 22	17 24	17 25	17 26	17 27	17 28
2	17 19	17 26	17 32	17 37	17 41	17 44	17 51	17 56	18 02	18 07	18 13	18 19	18 23	18 27

MOONSET

Lat.	−55°	−50°	−45°	−40°	−35°	−30°	−20°	−10°	0°	+10°	+20°	+30°	+35°	+40°
	h m	h m	h m	h m	h m	h m	h m	h m	h m	h m	h m	h m	h m	h m
Mar. 9	12 12	11 45	11 25	11 08	10 54	10 42	10 22	10 04	9 48	9 31	9 14	8 54	8 42	8 29
10	13 32	12 57	12 32	12 12	11 55	11 40	11 16	10 55	10 35	10 16	9 55	9 30	9 16	9 00
11	14 48	14 07	13 37	13 14	12 55	12 39	12 12	11 48	11 26	11 04	10 41	10 14	9 58	9 39
12	15 52	15 08	14 37	14 13	13 54	13 37	13 08	12 43	12 21	11 58	11 33	11 04	10 47	10 27
13	16 39	15 59	15 29	15 06	14 47	14 31	14 03	13 39	13 17	12 55	12 30	12 02	11 46	11 26
14	17 10	16 36	16 12	15 52	15 35	15 20	14 56	14 34	14 14	13 54	13 32	13 06	12 51	12 34
15	17 29	17 04	16 45	16 29	16 16	16 04	15 44	15 26	15 10	14 53	14 35	14 14	14 01	13 47
16	17 43	17 26	17 13	17 01	16 52	16 43	16 29	16 16	16 04	15 51	15 38	15 23	15 14	15 04
17	17 52	17 43	17 36	17 29	17 24	17 19	17 11	17 03	16 56	16 49	16 41	16 32	16 27	16 21
18	18 01	17 59	17 57	17 55	17 54	17 53	17 51	17 49	17 47	17 45	17 43	17 41	17 40	17 38
19	18 09	18 14	18 18	18 21	18 24	18 26	18 31	18 35	18 38	18 42	18 46	18 51	18 53	18 56
20	18 18	18 30	18 40	18 48	18 55	19 01	19 12	19 22	19 31	19 40	19 50	20 01	20 08	20 15
21	18 29	18 49	19 05	19 18	19 30	19 40	19 57	20 12	20 26	20 40	20 55	21 13	21 23	21 35
22	18 45	19 14	19 36	19 54	20 10	20 23	20 46	21 05	21 24	21 42	22 02	22 25	22 39	22 55
23	19 11	19 49	20 16	20 38	20 57	21 12	21 39	22 02	22 24	22 45	23 09	23 36	23 52	.. ..
24	19 52	20 36	21 07	21 31	21 51	22 08	22 37	23 02	23 24	23 47	.. ..	.. ..	.. ..	0 10
25	20 54	21 38	22 09	22 32	22 52	23 09	23 37	.. ..	.. ..	.. ..	0 12	0 41	0 58	1 17
26	22 13	22 50	23 17	23 39	23 56	.. ..	.. ..	0 01	0 24	0 46	1 10	1 38	1 54	2 14
27	23 37	.. ..	.. ..	.. ..	.. ..	0 11	0 37	0 59	1 20	1 40	2 02	2 27	2 41	2 58
28	.. ..	0 06	0 28	0 46	1 01	1 13	1 35	1 54	2 11	2 28	2 47	3 08	3 20	3 34
29	1 01	1 22	1 39	1 52	2 03	2 13	2 30	2 45	2 58	3 12	3 26	3 42	3 52	4 02
30	2 22	2 36	2 47	2 56	3 04	3 11	3 22	3 32	3 42	3 51	4 01	4 13	4 19	4 26
31	3 39	3 46	3 52	3 57	4 02	4 05	4 12	4 18	4 23	4 28	4 34	4 40	4 43	4 47
Apr. 1	4 54	4 55	4 56	4 57	4 58	4 59	5 00	5 01	5 02	5 03	5 04	5 05	5 06	5 07
2	6 08	6 03	6 00	5 57	5 54	5 52	5 48	5 44	5 41	5 38	5 35	5 31	5 28	5 26

.. .. indicates phenomenon will occur the next day.

MOONRISE AND MOONSET, 2007

UNIVERSAL TIME FOR MERIDIAN OF GREENWICH

MOONRISE

Lat.	+40°	+42°	+44°	+46°	+48°	+50°	+52°	+54°	+56°	+58°	+60°	+62°	+64°	+66°
	h m	h m	h m	h m	h m	h m	h m	h m	h m	h m	h m	h m	h m	h m
Mar. 9	23 41	23 48	23 56	.. ..	.. ..	.. ..	.. ..	.. ..	.. ..	.. ..	.. ..	0 06	0 24	0 46	1 15
10	.. ..	.. ..	.. ..	0 04	0 13	0 23	0 34	0 47	1 02	1 19	1 40	2 08	2 49	■
11	0 45	0 53	1 02	1 12	1 22	1 34	1 48	2 04	2 23	2 46	3 17	4 07	■	■
12	1 46	1 55	2 05	2 16	2 27	2 41	2 56	3 14	3 36	4 05	4 46	■	■	■
13	2 42	2 51	3 01	3 12	3 24	3 37	3 53	4 11	4 32	5 00	5 40	■	■	■
14	3 32	3 40	3 49	3 59	4 09	4 21	4 35	4 50	5 09	5 31	6 00	6 42	■	■
15	4 13	4 20	4 27	4 35	4 44	4 54	5 05	5 17	5 30	5 46	6 06	6 29	7 01	7 51
16	4 48	4 53	4 59	5 05	5 11	5 18	5 26	5 34	5 44	5 55	6 07	6 22	6 39	7 01
17	5 18	5 21	5 25	5 28	5 33	5 37	5 42	5 47	5 53	6 00	6 07	6 16	6 26	6 37
18	5 44	5 46	5 48	5 49	5 51	5 53	5 55	5 58	6 00	6 03	6 07	6 10	6 14	6 19
19	6 10	6 10	6 09	6 09	6 09	6 08	6 08	6 07	6 07	6 06	6 06	6 05	6 04	6 03
20	6 36	6 34	6 32	6 29	6 26	6 24	6 21	6 17	6 14	6 09	6 05	6 00	5 54	5 47
21	7 05	7 00	6 56	6 52	6 47	6 41	6 35	6 29	6 22	6 14	6 05	5 54	5 42	5 28
22	7 38	7 32	7 25	7 19	7 11	7 03	6 54	6 45	6 33	6 21	6 06	5 49	5 27	5 00
23	8 17	8 10	8 02	7 53	7 43	7 33	7 21	7 07	6 52	6 33	6 11	5 41	4 58	□
24	9 06	8 57	8 48	8 37	8 26	8 13	7 59	7 42	7 22	6 57	6 24	5 27	□	□
25	10 03	9 54	9 44	9 33	9 21	9 08	8 53	8 35	8 13	7 45	7 05	□	□	□
26	11 07	10 58	10 49	10 39	10 28	10 15	10 01	9 45	9 25	9 00	8 27	7 28	□	□
27	12 14	12 07	11 59	11 50	11 41	11 30	11 18	11 05	10 49	10 31	10 07	9 37	8 48	□
28	13 21	13 15	13 09	13 02	12 54	12 46	12 37	12 27	12 16	12 02	11 47	11 28	11 04	10 31
29	14 26	14 21	14 17	14 12	14 07	14 01	13 55	13 47	13 40	13 31	13 20	13 08	12 54	12 37
30	15 28	15 25	15 23	15 20	15 16	15 13	15 09	15 04	15 00	14 54	14 48	14 41	14 33	14 24
31	16 29	16 27	16 26	16 25	16 24	16 22	16 21	16 19	16 17	16 15	16 12	16 10	16 06	16 03
Apr. 1	17 28	17 28	17 29	17 29	17 30	17 30	17 31	17 32	17 32	17 33	17 34	17 35	17 36	17 38
2	18 27	18 29	18 31	18 34	18 36	18 39	18 41	18 45	18 48	18 52	18 56	19 01	19 07	19 14

MOONSET

	+40°	+42°	+44°	+46°	+48°	+50°	+52°	+54°	+56°	+58°	+60°	+62°	+64°	+66°
	h m	h m	h m	h m	h m	h m	h m	h m	h m	h m	h m	h m	h m	h m
Mar. 9	8 29	8 23	8 16	8 09	8 02	7 53	7 44	7 34	7 23	7 10	6 54	6 36	6 13	5 43
10	9 00	8 53	8 45	8 36	8 27	8 16	8 05	7 51	7 36	7 18	6 56	6 28	5 47	■
11	9 39	9 31	9 21	9 11	9 00	8 48	8 34	8 18	7 58	7 35	7 03	6 13	■	■
12	10 27	10 18	10 09	9 58	9 46	9 32	9 17	8 58	8 36	8 08	7 27	■	■	■
13	11 26	11 17	11 07	10 57	10 45	10 32	10 16	9 59	9 37	9 09	8 29	■	■	■
14	12 34	12 26	12 17	12 08	11 57	11 45	11 32	11 17	10 59	10 37	10 09	9 27	■	■
15	13 47	13 41	13 34	13 26	13 18	13 09	12 59	12 47	12 34	12 19	12 00	11 37	11 06	10 17
16	15 04	14 59	14 54	14 49	14 43	14 37	14 30	14 22	14 13	14 03	13 52	13 38	13 22	13 02
17	16 21	16 18	16 15	16 12	16 09	16 06	16 02	15 57	15 52	15 47	15 41	15 34	15 26	15 16
18	17 38	17 38	17 37	17 36	17 35	17 34	17 33	17 32	17 31	17 30	17 28	17 27	17 25	17 22
19	18 56	18 58	18 59	19 00	19 02	19 04	19 06	19 08	19 10	19 13	19 16	19 19	19 23	19 27
20	20 15	20 19	20 22	20 26	20 30	20 35	20 39	20 45	20 51	20 58	21 06	21 15	21 25	21 38
21	21 35	21 40	21 46	21 52	21 59	22 06	22 15	22 24	22 34	22 46	22 59	23 16	23 36	.. ..
22	22 55	23 02	23 09	23 18	23 27	23 37	23 49	.. ..	.. ..	.. ..	.. ..	.. ..	.. ..	0 02
23	.. ..	.. ..	.. ..	.. ..	.. ..	.. ..	.. ..	0 02	0 17	0 35	0 56	1 25	2 08	□
24	0 10	0 19	0 28	0 38	0 49	1 01	1 16	1 32	1 52	2 16	2 49	3 46	□	□
25	1 17	1 26	1 36	1 47	1 59	2 12	2 28	2 46	3 08	3 35	4 16	□	□	□
26	2 14	2 22	2 32	2 42	2 53	3 06	3 20	3 37	3 57	4 22	4 56	5 55	□	□
27	2 58	3 06	3 14	3 23	3 33	3 44	3 56	4 10	4 26	4 45	5 09	5 40	6 30	□
28	3 34	3 40	3 47	3 54	4 02	4 11	4 20	4 31	4 43	4 57	5 13	5 33	5 58	6 32
29	4 02	4 07	4 12	4 18	4 24	4 30	4 37	4 45	4 53	5 03	5 14	5 27	5 43	6 01
30	4 26	4 30	4 33	4 37	4 41	4 45	4 50	4 55	5 00	5 07	5 14	5 22	5 31	5 42
31	4 47	4 49	4 51	4 53	4 55	4 57	5 00	5 03	5 06	5 09	5 13	5 17	5 22	5 27
Apr. 1	5 07	5 07	5 07	5 08	5 08	5 09	5 09	5 10	5 10	5 11	5 11	5 12	5 13	5 14
2	5 26	5 25	5 24	5 22	5 21	5 20	5 18	5 16	5 14	5 12	5 10	5 07	5 04	5 01

□ indicates Moon continuously above horizon.
■ indicates Moon continuously below horizon.
.. .. indicates phenomenon will occur the next day.

MOONRISE AND MOONSET, 2007

UNIVERSAL TIME FOR MERIDIAN OF GREENWICH

MOONRISE

Lat.	−55°	−50°	−45°	−40°	−35°	−30°	−20°	−10°	0°	+10°	+20°	+30°	+35°	+40°
	h m	h m	h m	h m	h m	h m	h m	h m	h m	h m	h m	h m	h m	h m
Apr. 1	17 14	17 15	17 16	17 17	17 18	17 19	17 20	17 21	17 22	17 24	17 25	17 26	17 27	17 28
2	17 19	17 26	17 32	17 37	17 41	17 44	17 51	17 56	18 02	18 07	18 13	18 19	18 23	18 27
3	17 26	17 39	17 49	17 57	18 05	18 11	18 22	18 32	18 42	18 51	19 01	19 13	19 20	19 28
4	17 34	17 53	18 08	18 20	18 31	18 40	18 56	19 10	19 24	19 37	19 52	20 08	20 18	20 29
5	17 46	18 11	18 31	18 47	19 01	19 13	19 34	19 52	20 09	20 26	20 44	21 05	21 18	21 32
6	18 03	18 36	19 00	19 20	19 36	19 51	20 15	20 37	20 57	21 17	21 38	22 03	22 18	22 35
7	18 29	19 09	19 38	20 00	20 19	20 35	21 02	21 26	21 48	22 10	22 34	23 01	23 18	23 37
8	19 12	19 55	20 25	20 49	21 09	21 26	21 54	22 19	22 42	23 04	23 29	23 58	.. ..	.. ..
9	20 13	20 55	21 25	21 48	22 07	22 23	22 51	23 15	23 37	23 59	.. ..	.. ..	0 15	0 34
10	21 32	22 08	22 34	22 54	23 11	23 26	23 51	.. ..	.. ..	.. ..	0 23	0 50	1 06	1 25
11	23 02	23 28	23 49	.. ..	.. ..	.. ..	.. ..	0 12	0 32	0 52	1 13	1 37	1 52	2 08
12	.. ..	.. ..	.. ..	0 05	0 19	0 31	0 52	1 09	1 26	1 42	2 00	2 20	2 31	2 44
13	0 35	0 53	1 07	1 19	1 29	1 38	1 53	2 06	2 18	2 30	2 43	2 57	3 06	3 15
14	2 09	2 19	2 27	2 34	2 40	2 45	2 54	3 01	3 09	3 16	3 23	3 32	3 37	3 42
15	3 43	3 46	3 48	3 50	3 51	3 53	3 55	3 57	3 59	4 01	4 03	4 05	4 06	4 08
16	5 20	5 14	5 10	5 07	5 04	5 01	4 57	4 53	4 50	4 46	4 42	4 38	4 36	4 33
17	6 59	6 45	6 35	6 26	6 19	6 12	6 01	5 51	5 42	5 33	5 24	5 14	5 07	5 01
18	8 41	8 19	8 02	7 47	7 36	7 25	7 08	6 52	6 38	6 24	6 09	5 53	5 43	5 32
19	10 25	9 52	9 28	9 09	8 53	8 40	8 16	7 56	7 38	7 19	7 00	6 37	6 24	6 09
20	12 00	11 19	10 50	10 27	10 08	9 52	9 25	9 02	8 40	8 18	7 55	7 29	7 13	6 55
21	13 16	12 31	12 00	11 36	11 16	10 59	10 30	10 06	9 43	9 20	8 56	8 27	8 10	7 51
22	14 05	13 25	12 56	12 33	12 14	11 57	11 30	11 06	10 44	10 22	9 58	9 30	9 14	8 54
23	14 35	14 02	13 37	13 17	13 01	12 46	12 22	12 00	11 41	11 21	10 59	10 34	10 20	10 03
24	14 52	14 27	14 08	13 52	13 39	13 27	13 07	12 49	12 32	12 16	11 58	11 37	11 25	11 11
25	15 04	14 46	14 32	14 20	14 10	14 01	13 46	13 32	13 19	13 07	12 53	12 37	12 28	12 17

MOONSET

Lat.	−55°	−50°	−45°	−40°	−35°	−30°	−20°	−10°	0°	+10°	+20°	+30°	+35°	+40°
	h m	h m	h m	h m	h m	h m	h m	h m	h m	h m	h m	h m	h m	h m
Apr. 1	4 54	4 55	4 56	4 57	4 58	4 59	5 00	5 01	5 02	5 03	5 04	5 05	5 06	5 07
2	6 08	6 03	6 00	5 57	5 54	5 52	5 48	5 44	5 41	5 38	5 35	5 31	5 28	5 26
3	7 22	7 12	7 03	6 56	6 50	6 45	6 36	6 28	6 21	6 13	6 05	5 57	5 51	5 46
4	8 39	8 22	8 08	7 57	7 48	7 39	7 25	7 13	7 02	6 50	6 38	6 24	6 16	6 07
5	9 57	9 33	9 14	8 59	8 47	8 36	8 17	8 00	7 45	7 30	7 14	6 55	6 44	6 32
6	11 17	10 45	10 21	10 03	9 47	9 33	9 10	8 50	8 31	8 13	7 53	7 30	7 17	7 02
7	12 34	11 55	11 27	11 05	10 47	10 31	10 05	9 42	9 21	9 00	8 37	8 11	7 56	7 38
8	13 42	12 59	12 29	12 05	11 45	11 29	11 00	10 36	10 14	9 51	9 27	8 58	8 42	8 22
9	14 35	13 53	13 23	12 59	12 40	12 23	11 55	11 31	11 08	10 45	10 21	9 53	9 36	9 16
10	15 10	14 34	14 07	13 46	13 28	13 13	12 47	12 24	12 03	11 42	11 19	10 53	10 37	10 18
11	15 33	15 05	14 43	14 25	14 11	13 58	13 35	13 16	12 58	12 39	12 20	11 57	11 43	11 28
12	15 48	15 28	15 12	14 59	14 47	14 37	14 20	14 05	13 51	13 36	13 21	13 03	12 52	12 40
13	15 59	15 46	15 36	15 27	15 20	15 13	15 02	14 52	14 42	14 32	14 22	14 10	14 03	13 55
14	16 08	16 02	15 58	15 54	15 50	15 47	15 42	15 37	15 32	15 28	15 23	15 17	15 14	15 10
15	16 16	16 17	16 18	16 19	16 19	16 20	16 21	16 22	16 23	16 23	16 24	16 25	16 26	16 26
16	16 24	16 33	16 39	16 45	16 50	16 54	17 01	17 08	17 14	17 20	17 27	17 35	17 39	17 44
17	16 34	16 50	17 03	17 14	17 23	17 31	17 45	17 57	18 08	18 20	18 32	18 47	18 55	19 04
18	16 48	17 13	17 32	17 47	18 01	18 12	18 32	18 50	19 06	19 22	19 40	20 00	20 12	20 26
19	17 10	17 43	18 09	18 29	18 46	19 00	19 25	19 47	20 07	20 27	20 49	21 14	21 29	21 47
20	17 45	18 26	18 56	19 20	19 39	19 55	20 23	20 48	21 10	21 32	21 57	22 25	22 41	23 01
21	18 40	19 24	19 56	20 20	20 40	20 56	21 25	21 50	22 12	22 35	22 59	23 28	23 44	.. ..
22	19 56	20 35	21 04	21 26	21 45	22 01	22 27	22 50	23 12	23 33	23 55	.. ..	.. ..	0 04
23	21 21	21 53	22 17	22 35	22 51	23 05	23 28	23 48	.. ..	.. ..	.. ..	0 21	0 37	0 55
24	22 47	23 11	23 29	23 43	23 56	.. ..	.. ..	.. ..	0 06	0 24	0 44	1 06	1 19	1 34
25	.. ..	.. ..	.. ..	.. ..	.. ..	0 06	0 25	0 41	0 55	1 10	1 26	1 43	1 54	2 05

.. .. indicates phenomenon will occur the next day.

MOONRISE AND MOONSET, 2007

UNIVERSAL TIME FOR MERIDIAN OF GREENWICH

MOONRISE

Lat.	+40°	+42°	+44°	+46°	+48°	+50°	+52°	+54°	+56°	+58°	+60°	+62°	+64°	+66°
	h m	h m	h m	h m	h m	h m	h m	h m	h m	h m	h m	h m	h m	h m
Apr. 1	17 28	17 28	17 29	17 29	17 30	17 30	17 31	17 31	17 32	17 33	17 34	17 35	17 36	17 38
2	18 27	18 29	18 31	18 34	18 36	18 39	18 41	18 45	18 48	18 52	18 56	19 01	19 07	19 14
3	19 28	19 31	19 35	19 39	19 43	19 48	19 53	19 59	20 05	20 12	20 20	20 30	20 41	20 54
4	20 29	20 34	20 39	20 45	20 52	20 58	21 06	21 15	21 24	21 35	21 48	22 03	22 21	22 45
5	21 32	21 38	21 45	21 53	22 01	22 11	22 21	22 32	22 46	23 01	23 20	23 43	.. ..	.. ..
6	22 35	22 43	22 52	23 01	23 11	23 22	23 35	23 50	.. ..	.. ..	.. ..	.. ..	0 15	1 07
7	23 37	23 46	23 55	.. ..	.. ..	.. ..	.. ..	.. ..	0 08	0 29	0 56	1 35	■	■
8	.. ..	.. ..	.. ..	0 06	0 17	0 30	0 45	1 03	1 24	1 50	2 28	■	■	■
9	0 34	0 43	0 53	1 04	1 16	1 30	1 45	2 03	2 25	2 53	3 35	■	■	■
10	1 25	1 34	1 43	1 53	2 04	2 17	2 31	2 48	3 07	3 32	4 04	4 59	■	■
11	2 08	2 16	2 24	2 32	2 42	2 53	3 05	3 18	3 34	3 52	4 14	4 44	5 27	■
12	2 44	2 50	2 57	3 04	3 11	3 19	3 28	3 38	3 50	4 03	4 18	4 36	4 58	5 27
13	3 15	3 19	3 24	3 29	3 34	3 40	3 46	3 53	4 00	4 09	4 19	4 30	4 43	4 58
14	3 42	3 45	3 48	3 50	3 53	3 57	4 00	4 04	4 08	4 13	4 18	4 24	4 31	4 39
15	4 08	4 09	4 09	4 10	4 11	4 12	4 13	4 14	4 15	4 16	4 18	4 19	4 21	4 23
16	4 33	4 32	4 31	4 30	4 28	4 27	4 25	4 23	4 21	4 19	4 17	4 14	4 11	4 08
17	5 01	4 58	4 54	4 51	4 47	4 43	4 39	4 34	4 29	4 23	4 17	4 09	4 01	3 51
18	5 32	5 27	5 22	5 16	5 10	5 03	4 56	4 48	4 39	4 29	4 18	4 04	3 48	3 29
19	6 09	6 02	5 55	5 47	5 39	5 30	5 19	5 08	4 54	4 39	4 21	3 58	3 30	2 48
20	6 55	6 47	6 38	6 28	6 18	6 06	5 53	5 37	5 20	4 58	4 30	3 51	□	□
21	7 51	7 42	7 32	7 21	7 10	6 56	6 41	6 24	6 03	5 36	4 58	□	□	□
22	8 54	8 46	8 36	8 26	8 14	8 01	7 47	7 29	7 09	6 43	6 07	4 44	□	□
23	10 03	9 55	9 47	9 37	9 27	9 16	9 03	8 49	8 32	8 11	7 45	7 09	5 43	□
24	11 11	11 05	10 58	10 51	10 43	10 34	10 24	10 13	10 00	9 45	9 28	9 06	8 37	7 54
25	12 17	12 13	12 08	12 02	11 56	11 50	11 43	11 35	11 26	11 16	11 04	10 50	10 34	10 13

MOONSET

Lat.	+40°	+42°	+44°	+46°	+48°	+50°	+52°	+54°	+56°	+58°	+60°	+62°	+64°	+66°
	h m	h m	h m	h m	h m	h m	h m	h m	h m	h m	h m	h m	h m	h m
Apr. 1	5 07	5 07	5 07	5 08	5 08	5 09	5 09	5 10	5 10	5 11	5 11	5 12	5 13	5 14
2	5 26	5 25	5 24	5 22	5 21	5 20	5 18	5 16	5 14	5 12	5 10	5 07	5 04	5 01
3	5 46	5 43	5 40	5 38	5 34	5 31	5 27	5 23	5 19	5 14	5 09	5 02	4 55	4 47
4	6 07	6 03	5 59	5 54	5 50	5 44	5 38	5 32	5 25	5 17	5 08	4 57	4 45	4 30
5	6 32	6 27	6 21	6 14	6 08	6 00	5 52	5 43	5 32	5 21	5 07	4 51	4 32	4 08
6	7 02	6 55	6 47	6 39	6 31	6 21	6 10	5 58	5 44	5 28	5 09	4 45	4 12	3 20
7	7 38	7 30	7 21	7 11	7 01	6 49	6 36	6 21	6 03	5 42	5 14	4 35	■	■
8	8 22	8 13	8 04	7 53	7 41	7 28	7 13	6 56	6 35	6 08	5 30	■	■	■
9	9 16	9 07	8 57	8 46	8 34	8 21	8 06	7 47	7 26	6 57	6 16	■	■	■
10	10 18	10 10	10 01	9 51	9 40	9 28	9 14	8 57	8 38	8 14	7 42	6 47	■	■
11	11 28	11 20	11 13	11 04	10 55	10 45	10 34	10 21	10 06	9 48	9 26	8 57	8 15	■
12	12 40	12 35	12 29	12 23	12 16	12 08	12 00	11 51	11 40	11 28	11 14	10 56	10 35	10 07
13	13 55	13 51	13 47	13 43	13 39	13 34	13 28	13 22	13 16	13 08	13 00	12 50	12 38	12 24
14	15 10	15 08	15 06	15 04	15 02	15 00	14 58	14 55	14 52	14 48	14 45	14 40	14 35	14 29
15	16 26	16 26	16 27	16 27	16 27	16 28	16 28	16 28	16 29	16 29	16 30	16 30	16 31	16 32
16	17 44	17 46	17 49	17 51	17 54	17 57	18 00	18 04	18 08	18 12	18 18	18 23	18 30	18 38
17	19 04	19 09	19 13	19 18	19 24	19 29	19 36	19 43	19 51	20 00	20 10	20 22	20 37	20 54
18	20 26	20 33	20 39	20 46	20 54	21 03	21 13	21 24	21 36	21 51	22 08	22 30	22 58	23 39
19	21 47	21 55	22 03	22 12	22 23	22 34	22 47	23 02	23 19	23 41	.. ..	.. ..	□	□
20	23 01	23 10	23 19	23 30	23 41	23 55	.. ..	.. ..	.. ..	.. ..	0 08	0 47	□	□
21	.. ..	.. ..	.. ..	.. ..	.. ..	.. ..	0 10	0 27	0 48	1 15	1 52	□	□	□
22	0 04	0 13	0 22	0 33	0 45	0 58	1 13	1 30	1 51	2 17	2 53	4 16	□	□
23	0 55	1 03	1 11	1 21	1 31	1 43	1 56	2 11	2 28	2 49	3 15	3 52	5 19	□
24	1 34	1 41	1 48	1 56	2 04	2 14	2 24	2 36	2 49	3 04	3 23	3 45	4 15	4 59
25	2 05	2 11	2 16	2 22	2 29	2 36	2 43	2 52	3 02	3 13	3 25	3 40	3 58	4 19

□ indicates Moon continuously above horizon.
■ indicates Moon continuously below horizon.
.. .. indicates phenomenon will occur the next day.

MOONRISE AND MOONSET, 2007

UNIVERSAL TIME FOR MERIDIAN OF GREENWICH

MOONRISE

Lat.	−55°	−50°	−45°	−40°	−35°	−30°	−20°	−10°	0°	+10°	+20°	+30°	+35°	+40°
	h m	h m	h m	h m	h m	h m	h m	h m	h m	h m	h m	h m	h m	h m
Apr. 24	14 52	14 27	14 08	13 52	13 39	13 27	13 07	12 49	12 32	12 16	11 58	11 37	11 25	11 11
25	15 04	14 46	14 32	14 20	14 10	14 01	13 46	13 32	13 19	13 07	12 53	12 37	12 28	12 17
26	15 12	15 00	14 51	14 43	14 37	14 31	14 20	14 11	14 03	13 54	13 45	13 34	13 28	13 21
27	15 18	15 13	15 08	15 04	15 01	14 58	14 52	14 48	14 43	14 39	14 34	14 29	14 25	14 22
28	15 24	15 24	15 24	15 23	15 23	15 23	15 23	15 22	15 22	15 22	15 22	15 22	15 22	15 21
29	15 30	15 35	15 39	15 43	15 46	15 48	15 53	15 57	16 01	16 05	16 09	16 14	16 17	16 20
30	15 36	15 47	15 55	16 03	16 09	16 15	16 24	16 33	16 41	16 49	16 58	17 08	17 14	17 20
May 1	15 44	16 01	16 14	16 25	16 35	16 43	16 57	17 10	17 22	17 34	17 47	18 02	18 11	18 21
2	15 55	16 18	16 36	16 51	17 04	17 15	17 34	17 51	18 06	18 22	18 39	18 59	19 11	19 24
3	16 10	16 40	17 03	17 22	17 37	17 51	18 14	18 35	18 54	19 13	19 33	19 57	20 11	20 27
4	16 34	17 11	17 38	18 00	18 18	18 33	19 00	19 23	19 44	20 05	20 29	20 55	21 11	21 30
5	17 11	17 53	18 23	18 46	19 06	19 22	19 50	20 15	20 37	21 00	21 24	21 52	22 09	22 29
6	18 06	18 48	19 18	19 42	20 01	20 18	20 46	21 10	21 32	21 54	22 18	22 46	23 02	23 21
7	19 20	19 57	20 24	20 45	21 03	21 18	21 44	22 06	22 26	22 47	23 09	23 34	23 49	.. ..
8	20 44	21 14	21 36	21 53	22 08	22 21	22 43	23 02	23 19	23 37	23 56	.. ..	.. ..	0 06
9	22 14	22 35	22 51	23 04	23 16	23 26	23 42	23 57	.. ..	.. ..	.. ..	0 17	0 30	0 44
10	23 44	23 57	.. ..	.. ..	.. ..	.. ..	.. ..	.. ..	0 11	0 24	0 39	0 55	1 05	1 15
11	.. ..	.. ..	0 08	0 16	0 24	0 30	0 41	0 51	1 00	1 09	1 19	1 30	1 36	1 43
12	1 14	1 20	1 25	1 29	1 32	1 35	1 40	1 44	1 48	1 53	1 57	2 02	2 05	2 08
13	2 46	2 45	2 43	2 42	2 41	2 41	2 39	2 38	2 37	2 36	2 35	2 34	2 33	2 33
14	4 21	4 12	4 04	3 58	3 53	3 48	3 40	3 34	3 27	3 21	3 15	3 07	3 03	2 58
15	6 00	5 42	5 28	5 17	5 07	4 59	4 45	4 32	4 21	4 09	3 57	3 43	3 36	3 27
16	7 42	7 15	6 55	6 38	6 24	6 12	5 52	5 34	5 18	5 02	4 44	4 25	4 13	4 00
17	9 23	8 47	8 20	7 59	7 41	7 26	7 01	6 39	6 19	5 59	5 38	5 13	4 59	4 42
18	10 51	10 08	9 38	9 14	8 55	8 38	8 10	7 46	7 23	7 01	6 37	6 09	5 53	5 34

MOONSET

Lat.	−55°	−50°	−45°	−40°	−35°	−30°	−20°	−10°	0°	+10°	+20°	+30°	+35°	+40°
	h m	h m	h m	h m	h m	h m	h m	h m	h m	h m	h m	h m	h m	h m
Apr. 24	22 47	23 11	23 29	23 43	23 56	.. ..	.. ..	.. ..	0 06	0 24	0 44	1 06	1 19	1 34
25	.. ..	.. ..	.. ..	.. ..	.. ..	0 06	0 25	0 41	0 55	1 10	1 26	1 43	1 54	2 05
26	0 09	0 25	0 38	0 48	0 57	1 05	1 18	1 30	1 40	1 51	2 02	2 15	2 23	2 31
27	1 27	1 37	1 44	1 51	1 56	2 01	2 09	2 16	2 22	2 29	2 36	2 43	2 48	2 53
28	2 43	2 46	2 49	2 51	2 53	2 54	2 57	3 00	3 02	3 04	3 07	3 09	3 11	3 13
29	3 56	3 54	3 52	3 50	3 48	3 47	3 45	3 43	3 41	3 39	3 37	3 35	3 33	3 32
30	5 10	5 02	4 55	4 49	4 44	4 40	4 33	4 26	4 20	4 14	4 08	4 00	3 56	3 51
May 1	6 26	6 11	5 59	5 50	5 41	5 34	5 22	5 11	5 00	4 50	4 40	4 27	4 20	4 13
2	7 44	7 22	7 05	6 51	6 40	6 30	6 12	5 57	5 43	5 29	5 14	4 57	4 48	4 36
3	9 03	8 34	8 12	7 54	7 40	7 27	7 05	6 46	6 29	6 11	5 53	5 31	5 19	5 04
4	10 22	9 45	9 19	8 58	8 40	8 25	8 00	7 38	7 18	6 57	6 35	6 10	5 56	5 39
5	11 33	10 52	10 22	9 59	9 40	9 23	8 55	8 32	8 09	7 47	7 24	6 56	6 40	6 21
6	12 31	11 48	11 18	10 55	10 35	10 19	9 50	9 26	9 03	8 41	8 16	7 48	7 31	7 12
7	13 11	12 33	12 05	11 43	11 25	11 09	10 43	10 20	9 58	9 36	9 13	8 46	8 30	8 11
8	13 37	13 06	12 43	12 24	12 09	11 55	11 32	11 11	10 52	10 33	10 12	9 48	9 34	9 17
9	13 54	13 31	13 13	12 59	12 46	12 35	12 16	12 00	11 44	11 28	11 11	10 52	10 40	10 27
10	14 06	13 51	13 38	13 28	13 19	13 11	12 58	12 46	12 34	12 23	12 11	11 56	11 48	11 39
11	14 15	14 07	14 00	13 54	13 49	13 45	13 37	13 30	13 23	13 16	13 09	13 01	12 56	12 51
12	14 23	14 22	14 20	14 19	14 17	14 16	14 15	14 13	14 11	14 10	14 08	14 06	14 05	14 03
13	14 31	14 36	14 40	14 43	14 46	14 49	14 53	14 57	15 01	15 04	15 08	15 13	15 15	15 18
14	14 40	14 52	15 02	15 10	15 17	15 23	15 34	15 43	15 52	16 01	16 11	16 21	16 28	16 35
15	14 52	15 12	15 28	15 41	15 52	16 02	16 18	16 33	16 47	17 01	17 16	17 33	17 44	17 55
16	15 10	15 38	16 00	16 18	16 33	16 46	17 09	17 28	17 46	18 05	18 25	18 48	19 01	19 17
17	15 37	16 15	16 43	17 05	17 23	17 38	18 05	18 28	18 49	19 11	19 34	20 01	20 17	20 35
18	16 24	17 07	17 38	18 02	18 21	18 38	19 07	19 31	19 54	20 17	20 41	21 09	21 26	21 46

.. .. indicates phenomenon will occur the next day.

UNIVERSAL TIME FOR MERIDIAN OF GREENWICH
MOONRISE

Lat.	+40°	+42°	+44°	+46°	+48°	+50°	+52°	+54°	+56°	+58°	+60°	+62°	+64°	+66°
	h m	h m	h m	h m	h m	h m	h m	h m	h m	h m	h m	h m	h m	h m
Apr. 24	11 11	11 05	10 58	10 51	10 43	10 34	10 24	10 13	10 00	9 45	9 28	9 06	8 37	7 54
25	12 17	12 13	12 08	12 02	11 56	11 50	11 43	11 35	11 26	11 16	11 04	10 50	10 34	10 13
26	13 21	13 18	13 15	13 11	13 07	13 03	12 58	12 53	12 47	12 41	12 34	12 26	12 16	12 04
27	14 22	14 20	14 19	14 17	14 15	14 13	14 11	14 08	14 05	14 02	13 59	13 55	13 50	13 45
28	15 21	15 21	15 21	15 21	15 21	15 21	15 21	15 21	15 21	15 21	15 21	15 20	15 20	15 20
29	16 20	16 22	16 23	16 25	16 27	16 29	16 31	16 33	16 36	16 39	16 42	16 46	16 50	16 55
30	17 20	17 23	17 26	17 30	17 33	17 37	17 42	17 47	17 52	17 58	18 05	18 13	18 22	18 33
May 1	18 21	18 26	18 31	18 36	18 41	18 48	18 54	19 02	19 10	19 20	19 31	19 44	20 00	20 19
2	19 24	19 30	19 36	19 43	19 51	19 59	20 09	20 19	20 31	20 45	21 02	21 22	21 48	22 24
3	20 27	20 35	20 43	20 52	21 01	21 12	21 24	21 37	21 53	22 12	22 36	23 08	.. ..	■
4	21 30	21 38	21 48	21 58	22 09	22 21	22 36	22 52	23 12	23 36	.. ..	.. ..	0 02	■
5	22 29	22 38	22 48	22 58	23 10	23 24	23 39	23 57	.. ..	.. ..	0 10	1 10	■	■
6	23 21	23 30	23 40	23 50	.. ..	.. ..	.. ..	.. ..	0 18	0 46	1 26	■	■	■
7	.. ..	.. ..	.. ..	.. ..	0 01	0 14	0 29	0 46	1 06	1 32	2 06	3 13	■	■
8	0 06	0 14	0 23	0 32	0 42	0 53	1 06	1 20	1 36	1 56	2 21	2 55	3 54	■
9	0 44	0 50	0 57	1 05	1 13	1 22	1 32	1 43	1 55	2 10	2 27	2 48	3 14	3 51
10	1 15	1 20	1 25	1 31	1 37	1 43	1 51	1 59	2 07	2 17	2 29	2 42	2 57	3 16
11	1 43	1 46	1 49	1 53	1 57	2 01	2 06	2 10	2 16	2 22	2 29	2 37	2 46	2 56
12	2 08	2 09	2 11	2 13	2 14	2 16	2 18	2 20	2 23	2 26	2 29	2 32	2 36	2 40
13	2 33	2 32	2 32	2 32	2 31	2 31	2 30	2 30	2 29	2 29	2 28	2 27	2 27	2 26
14	2 58	2 56	2 54	2 51	2 49	2 46	2 43	2 40	2 36	2 32	2 28	2 23	2 17	2 11
15	3 27	3 23	3 18	3 14	3 09	3 04	2 58	2 52	2 45	2 37	2 28	2 18	2 07	1 53
16	4 00	3 55	3 49	3 42	3 35	3 27	3 18	3 08	2 57	2 45	2 31	2 14	1 53	1 26
17	4 42	4 35	4 27	4 18	4 08	3 58	3 46	3 33	3 17	2 59	2 37	2 08	1 27	□
18	5 34	5 25	5 16	5 06	4 55	4 42	4 28	4 11	3 52	3 27	2 55	2 01	□	□

MOONSET

Lat.	+40°	+42°	+44°	+46°	+48°	+50°	+52°	+54°	+56°	+58°	+60°	+62°	+64°	+66°
	h m	h m	h m	h m	h m	h m	h m	h m	h m	h m	h m	h m	h m	h m
Apr. 24	1 34	1 41	1 48	1 56	2 04	2 14	2 24	2 36	2 49	3 04	3 23	3 45	4 15	4 59
25	2 05	2 11	2 16	2 22	2 29	2 36	2 43	2 52	3 02	3 13	3 25	3 40	3 58	4 19
26	2 31	2 35	2 39	2 43	2 47	2 52	2 58	3 03	3 10	3 17	3 26	3 35	3 46	3 59
27	2 53	2 55	2 57	3 00	3 03	3 06	3 09	3 12	3 16	3 20	3 25	3 30	3 36	3 43
28	3 13	3 14	3 14	3 15	3 16	3 17	3 18	3 19	3 21	3 22	3 24	3 26	3 28	3 30
29	3 32	3 31	3 31	3 30	3 29	3 28	3 27	3 26	3 25	3 24	3 22	3 21	3 19	3 17
30	3 51	3 49	3 47	3 45	3 42	3 40	3 37	3 33	3 30	3 26	3 21	3 16	3 10	3 04
May 1	4 13	4 09	4 05	4 01	3 57	3 52	3 47	3 41	3 35	3 28	3 20	3 11	3 01	2 49
2	4 36	4 31	4 26	4 20	4 14	4 07	4 00	3 52	3 43	3 32	3 20	3 06	2 50	2 29
3	5 04	4 58	4 51	4 44	4 36	4 27	4 17	4 06	3 53	3 39	3 21	3 01	2 34	1 57
4	5 39	5 31	5 23	5 14	5 04	4 53	4 40	4 26	4 10	3 50	3 26	2 53	1 59	■
5	6 21	6 12	6 03	5 52	5 41	5 28	5 14	4 57	4 37	4 12	3 39	2 39	■	■
6	7 12	7 03	6 53	6 42	6 30	6 17	6 02	5 44	5 22	4 54	4 14	■	■	■
7	8 11	8 03	7 53	7 43	7 32	7 19	7 05	6 48	6 28	6 03	5 28	4 22	■	■
8	9 17	9 10	9 02	8 53	8 43	8 32	8 20	8 06	7 50	7 30	7 06	6 33	5 35	■
9	10 27	10 21	10 15	10 08	10 00	9 52	9 42	9 32	9 20	9 06	8 50	8 30	8 04	7 28
10	11 39	11 34	11 30	11 25	11 20	11 14	11 07	11 00	10 52	10 43	10 33	10 21	10 06	9 49
11	12 51	12 48	12 46	12 43	12 40	12 37	12 33	12 29	12 25	12 20	12 14	12 08	12 00	11 51
12	14 03	14 03	14 02	14 02	14 01	14 00	13 59	13 58	13 57	13 56	13 55	13 53	13 51	13 49
13	15 18	15 19	15 21	15 22	15 24	15 25	15 27	15 29	15 32	15 34	15 37	15 40	15 44	15 48
14	16 35	16 38	16 42	16 45	16 50	16 54	16 59	17 04	17 10	17 17	17 24	17 33	17 43	17 55
15	17 55	18 00	18 06	18 12	18 19	18 26	18 34	18 43	18 53	19 04	19 18	19 34	19 53	20 18
16	19 17	19 24	19 31	19 40	19 49	19 59	20 10	20 23	20 38	20 55	21 17	21 45	22 25	□
17	20 35	20 44	20 53	21 03	21 14	21 26	21 40	21 57	22 16	22 40	23 12	.. ..	□	□
18	21 46	21 55	22 04	22 15	22 27	22 40	22 55	23 12	23 34	.. ..	.. ..	0 05	□	□

□ indicates Moon continuously above horizon.
■ indicates Moon continuously below horizon.
.. .. indicates phenomenon will occur the next day.

MOONRISE AND MOONSET, 2007

UNIVERSAL TIME FOR MERIDIAN OF GREENWICH

MOONRISE

Lat.	−55°	−50°	−45°	−40°	−35°	−30°	−20°	−10°	0°	+10°	+20°	+30°	+35°	+40°
	h m	h m	h m	h m	h m	h m	h m	h m	h m	h m	h m	h m	h m	h m
May 17	9 23	8 47	8 20	7 59	7 41	7 26	7 01	6 39	6 19	5 59	5 38	5 13	4 59	4 42
18	10 51	10 08	9 38	9 14	8 55	8 38	8 10	7 46	7 23	7 01	6 37	6 09	5 53	5 34
19	11 55	11 12	10 42	10 18	9 59	9 42	9 14	8 50	8 27	8 04	7 40	7 12	6 55	6 36
20	12 33	11 57	11 31	11 10	10 52	10 37	10 11	9 49	9 28	9 07	8 44	8 18	8 03	7 45
21	12 56	12 28	12 07	11 50	11 35	11 22	11 00	10 41	10 23	10 05	9 46	9 24	9 11	8 56
22	13 10	12 50	12 34	12 21	12 10	12 00	11 43	11 28	11 13	10 59	10 44	10 27	10 16	10 05
23	13 20	13 06	12 55	12 46	12 38	12 32	12 20	12 09	11 59	11 49	11 38	11 26	11 19	11 11
24	13 27	13 20	13 13	13 08	13 04	13 00	12 53	12 47	12 41	12 35	12 29	12 22	12 18	12 13
25	13 33	13 31	13 30	13 28	13 27	13 26	13 24	13 22	13 21	13 19	13 18	13 16	13 15	13 14
26	13 39	13 42	13 45	13 48	13 50	13 51	13 54	13 57	14 00	14 03	14 05	14 09	14 11	14 13
27	13 45	13 54	14 01	14 07	14 13	14 17	14 25	14 32	14 39	14 46	14 53	15 02	15 07	15 12
28	13 53	14 07	14 19	14 29	14 37	14 45	14 58	15 09	15 20	15 31	15 42	15 56	16 04	16 13
29	14 02	14 23	14 40	14 54	15 05	15 16	15 33	15 49	16 03	16 18	16 34	16 52	17 03	17 15
30	14 16	14 44	15 06	15 23	15 38	15 51	16 12	16 32	16 50	17 08	17 27	17 50	18 03	18 18
31	14 37	15 12	15 38	15 59	16 16	16 31	16 57	17 19	17 39	18 00	18 22	18 48	19 04	19 22
June 1	15 10	15 51	16 20	16 43	17 02	17 19	17 46	18 10	18 32	18 55	19 19	19 47	20 03	20 23
2	16 01	16 43	17 13	17 37	17 56	18 13	18 41	19 05	19 27	19 50	20 14	20 42	20 58	21 18
3	17 10	17 49	18 16	18 38	18 57	19 12	19 38	20 01	20 22	20 43	21 06	21 32	21 47	22 05
4	18 32	19 04	19 27	19 46	20 01	20 15	20 38	20 58	21 16	21 34	21 54	22 17	22 30	22 45
5	20 00	20 24	20 41	20 56	21 08	21 19	21 37	21 53	22 08	22 22	22 38	22 56	23 06	23 18
6	21 29	21 45	21 57	22 07	22 15	22 23	22 35	22 46	22 57	23 07	23 18	23 31	23 38	23 46
7	22 58	23 06	23 12	23 17	23 22	23 26	23 33	23 39	23 44	23 50	23 56	.. ..	.. ..	.. ..
8	.. ..	.. ..	.. ..	.. ..	.. ..	.. ..	.. ..	.. ..	.. ..	.. ..	.. ..	0 03	0 07	0 11
9	0 26	0 27	0 28	0 28	0 29	0 29	0 30	0 31	0 31	0 32	0 33	0 34	0 34	0 35
10	1 56	1 50	1 45	1 41	1 37	1 34	1 28	1 24	1 19	1 15	1 10	1 05	1 02	0 59

MOONSET

Lat.	−55°	−50°	−45°	−40°	−35°	−30°	−20°	−10°	0°	+10°	+20°	+30°	+35°	+40°
	h m	h m	h m	h m	h m	h m	h m	h m	h m	h m	h m	h m	h m	h m
May 17	15 37	16 15	16 43	17 05	17 23	17 38	18 05	18 28	18 49	19 11	19 34	20 01	20 17	20 35
18	16 24	17 07	17 38	18 02	18 21	18 38	19 07	19 31	19 54	20 17	20 41	21 09	21 26	21 46
19	17 33	18 14	18 44	19 08	19 27	19 43	20 11	20 35	20 57	21 19	21 42	22 09	22 25	22 44
20	18 57	19 32	19 58	20 18	20 35	20 50	21 14	21 35	21 55	22 14	22 35	22 59	23 13	23 29
21	20 26	20 53	21 13	21 29	21 43	21 54	22 14	22 32	22 48	23 04	23 21	23 40	23 52	.. ..
22	21 52	22 10	22 25	22 37	22 47	22 56	23 11	23 24	23 36	23 48	.. ..	.. ..	.. ..	0 05
23	23 13	23 24	23 34	23 41	23 48	23 53	.. ..	.. ..	.. ..	.. ..	0 01	0 15	0 23	0 33
24	.. ..	.. ..	.. ..	.. ..	.. ..	.. ..	0 03	0 12	0 19	0 27	0 36	0 45	0 50	0 56
25	0 30	0 35	0 39	0 43	0 46	0 48	0 53	0 57	1 00	1 04	1 08	1 12	1 15	1 17
26	1 44	1 43	1 43	1 42	1 42	1 41	1 41	1 40	1 40	1 39	1 38	1 38	1 37	1 37
27	2 58	2 51	2 46	2 41	2 38	2 34	2 28	2 23	2 19	2 14	2 09	2 03	2 00	1 56
28	4 13	4 00	3 50	3 41	3 34	3 28	3 17	3 07	2 59	2 50	2 40	2 30	2 24	2 17
29	5 29	5 10	4 55	4 42	4 32	4 23	4 07	3 53	3 40	3 28	3 14	2 59	2 50	2 40
30	6 49	6 22	6 02	5 45	5 32	5 20	4 59	4 42	4 25	4 09	3 51	3 31	3 20	3 07
31	8 08	7 34	7 09	6 49	6 32	6 18	5 54	5 33	5 13	4 54	4 33	4 09	3 55	3 39
June 1	9 23	8 43	8 14	7 51	7 33	7 17	6 50	6 26	6 05	5 43	5 20	4 53	4 37	4 19
2	10 26	9 43	9 13	8 50	8 30	8 13	7 45	7 21	6 59	6 36	6 12	5 44	5 27	5 07
3	11 11	10 32	10 03	9 41	9 22	9 06	8 39	8 16	7 54	7 32	7 08	6 41	6 24	6 05
4	11 41	11 08	10 44	10 24	10 08	9 54	9 29	9 08	8 48	8 28	8 07	7 42	7 27	7 10
5	12 00	11 35	11 16	11 00	10 47	10 35	10 15	9 58	9 41	9 24	9 06	8 46	8 33	8 19
6	12 13	11 56	11 42	11 31	11 21	11 12	10 57	10 44	10 31	10 19	10 05	9 49	9 40	9 30
7	12 23	12 13	12 04	11 57	11 51	11 46	11 36	11 28	11 20	11 12	11 03	10 53	10 47	10 40
8	12 32	12 28	12 24	12 22	12 19	12 17	12 13	12 10	12 07	12 03	12 00	11 54	11 54	11 51
9	12 39	12 42	12 44	12 45	12 47	12 48	12 50	12 52	12 54	12 56	12 58	13 00	13 01	13 02
10	12 47	12 57	13 04	13 10	13 15	13 20	13 28	13 36	13 43	13 50	13 57	14 05	14 10	14 16

.. .. indicates phenomenon will occur the next day.

UNIVERSAL TIME FOR MERIDIAN OF GREENWICH

MOONRISE

Lat.	+40°	+42°	+44°	+46°	+48°	+50°	+52°	+54°	+56°	+58°	+60°	+62°	+64°	+66°
	h m	h m	h m	h m	h m	h m	h m	h m	h m	h m	h m	h m	h m	h m
May 17	4 42	4 35	4 27	4 18	4 08	3 58	3 46	3 33	3 17	2 59	2 37	2 08	1 27	□
18	5 34	5 25	5 16	5 06	4 55	4 42	4 28	4 11	3 52	3 27	2 55	2 01	□	□
19	6 36	6 27	6 17	6 07	5 55	5 42	5 27	5 09	4 48	4 22	3 44	□	□	□
20	7 45	7 36	7 28	7 18	7 07	6 55	6 42	6 26	6 08	5 45	5 15	4 29	□	□
21	8 56	8 49	8 41	8 33	8 24	8 15	8 04	7 51	7 37	7 20	7 00	6 34	5 57	4 36
22	10 05	9 59	9 54	9 48	9 41	9 34	9 26	9 17	9 07	8 55	8 41	8 25	8 05	7 40
23	11 11	11 07	11 03	10 59	10 54	10 49	10 44	10 38	10 31	10 24	10 15	10 05	9 54	9 40
24	12 13	12 11	12 09	12 07	12 04	12 01	11 58	11 55	11 51	11 47	11 43	11 37	11 31	11 23
25	13 14	13 13	13 12	13 12	13 11	13 10	13 10	13 09	13 08	13 07	13 06	13 04	13 03	13 01
26	14 13	14 14	14 15	14 16	14 17	14 18	14 20	14 21	14 23	14 25	14 27	14 30	14 32	14 36
27	15 12	15 15	15 17	15 20	15 23	15 26	15 30	15 34	15 39	15 44	15 49	15 56	16 03	16 12
28	16 13	16 17	16 21	16 26	16 30	16 36	16 42	16 49	16 56	17 04	17 14	17 25	17 38	17 54
29	17 15	17 20	17 26	17 33	17 40	17 47	17 56	18 05	18 16	18 28	18 43	19 00	19 22	19 51
30	18 18	18 25	18 33	18 41	18 50	19 00	19 11	19 24	19 38	19 55	20 16	20 43	21 23	■
31	19 22	19 30	19 39	19 48	19 59	20 11	20 24	20 40	20 59	21 21	21 51	22 37	■	■
June 1	20 23	20 31	20 41	20 51	21 03	21 16	21 31	21 49	22 10	22 37	23 15	■	■	■
2	21 18	21 26	21 36	21 46	21 58	22 11	22 26	22 43	23 04	23 30	.. ..	■	■	■
3	22 05	22 13	22 22	22 31	22 42	22 53	23 07	23 22	23 39	.. ..	0 07	1 36	■	■
4	22 45	22 52	22 59	23 07	23 15	23 25	23 35	23 47	.. ..	0 01	0 28	1 06	■	■
5	23 18	23 23	23 29	23 35	23 41	23 48	23 56	.. ..	0 01	0 17	0 35	0 59	1 29	2 17
6	23 46	23 50	23 53	23 57	.. ..	.. ..	.. ..	0 05	0 15	0 26	0 38	0 53	1 11	1 33
7	.. ..	.. ..	.. ..	.. ..	0 02	0 07	0 12	0 18	0 24	0 31	0 39	0 48	0 59	1 12
8	0 11	0 13	0 15	0 17	0 20	0 22	0 25	0 28	0 31	0 35	0 39	0 44	0 49	0 55
9	0 35	0 35	0 35	0 36	0 36	0 36	0 37	0 37	0 38	0 38	0 39	0 39	0 40	0 41
10	0 59	0 58	0 56	0 54	0 53	0 51	0 49	0 47	0 44	0 41	0 38	0 35	0 31	0 27

MOONSET

Lat.	+40°	+42°	+44°	+46°	+48°	+50°	+52°	+54°	+56°	+58°	+60°	+62°	+64°	+66°
	h m	h m	h m	h m	h m	h m	h m	h m	h m	h m	h m	h m	h m	h m
May 17	20 35	20 44	20 53	21 03	21 14	21 26	21 40	21 57	22 16	22 40	23 12	.. ..	□	□
18	21 46	21 55	22 04	22 15	22 27	22 40	22 55	23 12	23 34	.. ..	.. ..	0 05	□	□
19	22 44	22 52	23 01	23 11	23 22	23 34	23 48	.. ..	.. ..	0 00	0 38	□	□	□
20	23 29	23 36	23 44	23 53	.. ..	.. ..	.. ..	0 04	0 23	0 46	1 16	2 02	□	□
21	.. ..	.. ..	.. ..	.. ..	0 02	0 12	0 23	0 36	0 51	1 08	1 29	1 56	2 33	3 56
22	0 05	0 10	0 16	0 23	0 30	0 38	0 47	0 57	1 07	1 20	1 34	1 51	2 12	2 39
23	0 33	0 37	0 42	0 46	0 52	0 57	1 03	1 10	1 18	1 26	1 36	1 47	2 00	2 15
24	0 56	0 59	1 02	1 05	1 08	1 12	1 16	1 20	1 25	1 30	1 36	1 42	1 50	1 59
25	1 17	1 19	1 20	1 21	1 23	1 24	1 26	1 28	1 30	1 32	1 35	1 38	1 41	1 45
26	1 37	1 37	1 36	1 36	1 36	1 36	1 35	1 35	1 35	1 34	1 34	1 33	1 33	1 32
27	1 56	1 55	1 53	1 51	1 49	1 47	1 45	1 42	1 39	1 36	1 33	1 29	1 25	1 19
28	2 17	2 14	2 11	2 07	2 03	1 59	1 55	1 50	1 45	1 39	1 32	1 24	1 16	1 05
29	2 40	2 35	2 30	2 25	2 20	2 14	2 07	2 00	1 52	1 42	1 32	1 20	1 05	0 48
30	3 07	3 01	2 54	2 47	2 40	2 32	2 23	2 13	2 01	1 48	1 33	1 15	0 52	0 23
31	3 39	3 32	3 24	3 15	3 06	2 56	2 44	2 31	2 16	1 58	1 37	1 09	0 29	■
June 1	4 19	4 10	4 01	3 51	3 41	3 28	3 15	2 59	2 40	2 17	1 47	1 00	■	■
2	5 07	4 59	4 49	4 38	4 27	4 13	3 58	3 41	3 19	2 52	2 14	■	■	■
3	6 05	5 56	5 47	5 37	5 25	5 12	4 57	4 40	4 20	3 54	3 18	1 48	■	■
4	7 10	7 02	6 54	6 45	6 34	6 23	6 10	5 56	5 38	5 18	4 51	4 13	■	■
5	8 19	8 13	8 06	7 58	7 50	7 41	7 31	7 20	7 07	6 52	6 34	6 11	5 41	4 55
6	9 30	9 25	9 20	9 15	9 09	9 02	8 55	8 47	8 38	8 28	8 16	8 02	7 45	7 24
7	10 40	10 37	10 34	10 31	10 27	10 23	10 19	10 14	10 09	10 03	9 56	9 48	9 39	9 28
8	11 51	11 50	11 49	11 47	11 46	11 44	11 43	11 41	11 39	11 36	11 34	11 31	11 27	11 23
9	13 02	13 03	13 04	13 04	13 05	13 06	13 07	13 08	13 09	13 10	13 12	13 13	13 15	13 17
10	14 16	14 18	14 21	14 24	14 27	14 30	14 34	14 38	14 42	14 47	14 53	14 59	15 07	15 16

□ indicates Moon continuously above horizon.
■ indicates Moon continuously below horizon.
.. .. indicates phenomenon will occur the next day.

MOONRISE AND MOONSET, 2007

UNIVERSAL TIME FOR MERIDIAN OF GREENWICH

MOONRISE

Lat.	−55°	−50°	−45°	−40°	−35°	−30°	−20°	−10°	0°	+10°	+20°	+30°	+35°	+40°
	h m	h m	h m	h m	h m	h m	h m	h m	h m	h m	h m	h m	h m	h m
June 8	.. ..	.. ..	.. ..	.. ..	.. ..	.. ..	.. ..	.. ..	.. ..	.. ..	.. ..	0 03	0 07	0 11
9	0 26	0 27	0 28	0 28	0 29	0 29	0 30	0 31	0 31	0 32	0 33	0 34	0 34	0 35
10	1 56	1 50	1 45	1 41	1 37	1 34	1 28	1 24	1 19	1 15	1 10	1 05	1 02	0 59
11	3 30	3 16	3 05	2 55	2 48	2 41	2 29	2 19	2 09	2 00	1 50	1 39	1 33	1 25
12	5 08	4 45	4 27	4 13	4 01	3 51	3 33	3 17	3 03	2 49	2 34	2 17	2 07	1 56
13	6 48	6 16	5 52	5 33	5 17	5 03	4 40	4 20	4 01	3 43	3 23	3 01	2 48	2 33
14	8 22	7 42	7 13	6 50	6 31	6 15	5 48	5 25	5 03	4 42	4 19	3 53	3 37	3 19
15	9 38	8 54	8 23	8 00	7 40	7 23	6 55	6 30	6 07	5 45	5 20	4 52	4 36	4 16
16	10 27	9 48	9 20	8 57	8 39	8 23	7 56	7 32	7 10	6 49	6 25	5 58	5 42	5 23
17	10 57	10 26	10 02	9 43	9 27	9 13	8 49	8 29	8 09	7 50	7 29	7 05	6 51	6 34
18	11 15	10 52	10 33	10 18	10 06	9 55	9 35	9 19	9 03	8 47	8 30	8 11	7 59	7 46
19	11 26	11 10	10 58	10 47	10 38	10 30	10 15	10 03	9 52	9 40	9 27	9 13	9 05	8 55
20	11 35	11 25	11 17	11 11	11 05	11 00	10 51	10 43	10 36	10 28	10 21	10 12	10 06	10 00
21	11 42	11 38	11 34	11 32	11 29	11 27	11 23	11 20	11 17	11 14	11 11	11 07	11 05	11 03
22	11 48	11 49	11 50	11 51	11 52	11 53	11 54	11 56	11 57	11 58	11 59	12 01	12 02	12 03
23	11 54	12 01	12 06	12 11	12 15	12 19	12 25	12 31	12 36	12 42	12 47	12 54	12 58	13 02
24	12 01	12 13	12 23	12 32	12 39	12 46	12 57	13 07	13 16	13 26	13 36	13 48	13 55	14 02
25	12 09	12 28	12 43	12 55	13 06	13 15	13 31	13 45	13 59	14 12	14 26	14 43	14 53	15 04
26	12 22	12 47	13 07	13 23	13 37	13 48	14 09	14 27	14 44	15 01	15 19	15 40	15 53	16 07
27	12 40	13 12	13 37	13 56	14 13	14 27	14 51	15 13	15 32	15 52	16 14	16 39	16 54	17 11
28	13 08	13 47	14 15	14 38	14 56	15 12	15 39	16 03	16 25	16 47	17 10	17 38	17 54	18 13
29	13 53	14 35	15 05	15 29	15 48	16 05	16 33	16 57	17 19	17 42	18 06	18 34	18 51	19 11
30	14 57	15 37	16 06	16 28	16 47	17 03	17 30	17 54	18 15	18 37	19 00	19 27	19 43	20 02
July 1	16 17	16 51	17 16	17 35	17 52	18 06	18 30	18 51	19 11	19 30	19 51	20 14	20 28	20 44
2	17 45	18 11	18 30	18 46	19 00	19 11	19 31	19 48	20 04	20 20	20 36	20 56	21 07	21 20

MOONSET

Lat.	−55°	−50°	−45°	−40°	−35°	−30°	−20°	−10°	0°	+10°	+20°	+30°	+35°	+40°
	h m	h m	h m	h m	h m	h m	h m	h m	h m	h m	h m	h m	h m	h m
June 8	12 32	12 28	12 24	12 22	12 19	12 17	12 13	12 10	12 07	12 03	12 00	11 56	11 54	11 51
9	12 39	12 42	12 44	12 45	12 47	12 48	12 50	12 52	12 54	12 56	12 58	13 00	13 01	13 02
10	12 47	12 57	13 04	13 10	13 15	13 20	13 28	13 36	13 43	13 50	13 57	14 05	14 10	14 16
11	12 58	13 14	13 27	13 38	13 47	13 56	14 10	14 22	14 34	14 46	14 59	15 14	15 22	15 32
12	13 12	13 36	13 56	14 11	14 25	14 36	14 56	15 14	15 30	15 47	16 04	16 25	16 37	16 51
13	13 34	14 07	14 32	14 52	15 09	15 24	15 49	16 10	16 30	16 51	17 12	17 37	17 52	18 10
14	14 10	14 51	15 21	15 44	16 03	16 20	16 48	17 11	17 34	17 56	18 20	18 48	19 05	19 24
15	15 09	15 52	16 22	16 46	17 06	17 23	17 51	18 15	18 38	19 00	19 24	19 52	20 09	20 28
16	16 28	17 07	17 34	17 56	18 14	18 30	18 56	19 18	19 39	20 00	20 22	20 47	21 02	21 20
17	17 58	18 28	18 51	19 09	19 24	19 37	19 59	20 18	20 36	20 53	21 12	21 33	21 46	22 00
18	19 28	19 49	20 06	20 20	20 31	20 41	20 58	21 13	21 27	21 41	21 55	22 12	22 21	22 32
19	20 52	21 06	21 18	21 27	21 35	21 42	21 53	22 04	22 13	22 23	22 33	22 44	22 51	22 58
20	22 12	22 20	22 26	22 31	22 35	22 39	22 45	22 51	22 56	23 01	23 06	23 13	23 16	23 20
21	23 28	23 30	23 31	23 32	23 33	23 33	23 34	23 35	23 36	23 37	23 38	23 39	23 40	23 40
22	.. ..	.. ..	.. ..	.. ..	.. ..	.. ..	.. ..	.. ..	.. ..	.. ..	.. ..	.. ..	.. ..	.. ..
23	0 43	0 38	0 35	0 32	0 29	0 27	0 23	0 19	0 16	0 12	0 09	0 05	0 03	0 00
24	1 57	1 47	1 38	1 31	1 25	1 20	1 11	1 03	0 55	0 48	0 40	0 31	0 26	0 20
25	3 13	2 56	2 43	2 32	2 23	2 14	2 00	1 48	1 36	1 25	1 13	0 59	0 51	0 42
26	4 32	4 08	3 49	3 34	3 21	3 10	2 52	2 35	2 20	2 05	1 49	1 30	1 20	1 07
27	5 51	5 20	4 56	4 38	4 22	4 08	3 45	3 25	3 07	2 48	2 29	2 06	1 53	1 38
28	7 09	6 30	6 03	5 41	5 23	5 07	4 41	4 18	3 57	3 36	3 14	2 48	2 32	2 15
29	8 17	7 35	7 05	6 41	6 22	6 05	5 37	5 13	4 51	4 28	4 04	3 36	3 20	3 00
30	9 09	8 28	7 59	7 36	7 17	7 00	6 32	6 09	5 46	5 24	5 00	4 32	4 15	3 56
July 1	9 43	9 09	8 43	8 22	8 05	7 50	7 25	7 03	6 42	6 21	5 59	5 33	5 18	5 00
2	10 06	9 39	9 18	9 01	8 47	8 34	8 13	7 54	7 36	7 19	6 59	6 37	6 24	6 09

.. .. indicates phenomenon will occur the next day.

MOONRISE AND MOONSET, 2007

UNIVERSAL TIME FOR MERIDIAN OF GREENWICH

MOONRISE

Lat.	+40°	+42°	+44°	+46°	+48°	+50°	+52°	+54°	+56°	+58°	+60°	+62°	+64°	+66°
	h m	h m	h m	h m	h m	h m	h m	h m	h m	h m	h m	h m	h m	h m
June 8	0 11	0 13	0 15	0 17	0 20	0 22	0 25	0 28	0 31	0 35	0 39	0 44	0 49	0 55
9	0 35	0 35	0 35	0 36	0 36	0 36	0 37	0 37	0 38	0 38	0 39	0 39	0 40	0 41
10	0 59	0 58	0 56	0 54	0 53	0 51	0 49	0 47	0 44	0 41	0 38	0 35	0 31	0 27
11	1 25	1 22	1 19	1 15	1 11	1 07	1 02	0 57	0 52	0 46	0 39	0 31	0 22	{00 11 / 23 50}
12	1 56	1 51	1 45	1 40	1 33	1 27	1 19	1 11	1 02	0 52	0 40	00 26	{00 10 / 23 53}	23 10
13	2 33	2 26	2 19	2 11	2 02	1 53	1 43	1 31	1 18	1 02	0 44	0 22	□	□
14	3 19	3 11	3 02	2 53	2 42	2 30	2 17	2 02	1 44	1 23	0 56	0 17	□	□
15	4 16	4 07	3 58	3 47	3 36	3 23	3 08	2 50	2 30	2 03	1 27	0 08	□	□
16	5 23	5 14	5 05	4 55	4 43	4 31	4 16	4 00	3 40	3 15	2 41	1 40	□	□
17	6 34	6 27	6 19	6 10	6 00	5 50	5 37	5 24	5 07	4 48	4 24	3 52	2 56	□
18	7 46	7 40	7 34	7 27	7 19	7 11	7 02	6 51	6 40	6 26	6 10	5 50	5 25	4 51
19	8 55	8 51	8 46	8 41	8 36	8 30	8 24	8 17	8 09	7 59	7 49	7 37	7 22	7 05
20	10 00	9 58	9 55	9 52	9 49	9 45	9 41	9 37	9 32	9 27	9 21	9 14	9 06	8 56
21	11 03	11 01	11 00	10 59	10 58	10 56	10 55	10 53	10 51	10 49	10 47	10 44	10 41	10 37
22	12 03	12 03	12 04	12 04	12 05	12 05	12 06	12 07	12 08	12 08	12 09	12 11	12 12	12 13
23	13 02	13 04	13 06	13 09	13 11	13 14	13 17	13 20	13 23	13 27	13 32	13 37	13 42	13 49
24	14 02	14 06	14 10	14 14	14 18	14 23	14 28	14 34	14 40	14 47	14 55	15 05	15 16	15 29
25	15 04	15 09	15 14	15 20	15 26	15 33	15 41	15 49	15 59	16 10	16 22	16 37	16 56	17 19
26	16 07	16 13	16 20	16 28	16 36	16 45	16 56	17 07	17 20	17 36	17 54	18 17	18 48	19 38
27	17 11	17 18	17 27	17 36	17 46	17 57	18 10	18 25	18 42	19 03	19 29	20 07	■	■
28	18 13	18 22	18 31	18 41	18 53	19 06	19 20	19 37	19 58	20 24	20 59	22 20	■	■
29	19 11	19 20	19 29	19 40	19 52	20 05	20 20	20 38	20 59	21 26	22 04	■	■	■
30	20 02	20 10	20 19	20 29	20 40	20 52	21 06	21 22	21 40	22 04	22 34	23 20	■	■
July 1	20 44	20 51	20 59	21 08	21 17	21 27	21 38	21 51	22 06	22 24	22 45	23 11	23 49	■
2	21 20	21 25	21 31	21 38	21 45	21 53	22 02	22 11	22 22	22 34	22 49	23 06	23 26	{01 19 / 23 53}

MOONSET

Lat.	+40°	+42°	+44°	+46°	+48°	+50°	+52°	+54°	+56°	+58°	+60°	+62°	+64°	+66°
	h m	h m	h m	h m	h m	h m	h m	h m	h m	h m	h m	h m	h m	h m
June 8	11 51	11 50	11 49	11 47	11 46	11 44	11 43	11 41	11 39	11 36	11 34	11 31	11 27	11 23
9	13 02	13 03	13 04	13 04	13 05	13 06	13 07	13 08	13 09	13 10	13 12	13 13	13 15	13 17
10	14 16	14 18	14 21	14 24	14 27	14 30	14 34	14 38	14 42	14 47	14 53	14 59	15 07	15 16
11	15 32	15 36	15 41	15 46	15 52	15 58	16 04	16 11	16 20	16 29	16 40	16 52	17 07	17 26
12	16 51	16 57	17 04	17 11	17 19	17 28	17 38	17 49	18 01	18 16	18 33	18 55	19 23	20 04
13	18 10	18 17	18 26	18 35	18 45	18 57	19 10	19 24	19 42	20 03	20 29	21 07	□	□
14	19 24	19 33	19 42	19 52	20 04	20 17	20 32	20 49	21 10	21 36	22 12	23 31	□	□
15	20 28	20 37	20 46	20 56	21 08	21 21	21 35	21 52	22 12	22 37	23 12	.. ..	□	□
16	21 20	21 27	21 36	21 45	21 55	22 06	22 19	22 33	22 50	23 09	23 34	0 13	□	□
17	22 00	22 07	22 13	22 21	22 29	22 38	22 47	22 58	23 11	23 25	23 42	0 07	1 03	□
18	22 32	22 37	22 42	22 47	22 53	23 00	23 07	23 15	23 24	23 34	23 45	{00 03 / 23 58}	0 28	1 04
19	22 58	23 01	23 05	23 08	23 12	23 17	23 21	23 27	23 32	23 39	23 46	23 54	0 14	0 33
20	23 20	23 22	23 24	23 26	23 28	23 30	23 33	23 35	23 38	23 42	23 45	23 50	{00 03 / 23 54}	0 14
21	23 40	23 41	23 41	23 41	23 42	23 42	23 42	23 43	23 43	23 44	23 45	23 45	23 46	{00 00 / 23 47}
22	.. ..	23 59	23 58	23 56	23 55	23 54	23 52	23 50	23 48	23 46	23 44	23 41	23 38	23 34
23	0 00	.. ..	.. ..	.. ..	.. ..	.. ..	.. ..	23 58	23 53	23 48	23 43	23 36	23 29	23 21
24	0 20	0 18	0 15	0 12	0 09	0 05	0 02	.. ..	23 59	23 51	23 42	23 32	23 20	23 05
25	0 42	0 38	0 34	0 29	0 24	0 19	0 13	0 07	.. ..	23 56	23 45	23 27	23 08	22 44
26	1 07	1 02	0 56	0 50	0 43	0 36	0 27	0 18	0 08	.. ..	23 45	23 22	22 50	21 59
27	1 38	1 31	1 23	1 15	1 07	0 57	0 46	0 34	0 21	0 05	23 53	23 15	■	■
28	2 15	2 07	1 58	1 48	1 38	1 26	1 13	0 58	0 41	0 20	.. ..	22 52	■	■
29	3 00	2 52	2 42	2 32	2 20	2 07	1 52	1 35	1 14	0 48	0 12	■	■	■
30	3 56	3 47	3 37	3 27	3 15	3 02	2 47	2 29	2 08	1 41	1 03	■	■	■
July 1	5 00	4 52	4 43	4 33	4 22	4 10	3 57	3 41	3 23	3 00	2 30	1 44	■	■
2	6 09	6 02	5 55	5 47	5 38	5 28	5 17	5 05	4 51	4 34	4 13	3 47	3 10	1 41

□ indicates Moon continuously above horizon.
■ indicates Moon continuously below horizon.
.. .. indicates phenomenon will occur the next day.

MOONRISE AND MOONSET, 2007

UNIVERSAL TIME FOR MERIDIAN OF GREENWICH

MOONRISE

Lat.	−55°	−50°	−45°	−40°	−35°	−30°	−20°	−10°	0°	+10°	+20°	+30°	+35°	+40°
	h m	h m	h m	h m	h m	h m	h m	h m	h m	h m	h m	h m	h m	h m
July 1	16 17	16 51	17 16	17 35	17 52	18 06	18 30	18 51	19 11	19 30	19 51	20 14	20 28	20 44
2	17 45	18 11	18 30	18 46	19 00	19 11	19 31	19 48	20 04	20 20	20 36	20 56	21 07	21 20
3	19 16	19 33	19 47	19 58	20 07	20 16	20 30	20 43	20 54	21 06	21 18	21 32	21 40	21 49
4	20 45	20 55	21 03	21 09	21 15	21 20	21 28	21 36	21 43	21 50	21 57	22 05	22 10	22 15
5	22 13	22 16	22 18	22 20	22 22	22 23	22 25	22 28	22 30	22 32	22 34	22 36	22 38	22 39
6	23 42	23 37	23 34	23 31	23 29	23 26	23 23	23 20	23 17	23 14	23 11	23 07	23 05	23 03
7	.. ..	.. ..	.. ..	.. ..	.. ..	.. ..	.. ..	.. ..	.. ..	23 57	23 49	23 39	23 34	23 28
8	1 12	1 01	0 51	0 44	0 37	0 31	0 21	0 13	0 05	.. ..	.. ..	.. ..	.. ..	23 56
9	2 46	2 27	2 11	1 58	1 48	1 38	1 23	1 09	0 56	0 43	0 30	0 15	0 06	.. ..
10	4 23	3 54	3 33	3 15	3 01	2 48	2 27	2 08	1 51	1 34	1 16	0 55	0 43	0 29
11	5 58	5 21	4 53	4 32	4 14	3 58	3 33	3 10	2 50	2 29	2 08	1 42	1 28	1 11
12	7 21	6 37	6 07	5 43	5 23	5 07	4 39	4 14	3 52	3 29	3 05	2 38	2 21	2 02
13	8 20	7 38	7 08	6 45	6 26	6 09	5 41	5 17	4 54	4 32	4 08	3 40	3 23	3 04
14	8 57	8 22	7 56	7 35	7 18	7 03	6 37	6 15	5 55	5 34	5 12	4 46	4 31	4 13
15	9 19	8 52	8 31	8 15	8 00	7 48	7 27	7 08	6 51	6 33	6 15	5 53	5 40	5 25
16	9 33	9 14	8 58	8 46	8 35	8 26	8 10	7 55	7 42	7 28	7 14	6 57	6 47	6 36
17	9 42	9 30	9 20	9 12	9 05	8 58	8 47	8 37	8 28	8 19	8 09	7 58	7 52	7 44
18	9 50	9 43	9 38	9 34	9 30	9 27	9 21	9 16	9 11	9 07	9 01	8 56	8 52	8 48
19	9 56	9 55	9 55	9 54	9 54	9 54	9 53	9 53	9 52	9 52	9 51	9 51	9 50	9 50
20	10 02	10 07	10 11	10 14	10 17	10 20	10 24	10 28	10 32	10 36	10 40	10 45	10 47	10 51
21	10 08	10 19	10 27	10 34	10 41	10 46	10 56	11 04	11 12	11 20	11 29	11 38	11 44	11 51
22	10 16	10 33	10 46	10 57	11 06	11 14	11 29	11 41	11 53	12 05	12 18	12 33	12 42	12 52
23	10 27	10 50	11 08	11 22	11 35	11 46	12 05	12 22	12 37	12 53	13 10	13 29	13 41	13 54
24	10 42	11 12	11 35	11 53	12 09	12 22	12 45	13 05	13 24	13 43	14 03	14 27	14 41	14 57
25	11 05	11 42	12 09	12 31	12 49	13 04	13 31	13 53	14 15	14 36	14 59	15 26	15 42	16 00

MOONSET

Lat.	−55°	−50°	−45°	−40°	−35°	−30°	−20°	−10°	0°	+10°	+20°	+30°	+35°	+40°
	h m	h m	h m	h m	h m	h m	h m	h m	h m	h m	h m	h m	h m	h m
July 1	9 43	9 09	8 43	8 22	8 05	7 50	7 25	7 03	6 42	6 21	5 59	5 33	5 18	5 00
2	10 06	9 39	9 18	9 01	8 47	8 34	8 13	7 54	7 36	7 19	6 59	6 37	6 24	6 09
3	10 21	10 02	9 46	9 34	9 23	9 13	8 56	8 42	8 28	8 14	7 59	7 42	7 32	7 20
4	10 32	10 19	10 10	10 01	9 54	9 48	9 37	9 27	9 18	9 08	8 58	8 47	8 40	8 32
5	10 40	10 35	10 30	10 26	10 23	10 20	10 14	10 10	10 05	10 00	9 56	9 50	9 47	9 43
6	10 48	10 49	10 49	10 50	10 50	10 50	10 51	10 51	10 52	10 52	10 53	10 53	10 53	10 54
7	10 56	11 03	11 09	11 14	11 18	11 22	11 28	11 34	11 39	11 45	11 51	11 57	12 01	12 05
8	11 05	11 19	11 30	11 40	11 48	11 55	12 07	12 18	12 29	12 39	12 50	13 03	13 10	13 19
9	11 17	11 39	11 56	12 10	12 22	12 33	12 51	13 07	13 22	13 37	13 53	14 11	14 22	14 35
10	11 35	12 05	12 28	12 47	13 02	13 16	13 39	14 00	14 18	14 37	14 58	15 22	15 35	15 52
11	12 04	12 43	13 11	13 33	13 51	14 07	14 34	14 57	15 19	15 41	16 04	16 31	16 47	17 06
12	12 52	13 35	14 06	14 30	14 49	15 06	15 35	15 59	16 22	16 44	17 09	17 37	17 54	18 13
13	14 02	14 43	15 13	15 36	15 55	16 11	16 38	17 02	17 24	17 45	18 09	18 35	18 51	19 10
14	15 29	16 03	16 28	16 47	17 04	17 18	17 42	18 03	18 22	18 41	19 02	19 25	19 39	19 54
15	16 59	17 25	17 44	18 00	18 13	18 24	18 44	19 00	19 16	19 31	19 48	20 06	20 17	20 30
16	18 27	18 45	18 58	19 09	19 19	19 27	19 41	19 53	20 05	20 16	20 28	20 41	20 49	20 58
17	19 50	20 01	20 09	20 15	20 21	20 26	20 35	20 42	20 49	20 56	21 04	21 12	21 17	21 22
18	21 09	21 13	21 16	21 18	21 21	21 22	21 26	21 28	21 31	21 34	21 36	21 39	21 41	21 43
19	22 25	22 23	22 21	22 19	22 18	22 17	22 15	22 13	22 11	22 10	22 08	22 06	22 04	22 03
20	23 40	23 32	23 25	23 20	23 15	23 11	23 03	22 57	22 51	22 45	22 39	22 32	22 28	22 23
21	.. ..	.. ..	.. ..	.. ..	.. ..	.. ..	23 52	23 42	23 32	23 22	23 11	22 59	22 52	22 44
22	0 56	0 41	0 30	0 20	0 12	0 05	.. ..	.. ..	.. ..	.. ..	23 46	23 29	23 19	23 08
23	2 13	1 52	1 35	1 22	1 10	1 00	0 43	0 28	0 14	0 00	.. ..	.. ..	23 50	23 36
24	3 32	3 04	2 42	2 24	2 10	1 57	1 35	1 17	0 59	0 42	0 24	0 02	.. ..	.. ..
25	4 51	4 15	3 48	3 28	3 10	2 55	2 30	2 08	1 48	1 28	1 06	0 41	0 27	0 10

.. .. indicates phenomenon will occur the next day.

UNIVERSAL TIME FOR MERIDIAN OF GREENWICH

MOONRISE

Lat.	+40°	+42°	+44°	+46°	+48°	+50°	+52°	+54°	+56°	+58°	+60°	+62°	+64°	+66°
	h m	h m	h m	h m	h m	h m	h m	h m	h m	h m	h m	h m	h m	h m
July 1	20 44	20 51	20 59	21 08	21 17	21 27	21 38	21 51	22 06	22 24	22 45	23 11	23 49	■
2	21 20	21 25	21 31	21 38	21 45	21 53	22 02	22 11	22 22	22 34	22 49	23 06	23 26	{01 19 / 23 53}
3	21 49	21 53	21 58	22 02	22 07	22 13	22 19	22 25	22 33	22 41	22 50	23 01	23 13	23 28
4	22 15	22 18	22 20	22 23	22 26	22 29	22 33	22 36	22 40	22 45	22 50	22 56	23 03	23 10
5	22 39	22 40	22 41	22 42	22 43	22 43	22 45	22 46	22 47	22 48	22 50	22 51	22 53	22 56
6	23 03	23 02	23 01	23 00	22 59	22 58	22 56	22 55	22 53	22 51	22 49	22 47	22 44	22 41
7	23 28	23 25	23 22	23 19	23 16	23 13	23 09	23 05	23 00	22 55	22 49	22 43	22 35	22 26
8	23 56	23 52	23 47	23 42	23 36	23 30	23 24	23 17	23 09	23 00	22 50	22 38	22 24	22 08
9	.. ..	.. ..	.. ..	.. ..	.. ..	23 53	23 44	23 34	23 22	23 08	22 52	22 34	22 10	21 39
10	0 29	0 23	0 17	0 09	0 02	.. ..	.. ..	23 59	23 43	23 23	23 00	22 29	21 40	□
11	1 11	1 03	0 55	0 46	0 36	0 25	0 13	.. ..	.. ..	23 53	23 20	22 22	□	□
12	2 02	1 53	1 44	1 34	1 22	1 10	0 55	0 38	0 18	.. ..	.. ..	□	□	□
13	3 04	2 55	2 45	2 35	2 23	2 10	1 55	1 38	1 17	0 51	0 14	□	□	□
14	4 13	4 05	3 56	3 47	3 36	3 25	3 11	2 56	2 38	2 16	1 48	1 05	□	□
15	5 25	5 19	5 12	5 04	4 55	4 46	4 35	4 23	4 10	3 54	3 34	3 10	2 37	1 39
16	6 36	6 31	6 26	6 20	6 14	6 07	5 59	5 51	5 41	5 30	5 18	5 03	4 44	4 21
17	7 44	7 41	7 37	7 33	7 29	7 25	7 20	7 14	7 08	7 01	6 54	6 45	6 34	6 22
18	8 48	8 47	8 45	8 43	8 41	8 39	8 36	8 33	8 30	8 27	8 23	8 19	8 14	8 08
19	9 50	9 50	9 50	9 50	9 50	9 49	9 49	9 49	9 49	9 48	9 48	9 48	9 47	9 47
20	10 51	10 52	10 53	10 55	10 57	10 59	11 01	11 03	11 05	11 08	11 11	11 15	11 19	11 24
21	11 51	11 54	11 57	12 00	12 04	12 08	12 12	12 17	12 22	12 28	12 35	12 42	12 51	13 02
22	12 52	12 56	13 01	13 06	13 12	13 18	13 24	13 32	13 40	13 50	14 00	14 13	14 29	14 47
23	13 54	14 00	14 06	14 13	14 21	14 29	14 38	14 49	15 01	15 14	15 30	15 50	16 15	16 51
24	14 57	15 05	15 12	15 21	15 31	15 41	15 53	16 07	16 22	16 41	17 04	17 36	18 26	■
25	16 00	16 08	16 18	16 28	16 39	16 51	17 05	17 22	17 41	18 05	18 38	19 35	■	■

MOONSET

Lat.	+40°	+42°	+44°	+46°	+48°	+50°	+52°	+54°	+56°	+58°	+60°	+62°	+64°	+66°
	h m	h m	h m	h m	h m	h m	h m	h m	h m	h m	h m	h m	h m	h m
July 1	5 00	4 52	4 43	4 33	4 22	4 10	3 57	3 41	3 23	3 00	2 30	1 44	■	■
2	6 09	6 02	5 55	5 47	5 38	5 28	5 17	5 05	4 51	4 34	4 13	3 47	3 10	1 41
3	7 20	7 15	7 10	7 04	6 57	6 50	6 42	6 33	6 23	6 11	5 58	5 42	5 22	4 57
4	8 32	8 29	8 25	8 21	8 17	8 12	8 07	8 01	7 55	7 48	7 40	7 30	7 19	7 06
5	9 43	9 41	9 40	9 38	9 36	9 33	9 31	9 28	9 25	9 22	9 18	9 14	9 09	9 03
6	10 54	10 54	10 54	10 54	10 54	10 55	10 55	10 55	10 55	10 55	10 56	10 56	10 56	10 57
7	12 05	12 07	12 09	12 12	12 14	12 17	12 19	12 23	12 26	12 30	12 34	12 39	12 45	12 52
8	13 19	13 23	13 27	13 31	13 36	13 41	13 47	13 53	14 00	14 08	14 17	14 27	14 40	14 54
9	14 35	14 40	14 46	14 53	15 00	15 08	15 17	15 26	15 37	15 50	16 05	16 23	16 46	17 16
10	15 52	15 59	16 07	16 15	16 25	16 35	16 47	17 01	17 16	17 35	17 58	18 28	19 17	□
11	17 06	17 15	17 24	17 34	17 45	17 58	18 12	18 29	18 48	19 13	19 46	20 44	□	□
12	18 13	18 22	18 32	18 42	18 54	19 07	19 22	19 40	20 01	20 27	21 04	□	□	□
13	19 10	19 18	19 27	19 37	19 47	19 59	20 13	20 29	20 47	21 09	21 38	22 21	□	□
14	19 54	20 01	20 09	20 17	20 26	20 36	20 47	21 00	21 14	21 30	21 50	22 16	22 50	23 48
15	20 30	20 35	20 41	20 47	20 54	21 02	21 10	21 19	21 30	21 41	21 55	22 11	22 30	22 54
16	20 58	21 02	21 06	21 11	21 15	21 21	21 26	21 33	21 40	21 47	21 56	22 06	22 18	22 32
17	21 22	21 24	21 27	21 30	21 32	21 36	21 39	21 43	21 47	21 51	21 56	22 02	22 08	22 16
18	21 43	21 44	21 45	21 46	21 48	21 49	21 51	21 52	21 54	21 56	21 56	21 58	22 00	22 03
19	22 03	22 03	22 02	22 01	22 01	22 00	21 59	21 58	21 57	21 56	21 55	21 53	21 52	21 50
20	22 23	22 21	22 19	22 17	22 14	22 11	22 09	22 05	22 02	21 58	21 54	21 49	21 43	21 37
21	22 44	22 41	22 37	22 33	22 29	22 24	22 19	22 14	22 07	22 01	21 53	21 44	21 34	21 22
22	23 08	23 03	22 58	22 52	22 46	22 39	22 32	22 24	22 15	22 05	21 53	21 39	21 23	21 03
23	23 36	23 30	23 23	23 15	23 07	22 59	22 49	22 38	22 25	22 11	21 54	21 31	21 08	20 32
24	.. ..	.. ..	23 54	23 45	23 35	23 24	23 12	22 58	22 42	22 23	21 59	21 27	20 36	■
25	0 10	0 02	.. ..	.. ..	.. ..	.. ..	23 45	23 29	23 09	22 44	22 11	21 14	■	■

□ indicates Moon continuously above horizon.
■ indicates Moon continuously below horizon.
.. .. indicates phenomenon will occur the next day.

MOONRISE AND MOONSET, 2007

UNIVERSAL TIME FOR MERIDIAN OF GREENWICH

MOONRISE

Lat.	−55°	−50°	−45°	−40°	−35°	−30°	−20°	−10°	0°	+10°	+20°	+30°	+35°	+40°
	h m	h m	h m	h m	h m	h m	h m	h m	h m	h m	h m	h m	h m	h m
July 24	10 42	11 12	11 35	11 53	12 09	12 22	12 45	13 05	13 24	13 43	14 03	14 27	14 41	14 57
25	11 05	11 42	12 09	12 31	12 49	13 04	13 31	13 53	14 15	14 36	14 59	15 26	15 42	16 00
26	11 43	12 24	12 54	13 18	13 37	13 54	14 22	14 46	15 08	15 31	15 55	16 23	16 40	17 00
27	12 39	13 21	13 51	14 14	14 33	14 50	15 18	15 42	16 04	16 26	16 50	17 18	17 35	17 54
28	13 54	14 31	14 58	15 19	15 37	15 52	16 18	16 40	17 00	17 21	17 43	18 08	18 23	18 40
29	15 22	15 51	16 13	16 30	16 45	16 57	17 19	17 38	17 55	18 12	18 31	18 52	19 04	19 19
30	16 54	17 14	17 30	17 43	17 54	18 04	18 20	18 34	18 48	19 01	19 15	19 31	19 40	19 51
31	18 26	18 38	18 48	18 56	19 03	19 10	19 20	19 29	19 38	19 46	19 56	20 06	20 12	20 18
Aug. 1	19 57	20 02	20 06	20 09	20 12	20 15	20 19	20 23	20 26	20 30	20 34	20 38	20 41	20 43
2	21 27	21 25	21 23	21 21	21 20	21 19	21 17	21 16	21 14	21 13	21 11	21 10	21 09	21 07
3	22 58	22 48	22 41	22 34	22 29	22 24	22 16	22 09	22 03	21 56	21 49	21 41	21 37	21 32
4	.. ..	.. ..	.. ..	23 49	23 39	23 31	23 17	23 04	22 53	22 41	22 29	22 16	22 08	21 59
5	0 31	0 14	0 00	.. ..	.. ..	.. ..	.. ..	.. ..	23 46	23 30	23 13	22 54	22 43	22 30
6	2 07	1 41	1 21	1 05	0 51	0 39	0 19	0 02	.. ..	.. ..	.. ..	23 39	23 24	23 08
7	3 42	3 07	2 41	2 21	2 04	1 49	1 24	1 03	0 43	0 23	0 03	.. ..	.. ..	23 55
8	5 08	4 26	3 56	3 33	3 13	2 57	2 29	2 05	1 43	1 21	0 57	0 30	0 14	.. ..
9	6 15	5 31	5 00	4 37	4 17	4 00	3 31	3 07	2 44	2 22	1 57	1 29	1 12	0 52
10	6 58	6 20	5 52	5 30	5 11	4 56	4 29	4 06	3 44	3 23	3 00	2 33	2 17	1 58
11	7 24	6 53	6 31	6 12	5 57	5 43	5 20	5 00	4 41	4 22	4 02	3 38	3 25	3 08
12	7 40	7 18	7 00	6 46	6 34	6 23	6 05	5 48	5 33	5 18	5 02	4 43	4 32	4 19
13	7 50	7 35	7 23	7 13	7 05	6 57	6 44	6 32	6 21	6 10	5 58	5 45	5 37	5 28
14	7 58	7 50	7 43	7 37	7 32	7 27	7 19	7 12	7 06	6 59	6 52	6 44	6 39	6 34
15	8 05	8 02	8 00	7 58	7 56	7 54	7 52	7 49	7 47	7 45	7 43	7 40	7 38	7 37
16	8 11	8 14	8 16	8 18	8 19	8 21	8 23	8 25	8 28	8 30	8 32	8 35	8 36	8 38
17	8 17	8 25	8 32	8 38	8 43	8 47	8 55	9 01	9 08	9 14	9 21	9 29	9 33	9 38

MOONSET

Lat.	−55°	−50°	−45°	−40°	−35°	−30°	−20°	−10°	0°	+10°	+20°	+30°	+35°	+40°
	h m	h m	h m	h m	h m	h m	h m	h m	h m	h m	h m	h m	h m	h m
July 24	3 32	3 04	2 42	2 24	2 10	1 57	1 35	1 17	0 59	0 42	0 24	0 02	.. ..	.. ..
25	4 51	4 15	3 48	3 28	3 10	2 55	2 30	2 08	1 48	1 28	1 06	0 41	0 27	0 10
26	6 03	5 22	4 52	4 29	4 10	3 54	3 26	3 02	2 40	2 18	1 54	1 27	1 11	0 52
27	7 02	6 20	5 50	5 26	5 07	4 50	4 22	3 58	3 35	3 12	2 48	2 20	2 03	1 43
28	7 43	7 06	6 38	6 16	5 58	5 42	5 16	4 53	4 31	4 10	3 46	3 19	3 03	2 44
29	8 10	7 40	7 17	6 58	6 43	6 29	6 06	5 46	5 27	5 08	4 47	4 23	4 09	3 53
30	8 28	8 05	7 48	7 34	7 21	7 11	6 52	6 36	6 21	6 05	5 48	5 29	5 18	5 05
31	8 40	8 25	8 13	8 03	7 55	7 47	7 34	7 23	7 12	7 01	6 49	6 35	6 27	6 18
Aug. 1	8 49	8 41	8 35	8 30	8 25	8 21	8 14	8 07	8 01	7 55	7 48	7 41	7 36	7 31
2	8 57	8 56	8 55	8 54	8 53	8 52	8 51	8 50	8 49	8 48	8 47	8 45	8 44	8 44
3	9 05	9 10	9 14	9 18	9 21	9 24	9 29	9 33	9 37	9 41	9 45	9 50	9 53	9 56
4	9 13	9 25	9 35	9 43	9 50	9 57	10 08	10 17	10 26	10 35	10 45	10 56	11 02	11 10
5	9 24	9 44	9 59	10 12	10 23	10 33	10 49	11 04	11 18	11 32	11 46	12 03	12 13	12 25
6	9 40	10 08	10 29	10 46	11 01	11 14	11 36	11 55	12 13	12 31	12 50	13 13	13 26	13 41
7	10 04	10 40	11 07	11 29	11 46	12 02	12 28	12 50	13 11	13 32	13 55	14 22	14 37	14 55
8	10 44	11 27	11 57	12 21	12 40	12 57	13 25	13 50	14 12	14 35	14 59	15 28	15 44	16 04
9	11 45	12 28	12 59	13 22	13 42	13 59	14 27	14 51	15 13	15 36	16 00	16 27	16 44	17 03
10	13 06	13 43	14 10	14 31	14 49	15 04	15 30	15 52	16 12	16 32	16 54	17 19	17 34	17 50
11	14 35	15 03	15 25	15 42	15 57	16 10	16 31	16 50	17 07	17 24	17 42	18 03	18 15	18 28
12	16 03	16 24	16 40	16 53	17 04	17 13	17 29	17 44	17 57	18 10	18 24	18 39	18 49	18 59
13	17 28	17 41	17 51	18 00	18 07	18 14	18 25	18 34	18 43	18 52	19 01	19 11	19 17	19 24
14	18 49	18 55	19 00	19 04	19 08	19 11	19 17	19 21	19 26	19 30	19 35	19 40	19 43	19 46
15	20 06	20 06	20 06	20 06	20 06	20 07	20 07	20 07	20 07	20 07	20 07	20 07	20 07	20 07
16	21 22	21 16	21 11	21 07	21 04	21 01	20 56	20 51	20 47	20 42	20 38	20 33	20 30	20 27
17	22 38	22 25	22 16	22 08	22 01	21 55	21 45	21 35	21 27	21 19	21 10	21 00	20 54	20 47

.. .. indicates phenomenon will occur the next day.

UNIVERSAL TIME FOR MERIDIAN OF GREENWICH

MOONRISE

Lat.	+40°	+42°	+44°	+46°	+48°	+50°	+52°	+54°	+56°	+58°	+60°	+62°	+64°	+66°
	h m	h m	h m	h m	h m	h m	h m	h m	h m	h m	h m	h m	h m	h m
July 24	14 57	15 05	15 12	15 21	15 31	15 41	15 53	16 07	16 22	16 41	17 04	17 36	18 26	■
25	16 00	16 08	16 18	16 28	16 39	16 51	17 05	17 22	17 41	18 05	18 38	19 35	■	■
26	17 00	17 09	17 18	17 29	17 41	17 54	18 10	18 27	18 49	19 16	19 56	■	■	■
27	17 54	18 02	18 12	18 22	18 34	18 46	19 01	19 18	19 38	20 04	20 38	21 43	■	■
28	18 40	18 48	18 56	19 05	19 15	19 26	19 39	19 53	20 10	20 29	20 54	21 27	22 23	■
29	19 19	19 25	19 32	19 39	19 47	19 56	20 05	20 16	20 29	20 43	21 00	21 20	21 45	22 20
30	19 51	19 55	20 00	20 06	20 12	20 18	20 25	20 32	20 41	20 51	21 01	21 14	21 29	21 47
31	20 18	20 21	20 25	20 28	20 32	20 36	20 40	20 44	20 50	20 55	21 02	21 09	21 18	21 27
Aug. 1	20 43	20 45	20 46	20 47	20 49	20 51	20 52	20 54	20 56	20 59	21 01	21 04	21 08	21 12
2	21 07	21 07	21 07	21 06	21 05	21 05	21 04	21 03	21 03	21 02	21 01	21 00	20 59	20 57
3	21 32	21 30	21 28	21 25	21 22	21 20	21 16	21 13	21 09	21 05	21 00	20 55	20 49	20 42
4	21 59	21 55	21 51	21 46	21 42	21 36	21 31	21 24	21 17	21 09	21 01	20 51	20 39	20 25
5	22 30	22 25	22 19	22 12	22 05	21 57	21 49	21 39	21 28	21 16	21 02	20 46	20 26	20 00
6	23 08	23 01	22 53	22 45	22 35	22 25	22 14	22 01	21 46	21 28	21 07	20 40	20 03	18 34
7	23 55	23 47	23 38	23 28	23 17	23 04	22 50	22 34	22 15	21 52	21 21	20 33	□	□
8	.. ..	.. ..	.. ..	.. ..	.. ..	23 58	23 43	23 25	23 04	22 37	21 59	□	□	□
9	0 52	0 44	0 34	0 23	0 11	.. ..	.. ..	.. ..	.. ..	23 52	23 20	22 24	□	□
10	1 58	1 50	1 40	1 30	1 19	1 07	0 53	0 36	0 17	.. ..	.. ..	.. ..	23 46	□
11	3 08	3 01	2 53	2 45	2 35	2 25	2 13	2 00	1 45	1 26	1 03	0 33	.. ..	□
12	4 19	4 14	4 08	4 01	3 54	3 46	3 37	3 27	3 16	3 03	2 48	2 30	2 07	1 36
13	5 28	5 24	5 20	5 15	5 10	5 05	4 59	4 52	4 44	4 36	4 26	4 15	4 02	3 46
14	6 34	6 31	6 29	6 26	6 23	6 20	6 17	6 13	6 08	6 04	5 58	5 52	5 45	5 37
15	7 37	7 36	7 35	7 34	7 33	7 32	7 31	7 30	7 29	7 27	7 25	7 23	7 21	7 19
16	8 38	8 39	8 40	8 40	8 41	8 42	8 44	8 45	8 46	8 48	8 50	8 52	8 54	8 56
17	9 38	9 41	9 43	9 46	9 49	9 52	9 55	9 59	10 03	10 08	10 13	10 19	10 26	10 34

MOONSET

Lat.	+40°	+42°	+44°	+46°	+48°	+50°	+52°	+54°	+56°	+58°	+60°	+62°	+64°	+66°
	h m	h m	h m	h m	h m	h m	h m	h m	h m	h m	h m	h m	h m	h m
July 24	.. ..	.. ..	23 54	23 45	23 35	23 24	23 12	22 58	22 42	22 23	21 59	21 27	20 36	■
25	0 10	0 02	.. ..	.. ..	.. ..	.. ..	23 45	23 29	23 09	22 44	22 11	21 14	■	■
26	0 52	0 43	0 34	0 24	0 12	0 00	.. ..	.. ..	23 54	23 26	22 47	■	■	■
27	1 43	1 34	1 25	1 14	1 02	0 49	0 33	0 16	.. ..	.. ..	.. ..	22 57	■	■
28	2 44	2 36	2 26	2 16	2 05	1 52	1 38	1 21	1 01	0 36	0 02	.. ..	■	■
29	3 53	3 45	3 37	3 28	3 19	3 08	2 56	2 42	2 26	2 07	1 43	1 10	0 15	■
30	5 05	4 59	4 53	4 46	4 38	4 30	4 21	4 11	3 59	3 46	3 30	3 11	2 46	2 12
31	6 18	6 14	6 10	6 05	6 00	5 54	5 48	5 41	5 34	5 25	5 15	5 04	4 50	4 33
Aug. 1	7 31	7 29	7 27	7 24	7 21	7 18	7 15	7 11	7 07	7 03	6 57	6 52	6 45	6 37
2	8 44	8 43	8 43	8 42	8 42	8 41	8 41	8 40	8 39	8 38	8 37	8 36	8 35	8 34
3	9 56	9 57	9 59	10 01	10 02	10 04	10 06	10 09	10 11	10 14	10 17	10 21	10 25	10 30
4	11 10	11 13	11 16	11 20	11 24	11 29	11 34	11 39	11 45	11 52	11 59	12 08	12 18	12 31
5	12 25	12 30	12 35	12 41	12 48	12 55	13 03	13 12	13 21	13 33	13 46	14 01	14 21	14 45
6	13 41	13 48	13 55	14 03	14 12	14 22	14 33	14 45	15 00	15 16	15 37	16 03	16 40	18 08
7	14 55	15 04	15 12	15 22	15 33	15 45	15 59	16 15	16 33	16 57	17 27	18 15	□	□
8	16 04	16 13	16 22	16 33	16 45	16 58	17 13	17 31	17 52	18 19	18 57	□	□	□
9	17 03	17 11	17 21	17 31	17 42	17 55	18 09	18 26	18 46	19 10	19 43	20 39	□	□
10	17 50	17 58	18 06	18 15	18 25	18 36	18 48	19 02	19 18	19 37	20 00	20 31	21 18	□
11	18 28	18 35	18 41	18 48	18 56	19 05	19 14	19 24	19 36	19 50	20 06	20 25	20 49	21 21
12	18 59	19 03	19 08	19 14	19 19	19 25	19 32	19 40	19 48	19 57	20 08	20 20	20 35	20 52
13	19 24	19 27	19 30	19 34	19 37	19 41	19 46	19 51	19 56	20 02	20 08	20 16	20 24	20 34
14	19 46	19 48	19 49	19 51	19 53	19 55	19 57	19 59	20 02	20 04	20 08	20 11	20 15	20 20
15	20 07	20 07	20 07	20 07	20 07	20 07	20 07	20 07	20 07	20 07	20 07	20 06	20 06	20 06
16	20 27	20 25	20 24	20 22	20 20	20 18	20 16	20 14	20 11	20 08	20 05	20 02	19 58	19 53
17	20 47	20 44	20 41	20 38	20 34	20 30	20 26	20 22	20 16	20 11	20 04	19 57	19 49	19 39

□ indicates Moon continuously above horizon.
■ indicates Moon continuously below horizon.
.. .. indicates phenomenon will occur the next day.

MOONRISE AND MOONSET, 2007

UNIVERSAL TIME FOR MERIDIAN OF GREENWICH

MOONRISE

Lat.	−55°	−50°	−45°	−40°	−35°	−30°	−20°	−10°	0°	+10°	+20°	+30°	+35°	+40°
	h m	h m	h m	h m	h m	h m	h m	h m	h m	h m	h m	h m	h m	h m
Aug. 16	8 11	8 14	8 16	8 18	8 19	8 21	8 23	8 25	8 28	8 30	8 32	8 35	8 36	8 38
17	8 17	8 25	8 32	8 38	8 43	8 47	8 55	9 01	9 08	9 14	9 21	9 29	9 33	9 38
18	8 24	8 38	8 50	8 59	9 07	9 14	9 27	9 38	9 48	9 59	10 10	10 23	10 31	10 39
19	8 33	8 54	9 10	9 23	9 35	9 44	10 02	10 17	10 31	10 45	11 01	11 19	11 29	11 41
20	8 46	9 13	9 34	9 51	10 06	10 18	10 40	10 59	11 16	11 34	11 53	12 15	12 29	12 44
21	9 05	9 40	10 05	10 26	10 43	10 58	11 23	11 45	12 05	12 25	12 48	13 13	13 29	13 46
22	9 36	10 16	10 45	11 08	11 27	11 43	12 11	12 35	12 57	13 19	13 43	14 11	14 27	14 47
23	10 22	11 05	11 36	11 59	12 19	12 36	13 04	13 28	13 51	14 14	14 38	15 06	15 23	15 43
24	11 29	12 09	12 38	13 00	13 19	13 35	14 02	14 25	14 47	15 08	15 31	15 58	16 14	16 32
25	12 52	13 25	13 49	14 09	14 25	14 39	15 02	15 23	15 42	16 01	16 21	16 44	16 58	17 14
26	14 23	14 47	15 06	15 21	15 34	15 45	16 04	16 20	16 36	16 51	17 07	17 26	17 36	17 49
27	15 57	16 13	16 25	16 36	16 44	16 52	17 05	17 17	17 28	17 38	17 50	18 03	18 10	18 19
28	17 30	17 38	17 44	17 50	17 55	17 59	18 06	18 12	18 18	18 23	18 30	18 37	18 41	18 45
29	19 03	19 03	19 04	19 04	19 05	19 05	19 06	19 06	19 07	19 08	19 08	19 09	19 09	19 10
30	20 36	20 29	20 24	20 19	20 15	20 12	20 06	20 01	19 56	19 52	19 47	19 41	19 38	19 35
31	22 11	21 57	21 45	21 35	21 27	21 20	21 08	20 57	20 47	20 38	20 27	20 16	20 09	20 02
Sept. 1	23 49	23 26	23 08	22 53	22 41	22 30	22 12	21 56	21 41	21 27	21 11	20 54	20 43	20 32
2	.. ..	.. ..	.. ..	.. ..	23 54	23 40	23 17	22 57	22 38	22 19	21 59	21 37	21 23	21 08
3	1 27	0 54	0 30	0 10	.. ..	.. ..	.. ..	23 59	23 38	23 16	22 53	22 26	22 11	21 53
4	2 57	2 17	1 47	1 25	1 06	0 50	0 22	.. ..	.. ..	.. ..	23 51	23 23	23 06	22 47
5	4 10	3 26	2 55	2 31	2 11	1 54	1 26	1 01	0 38	0 16	.. ..	.. ..	.. ..	23 49
6	4 59	4 19	3 50	3 27	3 08	2 52	2 24	2 01	1 39	1 16	0 53	0 25	0 09	.. ..
7	5 29	4 56	4 32	4 12	3 55	3 41	3 17	2 55	2 36	2 16	1 54	1 29	1 15	0 58
8	5 47	5 23	5 03	4 48	4 34	4 22	4 02	3 45	3 28	3 12	2 54	2 34	2 21	2 08
9	5 59	5 42	5 28	5 16	5 07	4 58	4 43	4 29	4 17	4 04	3 51	3 35	3 26	3 16

MOONSET

Lat.	−55°	−50°	−45°	−40°	−35°	−30°	−20°	−10°	0°	+10°	+20°	+30°	+35°	+40°
	h m	h m	h m	h m	h m	h m	h m	h m	h m	h m	h m	h m	h m	h m
Aug. 16	21 22	21 16	21 11	21 07	21 04	21 01	20 56	20 51	20 47	20 42	20 38	20 33	20 30	20 27
17	22 38	22 25	22 16	22 08	22 01	21 55	21 45	21 35	21 27	21 19	21 10	21 00	20 54	20 47
18	23 54	23 36	23 21	23 09	22 59	22 50	22 34	22 21	22 09	21 56	21 43	21 28	21 20	21 10
19	.. ..	.. ..	.. ..	.. ..	23 58	23 46	23 26	23 09	22 53	22 37	22 19	22 00	21 49	21 36
20	1 13	0 47	0 27	0 11	.. ..	.. ..	.. ..	23 59	23 39	23 20	23 00	22 36	22 22	22 06
21	2 32	1 58	1 33	1 14	0 57	0 43	0 19	.. ..	.. ..	.. ..	23 45	23 18	23 03	22 44
22	3 47	3 07	2 38	2 16	1 57	1 41	1 14	0 51	0 30	0 08	.. ..	.. ..	23 51	23 31
23	4 51	4 08	3 38	3 14	2 55	2 38	2 10	1 45	1 23	1 00	0 36	0 07	.. ..	.. ..
24	5 39	4 59	4 30	4 07	3 48	3 31	3 04	2 40	2 18	1 55	1 31	1 03	0 47	0 27
25	6 12	5 38	5 12	4 52	4 35	4 20	3 55	3 34	3 13	2 53	2 31	2 05	1 50	1 32
26	6 33	6 07	5 47	5 30	5 16	5 04	4 43	4 25	4 08	3 51	3 32	3 10	2 58	2 43
27	6 47	6 29	6 14	6 02	5 52	5 43	5 27	5 14	5 01	4 48	4 33	4 17	4 08	3 57
28	6 57	6 46	6 38	6 30	6 24	6 18	6 09	6 00	5 52	5 43	5 34	5 24	5 18	5 11
29	7 06	7 02	6 59	6 56	6 53	6 51	6 48	6 44	6 41	6 38	6 34	6 30	6 28	6 25
30	7 14	7 16	7 19	7 20	7 22	7 24	7 26	7 28	7 30	7 32	7 34	7 37	7 38	7 40
31	7 22	7 32	7 39	7 46	7 52	7 57	8 05	8 13	8 20	8 28	8 35	8 44	8 49	8 55
Sept. 1	7 32	7 49	8 03	8 14	8 24	8 32	8 47	9 00	9 13	9 25	9 38	9 53	10 02	10 12
2	7 46	8 12	8 31	8 47	9 01	9 13	9 33	9 51	10 08	10 25	10 43	11 03	11 16	11 30
3	8 08	8 42	9 07	9 27	9 44	9 59	10 24	10 46	11 06	11 26	11 48	12 14	12 29	12 46
4	8 42	9 23	9 53	10 16	10 36	10 52	11 20	11 44	12 07	12 29	12 53	13 21	13 38	13 57
5	9 36	10 20	10 51	11 15	11 35	11 52	12 20	12 45	13 07	13 30	13 54	14 23	14 39	14 59
6	10 51	11 31	11 59	12 21	12 40	12 56	13 22	13 45	14 06	14 27	14 50	15 16	15 31	15 49
7	12 17	12 49	13 12	13 31	13 47	14 00	14 23	14 43	15 01	15 20	15 39	16 01	16 14	16 29
8	13 45	14 08	14 26	14 41	14 53	15 04	15 22	15 38	15 52	16 07	16 22	16 40	16 50	17 01
9	15 10	15 26	15 38	15 48	15 57	16 04	16 17	16 28	16 39	16 49	17 00	17 13	17 20	17 28

.. .. indicates phenomenon will occur the next day.

MOONRISE AND MOONSET, 2007

UNIVERSAL TIME FOR MERIDIAN OF GREENWICH

MOONRISE

Lat.	+40°	+42°	+44°	+46°	+48°	+50°	+52°	+54°	+56°	+58°	+60°	+62°	+64°	+66°
	h m	h m	h m	h m	h m	h m	h m	h m	h m	h m	h m	h m	h m	h m
Aug. 16	8 38	8 39	8 40	8 40	8 41	8 42	8 44	8 45	8 46	8 48	8 50	8 52	8 54	8 56
17	9 38	9 41	9 43	9 46	9 49	9 52	9 55	9 59	10 03	10 08	10 13	10 19	10 26	10 34
18	10 39	10 43	10 47	10 52	10 56	11 02	11 07	11 14	11 21	11 29	11 38	11 49	12 01	12 17
19	11 41	11 46	11 52	11 58	12 05	12 13	12 21	12 30	12 41	12 52	13 06	13 23	13 44	14 11
20	12 44	12 50	12 58	13 06	13 15	13 24	13 35	13 47	14 02	14 18	14 39	15 05	15 41	17 04
21	13 46	13 54	14 03	14 13	14 23	14 35	14 48	15 04	15 22	15 44	16 13	16 57	▬	▬
22	14 47	14 56	15 05	15 16	15 27	15 41	15 56	16 13	16 34	17 01	17 40	▬	▬	▬
23	15 43	15 52	16 01	16 12	16 24	16 37	16 52	17 10	17 32	17 59	18 38	▬	▬	▬
24	16 32	16 40	16 49	16 59	17 10	17 22	17 36	17 51	18 10	18 32	19 02	19 45	▬	▬
25	17 14	17 21	17 28	17 37	17 46	17 55	18 07	18 19	18 33	18 50	19 10	19 35	20 10	21 10
26	17 49	17 54	18 00	18 06	18 13	18 21	18 29	18 38	18 48	19 00	19 13	19 29	19 48	20 12
27	18 19	18 22	18 26	18 30	18 35	18 40	18 46	18 52	18 58	19 06	19 14	19 23	19 35	19 48
28	18 45	18 47	18 49	18 51	18 54	18 56	18 59	19 02	19 06	19 10	19 14	19 19	19 24	19 30
29	19 10	19 10	19 10	19 11	19 11	19 11	19 12	19 12	19 12	19 13	19 13	19 14	19 14	19 15
30	19 35	19 33	19 32	19 30	19 28	19 26	19 24	19 21	19 19	19 16	19 13	19 09	19 05	19 00
31	20 02	19 58	19 55	19 51	19 47	19 42	19 38	19 32	19 26	19 20	19 13	19 04	18 55	18 44
Sept. 1	20 32	20 27	20 21	20 15	20 09	20 02	19 54	19 46	19 37	19 26	19 14	18 59	18 42	18 22
2	21 08	21 01	20 54	20 46	20 37	20 28	20 17	20 05	19 52	19 36	19 17	18 54	18 24	17 37
3	21 53	21 44	21 36	21 26	21 15	21 03	20 50	20 35	20 17	19 55	19 27	18 47	▢	▢
4	22 47	22 38	22 28	22 18	22 06	21 53	21 38	21 20	20 59	20 32	19 55	▢	▢	▢
5	23 49	23 41	23 31	23 21	23 09	22 57	22 42	22 25	22 04	21 38	21 03	19 46	▢	▢
6	.. ..	.. ..	.. ..	.. ..	.. ..	.. ..	23 59	23 44	23 27	23 07	22 41	22 05	20 45	▢
7	0 58	0 50	0 42	0 33	0 23	0 11	.. ..	.. ..	.. ..	.. ..	.. ..	.. ..	23 35	22 53
8	2 08	2 01	1 55	1 47	1 39	1 30	1 21	1 10	0 57	0 42	0 25	0 03	.. ..	.. ..
9	3 16	3 11	3 06	3 01	2 55	2 49	2 42	2 34	2 25	2 16	2 04	1 51	1 34	1 14

MOONSET

Lat.	+40°	+42°	+44°	+46°	+48°	+50°	+52°	+54°	+56°	+58°	+60°	+62°	+64°	+66°
	h m	h m	h m	h m	h m	h m	h m	h m	h m	h m	h m	h m	h m	h m
Aug. 16	20 27	20 25	20 24	20 22	20 20	20 18	20 16	20 14	20 11	20 08	20 05	20 02	19 58	19 53
17	20 47	20 44	20 41	20 38	20 34	20 30	20 26	20 22	20 16	20 11	20 04	19 57	19 49	19 39
18	21 10	21 05	21 01	20 56	20 50	20 44	20 38	20 31	20 23	20 14	20 04	19 52	19 39	19 22
19	21 36	21 30	21 24	21 17	21 10	21 02	20 53	20 43	20 32	20 19	20 04	19 47	19 25	18 58
20	22 06	21 59	21 52	21 43	21 34	21 24	21 13	21 00	20 45	20 28	20 07	19 41	19 03	17 40
21	22 44	22 36	22 27	22 17	22 07	21 55	21 41	21 25	21 07	20 44	20 15	19 31	▬	▬
22	23 31	23 22	23 12	23 02	22 50	22 37	22 22	22 04	21 43	21 16	20 37	▬	▬	▬
23	.. ..	.. ..	.. ..	23 58	23 46	23 33	23 18	23 01	22 39	22 12	21 33	▬	▬	▬
24	0 27	0 18	0 09	.. ..	.. ..	.. ..	.. ..	.. ..	23 57	23 35	23 06	22 22	▬	▬
25	1 32	1 24	1 15	1 06	0 55	0 44	0 30	0 15	.. ..	.. ..	.. ..	.. ..	23 53	22 54
26	2 43	2 36	2 29	2 21	2 13	2 03	1 53	1 41	1 27	1 11	0 52	0 27	.. ..	.. ..
27	3 57	3 52	3 46	3 41	3 35	3 28	3 20	3 12	3 02	2 52	2 39	2 24	2 07	1 44
28	5 11	5 08	5 05	5 01	4 57	4 53	4 49	4 44	4 38	4 32	4 25	4 16	4 07	3 55
29	6 25	6 24	6 23	6 22	6 20	6 19	6 17	6 15	6 13	6 10	6 08	6 05	6 01	5 57
30	7 40	7 41	7 41	7 42	7 43	7 44	7 45	7 46	7 47	7 49	7 50	7 52	7 54	7 56
31	8 55	8 58	9 01	9 04	9 07	9 11	9 14	9 19	9 23	9 29	9 35	9 41	9 49	9 59
Sept. 1	10 12	10 17	10 22	10 27	10 33	10 39	10 46	10 53	11 02	11 11	11 23	11 36	11 52	12 11
2	11 30	11 36	11 43	11 51	11 59	12 08	12 18	12 29	12 42	12 57	13 15	13 37	14 07	14 52
3	12 46	12 54	13 03	13 12	13 22	13 34	13 47	14 02	14 19	14 41	15 08	15 48	▢	▢
4	13 57	14 06	14 15	14 26	14 38	14 51	15 06	15 23	15 44	16 10	16 47	▢	▢	▢
5	14 59	15 07	15 17	15 27	15 39	15 52	16 07	16 24	16 45	17 11	17 47	19 03	▢	▢
6	15 49	15 57	16 06	16 15	16 25	16 37	16 50	17 05	17 22	17 43	18 09	18 46	20 07	▢
7	16 29	16 36	16 43	16 51	16 59	17 09	17 19	17 31	17 44	17 59	18 17	18 40	19 09	19 52
8	17 01	17 06	17 12	17 18	17 24	17 31	17 39	17 47	17 57	18 08	18 20	18 35	18 52	19 13
9	17 28	17 31	17 35	17 39	17 44	17 48	17 54	17 59	18 06	18 13	18 21	18 30	18 40	18 53

▢ indicates Moon continuously above horizon.
▬ indicates Moon continuously below horizon.
.. .. indicates phenomenon will occur the next day.

MOONRISE AND MOONSET, 2007

UNIVERSAL TIME FOR MERIDIAN OF GREENWICH

MOONRISE

Lat.	−55°	−50°	−45°	−40°	−35°	−30°	−20°	−10°	0°	+10°	+20°	+30°	+35°	+40°
	h m	h m	h m	h m	h m	h m	h m	h m	h m	h m	h m	h m	h m	h m
Sept. 8	5 47	5 23	5 03	4 48	4 34	4 22	4 02	3 45	3 28	3 12	2 54	2 34	2 21	2 08
9	5 59	5 42	5 28	5 16	5 07	4 58	4 43	4 29	4 17	4 04	3 51	3 35	3 26	3 16
10	6 08	5 57	5 48	5 41	5 34	5 29	5 19	5 10	5 02	4 53	4 45	4 35	4 29	4 22
11	6 15	6 10	6 06	6 02	5 59	5 57	5 52	5 48	5 44	5 40	5 36	5 31	5 28	5 25
12	6 21	6 21	6 22	6 22	6 23	6 23	6 23	6 24	6 24	6 25	6 25	6 26	6 26	6 27
13	6 27	6 33	6 38	6 42	6 46	6 49	6 55	7 00	7 04	7 09	7 14	7 20	7 24	7 27
14	6 34	6 45	6 55	7 03	7 10	7 16	7 27	7 36	7 45	7 54	8 03	8 14	8 21	8 28
15	6 42	7 00	7 14	7 26	7 36	7 45	8 00	8 14	8 27	8 40	8 54	9 10	9 19	9 30
16	6 53	7 18	7 37	7 52	8 06	8 17	8 37	8 55	9 11	9 27	9 45	10 06	10 18	10 32
17	7 09	7 41	8 05	8 24	8 40	8 54	9 18	9 38	9 58	10 17	10 38	11 03	11 17	11 34
18	7 34	8 12	8 40	9 02	9 21	9 36	10 03	10 26	10 48	11 09	11 33	12 00	12 16	12 35
19	8 13	8 55	9 25	9 49	10 08	10 25	10 53	11 18	11 40	12 03	12 27	12 55	13 12	13 32
20	9 10	9 52	10 21	10 45	11 04	11 20	11 48	12 12	12 34	12 56	13 20	13 48	14 04	14 23
21	10 25	11 01	11 27	11 48	12 06	12 21	12 46	13 08	13 28	13 49	14 10	14 35	14 50	15 07
22	11 51	12 19	12 41	12 58	13 12	13 25	13 46	14 05	14 22	14 39	14 57	15 18	15 30	15 44
23	13 22	13 42	13 58	14 10	14 21	14 31	14 47	15 01	15 14	15 27	15 41	15 56	16 05	16 16
24	14 55	15 07	15 16	15 24	15 31	15 37	15 47	15 56	16 04	16 13	16 21	16 31	16 37	16 44
25	16 28	16 32	16 36	16 39	16 41	16 44	16 47	16 51	16 54	16 57	17 01	17 05	17 07	17 09
26	18 02	17 59	17 57	17 55	17 53	17 51	17 49	17 46	17 44	17 42	17 40	17 38	17 36	17 35
27	19 39	19 28	19 19	19 12	19 06	19 01	18 51	18 43	18 36	18 28	18 21	18 12	18 07	18 01
28	21 19	21 00	20 44	20 32	20 21	20 12	19 56	19 43	19 30	19 17	19 04	18 49	18 40	18 31
29	23 01	22 32	22 10	21 52	21 38	21 25	21 03	20 45	20 28	20 10	19 52	19 31	19 19	19 06
30	.. ..	.. ..	23 33	23 11	22 53	22 37	22 11	21 49	21 28	21 08	20 46	20 20	20 06	19 48
Oct. 1	0 38	0 00	.. ..	.. ..	.. ..	23 46	23 18	22 53	22 31	22 08	21 44	21 16	21 00	20 41
2	2 00	1 17	0 46	0 22	0 03	.. ..	.. ..	23 55	23 33	23 10	22 46	22 18	22 01	21 42

MOONSET

Lat.	−55°	−50°	−45°	−40°	−35°	−30°	−20°	−10°	0°	+10°	+20°	+30°	+35°	+40°
	h m	h m	h m	h m	h m	h m	h m	h m	h m	h m	h m	h m	h m	h m
Sept. 8	13 45	14 08	14 26	14 41	14 53	15 04	15 22	15 38	15 52	16 07	16 22	16 40	16 50	17 01
9	15 10	15 26	15 38	15 48	15 57	16 04	16 17	16 28	16 39	16 49	17 00	17 13	17 20	17 28
10	16 31	16 40	16 47	16 53	16 58	17 02	17 10	17 16	17 22	17 28	17 35	17 42	17 46	17 51
11	17 49	17 52	17 54	17 55	17 57	17 58	18 00	18 02	18 03	18 05	18 07	18 09	18 10	18 11
12	19 05	19 01	18 59	18 56	18 54	18 52	18 49	18 46	18 44	18 41	18 38	18 35	18 33	18 31
13	20 21	20 11	20 03	19 57	19 51	19 46	19 38	19 31	19 24	19 17	19 10	19 02	18 57	18 51
14	21 37	21 21	21 08	20 58	20 49	20 41	20 28	20 16	20 05	19 54	19 42	19 29	19 22	19 13
15	22 55	22 32	22 14	21 59	21 47	21 37	21 18	21 03	20 48	20 33	20 18	20 00	19 49	19 38
16	.. ..	23 43	23 20	23 02	22 46	22 33	22 11	21 51	21 33	21 15	20 56	20 34	20 21	20 06
17	0 13	.. ..	.. ..	.. ..	23 46	23 30	23 05	22 42	22 22	22 01	21 39	21 13	20 58	20 41
18	1 30	0 52	0 25	0 04	.. ..	.. ..	23 59	23 35	23 13	22 50	22 27	21 59	21 42	21 23
19	2 38	1 56	1 26	1 03	0 43	0 27	.. ..	.. ..	.. ..	23 43	23 19	22 51	22 34	22 14
20	3 32	2 50	2 20	1 57	1 38	1 21	0 53	0 29	0 06	.. ..	.. ..	23 49	23 33	23 14
21	4 10	3 33	3 06	2 44	2 26	2 11	1 44	1 22	1 00	0 39	0 16	.. ..	.. ..	.. ..
22	4 35	4 06	3 43	3 25	3 09	2 56	2 33	2 13	1 54	1 35	1 15	0 51	0 37	0 21
23	4 52	4 30	4 13	3 59	3 47	3 36	3 18	3 02	2 47	2 32	2 15	1 56	1 45	1 32
24	5 04	4 50	4 38	4 28	4 20	4 13	4 00	3 49	3 38	3 27	3 16	3 02	2 54	2 45
25	5 13	5 06	5 00	4 55	4 51	4 47	4 40	4 34	4 28	4 22	4 16	4 09	4 04	4 00
26	5 22	5 21	5 21	5 20	5 20	5 19	5 19	5 18	5 18	5 17	5 16	5 16	5 15	5 15
27	5 30	5 36	5 41	5 46	5 49	5 53	5 58	6 04	6 08	6 13	6 18	6 24	6 27	6 31
28	5 40	5 53	6 04	6 13	6 21	6 28	6 40	6 51	7 01	7 11	7 22	7 34	7 41	7 50
29	5 52	6 14	6 31	6 45	6 57	7 08	7 26	7 42	7 57	8 12	8 28	8 47	8 57	9 10
30	6 11	6 42	7 05	7 24	7 40	7 53	8 17	8 37	8 56	9 15	9 36	10 00	10 14	10 30
Oct. 1	6 41	7 20	7 49	8 11	8 30	8 46	9 13	9 36	9 58	10 20	10 43	11 11	11 27	11 46
2	7 30	8 13	8 44	9 08	9 28	9 45	10 13	10 38	11 01	11 23	11 48	12 16	12 33	12 52

.. .. indicates phenomenon will occur the next day.

UNIVERSAL TIME FOR MERIDIAN OF GREENWICH
MOONRISE

Lat.	+40°	+42°	+44°	+46°	+48°	+50°	+52°	+54°	+56°	+58°	+60°	+62°	+64°	+66°
	h m	h m	h m	h m	h m	h m	h m	h m	h m	h m	h m	h m	h m	h m
Sept. 8	2 08	2 01	1 55	1 47	1 39	1 30	1 21	1 10	0 57	0 42	0 25	0 03	.. ..	.. ..
9	3 16	3 11	3 06	3 01	2 55	2 49	2 42	2 34	2 25	2 16	2 04	1 51	1 34	1 14
10	4 22	4 19	4 16	4 12	4 09	4 05	4 00	3 55	3 50	3 44	3 37	3 29	3 20	3 09
11	5 25	5 24	5 22	5 21	5 19	5 17	5 15	5 13	5 11	5 08	5 05	5 01	4 58	4 53
12	6 27	6 27	6 27	6 27	6 28	6 28	6 28	6 28	6 29	6 29	6 30	6 30	6 31	6 31
13	7 27	7 29	7 31	7 33	7 35	7 37	7 40	7 43	7 46	7 49	7 53	7 58	8 03	8 09
14	8 28	8 31	8 35	8 39	8 43	8 47	8 52	8 57	9 03	9 10	9 18	9 26	9 37	9 49
15	9 30	9 34	9 39	9 45	9 51	9 58	10 05	10 13	10 22	10 32	10 44	10 59	11 16	11 37
16	10 32	10 38	10 45	10 52	11 00	11 09	11 19	11 30	11 42	11 57	12 15	12 37	13 05	13 48
17	11 34	11 42	11 50	11 59	12 09	12 20	12 32	12 46	13 03	13 23	13 48	14 23	15 30	■
18	12 35	12 43	12 53	13 03	13 14	13 27	13 41	13 58	14 18	14 43	15 18	16 26	■	■
19	13 32	13 41	13 51	14 01	14 13	14 27	14 42	15 00	15 21	15 49	16 29	■	■	■
20	14 23	14 32	14 41	14 51	15 03	15 15	15 30	15 47	16 07	16 31	17 05	18 05	■	■
21	15 07	15 15	15 23	15 32	15 42	15 53	16 05	16 19	16 35	16 55	17 19	17 50	18 42	18 42
22	15 44	15 50	15 57	16 04	16 12	16 21	16 30	16 41	16 53	17 07	17 24	17 43	18 08	18 42
23	16 16	16 20	16 25	16 31	16 36	16 43	16 49	16 57	17 05	17 15	17 25	17 38	17 52	18 10
24	16 44	16 47	16 50	16 53	16 56	17 00	17 04	17 09	17 14	17 19	17 26	17 33	17 41	17 50
25	17 09	17 10	17 12	17 13	17 14	17 16	17 17	17 19	17 21	17 23	17 25	17 28	17 31	17 34
26	17 35	17 34	17 33	17 32	17 32	17 31	17 30	17 29	17 28	17 26	17 25	17 23	17 22	17 20
27	18 01	17 59	17 56	17 53	17 50	17 47	17 43	17 39	17 35	17 30	17 25	17 19	17 12	17 04
28	18 31	18 26	18 22	18 17	18 11	18 06	17 59	17 52	17 44	17 36	17 26	17 14	17 01	16 45
29	19 06	18 59	18 53	18 46	18 38	18 30	18 20	18 10	17 58	17 44	17 28	17 10	16 46	16 15
30	19 48	19 41	19 32	19 23	19 13	19 02	18 50	18 36	18 19	18 00	17 36	17 04	16 13	□
Oct. 1	20 41	20 32	20 22	20 12	20 01	19 48	19 33	19 16	18 56	18 31	17 57	16 55	□	□
2	21 42	21 33	21 24	21 13	21 01	20 48	20 33	20 16	19 55	19 29	18 51	□	□	□

MOONSET

Lat.	+40°	+42°	+44°	+46°	+48°	+50°	+52°	+54°	+56°	+58°	+60°	+62°	+64°	+66°
	h m	h m	h m	h m	h m	h m	h m	h m	h m	h m	h m	h m	h m	h m
Sept. 8	17 01	17 06	17 12	17 18	17 24	17 31	17 39	17 47	17 57	18 08	18 20	18 35	18 52	19 13
9	17 28	17 31	17 35	17 39	17 44	17 48	17 54	17 59	18 06	18 13	18 21	18 30	18 40	18 53
10	17 51	17 53	17 55	17 57	18 00	18 02	18 05	18 08	18 12	18 16	18 20	18 25	18 31	18 37
11	18 11	18 12	18 12	18 13	18 14	18 15	18 15	18 16	18 17	18 18	18 19	18 21	18 22	18 24
12	18 31	18 30	18 29	18 28	18 27	18 26	18 25	18 23	18 22	18 20	18 18	18 16	18 14	18 11
13	18 51	18 49	18 47	18 44	18 41	18 38	18 35	18 31	18 27	18 22	18 17	18 11	18 05	17 57
14	19 13	19 09	19 05	19 01	18 56	18 51	18 46	18 39	18 33	18 25	18 16	18 07	17 55	17 42
15	19 38	19 32	19 27	19 21	19 14	19 07	18 59	18 50	18 41	18 29	18 17	18 02	17 44	17 21
16	20 06	20 00	19 52	19 45	19 36	19 27	19 17	19 05	18 52	18 37	18 18	17 56	17 27	16 43
17	20 41	20 33	20 25	20 15	20 05	19 54	19 41	19 27	19 10	18 49	18 24	17 48	16 40	■
18	21 23	21 14	21 05	20 55	20 43	20 30	20 16	19 59	19 38	19 13	18 38	17 30	■	■
19	22 14	22 05	21 56	21 45	21 33	21 20	21 04	20 47	20 25	19 57	19 17	■	■	■
20	23 14	23 06	22 57	22 46	22 35	22 23	22 09	21 52	21 32	21 08	20 34	19 34	■	■
21	.. ..	.. ..	.. ..	23 57	23 48	23 37	23 25	23 12	22 56	22 37	22 13	21 42	20 51	■
22	0 21	0 14	0 06	.. ..	.. ..	.. ..	.. ..	.. ..	.. ..	.. ..	23 59	23 40	23 16	22 43
23	1 32	1 26	1 20	1 13	1 06	0 58	0 49	0 39	0 28	0 14	.. ..	.. ..	.. ..	.. ..
24	2 45	2 41	2 37	2 32	2 27	2 22	2 16	2 09	2 02	1 53	1 44	1 33	1 19	1 03
25	4 00	3 57	3 55	3 53	3 50	3 47	3 44	3 41	3 37	3 32	3 28	3 22	3 16	3 08
26	5 15	5 14	5 14	5 14	5 14	5 13	5 13	5 13	5 12	5 12	5 11	5 10	5 10	5 09
27	6 31	6 33	6 35	6 37	6 39	6 41	6 44	6 46	6 49	6 53	6 56	7 01	7 06	7 12
28	7 50	7 53	7 57	8 02	8 06	8 11	8 17	8 23	8 29	8 37	8 46	8 56	9 08	9 22
29	9 10	9 16	9 22	9 28	9 35	9 43	9 52	10 02	10 13	10 25	10 40	10 58	11 21	11 51
30	10 30	10 37	10 45	10 54	11 04	11 14	11 26	11 40	11 56	12 14	12 38	13 09	14 00	□
Oct. 1	11 46	11 54	12 04	12 14	12 25	12 38	12 52	13 09	13 29	13 54	14 27	15 29	□	□
2	12 52	13 01	13 11	13 21	13 33	13 46	14 01	14 19	14 40	15 06	15 43	□	□	□

□ indicates Moon continuously above horizon.
■ indicates Moon continuously below horizon.
.. .. indicates phenomenon will occur the next day.

MOONRISE AND MOONSET, 2007

UNIVERSAL TIME FOR MERIDIAN OF GREENWICH

MOONRISE

Lat.	−55°	−50°	−45°	−40°	−35°	−30°	−20°	−10°	0°	+10°	+20°	+30°	+35°	+40°
	h m	h m	h m	h m	h m	h m	h m	h m	h m	h m	h m	h m	h m	h m
Oct. 1	0 38	0 00	.. ..	.. ..	.. ..	23 46	23 18	22 53	22 31	22 08	21 44	21 16	21 00	20 41
2	2 00	1 17	0 46	0 22	0 03	.. ..	.. ..	23 55	23 33	23 10	22 46	22 18	22 01	21 42
3	2 58	2 16	1 46	1 23	1 04	0 47	0 19	.. ..	.. ..	.. ..	23 48	23 23	23 07	22 50
4	3 33	2 58	2 32	2 12	1 54	1 39	1 14	0 52	0 31	0 11	.. ..	.. ..	.. ..	23 59
5	3 55	3 28	3 07	2 50	2 36	2 23	2 02	1 43	1 25	1 08	0 49	0 27	0 14	.. ..
6	4 08	3 49	3 33	3 20	3 09	3 00	2 43	2 29	2 15	2 01	1 46	1 29	1 19	1 08
7	4 18	4 05	3 54	3 46	3 38	3 32	3 20	3 10	3 00	2 51	2 40	2 29	2 22	2 14
8	4 25	4 18	4 13	4 08	4 04	4 00	3 54	3 48	3 43	3 37	3 32	3 25	3 22	3 17
9	4 31	4 30	4 29	4 28	4 27	4 27	4 25	4 24	4 23	4 22	4 21	4 20	4 19	4 19
10	4 37	4 42	4 45	4 48	4 50	4 53	4 56	5 00	5 03	5 06	5 10	5 14	5 16	5 19
11	4 44	4 54	5 02	5 08	5 14	5 19	5 28	5 36	5 43	5 51	5 59	6 08	6 13	6 19
12	4 52	5 07	5 20	5 30	5 39	5 47	6 01	6 13	6 24	6 36	6 48	7 03	7 11	7 20
13	5 02	5 24	5 41	5 56	6 08	6 18	6 37	6 53	7 08	7 23	7 39	7 58	8 09	8 22
14	5 16	5 45	6 07	6 25	6 40	6 53	7 16	7 35	7 54	8 12	8 32	8 55	9 09	9 24
15	5 38	6 14	6 40	7 01	7 18	7 34	7 59	8 22	8 42	9 03	9 26	9 52	10 08	10 26
16	6 11	6 52	7 21	7 44	8 03	8 20	8 47	9 11	9 33	9 56	10 20	10 48	11 04	11 24
17	7 00	7 43	8 12	8 36	8 55	9 12	9 40	10 04	10 26	10 48	11 12	11 40	11 57	12 16
18	8 07	8 46	9 13	9 35	9 53	10 09	10 35	10 58	11 19	11 40	12 02	12 29	12 44	13 02
19	9 27	9 58	10 22	10 41	10 56	11 10	11 33	11 53	12 11	12 30	12 49	13 12	13 25	13 40
20	10 53	11 17	11 35	11 49	12 02	12 13	12 31	12 47	13 02	13 17	13 33	13 51	14 01	14 13
21	12 22	12 38	12 50	13 00	13 09	13 17	13 30	13 41	13 52	14 02	14 13	14 26	14 33	14 42
22	13 52	14 00	14 07	14 12	14 17	14 21	14 28	14 34	14 40	14 46	14 52	14 59	15 03	15 08
23	15 24	15 25	15 25	15 26	15 27	15 27	15 28	15 28	15 29	15 30	15 31	15 31	15 32	15 33
24	16 59	16 52	16 46	16 42	16 38	16 35	16 29	16 24	16 19	16 15	16 10	16 05	16 02	15 58
25	18 37	18 22	18 11	18 01	17 53	17 46	17 33	17 23	17 13	17 03	16 52	16 41	16 34	16 26

MOONSET

Lat.	−55°	−50°	−45°	−40°	−35°	−30°	−20°	−10°	0°	+10°	+20°	+30°	+35°	+40°
	h m	h m	h m	h m	h m	h m	h m	h m	h m	h m	h m	h m	h m	h m
Oct. 1	6 41	7 20	7 49	8 11	8 30	8 46	9 13	9 36	9 58	10 20	10 43	11 11	11 27	11 46
2	7 30	8 13	8 44	9 08	9 28	9 45	10 13	10 38	11 01	11 23	11 48	12 16	12 33	12 52
3	8 40	9 21	9 50	10 13	10 32	10 49	11 16	11 39	12 01	12 23	12 46	13 13	13 29	13 47
4	10 04	10 38	11 03	11 23	11 39	11 54	12 18	12 39	12 58	13 17	13 37	14 01	14 15	14 30
5	11 32	11 57	12 17	12 33	12 46	12 57	13 17	13 34	13 50	14 05	14 22	14 41	14 52	15 05
6	12 57	13 15	13 29	13 40	13 50	13 58	14 13	14 25	14 37	14 49	15 01	15 15	15 23	15 32
7	14 18	14 29	14 38	14 45	14 51	14 56	15 05	15 13	15 21	15 28	15 36	15 45	15 50	15 56
8	15 36	15 40	15 44	15 47	15 50	15 52	15 56	15 59	16 02	16 05	16 09	16 12	16 15	16 17
9	16 52	16 50	16 49	16 48	16 47	16 46	16 45	16 44	16 42	16 41	16 40	16 39	16 38	16 37
10	18 07	17 59	17 53	17 48	17 44	17 40	17 33	17 28	17 22	17 17	17 11	17 05	17 01	16 57
11	19 22	19 09	18 58	18 49	18 41	18 34	18 23	18 12	18 03	17 53	17 43	17 32	17 25	17 18
12	20 40	20 19	20 03	19 50	19 39	19 29	19 13	18 58	18 45	18 32	18 18	18 01	17 52	17 41
13	21 58	21 30	21 09	20 52	20 38	20 26	20 05	19 47	19 30	19 13	18 55	18 34	18 22	18 09
14	23 15	22 40	22 14	21 54	21 37	21 23	20 58	20 37	20 17	19 57	19 36	19 12	18 58	18 41
15	.. ..	23 46	23 17	22 54	22 35	22 19	21 52	21 29	21 07	20 45	20 22	19 55	19 39	19 20
16	0 26	.. ..	.. ..	23 49	23 30	23 13	22 45	22 21	21 59	21 36	21 12	20 44	20 27	20 08
17	1 25	0 43	0 13	.. ..	.. ..	.. ..	23 37	23 13	22 52	22 30	22 06	21 39	21 22	21 03
18	2 08	1 29	1 01	0 38	0 20	0 04	.. ..	.. ..	23 44	23 24	23 03	22 38	22 23	22 06
19	2 37	2 04	1 40	1 20	1 04	0 50	0 25	0 04	.. ..	.. ..	.. ..	23 40	23 27	23 13
20	2 56	2 31	2 12	1 56	1 42	1 31	1 10	0 52	0 36	0 19	0 01	.. ..	.. ..	.. ..
21	3 10	2 52	2 38	2 26	2 16	2 07	1 52	1 39	1 26	1 13	0 59	0 43	0 34	0 23
22	3 20	3 09	3 01	2 53	2 47	2 41	2 32	2 23	2 15	2 06	1 58	1 47	1 41	1 35
23	3 29	3 25	3 21	3 18	3 16	3 14	3 10	3 07	3 03	3 00	2 56	2 52	2 50	2 47
24	3 37	3 39	3 42	3 43	3 45	3 46	3 49	3 51	3 53	3 55	3 57	3 59	4 00	4 02
25	3 46	3 56	4 03	4 10	4 15	4 21	4 29	4 37	4 44	4 51	4 59	5 08	5 13	5 19

.. .. indicates phenomenon will occur the next day.

UNIVERSAL TIME FOR MERIDIAN OF GREENWICH

MOONRISE

Lat.	+40°	+42°	+44°	+46°	+48°	+50°	+52°	+54°	+56°	+58°	+60°	+62°	+64°	+66°
	h m	h m	h m	h m	h m	h m	h m	h m	h m	h m	h m	h m	h m	h m
Oct. 1	20 41	20 32	20 22	20 12	20 01	19 48	19 33	19 16	18 56	18 31	17 57	16 55	□	□
2	21 42	21 33	21 24	21 13	21 01	20 48	20 33	20 16	19 55	19 29	18 51	□	□	□
3	22 50	22 42	22 33	22 23	22 13	22 01	21 48	21 33	21 14	20 52	20 24	19 41	□	□
4	23 59	23 53	23 46	23 38	23 29	23 20	23 09	22 57	22 43	22 27	22 07	21 43	21 08	20 07
5	.. ..	.. ..	.. ..	.. ..	.. ..	.. ..	.. ..	.. ..	.. ..	.. ..	23 47	23 32	23 13	22 49
6	1 08	1 03	0 57	0 52	0 45	0 38	0 30	0 21	0 12	0 00	.. ..	.. ..	.. ..	.. ..
7	2 14	2 11	2 07	2 03	1 58	1 54	1 49	1 43	1 36	1 29	1 21	1 12	1 01	0 47
8	3 17	3 15	3 13	3 11	3 09	3 06	3 04	3 01	2 57	2 53	2 49	2 44	2 39	2 32
9	4 19	4 18	4 18	4 18	4 17	4 17	4 16	4 16	4 15	4 14	4 14	4 13	4 12	4 11
10	5 19	5 20	5 21	5 23	5 24	5 26	5 28	5 30	5 32	5 34	5 37	5 40	5 43	5 47
11	6 19	6 22	6 25	6 28	6 31	6 35	6 39	6 43	6 48	6 54	7 00	7 07	7 16	7 25
12	7 20	7 25	7 29	7 34	7 39	7 45	7 51	7 58	8 06	8 15	8 26	8 38	8 52	9 09
13	8 22	8 28	8 34	8 41	8 48	8 56	9 05	9 15	9 26	9 39	9 54	10 13	10 36	11 08
14	9 24	9 31	9 39	9 48	9 57	10 07	10 18	10 31	10 46	11 04	11 26	11 55	12 38	■
15	10 26	10 34	10 43	10 52	11 03	11 15	11 29	11 45	12 03	12 27	12 57	13 46	■	■
16	11 24	11 32	11 42	11 52	12 04	12 17	12 32	12 50	13 11	13 38	14 16	■	■	■
17	12 16	12 25	12 34	12 45	12 56	13 09	13 24	13 41	14 02	14 28	15 04	16 23	■	■
18	13 02	13 10	13 18	13 28	13 38	13 50	14 03	14 18	14 36	14 57	15 24	16 02	■	■
19	13 40	13 47	13 54	14 02	14 11	14 21	14 31	14 43	14 57	15 13	15 32	15 56	16 27	17 16
20	14 13	14 18	14 24	14 30	14 37	14 44	14 52	15 01	15 11	15 22	15 35	15 50	16 09	16 31
21	14 42	14 45	14 49	14 54	14 58	15 03	15 08	15 14	15 21	15 28	15 36	15 46	15 57	16 09
22	15 08	15 10	15 12	15 14	15 16	15 19	15 22	15 25	15 28	15 32	15 36	15 41	15 47	15 53
23	15 33	15 33	15 33	15 33	15 34	15 34	15 34	15 35	15 35	15 36	15 36	15 37	15 38	15 39
24	15 58	15 57	15 55	15 53	15 51	15 49	15 47	15 45	15 42	15 40	15 36	15 33	15 29	15 24
25	16 26	16 23	16 19	16 16	16 11	16 07	16 02	15 57	15 51	15 44	15 37	15 29	15 19	15 08

MOONSET

Lat.	+40°	+42°	+44°	+46°	+48°	+50°	+52°	+54°	+56°	+58°	+60°	+62°	+64°	+66°
	h m	h m	h m	h m	h m	h m	h m	h m	h m	h m	h m	h m	h m	h m
Oct. 1	11 46	11 54	12 04	12 14	12 25	12 38	12 52	13 09	13 29	13 54	14 27	15 29	□	□
2	12 52	13 01	13 11	13 21	13 33	13 46	14 01	14 19	14 40	15 06	15 43	□	□	□
3	13 47	13 55	14 04	14 14	14 25	14 37	14 50	15 06	15 24	15 47	16 16	16 59	□	□
4	14 30	14 37	14 45	14 53	15 02	15 12	15 23	15 36	15 50	16 07	16 27	16 53	17 28	18 30
5	15 05	15 10	15 16	15 23	15 30	15 37	15 46	15 55	16 06	16 18	16 31	16 48	17 08	17 33
6	15 32	15 36	15 41	15 45	15 50	15 56	16 02	16 08	16 15	16 24	16 33	16 43	16 56	17 10
7	15 56	15 58	16 01	16 04	16 07	16 10	16 14	16 18	16 22	16 27	16 33	16 39	16 46	16 54
8	16 17	16 18	16 19	16 20	16 22	16 23	16 24	16 26	16 28	16 30	16 32	16 34	16 37	16 41
9	16 37	16 37	16 36	16 36	16 35	16 35	16 34	16 33	16 33	16 32	16 31	16 30	16 29	16 28
10	16 57	16 55	16 53	16 51	16 49	16 46	16 44	16 41	16 38	16 34	16 30	16 26	16 21	16 15
11	17 18	17 15	17 11	17 07	17 03	16 59	16 54	16 49	16 43	16 37	16 30	16 21	16 12	16 01
12	17 41	17 37	17 32	17 26	17 20	17 14	17 07	16 59	16 51	16 41	16 30	16 17	16 01	15 43
13	18 09	18 03	17 56	17 49	17 41	17 33	17 23	17 13	17 01	16 47	16 31	16 12	15 48	15 15
14	18 41	18 34	18 26	18 17	18 07	17 57	17 45	17 32	17 16	16 58	16 35	16 06	15 22	■
15	19 20	19 12	19 03	18 53	18 42	18 30	18 16	18 00	17 41	17 17	16 46	15 58	■	■
16	20 08	19 59	19 49	19 39	19 27	19 14	18 59	18 41	18 20	17 53	17 15	■	■	■
17	21 03	20 55	20 45	20 35	20 23	20 11	19 56	19 39	19 19	18 53	18 17	16 58	■	■
18	22 06	21 58	21 50	21 40	21 30	21 19	21 06	20 51	20 34	20 13	19 47	19 09	■	■
19	23 13	23 07	23 00	22 52	22 44	22 35	22 25	22 13	22 00	21 45	21 27	21 04	20 33	19 45
20	.. ..	.. ..	.. ..	.. ..	.. ..	23 55	23 48	23 40	23 30	23 20	23 08	22 54	22 36	22 15
21	0 23	0 18	0 13	0 08	0 02	.. ..	.. ..	.. ..	.. ..	.. ..	.. ..	.. ..	.. ..	.. ..
22	1 35	1 32	1 28	1 25	1 21	1 17	1 12	1 07	1 02	0 56	0 49	0 41	0 31	0 20
23	2 47	2 46	2 45	2 43	2 42	2 40	2 38	2 37	2 34	2 32	2 29	2 26	2 23	2 18
24	4 02	4 02	4 03	4 04	4 05	4 06	4 07	4 08	4 09	4 10	4 12	4 13	4 15	4 17
25	5 19	5 22	5 25	5 28	5 31	5 34	5 38	5 42	5 47	5 52	5 58	6 05	6 13	6 23

□ indicates Moon continuously above horizon.
■ indicates Moon continuously below horizon.
.. .. indicates phenomenon will occur the next day.

MOONRISE AND MOONSET, 2007

UNIVERSAL TIME FOR MERIDIAN OF GREENWICH

MOONRISE

Lat.	−55°	−50°	−45°	−40°	−35°	−30°	−20°	−10°	0°	+10°	+20°	+30°	+35°	+40°
	h m	h m	h m	h m	h m	h m	h m	h m	h m	h m	h m	h m	h m	h m
Oct. 24	16 59	16 52	16 46	16 42	16 38	16 35	16 29	16 24	16 19	16 15	16 10	16 05	16 02	15 58
25	18 37	18 22	18 11	18 01	17 53	17 46	17 33	17 23	17 13	17 03	16 52	16 41	16 34	16 26
26	20 21	19 56	19 38	19 23	19 10	18 59	18 41	18 25	18 10	17 55	17 39	17 21	17 11	16 59
27	22 04	21 30	21 05	20 45	20 29	20 15	19 51	19 30	19 11	18 52	18 31	18 08	17 55	17 39
28	23 37	22 56	22 26	22 03	21 44	21 28	21 00	20 37	20 15	19 53	19 30	19 03	18 47	18 29
29	.. ..	.. ..	23 35	23 11	22 52	22 35	22 07	21 43	21 20	20 57	20 33	20 05	19 48	19 29
30	0 48	0 05	.. ..	.. ..	23 48	23 33	23 06	22 43	22 22	22 01	21 38	21 11	20 55	20 37
31	1 33	0 55	0 28	0 06	.. ..	.. ..	23 58	23 38	23 20	23 01	22 41	22 18	22 04	21 49
Nov. 1	1 59	1 30	1 07	0 49	0 34	0 21	.. ..	.. ..	.. ..	23 57	23 41	23 22	23 12	22 59
2	2 15	1 54	1 37	1 23	1 11	1 00	0 42	0 27	0 12	.. ..	.. ..	.. ..	.. ..	.. ..
3	2 26	2 12	2 00	1 50	1 41	1 34	1 21	1 10	0 59	0 48	0 36	0 23	0 15	0 07
4	2 34	2 26	2 19	2 13	2 08	2 03	1 56	1 49	1 42	1 36	1 29	1 21	1 16	1 11
5	2 41	2 38	2 36	2 34	2 32	2 30	2 28	2 25	2 23	2 21	2 18	2 16	2 14	2 12
6	2 47	2 50	2 52	2 54	2 55	2 56	2 59	3 01	3 03	3 05	3 07	3 10	3 11	3 13
7	2 54	3 02	3 08	3 14	3 18	3 23	3 30	3 36	3 43	3 49	3 55	4 03	4 07	4 12
8	3 01	3 15	3 26	3 35	3 43	3 50	4 02	4 13	4 23	4 34	4 44	4 57	5 04	5 13
9	3 11	3 31	3 47	4 00	4 11	4 20	4 37	4 52	5 06	5 20	5 35	5 52	6 03	6 14
10	3 24	3 51	4 11	4 28	4 42	4 54	5 15	5 34	5 51	6 08	6 27	6 49	7 02	7 16
11	3 44	4 17	4 42	5 02	5 18	5 33	5 58	6 19	6 39	6 59	7 21	7 46	8 01	8 18
12	4 13	4 52	5 20	5 43	6 01	6 17	6 44	7 08	7 29	7 51	8 15	8 42	8 58	9 17
13	4 57	5 39	6 09	6 32	6 51	7 08	7 35	7 59	8 22	8 44	9 08	9 36	9 52	10 11
14	5 59	6 38	7 06	7 29	7 47	8 03	8 30	8 53	9 14	9 35	9 58	10 25	10 41	10 59
15	7 13	7 47	8 12	8 31	8 48	9 02	9 26	9 47	10 06	10 25	10 46	11 09	11 23	11 39
16	8 36	9 02	9 21	9 37	9 51	10 03	10 23	10 40	10 56	11 12	11 29	11 49	12 00	12 13
17	10 01	10 19	10 34	10 45	10 55	11 04	11 19	11 32	11 44	11 56	12 09	12 24	12 32	12 42

MOONSET

Lat.	−55°	−50°	−45°	−40°	−35°	−30°	−20°	−10°	0°	+10°	+20°	+30°	+35°	+40°
	h m	h m	h m	h m	h m	h m	h m	h m	h m	h m	h m	h m	h m	h m
Oct. 24	3 37	3 39	3 42	3 43	3 45	3 46	3 49	3 51	3 53	3 55	3 57	3 59	4 00	4 02
25	3 46	3 56	4 03	4 10	4 15	4 21	4 29	4 37	4 44	4 51	4 59	5 08	5 13	5 19
26	3 57	4 15	4 28	4 40	4 50	4 58	5 13	5 27	5 39	5 51	6 05	6 20	6 29	6 40
27	4 13	4 39	4 59	5 16	5 30	5 42	6 03	6 21	6 38	6 55	7 14	7 35	7 48	8 02
28	4 39	5 14	5 40	6 00	6 18	6 33	6 58	7 20	7 41	8 02	8 24	8 50	9 05	9 23
29	5 20	6 02	6 32	6 55	7 15	7 31	8 00	8 24	8 46	9 09	9 33	10 01	10 17	10 37
30	6 24	7 07	7 37	8 00	8 20	8 36	9 04	9 28	9 50	10 12	10 36	11 03	11 20	11 38
31	7 47	8 23	8 50	9 11	9 28	9 43	10 08	10 30	10 50	11 10	11 32	11 56	12 11	12 27
Nov. 1	9 16	9 44	10 05	10 22	10 37	10 49	11 10	11 28	11 45	12 02	12 20	12 40	12 52	13 05
2	10 44	11 04	11 19	11 32	11 43	11 52	12 08	12 22	12 35	12 48	13 01	13 17	13 26	13 36
3	12 07	12 19	12 29	12 38	12 45	12 51	13 02	13 11	13 20	13 29	13 38	13 48	13 54	14 01
4	13 25	13 32	13 37	13 41	13 44	13 47	13 53	13 58	14 02	14 06	14 11	14 16	14 19	14 23
5	14 41	14 41	14 41	14 42	14 42	14 42	14 42	14 42	14 42	14 42	14 43	14 43	14 43	14 43
6	15 56	15 50	15 45	15 41	15 38	15 35	15 30	15 26	15 22	15 18	15 14	15 09	15 06	15 03
7	17 10	16 59	16 49	16 42	16 35	16 29	16 19	16 10	16 02	15 54	15 45	15 35	15 30	15 23
8	18 27	18 08	17 54	17 42	17 32	17 24	17 09	16 56	16 44	16 32	16 19	16 04	15 56	15 46
9	19 44	19 19	19 00	18 44	18 31	18 20	18 00	17 43	17 27	17 12	16 55	16 36	16 25	16 12
10	21 02	20 30	20 05	19 46	19 30	19 16	18 53	18 33	18 14	17 55	17 35	17 12	16 58	16 43
11	22 15	21 37	21 09	20 47	20 29	20 13	19 47	19 24	19 03	18 42	18 19	17 53	17 38	17 20
12	23 18	22 37	22 07	21 44	21 25	21 08	20 41	20 17	19 54	19 32	19 08	18 41	18 24	18 05
13	.. ..	23 26	22 57	22 35	22 16	22 00	21 32	21 09	20 47	20 25	20 01	19 34	19 17	18 58
14	0 06	.. ..	23 39	23 18	23 01	22 47	22 21	22 00	21 39	21 19	20 57	20 31	20 16	19 58
15	0 39	0 04	.. ..	23 55	23 41	23 28	23 07	22 48	22 30	22 12	21 53	21 31	21 18	21 03
16	1 01	0 33	0 12	.. ..	.. ..	.. ..	23 48	23 33	23 19	23 05	22 50	22 32	22 22	22 10
17	1 16	0 55	0 40	0 26	0 15	0 05	.. ..	.. ..	.. ..	23 57	23 46	23 34	23 27	23 18

.. .. indicates phenomenon will occur the next day.

UNIVERSAL TIME FOR MERIDIAN OF GREENWICH

MOONRISE

Lat.	+40°	+42°	+44°	+46°	+48°	+50°	+52°	+54°	+56°	+58°	+60°	+62°	+64°	+66°
	h m	h m	h m	h m	h m	h m	h m	h m	h m	h m	h m	h m	h m	h m
Oct. 24	15 58	15 57	15 55	15 53	15 51	15 49	15 47	15 45	15 42	15 40	15 36	15 33	15 29	15 24
25	16 26	16 23	16 19	16 16	16 11	16 07	16 02	15 57	15 51	15 44	15 37	15 29	15 19	15 08
26	16 59	16 54	16 48	16 42	16 36	16 29	16 21	16 12	16 03	15 52	15 39	15 25	15 07	14 46
27	17 39	17 32	17 25	17 17	17 08	16 58	16 47	16 35	16 21	16 04	15 45	15 21	14 48	13 57
28	18 29	18 21	18 12	18 02	17 51	17 39	17 25	17 10	16 51	16 29	16 00	15 17	◻	◻
29	19 29	19 20	19 11	19 00	18 48	18 35	18 21	18 03	17 42	17 16	16 40	15 20	◻	◻
30	20 37	20 29	20 20	20 10	19 59	19 47	19 33	19 17	18 57	18 34	18 03	17 12	◻	◻
31	21 49	21 41	21 34	21 25	21 16	21 06	20 54	20 41	20 26	20 09	19 47	19 18	18 35	◻
Nov. 1	22 59	22 54	22 48	22 41	22 34	22 26	22 18	22 08	21 57	21 45	21 30	21 12	20 50	20 21
2	.. ..	.. ..	23 58	23 54	23 49	23 44	23 38	23 31	23 24	23 16	23 06	22 55	22 42	22 27
3	0 07	0 03	.. ..	.. ..	.. ..	.. ..	.. ..	.. ..	.. ..	.. ..	.. ..	.. ..	.. ..	.. ..
4	1 11	1 08	1 06	1 03	1 00	0 57	0 54	0 50	0 46	0 41	0 36	0 30	0 23	0 15
5	2 12	2 12	2 11	2 10	2 09	2 08	2 07	2 05	2 04	2 03	2 01	1 59	1 57	1 54
6	3 13	3 13	3 14	3 15	3 16	3 17	3 18	3 19	3 20	3 22	3 23	3 25	3 27	3 30
7	4 12	4 15	4 17	4 20	4 22	4 25	4 29	4 32	4 36	4 41	4 46	4 52	4 58	5 06
8	5 13	5 17	5 21	5 25	5 30	5 35	5 40	5 46	5 53	6 01	6 10	6 20	6 32	6 47
9	6 14	6 19	6 25	6 31	6 38	6 45	6 53	7 02	7 12	7 24	7 37	7 53	8 13	8 39
10	7 16	7 23	7 30	7 38	7 47	7 56	8 07	8 18	8 32	8 48	9 08	9 32	10 06	11 06
11	8 18	8 26	8 34	8 44	8 54	9 05	9 18	9 33	9 51	10 12	10 39	11 18	▬	▬
12	9 17	9 26	9 35	9 45	9 57	10 10	10 24	10 41	11 01	11 27	12 02	13 13	▬	▬
13	10 11	10 20	10 30	10 40	10 52	11 05	11 19	11 37	11 57	12 23	13 00	14 27	▬	▬
14	10 59	11 07	11 16	11 26	11 36	11 48	12 02	12 18	12 36	12 58	13 27	14 11	▬	▬
15	11 39	11 46	11 54	12 02	12 12	12 22	12 33	12 46	13 01	13 18	13 39	14 06	14 43	16 12
16	12 13	12 19	12 25	12 32	12 39	12 47	12 56	13 05	13 16	13 29	13 44	14 01	14 23	14 50
17	12 42	12 46	12 51	12 56	13 01	13 07	13 13	13 20	13 27	13 36	13 46	13 57	14 10	14 26

MOONSET

Lat.	+40°	+42°	+44°	+46°	+48°	+50°	+52°	+54°	+56°	+58°	+60°	+62°	+64°	+66°
	h m	h m	h m	h m	h m	h m	h m	h m	h m	h m	h m	h m	h m	h m
Oct. 24	4 02	4 02	4 03	4 04	4 05	4 06	4 07	4 08	4 09	4 10	4 12	4 13	4 15	4 17
25	5 19	5 22	5 25	5 28	5 31	5 34	5 38	5 42	5 47	5 52	5 58	6 05	6 13	6 23
26	6 40	6 44	6 49	6 54	7 00	7 07	7 14	7 21	7 30	7 40	7 51	8 05	8 21	8 41
27	8 02	8 09	8 16	8 23	8 32	8 41	8 51	9 03	9 16	9 32	9 50	10 14	10 45	11 36
28	9 23	9 31	9 40	9 49	10 00	10 12	10 25	10 40	10 58	11 20	11 49	12 31	◻	◻
29	10 37	10 45	10 55	11 05	11 17	11 30	11 45	12 02	12 23	12 49	13 25	14 46	◻	◻
30	11 38	11 47	11 56	12 06	12 17	12 30	12 44	13 00	13 20	13 44	14 15	15 06	◻	◻
31	12 27	12 35	12 43	12 52	13 01	13 12	13 24	13 37	13 53	14 11	14 34	15 03	15 46	◻
Nov. 1	13 05	13 11	13 18	13 25	13 33	13 41	13 50	14 00	14 12	14 25	14 41	14 59	15 22	15 52
2	13 36	13 40	13 45	13 50	13 56	14 02	14 08	14 16	14 24	14 33	14 43	14 55	15 09	15 26
3	14 01	14 04	14 07	14 10	14 14	14 18	14 22	14 27	14 32	14 37	14 44	14 51	15 00	15 09
4	14 23	14 24	14 26	14 27	14 29	14 31	14 33	14 35	14 38	14 41	14 44	14 47	14 51	14 56
5	14 43	14 43	14 43	14 43	14 43	14 43	14 43	14 43	14 43	14 43	14 43	14 43	14 43	14 43
6	15 03	15 01	15 00	14 58	14 56	14 55	14 53	14 50	14 48	14 45	14 42	14 39	14 35	14 31
7	15 23	15 21	15 18	15 14	15 11	15 07	15 03	14 59	14 54	14 48	14 42	14 35	14 27	14 18
8	15 46	15 42	15 37	15 32	15 27	15 21	15 15	15 08	15 01	14 52	14 42	14 31	14 18	14 02
9	16 12	16 06	16 00	15 54	15 47	15 39	15 30	15 21	15 10	14 58	14 43	14 27	14 06	13 40
10	16 43	16 36	16 28	16 20	16 11	16 01	15 50	15 38	15 24	15 07	14 47	14 22	13 48	12 47
11	17 20	17 12	17 03	16 54	16 43	16 32	16 18	16 03	15 46	15 24	14 57	14 17	▬	▬
12	18 05	17 56	17 47	17 37	17 25	17 12	16 58	16 41	16 20	15 55	15 19	14 08	▬	▬
13	18 58	18 49	18 40	18 30	18 18	18 05	17 50	17 33	17 13	16 47	16 11	14 44	▬	▬
14	19 58	19 50	19 41	19 32	19 21	19 09	18 56	18 41	18 23	18 01	17 32	16 49	▬	▬
15	21 03	20 56	20 48	20 40	20 32	20 22	20 11	19 59	19 44	19 27	19 07	18 41	18 04	16 36
16	22 10	22 05	21 59	21 53	21 46	21 38	21 30	21 21	21 11	20 59	20 45	20 28	20 08	19 41
17	23 18	23 15	23 11	23 06	23 02	22 57	22 51	22 45	22 38	22 31	22 22	22 12	22 00	21 46

◻ indicates Moon continuously above horizon.
▬ indicates Moon continuously below horizon.
.. .. indicates phenomenon will occur the next day.

MOONRISE AND MOONSET, 2007

UNIVERSAL TIME FOR MERIDIAN OF GREENWICH

MOONRISE

Lat.	−55°	−50°	−45°	−40°	−35°	−30°	−20°	−10°	0°	+10°	+20°	+30°	+35°	+40°
	h m	h m	h m	h m	h m	h m	h m	h m	h m	h m	h m	h m	h m	h m
Nov. 16	8 36	9 02	9 21	9 37	9 51	10 03	10 23	10 40	10 56	11 12	11 29	11 49	12 00	12 13
17	10 01	10 19	10 34	10 45	10 55	11 04	11 19	11 32	11 44	11 56	12 09	12 24	12 32	12 42
18	11 27	11 38	11 47	11 54	12 01	12 06	12 15	12 24	12 31	12 39	12 47	12 56	13 02	13 08
19	12 54	12 58	13 02	13 04	13 07	13 09	13 12	13 15	13 18	13 21	13 24	13 28	13 30	13 32
20	14 24	14 21	14 18	14 16	14 14	14 13	14 10	14 08	14 06	14 04	14 02	13 59	13 58	13 56
21	15 57	15 46	15 38	15 31	15 25	15 20	15 11	15 03	14 56	14 49	14 41	14 33	14 28	14 22
22	17 36	17 17	17 02	16 50	16 40	16 31	16 15	16 02	15 50	15 37	15 25	15 10	15 01	14 52
23	19 19	18 51	18 29	18 12	17 57	17 45	17 24	17 05	16 48	16 31	16 14	15 53	15 41	15 28
24	21 00	20 22	19 55	19 33	19 16	19 00	18 34	18 12	17 52	17 31	17 09	16 44	16 30	16 13
25	22 25	21 42	21 12	20 49	20 29	20 13	19 44	19 20	18 58	18 36	18 12	17 44	17 28	17 09
26	23 24	22 44	22 15	21 52	21 33	21 17	20 50	20 26	20 04	19 42	19 18	18 51	18 34	18 16
27	23 59	23 26	23 02	22 42	22 26	22 11	21 47	21 26	21 06	20 46	20 25	20 00	19 46	19 29
28	.. ..	23 55	23 36	23 21	23 07	22 56	22 36	22 19	22 02	21 46	21 29	21 08	20 56	20 43
29	0 20	.. ..	.. ..	23 51	23 41	23 33	23 18	23 05	22 53	22 41	22 28	22 13	22 04	21 54
30	0 33	0 16	0 02	.. ..	.. ..	.. ..	23 55	23 47	23 39	23 31	23 22	23 13	23 07	23 01
Dec. 1	0 42	0 32	0 23	0 16	0 10	0 05	.. ..	.. ..	.. ..	.. ..	.. ..	.. ..	.. ..	.. ..
2	0 50	0 45	0 41	0 38	0 35	0 33	0 29	0 25	0 21	0 18	0 14	0 10	0 07	0 04
3	0 56	0 57	0 58	0 58	0 59	0 59	1 00	1 01	1 02	1 02	1 03	1 04	1 05	1 05
4	1 03	1 09	1 14	1 19	1 22	1 26	1 31	1 37	1 42	1 46	1 52	1 58	2 01	2 05
5	1 10	1 22	1 32	1 40	1 47	1 53	2 03	2 13	2 22	2 31	2 41	2 52	2 58	3 05
6	1 19	1 37	1 51	2 03	2 13	2 22	2 37	2 51	3 04	3 17	3 30	3 46	3 56	4 06
7	1 31	1 55	2 14	2 30	2 43	2 55	3 14	3 32	3 48	4 04	4 22	4 42	4 54	5 08
8	1 49	2 20	2 43	3 02	3 18	3 32	3 55	4 16	4 35	4 55	5 15	5 39	5 54	6 10
9	2 15	2 52	3 20	3 41	3 59	4 15	4 41	5 04	5 25	5 47	6 10	6 36	6 52	7 11
10	2 55	3 36	4 05	4 28	4 47	5 04	5 31	5 55	6 17	6 39	7 03	7 31	7 48	8 07

MOONSET

Lat.	−55°	−50°	−45°	−40°	−35°	−30°	−20°	−10°	0°	+10°	+20°	+30°	+35°	+40°
	h m	h m	h m	h m	h m	h m	h m	h m	h m	h m	h m	h m	h m	h m
Nov. 16	1 01	0 33	0 12	.. ..	.. ..	.. ..	23 48	23 33	23 19	23 05	22 50	22 32	22 22	22 10
17	1 16	0 55	0 40	0 26	0 15	0 05	.. ..	.. ..	.. ..	23 57	23 46	23 34	23 27	23 18
18	1 27	1 13	1 03	0 54	0 46	0 39	0 27	0 17	0 07	.. ..	.. ..	.. ..	.. ..	.. ..
19	1 36	1 29	1 23	1 18	1 14	1 11	1 05	0 59	0 54	0 48	0 42	0 36	0 32	0 28
20	1 44	1 43	1 43	1 42	1 42	1 42	1 41	1 41	1 41	1 40	1 40	1 39	1 39	1 38
21	1 52	1 58	2 03	2 07	2 11	2 14	2 20	2 24	2 29	2 34	2 39	2 44	2 48	2 51
22	2 02	2 15	2 26	2 35	2 42	2 49	3 01	3 11	3 21	3 31	3 41	3 53	4 00	4 08
23	2 15	2 36	2 53	3 07	3 18	3 29	3 47	4 02	4 17	4 31	4 47	5 06	5 16	5 28
24	2 35	3 05	3 28	3 47	4 02	4 16	4 39	4 59	5 18	5 37	5 57	6 21	6 35	6 51
25	3 08	3 47	4 15	4 37	4 55	5 11	5 38	6 01	6 23	6 45	7 08	7 35	7 51	8 10
26	4 02	4 45	5 15	5 39	5 58	6 15	6 43	7 07	7 30	7 52	8 16	8 44	9 01	9 20
27	5 20	5 59	6 27	6 50	7 08	7 24	7 50	8 13	8 34	8 55	9 18	9 44	9 59	10 17
28	6 51	7 22	7 45	8 04	8 20	8 33	8 56	9 15	9 34	9 52	10 11	10 33	10 46	11 01
29	8 23	8 45	9 03	9 17	9 29	9 40	9 57	10 13	10 27	10 41	10 57	11 14	11 24	11 35
30	9 50	10 05	10 17	10 26	10 35	10 42	10 54	11 05	11 15	11 25	11 36	11 48	11 55	12 03
Dec. 1	11 11	11 20	11 26	11 32	11 36	11 41	11 48	11 54	11 59	12 05	12 11	12 18	12 22	12 26
2	12 29	12 31	12 33	12 34	12 35	12 36	12 38	12 39	12 41	12 42	12 44	12 45	12 46	12 47
3	13 44	13 40	13 37	13 34	13 32	13 30	13 27	13 24	13 21	13 18	13 15	13 12	13 10	13 07
4	14 59	14 49	14 41	14 34	14 29	14 24	14 15	14 08	14 01	13 54	13 47	13 38	13 33	13 28
5	16 14	15 58	15 45	15 35	15 26	15 18	15 05	14 53	14 42	14 31	14 19	14 06	13 59	13 50
6	17 31	17 08	16 51	16 36	16 24	16 13	15 55	15 39	15 25	15 10	14 55	14 37	14 27	14 15
7	18 49	18 19	17 56	17 38	17 23	17 10	16 48	16 28	16 10	15 53	15 34	15 12	14 59	14 44
8	20 04	19 27	19 01	18 40	18 23	18 07	17 41	17 19	16 59	16 39	16 17	15 52	15 37	15 20
9	21 11	20 30	20 01	19 38	19 19	19 03	18 36	18 12	17 50	17 28	17 05	16 37	16 21	16 02
10	22 04	21 23	20 54	20 31	20 12	19 56	19 29	19 05	18 43	18 21	17 57	17 29	17 13	16 53

.. .. indicates phenomenon will occur the next day.

UNIVERSAL TIME FOR MERIDIAN OF GREENWICH

MOONRISE

Lat.	+40°	+42°	+44°	+46°	+48°	+50°	+52°	+54°	+56°	+58°	+60°	+62°	+64°	+66°
	h m	h m	h m	h m	h m	h m	h m	h m	h m	h m	h m	h m	h m	h m
Nov. 16	12 13	12 19	12 25	12 32	12 39	12 47	12 56	13 05	13 16	13 29	13 44	14 01	14 23	14 50
17	12 42	12 46	12 51	12 56	13 01	13 07	13 13	13 20	13 27	13 36	13 46	13 57	14 10	14 26
18	13 08	13 10	13 13	13 16	13 20	13 23	13 27	13 31	13 36	13 41	13 46	13 53	14 00	14 09
19	13 32	13 33	13 34	13 35	13 37	13 38	13 39	13 41	13 43	13 44	13 47	13 49	13 52	13 55
20	13 56	13 56	13 55	13 54	13 53	13 52	13 52	13 50	13 49	13 48	13 47	13 45	13 43	13 41
21	14 22	14 20	14 17	14 15	14 12	14 08	14 05	14 01	13 57	13 52	13 47	13 41	13 35	13 27
22	14 52	14 48	14 43	14 38	14 33	14 27	14 21	14 14	14 07	13 58	13 49	13 38	13 25	13 10
23	15 28	15 22	15 15	15 08	15 01	14 52	14 43	14 33	14 21	14 08	13 53	13 34	13 12	12 42
24	16 13	16 05	15 57	15 48	15 38	15 27	15 15	15 01	14 45	14 26	14 03	13 32	12 45	□
25	17 09	17 00	16 51	16 41	16 29	16 17	16 02	15 46	15 26	15 02	14 29	13 34	□	□
26	18 16	18 07	17 58	17 47	17 36	17 23	17 09	16 52	16 32	16 07	15 33	14 31	□	□
27	19 29	19 21	19 13	19 04	18 54	18 43	18 30	18 16	17 59	17 39	17 14	16 38	15 30	□
28	20 43	20 36	20 30	20 23	20 15	20 06	19 56	19 46	19 33	19 19	19 02	18 41	18 13	17 34
29	21 54	21 49	21 44	21 39	21 34	21 27	21 21	21 13	21 05	20 55	20 44	20 31	20 15	19 56
30	23 01	22 58	22 55	22 52	22 48	22 44	22 40	22 35	22 30	22 25	22 18	22 11	22 02	21 52
Dec. 1	.. ..	.. ..	.. ..	.. ..	23 59	23 57	23 55	23 53	23 51	23 49	23 46	23 43	23 39	23 35
2	0 04	0 03	0 02	0 00	.. ..	.. ..	.. ..	.. ..	.. ..	.. ..	.. ..	.. ..	.. ..	.. ..
3	1 05	1 06	1 06	1 06	1 07	1 07	1 07	1 08	1 08	1 09	1 10	1 10	1 11	1 12
4	2 05	2 07	2 09	2 11	2 13	2 16	2 18	2 21	2 24	2 28	2 32	2 37	2 42	2 48
5	3 05	3 09	3 12	3 16	3 20	3 25	3 29	3 35	3 41	3 48	3 55	4 04	4 14	4 27
6	4 06	4 11	4 16	4 22	4 28	4 34	4 42	4 50	4 59	5 09	5 21	5 35	5 52	6 13
7	5 08	5 14	5 21	5 28	5 36	5 45	5 55	6 06	6 18	6 33	6 50	7 12	7 40	8 21
8	6 10	6 18	6 26	6 35	6 44	6 55	7 07	7 21	7 38	7 57	8 21	8 55	9 53	■
9	7 11	7 19	7 28	7 38	7 49	8 02	8 16	8 32	8 51	9 16	9 48	10 44	■	■
10	8 07	8 16	8 25	8 35	8 47	9 00	9 15	9 32	9 53	10 19	10 55	12 24	■	■

MOONSET

Lat.	+40°	+42°	+44°	+46°	+48°	+50°	+52°	+54°	+56°	+58°	+60°	+62°	+64°	+66°
	h m	h m	h m	h m	h m	h m	h m	h m	h m	h m	h m	h m	h m	h m
Nov. 16	22 10	22 05	21 59	21 53	21 46	21 38	21 30	21 21	21 11	20 59	20 45	20 28	20 08	19 41
17	23 18	23 15	23 11	23 06	23 02	22 57	22 51	22 45	22 38	22 31	22 22	22 12	22 00	21 46
18	.. ..	.. ..	.. ..	.. ..	.. ..	.. ..	.. ..	.. ..	.. ..	.. ..	23 58	23 53	23 47	23 41
19	0 28	0 26	0 24	0 21	0 19	0 16	0 13	0 10	0 07	0 03	.. ..	.. ..	.. ..	.. ..
20	1 38	1 38	1 38	1 38	1 37	1 37	1 37	1 37	1 36	1 36	1 35	1 35	1 34	1 34
21	2 51	2 53	2 55	2 57	2 59	3 01	3 03	3 06	3 09	3 12	3 16	3 20	3 25	3 30
22	4 08	4 12	4 15	4 19	4 24	4 29	4 34	4 40	4 46	4 54	5 02	5 12	5 23	5 37
23	5 28	5 34	5 40	5 46	5 53	6 01	6 09	6 19	6 30	6 42	6 56	7 14	7 35	8 04
24	6 51	6 58	7 06	7 14	7 24	7 34	7 46	7 59	8 15	8 33	8 56	9 26	10 12	..
25	8 10	8 18	8 28	8 38	8 49	9 01	9 15	9 32	9 51	10 16	10 48	11 43	□	□
26	9 20	9 28	9 38	9 48	10 00	10 13	10 27	10 44	11 04	11 29	12 04	13 05	□	□
27	10 17	10 24	10 33	10 42	10 53	11 04	11 17	11 32	11 49	12 09	12 35	13 11	14 20	□
28	11 01	11 07	11 14	11 22	11 30	11 40	11 50	12 01	12 14	12 29	12 47	13 09	13 37	14 18
29	11 35	11 40	11 46	11 51	11 58	12 04	12 12	12 20	12 29	12 40	12 52	13 06	13 22	13 43
30	12 03	12 06	12 10	12 14	12 18	12 23	12 28	12 33	12 39	12 46	12 54	13 02	13 12	13 24
Dec. 1	12 26	12 28	12 30	12 32	12 35	12 37	12 40	12 43	12 46	12 50	12 54	12 59	13 04	13 10
2	12 47	12 48	12 49	12 49	12 50	12 50	12 51	12 51	12 52	12 53	12 54	12 55	12 56	12 57
3	13 07	13 06	13 05	13 04	13 03	13 02	13 00	12 59	12 57	12 55	12 53	12 51	12 48	12 45
4	13 28	13 26	13 23	13 20	13 17	13 14	13 11	13 07	13 03	12 58	12 53	12 47	12 40	12 33
5	13 50	13 46	13 42	13 38	13 33	13 28	13 22	13 16	13 09	13 02	12 53	12 43	12 32	12 18
6	14 15	14 10	14 04	13 58	13 52	13 44	13 37	13 28	13 18	13 07	12 54	12 39	12 21	11 59
7	14 44	14 38	14 31	14 23	14 15	14 05	13 55	13 44	13 31	13 15	12 57	12 35	12 07	11 25
8	15 20	15 12	15 03	14 54	14 44	14 33	14 21	14 06	13 50	13 30	13 05	12 32	11 33	■
9	16 02	15 54	15 45	15 34	15 23	15 11	14 57	14 40	14 20	13 56	13 23	12 28	■	■
10	16 53	16 45	16 35	16 25	16 13	16 00	15 46	15 28	15 08	14 42	14 06	12 37	■	■

□ indicates Moon continuously above horizon.
■ indicates Moon continuously below horizon.
.. .. indicates phenomenon will occur the next day.

MOONRISE AND MOONSET, 2007
UNIVERSAL TIME FOR MERIDIAN OF GREENWICH
MOONRISE

Lat.	−55°	−50°	−45°	−40°	−35°	−30°	−20°	−10°	0°	+10°	+20°	+30°	+35°	+40°
	h m	h m	h m	h m	h m	h m	h m	h m	h m	h m	h m	h m	h m	h m
Dec. 9	2 15	2 52	3 20	3 41	3 59	4 15	4 41	5 04	5 25	5 47	6 10	6 36	6 52	7 11
10	2 55	3 36	4 05	4 28	4 47	5 04	5 31	5 55	6 17	6 39	7 03	7 31	7 48	8 07
11	3 52	4 32	5 01	5 23	5 42	5 58	6 25	6 48	7 10	7 32	7 55	8 22	8 38	8 57
12	5 04	5 39	6 04	6 25	6 42	6 56	7 21	7 43	8 03	8 22	8 44	9 08	9 22	9 39
13	6 24	6 52	7 13	7 30	7 45	7 57	8 18	8 36	8 53	9 10	9 28	9 49	10 01	10 15
14	7 49	8 09	8 25	8 38	8 49	8 58	9 14	9 29	9 42	9 55	10 09	10 25	10 34	10 45
15	9 13	9 26	9 37	9 45	9 52	9 59	10 10	10 19	10 28	10 37	10 47	10 58	11 04	11 11
16	10 38	10 44	10 49	10 53	10 56	11 00	11 05	11 10	11 14	11 18	11 23	11 28	11 31	11 35
17	12 03	12 02	12 02	12 01	12 01	12 01	12 00	12 00	12 00	11 59	11 59	11 59	11 58	11 58
18	13 31	13 23	13 17	13 12	13 08	13 04	12 58	12 52	12 47	12 41	12 36	12 30	12 26	12 22
19	15 03	14 48	14 36	14 26	14 18	14 10	13 58	13 47	13 37	13 26	13 16	13 04	12 57	12 49
20	16 41	16 17	15 59	15 44	15 31	15 20	15 02	14 46	14 31	14 16	14 00	13 42	13 32	13 20
21	18 21	17 48	17 23	17 03	16 47	16 33	16 09	15 49	15 30	15 11	14 51	14 28	14 15	13 59
22	19 54	19 13	18 44	18 21	18 02	17 46	17 19	16 56	16 34	16 12	15 49	15 23	15 07	14 49
23	21 06	20 24	19 54	19 31	19 11	18 55	18 27	18 03	17 40	17 18	16 54	16 26	16 09	15 50
24	21 53	21 16	20 49	20 28	20 10	19 55	19 29	19 06	18 45	18 24	18 01	17 35	17 19	17 01
25	22 20	21 52	21 31	21 13	20 58	20 45	20 23	20 04	19 46	19 28	19 08	18 46	18 32	18 17
26	22 37	22 17	22 01	21 48	21 37	21 27	21 10	20 55	20 41	20 27	20 11	19 54	19 44	19 32
27	22 49	22 36	22 25	22 16	22 08	22 02	21 50	21 40	21 30	21 20	21 10	20 58	20 51	20 43
28	22 57	22 50	22 45	22 40	22 36	22 32	22 26	22 20	22 15	22 10	22 04	21 58	21 54	21 50
29	23 04	23 03	23 02	23 01	23 01	23 00	22 59	22 58	22 57	22 57	22 56	22 55	22 54	22 54
30	23 11	23 15	23 19	23 22	23 25	23 27	23 31	23 35	23 38	23 42	23 45	23 50	23 52	23 55
31	23 18	23 28	23 36	23 43	23 49	23 54	.. ..	.. ..	.. ..	.. ..	.. ..	.. ..	.. ..	.. ..
32	23 26	23 42	23 55	.. ..	.. ..	.. ..	0 03	0 11	0 19	0 26	0 35	0 44	0 50	0 56
33	23 37	23 59	.. ..	0 05	0 14	0 23	0 36	0 49	1 00	1 12	1 24	1 39	1 47	1 57

MOONSET

Lat.	−55°	−50°	−45°	−40°	−35°	−30°	−20°	−10°	0°	+10°	+20°	+30°	+35°	+40°
	h m	h m	h m	h m	h m	h m	h m	h m	h m	h m	h m	h m	h m	h m
Dec. 9	21 11	20 30	20 01	19 38	19 19	19 03	18 36	18 12	17 50	17 28	17 05	16 37	16 21	16 02
10	22 04	21 23	20 54	20 31	20 12	19 56	19 29	19 05	18 43	18 21	17 57	17 29	17 13	16 53
11	22 41	22 05	21 38	21 17	21 00	20 45	20 19	19 56	19 36	19 15	18 52	18 26	18 10	17 52
12	23 05	22 36	22 14	21 56	21 41	21 28	21 05	20 46	20 27	20 09	19 49	19 25	19 12	18 56
13	23 22	23 00	22 43	22 29	22 17	22 06	21 48	21 32	21 17	21 02	20 45	20 26	20 15	20 02
14	23 34	23 19	23 07	22 57	22 48	22 40	22 27	22 15	22 04	21 53	21 41	21 27	21 19	21 10
15	23 43	23 35	23 28	23 22	23 17	23 12	23 04	22 57	22 50	22 43	22 36	22 28	22 23	22 18
16	23 51	23 49	23 47	23 45	23 43	23 42	23 40	23 38	23 36	23 34	23 31	23 29	23 27	23 25
17	23 59	.. ..	.. ..	.. ..	.. ..	.. ..	.. ..	.. ..	.. ..	.. ..	.. ..	.. ..	.. ..	.. ..
18	.. ..	0 03	0 06	0 08	0 11	0 13	0 16	0 19	0 22	0 24	0 27	0 31	0 33	0 35
19	0 08	0 18	0 26	0 33	0 39	0 45	0 54	1 02	1 10	1 17	1 26	1 35	1 41	1 47
20	0 19	0 37	0 50	1 02	1 12	1 21	1 36	1 49	2 02	2 14	2 28	2 43	2 52	3 03
21	0 35	1 01	1 20	1 37	1 51	2 03	2 23	2 41	2 58	3 15	3 34	3 55	4 07	4 21
22	1 00	1 34	2 00	2 20	2 38	2 52	3 18	3 40	4 00	4 20	4 43	5 08	5 23	5 41
23	1 42	2 23	2 53	3 16	3 35	3 51	4 19	4 43	5 06	5 28	5 52	6 19	6 36	6 55
24	2 48	3 30	3 59	4 23	4 42	4 58	5 26	5 50	6 12	6 34	6 57	7 24	7 40	7 59
25	4 15	4 50	5 16	5 37	5 54	6 09	6 34	6 55	7 15	7 34	7 55	8 20	8 34	8 50
26	5 50	6 16	6 37	6 53	7 07	7 19	7 39	7 56	8 13	8 29	8 46	9 05	9 17	9 30
27	7 22	7 40	7 55	8 06	8 16	8 25	8 40	8 53	9 05	9 17	9 29	9 44	9 52	10 01
28	8 49	9 00	9 08	9 16	9 22	9 27	9 36	9 45	9 52	9 59	10 07	10 16	10 21	10 27
29	10 10	10 15	10 18	10 21	10 23	10 26	10 29	10 33	10 36	10 39	10 42	10 45	10 47	10 50
30	11 28	11 26	11 25	11 23	11 22	11 21	11 20	11 18	11 17	11 16	11 14	11 13	11 12	11 11
31	12 44	12 36	12 30	12 24	12 20	12 16	12 09	12 03	11 58	11 52	11 46	11 39	11 36	11 31
32	14 00	13 46	13 34	13 25	13 17	13 10	12 59	12 48	12 39	12 29	12 19	12 07	12 00	11 53
33	15 16	14 56	14 40	14 26	14 15	14 05	13 49	13 34	13 21	13 07	12 53	12 37	12 27	12 17

.. .. indicates phenomenon will occur the next day.

MOONRISE AND MOONSET, 2007

UNIVERSAL TIME FOR MERIDIAN OF GREENWICH

MOONRISE

Lat.	+40°	+42°	+44°	+46°	+48°	+50°	+52°	+54°	+56°	+58°	+60°	+62°	+64°	+66°
	h m	h m	h m	h m	h m	h m	h m	h m	h m	h m	h m	h m	h m	h m
Dec. 9	7 11	7 19	7 28	7 38	7 49	8 02	8 16	8 32	8 51	9 16	9 48	10 44	■	■
10	8 07	8 16	8 25	8 35	8 47	9 00	9 15	9 32	9 53	10 19	10 55	12 24	■	■
11	8 57	9 05	9 14	9 24	9 35	9 47	10 01	10 17	10 36	11 00	11 31	12 20	■	■
12	9 39	9 47	9 55	10 03	10 13	10 24	10 36	10 49	11 05	11 23	11 46	12 16	13 01	■
13	10 15	10 21	10 27	10 35	10 42	10 51	11 00	11 11	11 23	11 36	11 53	12 12	12 36	13 09
14	10 45	10 49	10 54	11 00	11 05	11 12	11 19	11 26	11 35	11 44	11 55	12 08	12 23	12 41
15	11 11	11 14	11 17	11 21	11 25	11 29	11 33	11 38	11 44	11 50	11 56	12 04	12 13	12 24
16	11 35	11 36	11 38	11 40	11 42	11 44	11 46	11 48	11 51	11 54	11 57	12 00	12 04	12 09
17	11 58	11 58	11 58	11 58	11 58	11 58	11 57	11 57	11 57	11 57	11 57	11 57	11 56	11 56
18	12 22	12 20	12 19	12 17	12 14	12 12	12 10	12 07	12 04	12 01	11 57	11 53	11 48	11 43
19	12 49	12 45	12 42	12 38	12 34	12 29	12 24	12 18	12 12	12 06	11 58	11 49	11 39	11 28
20	13 20	13 15	13 10	13 04	12 57	12 50	12 42	12 34	12 24	12 13	12 01	11 46	11 29	11 07
21	13 59	13 53	13 45	13 37	13 28	13 19	13 08	12 56	12 42	12 26	12 07	11 43	11 12	10 23
22	14 49	14 41	14 32	14 22	14 11	14 00	13 46	13 31	13 13	12 51	12 23	11 43	□	□
23	15 50	15 41	15 32	15 22	15 10	14 57	14 43	14 26	14 05	13 40	13 05	11 59	□	□
24	17 01	16 53	16 44	16 34	16 24	16 12	15 58	15 42	15 24	15 01	14 31	13 44	□	□
25	18 17	18 10	18 03	17 54	17 46	17 36	17 25	17 12	16 58	16 41	16 20	15 53	15 15	□
26	19 32	19 27	19 21	19 15	19 08	19 01	18 53	18 44	18 34	18 22	18 08	17 52	17 32	17 07
27	20 43	20 40	20 36	20 32	20 27	20 22	20 17	20 11	20 05	19 58	19 49	19 40	19 28	19 15
28	21 50	21 48	21 46	21 44	21 42	21 39	21 37	21 34	21 30	21 26	21 22	21 18	21 12	21 06
29	22 54	22 53	22 53	22 53	22 52	22 52	22 52	22 51	22 51	22 50	22 50	22 49	22 48	22 47
30	23 55	23 56	23 58	23 59	.. ..	.. ..	.. ..	.. ..	.. ..	.. ..	.. ..	.. ..	.. ..	.. ..
31	.. ..	.. ..	.. ..	.. ..	0 01	0 02	0 04	0 06	0 09	0 11	0 14	0 17	0 21	0 25
32	0 56	0 59	1 02	1 05	1 08	1 12	1 16	1 21	1 26	1 31	1 38	1 45	1 54	2 04
33	1 57	2 01	2 06	2 11	2 16	2 22	2 28	2 35	2 44	2 53	3 03	3 15	3 30	3 48

MOONSET

Lat.	+40°	+42°	+44°	+46°	+48°	+50°	+52°	+54°	+56°	+58°	+60°	+62°	+64°	+66°
	h m	h m	h m	h m	h m	h m	h m	h m	h m	h m	h m	h m	h m	h m
Dec. 9	16 02	15 54	15 45	15 34	15 23	15 11	14 57	14 40	14 20	13 56	13 23	12 28	■	■
10	16 53	16 45	16 35	16 25	16 13	16 00	15 46	15 28	15 08	14 42	14 06	12 37	■	■
11	17 52	17 44	17 35	17 25	17 14	17 02	16 48	16 33	16 14	15 51	15 20	14 31	■	■
12	18 56	18 49	18 41	18 33	18 23	18 13	18 01	17 48	17 33	17 15	16 53	16 23	15 39	■
13	20 02	19 57	19 51	19 44	19 37	19 29	19 20	19 10	18 58	18 45	18 30	18 11	17 48	17 16
14	21 10	21 06	21 01	20 57	20 51	20 46	20 40	20 33	20 25	20 16	20 06	19 55	19 41	19 24
15	22 18	22 15	22 12	22 10	22 07	22 03	22 00	21 56	21 51	21 46	21 41	21 34	21 27	21 18
16	23 25	23 25	23 24	23 23	23 22	23 21	23 20	23 19	23 17	23 16	23 14	23 12	23 10	23 07
17	.. ..	.. ..	.. ..	.. ..	.. ..	.. ..	.. ..	.. ..	.. ..	.. ..	.. ..	.. ..	.. ..	.. ..
18	0 35	0 36	0 37	0 38	0 39	0 40	0 42	0 43	0 45	0 47	0 49	0 52	0 55	0 58
19	1 47	1 50	1 53	1 56	1 59	2 03	2 07	2 12	2 17	2 22	2 29	2 36	2 44	2 54
20	3 03	3 07	3 12	3 17	3 23	3 30	3 37	3 45	3 53	4 03	4 15	4 28	4 45	5 05
21	4 21	4 28	4 35	4 42	4 51	5 00	5 10	5 21	5 35	5 50	6 08	6 31	7 02	7 50
22	5 41	5 49	5 57	6 07	6 17	6 29	6 42	6 57	7 15	7 36	8 04	8 43	□	□
23	6 55	7 04	7 13	7 24	7 35	7 48	8 03	8 20	8 40	9 05	9 40	10 46	□	□
24	7 59	8 07	8 16	8 26	8 37	8 50	9 04	9 20	9 39	10 02	10 32	11 19	□	□
25	8 50	8 57	9 05	9 14	9 23	9 33	9 45	9 58	10 13	10 31	10 52	11 19	11 58	□
26	9 30	9 35	9 42	9 48	9 56	10 03	10 12	10 22	10 33	10 45	11 00	11 17	11 38	12 04
27	10 01	10 05	10 10	10 14	10 19	10 25	10 31	10 38	10 45	10 53	11 03	11 14	11 26	11 41
28	10 27	10 30	10 32	10 35	10 38	10 42	10 45	10 49	10 54	10 58	11 04	11 10	11 17	11 25
29	10 50	10 51	10 52	10 53	10 54	10 55	10 57	10 58	11 00	11 02	11 04	11 06	11 09	11 12
30	11 11	11 10	11 10	11 09	11 08	11 08	11 07	11 06	11 06	11 05	11 04	11 03	11 01	11 00
31	11 31	11 29	11 27	11 25	11 23	11 20	11 17	11 14	11 11	11 07	11 03	10 59	10 53	10 47
32	11 53	11 49	11 46	11 42	11 38	11 33	11 29	11 23	11 17	11 11	11 03	10 55	10 45	10 34
33	12 17	12 12	12 07	12 01	11 55	11 49	11 42	11 34	11 25	11 15	11 04	10 51	10 35	10 16

□ indicates Moon continuously above horizon.
■ indicates Moon continuously below horizon.
.. .. indicates phenomenon will occur the next day.

Information on the constants, ephemerides, and calculations is given in the Notes and References section, page L5.

Solar Eclipses

The solar eclipse maps show the path of the eclipse, beginning and ending times of the eclipse, and the region of visibility, including restrictions due to rising and setting of the Sun. The short-dash and long-dash lines show, respectively, the progress of the leading and trailing edge of the penumbra; thus, at a given location, times of first and last contact may be interpolated.

Besselian elements characterize the geometric position of the shadow of the Moon relative to the Earth. The exterior tangents to the surfaces of the Sun and Moon form the umbral cone; the interior tangents form the penumbral cone. The common axis of these two cones is the axis of the shadow. To form a system of geocentric rectangular coordinates, the geocentric plane perpendicular to the axis of the shadow is taken as the xy-plane. This is called the fundamental plane. The x-axis is the intersection of the fundamental plane with the plane of the equator; it is positive toward the east. The y-axis is positive toward the north. The z-axis is parallel to the axis of the shadow and is positive toward the Moon. The tabular values of x and y are the coordinates, in units of the Earth's equatorial radius, of the intersection of the axis of the shadow with the fundamental plane. The direction of the axis of the shadow is specified by the declination d and hour angle μ of the point on the celestial sphere toward which the axis is directed.

The radius of the umbral cone is regarded as positive for an annular eclipse and negative for a total eclipse. The angles f_1 and f_2 are the angles at which the tangents that form the penumbral and umbral cones, respectively, intersect the axis of the shadow.

To predict accurate local circumstances, calculate the geocentric coordinates $\rho \sin \phi'$ and $\rho \cos \phi'$ from the geodetic latitude ϕ and longitude λ, using the relationships given on pages K11–K12. Inclusion of the height h in this calculation is all that is necessary to obtain the local circumstances at high altitudes.

Obtain approximate times for the beginning, middle and end of the eclipse from the eclipse map. For each of these three times, take from the table of Besselian elements, or compute from the Besselian element polynomials, the values of x, y, $\sin d$, $\cos d$, μ and l_1 (the radius of the penumbra on the fundamental plane), except that at the approximate time of the middle of the eclipse l_2 (the radius of the umbra on the fundamental plane) is required instead of l_1 if the eclipse is central (i.e., total, annular or annular-total). The hourly variations x', y' of x and y are needed, and may be obtained with sufficient accuracy by multiplying the first differences of the tabular values by 6. Alternatively, these hourly variations may be obtained by evaluating the derivative of the polynomial expressions for x and y. Values of μ', d', $\tan f_1$ and $\tan f_2$ are nearly constant throughout the eclipse and are given at the bottom of the Besselian elements table.

For each of the three approximate times, calculate the coordinates ξ, η, ζ for the observer and the hourly variations ξ' and η' from

$$\xi = \rho \cos \phi' \sin \theta,$$
$$\eta = \rho \sin \phi' \cos d - \rho \cos \phi' \sin d \cos \theta,$$
$$\zeta = \rho \sin \phi' \sin d + \rho \cos \phi' \cos d \cos \theta,$$
$$\xi' = \mu' \rho \cos \phi' \cos \theta,$$
$$\eta' = \mu' \xi \sin d - \zeta d',$$

where

$$\theta = \mu + \lambda$$

for longitudes measured positive towards the east.

Next, calculate

$$
\begin{array}{ll}
u = x - \xi & u' = x' - \xi' \\
v = y - \eta & v' = y' - \eta' \\
m^2 = u^2 + v^2 & n^2 = u'^2 + v'^2
\end{array} \qquad (m, n > 0)
$$

$$L_i = l_i - \zeta \tan f_i$$

$$D = uu' + vv'$$

$$\Delta = \tfrac{1}{n}(uv' - u'v)$$

$$\sin \psi = \tfrac{\Delta}{L_i}$$

where $i = 1, 2$.

At the approximate times of the beginning and end of the eclipse, L_1 is required. At the approximate time of the middle of the eclipse, L_2 is required if the eclipse is central; L_1 is required if the eclipse is partial.

Neglecting the variation of L, the correction τ to be applied to the approximate time of the middle of the eclipse to obtain the *Universal Time of greatest phase* is

$$\tau = -\frac{D}{n^2},$$

which may be expressed in minutes by multiplying by 60.

The correction τ to be applied to the approximate times of the beginning and end of the eclipse to obtain the *Universal Times of the penumbral contacts* is

$$\tau = \frac{L_1}{n} \cos \psi - \frac{D}{n^2},$$

which may be expressed in minutes by multiplying by 60.

If the eclipse is central, use the approximate time for the middle of the eclipse as a first approximation to the times of umbral contact. The correction τ to be applied to obtain the *Universal Times of the umbral contacts* is

$$\tau = \frac{L_2}{n} \cos \psi - \frac{D}{n^2},$$

which may be expressed in minutes by multiplying by 60.

In the last two equations, the ambiguity in the quadrant of ψ is removed by noting that $\cos \psi$ must be *negative* for the beginning of the eclipse, for the beginning of the annular phase, or for the end of the total phase; $\cos \psi$ must be *positive* for the end of the eclipse, the end of the annular phase, or the beginning of the total phase.

For greater accuracy, the times resulting from the calculation outlined above should be used in place of the original approximate times, and the entire procedure repeated at least once. The calculations for each of the contact times and the time of greatest phase should be performed separately.

The *magnitude of greatest partial eclipse*, in units of the solar diameter is

$$M_1 = \frac{L_1 - m}{(2L_1 - 0.5459)},$$

where the value of m at the time of greatest phase is used. If the magnitude is negative at the time of greatest phase, no eclipse is visible from the location.

The *magnitude of the central phase*, in the same units is

$$M_2 = \frac{L_1 - L_2}{(L_1 + L_2)}.$$

The *position angle of a point of contact* measured eastward (counterclockwise) from the north point of the solar limb is given by

$$\tan P = \frac{u}{v},$$

where u and v are evaluated at the times of contacts computed in the final approximation. The quadrant of P is determined by noting that $\sin P$ has the algebraic sign of u, except for the contacts of the total phase, for which $\sin P$ has the opposite sign to u.

The position angle of the point of contact measured eastward from the vertex of the solar limb is given by

$$V = P - C,$$

where C, the parallactic angle, is obtained with sufficient accuracy from

$$\tan C = \frac{\xi}{\eta},$$

with $\sin C$ having the same algebraic sign as ξ, and the results of the final approximation again being used. The vertex point of the solar limb lies on a great circle arc drawn from the zenith to the center of the solar disk.

Lunar Eclipses

A calculator to produce local circumstances of recent and upcoming lunar eclipses is provided at http://aa.usno.navy.mil/data/docs/LunarEclipse.html.

Explanation of Lunar Eclipse Diagram

Information on lunar eclipses is presented in the form of a diagram consisting of two parts. The upper panel shows the path of the Moon relative to the penumbral and umbral shadows of the Earth. The lower panel shows the visibility of the eclipse from the surface of the Earth.

The title of the upper panel includes the type of eclipse, its place in the sequence of eclipses for the year and the Greenwich calendar date of the eclipse. The inner darker circle is the umbral shadow of the Earth and the outer lighter circle is that of the penumbra. The axis of the shadow of the Earth is denoted by (+) with the ecliptic shown for reference purposes. A 30-arcminute scale bar is provided on the right hand side of the diagram and the orientation is given by the cardinal points displayed on the small graphic on the left hand side of the diagram. The position angle (PA) is measured from North point of the lunar disk along the limb of the Moon to the point of contact. It is shown on the graphic by the use of an arc extending anti-clockwise (eastwards) from North terminated with an arrow head.

Moon symbols are plotted at the principal phases of the eclipse to show its position relative to the umbral and penumbral shadows. The UT times of the different phases of the eclipse to the nearest tenth of a minute are printed above or below the Moon symbols as appropriate. P1 and P4 are the first and last external contacts of the penumbra respectively and denote the beginning and end of the penumbral eclipse respectively. U1 and U4 are the first and last external contacts of the umbra denoting the beginning and end of the partial phase of the eclipse respectively. U2 and U3 are the first and last internal contacts of the umbra and denote the beginning and end of the total phase respectively. MID is the middle of the eclipse. The position angle is given for P1 and P4 for penumbral eclipses and U1 and U4 for partial and total eclipses. The UT time of the geocentric opposition in right ascension of the Sun and Moon and the magnitude of the eclipse are given above or below the Moon symbols as appropriate.

The lower panel is a cylindrical equidistant map projection showing the Earth centered on the longitude at which the Moon is in the zenith at the middle of the eclipse. The visibility of the eclipse is displayed by plotting the Moon rise/set terminator for the principal phases of the eclipse for which timing information is provided in the upper panel. The terminator for the middle of the eclipse is not plotted for the sake of clarity.

The unshaded area indicates the region of the Earth from which all the eclipse is visible whereas the darkest shading indicates the area from which the eclipse is invisible. The different shades of grey indicate regions where the Moon is either rising or setting during the principal phases of the eclipse. The Moon is rising on the left hand side of the diagram after the eclipse has started and is setting on the right hand side of the diagram before the eclipse ends. Labels are provided to this effect.

Symbols are plotted showing the locations for which the Moon is in the zenith at the principal phases of the eclipse. The points at which the Moon is in the zenith at P1 and P4 are denoted by (+), at U1 and U4 by ($\odot$) and at U2 and U3 by ($\oplus$). These symbols are also plotted on the upper panel where appropriate. The value of ΔT used for the calculation of the eclipse circumstances is given below the diagram. Country boundaries are also provided to assist the user in determining the visibility of the eclipse at a particular location.

Explanation of Solar Eclipse Diagram

The solar eclipse diagrams in *The Astronomical Almanac* show the region over which different phases of each eclipse may be seen and the times at which these phases occur. Each diagram has a series of dashed curves that show the outline of the Moon's penumbra on the Earth's surface at one-hour intervals. Short dashes show the leading edge and long dashes show the trailing edge. Except for certain extreme cases, the shadow outline moves generally from west to east. The Moon's shadow cone first contacts the Earth's surface where "First Contact" is indicated on the diagram. "Last Contact" is where the Moon's shadow cone last contacts the Earth's surface. The path of central eclipse, whether for a total, annular, or annular-total eclipse, is marked by two closely spaced curves that cut across all of the dashed curves. These two curves mark the extent of the Moon's umbral shadow on the Earth's surface. Viewers within these boundaries will observe a total, annular, or annular-total eclipse and viewers outside these boundaries will see a partial eclipse.

Solid curves labeled "Northern" and "Southern Limit of Eclipse" represent the furthest extent north or south of the Moon's penumbra on the Earth's surface. Viewers outside of these boundaries will not experience any eclipse. When only one of these two curves appears, only part of the Moon's penumbra touches the Earth; the other part is projected into space north or south of the Earth, and the terminator defines the other limit.

Another set of solid curves appears on some diagrams as two teardrop shapes (or lobes) on either end of the eclipse path, and on other diagrams as a distorted figure eight. These lobes represent in time the intersection of the Moon's penumbra with the Earth's terminator as the eclipse progresses. As time elapses, the Earth's terminator moves east-to-west while the Moon's penumbra moves west-to-east. These lobes connect to form an elongated figure eight on a diagram when part of the Moon's penumbra stays in contact with the Earth's terminator throughout the eclipse. The lobes become two separate teardrop shapes when the Moon's penumbra breaks contact with the Earth's terminator during the beginning of the eclipse and reconnects with it near the end. In the east, the outer portion of the lobe is labeled "Eclipse begins at Sunset" and marks the first contact between the Moon's penumbra and Earth's terminator in the east. Observers on this curve just fail to see the eclipse. The inner part of the lobe is labeled "Eclipse ends at Sunset" and marks the last contact between the Moon's penumbra and the Earth's terminator in the east. Observers on this curve just see the whole eclipse. The curve bisecting this lobe is labeled "Maximum

Eclipse at Sunset" and is part of the sunset terminator at maximum eclipse. Viewers in the eastern half of the lobe will see the Sun set before maximum eclipse; *i.e.* see less than half of the eclipse. Viewers in the western half of the lobe will see the Sun set after maximum eclipse; *i.e.* see more than half of the eclipse. A similar description holds for the western lobe except everything occurs at sunrise instead of sunset.

There are four eclipses, two of the Sun and two of the Moon.

I	March 3−4	Total eclipse of the Moon
II	March 19	Partial eclipse of the Sun
III	August 28	Total eclipse of the Moon
IV	September 11	Partial eclipse of the Sun

Standard corrections of $+0''\!.5$ and $-0''\!.25$ have been applied to the longitude and latitude of the Moon, respectively, to help correct for the difference between the center of figure and the center of mass.

All time arguments are given provisionally in Universal Time, using $\Delta T(A) = +65^{s}\!.0$. Once an updated value of ΔT is known, the data on these pages may be expressed in Universal Time as follows:

• Define $\delta T = \Delta T - \Delta T(A)$, in units of seconds of time.

• Change the times of circumstances given in preliminary Universal Time by subtracting δT.

• Correct the tabulated longitudes, $\lambda(A)$, according to the formula $\lambda = \lambda(A) + 0.00417807\,\delta T$, where the longitudes have units of degrees.

• Leave all other quantities unchanged.

• The correction for δT is included in the Besselian elements.

Longitude is positive to the east, and negative to the west.

I. - Total Eclipse of the Moon

UT of geocentric opposition in RA: March $3^d\,23^h\,0^m\,43^s\!.959$

2007 March 03-04

Umbral magnitude of the eclipse: 1.237

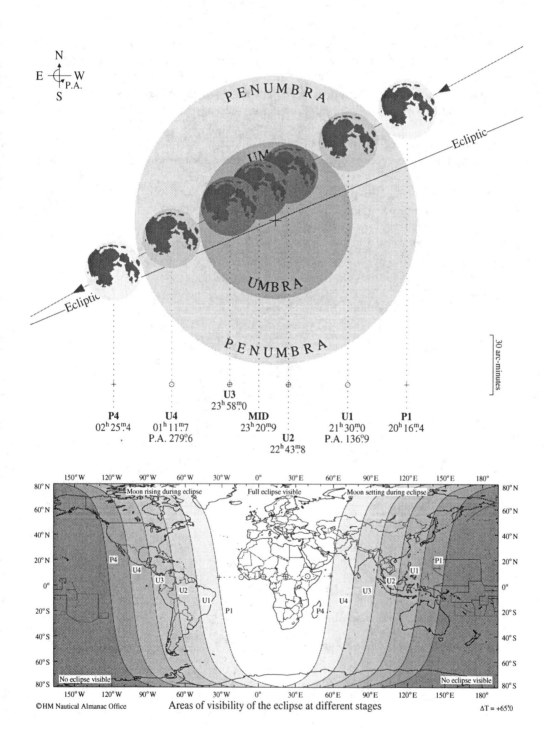

P4	**U4**	**U3**	**MID**	**U1**	**P1**
$02^h\,25^m\!.4$	$01^h\,11^m\!.7$	$23^h\,58^m\!.0$	$23^h\,20^m\!.9$	$21^h\,30^m\!.0$	$20^h\,16^m\!.4$
	P.A. $279^\circ\!.6$		**U2** $22^h\,43^m\!.8$	P.A. $136^\circ\!.9$	

Areas of visibility of the eclipse at different stages

©HM Nautical Almanac Office $\Delta T = +65^s\!.0$

II. – Partial Eclipse of the Sun, 2007 March 19

CIRCUMSTANCES OF THE ECLIPSE

UT of geocentric conjunction in right ascension, March 19^{d} 3^{h} 33^{m} $5^{s}.560$

Julian Date = 2454178.6479810190

		UT		Longitude	Latitude
		d	h m	° ′	° ′
Eclipse begins	March	19	0 38.3	+ 82 38.4	+15 26.3
Greatest eclipse		19	2 31.9	+ 55 24.4	+61 12.7
Eclipse ends		19	4 24.9	− 156 40.7	+73 25.5

Magnitude of greatest eclipse: 0.876

BESSELIAN ELEMENTS

Let $t = (\text{UT}-0^{h}) + \delta T / 3600$ in units of hours.

These equations are valid over the range $0^{h}.542 \le t \le 4^{h}.583$. Do not use t outside the given range, and do not omit any terms in the series.

Intersection of axis of shadow with fundamental plane:
$$x = -1.80616707 + 0.50831854\,t + 0.00009758\,t^{2} - 0.00000847\,t^{3}$$
$$y = +0.22656379 + 0.28142552\,t - 0.00000974\,t^{2} - 0.00000490\,t^{3}$$

Direction of axis of shadow:
$$\sin d = -0.01385061 + 0.00027562\,t + 0.00000001\,t^{2}$$
$$\cos d = +0.99990397 + 0.00000398\,t - 0.00000011\,t^{2} + 0.00000001\,t^{3}$$
$$\mu = 177°.98923658 + 15.00427001\,t + 0.00000109\,t^{2} - 0.00000005\,t^{3} - 0.00417807\,\delta T$$

Radius of shadow on fundamental plane:
$$\text{penumbra} = +0.53629479 + 0.00002248\,t - 0.00001292\,t^{2}$$

$$\tan f_{1} = +0.004697$$
$$\mu' = +0.261874 \text{ radians per hour}$$
$$d' = +0.000276 \text{ radians per hour}$$

III. - Total Eclipse of the Moon   2007 August 28

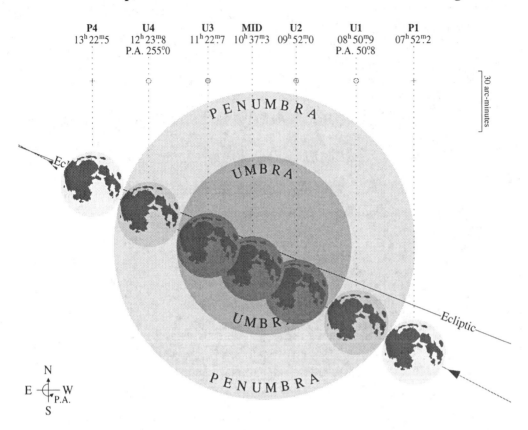

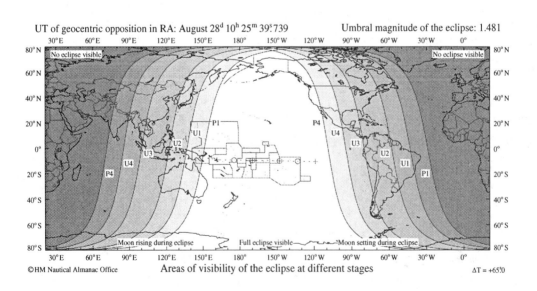

UT of geocentric opposition in RA: August 28^d 10^h 25^m 39^s.739   Umbral magnitude of the eclipse: 1.481

©HM Nautical Almanac Office   Areas of visibility of the eclipse at different stages   ΔT = +65^{s}0

IV. – Partial Eclipse of the Sun, 2007 September 11

CIRCUMSTANCES OF THE ECLIPSE

UT of geocentric conjunction in right ascension, September 11^d 13^h 42^m $40^s.421$

Julian Date = 2454355.0713011710

		UT	Longitude	Latitude
	d	h m	° ′	° ′
Eclipse begins September	11	10 25.7	−65 46.3	−17 29.7
Greatest eclipse	11	12 31.3	−90 15.5	−61 09.8
Eclipse ends	11	14 36.5	+33 34.5	−74 17.8

Magnitude of greatest eclipse: 0.751

BESSELIAN ELEMENTS

Let $t = (UT - 10^h) + \delta T / 3600$ in units of hours.

These equations are valid over the range $0^h.375 \leq t \leq 4^h.783$. Do not use t outside the given range, and do not omit any terms in the series. If μ is greater than 360°, then subtract 360° from its computed value.

Intersection of axis of shadow with fundamental plane:

$$x = -1.68440591 + 0.45380021\,t + 0.00003800\,t^2 - 0.00000535\,t^3$$
$$y = -0.36191403 - 0.24816025\,t + 0.00000011\,t^2 + 0.00000309\,t^3$$

Direction of axis of shadow:

$$\sin d = +0.08068326 - 0.00026506\,t - 0.00000002\,t^2$$
$$\cos d = +0.99673981 + 0.00002144\,t - 0.00000003\,t^2$$
$$\mu = 330°.80312122 + 15.00474890\,t + 0.00000045\,t^2 - 0.00417807\,\delta T$$

Radius of shadow on fundamental plane:

$$\text{penumbra} = +0.56207242 + 0.00014368\,t - 0.00001017\,t^2$$

$$\tan f_1 = +0.004645$$
$$\mu' = +0.261882 \text{ radians per hour}$$
$$d' = -0.000266 \text{ radians per hour}$$

PARTIAL SOLAR ECLIPSE OF 2007 MARCH 19

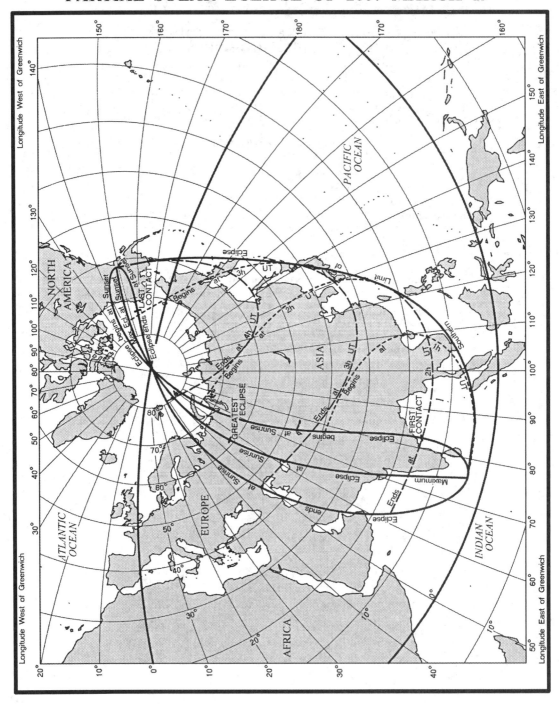

PARTIAL SOLAR ECLIPSE OF 2007 SEPTEMBER 11

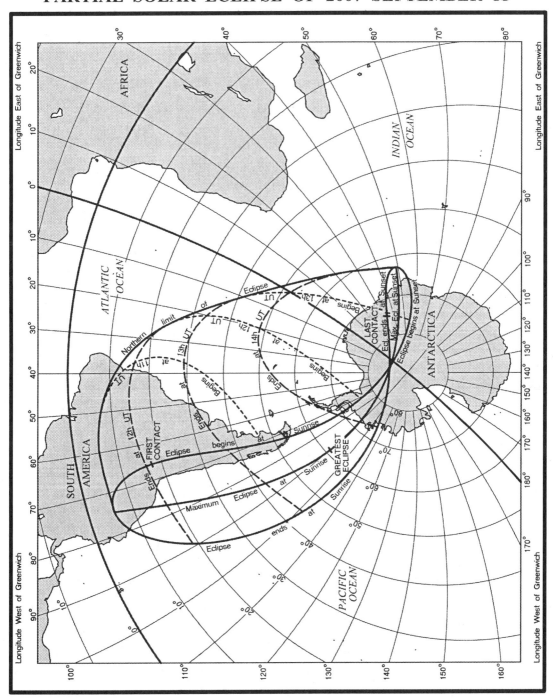

CONTENTS OF SECTION B

Introduction

The tables and formulae in this section are produced in accordance with the recommendations of the International Astronomical Union at its General Assemblies up to and including 2000. They are intended for use with relativistic coordinate time-scales, the International Celestial Reference System (ICRS), the Geocentric Celestial Reference System (GCRS) and the standard epoch of J2000·0.

Because of its consistency with previous reference systems, implementation of the ICRS will be transparent to any applications with accuracy requirements of no better than 0."1 near epoch J2000·0. At this level of accuracy the distinctions between the International Celestial Reference Frame, FK5, and dynamical equator and equinox of J2000·0 are not significant.

Procedures are given to calculate both intermediate and apparent right ascension, declination and hour angle of planetary and stellar objects which are referred to the ICRS, e.g. JPL DE405/LE405 Planetary and Lunar Ephemerides or the Hipparcos star catalogue. These procedures include the effects of the differences between time-scales, light-time and the relativistic effects of light deflection, parallax and aberration, and the rotations, i.e. frame bias and precession-nutation, to give the "of date" system.

In particular, the rotations from the GCRS to the equator of date are illustrated using both equinox-based and CIO-based techniques. The equinox approach is based on the equinox, the true or mean equator of date, and involves the well-known angles of precession, nutation and Greenwich apparent (or mean) sidereal time. The CIO-based method is defined in terms of the position of the celestial intermediate pole (CIP), its equator (the true equator of date), the celestial intermediate origin (CIO), and the Earth rotation angle (ERA). Note that the celestial intermediate pole is the pole of **both** the equinox and the CIO-based approaches, and thus the intermediate equator and the true equator of date are the same plane. The only difference between the two approaches is the location of their origins for right ascension. It must be highlighted that hour angle is independent of the origin of right ascension, however, it is essential that it is calculated consistently within the system being used.

This section includes the long-standing daily tabulations of the nutation angles, $\Delta\psi$ and $\Delta\epsilon$, the true obliquity of the ecliptic, Greenwich mean and apparent sidereal time and the equation of the equinoxes, as well as the new parameters that define the Celestial Intermediate Reference System $\mathcal{X}$, $\mathcal{Y}$, s, and the Earth rotation angle, together with various useful formulae.

The IAU 2000 definitions of all these quantities are given by the International Earth Rotation and Reference System Service, *IERS Conventions 2003*, Technical Note 32 (http://www.iers.org/iers/publications/tn/). These quantities may only be calculated to full precision by using the software code that implements them. This code is available from the IAU Standards Of Fundamental Astronomy (SOFA) web site (http://www.iau-sofa.rl.ac.uk) or from the IERS (http://www.iers.org). All the fundamental quantities that are calculated in this section use the IAU SOFA code.

The IAU 2000 definitions involving the relationship between universal time and sidereal time contain both universal and dynamical time scales, and thus require knowledge of ΔT. However, accurate values of ΔT are only available in retrospect (see http://www.iers.org). Therefore tables in this section adopt the most likely value at the time of production, and the value used, and the errors, are clearly stated in the text.

A detailed explanation and implementation of the IAU Resolutions on Astronomical Reference Systems, Time Scales, and Earth Rotation Models is published in *USNO Circular 179*, which is available at http://aa.usno.navy.mil/publications/docs/Circular179.html. Background information about time-scales and coordinate reference systems recommended by the IAU and adopted in this almanac, and about the changes in the procedures, are given in Section L, *Notes and References* and in Section M, *The Glossary*.

Introduction (continued)

Note: Some of the nomenclature used in this section is not contained in the IAU resolutions. This edition of section B, like the 2006 edition, has attempted to follow what are thought to be the likely recommendations of the IAU Working Group on Nomenclature for Fundamental Astronomy, which improve the consistency of the nomenclature for the intermediate system. Readers should note that in the IAU resolutions the origin compatible with the Earth rotation angle is called the celestial ephemeris origin (CEO), and not the celestial intermediate origin (CIO). Similarly, the origin of the terrestrial system is called the terrestrial ephemeris origin (TEO) and not the terrestrial intermediate origin (TIO).

Julian date

A Julian date (JD) may be associated with any time scale. A tabulation of Julian date (JD) at 0^h UT1 against calendar date is given with the ephemeris of universal and sidereal times on pages B12–B19. Similarly, pages B20–B23 tabulate the UT1 Julian date together with the Earth rotation angle. The following relationship holds during 2007:

$$\text{UT1 Julian date} = \text{JD}_{\text{UT1}} = 245\,4100.5 + \text{day of year} + \text{fraction of day from } 0^h \text{ UT1}$$
$$\text{TT Julian date} = \text{JD}_{\text{TT}} = 245\,4100.5 + d + \text{fraction of day from } 0^h \text{ TT}$$

where the day of the year (d) for the current year of the Gregorian calendar is given on pages B4–B5. The following table gives the Julian dates at day 0 of each month of 2007:

0^h	Julian Date	0^h	Julian Date	0^h	Julian Date
Jan. 0	245 4100·5	May 0	245 4220·5	Sept. 0	245 4343·5
Feb. 0	245 4131·5	June 0	245 4251·5	Oct. 0	245 4373·5
Mar. 0	245 4159·5	July 0	245 4281·5	Nov. 0	245 4404·5
Apr. 0	245 4190·5	Aug. 0	245 4312·5	Dec. 0	245 4434·5

Tabulations of Julian date against calendar date for other years are given on pages K2–K4. Other relevant dates are:

$$\text{400-day date, JD } 245\,4400.5 = 2007 \text{ October } 27.0$$

Standard epoch	1900 January 0 12^h UT1	= JD 241 5020·0 UT1
Standard epoch	B1900·0 = 1899 Dec. 31·813 52	= JD 241 5020·313 52
	B1950·0 = 1950 Jan. 0·923	= JD 243 3282·423
	B2007·0 = 2007 Jan. 0·729 TT	= JD 245 4101·229 TT
Standard epoch	J2000·0 = 2000 Jan. 1·5 TT	= JD 245 1545·0 TT
	J2007·5 = 2007 July 2·875 TT	= JD 245 4284·375 TT

The "*modified Julian date*" (MJD) is the Julian date minus 240 0000·5 and in 2007 is given by: MJD = 54100·0 + day of year + fraction of day from 0^h in the time scale being used.

A date may also be expressed in years as a Julian epoch, or for some purposes as a Besselian epoch, using:

$$\text{Julian epoch} = \text{J}[2000.0 + (\text{JD}_{\text{TT}} - 245\,1545.0)/365.25]$$
$$\text{Besselian epoch} = \text{B}[1900.0 + (\text{JD}_{\text{TT}} - 241\,5020.313\,52)/365.242\,198\,781]$$

the prefixes J and B may be omitted only where the context, or precision, make them superfluous.

Day of Month	JANUARY		FEBRUARY		MARCH		APRIL		MAY		JUNE	
	Day of Week	Day of Year	Day of Week	Day of Year	Day of Week	Day of Year	Day of Week	Day of Year	Day of Week	Day of Year	Day of Week	Day of Year
1	Mon.	1	Thu.	32	Thu.	60	Sun.	91	Tue.	121	Fri.	152
2	Tue.	2	Fri.	33	Fri.	61	Mon.	92	Wed.	122	Sat.	153
3	Wed.	3	Sat.	34	Sat.	62	Tue.	93	Thu.	123	Sun.	154
4	Thu.	4	Sun.	35	Sun.	63	Wed.	94	Fri.	124	Mon.	155
5	Fri.	5	Mon.	36	Mon.	64	Thu.	95	Sat.	125	Tue.	156
6	Sat.	6	Tue.	37	Tue.	65	Fri.	96	Sun.	126	Wed.	157
7	Sun.	7	Wed.	38	Wed.	66	Sat.	97	Mon.	127	Thu.	158
8	Mon.	8	Thu.	39	Thu.	67	Sun.	98	Tue.	128	Fri.	159
9	Tue.	9	Fri.	40	Fri.	68	Mon.	99	Wed.	129	Sat.	160
10	Wed.	10	Sat.	41	Sat.	69	Tue.	100	Thu.	130	Sun.	161
11	Thu.	11	Sun.	42	Sun.	70	Wed.	101	Fri.	131	Mon.	162
12	Fri.	12	Mon.	43	Mon.	71	Thu.	102	Sat.	132	Tue.	163
13	Sat.	13	Tue.	44	Tue.	72	Fri.	103	Sun.	133	Wed.	164
14	Sun.	14	Wed.	45	Wed.	73	Sat.	104	Mon.	134	Thu.	165
15	Mon.	15	Thu.	46	Thu.	74	Sun.	105	Tue.	135	Fri.	166
16	Tue.	16	Fri.	47	Fri.	75	Mon.	106	Wed.	136	Sat.	167
17	Wed.	17	Sat.	48	Sat.	76	Tue.	107	Thu.	137	Sun.	168
18	Thu.	18	Sun.	49	Sun.	77	Wed.	108	Fri.	138	Mon.	169
19	Fri.	19	Mon.	50	Mon.	78	Thu.	109	Sat.	139	Tue.	170
20	Sat.	20	Tue.	51	Tue.	79	Fri.	110	Sun.	140	Wed.	171
21	Sun.	21	Wed.	52	Wed.	80	Sat.	111	Mon.	141	Thu.	172
22	Mon.	22	Thu.	53	Thu.	81	Sun.	112	Tue.	142	Fri.	173
23	Tue.	23	Fri.	54	Fri.	82	Mon.	113	Wed.	143	Sat.	174
24	Wed.	24	Sat.	55	Sat.	83	Tue.	114	Thu.	144	Sun.	175
25	Thu.	25	Sun.	56	Sun.	84	Wed.	115	Fri.	145	Mon.	176
26	Fri.	26	Mon.	57	Mon.	85	Thu.	116	Sat.	146	Tue.	177
27	Sat.	27	Tue.	58	Tue.	86	Fri.	117	Sun.	147	Wed.	178
28	Sun.	28	Wed.	59	Wed.	87	Sat.	118	Mon.	148	Thu.	179
29	Mon.	29			Thu.	88	Sun.	119	Tue.	149	Fri.	180
30	Tue.	30			Fri.	89	Mon.	120	Wed.	150	Sat.	181
31	Wed.	31			Sat.	90			Thu.	151		

CHRONOLOGICAL CYCLES AND ERAS

Dominical Letter	... ...	G	Julian Period (year of)	6720
Epact		11	Roman Indiction	15
Golden Number (Lunar Cycle) ...		XIII	Solar Cycle	28

All dates are given in terms of the Gregorian calendar in which
2007 January 14 corresponds to 2007 January 1 of the Julian calendar.

ERA	YEAR	BEGINS	ERA	YEAR	BEGINS
Byzantine	7516	Sept. 14	Japanese	2667	Jan. 1
Jewish (A.M.)*	5768	Sept. 12	Grecian (Seleucidæ) ...	2319	Sept. 14
Chinese (Ding-hai) ...	(4644)	Feb. 18			(or Oct. 14)
Roman (A.U.C.)	2760	Jan. 14	Indian (Saka)	1929	Mar. 22
Nabonassar	2756	Apr. 22	Diocletian	1724	Sept. 12
			Islamic (Hegira)* ...	1428	Jan. 19

* Year begins at sunset

Day of Month	JULY Day of Week	Day of Year	AUGUST Day of Week	Day of Year	SEPTEMBER Day of Week	Day of Year	OCTOBER Day of Week	Day of Year	NOVEMBER Day of Week	Day of Year	DECEMBER Day of Week	Day of Year
1	Sun.	182	Wed.	213	Sat.	244	Mon.	274	Thu.	305	Sat.	335
2	Mon.	183	Thu.	214	Sun.	245	Tue.	275	Fri.	306	Sun.	336
3	Tue.	184	Fri.	215	Mon.	246	Wed.	276	Sat.	307	Mon.	337
4	Wed.	185	Sat.	216	Tue.	247	Thu.	277	Sun.	308	Tue.	338
5	Thu.	186	Sun.	217	Wed.	248	Fri.	278	Mon.	309	Wed.	339
6	Fri.	187	Mon.	218	Thu.	249	Sat.	279	Tue.	310	Thu.	340
7	Sat.	188	Tue.	219	Fri.	250	Sun.	280	Wed.	311	Fri.	341
8	Sun.	189	Wed.	220	Sat.	251	Mon.	281	Thu.	312	Sat.	342
9	Mon.	190	Thu.	221	Sun.	252	Tue.	282	Fri.	313	Sun.	343
10	Tue.	191	Fri.	222	Mon.	253	Wed.	283	Sat.	314	Mon.	344
11	Wed.	192	Sat.	223	Tue.	254	Thu.	284	Sun.	315	Tue.	345
12	Thu.	193	Sun.	224	Wed.	255	Fri.	285	Mon.	316	Wed.	346
13	Fri.	194	Mon.	225	Thu.	256	Sat.	286	Tue.	317	Thu.	347
14	Sat.	195	Tue.	226	Fri.	257	Sun.	287	Wed.	318	Fri.	348
15	Sun.	196	Wed.	227	Sat.	258	Mon.	288	Thu.	319	Sat.	349
16	Mon.	197	Thu.	228	Sun.	259	Tue.	289	Fri.	320	Sun.	350
17	Tue.	198	Fri.	229	Mon.	260	Wed.	290	Sat.	321	Mon.	351
18	Wed.	199	Sat.	230	Tue.	261	Thu.	291	Sun.	322	Tue.	352
19	Thu.	200	Sun.	231	Wed.	262	Fri.	292	Mon.	323	Wed.	353
20	Fri.	201	Mon.	232	Thu.	263	Sat.	293	Tue.	324	Thu.	354
21	Sat.	202	Tue.	233	Fri.	264	Sun.	294	Wed.	325	Fri.	355
22	Sun.	203	Wed.	234	Sat.	265	Mon.	295	Thu.	326	Sat.	356
23	Mon.	204	Thu.	235	Sun.	266	Tue.	296	Fri.	327	Sun.	357
24	Tue.	205	Fri.	236	Mon.	267	Wed.	297	Sat.	328	Mon.	358
25	Wed.	206	Sat.	237	Tue.	268	Thu.	298	Sun.	329	Tue.	359
26	Thu.	207	Sun.	238	Wed.	269	Fri.	299	Mon.	330	Wed.	360
27	Fri.	208	Mon.	239	Thu.	270	Sat.	300	Tue.	331	Thu.	361
28	Sat.	209	Tue.	240	Fri.	271	Sun.	301	Wed.	332	Fri.	362
29	Sun.	210	Wed.	241	Sat.	272	Mon.	302	Thu.	333	Sat.	363
30	Mon.	211	Thu.	242	Sun.	273	Tue.	303	Fri.	334	Sun.	364
31	Tue.	212	Fri.	243			Wed.	304			Mon.	365

RELIGIOUS CALENDARS

Epiphany	Jan. 6	Ascension Day	May 17
Ash Wednesday	Feb. 21	Whit Sunday—Pentecost	May 27
Palm Sunday	Apr. 1	Trinity Sunday	June 3
Good Friday	Apr. 6	First Sunday in Advent	Dec. 2
Easter Day	Apr. 8	Christmas Day (Tuesday)	Dec. 25
First Day of Passover (Pesach)	Apr. 3	Day of Atonement (Yom Kippur)	Sept. 22
Feast of Weeks (Shavuot)	May 23		
Jewish New Year (tabular) (Rosh Hashanah)	Sept. 13	First day of Tabernacles (Succoth)	Sept. 27
Islamic New Year (tabular)	Jan. 20	First day of Ramadân (tabular)	Sept. 13

The Jewish and Islamic dates above are tabular dates, which begin at sunset on the previous evening and end at sunset on the date tabulated. In practice, the dates of Islamic fasts and festivals are determined by an actual sighting of the appropriate new moon.

Notation for time-scales and related quantities

A summary of the notation for time-scales and related quantities used in this Almanac is given below. Additional information is given in the *Glossary* (section M) and in the *Notes and References* (section L).

UT1	universal time (also UT); counted from 0^h (midnight); unit is second of mean solar time.
UT0	local approximation to universal time; not corrected for polar motion.
GMST	Greenwich mean sidereal time; GHA of mean equinox of date.
GAST	Greenwich apparent sidereal time; GHA of true equinox of date.
ERA	Earth rotation angle (θ); the angle between the celestial and terrestrial intermediate origins; it is proportional to UT1.
TAI	international atomic time; unit is the SI second.
UTC	coordinated universal time; differs from TAI by an integral number of seconds, and is the basis of most radio time signals and legal time systems.
ΔUT	= UT1−UTC; increment to be applied to UTC to give UT1.
DUT	predicted value of ΔUT, rounded to 0^s1, given in some radio time signals.
TDT	terrestrial dynamical time; TDT = TAI + 32^s184. It was used in the Almanac from 1984–2000. TDT was replaced by TT.
TDB	barycentric dynamical time; used as time-scale of ephemerides, referred to the barycentre of the solar system.
T_{eph}	the independent variable of the equations of motion used by the JPL ephemerides, in particular DE405/LE405. For most purposes T_{eph} and TDB may be considered to be equivalent.
TT	terrestrial time; used as time-scale of ephemerides for observations from the Earth's surface (geoid). TT = TAI + 32^s184.
ΔT	= TT − UT1; increment to be applied to UT1 to give TT.
	= TAI + 32^s184 − UT1.
ΔAT	= TAI − UTC; increment to be applied to UTC to give TAI; an integral number of seconds.
ΔTT	= TT − UTC; increment to be applied to UTC to give TT.
JD_{TT}	= Julian date and fraction, where the time fraction is expressed in the terrestrial time scale, e.g. 2000 January 1, 12^h TT is JD 245 1545·0 TT.
JD_{UT1}	= Julian date and fraction, where the time fraction is expressed in the universal time scale, e.g. 2000 January 1, 12^h UT1 is JD 245 1545·0 UT1.

The following intervals are used in this section.

$$T = (JD_{TT} - 245\,1545 \cdot 0)/36\,525 = \text{Julian centuries of } 365\,25 \text{ days from J2000·0}$$
$$D = JD - 245\,1545 \cdot 0 = \text{days and fraction from J2000·0}$$
$$D_U = JD_{UT1} - 245\,1545 \cdot 0 = \text{days and UT1 fraction from J2000·0}$$
$$d = \text{Day of the year, January 1 = 1, etc., see B4–B5}$$

Note that the intervals above use different time scales. T implies the TT time scale while D_U implies at UT1 time scale. This is an important distinction when calculating Greenwich mean sidereal time. T is the number of Julian centuries from J2000·0 to the required epoch (TT), while D, D_U and d are all in days.

The name Greenwich mean time (GMT) is not used in this Almanac since it is ambiguous. It is now used, although not in astronomy, in the sense of UTC, in addition to the earlier sense of UT; prior to 1925 it was reckoned for astronomical purposes from Greenwich mean noon (12^h UT).

Relationships between time-scales

The relationships between universal and sidereal times are described below and a daily ephemeris is given on pages B12–B19; examples of the use of the ephemeris are given on page B11. The Earth rotation angle, which is proportional to UT1, is described on page B9 and a daily ephemeris is given on pages B20–B23. A diagram showing the relationships between these concepts is given on page B9.

The scale of coordinated universal time (UTC) contains step adjustments of exactly one second (leap seconds) so that universal time (UT1) may be obtained directly from it with an accuracy of 1 second or better and so that international atomic time (TAI) may be obtained by the addition of an integral number of seconds. The step adjustments, when required, are usually inserted after the 60th second of the last minute of December 31 or June 30. Values of the differences ΔAT for 1972 onwards are given on page K9. Accurate values of the increment ΔUT to be applied to UTC to give UT1 are derived from observations, but predicted values are transmitted in code in some time signals. Wherever UT is used in this volume it always means UT1.

The difference between the terrestrial time scale (TT) and the barycentric dynamical time scale (TDB), or the equivalent T_{eph} of the DE405/LE405 ephemeris, is often ignored, since the two time scales differ by no more than 2 milliseconds.

An expression for the relationship between the barycentric and terrestrial time-scales (due to the variations in gravitational potential around the Earth's orbit) is:

and
$$TDB = TT + 0\overset{s}{.}001\ 657 \sin g + 0\cdot000\ 022 \sin(L - L_J)$$
$$g = 357\overset{\circ}{.}53 + 0\cdot985\ 600\ 28(JD - 245\ 1545\cdot0)$$
$$L - L_J = 246\overset{\circ}{.}11 + 0\cdot902\ 517\ 92(JD - 245\ 1545\cdot0)$$

where g is the mean anomaly of the Earth in its orbit around the Sun, and $L - L_J$ is the difference in mean longitudes of the Earth and Jupiter. The above formula for $TDB - TT$ is accurate to about $\pm30\mu s$ over the period 1980 to 2050.

For 2007
$$g = 356\overset{\circ}{.}23 + 0\overset{\circ}{.}985\ 60\ d \qquad \text{and} \qquad L - L_J = 32\overset{\circ}{.}60 + 0\overset{\circ}{.}902\ 56\ d$$

where d is the day of the year and fraction of the day.

The TDB time scale should be used for quantities such as precession angles and the fundamental arguments. However, for these quantities, the difference between TDB and TT is negligible at the microarcsecond (μas) level.

Relationships between universal and sidereal time

The ephemeris of universal and sidereal times on pages B12–B19 is primarily intended to facilitate the conversion of universal time to local apparent sidereal time, and vice versa, for use in the computation and reduction of quantities dependent on local hour angle.

Greenwich mean (or apparent) sidereal time is the Greenwich hour angle of the mean (or apparent) equinox. Greenwich hour angle is measured westward from the plane containing the geocentre, the celestial intermediate pole, and the terrestrial intermediate origin (TIO). For most astronomical purposes where s' is negligible (see page B80), the TIO may be considered to be coincident with the origin of longitude of the International Terrestrial Reference System (ITRS). The formulae used to generate the ephemeris and those given below are consistent with the IAU 2000A precession-nutation model.

Numerical examples of such conversions using the ephemeris and other tables are given on page B11. Alternatively, such conversions may be carried out using the basic formulae given below.

Relationships between universal and sidereal time (continued)

Greenwich Mean Sidereal Time

Universal time is defined in terms of Greenwich mean sidereal time (i.e. the hour angle of the mean equinox of date) by:

$$\text{GMST}(D_U, T) = 360°(0.7790\,5727\,32640 + 1.0027\,3781\,1911\,35448\,D_U)$$
$$+ 0\overset{''}{.}0145\,06 + 4612\overset{''}{.}1573\,9966\,T + 1\overset{''}{.}3966\,7721\,T^2$$
$$- 0\overset{''}{.}0000\,9344\,T^3 + 0\overset{''}{.}0000\,1882\,T^4$$

where D_U is the interval, in days, elapsed since the epoch 2000 January $1^d\,12^h$ UT1 (JD 245 1545·0 UT1), whereas T is measured in the terrestrial time scale, in Julian centuries of 36 525 days, from JD 245 1545·0 TT. The first two terms form the Earth rotation angle (see B9), and are expressed in degrees, while the remainder of the terms are in arcseconds. GMST is tabulated on pages B12–B19 and the equivalent expression in time units is

$$\text{GMST}(D_U, T) = 86400^s(0.7790\,5727\,32640 + 0.0027\,3781\,1911\,35448\,D_U + D_U \bmod 1)$$
$$+ 0\overset{s}{.}0009\,6707 + 307\overset{s}{.}4771\,5997\,73\,T + 0\overset{s}{.}0931\,11814T^2$$
$$- 0\overset{s}{.}0000\,06229\,T^3 + 0\overset{s}{.}0000\,01255\,T^4$$

It is only necessary to distinguish the different time scales (TT = UT1 + ΔT) for for the most precise work. The table on pages B12–B19 is calculated assuming $\Delta T = 65^s$. An error of $\pm1^s$ in ΔT introduces differences of $\mp1\overset{''}{.}5 \times 10^{-6}$ or equivalently $\mp0\overset{s}{.}10 \times 10^{-6}$ during 2007.

The following relationship holds during 2007:

on day of year d at t^h UT1, GMST $= 6^h618\,8309 + 0^h065\,709\,8244\,d + 1^h002\,737\,91\,t$

where the day of year d is tabulated on pages B4–B5. Add or subtract multiples of 24^h as necessary.

In 2007:   1 mean solar day   = 1·002 737 909 35   mean sidereal days
                                              = $24^h\,03^m\,56^s555\,37$ of mean sidereal time
                      1 mean sidereal day = 0·997 269 566 33   mean solar days
                                              = $23^h\,56^m\,04^s090\,53$ of mean solar time

Greenwich Apparent Sidereal Time

The hour angle of the true equinox of date (GAST) is given by:

$$\text{GAST}(D_U, T) = \text{GMST}(D_U, T) + \text{Equation of the Equinoxes} = \text{GMST}(D_U, T) + E_e(T)$$

and $E_e(T) = \Delta\psi \cos\epsilon_A - \sum_k C'_k \sin A_k - 0\overset{''}{.}000\,000\,87\,T\,\sin\Omega$

where GMST is the Greenwich mean sidereal time given above. $\Delta\psi$ is the total nutation in longitude, ϵ_A is the mean obliquity of the ecliptic, and Ω is the mean longitude of the ascending node of the Moon (see B59, D2). A table containing the coefficients (C'_k, A_k) for all the "complementary" terms exceeding 0.5μas during 1975-2025 is given with the coefficients for s, the position of the celestial intermediate origin, on page B59.

Pages B12–B19 tabulate GAST and the equation of the equinoxes daily at 0^h UT1. The quantities have been calculated using the IAU 2000A nutation model; they are expressed in time units and include a predicted $\Delta T = 65^s$. An error of $\pm1^s$ in ΔT introduces a maximum error of $\pm3\overset{''}{.}9 \times 10^{-6}$ or equivalently $\pm0\overset{s}{.}06 \times 10^{-6}$ during 2007.

Interpolation may be used to obtain the equation of the equinoxes for another instant, or if full precision is required.

Relationships between universal and sidereal time (continued)

Equation of the Equinoxes

The equation of the equinoxes (E_e) is the difference between Greenwich apparent and mean sidereal time (see GAST on page B8). The following approximate expression for the equation of the equinoxes (in seconds), incorporates the two largest complementary terms, and is accurate to better than $2^s \times 10^{-6}$ assuming $\Delta\psi$ and ϵ_A are supplied with sufficient accuracy.

$$E_e{}^s = \tfrac{1}{15}\,(\Delta\psi\,\cos\epsilon_A + 0\overset{''}{.}002\,64\sin\Omega + 0\overset{''}{.}000\,06\sin 2\Omega)$$

During 2007, $\Omega = 349\overset{\circ}{.}72 - 0\overset{\circ}{.}052\,953\,76\,d$, and d is the day of the year and fraction of day.

Relationship between universal time and Earth rotation angle

The Earth rotation angle (θ) is measured in the Celestial Intermediate Reference System along its equator (the true equator of date) between the terrestrial and the celestial intermediate origins (TIO and CIO). It is proportional to UT1, and its time derivative is the Earth's mean angular velocity; it is defined by the following relationship

$$\theta(D_U) = 2\pi\,(0\cdot7790\,5727\,32640 + 1\cdot0027\,3781\,1911\,35448\,D_U)\ \text{radians}$$
$$= 360°\,(0\cdot7790\,5727\,32640 + 0\cdot0027\,3781\,1911\,35448\,D_U + D_U\bmod 1)$$

where D_U is the interval, in days, elapsed since the epoch 2000 January 1^d 12^h UT1 (JD 245 1545·0 UT1), and $D_U\bmod 1$ is the fraction of the UT1 day remaining after removing all the whole days. The Earth rotation angle is tabulated daily at 0^h UT1 on pages B20–B23.

During 2007, on day d, at t^h UT1, the Earth rotation angle, expressed in arc and time, respectively, is given by:

$$\theta = 99\overset{\circ}{.}192\,821 + 0\overset{\circ}{.}985\,612\,288\,d + 15\overset{\circ}{.}041\,0672\,t$$
$$= 6\overset{h}{.}612\,8547 + 0\overset{h}{.}065\,707\,4859\,d + 1\overset{h}{.}002\,737\,81\,t$$

Relationships between origins

The following schematic diagram shows the relationship between the "zero longitude" defined by the terrestrial intermediate origin (TIO), the true equinox and the celestial intermediate origin (CIO).

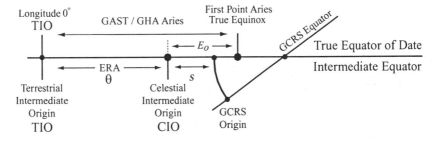

The diagram illustrates that the origin of Greenwich hour angle, the terrestrial intermediate origin (TIO), may be derived from either Greenwich apparent sidereal time (GAST) or Earth rotation angle (ERA). However, GAST must be used with equinox right ascensions, and ERA must be used with CIO right ascensions. The quantity s, the CIO locator, positions the GCRS origin on the intermediate equator (see page B59). Note that the intermediate equator and the true equator of date (the pole of which is the celestial intermediate pole (CIP)), are the same plane.

Relationships between origins (continued)

Equation of the Origins

The equation of the origins (E_o), the angular difference between the CIO (origin of intermediate right ascension) and the true equinox (the origin of equinox right ascension), is tabulated with the ERA on pages B20–B23, and is calculated in the sense

$$E_o = \theta - \text{GAST} = \alpha_i - \alpha_e$$

and therefore

$$\alpha_i = E_o + \alpha_e$$

Thus, given an apparent right ascension (α_e) and the equation of the origins, the intermediate right ascension (α_i) may be calculated so that it can be used with the Earth rotation angle (θ) to form an hour angle.

Relationships with local time and hour angle

The local hour angle of an object is the angle between two planes: the plane containing the geocentre, the CIP, and the observer; and the plane containing the geocentre, the CIP, and the object. Hour angle increases with time and is positive when the object is west of the observer as viewed from the geocentre. The plane defining the astronomical zero ("Greenwich") meridian (from which Greenwich hour angles are measured) contain the geocentre, the CIP, and the TIO; there, the observer's longitude λ (not λ_{ITRS}) = 0. This plane is now called the TIO meridian and it is a fundamental plane of the Terrestrial Intermediate Reference System.

The following general relationships are used to relate the right ascensions of celestial objects to locations on the Earth, and universal time (UT1):

local mean solar time = universal time + east longitude
local hour angle (h) = Greenwich hour angle (H) + east longitude (λ)

Equinox-based
local mean sidereal time = Greenwich mean sidereal time + east longitude
local apparent sidereal time = local mean sidereal time + equation of equinoxes
= Greenwich apparent sidereal time + east longitude
Greenwich hour angle = Greenwich apparent sidereal time − apparent right ascension
local hour angle = local apparent sidereal time − apparent right ascension

CIO-based
Greenwich hour angle = Earth rotation angle − intermediate right ascension
local hour angle = Earth rotation angle − intermediate right ascension
+ east longitude
= Earth rotation angle − equation of origins
− apparent right ascension + east longitude

Note: ensure that the units of all quantities used are compatible.

Alternatively, use the rotation matrix (see page B80) to rotate the equator and equinox of date system or the Celestial Intermediate Reference System about the z-axis (CIP) to the terrestrial system, resulting in either the TIO meridian and hour angle, or the local meridian and local hour angle.

Equinox-based	*CIO-based*
$\mathbf{r}_e$ = position with respect to the equator and equinox (mean or apparent) of date	$\mathbf{r}_i$ = position with respect to the Celestial Intermediate Reference System
$\mathbf{r} = \mathbf{R}_3(A)\,\mathbf{r}_e$ or $\mathbf{R}_3(A + \lambda)\,\mathbf{r}_e$	$\mathbf{r} = \mathbf{R}_3(\theta)\,\mathbf{r}_i$ or $\mathbf{R}_3(\theta + \lambda)\,\mathbf{r}_i$

depending on whether the Greenwich (H) or local (h) hour angle is required, and then

$$H \text{ or } h = \tan^{-1}(-y/x) \qquad \text{positive to the west.}$$

A is the Greenwich mean or apparent sidereal time, as appropriate, and θ is the Earth rotation angle.

Relationships with local time and hour angle (continued)

Greenwich apparent and mean sidereal times, and the equation of the equinoxes are tabulated on pages B12–B19, while Earth rotation angle and equation of the origins are tabulated on pages B20–B23. Both tables are tabulated daily at 0^h UT1.

Two further small corrections, for alignment of the terrestrial intermediate origin (TIO) onto the longitude origin (λ_{TTRS} = 0) of the International Terrestrial Reference System, and for the effect of polar motion, are required in the reduction of very precise observations (see page B79).

Examples of the use of the ephemeris of universal and sidereal times

1. Conversion of universal time to local sidereal time

To find the local apparent sidereal time at 09^h 44^m 30^s UT on 2007 July 8 in longitude 80° 22′ 55″79 west.

	h	m	s
Greenwich mean sidereal time on July 8 at 0^h UT (page B16)	19	02	16·7558
Add the equivalent mean sidereal time interval from 0^h to 09^h 44^m 30^s UT (multiply UT interval by 1·002 737 9093)	9	46	06·0185
Greenwich mean sidereal time at required UT:	4	48	22·7743
Add equation of equinoxes, interpolated using second-order differences to approximate UT = 0^d41			+0·3834
Greenwich apparent sidereal time:	4	48	23·1577
Subtract west longitude (add east longitude)	5	21	31·7193
Local apparent sidereal time:	23	26	51·4384

The calculation for local mean sidereal time is similar, but omit the step which allows for the equation of the equinoxes.

2. Conversion of local sidereal time to universal time

To find the universal time at 23^h 26^m 51^s4384 local apparent sidereal time on 2007 July 8 in longitude 80° 22′ 55″79 west.

	h	m	s
Local apparent sidereal time:	23	26	51·4384
Add west longitude (subtract east longitude)	5	21	31·7193
Greenwich apparent sidereal time:	4	48	23·1577
Subtract equation of equinoxes, interpolated using second-order differences to approximate UT = 0^d41			+0·3834
Greenwich mean sidereal time:	4	48	22·7743
Subtract Greenwich mean sidereal time at 0^h UT	19	02	16·7558
Mean sidereal time interval from 0^h UT:	9	46	06·0185
Equivalent UT interval (multiply mean sidereal time interval by 0·997 269 5663)	9	44	30·0000

The conversion of mean sidereal time to universal time is carried out by a similar procedure; omit the step which allows for the equation of the equinoxes.

Date 0ʰ UT1		Julian Date	G. SIDEREAL TIME (GHA of the Equinox)		Equation of Equinoxes at 0ʰ UT1	GSD at 0ʰ GMST	UT1 at 0ʰ GMST (Greenwich Transit of the Mean Equinox)			
			Apparent	Mean						
		245	h m s	s	s	**246**		h m s		
Jan.	0	**4100·5**	6 37 07·9863	07·7912	+0·1950	**0821·0**	Jan.	0	17 20 01·3595	
	1	**4101·5**	6 41 04·5504	04·3466	+0·2038	**0822·0**		1	17 16 05·4500	
	2	**4102·5**	6 45 01·1169	00·9020	+0·2149	**0823·0**		2	17 12 09·5405	
	3	**4103·5**	6 48 57·6841	57·4574	+0·2267	**0824·0**		3	17 08 13·6311	
	4	**4104·5**	6 52 54·2501	54·0127	+0·2373	**0825·0**		4	17 04 17·7216	
	5	**4105·5**	6 56 50·8135	50·5681	+0·2454	**0826·0**		5	17 00 21·8121	
	6	**4106·5**	7 00 47·3737	47·1235	+0·2502	**0827·0**		6	16 56 25·9027	
	7	**4107·5**	7 04 43·9306	43·6788	+0·2518	**0828·0**		7	16 52 29·9932	
	8	**4108·5**	7 08 40·4847	40·2342	+0·2505	**0829·0**		8	16 48 34·0837	
	9	**4109·5**	7 12 37·0370	36·7896	+0·2474	**0830·0**		9	16 44 38·1743	
	10	**4110·5**	7 16 33·5884	33·3449	+0·2435	**0831·0**		10	16 40 42·2648	
	11	**4111·5**	7 20 30·1401	29·9003	+0·2398	**0832·0**		11	16 36 46·3553	
	12	**4112·5**	7 24 26·6931	26·4557	+0·2374	**0833·0**		12	16 32 50·4459	
	13	**4113·5**	7 28 23·2481	23·0110	+0·2371	**0834·0**		13	16 28 54·5364	
	14	**4114·5**	7 32 19·8059	19·5664	+0·2395	**0835·0**		14	16 24 58·6269	
	15	**4115·5**	7 36 16·3665	16·1218	+0·2448	**0836·0**		15	16 21 02·7175	
	16	**4116·5**	7 40 12·9299	12·6771	+0·2528	**0837·0**		16	16 17 06·8080	
	17	**4117·5**	7 44 09·4951	09·2325	+0·2626	**0838·0**		17	16 13 10·8985	
	18	**4118·5**	7 48 06·0609	05·7879	+0·2730	**0839·0**		18	16 09 14·9890	
	19	**4119·5**	7 52 02·6255	02·3432	+0·2823	**0840·0**		19	16 05 19·0796	
	20	**4120·5**	7 55 59·1873	58·8986	+0·2887	**0841·0**		20	16 01 23·1701	
	21	**4121·5**	7 59 55·7451	55·4540	+0·2911	**0842·0**		21	15 57 27·2606	
	22	**4122·5**	8 03 52·2990	52·0093	+0·2896	**0843·0**		22	15 53 31·3512	
	23	**4123·5**	8 07 48·8500	48·5647	+0·2853	**0844·0**		23	15 49 35·4417	
	24	**4124·5**	8 11 45·4001	45·1201	+0·2800	**0845·0**		24	15 45 39·5322	
	25	**4125·5**	8 15 41·9513	41·6754	+0·2759	**0846·0**		25	15 41 43·6228	
	26	**4126·5**	8 19 38·5054	38·2308	+0·2746	**0847·0**		26	15 37 47·7133	
	27	**4127·5**	8 23 35·0631	34·7862	+0·2770	**0848·0**		27	15 33 51·8038	
	28	**4128·5**	8 27 31·6243	31·3415	+0·2828	**0849·0**		28	15 29 55·8944	
	29	**4129·5**	8 31 28·1880	27·8969	+0·2911	**0850·0**		29	15 25 59·9849	
	30	**4130·5**	8 35 24·7526	24·4523	+0·3003	**0851·0**		30	15 22 04·0754	
	31	**4131·5**	8 39 21·3166	21·0076	+0·3089	**0852·0**		31	15 18 08·1659	
Feb.	1	**4132·5**	8 43 17·8784	17·5630	+0·3154	**0853·0**	Feb.	1	15 14 12·2565	
	2	**4133·5**	8 47 14·4373	14·1184	+0·3189	**0854·0**		2	15 10 16·3470	
	3	**4134·5**	8 51 10·9929	10·6738	+0·3191	**0855·0**		3	15 06 20·4375	
	4	**4135·5**	8 55 07·5454	07·2291	+0·3163	**0856·0**		4	15 02 24·5281	
	5	**4136·5**	8 59 04·0957	03·7845	+0·3112	**0857·0**		5	14 58 28·6186	
	6	**4137·5**	9 03 00·6448	00·3399	+0·3050	**0858·0**		6	14 54 32·7091	
	7	**4138·5**	9 06 57·1938	56·8952	+0·2986	**0859·0**		7	14 50 36·7997	
	8	**4139·5**	9 10 53·7437	53·4506	+0·2931	**0860·0**		8	14 46 40·8902	
	9	**4140·5**	9 14 50·2954	50·0060	+0·2894	**0861·0**		9	14 42 44·9807	
	10	**4141·5**	9 18 46·8495	46·5613	+0·2882	**0862·0**		10	14 38 49·0713	
	11	**4142·5**	9 22 43·4063	43·1167	+0·2897	**0863·0**		11	14 34 53·1618	
	12	**4143·5**	9 26 39·9659	39·6721	+0·2938	**0864·0**		12	14 30 57·2523	
	13	**4144·5**	9 30 36·5276	36·2274	+0·3001	**0865·0**		13	14 27 01·3428	
	14	**4145·5**	9 34 33·0904	32·7828	+0·3076	**0866·0**		14	14 23 05·4334	
	15	**4146·5**	9 38 29·6529	29·3382	+0·3147	**0867·0**		15	14 19 09·5239	

Date 0ʰ UT1	Julian Date	G. SIDEREAL TIME (GHA of the Equinox) Apparent	Mean	Equation of Equinoxes at 0ʰ UT1	GSD at 0ʰ GMST	UT1 at 0ʰ GMST (Greenwich Transit of the Mean Equinox)
	245	h m s	s	s	246	h m s
Feb. 15	4146·5	9 38 29·6529	29·3382	+ 0·3147	0867·0	Feb. 15 14 19 09·5239
16	4147·5	9 42 26·2134	25·8935	+ 0·3199	0868·0	16 14 15 13·6144
17	4148·5	9 46 22·7704	22·4489	+ 0·3215	0869·0	17 14 11 17·7050
18	4149·5	9 50 19·3232	19·0043	+ 0·3190	0870·0	18 14 07 21·7955
19	4150·5	9 54 15·8725	15·5596	+ 0·3128	0871·0	19 14 03 25·8860
20	4151·5	9 58 12·4199	12·1150	+ 0·3049	0872·0	20 13 59 29·9766
21	4152·5	10 02 08·9678	08·6704	+ 0·2975	0873·0	21 13 55 34·0671
22	4153·5	10 06 05·5184	05·2257	+ 0·2927	0874·0	22 13 51 38·1576
23	4154·5	10 10 02·0728	01·7811	+ 0·2917	0875·0	23 13 47 42·2482
24	4155·5	10 13 58·6309	58·3365	+ 0·2944	0876·0	24 13 43 46·3387
25	4156·5	10 17 55·1916	54·8918	+ 0·2998	0877·0	25 13 39 50·4292
26	4157·5	10 21 51·7536	51·4472	+ 0·3064	0878·0	26 13 35 54·5198
27	4158·5	10 25 48·3152	48·0026	+ 0·3126	0879·0	27 13 31 58·6103
28	4159·5	10 29 44·8750	44·5579	+ 0·3171	0880·0	28 13 28 02·7008
Mar. 1	4160·5	10 33 41·4320	41·1133	+ 0·3187	0881·0	Mar. 1 13 24 06·7913
2	4161·5	10 37 37·9859	37·6687	+ 0·3173	0882·0	2 13 20 10·8819
3	4162·5	10 41 34·5368	34·2240	+ 0·3128	0883·0	3 13 16 14·9724
4	4163·5	10 45 31·0853	30·7794	+ 0·3059	0884·0	4 13 12 19·0629
5	4164·5	10 49 27·6323	27·3348	+ 0·2975	0885·0	5 13 08 23·1535
6	4165·5	10 53 24·1789	23·8902	+ 0·2888	0886·0	6 13 04 27·2440
7	4166·5	10 57 20·7262	20·4455	+ 0·2807	0887·0	7 13 00 31·3345
8	4167·5	11 01 17·2751	17·0009	+ 0·2742	0888·0	8 12 56 35·4251
9	4168·5	11 05 13·8263	13·5563	+ 0·2700	0889·0	9 12 52 39·5156
10	4169·5	11 09 10·3801	10·1116	+ 0·2685	0890·0	10 12 48 43·6061
11	4170·5	11 13 06·9366	06·6670	+ 0·2696	0891·0	11 12 44 47·6967
12	4171·5	11 17 03·4953	03·2224	+ 0·2729	0892·0	12 12 40 51·7872
13	4172·5	11 20 60·0555	59·7777	+ 0·2778	0893·0	13 12 36 55·8777
14	4173·5	11 24 56·6160	56·3331	+ 0·2830	0894·0	14 12 32 59·9682
15	4174·5	11 28 53·1754	52·8885	+ 0·2870	0895·0	15 12 29 04·0588
16	4175·5	11 32 49·7322	49·4438	+ 0·2884	0896·0	16 12 25 08·1493
17	4176·5	11 36 46·2853	45·9992	+ 0·2861	0897·0	17 12 21 12·2398
18	4177·5	11 40 42·8345	42·5546	+ 0·2799	0898·0	18 12 17 16·3304
19	4178·5	11 44 39·3810	39·1099	+ 0·2711	0899·0	19 12 13 20·4209
20	4179·5	11 48 35·9271	35·6653	+ 0·2618	0900·0	20 12 09 24·5114
21	4180·5	11 52 32·4752	32·2207	+ 0·2546	0901·0	21 12 05 28·6020
22	4181·5	11 56 29·0272	28·7760	+ 0·2512	0902·0	22 12 01 32·6925
23	4182·5	12 00 25·5835	25·3314	+ 0·2521	0903·0	23 11 57 36·7830
24	4183·5	12 04 22·1432	21·8868	+ 0·2565	0904·0	24 11 53 40·8736
25	4184·5	12 08 18·7047	18·4421	+ 0·2626	0905·0	25 11 49 44·9641
26	4185·5	12 12 15·2662	14·9975	+ 0·2687	0906·0	26 11 45 49·0546
27	4186·5	12 16 11·8260	11·5529	+ 0·2731	0907·0	27 11 41 53·1452
28	4187·5	12 20 08·3831	08·1082	+ 0·2749	0908·0	28 11 37 57·2357
29	4188·5	12 24 04·9372	04·6636	+ 0·2736	0909·0	29 11 34 01·3262
30	4189·5	12 28 01·4883	01·2190	+ 0·2693	0910·0	30 11 30 05·4167
31	4190·5	12 31 58·0369	57·7743	+ 0·2625	0911·0	31 11 26 09·5073
Apr. 1	4191·5	12 35 54·5839	54·3297	+ 0·2542	0912·0	Apr. 1 11 22 13·5978
2	4192·5	12 39 51·1303	50·8851	+ 0·2452	0913·0	2 11 18 17·6883

Date 0ʰ UT1	Julian Date	G. SIDEREAL TIME (GHA of the Equinox) Apparent	Mean	Equation of Equinoxes at 0ʰ UT1	GSD at 0ʰ GMST	UT1 at 0ʰ GMST (Greenwich Transit of the Mean Equinox)
	245	h m s	s	s	246	h m s
Apr. 1	4191·5	12 35 54·5839	54·3297	+0·2542	0912·0	Apr. 1 11 22 13·5978
2	4192·5	12 39 51·1303	50·8851	+0·2452	0913·0	2 11 18 17·6883
3	4193·5	12 43 47·6772	47·4405	+0·2367	0914·0	3 11 14 21·7789
4	4194·5	12 47 44·2255	43·9958	+0·2297	0915·0	4 11 10 25·8694
5	4195·5	12 51 40·7761	40·5512	+0·2249	0916·0	5 11 06 29·9599
6	4196·5	12 55 37·3293	37·1066	+0·2227	0917·0	6 11 02 34·0505
7	4197·5	12 59 33·8852	33·6619	+0·2233	0918·0	7 10 58 38·1410
8	4198·5	13 03 30·4435	30·2173	+0·2262	0919·0	8 10 54 42·2315
9	4199·5	13 07 27·0034	26·7727	+0·2307	0920·0	9 10 50 46·3221
10	4200·5	13 11 23·5640	23·3280	+0·2359	0921·0	10 10 46 50·4126
11	4201·5	13 15 20·1239	19·8834	+0·2405	0922·0	11 10 42 54·5031
12	4202·5	13 19 16·6819	16·4388	+0·2431	0923·0	12 10 38 58·5936
13	4203·5	13 23 13·2368	12·9941	+0·2427	0924·0	13 10 35 02·6842
14	4204·5	13 27 09·7883	09·5495	+0·2388	0925·0	14 10 31 06·7747
15	4205·5	13 31 06·3366	06·1049	+0·2318	0926·0	15 10 27 10·8652
16	4206·5	13 35 02·8836	02·6602	+0·2234	0927·0	16 10 23 14·9558
17	4207·5	13 38 59·4315	59·2156	+0·2159	0928·0	17 10 19 19·0463
18	4208·5	13 42 55·9828	55·7710	+0·2118	0929·0	18 10 15 23·1368
19	4209·5	13 46 52·5386	52·3263	+0·2123	0930·0	19 10 11 27·2274
20	4210·5	13 50 49·0989	48·8817	+0·2172	0931·0	20 10 07 31·3179
21	4211·5	13 54 45·6620	45·4371	+0·2249	0932·0	21 10 03 35·4084
22	4212·5	13 58 42·2257	41·9924	+0·2333	0933·0	22 9 59 39·4990
23	4213·5	14 02 38·7882	38·5478	+0·2404	0934·0	23 9 55 43·5895
24	4214·5	14 06 35·3481	35·1032	+0·2450	0935·0	24 9 51 47·6800
25	4215·5	14 10 31·9048	31·6585	+0·2463	0936·0	25 9 47 51·7705
26	4216·5	14 14 28·4583	28·2139	+0·2444	0937·0	26 9 43 55·8611
27	4217·5	14 18 25·0092	24·7693	+0·2399	0938·0	27 9 39 59·9516
28	4218·5	14 22 21·5583	21·3246	+0·2336	0939·0	28 9 36 04·0421
29	4219·5	14 26 18·1065	17·8800	+0·2265	0940·0	29 9 32 08·1327
30	4220·5	14 30 14·6551	14·4354	+0·2197	0941·0	30 9 28 12·2232
May 1	4221·5	14 34 11·2049	10·9907	+0·2142	0942·0	May 1 9 24 16·3137
2	4222·5	14 38 07·7569	07·5461	+0·2107	0943·0	2 9 20 20·4043
3	4223·5	14 42 04·3114	04·1015	+0·2099	0944·0	3 9 16 24·4948
4	4224·5	14 46 00·8687	00·6569	+0·2119	0945·0	4 9 12 28·5853
5	4225·5	14 49 57·4285	57·2122	+0·2163	0946·0	5 9 08 32·6759
6	4226·5	14 53 53·9902	53·7676	+0·2226	0947·0	6 9 04 36·7664
7	4227·5	14 57 50·5526	50·3230	+0·2297	0948·0	7 9 00 40·8569
8	4228·5	15 01 47·1147	46·8783	+0·2363	0949·0	8 8 56 44·9475
9	4229·5	15 05 43·6751	43·4337	+0·2414	0950·0	9 8 52 49·0380
10	4230·5	15 09 40·2328	39·9891	+0·2438	0951·0	10 8 48 53·1285
11	4231·5	15 13 36·7874	36·5444	+0·2429	0952·0	11 8 44 57·2190
12	4232·5	15 17 33·3389	33·0998	+0·2391	0953·0	12 8 41 01·3096
13	4233·5	15 21 29·8884	29·6552	+0·2333	0954·0	13 8 37 05·4001
14	4234·5	15 25 26·4380	26·2105	+0·2275	0955·0	14 8 33 09·4906
15	4235·5	15 29 22·9899	22·7659	+0·2240	0956·0	15 8 29 13·5812
16	4236·5	15 33 19·5459	19·3213	+0·2246	0957·0	16 8 25 17·6717
17	4237·5	15 37 16·1066	15·8766	+0·2300	0958·0	17 8 21 21·7622

Date 0ʰ UT1	Julian Date	G. SIDEREAL TIME (GHA of the Equinox) Apparent	Mean	Equation of Equinoxes at 0ʰ UT1	GSD at 0ʰ GMST	UT1 at 0ʰ GMST (Greenwich Transit of the Mean Equinox)		
	245	h m s	s	s	246		h m s	
May 17	4237·5	15 37 16·1066	15·8766	+0·2300	0958·0	May 17	8 21 21·7622	
18	4238·5	15 41 12·6712	12·4320	+0·2392	0959·0	18	8 17 25·8528	
19	4239·5	15 45 09·2377	08·9874	+0·2504	0960·0	19	8 13 29·9433	
20	4240·5	15 49 05·8038	05·5427	+0·2611	0961·0	20	8 09 34·0338	
21	4241·5	15 53 02·3676	02·0981	+0·2695	0962·0	21	8 05 38·1244	
22	4242·5	15 56 58·9280	58·6535	+0·2746	0963·0	22	8 01 42·2149	
23	4243·5	16 00 55·4850	55·2088	+0·2761	0964·0	23	7 57 46·3054	
24	4244·5	16 04 52·0389	51·7642	+0·2747	0965·0	24	7 53 50·3959	
25	4245·5	16 08 48·5907	48·3196	+0·2711	0966·0	25	7 49 54·4865	
26	4246·5	16 12 45·1413	44·8749	+0·2664	0967·0	26	7 45 58·5770	
27	4247·5	16 16 41·6919	41·4303	+0·2616	0968·0	27	7 42 02·6675	
28	4248·5	16 20 38·2436	37·9857	+0·2579	0969·0	28	7 38 06·7581	
29	4249·5	16 24 34·7971	34·5410	+0·2561	0970·0	29	7 34 10·8486	
30	4250·5	16 28 31·3531	31·0964	+0·2567	0971·0	30	7 30 14·9391	
31	4251·5	16 32 27·9119	27·6518	+0·2602	0972·0	31	7 26 19·0297	
June 1	4252·5	16 36 24·4733	24·2071	+0·2662	0973·0	June 1	7 22 23·1202	
2	4253·5	16 40 21·0368	20·7625	+0·2743	0974·0	2	7 18 27·2107	
3	4254·5	16 44 17·6013	17·3179	+0·2834	0975·0	3	7 14 31·3013	
4	4255·5	16 48 14·1656	13·8733	+0·2923	0976·0	4	7 10 35·3918	
5	4256·5	16 52 10·7283	10·4286	+0·2997	0977·0	5	7 06 39·4823	
6	4257·5	16 56 07·2885	06·9840	+0·3045	0978·0	6	7 02 43·5728	
7	4258·5	17 00 03·8455	03·5394	+0·3061	0979·0	7	6 58 47·6634	
8	4259·5	17 04 00·3994	00·0947	+0·3047	0980·0	8	6 54 51·7539	
9	4260·5	17 07 56·9511	56·6501	+0·3010	0981·0	9	6 50 55·8444	
10	4261·5	17 11 53·5022	53·2055	+0·2967	0982·0	10	6 46 59·9350	
11	4262·5	17 15 50·0547	49·7608	+0·2939	0983·0	11	6 43 04·0255	
12	4263·5	17 19 46·6105	46·3162	+0·2943	0984·0	12	6 39 08·1160	
13	4264·5	17 23 43·1708	42·8716	+0·2992	0985·0	13	6 35 12·2066	
14	4265·5	17 27 39·7352	39·4269	+0·3083	0986·0	14	6 31 16·2971	
15	4266·5	17 31 36·3024	35·9823	+0·3201	0987·0	15	6 27 20·3876	
16	4267·5	17 35 32·8703	32·5377	+0·3327	0988·0	16	6 23 24·4782	
17	4268·5	17 39 29·4367	29·0930	+0·3437	0989·0	17	6 19 28·5687	
18	4269·5	17 43 26·0000	25·6484	+0·3516	0990·0	18	6 15 32·6592	
19	4270·5	17 47 22·5596	22·2038	+0·3558	0991·0	19	6 11 36·7498	
20	4271·5	17 51 19·1157	18·7591	+0·3566	0992·0	20	6 07 40·8403	
21	4272·5	17 55 15·6692	15·3145	+0·3547	0993·0	21	6 03 44·9308	
22	4273·5	17 59 12·2210	11·8699	+0·3511	0994·0	22	5 59 49·0213	
23	4274·5	18 03 08·7724	08·4252	+0·3472	0995·0	23	5 55 53·1119	
24	4275·5	18 07 05·3245	04·9806	+0·3439	0996·0	24	5 51 57·2024	
25	4276·5	18 11 01·8782	01·5360	+0·3423	0997·0	25	5 48 01·2929	
26	4277·5	18 14 58·4342	58·0913	+0·3429	0998·0	26	5 44 05·3835	
27	4278·5	18 18 54·9929	54·6467	+0·3462	0999·0	27	5 40 09·4740	
28	4279·5	18 22 51·5542	51·2021	+0·3521	1000·0	28	5 36 13·5645	
29	4280·5	18 26 48·1177	47·7574	+0·3603	1001·0	29	5 32 17·6551	
30	4281·5	18 30 44·6826	44·3128	+0·3698	1002·0	30	5 28 21·7456	
July 1	4282·5	18 34 41·2477	40·8682	+0·3795	1003·0	July 1	5 24 25·8361	
2	4283·5	18 38 37·8114	37·4236	+0·3879	1004·0	2	5 20 29·9267	

Date 0ʰ UT1	Julian Date	G. SIDEREAL TIME (GHA of the Equinox) Apparent	Mean	Equation of Equinoxes at 0ʰ UT1	GSD at 0ʰ GMST	UT1 at 0ʰ GMST (Greenwich Transit of the Mean Equinox)
	245	h m s	s	s	246	h m s
July 2	4283·5	18 38 37·8114	37·4236	+0·3879	1004·0	July 2 5 20 29·9267
3	4284·5	18 42 34·3727	33·9789	+0·3937	1005·0	3 5 16 34·0172
4	4285·5	18 46 30·9306	30·5343	+0·3963	1006·0	4 5 12 38·1077
5	4286·5	18 50 27·4851	27·0897	+0·3955	1007·0	5 5 08 42·1982
6	4287·5	18 54 24·0371	23·6450	+0·3921	1008·0	6 5 04 46·2888
7	4288·5	18 58 20·5881	20·2004	+0·3877	1009·0	7 5 00 50·3793
8	4289·5	19 02 17·1399	16·7558	+0·3841	1010·0	8 4 56 54·4698
9	4290·5	19 06 13·6944	13·3111	+0·3833	1011·0	9 4 52 58·5604
10	4291·5	19 10 10·2527	09·8665	+0·3863	1012·0	10 4 49 02·6509
11	4292·5	19 14 06·8152	06·4219	+0·3933	1013·0	11 4 45 06·7414
12	4293·5	19 18 03·3807	02·9772	+0·4035	1014·0	12 4 41 10·8320
13	4294·5	19 21 59·9476	59·5326	+0·4150	1015·0	13 4 37 14·9225
14	4295·5	19 25 56·5139	56·0880	+0·4259	1016·0	14 4 33 19·0130
15	4296·5	19 29 53·0776	52·6433	+0·4343	1017·0	15 4 29 23·1036
16	4297·5	19 33 49·6379	49·1987	+0·4392	1018·0	16 4 25 27·1941
17	4298·5	19 37 46·1944	45·7541	+0·4404	1019·0	17 4 21 31·2846
18	4299·5	19 41 42·7478	42·3094	+0·4384	1020·0	18 4 17 35·3751
19	4300·5	19 45 39·2991	38·8648	+0·4343	1021·0	19 4 13 39·4657
20	4301·5	19 49 35·8495	35·4202	+0·4293	1022·0	20 4 09 43·5562
21	4302·5	19 53 32·4002	31·9755	+0·4246	1023·0	21 4 05 47·6467
22	4303·5	19 57 28·9521	28·5309	+0·4212	1024·0	22 4 01 51·7373
23	4304·5	20 01 25·5061	25·0863	+0·4198	1025·0	23 3 57 55·8278
24	4305·5	20 05 22·0625	21·6416	+0·4209	1026·0	24 3 53 59·9183
25	4306·5	20 09 18·6216	18·1970	+0·4246	1027·0	25 3 50 04·0089
26	4307·5	20 13 15·1831	14·7524	+0·4307	1028·0	26 3 46 08·0994
27	4308·5	20 17 11·7462	11·3077	+0·4385	1029·0	27 3 42 12·1899
28	4309·5	20 21 08·3100	07·8631	+0·4469	1030·0	28 3 38 16·2805
29	4310·5	20 25 04·8729	04·4185	+0·4544	1031·0	29 3 34 20·3710
30	4311·5	20 29 01·4337	00·9738	+0·4598	1032·0	30 3 30 24·4615
31	4312·5	20 32 57·9912	57·5292	+0·4619	1033·0	31 3 26 28·5521
Aug. 1	4313·5	20 36 54·5450	54·0846	+0·4604	1034·0	Aug. 1 3 22 32·6426
2	4314·5	20 40 51·0957	50·6400	+0·4558	1035·0	2 3 18 36·7331
3	4315·5	20 44 47·6449	47·1953	+0·4496	1036·0	3 3 14 40·8236
4	4316·5	20 48 44·1945	43·7507	+0·4438	1037·0	4 3 10 44·9142
5	4317·5	20 52 40·7463	40·3061	+0·4403	1038·0	5 3 06 49·0047
6	4318·5	20 56 37·3018	36·8614	+0·4404	1039·0	6 3 02 53·0952
7	4319·5	21 00 33·8612	33·4168	+0·4444	1040·0	7 2 58 57·1858
8	4320·5	21 04 30·4237	29·9722	+0·4516	1041·0	8 2 55 01·2763
9	4321·5	21 08 26·9880	26·5275	+0·4605	1042·0	9 2 51 05·3668
10	4322·5	21 12 23·5521	23·0829	+0·4692	1043·0	10 2 47 09·4574
11	4323·5	21 16 20·1143	19·6383	+0·4760	1044·0	11 2 43 13·5479
12	4324·5	21 20 16·6734	16·1936	+0·4798	1045·0	12 2 39 17·6384
13	4325·5	21 24 13·2289	12·7490	+0·4799	1046·0	13 2 35 21·7290
14	4326·5	21 28 09·7811	09·3044	+0·4767	1047·0	14 2 31 25·8195
15	4327·5	21 32 06·3307	05·8597	+0·4710	1048·0	15 2 27 29·9100
16	4328·5	21 36 02·8790	02·4151	+0·4639	1049·0	16 2 23 34·0005
17	4329·5	21 39 59·4272	58·9705	+0·4567	1050·0	17 2 19 38·0911

Date 0ʰ UT1	Julian Date	G. SIDEREAL TIME (GHA of the Equinox)		Equation of Equinoxes at 0ʰ UT1	GSD at 0ʰ GMST	UT1 at 0ʰ GMST (Greenwich Transit of the Mean Equinox)
		Apparent	Mean			
	245	h m s	s	s	**246**	h m s
Aug. 17	**4329·5**	21 39 59·4272	58·9705	+ 0·4567	**1050·0**	Aug. 17 2 19 38·0911
18	**4330·5**	21 43 55·9763	55·5258	+ 0·4505	**1051·0**	18 2 15 42·1816
19	**4331·5**	21 47 52·5273	52·0812	+ 0·4461	**1052·0**	19 2 11 46·2721
20	**4332·5**	21 51 49·0806	48·6366	+ 0·4440	**1053·0**	20 2 07 50·3627
21	**4333·5**	21 55 45·6364	45·1919	+ 0·4445	**1054·0**	21 2 03 54·4532
22	**4334·5**	21 59 42·1947	41·7473	+ 0·4474	**1055·0**	22 1 59 58·5437
23	**4335·5**	22 03 38·7549	38·3027	+ 0·4522	**1056·0**	23 1 56 02·6343
24	**4336·5**	22 07 35·3161	34·8580	+ 0·4581	**1057·0**	24 1 52 06·7248
25	**4337·5**	22 11 31·8772	31·4134	+ 0·4637	**1058·0**	25 1 48 10·8153
26	**4338·5**	22 15 28·4367	27·9688	+ 0·4679	**1059·0**	26 1 44 14·9059
27	**4339·5**	22 19 24·9933	24·5241	+ 0·4692	**1060·0**	27 1 40 18·9964
28	**4340·5**	22 23 21·5463	21·0795	+ 0·4668	**1061·0**	28 1 36 23·0869
29	**4341·5**	22 27 18·0959	17·6349	+ 0·4610	**1062·0**	29 1 32 27·1774
30	**4342·5**	22 31 14·6431	14·1903	+ 0·4529	**1063·0**	30 1 28 31·2680
31	**4343·5**	22 35 11·1901	10·7456	+ 0·4445	**1064·0**	31 1 24 35·3585
Sept. 1	**4344·5**	22 39 07·7390	07·3010	+ 0·4380	**1065·0**	Sept. 1 1 20 39·4490
2	**4345·5**	22 43 04·2915	03·8564	+ 0·4351	**1066·0**	2 1 16 43·5396
3	**4346·5**	22 47 00·8481	00·4117	+ 0·4363	**1067·0**	3 1 12 47·6301
4	**4347·5**	22 50 57·4081	56·9671	+ 0·4410	**1068·0**	4 1 08 51·7206
5	**4348·5**	22 54 53·9700	53·5225	+ 0·4476	**1069·0**	5 1 04 55·8112
6	**4349·5**	22 58 50·5322	50·0778	+ 0·4544	**1070·0**	6 1 00 59·9017
7	**4350·5**	23 02 47·0928	46·6332	+ 0·4596	**1071·0**	7 0 57 03·9922
8	**4351·5**	23 06 43·6506	43·1886	+ 0·4620	**1072·0**	8 0 53 08·0828
9	**4352·5**	23 10 40·2050	39·7439	+ 0·4611	**1073·0**	9 0 49 12·1733
10	**4353·5**	23 14 36·7561	36·2993	+ 0·4568	**1074·0**	10 0 45 16·2638
11	**4354·5**	23 18 33·3045	32·8547	+ 0·4499	**1075·0**	11 0 41 20·3544
12	**4355·5**	23 22 29·8513	29·4100	+ 0·4413	**1076·0**	12 0 37 24·4449
13	**4356·5**	23 26 26·3977	25·9654	+ 0·4323	**1077·0**	13 0 33 28·5354
14	**4357·5**	23 30 22·9447	22·5208	+ 0·4240	**1078·0**	14 0 29 32·6259
15	**4358·5**	23 34 19·4934	19·0761	+ 0·4173	**1079·0**	15 0 25 36·7165
16	**4359·5**	23 38 16·0443	15·6315	+ 0·4128	**1080·0**	16 0 21 40·8070
17	**4360·5**	23 42 12·5978	12·1869	+ 0·4109	**1081·0**	17 0 17 44·8975
18	**4361·5**	23 46 09·1537	08·7422	+ 0·4115	**1082·0**	18 0 13 48·9881
19	**4362·5**	23 50 05·7117	05·2976	+ 0·4141	**1083·0**	19 0 09 53·0786
20	**4363·5**	23 54 02·2710	01·8530	+ 0·4180	**1084·0**	20 0 05 57·1691
21	**4364·5**	23 57 58·8306	58·4083	+ 0·4223	**1085·0**	21 0 02 01·2597
					1086·0	21 23 58 05·3502
22	**4365·5**	0 01 55·3894	54·9637	+ 0·4257	**1087·0**	22 23 54 09·4407
23	**4366·5**	0 05 51·9460	51·5191	+ 0·4269	**1088·0**	23 23 50 13·5313
24	**4367·5**	0 09 48·4994	48·0744	+ 0·4250	**1089·0**	24 23 46 17·6218
25	**4368·5**	0 13 45·0494	44·6298	+ 0·4196	**1090·0**	25 23 42 21·7123
26	**4369·5**	0 17 41·5965	41·1852	+ 0·4113	**1091·0**	26 23 38 25·8028
27	**4370·5**	0 21 38·1424	37·7405	+ 0·4019	**1092·0**	27 23 34 29·8934
28	**4371·5**	0 25 34·6896	34·2959	+ 0·3937	**1093·0**	28 23 30 33·9839
29	**4372·5**	0 29 31·2402	30·8513	+ 0·3889	**1094·0**	29 23 26 38·0744
30	**4373·5**	0 33 27·7951	27·4067	+ 0·3885	**1095·0**	30 23 22 42·1650
Oct. 1	**4374·5**	0 37 24·3543	23·9620	+ 0·3922	**1096·0**	Oct. 1 23 18 46·2555

Date 0ʰ UT1	Julian Date	G. SIDEREAL TIME (GHA of the Equinox) Apparent	Mean	Equation of Equinoxes at 0ʰ UT1	GSD at 0ʰ GMST	UT1 at 0ʰ GMST (Greenwich Transit of the Mean Equinox)
	245	h m s	s	s	246	h m s
Oct. 1	4374.5	0 37 24.3543	23.9620	+0.3922	1096.0	Oct. 1 23 18 46.2555
2	4375.5	0 41 20.9160	20.5174	+0.3986	1097.0	2 23 14 50.3460
3	4376.5	0 45 17.4783	17.0728	+0.4056	1098.0	3 23 10 54.4366
4	4377.5	0 49 14.0394	13.6281	+0.4113	1099.0	4 23 06 58.5271
5	4378.5	0 53 10.5978	10.1835	+0.4143	1100.0	5 23 03 02.6176
6	4379.5	0 57 07.1529	06.7389	+0.4140	1101.0	6 22 59 06.7082
7	4380.5	1 01 03.7046	03.2942	+0.4104	1102.0	7 22 55 10.7987
8	4381.5	1 04 60.2537	59.8496	+0.4041	1103.0	8 22 51 14.8892
9	4382.5	1 08 56.8009	56.4050	+0.3960	1104.0	9 22 47 18.9797
10	4383.5	1 12 53.3475	52.9603	+0.3872	1105.0	10 22 43 23.0703
11	4384.5	1 16 49.8946	49.5157	+0.3789	1106.0	11 22 39 27.1608
12	4385.5	1 20 46.4431	46.0711	+0.3720	1107.0	12 22 35 31.2513
13	4386.5	1 24 42.9938	42.6264	+0.3674	1108.0	13 22 31 35.3419
14	4387.5	1 28 39.5471	39.1818	+0.3653	1109.0	14 22 27 39.4324
15	4388.5	1 32 36.1029	35.7372	+0.3658	1110.0	15 22 23 43.5229
16	4389.5	1 36 32.6609	32.2925	+0.3684	1111.0	16 22 19 47.6135
17	4390.5	1 40 29.2205	28.8479	+0.3726	1112.0	17 22 15 51.7040
18	4391.5	1 44 25.7806	25.4033	+0.3773	1113.0	18 22 11 55.7945
19	4392.5	1 48 22.3402	21.9586	+0.3816	1114.0	19 22 07 59.8851
20	4393.5	1 52 18.8983	18.5140	+0.3843	1115.0	20 22 04 03.9756
21	4394.5	1 56 15.4538	15.0694	+0.3844	1116.0	21 22 00 08.0661
22	4395.5	2 00 12.0062	11.6247	+0.3814	1117.0	22 21 56 12.1567
23	4396.5	2 04 08.5556	08.1801	+0.3755	1118.0	23 21 52 16.2472
24	4397.5	2 08 05.1032	04.7355	+0.3678	1119.0	24 21 48 20.3377
25	4398.5	2 12 01.6510	01.2908	+0.3601	1120.0	25 21 44 24.4282
26	4399.5	2 15 58.2013	57.8462	+0.3551	1121.0	26 21 40 28.5188
27	4400.5	2 19 54.7561	54.4016	+0.3545	1122.0	27 21 36 32.6093
28	4401.5	2 23 51.3157	50.9570	+0.3587	1123.0	28 21 32 36.6998
29	4402.5	2 27 47.8791	47.5123	+0.3668	1124.0	29 21 28 40.7904
30	4403.5	2 31 44.4440	44.0677	+0.3763	1125.0	30 21 24 44.8809
31	4404.5	2 35 41.0082	40.6231	+0.3851	1126.0	31 21 20 48.9714
Nov. 1	4405.5	2 39 37.5698	37.1784	+0.3914	1127.0	Nov. 1 21 16 53.0620
2	4406.5	2 43 34.1280	33.7338	+0.3942	1128.0	2 21 12 57.1525
3	4407.5	2 47 30.6827	30.2892	+0.3935	1129.0	3 21 09 01.2430
4	4408.5	2 51 27.2344	26.8445	+0.3899	1130.0	4 21 05 05.3336
5	4409.5	2 55 23.7841	23.3999	+0.3842	1131.0	5 21 01 09.4241
6	4410.5	2 59 20.3330	19.9553	+0.3777	1132.0	6 20 57 13.5146
7	4411.5	3 03 16.8821	16.5106	+0.3715	1133.0	7 20 53 17.6051
8	4412.5	3 07 13.4325	13.0660	+0.3665	1134.0	8 20 49 21.6957
9	4413.5	3 11 09.9850	09.6214	+0.3636	1135.0	9 20 45 25.7862
10	4414.5	3 15 06.5400	06.1767	+0.3633	1136.0	10 20 41 29.8767
11	4415.5	3 19 03.0976	02.7321	+0.3655	1137.0	11 20 37 33.9673
12	4416.5	3 22 59.6576	59.2875	+0.3701	1138.0	12 20 33 38.0578
13	4417.5	3 26 56.2192	55.8428	+0.3764	1139.0	13 20 29 42.1483
14	4418.5	3 30 52.7816	52.3982	+0.3834	1140.0	14 20 25 46.2389
15	4419.5	3 34 49.3437	48.9536	+0.3901	1141.0	15 20 21 50.3294
16	4420.5	3 38 45.9045	45.5089	+0.3955	1142.0	16 20 17 54.4199

Date 0ʰ UT1	Julian Date	G. SIDEREAL TIME (GHA of the Equinox) Apparent	Mean	Equation of Equinoxes at 0ʰ UT1	GSD at 0ʰ GMST	UT1 at 0ʰ GMST (Greenwich Transit of the Mean Equinox)
	245	h m s	s	s	246	h m s
Nov. 16	4420·5	3 38 45·9045	45·5089	+0·3955	1142·0	Nov. 16 20 17 54·4199
17	4421·5	3 42 42·4630	42·0643	+0·3987	1143·0	17 20 13 58·5105
18	4422·5	3 46 39·0188	38·6197	+0·3991	1144·0	18 20 10 02·6010
19	4423·5	3 50 35·5717	35·1750	+0·3966	1145·0	19 20 06 06·6915
20	4424·5	3 54 32·1224	31·7304	+0·3920	1146·0	20 20 02 10·7820
21	4425·5	3 58 28·6726	28·2858	+0·3868	1147·0	21 19 58 14·8726
22	4426·5	4 02 25·2241	24·8411	+0·3830	1148·0	22 19 54 18·9631
23	4427·5	4 06 21·7793	21·3965	+0·3828	1149·0	23 19 50 23·0536
24	4428·5	4 10 18·3393	17·9519	+0·3874	1150·0	24 19 46 27·1442
25	4429·5	4 14 14·9040	14·5072	+0·3967	1151·0	25 19 42 31·2347
26	4430·5	4 18 11·4716	11·0626	+0·4090	1152·0	26 19 38 35·3252
27	4431·5	4 22 08·0397	07·6180	+0·4217	1153·0	27 19 34 39·4158
28	4432·5	4 26 04·6057	04·1734	+0·4324	1154·0	28 19 30 43·5063
29	4433·5	4 30 01·1683	00·7287	+0·4396	1155·0	29 19 26 47·5968
30	4434·5	4 33 57·7269	57·2841	+0·4428	1156·0	30 19 22 51·6874
Dec. 1	4435·5	4 37 54·2821	53·8395	+0·4426	1157·0	Dec. 1 19 18 55·7779
2	4436·5	4 41 50·8348	50·3948	+0·4400	1158·0	2 19 14 59·8684
3	4437·5	4 45 47·3863	46·9502	+0·4361	1159·0	3 19 11 03·9589
4	4438·5	4 49 43·9377	43·5056	+0·4321	1160·0	4 19 07 08·0495
5	4439·5	4 53 40·4902	40·0609	+0·4292	1161·0	5 19 03 12·1400
6	4440·5	4 57 37·0445	36·6163	+0·4282	1162·0	6 18 59 16·2305
7	4441·5	5 01 33·6012	33·1717	+0·4296	1163·0	7 18 55 20·3211
8	4442·5	5 05 30·1605	29·7270	+0·4335	1164·0	8 18 51 24·4116
9	4443·5	5 09 26·7222	26·2824	+0·4398	1165·0	9 18 47 28·5021
10	4444·5	5 13 23·2858	22·8378	+0·4480	1166·0	10 18 43 32·5927
11	4445·5	5 17 19·8503	19·3931	+0·4571	1167·0	11 18 39 36·6832
12	4446·5	5 21 16·4147	15·9485	+0·4662	1168·0	12 18 35 40·7737
13	4447·5	5 25 12·9778	12·5039	+0·4739	1169·0	13 18 31 44·8643
14	4448·5	5 29 09·5387	09·0592	+0·4795	1170·0	14 18 27 48·9548
15	4449·5	5 33 06·0969	05·6146	+0·4823	1171·0	15 18 23 53·0453
16	4450·5	5 37 02·6521	02·1700	+0·4821	1172·0	16 18 19 57·1359
17	4451·5	5 40 59·2050	58·7253	+0·4797	1173·0	17 18 16 01·2264
18	4452·5	5 44 55·7569	55·2807	+0·4762	1174·0	18 18 12 05·3169
19	4453·5	5 48 52·3094	51·8361	+0·4733	1175·0	19 18 08 09·4074
20	4454·5	5 52 48·8644	48·3914	+0·4730	1176·0	20 18 04 13·4980
21	4455·5	5 56 45·4235	44·9468	+0·4767	1177·0	21 18 00 17·5885
22	4456·5	6 00 41·9873	41·5022	+0·4851	1178·0	22 17 56 21·6790
23	4457·5	6 04 38·5548	38·0575	+0·4973	1179·0	23 17 52 25·7696
24	4458·5	6 08 35·1241	34·6129	+0·5112	1180·0	24 17 48 29·8601
25	4459·5	6 12 31·6926	31·1683	+0·5244	1181·0	25 17 44 33·9506
26	4460·5	6 16 28·2582	27·7237	+0·5345	1182·0	26 17 40 38·0412
27	4461·5	6 20 24·8196	24·2790	+0·5406	1183·0	27 17 36 42·1317
28	4462·5	6 24 21·3770	20·8344	+0·5427	1184·0	28 17 32 46·2222
29	4463·5	6 28 17·9313	17·3898	+0·5415	1185·0	29 17 28 50·3128
30	4464·5	6 32 14·4837	13·9451	+0·5386	1186·0	30 17 24 54·4033
31	4465·5	6 36 11·0355	10·5005	+0·5350	1187·0	31 17 20 58·4938
32	4466·5	6 40 07·5881	07·0559	+0·5322	1188·0	32 17 17 02·5843

Date 0^h UT1	Julian Date	Earth Rotation Angle θ	Equation of Origins E_o	Date 0^h UT1	Julian Date	Earth Rotation Angle θ	Equation of Origins E_o
	245	° ′ ″	′ ″		245	° ′ ″	′ ″
Jan. 0	4100·5	99 11 34·1541	− 5 25·6403	Feb. 15	4146·5	144 31 51·5490	− 5 33·2447
1	4101·5	100 10 42·3583	− 5 25·8980	16	4147·5	145 30 59·7532	− 5 33·4479
2	4102·5	101 09 50·5626	− 5 26·1914	17	4148·5	146 30 07·9575	− 5 33·5985
3	4103·5	102 08 58·7668	− 5 26·4943	18	4149·5	147 29 16·1617	− 5 33·6866
4	4104·5	103 08 06·9710	− 5 26·7799	19	4150·5	148 28 24·3660	− 5 33·7209
5	4105·5	104 07 15·1753	− 5 27·0274	20	4151·5	149 27 32·5702	− 5 33·7279
6	4106·5	105 06 23·3795	− 5 27·2259	21	4152·5	150 26 40·7744	− 5 33·7432
7	4107·5	106 05 31·5838	− 5 27·3749	22	4153·5	151 25 48·9787	− 5 33·7980
8	4108·5	107 04 39·7880	− 5 27·4825	23	4154·5	152 24 57·1829	− 5 33·9090
9	4109·5	108 03 47·9922	− 5 27·5620	24	4155·5	153 24 05·3871	− 5 34·0758
10	4110·5	109 02 56·1965	− 5 27·6293	25	4156·5	154 23 13·5914	− 5 34·2833
11	4111·5	110 02 04·4007	− 5 27·7006	26	4157·5	155 22 21·7956	− 5 34·5090
12	4112·5	111 01 12·6049	− 5 27·7908	27	4158·5	156 21 29·9999	− 5 34·7286
13	4113·5	112 00 20·8092	− 5 27·9126	28	4159·5	157 20 38·2041	− 5 34·9211
14	4114·5	112 59 29·0134	− 5 28·0745	Mar. 1	4160·5	158 19 46·4083	− 5 35·0724
15	4115·5	113 58 37·2177	− 5 28·2803	2	4161·5	159 18 54·6126	− 5 35·1765
16	4116·5	114 57 45·4219	− 5 28·5264	3	4162·5	160 18 02·8168	− 5 35·2355
17	4117·5	115 56 53·6261	− 5 28·8008	4	4163·5	161 17 11·0210	− 5 35·2584
18	4118·5	116 56 01·8304	− 5 29·0833	5	4164·5	162 16 19·2253	− 5 35·2592
19	4119·5	117 55 10·0346	− 5 29·3480	6	4165·5	163 15 27·4295	− 5 35·2541
20	4120·5	118 54 18·2388	− 5 29·5700	7	4166·5	164 14 35·6337	− 5 35·2592
21	4121·5	119 53 26·4431	− 5 29·7332	8	4167·5	165 13 43·8380	− 5 35·2884
22	4122·5	120 52 34·6473	− 5 29·8370	9	4168·5	166 12 52·0422	− 5 35·3518
23	4123·5	121 51 42·8516	− 5 29·8983	10	4169·5	167 12 00·2465	− 5 35·4548
24	4124·5	122 50 51·0558	− 5 29·9455	11	4170·5	168 11 08·4507	− 5 35·5976
25	4125·5	123 49 59·2600	− 5 30·0102	12	4171·5	169 10 16·6549	− 5 35·7745
26	4126·5	124 49 07·4643	− 5 30·1172	13	4172·5	170 09 24·8592	− 5 35·9735
27	4127·5	125 48 15·6685	− 5 30·2786	14	4173·5	171 08 33·0634	− 5 36·1773
28	4128·5	126 47 23·8727	− 5 30·4920	15	4174·5	172 07 41·2676	− 5 36·3639
29	4129·5	127 46 32·0770	− 5 30·7427	16	4175·5	173 06 49·4719	− 5 36·5112
30	4130·5	128 45 40·2812	− 5 31·0079	17	4176·5	174 05 57·6761	− 5 36·6030
31	4131·5	129 44 48·4854	− 5 31·2631	18	4177·5	175 05 05·8804	− 5 36·6373
Feb. 1	4132·5	130 43 56·6897	− 5 31·4869	19	4178·5	176 04 14·0846	− 5 36·6311
2	4133·5	131 43 04·8939	− 5 31·6656	20	4179·5	177 03 22·2888	− 5 36·6178
3	4134·5	132 42 13·0982	− 5 31·7948	21	4180·5	178 02 30·4931	− 5 36·6353
4	4135·5	133 41 21·3024	− 5 31·8790	22	4181·5	179 01 38·6973	− 5 36·7108
5	4136·5	134 40 29·5066	− 5 31·9294	23	4182·5	180 00 46·9015	− 5 36·8509
6	4137·5	135 39 37·7109	− 5 31·9615	24	4183·5	180 59 55·1058	− 5 37·0427
7	4138·5	136 38 45·9151	− 5 31·9919	25	4184·5	181 59 03·3100	− 5 37·2610
8	4139·5	137 37 54·1193	− 5 32·0362	26	4185·5	182 58 11·5143	− 5 37·4782
9	4140·5	138 37 02·3236	− 5 32·1073	27	4186·5	183 57 19·7185	− 5 37·6711
10	4141·5	139 36 10·5278	− 5 32·2147	28	4187·5	184 56 27·9227	− 5 37·8242
11	4142·5	140 35 18·7321	− 5 32·3631	29	4188·5	185 55 36·1270	− 5 37·9311
12	4143·5	141 34 26·9363	− 5 32·5517	30	4189·5	186 54 44·3312	− 5 37·9929
13	4144·5	142 33 35·1405	− 5 32·7728	31	4190·5	187 53 52·5354	− 5 38·0177
14	4145·5	143 32 43·3448	− 5 33·0111	Apr. 1	4191·5	188 53 00·7397	− 5 38·0183
15	4146·5	144 31 51·5490	− 5 33·2447	2	4192·5	189 52 08·9439	− 5 38·0101

$$\text{GHA} = \theta - \alpha_i, \qquad \alpha_i = \alpha_e + E_o$$

α_i, α_e are the right ascensions with respect to the CIO and the true equinox of date, respectively.

Date 0^h UT1	Julian Date	Earth Rotation Angle θ	Equation of Origins E_o	Date 0^h UT1	Julian Date	Earth Rotation Angle θ	Equation of Origins E_o
		° ′ ″	′ ″			° ′ ″	′ ″
	245				245		
Apr. 1	4191·5	188 53 00·7397	− 5 38·0183	May 17	4237·5	234 13 18·1346	− 5 43·4647
2	4192·5	189 52 08·9439	− 5 38·0101	18	4238·5	235 12 26·3388	− 5 43·7299
3	4193·5	190 51 17·1482	− 5 38·0093	19	4239·5	236 11 34·5431	− 5 44·0231
4	4194·5	191 50 25·3524	− 5 38·0304	20	4240·5	237 10 42·7473	− 5 44·3097
5	4195·5	192 49 33·5566	− 5 38·0846	21	4241·5	238 09 50·9515	− 5 44·5620
6	4196·5	193 48 41·7609	− 5 38·1785	22	4242·5	239 08 59·1558	− 5 44·7646
7	4197·5	194 47 49·9651	− 5 38·3128	23	4243·5	240 08 07·3600	− 5 44·9147
8	4198·5	195 46 58·1693	− 5 38·4826	24	4244·5	241 07 15·5642	− 5 45·0194
9	4199·5	196 46 06·3736	− 5 38·6773	25	4245·5	242 06 23·7685	− 5 45·0916
10	4200·5	197 45 14·5778	− 5 38·8814	26	4246·5	243 05 31·9727	− 5 45·1471
11	4201·5	198 44 22·7820	− 5 39·0761	27	4247·5	244 04 40·1770	− 5 45·2023
12	4202·5	199 43 30·9863	− 5 39·2417	28	4248·5	245 03 48·3812	− 5 45·2727
13	4203·5	200 42 39·1905	− 5 39·3618	29	4249·5	246 02 56·5854	− 5 45·3714
14	4204·5	201 41 47·3948	− 5 39·4290	30	4250·5	247 02 04·7897	− 5 45·5076
15	4205·5	202 40 55·5990	− 5 39·4506	31	4251·5	248 01 12·9939	− 5 45·6852
16	4206·5	203 40 03·8032	− 5 39·4507	June 1	4252·5	249 00 21·1981	− 5 45·9021
17	4207·5	204 39 12·0075	− 5 39·4653	2	4253·5	249 59 29·4024	− 5 46·1494
18	4208·5	205 38 20·2117	− 5 39·5297	3	4254·5	250 58 37·6066	− 5 46·4125
19	4209·5	206 37 28·4159	− 5 39·6635	4	4255·5	251 57 45·8109	− 5 46·6725
20	4210·5	207 36 36·6202	− 5 39·8630	5	4256·5	252 56 54·0151	− 5 46·9099
21	4211·5	208 35 44·8244	− 5 40·1049	6	4257·5	253 56 02·2193	− 5 47·1084
22	4212·5	209 34 53·0287	− 5 40·3572	7	4258·5	254 55 10·4236	− 5 47·2590
23	4213·5	210 34 01·2329	− 5 40·5905	8	4259·5	255 54 18·6278	− 5 47·3630
24	4214·5	211 33 09·4371	− 5 40·7847	9	4260·5	256 53 26·8320	− 5 47·4341
25	4215·5	212 32 17·6414	− 5 40·9308	10	4261·5	257 52 35·0363	− 5 47·4963
26	4216·5	213 31 25·8456	− 5 41·0294	11	4262·5	258 51 43·2405	− 5 47·5801
27	4217·5	214 30 34·0498	− 5 41·0882	12	4263·5	259 50 51·4447	− 5 47·7133
28	4218·5	215 29 42·2541	− 5 41·1200	13	4264·5	260 49 59·6490	− 5 47·9123
29	4219·5	216 28 50·4583	− 5 41·1399	14	4265·5	261 49 07·8532	− 5 48·1746
30	4220·5	217 27 58·6626	− 5 41·1640	15	4266·5	262 48 16·0575	− 5 48·4792
May 1	4221·5	218 27 06·8668	− 5 41·2072	16	4267·5	263 47 24·2617	− 5 48·7933
2	4222·5	219 26 15·0710	− 5 41·2819	17	4268·5	264 46 32·4659	− 5 49·0845
3	4223·5	220 25 23·2753	− 5 41·3958	18	4269·5	265 45 40·6702	− 5 49·3297
4	4224·5	221 24 31·4795	− 5 41·5513	19	4270·5	266 44 48·8744	− 5 49·5195
5	4225·5	222 23 39·6837	− 5 41·7442	20	4271·5	267 43 57·0786	− 5 49·6571
6	4226·5	223 22 47·8880	− 5 41·9644	21	4272·5	268 43 05·2829	− 5 49·7544
7	4227·5	224 21 56·0922	− 5 42·1970	22	4273·5	269 42 13·4871	− 5 49·8280
8	4228·5	225 21 04·2964	− 5 42·4236	23	4274·5	270 41 21·6914	− 5 49·8953
9	4229·5	226 20 12·5007	− 5 42·6257	24	4275·5	271 40 29·8956	− 5 49·9726
10	4230·5	227 19 20·7049	− 5 42·7877	25	4276·5	272 39 38·0998	− 5 50·0739
11	4231·5	228 18 28·9092	− 5 42·9013	26	4277·5	273 38 46·3041	− 5 50·2094
12	4232·5	229 17 37·1134	− 5 42·9695	27	4278·5	274 37 54·5083	− 5 50·3849
13	4233·5	230 16 45·3176	− 5 43·0088	28	4279·5	275 37 02·7125	− 5 50·6002
14	4234·5	231 15 53·5219	− 5 43·0482	29	4280·5	276 36 10·9168	− 5 50·8492
15	4235·5	232 15 01·7261	− 5 43·1219	30	4281·5	277 35 19·1210	− 5 51·1185
16	4236·5	233 14 09·9303	− 5 43·2576	July 1	4282·5	278 34 27·3253	− 5 51·3898
17	4237·5	234 13 18·1346	− 5 43·4647	2	4283·5	279 33 35·5295	− 5 51·6420

$$\text{GHA} = \theta - \alpha_i, \qquad \alpha_i = \alpha_e + E_o$$

α_i, α_e are the right ascensions with respect to the CIO and the true equinox of date, respectively.

Date 0^h UT1	Julian Date	Earth Rotation Angle θ	Equation of Origins E_o	Date 0^h UT1	Julian Date	Earth Rotation Angle θ	Equation of Origins E_o
	245	° ′ ″	′ ″		245	° ′ ″	′ ″
July 1	4282.5	278 34 27.3253	− 5 51.3898	Aug. 16	4328.5	323 54 44.7202	− 5 58.4649
2	4283.5	279 33 35.5295	− 5 51.6420	17	4329.5	324 53 52.9244	− 5 58.4832
3	4284.5	280 32 43.7337	− 5 51.8562	18	4330.5	325 53 01.1286	− 5 58.5161
4	4285.5	281 31 51.9380	− 5 52.0207	19	4331.5	326 52 09.3329	− 5 58.5762
5	4286.5	282 31 00.1422	− 5 52.1346	20	4332.5	327 51 17.5371	− 5 58.6715
6	4287.5	283 30 08.3464	− 5 52.2102	21	4333.5	328 50 25.7413	− 5 58.8052
7	4288.5	284 29 16.5507	− 5 52.2702	22	4334.5	329 49 33.9456	− 5 58.9750
8	4289.5	285 28 24.7549	− 5 52.3434	23	4335.5	330 48 42.1498	− 5 59.1735
9	4290.5	286 27 32.9592	− 5 52.4567	24	4336.5	331 47 50.3541	− 5 59.3875
10	4291.5	287 26 41.1634	− 5 52.6279	25	4337.5	332 46 58.5583	− 5 59.5990
11	4292.5	288 25 49.3676	− 5 52.8597	26	4338.5	333 46 06.7625	− 5 59.7872
12	4293.5	289 24 57.5719	− 5 53.1385	27	4339.5	334 45 14.9668	− 5 59.9328
13	4294.5	290 24 05.7761	− 5 53.4382	28	4340.5	335 44 23.1710	− 6 00.0240
14	4295.5	291 23 13.9803	− 5 53.7275	29	4341.5	336 43 31.3752	− 6 00.0627
15	4296.5	292 22 22.1846	− 5 53.9799	30	4342.5	337 42 39.5795	− 6 00.0670
16	4297.5	293 21 30.3888	− 5 54.1794	31	4343.5	338 41 47.7837	− 6 00.0676
17	4298.5	294 20 38.5930	− 5 54.3234	Sept. 1	4344.5	339 40 55.9880	− 6 00.0973
18	4299.5	295 19 46.7973	− 5 54.4202	2	4345.5	340 40 04.1922	− 6 00.1803
19	4300.5	296 18 55.0015	− 5 54.4853	3	4346.5	341 39 12.3964	− 6 00.3245
20	4301.5	297 18 03.2058	− 5 54.5368	4	4347.5	342 38 20.6007	− 6 00.5202
21	4302.5	298 17 11.4100	− 5 54.5925	5	4348.5	343 37 28.8049	− 6 00.7457
22	4303.5	299 16 19.6142	− 5 54.6673	6	4349.5	344 36 37.0091	− 6 00.9735
23	4304.5	300 15 27.8185	− 5 54.7727	7	4350.5	345 35 45.2134	− 6 01.1782
24	4305.5	301 14 36.0227	− 5 54.9155	8	4351.5	346 34 53.4176	− 6 01.3411
25	4306.5	302 13 44.2269	− 5 55.0976	9	4352.5	347 34 01.6219	− 6 01.4531
26	4307.5	303 12 52.4312	− 5 55.3152	10	4353.5	348 33 09.8261	− 6 01.5154
27	4308.5	304 12 00.6354	− 5 55.5581	11	4354.5	349 32 18.0303	− 6 01.5376
28	4309.5	305 11 08.8397	− 5 55.8099	12	4355.5	350 31 26.2346	− 6 01.5353
29	4310.5	306 10 17.0439	− 5 56.0501	13	4356.5	351 30 34.4388	− 6 01.5263
30	4311.5	307 09 25.2481	− 5 56.2572	14	4357.5	352 29 42.6430	− 6 01.5278
31	4312.5	308 08 33.4524	− 5 56.4150	15	4358.5	353 28 50.8473	− 6 01.5537
Aug. 1	4313.5	309 07 41.6566	− 5 56.5180	16	4359.5	354 27 59.0515	− 6 01.6136
2	4314.5	310 06 49.8608	− 5 56.5750	17	4360.5	355 27 07.2557	− 6 01.7114
3	4315.5	311 05 58.0651	− 5 56.6083	18	4361.5	356 26 15.4600	− 6 01.8461
4	4316.5	312 05 06.2693	− 5 56.6477	19	4362.5	357 25 23.6642	− 6 02.0116
5	4317.5	313 04 14.4736	− 5 56.7217	20	4363.5	358 24 31.8685	− 6 02.1969
6	4318.5	314 03 22.6778	− 5 56.8495	21	4364.5	359 23 40.0727	− 6 02.3869
7	4319.5	315 02 30.8820	− 5 57.0356	22	4365.5	0 22 48.2769	− 6 02.5636
8	4320.5	316 01 39.0863	− 5 57.2696	23	4366.5	1 21 56.4812	− 6 02.7083
9	4321.5	317 00 47.2905	− 5 57.5292	24	4367.5	2 21 04.6854	− 6 02.8060
10	4322.5	317 59 55.4947	− 5 57.7865	25	4368.5	3 20 12.8896	− 6 02.8512
11	4323.5	318 59 03.6990	− 5 58.0156	26	4369.5	4 19 21.0939	− 6 02.8535
12	4324.5	319 58 11.9032	− 5 58.1979	27	4370.5	5 18 29.2981	− 6 02.8386
13	4325.5	320 57 20.1074	− 5 58.3261	28	4371.5	6 17 37.5024	− 6 02.8418
14	4326.5	321 56 28.3117	− 5 58.4042	29	4372.5	7 16 45.7066	− 6 02.8957
15	4327.5	322 55 36.5159	− 5 58.4446	30	4373.5	8 15 53.9108	− 6 03.0164
16	4328.5	323 54 44.7202	− 5 58.4649	Oct. 1	4374.5	9 15 02.1151	− 6 03.1990

$$GHA = \theta - \alpha_i, \qquad \alpha_i = \alpha_e + E_o$$

α_i, α_e are the right ascensions with respect to the CIO and the true equinox of date, respectively.

Date 0ʰ UT1	Julian Date	Earth Rotation Angle θ	Equation of Origins E_o	Date 0ʰ UT1	Julian Date	Earth Rotation Angle θ	Equation of Origins E_o
	245	° ′ ″	′ ″		245	° ′ ″	′ ″
Oct. 1	4374·5	9 15 02·1151	− 6 03·1990	Nov. 16	4420·5	54 35 19·5100	− 6 09·0573
2	4375·5	10 14 10·3193	− 6 03·4208	17	4421·5	55 34 27·7142	− 6 09·2313
3	4376·5	11 13 18·5235	− 6 03·6517	18	4422·5	56 33 35·9184	− 6 09·3630
4	4377·5	12 12 26·7278	− 6 03·8631	19	4423·5	57 32 44·1227	− 6 09·4522
5	4378·5	13 11 34·9320	− 6 04·0347	20	4424·5	58 31 52·3269	− 6 09·5094
6	4379·5	14 10 43·1363	− 6 04·1566	21	4425·5	59 31 00·5312	− 6 09·5571
7	4380·5	15 09 51·3405	− 6 04·2289	22	4426·5	60 30 08·7354	− 6 09·6266
8	4381·5	16 08 59·5447	− 6 04·2603	23	4427·5	61 29 16·9396	− 6 09·7496
9	4382·5	17 08 07·7490	− 6 04·2647	24	4428·5	62 28 25·1439	− 6 09·9455
10	4383·5	18 07 15·9532	− 6 04·2593	25	4429·5	63 27 33·3481	− 6 10·2116
11	4384·5	19 06 24·1574	− 6 04·2611	26	4430·5	64 26 41·5523	− 6 10·5221
12	4385·5	20 05 32·3617	− 6 04·2849	27	4431·5	65 25 49·7566	− 6 10·8386
13	4386·5	21 04 40·5659	− 6 04·3416	28	4432·5	66 24 57·9608	− 6 11·1251
14	4387·5	22 03 48·7702	− 6 04·4366	29	4433·5	67 24 06·1651	− 6 11·3591
15	4388·5	23 02 56·9744	− 6 04·5697	30	4434·5	68 23 14·3693	− 6 11·5343
16	4389·5	24 02 05·1786	− 6 04·7355	Dec. 1	4435·5	69 22 22·5735	− 6 11·6576
17	4390·5	25 01 13·3829	− 6 04·9240	2	4436·5	70 21 30·7778	− 6 11·7441
18	4391·5	26 00 21·5871	− 6 05·1215	3	4437·5	71 20 38·9820	− 6 11·8119
19	4392·5	26 59 29·7913	− 6 05·3119	4	4438·5	72 19 47·1862	− 6 11·8792
20	4393·5	27 58 37·9956	− 6 05·4785	5	4439·5	73 18 55·3905	− 6 11·9619
21	4394·5	28 57 46·1998	− 6 05·6070	6	4440·5	74 18 03·5947	− 6 12·0726
22	4395·5	29 56 54·4040	− 6 05·6888	7	4441·5	75 17 11·7990	− 6 12·2193
23	4396·5	30 56 02·6083	− 6 05·7263	8	4442·5	76 16 20·0032	− 6 12·4047
24	4397·5	31 55 10·8125	− 6 05·7360	9	4443·5	77 15 28·2074	− 6 12·6261
25	4398·5	32 54 19·0168	− 6 05·7481	10	4444·5	78 14 36·4117	− 6 12·8750
26	4399·5	33 53 27·2210	− 6 05·7988	11	4445·5	79 13 44·6159	− 6 13·1383
27	4400·5	34 52 35·4252	− 6 05·9157	12	4446·5	80 12 52·8201	− 6 13·3998
28	4401·5	35 51 43·6295	− 6 06·1059	13	4447·5	81 12 01·0244	− 6 13·6426
29	4402·5	36 50 51·8337	− 6 06·3523	14	4448·5	82 11 09·2286	− 6 13·8525
30	4403·5	37 50 00·0379	− 6 06·6223	15	4449·5	83 10 17·4329	− 6 14·0202
31	4404·5	38 49 08·2422	− 6 06·8806	16	4450·5	84 09 25·6371	− 6 14·1446
Nov. 1	4405·5	39 48 16·4464	− 6 07·1008	17	4451·5	85 08 33·8413	− 6 14·2344
2	4406·5	40 47 24·6507	− 6 07·2693	18	4452·5	86 07 42·0456	− 6 14·3077
3	4407·5	41 46 32·8549	− 6 07·3852	19	4453·5	87 06 50·2498	− 6 14·3907
4	4408·5	42 45 41·0591	− 6 07·4568	20	4454·5	88 05 58·4540	− 6 14·5121
5	4409·5	43 44 49·2634	− 6 07·4984	21	4455·5	89 05 06·6583	− 6 14·6948
6	4410·5	44 43 57·4676	− 6 07·5270	22	4456·5	90 04 14·8625	− 6 14·9469
7	4411·5	45 43 05·6718	− 6 07·5597	23	4457·5	91 03 23·0667	− 6 15·2560
8	4412·5	46 42 13·8761	− 6 07·6117	24	4458·5	92 02 31·2710	− 6 15·5912
9	4413·5	47 41 22·0803	− 6 07·6947	25	4459·5	93 01 39·4752	− 6 15·9143
10	4414·5	48 40 30·2846	− 6 07·8156	26	4460·5	94 00 47·6795	− 6 16·1931
11	4415·5	49 39 38·4888	− 6 07·9757	27	4461·5	94 59 55·8837	− 6 16·4107
12	4416·5	50 38 46·6930	− 6 08·1705	28	4462·5	95 59 04·0879	− 6 16·5678
13	4417·5	51 37 54·8973	− 6 08·3905	29	4463·5	96 58 12·2922	− 6 16·6773
14	4418·5	52 37 03·1015	− 6 08·6222	30	4464·5	97 57 20·4964	− 6 16·7587
15	4419·5	53 36 11·3057	− 6 08·8498	31	4465·5	98 56 28·7006	− 6 16·8324
16	4420·5	54 35 19·5100	− 6 09·0573	32	4466·5	99 55 36·9049	− 6 16·9161

$$GHA = \theta - \alpha_i, \qquad \alpha_i = \alpha_e + E_o$$

α_i, α_e are the right ascensions with respect to the CIO and the true equinox of date, respectively.

Purpose, explanation and arrangement

The formulae, tables and ephemerides in the remainder of this section are mainly intended to provide for the reduction of celestial coordinates (especially of right ascension, declination and hour angle) from one reference system to another; in particular from the International Celestial Reference System (ICRS) to a geocentric apparent or intermediate place, but some of the data may be used for other purposes.

Formulae and numerical values are given on pages B24–B33 for the separate steps in such reductions, i.e. for proper motion, aberration, light-deflection, parallax, frame bias, precession and nutation. Formulae and examples are given for full-precision reductions using vectors and rotation matrices on pages B61–B69. The examples given use **both** the long-standing equator and equinox of date system, as well as the IAU 2000 Celestial Intermediate Reference System (CIO and equator of date). Finally, formulae and numerical values are given for the reduction from geocentric to topocentric place on pages B79–B81. Background information is given in the *Notes and References* and the *Glossary*.

Notation and units

The following is a list of some frequently used coordinate systems and their designations and include the practical consequences of adoption of the ICRS and IAU 2000 resolutions B1.6, B1.7 and B1.8.

1. Barycentric Celestial Reference System (BCRS) is a system of barycentric space-time coordinates for the solar system within the framework of General Relativity. However, for all practical applications, the BCRS is assumed to be oriented according to the ICRS axes. The directions of the ICRS axes are realized by the International Celestial Reference Frame. The ICRS is not identical to the system defined by the dynamical mean equator and equinox of J2000·0, although the difference in orientation is only about $0\rlap{.}{''}02$.

2. The Geocentric Celestial Reference System (GCRS) is a system of geocentric space-time coordinates within the framework of General Relativity. The directions of the GCRS axes are obtained from those of the BCRS (ICRS) by a relativistic transformation. Positions of stars obtained from ICRS reference data, corrected for proper motion, parallax, light-bending, and aberration (for a geocentric observer) are with respect to the GCRS. The same is true for planetary positions, although the corrections are somewhat different.

3. The J2000·0 dynamical reference system; mean equator and equinox of J2000·0; a geocentric system where the origin of right ascension is the intersection of the mean ecliptic and equator of J2000·0; the system in which the IAU 2000 precession-nutation is defined. For precise applications a small rotation (frame bias, see B28) should be made to GCRS positions before precession and nutation are applied. The J2000·0 system may also be barycentric, for example as the reference system for catalogues.

4. The mean system of date (m); mean equator and equinox of date.

5. The true system of date (t); true equator and equinox of date, a geocentric system, the pole of which is the celestial intermediate pole (CIP) and the origin of right ascension is located at the equinox on the true equator of date (intermediate equator). It is a system between the GCRS and the Terrestrial Intermediate Reference System that separates the components labelled precession-nutation and polar motion.

6. The Celestial Intermediate Reference System (of date) (i), the IAU recommended geocentric system of date, the pole of which is the celestial intermediate pole (CIP), and the origin of right ascension is called the celestial intermediate origin (CIO) on the intermediate equator (true equator of date). It is a system between (*"intermediate"*) the GCRS and the Terrestrial Intermediate Reference System that separates the components labelled precession-nutation and polar motion.

Notation and units (continued)

7. The Terrestrial Intermediate Reference System; the pole is the celestial intermediate pole (CIP), and the origin is called the terrestrial intermediate origin (TIO) on the intermediate equator (true equator of date). The plane containing the geocentre, the CIP, and TIO is the fundamental plane of this system and is called the TIO meridian and corresponds to the astronomical zero meridian.

No.	System	Equator/Pole	Origin on the Equator	Epoch
1	BCRS (ICRS)	ICRS equator and pole	ICRS (RA)	—
2	GCRS	ICRS	ICRS (RA)	—
3	J2000·0	mean equator	mean equinox (RA)	J2000·0
4	Mean (m)	mean equator	mean equinox (RA)	date
5	True (t)	true equator/CIP	true equinox (RA)	date
6	Intermediate (i)	intermediate equator/CIP	CIO (RA)	date
7	Terrestrial	intermediate (true) equator/CIP	TIO (GHA)	date

- The celestial intermediate origin (CIO); the chosen origin of the Celestial Intermediate Reference System; the origin that makes the relationship between UT1 and Earth rotation a simple linear function (see page B9). Right ascensions measured from this origin are called intermediate right ascensions or CIO right ascensions.

- The true equator of date and the intermediate equator are the same plane. Therefore declinations, apparent or intermediate, derived using either equinox-based or CIO-based methods, respectively, are identical.

- The only difference between apparent and intermediate right ascensions is their origin. When using the equinox and equator of date system, right ascension is measured from the equinox and is called apparent right ascension. When using the Celestial Intermediate Reference System, right ascension is measured from the celestial intermediate origin, and is called intermediate right ascension.

- Apparent right ascension is subtracted from Greenwich apparent sidereal time to give hour angle (GHA).

- Intermediate right ascension is subtracted from Earth rotation angle to give hour angle (GHA).

Matrices for Equinox-Based Techniques

B   Bias matrix: transformation of the GCRS to J2000·0 system, mean equator and equinox of J2000·0. Also used to transform ICRS coordinates to the J2000·0 system.

P   Precession matrix: transformation of the J2000·0 system to the mean equator and equinox of date.

N   Nutation matrix: transformation of the mean equator and equinox of date to true equator and equinox of date.

$\mathbf{R}_3(\text{GAST})$ Earth rotation matrix: the transformation of the true equinox of date (origin is the true equinox of date) to the geocentric Terrestrial Intermediate Reference System (origin is the TIO on the true equator of date).

Matrices for IAU 2000 Techniques

C   Celestial to Intermediate matrix: transformation of the GCRS to the Celestial Intermediate Reference System (CIO and equator of date). **C** includes frame bias and precession-nutation.

$\mathbf{R}_3(\theta)$ Earth rotation matrix: transformation of the Celestial Intermediate Reference System to the Terrestrial Intermediate Reference System (origin is the TIO on the intermediate equator i.e., the true equator of date).

Notation and units (continued)

Other terms

t	an epoch expressed in terms of the Julian year; (see page B3); the difference between two epochs represents a time-interval expressed in Julian years; subscripts zero and one are used to indicate the epoch of a catalogue place, usually the standard epoch of J2000·0, and the epoch of the middle of a Julian year (here shortened to "epoch of year"), respectively.
T	an interval of time expressed in Julian centuries of 36525 days; usually measured from J2000·0, i.e. from JD 245 1545·0 TT.
$\mathbf{r}_m, \mathbf{r}_t, \mathbf{r}_i$	column position vectors, with respect to mean equinox, true equinox, and intermediate system, respectively.
α, δ, π	right ascension, declination and annual parallax; in the formulae for computation, right ascension and related quantities are expressed in time-measure ($1^h = 15°$, etc.), while declination and related quantities, including annual parallax, are expressed in angular measure, unless the contrary is indicated.
α_e, α_i	equinox and intermediate right ascensions, respectively; α_e is measured from the equinox, while α_i is measured from the CIO.
μ_α, μ_δ	components of proper motion in right ascension and declination. **Check the units** carefully. Modern catalogues usually use mas/year, where the $\cos\delta$ term has been included in μ_α.
λ, β	ecliptic longitude and latitude.
Ω, i, ω	orbital elements referred to the ecliptic; longitude of ascending node, inclination, argument of perihelion.
X, Y, Z	rectangular coordinates of the Earth with respect to the barycentre of the solar system, referred to the ICRS and expressed in astronomical units (au).
$\dot{X}, \dot{Y}, \dot{Z}$	first derivatives of X, Y, Z with respect to time expressed in days.
$\mathcal{X}, \mathcal{Y}$	Components of the unit vector in the direction of the celestial intermediate pole with respect to the GCRS.
$\eta_0, \xi_0, d\alpha_0$	Frame bias offsets: offsets of the GCRS from the dynamical J2000·0 system.

Since the origin of the right ascension system may be one of five different locations (ICRS origin, J2000·0, mean equinox, true equinox, or the CIO), the notation will make it clear which is being referred to when necessary.

Approximate reduction for proper motion

In its simplest form the reduction for the proper motion is given by:

$$\alpha = \alpha_0 + (t - t_0)\mu_\alpha \quad \text{or} \quad \alpha = \alpha_0 + (t - t_0)\mu_\alpha / \cos\delta$$
$$\delta = \delta_0 + (t - t_0)\mu_\delta$$

where the rate of the proper motions are per year. In some cases it is necessary to allow also for second-order terms, radial velocity and orbital motion, but appropriate formulae are usually given in the catalogue (see page B67).

Approximate reduction for annual parallax

The reduction for annual parallax from the catalogue place (α_0, δ_0) to the geocentric place (α, δ) is given by:

$$\alpha = \alpha_0 + (\pi/15 \cos\delta_0)(X \sin\alpha_0 - Y \cos\alpha_0)$$
$$\delta = \delta_0 + \pi(X \cos\alpha_0 \sin\delta_0 + Y \sin\alpha_0 \sin\delta_0 - Z \cos\delta_0)$$

where X, Y, Z are the coordinates of the Earth tabulated on pages B71-B78. Expressions for X, Y, Z may be obtained from page C24, since $X = -x, Y = -y, Z = -z$.

Approximate reduction for annual parallax (continued)

The times of reception of periodic phenomena, such as pulsar signals, may be reduced to a common origin at the barycentre by adding the light-time corresponding to the component of the Earth's position vector along the direction to the object; that is by adding to the observed times $(X \cos \alpha \, \cos \delta + Y \sin \alpha \, \cos \delta + Z \sin \delta)/c$, where the velocity of light, $c = 173 \cdot 14$ au/d, and the light time for 1 au, $1/c = 0 \overset{d}{\cdot} 005 \, 7755$.

Approximate reduction for annual aberration

The reduction for annual aberration from a geometric geocentric place (α_0, δ_0) to an apparent geocentric place (α, δ) is given by:

$$\alpha = \alpha_0 + (-\dot{X} \sin \alpha_0 + \dot{Y} \cos \alpha_0)/(c \cos \delta_0)$$

$$\delta = \delta_0 + (-\dot{X} \cos \alpha_0 \sin \delta_0 - \dot{Y} \sin \alpha_0 \sin \delta_0 + \dot{Z} \cos \delta_0)/c$$

where $c = 173 \cdot 14$ au/d, and $\dot{X}, \dot{Y}, \dot{Z}$ are the velocity components of the Earth given on pages B71-B78. Alternatively, but to lower precision, it is possible to use the expressions

$$\dot{X} = +0 \cdot 0172 \sin \lambda \qquad \dot{Y} = -0 \cdot 0158 \cos \lambda \qquad \dot{Z} = -0 \cdot 0068 \cos \lambda$$

where the apparent longitude of the Sun λ is given by the expression on page C24. The reduction may also be carried out by using the rotation-matrix technique (see page B62) when full precision is required.

Measurements of radial velocity may be reduced to a common origin at the barycentre by adding the component of the Earth's velocity in the direction of the object; that is by adding

$$\dot{X} \cos \alpha_0 \cos \delta_0 + \dot{Y} \sin \alpha_0 \cos \delta_0 + \dot{Z} \sin \delta_0$$

Traditional reduction for planetary aberration

In the case of a body in the solar system, the apparent direction at the instant of observation (t) differs from the geometric direction at that instant because of (a) the motion of the body during the light-time and (b) the relative motion of the Earth and the light. The reduction may be carried out in two stages: (i) by combining the barycentric position of the body at time $t - \Delta t$, where Δt is the light-time, with the barycentric position of the Earth at time t, and then (ii) by applying the correction for annual aberration as described above. Alternatively it is possible to interpolate the geometric (geocentric) ephemeris of the body to the time $t - \Delta t$; it is usually sufficient to subtract the product of the light-time and the first derivative of the coordinate. The light-time Δt in days is given by the distance in au between the body and the Earth, multiplied by $0 \cdot 005 \, 7755$; strictly, the light-time corresponds to the distance from the position of the Earth at time t to the position of the body at time $t - \Delta t$, but it is usually sufficient to use the geocentric distance at time t.

Differential aberration

The corrections for differential annual aberration to be added to the observed differences (in the sense moving object minus star) of right ascension and declination to give the true differences are:

in right ascension $\qquad a \, \Delta \alpha + b \, \Delta \delta \qquad$ in units of $0 \overset{s}{\cdot} 001$

in declination $\qquad c \, \Delta \alpha + d \, \Delta \delta \qquad$ in units of $0 \overset{''}{\cdot} 01$

where $\Delta \alpha, \Delta \delta$ are the observed differences in units of 1^{m} and $1'$ respectively, and where a, b, c, d are coefficients defined by:

$$a = -5 \cdot 701 \cos (H + \alpha) \sec \delta \qquad b = -0 \cdot 380 \sin (H + \alpha) \sec \delta \tan \delta$$

$$c = +8 \cdot 552 \sin (H + \alpha) \sin \delta \qquad d = -0 \cdot 570 \cos (H + \alpha) \cos \delta$$

$$H^{h} = 23 \cdot 4 - (\text{day of year}/15 \cdot 2)$$

The day of year is tabulated on pages B4–B5.

Approximate reduction for light-deflection

The apparent direction of a star or a body in the solar system may be significantly affected by the deflection of light in the gravitational field of the Sun. The elongation (E) from the centre of the Sun is increased by an amount (ΔE) that, for a star, depends on the elongation in the following manner:

$$\Delta E = 0\!''\!004\ 07/\tan{(E/2)}$$

E	$0°25$	$0°5$	$1°$	$2°$	$5°$	$10°$	$20°$	$50°$	$90°$
ΔE	$1\!''\!866$	$0\!''\!933$	$0\!''\!466$	$0\!''\!233$	$0\!''\!093$	$0\!''\!047$	$0\!''\!023$	$0\!''\!009$	$0\!''\!004$

The body disappears behind the Sun when E is less than the limiting grazing value of about $0°25$. The effects in right ascension and declination may be calculated approximately from:

$$\cos E = \sin\delta\sin\delta_0 + \cos\delta\cos\delta_0\cos{(\alpha - \alpha_0)}$$
$$\Delta\alpha = 0\!\overset{s}{.}000\ 271\cos\delta_0\sin{(\alpha - \alpha_0)}/(1 - \cos E)\cos\delta$$
$$\Delta\delta = 0\!''\!004\ 07[\sin\delta\cos\delta_0\cos{(\alpha - \alpha_0)} - \cos\delta\sin\delta_0]/(1 - \cos E)$$

where α, δ refer to the star, and α_0, δ_0 to the Sun. See also page B62.

Reduction from GCRS to J2000 — frame bias — rigorous formulae

Positions of objects with respect to the GCRS must be rotated to the J2000·0 dynamical system before precession and nutation are applied. Objects whose positions are given with respect to another system, e.g. FK5, may first be transformed to the GCRS before using the methods given here. An GCRS position $\mathbf{r}$ may be transformed to a J2000·0 or FK5 position $\mathbf{r}_0$ and vice versa, as follows,

$$\mathbf{r}_0 = \mathbf{Br} \quad\text{and}\quad \mathbf{r} = \mathbf{B}^{-1}\mathbf{r}_0 = \mathbf{B}'\mathbf{r}_0$$

where $\mathbf{B}$ is the frame bias matrix. The frame bias is given in terms of offsets (η_0, ξ_0) from the pole together with the shift in right ascension origin ($d\alpha_0$),

Offsets of the Pole and Origin at J2000·0

Rotation From	η_0 mas	ξ_0 mas	$d\alpha_0$ mas
GCRS to J2000·0	$-\ 6·8192$	$-16·617$	$-14·6$
GCRS to FK5	$-19·9$	$+\ 9·1$	$-22·9$

The matrices for transforming from and to GCRS are given by

$$\mathbf{B} = \mathbf{R}_1(-\eta_0)\ \mathbf{R}_2(\xi_0)\ \mathbf{R}_3(d\alpha_0) \qquad\qquad \mathbf{B}^{-1} = \mathbf{R}_3(-d\alpha_0)\ \mathbf{R}_2(-\xi_0)\ \mathbf{R}_1(+\eta_0)$$
$$= \mathbf{R}_1(-\delta\epsilon_0)\ \mathbf{R}_2(\delta\psi_0\sin\epsilon_0)\ \mathbf{R}_3(d\alpha_0) \qquad = \mathbf{R}_3(-d\alpha_0)\ \mathbf{R}_2(-\delta\psi_0\sin\epsilon_0)\ \mathbf{R}_1(+\delta\epsilon_0)$$

where the second equation is in terms of corrections provided by the IAU 2000 precession-nutation theory, and $\xi_0 = \delta\psi_0\sin\epsilon_0 = -41·775\sin(23°\ 26'\ 21\!''\!448) = -16·617\,\text{mas}$.

Evaluating the matrix for GCRS to J2000·0 gives

$$\mathbf{B} = \begin{pmatrix} +0·9999\ 9999\ 9999\ 9942 & -0·0000\ 0007\ 0782\ 7974 & +0·0000\ 0008\ 0562\ 1715 \\ +0·0000\ 0007\ 0782\ 7948 & +0·9999\ 9999\ 9999\ 9969 & +0·0000\ 0003\ 3060\ 4145 \\ -0·0000\ 0008\ 0562\ 1738 & -0·0000\ 0003\ 3060\ 4088 & +0·9999\ 9999\ 9999\ 9962 \end{pmatrix}$$

Approximate reduction from GCRS to J2000

Since the rotations to orient the GCRS to J2000·0 system are small the following approximate matrix, accurate to 1×10^{-14} radians, may be used:

$$\mathbf{B} = \begin{pmatrix} 1 & d\alpha_0 & -\xi_0 \\ -d\alpha_0 & 1 & -\eta_0 \\ \xi_0 & \eta_0 & 1 \end{pmatrix}$$

where η_0, ξ_0 and $d\alpha_0$ are the offsets of the pole and the origin (expressed in radians) from J2000·0 given in the table above.

Reduction for precession—rigorous formulae

Rigorous formulae for the reduction of mean equatorial positions from J2000·0 to epoch of date t, and vice versa, are as follows:

For equatorial rectangular coordinates (x_0, y_0, z_0), or direction cosines $(\mathbf{r}_0)$,

$$\mathbf{r}_m = \mathbf{P}\,\mathbf{r}_0 \qquad\qquad \mathbf{r}_0 = \mathbf{P}^{-1}\,\mathbf{r}_m = \mathbf{P}'\mathbf{r}_m$$

where

$$\mathbf{P} = \mathbf{R}_3(\chi_A)\,\mathbf{R}_1(-\omega_A)\,\mathbf{R}_3(-\psi_A)\,\mathbf{R}_1(\epsilon_0) = \mathbf{R}_3(-z_A)\,\mathbf{R}_2(\theta_A)\,\mathbf{R}_3(-\zeta_A)$$

$\mathbf{r}_m$ is the position vector precessed from t_0 to the mean equinox t. The inverse of the rotation matrix $\mathbf{P}$ is equal to its transpose, i.e. $\mathbf{P}^{-1} = \mathbf{P}'$. The definitive method is to use the angles χ_A, ω_A, ψ_A and ϵ_0 and to calculate $\mathbf{P}$ thus

$$\mathbf{P}=\begin{pmatrix} C_4C_2-S_2S_4C_3 & C_4S_2C_1+S_4C_3C_2C_1-S_1S_4S_3 & C_4S_2S_1+S_4C_3C_2S_1+C_1S_4S_3 \\ -S_4C_2-S_2C_4C_3 & -S_4S_2C_1+C_4C_3C_2C_1-S_1C_4S_3 & -S_4S_2S_1+C_4C_3C_2S_1+C_1C_4S_3 \\ S_2S_3 & -S_3C_2C_1-S_1C_3 & -S_3C_2S_1+C_3C_1 \end{pmatrix}$$

where

$$\begin{array}{llll} S_1 = \sin\epsilon_0 & S_2 = \sin-\psi_A & S_3 = \sin-\omega_A & S_4 = \sin\chi_A \\ C_1 = \cos\epsilon_0 & C_2 = \cos-\psi_A & C_3 = \cos-\omega_A & C_4 = \cos\chi_A \end{array}$$

and the definitive angles χ_A, ω_A, ψ_A and ϵ_0 are

$$\begin{aligned} \psi_A &= 5038''\!.478\,75\ T - 1''\!.072\,59\ T^2 - 0''\!.001\,147\ T^3 \\ \omega_A &= \epsilon_0 - 0''\!.025\,24\ T + 0''\!.051\,27\ T^2 - 0''\!.007\,726\ T^3 \\ \chi_A &= 10''\!.5526\ T - 2''\!.380\,64\ T^2 - 0''\!.001\,125\ T^3 \\ \epsilon_0 &= 23°\,26'\,21''\!.448 = 84\,381''\!.448 \end{aligned}$$

where $T = (t - 2000\!\cdot\!0)/100 = (\text{JD}_{\text{TT}} - 245\,1545\!\cdot\!0)/36\,525$, and ϵ_0 is the obliquity of the ecliptic with respect to the dynamical equinox at J2000.

Alternatively $\mathbf{P}$ expressed in terms of ζ_A, z_A, θ_A is

$$\mathbf{P}=\begin{pmatrix} \cos\zeta_A\cos\theta_A\cos z_A - \sin\zeta_A\sin z_A & -\sin\zeta_A\cos\theta_A\cos z_A - \cos\zeta_A\sin z_A & -\sin\theta_A\cos z_A \\ \cos\zeta_A\cos\theta_A\sin z_A + \sin\zeta_A\cos z_A & -\sin\zeta_A\cos\theta_A\sin z_A + \cos\zeta_A\cos z_A & -\sin\theta_A\sin z_A \\ \cos\zeta_A\sin\theta_A & -\sin\zeta_A\sin\theta_A & \cos\theta_A \end{pmatrix}$$

For right ascension and declination in terms of ζ_A, z_A, θ_A:

$$\begin{aligned} \sin(\alpha - z_A)\cos\delta &= \sin(\alpha_0 + \zeta_A)\cos\delta_0 \\ \cos(\alpha - z_A)\cos\delta &= \cos(\alpha_0 + \zeta_A)\cos\theta_A\cos\delta_0 - \sin\theta_A\sin\delta_0 \\ \sin\delta &= \cos(\alpha_0 + \zeta_A)\sin\theta_A\cos\delta_0 + \cos\theta_A\sin\delta_0 \end{aligned}$$

$$\begin{aligned} \sin(\alpha_0 + \zeta_A)\cos\delta_0 &= \sin(\alpha - z_A)\cos\delta \\ \cos(\alpha_0 + \zeta_A)\cos\delta_0 &= \cos(\alpha - z_A)\cos\theta_A\cos\delta + \sin\theta_A\sin\delta \\ \sin\delta_0 &= -\cos(\alpha - z_A)\sin\theta_A\cos\delta + \cos\theta_A\sin\delta \end{aligned}$$

where ζ_A, z_A, θ_A, given below, are angles that serve to specify the position of the mean equator and equinox of date with respect to the mean equator and equinox of J2000·0.

$$\begin{aligned} \zeta_A &= +2''\!.597\,6176 + 2306''\!.080\,9506\ T + 0''\!.301\,9015\ T^2 + 0''\!.017\,9663\ T^3 \\ &\quad - 32''\!.7 \times 10^{-6}\ T^4 - 0''\!.2 \times 10^{-6}\ T^5 \\ z_A &= -2''\!.597\,6176 + 2306''\!.080\,3226\ T + 1''\!.094\,7790\ T^2 + 0''\!.018\,2273\ T^3 \\ &\quad + 47''\!.0 \times 10^{-6}\ T^4 - 0''\!.3 \times 10^{-6}\ T^5 \\ \theta_A &= +2004''\!.191\,7476\ T - 0''\!.426\,9353\ T^2 - 0''\!.041\,8251\ T^3 \\ &\quad - 60''\!.1 \times 10^{-6}\ T^4 - 0''\!.1 \times 10^{-6}\ T^5 \end{aligned}$$

Values of the angles ζ_A, z_A, θ_A, ψ_A, ω_A, χ_A, and of the elements of $\mathbf{P}$ for reduction from J2000·0 to epoch and mean equinox of the middle of the year (J2007·5) are as follows:

$$\begin{array}{lll} \zeta_A = +175''\!.56 = +0°\!.048\,765 & \qquad \psi_A = \ \ \ +377''\!.88 = \ \ \ +0°\!.104\,967 \\ z_A = +170''\!.36 = +0°\!.047\,323 & \qquad \omega_A = +843\,81''\!.45 = +23°\!.439\,291 \\ \theta_A = +150''\!.31 = +0°\!.041\,753 & \qquad \chi_A = \ \ \ \ \ \ \ \ +0''\!.78 = \ \ \ +0°\!.000\,216 \end{array}$$

Reduction for precession—rigorous formulae (continued)

The rotation matrix for precession from J2000·0 to J2007·5 is

$$P = \begin{pmatrix} +0\cdot999\ 998\ 33 & -0\cdot001\ 677\ 07 & -0\cdot000\ 728\ 73 \\ +0\cdot001\ 677\ 07 & +0\cdot999\ 998\ 59 & -0\cdot000\ 000\ 60 \\ +0\cdot000\ 728\ 73 & -0\cdot000\ 000\ 62 & +0\cdot999\ 999\ 73 \end{pmatrix}$$

The obliquity of the ecliptic of date (with respect to the mean equator of date) is given by:

$$\epsilon_A = 23°\ 26'\ 21\rlap{.}''448 - 46\rlap{.}''840\ 24\ T - 0\rlap{.}''000\ 59\ T^2 + 0\rlap{.}''001\ 813\ T^3$$

$$\epsilon_A = 23°4392\ 9111 - 0°0130\ 1118\ T - 0°1639 \times 10^{-6}\ T^2 + 0°5036 \times 10^{-6}\ T^3$$

The precessional motion of the ecliptic is specified by the inclination (π_A) and longitude of the node (Π_A) of the ecliptic of date with respect to the ecliptic and equinox of J2000·0; they are given by:

$$\pi_A \sin \Pi_A = +\ 4\rlap{.}''199\ T + 0\rlap{.}''1940\ T^2 - 0\rlap{.}''000\ 22\ T^3$$

$$\pi_A \cos \Pi_A = -46\rlap{.}''811\ T + 0\rlap{.}''0510\ T^2 + 0\rlap{.}''000\ 52\ T^3$$

For epoch J2007·5 $\epsilon = 23°\ 26'\ 17\rlap{.}''93 = \quad 23°438\ 315$
$$\pi_A = \qquad +3\rlap{.}''525 = \quad 0°000\ 9791$$
$$\Pi_A = \qquad 174°\ 51\rlap{.}'4 = 174°856$$

Reduction for precession—approximate formulae

Approximate formulae for the reduction of coordinates and orbital elements referred to the mean equinox and equator or ecliptic of date (t) are as follows:

For reduction to J2000·0	For reduction from J2000·0
$\alpha_0 = \alpha - M - N \sin \alpha_m \tan \delta_m$	$\alpha = \alpha_0 + M + N \sin \alpha_m \tan \delta_m$
$\delta_0 = \delta - N \cos \alpha_m$	$\delta = \delta_0 + N \cos \alpha_m$
$\lambda_0 = \lambda - a + b \cos (\lambda + c') \tan \beta_0$	$\lambda = \lambda_0 + a - b \cos (\lambda_0 + c) \tan \beta$
$\beta_0 = \beta - b \sin (\lambda + c')$	$\beta = \beta_0 + b \sin (\lambda_0 + c)$
$\Omega_0 = \Omega - a + b \sin (\Omega + c') \cot i_0$	$\Omega = \Omega_0 + a - b \sin (\Omega_0 + c) \cot i$
$i_0 = i - b \cos (\Omega + c')$	$i = i_0 + b \cos (\Omega_0 + c)$
$\omega_0 = \omega - b \sin (\Omega + c') \operatorname{cosec} i_0$	$\omega = \omega_0 + b \sin (\Omega_0 + c) \operatorname{cosec} i$

where the subscript zero refers to epoch J2000·0 and α_m, δ_m refer to the mean epoch; with sufficient accuracy:

$$\alpha_m = \alpha - \tfrac{1}{2}(M + N \sin \alpha \tan \delta)$$

$$\delta_m = \delta - \tfrac{1}{2} N \cos \alpha_m$$

or

$$\alpha_m = \alpha_0 + \tfrac{1}{2}(M + N \sin \alpha_0 \tan \delta_0)$$

$$\delta_m = \delta_0 + \tfrac{1}{2} N \cos \alpha_m$$

The precessional constants M, N, etc., are given by:

$$M = 0°0014\ 4312 + 1°2811\ 5591\ T + 0°0003\ 8797\ T^2$$
$$+ 0°0000\ 1005\ T^3 + 0°04 \times 10^{-7}\ T^4$$

$$N = 0°5567\ 1993\ T - 0°0001\ 1859\ T^2 - 0°0000\ 1162\ T^3 - 0°2 \times 10^{-7}\ T^4$$

$$a = 1°3968\ 8783\ T + 0°0003\ 0707\ T^2 + 0°0000\ 0002\ T^3 - 0°7 \times 10^{-7}\ T^4$$

$$b = 0°0130\ 5527\ T - 0°0000\ 0930\ T^2 + 0°0000\ 0003\ T^3$$

$$c = 5°125\ 89 + 0°818\ 994\ T + 0°000\ 1426\ T^2$$

$$c' = 5°125\ 89 - 0°577\ 894\ T - 0°000\ 1645\ T^2$$

where $T = (t - 2000\cdot0)/100 = (\text{JD}_{\text{TT}} - 245\ 1545\cdot0)/36\ 525$

Reduction for precession—approximate formulae (continued)

Formulae for the reduction from the mean equinox and equator or ecliptic of the middle of year (t_1) to date (t) are as follows:

$$\alpha = \alpha_1 + \tau(m + n \sin \alpha_1 \tan \delta_1) \qquad \delta = \delta_1 + \tau n \cos \alpha_1$$

$$\lambda = \lambda_1 + \tau(p - \pi \cos(\lambda_1 + 6°) \tan \beta) \qquad \beta = \beta_1 + \tau\pi \sin(\lambda_1 + 6°)$$

$$\Omega = \Omega_1 + \tau(p - \pi \sin(\Omega_1 + 6°) \cot i) \qquad i = i_1 + \tau\pi \cos(\Omega_1 + 6°)$$

$$\omega = \omega_1 + \tau\pi \sin(\Omega_1 + 6°) \operatorname{cosec} i$$

where $\tau = t - t_1$ and π is the annual rate of rotation of the ecliptic.

The precessional constants p, m, etc., are as follows:

Annual	Epoch J2007·5		Epoch J2007·5
general precession	$p = +0°013\ 9693$	Annual rate of rotation	$\pi = +0°000\ 1305$
precession in R.A.	$m = +0°012\ 8121$	Longitude of axis	$\Pi = +174°8560$
precession in Dec.	$n = +0°005\ 5670$	$\gamma = 180° - \Pi = +5°1440$	

where Π is the longitude of the instantaneous rotation axis of the ecliptic, measured from the mean equinox of date.

Reduction for nutation — rigorous formulae

Nutations in longitude $(\Delta\psi)$ and in obliquity $(\Delta\epsilon)$ together with the true obliquity of the ecliptic (ϵ) for 2007 have been calculated using the IAU 2000A series, and are tabulated on pages B34–B41. A mean place $(\mathbf{r}_m)$ may be transformed to a true place $(\mathbf{r}_t)$, and vice versa, as follows:

$$\mathbf{r}_t = \mathbf{N}\,\mathbf{r}_m \qquad \mathbf{r}_m = \mathbf{N}^{-1}\,\mathbf{r}_t = \mathbf{N}'\,\mathbf{r}_t$$

where
$$\mathbf{N} = \mathbf{R}_1(-\epsilon)\,\mathbf{R}_3(-\Delta\psi)\,\mathbf{R}_1(+\epsilon_A)$$

$$\epsilon = \epsilon_A + \Delta\epsilon$$

and ϵ_A is given at the top of page B30 and tabulated on pages B34–B41. The matrix for nutation is given by

$$\mathbf{N} = \begin{pmatrix} \cos\Delta\psi & -\sin\Delta\psi\cos\epsilon_A & -\sin\Delta\psi\sin\epsilon_A \\ \sin\Delta\psi\cos\epsilon & \cos\Delta\psi\cos\epsilon_A\cos\epsilon + \sin\epsilon_A\sin\epsilon & \cos\Delta\psi\sin\epsilon_A\cos\epsilon - \cos\epsilon_A\sin\epsilon \\ \sin\Delta\psi\sin\epsilon & \cos\Delta\psi\cos\epsilon_A\sin\epsilon - \sin\epsilon_A\cos\epsilon & \cos\Delta\psi\sin\epsilon_A\sin\epsilon + \cos\epsilon_A\cos\epsilon \end{pmatrix}$$

Approximate reduction for nutation

To first order, the contributions of the nutations in longitude $(\Delta\psi)$ and in obliquity $(\Delta\epsilon)$ to the reduction from mean place to true place are given by:

$$\Delta\alpha = (\cos\epsilon + \sin\epsilon\,\sin\alpha\,\tan\delta)\,\Delta\psi - \cos\alpha\,\tan\delta\,\Delta\epsilon \qquad \Delta\lambda = \Delta\psi$$

$$\Delta\delta = \sin\epsilon\,\cos\alpha\,\Delta\psi + \sin\alpha\,\Delta\epsilon \qquad \Delta\beta = 0$$

The following formulae may be used to compute $\Delta\psi$ and $\Delta\epsilon$ to a precision of about $0°0002\ (1'')$ during 2007.

$$\Delta\psi = -0°0048 \sin(349°7 - 0·053\,d) \qquad \Delta\epsilon = +0°0026 \cos(349°7 - 0·053\,d)$$

$$\qquad\quad -0°0004 \sin(198°6 + 1·971\,d) \qquad\qquad +0°0002 \cos(198°6 + 1·971\,d)$$

where $d = \mathrm{JD}_{\mathrm{TT}} - 245\ 4100·5$ is the day of the year and fraction; for this precision

$$\epsilon = 23°44 \qquad \cos\epsilon = 0·917 \qquad \sin\epsilon = 0·398$$

Approximate reduction for nutation (continued)

The corrections to be added to the mean rectangular coordinates (x, y, z) to produce the true rectangular coordinates are given by:

$$\Delta x = -(y \cos \epsilon + z \sin \epsilon) \, \Delta \psi \quad \Delta y = +x \cos \epsilon \, \Delta \psi - z \, \Delta \epsilon \quad \Delta z = +x \sin \epsilon \, \Delta \psi + y \, \Delta \epsilon$$

where $\Delta \psi$ and $\Delta \epsilon$ are expressed in radians. The corresponding rotation matrix is

$$\mathbf{N} = \begin{pmatrix} 1 & -\Delta \psi \cos \epsilon & -\Delta \psi \sin \epsilon \\ +\Delta \psi \cos \epsilon & 1 & -\Delta \epsilon \\ +\Delta \psi \sin \epsilon & +\Delta \epsilon & 1 \end{pmatrix}$$

Combined reduction for frame bias, precession and nutation — rigorous formulae

The reduction from a geocentric position $\mathbf{r}$ with respect to the Geocentric Celestial Reference System to a position $\mathbf{r}_t$ with respect to the true equator and equinox of date, and vice versa, is given by:

$$\mathbf{r}_t = \mathbf{N P B r} \qquad \mathbf{r} = \mathbf{B}^{-1} \mathbf{P}^{-1} \mathbf{N}^{-1} \mathbf{r}_t = \mathbf{B'} \mathbf{P'} \mathbf{N'} \mathbf{r}_t$$

and the matrices $\mathbf{B}$, $\mathbf{P}$ and $\mathbf{N}$ are defined in the preceding sections and $\mathbf{NPB}$ is tabulated daily on even pages B42–B56. It should be noted that the third row (elements (3,1), (3,2) (3,3)) of the resulting matrix $\mathbf{NPB}$ matrix are the components of the unit vector pointing in the direction of the celestial intermediate pole.

Approximate reduction for precession and nutation

The following formulae and table may be used for the approximate reduction from the equator and equinox of J2000·0 (ignoring the small frame bias from the GCRS to the J2000·0 system) to the true equator and equinox of date during 2007:

$$\alpha = \alpha_0 + f + g \, \sin (G + \alpha_0) \tan \delta_0$$
$$\delta = \delta_0 + g \, \cos (G + \alpha_0)$$

where the units of the correction to α_0 and δ_0 are seconds and arcminutes, respectively.

Date		f	g	g	G	Date		f	g	g	G
		s	s	′	h m			s	s	′	h m
Jan.	0	+21·7	9·4	2·36	23 47	July	9	+23·5	10·2	2·56	23 48
	10	+21·8	9·5	2·38	23 46		19	+23·6	10·3	2·57	23 48
	20*	+22·0	9·6	2·39	23 46		29	+23·7	10·3	2·58	23 48
	30	+22·1	9·6	2·40	23 46	Aug.	8*	+23·8	10·4	2·59	23 48
Feb.	9	+22·1	9·6	2·41	23 46		18	+23·9	10·4	2·60	23 47
	19	+22·2	9·7	2·42	23 46		28	+24·0	10·4	2·61	23 47
Mar.	1*	+22·3	9·7	2·43	23 46	Sept.	7	+24·1	10·5	2·62	23 47
	11	+22·4	9·7	2·44	23 46		17*	+24·1	10·5	2·62	23 47
	21	+22·4	9·8	2·44	23 45		27	+24·2	10·5	2·63	23 47
	31	+22·5	9·8	2·45	23 45	Oct.	7	+24·3	10·6	2·64	23 47
Apr.	10*	+22·6	9·8	2·46	23 46		17	+24·3	10·6	2·65	23 48
	20	+22·7	9·9	2·47	23 46		27*†	+24·4	10·6	2·65	23 48
	30	+22·7	9·9	2·48	23 46	Nov.	6	+24·5	10·7	2·67	23 48
May	10	+22·9	9·9	2·49	23 47		16	+24·6	10·7	2·68	23 49
	20*	+23·0	10·0	2·50	23 47		26	+24·7	10·7	2·69	23 49
	30	+23·0	10·0	2·51	23 48	Dec.	6*	+24·8	10·8	2·70	23 49
June	9	+23·2	10·1	2·52	23 48		16	+24·9	10·8	2·71	23 50
	19	+23·3	10·1	2·53	23 48		26	+25·1	10·9	2·73	23 50
	29*	+23·4	10·2	2·54	23 48		36	+25·2	10·9	2·74	23 50
July	9	+23·5	10·2	2·56	23 48						

* 40-day date   † 400-day date for osculation epoch

Differential precession and nutation

The corrections for differential precession and nutation are given below. These are to be added to the observed differences of the right ascension and declination, $\Delta\alpha$ and $\Delta\delta$, of an object relative to a comparison star to obtain the differences in the mean place for a standard epoch (e.g. J2000·0 or the beginning of the year). The differences $\Delta\alpha$ and $\Delta\delta$ are measured in the sense "object – comparison star", and the corrections are in the same units as $\Delta\alpha$ and $\Delta\delta$.

In the correction to right ascension the same units must be used for $\Delta\alpha$ and $\Delta\delta$.

$$\text{correction to right ascension} \qquad e \tan\delta \, \Delta\alpha - f \sec^2\delta \, \Delta\delta$$
$$\text{correction to declination} \qquad f \, \Delta\alpha$$

where
$$e = -\cos\alpha \, (nt + \sin\epsilon \, \Delta\psi) - \sin\alpha \, \Delta\epsilon$$
$$f = +\sin\alpha \, (nt + \sin\epsilon \, \Delta\psi) - \cos\alpha \, \Delta\epsilon$$
$$\epsilon = 23°44, \sin\epsilon = 0·3978, \text{ and } n = 0·000\ 0972 \text{ radians for epoch J2007·5}$$

t is the time in years *from* the standard epoch *to* the time of observation. $\Delta\psi$, $\Delta\epsilon$ are nutations in longitude and obliquity at the time of observation, *expressed in radians*. ($1'' = 0·000\ 004\ 8481$ rad).

The errors in arc units caused by using these formulae are of order $10^{-8}\, t^2 \sec^2\delta$ multiplied by the displacement in arc from the comparison star.

Astrometric positions

An astrometric position of a solar system body is defined by the geometric vector from the Earth to the body in the Barycentric Celestial Reference System (BCRS) after the body's BCRS position has been corrected for light-time (for light arriving at Earth at the tabulated time). Such a position is then directly comparable to the astrometric position of a star formed by applying the corrections for proper motion and annual parallax to its catalogue position expressed in the BCRS. (The BCRS is assumed oriented to the ICRS.) In both cases the gravitational deflection of light is conventionally ignored, although there will be small differences in light deflection between a solar system body and background stars.

FOR 0ʰ TERRESTRIAL TIME

Date 0ʰ TT	NUTATION in Long. $\Delta\psi$	in Obl. $\Delta\epsilon$	True Obl. of Ecliptic ϵ 23° 26′	Julian Date 0ʰ TT 245	CELESTIAL INTERMEDIATE Pole x	y	Origin s
	"	"	"		"	"	"
Jan. 0	+ 3·1893	+ 8·3914	26·5622	4100·5	+ 141·4879	+ 8·2711	− 0·0020
1	+ 3·3325	+ 8·3471	26·5166	4101·5	+ 141·5996	+ 8·2267	− 0·0020
2	+ 3·5146	+ 8·3248	26·4930	4102·5	+ 141·7269	+ 8·2041	− 0·0020
3	+ 3·7071	+ 8·3297	26·4966	4103·5	+ 141·8584	+ 8·2088	− 0·0020
4	+ 3·8808	+ 8·3605	26·5261	4104·5	+ 141·9824	+ 8·2394	− 0·0020
5	+ 4·0129	+ 8·4103	26·5747	4105·5	+ 142·0899	+ 8·2891	− 0·0020
6	+ 4·0917	+ 8·4693	26·6324	4106·5	+ 142·1762	+ 8·3479	− 0·0020
7	+ 4·1165	+ 8·5272	26·6890	4107·5	+ 142·2411	+ 8·4057	− 0·0020
8	+ 4·0962	+ 8·5755	26·7360	4108·5	+ 142·2880	+ 8·4539	− 0·0021
9	+ 4·0453	+ 8·6083	26·7676	4109·5	+ 142·3226	+ 8·4867	− 0·0021
10	+ 3·9810	+ 8·6229	26·7808	4110·5	+ 142·3519	+ 8·5012	− 0·0021
11	+ 3·9210	+ 8·6192	26·7758	4111·5	+ 142·3830	+ 8·4974	− 0·0021
12	+ 3·8817	+ 8·5997	26·7551	4112·5	+ 142·4222	+ 8·4779	− 0·0021
13	+ 3·8767	+ 8·5692	26·7233	4113·5	+ 142·4750	+ 8·4474	− 0·0020
14	+ 3·9156	+ 8·5344	26·6872	4114·5	+ 142·5453	+ 8·4124	− 0·0020
15	+ 4·0022	+ 8·5033	26·6549	4115·5	+ 142·6346	+ 8·3812	− 0·0020
16	+ 4·1327	+ 8·4848	26·6350	4116·5	+ 142·7413	+ 8·3625	− 0·0020
17	+ 4·2942	+ 8·4866	26·6356	4117·5	+ 142·8604	+ 8·3642	− 0·0020
18	+ 4·4645	+ 8·5139	26·6616	4118·5	+ 142·9831	+ 8·3913	− 0·0020
19	+ 4·6154	+ 8·5665	26·7129	4119·5	+ 143·0981	+ 8·4436	− 0·0020
20	+ 4·7198	+ 8·6373	26·7825	4120·5	+ 143·1946	+ 8·5143	− 0·0021
21	+ 4·7600	+ 8·7137	26·8576	4121·5	+ 143·2656	+ 8·5906	− 0·0021
22	+ 4·7356	+ 8·7801	26·9227	4122·5	+ 143·3109	+ 8·6569	− 0·0021
23	+ 4·6648	+ 8·8232	26·9644	4123·5	+ 143·3376	+ 8·6999	− 0·0021
24	+ 4·5786	+ 8·8360	26·9760	4124·5	+ 143·3583	+ 8·7128	− 0·0021
25	+ 4·5114	+ 8·8203	26·9590	4125·5	+ 143·3864	+ 8·6970	− 0·0021
26	+ 4·4904	+ 8·7850	26·9224	4126·5	+ 143·4328	+ 8·6616	− 0·0021
27	+ 4·5286	+ 8·7433	26·8795	4127·5	+ 143·5029	+ 8·6198	− 0·0021
28	+ 4·6236	+ 8·7093	26·8441	4128·5	+ 143·5955	+ 8·5856	− 0·0021
29	+ 4·7591	+ 8·6939	26·8275	4129·5	+ 143·7042	+ 8·5700	− 0·0021
30	+ 4·9106	+ 8·7033	26·8356	4130·5	+ 143·8194	+ 8·5793	− 0·0021
31	+ 5·0511	+ 8·7378	26·8689	4131·5	+ 143·9302	+ 8·6136	− 0·0021
Feb. 1	+ 5·1574	+ 8·7927	26·9224	4132·5	+ 144·0274	+ 8·6683	− 0·0021
2	+ 5·2146	+ 8·8594	26·9878	4133·5	+ 144·1052	+ 8·7349	− 0·0021
3	+ 5·2178	+ 8·9279	27·0551	4134·5	+ 144·1615	+ 8·8034	− 0·0021
4	+ 5·1720	+ 8·9892	27·1151	4135·5	+ 144·1982	+ 8·8645	− 0·0022
5	+ 5·0893	+ 9·0360	27·1606	4136·5	+ 144·2203	+ 8·9113	− 0·0022
6	+ 4·9867	+ 9·0644	27·1877	4137·5	+ 144·2344	+ 8·9397	− 0·0022
7	+ 4·8822	+ 9·0734	27·1955	4138·5	+ 144·2477	+ 8·9487	− 0·0022
8	+ 4·7928	+ 9·0651	27·1859	4139·5	+ 144·2670	+ 8·9404	− 0·0022
9	+ 4·7326	+ 9·0438	27·1632	4140·5	+ 144·2979	+ 8·9190	− 0·0022
10	+ 4·7120	+ 9·0154	27·1337	4141·5	+ 144·3445	+ 8·8906	− 0·0022
11	+ 4·7361	+ 8·9876	27·1045	4142·5	+ 144·4089	+ 8·8626	− 0·0022
12	+ 4·8040	+ 8·9681	27·0838	4143·5	+ 144·4908	+ 8·8430	− 0·0021
13	+ 4·9073	+ 8·9650	27·0793	4144·5	+ 144·5868	+ 8·8397	− 0·0021
14	+ 5·0295	+ 8·9842	27·0973	4145·5	+ 144·6902	+ 8·8588	− 0·0021
15	+ 5·1464	+ 9·0283	27·1401	4146·5	+ 144·7917	+ 8·9027	− 0·0022

FOR 0^h TERRESTRIAL TIME

Date	NUTATION		True Obl.	Julian	CELESTIAL INTERMEDIATE		
	in Long.	in Obl.	of Ecliptic	Date	Pole		Origin
0^h TT	$\Delta\psi$	$\Delta\epsilon$	ϵ 23° 26′	0^h TT 245	x	y	s
	"	"	"		"	"	"
Feb. 15	+ 5·1464	+ 9·0283	27·1401	4146·5	+ 144·7917	+ 8·9027	− 0·0022
16	+ 5·2303	+ 9·0941	27·2046	4147·5	+ 144·8800	+ 8·9684	− 0·0022
17	+ 5·2569	+ 9·1717	27·2809	4148·5	+ 144·9456	+ 9·0459	− 0·0022
18	+ 5·2153	+ 9·2456	27·3536	4149·5	+ 144·9841	+ 9·1197	− 0·0022
19	+ 5·1151	+ 9·2995	27·4061	4150·5	+ 144·9992	+ 9·1736	− 0·0022
20	+ 4·9851	+ 9·3218	27·4272	4151·5	+ 145·0024	+ 9·1959	− 0·0023
21	+ 4·8641	+ 9·3107	27·4148	4152·5	+ 145·0091	+ 9·1848	− 0·0023
22	+ 4·7861	+ 9·2742	27·3771	4153·5	+ 145·0329	+ 9·1483	− 0·0022
23	+ 4·7695	+ 9·2269	27·3284	4154·5	+ 145·0811	+ 9·1008	− 0·0022
24	+ 4·8135	+ 9·1842	27·2845	4155·5	+ 145·1534	+ 9·0581	− 0·0022
25	+ 4·9021	+ 9·1586	27·2576	4156·5	+ 145·2435	+ 9·0323	− 0·0022
26	+ 5·0105	+ 9·1569	27·2546	4157·5	+ 145·3415	+ 9·0304	− 0·0022
27	+ 5·1122	+ 9·1798	27·2762	4158·5	+ 145·4368	+ 9·0532	− 0·0022
28	+ 5·1844	+ 9·2234	27·3185	4159·5	+ 145·5205	+ 9·0966	− 0·0022
Mar. 1	+ 5·2117	+ 9·2800	27·3738	4160·5	+ 145·5864	+ 9·1531	− 0·0022
2	+ 5·1876	+ 9·3404	27·4330	4161·5	+ 145·6317	+ 9·2135	− 0·0022
3	+ 5·1143	+ 9·3956	27·4868	4162·5	+ 145·6575	+ 9·2685	− 0·0023
4	+ 5·0016	+ 9·4378	27·5278	4163·5	+ 145·6677	+ 9·3108	− 0·0023
5	+ 4·8649	+ 9·4621	27·5508	4164·5	+ 145·6682	+ 9·3351	− 0·0023
6	+ 4·7217	+ 9·4666	27·5540	4165·5	+ 145·6661	+ 9·3396	− 0·0023
7	+ 4·5896	+ 9·4524	27·5386	4166·5	+ 145·6684	+ 9·3254	− 0·0023
8	+ 4·4837	+ 9·4233	27·5082	4167·5	+ 145·6811	+ 9·2963	− 0·0023
9	+ 4·4152	+ 9·3851	27·4687	4168·5	+ 145·7087	+ 9·2580	− 0·0023
10	+ 4·3898	+ 9·3449	27·4272	4169·5	+ 145·7534	+ 9·2177	− 0·0022
11	+ 4·4078	+ 9·3102	27·3913	4170·5	+ 145·8154	+ 9·1830	− 0·0022
12	+ 4·4629	+ 9·2885	27·3683	4171·5	+ 145·8921	+ 9·1611	− 0·0022
13	+ 4·5422	+ 9·2859	27·3643	4172·5	+ 145·9785	+ 9·1583	− 0·0022
14	+ 4·6267	+ 9·3057	27·3829	4173·5	+ 146·0670	+ 9·1781	− 0·0022
15	+ 4·6925	+ 9·3476	27·4235	4174·5	+ 146·1482	+ 9·2198	− 0·0022
16	+ 4·7154	+ 9·4054	27·4800	4175·5	+ 146·2123	+ 9·2775	− 0·0023
17	+ 4·6779	+ 9·4670	27·5404	4176·5	+ 146·2523	+ 9·3390	− 0·0023
18	+ 4·5776	+ 9·5164	27·5884	4177·5	+ 146·2674	+ 9·3884	− 0·0023
19	+ 4·4333	+ 9·5383	27·6090	4178·5	+ 146·2649	+ 9·4103	− 0·0023
20	+ 4·2811	+ 9·5245	27·5940	4179·5	+ 146·2592	+ 9·3965	− 0·0023
21	+ 4·1626	+ 9·4783	27·5465	4180·5	+ 146·2668	+ 9·3503	− 0·0023
22	+ 4·1071	+ 9·4131	27·4800	4181·5	+ 146·2995	+ 9·2851	− 0·0023
23	+ 4·1222	+ 9·3470	27·4126	4182·5	+ 146·3603	+ 9·2188	− 0·0022
24	+ 4·1935	+ 9·2958	27·3601	4183·5	+ 146·4435	+ 9·1675	− 0·0022
25	+ 4·2938	+ 9·2690	27·3320	4184·5	+ 146·5382	+ 9·1405	− 0·0022
26	+ 4·3929	+ 9·2686	27·3304	4185·5	+ 146·6325	+ 9·1400	− 0·0022
27	+ 4·4655	+ 9·2907	27·3512	4186·5	+ 146·7163	+ 9·1619	− 0·0022
28	+ 4·4949	+ 9·3276	27·3868	4187·5	+ 146·7829	+ 9·1987	− 0·0022
29	+ 4·4737	+ 9·3700	27·4279	4188·5	+ 146·8295	+ 9·2410	− 0·0022
30	+ 4·4035	+ 9·4089	27·4655	4189·5	+ 146·8565	+ 9·2799	− 0·0022
31	+ 4·2930	+ 9·4365	27·4918	4190·5	+ 146·8674	+ 9·3075	− 0·0023
Apr. 1	+ 4·1560	+ 9·4474	27·5015	4191·5	+ 146·8678	+ 9·3184	− 0·0023
2	+ 4·0094	+ 9·4390	27·4918	4192·5	+ 146·8644	+ 9·3100	− 0·0023

FOR 0^h TERRESTRIAL TIME

Date 0^h TT	NUTATION in Long. $\Delta\psi$	in Obl. $\Delta\epsilon$	True Obl. of Ecliptic ϵ 23° 26′	Julian Date 0^h TT 245	CELESTIAL INTERMEDIATE Pole $\mathcal{X}$	Pole $\mathcal{Y}$	Origin s
	″	″	″		″	″	″
Apr. 1	+ 4·1560	+ 9·4474	27·5015	4191·5	+ 146·8678	+ 9·3184	− 0·0023
2	+ 4·0094	+ 9·4390	27·4918	4192·5	+ 146·8644	+ 9·3100	− 0·0023
3	+ 3·8709	+ 9·4114	27·4629	4193·5	+ 146·8641	+ 9·2824	− 0·0022
4	+ 3·7562	+ 9·3678	27·4180	4194·5	+ 146·8733	+ 9·2388	− 0·0022
5	+ 3·6777	+ 9·3135	27·3625	4195·5	+ 146·8968	+ 9·1845	− 0·0022
6	+ 3·6423	+ 9·2555	27·3032	4196·5	+ 146·9375	+ 9·1264	− 0·0022
7	+ 3·6511	+ 9·2014	27·2478	4197·5	+ 146·9958	+ 9·0722	− 0·0022
8	+ 3·6985	+ 9·1585	27·2036	4198·5	+ 147·0695	+ 9·0291	− 0·0022
9	+ 3·7730	+ 9·1327	27·1766	4199·5	+ 147·1540	+ 9·0033	− 0·0021
10	+ 3·8579	+ 9·1279	27·1704	4200·5	+ 147·2426	+ 8·9983	− 0·0021
11	+ 3·9325	+ 9·1443	27·1855	4201·5	+ 147·3271	+ 9·0145	− 0·0021
12	+ 3·9753	+ 9·1779	27·2179	4202·5	+ 147·3991	+ 9·0480	− 0·0022
13	+ 3·9686	+ 9·2199	27·2586	4203·5	+ 147·4514	+ 9·0900	− 0·0022
14	+ 3·9043	+ 9·2573	27·2947	4204·5	+ 147·4807	+ 9·1272	− 0·0022
15	+ 3·7902	+ 9·2751	27·3112	4205·5	+ 147·4903	+ 9·1450	− 0·0022
16	+ 3·6527	+ 9·2615	27·2964	4206·5	+ 147·4904	+ 9·1315	− 0·0022
17	+ 3·5310	+ 9·2131	27·2467	4207·5	+ 147·4968	+ 9·0831	− 0·0022
18	+ 3·4634	+ 9·1377	27·1700	4208·5	+ 147·5247	+ 9·0076	− 0·0021
19	+ 3·4716	+ 9·0523	27·0833	4209·5	+ 147·5827	+ 8·9221	− 0·0021
20	+ 3·5514	+ 8·9759	27·0056	4210·5	+ 147·6691	+ 8·8456	− 0·0021
21	+ 3·6774	+ 8·9230	26·9515	4211·5	+ 147·7741	+ 8·7925	− 0·0021
22	+ 3·8147	+ 8·8993	26·9264	4212·5	+ 147·8835	+ 8·7686	− 0·0020
23	+ 3·9314	+ 8·9021	26·9280	4213·5	+ 147·9848	+ 8·7712	− 0·0020
24	+ 4·0055	+ 8·9236	26·9482	4214·5	+ 148·0692	+ 8·7926	− 0·0020
25	+ 4·0272	+ 8·9535	26·9768	4215·5	+ 148·1328	+ 8·8224	− 0·0021
26	+ 3·9970	+ 8·9821	27·0042	4216·5	+ 148·1757	+ 8·8510	− 0·0021
27	+ 3·9235	+ 9·0011	27·0219	4217·5	+ 148·2013	+ 8·8699	− 0·0021
28	+ 3·8205	+ 9·0047	27·0242	4218·5	+ 148·2152	+ 8·8735	− 0·0021
29	+ 3·7045	+ 8·9898	27·0080	4219·5	+ 148·2240	+ 8·8585	− 0·0021
30	+ 3·5931	+ 8·9560	26·9729	4220·5	+ 148·2345	+ 8·8247	− 0·0021
May 1	+ 3·5027	+ 8·9058	26·9214	4221·5	+ 148·2533	+ 8·7745	− 0·0020
2	+ 3·4464	+ 8·8439	26·8582	4222·5	+ 148·2857	+ 8·7125	− 0·0020
3	+ 3·4329	+ 8·7769	26·7899	4223·5	+ 148·3351	+ 8·6454	− 0·0020
4	+ 3·4646	+ 8·7125	26·7243	4224·5	+ 148·4025	+ 8·5810	− 0·0020
5	+ 3·5372	+ 8·6583	26·6688	4225·5	+ 148·4861	+ 8·5266	− 0·0019
6	+ 3·6396	+ 8·6207	26·6299	4226·5	+ 148·5817	+ 8·4888	− 0·0019
7	+ 3·7555	+ 8·6036	26·6116	4227·5	+ 148·6826	+ 8·4716	− 0·0019
8	+ 3·8648	+ 8·6079	26·6145	4228·5	+ 148·7810	+ 8·4757	− 0·0019
9	+ 3·9475	+ 8·6301	26·6355	4229·5	+ 148·8688	+ 8·4978	− 0·0019
10	+ 3·9864	+ 8·6630	26·6671	4230·5	+ 148·9392	+ 8·5306	− 0·0019
11	+ 3·9727	+ 8·6955	26·6983	4231·5	+ 148·9887	+ 8·5630	− 0·0019
12	+ 3·9095	+ 8·7148	26·7163	4232·5	+ 149·0184	+ 8·5822	− 0·0020
13	+ 3·8147	+ 8·7091	26·7093	4233·5	+ 149·0356	+ 8·5765	− 0·0019
14	+ 3·7199	+ 8·6717	26·6707	4234·5	+ 149·0527	+ 8·5391	− 0·0019
15	+ 3·6626	+ 8·6048	26·6025	4235·5	+ 149·0847	+ 8·4722	− 0·0019
16	+ 3·6728	+ 8·5203	26·5167	4236·5	+ 149·1435	+ 8·3875	− 0·0019
17	+ 3·7609	+ 8·4361	26·4312	4237·5	+ 149·2332	+ 8·3031	− 0·0018

FOR 0ʰ TERRESTRIAL TIME

Date	NUTATION		True Obl.	Julian	CELESTIAL INTERMEDIATE		
	in Long.	in Obl.	of Ecliptic	Date	Pole		Origin
0ʰ TT	$\Delta\psi$	$\Delta\epsilon$	ϵ	0ʰ TT	$\mathcal{X}$	$\mathcal{Y}$	s
			23° 26′	245			
	$''$	$''$	$''$		$''$	$''$	$''$
May 17	+ 3·7609	+ 8·4361	26·4312	4237·5	+ 149·2332	+ 8·3031	− 0·0018
18	+ 3·9122	+ 8·3700	26·3638	4238·5	+ 149·3482	+ 8·2368	− 0·0018
19	+ 4·0941	+ 8·3329	26·3255	4239·5	+ 149·4754	+ 8·1996	− 0·0018
20	+ 4·2689	+ 8·3265	26·3177	4240·5	+ 149·5998	+ 8·1929	− 0·0018
21	+ 4·4063	+ 8·3442	26·3342	4241·5	+ 149·7093	+ 8·2105	− 0·0018
22	+ 4·4895	+ 8·3754	26·3641	4242·5	+ 149·7973	+ 8·2415	− 0·0018
23	+ 4·5156	+ 8·4087	26·3961	4243·5	+ 149·8626	+ 8·2747	− 0·0018
24	+ 4·4921	+ 8·4344	26·4205	4244·5	+ 149·9082	+ 8·3004	− 0·0018
25	+ 4·4331	+ 8·4459	26·4308	4245·5	+ 149·9397	+ 8·3118	− 0·0018
26	+ 4·3560	+ 8·4395	26·4230	4246·5	+ 149·9638	+ 8·3053	− 0·0018
27	+ 4·2785	+ 8·4144	26·3967	4247·5	+ 149·9879	+ 8·2802	− 0·0018
28	+ 4·2177	+ 8·3725	26·3535	4248·5	+ 150·0184	+ 8·2382	− 0·0018
29	+ 4·1876	+ 8·3181	26·2978	4249·5	+ 150·0613	+ 8·1837	− 0·0018
30	+ 4·1983	+ 8·2572	26·2357	4250·5	+ 150·1203	+ 8·1228	− 0·0018
31	+ 4·2542	+ 8·1974	26·1746	4251·5	+ 150·1973	+ 8·0629	− 0·0017
June 1	+ 4·3529	+ 8·1465	26·1224	4252·5	+ 150·2914	+ 8·0118	− 0·0017
2	+ 4·4849	+ 8·1115	26·0860	4253·5	+ 150·3987	+ 7·9765	− 0·0017
3	+ 4·6339	+ 8·0971	26·0704	4254·5	+ 150·5128	+ 7·9620	− 0·0017
4	+ 4·7797	+ 8·1050	26·0770	4255·5	+ 150·6257	+ 7·9697	− 0·0017
5	+ 4·9008	+ 8·1324	26·1031	4256·5	+ 150·7288	+ 7·9969	− 0·0017
6	+ 4·9796	+ 8·1721	26·1416	4257·5	+ 150·8151	+ 8·0365	− 0·0017
7	+ 5·0061	+ 8·2140	26·1822	4258·5	+ 150·8806	+ 8·0783	− 0·0017
8	+ 4·9820	+ 8·2460	26·2128	4259·5	+ 150·9259	+ 8·1102	− 0·0017
9	+ 4·9218	+ 8·2569	26·2225	4260·5	+ 150·9569	+ 8·1211	− 0·0017
10	+ 4·8520	+ 8·2399	26·2042	4261·5	+ 150·9839	+ 8·1040	− 0·0017
11	+ 4·8056	+ 8·1945	26·1576	4262·5	+ 151·0203	+ 8·0586	− 0·0017
12	+ 4·8131	+ 8·1285	26·0902	4263·5	+ 151·0780	+ 7·9924	− 0·0017
13	+ 4·8923	+ 8·0563	26·0167	4264·5	+ 151·1643	+ 7·9201	− 0·0017
14	+ 5·0406	+ 7·9948	25·9540	4265·5	+ 151·2780	+ 7·8585	− 0·0016
15	+ 5·2348	+ 7·9582	25·9161	4266·5	+ 151·4101	+ 7·8215	− 0·0016
16	+ 5·4396	+ 7·9525	25·9091	4267·5	+ 151·5465	+ 7·8156	− 0·0016
17	+ 5·6194	+ 7·9752	25·9305	4268·5	+ 151·6729	+ 7·8381	− 0·0016
18	+ 5·7491	+ 8·0170	25·9710	4269·5	+ 151·7794	+ 7·8797	− 0·0016
19	+ 5·8183	+ 8·0658	26·0186	4270·5	+ 151·8619	+ 7·9285	− 0·0017
20	+ 5·8307	+ 8·1104	26·0619	4271·5	+ 151·9218	+ 7·9729	− 0·0017
21	+ 5·7992	+ 8·1421	26·0923	4272·5	+ 151·9642	+ 8·0046	− 0·0017
22	+ 5·7418	+ 8·1562	26·1051	4273·5	+ 151·9963	+ 8·0186	− 0·0017
23	+ 5·6775	+ 8·1512	26·0989	4274·5	+ 152·0255	+ 8·0136	− 0·0017
24	+ 5·6241	+ 8·1286	26·0750	4275·5	+ 152·0592	+ 7·9909	− 0·0017
25	+ 5·5968	+ 8·0922	26·0373	4276·5	+ 152·1031	+ 7·9544	− 0·0017
26	+ 5·6069	+ 8·0477	25·9915	4277·5	+ 152·1619	+ 7·9098	− 0·0016
27	+ 5·6604	+ 8·0022	25·9447	4278·5	+ 152·2380	+ 7·8642	− 0·0016
28	+ 5·7575	+ 7·9634	25·9047	4279·5	+ 152·3314	+ 7·8252	− 0·0016
29	+ 5·8911	+ 7·9388	25·8788	4280·5	+ 152·4394	+ 7·8005	− 0·0016
30	+ 6·0471	+ 7·9343	25·8729	4281·5	+ 152·5563	+ 7·7957	− 0·0016
July 1	+ 6·2051	+ 7·9526	25·8900	4282·5	+ 152·6741	+ 7·8138	− 0·0016
2	+ 6·3424	+ 7·9922	25·9283	4283·5	+ 152·7837	+ 7·8533	− 0·0016

FOR 0^h TERRESTRIAL TIME

Date 0^h TT		NUTATION in Long. $\Delta\psi$	in Obl. $\Delta\epsilon$	True Obl. of Ecliptic ϵ 23° 26′	Julian Date 0^h TT 245	CELESTIAL INTERMEDIATE Pole $\mathcal{X}$	$\mathcal{Y}$	Origin s
		″	″	″		″	″	″
July	1	+ 6·2051	+ 7·9526	25·8900	4282·5	+ 152·6741	+ 7·8138	− 0·0016
	2	+ 6·3424	+ 7·9922	25·9283	4283·5	+ 152·7837	+ 7·8533	− 0·0016
	3	+ 6·4383	+ 8·0469	25·9817	4284·5	+ 152·8768	+ 7·9078	− 0·0016
	4	+ 6·4799	+ 8·1061	26·0397	4285·5	+ 152·9483	+ 7·9669	− 0·0017
	5	+ 6·4665	+ 8·1576	26·0898	4286·5	+ 152·9979	+ 8·0182	− 0·0017
	6	+ 6·4113	+ 8·1897	26·1206	4287·5	+ 153·0309	+ 8·0503	− 0·0017
	7	+ 6·3391	+ 8·1950	26·1247	4288·5	+ 153·0571	+ 8·0556	− 0·0017
	8	+ 6·2812	+ 8·1725	26·1009	4289·5	+ 153·0889	+ 8·0330	− 0·0017
	9	+ 6·2670	+ 8·1283	26·0554	4290·5	+ 153·1380	+ 7·9887	− 0·0017
	10	+ 6·3159	+ 8·0745	26·0003	4291·5	+ 153·2122	+ 7·9348	− 0·0016
	11	+ 6·4309	+ 8·0263	25·9509	4292·5	+ 153·3128	+ 7·8864	− 0·0016
	12	+ 6·5971	+ 7·9976	25·9209	4293·5	+ 153·4337	+ 7·8575	− 0·0016
	13	+ 6·7861	+ 7·9969	25·9189	4294·5	+ 153·5638	+ 7·8566	− 0·0016
	14	+ 6·9639	+ 8·0252	25·9459	4295·5	+ 153·6894	+ 7·8847	− 0·0016
	15	+ 7·1013	+ 8·0763	25·9958	4296·5	+ 153·7991	+ 7·9356	− 0·0016
	16	+ 7·1812	+ 8·1394	26·0575	4297·5	+ 153·8858	+ 7·9985	− 0·0016
	17	+ 7·2005	+ 8·2022	26·1191	4298·5	+ 153·9485	+ 8·0612	− 0·0017
	18	+ 7·1684	+ 8·2547	26·1703	4299·5	+ 153·9907	+ 8·1137	− 0·0017
	19	+ 7·1018	+ 8·2902	26·2045	4300·5	+ 154·0191	+ 8·1491	− 0·0017
	20	+ 7·0203	+ 8·3059	26·2189	4301·5	+ 154·0416	+ 8·1648	− 0·0017
	21	+ 6·9433	+ 8·3025	26·2143	4302·5	+ 154·0659	+ 8·1614	− 0·0017
	22	+ 6·8872	+ 8·2836	26·1941	4303·5	+ 154·0984	+ 8·1424	− 0·0017
	23	+ 6·8644	+ 8·2545	26·1636	4304·5	+ 154·1441	+ 8·1132	− 0·0017
	24	+ 6·8824	+ 8·2218	26·1297	4305·5	+ 154·2061	+ 8·0804	− 0·0017
	25	+ 6·9433	+ 8·1931	26·0998	4306·5	+ 154·2851	+ 8·0516	− 0·0017
	26	+ 7·0428	+ 8·1758	26·0812	4307·5	+ 154·3796	+ 8·0341	− 0·0016
	27	+ 7·1698	+ 8·1765	26·0805	4308·5	+ 154·4850	+ 8·0346	− 0·0016
	28	+ 7·3067	+ 8·1992	26·1019	4309·5	+ 154·5943	+ 8·0571	− 0·0017
	29	+ 7·4308	+ 8·2444	26·1459	4310·5	+ 154·6987	+ 8·1022	− 0·0017
	30	+ 7·5190	+ 8·3077	26·2079	4311·5	+ 154·7887	+ 8·1652	− 0·0017
	31	+ 7·5534	+ 8·3793	26·2782	4312·5	+ 154·8574	+ 8·2367	− 0·0017
Aug.	1	+ 7·5280	+ 8·4462	26·3438	4313·5	+ 154·9023	+ 8·3035	− 0·0017
	2	+ 7·4525	+ 8·4951	26·3915	4314·5	+ 154·9272	+ 8·3525	− 0·0018
	3	+ 7·3512	+ 8·5169	26·4119	4315·5	+ 154·9419	+ 8·3742	− 0·0018
	4	+ 7·2565	+ 8·5090	26·4028	4316·5	+ 154·9590	+ 8·3663	− 0·0018
	5	+ 7·1995	+ 8·4770	26·3695	4317·5	+ 154·9912	+ 8·3343	− 0·0017
	6	+ 7·2011	+ 8·4328	26·3240	4318·5	+ 155·0466	+ 8·2899	− 0·0017
	7	+ 7·2663	+ 8·3908	26·2808	4319·5	+ 155·1274	+ 8·2478	− 0·0017
	8	+ 7·3837	+ 8·3648	26·2534	4320·5	+ 155·2289	+ 8·2216	− 0·0017
	9	+ 7·5290	+ 8·3637	26·2511	4321·5	+ 155·3415	+ 8·2203	− 0·0017
	10	+ 7·6718	+ 8·3902	26·2763	4322·5	+ 155·4533	+ 8·2467	− 0·0017
	11	+ 7·7839	+ 8·4405	26·3253	4323·5	+ 155·5528	+ 8·2967	− 0·0017
	12	+ 7·8450	+ 8·5055	26·3890	4324·5	+ 155·6321	+ 8·3616	− 0·0017
	13	+ 7·8472	+ 8·5740	26·4563	4325·5	+ 155·6880	+ 8·4300	− 0·0018
	14	+ 7·7947	+ 8·6353	26·5162	4326·5	+ 155·7221	+ 8·4912	− 0·0018
	15	+ 7·7011	+ 8·6810	26·5607	4327·5	+ 155·7398	+ 8·5369	− 0·0018
	16	+ 7·5855	+ 8·7069	26·5853	4328·5	+ 155·7488	+ 8·5628	− 0·0018

FOR 0ʰ TERRESTRIAL TIME

Date 0ʰ TT		NUTATION in Long. $\Delta\psi$	in Obl. $\Delta\epsilon$	True Obl. of Ecliptic ϵ 23° 26′	Julian Date 0ʰ TT 245	CELESTIAL INTERMEDIATE Pole x	y	Origin s
		″	″	″		″	″	″
Aug.	16	+ 7·5855	+ 8·7069	26·5853	4328·5	+ 155·7488	+ 8·5628	− 0·0018
	17	+ 7·4679	+ 8·7125	26·5896	4329·5	+ 155·7569	+ 8·5683	− 0·0018
	18	+ 7·3661	+ 8·7003	26·5762	4330·5	+ 155·7712	+ 8·5562	− 0·0018
	19	+ 7·2939	+ 8·6756	26·5501	4331·5	+ 155·7973	+ 8·5314	− 0·0018
	20	+ 7·2602	+ 8·6448	26·5180	4332·5	+ 155·8387	+ 8·5005	− 0·0018
	21	+ 7·2682	+ 8·6150	26·4870	4333·5	+ 155·8967	+ 8·4707	− 0·0018
	22	+ 7·3156	+ 8·5937	26·4644	4334·5	+ 155·9705	+ 8·4492	− 0·0018
	23	+ 7·3943	+ 8·5872	26·4566	4335·5	+ 156·0566	+ 8·4426	− 0·0018
	24	+ 7·4899	+ 8·6006	26·4687	4336·5	+ 156·1495	+ 8·4558	− 0·0018
	25	+ 7·5828	+ 8·6359	26·5028	4337·5	+ 156·2414	+ 8·4910	− 0·0018
	26	+ 7·6504	+ 8·6911	26·5567	4338·5	+ 156·3233	+ 8·5460	− 0·0018
	27	+ 7·6715	+ 8·7590	26·6232	4339·5	+ 156·3867	+ 8·6137	− 0·0018
	28	+ 7·6333	+ 8·8273	26·6903	4340·5	+ 156·4265	+ 8·6820	− 0·0019
	29	+ 7·5378	+ 8·8817	26·7434	4341·5	+ 156·4435	+ 8·7364	− 0·0019
	30	+ 7·4049	+ 8·9096	26·7700	4342·5	+ 156·4455	+ 8·7643	− 0·0019
	31	+ 7·2679	+ 8·9051	26·7643	4343·5	+ 156·4459	+ 8·7598	− 0·0019
Sept.	1	+ 7·1626	+ 8·8719	26·7297	4344·5	+ 156·4588	+ 8·7265	− 0·0019
	2	+ 7·1154	+ 8·8215	26·6781	4345·5	+ 156·4948	+ 8·6761	− 0·0018
	3	+ 7·1349	+ 8·7698	26·6251	4346·5	+ 156·5574	+ 8·6243	− 0·0018
	4	+ 7·2106	+ 8·7318	26·5858	4347·5	+ 156·6423	+ 8·5861	− 0·0018
	5	+ 7·3186	+ 8·7173	26·5701	4348·5	+ 156·7401	+ 8·5715	− 0·0018
	6	+ 7·4293	+ 8·7299	26·5813	4349·5	+ 156·8390	+ 8·5838	− 0·0018
	7	+ 7·5148	+ 8·7663	26·6165	4350·5	+ 156·9280	+ 8·6201	− 0·0018
	8	+ 7·5547	+ 8·8189	26·6678	4351·5	+ 156·9988	+ 8·6726	− 0·0018
	9	+ 7·5393	+ 8·8773	26·7249	4352·5	+ 157·0477	+ 8·7309	− 0·0019
	10	+ 7·4696	+ 8·9310	26·7773	4353·5	+ 157·0749	+ 8·7845	− 0·0019
	11	+ 7·3562	+ 8·9713	26·8163	4354·5	+ 157·0847	+ 8·8248	− 0·0019
	12	+ 7·2160	+ 8·9927	26·8364	4355·5	+ 157·0839	+ 8·8462	− 0·0019
	13	+ 7·0685	+ 8·9932	26·8357	4356·5	+ 157·0801	+ 8·8468	− 0·0019
	14	+ 6·9325	+ 8·9747	26·8159	4357·5	+ 157·0808	+ 8·8282	− 0·0019
	15	+ 6·8231	+ 8·9413	26·7813	4358·5	+ 157·0922	+ 8·7949	− 0·0019
	16	+ 6·7507	+ 8·8996	26·7382	4359·5	+ 157·1181	+ 8·7531	− 0·0019
	17	+ 6·7197	+ 8·8565	26·6938	4360·5	+ 157·1606	+ 8·7099	− 0·0018
	18	+ 6·7288	+ 8·8192	26·6553	4361·5	+ 157·2191	+ 8·6725	− 0·0018
	19	+ 6·7715	+ 8·7943	26·6291	4362·5	+ 157·2909	+ 8·6475	− 0·0018
	20	+ 6·8358	+ 8·7867	26·6202	4363·5	+ 157·3713	+ 8·6398	− 0·0018
	21	+ 6·9053	+ 8·7994	26·6316	4364·5	+ 157·4539	+ 8·6523	− 0·0018
	22	+ 6·9603	+ 8·8319	26·6628	4365·5	+ 157·5307	+ 8·6847	− 0·0018
	23	+ 6·9804	+ 8·8797	26·7093	4366·5	+ 157·5936	+ 8·7323	− 0·0018
	24	+ 6·9493	+ 8·9334	26·7618	4367·5	+ 157·6362	+ 8·7860	− 0·0019
	25	+ 6·8610	+ 8·9798	26·8069	4368·5	+ 157·6560	+ 8·8324	− 0·0019
	26	+ 6·7259	+ 9·0047	26·8306	4369·5	+ 157·6572	+ 8·8573	− 0·0019
	27	+ 6·5720	+ 8·9977	26·8223	4370·5	+ 157·6508	+ 8·8503	− 0·0019
	28	+ 6·4379	+ 8·9572	26·7805	4371·5	+ 157·6523	+ 8·8098	− 0·0019
	29	+ 6·3588	+ 8·8922	26·7142	4372·5	+ 157·6756	+ 8·7447	− 0·0018
	30	+ 6·3527	+ 8·8194	26·6401	4373·5	+ 157·7280	+ 8·6718	− 0·0018
Oct.	1	+ 6·4141	+ 8·7567	26·5761	4374·5	+ 157·8071	+ 8·6090	− 0·0018

FOR 0ʰ TERRESTRIAL TIME

Date 0ʰ TT	NUTATION in Long. $\Delta\psi$ "	in Obl. $\Delta\epsilon$ "	True Obl. of Ecliptic ϵ 23° 26' "	Julian Date 0ʰ TT 245	CELESTIAL INTERMEDIATE Pole $\mathcal{X}$ "	$\mathcal{Y}$ "	Origin s "
Oct. 1	+ 6·4141	+ 8·7567	26·5761	4374·5	+ 157·8071	+ 8·6090	− 0·0018
2	+ 6·5182	+ 8·7171	26·5353	4375·5	+ 157·9033	+ 8·5693	− 0·0018
3	+ 6·6322	+ 8·7059	26·5228	4376·5	+ 158·0035	+ 8·5579	− 0·0018
4	+ 6·7250	+ 8·7206	26·5361	4377·5	+ 158·0954	+ 8·5723	− 0·0018
5	+ 6·7744	+ 8·7533	26·5676	4378·5	+ 158·1700	+ 8·6049	− 0·0018
6	+ 6·7697	+ 8·7938	26·6067	4379·5	+ 158·2230	+ 8·6453	− 0·0018
7	+ 6·7110	+ 8·8315	26·6432	4380·5	+ 158·2546	+ 8·6830	− 0·0018
8	+ 6·6075	+ 8·8578	26·6682	4381·5	+ 158·2684	+ 8·7092	− 0·0018
9	+ 6·4748	+ 8·8666	26·6757	4382·5	+ 158·2704	+ 8·7180	− 0·0018
10	+ 6·3312	+ 8·8551	26·6630	4383·5	+ 158·2682	+ 8·7066	− 0·0018
11	+ 6·1955	+ 8·8241	26·6307	4384·5	+ 158·2690	+ 8·6756	− 0·0018
12	+ 6·0838	+ 8·7772	26·5825	4385·5	+ 158·2794	+ 8·6286	− 0·0018
13	+ 6·0079	+ 8·7201	26·5241	4386·5	+ 158·3040	+ 8·5715	− 0·0018
14	+ 5·9738	+ 8·6598	26·4626	4387·5	+ 158·3452	+ 8·5112	− 0·0017
15	+ 5·9812	+ 8·6037	26·4052	4388·5	+ 158·4029	+ 8·4549	− 0·0017
16	+ 6·0243	+ 8·5584	26·3585	4389·5	+ 158·4748	+ 8·4095	− 0·0017
17	+ 6·0921	+ 8·5290	26·3278	4390·5	+ 158·5566	+ 8·3799	− 0·0017
18	+ 6·1697	+ 8·5185	26·3161	4391·5	+ 158·6423	+ 8·3693	− 0·0017
19	+ 6·2396	+ 8·5273	26·3236	4392·5	+ 158·7250	+ 8·3780	− 0·0017
20	+ 6·2836	+ 8·5523	26·3473	4393·5	+ 158·7975	+ 8·4028	− 0·0017
21	+ 6·2861	+ 8·5864	26·3802	4394·5	+ 158·8534	+ 8·4369	− 0·0017
22	+ 6·2376	+ 8·6193	26·4118	4395·5	+ 158·8891	+ 8·4697	− 0·0017
23	+ 6·1409	+ 8·6380	26·4292	4396·5	+ 158·9055	+ 8·4883	− 0·0017
24	+ 6·0138	+ 8·6303	26·4202	4397·5	+ 158·9098	+ 8·4806	− 0·0017
25	+ 5·8894	+ 8·5895	26·3781	4398·5	+ 158·9151	+ 8·4398	− 0·0017
26	+ 5·8069	+ 8·5185	26·3058	4399·5	+ 158·9370	+ 8·3687	− 0·0017
27	+ 5·7967	+ 8·4304	26·2165	4400·5	+ 158·9877	+ 8·2806	− 0·0016
28	+ 5·8662	+ 8·3448	26·1296	4401·5	+ 159·0701	+ 8·1949	− 0·0016
29	+ 5·9972	+ 8·2795	26·0630	4402·5	+ 159·1769	+ 8·1294	− 0·0016
30	+ 6·1538	+ 8·2444	26·0266	4403·5	+ 159·2940	+ 8·0940	− 0·0016
31	+ 6·2977	+ 8·2395	26·0204	4404·5	+ 159·4062	+ 8·0889	− 0·0016
Nov. 1	+ 6·4001	+ 8·2571	26·0367	4405·5	+ 159·5018	+ 8·1063	− 0·0016
2	+ 6·4462	+ 8·2859	26·0643	4406·5	+ 159·5751	+ 8·1350	− 0·0016
3	+ 6·4349	+ 8·3144	26·0915	4407·5	+ 159·6255	+ 8·1634	− 0·0016
4	+ 6·3754	+ 8·3331	26·1089	4408·5	+ 159·6567	+ 8·1821	− 0·0016
5	+ 6·2831	+ 8·3356	26·1101	4409·5	+ 159·6749	+ 8·1846	− 0·0016
6	+ 6·1767	+ 8·3188	26·0921	4410·5	+ 159·6874	+ 8·1677	− 0·0016
7	+ 6·0746	+ 8·2828	26·0547	4411·5	+ 159·7016	+ 8·1317	− 0·0016
8	+ 5·9936	+ 8·2305	26·0012	4412·5	+ 159·7242	+ 8·0793	− 0·0016
9	+ 5·9464	+ 8·1671	25·9365	4413·5	+ 159·7602	+ 8·0159	− 0·0015
10	+ 5·9405	+ 8·0993	25·8674	4414·5	+ 159·8126	+ 7·9480	− 0·0015
11	+ 5·9773	+ 8·0345	25·8014	4415·5	+ 159·8820	+ 7·8831	− 0·0015
12	+ 6·0520	+ 7·9796	25·7452	4416·5	+ 159·9665	+ 7·8280	− 0·0015
13	+ 6·1542	+ 7·9402	25·7044	4417·5	+ 160·0619	+ 7·7884	− 0·0014
14	+ 6·2691	+ 7·9196	25·6826	4418·5	+ 160·1624	+ 7·7676	− 0·0014
15	+ 6·3795	+ 7·9184	25·6801	4419·5	+ 160·2612	+ 7·7663	− 0·0014
16	+ 6·4681	+ 7·9341	25·6945	4420·5	+ 160·3514	+ 7·7818	− 0·0014

FOR 0^h TERRESTRIAL TIME

Date	NUTATION		True Obl.	Julian	CELESTIAL INTERMEDIATE		
	in Long.	in Obl.	of Ecliptic	Date	Pole		Origin
0^h TT	$\Delta\psi$	$\Delta\epsilon$	ϵ 23° 26′	0^h TT 245	$\mathcal{X}$	$\mathcal{Y}$	s
	″	″	″		″	″	″
Nov. 16	+ 6·4681	+ 7·9341	25·6945	4420·5	+ 160·3514	+ 7·7818	− 0·0014
17	+ 6·5201	+ 7·9607	25·7199	4421·5	+ 160·4270	+ 7·8083	− 0·0014
18	+ 6·5261	+ 7·9895	25·7474	4422·5	+ 160·4843	+ 7·8370	− 0·0014
19	+ 6·4857	+ 8·0095	25·7661	4423·5	+ 160·5231	+ 7·8569	− 0·0015
20	+ 6·4104	+ 8·0097	25·7649	4424·5	+ 160·5481	+ 7·8570	− 0·0015
21	+ 6·3247	+ 7·9816	25·7356	4425·5	+ 160·5688	+ 7·8290	− 0·0014
22	+ 6·2628	+ 7·9235	25·6762	4426·5	+ 160·5990	+ 7·7708	− 0·0014
23	+ 6·2592	+ 7·8425	25·5939	4427·5	+ 160·6522	+ 7·6897	− 0·0014
24	+ 6·3351	+ 7·7543	25·5045	4428·5	+ 160·7371	+ 7·6014	− 0·0013
25	+ 6·4874	+ 7·6784	25·4273	4429·5	+ 160·8525	+ 7·5253	− 0·0013
26	+ 6·6881	+ 7·6304	25·3780	4430·5	+ 160·9871	+ 7·4770	− 0·0013
27	+ 6·8954	+ 7·6161	25·3624	4431·5	+ 161·1244	+ 7·4624	− 0·0013
28	+ 7·0701	+ 7·6308	25·3758	4432·5	+ 161·2488	+ 7·4769	− 0·0013
29	+ 7·1876	+ 7·6631	25·4068	4433·5	+ 161·3505	+ 7·5090	− 0·0013
30	+ 7·2410	+ 7·6995	25·4420	4434·5	+ 161·4266	+ 7·5453	− 0·0013
Dec. 1	+ 7·2378	+ 7·7284	25·4696	4435·5	+ 161·4803	+ 7·5741	− 0·0013
2	+ 7·1944	+ 7·7421	25·4820	4436·5	+ 161·5180	+ 7·5877	− 0·0013
3	+ 7·1307	+ 7·7368	25·4754	4437·5	+ 161·5475	+ 7·5823	− 0·0013
4	+ 7·0664	+ 7·7122	25·4495	4438·5	+ 161·5767	+ 7·5577	− 0·0013
5	+ 7·0190	+ 7·6710	25·4070	4439·5	+ 161·6127	+ 7·5164	− 0·0013
6	+ 7·0020	+ 7·6180	25·3528	4440·5	+ 161·6607	+ 7·4634	− 0·0013
7	+ 7·0241	+ 7·5596	25·2931	4441·5	+ 161·7243	+ 7·4049	− 0·0013
8	+ 7·0886	+ 7·5029	25·2351	4442·5	+ 161·8047	+ 7·3480	− 0·0012
9	+ 7·1922	+ 7·4551	25·1860	4443·5	+ 161·9007	+ 7·3000	− 0·0012
10	+ 7·3259	+ 7·4222	25·1518	4444·5	+ 162·0087	+ 7·2669	− 0·0012
11	+ 7·4752	+ 7·4084	25·1367	4445·5	+ 162·1229	+ 7·2529	− 0·0012
12	+ 7·6226	+ 7·4148	25·1419	4446·5	+ 162·2364	+ 7·2591	− 0·0012
13	+ 7·7496	+ 7·4394	25·1652	4447·5	+ 162·3419	+ 7·2836	− 0·0012
14	+ 7·8407	+ 7·4766	25·2011	4448·5	+ 162·4331	+ 7·3206	− 0·0012
15	+ 7·8859	+ 7·5179	25·2411	4449·5	+ 162·5060	+ 7·3617	− 0·0012
16	+ 7·8840	+ 7·5532	25·2751	4450·5	+ 162·5602	+ 7·3969	− 0·0012
17	+ 7·8442	+ 7·5723	25·2929	4451·5	+ 162·5992	+ 7·4159	− 0·0012
18	+ 7·7864	+ 7·5674	25·2867	4452·5	+ 162·6311	+ 7·4109	− 0·0012
19	+ 7·7393	+ 7·5352	25·2533	4453·5	+ 162·6672	+ 7·3787	− 0·0012
20	+ 7·7339	+ 7·4793	25·1962	4454·5	+ 162·7198	+ 7·3228	− 0·0012
21	+ 7·7954	+ 7·4108	25·1264	4455·5	+ 162·7990	+ 7·2541	− 0·0012
22	+ 7·9325	+ 7·3460	25·0602	4456·5	+ 162·9083	+ 7·1891	− 0·0011
23	+ 8·1316	+ 7·3016	25·0145	4457·5	+ 163·0423	+ 7·1444	− 0·0011
24	+ 8·3594	+ 7·2887	25·0004	4458·5	+ 163·1878	+ 7·1313	− 0·0011
25	+ 8·5739	+ 7·3088	25·0192	4459·5	+ 163·3281	+ 7·1511	− 0·0011
26	+ 8·7402	+ 7·3535	25·0626	4460·5	+ 163·4491	+ 7·1956	− 0·0011
27	+ 8·8398	+ 7·4091	25·1170	4461·5	+ 163·5438	+ 7·2511	− 0·0012
28	+ 8·8734	+ 7·4617	25·1683	4462·5	+ 163·6121	+ 7·3035	− 0·0012
29	+ 8·8552	+ 7·5007	25·2060	4463·5	+ 163·6598	+ 7·3425	− 0·0012
30	+ 8·8063	+ 7·5204	25·2244	4464·5	+ 163·6952	+ 7·3621	− 0·0012
31	+ 8·7489	+ 7·5196	25·2223	4465·5	+ 163·7273	+ 7·3612	− 0·0012
32	+ 8·7026	+ 7·5007	25·2021	4466·5	+ 163·7637	+ 7·3422	− 0·0012

MATRIX ELEMENTS FOR CONVERSION FROM
GCRS TO TRUE EQUATOR AND EQUINOX OF DATE
FOR 0^h TERRESTRIAL TIME

Date 0^h TT	$NPB_{11}-1$	NPB_{12}	NPB_{13}	NPB_{21}	$NPB_{22}-1$	NPB_{23}	NPB_{31}	NPB_{32}	$NPB_{33}-1$
Jan. 0	−14815	−1578 7515	− 685 8885	+1578 7236	−12470	−41 1824	+ 685 9526	+40 0995	−2361
1	−14838	−1580 0005	− 686 4306	+1579 9728	−12490	−40 9686	+ 686 4945	+39 8840	−2364
2	−14865	−1581 4229	− 687 0478	+1581 3952	−12512	−40 8613	+ 687 1116	+39 7747	−2369
3	−14892	−1582 8915	− 687 6851	+1582 8638	−12536	−40 8860	+ 687 7490	+39 7975	−2373
4	−14918	−1584 2762	− 688 2860	+1584 2483	−12558	−41 0363	+ 688 3502	+39 9458	−2377
5	−14941	−1585 4761	− 688 8068	+1585 4481	−12577	−41 2787	+ 688 8714	+40 1866	−2381
6	−14959	−1586 4386	− 689 2247	+1586 4103	−12592	−41 5653	+ 689 2898	+40 4719	−2384
7	−14973	−1587 1615	− 689 5387	+1587 1330	−12604	−41 8466	+ 689 6042	+40 7521	−2386
8	−14983	−1587 6833	− 689 7655	+1587 6547	−12612	−42 0811	+ 689 8315	+40 9859	−2388
9	−14990	−1588 0688	− 689 9333	+1588 0401	−12618	−42 2405	+ 689 9995	+41 1448	−2389
10	−14996	−1588 3951	− 690 0753	+1588 3663	−12623	−42 3112	+ 690 1416	+41 2150	−2390
11	−15003	−1588 7406	− 690 2257	+1588 7118	−12629	−42 2934	+ 690 2920	+41 1967	−2391
12	−15011	−1589 1780	− 690 4159	+1589 1493	−12636	−42 1993	+ 690 4821	+41 1021	−2392
13	−15022	−1589 7680	− 690 6723	+1589 7393	−12645	−42 0520	+ 690 7383	+40 9539	−2394
14	−15037	−1590 5531	− 691 0133	+1590 5245	−12658	−41 8837	+ 691 0790	+40 7846	−2396
15	−15056	−1591 5505	− 691 4463	+1591 5220	−12673	−41 7338	+ 691 5118	+40 6333	−2399
16	−15078	−1592 7434	− 691 9640	+1592 7149	−12692	−41 6446	+ 692 0295	+40 5424	−2403
17	−15103	−1594 0738	− 692 5414	+1594 0454	−12714	−41 6546	+ 692 6070	+40 5506	−2407
18	−15129	−1595 4434	− 693 1358	+1595 4148	−12735	−41 7880	+ 693 2016	+40 6821	−2411
19	−15154	−1596 7271	− 693 6929	+1596 6984	−12756	−42 0435	+ 693 7592	+40 9358	−2415
20	−15174	−1597 8036	− 694 1602	+1597 7745	−12773	−42 3878	+ 694 2270	+41 2786	−2418
21	−15189	−1598 5948	− 694 5038	+1598 5654	−12786	−42 7586	+ 694 5713	+41 6483	−2421
22	−15199	−1599 0985	− 694 7228	+1599 0690	−12794	−43 0808	+ 694 7908	+41 9698	−2422
23	−15204	−1599 3955	− 694 8521	+1599 3658	−12799	−43 2897	+ 694 9205	+42 1784	−2423
24	−15209	−1599 6245	− 694 9520	+1599 5948	−12803	−43 3523	+ 695 0205	+42 2406	−2424
25	−15215	−1599 9380	− 695 0885	+1599 9083	−12808	−43 2763	+ 695 1569	+42 1642	−2425
26	−15225	−1600 4565	− 695 3139	+1600 4269	−12816	−43 1053	+ 695 3820	+41 9925	−2427
27	−15240	−1601 2388	− 695 6537	+1601 2094	−12829	−42 9040	+ 695 7215	+41 7901	−2429
28	−15259	−1602 2735	− 696 1028	+1602 2441	−12845	−42 7396	+ 696 1704	+41 6242	−2432
29	−15282	−1603 4886	− 696 6302	+1603 4592	−12865	−42 6658	+ 696 6978	+41 5487	−2436
30	−15307	−1604 7745	− 697 1883	+1604 7451	−12885	−42 7123	+ 697 2560	+41 5934	−2439
31	−15330	−1606 0115	− 697 7252	+1605 9820	−12905	−42 8807	+ 697 7932	+41 7601	−2443
Feb. 1	−15351	−1607 0968	− 698 1963	+1607 0671	−12923	−43 1474	+ 698 2648	+42 0253	−2447
2	−15368	−1607 9635	− 698 5727	+1607 9335	−12937	−43 4713	+ 698 6417	+42 3479	−2449
3	−15380	−1608 5900	− 698 8449	+1608 5598	−12947	−43 8042	+ 698 9145	+42 6800	−2452
4	−15388	−1608 9982	− 699 0224	+1608 9678	−12954	−44 1013	+ 699 0925	+42 9765	−2453
5	−15392	−1609 2430	− 699 1292	+1609 2124	−12958	−44 3284	+ 699 1996	+43 2033	−2454
6	−15395	−1609 3988	− 699 1973	+1609 3681	−12960	−44 4661	+ 699 2680	+43 3407	−2454
7	−15398	−1609 5460	− 699 2618	+1609 5153	−12963	−44 5101	+ 699 3325	+43 3845	−2455
8	−15402	−1609 7604	− 699 3553	+1609 7297	−12966	−44 4700	+ 699 4260	+43 3441	−2455
9	−15409	−1610 1051	− 699 5053	+1610 0744	−12972	−44 3667	+ 699 5758	+43 2403	−2456
10	−15419	−1610 6256	− 699 7316	+1610 5950	−12980	−44 2298	+ 699 8019	+43 1027	−2458
11	−15432	−1611 3451	− 700 0441	+1611 3146	−12991	−44 0951	+ 700 1142	+42 9671	−2460
12	−15450	−1612 2594	− 700 4411	+1612 2289	−13006	−44 0016	+ 700 5111	+42 8723	−2463
13	−15471	−1613 3311	− 700 9063	+1613 3007	−13023	−43 9870	+ 700 9764	+42 8562	−2466
14	−15493	−1614 4866	− 701 4079	+1614 4561	−13042	−44 0810	+ 701 4781	+42 9485	−2470
15	−15514	−1615 6189	− 701 8994	+1615 5883	−13060	−44 2957	+ 701 9700	+43 1616	−2473

Values are in units of 10^{-10}. Matrix used with GAST (B12–B19). CIP is $\mathcal{X} = NPB_{31}$, $\mathcal{Y} = NPB_{32}$.

MATRIX ELEMENTS FOR CONVERSION FROM
GCRS TO CELESTIAL INTERMEDIATE ORIGIN & EQUATOR OF DATE
FOR 0^h TERRESTRIAL TIME

Julian Date	$C_{11}-1$	C_{12}	C_{13}	C_{21}	$C_{22}-1$	C_{23}	C_{31}	C_{32}	$C_{33}-1$
245									
4100·5	− 2353	− 40	− 685 9526	− 235	− 8	− 40 0995	+ 685 9526	+ 40 0995	− 2361
4101·5	− 2356	− 40	− 686 4945	− 233	− 8	− 39 8840	+ 686 4945	+ 39 8840	− 2364
4102·5	− 2361	− 41	− 687 1116	− 233	− 8	− 39 7747	+ 687 1116	+ 39 7747	− 2369
4103·5	− 2365	− 41	− 687 7490	− 233	− 8	− 39 7975	+ 687 7490	+ 39 7975	− 2373
4104·5	− 2369	− 41	− 688 3502	− 234	− 8	− 39 9458	+ 688 3502	+ 39 9458	− 2377
4105·5	− 2373	− 41	− 688 8714	− 235	− 8	− 40 1866	+ 688 8714	+ 40 1866	− 2381
4106·5	− 2376	− 42	− 689 2898	− 237	− 8	− 40 4719	+ 689 2898	+ 40 4719	− 2384
4107·5	− 2378	− 42	− 689 6042	− 239	− 8	− 40 7521	+ 689 6042	+ 40 7521	− 2386
4108·5	− 2379	− 42	− 689 8315	− 241	− 8	− 40 9859	+ 689 8315	+ 40 9859	− 2388
4109·5	− 2380	− 42	− 689 9995	− 242	− 8	− 41 1448	+ 689 9995	+ 41 1448	− 2389
4110·5	− 2381	− 42	− 690 1416	− 243	− 8	− 41 2150	+ 690 1416	+ 41 2150	− 2390
4111·5	− 2383	− 42	− 690 2920	− 242	− 8	− 41 1967	+ 690 2920	+ 41 1967	− 2391
4112·5	− 2384	− 42	− 690 4821	− 242	− 8	− 41 1021	+ 690 4821	+ 41 1021	− 2392
4113·5	− 2386	− 42	− 690 7383	− 241	− 8	− 40 9539	+ 690 7383	+ 40 9539	− 2394
4114·5	− 2388	− 42	− 691 0790	− 240	− 8	− 40 7846	+ 691 0790	+ 40 7846	− 2396
4115·5	− 2391	− 42	− 691 5118	− 239	− 8	− 40 6332	+ 691 5118	+ 40 6333	− 2399
4116·5	− 2395	− 43	− 692 0295	− 238	− 8	− 40 5424	+ 692 0295	+ 40 5424	− 2403
4117·5	− 2399	− 43	− 692 6070	− 238	− 8	− 40 5506	+ 692 6070	+ 40 5506	− 2407
4118·5	− 2403	− 43	− 693 2016	− 239	− 8	− 40 6821	+ 693 2016	+ 40 6821	− 2411
4119·5	− 2407	− 43	− 693 7592	− 241	− 8	− 40 9358	+ 693 7592	+ 40 9358	− 2415
4120·5	− 2410	− 44	− 694 2270	− 243	− 9	− 41 2786	+ 694 2270	+ 41 2786	− 2418
4121·5	− 2412	− 44	− 694 5713	− 246	− 9	− 41 6483	+ 694 5713	+ 41 6483	− 2421
4122·5	− 2414	− 44	− 694 7908	− 248	− 9	− 41 9698	+ 694 7908	+ 41 9698	− 2422
4123·5	− 2415	− 44	− 694 9205	− 249	− 9	− 42 1783	+ 694 9205	+ 42 1784	− 2423
4124·5	− 2415	− 44	− 695 0205	− 250	− 9	− 42 2406	+ 695 0205	+ 42 2406	− 2424
4125·5	− 2416	− 44	− 695 1569	− 249	− 9	− 42 1642	+ 695 1569	+ 42 1642	− 2425
4126·5	− 2418	− 44	− 695 3820	− 248	− 9	− 41 9925	+ 695 3820	+ 41 9925	− 2427
4127·5	− 2420	− 44	− 695 7215	− 247	− 9	− 41 7901	+ 695 7215	+ 41 7901	− 2429
4128·5	− 2423	− 44	− 696 1704	− 245	− 9	− 41 6242	+ 696 1704	+ 41 6242	− 2432
4129·5	− 2427	− 45	− 696 6978	− 245	− 9	− 41 5487	+ 696 6978	+ 41 5487	− 2436
4130·5	− 2431	− 45	− 697 2560	− 245	− 9	− 41 5934	+ 697 2560	+ 41 5934	− 2439
4131·5	− 2435	− 45	− 697 7932	− 246	− 9	− 41 7601	+ 697 7932	+ 41 7601	− 2443
4132·5	− 2438	− 45	− 698 2648	− 248	− 9	− 42 0253	+ 698 2648	+ 42 0253	− 2447
4133·5	− 2441	− 45	− 698 6417	− 250	− 9	− 42 3479	+ 698 6417	+ 42 3479	− 2449
4134·5	− 2442	− 46	− 698 9145	− 253	− 9	− 42 6800	+ 698 9145	+ 42 6800	− 2452
4135·5	− 2444	− 46	− 699 0925	− 255	− 9	− 42 9765	+ 699 0925	+ 42 9765	− 2453
4136·5	− 2444	− 46	− 699 1996	− 256	− 9	− 43 2033	+ 699 1996	+ 43 2033	− 2454
4137·5	− 2445	− 46	− 699 2680	− 257	− 9	− 43 3407	+ 699 2680	+ 43 3407	− 2454
4138·5	− 2445	− 46	− 699 3325	− 258	− 9	− 43 3845	+ 699 3325	+ 43 3845	− 2455
4139·5	− 2446	− 46	− 699 4260	− 257	− 9	− 43 3441	+ 699 4260	+ 43 3441	− 2455
4140·5	− 2447	− 46	− 699 5758	− 257	− 9	− 43 2403	+ 699 5758	+ 43 2403	− 2456
4141·5	− 2449	− 46	− 699 8019	− 256	− 9	− 43 1027	+ 699 8019	+ 43 1027	− 2458
4142·5	− 2451	− 46	− 700 1142	− 255	− 9	− 42 9670	+ 700 1142	+ 42 9671	− 2460
4143·5	− 2454	− 46	− 700 5111	− 254	− 9	− 42 8723	+ 700 5111	+ 42 8723	− 2463
4144·5	− 2457	− 46	− 700 9764	− 254	− 9	− 42 8562	+ 700 9764	+ 42 8562	− 2466
4145·5	− 2460	− 47	− 701 4781	− 255	− 9	− 42 9485	+ 701 4781	+ 42 9485	− 2470
4146·5	− 2464	− 47	− 701 9700	− 256	− 9	− 43 1616	+ 701 9700	+ 43 1616	− 2473

Values are in units of 10^{-10}. Matrix used with ERA (B20–B23). CIP is $\mathcal{X} = C_{31}$, $\mathcal{Y} = C_{32}$

MATRIX ELEMENTS FOR CONVERSION FROM
GCRS TO TRUE EQUATOR AND EQUINOX OF DATE
FOR 0^h TERRESTRIAL TIME

Date 0^h TT	$NPB_{11}-1$	NPB_{12}	NPB_{13}	NPB_{21}	$NPB_{22}-1$	NPB_{23}	NPB_{31}	NPB_{32}	$NPB_{33}-1$
Feb. 15	−15514	−1615 6189	− 701 8994	+1615 5883	−13060	−44 2957	+ 701 9700	+43 1616	−2473
16	−15533	−1616 6042	− 702 3271	+1616 5733	−13077	−44 6155	+ 702 3983	+43 4800	−2476
17	−15547	−1617 3348	− 702 6444	+1617 3036	−13088	−44 9921	+ 702 7163	+43 8556	−2479
18	−15556	−1617 7622	− 702 8303	+1617 7308	−13096	−45 3508	+ 702 9028	+44 2137	−2480
19	−15559	−1617 9285	− 702 9030	+1617 8968	−13098	−45 6119	+ 702 9759	+44 4746	−2481
20	−15559	−1617 9626	− 702 9184	+1617 9309	−13099	−45 7202	+ 702 9915	+44 5828	−2481
21	−15561	−1618 0367	− 702 9511	+1618 0050	−13100	−45 6664	+ 703 0241	+44 5289	−2481
22	−15566	−1618 3020	− 703 0668	+1618 2704	−13104	−45 4898	+ 703 1395	+44 3520	−2482
23	−15576	−1618 8402	− 703 3007	+1618 8087	−13113	−45 2606	+ 703 3730	+44 1221	−2483
24	−15592	−1619 6483	− 703 6516	+1619 6170	−13126	−45 0544	+ 703 7237	+43 9147	−2486
25	−15611	−1620 6546	− 704 0885	+1620 6234	−13142	−44 9309	+ 704 1604	+43 7898	−2489
26	−15632	−1621 7489	− 704 5635	+1621 7176	−13160	−44 9232	+ 704 6354	+43 7805	−2492
27	−15653	−1622 8132	− 705 0255	+1622 7819	−13177	−45 0353	+ 705 0977	+43 8911	−2495
28	−15671	−1623 7467	− 705 4308	+1623 7152	−13193	−45 2471	+ 705 5034	+44 1017	−2498
Mar. 1	−15685	−1624 4806	− 705 7496	+1624 4489	−13205	−45 5221	+ 705 8226	+44 3756	−2501
2	−15695	−1624 9855	− 705 9691	+1624 9535	−13213	−45 8154	+ 706 0426	+44 6682	−2502
3	−15700	−1625 2716	− 706 0937	+1625 2394	−13218	−46 0828	+ 706 1676	+44 9352	−2503
4	−15703	−1625 3828	− 706 1425	+1625 3505	−13220	−46 2876	+ 706 2168	+45 1398	−2504
5	−15703	−1625 3866	− 706 1448	+1625 3543	−13220	−46 4056	+ 706 2193	+45 2578	−2504
6	−15702	−1625 3618	− 706 1346	+1625 3295	−13219	−46 4274	+ 706 2091	+45 2796	−2504
7	−15703	−1625 3865	− 706 1459	+1625 3542	−13220	−46 3586	+ 706 2203	+45 2108	−2504
8	−15705	−1625 5279	− 706 2078	+1625 4956	−13222	−46 2176	+ 706 2820	+45 0696	−2504
9	−15711	−1625 8351	− 706 3416	+1625 8030	−13227	−46 0326	+ 706 4155	+44 8841	−2505
10	−15721	−1626 3347	− 706 5588	+1626 3027	−13235	−45 8379	+ 706 6324	+44 6887	−2507
11	−15734	−1627 0268	− 706 8594	+1626 9949	−13246	−45 6704	+ 706 9328	+44 5203	−2509
12	−15751	−1627 8840	− 707 2317	+1627 8522	−13260	−45 5658	+ 707 3049	+44 4145	−2511
13	−15770	−1628 8492	− 707 6507	+1628 8173	−13276	−45 5535	+ 707 7239	+44 4008	−2514
14	−15789	−1629 8371	− 708 0796	+1629 8052	−13292	−45 6506	+ 708 1530	+44 4965	−2517
15	−15806	−1630 7420	− 708 4725	+1630 7099	−13307	−45 8543	+ 708 5463	+44 6989	−2520
16	−15820	−1631 4561	− 708 7827	+1631 4239	−13318	−46 1350	+ 708 8570	+44 9786	−2523
17	−15829	−1631 9015	− 708 9764	+1631 8690	−13326	−46 4340	+ 709 0512	+45 2770	−2524
18	−15832	−1632 0678	− 709 0491	+1632 0351	−13329	−46 6735	+ 709 1243	+45 5162	−2525
19	−15831	−1632 0378	− 709 0367	+1632 0050	−13328	−46 7795	+ 709 1121	+45 6223	−2525
20	−15830	−1631 9734	− 709 0093	+1631 9407	−13327	−46 7128	+ 709 0846	+45 5557	−2524
21	−15832	−1632 0582	− 709 0467	+1632 0257	−13328	−46 4889	+ 709 1216	+45 3316	−2525
22	−15839	−1632 4238	− 709 2058	+1632 3914	−13334	−46 1730	+ 709 2802	+45 0152	−2526
23	−15852	−1633 1030	− 709 5009	+1633 0709	−13345	−45 8527	+ 709 5748	+44 6940	−2527
24	−15870	−1634 0325	− 709 9044	+1634 0005	−13360	−45 6051	+ 709 9780	+44 4451	−2530
25	−15891	−1635 0908	− 710 3638	+1635 0589	−13377	−45 4759	+ 710 4372	+44 3144	−2533
26	−15911	−1636 1439	− 710 8210	+1636 1120	−13395	−45 4749	+ 710 8945	+44 3118	−2537
27	−15929	−1637 0792	− 711 2271	+1637 0472	−13410	−45 5826	+ 711 3007	+44 4183	−2540
28	−15944	−1637 8220	− 711 5497	+1637 7898	−13422	−45 7620	+ 711 6237	+44 5965	−2542
29	−15954	−1638 3401	− 711 7749	+1638 3078	−13431	−45 9680	+ 711 8493	+44 8018	−2544
30	−15960	−1638 6401	− 711 9056	+1638 6076	−13436	−46 1567	+ 711 9802	+44 9901	−2545
31	−15962	−1638 7606	− 711 9584	+1638 7280	−13438	−46 2907	+ 712 0333	+45 1239	−2545
Apr. 1	−15962	−1638 7634	− 711 9602	+1638 7308	−13438	−46 3437	+ 712 0352	+45 1769	−2545
2	−15961	−1638 7237	− 711 9436	+1638 6911	−13437	−46 3027	+ 712 0185	+45 1359	−2545

Values are in units of 10^{-10}. Matrix used with GAST (B12–B19). CIP is $\mathcal{X} = NPB_{31}$, $\mathcal{Y} = NPB_{32}$.

MATRIX ELEMENTS FOR CONVERSION FROM
GCRS TO CELESTIAL INTERMEDIATE ORIGIN & EQUATOR OF DATE
FOR 0^h TERRESTRIAL TIME

Julian Date	$C_{11}-1$	C_{12}	C_{13}	C_{21}	$C_{22}-1$	C_{23}	C_{31}	C_{32}	$C_{33}-1$
245									
4146·5	− 2464	− 47	− 701 9700	− 256	− 9	− 43 1616	+ 701 9700	+ 43 1616	− 2473
4147·5	− 2467	− 47	− 702 3983	− 258	− 9	− 43 4800	+ 702 3983	+ 43 4800	− 2476
4148·5	− 2469	− 47	− 702 7163	− 261	− 10	− 43 8556	+ 702 7163	+ 43 8556	− 2479
4149·5	− 2470	− 47	− 702 9028	− 264	− 10	− 44 2137	+ 702 9028	+ 44 2137	− 2480
4150·5	− 2471	− 47	− 702 9759	− 265	− 10	− 44 4746	+ 702 9759	+ 44 4746	− 2481
4151·5	− 2471	− 47	− 702 9915	− 266	− 10	− 44 5828	+ 702 9915	+ 44 5828	− 2481
4152·5	− 2471	− 47	− 703 0241	− 266	− 10	− 44 5289	+ 703 0241	+ 44 5289	− 2481
4153·5	− 2472	− 47	− 703 1395	− 265	− 10	− 44 3520	+ 703 1395	+ 44 3520	− 2482
4154·5	− 2474	− 47	− 703 3730	− 263	− 10	− 44 1221	+ 703 3730	+ 44 1221	− 2483
4155·5	− 2476	− 48	− 703 7237	− 261	− 10	− 43 9147	+ 703 7237	+ 43 9147	− 2486
4156·5	− 2479	− 48	− 704 1604	− 261	− 10	− 43 7898	+ 704 1604	+ 43 7898	− 2489
4157·5	− 2483	− 48	− 704 6354	− 261	− 10	− 43 7805	+ 704 6354	+ 43 7805	− 2492
4158·5	− 2486	− 48	− 705 0977	− 261	− 10	− 43 8911	+ 705 0977	+ 43 8911	− 2495
4159·5	− 2489	− 48	− 705 5034	− 263	− 10	− 44 1016	+ 705 5034	+ 44 1017	− 2498
4160·5	− 2491	− 49	− 705 8226	− 265	− 10	− 44 3755	+ 705 8226	+ 44 3756	− 2501
4161·5	− 2492	− 49	− 706 0426	− 267	− 10	− 44 6682	+ 706 0426	+ 44 6682	− 2502
4162·5	− 2493	− 49	− 706 1676	− 269	− 10	− 44 9352	+ 706 1676	+ 44 9352	− 2503
4163·5	− 2494	− 49	− 706 2168	− 270	− 10	− 45 1398	+ 706 2168	+ 45 1398	− 2504
4164·5	− 2494	− 49	− 706 2193	− 271	− 10	− 45 2578	+ 706 2193	+ 45 2578	− 2504
4165·5	− 2494	− 49	− 706 2091	− 271	− 10	− 45 2796	+ 706 2091	+ 45 2796	− 2504
4166·5	− 2494	− 49	− 706 2203	− 271	− 10	− 45 2108	+ 706 2203	+ 45 2108	− 2504
4167·5	− 2494	− 49	− 706 2820	− 270	− 10	− 45 0696	+ 706 2820	+ 45 0696	− 2504
4168·5	− 2495	− 49	− 706 4155	− 268	− 10	− 44 8841	+ 706 4155	+ 44 8841	− 2505
4169·5	− 2497	− 49	− 706 6324	− 267	− 10	− 44 6887	+ 706 6324	+ 44 6887	− 2507
4170·5	− 2499	− 49	− 706 9328	− 266	− 10	− 44 5203	+ 706 9328	+ 44 5203	− 2509
4171·5	− 2501	− 49	− 707 3049	− 265	− 10	− 44 4145	+ 707 3049	+ 44 4145	− 2511
4172·5	− 2504	− 49	− 707 7239	− 265	− 10	− 44 4008	+ 707 7239	+ 44 4008	− 2514
4173·5	− 2507	− 50	− 708 1530	− 266	− 10	− 44 4965	+ 708 1530	+ 44 4965	− 2517
4174·5	− 2510	− 50	− 708 5463	− 267	− 10	− 44 6989	+ 708 5463	+ 44 6989	− 2520
4175·5	− 2512	− 50	− 708 8570	− 269	− 10	− 44 9786	+ 708 8570	+ 44 9786	− 2523
4176·5	− 2514	− 50	− 709 0512	− 271	− 10	− 45 2770	+ 709 0512	+ 45 2770	− 2524
4177·5	− 2514	− 50	− 709 1243	− 273	− 10	− 45 5162	+ 709 1243	+ 45 5162	− 2525
4178·5	− 2514	− 50	− 709 1121	− 274	− 10	− 45 6223	+ 709 1121	+ 45 6223	− 2525
4179·5	− 2514	− 50	− 709 0846	− 273	− 10	− 45 5557	+ 709 0846	+ 45 5557	− 2524
4180·5	− 2514	− 50	− 709 1216	− 271	− 10	− 45 3316	+ 709 1216	+ 45 3316	− 2525
4181·5	− 2515	− 50	− 709 2802	− 269	− 10	− 45 0152	+ 709 2802	+ 45 0152	− 2526
4182·5	− 2517	− 50	− 709 5748	− 267	− 10	− 44 6940	+ 709 5748	+ 44 6940	− 2527
4183·5	− 2520	− 50	− 709 9780	− 265	− 10	− 44 4451	+ 709 9780	+ 44 4451	− 2530
4184·5	− 2524	− 51	− 710 4372	− 264	− 10	− 44 3144	+ 710 4372	+ 44 3144	− 2533
4185·5	− 2527	− 51	− 710 8945	− 264	− 10	− 44 3118	+ 710 8945	+ 44 3118	− 2537
4186·5	− 2530	− 51	− 711 3007	− 265	− 10	− 44 4182	+ 711 3007	+ 44 4183	− 2540
4187·5	− 2532	− 51	− 711 6237	− 266	− 10	− 44 5965	+ 711 6237	+ 44 5965	− 2542
4188·5	− 2534	− 51	− 711 8493	− 268	− 10	− 44 8018	+ 711 8493	+ 44 8018	− 2544
4189·5	− 2535	− 51	− 711 9802	− 269	− 10	− 44 9901	+ 711 9802	+ 44 9901	− 2545
4190·5	− 2535	− 51	− 712 0333	− 270	− 10	− 45 1239	+ 712 0333	+ 45 1239	− 2545
4191·5	− 2535	− 51	− 712 0352	− 270	− 10	− 45 1769	+ 712 0352	+ 45 1769	− 2545
4192·5	− 2535	− 51	− 712 0185	− 270	− 10	− 45 1359	+ 712 0185	+ 45 1359	− 2545

Values are in units of 10^{-10}. Matrix used with ERA (B20–B23). CIP is $\mathcal{X} = C_{31}$, $\mathcal{Y} = C_{32}$

MATRIX ELEMENTS FOR CONVERSION FROM
GCRS TO TRUE EQUATOR AND EQUINOX OF DATE
FOR 0^h TERRESTRIAL TIME

Date 0^h TT	$NPB_{11}-1$	NPB_{12}	NPB_{13}	NPB_{21}	$NPB_{22}-1$	NPB_{23}	NPB_{31}	NPB_{32}	$NPB_{33}-1$
Apr. 1	−15962	−1638 7634	− 711 9602	+1638 7308	−13438	−46 3437	+ 712 0352	+45 1769	−2545
2	−15961	−1638 7237	− 711 9436	+1638 6911	−13437	−46 3027	+ 712 0185	+45 1359	−2545
3	−15961	−1638 7196	− 711 9424	+1638 6871	−13437	−46 1690	+ 712 0171	+45 0023	−2545
4	−15963	−1638 8218	− 711 9873	+1638 7895	−13439	−45 9577	+ 712 0617	+44 7908	−2545
5	−15968	−1639 0847	− 712 1019	+1639 0526	−13443	−45 6947	+ 712 1759	+44 5275	−2546
6	−15977	−1639 5396	− 712 2997	+1639 5077	−13450	−45 4139	+ 712 3732	+44 2460	−2547
7	−15990	−1640 1907	− 712 5826	+1640 1590	−13461	−45 1520	+ 712 6557	+43 9832	−2549
8	−16006	−1641 0139	− 712 9401	+1640 9823	−13474	−44 9445	+ 713 0129	+43 7745	−2552
9	−16024	−1641 9578	− 713 3499	+1641 9262	−13490	−44 8204	+ 713 4225	+43 6490	−2554
10	−16044	−1642 9474	− 713 7795	+1642 9158	−13506	−44 7976	+ 713 8521	+43 6248	−2557
11	−16062	−1643 8913	− 714 1893	+1643 8596	−13521	−44 8776	+ 714 2621	+43 7035	−2560
12	−16078	−1644 6940	− 714 5379	+1644 6622	−13535	−45 0412	+ 714 6110	+43 8660	−2563
13	−16089	−1645 2764	− 714 7910	+1645 2445	−13544	−45 2454	+ 714 8645	+44 0694	−2565
14	−16096	−1645 6026	− 714 9331	+1645 5706	−13550	−45 4267	+ 715 0068	+44 2501	−2566
15	−16098	−1645 7075	− 714 9791	+1645 6754	−13552	−45 5131	+ 715 0531	+44 3364	−2566
16	−16098	−1645 7080	− 714 9799	+1645 6759	−13552	−45 4473	+ 715 0537	+44 2706	−2566
17	−16099	−1645 7787	− 715 0112	+1645 7468	−13553	−45 2128	+ 715 0846	+44 0360	−2566
18	−16105	−1646 0906	− 715 1470	+1646 0590	−13558	−44 8476	+ 715 2199	+43 6703	−2567
19	−16118	−1646 7390	− 715 4287	+1646 7076	−13568	−44 4337	+ 715 5009	+43 2555	−2569
20	−16137	−1647 7061	− 715 8486	+1647 6750	−13584	−44 0642	+ 715 9202	+42 8846	−2572
21	−16160	−1648 8788	− 716 3576	+1648 8479	−13603	−43 8086	+ 716 4289	+42 6273	−2575
22	−16184	−1650 1020	− 716 8885	+1650 0711	−13623	−43 6943	+ 716 9596	+42 5113	−2579
23	−16206	−1651 2332	− 717 3795	+1651 2023	−13642	−43 7088	+ 717 4507	+42 5242	−2583
24	−16225	−1652 1751	− 717 7884	+1652 1441	−13658	−43 8136	+ 717 8598	+42 6276	−2586
25	−16238	−1652 8836	− 718 0962	+1652 8524	−13669	−43 9594	+ 718 1679	+42 7724	−2588
26	−16248	−1653 3616	− 718 3040	+1653 3303	−13677	−44 0983	+ 718 3759	+42 9106	−2590
27	−16253	−1653 6470	− 718 4283	+1653 6156	−13682	−44 1906	+ 718 5004	+43 0025	−2590
28	−16256	−1653 8009	− 718 4957	+1653 7696	−13685	−44 2081	+ 718 5678	+43 0198	−2591
29	−16258	−1653 8974	− 718 5381	+1653 8661	−13686	−44 1358	+ 718 6101	+42 9474	−2591
30	−16261	−1654 0142	− 718 5893	+1653 9830	−13688	−43 9722	+ 718 6611	+42 7835	−2592
May 1	−16265	−1654 2239	− 718 6808	+1654 1929	−13691	−43 7287	+ 718 7522	+42 5398	−2592
2	−16272	−1654 5858	− 718 8383	+1654 5550	−13697	−43 4288	+ 718 9092	+42 2394	−2593
3	−16283	−1655 1380	− 719 0783	+1655 1074	−13706	−43 1045	+ 719 1487	+41 9143	−2595
4	−16298	−1655 8913	− 719 4055	+1655 8610	−13719	−42 7930	+ 719 4754	+41 6017	−2597
5	−16316	−1656 8264	− 719 8115	+1656 7962	−13734	−42 5309	+ 719 8810	+41 3382	−2600
6	−16337	−1657 8943	− 720 2751	+1657 8642	−13752	−42 3492	+ 720 3443	+41 1550	−2603
7	−16359	−1659 0218	− 720 7645	+1658 9917	−13770	−42 2674	+ 720 8336	+41 0716	−2606
8	−16381	−1660 1204	− 721 2414	+1660 0904	−13788	−42 2887	+ 721 3106	+41 0913	−2610
9	−16400	−1661 1001	− 721 6667	+1661 0700	−13805	−42 3974	+ 721 7362	+41 1986	−2613
10	−16416	−1661 8858	− 722 0079	+1661 8555	−13818	−42 5574	+ 722 0776	+41 3574	−2616
11	−16427	−1662 4370	− 722 2475	+1662 4066	−13827	−42 7154	+ 722 3175	+41 5146	−2617
12	−16433	−1662 7678	− 722 3915	+1662 7373	−13833	−42 8090	+ 722 4617	+41 6078	−2618
13	−16437	−1662 9584	− 722 4747	+1662 9280	−13836	−42 7813	+ 722 5449	+41 5798	−2619
14	−16441	−1663 1492	− 722 5581	+1663 1189	−13839	−42 6003	+ 722 6279	+41 3986	−2620
15	−16448	−1663 5064	− 722 7135	+1663 4763	−13845	−42 2765	+ 722 7828	+41 0742	−2621
16	−16461	−1664 1641	− 722 9993	+1664 1343	−13855	−41 8669	+ 723 0679	+40 6637	−2622
17	−16481	−1665 1679	− 723 4350	+1665 1383	−13872	−41 4594	+ 723 5030	+40 2547	−2625

Values are in units of 10^{-10}. Matrix used with GAST (B12–B19). CIP is $\mathcal{X} = NPB_{31}$, $\mathcal{Y} = NPB_{32}$.

MATRIX ELEMENTS FOR CONVERSION FROM
GCRS TO CELESTIAL INTERMEDIATE ORIGIN & EQUATOR OF DATE
FOR 0^h TERRESTRIAL TIME

Julian Date	$C_{11}-1$	C_{12}	C_{13}	C_{21}	$C_{22}-1$	C_{23}	C_{31}	C_{32}	$C_{33}-1$
245									
4191·5	− 2535	− 51	− 712 0352	− 270	− 10	− 45 1769	+ 712 0352	+ 45 1769	− 2545
4192·5	− 2535	− 51	− 712 0185	− 270	− 10	− 45 1359	+ 712 0185	+ 45 1359	− 2545
4193·5	− 2535	− 51	− 712 0171	− 269	− 10	− 45 0023	+ 712 0171	+ 45 0023	− 2545
4194·5	− 2535	− 51	− 712 0617	− 268	− 10	− 44 7908	+ 712 0617	+ 44 7908	− 2545
4195·5	− 2536	− 51	− 712 1759	− 266	− 10	− 44 5275	+ 712 1759	+ 44 5275	− 2546
4196·5	− 2537	− 51	− 712 3732	− 264	− 10	− 44 2460	+ 712 3732	+ 44 2460	− 2547
4197·5	− 2539	− 52	− 712 6557	− 262	− 10	− 43 9832	+ 712 6557	+ 43 9832	− 2549
4198·5	− 2542	− 52	− 713 0129	− 260	− 10	− 43 7745	+ 713 0129	+ 43 7745	− 2552
4199·5	− 2545	− 52	− 713 4225	− 259	− 10	− 43 6490	+ 713 4225	+ 43 6490	− 2554
4200·5	− 2548	− 52	− 713 8521	− 259	− 10	− 43 6248	+ 713 8521	+ 43 6248	− 2557
4201·5	− 2551	− 52	− 714 2621	− 260	− 10	− 43 7035	+ 714 2621	+ 43 7035	− 2560
4202·5	− 2553	− 52	− 714 6110	− 261	− 10	− 43 8660	+ 714 6110	+ 43 8660	− 2563
4203·5	− 2555	− 53	− 714 8645	− 262	− 10	− 44 0693	+ 714 8645	+ 44 0694	− 2565
4204·5	− 2556	− 53	− 715 0068	− 264	− 10	− 44 2501	+ 715 0068	+ 44 2501	− 2566
4205·5	− 2557	− 53	− 715 0531	− 264	− 10	− 44 3364	+ 715 0531	+ 44 3364	− 2566
4206·5	− 2557	− 53	− 715 0537	− 264	− 10	− 44 2706	+ 715 0537	+ 44 2706	− 2566
4207·5	− 2557	− 53	− 715 0846	− 262	− 10	− 44 0360	+ 715 0846	+ 44 0360	− 2566
4208·5	− 2558	− 53	− 715 2199	− 260	− 10	− 43 6703	+ 715 2199	+ 43 6703	− 2567
4209·5	− 2560	− 53	− 715 5009	− 257	− 9	− 43 2555	+ 715 5009	+ 43 2555	− 2569
4210·5	− 2563	− 53	− 715 9202	− 254	− 9	− 42 8846	+ 715 9202	+ 42 8846	− 2572
4211·5	− 2566	− 53	− 716 4289	− 252	− 9	− 42 6273	+ 716 4289	+ 42 6273	− 2575
4212·5	− 2570	− 53	− 716 9596	− 251	− 9	− 42 5113	+ 716 9596	+ 42 5113	− 2579
4213·5	− 2574	− 54	− 717 4507	− 251	− 9	− 42 5242	+ 717 4507	+ 42 5242	− 2583
4214·5	− 2577	− 54	− 717 8598	− 252	− 9	− 42 6276	+ 717 8598	+ 42 6276	− 2586
4215·5	− 2579	− 54	− 718 1679	− 253	− 9	− 42 7724	+ 718 1679	+ 42 7724	− 2588
4216·5	− 2580	− 54	− 718 3759	− 254	− 9	− 42 9106	+ 718 3759	+ 42 9106	− 2590
4217·5	− 2581	− 54	− 718 5004	− 255	− 9	− 43 0025	+ 718 5004	+ 43 0025	− 2590
4218·5	− 2582	− 54	− 718 5678	− 255	− 9	− 43 0198	+ 718 5678	+ 43 0198	− 2591
4219·5	− 2582	− 54	− 718 6101	− 254	− 9	− 42 9474	+ 718 6101	+ 42 9474	− 2591
4220·5	− 2582	− 54	− 718 6611	− 253	− 9	− 42 7835	+ 718 6611	+ 42 7835	− 2592
4221·5	− 2583	− 54	− 718 7522	− 252	− 9	− 42 5398	+ 718 7522	+ 42 5398	− 2592
4222·5	− 2584	− 54	− 718 9092	− 249	− 9	− 42 2394	+ 718 9092	+ 42 2394	− 2593
4223·5	− 2586	− 54	− 719 1487	− 247	− 9	− 41 9143	+ 719 1487	+ 41 9143	− 2595
4224·5	− 2588	− 54	− 719 4754	− 245	− 9	− 41 6017	+ 719 4754	+ 41 6017	− 2597
4225·5	− 2591	− 55	− 719 8810	− 243	− 9	− 41 3382	+ 719 8810	+ 41 3382	− 2600
4226·5	− 2594	− 55	− 720 3443	− 242	− 8	− 41 1550	+ 720 3443	+ 41 1550	− 2603
4227·5	− 2598	− 55	− 720 8336	− 241	− 8	− 41 0716	+ 720 8336	+ 41 0716	− 2606
4228·5	− 2601	− 55	− 721 3106	− 241	− 8	− 41 0913	+ 721 3106	+ 41 0913	− 2610
4229·5	− 2605	− 55	− 721 7362	− 242	− 8	− 41 1986	+ 721 7362	+ 41 1986	− 2613
4230·5	− 2607	− 56	− 722 0776	− 243	− 9	− 41 3574	+ 722 0776	+ 41 3574	− 2616
4231·5	− 2609	− 56	− 722 3175	− 244	− 9	− 41 5146	+ 722 3175	+ 41 5146	− 2617
4232·5	− 2610	− 56	− 722 4617	− 245	− 9	− 41 6078	+ 722 4617	+ 41 6078	− 2618
4233·5	− 2610	− 56	− 722 5449	− 245	− 9	− 41 5798	+ 722 5449	+ 41 5798	− 2619
4234·5	− 2611	− 56	− 722 6279	− 243	− 9	− 41 3986	+ 722 6279	+ 41 3986	− 2620
4235·5	− 2612	− 56	− 722 7828	− 241	− 8	− 41 0742	+ 722 7828	+ 41 0742	− 2621
4236·5	− 2614	− 56	− 723 0679	− 238	− 8	− 40 6637	+ 723 0679	+ 40 6637	− 2622
4237·5	− 2617	− 56	− 723 5030	− 235	− 8	− 40 2547	+ 723 5030	+ 40 2547	− 2625

Values are in units of 10^{-10}. Matrix used with ERA (B20–B23). CIP is $\mathcal{X} = C_{31}$, $\mathcal{Y} = C_{32}$

MATRIX ELEMENTS FOR CONVERSION FROM
GCRS TO TRUE EQUATOR AND EQUINOX OF DATE
FOR 0^h TERRESTRIAL TIME

Date 0^h TT	$NPB_{11}-1$	NPB_{12}	NPB_{13}	NPB_{21}	$NPB_{22}-1$	NPB_{23}	NPB_{31}	NPB_{32}	$NPB_{33}-1$
May 17	−16481	−1665 1679	− 723 4350	+1665 1383	−13872	−41 4594	+ 723 5030	+40 2547	−2625
18	−16506	−1666 4533	− 723 9929	+1666 4240	−13893	−41 1398	+ 724 0604	+39 9333	−2629
19	−16534	−1667 8748	− 724 6098	+1667 8456	−13917	−40 9613	+ 724 6771	+39 7527	−2634
20	−16562	−1669 2646	− 725 2129	+1669 2353	−13940	−40 9311	+ 725 2802	+39 7205	−2638
21	−16586	−1670 4878	− 725 7438	+1670 4584	−13961	−41 0180	+ 725 8113	+39 8056	−2642
22	−16606	−1671 4700	− 726 1702	+1671 4406	−13977	−41 1699	+ 726 2380	+39 9561	−2645
23	−16620	−1672 1982	− 726 4865	+1672 1686	−13989	−41 3317	+ 726 5546	+40 1168	−2647
24	−16630	−1672 7060	− 726 7072	+1672 6763	−13998	−41 4569	+ 726 7755	+40 2413	−2649
25	−16637	−1673 0560	− 726 8596	+1673 0263	−14004	−41 5128	+ 726 9280	+40 2967	−2650
26	−16643	−1673 3250	− 726 9768	+1673 2952	−14008	−41 4819	+ 727 0452	+40 2654	−2651
27	−16648	−1673 5927	− 727 0934	+1673 5631	−14013	−41 3604	+ 727 1616	+40 1435	−2652
28	−16655	−1673 9342	− 727 2421	+1673 9047	−14018	−41 1576	+ 727 3100	+39 9402	−2653
29	−16664	−1674 4126	− 727 4501	+1674 3832	−14026	−40 8940	+ 727 5175	+39 6759	−2654
30	−16677	−1675 0724	− 727 7367	+1675 0433	−14037	−40 5995	+ 727 8037	+39 3804	−2656
31	−16695	−1675 9333	− 728 1106	+1675 9044	−14051	−40 3102	+ 728 1771	+39 0899	−2659
June 1	−16715	−1676 9847	− 728 5670	+1676 9560	−14069	−40 0640	+ 728 6332	+38 8422	−2662
2	−16739	−1678 1839	− 729 0875	+1678 1552	−14089	−39 8950	+ 729 1534	+38 6714	−2666
3	−16765	−1679 4591	− 729 6409	+1679 4305	−14110	−39 8265	+ 729 7068	+38 6011	−2670
4	−16790	−1680 7197	− 730 1880	+1680 6910	−14132	−39 8657	+ 730 2540	+38 6384	−2674
5	−16813	−1681 8708	− 730 6877	+1681 8420	−14151	−39 9990	+ 730 7539	+38 7700	−2678
6	−16832	−1682 8335	− 731 1056	+1682 8046	−14167	−40 1926	+ 731 1722	+38 9622	−2681
7	−16847	−1683 5637	− 731 4228	+1683 5346	−14180	−40 3962	+ 731 4898	+39 1647	−2683
8	−16857	−1684 0684	− 731 6422	+1684 0392	−14188	−40 5514	+ 731 7095	+39 3192	−2685
9	−16864	−1684 4129	− 731 7921	+1684 3836	−14194	−40 6049	+ 731 8595	+39 3722	−2686
10	−16870	−1684 7147	− 731 9236	+1684 6855	−14199	−40 5225	+ 731 9908	+39 2894	−2687
11	−16878	−1685 1205	− 732 1001	+1685 0915	−14206	−40 3028	+ 732 1670	+39 0690	−2688
12	−16891	−1685 7662	− 732 3806	+1685 7374	−14217	−39 9831	+ 732 4470	+38 7485	−2690
13	−16910	−1686 7307	− 732 7994	+1686 7021	−14233	−39 6337	+ 732 8652	+38 3976	−2693
14	−16936	−1688 0024	− 733 3513	+1687 9740	−14254	−39 3368	+ 733 4167	+38 0989	−2697
15	−16965	−1689 4788	− 733 9920	+1689 4505	−14279	−39 1600	+ 734 0571	+37 9199	−2701
16	−16996	−1691 0019	− 734 6529	+1690 9737	−14305	−39 1335	+ 734 7180	+37 8911	−2706
17	−17024	−1692 4139	− 735 2656	+1692 3855	−14329	−39 2446	+ 735 3310	+38 0002	−2711
18	−17048	−1693 6027	− 735 7816	+1693 5741	−14349	−39 4482	+ 735 8474	+38 2021	−2715
19	−17067	−1694 5229	− 736 1811	+1694 4941	−14364	−39 6858	+ 736 2473	+38 4382	−2718
20	−17080	−1695 1901	− 736 4710	+1695 1612	−14376	−39 9021	+ 736 5376	+38 6536	−2720
21	−17090	−1695 6624	− 736 6764	+1695 6334	−14384	−40 0564	+ 736 7432	+38 8072	−2721
22	−17097	−1696 0192	− 736 8317	+1695 9901	−14390	−40 1250	+ 736 8987	+38 8753	−2723
23	−17104	−1696 3454	− 736 9736	+1696 3163	−14395	−40 1010	+ 737 0406	+38 8508	−2724
24	−17111	−1696 7203	− 737 1368	+1696 6912	−14402	−39 9917	+ 737 2036	+38 7409	−2725
25	−17121	−1697 2112	− 737 3502	+1697 1823	−14410	−39 8156	+ 737 4167	+38 5641	−2726
26	−17134	−1697 8680	− 737 6355	+1697 8392	−14421	−39 6004	+ 737 7017	+38 3480	−2728
27	−17151	−1698 7183	− 738 0048	+1698 6897	−14435	−39 3804	+ 738 0706	+38 1267	−2731
28	−17173	−1699 7625	− 738 4581	+1699 7340	−14453	−39 1931	+ 738 5236	+37 9379	−2734
29	−17197	−1700 9692	− 738 9818	+1700 9407	−14474	−39 0747	+ 739 0472	+37 8177	−2738
30	−17223	−1702 2749	− 739 5485	+1702 2465	−14496	−39 0536	+ 739 6139	+37 7946	−2742
July 1	−17250	−1703 5901	− 740 1193	+1703 5616	−14518	−39 1433	+ 740 1849	+37 8824	−2747
2	−17275	−1704 8131	− 740 6501	+1704 7844	−14539	−39 3364	+ 740 7161	+38 0737	−2751

Values are in units of 10^{-10}. Matrix used with GAST (B12–B19). CIP is $\mathcal{X} = NPB_{31}$, $\mathcal{Y} = NPB_{32}$.

MATRIX ELEMENTS FOR CONVERSION FROM
GCRS TO CELESTIAL INTERMEDIATE ORIGIN & EQUATOR OF DATE
FOR 0^h TERRESTRIAL TIME

Julian Date	$C_{11}-1$	C_{12}	C_{13}	C_{21}	$C_{22}-1$	C_{23}	C_{31}	C_{32}	$C_{33}-1$
245									
4237·5	− 2617	− 56	− 723 5030	− 235	− 8	− 40 2547	+ 723 5030	+ 40 2547	− 2625
4238·5	− 2621	− 56	− 724 0604	− 233	− 8	− 39 9333	+ 724 0604	+ 39 9333	− 2629
4239·5	− 2626	− 57	− 724 6771	− 231	− 8	− 39 7527	+ 724 6771	+ 39 7527	− 2634
4240·5	− 2630	− 57	− 725 2802	− 231	− 8	− 39 7205	+ 725 2802	+ 39 7205	− 2638
4241·5	− 2634	− 57	− 725 8113	− 232	− 8	− 39 8056	+ 725 8113	+ 39 8056	− 2642
4242·5	− 2637	− 57	− 726 2380	− 233	− 8	− 39 9561	+ 726 2380	+ 39 9561	− 2645
4243·5	− 2639	− 57	− 726 5546	− 234	− 8	− 40 1168	+ 726 5546	+ 40 1168	− 2647
4244·5	− 2641	− 57	− 726 7755	− 235	− 8	− 40 2412	+ 726 7755	+ 40 2413	− 2649
4245·5	− 2642	− 58	− 726 9280	− 235	− 8	− 40 2967	+ 726 9280	+ 40 2967	− 2650
4246·5	− 2643	− 58	− 727 0452	− 235	− 8	− 40 2654	+ 727 0452	+ 40 2654	− 2651
4247·5	− 2644	− 58	− 727 1616	− 234	− 8	− 40 1435	+ 727 1616	+ 40 1435	− 2652
4248·5	− 2645	− 58	− 727 3100	− 233	− 8	− 39 9402	+ 727 3100	+ 39 9402	− 2653
4249·5	− 2646	− 58	− 727 5175	− 231	− 8	− 39 6759	+ 727 5175	+ 39 6759	− 2654
4250·5	− 2648	− 58	− 727 8037	− 229	− 8	− 39 3804	+ 727 8037	+ 39 3804	− 2656
4251·5	− 2651	− 58	− 728 1771	− 227	− 8	− 39 0898	+ 728 1771	+ 39 0899	− 2659
4252·5	− 2655	− 58	− 728 6332	− 225	− 8	− 38 8422	+ 728 6332	+ 38 8422	− 2662
4253·5	− 2658	− 58	− 729 1534	− 224	− 7	− 38 6714	+ 729 1534	+ 38 6714	− 2666
4254·5	− 2662	− 59	− 729 7068	− 223	− 7	− 38 6011	+ 729 7068	+ 38 6011	− 2670
4255·5	− 2666	− 59	− 730 2540	− 223	− 7	− 38 6384	+ 730 2540	+ 38 6384	− 2674
4256·5	− 2670	− 59	− 730 7539	− 224	− 8	− 38 7700	+ 730 7539	+ 38 7700	− 2678
4257·5	− 2673	− 59	− 731 1722	− 226	− 8	− 38 9622	+ 731 1722	+ 38 9622	− 2681
4258·5	− 2675	− 59	− 731 4898	− 227	− 8	− 39 1647	+ 731 4898	+ 39 1647	− 2683
4259·5	− 2677	− 59	− 731 7095	− 228	− 8	− 39 3192	+ 731 7095	+ 39 3192	− 2685
4260·5	− 2678	− 59	− 731 8595	− 229	− 8	− 39 3722	+ 731 8595	+ 39 3722	− 2686
4261·5	− 2679	− 60	− 731 9908	− 228	− 8	− 39 2894	+ 731 9908	+ 39 2894	− 2687
4262·5	− 2680	− 60	− 732 1670	− 226	− 8	− 39 0690	+ 732 1670	+ 39 0690	− 2688
4263·5	− 2682	− 60	− 732 4470	− 224	− 8	− 38 7485	+ 732 4470	+ 38 7485	− 2690
4264·5	− 2685	− 60	− 732 8652	− 222	− 7	− 38 3976	+ 732 8652	+ 38 3976	− 2693
4265·5	− 2690	− 60	− 733 4167	− 219	− 7	− 38 0989	+ 733 4167	+ 38 0989	− 2697
4266·5	− 2694	− 60	− 734 0571	− 218	− 7	− 37 9199	+ 734 0571	+ 37 9199	− 2701
4267·5	− 2699	− 61	− 734 7180	− 218	− 7	− 37 8911	+ 734 7180	+ 37 8911	− 2706
4268·5	− 2704	− 61	− 735 3310	− 219	− 7	− 38 0002	+ 735 3310	+ 38 0002	− 2711
4269·5	− 2707	− 61	− 735 8474	− 220	− 7	− 38 2021	+ 735 8474	+ 38 2021	− 2715
4270·5	− 2710	− 61	− 736 2473	− 222	− 7	− 38 4382	+ 736 2473	+ 38 4382	− 2718
4271·5	− 2712	− 61	− 736 5376	− 223	− 7	− 38 6536	+ 736 5376	+ 38 6536	− 2720
4272·5	− 2714	− 61	− 736 7432	− 225	− 8	− 38 8072	+ 736 7432	+ 38 8072	− 2721
4273·5	− 2715	− 61	− 736 8987	− 225	− 8	− 38 8752	+ 736 8987	+ 38 8753	− 2723
4274·5	− 2716	− 61	− 737 0406	− 225	− 8	− 38 8508	+ 737 0406	+ 38 8508	− 2724
4275·5	− 2717	− 62	− 737 2036	− 224	− 8	− 38 7409	+ 737 2036	+ 38 7409	− 2725
4276·5	− 2719	− 62	− 737 4167	− 223	− 7	− 38 5641	+ 737 4167	+ 38 5641	− 2726
4277·5	− 2721	− 62	− 737 7017	− 221	− 7	− 38 3480	+ 737 7017	+ 38 3480	− 2728
4278·5	− 2724	− 62	− 738 0706	− 220	− 7	− 38 1267	+ 738 0706	+ 38 1267	− 2731
4279·5	− 2727	− 62	− 738 5236	− 218	− 7	− 37 9379	+ 738 5236	+ 37 9379	− 2734
4280·5	− 2731	− 62	− 739 0472	− 217	− 7	− 37 8177	+ 739 0472	+ 37 8177	− 2738
4281·5	− 2735	− 62	− 739 6139	− 217	− 7	− 37 7946	+ 739 6139	+ 37 7946	− 2742
4282·5	− 2739	− 63	− 740 1849	− 218	− 7	− 37 8824	+ 740 1849	+ 37 8824	− 2747
4283·5	− 2743	− 63	− 740 7161	− 219	− 7	− 38 0737	+ 740 7161	+ 38 0737	− 2751

Values are in units of 10^{-10}. Matrix used with ERA (B20–B23). CIP is $\mathcal{X} = C_{31}$, $\mathcal{Y} = C_{32}$

MATRIX ELEMENTS FOR CONVERSION FROM
GCRS TO TRUE EQUATOR AND EQUINOX OF DATE
FOR 0^h TERRESTRIAL TIME

Date 0^h TT	$NPB_{11}-1$	NPB_{12}	NPB_{13}	NPB_{21}	$NPB_{22}-1$	NPB_{23}	NPB_{31}	NPB_{32}	$NPB_{33}-1$
July 1	−17250	−1703 5901	− 740 1193	+1703 5616	−14518	−39 1433	+ 740 1849	+37 8824	−2747
2	−17275	−1704 8131	− 740 6501	+1704 7844	−14539	−39 3364	+ 740 7161	+38 0737	−2751
3	−17296	−1705 8519	− 741 1010	+1705 8230	−14557	−39 6022	+ 741 1675	+38 3379	−2754
4	−17312	−1706 6493	− 741 4473	+1706 6201	−14571	−39 8901	+ 741 5143	+38 6246	−2757
5	−17323	−1707 2019	− 741 6875	+1707 1726	−14580	−40 1398	+ 741 7549	+38 8735	−2759
6	−17331	−1707 5683	− 741 8469	+1707 5388	−14587	−40 2957	+ 741 9147	+39 0289	−2760
7	−17337	−1707 8595	− 741 9738	+1707 8300	−14592	−40 3217	+ 742 0416	+39 0545	−2761
8	−17344	−1708 2142	− 742 1282	+1708 1849	−14598	−40 2128	+ 742 1958	+38 9450	−2762
9	−17355	−1708 7634	− 742 3668	+1708 7342	−14607	−39 9988	+ 742 4341	+38 7303	−2764
10	−17372	−1709 5929	− 742 7271	+1709 5638	−14621	−39 7388	+ 742 7939	+38 4690	−2766
11	−17395	−1710 7165	− 743 2148	+1710 6876	−14640	−39 5060	+ 743 2813	+38 2346	−2770
12	−17422	−1712 0683	− 743 8015	+1712 0395	−14663	−39 3677	+ 743 8678	+38 0943	−2774
13	−17452	−1713 5210	− 744 4318	+1713 4922	−14688	−39 3654	+ 744 4982	+38 0897	−2779
14	−17480	−1714 9241	− 745 0407	+1714 8951	−14712	−39 5038	+ 745 1074	+38 2261	−2783
15	−17505	−1716 1477	− 745 5718	+1716 1186	−14733	−39 7526	+ 745 6389	+38 4730	−2787
16	−17525	−1717 1153	− 745 9919	+1717 0859	−14750	−40 0588	+ 746 0595	+38 7778	−2791
17	−17539	−1717 8134	− 746 2951	+1717 7837	−14762	−40 3641	+ 746 3634	+39 0820	−2793
18	−17549	−1718 2828	− 746 4992	+1718 2530	−14770	−40 6189	+ 746 5679	+39 3362	−2795
19	−17555	−1718 5985	− 746 6367	+1718 5685	−14776	−40 7911	+ 746 7057	+39 5079	−2796
20	−17560	−1718 8485	− 746 7457	+1718 8184	−14780	−40 8674	+ 746 8148	+39 5838	−2796
21	−17566	−1719 1183	− 746 8632	+1719 0882	−14785	−40 8515	+ 746 9323	+39 5675	−2797
22	−17573	−1719 4810	− 747 0211	+1719 4510	−14791	−40 7600	+ 747 0900	+39 4754	−2799
23	−17584	−1719 9916	− 747 2430	+1719 9617	−14800	−40 6191	+ 747 3118	+39 3338	−2800
24	−17598	−1720 6839	− 747 5437	+1720 6541	−14811	−40 4614	+ 747 6123	+39 1750	−2802
25	−17616	−1721 5668	− 747 9271	+1721 5371	−14827	−40 3229	+ 747 9954	+39 0352	−2805
26	−17638	−1722 6216	− 748 3850	+1722 5920	−14845	−40 2398	+ 748 4532	+38 9506	−2808
27	−17662	−1723 7989	− 748 8960	+1723 7693	−14865	−40 2436	+ 748 9643	+38 9526	−2812
28	−17687	−1725 0199	− 749 4260	+1724 9902	−14886	−40 3547	+ 749 4945	+39 0619	−2816
29	−17711	−1726 1843	− 749 9314	+1726 1544	−14906	−40 5749	+ 750 0003	+39 2804	−2820
30	−17731	−1727 1888	− 750 3674	+1727 1586	−14924	−40 8823	+ 750 4369	+39 5862	−2824
31	−17747	−1727 9540	− 750 6998	+1727 9236	−14937	−41 2300	+ 750 7699	+39 9328	−2826
Aug. 1	−17757	−1728 4534	− 750 9169	+1728 4227	−14946	−41 5547	+ 750 9876	+40 2567	−2828
2	−17763	−1728 7299	− 751 0374	+1728 6990	−14951	−41 7924	+ 751 1085	+40 4940	−2829
3	−17766	−1728 8915	− 751 1080	+1728 8605	−14954	−41 8979	+ 751 1793	+40 5992	−2830
4	−17770	−1729 0823	− 751 1913	+1729 0514	−14957	−41 8599	+ 751 2626	+40 5609	−2830
5	−17777	−1729 4410	− 751 3475	+1729 4102	−14963	−41 7052	+ 751 4185	+40 4057	−2831
6	−17790	−1730 0604	− 751 6166	+1730 0297	−14974	−41 4910	+ 751 6872	+40 1906	−2833
7	−17809	−1730 9627	− 752 0084	+1730 9322	−14989	−41 2883	+ 752 0787	+39 9865	−2836
8	−17832	−1732 0970	− 752 5007	+1732 0666	−15009	−41 1629	+ 752 5709	+39 8594	−2840
9	−17858	−1733 3554	− 753 0468	+1733 3249	−15031	−41 1585	+ 753 1171	+39 8532	−2844
10	−17884	−1734 6031	− 753 5884	+1734 5725	−15052	−41 2881	+ 753 6589	+39 9809	−2848
11	−17907	−1735 7137	− 754 0705	+1735 6829	−15072	−41 5325	+ 754 1414	+40 2236	−2852
12	−17925	−1736 5978	− 754 4543	+1736 5667	−15087	−41 8485	+ 754 5259	+40 5382	−2855
13	−17938	−1737 2198	− 754 7246	+1737 1884	−15098	−42 1812	+ 754 7967	+40 8700	−2857
14	−17946	−1737 5984	− 754 8893	+1737 5668	−15105	−42 4783	+ 754 9620	+41 1666	−2858
15	−17950	−1737 7945	− 754 9750	+1737 7628	−15108	−42 7003	+ 755 0480	+41 3882	−2859
16	−17952	−1737 8926	− 755 0181	+1737 8608	−15110	−42 8260	+ 755 0914	+41 5138	−2859

Values are in units of 10^{-10}. Matrix used with GAST (B12–B19). CIP is $\mathcal{X} = NPB_{31}$, $\mathcal{Y} = NPB_{32}$.

MATRIX ELEMENTS FOR CONVERSION FROM
GCRS TO CELESTIAL INTERMEDIATE ORIGIN & EQUATOR OF DATE
FOR 0^h TERRESTRIAL TIME

Julian Date	$C_{11}-1$	C_{12}	C_{13}	C_{21}	$C_{22}-1$	C_{23}	C_{31}	C_{32}	$C_{33}-1$
245									
4282·5	− 2739	− 63	− 740 1849	− 218	− 7	− 37 8824	+ 740 1849	+ 37 8824	− 2747
4283·5	− 2743	− 63	− 740 7161	− 219	− 7	− 38 0737	+ 740 7161	+ 38 0737	− 2751
4284·5	− 2747	− 63	− 741 1675	− 221	− 7	− 38 3379	+ 741 1675	+ 38 3379	− 2754
4285·5	− 2749	− 63	− 741 5143	− 223	− 7	− 38 6246	+ 741 5143	+ 38 6246	− 2757
4286·5	− 2751	− 63	− 741 7549	− 225	− 8	− 38 8735	+ 741 7549	+ 38 8735	− 2759
4287·5	− 2752	− 63	− 741 9147	− 226	− 8	− 39 0289	+ 741 9147	+ 39 0289	− 2760
4288·5	− 2753	− 63	− 742 0416	− 226	− 8	− 39 0544	+ 742 0416	+ 39 0545	− 2761
4289·5	− 2754	− 63	− 742 1958	− 226	− 8	− 38 9450	+ 742 1958	+ 38 9450	− 2762
4290·5	− 2756	− 63	− 742 4341	− 224	− 8	− 38 7303	+ 742 4341	+ 38 7303	− 2764
4291·5	− 2759	− 64	− 742 7939	− 222	− 7	− 38 4690	+ 742 7939	+ 38 4690	− 2766
4292·5	− 2762	− 64	− 743 2813	− 220	− 7	− 38 2346	+ 743 2813	+ 38 2346	− 2770
4293·5	− 2767	− 64	− 743 8678	− 219	− 7	− 38 0942	+ 743 8678	+ 38 0943	− 2774
4294·5	− 2771	− 64	− 744 4982	− 219	− 7	− 38 0897	+ 744 4982	+ 38 0897	− 2779
4295·5	− 2776	− 65	− 745 1074	− 220	− 7	− 38 2261	+ 745 1074	+ 38 2261	− 2783
4296·5	− 2780	− 65	− 745 6389	− 222	− 7	− 38 4730	+ 745 6389	+ 38 4730	− 2787
4297·5	− 2783	− 65	− 746 0595	− 224	− 8	− 38 7778	+ 746 0595	+ 38 7778	− 2791
4298·5	− 2785	− 65	− 746 3634	− 227	− 8	− 39 0820	+ 746 3634	+ 39 0820	− 2793
4299·5	− 2787	− 65	− 746 5679	− 229	− 8	− 39 3362	+ 746 5679	+ 39 3362	− 2795
4300·5	− 2788	− 65	− 746 7057	− 230	− 8	− 39 5079	+ 746 7057	+ 39 5079	− 2796
4301·5	− 2789	− 65	− 746 8148	− 230	− 8	− 39 5838	+ 746 8148	+ 39 5838	− 2796
4302·5	− 2790	− 65	− 746 9323	− 230	− 8	− 39 5675	+ 746 9323	+ 39 5675	− 2797
4303·5	− 2791	− 65	− 747 0900	− 230	− 8	− 39 4754	+ 747 0900	+ 39 4754	− 2799
4304·5	− 2792	− 65	− 747 3118	− 229	− 8	− 39 3338	+ 747 3118	+ 39 3338	− 2800
4305·5	− 2795	− 66	− 747 6123	− 227	− 8	− 39 1750	+ 747 6123	+ 39 1750	− 2802
4306·5	− 2797	− 66	− 747 9954	− 226	− 8	− 39 0352	+ 747 9954	+ 39 0352	− 2805
4307·5	− 2801	− 66	− 748 4532	− 226	− 8	− 38 9506	+ 748 4532	+ 38 9506	− 2808
4308·5	− 2805	− 66	− 748 9643	− 226	− 8	− 38 9526	+ 748 9643	+ 38 9526	− 2812
4309·5	− 2809	− 66	− 749 4945	− 227	− 8	− 39 0618	+ 749 4945	+ 39 0619	− 2816
4310·5	− 2813	− 66	− 750 0003	− 228	− 8	− 39 2804	+ 750 0003	+ 39 2804	− 2820
4311·5	− 2816	− 67	− 750 4369	− 230	− 8	− 39 5862	+ 750 4369	+ 39 5862	− 2824
4312·5	− 2818	− 67	− 750 7699	− 233	− 8	− 39 9328	+ 750 7699	+ 39 9328	− 2826
4313·5	− 2820	− 67	− 750 9876	− 235	− 8	− 40 2567	+ 750 9876	+ 40 2567	− 2828
4314·5	− 2821	− 67	− 751 1085	− 237	− 8	− 40 4940	+ 751 1085	+ 40 4940	− 2829
4315·5	− 2821	− 67	− 751 1793	− 238	− 8	− 40 5992	+ 751 1793	+ 40 5992	− 2830
4316·5	− 2822	− 67	− 751 2626	− 238	− 8	− 40 5609	+ 751 2626	+ 40 5609	− 2830
4317·5	− 2823	− 67	− 751 4185	− 237	− 8	− 40 4057	+ 751 4185	+ 40 4057	− 2831
4318·5	− 2825	− 67	− 751 6872	− 235	− 8	− 40 1906	+ 751 6872	+ 40 1906	− 2833
4319·5	− 2828	− 67	− 752 0787	− 233	− 8	− 39 9865	+ 752 0787	+ 39 9865	− 2836
4320·5	− 2832	− 67	− 752 5709	− 233	− 8	− 39 8594	+ 752 5709	+ 39 8594	− 2840
4321·5	− 2836	− 68	− 753 1171	− 232	− 8	− 39 8532	+ 753 1171	+ 39 8532	− 2844
4322·5	− 2840	− 68	− 753 6589	− 233	− 8	− 39 9809	+ 753 6589	+ 39 9809	− 2848
4323·5	− 2844	− 68	− 754 1414	− 235	− 8	− 40 2236	+ 754 1414	+ 40 2236	− 2852
4324·5	− 2847	− 68	− 754 5259	− 238	− 8	− 40 5382	+ 754 5259	+ 40 5382	− 2855
4325·5	− 2849	− 68	− 754 7967	− 240	− 8	− 40 8700	+ 754 7967	+ 40 8700	− 2857
4326·5	− 2850	− 68	− 754 9620	− 242	− 8	− 41 1666	+ 754 9620	+ 41 1666	− 2858
4327·5	− 2850	− 68	− 755 0480	− 244	− 9	− 41 3882	+ 755 0480	+ 41 3882	− 2859
4328·5	− 2851	− 68	− 755 0914	− 245	− 9	− 41 5138	+ 755 0914	+ 41 5138	− 2859

Values are in units of 10^{-10}. Matrix used with ERA (B20–B23). CIP is $\mathcal{X} = C_{31}$, $\mathcal{Y} = C_{32}$

MATRIX ELEMENTS FOR CONVERSION FROM
GCRS TO TRUE EQUATOR AND EQUINOX OF DATE
FOR 0^h TERRESTRIAL TIME

Date 0^h TT	$NPB_{11}-1$	NPB_{12}	NPB_{13}	NPB_{21}	$NPB_{22}-1$	NPB_{23}	NPB_{31}	NPB_{32}	$NPB_{33}-1$
Aug. 16	−17952	−1737 8926	− 755 0181	+1737 8608	−15110	−42 8260	+ 755 0914	+41 5138	−2859
17	−17953	−1737 9816	− 755 0573	+1737 9498	−15112	−42 8528	+ 755 1306	+41 5405	−2860
18	−17957	−1738 1410	− 755 1270	+1738 1092	−15114	−42 7942	+ 755 2002	+41 4816	−2860
19	−17963	−1738 4322	− 755 2538	+1738 4005	−15119	−42 6745	+ 755 3268	+41 3615	−2861
20	−17972	−1738 8942	− 755 4547	+1738 8626	−15127	−42 5254	+ 755 5275	+41 2116	−2863
21	−17986	−1739 5421	− 755 7362	+1739 5105	−15138	−42 3818	+ 755 8087	+41 0671	−2865
22	−18003	−1740 3654	− 756 0937	+1740 3339	−15153	−42 2788	+ 756 1661	+40 9629	−2867
23	−18023	−1741 3275	− 756 5114	+1741 2960	−15169	−42 2482	+ 756 5838	+40 9308	−2870
24	−18044	−1742 3649	− 756 9617	+1742 3334	−15188	−42 3139	+ 757 0343	+40 9949	−2874
25	−18065	−1743 3904	− 757 4069	+1743 3587	−15206	−42 4860	+ 757 4799	+41 1655	−2877
26	−18084	−1744 3032	− 757 8033	+1744 2713	−15222	−42 7543	+ 757 8767	+41 4324	−2880
27	−18099	−1745 0093	− 758 1100	+1744 9771	−15234	−43 0836	+ 758 1840	+41 7606	−2883
28	−18108	−1745 4515	− 758 3023	+1745 4191	−15242	−43 4153	+ 758 3769	+42 0916	−2885
29	−18112	−1745 6392	− 758 3843	+1745 6066	−15245	−43 6790	+ 758 4594	+42 3551	−2885
30	−18112	−1745 6603	− 758 3940	+1745 6276	−15246	−43 8143	+ 758 4694	+42 4903	−2885
31	−18113	−1745 6629	− 758 3957	+1745 6302	−15246	−43 7928	+ 758 4710	+42 4688	−2885
Sept. 1	−18116	−1745 8069	− 758 4587	+1745 7743	−15248	−43 6315	+ 758 5338	+42 3074	−2886
2	−18124	−1746 2093	− 758 6338	+1746 1769	−15255	−43 3876	+ 758 7084	+42 0628	−2887
3	−18138	−1746 9079	− 758 9373	+1746 8757	−15267	−43 1377	+ 759 0115	+41 8119	−2889
4	−18158	−1747 8568	− 759 3493	+1747 8247	−15284	−42 9540	+ 759 4232	+41 6267	−2892
5	−18181	−1748 9496	− 759 8236	+1748 9175	−15303	−42 8848	+ 759 8975	+41 5559	−2896
6	−18204	−1750 0542	− 760 3031	+1750 0221	−15322	−42 9463	+ 760 3771	+41 6157	−2900
7	−18224	−1751 0467	− 760 7340	+1751 0144	−15340	−43 1237	+ 760 8083	+41 7916	−2903
8	−18241	−1751 8366	− 761 0770	+1751 8041	−15354	−43 3792	+ 761 1518	+42 0459	−2906
9	−18252	−1752 3801	− 761 3132	+1752 3473	−15363	−43 6627	+ 761 3886	+42 3285	−2908
10	−18258	−1752 6822	− 761 4448	+1752 6493	−15369	−43 9233	+ 761 5206	+42 5887	−2909
11	−18261	−1752 7901	− 761 4922	+1752 7570	−15371	−44 1188	+ 761 5683	+42 7840	−2909
12	−18261	−1752 7787	− 761 4879	+1752 7456	−15370	−44 2224	+ 761 5642	+42 8877	−2909
13	−18260	−1752 7350	− 761 4695	+1752 7019	−15370	−44 2252	+ 761 5459	+42 8905	−2909
14	−18260	−1752 7422	− 761 4732	+1752 7091	−15370	−44 1351	+ 761 5494	+42 8004	−2909
15	−18262	−1752 8680	− 761 5284	+1752 8350	−15372	−43 9737	+ 761 6043	+42 6388	−2909
16	−18268	−1753 1580	− 761 6547	+1753 1251	−15377	−43 7714	+ 761 7302	+42 4360	−2910
17	−18278	−1753 6322	− 761 8608	+1753 5995	−15385	−43 5627	+ 761 9361	+42 2267	−2912
18	−18292	−1754 2853	− 762 1446	+1754 2527	−15396	−43 3826	+ 762 2195	+42 0456	−2914
19	−18309	−1755 0873	− 762 4929	+1755 0548	−15410	−43 2624	+ 762 5676	+41 9241	−2916
20	−18327	−1755 9856	− 762 8829	+1755 9531	−15426	−43 2265	+ 762 9576	+41 8868	−2919
21	−18347	−1756 9069	− 763 2830	+1756 8744	−15442	−43 2886	+ 763 3578	+41 9475	−2922
22	−18365	−1757 7637	− 763 6550	+1757 7311	−15458	−43 4468	+ 763 7302	+42 1044	−2925
23	−18379	−1758 4654	− 763 9598	+1758 4325	−15470	−43 6790	+ 764 0354	+42 3355	−2928
24	−18389	−1758 9391	− 764 1658	+1758 9060	−15478	−43 9398	+ 764 2419	+42 5956	−2929
25	−18394	−1759 1585	− 764 2615	+1759 1253	−15482	−44 1651	+ 764 3380	+42 8206	−2930
26	−18394	−1759 1698	− 764 2670	+1759 1365	−15483	−44 2859	+ 764 3437	+42 9414	−2930
27	−18392	−1759 0974	− 764 2362	+1759 0641	−15481	−44 2518	+ 764 3128	+42 9074	−2930
28	−18393	−1759 1131	− 764 2436	+1759 0800	−15482	−44 0554	+ 764 3199	+42 7109	−2930
29	−18398	−1759 3738	− 764 3572	+1759 3409	−15486	−43 7405	+ 764 4330	+42 3956	−2931
30	−18410	−1759 9590	− 764 6115	+1759 9263	−15496	−43 3879	+ 764 6867	+42 0422	−2933
Oct. 1	−18429	−1760 8439	− 764 9958	+1760 8115	−15512	−43 0846	+ 765 0704	+41 7375	−2935

Values are in units of 10^{-10}. Matrix used with GAST (B12–B19). CIP is $\mathcal{X} = \mathbf{NPB}_{31}$, $\mathcal{Y} = \mathbf{NPB}_{32}$.

MATRIX ELEMENTS FOR CONVERSION FROM
GCRS TO CELESTIAL INTERMEDIATE ORIGIN & EQUATOR OF DATE
FOR 0^h TERRESTRIAL TIME

Julian Date	$C_{11}-1$	C_{12}	C_{13}	C_{21}	$C_{22}-1$	C_{23}	C_{31}	C_{32}	$C_{33}-1$
245									
4328·5	− 2851	− 68	− 755 0914	− 245	− 9	− 41 5138	+ 755 0914	+ 41 5138	− 2859
4329·5	− 2851	− 68	− 755 1306	− 245	− 9	− 41 5405	+ 755 1306	+ 41 5405	− 2860
4330·5	− 2852	− 69	− 755 2002	− 245	− 9	− 41 4816	+ 755 2002	+ 41 4816	− 2860
4331·5	− 2853	− 69	− 755 3268	− 244	− 9	− 41 3615	+ 755 3268	+ 41 3615	− 2861
4332·5	− 2854	− 69	− 755 5275	− 243	− 8	− 41 2116	+ 755 5275	+ 41 2116	− 2863
4333·5	− 2856	− 69	− 755 8087	− 242	− 8	− 41 0671	+ 755 8087	+ 41 0671	− 2865
4334·5	− 2859	− 69	− 756 1661	− 241	− 8	− 40 9628	+ 756 1661	+ 40 9629	− 2867
4335·5	− 2862	− 69	− 756 5838	− 241	− 8	− 40 9308	+ 756 5838	+ 40 9308	− 2870
4336·5	− 2866	− 69	− 757 0343	− 241	− 8	− 40 9949	+ 757 0343	+ 40 9949	− 2874
4337·5	− 2869	− 69	− 757 4799	− 242	− 8	− 41 1655	+ 757 4799	+ 41 1655	− 2877
4338·5	− 2872	− 70	− 757 8767	− 244	− 9	− 41 4324	+ 757 8767	+ 41 4324	− 2880
4339·5	− 2874	− 70	− 758 1840	− 247	− 9	− 41 7606	+ 758 1840	+ 41 7606	− 2883
4340·5	− 2876	− 70	− 758 3769	− 249	− 9	− 42 0916	+ 758 3769	+ 42 0916	− 2885
4341·5	− 2876	− 70	− 758 4594	− 251	− 9	− 42 3551	+ 758 4594	+ 42 3551	− 2885
4342·5	− 2876	− 70	− 758 4694	− 252	− 9	− 42 4903	+ 758 4694	+ 42 4903	− 2885
4343·5	− 2876	− 70	− 758 4710	− 252	− 9	− 42 4688	+ 758 4710	+ 42 4688	− 2885
4344·5	− 2877	− 70	− 758 5338	− 251	− 9	− 42 3074	+ 758 5338	+ 42 3074	− 2886
4345·5	− 2878	− 70	− 758 7084	− 249	− 9	− 42 0628	+ 758 7084	+ 42 0628	− 2887
4346·5	− 2880	− 70	− 759 0115	− 247	− 9	− 41 8119	+ 759 0115	+ 41 8119	− 2889
4347·5	− 2884	− 70	− 759 4232	− 246	− 9	− 41 6267	+ 759 4232	+ 41 6267	− 2892
4348·5	− 2887	− 70	− 759 8975	− 245	− 9	− 41 5559	+ 759 8975	+ 41 5559	− 2896
4349·5	− 2891	− 71	− 760 3771	− 246	− 9	− 41 6157	+ 760 3771	+ 41 6157	− 2900
4350·5	− 2894	− 71	− 760 8083	− 247	− 9	− 41 7916	+ 760 8083	+ 41 7916	− 2903
4351·5	− 2897	− 71	− 761 1519	− 249	− 9	− 42 0459	+ 761 1518	+ 42 0459	− 2906
4352·5	− 2899	− 71	− 761 3886	− 251	− 9	− 42 3285	+ 761 3886	+ 42 3285	− 2908
4353·5	− 2900	− 71	− 761 5206	− 253	− 9	− 42 5886	+ 761 5206	+ 42 5887	− 2909
4354·5	− 2900	− 71	− 761 5683	− 255	− 9	− 42 7840	+ 761 5683	+ 42 7840	− 2909
4355·5	− 2900	− 71	− 761 5642	− 255	− 9	− 42 8877	+ 761 5642	+ 42 8877	− 2909
4356·5	− 2900	− 71	− 761 5459	− 255	− 9	− 42 8905	+ 761 5459	+ 42 8905	− 2909
4357·5	− 2900	− 71	− 761 5494	− 255	− 9	− 42 8004	+ 761 5494	+ 42 8004	− 2909
4358·5	− 2900	− 71	− 761 6043	− 254	− 9	− 42 6388	+ 761 6043	+ 42 6388	− 2909
4359·5	− 2901	− 71	− 761 7302	− 252	− 9	− 42 4360	+ 761 7302	+ 42 4360	− 2910
4360·5	− 2903	− 71	− 761 9361	− 250	− 9	− 42 2267	+ 761 9361	+ 42 2267	− 2912
4361·5	− 2905	− 71	− 762 2195	− 249	− 9	− 42 0456	+ 762 2195	+ 42 0456	− 2914
4362·5	− 2908	− 72	− 762 5676	− 248	− 9	− 41 9241	+ 762 5676	+ 41 9241	− 2916
4363·5	− 2911	− 72	− 762 9576	− 248	− 9	− 41 8868	+ 762 9576	+ 41 8868	− 2919
4364·5	− 2914	− 72	− 763 3578	− 248	− 9	− 41 9475	+ 763 3578	+ 41 9475	− 2922
4365·5	− 2916	− 72	− 763 7302	− 249	− 9	− 42 1044	+ 763 7302	+ 42 1044	− 2925
4366·5	− 2919	− 72	− 764 0354	− 251	− 9	− 42 3355	+ 764 0354	+ 42 3355	− 2928
4367·5	− 2920	− 72	− 764 2419	− 253	− 9	− 42 5956	+ 764 2419	+ 42 5956	− 2929
4368·5	− 2921	− 72	− 764 3380	− 255	− 9	− 42 8206	+ 764 3380	+ 42 8206	− 2930
4369·5	− 2921	− 72	− 764 3437	− 256	− 9	− 42 9413	+ 764 3437	+ 42 9414	− 2930
4370·5	− 2921	− 72	− 764 3128	− 256	− 9	− 42 9074	+ 764 3128	+ 42 9074	− 2930
4371·5	− 2921	− 72	− 764 3199	− 254	− 9	− 42 7109	+ 764 3199	+ 42 7109	− 2930
4372·5	− 2922	− 72	− 764 4330	− 252	− 9	− 42 3956	+ 764 4330	+ 42 3956	− 2931
4373·5	− 2924	− 72	− 764 6867	− 249	− 9	− 42 0422	+ 764 6867	+ 42 0422	− 2933
4374·5	− 2927	− 73	− 765 0704	− 247	− 9	− 41 7375	+ 765 0704	+ 41 7375	− 2935

Values are in units of 10^{-10}. Matrix used with ERA (B20–B23). CIP is $\mathcal{X} = C_{31}$, $\mathcal{Y} = C_{32}$

MATRIX ELEMENTS FOR CONVERSION FROM
GCRS TO TRUE EQUATOR AND EQUINOX OF DATE
FOR 0^h TERRESTRIAL TIME

Date 0^h TT	$NPB_{11}-1$	NPB_{12}	NPB_{13}	NPB_{21}	$NPB_{22}-1$	NPB_{23}	NPB_{31}	NPB_{32}	$NPB_{33}-1$
Oct. 1	−18429	−1760 8439	− 764 9958	+1760 8115	−15512	−43 0846	+ 765 0704	+41 7375	−2935
2	−18451	−1761 9194	− 765 4626	+1761 8871	−15530	−42 8937	+ 765 5370	+41 5449	−2939
3	−18475	−1763 0387	− 765 9484	+1763 0064	−15550	−42 8401	+ 766 0228	+41 4897	−2943
4	−18496	−1764 0637	− 766 3934	+1764 0313	−15568	−42 9119	+ 766 4679	+41 5599	−2946
5	−18514	−1764 8958	− 766 7548	+1764 8633	−15583	−43 0712	+ 766 8296	+41 7179	−2949
6	−18526	−1765 4869	− 767 0116	+1765 4542	−15594	−43 2677	+ 767 0868	+41 9135	−2951
7	−18534	−1765 8380	− 767 1644	+1765 8052	−15600	−43 4511	+ 767 2400	+42 0963	−2952
8	−18537	−1765 9901	− 767 2310	+1765 9572	−15603	−43 5786	+ 767 3067	+42 2236	−2953
9	−18537	−1766 0117	− 767 2409	+1765 9787	−15603	−43 6211	+ 767 3168	+42 2661	−2953
10	−18537	−1765 9852	− 767 2301	+1765 9523	−15602	−43 5657	+ 767 3058	+42 2107	−2953
11	−18537	−1765 9938	− 767 2344	+1765 9610	−15603	−43 4155	+ 767 3099	+42 0605	−2953
12	−18539	−1766 1095	− 767 2851	+1766 0768	−15604	−43 1880	+ 767 3602	+41 8328	−2953
13	−18545	−1766 3841	− 767 4048	+1766 3517	−15609	−42 9113	+ 767 4794	+41 5557	−2954
14	−18555	−1766 8443	− 767 6049	+1766 8121	−15617	−42 6195	+ 767 6790	+41 2632	−2955
15	−18568	−1767 4895	− 767 8852	+1767 4575	−15629	−42 3480	+ 767 9589	+40 9907	−2957
16	−18585	−1768 2934	− 768 2343	+1768 2615	−15643	−42 1287	+ 768 3076	+40 7702	−2960
17	−18604	−1769 2072	− 768 6311	+1769 1755	−15659	−41 9868	+ 768 7042	+40 6269	−2963
18	−18625	−1770 1647	− 769 0468	+1770 1329	−15676	−41 9370	+ 769 1198	+40 5756	−2966
19	−18644	−1771 0878	− 769 4476	+1771 0560	−15692	−41 9803	+ 769 5207	+40 6175	−2969
20	−18661	−1771 8960	− 769 7986	+1771 8641	−15706	−42 1018	+ 769 8719	+40 7378	−2972
21	−18674	−1772 5190	− 770 0692	+1772 4870	−15717	−42 2681	+ 770 1430	+40 9030	−2974
22	−18683	−1772 9159	− 770 2419	+1772 8837	−15725	−42 4278	+ 770 3159	+41 0621	−2975
23	−18686	−1773 0976	− 770 3213	+1773 0653	−15728	−42 5185	+ 770 3954	+41 1525	−2976
24	−18687	−1773 1446	− 770 3422	+1773 1124	−15729	−42 4813	+ 770 4164	+41 1153	−2976
25	−18689	−1773 2035	− 770 3684	+1773 1715	−15730	−42 2835	+ 770 4422	+40 9174	−2976
26	−18694	−1773 4489	− 770 4754	+1773 4171	−15734	−41 9391	+ 770 5485	+40 5727	−2977
27	−18706	−1774 0154	− 770 7216	+1773 9840	−15744	−41 5128	+ 770 7940	+40 1454	−2979
28	−18725	−1774 9372	− 771 1218	+1774 9060	−15760	−41 0985	+ 771 1935	+39 7298	−2982
29	−18750	−1776 1318	− 771 6403	+1776 1009	−15781	−40 7829	+ 771 7115	+39 4123	−2985
30	−18778	−1777 4405	− 772 2083	+1777 4097	−15804	−40 6136	+ 772 2792	+39 2410	−2990
31	−18804	−1778 6932	− 772 7519	+1778 6623	−15826	−40 5907	+ 772 8229	+39 2161	−2994
Nov. 1	−18827	−1779 7609	− 773 2154	+1779 7300	−15845	−40 6768	+ 773 2866	+39 3006	−2998
2	−18844	−1780 5781	− 773 5703	+1780 5471	−15860	−40 8172	+ 773 6418	+39 4397	−3000
3	−18856	−1781 1400	− 773 8145	+1781 1088	−15870	−40 9558	+ 773 8862	+39 5775	−3002
4	−18864	−1781 4874	− 773 9657	+1781 4561	−15876	−41 0468	+ 774 0376	+39 6680	−3004
5	−18868	−1781 6893	− 774 0539	+1781 6581	−15880	−41 0591	+ 774 1258	+39 6799	−3004
6	−18871	−1781 8280	− 774 1146	+1781 7968	−15882	−40 9777	+ 774 1863	+39 5983	−3005
7	−18874	−1781 9863	− 774 1838	+1781 9552	−15885	−40 8032	+ 774 2553	+39 4235	−3005
8	−18880	−1782 2382	− 774 2936	+1782 2073	−15890	−40 5498	+ 774 3646	+39 1698	−3006
9	−18888	−1782 6405	− 774 4686	+1782 6098	−15897	−40 2428	+ 774 5391	+38 8621	−3007
10	−18900	−1783 2264	− 774 7232	+1783 1961	−15907	−39 9147	+ 774 7932	+38 5332	−3009
11	−18917	−1784 0024	− 775 0602	+1783 9723	−15921	−39 6011	+ 775 1297	+38 2184	−3011
12	−18937	−1784 9469	− 775 4703	+1784 9170	−15937	−39 3356	+ 775 5393	+37 9514	−3015
13	−18960	−1786 0136	− 775 9333	+1785 9837	−15956	−39 1452	+ 776 0020	+37 7593	−3018
14	−18983	−1787 1368	− 776 4209	+1787 1070	−15976	−39 0462	+ 776 4894	+37 6586	−3022
15	−19007	−1788 2402	− 776 8998	+1788 2104	−15996	−39 0415	+ 776 9684	+37 6521	−3025
16	−19028	−1789 2466	− 777 3367	+1789 2167	−16014	−39 1183	+ 777 4055	+37 7274	−3029

Values are in units of 10^{-10}. Matrix used with GAST (B12–B19). CIP is $\mathcal{X} = NPB_{31}$, $\mathcal{Y} = NPB_{32}$.

MATRIX ELEMENTS FOR CONVERSION FROM
GCRS TO CELESTIAL INTERMEDIATE ORIGIN & EQUATOR OF DATE
FOR 0^h TERRESTRIAL TIME

Julian Date	$C_{11}-1$	C_{12}	C_{13}	C_{21}	$C_{22}-1$	C_{23}	C_{31}	C_{32}	$C_{33}-1$
245									
4374·5	− 2927	− 73	− 765 0704	− 247	− 9	− 41 7375	+ 765 0704	+ 41 7375	− 2935
4375·5	− 2930	− 73	− 765 5370	− 245	− 9	− 41 5449	+ 765 5370	+ 41 5449	− 2939
4376·5	− 2934	− 73	− 766 0228	− 245	− 9	− 41 4897	+ 766 0228	+ 41 4897	− 2943
4377·5	− 2937	− 73	− 766 4679	− 245	− 9	− 41 5599	+ 766 4679	+ 41 5599	− 2946
4378·5	− 2940	− 73	− 766 8296	− 247	− 9	− 41 7179	+ 766 8296	+ 41 7179	− 2949
4379·5	− 2942	− 73	− 767 0868	− 248	− 9	− 41 9135	+ 767 0868	+ 41 9135	− 2951
4380·5	− 2943	− 74	− 767 2400	− 249	− 9	− 42 0963	+ 767 2400	+ 42 0963	− 2952
4381·5	− 2944	− 74	− 767 3067	− 250	− 9	− 42 2236	+ 767 3067	+ 42 2236	− 2953
4382·5	− 2944	− 74	− 767 3168	− 251	− 9	− 42 2661	+ 767 3168	+ 42 2661	− 2953
4383·5	− 2944	− 74	− 767 3058	− 250	− 9	− 42 2107	+ 767 3058	+ 42 2107	− 2953
4384·5	− 2944	− 74	− 767 3099	− 249	− 9	− 42 0605	+ 767 3099	+ 42 0605	− 2953
4385·5	− 2944	− 74	− 767 3602	− 247	− 9	− 41 8328	+ 767 3602	+ 41 8328	− 2953
4386·5	− 2945	− 74	− 767 4794	− 245	− 9	− 41 5557	+ 767 4794	+ 41 5557	− 2954
4387·5	− 2947	− 74	− 767 6790	− 243	− 9	− 41 2632	+ 767 6790	+ 41 2632	− 2955
4388·5	− 2949	− 74	− 767 9589	− 241	− 8	− 40 9907	+ 767 9589	+ 40 9907	− 2957
4389·5	− 2951	− 74	− 768 3076	− 239	− 8	− 40 7702	+ 768 3076	+ 40 7702	− 2960
4390·5	− 2955	− 74	− 768 7042	− 238	− 8	− 40 6269	+ 768 7042	+ 40 6269	− 2963
4391·5	− 2958	− 74	− 769 1198	− 238	− 8	− 40 5756	+ 769 1198	+ 40 5756	− 2966
4392·5	− 2961	− 75	− 769 5207	− 238	− 8	− 40 6175	+ 769 5207	+ 40 6175	− 2969
4393·5	− 2964	− 75	− 769 8719	− 239	− 8	− 40 7378	+ 769 8719	+ 40 7378	− 2972
4394·5	− 2966	− 75	− 770 1430	− 240	− 8	− 40 9030	+ 770 1430	+ 40 9030	− 2974
4395·5	− 2967	− 75	− 770 3159	− 242	− 8	− 41 0621	+ 770 3159	+ 41 0621	− 2975
4396·5	− 2968	− 75	− 770 3954	− 242	− 8	− 41 1525	+ 770 3954	+ 41 1525	− 2976
4397·5	− 2968	− 75	− 770 4164	− 242	− 8	− 41 1153	+ 770 4164	+ 41 1153	− 2976
4398·5	− 2968	− 75	− 770 4422	− 240	− 8	− 40 9174	+ 770 4422	+ 40 9174	− 2976
4399·5	− 2969	− 75	− 770 5485	− 238	− 8	− 40 5727	+ 770 5485	+ 40 5727	− 2977
4400·5	− 2971	− 75	− 770 7940	− 234	− 8	− 40 1454	+ 770 7940	+ 40 1454	− 2979
4401·5	− 2974	− 75	− 771 1935	− 231	− 8	− 39 7298	+ 771 1935	+ 39 7298	− 2982
4402·5	− 2978	− 75	− 771 7115	− 229	− 8	− 39 4123	+ 771 7115	+ 39 4123	− 2985
4403·5	− 2982	− 76	− 772 2792	− 227	− 8	− 39 2410	+ 772 2792	+ 39 2410	− 2990
4404·5	− 2986	− 76	− 772 8229	− 227	− 8	− 39 2161	+ 772 8229	+ 39 2161	− 2994
4405·5	− 2990	− 76	− 773 2866	− 228	− 8	− 39 3006	+ 773 2866	+ 39 3006	− 2998
4406·5	− 2993	− 76	− 773 6418	− 229	− 8	− 39 4397	+ 773 6418	+ 39 4397	− 3000
4407·5	− 2994	− 76	− 773 8862	− 230	− 8	− 39 5775	+ 773 8862	+ 39 5775	− 3002
4408·5	− 2996	− 76	− 774 0376	− 231	− 8	− 39 6680	+ 774 0376	+ 39 6680	− 3004
4409·5	− 2996	− 76	− 774 1258	− 231	− 8	− 39 6799	+ 774 1258	+ 39 6799	− 3004
4410·5	− 2997	− 76	− 774 1863	− 230	− 8	− 39 5983	+ 774 1863	+ 39 5983	− 3005
4411·5	− 2997	− 76	− 774 2553	− 229	− 8	− 39 4235	+ 774 2553	+ 39 4235	− 3005
4412·5	− 2998	− 76	− 774 3646	− 227	− 8	− 39 1697	+ 774 3646	+ 39 1698	− 3006
4413·5	− 3000	− 76	− 774 5391	− 225	− 8	− 38 8621	+ 774 5391	+ 38 8621	− 3007
4414·5	− 3002	− 77	− 774 7932	− 222	− 7	− 38 5332	+ 774 7932	+ 38 5332	− 3009
4415·5	− 3004	− 77	− 775 1297	− 220	− 7	− 38 2184	+ 775 1297	+ 38 2184	− 3011
4416·5	− 3007	− 77	− 775 5393	− 217	− 7	− 37 9514	+ 775 5393	+ 37 9514	− 3015
4417·5	− 3011	− 77	− 776 0020	− 216	− 7	− 37 7593	+ 776 0020	+ 37 7593	− 3018
4418·5	− 3015	− 77	− 776 4894	− 215	− 7	− 37 6586	+ 776 4894	+ 37 6586	− 3022
4419·5	− 3018	− 77	− 776 9684	− 215	− 7	− 37 6521	+ 776 9684	+ 37 6521	− 3025
4420·5	− 3022	− 78	− 777 4055	− 216	− 7	− 37 7274	+ 777 4055	+ 37 7274	− 3029

Values are in units of 10^{-10}. Matrix used with ERA (B20–B23). CIP is $\mathcal{X} = C_{31}$, $\mathcal{Y} = C_{32}$

MATRIX ELEMENTS FOR CONVERSION FROM
GCRS TO TRUE EQUATOR AND EQUINOX OF DATE
FOR 0^h TERRESTRIAL TIME

Date 0^h TT	$NPB_{11}-1$	NPB_{12}	NPB_{13}	NPB_{21}	$NPB_{22}-1$	NPB_{23}	NPB_{31}	NPB_{32}	$NPB_{33}-1$
Nov. 16	−19028	−1789 2466	− 777 3367	+1789 2167	−16014	−39 1183	+ 777 4055	+37 7274	−3029
17	−19046	−1790 0899	− 777 7029	+1790 0599	−16029	−39 2481	+ 777 7720	+37 8559	−3032
18	−19060	−1790 7287	− 777 9805	+1790 6986	−16041	−39 3881	+ 778 0498	+37 9949	−3034
19	−19069	−1791 1613	− 778 1686	+1791 1311	−16049	−39 4853	+ 778 2381	+38 0915	−3036
20	−19075	−1791 4388	− 778 2895	+1791 4086	−16054	−39 4863	+ 778 3590	+38 0919	−3036
21	−19080	−1791 6700	− 778 3904	+1791 6399	−16058	−39 3506	+ 778 4596	+37 9559	−3037
22	−19087	−1792 0068	− 778 5370	+1791 9769	−16064	−39 0691	+ 778 6057	+37 6739	−3038
23	−19100	−1792 6027	− 778 7959	+1792 5732	−16074	−38 6767	+ 778 8640	+37 2806	−3040
24	−19120	−1793 5525	− 779 2083	+1793 5233	−16091	−38 2500	+ 779 2756	+36 8524	−3043
25	−19148	−1794 8425	− 779 7681	+1794 8135	−16114	−37 8831	+ 779 8349	+36 4835	−3047
26	−19180	−1796 3475	− 780 4212	+1796 3187	−16141	−37 6513	+ 780 4876	+36 2494	−3052
27	−19212	−1797 8818	− 781 0870	+1797 8530	−16168	−37 5830	+ 781 1533	+36 1787	−3058
28	−19242	−1799 2711	− 781 6899	+1799 2423	−16193	−37 6556	+ 781 7564	+36 2491	−3062
29	−19266	−1800 4058	− 782 1824	+1800 3768	−16214	−37 8131	+ 782 2492	+36 4048	−3066
30	−19285	−1801 2554	− 782 5513	+1801 2262	−16229	−37 9902	+ 782 6185	+36 5805	−3069
Dec. 1	−19297	−1801 8535	− 782 8112	+1801 8242	−16240	−38 1310	+ 782 8787	+36 7204	−3071
2	−19306	−1802 2728	− 782 9936	+1802 2434	−16248	−38 1977	+ 783 0612	+36 7864	−3073
3	−19313	−1802 6016	− 783 1368	+1802 5723	−16254	−38 1720	+ 783 2043	+36 7603	−3074
4	−19320	−1802 9279	− 783 2788	+1802 8986	−16259	−38 0530	+ 783 3461	+36 6407	−3075
5	−19329	−1803 3291	− 783 4533	+1803 3000	−16267	−37 8536	+ 783 5203	+36 4407	−3076
6	−19340	−1803 8656	− 783 6865	+1803 8367	−16276	−37 5971	+ 783 7531	+36 1834	−3078
7	−19356	−1804 5765	− 783 9953	+1804 5478	−16289	−37 3146	+ 784 0614	+35 8997	−3080
8	−19375	−1805 4753	− 784 3856	+1805 4468	−16305	−37 0405	+ 784 4512	+35 6242	−3083
9	−19398	−1806 5485	− 784 8514	+1806 5202	−16324	−36 8094	+ 784 9167	+35 3915	−3087
10	−19424	−1807 7552	− 785 3752	+1807 7270	−16346	−36 6509	+ 785 4402	+35 2311	−3091
11	−19451	−1809 0317	− 785 9292	+1809 0035	−16369	−36 5848	+ 785 9941	+35 1630	−3095
12	−19479	−1810 2994	− 786 4794	+1810 2712	−16392	−36 6171	+ 786 5444	+35 1933	−3099
13	−19504	−1811 4769	− 786 9905	+1811 4486	−16413	−36 7373	+ 787 0557	+35 3117	−3104
14	−19526	−1812 4943	− 787 4321	+1812 4658	−16432	−36 9183	+ 787 4978	+35 4911	−3107
15	−19543	−1813 3076	− 787 7853	+1813 2789	−16447	−37 1191	+ 787 8513	+35 6906	−3110
16	−19556	−1813 9112	− 788 0476	+1813 8823	−16458	−37 2906	+ 788 1139	+35 8611	−3112
17	−19566	−1814 3462	− 788 2368	+1814 3173	−16466	−37 3836	+ 788 3033	+35 9534	−3114
18	−19574	−1814 7017	− 788 3915	+1814 6729	−16472	−37 3600	+ 788 4580	+35 9293	−3115
19	−19582	−1815 1042	− 788 5666	+1815 0754	−16479	−37 2044	+ 788 6328	+35 7730	−3116
20	−19595	−1815 6925	− 788 8222	+1815 6639	−16490	−36 9342	+ 788 8880	+35 5018	−3118
21	−19614	−1816 5781	− 789 2068	+1816 5497	−16506	−36 6027	+ 789 2720	+35 1689	−3121
22	−19640	−1817 8002	− 789 7372	+1817 7721	−16528	−36 2892	+ 789 8018	+34 8535	−3125
23	−19673	−1819 2984	− 790 3873	+1819 2704	−16555	−36 0751	+ 790 4516	+34 6371	−3130
24	−19708	−1820 9236	− 791 0925	+1820 8957	−16585	−36 0141	+ 791 1568	+34 5735	−3136
25	−19742	−1822 4902	− 791 7722	+1822 4622	−16613	−36 1125	+ 791 8367	+34 6694	−3141
26	−19771	−1823 8418	− 792 3588	+1823 8136	−16638	−36 3303	+ 792 4237	+34 8851	−3146
27	−19794	−1824 8973	− 792 8170	+1824 8689	−16657	−36 6010	+ 792 8825	+35 1541	−3149
28	−19811	−1825 6588	− 793 1477	+1825 6302	−16671	−36 8567	+ 793 2137	+35 4086	−3152
29	−19822	−1826 1899	− 793 3786	+1826 1611	−16681	−37 0462	+ 793 4449	+35 5973	−3154
30	−19831	−1826 5848	− 793 5504	+1826 5559	−16688	−37 1419	+ 793 6169	+35 6923	−3156
31	−19838	−1826 9420	− 793 7058	+1826 9131	−16695	−37 1382	+ 793 7723	+35 6881	−3157
32	−19847	−1827 3480	− 793 8825	+1827 3192	−16702	−37 0469	+ 793 9488	+35 5962	−3158

Values are in units of 10^{-10}. Matrix used with GAST (B12–B19). CIP is $\mathcal{X} = NPB_{31}$, $\mathcal{Y} = NPB_{32}$.

MATRIX ELEMENTS FOR CONVERSION FROM
GCRS TO CELESTIAL INTERMEDIATE ORIGIN & EQUATOR OF DATE
FOR 0^h TERRESTRIAL TIME

Julian Date	$C_{11}-1$	C_{12}	C_{13}	C_{21}	$C_{22}-1$	C_{23}	C_{31}	C_{32}	$C_{33}-1$
245									
4420·5	− 3022	− 78	− 777 4055	− 216	− 7	− 37 7274	+ 777 4055	+ 37 7274	− 3029
4421·5	− 3025	− 78	− 777 7720	− 217	− 7	− 37 8559	+ 777 7720	+ 37 8559	− 3032
4422·5	− 3027	− 78	− 778 0498	− 218	− 7	− 37 9949	+ 778 0498	+ 37 9949	− 3034
4423·5	− 3028	− 78	− 778 2381	− 219	− 7	− 38 0915	+ 778 2381	+ 38 0915	− 3036
4424·5	− 3029	− 78	− 778 3590	− 219	− 7	− 38 0919	+ 778 3590	+ 38 0919	− 3036
4425·5	− 3030	− 78	− 778 4596	− 218	− 7	− 37 9559	+ 778 4596	+ 37 9559	− 3037
4426·5	− 3031	− 78	− 778 6057	− 215	− 7	− 37 6739	+ 778 6057	+ 37 6739	− 3038
4427·5	− 3033	− 78	− 778 8640	− 212	− 7	− 37 2806	+ 778 8640	+ 37 2806	− 3040
4428·5	− 3036	− 78	− 779 2756	− 209	− 7	− 36 8524	+ 779 2756	+ 36 8524	− 3043
4429·5	− 3041	− 78	− 779 8349	− 206	− 7	− 36 4835	+ 779 8349	+ 36 4835	− 3047
4430·5	− 3046	− 79	− 780 4876	− 204	− 7	− 36 2494	+ 780 4876	+ 36 2494	− 3052
4431·5	− 3051	− 79	− 781 1533	− 204	− 7	− 36 1786	+ 781 1533	+ 36 1787	− 3058
4432·5	− 3056	− 79	− 781 7564	− 204	− 7	− 36 2491	+ 781 7564	+ 36 2491	− 3062
4433·5	− 3060	− 79	− 782 2492	− 205	− 7	− 36 4048	+ 782 2492	+ 36 4048	− 3066
4434·5	− 3062	− 79	− 782 6185	− 207	− 7	− 36 5805	+ 782 6185	+ 36 5805	− 3069
4435·5	− 3064	− 80	− 782 8787	− 208	− 7	− 36 7204	+ 782 8787	+ 36 7204	− 3071
4436·5	− 3066	− 80	− 783 0612	− 208	− 7	− 36 7864	+ 783 0612	+ 36 7864	− 3073
4437·5	− 3067	− 80	− 783 2043	− 208	− 7	− 36 7602	+ 783 2043	+ 36 7603	− 3074
4438·5	− 3068	− 80	− 783 3461	− 207	− 7	− 36 6407	+ 783 3461	+ 36 6407	− 3075
4439·5	− 3070	− 80	− 783 5203	− 206	− 7	− 36 4407	+ 783 5203	+ 36 4407	− 3076
4440·5	− 3071	− 80	− 783 7531	− 204	− 7	− 36 1834	+ 783 7531	+ 36 1834	− 3078
4441·5	− 3074	− 80	− 784 0614	− 201	− 6	− 35 8997	+ 784 0614	+ 35 8997	− 3080
4442·5	− 3077	− 80	− 784 4512	− 199	− 6	− 35 6242	+ 784 4512	+ 35 6242	− 3083
4443·5	− 3080	− 80	− 784 9167	− 197	− 6	− 35 3915	+ 784 9167	+ 35 3915	− 3087
4444·5	− 3085	− 80	− 785 4402	− 196	− 6	− 35 2311	+ 785 4402	+ 35 2311	− 3091
4445·5	− 3089	− 81	− 785 9941	− 196	− 6	− 35 1630	+ 785 9941	+ 35 1630	− 3095
4446·5	− 3093	− 81	− 786 5444	− 196	− 6	− 35 1933	+ 786 5444	+ 35 1933	− 3099
4447·5	− 3097	− 81	− 787 0557	− 197	− 6	− 35 3117	+ 787 0557	+ 35 3117	− 3104
4448·5	− 3101	− 81	− 787 4978	− 198	− 6	− 35 4910	+ 787 4978	+ 35 4911	− 3107
4449·5	− 3104	− 81	− 787 8513	− 200	− 6	− 35 6906	+ 787 8513	+ 35 6906	− 3110
4450·5	− 3106	− 81	− 788 1139	− 201	− 6	− 35 8611	+ 788 1139	+ 35 8611	− 3112
4451·5	− 3107	− 81	− 788 3033	− 202	− 6	− 35 9534	+ 788 3033	+ 35 9534	− 3114
4452·5	− 3108	− 82	− 788 4580	− 202	− 6	− 35 9293	+ 788 4580	+ 35 9293	− 3115
4453·5	− 3110	− 82	− 788 6328	− 201	− 6	− 35 7730	+ 788 6328	+ 35 7730	− 3116
4454·5	− 3112	− 82	− 788 8880	− 198	− 6	− 35 5018	+ 788 8880	+ 35 5018	− 3118
4455·5	− 3115	− 82	− 789 2720	− 196	− 6	− 35 1689	+ 789 2720	+ 35 1689	− 3121
4456·5	− 3119	− 82	− 789 8018	− 193	− 6	− 34 8535	+ 789 8018	+ 34 8535	− 3125
4457·5	− 3124	− 82	− 790 4516	− 192	− 6	− 34 6370	+ 790 4516	+ 34 6371	− 3130
4458·5	− 3130	− 82	− 791 1568	− 191	− 6	− 34 5735	+ 791 1568	+ 34 5735	− 3136
4459·5	− 3135	− 83	− 791 8367	− 192	− 6	− 34 6694	+ 791 8367	+ 34 6694	− 3141
4460·5	− 3140	− 83	− 792 4237	− 194	− 6	− 34 8851	+ 792 4237	+ 34 8851	− 3146
4461·5	− 3143	− 83	− 792 8825	− 196	− 6	− 35 1541	+ 792 8825	+ 35 1541	− 3149
4462·5	− 3146	− 83	− 793 2137	− 198	− 6	− 35 4086	+ 793 2137	+ 35 4086	− 3152
4463·5	− 3148	− 83	− 793 4449	− 199	− 6	− 35 5973	+ 793 4449	+ 35 5973	− 3154
4464·5	− 3149	− 83	− 793 6169	− 200	− 6	− 35 6923	+ 793 6169	+ 35 6923	− 3156
4465·5	− 3150	− 83	− 793 7723	− 200	− 6	− 35 6881	+ 793 7723	+ 35 6881	− 3157
4466·5	− 3152	− 83	− 793 9488	− 199	− 6	− 35 5962	+ 793 9488	+ 35 5962	− 3158

Values are in units of 10^{-10}. Matrix used with ERA (B20–B23). CIP is $\mathcal{X} = C_{31}$, $\mathcal{Y} = C_{32}$

The Celestial Intermediate Reference System

The IAU 2000 resolutions very precisely define the Celestial Intermediate Reference System by the direction of its pole (CIP) and the location of its origin of right ascension (CIO) at any date in the Geocentric Celestial Reference System (GCRS). This system is the CIO and equator of date and has the same pole and equator as the true equator and equinox of date system. However, they have different origins for right ascension.

The quantities, $\mathcal{X}$, $\mathcal{Y}$ and s that define the pole (CIP) and locate the origin (CIO) are tabulated daily at 0^h TT on pages B34–B41.

Pole of the Celestial Intermediate Reference System

The direction of the celestial intermediate pole (CIP), the pole of the Celestial Intermediate Reference System (the true celestial pole of date), at any instant is defined by the transformation from the GCRS that involves the rotations for frame bias and precession-nutation.

The unit vector components of the CIP (in radians) are given by elements one and two from the third row of the following rotation matrices, namely

$$\mathcal{X} = \mathbf{NPB}_{3,1} = \mathbf{C}_{3,1} \quad \text{and} \quad \mathcal{Y} = \mathbf{NPB}_{3,2} = \mathbf{C}_{3,2}$$

These quantities are tabulated, in radians, at 0^h TT on even pages B42–B56, on odd pages B43–B57, and in arcseconds on pages B34–B41. The equations for calculating **NPB** are given on pages B28–B32, while those for **C** are given on page B60.

The quantities $(\mathcal{X}, \mathcal{Y})$ of the CIP, expressed in arcseconds, accurate to $0''\!.0001$, may also be calculated from the following series expansions,

$$\mathcal{X} = -0''\!.0166\,1699 + 2004''\!.1917\,4288\,T - 0''\!.4272\,1905\,T^2$$
$$- 0''\!.1986\,2054\,T^3 - 0''\!.0000\,4605\,T^4 + 0''\!.0000\,0598\,T^5$$
$$+ \sum_{j,i}[(a_{s,j})_i\,T^j\,\sin(\text{ARGUMENT}) + (a_{c,j})_i\,T^j\,\cos(\text{ARGUMENT})] + \cdots$$

$$\mathcal{Y} = -0''\!.0069\,5078 - 0''\!.0253\,8199\,T - 22''\!.4072\,5099\,T^2$$
$$+ 0''\!.0018\,4228\,T^3 + 0''\!.0011\,1306\,T^4 + 0''\!.0000\,0099\,T^5$$
$$+ \sum_{j,i}[(b_{c,j})_i\,T^j\,\cos(\text{ARGUMENT}) + (b_{s,j})_i\,T^j\,\sin(\text{ARGUMENT})] + \cdots$$

where T is measured in TT Julian centuries from J2000·0 and the coefficients and arguments are given in Tables 5.2a and 5.2b of the IERS Conventions 2003.

Approximate formulae for the Celestial Intermediate Pole

The following formulae may be used to compute $\mathcal{X}$ and $\mathcal{Y}$ to a precision of $0''\!.3$ during 2007:

$$\mathcal{X} = 140''\!.20 + 0''\!.0549\,d \qquad\qquad \mathcal{Y} = -0''\!.12$$
$$- 6''\!.8\sin\Omega - 0''\!.5\sin 2L \qquad\qquad + 9''\!.2\cos\Omega + 0''\!.6\cos 2L$$

where $\Omega = 349°\!.7 - 0·053\,d$, $L = 279°\!.3 + 0·986\,d$ and d is the day of the year and fraction of the day in the TT time scale.

Origin of the Celestial Intermediate Reference System

The quantity s, the CIO locator, positions the celestial intermediate origin (CIO) on the equator of the Celestial Intermediate Reference System. It is the difference in the right ascension of the node of the equators in the GCRS and the Celestial Intermediate Reference System (see page B9). The CIO locator s is tabulated daily at 0^h TT, in arcseconds, on pages B34–B41.

The location of the CIO may be represented by $s + \mathcal{X}\mathcal{Y}/2$, however, the full series for s is given in the IERS Conventions 2003.

$$
\begin{aligned}
s(T) = & -\mathcal{X}\mathcal{Y}/2 + 94'' \times 10^{-6} + \sum_k C_k \sin A_k \\
& + (+0\rlap{.}''003\,808\,35 + 1\rlap{.}''71 \times 10^{-6} \sin \Omega + 3\rlap{.}''57 \times 10^{-6} \cos 2\Omega)\, T \\
& + (-0\rlap{.}''000\,119\,94 + 743\rlap{.}''53 \times 10^{-6} \sin \Omega - 8\rlap{.}''85 \times 10^{-6} \sin 2\Omega \\
& \qquad + 56\rlap{.}''91 \times 10^{-6} \sin 2(F - D + \Omega) + 9\rlap{.}''84 \times 10^{-6} \sin 2(F + \Omega))\, T^2 \\
& - 0\rlap{.}''072\,574\,09\, T^3 + 27\rlap{.}''70 \times 10^{-6}\, T^4 + 15\rlap{.}''61 \times 10^{-6}\, T^5
\end{aligned}
$$

where $\mathcal{X}, \mathcal{Y}$ is the position of the CIP at the required TT instant, and T is the interval in TT Julian centuries from J2000·0.

The definition above and table below include all terms exceeding 0.5μas during the interval 1975–2025. Also tabulated are the "complementary" terms C'_k, part of the equation of the equinoxes, which contribute to Greenwich apparent sidereal time (see page B8).

Terms for the Series Parts of s and the Equation of the Equinoxes						
k	Coefficient C_k for s	Argument A_k	Coefficient C'_k for EqE	k	Coefficient C_k, C'_k for s, EqE	Argument A_k
	"		"		"	
1	$-0\cdot002\,640\,73$	Ω	$-0\cdot002\,640\,96$	7	$-0\cdot000\,001\,98$	$2F + \Omega$
2	$-0\cdot000\,063\,53$	2Ω	$-0\cdot000\,063\,52$	8	$+0\cdot000\,001\,72$	3Ω
3	$-0\cdot000\,011\,75$	$2F - 2D + 3\Omega$	$-0\cdot000\,011\,75$	9	$+0\cdot000\,001\,41$	$l' + \Omega$
4	$-0\cdot000\,011\,21$	$2F - 2D + \Omega$	$-0\cdot000\,011\,21$	10	$+0\cdot000\,001\,26$	$l' - \Omega$
5	$+0\cdot000\,004\,57$	$2F - 2D + 2\Omega$	$+0\cdot000\,004\,55$	11	$+0\cdot000\,000\,63$	$l + \Omega$
6	$-0\cdot000\,002\,02$	$2F + 3\Omega$	$-0\cdot000\,002\,02$	12	$+0\cdot000\,000\,63$	$l - \Omega$

where the expressions for the fundamental arguments are

$$l = 134°963\,402\,51 + 1\,717\,915\,923\rlap{.}''2178\,T + 31\rlap{.}''8792\,T^2 + 0\rlap{.}''051\,635\,T^3 - 0\rlap{.}''000\,244\,70\,T^4$$

$$l' = 357°529\,109\,18 + 129\,596\,581\rlap{.}''0481\,T - 0\rlap{.}''5532\,T^2 + 0\rlap{.}''000\,136\,T^3 - 0\rlap{.}''000\,011\,49\,T^4$$

$$F = 93°272\,090\,62 + 1\,739\,527\,262\rlap{.}''8478\,T - 12\rlap{.}''7512\,T^2 - 0\rlap{.}''001\,037\,T^3 + 0\rlap{.}''000\,004\,17\,T^4$$

$$D = 297°850\,195\,47 + 1\,602\,961\,601\rlap{.}''2090\,T - 6\rlap{.}''3706\,T^2 + 0\rlap{.}''006\,593\,T^3 - 0\rlap{.}''000\,031\,69\,T^4$$

$$\Omega = 125°044\,555\,01 - 6\,962\,890\rlap{.}''5431\,T + 7\rlap{.}''4722\,T^2 + 0\rlap{.}''007\,702\,T^3 - 0\rlap{.}''000\,059\,39\,T^4$$

Approximate position of the Celestial Intermediate Origin

The CIO locator s may be ignored (i.e. set $s = 0$) in the interval 1963 to 2031 if accuracies no better than $0\rlap{.}''01$ are acceptable.

During 2007, $s + \mathcal{X}\mathcal{Y}/2$ may be computed to a precision of 3×10^{-5} arcseconds from

$$s + \mathcal{X}\mathcal{Y}/2 = 0\rlap{.}''000\,34 - 0\rlap{.}''0026 \sin(349°7 - 0\cdot053\,d) - 0\rlap{.}''0001 \sin(339°4 - 0\cdot106\,d)$$

where d is the day of the year and fraction of the day in the TT time scale.

Reduction from GCRS to the Celestial Intermediate Reference System — rigorous formulae

Given an equatorial geocentric position vector $\mathbf{r}$ of an object with respect to the GCRS, then $\mathbf{r}_i$, its position with respect to the Celestial Intermediate Reference System, is given by
$$\mathbf{r}_i = \mathbf{C}\,\mathbf{r} \quad\text{and}\quad \mathbf{r} = \mathbf{C}^{-1}\,\mathbf{r}_i = \mathbf{C}'\,\mathbf{r}_i$$

where
$$\mathbf{C} = \mathbf{C}(\mathcal{X}, \mathcal{Y}, s) = \mathbf{C}(\mathbf{NPB}_{3,1}, \mathbf{NPB}_{3,2}, s)$$
$$= \mathbf{R}_3[-(E+s)]\,\mathbf{R}_2(d)\,\mathbf{R}_3(E)$$

The matrix $\mathbf{C}$ is tabulated daily at 0^h TT on odd pages B43–B57. $\mathbf{NPB}_{3,1}$, $\mathbf{NPB}_{3,1}$ come from the third row of the combined frame bias, precession-nutation matrix tabulated daily on even pages B42–B56. The quantity s locates the CIO on the equator (true equator of date) of the CIP, and is tabulated daily at 0^h TT with $\mathcal{X}$ and $\mathcal{Y}$, in arcseconds, on pages B34–B41. The relationships between $\mathcal{X}$, $\mathcal{Y}$, E and d are:

$$\mathcal{X} = \sin d \cos E = \mathbf{NPB}_{3,1} = \mathbf{C}_{3,1} \qquad\qquad E = \tan^{-1}(\mathcal{Y}/\mathcal{X})$$
$$\mathcal{Y} = \sin d \sin E = \mathbf{NPB}_{3,2} = \mathbf{C}_{3,2}$$
$$\mathcal{Z} = \cos d = \sqrt{(1 - \mathcal{X}^2 - \mathcal{Y}^2)} \qquad\qquad d = \tan^{-1}\left(\frac{\mathcal{X}^2 + \mathcal{Y}^2}{1 - \mathcal{X}^2 - \mathcal{Y}^2}\right)^{\frac{1}{2}}$$

The rotation matrix from the GCRS to the Celestial Intermediate Reference System (CIO and equator of date) is also given by

$$\mathbf{C} = \mathbf{R}_3(-s)\begin{pmatrix} 1 - a\mathcal{X}^2 & -a\mathcal{X}\mathcal{Y} & -\mathcal{X} \\ -a\mathcal{X}\mathcal{Y} & 1 - a\mathcal{Y}^2 & -\mathcal{Y} \\ \mathcal{X} & \mathcal{Y} & 1 - a(\mathcal{X}^2 + \mathcal{Y}^2) \end{pmatrix}$$

where $\mathcal{X}$, $\mathcal{Y}$ are expressed in radians and $a = 1/(1 + \mathcal{Z})$, which may also be written, with an accuracy of 1 μas, as $a = 1/2 + \mathcal{Z}/8$.

Approximate reduction from GCRS to the Celestial Intermediate Reference System

The matrix $\mathbf{C}$ given below together with the approximate formulae for $\mathcal{X}$ and $\mathcal{Y}$ on page B58 (expressed in radians) may be used when the resulting position is required to no better than $0''3$, during 2007:

$$\mathbf{C} = \begin{pmatrix} 1 - \mathcal{X}^2/2 & 0 & -\mathcal{X} \\ 0 & 1 & -\mathcal{Y} \\ \mathcal{X} & \mathcal{Y} & 1 - \mathcal{X}^2/2 \end{pmatrix}$$

Thus the position vector $\mathbf{r}_i = (x_i, y_i, z_i)$ with respect to the Celestial Intermediate Reference System (CIO and equator of date) may be calculated from the geocentric position vector $\mathbf{r} = (r_x, r_y, r_z)$ with respect to the GCRS using

$$\mathbf{r}_i = \mathbf{C}\,\mathbf{r}$$

therefore using the approximate matrix

$$\begin{aligned} x_i &= (1 - \mathcal{X}^2/2)\,r_x & & & -\,\mathcal{X}\,r_z \\ y_i &= & r_y & & -\,\mathcal{Y}\,r_z \\ z_i &= & \mathcal{X}\,r_x + \mathcal{Y}\,r_y &+ (1 - \mathcal{X}^2/2)\,r_z \end{aligned}$$

and thus

$$\alpha_i = \tan^{-1}(y_i/x_i) \qquad \delta = \tan^{-1}\left(z_i/\sqrt{x_i^2 + y_i^2}\right)$$

where α_i, δ, are the intermediate right ascension and declination, and the quadrant of α_i is determined by the signs of x_i and y_i.

During 2007, the $\mathcal{X}^2$ term may be dropped without significant loss of accuracy.

Planetary reduction overview

Data and formulae are provided for the precise computation of the geocentric apparent right ascension, intermediate right ascension, declination, and the hour angle, at an instant of time, for an object within the solar system, ignoring polar motion (see page B79), from a barycentric ephemeris in rectangular coordinates and relativistic coordinate time referred to the International Celestial Reference System (ICRS).

1. Given an instant for which the position of the planet is required, obtain the dynamical time (TDB) to use with the ephemeris. If the position is required at a given Universal Time (UT1), or the hour angle is required, then obtain a value for ΔT, which may have to be predicted.

2. Calculate the geocentric rectangular coordinates of the planet from barycentric ephemerides of the planet and the Earth at coordinate time argument TDB, allowing for light time calculated from heliocentric coordinates.

3. Calculate the direction of the planet relative to the natural frame (i.e. the geocentric inertial frame that is instantaneously stationary in the space-time reference frame of the solar system), allowing for light deflection due to solar gravitation.

4. Calculate the direction of the planet relative to the geocentric proper frame by applying the correction for the Earth's orbital velocity about the barycentre (i.e. annual aberration). The resulting vector (from steps 2-4) is in the Geocentric Celestial Reference System (GCRS). The axes of the GCRS are centered at the geocentre but aligned to the ICRS.

Equinox Method

5. Apply frame bias, precession and nutation to convert from the GCRS to the system defined by the true equator and equinox of date.

6. Convert to spherical coordinates, giving the geocentric apparent right ascension and declination with respect to the true equator and equinox of date.

7. Calculate Greenwich apparent sidereal time and form the Greenwich hour angle for the given UT1.

CIO Method

5. Rotate the GCRS to the intermediate system using $\mathcal{X}, \mathcal{Y}$ and s to apply frame bias, precession-nutation.

6. Convert to spherical coordinates, giving the geocentric intermediate right ascension and declination with respect to the CIO and equator of date.

7. Calculate the Earth rotation angle and form the Greenwich hour angle for the given UT1.

Alternatively, if right ascension is not required, combine Steps 5 and 7

*5. Apply frame bias, precession, nutation, and Greenwich apparent sidereal time to convert from the GCRS to the Terrestrial Intermediate Reference System; origin the TIO and the equator of date.

*5. Rotate, using $\mathcal{X}$, $\mathcal{Y}$, s and θ to apply frame bias, precession-nutation and Earth rotation, from the GCRS to the Terrestrial Intermediate Reference System; origin the TIO and equator of date.

*6. Convert to spherical coordinates, giving the Greenwich hour angle (H) and declination (δ) with respect Terrestrial Intermediate Reference System (TIO and equator of date).

Note: In *Steps 7* and *Steps *5* the very small difference between the International Terrestrial Reference Frame (ITRF) zero meridian and the terrestrial intermediate origin, and the effects of polar motion (see page B79) have been ignored.

Formulae and method for planetary reduction

Step 1.   Depending on the instant at which the planetary position is required, obtain the terrestrial or proper time (TT) and the barycentric dynamical time (TDB). Terrestrial time is related to UT1, whereas TDB is used as the time argument for the barycentric ephemeris. For calculating an apparent place the following approximate formulae are sufficient for converting from UT1 to TT and TDB:

$$\text{TT} = \text{UT1} - \varDelta T, \qquad \text{TDB} = \text{TT} + 0\overset{s}{\cdot}001\,657\sin g + 0\cdot000\,022\sin(L - L_J)$$

$$g = 357\overset{\circ}{\cdot}53 + 0\cdot985\,600\,28\,D \quad \text{and} \quad L - L_J = 246\overset{\circ}{\cdot}11 + 0\cdot902\,517\,92\,D$$

where $D = \text{JD} - 245\,1545\cdot0$ and $\varDelta T$ may be obtained from page K9 and JD is the Julian date to two decimals of a day. The difference between TT and TDB may be ignored.

Step 2.   Obtain the Earth's barycentric position $\mathbf{E}_B(t)$ in au and velocity $\dot{\mathbf{E}}_B(t)$ in au/d, at coordinate time $t = \text{TDB}$, referred to the ICRS.

Using an ephemeris, obtain the barycentric ICRS position of the planet $\mathbf{Q}_B$ in au at time $(t - \tau)$ where τ is the light time, so that light emitted by the planet at the event $\mathbf{Q}_B(t - \tau)$ arrives at the Earth at the event $\mathbf{E}_B(t)$.

The light time equation is solved iteratively using the heliocentric position of the Earth ($\mathbf{E}$) and the planet ($\mathbf{Q}$), starting with the approximation $\tau = 0$, as follows:

Form $\mathbf{P}$, the vector from the Earth to the planet from the equation:

$$\mathbf{P} = \mathbf{Q}_B(t - \tau) - \mathbf{E}_B(t)$$

Form $\mathbf{E}$ and $\mathbf{Q}$ from the equations: $\mathbf{E} = \mathbf{E}_B(t) - \mathbf{S}_B(t)$

$$\mathbf{Q} = \mathbf{Q}_B(t - \tau) - \mathbf{S}_B(t - \tau)$$

where $\mathbf{S}_B$ is the barycentric position of the Sun.

Calculate τ from: $c\tau = P + (2\mu/c^2)\ln[(E + P + Q)/(E - P + Q)]$

where the light time (τ) includes the effect of gravitational retardation due to the Sun, and

$\mu = GM_0$ $c = \text{velocity of light} = 173\cdot1446\,\text{au/d}$

$G = \text{the gravitational constant}$ $\mu/c^2 = 9\cdot87 \times 10^{-9}\,\text{au}$

$M_0 = \text{mass of Sun}$ $P = |\mathbf{P}|, \ Q = |\mathbf{Q}|, \ E = |\mathbf{E}|$

where $|\ |$ means calculate the square root of the sum of the squares of the components.

After convergence, form unit vectors $\mathbf{p}, \mathbf{q}, \mathbf{e}$ by dividing $\mathbf{P}, \mathbf{Q}, \mathbf{E}$ by P, Q, E respectively.

Step 3.   Calculate the geocentric direction ($\mathbf{p}_1$) of the planet, corrected for light deflection in the natural frame, from:

$$\mathbf{p}_1 = \mathbf{p} + (2\mu/c^2 E)((\mathbf{p} \cdot \mathbf{q})\mathbf{e} - (\mathbf{e} \cdot \mathbf{p})\mathbf{q})/(1 + \mathbf{q} \cdot \mathbf{e})$$

where the dot indicates a scalar product. (The scalar product of two vectors is the sum of the products of their corresponding components in the same reference frame.)

The vector $\mathbf{p}_1$ is a unit vector to order μ/c^2.

Step 4.   Calculate the proper direction of the planet ($\mathbf{p}_2$) in the GCRS that is moving with the instantaneous velocity ($\mathbf{V}$) of the Earth relative to the natural frame from:

$$\mathbf{p}_2 = (\beta^{-1}\mathbf{p}_1 + (1 + (\mathbf{p}_1 \cdot \mathbf{V})/(1 + \beta^{-1}))\,\mathbf{V})/(1 + \mathbf{p}_1 \cdot \mathbf{V})$$

where $\mathbf{V} = \dot{\mathbf{E}}_B/c = 0\cdot005\,7755\,\dot{\mathbf{E}}_B$ and $\beta = (1 - V^2)^{-1/2}$; the velocity ($\mathbf{V}$) is expressed in units of the velocity of light and is equal to the Earth's velocity in the barycentric frame to order V^2.

Formulae and method for planetary reduction (continued)

Equinox method

Step 5. Apply frame bias, precession and nutation to the proper direction ($\mathbf{p}_2$) by multiplying by the rotation matrix **NPB** given on the even pages B42–B56 to obtain the apparent direction $\mathbf{p}_3$ from:

$$\mathbf{p}_3 = \mathbf{NPB}\,\mathbf{p}_2$$

Step 6. Convert to spherical coordinates α_e, δ using:

$$\alpha_e = \tan^{-1}(\eta/\xi) \quad \delta = \tan^{-1}(\zeta/\beta)$$

where $\mathbf{p}_3 = (\xi, \eta, \zeta)$, $\beta = \sqrt{(\xi^2 + \eta^2)}$ and the quadrant of α_e or α_i is determined by the signs of ξ and η.

Step 7. Calculate Greenwich apparent sidereal time (GAST) for the required UT1 (B12–B19), and then form

$$H = \text{GAST} - \alpha_e$$

Note: H is usually given in arc measure, while GAST and right ascension are given in units of time.

CIO method

Step 5. Rotate the proper direction ($\mathbf{p}_2$) from the GCRS to the Celestial Intermediate System by multiplying by the matrix $\mathbf{C}(\mathcal{X}, \mathcal{Y}, s)$ given on the odd pages B43–B57 to obtain the intermediate direction $\mathbf{p}_3$ from:

$$\mathbf{p}_3 = \mathbf{C}\,\mathbf{p}_2$$

Step 6. Convert to spherical coordinates α_i, δ using:

$$\alpha_i = \tan^{-1}(\eta/\xi) \quad \delta = \tan^{-1}(\zeta/\beta)$$

Step 7. Calculate the Earth rotation angle (θ) for the required UT1 (B20–B23), and then form

$$H = \theta - \alpha_i$$

Note: H and θ are usually given in arc measure.

Alternatively combining steps 5 and 7 before forming spherical coordinates

Step *5. Apply frame bias, precession, nutation, and sidereal time, to the proper direction ($\mathbf{p}_2$) by multiplying by the rotation matrix $\mathbf{R}_3(\text{GAST})\mathbf{NPB}$ to obtain the position ($\mathbf{p}_4$) measured relative to the Terrestrial Intermediate Reference System:

$$\mathbf{p}_4 = \mathbf{R}_3(\text{GAST})\mathbf{NPB}\,\mathbf{p}_2$$

Step *5. Rotate the proper direction ($\mathbf{p}_2$) from the GCRS to the terrestrial system, by multiplying by the matrix $\mathbf{R}_3(\theta)\mathbf{C}(\mathcal{X}, \mathcal{Y}, s)$ to obtain the position ($\mathbf{p}_4$) measured with respect to the Terrestrial Intermediate Reference System:

$$\mathbf{p}_4 = \mathbf{R}_3(\theta)\,\mathbf{C}\,\mathbf{p}_2$$

Step *6. Convert to spherical coordinates Greenwich hour angle (H) and declination δ using:

$$H = \tan^{-1}(-\eta/\xi), \quad \delta = \tan^{-1}(\zeta/\beta)$$

where $\mathbf{p}_4 = (\xi, \eta, \zeta)$, $\beta = \sqrt{(\xi^2 + \eta^2)}$, and H is measured from the TIO meridian positive to the west, and the quadrant is determined by the signs of ξ and $-\eta$.

Example of planetary reduction: Equinox Method

Calculate the apparent place, the apparent right ascension (right ascension with respect to the equinox) and declination and the Greenwich hour angle, of Venus on 2007 August 5 at $12^\text{h}\ 00^\text{m}\ 00^\text{s}$ UT1. Assume that $\Delta T = 65\overset{s}{.}0$.

Example of planetary reduction: Equinox Method (continued)

Step 1.   From page B16, on 2007 August 5 the tabular JD $= 245\ 4317 \cdot 5$ UT1.

$$\Delta T = \text{TT} - \text{UT1} = 65\overset{s}{\cdot}0 = 7 \cdot 523\ 148 \times 10^{-4}\ \text{days, and hence}$$

$$g = 210\overset{\circ}{\cdot}60, \qquad L - L_J = 228\overset{\circ}{\cdot}79$$

thus TDB $-$ TT $= -9 \cdot 96 \times 10^{-9}$ days.

Therefore the instant required is JD 245 431 8·000 75 TT, and the difference between TDB and TT may be neglected.

Step 2.   Tabular values, taken from the JPL DE405/LE405 barycentric ephemeris, referred to the ICRS at J2000·0, which are required for the calculation, are as follows:

Vector	Julian date (0^h TDB)	x	y	z
$\mathbf{E_B}$	245 4317·5	+0·681 560 795	−0·686 005 435	−0·297 503 871
$\mathbf{\dot{E}_B}$	245 4317·5	+0·012 477 815	+0·010 523 888	+0·004 562 106
$\mathbf{Q_B}$	245 4315·5	+0·373 382 991	−0·557 137 467	−0·274 384 297
	245 4316·5	+0·390 473 483	−0·547 149 816	−0·270 972 623
	245 4317·5	+0·407 265 579	−0·536 739 489	−0·267 351 900
	245 4318·5	+0·423 746 431	−0·525 914 497	−0·263 524 918
	245 4319·5	+0·439 903 426	−0·514 683 160	−0·259 494 623
$\mathbf{S_B}$	245 4316·5	+0·001 102 511	+0·004 403 073	+0·001 814 795
	245 4317·5	+0·001 096 235	+0·004 404 839	+0·001 815 668
	245 4318·5	+0·001 089 959	+0·004 406 595	+0·001 816 536

Hence for instant JD 245 431 8·000 75 TT

$\mathbf{E} = (+0 \cdot 686\ 691\ 933, \quad -0 \cdot 685\ 116\ 722, \quad -0 \cdot 297\ 024\ 818) \qquad E = 1 \cdot 014\ 472\ 511$

The first iteration, with $\tau = 0$, gives:

$\mathbf{P} = (-0 \cdot 272\ 226\ 922, \quad +0 \cdot 149\ 340\ 832, \quad +0 \cdot 029\ 747\ 583) \qquad P = 0 \cdot 311\ 921\ 624$

$\mathbf{Q} = (+0 \cdot 414\ 465\ 011, \quad -0 \cdot 535\ 775\ 889, \quad -0 \cdot 267\ 277\ 234) \qquad Q = 0 \cdot 728\ 199\ 265$

$\tau = 0\overset{d}{\cdot}001\ 801\ 5091$

The second iteration, with $\tau = 0\overset{d}{\cdot}001\ 801\ 5091$ using Stirling's central-difference formula up to δ^4 to interpolate $\mathbf{Q_B}$, and up to δ^2 to interpolate $\mathbf{S_B}$, gives:

$\mathbf{P} = (-0 \cdot 272\ 256\ 613, \quad +0 \cdot 149\ 321\ 330, \quad +0 \cdot 029\ 740\ 689) \qquad P = 0 \cdot 311\ 937\ 545$

$\mathbf{Q} = (+0 \cdot 414\ 435\ 309, \quad -0 \cdot 535\ 795\ 388, \quad -0 \cdot 267\ 284\ 127) \qquad Q = 0 \cdot 728\ 199\ 236$

$\tau = 0\overset{d}{\cdot}001\ 801\ 6010$

Iterate until P changes by less than 10^{-9}. Hence the unit vectors are:

$$\mathbf{p} = (-0 \cdot 872\ 792\ 066, \quad +0 \cdot 478\ 689\ 826, \quad +0 \cdot 095\ 341\ 805)$$

$$\mathbf{q} = (+0 \cdot 569\ 123\ 513, \quad -0 \cdot 735\ 781\ 312, \quad -0 \cdot 367\ 048\ 075)$$

$$\mathbf{e} = (+0 \cdot 676\ 895\ 555, \quad -0 \cdot 675\ 342\ 815, \quad -0 \cdot 292\ 787\ 448)$$

Step 3.   Calculate the scalar products:

$\mathbf{p} \cdot \mathbf{q} = -0 \cdot 883\ 932\ 540 \quad \mathbf{e} \cdot \mathbf{p} = -0 \cdot 941\ 983\ 688 \quad \mathbf{q} \cdot \mathbf{e} = +0 \cdot 989\ 608\ 867 \qquad$ then

$$\frac{(2\mu/c^2 E)}{1 + \mathbf{q} \cdot \mathbf{e}} \left((\mathbf{p} \cdot \mathbf{q})\mathbf{e} - (\mathbf{e} \cdot \mathbf{p})\mathbf{q} \right) = (-0 \cdot 000\ 000\ 001, -0 \cdot 000\ 000\ 001, -0 \cdot 000\ 000\ 001)$$

and $\mathbf{p}_1 = (-0 \cdot 872\ 792\ 067, +0 \cdot 478\ 689\ 825, +0 \cdot 095\ 341\ 804)$

Example of planetary reduction: Equinox Method (continued)

Step 4.   Take $\dot{\mathbf{E}}_{\mathrm{B}}$ from the table in *Step* 2 and calculate:

$\mathbf{V} = 0.005\ 775\ 518\ \dot{\mathbf{E}}_{\mathrm{B}} = (+0.000\ 071\ 510,\quad +0.000\ 061\ 347,\quad +0.000\ 026\ 594)$

Then $V = 0.000\ 097\ 900$, $\beta = 1.000\ 000\ 005$ and $\beta^{-1} = 0.999\ 999\ 995$

Calculate the scalar product $\mathbf{p}_1 \cdot \mathbf{V} = -0.000\ 030\ 511$

Then $1 + (\mathbf{p}_1 \cdot \mathbf{V})/(1 + \beta^{-1}) = 0.999\ 984\ 744$

Hence $\mathbf{p}_2 = (-0.872\ 747\ 182,\quad +0.478\ 765\ 777,\quad +0.095\ 371\ 307)$

Step 5.   From page B50, the bias, precession and nutation matrix **NPB**, interpolated to the required instant JD 245 431 8.000 75 TT, is given by:

$$\mathbf{NPB} = \begin{bmatrix} +0.999\ 998\ 222 & -0.001\ 729\ 715 & -0.000\ 751\ 467 \\ +0.001\ 729\ 685 & +0.999\ 998\ 503 & -0.000\ 041\ 601 \\ +0.000\ 751\ 538 & +0.000\ 040\ 301 & +0.999\ 999\ 717 \end{bmatrix}$$

Hence $\mathbf{p}_3 = \mathbf{NPB}\,\mathbf{p}_2 = (-0.873\ 645\ 427,\ +0.477\ 251\ 516,\ +0.094\ 734\ 673)$

Step 6.   Converting to spherical coordinates $\alpha_e = 10^{\mathrm{h}}\ 05^{\mathrm{m}}\ 24\overset{\mathrm{s}}{.}7872$, $\delta = +5°\ 26'\ 09\overset{''}{.}776$

Step 7.   From page B16, interpolating in the daily values to the required UT1 instant gives

$$\mathrm{GAST} - \mathrm{UT1} = 20^{\mathrm{h}}\ 54^{\mathrm{m}}\ 39\overset{\mathrm{s}}{.}0236,\qquad \text{and thus}$$

$$H = (\mathrm{GAST} - \mathrm{UT1}) - \alpha_e + \mathrm{UT1}$$
$$= 20^{\mathrm{h}}\ 54^{\mathrm{m}}\ 39\overset{\mathrm{s}}{.}0236 - 10^{\mathrm{h}}\ 05^{\mathrm{m}}\ 24\overset{\mathrm{s}}{.}7872 + 12^{\mathrm{h}}\ 00^{\mathrm{m}}\ 00^{\mathrm{s}}$$
$$= 342°\ 18'\ 33\overset{''}{.}546$$

where H, the Greenwich hour angle of Venus, is expressed in angular measure.

Example of planetary reduction: CIO Method

Step 1-4.   Repeat Steps 1-4 of the planetary reduction given on page B61, calculating the proper direction of the planet ($\mathbf{p}_2$) in the GCRS, hence

$$\mathbf{p}_2 = (-0.872\ 747\ 182,\quad +0.478\ 765\ 777,\quad +0.095\ 371\ 307)$$

Step 5. From pages B51 extract **C**, interpolated to the required TT time, that rotates the GCRS to the Celestial Intermediate Reference System, viz:

$$\mathbf{C} = \begin{bmatrix} +0.999\ 999\ 718 & -0.000\ 000\ 007 & -0.000\ 751\ 538 \\ -0.000\ 000\ 024 & +0.999\ 999\ 999 & -0.000\ 040\ 301 \\ +0.000\ 751\ 538 & +0.000\ 040\ 301 & +0.999\ 999\ 717 \end{bmatrix}$$

Hence $\mathbf{p}_3 = \mathbf{C}\,\mathbf{p}_2 = (-0.872\ 818\ 614,\ +0.478\ 761\ 954,\ +0.094\ 734\ 673)$

Step 6. Converting to spherical coordinates $\alpha_i = 10^{\mathrm{h}}\ 05^{\mathrm{m}}\ 01\overset{\mathrm{s}}{.}0020$, $\delta = +5°\ 26'\ 09\overset{''}{.}776$.

Step 7. From page B22, interpolating to the required UT1, gives

$$\theta - \mathrm{UT1} = 313°\ 33'\ 48\overset{''}{.}576$$

and thus the Greenwich hour angle (H) of Venus is

$$H = (\theta - \mathrm{UT1}) - \alpha_i + \mathrm{UT1} = 313°\ 33'\ 48\overset{''}{.}576 - (10^{\mathrm{h}}\ 05^{\mathrm{m}}\ 01\overset{\mathrm{s}}{.}0020 + 12^{\mathrm{h}}\ 00^{\mathrm{m}}\ 00^{\mathrm{s}}) \times 15$$
$$= 342°\ 18'\ 33\overset{''}{.}546$$

Summary of planetary reduction examples

Thus on 2007 August 5 at $12^h\ 00^m\ 00^s$ UT1, Venus's position is

$H = 342°\ 18'\ 33''\!.546$ is the Greenwich hour angle ignoring polar motion,

$\delta = +5°\ 26'\ 09''\!.776$ is the apparent and intermediate declination,

$\alpha_e = 10^h\ 05^m\ 24^s\!.7872$ is the apparent (equinox) right ascension, and

$\alpha_i = 10^h\ 05^m\ 01^s\!.0020$ is the intermediate right ascension

The geometric distance between the Earth and Venus at time $t = $ JD 245 431 8·000 75 TT is the value of $P = 0·311\ 921\ 624$ au in the first iteration in *Step* 2, where $\tau = 0$. The distance between the Earth at time t and Venus at time $(t - \tau)$ is the value of $P = 0·311\ 937\ 545$ au in the final iteration in *Step* 2, where $\tau = 0^d\!.001\ 801\ 6010$.

Solar reduction

The method for solar reduction is identical to the method for planetary reduction, except for the following differences:

In *Step* 2 set $\mathbf{Q_B} = \mathbf{S_B}$ and hence $\mathbf{P} = \mathbf{S_B}(t - \tau) - \mathbf{E_B}(t)$. Calculate the light time (τ) by iteration from $\tau = P/c$ and form the unit vector $\mathbf{p}$ only.

In *Step* 3 set $\mathbf{p_1} = \mathbf{p}$ since there is no light deflection from the centre of the Sun's disk.

Stellar reduction overview

The method for planetary reduction may be applied with some modification to the calculation of the apparent places of stars.

The barycentric direction of a star at a particular epoch is calculated from its right ascension, declination and space motion at the catalogue epoch with respect to the ICRS. If the position of the star is not on the ICRS, and its accuracy warrants it, convert it to the ICRS. See page B28 for FK5 to ICRS conversion.

The main modifications to the planetary reduction in the stellar case are: in *Step* 1, the distinction between TDB and TT is not significant; in *Step* 2, the space motion of the star is included but light time is ignored; in *Step* 3, the relativity term for light deflection is modified to the asymptotic case where the star is assumed to be at infinity.

Formulae and method for stellar reduction

The steps in the stellar reduction are as follows:

Step 1.   Set TDB = TT.

Step 2.   Obtain the Earth's barycentric position $\mathbf{E_B}$ in au and velocity $\dot{\mathbf{E}}_B$ in au/d, at coordinate time $t = $ TDB, referred to the ICRS.

The barycentric direction $(\mathbf{q})$ of a star at epoch J2000·0, referred to the ICRS, is given by:

$$\mathbf{q} = (\cos\alpha_0 \cos\delta_0,\ \sin\alpha_0 \cos\delta_0,\ \sin\delta_0)$$

where α_0 and δ_0 are the ICRS right ascension and declination at epoch J2000·0.

Formulae and method for stellar reduction (continued)

The space motion vector $\mathbf{m} = (m_x, m_y, m_z)$ of the star, expressed in radians per century, is given by:

$$
\begin{aligned}
m_x &= -\mu_\alpha \sin\alpha_0 - \mu_\delta \sin\delta_0 \cos\alpha_0 + v\,\pi \cos\delta_0 \cos\alpha_0 \\
m_y &= \mu_\alpha \cos\alpha_0 - \mu_\delta \sin\delta_0 \sin\alpha_0 + v\,\pi \cos\delta_0 \sin\alpha_0 \\
m_z &= \mu_\delta \cos\delta_0 + v\,\pi \sin\delta_0
\end{aligned}
$$

where (μ_α, μ_δ), the proper motion in right ascension and declination, are in radians/century; μ_α is the measurement on the celestial sphere and **includes** the $15\cos\delta_0$ factor. Note: catalogues give proper motions in various units, e.g., arcseconds per century ($''$/cy), milliarcseconds per year (mas/yr). Use the factor $1/10$ to convert from mas/yr to $''$/cy. The radial velocity (v) is in au/century (1 km/s $= 21\cdot095$ au/century), measured positively away from the Earth.

Calculate $\mathbf{P}$, the geocentric vector of the star at the required epoch, from:

$$\mathbf{P} = \mathbf{q} + T\,\mathbf{m} - \pi\,\mathbf{E}_B$$

where $T = (\mathrm{JD_{TT}} - 245\ 1545\cdot0)/36\ 525$, which is the interval in Julian centuries from J2000·0, and $\mathrm{JD_{TT}}$ is the Julian date to one decimal of a day.

Form the heliocentric position of the Earth ($\mathbf{E}$) from:

$$\mathbf{E} = \mathbf{E}_B - \mathbf{S}_B$$

where $\mathbf{S}_B$ is the barycentric position of the Sun at time t.

Form the geocentric direction ($\mathbf{p}$) of the star and the unit vector ($\mathbf{e}$) from $\mathbf{p} = \mathbf{P}/|\mathbf{P}|$ and $\mathbf{e} = \mathbf{E}/|\mathbf{E}|$.

Step 3. Calculate the geocentric direction ($\mathbf{p}_1$) of the star, corrected for light deflection in the natural frame, from:

$$\mathbf{p}_1 = \mathbf{p} + (2\mu/c^2 E)(\mathbf{e} - (\mathbf{p}\cdot\mathbf{e})\mathbf{p})/(1 + \mathbf{p}\cdot\mathbf{e})$$

where the dot indicates a scalar product, $\mu/c^2 = 9\cdot87 \times 10^{-9}$ au and $E = |\mathbf{E}|$. Note that the expression is derived from the planetary case by substituting $\mathbf{q} = \mathbf{p}$ in the small term which allows for light deflection.

The vector $\mathbf{p}_1$ is a unit vector to order μ/c^2.

Step 4. Calculate the proper direction ($\mathbf{p}_2$) in the GCRS that is moving with the instantaneous velocity ($\mathbf{V}$) of the Earth relative to the natural frame, from:

$$\mathbf{p}_2 = (\beta^{-1}\mathbf{p}_1 + (1 + (\mathbf{p}_1\cdot\mathbf{V})/(1+\beta^{-1}))\mathbf{V})/(1 + \mathbf{p}_1\cdot\mathbf{V})$$

where $\mathbf{V} = \dot{\mathbf{E}}_B/c = 0\cdot005\ 7755\ \dot{\mathbf{E}}_B$ and $\beta = (1 - V^2)^{-1/2}$; the velocity ($\mathbf{V}$) is expressed in units of velocity of light and is equal to the Earth's velocity in the barycentric frame to order V^2.

Equinox method	*CIO method*

Step 5. Follow the left-hand *Steps 5–7* or *Steps *5–*6* on page B63. | *Step 5.* Follow the right-hand *Steps 5–7* or *Steps *5–*6* on page B63.

Example of stellar reduction: Equinox Method

Calculate the apparent position of a fictitious star on 2007 January 1 at $0^h\ 00^m\ 00^s$ TT. The ICRS right ascension (α_0), declination (δ_0), proper motions (μ_α, μ_δ), parallax (π) and radial velocity (v) of the star at J2000·0 are given by:

Example of stellar reduction: Equinox Method (continued)

$\alpha_0 = 14^h\ 39^m\ 36\overset{s}{\cdot}4958$ $\delta_0 = -60°\ 50'\ 02''309$ $\pi = 0''742 = 3\cdot5973 \times 10^{-6}\,$rad

$\mu_\alpha = -367\ 8\cdot06\,$mas/yr $\mu_\delta = +482\cdot87\,$mas/yr $v = -21\cdot6\,$km/s

$\quad\ = -0\cdot001\ 783\ 174\,$rad/cy, $= +0\cdot000\ 234\ 102\,$rad/cy, $v\pi = -0\cdot001\ 639\ 121\,$rad/cy

Note: $\mu_\alpha = -367\ 8\cdot06\,$mas/yr is the real arc proper motion in right ascension in milliarc-seconds per year that includes the $15\cos\delta_0$ factor.

Step 1.   TDB $=$ TT $=$ JD 245 4101·5 TT.

Step 2.   Tabular values of $\mathbf{E_B}$, $\mathbf{\dot{E}_B}$ and $\mathbf{S_B}$, taken from the JPL DE405/LE405 barycentric ephemeris, referred to the ICRS, which are required for the calculation are as follows:

Vector	Julian date (0^h TDB)	Rectangular components		
		x	y	z
$\mathbf{E_B}$	245 4101·5	$-0\cdot169\ 747\ 369$	$+0\cdot892\ 040\ 522$	$+0\cdot386\ 613\ 973$
$\mathbf{\dot{E}_B}$	245 4101·5	$-0\cdot017\ 217\ 691$	$-0\cdot002\ 820\ 856$	$-0\cdot001\ 222\ 999$
$\mathbf{S_B}$	245 4101·5	$+0\cdot002\ 356\ 738$	$+0\cdot003\ 812\ 441$	$+0\cdot001\ 539\ 222$

From the positional data, calculate:

$$\mathbf{q} = (-0\cdot373\ 860\ 494,\ -0\cdot312\ 618\ 798,\ -0\cdot873\ 211\ 210)$$

$$\mathbf{m} = (-0\cdot000\ 687\ 882,\ +0\cdot001\ 749\ 237,\ +0\cdot001\ 545\ 387)$$

Form $\mathbf{P} = \mathbf{q} + T\,\mathbf{m} - \pi\,\mathbf{E_B} = (-0\cdot373\ 908\ 031,\ -0\cdot312\ 499\ 573,\ -0\cdot873\ 104\ 435)$

where $T = (245\ 4101\cdot5 - 245\ 1545\cdot0)/36\ 525 = +0\cdot069\ 993\ 155,$

and form $\mathbf{E} = \mathbf{E_B} - \mathbf{S_B} = (-0\cdot172\ 104\ 108,\ +0\cdot888\ 228\ 081,\ +0\cdot385\ 074\ 751),$

$\qquad E = 0\cdot983\ 286\ 078$

Hence the unit vectors are:

$$\mathbf{p} = (-0\cdot373\ 950\ 186,\ -0\cdot312\ 534\ 805,\ -0\cdot873\ 202\ 871)$$

$$\mathbf{e} = (-0\cdot175\ 029\ 538,\ +0\cdot903\ 326\ 204,\ +0\cdot391\ 620\ 262)$$

Step 3.   Calculate the scalar product $\mathbf{p}\cdot\mathbf{e} = -0\cdot558\ 832\ 488$, then

$$\frac{(2\dot\mu/c^2 E)}{(1+\mathbf{p}\cdot\mathbf{e})}\left(\mathbf{e}-(\mathbf{p}\cdot\mathbf{e})\mathbf{p}\right) = (-0\cdot000\ 000\ 017,\ +0\cdot000\ 000\ 033,\ -0\cdot000\ 000\ 004)$$

$$\text{and}\quad \mathbf{p_1} = (-0\cdot373\ 950\ 204,\ -0\cdot312\ 534\ 772,\ -0\cdot873\ 202\ 875)$$

Step 4.   Using $\mathbf{\dot{E}_B}$ given in the table in *Step* 2, calculate

$\mathbf{V} = 0\cdot005\ 775\ 518\,\mathbf{\dot{E}_B} = (-0\cdot000\ 099\ 441,\ -0\cdot000\ 016\ 292,\ -0\cdot000\ 007\ 063)$

Then $V = 0\cdot000\ 101\ 014$, $\beta = 1\cdot000\ 000\ 005$ and $\beta^{-1} = 0\cdot999\ 999\ 995$

Calculate the scalar product $\mathbf{p_1}\cdot\mathbf{V} = +0\cdot000\ 048\ 446$

Then $1 + (\mathbf{p_1}\cdot\mathbf{V})/(1+\beta^{-1}) = 1\cdot000\ 024\ 223$

Hence $\mathbf{p_2} = (-0\cdot374\ 031\ 525,\ -0\cdot312\ 535\ 921,\ -0\cdot873\ 167\ 633)$

Step 5.   From page B42, the bias, precession and nutation matrix **NPB** is given by:

$$\mathbf{NPB} = \begin{bmatrix} +0\cdot999\ 998\ 516 & -0\cdot001\ 580\ 001 & -0\cdot000\ 686\ 431 \\ +0\cdot001\ 579\ 973 & +0\cdot999\ 998\ 751 & -0\cdot000\ 040\ 969 \\ +0\cdot000\ 686\ 494 & +0\cdot000\ 039\ 884 & +0\cdot999\ 999\ 764 \end{bmatrix}$$

hence $\mathbf{p_3} = \mathbf{NPB}\,\mathbf{p_2} = (-0\cdot372\ 937\ 79,\ -0\cdot313\ 090\ 72,\ -0\cdot873\ 436\ 66)$

Step 6.   Converting to spherical coordinates: $\alpha_e = 14^h\ 40^m\ 03\overset{s}{\cdot}4343$, $\delta = -60°\ 51'\ 37''770$

Example of stellar reduction: CIO Method

Steps 1-4. Repeat Steps 1-4 above, calculating the proper direction of the star ($\mathbf{p}_2$) in the GCRS. Hence

$$\mathbf{p}_2 = (-0\cdot374\ 031\ 525, \quad -0\cdot312\ 535\ 921, \quad -0\cdot873\ 167\ 633)$$

Step 5. From page B43 extract $\mathbf{C}$ that rotates the GCRS to the CIO and equator of date,

$$\mathbf{C} = \begin{bmatrix} +0\cdot999\ 999\ 764 & -0\cdot000\ 000\ 004 & -0\cdot000\ 686\ 494 \\ -0\cdot000\ 000\ 023 & +0\cdot999\ 999\ 999 & -0\cdot000\ 039\ 884 \\ +0\cdot000\ 686\ 494 & +0\cdot000\ 039\ 884 & +0\cdot999\ 999\ 764 \end{bmatrix}$$

hence $\mathbf{p}_3 = \mathbf{C}\,\mathbf{p}_2 = (-0\cdot373\ 432\ 011, \ -0\cdot312\ 501\ 087, \ -0\cdot873\ 436\ 663)$

Step 6. Converting to spherical coordinates $\alpha_i = 14^{\mathrm{h}}\ 39^{\mathrm{m}}\ 41\overset{s}{\cdot}7078, \delta = -60° 51' 37\overset{''}{\cdot}770$

Note: the intermediate right ascension (α_i) may also be calculated thus

$$\alpha_i = \alpha_e + E_o = 14^{\mathrm{h}}\ 40^{\mathrm{m}}\ 03\overset{s}{\cdot}4343 - 21\overset{s}{\cdot}7265$$

where α_e is the apparent (equinox) right ascension and E_o is the equation of the origins, which is tabulated daily at 0^{h} UT1 on pages B20–B23.

Approximate reduction to apparent geocentric altitude and azimuth

The following example illustrates an approximate procedure based on the CIO method for calculating the altitude and azimuth of a star for a specified UT1 instant. The procedure given is accurate to about $\pm 1''$. It is valid for 2007 as it uses the relevant annual equations given earlier in this section. Strictly, all the parameters, except the Earth rotation angle (θ), should be evaluated for the equivalent TT (UT1+ΔT) instant.

Example On 2007 January 1 at $8^{\mathrm{h}}\ 20^{\mathrm{m}}\ 47^{\mathrm{s}}$ UT1 calculate the local hour angle (h), declination (δ), and altitude and azimuth of the fictitious star given on page B67, for an observer at W $60°\!\cdot0$, S $30°\!\cdot0$.

Step A The day of the year is 1; the time is $8^{\mathrm{h}}346\ 39$ UT1; the ICRS barycentric direction ($\mathbf{q}$) and space motion ($\mathbf{m}$) of the star at epoch J2000·0 (see page B68) are

$$\mathbf{q} = (-0\cdot373\ 860\ 494, \ -0\cdot312\ 618\ 798, \ -0\cdot873\ 211\ 210),$$

$$\mathbf{m} = (-0\cdot000\ 687\ 882, \ +0\cdot001\ 749\ 237, \ +0\cdot001\ 545\ 387)\cdot$$

Apply space motion and ignore parallax to give the approximate geocentric position of the star at the epoch of date with respect to the GCRS

$$\mathbf{p} = \mathbf{q} + T\mathbf{m} = (-0\cdot373\ 908\ 648, \ -0\cdot312\ 496\ 347, \ -0\cdot873\ 103\ 029)$$

where $T = +0\cdot0700$ centuries from 245 1545·0 TT and $\mathbf{p} = (p_x, p_y, p_z)$ is a column vector.

Step B Apply aberration (from $\dot{\mathbf{e}}$) and precession-nutation to form

$$\begin{aligned}
x_i &= \dot{e}_x/c + (1 - \mathcal{X}^2/2)\,p_x & - & \quad \mathcal{X}\,p_z = -0\cdot373\ 406 \\
y_i &= \dot{e}_y/c + & p_y - & \quad \mathcal{Y}\,p_z = -0\cdot312\ 478 \\
z_i &= \dot{e}_z/c + & \mathcal{X}\,p_x + \mathcal{Y}\,p_y + (1 - \mathcal{X}^2/2)\,p_z & = -0\cdot873\ 380
\end{aligned}$$

where

$$\dot{\mathbf{e}} = (0\cdot0172 \sin L, -0\cdot0158 \cos L, -0\cdot0068 \cos L)$$

$$= (-0\cdot016\ 90, -0\cdot002\ 91, -0\cdot001\ 25)$$

Approximate reduction to apparent geocentric altitude and azimuth (continued)

and $\mathcal{X}$, $\mathcal{Y}$ are the approximate coordinates of the CIP, given in radians, and are evaluated using the approximate formulae on page B58, with arguments $\Omega = 349°6$ and $2L = 201°3$.

$$\mathcal{X} = +0.000\,687 \qquad \text{and} \qquad \mathcal{Y} = +0.000\,041$$

Thus (x_i, y_i, z_i) is the position vector of the star with respect to the CIO and equator of date, i.e., the position of the star in the Celestial Intermediate Reference System. Note that for aberration the longitude of the Earth $L = 280°6$ and the speed of light is $c = 173.14$ au/d.

Converting to spherical coordinates gives $\alpha_i = 14^\text{h}\ 39^\text{m}\ 41\overset{s}{.}7$ and $\delta = -60°\ 51'\ 38''$ (see page B63 *Step* 6).

Step C Transform from the celestial intermediate origin and equator of date to the observer's meridian at longitude $\lambda = -60°0$,(west longitudes are negative)

$$
\begin{aligned}
x_g &= +x_i\ \cos(\theta + \lambda) + y_i\ \sin(\theta + \lambda) = +0.284\,772 \\
y_g &= -x_i\ \sin(\theta + \lambda) + y_i\ \cos(\theta + \lambda) = +0.394\,942 \\
z_g &= +z_i \qquad\qquad\qquad\qquad\qquad\quad = -0.873\,380
\end{aligned}
$$

where the Earth rotation angle (see page B9) is

$$\theta = 99°192\,821 + 0°985\,6123 \times \text{day of year} + 15°041\,067 \times \text{UT1}$$
$$= 225°717\,028$$

Thus the local hour angle (h) and declination (δ) is calculated using

$$h = \tan^{-1}(-y_g/x_g)$$
$$= 305°\ 47'\ 36''$$
$$\delta = -60°\ 51'\ 38''$$

LHA is measured clockwise from the observers local meridian, positive to the west, and the declination is unchanged (from Step B) by the rotation.

Step D Transform to altitude and azimuth (also see page B81), for the observer at latitude $\phi = -30°0$:

$$
\begin{aligned}
x_t &= -x_g\ \sin\phi + z_g\ \cos\phi = -0.613\,983 \\
y_t &= +y_g \qquad\qquad\qquad\ \ = +0.394\,942 \\
z_t &= +x_g\ \cos\phi + z_g\ \sin\phi = +0.683\,310
\end{aligned}
$$

Thus

$$\text{Altitude} = \tan^{-1} \frac{z_t}{\sqrt{(x_t^2 + y_t^2)}} = +43°\ 06'\ 23''$$

$$\text{Azimuth} = \tan^{-1} \frac{y_t}{x_t} = 147°\ 14'\ 56''$$

where azimuth is measured from north through east in the plane of the horizon.

ICRS, ORIGIN AT SOLAR SYSTEM BARYCENTRE
FOR 0^h BARYCENTRIC DYNAMICAL TIME

Date 0^h TDB		X	Y	Z	$\dot{X}$	$\dot{Y}$	$\dot{Z}$
Jan.	0	−0·152 503 389	+0·894 723 681	+0·387 777 357	−1726 9438	− 254 5296	− 110 3694
	1	−0·169 747 369	+0·892 040 522	+0·386 613 973	−1721 7691	− 282 0856	− 122 2999
	2	−0·186 937 117	+0·889 082 299	+0·385 331 504	−1716 0981	− 309 5424	− 134 1868
	3	−0·204 067 687	+0·885 850 004	+0·383 930 379	−1709 9337	− 336 9002	− 146 0312
	4	−0·221 134 149	+0·882 344 626	+0·382 411 019	−1703 2764	− 364 1588	− 157 8339
	5	−0·238 131 566	+0·878 567 164	+0·380 773 839	−1696 1243	− 391 3168	− 169 5951
	6	−0·255 054 975	+0·874 518 636	+0·379 019 257	−1688 4740	− 418 3713	− 181 3142
	7	−0·271 899 371	+0·870 200 099	+0·377 147 702	−1680 3214	− 445 3175	− 192 9893
	8	−0·288 659 714	+0·865 612 666	+0·375 159 627	−1671 6625	− 472 1493	− 204 6179
	9	−0·305 330 922	+0·860 757 520	+0·373 055 511	−1662 4938	− 498 8590	− 216 1967
	10	−0·321 907 881	+0·855 635 921	+0·370 835 871	−1652 8124	− 525 4383	− 227 7220
	11	−0·338 385 452	+0·850 249 219	+0·368 501 262	−1642 6158	− 551 8781	− 239 1898
	12	−0·354 758 473	+0·844 598 854	+0·366 052 280	−1631 9021	− 578 1691	− 250 5958
	13	−0·371 021 766	+0·838 686 365	+0·363 489 566	−1620 6698	− 604 3015	− 261 9355
	14	−0·387 170 135	+0·832 513 387	+0·360 813 807	−1608 9173	− 630 2650	− 273 2041
	15	−0·403 198 372	+0·826 081 665	+0·358 025 738	−1596 6430	− 656 0486	− 284 3964
	16	−0·419 101 252	+0·819 393 055	+0·355 126 151	−1583 8456	− 681 6403	− 295 5068
	17	−0·434 873 538	+0·812 449 544	+0·352 115 897	−1570 5243	− 707 0266	− 306 5286
	18	−0·450 509 993	+0·805 253 258	+0·348 995 899	−1556 6795	− 732 1925	− 317 4545
	19	−0·466 005 392	+0·797 806 484	+0·345 767 154	−1542 3138	− 757 1214	− 328 2764
	20	−0·481 354 551	+0·790 111 678	+0·342 430 746	−1527 4329	− 781 7960	− 338 9856
	21	−0·496 552 363	+0·782 171 470	+0·338 987 845	−1512 0462	− 806 1988	− 349 5737
	22	−0·511 593 833	+0·773 988 661	+0·335 439 701	−1496 1668	− 830 3139	− 360 0330
	23	−0·526 474 110	+0·765 566 197	+0·331 787 635	−1479 8105	− 854 1278	− 370 3574
	24	−0·541 188 512	+0·756 907 143	+0·328 033 019	−1462 9949	− 877 6303	− 380 5423
	25	−0·555 732 537	+0·748 014 652	+0·324 177 263	−1445 7378	− 900 8146	− 390 5851
	26	−0·570 101 853	+0·738 891 924	+0·320 221 793	−1428 0559	− 923 6770	− 400 4850
	27	−0·584 292 290	+0·729 542 189	+0·316 168 039	−1409 9642	− 946 2160	− 410 2420
	28	−0·598 299 814	+0·719 968 682	+0·312 017 426	−1391 4754	− 968 4318	− 419 8572
	29	−0·612 120 509	+0·710 174 628	+0·307 771 363	−1372 5998	− 990 3255	− 429 3321
	30	−0·625 750 548	+0·700 163 240	+0·303 431 245	−1353 3453	−1011 8987	− 438 6684
	31	−0·639 186 172	+0·689 937 716	+0·298 998 452	−1333 7178	−1033 1528	− 447 8676
Feb.	1	−0·652 423 674	+0·679 501 244	+0·294 474 348	−1313 7211	−1054 0885	− 456 9306
	2	−0·665 459 371	+0·668 857 008	+0·289 860 292	−1293 3574	−1074 7056	− 465 8580
	3	−0·678 289 602	+0·658 008 200	+0·285 157 640	−1272 6279	−1095 0024	− 474 6495
	4	−0·690 910 712	+0·646 958 037	+0·280 367 757	−1251 5333	−1114 9762	− 483 3042
	5	−0·703 319 053	+0·635 709 767	+0·275 492 018	−1230 0742	−1134 6228	− 491 8203
	6	−0·715 510 984	+0·624 266 688	+0·270 531 821	−1208 2514	−1153 9371	− 500 1954
	7	−0·727 482 874	+0·612 632 153	+0·265 488 589	−1186 0664	−1172 9129	− 508 4269
	8	−0·739 231 110	+0·600 809 579	+0·260 363 773	−1163 5210	−1191 5438	− 516 5115
	9	−0·750 752 100	+0·588 802 451	+0·255 158 859	−1140 6176	−1209 8225	− 524 4461
	10	−0·762 042 278	+0·576 614 327	+0·249 875 364	−1117 3589	−1227 7418	− 532 2270
	11	−0·773 098 103	+0·564 248 838	+0·244 514 844	−1093 7478	−1245 2940	− 539 8505
	12	−0·783 916 068	+0·551 709 698	+0·239 078 893	−1069 7872	−1262 4707	− 547 3125
	13	−0·794 492 692	+0·539 000 707	+0·233 569 147	−1045 4802	−1279 2627	− 554 6085
	14	−0·804 824 530	+0·526 125 761	+0·227 987 293	−1020 8306	−1295 6596	− 561 7333
	15	−0·814 908 177	+0·513 088 870	+0·222 335 073	− 995 8429	−1311 6496	− 568 6806

$\dot{X}$, $\dot{Y}$, $\dot{Z}$ are in units of 10^{-9} au / d.

POSITION AND VELOCITY OF THE EARTH, 2007

ICRS, ORIGIN AT SOLAR SYSTEM BARYCENTRE
FOR 0^h BARYCENTRIC DYNAMICAL TIME

Date 0^h TDB	X	Y	Z	$\dot{X}$	$\dot{Y}$	$\dot{Z}$
Feb. 15	−0·814 908 177	+0·513 088 870	+0·222 335 073	− 995 8429	−1311 6496	− 568 6806
16	−0·824 740 284	+0·499 894 171	+0·216 614 294	− 970 5241	−1327 2191	− 575 4439
17	−0·834 317 588	+0·486 545 937	+0·210 826 834	− 944 8842	−1342 3539	− 582 0156
18	−0·843 636 945	+0·473 048 590	+0·204 974 643	− 918 9374	−1357 0398	− 588 3888
19	−0·852 695 372	+0·459 406 680	+0·199 059 739	− 892 7017	−1371 2644	− 594 5575
20	−0·861 490 088	+0·445 624 871	+0·193 084 190	− 866 1987	−1385 0187	− 600 5174
21	−0·870 018 531	+0·431 707 891	+0·187 050 094	− 839 4509	−1398 2980	− 606 2667
22	−0·878 278 363	+0·417 660 496	+0·180 959 557	− 812 4801	−1411 1018	− 611 8060
23	−0·886 267 455	+0·403 487 429	+0·174 814 667	− 785 3058	−1423 4332	− 617 1375
24	−0·893 983 854	+0·389 193 391	+0·168 617 489	− 757 9440	−1435 2970	− 622 2644
25	−0·901 425 752	+0·374 783 028	+0·162 370 049	− 730 4076	−1446 6991	− 627 1904
26	−0·908 591 458	+0·360 260 928	+0·156 074 338	− 702 7068	−1457 6454	− 631 9191
27	−0·915 479 366	+0·345 631 622	+0·149 732 315	− 674 8493	−1468 1410	− 636 4535
28	−0·922 087 943	+0·330 899 595	+0·143 345 907	− 646 8414	−1478 1904	− 640 7963
Mar. 1	−0·928 415 708	+0·316 069 290	+0·136 917 019	− 618 6878	−1487 7970	− 644 9496
2	−0·934 461 227	+0·301 145 122	+0·130 447 541	− 590 3926	−1496 9634	− 648 9149
3	−0·940 223 099	+0·286 131 485	+0·123 939 345	− 561 9591	−1505 6909	− 652 6930
4	−0·945 699 957	+0·271 032 765	+0·117 394 303	− 533 3902	−1513 9800	− 656 2843
5	−0·950 890 461	+0·255 853 348	+0·110 814 283	− 504 6888	−1521 8303	− 659 6885
6	−0·955 793 302	+0·240 597 628	+0·104 201 159	− 475 8580	−1529 2402	− 662 9049
7	−0·960 407 200	+0·225 270 019	+0·097 556 815	− 446 9010	−1536 2076	− 665 9324
8	−0·964 730 913	+0·209 874 959	+0·090 883 146	− 417 8216	−1542 7297	− 668 7694
9	−0·968 763 237	+0·194 416 919	+0·084 182 067	− 388 6238	−1548 8033	− 671 4142
10	−0·972 503 009	+0·178 900 401	+0·077 455 509	− 359 3121	−1554 4246	− 673 8648
11	−0·975 949 115	+0·163 329 948	+0·070 705 427	− 329 8913	−1559 5896	− 676 1189
12	−0·979 100 488	+0·147 710 146	+0·063 933 796	− 300 3663	−1564 2936	− 678 1739
13	−0·981 956 111	+0·132 045 630	+0·057 142 621	− 270 7423	−1568 5313	− 680 0271
14	−0·984 515 024	+0·116 341 094	+0·050 333 939	− 241 0253	−1572 2964	− 681 6747
15	−0·986 776 328	+0·100 601 303	+0·043 509 825	− 211 2219	−1575 5811	− 683 1128
16	−0·988 739 204	+0·084 831 102	+0·036 672 398	− 181 3412	−1578 3768	− 684 3364
17	−0·990 402 933	+0·069 035 431	+0·029 823 828	− 151 3949	−1580 6736	− 685 3404
18	−0·991 766 936	+0·053 219 325	+0·022 966 338	− 121 3988	−1582 4621	− 686 1198
19	−0·992 830 808	+0·037 387 908	+0·016 102 195	− 91 3726	−1583 7348	− 686 6707
20	−0·993 594 365	+0·021 546 361	+0·009 233 693	− 61 3396	−1584 4879	− 686 9913
21	−0·994 057 657	+0·005 699 881	+0·002 363 135	− 31 3237	−1584 7221	− 687 0824
22	−0·994 220 973	−0·010 146 371	−0·004 507 201	− 1 3478	−1584 4435	− 686 9475
23	−0·994 084 811	−0·025 987 311	−0·011 375 081	+ 28 5689	−1583 6614	− 686 5920
24	−0·993 649 841	−0·041 817 959	−0·018 238 327	+ 58 4117	−1582 3873	− 686 0221
25	−0·992 916 859	−0·057 633 454	−0·025 094 828	+ 88 1698	−1580 6326	− 685 2439
26	−0·991 886 751	−0·073 429 044	−0·031 942 529	+ 117 8359	−1578 4079	− 684 2630
27	−0·990 560 467	−0·089 200 077	−0·038 779 429	+ 147 4045	−1575 7225	− 683 0843
28	−0·988 938 999	−0·104 941 984	−0·045 603 568	+ 176 8718	−1572 5840	− 681 7115
29	−0·987 023 380	−0·120 650 268	−0·052 413 023	+ 206 2344	−1568 9989	− 680 1479
30	−0·984 814 669	−0·136 320 491	−0·059 205 899	+ 235 4895	−1564 9726	− 678 3961
31	−0·982 313 958	−0·151 948 263	−0·065 980 324	+ 264 6343	−1560 5095	− 676 4581
Apr. 1	−0·979 522 360	−0·167 529 236	−0·072 734 445	+ 293 6662	−1555 6133	− 674 3355
2	−0·976 441 018	−0·183 059 094	−0·079 466 422	+ 322 5828	−1550 2869	− 672 0294

$\dot{X}, \dot{Y}, \dot{Z}$ are in units of 10^{-9} au / d.

ICRS, ORIGIN AT SOLAR SYSTEM BARYCENTRE
FOR 0^h BARYCENTRIC DYNAMICAL TIME

Date 0^h TDB	X	Y	Z	$\dot{X}$	$\dot{Y}$	$\dot{Z}$
Apr. 1	−0·979 522 360	−0·167 529 236	−0·072 734 445	+ 293 6662	−1555 6133	− 674 3355
2	−0·976 441 018	−0·183 059 094	−0·079 466 422	+ 322 5828	−1550 2869	− 672 0294
3	−0·973 071 096	−0·198 533 547	−0·086 174 424	+ 351 3815	−1544 5324	− 669 5407
4	−0·969 413 789	−0·213 948 320	−0·092 856 628	+ 380 0596	−1538 3514	− 666 8697
5	−0·965 470 316	−0·229 299 155	−0·099 511 210	+ 408 6141	−1531 7445	− 664 0164
6	−0·961 241 931	−0·244 581 793	−0·106 136 347	+ 437 0416	−1524 7122	− 660 9804
7	−0·956 729 919	−0·259 791 978	−0·112 730 208	+ 465 3387	−1517 2539	− 657 7613
8	−0·951 935 606	−0·274 925 448	−0·119 290 958	+ 493 5010	−1509 3688	− 654 3579
9	−0·946 860 363	−0·289 977 926	−0·125 816 749	+ 521 5241	−1501 0554	− 650 7692
10	−0·941 505 605	−0·304 945 122	−0·132 305 718	+ 549 4030	−1492 3117	− 646 9934
11	−0·935 872 804	−0·319 822 716	−0·138 755 988	+ 577 1316	−1483 1347	− 643 0287
12	−0·929 963 498	−0·334 606 359	−0·145 165 655	+ 604 7028	−1473 5206	− 638 8726
13	−0·923 779 301	−0·349 291 656	−0·151 532 792	+ 632 1078	−1463 4648	− 634 5221
14	−0·917 321 934	−0·363 874 165	−0·157 855 440	+ 659 3348	−1452 9621	− 629 9743
15	−0·910 593 247	−0·378 349 394	−0·164 131 612	+ 686 3689	−1442 0081	− 625 2265
16	−0·903 595 262	−0·392 712 814	−0·170 359 297	+ 713 1913	−1430 6001	− 620 2770
17	−0·896 330 199	−0·406 959 885	−0·176 536 481	+ 739 7806	−1418 7390	− 615 1264
18	−0·888 800 500	−0·421 086 101	−0·182 661 165	+ 766 1147	−1406 4304	− 609 7776
19	−0·881 008 825	−0·435 087 036	−0·188 731 392	+ 792 1728	−1393 6849	− 604 2364
20	−0·872 958 020	−0·448 958 391	−0·194 745 276	+ 817 9384	−1380 5169	− 598 5102
21	−0·864 651 071	−0·462 696 018	−0·200 701 007	+ 843 4000	−1366 9422	− 592 6073
22	−0·856 091 058	−0·476 295 932	−0·206 596 860	+ 868 5505	−1352 9766	− 586 5358
23	−0·847 281 109	−0·489 754 296	−0·212 431 184	+ 893 3868	−1338 6343	− 580 3027
24	−0·838 224 374	−0·503 067 404	−0·218 202 396	+ 917 9075	−1323 9274	− 573 9141
25	−0·828 924 011	−0·516 231 663	−0·223 908 964	+ 942 1125	−1308 8660	− 567 3746
26	−0·819 383 176	−0·529 243 571	−0·229 549 399	+ 966 0018	−1293 4587	− 560 6883
27	−0·809 605 027	−0·542 099 707	−0·235 122 250	+ 989 5755	−1277 7126	− 553 8582
28	−0·799 592 719	−0·554 796 716	−0·240 626 094	+1012 8333	−1261 6343	− 546 8873
29	−0·789 349 415	−0·567 331 305	−0·246 059 534	+1035 7750	−1245 2295	− 539 7778
30	−0·778 878 275	−0·579 700 235	−0·251 421 196	+1058 4002	−1228 5033	− 532 5319
May 1	−0·768 182 467	−0·591 900 314	−0·256 709 723	+1080 7085	−1211 4602	− 525 1512
2	−0·757 265 162	−0·603 928 395	−0·261 923 775	+1102 6996	−1194 1041	− 517 6371
3	−0·746 129 534	−0·615 781 363	−0·267 062 024	+1124 3728	−1176 4381	− 509 9906
4	−0·734 778 767	−0·627 456 133	−0·272 123 148	+1145 7274	−1158 4648	− 502 2122
5	−0·723 216 054	−0·638 949 640	−0·277 105 830	+1166 7618	−1140 1857	− 494 3022
6	−0·711 444 604	−0·650 258 832	−0·282 008 753	+1187 4744	−1121 6019	− 486 2604
7	−0·699 467 648	−0·661 380 664	−0·286 830 596	+1207 8624	−1102 7137	− 478 0862
8	−0·687 288 450	−0·672 312 091	−0·291 570 032	+1227 9221	−1083 5208	− 469 7788
9	−0·674 910 315	−0·683 050 062	−0·296 225 724	+1247 6489	−1064 0223	− 461 3371
10	−0·662 336 603	−0·693 591 514	−0·300 796 323	+1267 0364	−1044 2170	− 452 7599
11	−0·649 570 746	−0·703 933 372	−0·305 280 465	+1286 0764	−1024 1031	− 444 0456
12	−0·636 616 269	−0·714 072 543	−0·309 676 775	+1304 7583	−1003 6793	− 435 1932
13	−0·623 476 817	−0·724 005 925	−0·313 983 866	+1323 0690	− 982 9453	− 426 2019
14	−0·610 156 179	−0·733 730 420	−0·318 200 352	+1340 9925	− 961 9027	− 417 0724
15	−0·596 658 316	−0·743 242 966	−0·322 324 861	+1358 5110	− 940 5564	− 407 8071
16	−0·582 987 369	−0·752 540 567	−0·326 356 057	+1375 6064	− 918 9157	− 398 4108
17	−0·569 147 652	−0·761 620 344	−0·330 292 662	+1392 2626	− 896 9941	− 388 8903

$\dot{X}, \dot{Y}, \dot{Z}$ are in units of 10^{-9} au / d.

POSITION AND VELOCITY OF THE EARTH, 2007

ICRS, ORIGIN AT SOLAR SYSTEM BARYCENTRE
FOR 0^h BARYCENTRIC DYNAMICAL TIME

Date 0^h TDB	X	Y	Z	$\dot{X}$	$\dot{Y}$	$\dot{Z}$
May 17	−0·569 147 652	−0·761 620 344	−0·330 292 662	+1392 2626	− 896 9941	− 388 8903
18	−0·555 143 622	−0·770 479 568	−0·334 133 478	+1408 4674	− 874 8083	− 379 2543
19	−0·540 979 835	−0·779 115 690	−0·337 877 394	+1424 2134	− 852 3766	− 369 5121
20	−0·526 660 893	−0·787 526 339	−0·341 523 395	+1439 4981	− 829 7167	− 359 6725
21	−0·512 191 407	−0·795 709 316	−0·345 070 546	+1454 3226	− 806 8445	− 349 7433
22	−0·497 575 965	−0·803 662 567	−0·348 517 983	+1468 6901	− 783 7736	− 339 7308
23	−0·482 819 116	−0·811 384 164	−0·351 864 902	+1482 6045	− 760 5152	− 329 6403
24	−0·467 925 372	−0·818 872 278	−0·355 110 543	+1496 0698	− 737 0786	− 319 4758
25	−0·452 899 204	−0·826 125 168	−0·358 254 184	+1509 0898	− 713 4717	− 309 2407
26	−0·437 745 051	−0·833 141 169	−0·361 295 132	+1521 6674	− 689 7018	− 298 9380
27	−0·422 467 322	−0·839 918 681	−0·364 232 726	+1533 8055	− 665 7751	− 288 5702
28	−0·407 070 398	−0·846 456 168	−0·367 066 327	+1545 5067	− 641 6977	− 278 1396
29	−0·391 558 635	−0·852 752 151	−0·369 795 317	+1556 7736	− 617 4750	− 267 6484
30	−0·375 936 364	−0·858 805 200	−0·372 419 097	+1567 6087	− 593 1118	− 257 0981
31	−0·360 207 891	−0·864 613 933	−0·374 937 086	+1578 0144	− 568 6123	− 246 4902
June 1	−0·344 377 499	−0·870 177 002	−0·377 348 712	+1587 9930	− 543 9796	− 235 8255
2	−0·328 449 450	−0·875 493 089	−0·379 653 408	+1597 5460	− 519 2161	− 225 1043
3	−0·312 427 994	−0·880 560 894	−0·381 850 610	+1606 6744	− 494 3233	− 214 3268
4	−0·296 317 378	−0·885 379 126	−0·383 939 753	+1615 3779	− 469 3017	− 203 4923
5	−0·280 121 857	−0·889 946 499	−0·385 920 264	+1623 6549	− 444 1514	− 192 6002
6	−0·263 845 713	−0·894 261 725	−0·387 791 563	+1631 5018	− 418 8723	− 181 6497
7	−0·247 493 271	−0·898 323 514	−0·389 553 062	+1638 9136	− 393 4640	− 170 6401
8	−0·231 068 915	−0·902 130 575	−0·391 204 167	+1645 8830	− 367 9269	− 159 5710
9	−0·214 577 116	−0·905 681 627	−0·392 744 283	+1652 4008	− 342 2622	− 148 4425
10	−0·198 022 442	−0·908 975 404	−0·394 172 822	+1658 4558	− 316 4728	− 137 2558
11	−0·181 409 585	−0·912 010 685	−0·395 489 213	+1664 0353	− 290 5639	− 126 0134
12	−0·164 743 365	−0·914 786 312	−0·396 692 917	+1669 1261	− 264 5437	− 114 7193
13	−0·148 028 735	−0·917 301 227	−0·397 783 446	+1673 7153	− 238 4239	− 103 3795
14	−0·131 270 765	−0·919 554 508	−0·398 760 381	+1677 7927	− 212 2195	− 92 0017
15	−0·114 474 612	−0·921 545 393	−0·399 623 383	+1681 3512	− 185 9478	− 80 5946
16	−0·097 645 478	−0·923 273 301	−0·400 372 206	+1684 3886	− 159 6272	− 69 1674
17	−0·080 788 571	−0·924 737 833	−0·401 006 694	+1686 9067	− 133 2753	− 57 7289
18	−0·063 909 060	−0·925 938 756	−0·401 526 771	+1688 9104	− 106 9080	− 46 2865
19	−0·047 012 053	−0·926 875 986	−0·401 932 433	+1690 4071	− 80 5387	− 34 8466
20	−0·030 102 583	−0·927 549 560	−0·402 223 729	+1691 4043	− 54 1784	− 23 4141
21	−0·013 185 605	−0·927 959 614	−0·402 400 752	+1691 9099	− 27 8362	− 11 9928
22	+0·003 734 000	−0·928 106 369	−0·402 463 632	+1691 9309	− 1 5197	− 5858
23	+0·020 651 420	−0·927 990 115	−0·402 412 525	+1691 4739	+ 24 7645	+ 10 8042
24	+0·037 561 904	−0·927 611 207	−0·402 247 613	+1690 5448	+ 51 0103	+ 22 1749
25	+0·054 460 761	−0·926 970 056	−0·401 969 099	+1689 1493	+ 77 2121	+ 33 5241
26	+0·071 343 353	−0·926 067 129	−0·401 577 208	+1687 2929	+ 103 3647	+ 44 8502
27	+0·088 205 100	−0·924 902 941	−0·401 072 178	+1684 9811	+ 129 4636	+ 56 1515
28	+0·105 041 475	−0·923 478 048	−0·400 454 265	+1682 2194	+ 155 5050	+ 67 4268
29	+0·121 848 005	−0·921 793 042	−0·399 723 731	+1679 0129	+ 181 4860	+ 78 6755
30	+0·138 620 267	−0·919 848 536	−0·398 880 843	+1675 3665	+ 207 4047	+ 89 8975
July 1	+0·155 353 880	−0·917 645 158	−0·397 925 868	+1671 2837	+ 233 2604	+ 101 0932
2	+0·172 044 493	−0·915 183 536	−0·396 859 064	+1666 7666	+ 259 0534	+ 112 2635

$\dot{X}$, $\dot{Y}$, $\dot{Z}$ are in units of 10^{-9} au / d.

ICRS, ORIGIN AT SOLAR SYSTEM BARYCENTRE
FOR 0^h BARYCENTRIC DYNAMICAL TIME

Date 0^h TDB	X	Y	Z	$\dot{X}$	$\dot{Y}$	$\dot{Z}$
July 1	+0·155 353 880	−0·917 645 158	−0·397 925 868	+1671 2837	+ 233 2604	+ 101 0932
2	+0·172 044 493	−0·915 183 536	−0·396 859 064	+1666 7666	+ 259 0534	+ 112 2635
3	+0·188 687 766	−0·912 464 297	−0·395 680 678	+1661 8155	+ 284 7843	+ 123 4095
4	+0·205 279 351	−0·909 488 054	−0·394 390 951	+1656 4284	+ 310 4539	+ 134 5322
5	+0·221 814 866	−0·906 255 421	−0·392 990 111	+1650 6008	+ 336 0624	+ 145 6320
6	+0·238 289 878	−0·902 767 014	−0·391 478 386	+1644 3264	+ 361 6085	+ 156 7090
7	+0·254 699 879	−0·899 023 469	−0·389 856 013	+1637 5973	+ 387 0893	+ 167 7616
8	+0·271 040 278	−0·895 025 464	−0·388 123 243	+1630 4044	+ 412 4993	+ 178 7875
9	+0·287 306 390	−0·890 773 744	−0·386 280 365	+1622 7385	+ 437 8308	+ 189 7826
10	+0·303 493 442	−0·886 269 146	−0·384 327 712	+1614 5910	+ 463 0730	+ 200 7415
11	+0·319 596 582	−0·881 512 625	−0·382 265 677	+1605 9552	+ 488 2129	+ 211 6576
12	+0·335 610 903	−0·876 505 281	−0·380 094 728	+1596 8266	+ 513 2351	+ 222 5230
13	+0·351 531 468	−0·871 248 372	−0·377 815 413	+1587 2043	+ 538 1230	+ 233 3295
14	+0·367 353 352	−0·865 743 324	−0·375 428 363	+1577 0910	+ 562 8599	+ 244 0686
15	+0·383 071 671	−0·859 991 730	−0·372 934 291	+1566 4926	+ 587 4299	+ 254 7327
16	+0·398 681 616	−0·853 995 331	−0·370 333 982	+1555 4179	+ 611 8187	+ 265 3150
17	+0·414 178 476	−0·847 756 000	−0·367 628 282	+1543 8772	+ 636 0144	+ 275 8100
18	+0·429 557 644	−0·841 275 720	−0·364 818 087	+1531 8815	+ 660 0072	+ 286 2135
19	+0·444 814 625	−0·834 556 558	−0·361 904 328	+1519 4415	+ 683 7894	+ 296 5223
20	+0·459 945 027	−0·827 600 656	−0·358 887 965	+1506 5674	+ 707 3545	+ 306 7338
21	+0·474 944 558	−0·820 410 211	−0·355 769 982	+1493 2688	+ 730 6971	+ 316 8461
22	+0·489 809 019	−0·812 987 471	−0·352 551 380	+1479 5547	+ 753 8125	+ 326 8574
23	+0·504 534 295	−0·805 334 732	−0·349 233 176	+1465 4334	+ 776 6965	+ 336 7664
24	+0·519 116 358	−0·797 454 326	−0·345 816 399	+1450 9133	+ 799 3452	+ 346 5717
25	+0·533 551 260	−0·789 348 623	−0·342 302 090	+1436 0026	+ 821 7552	+ 356 2725
26	+0·547 835 135	−0·781 020 025	−0·338 691 298	+1420 7093	+ 843 9240	+ 365 8682
27	+0·561 964 198	−0·772 470 952	−0·334 985 076	+1405 0415	+ 865 8500	+ 375 3587
28	+0·575 934 741	−0·763 703 836	−0·331 184 473	+1389 0065	+ 887 5328	+ 384 7445
29	+0·589 743 124	−0·754 721 105	−0·327 290 531	+1372 6104	+ 908 9730	+ 394 0268
30	+0·603 385 761	−0·745 525 177	−0·323 304 276	+1355 8578	+ 930 1728	+ 403 2073
31	+0·616 859 098	−0·736 118 443	−0·319 226 717	+1338 7504	+ 951 1345	+ 412 2879
Aug. 1	+0·630 159 585	−0·726 503 273	−0·315 058 846	+1321 2875	+ 971 8604	+ 421 2700
2	+0·643 283 650	−0·716 682 018	−0·310 801 641	+1303 4653	+ 992 3514	+ 430 1546
3	+0·656 227 674	−0·706 657 032	−0·306 456 080	+1285 2782	+1012 6062	+ 438 9412
4	+0·668 987 974	−0·696 430 693	−0·302 023 151	+1266 7191	+1032 6210	+ 447 6277
5	+0·681 560 795	−0·686 005 435	−0·297 503 871	+1247 7815	+1052 3888	+ 456 2106
6	+0·693 942 322	−0·675 383 773	−0·292 899 301	+1228 4595	+1071 8999	+ 464 6848
7	+0·706 128 690	−0·664 568 333	−0·288 210 558	+1208 7495	+1091 1422	+ 473 0441
8	+0·718 116 014	−0·653 561 868	−0·283 438 826	+1188 6504	+1110 1024	+ 481 2815
9	+0·729 900 407	−0·642 367 273	−0·278 585 360	+1168 1641	+1128 7659	+ 489 3897
10	+0·741 478 020	−0·630 987 588	−0·273 651 488	+1147 2952	+1147 1182	+ 497 3613
11	+0·752 845 061	−0·619 425 994	−0·268 638 611	+1126 0513	+1165 1452	+ 505 1896
12	+0·763 997 829	−0·607 685 812	−0·263 548 196	+1104 4425	+1182 8340	+ 512 8681
13	+0·774 932 734	−0·595 770 479	−0·258 381 765	+1082 4805	+1200 1735	+ 520 3918
14	+0·785 646 306	−0·583 683 538	−0·253 140 890	+1060 1784	+1217 1543	+ 527 7564
15	+0·796 135 213	−0·571 428 614	−0·247 827 179	+1037 5496	+1233 7691	+ 534 9587
16	+0·806 396 253	−0·559 009 395	−0·242 442 264	+1014 6072	+1250 0123	+ 541 9966

$\dot{X}, \dot{Y}, \dot{Z}$ are in units of 10^{-9} au / d.

POSITION AND VELOCITY OF THE EARTH, 2007

ICRS, ORIGIN AT SOLAR SYSTEM BARYCENTRE
FOR 0^h BARYCENTRIC DYNAMICAL TIME

Date 0^h TDB	X	Y	Z	$\dot{X}$	$\dot{Y}$	$\dot{Z}$
Aug. 16	+0·806 396 253	−0·559 009 395	−0·242 442 264	+1014 6072	+1250 0123	+ 541 9966
17	+0·816 426 355	−0·546 429 621	−0·236 987 799	+ 991 3641	+1265 8796	+ 548 8686
18	+0·826 222 573	−0·533 693 067	−0·231 465 449	+ 967 8324	+1281 3677	+ 555 5736
19	+0·835 782 078	−0·520 803 539	−0·225 876 886	+ 944 0233	+1296 4742	+ 562 1110
20	+0·845 102 152	−0·507 764 863	−0·220 223 790	+ 919 9479	+1311 1969	+ 568 4803
21	+0·854 180 184	−0·494 580 886	−0·214 507 841	+ 895 6167	+1325 5343	+ 574 6814
22	+0·863 013 667	−0·481 255 465	−0·208 730 723	+ 871 0400	+1339 4854	+ 580 7143
23	+0·871 600 201	−0·467 792 467	−0·202 894 115	+ 846 2283	+1353 0497	+ 586 5794
24	+0·879 937 482	−0·454 195 758	−0·196 999 692	+ 821 1913	+1366 2280	+ 592 2776
25	+0·888 023 308	−0·440 469 189	−0·191 049 114	+ 795 9387	+1379 0218	+ 597 8105
26	+0·895 855 564	−0·426 616 592	−0·185 044 025	+ 770 4785	+1391 4345	+ 603 1803
27	+0·903 432 208	−0·412 641 756	−0·178 986 043	+ 744 8171	+1403 4703	+ 608 3896
28	+0·910 751 248	−0·398 548 426	−0·172 876 758	+ 718 9579	+1415 1341	+ 613 4414
29	+0·917 810 708	−0·384 340 299	−0·166 717 732	+ 692 9009	+1426 4305	+ 618 3382
30	+0·924 608 597	−0·370 021 032	−0·160 510 505	+ 666 6431	+1437 3622	+ 623 0816
31	+0·931 142 882	−0·355 594 270	−0·154 256 612	+ 640 1790	+1447 9291	+ 627 6712
Sept. 1	+0·937 411 469	−0·341 063 678	−0·147 957 600	+ 613 5027	+1458 1273	+ 632 1049
2	+0·943 412 213	−0·326 432 977	−0·141 615 047	+ 586 6094	+1467 9493	+ 636 3785
3	+0·949 142 926	−0·311 705 979	−0·135 230 583	+ 559 4966	+1477 3849	+ 640 4863
4	+0·954 601 416	−0·296 886 608	−0·128 805 895	+ 532 1653	+1486 4219	+ 644 4220
5	+0·959 785 517	−0·281 978 913	−0·122 342 739	+ 504 6197	+1495 0477	+ 648 1789
6	+0·964 693 120	−0·266 987 065	−0·115 842 934	+ 476 8671	+1503 2502	+ 651 7508
7	+0·969 322 202	−0·251 915 358	−0·109 308 360	+ 448 9174	+1511 0178	+ 655 1319
8	+0·973 670 851	−0·236 768 192	−0·102 740 949	+ 420 7824	+1518 3404	+ 658 3172
9	+0·977 737 278	−0·221 550 061	−0·096 142 683	+ 392 4755	+1525 2094	+ 661 3025
10	+0·981 519 834	−0·206 265 539	−0·089 515 577	+ 364 0108	+1531 6178	+ 664 0846
11	+0·985 017 018	−0·190 919 260	−0·082 861 676	+ 335 4034	+1537 5600	+ 666 6612
12	+0·988 227 478	−0·175 515 906	−0·076 183 044	+ 306 6684	+1543 0323	+ 669 0307
13	+0·991 150 010	−0·160 060 188	−0·069 481 755	+ 277 8205	+1548 0324	+ 671 1924
14	+0·993 783 560	−0·144 556 836	−0·062 759 889	+ 248 8742	+1552 5591	+ 673 1461
15	+0·996 127 212	−0·129 010 585	−0·056 019 525	+ 219 8433	+1556 6124	+ 674 8923
16	+0·998 180 187	−0·113 426 165	−0·049 262 732	+ 190 7407	+1560 1928	+ 676 4318
17	+0·999 941 830	−0·097 808 301	−0·042 491 575	+ 161 5792	+1563 3017	+ 677 7655
18	+1·001 411 613	−0·082 161 698	−0·035 708 104	+ 132 3706	+1565 9408	+ 678 8947
19	+1·002 589 124	−0·066 491 044	−0·028 914 357	+ 103 1267	+1568 1124	+ 679 8211
20	+1·003 474 067	−0·050 800 999	−0·022 112 353	+ 73 8588	+1569 8194	+ 680 5464
21	+1·004 066 258	−0·035 096 191	−0·015 304 091	+ 44 5780	+1571 0658	+ 681 0730
22	+1·004 365 619	−0·019 381 202	−0·008 491 546	+ 15 2946	+1571 8564	+ 681 4037
23	+1·004 372 172	−0·003 660 562	−0·001 676 659	− 13 9824	+1572 1974	+ 681 5419
24	+1·004 086 017	+0·012 061 272	+0·005 138 664	− 43 2458	+1572 0962	+ 681 4918
25	+1·003 507 315	+0·027 779 915	+0·011 952 562	− 72 4916	+1571 5607	+ 681 2573
26	+1·002 636 247	+0·043 491 064	+0·018 763 210	− 101 7191	+1570 5985	+ 680 8424
27	+1·001 472 984	+0·059 190 480	+0·025 568 817	− 130 9312	+1569 2150	+ 680 2496
28	+1·000 017 656	+0·074 873 967	+0·032 367 610	− 160 1332	+1567 4123	+ 679 4793
29	+0·998 270 335	+0·090 537 323	+0·039 157 807	− 189 3308	+1565 1882	+ 678 5299
30	+0·996 231 042	+0·106 176 304	+0·045 937 597	− 218 5278	+1562 5359	+ 677 3972
Oct. 1	+0·993 899 780	+0·121 786 583	+0·052 705 122	− 247 7242	+1559 4462	+ 676 0759

$\dot{X}, \dot{Y}, \dot{Z}$ are in units of 10^{-9} au / d.

ICRS, ORIGIN AT SOLAR SYSTEM BARYCENTRE
FOR 0^h BARYCENTRIC DYNAMICAL TIME

Date 0^h TDB	X	Y	Z	$\dot{X}$	$\dot{Y}$	$\dot{Z}$
Oct. 1	+0·993 899 780	+0·121 786 583	+0·052 705 122	− 247 7242	+1559 4462	+ 676 0759
2	+0·991 276 573	+0·137 363 733	+0·059 458 465	− 276 9158	+1555 9082	+ 674 5599
3	+0·988 361 507	+0·152 903 218	+0·066 195 652	− 306 0943	+1551 9116	+ 672 8437
4	+0·985 154 769	+0·168 400 406	+0·072 914 655	− 335 2480	+1547 4475	+ 670 9225
5	+0·981 656 673	+0·183 850 585	+0·079 613 406	− 364 3637	+1542 5088	+ 668 7926
6	+0·977 867 672	+0·199 248 981	+0·086 289 803	− 393 4264	+1537 0902	+ 666 4515
7	+0·973 788 372	+0·214 590 777	+0·092 941 727	− 422 4209	+1531 1883	+ 663 8975
8	+0·969 419 532	+0·229 871 130	+0·099 567 041	− 451 3317	+1524 8013	+ 661 1297
9	+0·964 762 069	+0·245 085 184	+0·106 163 609	− 480 1432	+1517 9285	+ 658 1481
10	+0·959 817 051	+0·260 228 084	+0·112 729 292	− 508 8399	+1510 5709	+ 654 9532
11	+0·954 585 703	+0·275 294 992	+0·119 261 965	− 537 4069	+1502 7303	+ 651 5462
12	+0·949 069 394	+0·290 281 091	+0·125 759 515	− 565 8296	+1494 4099	+ 647 9288
13	+0·943 269 638	+0·305 181 603	+0·132 219 847	− 594 0940	+1485 6134	+ 644 1032
14	+0·937 188 085	+0·319 991 789	+0·138 640 893	− 622 1868	+1476 3458	+ 640 0720
15	+0·930 826 516	+0·334 706 966	+0·145 020 610	− 650 0953	+1466 6124	+ 635 8380
16	+0·924 186 834	+0·349 322 505	+0·151 356 987	− 677 8075	+1456 4193	+ 631 4044
17	+0·917 271 059	+0·363 833 842	+0·157 648 045	− 705 3120	+1445 7732	+ 626 7747
18	+0·910 081 322	+0·378 236 483	+0·163 891 840	− 732 5980	+1434 6812	+ 621 9526
19	+0·902 619 860	+0·392 526 006	+0·170 086 469	− 759 6555	+1423 1513	+ 616 9422
20	+0·894 889 006	+0·406 698 078	+0·176 230 070	− 786 4751	+1411 1924	+ 611 7478
21	+0·886 891 178	+0·420 748 456	+0·182 320 830	− 813 0489	+1398 8142	+ 606 3746
22	+0·878 628 867	+0·434 673 001	+0·188 356 984	− 839 3712	+1386 0276	+ 600 8278
23	+0·870 104 605	+0·448 467 684	+0·194 336 824	− 865 4386	+1372 8436	+ 595 1127
24	+0·861 320 944	+0·462 128 584	+0·200 258 693	− 891 2513	+1359 2727	+ 589 2343
25	+0·852 280 416	+0·475 651 878	+0·206 120 979	− 916 8131	+1345 3237	+ 583 1964
26	+0·842 985 500	+0·489 033 814	+0·211 922 096	− 942 1298	+1331 0014	+ 577 0007
27	+0·833 438 615	+0·502 270 665	+0·217 660 465	− 967 2078	+1316 3063	+ 570 6463
28	+0·823 642 125	+0·515 358 685	+0·223 334 484	− 992 0514	+1301 2343	+ 564 1301
29	+0·813 598 369	+0·528 294 070	+0·228 942 513	−1016 6602	+1285 7781	+ 557 4476
30	+0·803 309 720	+0·541 072 938	+0·234 482 865	−1041 0289	+1269 9294	+ 550 5937
31	+0·792 778 625	+0·553 691 327	+0·239 953 803	−1065 1475	+1253 6813	+ 543 5644
Nov. 1	+0·782 007 648	+0·566 145 214	+0·245 353 558	−1089 0028	+1237 0286	+ 536 3567
2	+0·770 999 496	+0·578 430 542	+0·250 680 338	−1112 5800	+1219 9691	+ 528 9693
3	+0·759 757 026	+0·590 543 241	+0·255 932 345	−1135 8637	+1202 5030	+ 521 4022
4	+0·748 283 251	+0·602 479 253	+0·261 107 785	−1158 8387	+1184 6322	+ 513 6561
5	+0·736 581 330	+0·614 234 549	+0·266 204 878	−1181 4904	+1166 3605	+ 505 7330
6	+0·724 654 568	+0·625 805 142	+0·271 221 862	−1203 8046	+1147 6926	+ 497 6351
7	+0·712 506 407	+0·637 187 100	+0·276 157 006	−1225 7678	+1128 6343	+ 489 3652
8	+0·700 140 426	+0·648 376 549	+0·281 008 604	−1247 3668	+1109 1922	+ 480 9267
9	+0·687 560 328	+0·659 369 690	+0·285 774 989	−1268 5891	+1089 3738	+ 472 3232
10	+0·674 769 941	+0·670 162 799	+0·290 454 531	−1289 4226	+1069 1875	+ 463 5587
11	+0·661 773 208	+0·680 752 242	+0·295 045 642	−1309 8562	+1048 6422	+ 454 6378
12	+0·648 574 185	+0·691 134 479	+0·299 546 782	−1329 8792	+1027 7478	+ 445 5653
13	+0·635 177 025	+0·701 306 070	+0·303 956 460	−1349 4819	+1006 5148	+ 436 3463
14	+0·621 585 976	+0·711 263 683	+0·308 273 237	−1368 6555	+ 984 9543	+ 426 9861
15	+0·607 805 371	+0·721 004 103	+0·312 495 731	−1387 3922	+ 963 0780	+ 417 4905
16	+0·593 839 611	+0·730 524 231	+0·316 622 616	−1405 6852	+ 940 8980	+ 407 8654

$\dot{X}, \dot{Y}, \dot{Z}$ are in units of 10^{-9} au / d.

POSITION AND VELOCITY OF THE EARTH, 2007

ICRS, ORIGIN AT SOLAR SYSTEM BARYCENTRE
FOR 0^h BARYCENTRIC DYNAMICAL TIME

Date 0^h TDB	X	Y	Z	$\dot{X}$	$\dot{Y}$	$\dot{Z}$
Nov. 16	+0·593 839 611	+0·730 524 231	+0·316 622 616	−1405 6852	+ 940 8980	+ 407 8654
17	+0·579 693 164	+0·739 821 094	+0·320 652 627	−1423 5290	+ 918 4272	+ 398 1167
18	+0·565 370 542	+0·748 891 849	+0·324 584 559	−1440 9196	+ 895 6787	+ 388 2508
19	+0·550 876 289	+0·757 733 787	+0·328 417 273	−1457 8551	+ 872 6661	+ 378 2741
20	+0·536 214 956	+0·766 344 336	+0·332 149 692	−1474 3357	+ 849 4030	+ 368 1927
21	+0·521 391 079	+0·774 721 054	+0·335 780 798	−1490 3649	+ 825 9020	+ 358 0123
22	+0·506 409 144	+0·782 861 619	+0·339 309 624	−1505 9486	+ 802 1738	+ 347 7373
23	+0·491 273 565	+0·790 763 798	+0·342 735 238	−1521 0948	+ 778 2257	+ 337 3703
24	+0·475 988 677	+0·798 425 410	+0·346 056 723	−1535 8119	+ 754 0606	+ 326 9114
25	+0·460 558 738	+0·805 844 284	+0·349 273 153	−1550 1058	+ 729 6774	+ 316 3587
26	+0·444 987 966	+0·813 018 216	+0·352 383 574	−1563 9782	+ 705 0716	+ 305 7089
27	+0·429 280 589	+0·819 944 956	+0·355 386 995	−1577 4257	+ 680 2380	+ 294 9584
28	+0·413 440 896	+0·826 622 203	+0·358 282 396	−1590 4398	+ 655 1725	+ 284 1044
29	+0·397 473 276	+0·833 047 628	+0·361 068 733	−1603 0089	+ 629 8737	+ 273 1456
30	+0·381 382 245	+0·839 218 905	+0·363 744 962	−1615 1199	+ 604 3433	+ 262 0828
Dec. 1	+0·365 172 450	+0·845 133 738	+0·366 310 049	−1626 7594	+ 578 5858	+ 250 9178
2	+0·348 848 669	+0·850 789 886	+0·368 762 987	−1637 9152	+ 552 6078	+ 239 6538
3	+0·332 415 797	+0·856 185 186	+0·371 102 806	−1648 5758	+ 526 4174	+ 228 2946
4	+0·315 878 837	+0·861 317 557	+0·373 328 576	−1658 7309	+ 500 0237	+ 216 8445
5	+0·299 242 894	+0·866 185 015	+0·375 439 410	−1668 3711	+ 473 4366	+ 205 3083
6	+0·282 513 161	+0·870 785 678	+0·377 434 471	−1677 4876	+ 446 6663	+ 193 6909
7	+0·265 694 915	+0·875 117 768	+0·379 312 974	−1686 0723	+ 419 7239	+ 181 9975
8	+0·248 793 513	+0·879 179 621	+0·381 074 186	−1694 1177	+ 392 6209	+ 170 2336
9	+0·231 814 383	+0·882 969 690	+0·382 717 430	−1701 6168	+ 365 3694	+ 158 4050
10	+0·214 763 019	+0·886 486 558	+0·384 242 091	−1708 5634	+ 337 9826	+ 146 5180
11	+0·197 644 973	+0·889 728 936	+0·385 647 617	−1714 9526	+ 310 4740	+ 134 5791
12	+0·180 465 839	+0·892 695 679	+0·386 933 523	−1720 7803	+ 282 8580	+ 122 5952
13	+0·163 231 247	+0·895 385 786	+0·388 099 393	−1726 0439	+ 255 1493	+ 110 5732
14	+0·145 946 844	+0·897 798 407	+0·389 144 883	−1730 7426	+ 227 3632	+ 98 5202
15	+0·128 618 277	+0·899 932 843	+0·390 069 718	−1734 8768	+ 199 5148	+ 86 4434
16	+0·111 251 180	+0·901 788 545	+0·390 873 694	−1738 4492	+ 171 6191	+ 74 3496
17	+0·093 851 152	+0·903 365 117	+0·391 556 675	−1741 4640	+ 143 6910	+ 62 2455
18	+0·076 423 737	+0·904 662 304	+0·392 118 589	−1743 9278	+ 115 7442	+ 50 1371
19	+0·058 974 405	+0·905 679 982	+0·392 559 420	−1745 8490	+ 87 7912	+ 38 0297
20	+0·041 508 532	+0·906 418 142	+0·392 879 199	−1747 2379	+ 59 8422	+ 25 9272
21	+0·024 031 384	+0·906 876 864	+0·393 077 988	−1748 1058	+ 31 9045	+ 13 8319
22	+0·006 548 115	+0·907 056 282	+0·393 155 863	−1748 4637	+ 3 9816	+ 1 7445
23	−0·010 936 221	+0·906 956 547	+0·393 112 898	−1748 3205	− 23 9263	− 10 3366
24	−0·028 416 641	+0·906 577 798	+0·392 949 145	−1747 6810	− 51 8216	− 22 4136
25	−0·045 888 187	+0·905 920 146	+0·392 664 630	−1746 5455	− 79 7076	− 34 4892
26	−0·063 345 884	+0·904 983 670	+0·392 259 359	−1744 9099	− 107 5864	− 46 5652
27	−0·080 784 693	+0·903 768 443	+0·391 733 324	−1742 7667	− 135 4576	− 58 6418
28	−0·098 199 496	+0·902 274 555	+0·391 086 525	−1740 1071	− 163 3178	− 70 7177
29	−0·115 585 085	+0·900 502 145	+0·390 318 983	−1736 9225	− 191 1606	− 82 7898
30	−0·132 936 168	+0·898 451 429	+0·389 430 756	−1733 2049	− 218 9775	− 94 8540
31	−0·150 247 385	+0·896 122 716	+0·388 421 945	−1728 9481	− 246 7583	− 106 9055
32	−0·167 513 317	+0·893 516 420	+0·387 292 705	−1724 1472	− 274 4921	− 118 9391

$\dot{X}, \dot{Y}, \dot{Z}$ are in units of 10^{-9} au / d.

Reduction for polar motion

The rotation of the Earth can be represented by a diurnal rotation about a reference axis whose motion with respect to a space-fixed system is given by the theories of precession and nutation plus very small (< 1 mas) corrections from observations. The pole of the reference axis is the celestial intermediate pole (CIP) and the system within which it moves is the GCRS (see page B24). The true equator of date (the intermediate equator) is orthogonal to the axis of the CIP. The axis of the CIP also moves with respect to the standard geodetic coordinate system, the ITRS (see below), which is fixed (in a specifically defined sense) with respect to the crust of the Earth. The motion of the CIP within the ITRS is known as polar motion; the path of the pole is quasi-circular with a maximum radius of about 10 m (0″.3) and principal periods of 365 and 428 days. The longer period component is the Chandler wobble, which corresponds in rigid-body rotational dynamics to the motion of the axis of figure with respect to the axis of rotation. The annual component is driven by seasonal effects. Polar motion as a whole is affected by unpredictable geophysical forces and must be determined continuously from various kinds of observations.

The origin of the International Terrestrial Reference System (ITRS) is the geocentre and the directions of its axes are defined implicitly by the adoption of a set of coordinates of stations (instruments) used to determine UT1 and polar motion from observations. The ITRS is systematically within a few centimetres of WGS 84, the geodetic system provided by GPS. The orientation of the Terrestrial Intermediate Reference System (see page B24) with respect to the ITRS is given by successive rotations through the three small angles x, y, and s'. The celestial reference system is then obtained by a rotation about the z-axis, either by Greenwich apparent sidereal time (GAST) if the celestial coordinates are with respect to the true equator and equinox of date; or by the Earth rotation angle (θ) if the celestial coordinates are with respect to the Celestial Intermediate Reference System.

The small angle s' is a measure of the secular drift of the terrestrial intermediate origin (TIO) with respect to geodetic zero longitude, that is, the very slow systematic rotation of the Terrestrial Intermediate Reference System with respect to the ITRS (due to polar motion). The value of s' (see below) is very tiny and may be set to zero unless very precise results are needed.

The quantities x, y correspond to the coordinates of the celestial intermediate pole with respect to the ITRS, measured along the meridians at longitudes 0° and 270° (90° west). Current values of the coordinates, x, y, of the pole for use in the reduction of observations are published by the Central Bureau of the IERS. Previous values, from 1970 January 1 onwards, are given on page K10 at 3-monthly intervals. For precise work the values at 5-day intervals from the IERS should be used. The coordinates x and y are usually measured in arcseconds.

The longitude and latitude of a terrestrial observer, λ and ϕ, used in astronomical formulae (e.g., for hour angle or the determination of astronomical time), should be expressed in the Terrestrial Intermediate Reference System, that is, corrected for polar motion:

$$\lambda = \lambda_{\text{ITRS}} + \left(x \sin \lambda_{\text{ITRS}} + y \cos \lambda_{\text{ITRS}} \right) \tan \phi_{\text{ITRS}}$$

$$\phi = \phi_{\text{ITRS}} + \left(x \cos \lambda_{\text{ITRS}} - y \sin \lambda_{\text{ITRS}} \right)$$

where λ_{ITRS} and ϕ_{ITRS} are the ITRS (geodetic) longitude and latitude of the observer, and x and y are the ITRS coordinates of the pole (CIP), in the same units as λ and ϕ. These formulae are approximate and should not be used for places at polar latitudes.

Reduction for polar motion (continued)

The rigorous transformation of a vector $\mathbf{p}_3$ with respect to the celestial system to the corresponding vector $\mathbf{p}_4$ with respect to the ITRS is given by the formula:

and conversely,

$$\mathbf{p}_4 = \mathbf{R}_1(-y)\,\mathbf{R}_2(-x)\,\mathbf{R}_3(s')\,\mathbf{R}_3(A)\,\mathbf{p}_3$$
$$\mathbf{p}_3 = \mathbf{R}_3(-A)\,\mathbf{R}_3(-s')\,\mathbf{R}_2(x)\,\mathbf{R}_1(y)\,\mathbf{p}_4$$

where $\quad s' = -0\!''\!000\,047\,T$

and T is measured in Julian centuries of 365 25 days from 245 1545·0 TT. The method to form the vector $\mathbf{p}_3$ for celestial objects is given on page B63. However, the vectors given above could represent, for example, the coordinates of a point on the Earth's surface or of a satellite in orbit around the Earth. The quantity A depends on whether the true equinox or the celestial intermediate origin (CIO) is used, viz:

Equinox method	*CIO method*
where $A =$ GAST, Greenwich apparent sidereal time, tabulated daily at 0^h UT1 on pages B12–B19. GAST must be used if $\mathbf{p}_3$ is an equinox based position,	or $A = \theta$, the Earth rotation angle, tabulated daily at 0^h UT1 on pages B20–B23. ERA must be used when $\mathbf{p}_3$ is a CIO based position.

Note, $\mathbf{R}_1(\alpha)$, $\mathbf{R}_2(\alpha)$, $\mathbf{R}_3(\alpha)$ are, respectively, the matrices:

$$\begin{bmatrix} 1 & 0 & 0 \\ 0 & \cos\alpha & \sin\alpha \\ 0 & -\sin\alpha & \cos\alpha \end{bmatrix} \quad \begin{bmatrix} \cos\alpha & 0 & -\sin\alpha \\ 0 & 1 & 0 \\ \sin\alpha & 0 & \cos\alpha \end{bmatrix} \quad \begin{bmatrix} \cos\alpha & \sin\alpha & 0 \\ -\sin\alpha & \cos\alpha & 0 \\ 0 & 0 & 1 \end{bmatrix}$$

corresponding to rotations α about the x, y and z axes.

Reduction for diurnal parallax and diurnal aberration

The computation of diurnal parallax and aberration due to the displacement of the observer from the centre of the Earth requires a knowledge of the geocentric coordinates (ρ, geocentric distance in units of the Earth's equatorial radius, and ϕ', geocentric latitude, see page K11) of the place of observation, and the local hour angle (h).

For bodies whose equatorial horizontal parallax (π) normally amounts to only a few arcseconds the corrections for diurnal parallax in right ascension and declination (in the sense geocentric place *minus* topocentric place) are given by:

$$\Delta\alpha = \pi(\rho \cos\phi' \sin h \sec\delta)$$
$$\Delta\delta = \pi(\rho \sin\phi' \cos\delta - \rho \cos\phi' \cos h \sin\delta)$$

and

$$h = \mathrm{GAST} - \alpha_e + \lambda = \theta - \alpha_i + \lambda$$

where λ is the longitude. $\mathrm{GAST} - \alpha_e$ is the hour angle calculated from the Greenwich apparent sidereal time and the equinox right ascension, whereas $\theta - \alpha_i$ is the hour angle formed from the Earth rotation angle and the CIO right ascension. π may be calculated from $8\!''\!794$ divided by the geocentric distance of the body (in au). For the Moon (and other very close bodies) more precise formulae are required (see page D3).

The corrections for diurnal aberration in right ascension and declination (in the sense apparent place *minus* mean place) are given by:

$$\Delta\alpha = 0^\mathrm{s}\!0213\,\rho \cos\phi' \cos h \sec\delta \qquad \Delta\delta = 0\!''\!319\,\rho \cos\phi' \sin h \sin\delta$$

Reduction for diurnal parallax and diurnal aberration (continued)

For a body at transit the local hour angle (h) is zero and so $\Delta\delta$ is zero, but

$$\Delta\alpha = \pm 0\overset{s}{\cdot}0213 \, \rho \, \cos\phi' \, \sec\delta$$

where the plus and minus signs are used for the upper and lower transits, respectively; this may be regarded as a correction to the time of transit.

Alternatively, the effects may be computed in rectangular coordinates using the following expressions for the geocentric coordinates and velocity components of the observer with respect to the celestial equatorial reference system:

$$\text{position:} \quad (a\rho\cos\phi'\cos A, \ a\rho\cos\phi'\sin A, \ a\rho\sin\phi')$$
$$\text{velocity:} \quad (-a\omega\rho\cos\phi'\sin A, \ a\omega\rho\cos\phi'\cos A, \ 0)$$

where A is the local sidereal time (mean or apparent) or the Earth rotation angle (as appropriate), a is the equatorial radius of the Earth and ω the angular velocity of the Earth.

$$A = \text{Greenwich sidereal time or Earth rotation angle} + \text{east longitude}$$

$$a\omega = 0\cdot464 \, \text{km/s} = 0\cdot268 \times 10^{-3} \text{au/d} \qquad c = 2\cdot998 \times 10^5 \, \text{km/s} = 173\cdot14 \, \text{au/d}$$

$$a\omega/c = 1\cdot55 \times 10^{-6} \, \text{rad} = 0\overset{''}{\cdot}319 = 0\overset{s}{\cdot}0213$$

These geocentric position and velocity vectors of the observer are added to the barycentric position and velocity of the Earth's centre, respectively, to obtain the corresponding barycentric vectors of the observer.

Conversion to altitude and azimuth

It is convenient to use the local hour angle (h) as an intermediary in the conversion from the right ascension (α_e or α_i) and declination (δ) to the azimuth (A) and altitude (a).

In order to determine the local hour angle (see page B10) corresponding to the UT1 of the observation, first obtain either Greenwich apparent sidereal time (GAST), see pages B12–B19, or the Earth rotation angle (θ) tabulated on pages B20–B23. This choice depends on whether the right ascension is with respect to the equinox or the celestial intermediate origin, respectively. The formulae are:

Then
$$h = \text{GAST} + \lambda - \alpha_e = \theta + \lambda - \alpha_i$$

$$\cos a \sin A = -\cos\delta \sin h$$
$$\cos a \cos A = \ \ \sin\delta \cos\phi - \cos\delta \cos h \sin\phi$$
$$\sin a = \ \ \sin\delta \sin\phi + \cos\delta \cos h \cos\phi$$

where azimuth (A) is measured from the north through east in the plane of the horizon, altitude (a) is measured perpendicular to the horizon, and λ, ϕ are the astronomical values (see page K13) of the east longitude and latitude of the place of observation. The plane of the horizon is defined to be perpendicular to the apparent direction of gravity. Zenith distance is given by $z = 90° - a$.

For most purposes the values of the geodetic longitude and latitude may be used but in some cases the effects of local gravity anomalies and polar motion (see page B79) must be included. For full precision, the values of α, δ must be corrected for diurnal parallax and diurnal aberration. The inverse formulae are:

$$\cos\delta \sin h = -\cos a \sin A$$
$$\cos\delta \cos h = \ \ \sin a \cos\phi - \cos a \cos A \sin\phi$$
$$\sin\delta = \ \ \sin a \sin\phi + \cos a \cos A \cos\phi$$

Correction for refraction

For most astronomical purposes the effect of refraction in the Earth's atmosphere is to decrease the zenith distance (computed by the formulae of the previous section) by an amount R that depends on the zenith distance and on the meteorological conditions at the site. A simple expression for R for zenith distances less than $75°$ (altitudes greater than $15°$) is:

$$R = 0°004\ 52\ P \tan z/(273 + T)$$
$$= 0°004\ 52\ P/((273 + T) \tan a)$$

where T is the temperature ($°C$) and P is the barometric pressure (millibars). This formula is usually accurate to about $0.'1$ for altitudes above $15°$, but the error increases rapidly at lower altitudes, especially in abnormal meteorological conditions. For observed apparent altitudes below $15°$ use the approximate formula:

$$R = P(0.1594 + 0.0196a + 0.000\ 02a^2)/[(273 + T)(1 + 0.505a + 0.0845a^2)]$$

where the altitude a is in degrees.

DETERMINATION OF LATITUDE AND AZIMUTH

Use of the Polaris Table

The table on pages B83-B86 gives data for obtaining latitude from an observed altitude of Polaris (suitably corrected for instrumental errors and refraction) and the azimuth of this star (measured from north, positive to the east and negative to the west), for all hour angles and northern latitudes. The six tabulated quantities, each given to a precision of $0.'1$, are a_0, a_1, a_2, referring to the correction to altitude, and b_0, b_1, b_2, to the azimuth.

$$\text{latitude} = \text{corrected observed altitude} + a_0 + a_1 + a_2$$
$$\text{azimuth} = (b_0 + b_1 + b_2)/\cos(\text{latitude})$$

The table is to be entered with the local sidereal time of observation (LST), and gives the values of a_0, b_0 directly; interpolation, with maximum differences of $0.'7$, can be done mentally. In the same vertical column, the values of a_1, b_1 are found with the latitude, and those of a_2, b_2 with the date, as argument. Thus all six quantities can, if desired, be extracted together. The errors due to the adoption of a mean value of the local sidereal time for each of the subsidiary tables have been reduced to a minimum, and the total error is not likely to exceed $0.'2$. Interpolation between columns should not be attempted.

The observed altitude must be corrected for refraction before being used to determine the astronomical latitude of the place of observation. Both the latitude and the azimuth so obtained are affected by local gravity anomalies.

LST	0^h		1^h		2^h		3^h		4^h		5^h	
	a_0	b_0	a_0	b_0	a_0	b_0	a_0	b_0	a_0	b_0	a_0	b_0
m	′	′	′	′	′	′	′	′	′	′	′	′
0	−32·0	+27·3	−38·0	+18·0	−41·3	+7·4	−41·8	−3·7	−39·4	−14·5	−34·3	−24·3
3	32·4	26·9	38·2	17·5	41·4	6·9	41·8	4·2	39·3	15·0	34·0	24·8
6	32·7	26·5	38·4	17·0	41·5	6·3	41·7	4·8	39·1	15·6	33·7	25·2
9	33·1	26·0	38·7	16·5	41·6	5·8	41·7	5·3	38·8	16·1	33·4	25·7
12	33·4	25·6	38·9	16·0	41·7	5·2	41·6	5·9	38·6	16·6	33·0	26·1
15	−33·7	+25·2	−39·1	+15·5	−41·7	+4·7	−41·5	−6·4	−38·4	−17·1	−32·7	−26·5
18	34·1	24·7	39·3	15·0	41·8	4·1	41·4	7·0	38·2	17·6	32·3	27·0
21	34·4	24·3	39·5	14·4	41·8	3·6	41·3	7·5	38·0	18·1	32·0	27·4
24	34·7	23·8	39·7	13·9	41·9	3·0	41·2	8·1	37·7	18·6	31·6	27·8
27	35·0	23·4	39·8	13·4	41·9	2·5	41·1	8·6	37·5	19·1	31·2	28·2
30	−35·3	+22·9	−40·0	+12·9	−42·0	+1·9	−41·0	−9·2	−37·2	−19·6	−30·9	−28·6
33	35·6	22·4	40·2	12·3	42·0	1·4	40·9	9·7	37·0	20·1	30·5	29·0
36	35·9	21·9	40·3	11·8	42·0	0·8	40·7	10·3	36·7	20·6	30·1	29·4
39	36·2	21·5	40·5	11·3	42·0	+0·2	40·6	10·8	36·4	21·1	29·7	29·8
42	36·5	21·0	40·6	10·7	42·0	−0·3	40·5	11·3	36·1	21·5	29·3	30·2
45	−36·7	+20·5	−40·8	+10·2	−42·0	−0·9	−40·3	−11·9	−35·9	−22·0	−28·9	−30·6
48	37·0	20·0	40·9	9·6	42·0	1·4	40·2	12·4	35·6	22·5	28·5	31·0
51	37·3	19·5	41·0	9·1	42·0	2·0	40·0	12·9	35·3	23·0	28·1	31·4
54	37·5	19·0	41·1	8·5	41·9	2·6	39·8	13·5	35·0	23·4	27·7	31·7
57	37·7	18·5	41·2	8·0	41·9	3·1	39·6	14·0	34·6	23·9	27·3	32·1
60	−38·0	+18·0	−41·3	+7·4	−41·8	−3·7	−39·4	−14·5	−34·3	−24·3	−26·9	−32·4

Lat.	a_1	b_1	a_1	b_1	a_1	b_1	a_1	b_1	a_1	b_1	a_1	b_1
°												
0	−·1	−·3	·0	−·2	·0	·0	·0	+·1	−·1	+·3	−·1	+·3
10	−·1	−·2	·0	−·1	·0	·0	·0	+·1	−·1	+·2	−·1	+·3
20	−·1	−·2	·0	−·1	·0	·0	·0	+·1	·0	+·2	−·1	+·2
30	·0	−·1	·0	−·1	·0	·0	·0	+·1	·0	+·1	−·1	+·2
40	·0	−·1	·0	−·1	·0	·0	·0	·0	·0	+·1	·0	+·1
45	·0	·0	·0	·0	·0	·0	·0	·0	·0	·0	·0	·0
50	·0	·0	·0	·0	·0	·0	·0	·0	·0	·0	·0	·0
55	·0	+·1	·0	·0	·0	·0	·0	·0	·0	·0	·0	−·1
60	·0	+·1	·0	+·1	·0	·0	·0	−·1	·0	−·1	+·1	−·1
62	+·1	+·2	·0	+·1	·0	·0	·0	−·1	·0	−·1	+·1	−·2
64	+·1	+·2	·0	+·1	·0	·0	·0	−·1	·0	−·2	+·1	−·2
66	+·1	+·2	·0	+·2	·0	·0	·0	−·1	+·1	−·2	+·1	−·3

Month	a_2	b_2	a_2	b_2	a_2	b_2	a_2	b_2	a_2	b_2	a_2	b_2
Jan.	+·1	−·1	+·1	−·1	+·1	·0	+·1	·0	+·1	·0	+·1	·0
Feb.	·0	−·2	+·1	−·2	+·1	−·2	+·2	−·2	+·2	−·1	+·2	−·1
Mar.	−·1	−·3	·0	−·3	·0	−·3	+·1	−·3	+·2	−·3	+·3	−·2
Apr.	−·3	−·3	−·2	−·3	−·1	−·4	·0	−·4	+·1	−·4	+·2	−·3
May	−·4	−·2	−·3	−·3	−·2	−·3	−·1	−·4	·0	−·4	+·1	−·4
June	−·4	·0	−·4	−·1	−·3	−·2	−·3	−·3	−·2	−·4	−·1	−·4
July	−·4	+·1	−·4	·0	−·4	−·1	−·4	−·2	−·3	−·3	−·2	−·3
Aug.	−·3	+·2	−·3	+·2	−·3	+·1	−·4	·0	−·3	−·1	−·3	−·2
Sept.	−·1	+·3	−·2	+·3	−·2	+·2	−·3	+·2	−·3	+·1	−·3	·0
Oct.	+·1	+·3	·0	+·4	−·1	+·3	−·2	+·3	−·2	+·3	−·3	+·2
Nov.	+·3	+·3	+·2	+·3	+·1	+·4	·0	+·4	−·1	+·4	−·2	+·4
Dec.	+·4	+·1	+·4	+·2	+·3	+·3	+·2	+·4	+·1	+·4	·0	+·4

Latitude = Corrected observed altitude of *Polaris* + a_0 + a_1 + a_2

Azimuth of *Polaris* = $(b_0 + b_1 + b_2) / \cos(\text{latitude})$

POLARIS TABLE, 2007

LST	6^h a_0	b_0	7^h a_0	b_0	8^h a_0	b_0	9^h a_0	b_0	10^h a_0	b_0	11^h a_0	b_0
m	′	′	′	′	′	′	′	′	′	′	′	′
0	−26·9	−32·4	−17·5	−38·3	−7·0	−41·5	+3·9	−41·8	+14·6	−39·3	+24·3	−34·1
3	26·4	32·8	17·0	38·5	6·5	41·5	4·5	41·7	15·1	39·1	24·7	33·8
6	26·0	33·1	16·5	38·7	6·0	41·6	5·0	41·7	15·6	38·9	25·1	33·5
9	25·6	33·5	16·0	38·9	5·4	41·7	5·6	41·6	16·1	38·7	25·6	33·2
12	25·1	33·8	15·5	39·1	4·9	41·8	6·1	41·5	16·6	38·5	26·0	32·8
15	−24·7	−34·1	−15·0	−39·3	−4·3	−41·8	+6·6	−41·4	+17·1	−38·2	+26·4	−32·5
18	24·2	34·5	14·5	39·5	3·8	41·9	7·2	41·3	17·6	38·0	26·9	32·1
21	23·8	34·8	14·0	39·7	3·2	41·9	7·7	41·2	18·1	37·8	27·3	31·8
24	23·3	35·1	13·4	39·9	2·7	41·9	8·3	41·1	18·6	37·5	27·7	31·4
27	22·9	35·4	12·9	40·1	2·1	42·0	8·8	41·0	19·1	37·3	28·1	31·1
30	−22·4	−35·7	−12·4	−40·2	−1·6	−42·0	+9·3	−40·9	+19·6	−37·0	+28·5	−30·7
33	21·9	36·0	11·9	40·4	1·0	42·0	9·9	40·8	20·1	36·8	28·9	30·3
36	21·4	36·2	11·3	40·5	−0·5	42·0	10·4	40·6	20·6	36·5	29·3	29·9
39	21·0	36·5	10·8	40·7	+0·1	42·0	10·9	40·5	21·0	36·2	29·7	29·6
42	20·5	36·8	10·3	40·8	0·6	42·0	11·5	40·3	21·5	35·9	30·1	29·2
45	−20·0	−37·1	−9·7	−40·9	+1·2	−42·0	+12·0	−40·2	+22·0	−35·7	+30·5	−28·8
48	19·5	37·3	9·2	41·0	1·7	42·0	12·5	40·0	22·4	35·4	30·8	28·4
51	19·0	37·6	8·7	41·2	2·3	41·9	13·0	39·8	22·9	35·1	31·2	28·0
54	18·5	37·8	8·1	41·3	2·8	41·9	13·6	39·7	23·4	34·8	31·6	27·6
57	18·0	38·0	7·6	41·4	3·4	41·8	14·1	39·5	23·8	34·5	31·9	27·2
60	−17·5	−38·3	−7·0	−41·5	+3·9	−41·8	+14·6	−39·3	+24·3	−34·1	+32·3	−26·7

Lat.	a_1	b_1	a_1	b_1	a_1	b_1	a_1	b_1	a_1	b_1	a_1	b_1
°												
0	−·2	+·3	−·3	+·2	−·3	·0	−·3	−·1	−·2	−·3	−·2	−·3
10	−·2	+·2	−·2	+·1	−·3	·0	−·2	−·1	−·2	−·2	−·1	−·3
20	−·2	+·2	−·2	+·1	−·2	·0	−·2	−·1	−·2	−·2	−·1	−·2
30	−·1	+·1	−·1	+·1	−·2	·0	−·2	−·1	−·1	−·1	−·1	−·2
40	−·1	+·1	−·1	+·1	−·1	·0	−·1	·0	−·1	−·1	·0	−·1
45	·0	·0	·0	·0	·0	·0	·0	·0	·0	·0	·0	·0
50	·0	·0	·0	·0	·0	·0	·0	·0	·0	·0	·0	·0
55	·0	−·1	+·1	·0	+·1	·0	+·1	·0	·0	·0	·0	+·1
60	+·1	−·1	+·1	−·1	+·1	·0	+·1	+·1	+·1	+·1	+·1	+·1
62	+·1	−·2	+·2	−·1	+·2	·0	+·2	+·1	+·1	+·1	+·1	+·2
64	+·2	−·2	+·2	−·1	+·2	·0	+·2	+·1	+·2	+·2	+·1	+·2
66	+·2	−·2	+·2	−·2	+·3	·0	+·3	+·1	+·2	+·2	+·1	+·3

Month	a_2	b_2	a_2	b_2	a_2	b_2	a_2	b_2	a_2	b_2	a_2	b_2
Jan.	+·1	+·1	+·1	+·1	·0	+·1	·0	+·1	·0	+·1	·0	+·1
Feb.	+·2	·0	+·2	+·1	+·2	+·1	+·2	+·2	+·1	+·2	+·1	+·2
Mar.	+·3	−·1	+·3	·0	+·3	·0	+·3	+·1	+·3	+·2	+·2	+·3
Apr.	+·3	−·3	+·3	−·2	+·4	−·1	+·4	·0	+·4	+·1	+·3	+·2
May	+·2	−·4	+·3	−·3	+·3	−·2	+·4	−·1	+·4	·0	+·4	+·1
June	·0	−·4	+·1	−·4	+·2	−·3	+·3	−·3	+·4	−·2	+·4	−·1
July	−·1	−·4	·0	−·4	+·1	−·4	+·2	−·4	+·3	−·3	+·3	−·2
Aug.	−·2	−·3	−·2	−·3	−·1	−·3	·0	−·4	+·1	−·3	+·2	−·3
Sept.	−·3	−·1	−·3	−·2	−·2	−·2	−·2	−·3	−·1	−·3	·0	−·3
Oct.	−·3	+·1	−·4	·0	−·3	−·1	−·3	−·2	−·3	−·2	−·2	−·3
Nov.	−·3	+·3	−·3	+·2	−·4	+·1	−·4	·0	−·4	−·1	−·4	−·2
Dec.	−·1	+·4	−·2	+·4	−·3	+·3	−·4	+·2	−·4	+·1	−·4	·0

Latitude = Corrected observed altitude of *Polaris* + $a_0 + a_1 + a_2$

Azimuth of *Polaris* = $(b_0 + b_1 + b_2)$ / cos (latitude)

LST	12^h		13^h		14^h		15^h		16^h		17^h	
	a_0	b_0	a_0	b_0	a_0	b_0	a_0	b_0	a_0	b_0	a_0	b_0
m	′	′	′	′	′	′	′	′	′	′	′	′
0	+32·3	−26·7	+38·1	−17·6	+41·4	− 7·2	+41·8	+ 3·6	+39·5	+14·1	+34·5	+23·8
3	32·6	26·3	38·3	17·1	41·5	6·7	41·8	4·1	39·3	14·6	34·2	24·2
6	33·0	25·9	38·5	16·6	41·5	6·2	41·7	4·6	39·1	15·1	33·9	24·7
9	33·3	25·5	38·8	16·1	41·6	5·6	41·7	5·2	38·9	15·6	33·6	25·1
12	33·6	25·0	39·0	15·6	41·7	5·1	41·6	5·7	38·7	16·1	33·2	25·5
15	+33·9	−24·6	+39·2	−15·1	+41·7	− 4·6	+41·5	+ 6·2	+38·5	+16·6	+32·9	+26·0
18	34·3	24·1	39·4	14·6	41·8	4·0	41·4	6·8	38·3	17·1	32·6	26·4
21	34·6	23·7	39·5	14·0	41·9	3·5	41·3	7·3	38·1	17·6	32·2	26·8
24	34·9	23·2	39·7	13·5	41·9	2·9	41·2	7·9	37·8	18·1	31·9	27·2
27	35·2	22·8	39·9	13·0	41·9	2·4	41·1	8·4	37·6	18·6	31·5	27·6
30	+35·5	−22·3	+40·1	−12·5	+42·0	− 1·9	+41·0	+ 8·9	+37·3	+19·1	+31·1	+28·0
33	35·8	21·9	40·2	12·0	42·0	1·3	40·9	9·4	37·1	19·6	30·8	28·4
36	36·1	21·4	40·4	11·5	42·0	0·8	40·8	10·0	36·8	20·1	30·4	28·8
39	36·3	20·9	40·5	10·9	42·0	− 0·2	40·6	10·5	36·6	20·5	30·0	29·2
42	36·6	20·5	40·7	10·4	42·0	+ 0·3	40·5	11·0	36·3	21·0	29·6	29·6
45	+36·9	−20·0	+40·8	− 9·9	+42·0	+ 0·9	+40·4	+11·5	+36·0	+21·5	+29·2	+30·0
48	37·1	19·5	40·9	9·4	42·0	1·4	40·2	12·1	35·7	21·9	28·8	30·4
51	37·4	19·0	41·0	8·8	42·0	1·9	40·0	12·6	35·4	22·4	28·4	30·8
54	37·6	18·5	41·2	8·3	41·9	2·5	39·9	13·1	35·1	22·9	28·0	31·1
57	37·9	18·1	41·3	7·8	41·9	3·0	39·7	13·6	34·8	23·3	27·6	31·5
60	+38·1	−17·6	+41·4	− 7·2	+41·8	+ 3·6	+39·5	+14·1	+34·5	+23·8	+27·2	+31·8

Lat.	a_1	b_1	a_1	b_1	a_1	b_1	a_1	b_1	a_1	b_1	a_1	b_1
°												
0	−·1	−·3	·0	−·2	·0	·0	·0	+·1	−·1	+·3	−·1	+·3
10	−·1	−·2	·0	−·1	·0	·0	·0	+·1	−·1	+·2	−·1	+·3
20	−·1	−·2	·0	−·1	·0	·0	·0	+·1	·0	+·2	−·1	+·2
30	·0	−·1	·0	−·1	·0	·0	·0	+·1	·0	+·1	−·1	+·2
40	·0	−·1	·0	−·1	·0	·0	·0	·0	·0	+·1	·0	+·1
45	·0	·0	·0	·0	·0	·0	·0	·0	·0	·0	·0	·0
50	·0	·0	·0	·0	·0	·0	·0	·0	·0	·0	·0	·0
55	·0	+·1	·0	·0	·0	·0	·0	·0	·0	·0	·0	−·1
60	·0	+·1	·0	+·1	·0	·0	·0	−·1	·0	−·1	+·1	−·1
62	+·1	+·2	·0	+·1	·0	·0	·0	−·1	·0	−·1	+·1	−·2
64	+·1	+·2	·0	+·1	·0	·0	·0	−·1	·0	−·2	+·1	−·2
66	+·1	+·2	·0	+·2	·0	·0	·0	−·1	+·1	−·2	+·1	−·3

Month	a_2	b_2	a_2	b_2	a_2	b_2	a_2	b_2	a_2	b_2	a_2	b_2
Jan.	−·1	+·1	−·1	+·1	−·1	·0	−·1	·0	−·1	·0	−·1	·0
Feb.	·0	+·2	−·1	+·2	−·1	+·2	−·2	+·2	−·2	+·1	−·2	+·1
Mar.	+·1	+·3	·0	+·3	·0	+·3	−·1	+·3	−·2	+·3	−·3	+·2
Apr.	+·3	+·3	+·2	+·3	+·1	+·4	·0	+·4	−·1	+·4	−·2	+·3
May	+·4	+·2	+·3	+·3	+·2	+·3	+·1	+·4	·0	+·4	−·1	+·4
June	+·4	·0	+·4	+·1	+·3	+·2	+·3	+·3	+·2	+·4	+·1	+·4
July	+·4	−·1	+·4	·0	+·4	+·1	+·4	+·2	+·3	+·3	+·2	+·3
Aug.	+·3	−·2	+·3	−·2	+·3	−·1	+·4	·0	+·3	+·1	+·3	+·2
Sept.	+·1	−·3	+·2	−·3	+·2	−·2	+·3	−·2	+·3	−·1	+·3	·0
Oct.	−·1	−·3	·0	−·4	+·1	−·3	+·2	−·3	+·2	−·3	+·3	−·2
Nov.	−·3	−·3	−·2	−·3	−·1	−·4	·0	−·4	+·1	−·4	+·2	−·4
Dec.	−·4	−·1	−·4	−·2	−·3	−·3	−·2	−·4	−·1	−·4	·0	−·4

Latitude = Corrected observed altitude of *Polaris* + $a_0 + a_1 + a_2$

Azimuth of *Polaris* = $(b_0 + b_1 + b_2) / \cos(\text{latitude})$

POLARIS TABLE, 2007

LST	18^h		19^h		20^h		21^h		22^h		23^h	
	a_0	b_0	a_0	b_0	a_0	b_0	a_0	b_0	a_0	b_0	a_0	b_0
m	′	′	′	′	′	′	′	′	′	′	′	′
0	+27·2	+31·8	+18·0	+37·8	+ 7·6	+41·2	− 3·3	+41·9	−14·0	+39·7	−23·8	+34·7
3	26·8	32·2	17·5	38·0	7·1	41·3	3·9	41·9	14·6	39·5	24·3	34·4
6	26·4	32·5	17·0	38·3	6·6	41·4	4·4	41·8	15·1	39·3	24·7	34·1
9	25·9	32·9	16·5	38·5	6·0	41·5	5·0	41·7	15·6	39·1	25·2	33·8
12	25·5	33·2	16·0	38·7	5·5	41·6	5·5	41·7	16·1	38·9	25·6	33·4
15	+25·1	+33·5	+15·5	+38·9	+ 4·9	+41·7	− 6·0	+41·6	−16·6	+38·7	−26·1	+33·1
18	24·6	33·9	15·0	39·1	4·4	41·7	6·6	41·5	17·1	38·5	26·5	32·7
21	24·2	34·2	14·5	39·3	3·8	41·8	7·1	41·4	17·6	38·2	26·9	32·4
24	23·7	34·5	14·0	39·5	3·3	41·9	7·7	41·4	18·1	38·0	27·3	32·0
27	23·3	34·8	13·5	39·7	2·7	41·9	8·2	41·3	18·6	37·8	27·8	31·7
30	+22·8	+35·1	+13·0	+39·9	+ 2·2	+41·9	− 8·8	+41·1	−19·1	+37·5	−28·2	+31·3
33	22·4	35·4	12·4	40·0	1·6	42·0	9·3	41·0	19·6	37·3	28·6	30·9
36	21·9	35·7	11·9	40·2	1·1	42·0	9·8	40·9	20·1	37·0	29·0	30·6
39	21·4	36·0	11·4	40·4	+ 0·5	42·0	10·4	40·8	20·6	36·8	29·4	30·2
42	21·0	36·3	10·9	40·5	0·0	42·0	10·9	40·6	21·0	36·5	29·8	29·8
45	+20·5	+36·5	+10·3	+40·6	− 0·6	+42·0	−11·4	+40·5	−21·5	+36·2	−30·2	+29·4
48	20·0	36·8	9·8	40·8	1·1	42·0	12·0	40·3	22·0	35·9	30·5	29·0
51	19·5	37·1	9·3	40·9	1·7	42·0	12·5	40·2	22·5	35·6	30·9	28·6
54	19·0	37·3	8·7	41·0	2·2	42·0	13·0	40·0	22·9	35·3	31·3	28·2
57	18·5	37·6	8·2	41·1	2·8	41·9	13·5	39·9	23·4	35·0	31·7	27·8
60	+18·0	+37·8	+ 7·6	+41·2	− 3·3	+41·9	−14·0	+39·7	−23·8	+34·7	−32·0	+27·3

Lat.	a_1	b_1	a_1	b_1	a_1	b_1	a_1	b_1	a_1	b_1	a_1	b_1
°												
0	−·2	+·3	−·3	+·2	−·3	·0	−·3	−·1	−·2	−·3	−·2	−·3
10	−·2	+·2	−·2	+·1	−·3	·0	−·2	−·1	−·2	−·2	−·1	−·3
20	−·2	+·2	−·2	+·1	−·2	·0	−·2	−·1	−·2	−·2	−·1	−·2
30	−·1	+·1	−·1	+·1	−·2	·0	−·2	−·1	−·1	−·1	−·1	−·2
40	−·1	+·1	−·1	+·1	−·1	·0	−·1	·0	−·1	−·1	·0	−·1
45	·0	·0	·0	·0	·0	·0	·0	·0	·0	·0	·0	·0
50	·0	·0	·0	·0	·0	·0	·0	·0	·0	·0	·0	·0
55	·0	−·1	+·1	·0	+·1	·0	+·1	·0	·0	·0	·0	+·1
60	+·1	−·1	+·1	−·1	+·1	·0	+·1	+·1	+·1	+·1	+·1	+·1
62	+·1	−·2	+·2	−·1	+·2	·0	+·2	+·1	+·1	+·1	+·1	+·2
64	+·2	−·2	+·2	−·1	+·2	·0	+·2	+·1	+·2	+·2	+·1	+·2
66	+·2	−·2	+·2	−·2	+·3	·0	+·3	+·1	+·2	+·2	+·1	+·3

Month	a_2	b_2	a_2	b_2	a_2	b_2	a_2	b_2	a_2	b_2	a_2	b_2
Jan.	−·1	−·1	−·1	−·1	·0	−·1	·0	−·1	·0	−·1	·0	−·1
Feb.	−·2	·0	−·2	−·1	−·2	−·1	−·2	−·2	−·1	−·2	−·1	−·2
Mar.	−·3	+·1	−·3	·0	−·3	·0	−·3	−·1	−·3	−·2	−·2	−·3
Apr.	−·3	+·3	−·3	+·2	−·4	+·1	−·4	·0	−·4	−·1	−·3	−·2
May	−·2	+·4	−·3	+·3	−·3	+·2	−·4	+·1	−·4	·0	−·4	−·1
June	·0	+·4	−·1	+·4	−·2	+·3	−·3	+·3	−·4	+·2	−·4	+·1
July	+·1	+·4	·0	+·4	−·1	+·4	−·2	+·4	−·3	+·3	−·3	+·2
Aug.	+·2	+·3	+·2	+·3	+·1	+·3	·0	+·4	−·1	+·3	−·2	+·3
Sept.	+·3	+·1	+·3	+·2	+·2	+·2	+·2	+·3	+·1	+·3	·0	+·3
Oct.	+·3	−·1	+·4	·0	+·3	+·1	+·3	+·2	+·3	+·2	+·2	+·3
Nov.	+·3	−·3	+·3	−·2	+·4	−·1	+·4	·0	+·4	+·1	+·4	+·2
Dec.	+·1	−·4	+·2	−·4	+·3	−·3	+·4	−·2	+·4	−·1	+·4	·0

Latitude = Corrected observed altitude of *Polaris* + a_0 + a_1 + a_2

Azimuth of *Polaris* = $(b_0 + b_1 + b_2)$ / cos (latitude)

Pole Star formulae

The formulae below provide a method for obtaining latitude from the observed altitude of one of the pole stars, *Polaris* or σ Octantis, and an assumed *east* longitude of the observer λ. In addition, the azimuth of a pole star may be calculated from an assumed *east* longitude λ and the observed altitude a, or from λ and an assumed latitude ϕ. An error of $0°002$ in a or $0°1$ in λ will produce an error of about $0°002$ in the calculated latitude. Likewise an error of $0°03$ in λ, a or ϕ will produce an error of about $0°002$ in the calculated azimuth for latitudes below $70°$.

Step 1. Calculate the hour angle HA and polar distance p, in degrees, from expressions of the form:

$$HA = a_0 + a_1 L + a_2 \sin L + a_3 \cos L + 15\,t$$
$$p = a_0 + a_1 L + a_2 \sin L + a_3 \cos L$$

where
$$L = 0°985\,65\,d$$
$$d = \text{day of year (from pages B4–B5)} + t/24$$

and where the coefficients a_0, a_1, a_2, a_3 are given in the table below, t is the universal time in hours, d is the interval in days from 2007 January 0 at 0^h UT1 to the time of observation, and the quantity L is in degrees. In the above formulae d is required to two decimals of a day, L to two decimals of a degree and t to three decimals of an hour.

Step 2. Calculate the local hour angle *LHA* from:

$$LHA = HA + \lambda \quad \text{(add or subtract multiples of } 360°)$$

where λ is the assumed longitude measured east from the Greenwich meridian.

Form the quantities: $S = p \sin(LHA)$ $C = p \cos(LHA)$

Step 3. The latitude of the place of observation, in degrees, is given by:

$$\text{latitude} = a - C + 0.0087\,S^2 \tan a$$

where a is the observed altitude of the pole star after correction for instrument error and atmospheric refraction.

Step 4. The azimuth of the pole star, in degrees, is given by:

$$\text{azimuth of } Polaris = -S/\cos a$$
$$\text{azimuth of } \sigma \text{ Octantis} = 180° + S/\cos a$$

where azimuth is measured eastwards around the horizon from north.

In step 4, if a has not been observed, use the quantity:

$$a = \phi + C - 0.0087\,S^2 \tan \phi$$

where ϕ is an assumed latitude, taken to be positive in either hemisphere.

POLE STAR COEFFICIENTS FOR 2007

	Polaris		σ Octantis	
	GHA	p	GHA	p
	°	°	°	°
a_0	59·43	0·7035	140·47	1·0712
a_1	0·998 98	−0·0000 112	0·999 41	0·0000 124
a_2	0·37	−0·0024	0·18	0·0039
a_3	−0·24	−0·0048	0·23	−0·0037

CONTENTS OF SECTION C

Notes and formulas

NOTES AND FORMULAS

Mean orbital elements of the Sun

Mean elements of the orbit of the Sun, referred to the mean equinox and ecliptic of date, are given by the following expressions. The time argument d is the interval in days from 2007 January 0, 0^h TT. These expressions are intended for use only during the year of this volume.

$d = $ JD $- 245\,4100.5 = $ day of year (from B4–B5) + fraction of day from 0^h TT.

Geometric mean longitude: $279°.288\,275 + 0.985\,647\,36\,d$

Mean longitude of perigee: $283°.057\,646 + 0.000\,047\,07\,d$

Mean anomaly: $356°.230\,628 + 0.985\,600\,28\,d$

Eccentricity: $0.016\,705\,69 - 0.000\,000\,0012\,d$

Mean obliquity of the ecliptic with respect to the mean equator of date:
$$23°.438\,381 - 0.000\,000\,36\,d$$

The position of the ecliptic of date with respect to the ecliptic of the standard epoch is given by formulas on page B29.

Accurate osculating elements of the Earth/Moon barycenter are given on pages E5–E6.

Lengths of principal years

The lengths of the principal years at 2007.0 as derived from the Sun's mean motion are:

		d	d h m s
tropical year	(equinox to equinox)	365.242 190	365 05 48 45.2
sidereal year	(fixed star to fixed star)	365.256 363	365 06 09 09.8
anomalistic year	(perigee to perigee)	365.259 636	365 06 13 52.6
eclipse year	(node to node)	346.620 078	346 14 52 54.8

NOTES AND FORMULAS

Apparent ecliptic coordinates of the Sun

The apparent longitude may be computed from the geometric longitude tabulated on pages C4–C18 using:

apparent longitude = tabulated longitude + nutation in longitude $(\Delta\psi) - 20''.496/R$

where $\Delta\psi$ is tabulated on pages B32–B39 and R is the true distance; the tabulated longitude is the geometric longitude with respect to the mean equinox of date. The apparent latitude is equal to the geometric latitude to the precision of tabulation.

Time of transit of the Sun

The quantity tabulated as "Ephemeris Transit" on pages C5–C19 is the TT of transit of the Sun over the ephemeris meridian, which is at the longitude $1.002\,738\,\Delta T$ east of the prime (Greenwich) meridian; in this expression ΔT is the difference TT − UT. The TT of transit of the Sun over a local meridian is obtained by interpolation where the first differences are about 24 hours. The interpolation factor p is given by:

$$p = -\lambda + 1.002\,738\,\Delta T$$

where λ is the east longitude and the right-hand side is expressed in days. (Divide longitude in degrees by 360 and ΔT in seconds by 86 400). During 2007 it is expected that ΔT will be about 65 seconds, so that the second term is about $+0.000\,75$ days.

The UT of transit is obtained by subtracting ΔT from the TT of transit obtained by interpolation.

Equation of time

The equation of time is defined so that:

local mean solar time = local apparent solar − equation of time.

To obtain the equation of time to a precision of about 1 second it is sufficient to use:

equation of time at 12^{h} UT = 12^{h} − tabulated value of TT of ephemeris transit.

Alternatively, it may be calculated for any instant during 2007 in seconds of time to a precision of about 3 seconds directly from the expression:

$$equation\ of\ time = -108.3\sin L + 596.0\sin 2L + 4.5\sin 3L - 12.7\sin 4L$$
$$-428.3\cos L - 2.1\cos 2L + 19.3\cos 3L$$

where L is the mean longitude of the Sun, corrected for aberration, given by:

$$L = 279°\!.282 + 0.985\,647d$$

and where d is the interval in days from 2007 January 0 at 0^{h} UT, given by:

$$d = \text{day of year (from B4–B5)} + \text{fraction of day from } 0^{\mathrm{h}} \text{ UT.}$$

ICRS Geocentric rectangular coordinates of the Sun

The ICRS geocentric equatorial rectangular coordinates of the Sun are given, in au, on pages C20–C23 and are referred to the ICRS axes. The direction of these axes are determined by the IERS, which observes several hundred extragalactic radio sources for this purpose. See pages B59–B64 for a rigorous method of forming an apparent place of an object in the solar system.

NOTES AND FORMULAS

Elements of the rotation of the Sun

The mean elements of the rotation of the Sun during 2007 are given by:

Longitude of the ascending node of the solar equator:

on the ecliptic of date, $75°86$ on the mean equator of date, $16°14$

Inclination of the solar equator:

on the ecliptic of date, $7°25$ on the mean equator of date, $26°12$

The mean position of the pole of the solar equator is at:

right ascension, $286°14$ declination, $63°88$

Sidereal period of rotation of the prime meridian is 25.38 days.

Mean synodic period of rotation of the prime meridian is 27.2753 days.

These data are derived from elements given by R. C. Carrington (*Observations of the Spots on the Sun*, p. 244, 1863).

Heliographic coordinates

The values of P (position angle of the northern extremity of the axis of rotation, measured eastwards from the north point of the disk), B_0 and L_0 (the heliographic latitude and longitude of the central point of the disk) are for 0^h UT; they may be interpolated linearly. The horizontal parallax and semidiameter are given for 0^h TT, but may be regarded as being for 0^h UT.

If ρ_1, θ are the observed angular distance and position angle of a sunspot from the center of the disk of the Sun as seen from the Earth, and ρ is the heliocentric angular distance of the spot on the solar surface from the center of the Sun's disk, then

$$\sin(\rho + \rho_1) = \rho_1/S$$

where S is the semidiameter of the Sun. The position angle is measured from the north point of the disk towards the east.

The formulas for the computation of the heliographic coordinates (L, B) of a sunspot (or other feature on the surface of the Sun) from (ρ, θ) are as follows:

$$\sin B = \sin B_0 \cos \rho + \cos B_0 \sin \rho \cos(P - \theta)$$

$$\cos B \sin(L - L_0) = \sin \rho \sin(P - \theta)$$

$$\cos B \cos(L - L_0) = \cos \rho \cos B_0 - \sin B_0 \sin \rho \cos(P - \theta)$$

where B is measured positive to the north of the solar equator and L is measured from $0°$ to $360°$ in the direction of rotation of the Sun, i.e., westwards on the apparent disk as seen from the Earth.

SYNODIC ROTATION NUMBERS, 2007

Number	Date of Commencement			Number	Date of Commencement			Number	Date of Commencement		
2051	2006	Dec.	12.17	2056	2007	Apr.	27.75	2061	2007	Sept	10.85
2052	2007	Jan.	8.50	2057		May	24.98	2062		Oct.	8.12
2053		Feb.	4.84	2058		June	21.18	2063		Nov.	4.42
2054		Mar.	4.18	2059		July	18.38	2064		Dec.	1.73
2055		Mar.	31.49	2060		Aug.	14.60	2065	2007	Dec.	29.05

At the date of commencement of each synodic rotation period the value of L_0 is zero; that is, the prime meridian passes through the central point of the disk.

SUN, 2007

FOR 0ʰ TERRESTRIAL TIME

Date		Julian Date	Ecliptic Long. for Mean Equinox of Date	Ecliptic Lat.	Apparent Right Ascension	Apparent Declination	True Geocentric Distance
		245	° ′ ″	″	h m s	° ′ ″	
Jan.	0	4100.5	279 09 33.23	+0.49	18 39 50.86	−23 07 28.4	0.983 3075
	1	4101.5	280 10 41.35	+0.53	18 44 16.01	−23 03 02.0	0.983 2861
	2	4102.5	281 11 49.41	+0.55	18 48 40.84	−22 58 08.1	0.983 2710
	3	4103.5	282 12 57.43	+0.53	18 53 05.34	−22 52 46.8	0.983 2624
	4	4104.5	283 14 05.44	+0.48	18 57 29.47	−22 46 58.2	0.983 2603
	5	4105.5	284 15 13.48	+0.41	19 01 53.22	−22 40 42.6	0.983 2647
	6	4106.5	285 16 21.56	+0.31	19 06 16.54	−22 34 00.0	0.983 2755
	7	4107.5	286 17 29.70	+0.20	19 10 39.43	−22 26 50.7	0.983 2925
	8	4108.5	287 18 37.90	+0.08	19 15 01.86	−22 19 14.9	0.983 3157
	9	4109.5	288 19 46.15	−0.05	19 19 23.79	−22 11 12.7	0.983 3447
	10	4110.5	289 20 54.45	−0.17	19 23 45.22	−22 02 44.3	0.983 3794
	11	4111.5	290 22 02.76	−0.29	19 28 06.11	−21 53 50.0	0.983 4195
	12	4112.5	291 23 11.07	−0.40	19 32 26.44	−21 44 30.1	0.983 4648
	13	4113.5	292 24 19.34	−0.49	19 36 46.20	−21 34 44.8	0.983 5150
	14	4114.5	293 25 27.52	−0.55	19 41 05.37	−21 24 34.3	0.983 5700
	15	4115.5	294 26 35.55	−0.59	19 45 23.91	−21 13 59.0	0.983 6294
	16	4116.5	295 27 43.39	−0.60	19 49 41.81	−21 02 59.1	0.983 6930
	17	4117.5	296 28 50.95	−0.58	19 53 59.05	−20 51 35.0	0.983 7606
	18	4118.5	297 29 58.16	−0.54	19 58 15.60	−20 39 47.0	0.983 8319
	19	4119.5	298 31 04.91	−0.46	20 02 31.44	−20 27 35.5	0.983 9068
	20	4120.5	299 32 11.10	−0.35	20 06 46.56	−20 15 00.8	0.983 9852
	21	4121.5	300 33 16.63	−0.23	20 11 00.93	−20 02 03.2	0.984 0669
	22	4122.5	301 34 21.38	−0.09	20 15 14.53	−19 48 43.1	0.984 1522
	23	4123.5	302 35 25.25	+0.05	20 19 27.35	−19 35 00.9	0.984 2410
	24	4124.5	303 36 28.15	+0.19	20 23 39.37	−19 20 57.0	0.984 3337
	25	4125.5	304 37 30.00	+0.31	20 27 50.59	−19 06 31.7	0.984 4306
	26	4126.5	305 38 30.76	+0.42	20 32 01.00	−18 51 45.4	0.984 5318
	27	4127.5	306 39 30.38	+0.50	20 36 10.60	−18 36 38.5	0.984 6378
	28	4128.5	307 40 28.83	+0.55	20 40 19.38	−18 21 11.5	0.984 7487
	29	4129.5	308 41 26.13	+0.57	20 44 27.33	−18 05 24.7	0.984 8650
	30	4130.5	309 42 22.26	+0.56	20 48 34.45	−17 49 18.5	0.984 9867
	31	4131.5	310 43 17.25	+0.51	20 52 40.75	−17 32 53.3	0.985 1141
Feb.	1	4132.5	311 44 11.13	+0.44	20 56 46.22	−17 16 09.6	0.985 2473
	2	4133.5	312 45 03.91	+0.35	21 00 50.87	−16 59 07.6	0.985 3861
	3	4134.5	313 45 55.62	+0.24	21 04 54.70	−16 41 47.7	0.985 5308
	4	4135.5	314 46 46.29	+0.11	21 08 57.71	−16 24 10.4	0.985 6811
	5	4136.5	315 47 35.93	−0.02	21 12 59.91	−16 06 16.0	0.985 8369
	6	4137.5	316 48 24.57	−0.15	21 17 01.31	−15 48 04.9	0.985 9980
	7	4138.5	317 49 12.20	−0.27	21 21 01.92	−15 29 37.4	0.986 1643
	8	4139.5	318 49 58.83	−0.38	21 25 01.74	−15 10 54.1	0.986 3356
	9	4140.5	319 50 44.46	−0.48	21 29 00.79	−14 51 55.2	0.986 5115
	10	4141.5	320 51 29.07	−0.55	21 32 59.07	−14 32 41.2	0.986 6918
	11	4142.5	321 52 12.65	−0.60	21 36 56.58	−14 13 12.5	0.986 8762
	12	4143.5	322 52 55.18	−0.62	21 40 53.35	−13 53 29.5	0.987 0644
	13	4144.5	323 53 36.61	−0.60	21 44 49.37	−13 33 32.6	0.987 2562
	14	4145.5	324 54 16.91	−0.56	21 48 44.66	−13 13 22.2	0.987 4511
	15	4146.5	325 54 56.02	−0.49	21 52 39.21	−12 52 58.9	0.987 6488

FOR 0ʰ TERRESTRIAL TIME

Date		Position Angle of Axis P	Heliographic		H. P.	Semi-Diameter	Ephemeris Transit
			Latitude B_0	Longitude L_0			
		°	°	°	''	' ''	h m s
Jan.	0	+ 2.72	− 2.86	111.90	8.94	16 15.94	12 02 57.26
	1	+ 2.23	− 2.98	98.72	8.94	16 15.96	12 03 25.70
	2	+ 1.75	− 3.10	85.55	8.94	16 15.97	12 03 53.81
	3	+ 1.26	− 3.21	72.38	8.94	16 15.98	12 04 21.57
	4	+ 0.78	− 3.33	59.21	8.94	16 15.98	12 04 48.95
	5	+ 0.29	− 3.44	46.04	8.94	16 15.98	12 05 15.94
	6	− 0.19	− 3.55	32.87	8.94	16 15.97	12 05 42.50
	7	− 0.67	− 3.67	19.70	8.94	16 15.95	12 06 08.61
	8	− 1.16	− 3.78	6.53	8.94	16 15.93	12 06 34.24
	9	− 1.64	− 3.89	353.36	8.94	16 15.90	12 06 59.38
	10	− 2.12	− 3.99	340.20	8.94	16 15.86	12 07 23.99
	11	− 2.60	− 4.10	327.03	8.94	16 15.82	12 07 48.06
	12	− 3.07	− 4.21	313.86	8.94	16 15.78	12 08 11.56
	13	− 3.55	− 4.31	300.69	8.94	16 15.73	12 08 34.47
	14	− 4.02	− 4.41	287.52	8.94	16 15.68	12 08 56.77
	15	− 4.49	− 4.52	274.36	8.94	16 15.62	12 09 18.43
	16	− 4.96	− 4.62	261.19	8.94	16 15.55	12 09 39.44
	17	− 5.43	− 4.71	248.02	8.94	16 15.49	12 09 59.77
	18	− 5.89	− 4.81	234.85	8.94	16 15.42	12 10 19.41
	19	− 6.35	− 4.91	221.69	8.94	16 15.34	12 10 38.32
	20	− 6.81	− 5.00	208.52	8.94	16 15.26	12 10 56.51
	21	− 7.26	− 5.09	195.35	8.94	16 15.18	12 11 13.93
	22	− 7.71	− 5.18	182.19	8.94	16 15.10	12 11 30.59
	23	− 8.16	− 5.27	169.02	8.93	16 15.01	12 11 46.46
	24	− 8.61	− 5.36	155.85	8.93	16 14.92	12 12 01.53
	25	− 9.05	− 5.45	142.69	8.93	16 14.82	12 12 15.79
	26	− 9.48	− 5.53	129.52	8.93	16 14.72	12 12 29.23
	27	− 9.92	− 5.61	116.36	8.93	16 14.62	12 12 41.86
	28	− 10.34	− 5.69	103.19	8.93	16 14.51	12 12 53.65
	29	− 10.77	− 5.77	90.02	8.93	16 14.39	12 13 04.62
	30	− 11.19	− 5.85	76.86	8.93	16 14.27	12 13 14.76
	31	− 11.61	− 5.93	63.69	8.93	16 14.15	12 13 24.07
Feb.	1	− 12.02	− 6.00	50.52	8.93	16 14.01	12 13 32.57
	2	− 12.42	− 6.07	37.36	8.92	16 13.88	12 13 40.24
	3	− 12.83	− 6.14	24.19	8.92	16 13.73	12 13 47.10
	4	− 13.23	− 6.21	11.02	8.92	16 13.59	12 13 53.14
	5	− 13.62	− 6.27	357.86	8.92	16 13.43	12 13 58.39
	6	− 14.01	− 6.34	344.69	8.92	16 13.27	12 14 02.84
	7	− 14.39	− 6.40	331.52	8.92	16 13.11	12 14 06.49
	8	− 14.77	− 6.46	318.36	8.92	16 12.94	12 14 09.37
	9	− 15.14	− 6.51	305.19	8.91	16 12.77	12 14 11.47
	10	− 15.51	− 6.57	292.02	8.91	16 12.59	12 14 12.80
	11	− 15.87	− 6.62	278.86	8.91	16 12.41	12 14 13.37
	12	− 16.23	− 6.67	265.69	8.91	16 12.22	12 14 13.20
	13	− 16.58	− 6.72	252.52	8.91	16 12.03	12 14 12.28
	14	− 16.93	− 6.77	239.35	8.91	16 11.84	12 14 10.63
	15	− 17.27	− 6.81	226.19	8.90	16 11.65	12 14 08.26

SUN, 2007

FOR 0ʰ TERRESTRIAL TIME

Date		Julian Date	Ecliptic Long.	Ecliptic Lat.	Apparent Right Ascension	Apparent Declination	True Geocentric Distance
			for Mean Equinox of Date				
		245	° ′ ″	″	h m s	° ′ ″	
Feb.	15	4146.5	325 54 56.02	−0.49	21 52 39.21	− 12 52 58.9	0.987 6488
	16	4147.5	326 55 33.87	−0.39	21 56 33.05	− 12 32 22.9	0.987 8491
	17	4148.5	327 56 10.39	−0.27	22 00 26.17	− 12 11 34.8	0.988 0517
	18	4149.5	328 56 45.46	−0.13	22 04 18.58	− 11 50 35.0	0.988 2563
	19	4150.5	329 57 18.99	+0.02	22 08 10.29	− 11 29 24.0	0.988 4629
	20	4151.5	330 57 50.88	+0.16	22 12 01.31	− 11 08 02.1	0.988 6714
	21	4152.5	331 58 21.02	+0.30	22 15 51.66	− 10 46 29.8	0.988 8820
	22	4153.5	332 58 49.33	+0.41	22 19 41.34	− 10 24 47.6	0.989 0948
	23	4154.5	333 59 15.74	+0.50	22 23 30.37	− 10 02 55.8	0.989 3100
	24	4155.5	334 59 40.22	+0.56	22 27 18.77	− 9 40 55.0	0.989 5280
	25	4156.5	336 00 02.73	+0.59	22 31 06.55	− 9 18 45.5	0.989 7491
	26	4157.5	337 00 23.26	+0.59	22 34 53.72	− 8 56 27.7	0.989 9733
	27	4158.5	338 00 41.81	+0.55	22 38 40.30	− 8 34 02.1	0.990 2011
	28	4159.5	339 00 58.41	+0.49	22 42 26.32	− 8 11 29.1	0.990 4325
Mar.	1	4160.5	340 01 13.06	+0.40	22 46 11.78	− 7 48 48.9	0.990 6676
	2	4161.5	341 01 25.81	+0.29	22 49 56.72	− 7 26 02.1	0.990 9066
	3	4162.5	342 01 36.68	+0.17	22 53 41.14	− 7 03 09.0	0.991 1495
	4	4163.5	343 01 45.71	+0.04	22 57 25.08	− 6 40 09.9	0.991 3962
	5	4164.5	344 01 52.93	−0.09	23 01 08.56	− 6 17 05.2	0.991 6467
	6	4165.5	345 01 58.37	−0.21	23 04 51.59	− 5 53 55.2	0.991 9009
	7	4166.5	346 02 02.07	−0.33	23 08 34.21	− 5 30 40.4	0.992 1585
	8	4167.5	347 02 04.06	−0.43	23 12 16.43	− 5 07 21.0	0.992 4195
	9	4168.5	348 02 04.35	−0.51	23 15 58.27	− 4 43 57.5	0.992 6835
	10	4169.5	349 02 02.98	−0.56	23 19 39.77	− 4 20 30.2	0.992 9504
	11	4170.5	350 01 59.94	−0.59	23 23 20.93	− 3 56 59.5	0.993 2199
	12	4171.5	351 01 55.25	−0.59	23 27 01.79	− 3 33 25.7	0.993 4916
	13	4172.5	352 01 48.92	−0.55	23 30 42.36	− 3 09 49.3	0.993 7652
	14	4173.5	353 01 40.93	−0.49	23 34 22.66	− 2 46 10.5	0.994 0405
	15	4174.5	354 01 31.27	−0.40	23 38 02.71	− 2 22 29.9	0.994 3169
	16	4175.5	355 01 19.90	−0.29	23 41 42.52	− 1 58 47.7	0.994 5941
	17	4176.5	356 01 06.78	−0.16	23 45 22.12	− 1 35 04.4	0.994 8718
	18	4177.5	357 00 51.84	−0.01	23 49 01.52	− 1 11 20.4	0.995 1496
	19	4178.5	358 00 35.01	+0.14	23 52 40.74	− 0 47 36.1	0.995 4273
	20	4179.5	359 00 16.19	+0.28	23 56 19.79	− 0 23 51.8	0.995 7046
	21	4180.5	359 59 55.30	+0.40	23 59 58.70	− 0 00 08.0	0.995 9815
	22	4181.5	0 59 32.24	+0.51	0 03 37.48	+ 0 23 34.9	0.996 2582
	23	4182.5	1 59 06.94	+0.58	0 07 16.15	+ 0 47 16.6	0.996 5346
	24	4183.5	2 58 39.37	+0.62	0 10 54.72	+ 1 10 56.7	0.996 8112
	25	4184.5	3 58 09.47	+0.63	0 14 33.22	+ 1 34 34.7	0.997 0880
	26	4185.5	4 57 37.24	+0.60	0 18 11.66	+ 1 58 10.3	0.997 3655
	27	4186.5	5 57 02.69	+0.55	0 21 50.06	+ 2 21 43.3	0.997 6437
	28	4187.5	6 56 25.82	+0.47	0 25 28.44	+ 2 45 13.1	0.997 9228
	29	4188.5	7 55 46.67	+0.37	0 29 06.81	+ 3 08 39.4	0.998 2032
	30	4189.5	8 55 05.26	+0.25	0 32 45.22	+ 3 32 02.1	0.998 4847
	31	4190.5	9 54 21.63	+0.13	0 36 23.66	+ 3 55 20.6	0.998 7676
Apr.	1	4191.5	10 53 35.84	0.00	0 40 02.18	+ 4 18 34.6	0.999 0519
	2	4192.5	11 52 47.92	−0.13	0 43 40.78	+ 4 41 44.0	0.999 3375

SUN, 2007

FOR 0ʰ TERRESTRIAL TIME

Date		Position Angle of Axis P	Heliographic		H. P.	Semi-Diameter	Ephemeris Transit
			Latitude B_0	Longitude L_0			
		°	°	°	″	′ ″	h m s
Feb.	15	− 17.27	− 6.81	226.19	8.90	16 11.65	12 14 08.26
	16	− 17.60	− 6.86	213.02	8.90	16 11.45	12 14 05.17
	17	− 17.93	− 6.90	199.85	8.90	16 11.25	12 14 01.37
	18	− 18.26	− 6.94	186.68	8.90	16 11.05	12 13 56.88
	19	− 18.58	− 6.97	173.51	8.90	16 10.85	12 13 51.69
	20	− 18.89	− 7.01	160.35	8.89	16 10.64	12 13 45.82
	21	− 19.19	− 7.04	147.18	8.89	16 10.43	12 13 39.27
	22	− 19.50	− 7.07	134.01	8.89	16 10.23	12 13 32.07
	23	− 19.79	− 7.10	120.84	8.89	16 10.01	12 13 24.22
	24	− 20.08	− 7.12	107.67	8.89	16 09.80	12 13 15.74
	25	− 20.36	− 7.14	94.50	8.89	16 09.58	12 13 06.65
	26	− 20.64	− 7.17	81.33	8.88	16 09.36	12 12 56.96
	27	− 20.91	− 7.18	68.15	8.88	16 09.14	12 12 46.69
	28	− 21.17	− 7.20	54.98	8.88	16 08.92	12 12 35.87
Mar.	1	− 21.43	− 7.21	41.81	8.88	16 08.69	12 12 24.51
	2	− 21.68	− 7.23	28.64	8.87	16 08.45	12 12 12.63
	3	− 21.93	− 7.24	15.46	8.87	16 08.21	12 12 00.26
	4	− 22.16	− 7.24	2.29	8.87	16 07.97	12 11 47.41
	5	− 22.40	− 7.25	349.12	8.87	16 07.73	12 11 34.11
	6	− 22.62	− 7.25	335.94	8.87	16 07.48	12 11 20.39
	7	− 22.84	− 7.25	322.77	8.86	16 07.23	12 11 06.25
	8	− 23.06	− 7.25	309.59	8.86	16 06.98	12 10 51.73
	9	− 23.26	− 7.25	296.41	8.86	16 06.72	12 10 36.85
	10	− 23.46	− 7.24	283.24	8.86	16 06.46	12 10 21.62
	11	− 23.66	− 7.23	270.06	8.85	16 06.20	12 10 06.07
	12	− 23.84	− 7.22	256.88	8.85	16 05.93	12 09 50.23
	13	− 24.02	− 7.21	243.70	8.85	16 05.67	12 09 34.10
	14	− 24.20	− 7.19	230.52	8.85	16 05.40	12 09 17.71
	15	− 24.36	− 7.18	217.34	8.84	16 05.13	12 09 01.08
	16	− 24.52	− 7.16	204.16	8.84	16 04.86	12 08 44.23
	17	− 24.68	− 7.14	190.98	8.84	16 04.59	12 08 27.18
	18	− 24.82	− 7.11	177.80	8.84	16 04.32	12 08 09.94
	19	− 24.96	− 7.09	164.62	8.83	16 04.05	12 07 52.53
	20	− 25.10	− 7.06	151.44	8.83	16 03.78	12 07 34.97
	21	− 25.22	− 7.03	138.26	8.83	16 03.52	12 07 17.26
	22	− 25.34	− 7.00	125.07	8.83	16 03.25	12 06 59.43
	23	− 25.45	− 6.97	111.89	8.82	16 02.98	12 06 41.50
	24	− 25.56	− 6.93	98.70	8.82	16 02.71	12 06 23.48
	25	− 25.66	− 6.89	85.52	8.82	16 02.45	12 06 05.38
	26	− 25.75	− 6.85	72.33	8.82	16 02.18	12 05 47.24
	27	− 25.83	− 6.81	59.14	8.81	16 01.91	12 05 29.07
	28	− 25.91	− 6.76	45.95	8.81	16 01.64	12 05 10.90
	29	− 25.98	− 6.72	32.76	8.81	16 01.37	12 04 52.74
	30	− 26.04	− 6.67	19.57	8.81	16 01.10	12 04 34.61
	31	− 26.10	− 6.62	6.38	8.80	16 00.83	12 04 16.54
Apr.	1	− 26.15	− 6.57	353.19	8.80	16 00.56	12 03 58.56
	2	− 26.19	− 6.51	340.00	8.80	16 00.28	12 03 40.67

SUN, 2007

FOR 0ʰ TERRESTRIAL TIME

Date		Julian Date	Ecliptic Long.	Ecliptic Lat.	Apparent Right Ascension	Apparent Declination	True Geocentric Distance
			for Mean Equinox of Date				
		245	° ′ ″	″	h m s	° ′ ″	
Apr.	1	4191.5	10 53 35.84	0.00	0 40 02.18	+ 4 18 34.6	0.999 0519
	2	4192.5	11 52 47.92	−0.13	0 43 40.78	+ 4 41 44.0	0.999 3375
	3	4193.5	12 51 57.92	−0.24	0 47 19.50	+ 5 04 48.3	0.999 6245
	4	4194.5	13 51 05.90	−0.34	0 50 58.35	+ 5 27 47.2	0.999 9127
	5	4195.5	14 50 11.90	−0.42	0 54 37.37	+ 5 50 40.4	1.000 2021
	6	4196.5	15 49 15.97	−0.48	0 58 16.56	+ 6 13 27.6	1.000 4924
	7	4197.5	16 48 18.17	−0.52	1 01 55.96	+ 6 36 08.5	1.000 7835
	8	4198.5	17 47 18.53	−0.52	1 05 35.58	+ 6 58 42.7	1.001 0751
	9	4199.5	18 46 17.10	−0.50	1 09 15.45	+ 7 21 09.9	1.001 3671
	10	4200.5	19 45 13.91	−0.45	1 12 55.57	+ 7 43 29.7	1.001 6590
	11	4201.5	20 44 08.98	−0.37	1 16 35.97	+ 8 05 41.9	1.001 9506
	12	4202.5	21 43 02.34	−0.27	1 20 16.66	+ 8 27 46.1	1.002 2414
	13	4203.5	22 41 53.99	−0.15	1 23 57.66	+ 8 49 41.9	1.002 5312
	14	4204.5	23 40 43.93	−0.01	1 27 38.99	+ 9 11 28.9	1.002 8194
	15	4205.5	24 39 32.12	+0.13	1 31 20.66	+ 9 33 06.9	1.003 1057
	16	4206.5	25 38 18.53	+0.27	1 35 02.69	+ 9 54 35.4	1.003 3897
	17	4207.5	26 37 03.09	+0.40	1 38 45.08	+10 15 54.0	1.003 6712
	18	4208.5	27 35 45.73	+0.51	1 42 27.85	+10 37 02.5	1.003 9499
	19	4209.5	28 34 26.38	+0.59	1 46 11.02	+10 58 00.5	1.004 2257
	20	4210.5	29 33 04.96	+0.64	1 49 54.58	+11 18 47.5	1.004 4988
	21	4211.5	30 31 41.43	+0.66	1 53 38.56	+11 39 23.3	1.004 7692
	22	4212.5	31 30 15.74	+0.65	1 57 22.94	+11 59 47.5	1.005 0372
	23	4213.5	32 28 47.87	+0.60	2 01 07.75	+12 19 59.7	1.005 3029
	24	4214.5	33 27 17.82	+0.53	2 04 53.00	+12 39 59.6	1.005 5667
	25	4215.5	34 25 45.61	+0.43	2 08 38.69	+12 59 46.8	1.005 8287
	26	4216.5	35 24 11.26	+0.32	2 12 24.83	+13 19 21.1	1.006 0891
	27	4217.5	36 22 34.80	+0.20	2 16 11.44	+13 38 42.2	1.006 3481
	28	4218.5	37 20 56.28	+0.08	2 19 58.54	+13 57 49.7	1.006 6059
	29	4219.5	38 19 15.74	−0.04	2 23 46.13	+14 16 43.3	1.006 8625
	30	4220.5	39 17 33.24	−0.15	2 27 34.22	+14 35 22.7	1.007 1181
May	1	4221.5	40 15 48.83	−0.25	2 31 22.83	+14 53 47.7	1.007 3725
	2	4222.5	41 14 02.58	−0.34	2 35 11.97	+15 11 57.9	1.007 6260
	3	4223.5	42 12 14.56	−0.40	2 39 01.65	+15 29 53.1	1.007 8784
	4	4224.5	43 10 24.82	−0.43	2 42 51.88	+15 47 32.9	1.008 1297
	5	4225.5	44 08 33.44	−0.44	2 46 42.67	+16 04 57.1	1.008 3798
	6	4226.5	45 06 40.49	−0.43	2 50 34.03	+16 22 05.4	1.008 6285
	7	4227.5	46 04 46.03	−0.38	2 54 25.96	+16 38 57.4	1.008 8756
	8	4228.5	47 02 50.12	−0.31	2 58 18.46	+16 55 32.9	1.009 1210
	9	4229.5	48 00 52.81	−0.22	3 02 11.55	+17 11 51.6	1.009 3642
	10	4230.5	48 58 54.17	−0.10	3 06 05.23	+17 27 53.2	1.009 6050
	11	4231.5	49 56 54.22	+0.03	3 09 59.49	+17 43 37.3	1.009 8431
	12	4232.5	50 54 52.99	+0.16	3 13 54.34	+17 59 03.6	1.010 0780
	13	4233.5	51 52 50.49	+0.30	3 17 49.79	+18 14 11.9	1.010 3094
	14	4234.5	52 50 46.71	+0.42	3 21 45.82	+18 29 01.7	1.010 5368
	15	4235.5	53 48 41.63	+0.53	3 25 42.45	+18 43 32.9	1.010 7599
	16	4236.5	54 46 35.19	+0.62	3 29 39.66	+18 57 45.2	1.010 9784
	17	4237.5	55 44 27.35	+0.67	3 33 37.44	+19 11 38.1	1.011 1921

SUN, 2007

FOR 0^h TERRESTRIAL TIME

Date		Position Angle of Axis P	Heliographic		H. P.	Semi-Diameter	Ephemeris Transit
			Latitude B_0	Longitude L_0			
		°	°	°	″	′ ″	h m s
Apr.	1	− 26.15	− 6.57	353.19	8.80	16 00.56	12 03 58.56
	2	− 26.19	− 6.51	340.00	8.80	16 00.28	12 03 40.67
	3	− 26.22	− 6.46	326.80	8.80	16 00.01	12 03 22.92
	4	− 26.25	− 6.40	313.61	8.79	15 59.73	12 03 05.30
	5	− 26.27	− 6.34	300.41	8.79	15 59.45	12 02 47.86
	6	− 26.28	− 6.28	287.22	8.79	15 59.17	12 02 30.60
	7	− 26.29	− 6.22	274.02	8.79	15 58.89	12 02 13.55
	8	− 26.28	− 6.15	260.82	8.78	15 58.61	12 01 56.74
	9	− 26.27	− 6.08	247.63	8.78	15 58.33	12 01 40.17
	10	− 26.26	− 6.01	234.43	8.78	15 58.06	12 01 23.87
	11	− 26.23	− 5.94	221.23	8.78	15 57.78	12 01 07.86
	12	− 26.20	− 5.87	208.03	8.77	15 57.50	12 00 52.15
	13	− 26.16	− 5.80	194.83	8.77	15 57.22	12 00 36.77
	14	− 26.12	− 5.72	181.62	8.77	15 56.95	12 00 21.72
	15	− 26.07	− 5.65	168.42	8.77	15 56.67	12 00 07.02
	16	− 26.00	− 5.57	155.22	8.76	15 56.40	11 59 52.68
	17	− 25.94	− 5.49	142.01	8.76	15 56.13	11 59 38.72
	18	− 25.86	− 5.41	128.81	8.76	15 55.87	11 59 25.13
	19	− 25.78	− 5.32	115.60	8.76	15 55.61	11 59 11.94
	20	− 25.69	− 5.24	102.40	8.75	15 55.35	11 58 59.15
	21	− 25.59	− 5.15	89.19	8.75	15 55.09	11 58 46.76
	22	− 25.49	− 5.06	75.98	8.75	15 54.84	11 58 34.80
	23	− 25.37	− 4.97	62.77	8.75	15 54.58	11 58 23.27
	24	− 25.26	− 4.88	49.56	8.75	15 54.33	11 58 12.17
	25	− 25.13	− 4.79	36.35	8.74	15 54.08	11 58 01.53
	26	− 24.99	− 4.70	23.14	8.74	15 53.84	11 57 51.36
	27	− 24.85	− 4.60	9.93	8.74	15 53.59	11 57 41.66
	28	− 24.70	− 4.51	356.71	8.74	15 53.35	11 57 32.45
	29	− 24.55	− 4.41	343.50	8.73	15 53.10	11 57 23.74
	30	− 24.38	− 4.31	330.28	8.73	15 52.86	11 57 15.55
May	1	− 24.21	− 4.21	317.07	8.73	15 52.62	11 57 07.87
	2	− 24.04	− 4.11	303.85	8.73	15 52.38	11 57 00.73
	3	− 23.85	− 4.01	290.63	8.73	15 52.14	11 56 54.12
	4	− 23.66	− 3.91	277.41	8.72	15 51.91	11 56 48.07
	5	− 23.46	− 3.81	264.20	8.72	15 51.67	11 56 42.58
	6	− 23.25	− 3.70	250.98	8.72	15 51.44	11 56 37.66
	7	− 23.04	− 3.59	237.76	8.72	15 51.20	11 56 33.31
	8	− 22.82	− 3.49	224.54	8.71	15 50.97	11 56 29.55
	9	− 22.59	− 3.38	211.31	8.71	15 50.74	11 56 26.37
	10	− 22.36	− 3.27	198.09	8.71	15 50.52	11 56 23.78
	11	− 22.12	− 3.16	184.87	8.71	15 50.29	11 56 21.78
	12	− 21.87	− 3.05	171.65	8.71	15 50.07	11 56 20.38
	13	− 21.62	− 2.94	158.42	8.70	15 49.85	11 56 19.57
	14	− 21.35	− 2.83	145.20	8.70	15 49.64	11 56 19.35
	15	− 21.09	− 2.72	131.97	8.70	15 49.43	11 56 19.71
	16	− 20.81	− 2.60	118.75	8.70	15 49.22	11 56 20.65
	17	− 20.53	− 2.49	105.52	8.70	15 49.02	11 56 22.15

SUN, 2007

FOR 0ʰ TERRESTRIAL TIME

Date	Julian Date	Ecliptic Long. for Mean Equinox of Date	Ecliptic Lat.	Apparent Right Ascension	Apparent Declination	True Geocentric Distance
	245	° ′ ″	″	h m s	° ′ ″	
May 17	4237.5	55 44 27.35	+0.67	3 33 37.44	+19 11 38.1	1.011 1921
18	4238.5	56 42 18.03	+0.70	3 37 35.79	+19 25 11.5	1.011 4009
19	4239.5	57 40 07.20	+0.69	3 41 34.70	+19 38 25.1	1.011 6050
20	4240.5	58 37 54.80	+0.65	3 45 34.14	+19 51 18.6	1.011 8043
21	4241.5	59 35 40.81	+0.58	3 49 34.11	+20 03 51.7	1.011 9991
22	4242.5	60 33 25.22	+0.49	3 53 34.60	+20 16 04.1	1.012 1897
23	4243.5	61 31 08.03	+0.38	3 57 35.60	+20 27 55.6	1.012 3762
24	4244.5	62 28 49.26	+0.27	4 01 37.09	+20 39 26.0	1.012 5588
25	4245.5	63 26 28.94	+0.15	4 05 39.08	+20 50 35.0	1.012 7379
26	4246.5	64 24 07.11	+0.03	4 09 41.55	+21 01 22.5	1.012 9136
27	4247.5	65 21 43.81	−0.09	4 13 44.49	+21 11 48.1	1.013 0860
28	4248.5	66 19 19.09	−0.19	4 17 47.89	+21 21 51.7	1.013 2553
29	4249.5	67 16 53.02	−0.27	4 21 51.75	+21 31 33.2	1.013 4217
30	4250.5	68 14 25.66	−0.33	4 25 56.05	+21 40 52.2	1.013 5852
31	4251.5	69 11 57.07	−0.37	4 30 00.78	+21 49 48.8	1.013 7459
June 1	4252.5	70 09 27.34	−0.38	4 34 05.93	+21 58 22.6	1.013 9039
2	4253.5	71 06 56.53	−0.37	4 38 11.50	+22 06 33.5	1.014 0591
3	4254.5	72 04 24.75	−0.33	4 42 17.45	+22 14 21.3	1.014 2115
4	4255.5	73 01 52.06	−0.26	4 46 23.79	+22 21 45.9	1.014 3611
5	4256.5	73 59 18.54	−0.17	4 50 30.49	+22 28 47.1	1.014 5077
6	4257.5	74 56 44.29	−0.06	4 54 37.54	+22 35 24.8	1.014 6510
7	4258.5	75 54 09.36	+0.06	4 58 44.93	+22 41 38.7	1.014 7909
8	4259.5	76 51 33.82	+0.19	5 02 52.62	+22 47 28.8	1.014 9269
9	4260.5	77 48 57.72	+0.33	5 07 00.62	+22 52 54.9	1.015 0589
10	4261.5	78 46 21.10	+0.45	5 11 08.90	+22 57 56.8	1.015 1863
11	4262.5	79 43 43.98	+0.56	5 15 17.44	+23 02 34.5	1.015 3089
12	4263.5	80 41 06.35	+0.64	5 19 26.22	+23 06 47.8	1.015 4262
13	4264.5	81 38 28.19	+0.70	5 23 35.22	+23 10 36.7	1.015 5380
14	4265.5	82 35 49.48	+0.73	5 27 44.40	+23 14 01.0	1.015 6439
15	4266.5	83 33 10.18	+0.72	5 31 53.74	+23 17 00.7	1.015 7439
16	4267.5	84 30 30.22	+0.69	5 36 03.22	+23 19 35.7	1.015 8378
17	4268.5	85 27 49.58	+0.62	5 40 12.78	+23 21 46.0	1.015 9257
18	4269.5	86 25 08.22	+0.53	5 44 22.42	+23 23 31.5	1.016 0077
19	4270.5	87 22 26.12	+0.42	5 48 32.10	+23 24 52.2	1.016 0840
20	4271.5	88 19 43.27	+0.30	5 52 41.79	+23 25 48.1	1.016 1548
21	4272.5	89 16 59.67	+0.18	5 56 51.46	+23 26 19.2	1.016 2203
22	4273.5	90 14 15.35	+0.06	6 01 01.10	+23 26 25.4	1.016 2809
23	4274.5	91 11 30.33	−0.06	6 05 10.69	+23 26 06.8	1.016 3366
24	4275.5	92 08 44.64	−0.16	6 09 20.19	+23 25 23.4	1.016 3878
25	4276.5	93 05 58.33	−0.25	6 13 29.60	+23 24 15.3	1.016 4346
26	4277.5	94 03 11.45	−0.32	6 17 38.87	+23 22 42.5	1.016 4773
27	4278.5	95 00 24.05	−0.36	6 21 48.01	+23 20 45.0	1.016 5160
28	4279.5	95 57 36.20	−0.38	6 25 56.98	+23 18 23.0	1.016 5510
29	4280.5	96 54 47.97	−0.37	6 30 05.77	+23 15 36.5	1.016 5823
30	4281.5	97 51 59.44	−0.33	6 34 14.35	+23 12 25.5	1.016 6101
July 1	4282.5	98 49 10.69	−0.26	6 38 22.70	+23 08 50.3	1.016 6345
2	4283.5	99 46 21.82	−0.17	6 42 30.81	+23 04 50.8	1.016 6555

FOR 0^h TERRESTRIAL TIME

Date		Position Angle of Axis P	Heliographic Latitude B_0	Heliographic Longitude L_0	H. P.	Semi-Diameter	Ephemeris Transit
		°	°	°	″	′ ″	h m s
May	17	− 20.53	− 2.49	105.52	8.70	15 49.02	11 56 22.15
	18	− 20.24	− 2.37	92.30	8.70	15 48.83	11 56 24.22
	19	− 19.95	− 2.26	79.07	8.69	15 48.64	11 56 26.82
	20	− 19.65	− 2.14	65.84	8.69	15 48.45	11 56 29.97
	21	− 19.34	− 2.03	52.61	8.69	15 48.27	11 56 33.64
	22	− 19.03	− 1.91	39.39	8.69	15 48.09	11 56 37.82
	23	− 18.71	− 1.79	26.16	8.69	15 47.91	11 56 42.51
	24	− 18.39	− 1.67	12.93	8.69	15 47.74	11 56 47.70
	25	− 18.05	− 1.56	359.70	8.68	15 47.57	11 56 53.37
	26	− 17.72	− 1.44	346.47	8.68	15 47.41	11 56 59.53
	27	− 17.38	− 1.32	333.23	8.68	15 47.25	11 57 06.15
	28	− 17.03	− 1.20	320.00	8.68	15 47.09	11 57 13.23
	29	− 16.68	− 1.08	306.77	8.68	15 46.94	11 57 20.75
	30	− 16.32	− 0.96	293.54	8.68	15 46.78	11 57 28.71
	31	− 15.96	− 0.84	280.30	8.67	15 46.63	11 57 37.10
June	1	− 15.59	− 0.72	267.07	8.67	15 46.48	11 57 45.90
	2	− 15.22	− 0.60	253.84	8.67	15 46.34	11 57 55.09
	3	− 14.84	− 0.48	240.60	8.67	15 46.20	11 58 04.68
	4	− 14.45	− 0.36	227.37	8.67	15 46.06	11 58 14.64
	5	− 14.07	− 0.24	214.13	8.67	15 45.92	11 58 24.95
	6	− 13.68	− 0.12	200.90	8.67	15 45.79	11 58 35.62
	7	− 13.28	+ 0.01	187.66	8.67	15 45.66	11 58 46.60
	8	− 12.88	+ 0.13	174.43	8.66	15 45.53	11 58 57.90
	9	− 12.48	+ 0.25	161.19	8.66	15 45.41	11 59 09.49
	10	− 12.07	+ 0.37	147.96	8.66	15 45.29	11 59 21.36
	11	− 11.66	+ 0.49	134.72	8.66	15 45.18	11 59 33.47
	12	− 11.24	+ 0.61	121.49	8.66	15 45.07	11 59 45.80
	13	− 10.82	+ 0.73	108.25	8.66	15 44.96	11 59 58.33
	14	− 10.40	+ 0.85	95.01	8.66	15 44.86	12 00 11.04
	15	− 9.97	+ 0.97	81.78	8.66	15 44.77	12 00 23.88
	16	− 9.55	+ 1.09	68.54	8.66	15 44.68	12 00 36.84
	17	− 9.11	+ 1.21	55.31	8.66	15 44.60	12 00 49.88
	18	− 8.68	+ 1.33	42.07	8.66	15 44.53	12 01 02.98
	19	− 8.24	+ 1.44	28.83	8.65	15 44.45	12 01 16.11
	20	− 7.81	+ 1.56	15.60	8.65	15 44.39	12 01 29.25
	21	− 7.37	+ 1.68	2.36	8.65	15 44.33	12 01 42.36
	22	− 6.92	+ 1.80	349.12	8.65	15 44.27	12 01 55.43
	23	− 6.48	+ 1.91	335.89	8.65	15 44.22	12 02 08.42
	24	− 6.03	+ 2.03	322.65	8.65	15 44.17	12 02 21.33
	25	− 5.59	+ 2.14	309.41	8.65	15 44.13	12 02 34.12
	26	− 5.14	+ 2.26	296.17	8.65	15 44.09	12 02 46.77
	27	− 4.69	+ 2.37	282.94	8.65	15 44.05	12 02 59.27
	28	− 4.24	+ 2.49	269.70	8.65	15 44.02	12 03 11.59
	29	− 3.78	+ 2.60	256.46	8.65	15 43.99	12 03 23.71
	30	− 3.33	+ 2.71	243.23	8.65	15 43.97	12 03 35.62
July	1	− 2.88	+ 2.82	229.99	8.65	15 43.94	12 03 47.29
	2	− 2.43	+ 2.93	216.75	8.65	15 43.92	12 03 58.71

SUN, 2007

FOR 0ʰ TERRESTRIAL TIME

Date		Julian Date	Ecliptic Long. for Mean Equinox of Date	Ecliptic Lat.	Apparent Right Ascension	Apparent Declination	True Geocentric Distance
		245	° ′ ″	″	h m s	° ′ ″	
July	1	4282.5	98 49 10.69	−0.26	6 38 22.70	+23 08 50.3	1.016 6345
	2	4283.5	99 46 21.82	−0.17	6 42 30.81	+23 04 50.8	1.016 6555
	3	4284.5	100 43 32.92	−0.07	6 46 38.66	+23 00 27.1	1.016 6730
	4	4285.5	101 40 44.08	+0.06	6 50 46.23	+22 55 39.4	1.016 6870
	5	4286.5	102 37 55.39	+0.19	6 54 53.50	+22 50 27.7	1.016 6974
	6	4287.5	103 35 06.93	+0.32	6 59 00.45	+22 44 52.1	1.016 7038
	7	4288.5	104 32 18.77	+0.44	7 03 07.08	+22 38 52.8	1.016 7059
	8	4289.5	105 29 30.96	+0.55	7 07 13.36	+22 32 29.9	1.016 7036
	9	4290.5	106 26 43.54	+0.64	7 11 19.29	+22 25 43.5	1.016 6964
	10	4291.5	107 23 56.53	+0.70	7 15 24.84	+22 18 33.7	1.016 6839
	11	4292.5	108 21 09.94	+0.73	7 19 29.99	+22 11 00.8	1.016 6659
	12	4293.5	109 18 23.75	+0.72	7 23 34.72	+22 03 05.0	1.016 6421
	13	4294.5	110 15 37.93	+0.69	7 27 39.01	+21 54 46.4	1.016 6123
	14	4295.5	111 12 52.45	+0.62	7 31 42.84	+21 46 05.2	1.016 5763
	15	4296.5	112 10 07.27	+0.53	7 35 46.19	+21 37 01.7	1.016 5341
	16	4297.5	113 07 22.36	+0.43	7 39 49.03	+21 27 36.1	1.016 4857
	17	4298.5	114 04 37.69	+0.30	7 43 51.36	+21 17 48.6	1.016 4313
	18	4299.5	115 01 53.24	+0.17	7 47 53.14	+21 07 39.5	1.016 3710
	19	4300.5	115 59 09.00	+0.04	7 51 54.38	+20 57 08.8	1.016 3051
	20	4301.5	116 56 24.97	−0.08	7 55 55.06	+20 46 17.0	1.016 2337
	21	4302.5	117 53 41.16	−0.19	7 59 55.17	+20 35 04.2	1.016 1572
	22	4303.5	118 50 57.59	−0.29	8 03 54.70	+20 23 30.8	1.016 0757
	23	4304.5	119 48 14.28	−0.36	8 07 53.64	+20 11 36.9	1.015 9895
	24	4305.5	120 45 31.27	−0.41	8 11 52.00	+19 59 22.8	1.015 8989
	25	4306.5	121 42 48.59	−0.44	8 15 49.75	+19 46 48.8	1.015 8041
	26	4307.5	122 40 06.31	−0.43	8 19 46.90	+19 33 55.1	1.015 7054
	27	4308.5	123 37 24.46	−0.40	8 23 43.45	+19 20 42.1	1.015 6031
	28	4309.5	124 34 43.13	−0.34	8 27 39.38	+19 07 10.0	1.015 4973
	29	4310.5	125 32 02.38	−0.26	8 31 34.71	+18 53 19.0	1.015 3883
	30	4311.5	126 29 22.31	−0.15	8 35 29.42	+18 39 09.5	1.015 2762
	31	4312.5	127 26 43.00	−0.03	8 39 23.53	+18 24 41.7	1.015 1612
Aug.	1	4313.5	128 24 04.56	+0.10	8 43 17.03	+18 09 55.7	1.015 0432
	2	4314.5	129 21 27.08	+0.24	8 47 09.92	+17 54 52.0	1.014 9222
	3	4315.5	130 18 50.65	+0.37	8 51 02.22	+17 39 30.7	1.014 7981
	4	4316.5	131 16 15.36	+0.48	8 54 53.93	+17 23 52.1	1.014 6706
	5	4317.5	132 13 41.27	+0.57	8 58 45.06	+17 07 56.4	1.014 5396
	6	4318.5	133 11 08.44	+0.64	9 02 35.61	+16 51 43.9	1.014 4046
	7	4319.5	134 08 36.90	+0.68	9 06 25.58	+16 35 15.0	1.014 2655
	8	4320.5	135 06 06.67	+0.68	9 10 14.98	+16 18 30.0	1.014 1218
	9	4321.5	136 03 37.75	+0.65	9 14 03.82	+16 01 29.1	1.013 9734
	10	4322.5	137 01 10.11	+0.60	9 17 52.08	+15 44 12.6	1.013 8199
	11	4323.5	137 58 43.75	+0.51	9 21 39.78	+15 26 41.0	1.013 6612
	12	4324.5	138 56 18.62	+0.40	9 25 26.90	+15 08 54.6	1.013 4973
	13	4325.5	139 53 54.69	+0.28	9 29 13.47	+14 50 53.6	1.013 3281
	14	4326.5	140 51 31.93	+0.15	9 32 59.47	+14 32 38.4	1.013 1537
	15	4327.5	141 49 10.31	+0.02	9 36 44.92	+14 14 09.4	1.012 9741
	16	4328.5	142 46 49.81	−0.11	9 40 29.82	+13 55 26.8	1.012 7896

FOR 0ʰ TERRESTRIAL TIME

Date		Position Angle of Axis P	Heliographic		H. P.	Semi-Diameter	Ephemeris Transit
			Latitude B_0	Longitude L_0			
		°	°	°	″	′ ″	h m s
July	1	− 2.88	+ 2.82	229.99	8.65	15 43.94	12 03 47.29
	2	− 2.43	+ 2.93	216.75	8.65	15 43.92	12 03 58.71
	3	− 1.97	+ 3.04	203.52	8.65	15 43.91	12 04 09.86
	4	− 1.52	+ 3.15	190.28	8.65	15 43.89	12 04 20.72
	5	− 1.06	+ 3.26	177.04	8.65	15 43.88	12 04 31.29
	6	− 0.61	+ 3.37	163.81	8.65	15 43.88	12 04 41.53
	7	− 0.16	+ 3.47	150.57	8.65	15 43.88	12 04 51.44
	8	+ 0.29	+ 3.58	137.34	8.65	15 43.88	12 05 00.99
	9	+ 0.75	+ 3.68	124.10	8.65	15 43.89	12 05 10.17
	10	+ 1.20	+ 3.79	110.87	8.65	15 43.90	12 05 18.96
	11	+ 1.65	+ 3.89	97.64	8.65	15 43.91	12 05 27.34
	12	+ 2.10	+ 3.99	84.40	8.65	15 43.94	12 05 35.29
	13	+ 2.55	+ 4.09	71.17	8.65	15 43.96	12 05 42.78
	14	+ 2.99	+ 4.19	57.94	8.65	15 44.00	12 05 49.81
	15	+ 3.44	+ 4.29	44.70	8.65	15 44.04	12 05 56.34
	16	+ 3.88	+ 4.38	31.47	8.65	15 44.08	12 06 02.37
	17	+ 4.32	+ 4.48	18.24	8.65	15 44.13	12 06 07.87
	18	+ 4.76	+ 4.57	5.01	8.65	15 44.19	12 06 12.83
	19	+ 5.20	+ 4.67	351.77	8.65	15 44.25	12 06 17.24
	20	+ 5.64	+ 4.76	338.54	8.65	15 44.31	12 06 21.08
	21	+ 6.07	+ 4.85	325.31	8.65	15 44.39	12 06 24.34
	22	+ 6.50	+ 4.94	312.08	8.66	15 44.46	12 06 27.03
	23	+ 6.93	+ 5.03	298.85	8.66	15 44.54	12 06 29.12
	24	+ 7.35	+ 5.11	285.62	8.66	15 44.63	12 06 30.61
	25	+ 7.78	+ 5.20	272.39	8.66	15 44.71	12 06 31.50
	26	+ 8.19	+ 5.28	259.16	8.66	15 44.81	12 06 31.79
	27	+ 8.61	+ 5.36	245.93	8.66	15 44.90	12 06 31.46
	28	+ 9.03	+ 5.44	232.71	8.66	15 45.00	12 06 30.53
	29	+ 9.44	+ 5.52	219.48	8.66	15 45.10	12 06 28.98
	30	+ 9.84	+ 5.60	206.25	8.66	15 45.21	12 06 26.83
	31	+ 10.25	+ 5.68	193.02	8.66	15 45.31	12 06 24.07
Aug.	1	+ 10.65	+ 5.75	179.80	8.66	15 45.42	12 06 20.71
	2	+ 11.05	+ 5.82	166.57	8.66	15 45.54	12 06 16.76
	3	+ 11.44	+ 5.89	153.34	8.67	15 45.65	12 06 12.21
	4	+ 11.83	+ 5.96	140.12	8.67	15 45.77	12 06 07.07
	5	+ 12.22	+ 6.03	126.90	8.67	15 45.89	12 06 01.35
	6	+ 12.60	+ 6.10	113.67	8.67	15 46.02	12 05 55.06
	7	+ 12.98	+ 6.16	100.45	8.67	15 46.15	12 05 48.18
	8	+ 13.35	+ 6.23	87.23	8.67	15 46.28	12 05 40.74
	9	+ 13.72	+ 6.29	74.00	8.67	15 46.42	12 05 32.72
	10	+ 14.09	+ 6.35	60.78	8.67	15 46.56	12 05 24.13
	11	+ 14.45	+ 6.41	47.56	8.68	15 46.71	12 05 14.98
	12	+ 14.81	+ 6.46	34.34	8.68	15 46.86	12 05 05.27
	13	+ 15.16	+ 6.52	21.12	8.68	15 47.02	12 04 55.00
	14	+ 15.51	+ 6.57	7.90	8.68	15 47.19	12 04 44.17
	15	+ 15.85	+ 6.62	354.68	8.68	15 47.35	12 04 32.80
	16	+ 16.19	+ 6.67	341.46	8.68	15 47.53	12 04 20.88

SUN, 2007

FOR 0ʰ TERRESTRIAL TIME

Date	Julian Date	Ecliptic Long. for Mean Equinox of Date	Ecliptic Lat.	Apparent Right Ascension	Apparent Declination	True Geocentric Distance
	245	° ′ ″	″	h m s	° ′ ″	
Aug. 16	4328.5	142 46 49.81	−0.11	9 40 29.82	+13 55 26.8	1.012 7896
17	4329.5	143 44 30.40	−0.22	9 44 14.18	+13 36 30.9	1.012 6002
18	4330.5	144 42 12.09	−0.33	9 47 58.02	+13 17 22.2	1.012 4063
19	4331.5	145 39 54.85	−0.41	9 51 41.33	+12 58 01.0	1.012 2081
20	4332.5	146 37 38.71	−0.47	9 55 24.14	+12 38 27.5	1.012 0059
21	4333.5	147 35 23.66	−0.50	9 59 06.45	+12 18 42.1	1.011 7999
22	4334.5	148 33 09.73	−0.50	10 02 48.27	+11 58 45.1	1.011 5905
23	4335.5	149 30 56.95	−0.48	10 06 29.62	+11 38 36.9	1.011 3778
24	4336.5	150 28 45.34	−0.42	10 10 10.52	+11 18 17.8	1.011 1623
25	4337.5	151 26 34.94	−0.34	10 13 50.96	+10 57 48.0	1.010 9443
26	4338.5	152 24 25.83	−0.24	10 17 30.98	+10 37 08.0	1.010 7240
27	4339.5	153 22 18.05	−0.11	10 21 10.58	+10 16 18.0	1.010 5018
28	4340.5	154 20 11.69	+0.03	10 24 49.79	+ 9 55 18.3	1.010 2779
29	4341.5	155 18 06.84	+0.17	10 28 28.61	+ 9 34 09.2	1.010 0524
30	4342.5	156 16 03.59	+0.31	10 32 07.08	+ 9 12 50.9	1.009 8254
31	4343.5	157 14 02.05	+0.43	10 35 45.21	+ 8 51 23.8	1.009 5970
Sept. 1	4344.5	158 12 02.30	+0.54	10 39 23.04	+ 8 29 48.1	1.009 3670
2	4345.5	159 10 04.42	+0.62	10 43 00.57	+ 8 08 04.0	1.009 1353
3	4346.5	160 08 08.47	+0.67	10 46 37.83	+ 7 46 12.0	1.008 9015
4	4347.5	161 06 14.50	+0.69	10 50 14.84	+ 7 24 12.3	1.008 6655
5	4348.5	162 04 22.53	+0.67	10 53 51.62	+ 7 02 05.3	1.008 4269
6	4349.5	163 02 32.57	+0.63	10 57 28.17	+ 6 39 51.2	1.008 1855
7	4350.5	164 00 44.60	+0.55	11 01 04.52	+ 6 17 30.5	1.007 9410
8	4351.5	164 58 58.61	+0.45	11 04 40.67	+ 5 55 03.4	1.007 6934
9	4352.5	165 57 14.57	+0.34	11 08 16.65	+ 5 32 30.4	1.007 4423
10	4353.5	166 55 32.45	+0.21	11 11 52.47	+ 5 09 51.8	1.007 1878
11	4354.5	167 53 52.20	+0.09	11 15 28.14	+ 4 47 07.9	1.006 9299
12	4355.5	168 52 13.79	−0.04	11 19 03.69	+ 4 24 19.1	1.006 6686
13	4356.5	169 50 37.19	−0.16	11 22 39.13	+ 4 01 25.6	1.006 4040
14	4357.5	170 49 02.35	−0.26	11 26 14.47	+ 3 38 28.0	1.006 1363
15	4358.5	171 47 29.25	−0.35	11 29 49.74	+ 3 15 26.5	1.005 8656
16	4359.5	172 45 57.86	−0.41	11 33 24.95	+ 2 52 21.4	1.005 5921
17	4360.5	173 44 28.16	−0.45	11 37 00.13	+ 2 29 13.2	1.005 3161
18	4361.5	174 43 00.13	−0.46	11 40 35.28	+ 2 06 02.1	1.005 0379
19	4362.5	175 41 33.76	−0.45	11 44 10.44	+ 1 42 48.5	1.004 7576
20	4363.5	176 40 09.05	−0.40	11 47 45.60	+ 1 19 32.8	1.004 4758
21	4364.5	177 38 46.00	−0.33	11 51 20.81	+ 0 56 15.2	1.004 1925
22	4365.5	178 37 24.62	−0.23	11 54 56.07	+ 0 32 56.2	1.003 9084
23	4366.5	179 36 04.94	−0.11	11 58 31.40	+ 0 09 36.1	1.003 6235
24	4367.5	180 34 46.99	+0.02	12 02 06.83	− 0 13 44.8	1.003 3385
25	4368.5	181 33 30.82	+0.16	12 05 42.37	− 0 37 06.2	1.003 0535
26	4369.5	182 32 16.49	+0.31	12 09 18.06	− 1 00 27.8	1.002 7689
27	4370.5	183 31 04.10	+0.44	12 12 53.91	− 1 23 49.2	1.002 4850
28	4371.5	184 29 53.71	+0.56	12 16 29.96	− 1 47 10.2	1.002 2018
29	4372.5	185 28 45.43	+0.65	12 20 06.24	− 2 10 30.5	1.001 9195
30	4373.5	186 27 39.33	+0.71	12 23 42.76	− 2 33 49.8	1.001 6378
Oct. 1	4374.5	187 26 35.48	+0.74	12 27 19.56	− 2 57 07.8	1.001 3567

SUN, 2007

FOR 0^h TERRESTRIAL TIME

Date		Position Angle of Axis P	Heliographic		H. P.	Semi-Diameter	Ephemeris Transit
			Latitude B_0	Longitude L_0			
		°	°	°	″	′ ″	h m s
Aug.	16	+ 16.19	+ 6.67	341.46	8.68	15 47.53	12 04 20.88
	17	+ 16.53	+ 6.72	328.25	8.68	15 47.70	12 04 08.43
	18	+ 16.86	+ 6.76	315.03	8.69	15 47.88	12 03 55.45
	19	+ 17.18	+ 6.80	301.81	8.69	15 48.07	12 03 41.96
	20	+ 17.50	+ 6.85	288.60	8.69	15 48.26	12 03 27.96
	21	+ 17.82	+ 6.88	275.38	8.69	15 48.45	12 03 13.47
	22	+ 18.13	+ 6.92	262.17	8.69	15 48.65	12 02 58.50
	23	+ 18.44	+ 6.96	248.95	8.70	15 48.85	12 02 43.06
	24	+ 18.74	+ 6.99	235.74	8.70	15 49.05	12 02 27.17
	25	+ 19.03	+ 7.02	222.52	8.70	15 49.26	12 02 10.84
	26	+ 19.32	+ 7.05	209.31	8.70	15 49.46	12 01 54.09
	27	+ 19.61	+ 7.08	196.10	8.70	15 49.67	12 01 36.94
	28	+ 19.89	+ 7.10	182.88	8.70	15 49.88	12 01 19.41
	29	+ 20.16	+ 7.13	169.67	8.71	15 50.09	12 01 01.51
	30	+ 20.43	+ 7.15	156.46	8.71	15 50.31	12 00 43.26
	31	+ 20.70	+ 7.17	143.25	8.71	15 50.52	12 00 24.69
Sept.	1	+ 20.96	+ 7.19	130.04	8.71	15 50.74	12 00 05.82
	2	+ 21.21	+ 7.20	116.83	8.71	15 50.96	11 59 46.67
	3	+ 21.46	+ 7.22	103.62	8.72	15 51.18	11 59 27.25
	4	+ 21.70	+ 7.23	90.41	8.72	15 51.40	11 59 07.58
	5	+ 21.94	+ 7.24	77.20	8.72	15 51.63	11 58 47.69
	6	+ 22.17	+ 7.24	64.00	8.72	15 51.85	11 58 27.58
	7	+ 22.39	+ 7.25	50.79	8.72	15 52.08	11 58 07.27
	8	+ 22.61	+ 7.25	37.58	8.73	15 52.32	11 57 46.79
	9	+ 22.82	+ 7.25	24.38	8.73	15 52.56	11 57 26.14
	10	+ 23.03	+ 7.25	11.17	8.73	15 52.80	11 57 05.34
	11	+ 23.23	+ 7.25	357.97	8.73	15 53.04	11 56 44.40
	12	+ 23.43	+ 7.24	344.77	8.74	15 53.29	11 56 23.35
	13	+ 23.62	+ 7.23	331.56	8.74	15 53.54	11 56 02.20
	14	+ 23.80	+ 7.22	318.36	8.74	15 53.79	11 55 40.96
	15	+ 23.98	+ 7.21	305.16	8.74	15 54.05	11 55 19.65
	16	+ 24.15	+ 7.20	291.95	8.75	15 54.31	11 54 58.30
	17	+ 24.31	+ 7.18	278.75	8.75	15 54.57	11 54 36.91
	18	+ 24.47	+ 7.17	265.55	8.75	15 54.83	11 54 15.51
	19	+ 24.63	+ 7.15	252.35	8.75	15 55.10	11 53 54.12
	20	+ 24.77	+ 7.12	239.15	8.75	15 55.37	11 53 32.75
	21	+ 24.91	+ 7.10	225.95	8.76	15 55.64	11 53 11.42
	22	+ 25.04	+ 7.07	212.75	8.76	15 55.91	11 52 50.16
	23	+ 25.17	+ 7.04	199.55	8.76	15 56.18	11 52 28.99
	24	+ 25.29	+ 7.01	186.35	8.76	15 56.45	11 52 07.92
	25	+ 25.40	+ 6.98	173.15	8.77	15 56.72	11 51 46.99
	26	+ 25.51	+ 6.95	159.95	8.77	15 56.99	11 51 26.22
	27	+ 25.61	+ 6.91	146.76	8.77	15 57.27	11 51 05.62
	28	+ 25.70	+ 6.87	133.56	8.77	15 57.54	11 50 45.24
	29	+ 25.79	+ 6.83	120.36	8.78	15 57.81	11 50 25.08
	30	+ 25.87	+ 6.79	107.16	8.78	15 58.08	11 50 05.18
Oct.	1	+ 25.94	+ 6.74	93.97	8.78	15 58.34	11 49 45.57

SUN, 2007

FOR 0ʰ TERRESTRIAL TIME

Date		Julian Date	Ecliptic Long.	Ecliptic Lat.	Apparent Right Ascension	Apparent Declination	True Geocentric Distance
			for Mean Equinox of Date				
		245	° ′ ″	″	h m s	° ′ ″	
Oct.	1	4374.5	187 26 35.48	+0.74	12 27 19.56	− 2 57 07.8	1.001 3567
	2	4375.5	188 25 33.94	+0.73	12 30 56.64	− 3 20 24.0	1.001 0759
	3	4376.5	189 24 34.73	+0.69	12 34 34.05	− 3 43 38.3	1.000 7952
	4	4377.5	190 23 37.86	+0.62	12 38 11.79	− 4 06 50.1	1.000 5142
	5	4378.5	191 22 43.32	+0.53	12 41 49.87	− 4 29 59.1	1.000 2329
	6	4379.5	192 21 51.11	+0.42	12 45 28.33	− 4 53 05.0	0.999 9509
	7	4380.5	193 21 01.18	+0.30	12 49 07.18	− 5 16 07.3	0.999 6681
	8	4381.5	194 20 13.50	+0.17	12 52 46.43	− 5 39 05.7	0.999 3845
	9	4382.5	195 19 28.03	+0.04	12 56 26.11	− 6 01 59.8	0.999 0998
	10	4383.5	196 18 44.72	−0.08	13 00 06.23	− 6 24 49.2	0.998 8142
	11	4384.5	197 18 03.52	−0.19	13 03 46.81	− 6 47 33.6	0.998 5277
	12	4385.5	198 17 24.37	−0.28	13 07 27.87	− 7 10 12.4	0.998 2403
	13	4386.5	199 16 47.24	−0.35	13 11 09.42	− 7 32 45.4	0.997 9521
	14	4387.5	200 16 12.07	−0.39	13 14 51.48	− 7 55 12.1	0.997 6632
	15	4388.5	201 15 38.81	−0.41	13 18 34.06	− 8 17 32.2	0.997 3740
	16	4389.5	202 15 07.42	−0.40	13 22 17.19	− 8 39 45.3	0.997 0845
	17	4390.5	203 14 37.85	−0.37	13 26 00.87	− 9 01 50.9	0.996 7950
	18	4391.5	204 14 10.09	−0.30	13 29 45.12	− 9 23 48.7	0.996 5058
	19	4392.5	205 13 44.08	−0.22	13 33 29.96	− 9 45 38.2	0.996 2173
	20	4393.5	206 13 19.82	−0.11	13 37 15.39	−10 07 19.1	0.995 9296
	21	4394.5	207 12 57.29	+0.01	13 41 01.44	−10 28 51.0	0.995 6433
	22	4395.5	208 12 36.48	+0.15	13 44 48.12	−10 50 13.6	0.995 3587
	23	4396.5	209 12 17.40	+0.28	13 48 35.44	−11 11 26.3	0.995 0761
	24	4397.5	210 12 00.09	+0.42	13 52 23.42	−11 32 28.8	0.994 7960
	25	4398.5	211 11 44.59	+0.53	13 56 12.09	−11 53 20.9	0.994 5188
	26	4399.5	212 11 30.97	+0.63	14 00 01.47	−12 14 02.1	0.994 2446
	27	4400.5	213 11 19.29	+0.70	14 03 51.57	−12 34 32.0	0.993 9737
	28	4401.5	214 11 09.63	+0.73	14 07 42.41	−12 54 50.4	0.993 7061
	29	4402.5	215 11 02.07	+0.73	14 11 34.02	−13 14 56.9	0.993 4418
	30	4403.5	216 10 56.65	+0.69	14 15 26.40	−13 34 51.1	0.993 1805
	31	4404.5	217 10 53.41	+0.63	14 19 19.57	−13 54 32.5	0.992 9221
Nov.	1	4405.5	218 10 52.37	+0.54	14 23 13.53	−14 14 00.7	0.992 6664
	2	4406.5	219 10 53.52	+0.43	14 27 08.30	−14 33 15.4	0.992 4130
	3	4407.5	220 10 56.84	+0.31	14 31 03.89	−14 52 16.2	0.992 1618
	4	4408.5	221 11 02.30	+0.18	14 35 00.31	−15 11 02.5	0.991 9126
	5	4409.5	222 11 09.87	+0.05	14 38 57.56	−15 29 33.9	0.991 6652
	6	4410.5	223 11 19.48	−0.07	14 42 55.65	−15 47 50.1	0.991 4195
	7	4411.5	224 11 31.10	−0.18	14 46 54.58	−16 05 50.7	0.991 1754
	8	4412.5	225 11 44.65	−0.27	14 50 54.37	−16 23 35.1	0.990 9329
	9	4413.5	226 12 00.08	−0.35	14 54 55.00	−16 41 03.1	0.990 6918
	10	4414.5	227 12 17.32	−0.39	14 58 56.49	−16 58 14.1	0.990 4524
	11	4415.5	228 12 36.30	−0.42	15 02 58.83	−17 15 07.7	0.990 2146
	12	4416.5	229 12 56.96	−0.41	15 07 02.01	−17 31 43.6	0.989 9784
	13	4417.5	230 13 19.21	−0.38	15 11 06.05	−17 48 01.4	0.989 7442
	14	4418.5	231 13 43.01	−0.33	15 15 10.92	−18 04 00.6	0.989 5119
	15	4419.5	232 14 08.28	−0.25	15 19 16.63	−18 19 40.8	0.989 2818
	16	4420.5	233 14 34.95	−0.15	15 23 23.18	−18 35 01.6	0.989 0542

FOR 0ʰ TERRESTRIAL TIME

Date		Position Angle of Axis P	Heliographic		H. P.	Semi-Diameter	Ephemeris Transit
			Latitude B_0	Longitude L_0			
		°	°	°	''	' ''	h m s
Oct.	1	+ 25.94	+ 6.74	93.97	8.78	15 58.34	11 49 45.57
	2	+ 26.01	+ 6.69	80.77	8.78	15 58.61	11 49 26.25
	3	+ 26.07	+ 6.65	67.58	8.79	15 58.88	11 49 07.26
	4	+ 26.12	+ 6.59	54.38	8.79	15 59.15	11 48 48.61
	5	+ 26.17	+ 6.54	41.19	8.79	15 59.42	11 48 30.33
	6	+ 26.20	+ 6.49	27.99	8.79	15 59.69	11 48 12.42
	7	+ 26.23	+ 6.43	14.80	8.80	15 59.96	11 47 54.92
	8	+ 26.26	+ 6.37	1.61	8.80	16 00.24	11 47 37.83
	9	+ 26.27	+ 6.31	348.41	8.80	16 00.51	11 47 21.18
	10	+ 26.28	+ 6.25	335.22	8.80	16 00.78	11 47 04.98
	11	+ 26.28	+ 6.18	322.03	8.81	16 01.06	11 46 49.25
	12	+ 26.28	+ 6.12	308.84	8.81	16 01.34	11 46 34.00
	13	+ 26.27	+ 6.05	295.65	8.81	16 01.61	11 46 19.25
	14	+ 26.25	+ 5.98	282.45	8.81	16 01.89	11 46 05.01
	15	+ 26.22	+ 5.91	269.26	8.82	16 02.17	11 45 51.31
	16	+ 26.18	+ 5.83	256.07	8.82	16 02.45	11 45 38.15
	17	+ 26.14	+ 5.76	242.88	8.82	16 02.73	11 45 25.55
	18	+ 26.09	+ 5.68	229.69	8.82	16 03.01	11 45 13.53
	19	+ 26.03	+ 5.60	216.50	8.83	16 03.29	11 45 02.10
	20	+ 25.96	+ 5.52	203.31	8.83	16 03.57	11 44 51.27
	21	+ 25.89	+ 5.44	190.12	8.83	16 03.84	11 44 41.07
	22	+ 25.81	+ 5.35	176.93	8.84	16 04.12	11 44 31.51
	23	+ 25.72	+ 5.27	163.74	8.84	16 04.39	11 44 22.61
	24	+ 25.62	+ 5.18	150.55	8.84	16 04.66	11 44 14.38
	25	+ 25.52	+ 5.09	137.37	8.84	16 04.93	11 44 06.84
	26	+ 25.41	+ 5.00	124.18	8.85	16 05.20	11 44 00.02
	27	+ 25.29	+ 4.91	110.99	8.85	16 05.46	11 43 53.93
	28	+ 25.16	+ 4.81	97.80	8.85	16 05.72	11 43 48.58
	29	+ 25.02	+ 4.72	84.61	8.85	16 05.98	11 43 44.00
	30	+ 24.88	+ 4.62	71.43	8.85	16 06.23	11 43 40.20
	31	+ 24.73	+ 4.53	58.24	8.86	16 06.49	11 43 37.19
Nov.	1	+ 24.57	+ 4.43	45.05	8.86	16 06.73	11 43 34.99
	2	+ 24.40	+ 4.32	31.87	8.86	16 06.98	11 43 33.60
	3	+ 24.23	+ 4.22	18.68	8.86	16 07.23	11 43 33.04
	4	+ 24.05	+ 4.12	5.49	8.87	16 07.47	11 43 33.31
	5	+ 23.85	+ 4.01	352.31	8.87	16 07.71	11 43 34.42
	6	+ 23.66	+ 3.91	339.12	8.87	16 07.95	11 43 36.38
	7	+ 23.45	+ 3.80	325.94	8.87	16 08.19	11 43 39.18
	8	+ 23.24	+ 3.69	312.76	8.87	16 08.43	11 43 42.82
	9	+ 23.01	+ 3.58	299.57	8.88	16 08.66	11 43 47.32
	10	+ 22.78	+ 3.47	286.39	8.88	16 08.90	11 43 52.67
	11	+ 22.55	+ 3.36	273.20	8.88	16 09.13	11 43 58.86
	12	+ 22.30	+ 3.25	260.02	8.88	16 09.36	11 44 05.90
	13	+ 22.05	+ 3.13	246.84	8.89	16 09.59	11 44 13.79
	14	+ 21.79	+ 3.02	233.65	8.89	16 09.82	11 44 22.51
	15	+ 21.52	+ 2.90	220.47	8.89	16 10.04	11 44 32.07
	16	+ 21.24	+ 2.78	207.29	8.89	16 10.27	11 44 42.46

SUN, 2007

FOR 0ʰ TERRESTRIAL TIME

Date	Julian Date	Ecliptic Long. for Mean Equinox of Date	Ecliptic Lat.	Apparent Right Ascension	Apparent Declination	True Geocentric Distance
	245	° ′ ″	″	h m s	° ′ ″	
Nov. 16	4420.5	233 14 34.95	−0.15	15 23 23.18	−18 35 01.6	0.989 0542
17	4421.5	234 15 02.99	−0.03	15 27 30.54	−18 50 02.6	0.988 8293
18	4422.5	235 15 32.33	+0.10	15 31 38.72	−19 04 43.5	0.988 6075
19	4423.5	236 16 02.94	+0.23	15 35 47.72	−19 19 03.9	0.988 3892
20	4424.5	237 16 34.79	+0.35	15 39 57.51	−19 33 03.3	0.988 1746
21	4425.5	238 17 07.87	+0.47	15 44 08.10	−19 46 41.5	0.987 9642
22	4426.5	239 17 42.19	+0.56	15 48 19.49	−19 59 58.1	0.987 7583
23	4427.5	240 18 17.77	+0.63	15 52 31.67	−20 12 52.7	0.987 5574
24	4428.5	241 18 54.66	+0.67	15 56 44.63	−20 25 25.1	0.987 3618
25	4429.5	242 19 32.91	+0.68	16 00 58.36	−20 37 34.9	0.987 1715
26	4430.5	243 20 12.58	+0.65	16 05 12.87	−20 49 21.9	0.986 9866
27	4431.5	244 20 53.73	+0.58	16 09 28.13	−21 00 45.6	0.986 8072
28	4432.5	245 21 36.39	+0.49	16 13 44.14	−21 11 45.9	0.986 6331
29	4433.5	246 22 20.59	+0.38	16 18 00.87	−21 22 22.2	0.986 4639
30	4434.5	247 23 06.33	+0.26	16 22 18.32	−21 32 34.3	0.986 2996
Dec. 1	4435.5	248 23 53.59	+0.13	16 26 36.46	−21 42 22.0	0.986 1398
2	4436.5	249 24 42.36	0.00	16 30 55.28	−21 51 44.8	0.985 9844
3	4437.5	250 25 32.58	−0.13	16 35 14.76	−22 00 42.5	0.985 8331
4	4438.5	251 26 24.22	−0.24	16 39 34.87	−22 09 14.7	0.985 6857
5	4439.5	252 27 17.22	−0.34	16 43 55.60	−22 17 21.3	0.985 5420
6	4440.5	253 28 11.51	−0.41	16 48 16.91	−22 25 01.9	0.985 4020
7	4441.5	254 29 07.03	−0.46	16 52 38.78	−22 32 16.4	0.985 2655
8	4442.5	255 30 03.70	−0.49	16 57 01.18	−22 39 04.4	0.985 1325
9	4443.5	256 31 01.45	−0.49	17 01 24.08	−22 45 25.8	0.985 0028
10	4444.5	257 32 00.20	−0.46	17 05 47.45	−22 51 20.4	0.984 8764
11	4445.5	258 32 59.85	−0.40	17 10 11.25	−22 56 47.8	0.984 7534
12	4446.5	259 34 00.33	−0.32	17 14 35.45	−23 01 48.1	0.984 6339
13	4447.5	260 35 01.54	−0.22	17 19 00.02	−23 06 21.0	0.984 5179
14	4448.5	261 36 03.41	−0.11	17 23 24.91	−23 10 26.3	0.984 4055
15	4449.5	262 37 05.85	+0.02	17 27 50.10	−23 14 03.9	0.984 2970
16	4450.5	263 38 08.79	+0.14	17 32 15.54	−23 17 13.7	0.984 1927
17	4451.5	264 39 12.15	+0.27	17 36 41.21	−23 19 55.6	0.984 0927
18	4452.5	265 40 15.88	+0.38	17 41 07.07	−23 22 09.4	0.983 9974
19	4453.5	266 41 19.94	+0.48	17 45 33.08	−23 23 55.2	0.983 9072
20	4454.5	267 42 24.30	+0.55	17 49 59.22	−23 25 12.8	0.983 8224
21	4455.5	268 43 28.96	+0.60	17 54 25.46	−23 26 02.3	0.983 7435
22	4456.5	269 44 33.91	+0.61	17 58 51.77	−23 26 23.5	0.983 6706
23	4457.5	270 45 39.20	+0.58	18 03 18.11	−23 26 16.6	0.983 6041
24	4458.5	271 46 44.87	+0.52	18 07 44.46	−23 25 41.5	0.983 5441
25	4459.5	272 47 50.95	+0.43	18 12 10.79	−23 24 38.3	0.983 4908
26	4460.5	273 48 57.48	+0.32	18 16 37.05	−23 23 06.9	0.983 4440
27	4461.5	274 50 04.51	+0.20	18 21 03.23	−23 21 07.3	0.983 4035
28	4462.5	275 51 12.04	+0.06	18 25 29.30	−23 18 39.6	0.983 3693
29	4463.5	276 52 20.08	−0.08	18 29 55.21	−23 15 43.8	0.983 3410
30	4464.5	277 53 28.60	−0.21	18 34 20.95	−23 12 20.0	0.983 3185
31	4465.5	278 54 37.60	−0.33	18 38 46.48	−23 08 28.3	0.983 3013
32	4466.5	279 55 47.02	−0.43	18 43 11.78	−23 04 08.7	0.983 2893

SUN, 2007

FOR 0ʰ TERRESTRIAL TIME

Date		Position Angle of Axis P	Heliographic		H. P.	Semi-Diameter		Ephemeris Transit
			Latitude B_0	Longitude L_0				
		°	°	°	″	′ ″		h m s
Nov.	16	+ 21.24	+ 2.78	207.29	8.89	16	10.27	11 44 42.46
	17	+ 20.96	+ 2.67	194.11	8.89	16	10.49	11 44 53.67
	18	+ 20.67	+ 2.55	180.92	8.90	16	10.70	11 45 05.69
	19	+ 20.37	+ 2.43	167.74	8.90	16	10.92	11 45 18.53
	20	+ 20.07	+ 2.31	154.56	8.90	16	11.13	11 45 32.17
	21	+ 19.76	+ 2.19	141.38	8.90	16	11.34	11 45 46.60
	22	+ 19.44	+ 2.06	128.20	8.90	16	11.54	11 46 01.83
	23	+ 19.11	+ 1.94	115.01	8.90	16	11.74	11 46 17.83
	24	+ 18.78	+ 1.82	101.83	8.91	16	11.93	11 46 34.62
	25	+ 18.44	+ 1.69	88.65	8.91	16	12.12	11 46 52.17
	26	+ 18.09	+ 1.57	75.47	8.91	16	12.30	11 47 10.49
	27	+ 17.74	+ 1.44	62.29	8.91	16	12.47	11 47 29.55
	28	+ 17.38	+ 1.32	49.11	8.91	16	12.65	11 47 49.36
	29	+ 17.01	+ 1.19	35.93	8.91	16	12.81	11 48 09.89
	30	+ 16.64	+ 1.07	22.75	8.92	16	12.98	11 48 31.13
Dec.	1	+ 16.26	+ 0.94	9.57	8.92	16	13.13	11 48 53.06
	2	+ 15.87	+ 0.81	356.39	8.92	16	13.29	11 49 15.66
	3	+ 15.48	+ 0.69	343.22	8.92	16	13.44	11 49 38.91
	4	+ 15.09	+ 0.56	330.04	8.92	16	13.58	11 50 02.78
	5	+ 14.69	+ 0.43	316.86	8.92	16	13.72	11 50 27.25
	6	+ 14.28	+ 0.30	303.68	8.92	16	13.86	11 50 52.29
	7	+ 13.86	+ 0.17	290.51	8.93	16	14.00	11 51 17.88
	8	+ 13.45	+ 0.05	277.33	8.93	16	14.13	11 51 43.98
	9	+ 13.02	− 0.08	264.15	8.93	16	14.26	11 52 10.56
	10	+ 12.60	− 0.21	250.98	8.93	16	14.38	11 52 37.59
	11	+ 12.16	− 0.34	237.80	8.93	16	14.50	11 53 05.04
	12	+ 11.73	− 0.47	224.62	8.93	16	14.62	11 53 32.87
	13	+ 11.28	− 0.59	211.45	8.93	16	14.74	11 54 01.05
	14	+ 10.84	− 0.72	198.27	8.93	16	14.85	11 54 29.54
	15	+ 10.39	− 0.85	185.10	8.93	16	14.95	11 54 58.31
	16	+ 9.94	− 0.98	171.92	8.94	16	15.06	11 55 27.33
	17	+ 9.48	− 1.10	158.75	8.94	16	15.16	11 55 56.55
	18	+ 9.02	− 1.23	145.57	8.94	16	15.25	11 56 25.95
	19	+ 8.56	− 1.36	132.40	8.94	16	15.34	11 56 55.49
	20	+ 8.09	− 1.48	119.23	8.94	16	15.42	11 57 25.14
	21	+ 7.62	− 1.61	106.05	8.94	16	15.50	11 57 54.86
	22	+ 7.15	− 1.73	92.88	8.94	16	15.58	11 58 24.64
	23	+ 6.68	− 1.86	79.71	8.94	16	15.64	11 58 54.43
	24	+ 6.20	− 1.98	66.53	8.94	16	15.70	11 59 24.21
	25	+ 5.73	− 2.11	53.36	8.94	16	15.75	11 59 53.95
	26	+ 5.25	− 2.23	40.19	8.94	16	15.80	12 00 23.63
	27	+ 4.77	− 2.35	27.01	8.94	16	15.84	12 00 53.20
	28	+ 4.29	− 2.47	13.84	8.94	16	15.87	12 01 22.65
	29	+ 3.80	− 2.59	0.67	8.94	16	15.90	12 01 51.94
	30	+ 3.32	− 2.71	347.50	8.94	16	15.92	12 02 21.03
	31	+ 2.84	− 2.83	334.33	8.94	16	15.94	12 02 49.91
	32	+ 2.35	− 2.95	321.16	8.94	16	15.95	12 03 18.52

SUN, 2007

ICRS GEOCENTRIC RECTANGULAR COORDINATES

Date 0ʰ TT	x	y	z	Date 0ʰ TT	x	y	z
Jan. 0	+0.154 8655	−0.890 9148	−0.386 2398	Feb. 15	+0.817 0208	−0.509 1239	−0.220 7262
1	+0.172 1041	−0.888 2281	−0.385 0748	16	+0.826 8474	−0.495 9260	−0.215 0040
2	+0.189 2885	−0.885 2663	−0.383 7907	17	+0.836 4191	−0.482 5745	−0.209 2150
3	+0.206 4137	−0.882 0305	−0.382 3879	18	+0.845 7330	−0.469 0740	−0.203 3614
4	+0.223 4749	−0.878 5216	−0.380 8670	19	+0.854 7859	−0.455 4288	−0.197 4450
5	+0.240 4669	−0.874 7406	−0.379 2282	20	+0.863 5750	−0.441 6438	−0.191 4680
6	+0.257 3850	−0.870 6885	−0.377 4720	21	+0.872 0979	−0.427 7236	−0.185 4324
7	+0.274 2240	−0.866 3665	−0.375 5988	22	+0.880 3522	−0.413 6731	−0.179 3404
8	+0.290 9790	−0.861 7755	−0.373 6092	23	+0.888 3358	−0.399 4968	−0.173 1941
9	+0.307 6448	−0.856 9169	−0.371 5035	24	+0.896 0466	−0.385 1996	−0.166 9954
10	+0.324 2164	−0.851 7918	−0.369 2822	25	+0.903 4830	−0.370 7860	−0.160 7465
11	+0.340 6886	−0.846 4016	−0.366 9460	26	+0.910 6431	−0.356 2608	−0.154 4494
12	+0.357 0563	−0.840 7478	−0.364 4955	27	+0.917 5254	−0.341 6283	−0.148 1059
13	+0.373 3142	−0.834 8318	−0.361 9312	28	+0.924 1284	−0.326 8931	−0.141 7180
14	+0.389 4572	−0.828 6554	−0.359 2538	Mar. 1	+0.930 4506	−0.312 0597	−0.135 2877
15	+0.405 4800	−0.822 2202	−0.356 4642	2	+0.936 4906	−0.297 1324	−0.128 8168
16	+0.421 3775	−0.815 5282	−0.353 5630	3	+0.942 2468	−0.282 1156	−0.122 3071
17	+0.437 1444	−0.808 5812	−0.350 5512	4	+0.947 7181	−0.267 0137	−0.115 7607
18	+0.452 7754	−0.801 3815	−0.347 4297	5	+0.952 9030	−0.251 8312	−0.109 1792
19	+0.468 2654	−0.793 9313	−0.344 1994	6	+0.957 8003	−0.236 5724	−0.102 5646
20	+0.483 6092	−0.786 2331	−0.340 8614	7	+0.962 4085	−0.221 2416	−0.095 9189
21	+0.498 8016	−0.778 2895	−0.337 4169	8	+0.966 7266	−0.205 8435	−0.089 2438
22	+0.513 8376	−0.770 1033	−0.333 8672	9	+0.970 7533	−0.190 3823	−0.082 5413
23	+0.528 7125	−0.761 6774	−0.330 2136	10	+0.974 4875	−0.174 8627	−0.075 8133
24	+0.543 4215	−0.753 0150	−0.326 4575	11	+0.977 9280	−0.159 2892	−0.069 0618
25	+0.557 9601	−0.744 1191	−0.322 6002	12	+0.981 0737	−0.143 6663	−0.062 2887
26	+0.572 3239	−0.734 9930	−0.318 6432	13	+0.983 9237	−0.127 9987	−0.055 4961
27	+0.586 5089	−0.725 6399	−0.314 5879	14	+0.986 4770	−0.112 2911	−0.048 6861
28	+0.600 5110	−0.716 0630	−0.310 4357	15	+0.988 7326	−0.096 5483	−0.041 8605
29	+0.614 3263	−0.706 2656	−0.306 1881	16	+0.990 6898	−0.080 7750	−0.035 0217
30	+0.627 9509	−0.696 2509	−0.301 8465	17	+0.992 3479	−0.064 9763	−0.028 1717
31	+0.641 3810	−0.686 0220	−0.297 4122	18	+0.993 7063	−0.049 1572	−0.021 3128
Feb. 1	+0.654 6131	−0.675 5822	−0.292 8865	19	+0.994 7645	−0.033 3227	−0.014 4473
2	+0.667 6433	−0.664 9347	−0.288 2710	20	+0.995 5223	−0.017 4782	−0.007 5774
3	+0.680 4681	−0.654 0826	−0.283 5668	21	+0.995 9800	−0.001 6287	−0.000 7054
4	+0.693 0837	−0.643 0291	−0.278 7754	22	+0.996 1376	+0.014 2206	+0.006 1663
5	+0.705 4866	−0.631 7775	−0.273 8981	23	+0.995 9957	+0.030 0645	+0.013 0355
6	+0.717 6730	−0.620 3311	−0.268 9364	24	+0.995 5551	+0.045 8982	+0.019 9002
7	+0.729 6394	−0.608 6933	−0.263 8917	25	+0.994 8164	+0.061 7166	+0.026 7581
8	+0.741 3822	−0.596 8675	−0.258 7654	26	+0.993 7806	+0.077 5152	+0.033 6071
9	+0.752 8977	−0.584 8570	−0.253 5590	27	+0.992 4486	+0.093 2892	+0.040 4454
10	+0.764 1824	−0.572 6657	−0.248 2740	28	+0.990 8214	+0.109 0341	+0.047 2709
11	+0.775 2327	−0.560 2969	−0.242 9120	29	+0.988 9000	+0.124 7453	+0.054 0817
12	+0.786 0452	−0.547 7545	−0.237 4745	30	+0.986 6856	+0.140 4185	+0.060 8760
13	+0.796 6163	−0.535 0423	−0.231 9633	31	+0.984 1792	+0.156 0492	+0.067 6518
14	+0.806 9426	−0.522 1641	−0.226 3799	Apr. 1	+0.981 3818	+0.171 6331	+0.074 4072
15	+0.817 0208	−0.509 1239	−0.220 7262	2	+0.978 2947	+0.187 1659	+0.081 1406

ICRS GEOCENTRIC RECTANGULAR COORDINATES

Date 0^hTT	x	y	z	Date 0^hTT	x	y	z
Apr. 1	+0.981 3818	+0.171 6331	+0.074 4072	May 17	+0.570 7374	+0.765 8511	+0.332 0246
2	+0.978 2947	+0.187 1659	+0.081 1406	18	+0.556 7274	+0.774 7129	+0.335 8667
3	+0.974 9191	+0.202 6433	+0.087 8499	19	+0.542 5576	+0.783 3516	+0.339 6118
4	+0.971 2560	+0.218 0610	+0.094 5335	20	+0.528 2326	+0.791 7648	+0.343 2590
5	+0.967 3068	+0.233 4147	+0.101 1894	21	+0.513 7571	+0.799 9503	+0.346 8073
6	+0.963 0726	+0.248 7003	+0.107 8159	22	+0.499 1357	+0.807 9061	+0.350 2560
7	+0.958 5549	+0.263 9133	+0.114 4111	23	+0.484 3728	+0.815 6302	+0.353 6041
8	+0.953 7548	+0.279 0497	+0.120 9732	24	+0.469 4730	+0.823 1209	+0.356 8509
9	+0.948 6737	+0.294 1051	+0.127 5003	25	+0.454 4408	+0.830 3762	+0.359 9957
10	+0.943 3132	+0.309 0751	+0.133 9906	26	+0.439 2806	+0.837 3947	+0.363 0379
11	+0.937 6746	+0.323 9556	+0.140 4422	27	+0.423 9969	+0.844 1747	+0.365 9766
12	+0.931 7595	+0.338 7421	+0.146 8532	28	+0.408 5939	+0.850 7147	+0.368 8114
13	+0.925 5695	+0.353 4302	+0.153 2217	29	+0.393 0761	+0.857 0132	+0.371 5416
14	+0.919 1063	+0.368 0156	+0.159 5456	30	+0.377 4477	+0.863 0687	+0.374 1665
15	+0.912 3718	+0.382 4936	+0.165 8231	31	+0.361 7132	+0.868 8799	+0.376 6857
16	+0.905 3680	+0.396 8599	+0.172 0521	June 1	+0.345 8767	+0.874 4454	+0.379 0984
17	+0.898 0971	+0.411 1098	+0.178 2306	2	+0.329 9426	+0.879 7639	+0.381 4043
18	+0.890 5616	+0.425 2388	+0.184 3566	3	+0.313 9151	+0.884 8341	+0.383 6026
19	+0.882 7641	+0.439 2425	+0.190 4281	4	+0.297 7984	+0.889 6548	+0.385 6929
20	+0.874 7075	+0.453 1167	+0.196 4433	5	+0.281 5968	+0.894 2245	+0.387 6746
21	+0.866 3947	+0.466 8571	+0.202 4004	6	+0.265 3145	+0.898 5421	+0.389 5470
22	+0.857 8288	+0.480 4598	+0.208 2975	7	+0.248 9560	+0.902 6063	+0.391 3096
23	+0.849 0130	+0.493 9209	+0.214 1331	8	+0.232 5255	+0.906 4158	+0.392 9619
24	+0.839 9504	+0.507 2368	+0.219 9056	9	+0.216 0276	+0.909 9692	+0.394 5031
25	+0.830 6442	+0.520 4038	+0.225 6135	10	+0.199 4668	+0.913 2653	+0.395 9328
26	+0.821 0975	+0.533 4185	+0.231 2552	11	+0.182 8478	+0.916 3029	+0.397 2503
27	+0.811 3134	+0.546 2774	+0.236 8293	12	+0.166 1755	+0.919 0809	+0.398 4551
28	+0.801 2952	+0.558 9771	+0.242 3344	13	+0.149 4547	+0.921 5981	+0.399 5467
29	+0.791 0461	+0.571 5144	+0.247 7692	14	+0.132 6906	+0.923 8537	+0.400 5248
30	+0.780 5690	+0.583 8861	+0.253 1321	15	+0.115 8883	+0.925 8469	+0.401 3889
May 1	+0.769 8673	+0.596 0888	+0.258 4219	16	+0.099 0530	+0.927 5771	+0.402 1388
2	+0.758 9441	+0.608 1196	+0.263 6372	17	+0.082 1900	+0.929 0439	+0.402 7744
3	+0.747 8026	+0.619 9753	+0.268 7767	18	+0.065 3043	+0.930 2471	+0.403 2955
4	+0.736 4459	+0.631 6527	+0.273 8391	19	+0.048 4012	+0.931 1866	+0.403 7023
5	+0.724 8773	+0.643 1489	+0.278 8230	20	+0.031 4855	+0.931 8624	+0.403 9947
6	+0.713 0999	+0.654 4608	+0.283 7272	21	+0.014 5624	+0.932 2747	+0.404 1728
7	+0.701 1170	+0.665 5853	+0.288 5503	22	−0.002 3634	+0.932 4237	+0.404 2367
8	+0.688 9319	+0.676 5194	+0.293 2910	23	−0.019 2870	+0.932 3096	+0.404 1867
9	+0.676 5478	+0.687 2600	+0.297 9479	24	−0.036 2036	+0.931 9329	+0.404 0228
10	+0.663 9681	+0.697 8041	+0.302 5197	25	−0.053 1087	+0.931 2940	+0.403 7454
11	+0.651 1963	+0.708 1485	+0.307 0051	26	−0.069 9975	+0.930 3932	+0.403 3545
12	+0.638 2359	+0.718 2903	+0.311 4026	27	−0.086 8654	+0.929 2312	+0.402 8505
13	+0.625 0905	+0.728 2263	+0.315 7110	28	−0.103 7080	+0.927 8085	+0.402 2337
14	+0.611 7638	+0.737 9534	+0.319 9287	29	−0.120 5207	+0.926 1257	+0.401 5042
15	+0.598 2600	+0.747 4686	+0.324 0544	30	−0.137 2992	+0.924 1833	+0.400 6623
16	+0.584 5831	+0.756 7688	+0.328 0868	July 1	−0.154 0390	+0.921 9820	+0.399 7084
17	+0.570 7374	+0.765 8511	+0.332 0246	2	−0.170 7358	+0.919 5225	+0.398 6426

SUN, 2007

ICRS GEOCENTRIC RECTANGULAR COORDINATES

Date 0ʰ TT	x	y	z	Date 0ʰ TT	x	y	z
July 1	−0.154 0390	+0.921 9820	+0.399 7084	Aug. 16	−0.805 3691	+0.563 4330	+0.244 2673
2	−0.170 7358	+0.919 5225	+0.398 6426	17	−0.815 4055	+0.550 8549	+0.238 8136
3	−0.187 3853	+0.916 8054	+0.397 4652	18	−0.825 2080	+0.538 1200	+0.233 2921
4	−0.203 9831	+0.913 8313	+0.396 1765	19	−0.834 7738	+0.525 2321	+0.227 7043
5	−0.220 5248	+0.910 6007	+0.394 7767	20	−0.844 1002	+0.512 1950	+0.222 0520
6	−0.237 0060	+0.907 1144	+0.393 2660	21	−0.853 1845	+0.499 0127	+0.216 3369
7	−0.253 4223	+0.903 3729	+0.391 6446	22	−0.862 0243	+0:485 6888	+0.210 5606
8	−0.269 7689	+0.899 3770	+0.389 9128	23	−0.870 6171	+0.472 2274	+0.204 7248
9	−0.286 0412	+0.895 1273	+0.388 0709	24	−0.878 9607	+0.458 6323	+0.198 8312
10	−0.302 2345	+0.890 6247	+0.386 1193	25	−0.887 0528	+0.444 9073	+0.192 8814
11	−0.318 3439	+0.885 8703	+0.384 0582	26	−0.894 8914	+0.431 0563	+0.186 8771
12	−0.334 3644	+0.880 8649	+0.381 8883	27	−0.902 4743	+0.417 0830	+0.180 8199
13	−0.350 2912	+0.875 6100	+0.379 6099	28	−0.909 7996	+0.402 9912	+0.174 7114
14	−0.366 1194	+0.870 1070	+0.377 2238	29	−0.916 8654	+0.388 7846	+0.168 5531
15	−0.381 8439	+0.864 3574	+0.374 7307	30	−0.923 6696	+0.374 4669	+0.162 3466
16	−0.397 4601	+0.858 3629	+0.372 1314	31	−0.930 2102	+0.360 0416	+0.156 0935
17	−0.412 9632	+0.852 1256	+0.369 4266	Sept. 1	−0.936 4850	+0.345 5125	+0.149 7953
18	−0.428 3486	+0.845 6472	+0.366 6174	2	−0.942 4921	+0.330 8833	+0.143 4535
19	−0.443 6119	+0.838 9300	+0.363 7046	3	−0.948 2291	+0.316 1578	+0.137 0698
20	−0.458 7485	+0.831 9760	+0.360 6892	4	−0.953 6939	+0.301 3399	+0.130 6458
21	−0.473 7543	+0.824 7875	+0.357 5721	5	−0.958 8843	+0.286 4337	+0.124 1834
22	−0.488 6250	+0.817 3667	+0.354 3544	6	−0.963 7982	+0.271 4433	+0.117 6843
23	−0.503 3566	+0.809 7158	+0.351 0372	7	−0.968 4336	+0.256 3730	+0.111 1505
24	−0.517 9449	+0.801 8373	+0.347 6213	8	−0.972 7885	+0.241 2273	+0.104 5838
25	−0.532 3861	+0.793 7335	+0.344 1079	9	−0.976 8612	+0.226 0106	+0.097 9863
26	−0.546 6762	+0.785 4068	+0.340 4981	10	−0.980 6501	+0.210 7275	+0.091 3599
27	−0.560 8115	+0.776 8595	+0.336 7927	11	−0.984 1536	+0.195 3827	+0.084 7067
28	−0.574 7883	+0.768 0943	+0.332 9930	12	−0.987 3703	+0.179 9807	+0.078 0288
29	−0.588 6030	+0.759 1134	+0.329 1000	13	−0.990 2992	+0.164 5264	+0.071 3282
30	−0.602 2519	+0.749 9193	+0.325 1146	14	−0.992 9390	+0.149 0244	+0.064 6071
31	−0.615 7315	+0.740 5144	+0.321 0380	15	−0.995 2890	+0.133 4795	+0.057 8674
Aug. 1	−0.629 0383	+0.730 9010	+0.316 8710	16	−0.997 3483	+0.117 8965	+0.051 1113
2	−0.642 1686	+0.721 0815	+0.312 6147	17	−0.999 1162	+0.102 2800	+0.044 3409
3	−0.655 1189	+0.711 0583	+0.308 2700	18	−1.000 5923	+0.086 6347	+0.037 5581
4	−0.667 8855	+0.700 8338	+0.303 8379	19	−1.001 7761	+0.070 9654	+0.030 7650
5	−0.680 4646	+0.690 4103	+0.299 3195	20	−1.002 6673	+0.055 2767	+0.023 9637
6	−0.692 8524	+0.679 7904	+0.294 7158	21	−1.003 2658	+0.039 5732	+0.017 1562
7	−0.705 0450	+0.668 9767	+0.290 0280	22	−1.003 5715	+0.023 8595	+0.010 3443
8	−0.717 0386	+0.657 9719	+0.285 2571	23	−1.003 5843	+0.008 1402	+0.003 5301
9	−0.728 8293	+0.646 7791	+0.280 4045	24	−1.003 3045	−0.007 5803	−0.003 2846
10	−0.740 4132	+0.635 4011	+0.275 4715	25	−1.002 7321	−0.023 2977	−0.010 0978
11	−0.751 7865	+0.623 8412	+0.270 4594	26	−1.001 8673	−0.039 0075	−0.016 9078
12	−0.762 9456	+0.612 1027	+0.265 3699	27	−1.000 7103	−0.054 7057	−0.023 7127
13	−0.773 8867	+0.600 1891	+0.260 2043	28	−0.999 2613	−0.070 3879	−0.030 5109
14	−0.784 6066	+0.588 1038	+0.254 9642	29	−0.997 5203	−0.086 0500	−0.037 3004
15	−0.795 1018	+0.575 8506	+0.249 6513	30	−0.995 4873	−0.101 6877	−0.044 0796
16	−0.805 3691	+0.563 4330	+0.244 2673	Oct. 1	−0.993 1623	−0.117 2968	−0.050 8464

ICRS GEOCENTRIC RECTANGULAR COORDINATES

Date 0ʰTT	x	y	z	Date 0ʰTT	x	y	z
Oct. 1	−0.993 1623	−0.117 2968	−0.050 8464	Nov. 16	−0.593 3916	−0.725 9854	−0.314 7376
2	−0.990 5454	−0.132 8727	−0.057 5991	17	−0.579 2515	−0.735 2814	−0.318 7671
3	−0.987 6366	−0.148 4110	−0.064 3357	18	−0.564 9351	−0.744 3513	−0.322 6986
4	−0.984 4362	−0.163 9069	−0.071 0540	19	−0.550 4472	−0.753 1923	−0.326 5308
5	−0.980 9444	−0.179 3559	−0.077 7522	20	−0.535 7922	−0.761 8020	−0.330 2627
6	−0.977 1617	−0.194 7531	−0.084 4279	21	−0.520 9746	−0.770 1778	−0.333 8933
7	−0.973 0887	−0.210 0937	−0.091 0792	22	−0.505 9990	−0.778 3175	−0.337 4217
8	−0.968 7261	−0.225 3729	−0.097 7039	23	−0.490 8697	−0.786 2189	−0.340 8468
9	−0.964 0749	−0.240 5857	−0.104 2999	24	−0.475 5911	−0.793 8796	−0.344 1678
10	−0.959 1362	−0.255 7275	−0.110 8649	25	−0.460 1675	−0.801 2976	−0.347 3837
11	−0.953 9112	−0.270 7932	−0.117 3970	26	−0.444 6031	−0.808 4707	−0.350 4937
12	−0.948 4012	−0.285 7782	−0.123 8939	27	−0.428 9020	−0.815 3966	−0.353 4966
13	−0.942 6077	−0.300 6775	−0.130 3537	28	−0.413 0686	−0.822 0731	−0.356 3916
14	−0.936 5324	−0.315 4866	−0.136 7741	29	−0.397 1074	−0.828 4977	−0.359 1774
15	−0.930 1771	−0.330 2006	−0.143 1532	30	−0.381 0226	−0.834 6681	−0.361 8532
16	−0.923 5438	−0.344 8150	−0.149 4890	Dec. 1	−0.364 8192	−0.840 5822	−0.364 4178
17	−0.916 6343	−0.359 3253	−0.155 7795	2	−0.348 5017	−0.846 2375	−0.366 8703
18	−0.909 4508	−0.373 7268	−0.162 0227	3	−0.332 0752	−0.851 6320	−0.369 2096
19	−0.901 9957	−0.388 0152	−0.168 2167	4	−0.315 5446	−0.856 7636	−0.371 4350
20	−0.894 2711	−0.402 1862	−0.174 3597	5	−0.298 9150	−0.861 6303	−0.373 5453
21	−0.886 2795	−0.416 2355	−0.180 4499	6	−0.282 1916	−0.866 2302	−0.375 5400
22	−0.878 0235	−0.430 1590	−0.186 4855	7	−0.265 3797	−0.870 5616	−0.377 4180
23	−0.869 5056	−0.443 9526	−0.192 4648	8	−0.248 4846	−0.874 6227	−0.379 1788
24	−0.860 7282	−0.457 6124	−0.198 3861	9	−0.231 5118	−0.878 4120	−0.380 8216
25	−0.851 6939	−0.471 1346	−0.204 2478	10	−0.214 4668	−0.881 9281	−0.382 3458
26	−0.842 4053	−0.484 5155	−0.210 0483	11	−0.197 3551	−0.885 1698	−0.383 7509
27	−0.832 8647	−0.497 7513	−0.215 7861	12	−0.180 1823	−0.888 1358	−0.385 0364
28	−0.823 0745	−0.510 8383	−0.221 4596	13	−0.162 9541	−0.890 8252	−0.386 2018
29	−0.813 0370	−0.523 7727	−0.227 0671	14	−0.145 6760	−0.893 2371	−0.387 2469
30	−0.802 7547	−0.536 5505	−0.232 6069	15	−0.128 3538	−0.895 3709	−0.388 1713
31	−0.792 2299	−0.549 1679	−0.238 0773	16	−0.110 9931	−0.897 2259	−0.388 9749
Nov. 1	−0.781 4652	−0.561 6208	−0.243 4765	17	−0.093 5994	−0.898 8018	−0.389 6575
2	−0.770 4633	−0.573 9051	−0.248 8027	18	−0.076 1783	−0.900 0983	−0.390 2190
3	−0.759 2272	−0.586 0168	−0.254 0542	19	−0.058 7354	−0.901 1153	−0.390 6594
4	−0.747 7597	−0.597 9518	−0.259 2291	20	−0.041 2759	−0.901 8528	−0.390 9788
5	−0.736 0640	−0.609 7061	−0.264 3256	21	−0.023 8051	−0.902 3109	−0.391 1772
6	−0.724 1436	−0.621 2758	−0.269 3421	22	−0.006 3282	−0.902 4897	−0.391 2546
7	−0.712 0017	−0.632 6567	−0.274 2767	23	+0.011 1498	−0.902 3893	−0.391 2113
8	−0.699 6420	−0.643 8452	−0.279 1277	24	+0.028 6238	−0.902 0099	−0.391 0471
9	−0.687 0682	−0.654 8374	−0.283 8936	25	+0.046 0890	−0.901 3517	−0.390 7622
10	−0.674 2841	−0.665 6296	−0.288 5726	26	+0.063 5403	−0.900 4146	−0.390 3566
11	−0.661 2937	−0.676 2181	−0.293 1632	27	+0.080 9728	−0.899 1988	−0.389 8302
12	−0.648 1010	−0.686 5994	−0.297 6638	28	+0.098 3812	−0.897 7043	−0.389 1830
13	−0.634 7101	−0.696 7700	−0.302 0730	29	+0.115 7604	−0.895 9313	−0.388 4151
14	−0.621 1254	−0.706 7267	−0.306 3893	30	+0.133 1051	−0.893 8800	−0.387 5265
15	−0.607 3510	−0.716 4662	−0.310 6112	31	+0.150 4099	−0.891 5507	−0.386 5173
16	−0.593 3916	−0.725 9854	−0.314 7376	32	+0.167 6695	−0.888 9439	−0.385 3877

NOTES AND FORMULAS

Low-precision formulas for the Sun's coordinates and the equation of time

The following formulas give the apparent coordinates of the Sun to a precision of $0°01$ and the equation of time to a precision of $0^{m}1$ between 1950 and 2050; on this page the time argument n is the number of days from J2000.0.

$n = $ JD $- 2451545.0 = 2555.5 + $ day of year (from B4–B5) $+$ fraction of day from 0^{h} UT

Mean longitude of Sun, corrected for aberration: $L = 280°461 + 0°9856474\,n$

Mean anomaly: $g = 357°529 + 0°9856003\,n$

Put L and g in the range $0°$ to $360°$ by adding multiples of $360°$.

Ecliptic longitude: $\lambda = L + 1°915 \sin g + 0°020 \sin 2g$

Ecliptic latitude: $\beta = 0°$

Obliquity of ecliptic: $\epsilon = 23°439 - 0°0000004\,n$

Right ascension (in same quadrant as λ): $\alpha = \tan^{-1}(\cos \epsilon \tan \lambda)$

Alternatively, α may be calculated directly from

$$\alpha = \lambda - ft \sin 2\lambda + (f/2)t^{2} \sin 4\lambda$$
$$\text{where } f = 180/\pi \quad \text{and} \quad t = \tan^{2}(\epsilon/2)$$

Declination: $\delta = \sin^{-1}(\sin \epsilon \sin \lambda)$

Distance of Sun from Earth, in au: $R = 1.00014 - 0.01671 \cos g - 0.00014 \cos 2g$

Equatorial rectangular coordinates of the Sun, in au:

$$x = R \cos \lambda, \qquad y = R \cos \epsilon \sin \lambda, \qquad z = R \sin \epsilon \sin \lambda$$

Equation of time (apparent time minus mean time):

$$E, \text{ in minutes of time} = (L - \alpha), \text{ in degrees, multiplied by 4.}$$

Horizontal parallax: $0°0024$

Semidiameter: $0°2666/R$

Light-time: $0^{d}0058$

CONTENTS OF SECTION D

NOTE: The pages concerning the daily lunar polynomial coefficients for R.A., Dec. and H.P. and how to use them, can be found on *The Astronomical Almanac Online* at http://asa.usno.navy.mil & http://asa.nao.rl.ac.uk.

See also

NOTE: All the times on this page are expressed in Universal Time (UT1).

PHASES OF THE MOON

Lunation	New Moon			First Quarter			Full Moon			Last Quarter		
	d	h	m	d	h	m		d	h	m		d	h	m
1039							Jan.	3	13	57	Jan.	11	12	45
1040	Jan.	19	04	01	Jan.	25	23	01	Feb.	2	05	45	Feb.	10	09	51
1041	Feb.	17	16	14	Feb.	24	07	56	Mar.	3	23	17	Mar.	12	03	54
1042	Mar.	19	02	43	Mar.	25	18	16	Apr.	2	17	15	Apr.	10	18	04
1043	Apr.	17	11	36	Apr.	24	06	36	May	2	10	09	May	10	04	27
1044	May	16	19	27	May	23	21	03	June	1	01	04	June	8	11	43
1045	June	15	03	13	June	22	13	15	June	30	13	49	July	7	16	54
1046	July	14	12	04	July	22	06	29	July	30	00	48	Aug.	5	21	20
1047	Aug.	12	23	03	Aug.	20	23	54	Aug.	28	10	35	Sept.	4	02	32
1048	Sept.	11	12	44	Sept.	19	16	48	Sept.	26	19	45	Oct.	3	10	06
1049	Oct.	11	05	01	Oct.	19	08	33	Oct.	26	04	52	Nov.	1	21	18
1050	Nov.	9	23	03	Nov.	17	22	33	Nov.	24	14	30	Dec.	1	12	44
1051	Dec.	9	17	40	Dec.	17	10	18	Dec.	24	01	16	Dec.	31	07	51

MOON AT PERIGEE

d	h		d	h		d	h
Jan. 22	13	June 12	17	Oct. 26	12
Feb. 19	10	July 9	22	Nov. 24	00
Mar. 19	19	Aug. 4	00	Dec. 22	10
Apr. 17	06	Aug. 31	00		
May 15	15	Sept. 28	02		

MOON AT APOGEE

d	h		d	h		d	h
Jan. 10	16	May 27	22	Oct. 13	10
Feb. 7	13	June 24	14	Nov. 9	13
Mar. 7	04	July 22	09	Dec. 6	17
Apr. 3	09	Aug. 19	03		
Apr. 30	11	Sept. 15	21		

NOTES AND FORMULAE

Mean elements of the orbit of the Moon

The following expressions for the mean elements of the Moon are based on the fundamental arguments developed by Simon *et al.* (*Astron. & Astrophys.*, **282**, 663, 1994). The angular elements are referred to the mean equinox and ecliptic of date. The time argument (d) is the interval in days from 2007 January 0 at 0^h TT. These expressions are intended for use during 2007 only.

$$d = JD - 245\ 4100 \cdot 5 = \text{day of year (from B4–B5)} + \text{fraction of day from } 0^h \text{ TT}$$

Mean longitude of the Moon, measured in the ecliptic to the mean ascending node and then along the mean orbit:
$$L' = 50°597\ 827 + 13 \cdot 176\ 396\ 47\,d$$

Mean longitude of the lunar perigee, measured as for L':
$$\Gamma' = 8°044\ 893 + 0 \cdot 111\ 403\ 48\,d$$

Mean longitude of the mean ascending node of the lunar orbit on the ecliptic:
$$\Omega = 349°721\ 219 - 0 \cdot 052\ 953\ 76\,d$$

Mean elongation of the Moon from the Sun:
$$D = L' - L = 131°309\ 552 + 12 \cdot 190\ 749\ 11\,d$$

Mean inclination of the lunar orbit to the ecliptic: $5°145\ 3964$.

Mean elements of the rotation of the Moon

The following expressions give the mean elements of the mean equator of the Moon, referred to the true equator of the Earth, during 2007 to a precision of about $0°001$; the time-argument d is as defined above for the orbital elements.

Inclination of the mean equator of the Moon to the true equator of the Earth:
$$i = 21°9246 + 0 \cdot 000\ 277\,d + 0 \cdot 000\ 000\ 647\,d^2$$

Arc of the mean equator of the Moon from its ascending node on the true equator of the Earth to its ascending node on the ecliptic of date:
$$\Delta = 169°0436 - 0 \cdot 056\ 453\,d + 0 \cdot 000\ 000\ 668\,d^2$$

Arc of the true equator of the Earth from the true equinox of date to the ascending node of the mean equator of the Moon:
$$\Omega' = +0°7355 + 0 \cdot 003\ 795\,d - 0 \cdot 000\ 000\ 713\,d^2$$

The inclination (I) of the mean lunar equator to the ecliptic: $1° 32' 32''7$

The ascending node of the mean lunar equator on the ecliptic is at the descending node of the mean lunar orbit on the ecliptic, that is at longitude $\Omega + 180°$.

Lengths of mean months

The lengths of the mean months at 2007·0, as derived from the mean orbital elements are:

		d	d h m s
synodic month	(new moon to new moon)	29·530 589	29 12 44 02·9
tropical month	(equinox to equinox)	27·321 582	27 07 43 04·7
sidereal month	(fixed star to fixed star)	27·321 662	27 07 43 11·6
anomalistic month	(perigee to perigee)	27·554 550	27 13 18 33·1
draconic month	(node to node)	27·212 221	27 05 05 35·9

NOTES AND FORMULAE

Geocentric coordinates

The apparent longitude (λ) and latitude (β) of the Moon given on pages D6–D20 are referred to the ecliptic of date: the apparent right ascension (α) and declination (δ) are referred to the true equator of date. These coordinates are primarily intended for planning purposes. The true distance (r) is expressed in Earth-radii.

The maximum errors which may result if Bessel's second-order interpolation formula is used are as follows:

λ	β	α	δ	r	π	s
$\pm 0°\!\!.02$	$\pm 0°\!\!.02$	$\pm 2^s\!\!.4$	$\pm 24''$	$\pm 0\cdot002$	$\pm 0''\!\!.07$	$\pm 0''\!\!.02$

More precise values of right ascension, declination and horizontal parallax may be obtained by using the polynomial coefficients given on the web (see page 1). Precise values of true distance and semi-diameter may be obtained from the parallax using:

$$r = 6\,378\cdot1366/\sin \pi \text{ km} \qquad \sin s = 0\cdot272\,399 \sin \pi$$

The tabulated values are all referred to the centre of the Earth, and may differ from the topocentric values by up to about 1 degree in angle and 2 per cent in distance.

Time of transit of the Moon

The TT of upper (or lower) transit of the Moon over a local meridian may be obtained by interpolation in the tabulation of the time of upper (or lower) transit over the ephemeris meridian given on pages D6–D20, where the first differences are about 25 hours. The interpolation factor p is given by:

$$p = -\lambda + 1\cdot002\,738\,\Delta T$$

where λ is the *east* longitude and the right-hand side is expressed in days. (Divide longitude in degrees by 360 and ΔT in seconds by 86 400). During 2007 it is expected that ΔT will be about 65 seconds, so that the second term is about $+0\cdot000\,75$ days. In general, second-order differences are sufficient to give times to a few seconds, but higher-order differences must be taken into account if a precision of better than 1 second is required. The UT1 of transit is obtained by subtracting ΔT from the TT of transit, which is obtained by interpolation.

Topocentric coordinates

The topocentric equatorial rectangular coordinates of the Moon (x', y', z'), referred to the true equinox of date, are equal to the geocentric equatorial rectangular coordinates of the Moon *minus* the geocentric equatorial rectangular coordinates of the observer. Hence, the topocentric right ascension (α'), declination (δ') and distance (r') of the Moon may be calculated from the formulae:

$$\begin{aligned} x' &= r' \cos \delta' \cos \alpha' = r \cos \delta \cos \alpha - \rho \cos \phi' \cos \theta_0 \\ y' &= r' \cos \delta' \sin \alpha' = r \cos \delta \sin \alpha - \rho \cos \phi' \sin \theta_0 \\ z' &= r' \sin \delta' \qquad\quad = r \sin \delta \qquad - \rho \sin \phi' \end{aligned}$$

where θ_0 is the local apparent sidereal time (see B10) and ρ and ϕ' are the geocentric distance and latitude of the observer.

Then $\qquad r'^2 = x'^2 + y'^2 + z'^2, \quad \alpha' = \tan^{-1}(y'/x'), \quad \delta' = \sin^{-1}(z'/r')$

The topocentric hour angle (h') may be calculated from $h' = \theta_0 - \alpha'$.

Physical ephemeris

See page D4 for notes on the physical ephemeris of the Moon on pages D7–D21.

NOTES AND FORMULAE

Appearance of the Moon

The quantities tabulated in the ephemeris for physical observations of the Moon on odd pages D7–D21 represent the geocentric aspect and illumination of the Moon's disk. For most purposes it is sufficient to regard the instant of tabulation as 0^h universal time. The fraction illuminated (or phase) is the ratio of the illuminated area to the total area of the lunar disk; it is also the fraction of the diameter illuminated perpendicular to the line of cusps. This quantity indicates the general aspect of the Moon, while the precise times of the four principal phases are given on pages A1 and D1; they are the times when the apparent longitudes of the Moon and Sun differ by $0°$, $90°$, $180°$ and $270°$.

The position angle of the bright limb is measured anticlockwise around the disk from the north point (of the hour circle through the centre of the apparent disk) to the midpoint of the bright limb. Before full moon the morning terminator is visible and the position angle of the northern cusp is $90°$ greater than the position angle of the bright limb; after full moon the evening terminator is visible and the position angle of the northern cusp is $90°$ less than the position angle of the bright limb.

The brightness of the Moon is determined largely by the fraction illuminated, but it also depends on the distance of the Moon, on the nature of the part of the lunar surface that is illuminated, and on other factors. The integrated visual magnitude of the full Moon at mean distance is about $-12·7$. The crescent Moon is not normally visible to the naked eye when the phase is less than $0·01$, but much depends on the conditions of observation.

Selenographic coordinates

The positions of points on the Moon's surface are specified by a system of selenographic coordinates, in which latitude is measured positively to the north from the equator of the pole of rotation, and longitude is measured positively to the east on the selenocentric celestial sphere from the lunar meridian through the mean centre of the apparent disk. Selenographic longitudes are measured positive to the west (towards Mare Crisium) on the apparent disk; this sign convention implies that the longitudes of the Sun and of the terminators are decreasing functions of time, and so for some purposes it is convenient to use colongitude which is $90°$ (or $450°$) minus longitude.

The tabulated values of the Earth's selenographic longitude and latitude specify the sub-terrestrial point on the Moon's surface (that is, the centre of the apparent disk). The position angle of the axis of rotation is measured anticlockwise from the north point, and specifies the orientation of the lunar meridian through the sub-terrestrial point, which is the pole of the great circle that corresponds to the limb of the Moon.

The tabulated values of the Sun's selenographic colongitude and latitude specify the sub-solar point of the Moon's surface (that is at the pole of the great circle that bounds the illuminated hemisphere). The following relations hold approximately:

longitude of morning terminator $= 360°$ − colongitude of Sun
longitude of evening terminator $= 180°$ (or $540°$) − colongitude of Sun

The altitude (a) of the Sun above the lunar horizon at a point at selenographic longitude and latitude (l, b) may be calculated from:

$$\sin a = \sin b_0 \sin b + \cos b_0 \cos b \sin (c_0 + l)$$

where (c_0, b_0) are the Sun's colongitude and latitude at the time.

NOTES AND FORMULAE

Librations of the Moon

On average the same hemisphere of the Moon is always turned to the Earth but there is a periodic oscillation or libration of the apparent position of the lunar surface that allows about 59 per cent of the surface to be seen from the Earth. The libration is due partly to a physical libration, which is an oscillation of the actual rotational motion about its mean rotation, but mainly to the much larger geocentric optical libration, which results from the non-uniformity of the revolution of the Moon around the centre of the Earth. Both of these effects are taken into account in the computation of the Earth's selenographic longitude (l) and latitude (b) and of the position angle (C) of the axis of rotation. The contributions due to the physical libration are tabulated separately. There is a further contribution to the optical libration due to the difference between the viewpoints of the observer on the surface of the Earth and of the hypothetical observer at the centre of the Earth. These topocentric optical librations may be as much as $1°$ and have important effects on the apparent contour of the limb.

When the libration in longitude, that is the selenographic longitude of the Earth, is positive the mean centre of the disk is displaced eastwards on the celestial sphere, exposing to view a region on the west limb. When the libration in latitude, or selenographic latitude of the Earth, is positive the mean centre of the disk is displaced towards the south, and a region on the north limb is exposed to view. In a similar way the selenographic coordinates of the Sun show which regions of the lunar surface are illuminated.

Differential corrections to be applied to the tabular geocentric librations to form the topocentric librations may be computed from the following formulae:

$$\Delta l = -\pi' \sin (Q - C) \sec b$$
$$\Delta b = +\pi' \cos (Q - C)$$
$$\Delta C = + \sin (b + \Delta b) \Delta l - \pi' \sin Q \tan \delta$$

where Q is the geocentric parallactic angle of the Moon and π' is the topocentric horizontal parallax. The latter is obtained from the geocentric horizontal parallax (π), which is tabulated on even pages D6–D20 by using:

$$\pi' = \pi (\sin z + 0\cdot0084 \sin 2z)$$

where z is the geocentric zenith distance of the Moon. The values of z and Q may be calculated from the geocentric right ascension (α) and declination (δ) of the Moon by using:

$$\sin z \sin Q = \cos \phi \sin h$$
$$\sin z \cos Q = \cos \delta \sin \phi - \sin \delta \cos \phi \cos h$$
$$\cos z = \sin \delta \sin \phi + \cos \delta \cos \phi \cos h$$

where ϕ is the geocentric latitude of the observer and h is the local hour angle of the Moon, given by:

$$h = \text{local apparent sidereal time} - \alpha$$

Second differences must be taken into account in the interpolation of the tabular geocentric librations to the time of observation.

MOON, 2007

FOR 0ʰ TERRESTRIAL TIME

Date	Apparent Long.	Lat.	Apparent R.A.	Dec.	True Dist.	Horiz. Parallax	Semi-diameter	Ephemeris Transit for date Upper	Lower
	°	°	h m s	° ′ ″		′ ″	′ ″	h	h
Jan. 0	53·40	+4·55	3 19 05·97	+23 01 30·7	58·402	58 51·97	16 02·06	21·5313	09·0442
1	67·41	+4·94	4 18 48·81	+26 25 02·0	58·706	58 33·68	15 57·08	22·5332	10·0291
2	81·29	+5·03	5 20 34·29	+28 10 28·9	59·119	58 09·17	15 50·41	23·5396	11·0386
3	94·96	+4·84	6 22 26·09	+28 10 39·5	59·634	57 39·02	15 42·19	...	12·0309
4	108·37	+4·37	7 22 14·58	+26 30 29·4	60·234	57 04·57	15 32·81	00·5081	12·9680
5	121·48	+3·68	8 18 25·91	+23 25 06·9	60·886	56 27·86	15 22·81	01·4087	13·8297
6	134·28	+2·82	9 10 25·56	+19 14 41·8	61·549	55 51·36	15 12·87	02·2316	14·6157
7	146·76	+1·84	9 58 30·61	+14 19 21·4	62·174	55 17·69	15 03·70	02·9838	15·3383
8	158·97	+0·79	10 43 28·95	+ 8 56 22·5	62·711	54 49·30	14 55·97	03·6815	16·0160
9	170·97	−0·28	11 26 22·02	+ 3 19 32·4	63·114	54 28·29	14 50·24	04·3443	16·6691
10	182·82	−1·32	12 08 15·25	− 2 20 11·1	63·346	54 16·28	14 46·98	04·9927	17·3179
11	194·62	−2·31	12 50 14·40	− 7 53 27·3	63·384	54 14·36	14 46·45	05·6470	17·9827
12	206·46	−3·20	13 33 24·50	−13 11 10·4	63·216	54 23·01	14 48·81	06·3273	18·6832
13	218·42	−3·96	14 18 48·43	−18 03 07·6	62·848	54 42·09	14 54·00	07·0528	19·4380
14	230·58	−4·55	15 07 22·23	−22 16 48·9	62·304	55 10·77	15 01·82	07·8404	20·2610
15	243·04	−4·95	15 59 44·53	−25 36 51·8	61·620	55 47·50	15 11·82	08·7001	21·1566
16	255·82	−5·11	16 55 59·73	−27 45 45·0	60·848	56 29·97	15 23·39	09·6286	22·1128
17	268·98	−5·01	17 55 21·85	−28 26 33·9	60·048	57 15·14	15 35·69	10·6049	23·1001
18	282·49	−4·63	18 56 14·82	−27 27 40·0	59·283	57 59·47	15 47·76	11·5934	...
19	296·33	−3·97	19 56 41·02	−24 47 08·4	58·613	58 39·29	15 58·61	12·5576	00·0804
20	310·44	−3·06	20 55 05·35	−20 34 15·1	58·084	59 11·34	16 07·34	13·4747	01·0227
21	324·72	−1·95	21 50 44·80	−15 07 06·8	57·727	59 33·30	16 13·32	14·3408	01·9137
22	339·10	−0·70	22 43 49·92	− 8 48 31·4	57·551	59 44·21	16 16·29	15·1673	02·7579
23	353·49	+0·59	23 35 08·62	− 2 02 23·9	57·546	59 44·50	16 16·37	15·9737	03·5716
24	7·82	+1·85	0 25 48·20	+ 4 48 09·8	57·688	59 35·70	16 13·97	16·7830	04·3765
25	22·05	+2·98	1 17 01·54	+11 21 22·1	57·944	59 19·93	16 09·68	17·6175	05·1958
26	36·16	+3·93	2 09 55·77	+17 16 24·1	58·281	58 59·32	16 04·06	18·4949	06·0500
27	50·11	+4·62	3 05 19·26	+22 13 09·2	58·674	58 35·63	15 57·61	19·4228	06·9526
28	63·90	+5·04	4 03 24·74	+25 52 50·9	59·104	58 10·05	15 50·65	20·3928	07·9038
29	77·52	+5·18	5 03 34·07	+28 00 16·4	59·561	57 43·24	15 43·34	21·3787	08·8860
30	90·95	+5·02	6 04 18·46	+28 27 13·3	60·042	57 15·48	15 35·78	22·3441	09·8662
31	104·18	+4·60	7 03 45·04	+27 15 10·2	60·545	56 46·95	15 28·01	23·2572	10·8086
Feb. 1	117·18	+3·94	8 00 18·16	+24 35 02·1	61·065	56 17·95	15 20·11	...	11·6883
2	129·95	+3·09	8 53 08·29	+20 43 51·9	61·591	55 49·07	15 12·25	00·1016	12·4976
3	142·49	+2·11	9 42 14·55	+16 00 38·2	62·107	55 21·28	15 04·68	00·8774	13·2428
4	154·81	+1·04	10 28 10·38	+10 43 09·5	62·585	54 55·88	14 57·76	01·5958	13·9385
5	166·92	−0·06	11 11 47·22	+ 5 06 42·4	62·995	54 34·42	14 51·92	02·2732	14·6023
6	178·88	−1·14	11 54 03·67	− 0 36 02·3	63·302	54 18·53	14 47·59	02·9281	15·2529
7	190·72	−2·17	12 36 00·23	− 6 14 21·9	63·473	54 09·80	14 45·21	03·5792	15·9092
8	202·53	−3·10	13 18 37·35	−11 38 32·4	63·477	54 09·59	14 45·15	04·2452	16·5896
9	214·36	−3·90	14 02 54·27	−16 38 43·6	63·294	54 18·96	14 47·70	04·9445	17·3120
10	226·31	−4·55	14 49 46·23	−21 03 53·0	62·917	54 38·51	14 53·03	05·6940	18·0919
11	238·45	−5·00	15 39 57·57	−24 40 57·4	62·351	55 08·25	15 01·13	06·5068	18·9388
12	250·86	−5·23	16 33 49·56	−27 14 46·3	61·621	55 47·47	15 11·81	07·3874	19·8509
13	263·62	−5·21	17 31 05·29	−28 29 19·7	60·766	56 34·55	15 24·63	08·3267	20·8111
14	276·78	−4·92	18 30 41·49	−28 10 51·7	59·845	57 26·83	15 38·87	09·3000	21·7890
15	290·37	−4·36	19 31 00·55	−26 11 58·6	58·926	58 20·59	15 53·52	10·2741	22·7520

EPHEMERIS FOR PHYSICAL OBSERVATIONS
FOR 0ʰ TERRESTRIAL TIME

Date 0ʰ TT	The Earth's Selenographic Long.	Lat.	Physical Libration Lg.	Lt.	P.A.	The Sun's Selenographic Colong.	Lat.	Position Angle Axis	Bright Limb	Fraction Illum.
	°	°		(0°001)		°	°	°	°	
Jan. 0	+ 2·745	− 5·902	+ 6	+ 30	− 16	41·54	− 1·43	345·738	259·48	0·848
1	+ 3·610	− 6·416	+ 7	+ 30	− 15	53·67	− 1·42	350·491	267·80	0·919
2	+ 4·346	− 6·544	+ 7	+ 29	− 14	65·80	− 1·42	356·020	279·70	0·968
3	+ 4·878	− 6·292	+ 6	+ 29	− 14	77·92	− 1·41	1·810	305·75	0·994
4	+ 5·140	− 5·691	+ 6	+ 29	− 14	90·05	− 1·40	7·292	57·80	0·997
5	+ 5·085	− 4·797	+ 5	+ 29	− 14	102·17	− 1·39	12·035	91·39	0·977
6	+ 4·694	− 3·677	+ 4	+ 29	− 14	114·30	− 1·38	15·828	102·04	0·937
7	+ 3·981	− 2·401	+ 3	+ 30	− 15	126·43	− 1·37	18·643	107·93	0·881
8	+ 2·987	− 1·036	+ 2	+ 30	− 16	138·57	− 1·36	20·544	111·45	0·811
9	+ 1·773	+ 0·355	+ 1	+ 31	− 17	150·71	− 1·35	21·615	113·32	0·731
10	+ 0·419	+ 1·718	− 1	+ 32	− 19	162·86	− 1·34	21·913	113·82	0·643
11	− 0·984	+ 3·003	− 3	+ 32	− 20	175·01	− 1·33	21·453	113·10	0·551
12	− 2·342	+ 4·166	− 4	+ 33	− 22	187·17	− 1·32	20·205	111·17	0·457
13	− 3·562	+ 5·160	− 6	+ 34	− 24	199·34	− 1·31	18·105	108·00	0·364
14	− 4·558	+ 5·941	− 7	+ 35	− 25	211·51	− 1·30	15·078	103·51	0·274
15	− 5·259	+ 6·464	− 8	+ 36	− 26	223·68	− 1·28	11·088	97·60	0·190
16	− 5·614	+ 6·683	− 9	+ 37	− 27	235·86	− 1·27	6·211	90·19	0·117
17	− 5·602	+ 6·562	− 9	+ 38	− 27	248·05	− 1·25	0·709	80·95	0·058
18	− 5·234	+ 6·078	− 9	+ 38	− 27	260·24	− 1·23	355·032	67·68	0·019
19	− 4·551	+ 5·232	− 9	+ 39	− 26	272·43	− 1·21	349·712	17·59	0·002
20	− 3·623	+ 4·056	− 8	+ 39	− 25	284·62	− 1·19	345·192	269·50	0·010
21	− 2·533	+ 2·612	− 7	+ 39	− 24	296·81	− 1·17	341·731	254·68	0·044
22	− 1·364	+ 0·993	− 6	+ 39	− 22	308·99	− 1·14	339·410	248·82	0·104
23	− 0·191	− 0·690	− 5	+ 38	− 21	321·18	− 1·12	338·220	246·22	0·185
24	+ 0·932	− 2·324	− 4	+ 37	− 19	333·35	− 1·09	338·141	245·81	0·284
25	+ 1·967	− 3·801	− 3	+ 36	− 18	345·52	− 1·07	339·180	247·25	0·393
26	+ 2·888	− 5·031	− 2	+ 35	− 16	357·69	− 1·04	341·368	250·38	0·506
27	+ 3·679	− 5·947	− 2	+ 34	− 15	9·84	− 1·02	344·721	255·11	0·617
28	+ 4·324	− 6·504	− 1	+ 33	− 14	21·99	− 0·99	349·154	261·26	0·721
29	+ 4·803	− 6·683	− 1	+ 32	− 14	34·14	− 0·97	354·417	268·56	0·813
30	+ 5·092	− 6·488	− 2	+ 32	− 13	46·28	− 0·94	0·073	276·65	0·889
31	+ 5·169	− 5·946	− 2	+ 32	− 13	58·41	− 0·92	5·596	285·40	0·946
Feb. 1	+ 5·011	− 5·100	− 3	+ 32	− 13	70·54	− 0·89	10·536	296·34	0·983
2	+ 4·605	− 4·009	− 4	+ 32	− 13	82·68	− 0·87	14·620	333·72	0·999
3	+ 3·950	− 2·739	− 5	+ 32	− 14	94·81	− 0·84	17·757	95·69	0·994
4	+ 3·060	− 1·358	− 6	+ 32	− 15	106·94	− 0·82	19·974	108·63	0·970
5	+ 1·964	+ 0·066	− 8	+ 33	− 16	119·08	− 0·80	21·336	112·99	0·928
6	+ 0·707	+ 1·472	− 9	+ 33	− 17	131·22	− 0·77	21·906	114·70	0·872
7	− 0·652	+ 2·805	− 11	+ 34	− 19	143·36	− 0·75	21·713	114·79	0·802
8	− 2·044	+ 4·017	− 13	+ 35	− 21	155·51	− 0·73	20·746	113·57	0·722
9	− 3·393	+ 5·062	− 14	+ 36	− 23	167·67	− 0·72	18·961	111·13	0·634
10	− 4·615	+ 5·899	− 16	+ 36	− 24	179·83	− 0·70	16·298	107·49	0·541
11	− 5·629	+ 6·490	− 17	+ 37	− 26	192·00	− 0·68	12·712	102·67	0·444
12	− 6·358	+ 6·795	− 18	+ 38	− 27	204·17	− 0·66	8·230	96·74	0·347
13	− 6·737	+ 6·779	− 19	+ 38	− 28	216·35	− 0·64	3·022	89·91	0·254
14	− 6·721	+ 6·414	− 19	+ 39	− 28	228·54	− 0·62	357·433	82·55	0·168
15	− 6·292	+ 5·685	− 18	+ 40	− 28	240·73	− 0·60	351·942	75·06	0·095

MOON, 2007

FOR 0^h TERRESTRIAL TIME

Date 0^h TT	Apparent Long.	Lat.	Apparent R.A.	Dec.	True Dist.	Horiz. Parallax	Semi-diameter	Ephemeris Transit for date Upper	Lower
	°	°	h m s	° ′ ″	′ ″	′ ″	′ ″	h	h
Feb. 15	290·37	−4·36	19 31 00·55	−26 11 58·6	58·926	58 20·59	15 53·52	10·2741	22·7520
16	304·36	−3·51	20 30 23·71	−22 34 48·3	58·085	59 11·24	16 07·31	11·2204	23·6782
17	318·72	−2·43	21 27 46·25	−17 31 26·2	57·397	59 53·86	16 18·92	12·1252	...
18	333·36	−1·17	22 22 52·95	−11 21 45·5	56·919	60 24·02	16 27·13	12·9909	00·5622
19	348·17	+0·19	23 16 11·86	− 4 30 18·2	56·688	60 38·77	16 31·15	13·8320	01·4134
20	3·02	+1·54	0 08 38·19	+ 2 36 33·2	56·712	60 37·24	16 30·73	14·6685	02·2495
21	17·79	+2·78	1 01 18·46	+ 9 32 32·7	56·969	60 20·83	16 26·26	15·5218	03·0918
22	32·37	+3·82	1 55 16·62	+15 52 42·6	57·416	59 52·64	16 18·59	16·4094	03·9604
23	46·70	+4·60	2 51 19·85	+21 14 10·8	57·997	59 16·62	16 08·78	17·3401	04·8693
24	60·74	+5·10	3 49 42·29	+25 17 11·5	58·657	58 36·64	15 57·89	18·3084	05·8206
25	74·47	+5·28	4 49 51·10	+27 46 54·9	59·344	57 55·89	15 46·79	19·2919	06·8002
26	87·89	+5·18	5 50 26·86	+28 35 54·0	60·022	57 16·62	15 36·09	20·2582	07·7793
27	101·03	+4·80	6 49 46·86	+27 45 46·9	60·666	56 40·19	15 26·17	21·1767	08·7248
28	113·91	+4·19	7 46 22·03	+25 26 39·4	61·260	56 07·18	15 17·18	22·0303	09·6121
Mar. 1	126·55	+3·38	8 39 23·90	+21 54 08·0	61·800	55 37·74	15 09·16	22·8169	10·4316
2	138·99	+2·42	9 28 48·65	+17 25 45·0	62·284	55 11·82	15 02·10	23·5456	11·1876
3	151·24	+1·36	10 15 05·21	+12 18 23·0	62·709	54 49·39	14 55·99	...	11·8927
4	163·35	+0·26	10 59 00·43	+ 6 47 04·3	63·069	54 30·61	14 50·88	00·2311	12·5630
5	175·32	−0·85	11 41 28·54	+ 1 04 53·2	63·354	54 15·91	14 46·87	00·8905	13·2158
6	187·20	−1·91	12 23 25·65	− 4 36 39·0	63·547	54 05·97	14 44·17	01·5412	13·8686
7	199·03	−2·88	13 05 47·43	−10 06 55·7	63·630	54 01·74	14 43·01	02·2003	14·5383
8	210·84	−3·73	13 49 27·87	−15 15 30·6	63·581	54 04·26	14 43·70	02·8847	15·2412
9	222·69	−4·42	14 35 17·05	−19 51 24·0	63·379	54 14·59	14 46·51	03·6097	15·9916
10	234·65	−4·93	15 23 56·17	−23 42 27·8	63·011	54 33·63	14 51·70	04·3880	16·7995
11	246·78	−5·23	16 15 48·73	−26 35 16·5	62·470	55 01·96	14 59·42	05·2261	17·6669
12	259·14	−5·29	17 10 49·22	−28 15 50·0	61·765	55 39·64	15 09·68	06·1202	18·5838
13	271·82	−5·10	18 08 15·32	−28 31 26·0	60·920	56 25·98	15 22·30	07·0545	19·5288
14	284·87	−4·65	19 06 53·12	−27 13 28·2	59·976	57 19·29	15 36·82	08·0033	20·4748
15	298·35	−3·93	20 05 19·07	−24 20 01·6	58·992	58 16·64	15 52·44	08·9408	21·3995
16	312·28	−2·96	21 02 29·01	−19 57 04·8	58·043	59 13·85	16 08·02	09·8501	22·2929
17	326·64	−1·77	21 57 57·23	−14 18 01·7	57·209	60 05·63	16 22·12	10·7285	23·1587
18	341·38	−0·44	22 51 58·40	− 7 42 20·0	56·571	60 46·31	16 33·20	11·5854	...
19	356·40	+0·94	23 45 17·43	− 0 34 03·5	56·192	61 10·93	16 39·91	12·4380	00·0109
20	11·56	+2·27	0 38 55·79	+ 6 39 33·3	56·108	61 16·43	16 41·41	13·3070	00·8692
21	26·69	+3·44	1 33 57·23	+13 29 41·9	56·320	61 02·55	16 37·63	14·2112	01·7537
22	41·66	+4·35	2 31 11·75	+19 27 59·6	56·797	60 31·77	16 29·25	15·1614	02·6804
23	56·32	+4·96	3 30 56·36	+24 09 03·3	57·481	59 48·61	16 17·49	16·1540	03·6534
24	70·60	+5·25	4 32 37·49	+27 13 39·2	58·297	58 58·32	16 03·79	17·1663	04·6597
25	84·45	+5·22	5 34 49·09	+28 31 59·1	59·175	58 05·86	15 49·50	18·1629	05·6689
26	97·88	+4·90	6 35 37·93	+28 05 25·8	60·048	57 15·15	15 35·69	19·1093	06·6440
27	110·92	+4·33	7 33 25·99	+26 05 10·1	60·867	56 28·91	15 23·10	19·9856	07·5568
28	123·63	+3·56	8 27 21·20	+22 48 09·0	61·599	55 48·66	15 12·13	20·7886	08·3959
29	136·05	+2·64	9 17 21·07	+18 32 43·5	62·224	55 15·02	15 02·97	21·5280	09·1654
30	148·25	+1·62	10 03 58·14	+13 35 52·0	62·735	54 48·00	14 55·61	22·2195	09·8787
31	160·29	+0·54	10 48 02·89	+ 8 12 14·1	63·134	54 27·24	14 49·96	22·8808	10·5528
Apr. 1	172·22	−0·56	11 30 32·14	+ 2 34 24·4	63·425	54 12·26	14 45·88	23·5299	11·2058
2	184·08	−1·62	12 12 23·22	− 3 06 25·5	63·612	54 02·66	14 43·26	...	11·8552

EPHEMERIS FOR PHYSICAL OBSERVATIONS
FOR 0^h TERRESTRIAL TIME

Date 0^h TT	The Earth's Selenographic Long.	Lat.	Physical Libration Lg.	Lt.	P.A.	The Sun's Selenographic Colong.	Lat.	Position Angle Axis	Bright Limb	Fraction Illum.
	°	°	(0°001)			°	°	°	°	
Feb. 15	− 6·292	+ 5·685	− 18	+ 40	− 28	240·73	− 0·60	351·942	75·06	0·095
16	− 5·466	+ 4·601	− 18	+ 40	− 27	252·92	− 0·57	347·034	67·54	0·039
17	− 4·293	+ 3·205	− 16	+ 40	− 26	265·12	− 0·55	343·062	57·07	0·007
18	− 2·859	+ 1·575	− 15	+ 40	− 24	277·32	− 0·52	340·209	263·51	0·002
19	− 1·267	− 0·177	− 14	+ 40	− 22	289·52	− 0·49	338·531	246·44	0·025
20	+ 0·366	− 1·921	− 12	+ 39	− 20	301·72	− 0·46	338·031	244·12	0·077
21	+ 1·930	− 3·525	− 11	+ 39	− 18	313·91	− 0·42	338·721	244·72	0·153
22	+ 3·331	− 4·878	− 10	+ 38	− 17	326·10	− 0·39	340·624	247·30	0·247
23	+ 4·500	− 5·898	− 9	+ 37	− 15	338·28	− 0·36	343·746	251·55	0·353
24	+ 5·389	− 6·539	− 9	+ 36	− 14	350·46	− 0·32	347·999	257·21	0·464
25	+ 5·978	− 6·787	− 9	+ 36	− 13	2·63	− 0·29	353·135	263·87	0·575
26	+ 6·263	− 6·652	− 9	+ 35	− 12	14·80	− 0·25	358·733	271·02	0·679
27	+ 6·255	− 6·167	− 9	+ 35	− 12	26·96	− 0·22	4·283	278·05	0·772
28	+ 5·971	− 5·375	− 10	+ 35	− 12	39·11	− 0·18	9·334	284·44	0·853
Mar. 1	+ 5·438	− 4·330	− 11	+ 35	− 12	51·26	− 0·15	13·597	289·88	0·917
2	+ 4·683	− 3·094	− 12	+ 36	− 12	63·41	− 0·12	16·955	294·29	0·963
3	+ 3·736	− 1·730	− 13	+ 36	− 13	75·55	− 0·09	19·411	298·03	0·991
4	+ 2·626	− 0·303	− 15	+ 36	− 14	87·70	− 0·05	21·015	73·76	1·000
5	+ 1·390	+ 1·125	− 16	+ 37	− 16	99·85	− 0·03	21·823	117·60	0·990
6	+ 0·064	+ 2·495	− 18	+ 37	− 17	111·99	0·00	21·866	118·00	0·963
7	− 1·309	+ 3·753	− 20	+ 38	− 19	124·15	+ 0·03	21·140	116·88	0·919
8	− 2·681	+ 4·851	− 21	+ 38	− 21	136·30	+ 0·05	19·613	114·61	0·861
9	− 3·997	+ 5·747	− 23	+ 39	− 23	148·46	+ 0·07	17·234	111·24	0·789
10	− 5·199	+ 6·402	− 24	+ 40	− 24	160·62	+ 0·09	13·967	106·79	0·707
11	− 6·221	+ 6·785	− 26	+ 40	− 26	172·79	+ 0·11	9·827	101·33	0·615
12	− 6·997	+ 6·866	− 26	+ 40	− 27	184·97	+ 0·13	4·939	95·05	0·518
13	− 7·463	+ 6·620	− 27	+ 41	− 28	197·15	+ 0·15	359·574	88·30	0·417
14	− 7·559	+ 6·032	− 27	+ 41	− 28	209·34	+ 0·17	354·130	81·55	0·316
15	− 7·245	+ 5·101	− 26	+ 41	− 28	221·54	+ 0·19	349·053	75·36	0·220
16	− 6·500	+ 3·845	− 25	+ 42	− 27	233·74	+ 0·21	344·722	70·27	0·134
17	− 5·337	+ 2·316	− 24	+ 42	− 25	245·95	+ 0·23	341·381	66·80	0·065
18	− 3·809	+ 0·598	− 22	+ 41	− 24	258·16	+ 0·26	339·155	66·06	0·019
19	− 2·007	− 1·189	− 20	+ 41	− 22	270·37	+ 0·29	338·101	96·98	0·000
20	− 0·059	− 2·905	− 19	+ 41	− 20	282·59	+ 0·32	338·265	236·82	0·012
21	+ 1·885	− 4·411	− 17	+ 40	− 18	294·80	+ 0·35	339·708	241·77	0·054
22	+ 3·678	− 5·594	− 16	+ 40	− 16	307·01	+ 0·38	342·471	246·58	0·122
23	+ 5·189	− 6·381	− 15	+ 39	− 14	319·22	+ 0·41	346·501	252·46	0·210
24	+ 6·327	− 6·745	− 15	+ 39	− 13	331·42	+ 0·45	351·568	259·30	0·312
25	+ 7·044	− 6·697	− 14	+ 39	− 12	343·62	+ 0·48	357·230	266·62	0·419
26	+ 7·332	− 6·277	− 14	+ 39	− 11	355·80	+ 0·52	2·936	273·79	0·527
27	+ 7·217	− 5·538	− 15	+ 39	− 11	7·99	+ 0·55	8·185	280·26	0·630
28	+ 6·748	− 4·541	− 15	+ 39	− 11	20·17	+ 0·59	12·656	285·61	0·725
29	+ 5·982	− 3·348	− 16	+ 39	− 11	32·34	+ 0·62	16·220	289·65	0·809
30	+ 4·985	− 2·020	− 17	+ 40	− 12	44·51	+ 0·66	18·878	292·25	0·880
31	+ 3·816	− 0·620	− 18	+ 40	− 13	56·68	+ 0·69	20·683	293·17	0·935
Apr. 1	+ 2·531	+ 0·796	− 20	+ 41	− 14	68·84	+ 0·72	21·693	291·58	0·974
2	+ 1·180	+ 2·169	− 21	+ 41	− 15	81·00	+ 0·75	21·942	281·75	0·995

MOON, 2007

FOR 0ʰ TERRESTRIAL TIME

Date 0ʰ TT	Apparent Long.	Lat.	Apparent R.A.	Dec.	True Dist.	Horiz. Parallax	Semi-diameter	Ephemeris Transit for date Upper	Lower
	°	°	h m s	° ′ ″		′ ″	′ ″	h	h
Apr. 1	172·22	−0·56	11 30 32·14	+ 2 34 24·4	63·425	54 12·26	14 45·88	23·5299	11·2058
2	184·08	−1·62	12 12 23·22	− 3 06 25·5	63·612	54 02·66	14 43·26	...	11·8552
3	195·90	−2·61	12 54 31·71	− 8 39 39·9	63·700	53 58·21	14 42·05	00·1838	12·5178
4	207·72	−3·48	13 37 50·27	−13 54 36·6	63·685	53 58·96	14 42·26	00·8590	13·2093
5	219·58	−4·20	14 23 06·59	−18 39 53·8	63·562	54 05·22	14 43·96	01·5703	13·9434
6	231·51	−4·75	15 10 59·00	−22 43 11·1	63·322	54 17·52	14 47·31	02·3297	14·7297
7	243·54	−5·09	16 01 48·71	−25 51 16·1	62·955	54 36·52	14 52·49	03·1435	15·5704
8	255·73	−5·21	16 55 30·40	−27 50 53·8	62·453	55 02·84	14 59·66	04·0092	16·4578
9	268·11	−5·08	17 51 26·08	−28 30 26·4	61·816	55 36·88	15 08·93	04·9135	17·3733
10	280·75	−4·71	18 48 29·92	−27 42 04·4	61·054	56 18·58	15 20·28	05·8341	18·2930
11	293·71	−4·10	19 45 27·08	−25 23 36·3	60·188	57 07·15	15 33·51	06·7475	19·1960
12	307·05	−3·25	20 41 18·71	−21 39 03·9	59·261	58 00·80	15 48·13	07·6373	20·0715
13	320·79	−2·19	21 35 39·56	−16 38 05·5	58·328	58 56·49	16 03·29	08·4991	20·9214
14	334·98	−0·96	22 28 41·40	−10 34 56·9	57·460	59 49·89	16 17·84	09·3402	21·7578
15	349·57	+0·36	23 21 06·11	− 3 47 59·0	56·737	60 35·67	16 30·31	10·1767	22·5997
16	4·52	+1·68	0 13 54·89	+ 3 20 22·9	56·232	61 08·32	16 39·20	11·0296	23·4691
17	19·70	+2·91	1 08 16·50	+10 23 40·4	56·003	61 23·27	16 43·27	11·9206	...
18	34·96	+3·93	2 05 12·75	+16 52 13·7	56·081	61 18·17	16 41·88	12·8663	00·3859
19	50·12	+4·66	3 05 17·75	+22 15 36·6	56·458	60 53·61	16 35·19	13·8704	01·3616
20	65·01	+5·07	4 08 12·94	+26 06 57·0	57·093	60 12·95	16 24·12	14·9149	02·3897
21	79·51	+5·14	5 12 32·86	+28 08 35·9	57·920	59 21·36	16 10·07	15·9607	03·4406
22	93·55	+4·89	6 16 04·14	+28 16 35·8	58·859	58 24·54	15 54·59	16·9630	04·4698
23	107·10	+4·37	7 16 37·05	+26 40 44·5	59·831	57 27·62	15 39·09	17·8902	05·4371
24	120·19	+3·64	8 12 53·39	+23 39 45·4	60·765	56 34·61	15 24·65	18·7332	06·3220
25	132·87	+2·75	9 04 38·79	+19 34 54·2	61·608	55 48·18	15 12·01	19·4999	07·1251
26	145·23	+1·75	9 52 25·71	+14 45 33·6	62·321	55 09·83	15 01·56	20·2078	07·8600
27	157·33	+0·69	10 37 10·26	+ 9 27 39·8	62·886	54 40·11	14 53·46	20·8766	08·5458
28	169·26	−0·38	11 19 56·11	+ 3 54 01·5	63·296	54 18·87	14 47·68	21·5264	09·2027
29	181·10	−1·42	12 01 46·71	− 1 44 35·1	63·555	54 05·58	14 44·06	22·1759	09·8500
30	192·90	−2·40	12 43 42·54	− 7 18 14·9	63·675	53 59·46	14 42·39	22·8427	10·5061
May 1	204·72	−3·27	13 26 40·12	−12 36 52·0	63·671	53 59·69	14 42·46	23·5429	11·1877
2	216·58	−4·00	14 11 30·34	−17 29 22·8	63·556	54 05·55	14 44·05	...	11·9098
3	228·54	−4·56	14 58 54·21	−21 43 22·5	63·342	54 16·51	14 47·04	00·2896	12·6830
4	240·60	−4·92	15 49 15·24	−25 05 14·4	63·036	54 32·29	14 51·34	01·0903	13·5110
5	252·79	−5·06	16 42 29·37	−27 21 09·9	62·643	54 52·85	14 56·93	01·9439	14·3870
6	265·13	−4·97	17 37 58·18	−28 19 05·2	62·162	55 18·34	15 03·88	02·8377	15·2928
7	277·66	−4·64	18 34 33·17	−27 51 06·6	61·593	55 48·96	15 12·22	03·7491	16·2034
8	290·39	−4·08	19 30 55·18	−25 55 21·8	60·941	56 24·81	15 21·98	04·6529	17·0957
9	303·37	−3·30	20 26 00·70	−22 36 16·5	60·215	57 05·60	15 33·09	05·5304	17·9567
10	316·65	−2·32	21 19 20·64	−18 03 19·5	59·438	57 50·41	15 45·30	06·3750	18·7864
11	330·26	−1·19	22 11 04·15	−12 29 22·5	58·644	58 37·43	15 58·10	07·1925	19·5956
12	344·24	+0·04	23 01 51·66	− 6 09 40·6	57·881	59 23·77	16 10·72	07·9980	20·4026
13	358·59	+1·30	23 52 44·73	+ 0 38 03·0	57·211	60 05·53	16 22·10	08·8124	21·2304
14	13·28	+2·50	0 44 56·27	+ 7 32 48·2	56·698	60 38·17	16 30·99	09·6595	22·1025
15	28·23	+3·55	1 39 39·82	+14 09 31·5	56·402	60 57·27	16 36·19	10·5616	23·0384
16	43·32	+4·36	2 37 52·83	+19 59 23·1	56·366	60 59·56	16 36·81	11·5332	...
17	58·39	+4·86	3 39 50·67	+24 32 22·4	56·609	60 43·90	16 32·55	12·5702	00·0448

EPHEMERIS FOR PHYSICAL OBSERVATIONS
FOR 0^h TERRESTRIAL TIME

Date 0^h TT	The Earth's Selenographic Long.	Lat.	Physical Libration Lg.	Lt.	P.A.	The Sun's Selenographic Colong.	Lat.	Position Angle Axis	Bright Limb	Fraction Illum.
	°	°	(0°001)			°	°	°	°	
Apr. 1	+2·531	+0·796	−20	+41	−14	68·84	+0·72	21·693	291·58	0·974
2	+1·180	+2·169	−21	+41	−15	81·00	+0·75	21·942	281·75	0·995
3	−0·196	+3·444	−23	+42	−17	93·16	+0·77	21·428	153·35	0·999
4	−1·559	+4·572	−24	+42	−19	105·33	+0·80	20·120	125·07	0·985
5	−2·874	+5·507	−26	+43	−20	117·49	+0·82	17·970	117·91	0·953
6	−4·108	+6·208	−27	+43	−22	129·66	+0·84	14·938	112·14	0·905
7	−5·226	+6·644	−29	+44	−24	141·83	+0·85	11·037	106·13	0·842
8	−6·186	+6·789	−30	+44	−25	154·01	+0·86	6·376	99·62	0·765
9	−6·944	+6·624	−30	+44	−26	166·19	+0·88	1·195	92·77	0·677
10	−7·450	+6·138	−30	+44	−27	178·38	+0·89	355·852	85·94	0·579
11	−7·650	+5·334	−30	+44	−27	190·58	+0·90	350·754	79·59	0·475
12	−7·494	+4·224	−29	+44	−26	202·78	+0·91	346·261	74·17	0·369
13	−6·940	+2·844	−28	+44	−26	214·99	+0·92	342·624	70·07	0·266
14	−5·966	+1·252	−26	+43	−24	227·20	+0·94	339·987	67·64	0·171
15	−4·585	−0·460	−25	+43	−22	239·42	+0·95	338·428	67·42	0·091
16	−2·850	−2·177	−23	+42	−20	251·65	+0·97	338·020	70·94	0·034
17	−0·869	−3·762	−21	+42	−18	263·88	+0·99	338·856	90·30	0·004
18	+1·211	−5·082	−20	+41	−16	276·11	+1·01	341·040	222·17	0·005
19	+3·213	−6·032	−18	+41	−14	288·34	+1·04	344·613	242·37	0·037
20	+4·967	−6·550	−17	+41	−13	300·56	+1·06	349·440	252·15	0·095
21	+6·334	−6·628	−16	+41	−11	312·79	+1·09	355·126	260·84	0·174
22	+7·230	−6·296	−16	+41	−10	325·01	+1·12	1·068	269·02	0·267
23	+7·627	−5·615	−16	+41	−10	337·22	+1·14	6·660	276·32	0·369
24	+7·546	−4·656	−16	+41	− 9	349·43	+1·17	11·483	282·41	0·473
25	+7·044	−3·492	−16	+42	−10	1·63	+1·20	15·357	287·10	0·575
26	+6·199	−2·190	−16	+42	−10	13·83	+1·23	18·274	290·38	0·671
27	+5·097	−0·814	−17	+43	−11	26·02	+1·26	20·303	292·26	0·758
28	+3·821	+0·579	−18	+44	−12	38·21	+1·28	21·517	292·72	0·835
29	+2·450	+1·935	−19	+44	−14	50·40	+1·31	21·964	291·58	0·899
30	+1·049	+3·203	−21	+45	−15	62·58	+1·33	21·653	288·19	0·948
May 1	−0·325	+4·335	−22	+46	−17	74·76	+1·35	20·557	280·14	0·981
2	−1·632	+5·284	−23	+46	−18	86·93	+1·37	18·623	248·91	0·997
3	−2·841	+6·009	−25	+47	−20	99·11	+1·38	15·804	142·07	0·995
4	−3·931	+6·474	−26	+47	−22	111·29	+1·39	12·093	117·73	0·975
5	−4·884	+6·652	−27	+48	−23	123·47	+1·39	7·583	106·79	0·937
6	−5·685	+6·526	−27	+48	−24	135·66	+1·40	2·497	98·09	0·882
7	−6·312	+6·090	−27	+48	−25	147·84	+1·40	357·186	90·23	0·810
8	−6·739	+5·349	−27	+48	−25	160·04	+1·40	352·053	83·18	0·725
9	−6·930	+4·322	−27	+48	−25	172·24	+1·40	347·457	77·15	0·627
10	−6·843	+3·044	−26	+47	−24	184·44	+1·40	343·649	72·38	0·522
11	−6·434	+1·566	−24	+46	−23	196·66	+1·39	340·764	69·07	0·412
12	−5·668	−0·040	−23	+45	−22	208·88	+1·40	338·872	67·37	0·303
13	−4·532	−1·681	−21	+44	−20	221·10	+1·40	338·029	67·54	0·202
14	−3·045	−3·245	−19	+44	−18	233·33	+1·40	338·322	70·04	0·115
15	−1·279	−4·610	−17	+43	−16	245·57	+1·41	339·875	76·18	0·050
16	+0·647	−5·663	−16	+42	−14	257·81	+1·41	342·805	92·62	0·011
17	+2·572	−6·317	−15	+42	−12	270·06	+1·42	347·114	195·40	0·002

MOON, 2007

FOR 0^h TERRESTRIAL TIME

Date 0^h TT	Apparent Long.	Lat.	Apparent R.A.	Dec.	True Dist.	Horiz. Parallax	Semi-diameter	Ephemeris Transit for date Upper	Lower
	°	°	h m s	° ′ ″	′ ″	′ ″	′ ″	h	h
May 17	58·39	+4·86	3 39 50·67	+24 32 22·4	56·609	60 43·90	16 32·55	12·5702	00·0448
18	73·27	+5·03	4 44 38·84	+27 22 54·3	57·113	60 11·67	16 23·77	13·6419	01·1046
19	87·82	+4·86	5 50 09·09	+28 17 04·3	57·837	59 26·52	16 11·47	14·6982	02·1753
20	101·94	+4·40	6 53 41·92	+27 17 10·5	58·711	58 33·38	15 57·00	15·6912	03·2048
21	115·58	+3·70	7 53 13·07	+24 39 36·6	59·661	57 37·47	15 41·77	16·5960	04·1552
22	128·75	+2·82	8 47 51·63	+20 47 37·2	60·608	56 43·41	15 27·05	17·4121	05·0144
23	141·48	+1·83	9 37 52·83	+16 04 15·0	61·486	55 54·80	15 13·81	18·1545	05·7912
24	153·86	+0·77	10 24 10·08	+10 48 41·6	62·242	55 14·05	15 02·71	18·8445	06·5047
25	165·96	−0·30	11 07 51·36	+ 5 15 47·2	62·840	54 42·50	14 54·12	19·5039	07·1767
26	177·88	−1·33	11 50 06·45	− 0 22 57·6	63·261	54 20·65	14 48·16	20·1539	07·8288
27	189·71	−2·30	12 32 02·21	− 5 57 51·3	63·502	54 08·31	14 44·80	20·8139	08·4815
28	201·51	−3·17	13 14 41·24	−11 19 36·2	63·570	54 04·83	14 43·86	21·5021	09·1534
29	213·36	−3·90	13 59 00·79	−16 18 08·5	63·484	54 09·23	14 45·05	22·2341	09·8618
30	225·31	−4·47	14 45 49·28	−20 41 49·4	63·267	54 20·36	14 48·09	23·0208	10·6202
31	237·40	−4·84	15 35 39·00	−24 17 13·6	62·946	54 37·01	14 52·62	23·8649	11·4360
June 1	249·64	−4·99	16 28 35·04	−26 49 54·3	62·544	54 58·05	14 58·35	...	12·3059
2	262·06	−4·92	17 24 05·28	−28 06 22·3	62·084	55 22·51	15 05·01	00·7566	13·2137
3	274·65	−4·60	18 21 00·74	−27 57 00·7	61·580	55 49·68	15 12·41	01·6738	14·1332
4	287·43	−4·04	19 17 53·38	−26 18 43·3	61·045	56 19·06	15 20·42	02·5884	15·0366
5	300·40	−3·28	20 13 25·78	−23 15 45·6	60·485	56 50·35	15 28·94	03·4760	15·9055
6	313·56	−2·32	21 06 55·31	−18 58 24·8	59·907	57 23·26	15 37·90	04·3250	16·7352
7	326·95	−1·22	21 58 21·45	−13 40 35·9	59·319	57 57·36	15 47·19	05·1373	17·5334
8	340·57	−0·03	22 48 18·86	− 7 37 55·5	58·738	58 31·77	15 56·56	05·9258	18·3171
9	354·46	+1·18	23 37 46·00	− 1 06 58·6	58·187	59 05·02	16 05·62	06·7102	19·1081
10	8·61	+2·35	0 27 55·06	+ 5 34 14·2	57·700	59 34·93	16 13·76	07·5140	19·9309
11	23·02	+3·38	1 20 03·20	+12 05 13·4	57·319	59 58·72	16 20·24	08·3617	20·8088
12	37·63	+4·21	2 15 20·94	+18 02 06·1	57·087	60 13·33	16 24·22	09·2741	21·7582
13	52·37	+4·77	3 14 32·33	+22 57 58·7	57·044	60 16·08	16 24·97	10·2604	22·7784
14	67·11	+5·01	4 17 26·26	+26 25 57·5	57·214	60 05·32	16 22·04	11·3078	23·8428
15	81·72	+4·92	5 22 34·51	+28 05 21·2	57·602	59 41·05	16 15·43	12·3766	...
16	96·08	+4·52	6 27 26·12	+27 48 43·0	58·187	59 05·02	16 05·62	13·4137	00·9023
17	110·09	+3·85	7 29 26·32	+25 44 38·5	58·928	58 20·46	15 53·48	14·3772	01·9063
18	123·68	+2·98	8 26 57·74	+22 13 35·8	59·764	57 31·46	15 40·14	15·2507	02·8252
19	136·84	+1·97	9 19 39·05	+17 40 11·2	60·630	56 42·20	15 26·72	16·0404	03·6550
20	149·59	+0·89	10 08 04·89	+12 27 03·4	61·457	55 56·40	15 14·24	16·7643	04·4092
21	162·00	−0·20	10 53 17·55	+ 6 52 22·8	62·186	55 17·03	15 03·52	17·4446	05·1085
22	174·14	−1·27	11 36 27·68	+ 1 09 58·8	62·771	54 46·15	14 55·11	18·1035	05·7754
23	186·08	−2·26	12 18 45·40	− 4 29 22·8	63·178	54 24·97	14 49·34	18·7617	06·4314
24	197·93	−3·14	13 01 17·41	− 9 56 25·3	63·391	54 13·96	14 46·34	19·4391	07·0969
25	209·77	−3·89	13 45 05·98	−15 01 54·1	63·411	54 12·94	14 46·07	20·1536	07·7907
26	221·68	−4·48	14 31 06·66	−19 35 24·9	63·250	54 21·22	14 48·32	20·9195	08·5294
27	233·71	−4·87	15 20 02·37	−23 24 40·9	62·934	54 37·64	14 52·79	21·7448	09·3246
28	245·92	−5·05	16 12 13·00	−26 15 38·9	62·494	55 00·70	14 59·07	22·6263	10·1793
29	258·35	−4·99	17 07 22·82	−27 53 54·0	61·969	55 28·64	15 06·68	23·5469	11·0833
30	271·01	−4·69	18 04 34·29	−28 07 28·0	61·398	55 59·60	15 15·11	...	12·0131
July 1	283·90	−4·15	19 02 18·83	−26 50 12·1	60·817	56 31·74	15 23·87	00·4782	12·9385
2	297·01	−3·38	19 59 05·53	−24 03 57·8	60·253	57 03·47	15 32·51	01·3912	13·8341

EPHEMERIS FOR PHYSICAL OBSERVATIONS
FOR 0^h TERRESTRIAL TIME

Date 0^h TT	The Earth's Selenographic Long.	Lat.	Physical Libration Lg.	Lt.	P.A.	The Sun's Selenographic Colong.	Lat.	Position Angle Axis	Bright Limb	Fraction Illum.
	°	°	(0°001)			°	°	°	°	
May 17	+2·572	−6·317	−15	+42	−12	270·06	+1·42	347·114	195·40	0·002
18	+4·319	−6·529	−13	+42	−11	282·30	+1·44	352·557	246·18	0·023
19	+5·734	−6·307	−12	+42	−9	294·54	+1·45	358·594	260·72	0·070
20	+6·705	−5·699	−12	+42	−9	306·78	+1·46	4·540	270·66	0·138
21	+7·179	−4·778	−11	+42	−8	319·01	+1·48	9·825	278·40	0·222
22	+7·162	−3·626	−11	+43	−8	331·24	+1·49	14·148	284·32	0·316
23	+6·700	−2·325	−11	+44	−8	343·47	+1·51	17·446	288·58	0·414
24	+5·870	−0·946	−11	+44	−9	355·69	+1·53	19·783	291·34	0·513
25	+4·764	+0·448	−12	+45	−10	7·90	+1·55	21·253	292·74	0·610
26	+3·478	+1·803	−12	+46	−12	20·11	+1·56	21·928	292·84	0·700
27	+2·101	+3·069	−13	+47	−13	32·31	+1·58	21·838	291·64	0·783
28	+0·716	+4·202	−14	+48	−15	44·51	+1·59	20·969	288·99	0·855
29	−0·610	+5·158	−15	+48	−17	56·71	+1·60	19·273	284·47	0·914
30	−1·824	+5·897	−16	+49	−18	68·90	+1·60	16·691	276·96	0·959
31	−2·892	+6·383	−17	+50	−20	81·09	+1·61	13·196	261·61	0·988
June 1	−3·793	+6·584	−17	+50	−21	93·28	+1·61	8·846	194·78	0·998
2	−4·519	+6·480	−18	+51	−22	105·46	+1·60	3·831	117·45	0·989
3	−5·072	+6·064	−18	+51	−23	117·65	+1·59	358·491	98·81	0·960
4	−5·453	+5·342	−18	+51	−23	129·85	+1·58	353·246	88·24	0·912
5	−5·661	+4·337	−17	+51	−23	142·04	+1·57	348·488	80·46	0·845
6	−5·684	+3·088	−16	+50	−22	154·24	+1·55	344·492	74·56	0·761
7	−5·502	+1·652	−15	+49	−21	166·45	+1·54	341·405	70·35	0·663
8	−5·088	+0·098	−14	+48	−20	178·66	+1·52	339·282	67·76	0·556
9	−4·415	−1·488	−12	+47	−18	190·88	+1·51	338·155	66·81	0·443
10	−3·465	−3·010	−10	+46	−17	203·11	+1·49	338·077	67·57	0·332
11	−2·245	−4·366	−9	+45	−15	215·34	+1·48	339·148	70·23	0·227
12	−0·799	−5·453	−7	+44	−13	227·58	+1·47	341·493	75·15	0·136
13	+0·786	−6·185	−6	+43	−11	239·83	+1·46	345·190	83·14	0·066
14	+2·390	−6·503	−5	+43	−10	252·08	+1·45	350·145	97·54	0·020
15	+3·868	−6·390	−3	+43	−8	264·33	+1·45	355·979	155·88	0·002
16	+5·082	−5·869	−2	+43	−7	276·58	+1·45	2·064	251·71	0·012
17	+5·927	−5·000	−2	+43	−7	288·83	+1·45	7·737	270·39	0·047
18	+6·338	−3·865	−1	+43	−7	301·08	+1·45	12·546	279·88	0·103
19	+6·305	−2·552	−1	+44	−7	313·32	+1·45	16·311	286·04	0·176
20	+5·856	−1·144	−1	+45	−7	325·56	+1·45	19·048	290·08	0·261
21	+5·055	+0·286	−1	+45	−9	337·80	+1·46	20·849	292·46	0·353
22	+3·981	+1·674	−1	+46	−10	350·03	+1·46	21·806	293·45	0·448
23	+2·728	+2·970	−1	+47	−12	2·25	+1·47	21·972	293·18	0·544
24	+1·387	+4·129	−2	+48	−13	14·47	+1·47	21·356	291·71	0·637
25	+0·046	+5·111	−3	+49	−15	26·68	+1·47	19·925	288·99	0·725
26	−1·216	+5·878	−3	+50	−17	38·89	+1·47	17·623	284·94	0·805
27	−2·336	+6·396	−4	+51	−19	51·09	+1·47	14·405	279·35	0·875
28	−3·267	+6·634	−5	+51	−20	63·29	+1·46	10·289	271·78	0·932
29	−3·982	+6·567	−5	+52	−21	75·48	+1·45	5·413	260·69	0·972
30	−4·469	+6·181	−5	+52	−22	87·68	+1·43	0·075	235·32	0·995
July 1	−4·734	+5·478	−4	+53	−22	99·87	+1·41	354·691	122·93	0·997
2	−4·794	+4·479	−4	+53	−22	112·06	+1·39	349·697	89·33	0·977

MOON, 2007

FOR 0ʰ TERRESTRIAL TIME

Date 0ʰ TT	Apparent Long.	Lat.	Apparent R.A.	Dec.	True Dist.	Horiz. Parallax	Semi-diameter	Ephemeris Transit for date Upper	Lower
	°	°	h m s	° ′ ″		′ ″	′ ″	h	h
July 1	283·90	−4·15	19 02 18·83	−26 50 12·1	60·817	56 31·74	15 23·87	00·4782	12·9385
2	297·01	−3·38	19 59 05·53	−24 03 57·8	60·253	57 03·47	15 32·51	01·3912	13·8341
3	310·33	−2·41	20 53 52·02	−19 58 16·5	59·729	57 33·53	15 40·70	02·2662	14·6875
4	323·82	−1·29	21 46 19·73	−14 47 57·6	59·256	58 01·08	15 48·20	03·0987	15·5012
5	337·49	−0·09	22 36 50·73	− 8 50 24·8	58·841	58 25·66	15 54·90	03·8970	16·2884
6	351·31	+1·14	23 26 15·70	− 2 23 49·4	58·485	58 46·97	16 00·70	04·6782	17·0691
7	5·28	+2·31	0 15 41·94	+ 4 13 18·7	58·192	59 04·73	16 05·54	05·4641	17·8662
8	19·39	+3·36	1 06 23·97	+10 41 42·8	57·968	59 18·43	16 09·27	06·2785	18·7035
9	33·62	+4·21	1 59 34·06	+16 40 27·7	57·825	59 27·23	16 11·67	07·1436	19·6006
10	47·93	+4·80	2 56 07·76	+21 46 34·0	57·780	59 29·99	16 12·42	08·0750	20·5664
11	62·28	+5·09	3 56 21·32	+25 36 06·3	57·854	59 25·45	16 11·18	09·0725	21·5896
12	76·59	+5·06	4 59 27·50	+27 47 57·4	58·062	59 12·65	16 07·69	10·1126	22·6354
13	90·78	+4·73	6 03 31·30	+28 09 40·6	58·415	58 51·22	16 01·86	11·1515	23·6555
14	104·76	+4·11	7 06 05·53	+26 42 15·8	58·906	58 21·74	15 53·83	12·1428	. . .
15	118·46	+3·26	8 05 09·71	+23 39 52·2	59·517	57 45·81	15 44·04	13·0570	00·6104
16	131·83	+2·26	8 59 48·14	+19 24 28·3	60·211	57 05·84	15 33·16	13·8884	01·4827
17	144·85	+1·15	9 50 07·79	+14 19 27·1	60·942	56 24·76	15 21·97	14·6477	02·2760
18	157·53	+0·02	10 36 54·84	+ 8 45 27·6	61·655	55 45·59	15 11·30	15·3539	03·0062
19	169·92	−1·10	11 21 12·54	+ 2 59 04·0	62·297	55 11·12	15 01·91	16·0279	03·6936
20	182·06	−2·14	12 04 08·24	− 2 46 48·5	62·818	54 43·65	14 54·43	16·6905	04·3594
21	194·02	−3·07	12 46 48·00	− 8 21 41·5	63·179	54 24·92	14 49·33	17·3617	05·0238
22	205·89	−3·87	13 30 14·69	−13 36 10·6	63·351	54 16·02	14 46·90	18·0599	05·7063
23	217·75	−4·50	14 15 26·33	−18 20 36·6	63·324	54 17·42	14 47·29	18·8015	06·4244
24	229·69	−4·93	15 03 12·11	−22 24 04·2	63·099	54 29·03	14 50·45	19·5985	07·1926
25	241·77	−5·16	15 54 04·19	−25 33 53·5	62·695	54 50·09	14 56·18	20·4544	08·0193
26	254·06	−5·15	16 48 05·86	−27 36 12·4	62·144	55 19·29	15 04·14	21·3601	08·9021
27	266·62	−4·90	17 44 41·18	−28 17 53·0	61·488	55 54·72	15 13·79	22·2937	09·8252
28	279·47	−4·41	18 42 36·47	−27 29 39·9	60·778	56 33·92	15 24·46	23·2257	10·7617
29	292·62	−3·66	19 40 20·63	−25 09 14·9	60·067	57 14·10	15 35·41	. . .	11·6829
30	306·06	−2·70	20 36 36·52	−21 22 34·8	59·405	57 52·34	15 45·82	00·1311	12·5692
31	319·76	−1·57	21 30 44·75	−16 22 47·5	58·835	58 25·97	15 54·98	00·9969	13·4151
Aug. 1	333·68	−0·32	22 22 48·92	−10 27 43·3	58·386	58 52·94	16 02·33	01·8249	14·2284
2	347·75	+0·96	23 13 26·70	− 3 57 31·4	58·072	59 12·05	16 07·53	02·6276	15·0253
3	1·94	+2·19	0 03 36·98	+ 2 46 50·5	57·893	59 23·07	16 10·53	03·4241	15·8269
4	16·18	+3·30	0 54 28·65	+ 9 24 09·2	57·837	59 26·50	16 11·47	04·2364	16·6553
5	30·43	+4·20	1 47 10·43	+15 32 51·9	57·888	59 23·36	16 10·61	05·0860	17·5303
6	44·65	+4·84	2 42 38·28	+20 50 58·1	58·029	59 14·70	16 08·25	05·9895	18·4638
7	58·80	+5·18	3 41 17·12	+24 56 39·3	58·246	59 01·43	16 04·64	06·9521	19·4521
8	72·85	+5·22	4 42 40·34	+27 30 38·8	58·533	58 44·09	15 59·92	07·9600	20·4711
9	86·77	+4·94	5 45 21·45	+28 20 17·8	58·886	58 22·97	15 54·16	08·9800	21·4814
10	100·51	+4·38	6 47 15·68	+27 23 35·7	59·305	57 58·21	15 47·42	09·9706	22·4440
11	114·04	+3·59	7 46 26·67	+24 50 07·0	59·788	57 30·09	15 39·76	10·8992	23·3354
12	127·33	+2·61	8 41 46·26	+20 57 50·7	60·328	56 59·20	15 31·35	11·7527	. . .
13	140·36	+1·51	9 33 03·39	+16 08 06·8	60·909	56 26·60	15 22·47	12·5352	00·1521
14	153·13	+0·36	10 20 48·97	+10 41 30·0	61·505	55 53·76	15 13·53	13·2611	00·9041
15	165·65	−0·79	11 05 55·86	+ 4 55 48·8	62·084	55 22·51	15 05·01	13·9490	01·6086
16	177·93	−1·88	11 49 24·78	− 0 54 16·4	62·605	54 54·84	14 57·48	14·6181	02·2847

EPHEMERIS FOR PHYSICAL OBSERVATIONS
FOR 0ʰ TERRESTRIAL TIME

Date	The Earth's Selenographic		Physical Libration			The Sun's Selenographic		Position Angle	Bright	Frac-tion
0ʰ TT	Long.	Lat.	Lg.	Lt.	P.A.	Colong.	Lat.	Axis	Limb	Illum.
	°	°		(0°001)		°	°	°	°	
July 1	− 4·734	+ 5·478	− 4	+ 53	− 22	99·87	+ 1·41	354·691	122·93	0·997
2	− 4·794	+ 4·479	− 4	+ 53	− 22	112·06	+ 1·39	349·697	89·33	0·977
3	− 4·668	+ 3·223	− 3	+ 52	− 21	124·26	+ 1·37	345·425	78·33	0·935
4	− 4·373	+ 1·771	− 1	+ 52	− 20	136·45	+ 1·34	342·065	72·03	0·871
5	− 3·919	+ 0·200	0	+ 51	− 19	148·66	+ 1·31	339·690	68·23	0·789
6	− 3·311	− 1·398	+ 1	+ 50	− 17	160·86	+ 1·28	338·318	66·36	0·691
7	− 2·546	− 2·929	+ 3	+ 49	− 15	173·08	+ 1·25	337·976	66·22	0·582
8	− 1·627	− 4·296	+ 4	+ 48	− 14	185·30	+ 1·22	338·727	67·78	0·467
9	− 0·569	− 5·406	+ 6	+ 47	− 12	197·53	+ 1·20	340·669	71·07	0·354
10	+ 0·594	− 6·183	+ 7	+ 46	− 10	209·76	+ 1·17	343·884	76·14	0·248
11	+ 1·804	− 6·572	+ 8	+ 45	− 9	222·00	+ 1·15	348·349	83·04	0·155
12	+ 2·977	− 6·547	+ 9	+ 44	− 7	234·25	+ 1·13	353·816	91·83	0·081
13	+ 4·022	− 6·116	+ 10	+ 44	− 6	246·50	+ 1·11	359·781	103·46	0·030
14	+ 4·845	− 5·320	+ 11	+ 44	− 5	258·75	+ 1·09	5·611	128·85	0·004
15	+ 5·370	− 4·227	+ 12	+ 44	− 5	271·00	+ 1·08	10·769	254·64	0·004
16	+ 5·550	− 2·921	+ 12	+ 45	− 5	283·25	+ 1·07	14·960	279·71	0·027
17	+ 5·369	− 1·488	+ 12	+ 45	− 6	295·50	+ 1·06	18·114	287·68	0·071
18	+ 4·844	− 0·013	+ 12	+ 46	− 7	307·75	+ 1·05	20·287	291·82	0·132
19	+ 4·017	+ 1·432	+ 12	+ 47	− 8	319·99	+ 1·04	21·567	293·89	0·207
20	+ 2·951	+ 2·788	+ 12	+ 48	− 10	332·23	+ 1·03	22·023	294·45	0·291
21	+ 1·722	+ 4·005	+ 11	+ 48	− 11	344·46	+ 1·03	21·682	293·72	0·382
22	+ 0·413	+ 5·042	+ 11	+ 49	− 13	356·69	+ 1·02	20·533	291·80	0·476
23	− 0·892	+ 5·864	+ 10	+ 50	− 15	8·91	+ 1·01	18·533	288·72	0·570
24	− 2·114	+ 6·439	+ 9	+ 51	− 17	21·13	+ 1·00	15·635	284·47	0·663
25	− 3·179	+ 6·740	+ 9	+ 51	− 19	33·34	+ 0·99	11·830	279·06	0·750
26	− 4·028	+ 6·740	+ 9	+ 52	− 20	45·54	+ 0·97	7·203	272·55	0·830
27	− 4·617	+ 6·422	+ 9	+ 53	− 21	57·74	+ 0·96	1·983	265·06	0·898
28	− 4·922	+ 5·780	+ 9	+ 53	− 22	69·93	+ 0·93	356·543	256·47	0·952
29	− 4·938	+ 4·824	+ 10	+ 53	− 22	82·12	+ 0·91	351·324	244·71	0·986
30	− 4·680	+ 3·584	+ 11	+ 53	− 21	94·31	+ 0·88	346·720	174·44	0·999
31	− 4·178	+ 2·117	+ 12	+ 53	− 20	106·50	+ 0·85	342·990	78·70	0·988
Aug. 1	− 3·473	+ 0·504	+ 14	+ 52	− 18	118·69	+ 0·81	340·261	69·43	0·952
2	− 2·610	− 1·157	+ 15	+ 52	− 17	130·89	+ 0·77	338·571	65·86	0·892
3	− 1·634	− 2·757	+ 16	+ 51	− 15	143·08	+ 0·74	337·945	64·81	0·811
4	− 0·588	− 4·192	+ 18	+ 50	− 13	155·28	+ 0·70	338·424	65·67	0·713
5	+ 0·488	− 5·365	+ 19	+ 49	− 11	167·49	+ 0·66	340·081	68·27	0·603
6	+ 1·553	− 6·203	+ 20	+ 48	− 9	179·71	+ 0·63	342·982	72·49	0·488
7	+ 2·565	− 6·657	+ 21	+ 47	− 8	191·93	+ 0·59	347·108	78·22	0·375
8	+ 3·481	− 6·704	+ 22	+ 47	− 6	204·16	+ 0·56	352·266	85·14	0·269
9	+ 4·255	− 6·353	+ 23	+ 46	− 5	216·39	+ 0·53	358·035	92·78	0·176
10	+ 4·842	− 5·636	+ 24	+ 46	− 4	228·63	+ 0·50	3·848	100·58	0·100
11	+ 5·203	− 4·610	+ 24	+ 46	− 4	240·87	+ 0·47	9·165	108·31	0·044
12	+ 5·309	− 3·347	+ 24	+ 46	− 4	253·12	+ 0·45	13·636	117·47	0·011
13	+ 5·143	− 1·928	+ 24	+ 47	− 4	265·37	+ 0·42	17·121	215·78	0·000
14	+ 4·704	− 0·436	+ 24	+ 47	− 5	277·61	+ 0·40	19·628	289·52	0·012
15	+ 4·007	+ 1·051	+ 24	+ 48	− 6	289·86	+ 0·38	21·223	294·54	0·043
16	+ 3·082	+ 2·465	+ 23	+ 49	− 7	302·10	+ 0·37	21·972	296·10	0·092

MOON, 2007

FOR 0^h TERRESTRIAL TIME

Date 0^h TT	Apparent Long.	Lat.	R.A.	Dec.	True Dist.	Horiz. Parallax	Semi-diameter	Ephemeris Transit for date Upper	Lower
	°	°	h m s	° ′ ″		′ ″	′ ″	h	h
Aug. 16	177·93	−1·88	11 49 24·78	− 0 54 16·4	62·605	54 54·84	14 57·48	14·6181	02·2847
17	190·02	−2·87	12 32 17·25	− 6 36 38·5	63·029	54 32·69	14 51·44	15·2872	02·9515
18	201·97	−3·73	13 15 32·69	−12 00 47·4	63·316	54 17·82	14 47·39	15·9742	03·6274
19	213·83	−4·42	14 00 06·69	−16 56 46·5	63·436	54 11·66	14 45·72	16·6951	04·3295
20	225·69	−4·92	14 46 48·19	−21 14 15·1	63·367	54 15·23	14 46·69	17·4631	05·0726
21	237·62	−5·21	15 36 13·65	−24 41 50·0	63·099	54 29·05	14 50·45	18·2854	05·8673
22	249·70	−5·28	16 28 37·82	−27 07 04·4	62·639	54 53·05	14 56·99	19·1597	06·7166
23	261·99	−5·10	17 23 43·81	−28 17 29·4	62·009	55 26·50	15 06·10	20·0721	07·6125
24	274·57	−4·69	18 20 39·69	−28 02 43·3	61·248	56 07·87	15 17·37	20·9990	08·5354
25	287·49	−4·03	19 18 09·21	−26 17 14·1	60·406	56 54·77	15 30·14	21·9154	09·4599
26	300·78	−3·13	20 14 56·19	−23 02 21·9	59·548	57 43·99	15 43·55	22·8039	10·3638
27	314·45	−2·04	21 10 09·82	−18 26 42·5	58·741	58 31·62	15 56·52	23·6595	11·2356
28	328·47	−0·79	22 03 37·34	−12 45 01·9	58·048	59 13·51	16 07·93	...	12·0769
29	342·78	+0·53	22 55 41·79	− 6 16 33·7	57·524	59 45·88	16 16·74	00·4895	12·8994
30	357·30	+1·83	23 47 11·72	+ 0 36 32·8	57·203	60 05·99	16 22·22	01·3091	13·7213
31	11·94	+3·03	0 39 09·46	+ 7 30 23·2	57·097	60 12·74	16 24·06	02·1385	14·5633
Sept. 1	26·59	+4·02	1 32 39·75	+14 00 11·7	57·192	60 06·70	16 22·42	02·9980	15·4446
2	41·15	+4·76	2 28 36·30	+19 41 14·4	57·460	59 49·88	16 17·84	03·9044	16·3777
3	55·54	+5·18	3 27 24·17	+24 10 10·9	57·860	59 25·07	16 11·08	04·8639	17·3612
4	69·71	+5·28	4 28 40·63	+27 07 28·2	58·349	58 55·17	16 02·93	05·8663	18·3751
5	83·63	+5·07	5 31 07·47	+28 20 48·0	58·891	58 22·66	15 54·08	06·8826	19·3838
6	97·28	+4·57	6 32 49·79	+27 48 10·2	59·456	57 49·38	15 45·02	07·8742	20·3501
7	110·67	+3·83	7 31 58·01	+25 38 15·8	60·025	57 16·48	15 36·05	08·8091	21·2499
8	123·80	+2·91	8 27 25·19	+22 07 28·0	60·587	56 44·58	15 27·37	09·6722	22·0768
9	136·70	+1·85	9 18 57·24	+17 35 24·4	61·136	56 14·01	15 19·04	10·4651	22·8389
10	149·38	+0·71	10 07 00·59	+12 21 23·8	61·666	55 45·04	15 11·15	11·2002	23·5514
11	161·86	−0·44	10 52 23·78	+ 6 42 41·7	62·167	55 18·05	15 03·80	11·8947	...
12	174·15	−1·55	11 36 03·78	+ 0 54 09·0	62·627	54 53·68	14 57·16	12·5668	00·2324
13	186·28	−2·57	12 18 58·63	− 4 51 25·1	63·026	54 32·85	14 51·49	13·2341	00·8999
14	198·28	−3·47	13 02 04·19	−10 22 34·5	63·339	54 16·67	14 47·08	13·9135	01·5713
15	210·18	−4·21	13 46 12·38	−15 28 34·2	63·539	54 06·43	14 44·29	14·6201	02·2625
16	222·03	−4·77	14 32 08·72	−19 58 41·4	63·598	54 03·41	14 43·47	15·3665	02·9877
17	233·88	−5·12	15 20 27·88	−23 41 49·5	63·492	54 08·79	14 44·94	16·1606	03·7573
18	245·78	−5·25	16 11 26·55	−26 26 25·8	63·206	54 23·50	14 48·94	17·0026	04·5759
19	257·82	−5·16	17 04 55·70	−28 01 10·8	62·734	54 48·08	14 55·64	17·8836	05·4392
20	270·06	−4·83	18 00 16·99	−28 16 22·8	62·084	55 22·51	15 05·01	18·7857	06·3334
21	282·58	−4·27	18 56 29·45	−27 05 51·0	61·281	56 06·03	15 16·87	19·6874	07·2378
22	295·45	−3·49	19 52 27·40	−24 28 29·7	60·368	56 56·93	15 30·73	20·5717	08·1325
23	308·72	−2·49	20 47 21·86	−20 28 56·1	59·404	57 52·39	15 45·84	21·4309	09·0044
24	322·43	−1·32	21 40 54·67	−15 17 11·6	58·461	58 48·42	16 01·10	22·2686	09·8519
25	336·57	−0·04	22 33 20·60	− 9 08 02·7	57·617	59 40·11	16 15·17	23·0975	10·6831
26	351·12	+1·28	23 25 21·09	− 2 20 32·0	56·948	60 22·17	16 26·63	23·9357	11·5141
27	5·98	+2·54	0 17 54·62	+ 4 42 21·3	56·515	60 49·95	16 34·20	...	12·3649
28	21·02	+3·64	1 12 05·83	+11 34 13·9	56·353	61 00·45	16 37·06	00·8040	13·2555
29	36·09	+4·48	2 08 51·60	+17 46 33·5	56·466	60 53·09	16 35·05	01·7207	14·2006
30	51·03	+5·02	3 08 41·45	+22 51 00·3	56·829	60 29·77	16 28·70	02·6948	15·2017
Oct. 1	65·73	+5·21	4 11 14·69	+26 23 10·9	57·391	59 54·24	16 19·02	03·7181	16·2397

EPHEMERIS FOR PHYSICAL OBSERVATIONS
FOR 0ʰ TERRESTRIAL TIME

Date 0ʰ TT	The Earth's Selenographic Long.	Lat.	Physical Libration Lg.	Lt.	P.A.	The Sun's Selenographic Colong.	Lat.	Position Angle Axis	Bright Limb	Fraction Illum.
	°	°	(0·°001)			°	°	°	°	
Aug. 16	+ 3·082	+ 2·465	+ 23	+ 49	− 7	302·10	+ 0·37	21·972	296·10	0·092
17	+ 1·973	+ 3·750	+ 23	+ 50	− 9	314·34	+ 0·35	21·912	295·97	0·156
18	+ 0·735	+ 4·857	+ 22	+ 50	− 11	326·57	+ 0·34	21·043	294·55	0·231
19	− 0·568	+ 5·750	+ 21	+ 51	− 13	338·80	+ 0·32	19·336	291·97	0·316
20	− 1·866	+ 6·399	+ 20	+ 52	− 15	351·02	+ 0·31	16·754	288·29	0·407
21	− 3·086	+ 6·779	+ 20	+ 52	− 17	3·24	+ 0·30	13·280	283·56	0·502
22	− 4·154	+ 6·867	+ 19	+ 53	− 19	15·45	+ 0·28	8·966	277·88	0·598
23	− 5·003	+ 6·647	+ 19	+ 53	− 20	27·65	+ 0·26	3·982	271·50	0·692
24	− 5·571	+ 6·110	+ 19	+ 53	− 21	39·85	+ 0·24	358·632	264·77	0·780
25	− 5·813	+ 5·254	+ 19	+ 54	− 22	52·04	+ 0·22	353·316	258·17	0·860
26	− 5·700	+ 4·099	+ 20	+ 54	− 21	64·23	+ 0·19	348·442	252·15	0·925
27	− 5·228	+ 2·683	+ 21	+ 54	− 20	76·41	+ 0·16	344·327	247·00	0·973
28	− 4·420	+ 1·075	+ 23	+ 53	− 19	88·59	+ 0·13	341·164	241·99	0·997
29	− 3·323	− 0·630	+ 24	+ 53	− 17	100·77	+ 0·09	339·044	63·52	0·996
30	− 2·011	− 2·317	+ 25	+ 52	− 15	112·95	+ 0·05	338·017	61·83	0·967
31	− 0·572	− 3·861	+ 27	+ 51	− 13	125·13	+ 0·02	338·139	62·53	0·911
Sept. 1	+ 0·894	− 5·150	+ 28	+ 51	− 11	137·31	− 0·02	339·481	64·93	0·832
2	+ 2·294	− 6·095	+ 29	+ 50	− 9	149·50	− 0·06	342·110	68·92	0·735
3	+ 3·543	− 6·642	+ 30	+ 49	− 7	161·70	− 0·10	346·010	74·37	0·627
4	+ 4·578	− 6·770	+ 31	+ 49	− 5	173·90	− 0·14	350·995	80·95	0·513
5	+ 5·357	− 6·492	+ 32	+ 48	− 4	186·11	− 0·18	356·665	88·16	0·401
6	+ 5·860	− 5·846	+ 32	+ 48	− 3	198·32	− 0·21	2·471	95·32	0·296
7	+ 6·083	− 4·889	+ 32	+ 48	− 2	210·54	− 0·25	7·878	101·81	0·203
8	+ 6·036	− 3·687	+ 32	+ 49	− 2	222·77	− 0·28	12·518	107·14	0·125
9	+ 5·736	− 2·314	+ 32	+ 49	− 2	235·00	− 0·31	16·225	110·97	0·064
10	+ 5·206	− 0·848	+ 32	+ 50	− 3	247·23	− 0·34	18·981	112·77	0·023
11	+ 4·470	+ 0·637	+ 31	+ 50	− 4	259·47	− 0·36	20·834	108·25	0·003
12	+ 3·553	+ 2·074	+ 31	+ 51	− 5	271·70	− 0·38	21·841	309·60	0·002
13	+ 2·484	+ 3·398	+ 30	+ 52	− 7	283·94	− 0·40	22·037	302·03	0·021
14	+ 1·295	+ 4·559	+ 29	+ 53	− 9	296·17	− 0·42	21·427	299·23	0·057
15	+ 0·023	+ 5·514	+ 27	+ 53	− 11	308·39	− 0·44	19·986	296·20	0·110
16	− 1·290	+ 6·230	+ 26	+ 54	− 13	320·62	− 0·45	17·681	292·42	0·176
17	− 2·594	+ 6·681	+ 25	+ 54	− 15	332·84	− 0·47	14·499	287·77	0·253
18	− 3·831	+ 6·850	+ 24	+ 55	− 17	345·05	− 0·48	10·479	282·30	0·340
19	− 4·937	+ 6·723	+ 23	+ 55	− 19	357·26	− 0·49	5·758	276·17	0·433
20	− 5·845	+ 6·293	+ 23	+ 55	− 20	9·46	− 0·51	0·589	269·69	0·531
21	− 6·485	+ 5·560	+ 23	+ 55	− 21	21·65	− 0·53	355·323	263·28	0·630
22	− 6·792	+ 4·534	+ 23	+ 55	− 21	33·84	− 0·55	350·335	257·42	0·726
23	− 6·712	+ 3·240	+ 24	+ 55	− 20	46·02	− 0·57	345·954	252·57	0·816
24	− 6·207	+ 1·725	+ 25	+ 54	− 19	58·19	− 0·59	342·406	249·24	0·894
25	− 5·273	+ 0·063	+ 26	+ 54	− 18	70·36	− 0·62	339·827	248·22	0·953
26	− 3·941	− 1·644	+ 27	+ 53	− 16	82·53	− 0·65	338·306	253·16	0·990
27	− 2·290	− 3·271	+ 29	+ 52	− 13	94·69	− 0·68	337·928	20·75	0·999
28	− 0·436	− 4·687	+ 30	+ 52	− 11	106·85	− 0·71	338·797	55·65	0·978
29	+ 1·470	− 5·777	+ 31	+ 51	− 8	119·01	− 0·75	341·018	62·74	0·929
30	+ 3·272	− 6·460	+ 32	+ 50	− 6	131·18	− 0·78	344·624	69·18	0·855
Oct. 1	+ 4·833	− 6·700	+ 33	+ 50	− 4	143·35	− 0·81	349·465	76·27	0·763

MOON, 2007

FOR 0ʰ TERRESTRIAL TIME

Date 0ʰ TT	Apparent Long.	Apparent Lat.	R.A.	Dec.	True Dist.	Horiz. Parallax	Semi-diameter	Ephemeris Transit for date Upper	Ephemeris Transit for date Lower
	°	°	h m s	° ′ ″		′ ″	′ ″	h	h
Oct. 1	65·73	+5·21	4 11 14·69	+26 23 10·9	57·391	59 54·24	16 19·02	03·7181	16·2397
2	80·09	+5·07	5 15 08·82	+28 07 21·2	58·089	59 11·04	16 07·26	04·7613	17·2771
3	94·05	+4·63	6 18 18·16	+28 00 11·5	58·859	58 24·58	15 54·60	05·7821	18·2719
4	107·63	+3·94	7 18 41·22	+26 10 53·3	59·645	57 38·40	15 42·02	06·7437	19·1957
5	120·83	+3·06	8 15 04·10	+22 57 06·0	60·402	56 55·00	15 30·20	07·6276	20·0402
6	133·72	+2·04	9 07 12·07	+18 39 25·6	61·103	56 15·83	15 19·54	08·4348	20·8134
7	146·33	+0·94	9 55 34·64	+13 37 24·1	61·730	55 41·56	15 10·20	09·1782	21·5316
8	158·72	−0·18	10 41 04·33	+ 8 07 52·9	62·275	55 12·29	15 02·23	09·8761	22·2139
9	170·94	−1·28	11 24 41·40	+ 2 25 05·3	62·738	54 47·85	14 55·57	10·5474	22·8789
10	183·02	−2·30	12 07 25·93	− 3 18 39·6	63·118	54 28·06	14 50·18	11·2106	23·5445
11	195·00	−3·21	12 50 14·68	− 8 52 05·7	63·413	54 12·84	14 46·04	11·8825	...
12	206·91	−3·97	13 33 59·33	−14 04 16·3	63·618	54 02·37	14 43·18	12·5784	00·2266
13	218·77	−4·56	14 19 24·41	−18 44 03·6	63·722	53 57·08	14 41·75	13·3105	00·9393
14	230·62	−4·94	15 07 03·08	−22 39 56·2	63·710	53 57·67	14 41·91	14·0867	01·6928
15	242·48	−5·12	15 57 10·82	−25 40 12·0	63·567	54 04·98	14 43·90	14·9079	02·4919
16	254·40	−5·07	16 49 38·62	−27 33 45·7	63·276	54 19·91	14 47·96	15·7662	03·3332
17	266·43	−4·80	17 43 50·32	−28 11 29·5	62·826	54 43·24	14 54·32	16·6455	04·2044
18	278·63	−4·31	18 38 49·03	−27 27 45·8	62·216	55 15·46	15 03·09	17·5260	05·0868
19	291·07	−3·61	19 33 33·57	−25 21 30·5	61·454	55 56·57	15 14·29	18·3910	05·9612
20	303·82	−2·72	20 27 17·92	−21 56 20·5	60·566	56 45·76	15 27·69	19·2325	06·8148
21	316·96	−1·66	21 19 44·33	−17 19 53·9	59·596	57 41·19	15 42·79	20·0526	07·6447
22	330·54	−0·47	22 11 06·15	−11 43 08·2	58·605	58 39·76	15 58·74	20·8626	08·4578
23	344·60	+0·79	23 02 03·15	− 5 20 12·3	57·667	59 37·00	16 14·33	21·6805	09·2693
24	359·13	+2·03	23 53 34·00	+ 1 30 58·3	56·866	60 27·40	16 28·06	22·5279	10·0991
25	14·06	+3·17	0 46 47·83	+ 8 27 51·2	56·280	61 05·15	16 38·34	23·4271	10·9698
26	29·28	+4·10	1 42 52·77	+15 02 57·3	55·972	61 25·33	16 43·83	...	11·9016
27	44·61	+4·75	2 42 36·90	+20 45 05·4	55·974	61 25·21	16 43·80	00·3942	12·9043
28	59·87	+5·05	3 46 00·19	+25 03 11·6	56·282	61 05·06	16 38·31	01·4297	13·9665
29	74·88	+5·00	4 51 49·23	+27 32 53·3	56·856	60 28·02	16 28·22	02·5090	15·0507
30	89·50	+4·62	5 57 43·12	+28 03 31·6	57·633	59 39·15	16 14·91	03·5845	16·1045
31	103·65	+3·97	7 01 05·44	+26 41 07·1	58·532	58 44·11	15 59·92	04·6059	17·0855
Nov. 1	117·31	+3·10	8 00 08·04	+23 44 26·0	59·478	57 48·08	15 44·66	05·5422	17·9762
2	130·52	+2·10	8 54 17·79	+19 37 18·6	60·401	56 55·07	15 30·22	06·3886	18·7815
3	143·33	+1·02	9 44 01·39	+14 42 21·1	61·250	56 07·77	15 17·34	07·1574	19·5190
4	155·81	−0·08	10 30 16·86	+ 9 18 13·6	61·988	55 27·64	15 06·41	07·8689	20·2100
5	168·04	−1·16	11 14 12·26	+ 3 39 39·5	62·598	54 55·22	14 57·58	08·5449	20·8760
6	180·10	−2·16	11 56 55·01	− 2 01 25·6	63·073	54 30·40	14 50·82	09·2059	21·5367
7	192·04	−3·06	12 39 27·85	− 7 34 32·7	63·417	54 12·66	14 45·99	09·8706	22·2097
8	203·91	−3·82	13 22 47·47	−12 49 30·9	63·638	54 01·35	14 42·91	10·5559	22·9107
9	215·77	−4·41	14 07 42·69	−17 35 39·6	63·746	53 55·86	14 41·41	11·2755	23·6515
10	227·62	−4·80	14 54 50·52	−21 41 27·1	63·749	53 55·73	14 41·38	12·0391	...
11	239·51	−4·99	15 44 29·64	−24 54 45·0	63·649	54 00·78	14 42·75	12·8488	00·4383
12	251·44	−4·96	16 36 32·80	−27 03 46·5	63·447	54 11·09	14 45·56	13·6978	01·2692
13	263·44	−4·71	17 30 23·05	−27 58 45·7	63·138	54 27·02	14 49·90	14·5698	02·1322
14	275·55	−4·25	18 24 59·73	−27 33 49·5	62·715	54 49·08	14 55·91	15·4434	03·0077
15	287·81	−3·58	19 19 15·76	−25 48 10·3	62·172	55 17·79	15 03·73	16·2993	03·8745
16	300·25	−2·74	20 12 18·90	−22 46 00·6	61·510	55 53·50	15 13·45	17·1270	04·7169

EPHEMERIS FOR PHYSICAL OBSERVATIONS
FOR 0ʰ TERRESTRIAL TIME

Date 0ʰ TT	The Earth's Selenographic Long.	Lat.	Physical Libration Lg.	Lt.	P.A.	The Sun's Selenographic Colong.	Lat.	Position Angle Axis	Bright Limb	Fraction Illum.
	°	°	(0°001)			°	°	°	°	
Oct. 1	+ 4·833	− 6·700	+ 33	+ 50	− 4	143·35	− 0·81	349·465	76·27	0·763
2	+ 6·051	− 6·507	+ 33	+ 50	− 3	155·53	− 0·85	355·144	83·87	0·658
3	+ 6·870	− 5·926	+ 34	+ 50	− 1	167·71	− 0·88	1·073	91·39	0·548
4	+ 7·281	− 5·022	+ 34	+ 50	− 1	179·90	− 0·91	6·666	98·21	0·438
5	+ 7·307	− 3·868	+ 34	+ 51	0	192·10	− 0·94	11·513	103·87	0·335
6	+ 6·995	− 2·541	+ 34	+ 51	0	204·30	− 0·97	15·429	108·11	0·241
7	+ 6·400	− 1·116	+ 33	+ 52	− 1	216·51	− 1·00	18·390	110·79	0·160
8	+ 5·580	+ 0·339	+ 33	+ 53	− 2	228·72	− 1·03	20·449	111·74	0·094
9	+ 4·588	+ 1·759	+ 32	+ 54	− 3	240·94	− 1·05	21·668	110·34	0·045
10	+ 3·469	+ 3·083	+ 31	+ 54	− 5	253·15	− 1·07	22·083	103·81	0·014
11	+ 2·261	+ 4·260	+ 29	+ 55	− 6	265·37	− 1·09	21·700	58·48	0·001
12	+ 0·992	+ 5·244	+ 28	+ 56	− 8	277·59	− 1·11	20·494	315·98	0·007
13	− 0·310	+ 5·998	+ 26	+ 56	− 10	289·81	− 1·12	18·431	301·75	0·030
14	− 1·618	+ 6·495	+ 25	+ 57	− 12	302·02	− 1·13	15·488	294·24	0·070
15	− 2·904	+ 6·714	+ 23	+ 57	− 14	314·23	− 1·14	11·699	287·58	0·126
16	− 4·130	+ 6·646	+ 22	+ 58	− 16	326·44	− 1·15	7·184	280·86	0·195
17	− 5·250	+ 6·288	+ 21	+ 58	− 18	338·64	− 1·16	2·177	274·03	0·276
18	− 6·209	+ 5·643	+ 20	+ 58	− 19	350·83	− 1·16	356·999	267·35	0·367
19	− 6·939	+ 4·725	+ 20	+ 57	− 19	3·02	− 1·17	352·005	261·16	0·465
20	− 7·371	+ 3·554	+ 20	+ 57	− 19	15·20	− 1·18	347·504	255·83	0·567
21	− 7·432	+ 2·167	+ 20	+ 56	− 19	27·38	− 1·19	343·724	251·67	0·670
22	− 7·060	+ 0·618	+ 21	+ 55	− 17	39·54	− 1·20	340·806	248·99	0·768
23	− 6·215	− 1·015	+ 22	+ 54	− 16	51·70	− 1·22	338·845	248·14	0·857
24	− 4·896	− 2·632	+ 23	+ 54	− 14	63·85	− 1·23	337·938	249·92	0·928
25	− 3·157	− 4·108	+ 24	+ 53	− 11	76·00	− 1·25	338·209	257·20	0·977
26	− 1·112	− 5·318	+ 25	+ 52	− 9	88·15	− 1·27	339·814	303·53	0·998
27	+ 1·071	− 6·150	+ 26	+ 51	− 6	100·29	− 1·29	342·877	50·11	0·988
28	+ 3·193	− 6·537	+ 27	+ 51	− 4	112·44	− 1·31	347·369	66·90	0·949
29	+ 5·064	− 6·461	+ 27	+ 51	− 2	124·58	− 1·33	352·977	77·29	0·884
30	+ 6·538	− 5·957	+ 28	+ 50	0	136·74	− 1·35	359·097	86·34	0·799
31	+ 7·529	− 5·095	+ 28	+ 51	+ 1	148·89	− 1·37	5·035	94·30	0·700
Nov. 1	+ 8·017	− 3·963	+ 29	+ 51	+ 2	161·06	− 1·39	10·257	100·91	0·595
2	+ 8·030	− 2·650	+ 29	+ 52	+ 2	173·23	− 1·41	14·506	105·97	0·490
3	+ 7·633	− 1·237	+ 28	+ 53	+ 2	185·41	− 1·43	17·743	109·50	0·388
4	+ 6·904	+ 0·202	+ 28	+ 54	+ 1	197·59	− 1·45	20·034	111·54	0·293
5	+ 5·928	+ 1·604	+ 27	+ 55	0	209·78	− 1·47	21·459	112·11	0·208
6	+ 4·781	+ 2·914	+ 25	+ 56	− 2	221·97	− 1·49	22·076	111·15	0·136
7	+ 3·530	+ 4·083	+ 24	+ 57	− 4	234·17	− 1·50	21·900	108·25	0·078
8	+ 2·227	+ 5·068	+ 23	+ 58	− 6	246·37	− 1·51	20·912	102·20	0·035
9	+ 0·912	+ 5·832	+ 21	+ 58	− 8	258·57	− 1·52	19·072	87·15	0·010
10	− 0·387	+ 6·345	+ 19	+ 59	− 10	270·77	− 1·53	16·348	11·75	0·002
11	− 1·651	+ 6·586	+ 17	+ 59	− 11	282·98	− 1·53	12·753	306·37	0·012
12	− 2·864	+ 6·542	+ 16	+ 60	− 13	295·18	− 1·53	8·390	290·12	0·039
13	− 4·008	+ 6·212	+ 15	+ 60	− 15	307·37	− 1·53	3·477	280·09	0·084
14	− 5·056	+ 5·602	+ 13	+ 60	− 16	319·57	− 1·53	358·332	271·84	0·144
15	− 5·973	+ 4·729	+ 13	+ 60	− 17	331·76	− 1·53	353·312	264·68	0·219
16	− 6·709	+ 3·621	+ 12	+ 59	− 17	343·94	− 1·52	348·732	258·60	0·306

MOON, 2007

FOR 0^h TERRESTRIAL TIME

Date 0^h TT	Apparent Long.	Lat.	R.A.	Dec.	True Dist.	Horiz. Parallax	Semi-diameter	Ephemeris Transit for date Upper	Lower
	°	°	h m s	° ′ ″		′ ″	′ ″	h	h
Nov. 16	300·25	−2·74	20 12 18·90	−22 46 00·6	61·510	55 53·50	15 13·45	17·1270	04·7169
17	312·96	−1·74	21 03 46·47	−18 35 21·1	60·739	56 36·10	15 25·06	17·9267	05·5299
18	325·99	−0·62	21 53 48·48	−13 26 36·1	59·881	57 24·76	15 38·31	18·7081	06·3188
19	339·40	+0·56	22 43 02·67	− 7 31 48·2	58·975	58 17·65	15 52·71	19·4884	07·0971
20	353·25	+1·74	23 32 27·12	− 1 04 55·1	58·078	59 11·67	16 07·43	20·2894	07·8848
21	7·55	+2·85	0 23 13·33	+ 5 37 02·9	57·260	60 02·46	16 21·26	21·1356	08·7053
22	22·29	+3·81	1 16 38·63	+12 12 32·5	56·595	60 44·75	16 32·78	22·0504	09·5832
23	37·37	+4·52	2 13 52·92	+18 14 31·3	56·158	61 13·12	16 40·51	23·0481	10·5387
24	52·66	+4·93	3 15 33·81	+23 11 33·5	56·003	61 23·31	16 43·28	...	11·5768
25	67·96	+4·98	4 21 11·73	+26 32 36·7	56·155	61 13·34	16 40·57	00·1211	12·6750
26	83·09	+4·68	5 28 47·99	+27 55 36·9	56·603	60 44·23	16 32·64	01·2312	13·7817
27	97·88	+4·07	6 35 23·46	+27 15 43·4	57·304	59 59·69	16 20·51	02·3191	14·8374
28	112·21	+3·21	7 38 15·27	+24 46 35·1	58·185	59 05·13	16 05·65	03·3328	15·8033
29	126·04	+2·19	8 35 59·14	+20 53 14·7	59·166	58 06·35	15 49·64	04·2489	16·6710
30	139·37	+1·09	9 28 34·29	+16 02 45·3	60·164	57 08·54	15 33·89	05·0717	17·4537
Dec. 1	152·25	−0·04	10 16 52·10	+10 38 18·3	61·107	56 15·64	15 19·48	05·8201	18·1738
2	164·75	−1·13	11 02 04·65	+ 4 57 41·5	61·938	55 30·30	15 07·14	06·5178	18·8550
3	176·96	−2·15	11 45 26·79	− 0 45 45·4	62·622	54 53·95	14 57·24	07·1881	19·5197
4	188·97	−3·05	12 28 09·01	− 6 21 28·8	63·137	54 27·08	14 49·91	07·8523	20·1882
5	200·86	−3·81	13 11 15·33	−11 40 02·9	63·479	54 09·45	14 45·11	08·5296	20·8785
6	212·70	−4·39	13 55 42·01	−16 31 52·3	63·657	54 00·38	14 42·64	09·2366	21·6053
7	224·53	−4·79	14 42 14·43	−20 46 22·0	63·686	53 58·91	14 42·24	09·9858	22·3785
8	236·42	−4·99	15 31 20·84	−24 11 47·0	63·587	54 03·98	14 43·62	10·7834	23·1997
9	248·38	−4·96	16 23 03·66	−26 35 53·3	63·380	54 14·56	14 46·51	11·6261	...
10	260·44	−4·71	17 16 52·68	−27 47 39·6	63·084	54 29·81	14 50·66	12·4996	00·0603
11	272·62	−4·25	18 11 47·32	−27 39 35·9	62·714	54 49·12	14 55·92	13·3814	00·9410
12	284·92	−3·58	19 06 32·49	−26 09 41·4	62·277	55 12·19	15 02·20	14·2482	01·8179
13	297·37	−2·73	20 00 02·71	−23 21 54·8	61·778	55 38·97	15 09·50	15·0840	02·6706
14	309·98	−1·74	20 51 41·60	−19 25 05·0	61·217	56 09·55	15 17·83	15·8843	03·4884
15	322·81	−0·64	21 41 28·40	−14 30 53·2	60·598	56 44·00	15 27·21	16·6556	04·2728
16	335·88	+0·52	22 29 53·39	− 8 52 16·8	59·927	57 22·11	15 37·59	17·4125	05·0347
17	349·24	+1·68	23 17 49·44	− 2 42 53·5	59·221	58 03·12	15 48·76	18·1753	05·7917
18	2·95	+2·77	0 06 24·46	+ 3 42 29·9	58·510	58 45·45	16 00·29	18·9677	06·5662
19	17·01	+3·72	0 56 55·31	+10 06 43·8	57·836	59 26·53	16 11·48	19·8146	07·3828
20	31·42	+4·46	1 50 39·60	+16 08 44·8	57·253	60 02·85	16 21·37	20·7381	08·2658
21	46·15	+4·92	2 48 39·71	+21 22 46·5	56·821	60 30·29	16 28·84	21·7475	09·2323
22	61·09	+5·06	3 51 14·02	+25 19 44·1	56·594	60 44·84	16 32·80	22·8275	10·2809
23	76·11	+4·86	4 57 23·02	+27 32 36·8	56·614	60 43·57	16 32·46	23·9321	11·3805
24	91·04	+4·32	6 04 41·29	+27 45 14·8	56·896	60 25·50	16 27·54	...	12·4745
25	105·74	+3·50	7 10 06·17	+25 59 18·6	57·427	59 51·99	16 18·41	01·0010	13·5067
26	120·07	+2·48	8 11 17·19	+22 33 23·2	58·163	59 06·49	16 06·02	01·9888	14·4466
27	133·96	+1·33	9 07 19·99	+17 54 47·6	59·041	58 13·76	15 51·65	02·8806	15·2927
28	147·40	+0·15	9 58 34·75	+12 30 52·5	59·984	57 18·82	15 36·69	03·6854	16·0615
29	160·38	−1·01	10 46 02·13	+ 6 44 16·7	60·916	56 26·22	15 22·37	04·4240	16·7760
30	172·98	−2·09	11 30 56·25	+ 0 52 06·6	61·768	55 39·52	15 09·65	05·1204	17·4599
31	185·27	−3·04	12 14 31·02	− 4 52 53·1	62·485	55 01·18	14 59·20	05·7973	18·1351
32	197·32	−3·84	12 57 55·18	−10 20 35·2	63·030	54 32·63	14 51·43	06·4758	18·8215

EPHEMERIS FOR PHYSICAL OBSERVATIONS
FOR 0ʰ TERRESTRIAL TIME

Date 0ʰ TT	The Earth's Selenographic Long.	Lat.	Physical Libration Lg.	Lt.	P.A.	The Sun's Selenographic Colong.	Lat.	Position Angle Axis	Bright Limb	Fraction Illum.
	°	°	(0°001)			°	°	°	°	
Nov. 16	− 6·709	+ 3·621	+ 12	+ 59	− 17	343·94	− 1·52	348·732	258·60	0·306
17	− 7·202	+ 2·315	+ 12	+ 59	− 17	356·12	− 1·52	344·817	253·73	0·403
18	− 7·382	+ 0·860	+ 12	+ 58	− 16	8·28	− 1·51	341·699	250·17	0·508
19	− 7·182	− 0·682	+ 12	+ 57	− 15	20·45	− 1·51	339·456	248·07	0·615
20	− 6·541	− 2·229	+ 13	+ 55	− 13	32·60	− 1·50	338·158	247·58	0·720
21	− 5·434	− 3·683	+ 13	+ 54	− 11	44·75	− 1·50	337·911	248·99	0·817
22	− 3·878	− 4·933	+ 14	+ 53	− 9	56·89	− 1·50	338·867	252·91	0·899
23	− 1·955	− 5·867	+ 15	+ 52	− 6	69·02	− 1·50	341·207	261·11	0·959
24	+ 0·188	− 6·392	+ 15	+ 52	− 4	81·15	− 1·50	345·038	284·20	0·993
25	+ 2·357	− 6·457	+ 16	+ 51	− 1	93·28	− 1·50	350·240	39·11	0·996
26	+ 4·348	− 6·064	+ 16	+ 51	+ 1	105·41	− 1·51	356·344	74·11	0·969
27	+ 5·982	− 5·265	+ 17	+ 51	+ 2	117·55	− 1·51	2·615	87·41	0·916
28	+ 7·142	− 4·149	+ 17	+ 51	+ 3	129·68	− 1·51	8·351	96·53	0·842
29	+ 7·779	− 2·818	+ 17	+ 51	+ 4	141·82	− 1·51	13·124	103·22	0·753
30	+ 7·903	− 1·373	+ 17	+ 52	+ 4	153·97	− 1·52	16·807	107·95	0·656
Dec. 1	+ 7·571	+ 0·099	+ 17	+ 53	+ 3	166·13	− 1·52	19·450	110·99	0·555
2	+ 6·864	+ 1·528	+ 16	+ 54	+ 2	178·29	− 1·53	21·156	112·55	0·455
3	+ 5·874	+ 2·855	+ 15	+ 55	+ 1	190·45	− 1·53	22·010	112·77	0·359
4	+ 4·691	+ 4·035	+ 14	+ 57	− 1	202·63	− 1·54	22·055	111·70	0·270
5	+ 3·399	+ 5·028	+ 13	+ 58	− 3	214·81	− 1·54	21·290	109·29	0·191
6	+ 2·066	+ 5·801	+ 11	+ 59	− 5	226·99	− 1·54	19·681	105·36	0·123
7	+ 0·749	+ 6·325	+ 9	+ 59	− 7	239·18	− 1·55	17·190	99·40	0·069
8	− 0·514	+ 6·580	+ 8	+ 60	− 9	251·36	− 1·54	13·809	89·86	0·029
9	− 1·697	+ 6·550	+ 6	+ 61	− 11	263·56	− 1·54	9·607	68·26	0·007
10	− 2·785	+ 6·231	+ 5	+ 61	− 12	275·75	− 1·53	4·773	332·50	0·002
11	− 3·767	+ 5·627	+ 3	+ 61	− 13	287·94	− 1·52	359·613	285·28	0·016
12	− 4·635	+ 4·758	+ 2	+ 61	− 14	300·13	− 1·51	354·500	270·95	0·049
13	− 5·371	+ 3·653	+ 2	+ 61	− 14	312·31	− 1·49	349·777	262·16	0·100
14	− 5·950	+ 2·357	+ 1	+ 60	− 14	324·50	− 1·47	345·698	255·82	0·169
15	− 6·334	+ 0·921	+ 1	+ 59	− 14	336·67	− 1·45	342·405	251·26	0·252
16	− 6·475	− 0·589	+ 1	+ 58	− 13	348·84	− 1·43	339·966	248·27	0·349
17	− 6·319	− 2·098	+ 1	+ 57	− 11	1·01	− 1·41	338·424	246·81	0·454
18	− 5·818	− 3·523	+ 1	+ 56	− 10	13·16	− 1·39	337·843	246·89	0·565
19	− 4·940	− 4·770	+ 1	+ 55	− 8	25·31	− 1·37	338·337	248·64	0·674
20	− 3·686	− 5·745	+ 2	+ 54	− 6	37·45	− 1·36	340·064	252·28	0·778
21	− 2·107	− 6·361	+ 2	+ 53	− 3	49·59	− 1·34	343·178	258·12	0·867
22	− 0·303	− 6·552	+ 2	+ 52	− 1	61·71	− 1·32	347·709	266·89	0·937
23	+ 1·576	− 6·292	+ 3	+ 51	+ 1	73·84	− 1·30	353·408	281·76	0·982
24	+ 3·361	− 5·599	+ 3	+ 51	+ 3	85·96	− 1·28	359·689	350·79	0·999
25	+ 4·889	− 4·539	+ 4	+ 51	+ 4	98·09	− 1·26	5·802	82·01	0·986
26	+ 6·036	− 3·210	+ 4	+ 51	+ 5	110·21	− 1·25	11·139	97·46	0·948
27	+ 6·728	− 1·722	+ 4	+ 52	+ 5	122·34	− 1·23	15·398	105·23	0·888
28	+ 6·949	− 0·179	+ 4	+ 52	+ 5	134·47	− 1·22	18·541	109·96	0·812
29	+ 6·726	+ 1·329	+ 4	+ 53	+ 4	146·61	− 1·21	20·652	112·67	0·724
30	+ 6·120	+ 2·731	+ 3	+ 54	+ 3	158·76	− 1·20	21·834	113·81	0·630
31	+ 5·210	+ 3·974	+ 2	+ 55	+ 2	170·91	− 1·19	22·159	113·62	0·533
32	+ 4·082	+ 5·018	+ 1	+ 57	0	183·07	− 1·18	21·651	112·21	0·437

NOTES AND FORMULAE

Low-precision formulae for geocentric coordinates of the Moon

The following formulae give approximate geocentric coordinates of the Moon. The errors will rarely exceed $0°3$ in ecliptic longitude (λ), $0°2$ in ecliptic latitude (β), $0°003$ in horizontal parallax (π), $0°001$ in semidiameter (SD), $0·2$ Earth radii in distance (r), $0°3$ in right ascension (α) and $0°2$ in declination (δ).

On this page the time argument T is the number of Julian centuries from J2000·0.

$$T = (JD - 245\ 1545·0)/36\ 525 = (2555·5 + \text{day of year} + UT1/24)/36\ 525$$

where day of year is given on pages B4–B5 and UT1 is the universal time in hours.

$$\begin{aligned}
\lambda = {} & 218°32 + 481\ 267°881\ T \\
& + 6°29 \sin(135°0 + 477\ 198°87\ T) - 1°27 \sin(259°3 - 413\ 335°36\ T) \\
& + 0°66 \sin(235°7 + 890\ 534°22\ T) + 0°21 \sin(269°9 + 954\ 397°74\ T) \\
& - 0°19 \sin(357°5 + 35\ 999°05\ T) - 0°11 \sin(186°5 + 966\ 404°03\ T) \\
\beta = {} & + 5°13 \sin(93°3 + 483\ 202°02\ T) + 0°28 \sin(228°2 + 960\ 400°89\ T) \\
& - 0°28 \sin(318°3 + 6\ 003°15\ T) - 0°17 \sin(217°6 - 407\ 332°21\ T) \\
\pi = {} & + 0°9508 \\
& + 0°0518 \cos(135°0 + 477\ 198°87\ T) + 0°0095 \cos(259°3 - 413\ 335°36\ T) \\
& + 0°0078 \cos(235°7 + 890\ 534°22\ T) + 0°0028 \cos(269°9 + 954\ 397°74\ T) \\
SD = {} & 0·2724\,\pi \\
r = {} & 1/\sin\pi
\end{aligned}$$

Form the geocentric direction cosines (l, m, n) from:

$$\begin{aligned}
l &= \cos\beta\,\cos\lambda & &= \cos\delta\,\cos\alpha \\
m &= +0·9175 \cos\beta \sin\lambda - 0·3978 \sin\beta &= \cos\delta\,\sin\alpha \\
n &= +0·3978 \cos\beta \sin\lambda + 0·9175 \sin\beta &= \sin\delta
\end{aligned}$$

Then

$$\alpha = \tan^{-1}(m/l) \qquad \text{and} \qquad \delta = \sin^{-1}(n)$$

where the quadrant of α is determined by the signs of l and m, and where α, δ are referred to the mean equator and equinox of date.

Low-precision formulae for topocentric coordinates of the Moon

The following formulae give approximate topocentric values of right ascension (α'), declination (δ'), distance (r'), parallax (π') and semi-diameter (SD').

Form the geocentric rectangular coordinates (x, y, z) from:

$$\begin{aligned}
x &= rl = r \cos\delta \cos\alpha \\
y &= rm = r \cos\delta \sin\alpha \\
z &= rn = r \sin\delta
\end{aligned}$$

Form the topocentric rectangular coordinates (x', y', z') from:

$$\begin{aligned}
x' &= x - \cos\phi' \cos\theta_0 \\
y' &= y - \cos\phi' \sin\theta_0 \\
z' &= z - \sin\phi'
\end{aligned}$$

where ϕ' is the observer's geocentric latitude and θ_0 is the local sidereal time.

$$\theta_0 = 100°46 + 36\ 000°77\ T + \lambda' + 15\,UT1$$

where λ' is the observer's east longitude.

Then
$$\begin{aligned}
r' &= (x'^2 + y'^2 + z'^2)^{1/2} & \alpha' &= \tan^{-1}(y'/x') & \delta' &= \sin^{-1}(z'/r') \\
\pi' &= \sin^{-1}(1/r') & & SD' = 0·2724\pi' &
\end{aligned}$$

CONTENTS OF SECTION E

NOTES

1. Other data, explanatory notes and formulas are given on the following pages:

2. Other data on the planets are given on the following pages:

NOTES AND FORMULAS

Orbital elements

The heliocentric osculating orbital elements for the Earth given on pages E5–E6 refer to the Earth/Moon barycenter. In ecliptic rectangular coordinates, the correction from the Earth/Moon barycenter to the Earth's center is given by:

(Earth's center) = (Earth/Moon barycenter) $-$ (0.000 0312 cos L, 0.000 0312 sin L, 0.0)

where $L = 218° + 481\,268°\,T$, with T in Julian centuries from JD 245 1545.0 to 5 decimal places; the coordinates are in au and are referred to the mean equinox and ecliptic of date.

Linear interpolation of the heliocentric osculating orbital elements usually leads to errors of about $1''$ or $2''$ in the geocentric positions of the Sun and planets: the errors may, however, reach about $7''$ for Venus at inferior conjunction and about $3''$ for Mars at opposition.

Heliocentric coordinates

The heliocentric ecliptic coordinates of the Earth may be obtained from the geocentric ecliptic coordinates of the Sun given on pages C4–C18 by adding $\pm 180°$ to the longitude, and reversing the sign of the latitude.

Geocentric coordinates

Precise values of apparent semidiameter and horizontal parallax may be computed from the formulas and values given on page E45. Values of apparent diameter are tabulated in the ephemerides for physical observations on pages E56 onwards.

Times of transit, rising and setting

Formulas for obtaining the universal times of transit, rising and setting of the planets are given on page E45.

Ephemerides for physical observations

A description of the planetographic coordinates used for the physical ephemerides is on pages E54-E55. Information is also given in the Notes and References (Section L).

Invariable plane of the solar system

Approximate coordinates of the north pole of the invariable plane for J2000.0 are:

$$\alpha_0 = 273°\!.8527 \quad \delta_0 = 66°\!.9911$$

This is the direction of the total angular momentum vector of the Solar System (Sun and major planets) with respect to the ICRS coordinate axes.

ROTATION ELEMENTS FOR MEAN EQUINOX AND EQUATOR OF DATE
2007 JANUARY 0, 0^h TT

Planet	North Pole Right Ascension α_1	North Pole Declination δ_1	Argument of Prime Meridian at epoch W_0	Argument of Prime Meridian var./day $\dot{W}$	Longitude of Central Meridian λ_e	Inclination of Equator to Orbit
	°	°	°	°	°	°
Mercury	281.03	+ 61.46	176.57	+ 6.1385338	91.62	+ 0.01
Venus	272.76	+ 67.16	334.66	− 1.4813296	137.62	+ 2.64
Mars	317.73	+ 52.91	121.13	+ 350.8919993	79.99	+ 25.19
Jupiter I	268.06	+ 64.49	20.64	+ 877.9000354	279.53	+ 3.13
II	268.06	+ 64.49	298.38	+ 870.2700354	197.54	+ 3.13
III	268.06	+ 64.49	141.43	+ 870.5366774	40.58	+ 3.13
Saturn	40.90	+ 83.57	222.49	+ 810.7938133	345.08	+ 26.73
Uranus	257.41	− 15.18	9.23	− 501.1600774	104.75	+ 82.23
Neptune	299.44	+ 42.97	280.70	+ 536.3128554	72.03	+ 28.33
Pluto	313.11	+ 9.12	202.89	− 56.3623082	175.78	+ 57.47

These data were derived from the "Report of the IAU/IAG Working Group on Cartographic Coordinates and Rotational Elements of the Planets and Satellites: 2000" (Seidelmann *et al.*, *Celest. Mech.*, **82**, 83, 2002) and the 2003 report (Seidelmann *et al.*, *Celest. Mech.* in press, 2005).

DEFINITIONS AND FORMULAS

α_1, δ_1 right ascension and declination of the north pole of the planet; variations during one year are negligible.

W_0 the angle measured from the planet's equator in the positive sense with respect to the planet's north pole from the ascending node of the planet's equator on the Earth's mean equator of date to the prime meridian of the planet.

$\dot{W}$ the daily rate of change of W_0. Sidereal periods of rotation are given on page E4.

α, δ, Δ apparent right ascension, declination and true distance of the planet at the time of observation (pages E16–E44).

W_1 argument of the prime meridian at the time of observation antedated by the light-time from the planet to the Earth.

$$W_1 = W_0 + \dot{W}(d - 0.005\,7755\,\Delta)$$

where d is the interval in days from Jan. 0 at 0^h TT.

β_e planetocentric declination of the Earth, positive in the planet's northern hemisphere:

$$\sin \beta_e = -\sin \delta_1 \sin \delta - \cos \delta_1 \cos \delta \cos (\alpha_1 - \alpha), \text{ where } -90° < \beta_e < 90°.$$

p_n position angle of the central meridian, also called the position angle of the axis, measured eastwards from the north point:

$$\cos \beta_e \sin p_n = \cos \delta_1 \sin (\alpha_1 - \alpha)$$
$$\cos \beta_e \cos p_n = \sin \delta_1 \cos \delta - \cos \delta_1 \sin \delta \cos (\alpha_1 - \alpha), \text{ where } \cos \beta_e > 0.$$

λ_e planetographic longitude of the central meridian measured in the direction opposite to the direction of rotation:

$$\lambda_e = W_1 - K, \text{ if } \dot{W} \text{ is positive}$$
$$\lambda_e = K - W_1, \text{ if } \dot{W} \text{ is negative}$$

where K is given by

$$\cos \beta_e \sin K = -\cos \delta_1 \sin \delta + \sin \delta_1 \cos \delta \cos (\alpha_1 - \alpha)$$
$$\cos \beta_e \cos K = \cos \delta \sin (\alpha_1 - \alpha), \text{ where } \cos \beta_e > 0.$$

λ, φ planetographic longitude (measured in the direction opposite to the rotation) and latitude (measured positive to the planet's north) of a feature on the planet's surface (see page E54).

s apparent semidiameter of the planet (see page E45).

$\Delta\alpha, \Delta\delta$ displacements in right ascension and declination of the feature (λ, φ) from the center of the planet:

$$\Delta\alpha \cos \delta = X \cos p_n + Y \sin p_n$$
$$\Delta\delta = -X \sin p_n + Y \cos p_n$$

where

$$X = s \cos \varphi \sin (\lambda - \lambda_e), \text{ if } \dot{W} > 0; \quad X = -s \cos \varphi \sin (\lambda - \lambda_e), \text{ if } \dot{W} < 0;$$
$$Y = s (\sin \varphi \cos \beta_e - \cos \varphi \sin \beta_e \cos (\lambda - \lambda_e)).$$

MAJOR PLANETS
PHYSICAL AND PHOTOMETRIC DATA

Planet	Mass[1] (kg)	Mean Equatorial Radius	Minimum Geocentric Distance[2]	Flattening[3,4] (geometric)	Coefficients of the Potential		
					$10^3 J_2$	$10^6 J_3$	$10^6 J_4$
		km	au				
Mercury	$3.302\ 2 \times 10^{23}$	2 439.7	0.549	0	—	—	—
Venus	$4.869\ 0 \times 10^{24}$	6 051.8	0.265	0	0.027	—	—
Earth	$5.974\ 2 \times 10^{24}$	6 378.14	—	0.003 353 64	1.082 63	− 2.64	− 1.61
(Moon)	$7.348\ 3 \times 10^{22}$	1 737.4	0.002 38	0	0.202 7	—	—
Mars	$6.419\ 1 \times 10^{23}$	3 396.2	0.373	0.006 772	1.964	36	—
				0.005 000			
Jupiter	$1.898\ 8 \times 10^{27}$	71 492	3.949	0.064 874	14.75	—	− 580
Saturn	$5.685\ 2 \times 10^{26}$	60 268	8.032	0.097 962	16.45	—	− 1 000
Uranus	$8.684\ 0 \times 10^{25}$	25 559	17.292	0.022 927	12	—	—
Neptune	$1.024\ 5 \times 10^{26}$	24 764	28.814	0.017 081	4	—	—
Pluto	1.3×10^{22}	1 195	28.687	0	—	—	—

Planet	Sidereal Period of Rotation[5]	Mean Density	Maximum Angular Diameter[6]	Geometric Albedo[7]	Visual Magnitude[8]		Color Indices	
					$V(1,0)$	V_0	B − V	U − B
	d	g/cm^3	''					
Mercury	+ 58.646 2	5.43	12.3	0.106	− 0.42	—	0.93	0.41
Venus	− 243.018 5	5.24	63.0	0.65	− 4.40	—	0.82	0.50
Earth	+ 0.997 269 63	5.515	—	0.367	− 3.86	—	—	—
(Moon)	+ 27.321 66	3.35	2 010.7	0.12	+ 0.21	− 12.74	0.92	0.46
Mars	+ 1.025 956 76	3.94	25.1	0.150	− 1.52	− 2.01	1.36	0.58
Jupiter	+ 0.413 54 (System III)	1.33	49.9	0.52	− 9.40	− 2.70	0.83	0.48
Saturn	+ 0.444 01 (System III)	0.69	20.7	0.47	− 8.88	+ 0.67	1.04	0.58
Uranus	− 0.718 33	1.27	4.1	0.51	− 7.19	+ 5.52	0.56	0.28
Neptune	+ 0.671 25	1.64	2.4	0.41	− 6.87	+ 7.84	0.41	0.21
Pluto	− 6.387 2	1.8	0.11	0.3	− 1.0	+ 15.12	0.80	0.31

[1] Values for the masses include the atmospheres but exclude satellites.

[2] The tabulated Minimum Geocentric Distance applies to the interval 1950 to 2050.

[3] The Flattening is the ratio of the difference of the equatorial and polar radii to the equatorial radius.

[4] Two flattening values are given for Mars. The first number is determined using the North polar radius and the second one using the South polar radius.

[5] The Sidereal Period of Rotation is the rotation at the equator with respect to a fixed frame of reference. A negative sign indicates that the rotation is retrograde with respect to the pole that lies north of the invariable plane of the solar system. The period is measured in days of 86 400 SI seconds. Rotation elements are tabulated on page E3.

[6] The tabulated Maximum Angular Diameter is based on the equatorial diameter when the planet is at the tabulated Minimum Geocentric Distance.

[7] The Geometric Albedo is the ratio of the illumination of the planet at zero phase angle to the illumination produced by a plane, absolutely white Lambert surface of the same radius and position as the planet.

[8] $V(1,0)$ is the visual magnitude of the planet reduced to a distance of 1 au from both the Sun and Earth and with phase angle zero. V_0 is the mean opposition magnitude. For Saturn the photometric quantities refer to the disk only.

Data for the Mean Equatorial Radius, Flattening and Sidereal Period of Rotation are based on the "Report of the IAU/IAG Working Group on Cartographic Coordinates and Rotational Elements of the Planets and Satellites: 2000" (Seidelmann *et al., Celest. Mech.*, **82**, 83, 2002) and the 2003 report (Seidelmann *et al., Celest. Mech.* in press, 2005).

HELIOCENTRIC OSCULATING ORBITAL ELEMENTS
REFERRED TO THE MEAN ECLIPTIC AND EQUINOX OF J2000.0

Julian Date 245	Inclin- ation i	Longitude Asc. Node Ω	Longitude Perihelion ϖ	Mean Distance a	Daily Motion n	Eccen- tricity e	Mean Longitude L
MERCURY	°	°	°		°		°
4120.5	7.004 58	48.3224	77.4664	0.387 0989	4.092 335	0.205 6378	352.068 77
4320.5	7.004 52	48.3218	77.4703	0.387 0978	4.092 352	0.205 6461	90.534 67
VENUS							
4120.5	3.394 61	76.6620	131.222	0.723 3277	1.602 145	0.006 7775	348.267 51
4320.5	3.394 55	76.6613	131.458	0.723 3403	1.602 104	0.006 7639	308.694 06
EARTH*							
4120.5	0.000 91	175.6	102.9488	0.999 9921	0.985 620 9	0.016 7012	118.900 85
4320.5	0.000 93	175.1	103.0659	0.999 9941	0.985 617 9	0.016 7237	316.021 68
MARS							
4120.5	1.849 15	49.5386	336.0816	1.523 7381	0.524 008 9	0.093 3578	265.087 38
4320.5	1.849 07	49.5368	336.1200	1.523 6768	0.524 040 5	0.093 3195	9.895 83
JUPITER							
4120.5	1.303 78	100.5097	14.6813	5.202 082	0.083 108 50	0.048 9319	248.365 45
4320.5	1.303 78	100.5097	14.6219	5.202 360	0.083 101 86	0.048 9171	264.988 11
SATURN							
4120.5	2.487 39	113.6315	93.4102	9.547 533	0.033 414 07	0.054 2418	136.327 95
4320.5	2.487 69	113.6357	92.8568	9.541 089	0.033 447 93	0.053 8504	143.009 56
URANUS							
4120.5	0.771 94	73.9787	172.6784	19.186 39	0.011 727 99	0.047 5611	343.267 74
4320.5	0.771 94	74.0039	172.9147	19.204 51	0.011 711 40	0.046 5922	345.604 60
NEPTUNE							
4120.5	1.770 66	131.7829	30.420	30.121 00	0.005 962 263	0.007 1499	320.065 08
4320.5	1.770 12	131.7804	22.300	30.158 62	0.005 951 112	0.007 8253	321.277 90
PLUTO							
4120.5	17.123 52	110.3212	224.6501	39.798 36	0.003 925 603	0.254 3709	249.062 21
4320.5	17.117 34	110.3306	224.8346	39.813 45	0.003 923 371	0.254 3056	249.917 82

HELIOCENTRIC COORDINATES AND VELOCITY COMPONENTS
REFERRED TO THE MEAN EQUATOR AND EQUINOX OF J2000.0

	x	y	z	$\dot{x}$	$\dot{y}$	$\dot{z}$
MERCURY						
4120.5	+ 0.337 1516	− 0.168 2187	− 0.124 8185	+ 0.009 042 84	+ 0.022 775 86	+ 0.011 228 53
4320.5	− 0.039 7321	+ 0.270 0945	+ 0.148 3969	− 0.033 545 32	− 0.003 514 96	+ 0.001 600 82
VENUS						
4120.5	+ 0.709 5942	− 0.123 5773	− 0.100 5034	+ 0.004 171 15	+ 0.018 044 27	+ 0.007 854 27
4320.5	+ 0.454 6468	− 0.507 4642	− 0.257 0824	+ 0.015 654 88	+ 0.011 823 24	+ 0.004 328 69
EARTH*						
4120.5	− 0.483 5898	+ 0.786 2127	+ 0.340 8508	− 0.015 263 37	− 0.007 817 02	− 0.003 388 93
4320.5	+ 0.717 0476	− 0.657 9465	− 0.285 2431	+ 0.011 885 79	+ 0.011 101 47	+ 0.004 812 84
MARS						
4120.5	− 0.395 0622	− 1.309 6673	− 0.590 0313	+ 0.014 021 20	− 0.002 145 58	− 0.001 362 95
4320.5	+ 1.352 0043	+ 0.376 7288	+ 0.136 2676	− 0.003 432 79	+ 0.013 252 33	+ 0.006 171 19
JUPITER						
4120.5	− 2.348 293	− 4.449 564	− 1.850 046	+ 0.006 695 505	− 0.002 654 900	− 0.001 300 981
4320.5	− 0.935 838	− 4.801 756	− 2.035 394	+ 0.007 340 587	− 0.000 833 305	− 0.000 535 895
SATURN						
4120.5	− 7.109 639	+ 5.256 271	+ 2.477 038	− 0.003 823 478	− 0.004 068 590	− 0.001 515 808
4320.5	− 7.818 275	+ 4.404 794	+ 2.155 872	− 0.003 255 430	− 0.004 434 295	− 0.001 691 269
URANUS						
4120.5	+ 19.318 34	− 4.938 09	− 2.435 90	+ 0.001 052 688	+ 0.003 299 397	+ 0.001 430 180
4320.5	+ 19.514 81	− 4.274 61	− 2.148 09	+ 0.000 911 682	+ 0.003 334 694	+ 0.001 447 608
NEPTUNE						
4120.5	+ 22.777 49	− 17.934 67	− 7.907 87	+ 0.002 031 917	+ 0.002 235 066	+ 0.000 864 212
4320.5	+ 23.178 96	− 17.483 62	− 7.733 25	+ 0.001 982 583	+ 0.002 275 428	+ 0.000 881 993
PLUTO						
4120.5	− 1.819 00	− 29.912 16	− 8.787 64	+ 0.003 196 682	− 0.000 369 308	− 0.001 077 261
4320.5	− 1.179 25	− 29.980 06	− 9.001 31	+ 0.003 200 451	− 0.000 309 606	− 0.001 059 331

*Values labelled for the Earth are actually for the Earth/Moon barycenter (see note on page E2).

Distances are in astronomical units. Velocity components are in astronomical units per day.

INNER PLANETS, 2007

HELIOCENTRIC OSCULATING ORBITAL ELEMENTS
REFERRED TO THE MEAN ECLIPTIC AND EQUINOX OF DATE

Date	Julian Date 245	Inclin-ation i	Longitude Asc. Node Ω	Longitude Perihelion ϖ	Mean Distance a	Daily Motion n	Eccen-tricity e	Mean Longitude L
		°	°	°		°		°
MERCURY								
Jan. 20	4120.5	7.0051	48.415	77.565	0.387 099	4.092 33	0.205 638	352.1673
Mar. 1	4160.5	7.0051	48.416	77.566	0.387 099	4.092 34	0.205 636	155.8621
Apr. 10	4200.5	7.0051	48.418	77.569	0.387 099	4.092 34	0.205 636	319.5566
May 20	4240.5	7.0051	48.419	77.570	0.387 099	4.092 34	0.205 636	123.2516
June 29	4280.5	7.0051	48.420	77.574	0.387 099	4.092 34	0.205 642	286.9452
Aug. 8	4320.5	7.0051	48.422	77.577	0.387 098	4.092 35	0.205 646	90.6409
Sept. 17	4360.5	7.0051	48.423	77.578	0.387 098	4.092 35	0.205 647	254.3364
Oct. 27	4400.5	7.0051	48.424	77.580	0.387 098	4.092 36	0.205 650	58.0323
Dec. 6	4440.5	7.0051	48.426	77.581	0.387 097	4.092 36	0.205 647	221.7281
Dec. 46	4480.5	7.0051	48.427	77.583	0.387 098	4.092 36	0.205 645	25.4235
VENUS								
Jan. 20	4120.5	3.3947	76.745	131.32	0.723 328	1.602 15	0.006 778	348.3660
Mar. 1	4160.5	3.3947	76.746	131.30	0.723 329	1.602 14	0.006 775	52.4531
Apr. 10	4200.5	3.3947	76.748	131.31	0.723 326	1.602 15	0.006 769	116.5400
May 20	4240.5	3.3948	76.749	131.33	0.723 324	1.602 16	0.006 766	180.6281
June 29	4280.5	3.3947	76.750	131.44	0.723 333	1.602 13	0.006 766	244.7154
Aug. 8	4320.5	3.3947	76.751	131.56	0.723 340	1.602 10	0.006 764	308.8002
Sept. 17	4360.5	3.3947	76.749	131.72	0.723 333	1.602 13	0.006 767	12.8848
Oct. 27	4400.5	3.3947	76.750	131.75	0.723 330	1.602 14	0.006 766	76.9715
Dec. 6	4440.5	3.3947	76.751	131.76	0.723 325	1.602 15	0.006 759	141.0587
Dec. 46	4480.5	3.3947	76.753	131.77	0.723 323	1.602 16	0.006 755	205.1469
EARTH*								
Jan. 20	4120.5	0.0	-	103.047	0.999 992	0.985 621	0.016 701	118.9993
Mar. 1	4160.5	0.0	-	103.050	0.999 991	0.985 622	0.016 699	158.4259
Apr. 10	4200.5	0.0	-	103.091	1.000 000	0.985 607	0.016 697	197.8525
May 20	4240.5	0.0	-	103.154	1.000 020	0.985 580	0.016 692	237.2774
June 29	4280.5	0.0	-	103.177	1.000 019	0.985 581	0.016 697	276.7014
Aug. 8	4320.5	0.0	-	103.172	0.999 994	0.985 618	0.016 724	316.1278
Sept. 17	4360.5	0.0	-	103.120	0.999 995	0.985 616	0.016 742	355.5568
Oct. 27	4400.5	0.0	-	103.072	1.000 009	0.985 595	0.016 752	34.9837
Dec. 6	4440.5	0.0	-	103.054	1.000 016	0.985 585	0.016 755	74.4087
Dec. 46	4480.5	0.0	-	103.036	1.000 012	0.985 592	0.016 750	113.8331
MARS								
Jan. 20	4120.5	1.8497	49.614	336.180	1.523 738	0.524 009	0.093 358	265.1859
Mar. 1	4160.5	1.8496	49.614	336.193	1.523 688	0.524 034	0.093 328	286.1460
Apr. 10	4200.5	1.8496	49.614	336.204	1.523 643	0.524 058	0.093 303	307.1087
May 20	4240.5	1.8496	49.615	336.209	1.523 623	0.524 068	0.093 293	328.0730
June 29	4280.5	1.8496	49.617	336.215	1.523 641	0.524 059	0.093 303	349.0377
Aug. 8	4320.5	1.8496	49.618	336.226	1.523 677	0.524 040	0.093 320	10.0020
Sept. 17	4360.5	1.8496	49.619	336.239	1.523 711	0.524 023	0.093 330	30.9653
Oct. 27	4400.5	1.8496	49.620	336.250	1.523 734	0.524 011	0.093 330	51.9280
Dec. 6	4440.5	1.8496	49.621	336.252	1.523 734	0.524 011	0.093 328	72.8903
Dec. 46	4480.5	1.8496	49.622	336.251	1.523 725	0.524 016	0.093 332	93.8522

*Values labelled for the Earth are actually for the Earth/Moon barycenter (see note on page E2).

FORMULAS

Mean anomaly, $M = L - \varpi$

Argument of perihelion, measured from node, $\omega = \varpi - \Omega$

True anomaly, $\nu = M + (2e - e^3/4)\sin M + (5e^2/4)\sin 2M + (13e^3/12)\sin 3M + \dots$ in radians.

True distance, $r = a(1 - e^2)/(1 + e\cos\nu)$

Heliocentric rectangular coordinates, referred to the ecliptic of date, may be computed from these elements by:
$$x = r\{\cos(\nu + \omega)\cos\Omega - \sin(\nu + \omega)\cos i \sin\Omega\}$$
$$y = r\{\cos(\nu + \omega)\sin\Omega + \sin(\nu + \omega)\cos i \cos\Omega\}$$
$$z = r\sin(\nu + \omega)\sin i$$

HELIOCENTRIC OSCULATING ORBITAL ELEMENTS
REFERRED TO THE MEAN ECLIPTIC AND EQUINOX OF DATE

Date	Julian Date 245	Inclin- ation i	Longitude Asc. Node Ω	Longitude Perihelion ϖ	Mean Distance a	Daily Motion n	Eccen- tricity e	Mean Longitude L
		°	°	°		°		°
JUPITER								
Jan. 20	4120.5	1.3035	100.569	14.780	5.202 08	0.083 108 5	0.048 932	248.4640
Mar. 1	4160.5	1.3035	100.570	14.781	5.202 10	0.083 108 0	0.048 924	251.7891
Apr. 10	4200.5	1.3035	100.571	14.768	5.202 19	0.083 105 9	0.048 912	255.1146
May 20	4240.5	1.3035	100.572	14.745	5.202 31	0.083 103 1	0.048 902	258.4405
June 29	4280.5	1.3035	100.573	14.724	5.202 39	0.083 101 1	0.048 905	261.7675
Aug. 8	4320.5	1.3035	100.574	14.728	5.202 36	0.083 101 9	0.048 917	265.0943
Sept. 17	4360.5	1.3035	100.575	14.744	5.202 29	0.083 103 6	0.048 925	268.4203
Oct. 27	4400.5	1.3035	100.576	14.764	5.202 21	0.083 105 5	0.048 924	271.7453
Dec. 6	4440.5	1.3035	100.577	14.762	5.202 24	0.083 104 8	0.048 912	275.0697
Dec. 46	4480.5	1.3035	100.577	14.743	5.202 33	0.083 102 5	0.048 903	278.3948
SATURN								
Jan. 20	4120.5	2.4869	113.711	93.509	9.547 53	0.033 414 1	0.054 242	136.4265
Mar. 1	4160.5	2.4870	113.713	93.428	9.546 49	0.033 419 5	0.054 172	137.7643
Apr. 10	4200.5	2.4871	113.715	93.337	9.545 32	0.033 425 7	0.054 091	139.1030
May 20	4240.5	2.4871	113.717	93.231	9.543 99	0.033 432 7	0.054 003	140.4417
June 29	4280.5	2.4872	113.720	93.098	9.542 46	0.033 440 7	0.053 914	141.7795
Aug. 8	4320.5	2.4872	113.722	92.963	9.541 09	0.033 447 9	0.053 850	143.1157
Sept. 17	4360.5	2.4873	113.724	92.844	9.539 94	0.033 453 9	0.053 806	144.4518
Oct. 27	4400.5	2.4873	113.726	92.746	9.539 04	0.033 458 7	0.053 776	145.7885
Dec. 6	4440.5	2.4873	113.727	92.656	9.538 12	0.033 463 5	0.053 737	147.1269
Dec. 46	4480.5	2.4873	113.729	92.544	9.536 99	0.033 469 5	0.053 687	148.4656
URANUS								
Jan. 20	4120.5	0.7721	74.010	172.777	19.186 4	0.011 728 0	0.047 561	343.3662
Mar. 1	4160.5	0.7721	74.014	172.825	19.189 3	0.011 725 3	0.047 406	343.8351
Apr. 10	4200.5	0.7721	74.019	172.885	19.192 5	0.011 722 4	0.047 239	344.3027
May 20	4240.5	0.7721	74.026	172.949	19.196 0	0.011 719 2	0.047 050	344.7702
June 29	4280.5	0.7721	74.034	173.003	19.200 3	0.011 715 2	0.046 822	345.2389
Aug. 8	4320.5	0.7721	74.038	173.021	19.204 5	0.011 711 4	0.046 592	345.7108
Sept. 17	4360.5	0.7721	74.042	173.018	19.208 2	0.011 708 0	0.046 390	346.1839
Oct. 27	4400.5	0.7721	74.044	173.005	19.211 2	0.011 705 3	0.046 224	346.6572
Dec. 6	4440.5	0.7721	74.052	173.010	19.214 0	0.011 702 8	0.046 072	347.1284
Dec. 46	4480.5	0.7721	74.058	173.023	19.217 3	0.011 699 7	0.045 892	347.5989
NEPTUNE								
Jan. 20	4120.5	1.7700	131.861	30.52	30.121 0	0.005 962 26	0.007 150	320.1636
Mar. 1	4160.5	1.7699	131.862	29.03	30.127 3	0.005 960 39	0.007 243	320.4063
Apr. 10	4200.5	1.7698	131.863	27.39	30.134 3	0.005 958 32	0.007 345	320.6481
May 20	4240.5	1.7697	131.863	25.64	30.142 1	0.005 956 00	0.007 470	320.8905
June 29	4280.5	1.7696	131.864	23.82	30.150 9	0.005 953 41	0.007 638	321.1356
Aug. 8	4320.5	1.7694	131.865	22.41	30.158 6	0.005 951 11	0.007 825	321.3841
Sept. 17	4360.5	1.7693	131.865	21.37	30.165 0	0.005 949 22	0.008 001	321.6332
Oct. 27	4400.5	1.7691	131.866	20.64	30.170 0	0.005 947 74	0.008 151	321.8815
Dec. 6	4440.5	1.7691	131.867	19.82	30.175 2	0.005 946 21	0.008 285	322.1270
Dec. 46	4480.5	1.7690	131.868	18.84	30.181 5	0.005 944 34	0.008 445	322.3730
PLUTO								
Jan. 20	4120.5	17.1231	110.417	224.749	39.798 4	0.003 925 60	0.254 371	249.1608
Mar. 1	4160.5	17.1220	110.420	224.782	39.801 7	0.003 925 11	0.254 376	249.3308
Apr. 10	4200.5	17.1207	110.424	224.821	39.806 3	0.003 924 43	0.254 397	249.5016
May 20	4240.5	17.1194	110.427	224.863	39.811 0	0.003 923 73	0.254 413	249.6738
June 29	4280.5	17.1179	110.431	224.907	39.814 2	0.003 923 26	0.254 392	249.8489
Aug. 8	4320.5	17.1169	110.434	224.941	39.813 4	0.003 923 37	0.254 306	250.0241
Sept. 17	4360.5	17.1162	110.436	224.967	39.811 0	0.003 923 74	0.254 199	250.1976
Oct. 27	4400.5	17.1157	110.439	224.987	39.808 0	0.003 924 18	0.254 096	250.3686
Dec. 6	4440.5	17.1151	110.441	225.011	39.807 5	0.003 924 25	0.254 037	250.5386
Dec. 46	4480.5	17.1142	110.444	225.040	39.807 5	0.003 924 24	0.253 977	250.7105

MERCURY, 2007

HELIOCENTRIC POSITIONS FOR 0^h TERRESTRIAL TIME
MEAN EQUINOX AND ECLIPTIC OF DATE

Date	Longitude	Latitude	Radius Vector	Date	Longitude	Latitude	Radius Vector
	° ′ ″	° ′ ″			° ′ ″	° ′ ″	
Jan. 0	265 57 40.3	− 4 16 56.6	0.465 3452	Feb. 15	109 23 06.2	+ 6 07 55.9	0.315 6795
1	268 44 02.2	− 4 32 45.0	0.464 3372	16	115 22 24.0	+ 6 27 04.1	0.319 0096
2	271 31 20.8	− 4 47 59.6	0.463 0526	17	121 14 08.4	+ 6 41 43.7	0.322 8109
3	274 19 48.7	− 5 02 38.6	0.461 4929	18	126 57 31.9	+ 6 52 00.8	0.327 0335
4	277 09 38.7	− 5 16 40.3	0.459 6599	19	132 31 58.6	+ 6 58 07.0	0.331 6257
5	280 01 03.9	− 5 30 02.4	0.457 5561	20	137 57 03.8	+ 7 00 17.7	0.336 5353
6	282 54 17.8	− 5 42 42.8	0.455 1840	21	143 12 33.4	+ 6 58 51.2	0.341 7105
7	285 49 34.3	− 5 54 38.8	0.452 5470	22	148 18 22.3	+ 6 54 07.4	0.347 1011
8	288 47 07.7	− 6 05 47.7	0.449 6488	23	153 14 33.3	+ 6 46 26.8	0.352 6591
9	291 47 12.7	− 6 16 06.3	0.446 4938	24	158 01 15.9	+ 6 36 09.8	0.358 3393
10	294 50 04.7	− 6 25 31.2	0.443 0870	25	162 38 44.9	+ 6 23 36.2	0.364 0994
11	297 55 59.5	− 6 33 58.7	0.439 4341	26	167 07 18.9	+ 6 09 04.5	0.369 9005
12	301 05 13.5	− 6 41 24.6	0.435 5417	27	171 27 19.9	+ 5 52 51.9	0.375 7067
13	304 18 04.1	− 6 47 44.4	0.431 4173	28	175 39 11.6	+ 5 35 14.1	0.381 4853
14	307 34 48.9	− 6 52 53.3	0.427 0693	Mar. 1	179 43 19.1	+ 5 16 25.3	0.387 2069
15	310 55 46.4	− 6 56 45.7	0.422 5074	2	183 40 08.1	+ 4 56 38.1	0.392 8447
16	314 21 16.1	− 6 59 15.8	0.417 7424	3	187 30 04.7	+ 4 36 03.7	0.398 3748
17	317 51 37.7	− 7 00 17.3	0.412 7868	4	191 13 34.5	+ 4 14 51.9	0.403 7757
18	321 27 11.9	− 6 59 43.4	0.407 6543	5	194 51 02.9	+ 3 53 11.5	0.409 0282
19	325 08 20.1	− 6 57 26.7	0.402 3608	6	198 22 54.5	+ 3 31 09.8	0.414 1153
20	328 55 23.9	− 6 53 19.6	0.396 9237	7	201 49 33.0	+ 3 08 53.3	0.419 0217
21	332 48 45.7	− 6 47 13.9	0.391 3628	8	205 11 21.4	+ 2 46 27.7	0.423 7341
22	336 48 47.9	− 6 39 01.3	0.385 7004	9	208 28 41.5	+ 2 23 57.8	0.428 2403
23	340 55 53.1	− 6 28 33.1	0.379 9609	10	211 41 54.5	+ 2 01 27.8	0.432 5301
24	345 10 23.5	− 6 15 40.7	0.374 1719	11	214 51 20.4	+ 1 39 01.2	0.436 5939
25	349 32 40.7	− 6 00 15.7	0.368 3638	12	217 57 18.3	+ 1 16 41.2	0.440 4235
26	354 03 05.2	− 5 42 10.5	0.362 5699	13	221 00 06.7	+ 0 54 30.5	0.444 0119
27	358 41 55.6	− 5 21 18.1	0.356 8269	14	224 00 02.9	+ 0 32 31.4	0.447 3526
28	3 29 28.2	− 4 57 33.0	0.351 1748	15	226 57 23.8	+ 0 10 45.8	0.450 4401
29	8 25 56.2	− 4 30 51.9	0.345 6565	16	229 52 25.3	− 0 10 44.4	0.453 2696
30	13 31 28.4	− 4 01 13.8	0.340 3181	17	232 45 23.0	− 0 31 57.7	0.455 8368
31	18 46 08.6	− 3 28 41.3	0.335 2083	18	235 36 31.4	− 0 52 52.8	0.458 1382
Feb. 1	24 09 54.1	− 2 53 20.9	0.330 3776	19	238 26 05.1	− 1 13 28.2	0.460 1707
2	29 42 35.0	− 2 15 24.0	0.325 8780	20	241 14 17.8	− 1 33 43.0	0.461 9316
3	35 23 52.7	− 1 35 07.4	0.321 7619	21	244 01 22.9	− 1 53 35.9	0.463 4187
4	41 13 19.0	− 0 52 53.4	0.318 0806	22	246 47 33.6	− 2 13 05.9	0.464 6303
5	47 10 15.9	− 0 09 10.4	0.314 8831	23	249 33 02.6	− 2 32 12.0	0.465 5649
6	53 13 54.2	+ 0 35 27.9	0.312 2144	24	252 18 02.5	− 2 50 53.2	0.466 2214
7	59 23 14.5	+ 1 20 22.9	0.310 1141	25	255 02 45.8	− 3 09 08.4	0.466 5991
8	65 37 07.3	+ 2 04 52.7	0.308 6145	26	257 47 24.7	− 3 26 56.5	0.466 6976
9	71 54 14.5	+ 2 48 13.5	0.307 7394	27	260 32 11.4	− 3 44 16.4	0.466 5167
10	78 13 10.9	+ 3 29 41.7	0.307 5030	28	263 17 18.2	− 4 01 06.8	0.466 0567
11	84 32 27.3	+ 4 08 36.1	0.307 9092	29	266 02 57.2	− 4 17 26.4	0.465 3181
12	90 50 32.3	+ 4 44 19.8	0.308 9513	30	268 49 20.7	− 4 33 13.7	0.464 3017
13	97 05 56.4	+ 5 16 22.1	0.310 6126	31	271 36 41.3	− 4 48 27.2	0.463 0087
14	103 17 13.8	+ 5 44 19.3	0.312 8668	Apr. 1	274 25 11.5	− 5 03 05.1	0.461 4407
15	109 23 06.2	+ 6 07 55.9	0.315 6795	2	277 15 04.2	− 5 17 05.6	0.459 5994

MERCURY, 2007

HELIOCENTRIC POSITIONS FOR 0^h TERRESTRIAL TIME
MEAN EQUINOX AND ECLIPTIC OF DATE

Date		Longitude	Latitude	Radius Vector	Date		Longitude	Latitude	Radius Vector
		° ′ ″	° ′ ″				° ′ ″	° ′ ″	
Apr.	1	274 25 11.5	− 5 03 05.1	0.461 4407	May	17	127 08 04.6	+ 6 52 15.7	0.327 1676
	2	277 15 04.2	− 5 17 05.6	0.459 5994		18	132 42 14.5	+ 6 58 14.4	0.331 7702
	3	280 06 32.6	− 5 30 26.5	0.457 4874		19	138 07 02.5	+ 7 00 18.2	0.336 6886
	4	282 59 50.1	− 5 43 05.6	0.455 1072		20	143 22 14.5	+ 6 58 45.3	0.341 8711
	5	285 55 10.6	− 5 55 00.2	0.452 4622		21	148 27 45.8	+ 6 53 55.8	0.347 2675
	6	288 52 48.4	− 6 06 07.5	0.449 5562		22	153 23 39.3	+ 6 46 10.1	0.352 8299
	7	291 52 58.3	− 6 16 24.5	0.446 3935		23	158 10 04.9	+ 6 35 48.7	0.358 5131
	8	294 55 55.6	− 6 25 47.7	0.442 9792		24	162 47 17.4	+ 6 23 11.2	0.364 2750
	9	298 01 56.2	− 6 34 13.4	0.439 3189		25	167 15 35.5	+ 6 08 36.1	0.370 0768
	10	301 11 16.7	− 6 41 37.3	0.435 4194		26	171 35 21.3	+ 5 52 20.7	0.375 8826
	11	304 24 14.1	− 6 47 55.1	0.431 2881		27	175 46 58.5	+ 5 34 40.5	0.381 6599
	12	307 41 06.3	− 6 53 01.6	0.426 9335		28	179 50 52.3	+ 5 15 49.7	0.387 3794
	13	311 02 11.9	− 6 56 51.6	0.422 3652		29	183 47 28.4	+ 4 56 00.8	0.393 0143
	14	314 27 50.1	− 6 59 19.1	0.417 5944		30	187 37 12.9	+ 4 35 25.2	0.398 5408
	15	317 58 20.9	− 7 00 17.7	0.412 6332		31	191 20 31.4	+ 4 14 12.4	0.403 9375
	16	321 34 05.0	− 6 59 40.8	0.407 4956	June	1	194 57 49.2	+ 3 52 31.2	0.409 1852
	17	325 15 23.7	− 6 57 20.8	0.402 1975		2	198 29 31.0	+ 3 30 28.9	0.414 2671
	18	329 02 38.7	− 6 53 10.2	0.396 7564		3	201 56 00.3	+ 3 08 12.0	0.419 1678
	19	332 56 12.3	− 6 47 00.8	0.391 1922		4	205 17 40.2	+ 2 45 46.2	0.423 8741
	20	336 56 27.0	− 6 38 44.1	0.385 5270		5	208 34 52.6	+ 2 23 16.2	0.428 3741
	21	341 03 45.4	− 6 28 11.6	0.379 7857		6	211 47 58.3	+ 2 00 46.3	0.432 6571
	22	345 18 29.7	− 6 15 14.6	0.373 9957		7	214 57 17.6	+ 1 38 19.9	0.436 7140
	23	349 41 01.4	− 5 59 44.9	0.368 1875		8	218 03 09.5	+ 1 16 00.1	0.440 5366
	24	354 11 40.9	− 5 41 34.7	0.362 3946		9	221 05 52.4	+ 0 53 49.7	0.444 1176
	25	358 50 46.9	− 5 20 37.1	0.356 6538		10	224 05 43.7	+ 0 31 51.0	0.447 4508
	26	3 38 35.6	− 4 56 46.7	0.351 0051		11	227 03 00.0	+ 0 10 05.8	0.450 5306
	27	8 35 20.0	− 4 30 00.1	0.345 4916		12	229 57 57.6	− 0 11 23.9	0.453 3523
	28	13 41 08.8	− 4 00 16.6	0.340 1595		13	232 50 51.6	− 0 32 36.7	0.455 9117
	29	18 56 05.6	− 3 27 38.9	0.335 0573		14	235 41 57.0	− 0 53 31.1	0.458 2051
	30	24 20 07.6	− 2 52 13.5	0.330 2359		15	238 31 27.9	− 1 14 05.9	0.460 2295
May	1	29 53 04.4	− 2 14 12.1	0.325 7472		16	241 19 38.3	− 1 34 20.0	0.461 9822
	2	35 34 37.4	− 1 33 51.5	0.321 6435		17	244 06 41.5	− 1 54 12.2	0.463 4612
	3	41 24 18.0	− 0 51 34.4	0.317 9762		18	246 52 50.7	− 2 13 41.5	0.464 6645
	4	47 21 27.8	− 0 07 49.2	0.314 7940		19	249 38 18.5	− 2 32 46.9	0.465 5908
	5	53 25 17.4	+ 0 36 50.2	0.312 1421		20	252 23 17.7	− 2 51 27.3	0.466 2390
	6	59 34 47.1	+ 1 21 45.1	0.310 0595		21	255 08 00.6	− 3 09 41.7	0.466 6084
	7	65 48 47.0	+ 2 06 13.5	0.308 5786		22	257 52 39.4	− 3 27 28.9	0.466 6986
	8	72 05 58.8	+ 2 49 31.4	0.307 7227		23	260 37 26.5	− 3 44 47.9	0.466 5094
	9	78 24 57.2	+ 3 30 55.5	0.307 5058		24	263 22 33.9	− 4 01 37.3	0.466 0411
	10	84 44 12.8	+ 4 09 44.6	0.307 9314		25	266 08 14.0	− 4 17 55.9	0.465 2941
	11	91 02 14.3	+ 4 45 22.0	0.308 9927		26	268 54 38.9	− 4 33 42.2	0.464 2695
	12	97 17 32.1	+ 5 17 17.1	0.310 6723		27	271 42 01.3	− 4 48 54.6	0.462 9682
	13	103 28 40.8	+ 5 45 06.5	0.312 9440		28	274 30 33.7	− 5 03 31.4	0.461 3920
	14	109 34 22.2	+ 6 08 35.0	0.315 7731		29	277 20 28.9	− 5 17 30.7	0.459 5426
	15	115 33 27.1	+ 6 27 35.0	0.319 1182		30	280 12 00.2	− 5 30 50.4	0.457 4225
	16	121 24 56.9	+ 6 42 06.5	0.322 9330	July	1	283 05 21.1	− 5 43 28.1	0.455 0344
	17	127 08 04.6	+ 6 52 15.7	0.327 1676		2	286 00 45.4	− 5 55 21.2	0.452 3815

MERCURY, 2007

HELIOCENTRIC POSITIONS FOR 0ʰ TERRESTRIAL TIME
MEAN EQUINOX AND ECLIPTIC OF DATE

Date		Longitude	Latitude	Radius Vector	Date		Longitude	Latitude	Radius Vector
		° ′ ″	° ′ ″				° ′ ″	° ′ ″	
July	1	283 05 21.1	− 5 43 28.1	0.455 0344	Aug.	16	143 31 56.5	+ 6 58 39.2	0.342 0266
	2	286 00 45.4	− 5 55 21.2	0.452 3815		17	148 37 10.6	+ 6 53 43.9	0.347 4289
	3	288 58 27.4	− 6 06 27.1	0.449 4677		18	153 32 47.2	+ 6 45 53.1	0.352 9959
	4	291 58 41.9	− 6 16 42.5	0.446 2974		19	158 18 56.2	+ 6 35 27.2	0.358 6824
	5	295 01 44.3	− 6 26 04.0	0.442 8756		20	162 55 52.4	+ 6 22 45.7	0.364 4464
	6	298 07 50.6	− 6 34 27.8	0.439 2081		21	167 23 55.0	+ 6 08 07.3	0.370 2491
	7	301 17 17.1	− 6 41 49.8	0.435 3014		22	171 43 25.9	+ 5 51 48.9	0.376 0548
	8	304 30 21.1	− 6 48 05.4	0.431 1632		23	175 54 48.8	+ 5 34 06.3	0.381 8311
	9	307 47 20.5	− 6 53 09.7	0.426 8020		24	179 58 29.1	+ 5 15 13.5	0.387 5487
	10	311 08 33.8	− 6 56 57.2	0.422 2275		25	183 54 52.6	+ 4 55 23.0	0.393 1810
	11	314 34 20.3	− 6 59 22.1	0.417 4506		26	187 44 25.0	+ 4 34 46.0	0.398 7041
	12	318 05 00.1	− 7 00 18.0	0.412 4838		27	191 27 32.3	+ 4 13 32.2	0.404 0969
	13	321 40 53.7	− 6 59 38.0	0.407 3411		28	195 04 39.7	+ 3 51 50.2	0.409 3401
	14	325 22 22.5	− 6 57 14.8	0.402 0382		29	198 36 11.6	+ 3 29 47.4	0.414 4170
	15	329 09 48.4	− 6 53 00.7	0.396 5930		30	202 02 31.8	+ 3 07 30.1	0.419 3123
	16	333 03 33.5	− 6 46 47.5	0.391 0252		31	205 24 03.3	+ 2 45 04.1	0.424 0127
	17	337 04 00.5	− 6 38 26.9	0.385 3572	Sept.	1	208 41 07.8	+ 2 22 34.0	0.428 5065
	18	341 11 31.7	− 6 27 50.1	0.379 6138		2	211 54 06.4	+ 2 00 04.1	0.432 7830
	19	345 26 29.6	− 6 14 48.7	0.373 8226		3	215 03 19.1	+ 1 37 37.9	0.436 8331
	20	349 49 15.5	− 5 59 14.3	0.368 0140		4	218 09 05.0	+ 1 15 18.4	0.440 6485
	21	354 20 09.8	− 5 40 59.1	0.362 2219		5	221 11 42.3	+ 0 53 08.3	0.444 2223
	22	358 59 31.2	− 5 19 56.3	0.356 4829		6	224 11 28.6	+ 0 31 09.9	0.447 5480
	23	3 47 35.7	− 4 56 00.6	0.350 8373		7	227 08 40.5	+ 0 09 25.3	0.450 6202
	24	8 44 36.3	− 4 29 08.7	0.345 3282		8	230 03 34.0	− 0 12 04.0	0.453 4341
	25	13 50 41.5	− 3 59 20.0	0.340 0019		9	232 56 24.5	− 0 33 16.2	0.455 9855
	26	19 05 54.8	− 3 26 37.0	0.334 9070		10	235 47 26.7	− 0 54 10.0	0.458 2708
	27	24 30 13.1	− 2 51 06.8	0.330 0944		11	238 36 54.9	− 1 14 44.3	0.460 2870
	28	30 03 25.9	− 2 13 00.9	0.325 6161		12	241 25 03.0	− 1 34 57.7	0.462 0315
	29	35 45 14.2	− 1 32 36.5	0.321 5244		13	244 12 04.3	− 1 54 49.2	0.463 5021
	30	41 35 09.2	− 0 50 16.2	0.317 8705		14	246 58 12.0	− 2 14 17.7	0.464 6971
	31	47 32 32.1	− 0 06 28.8	0.314 7033		15	249 43 38.8	− 2 33 22.3	0.465 6149
Aug.	1	53 36 33.2	+ 0 38 11.7	0.312 0675		16	252 28 37.2	− 2 52 01.9	0.466 2546
	2	59 46 12.5	+ 1 23 06.4	0.310 0023		17	255 13 19.7	− 3 10 15.5	0.466 6155
	3	66 00 19.9	+ 2 07 33.3	0.308 5395		18	257 57 58.6	− 3 28 01.8	0.466 6971
	4	72 17 36.7	+ 2 50 48.5	0.307 7024		19	260 42 46.1	− 3 45 19.9	0.466 4994
	5	78 36 37.6	+ 3 32 08.6	0.307 5046		20	263 27 54.3	− 4 02 08.4	0.466 0225
	6	84 55 52.9	+ 4 10 52.4	0.307 9493		21	266 13 35.5	− 4 18 26.0	0.465 2671
	7	91 13 51.4	+ 4 46 23.5	0.309 0293		22	269 00 02.0	− 4 34 11.2	0.464 2339
	8	97 29 03.6	+ 5 18 11.5	0.310 7271		23	271 47 26.3	− 4 49 22.6	0.462 9241
	9	103 40 04.3	+ 5 45 53.3	0.313 0161		24	274 36 01.0	− 5 03 58.2	0.461 3394
	10	109 45 35.4	+ 6 09 13.7	0.315 8613		25	277 25 58.9	− 5 17 56.3	0.459 4817
	11	115 44 28.0	+ 6 28 05.5	0.319 2213		26	280 17 33.4	− 5 31 14.7	0.457 3532
	12	121 35 43.9	+ 6 42 28.8	0.323 0496		27	283 10 57.8	− 5 43 51.0	0.454 9569
	13	127 18 36.4	+ 6 52 30.2	0.327 2962		28	286 06 26.0	− 5 55 42.7	0.452 2959
	14	132 52 30.3	+ 6 58 21.5	0.331 9094		29	289 04 12.5	− 6 06 47.1	0.449 3741
	15	138 17 01.5	+ 7 00 18.3	0.336 8367		30	292 04 31.9	− 6 17 00.8	0.446 1959
	16	143 31 56.5	+ 6 58 39.2	0.342 0266	Oct.	1	295 07 39.8	− 6 26 20.6	0.442 7663

MERCURY, 2007

HELIOCENTRIC POSITIONS FOR 0^h TERRESTRIAL TIME
MEAN EQUINOX AND ECLIPTIC OF DATE

Date	Longitude	Latitude	Radius Vector	Date	Longitude	Latitude	Radius Vector
	° ′ ″	° ′ ″			° ′ ″	° ′ ″	
Oct. 1	295 07 39.8	− 6 26 20.6	0.442 7663	Nov. 16	163 04 33.4	+ 6 22 20.0	0.364 6262
2	298 13 51.9	− 6 34 42.5	0.439 0912	17	167 32 19.8	+ 6 07 38.2	0.370 4296
3	301 23 24.8	− 6 42 02.5	0.435 1773	18	171 51 35.0	+ 5 51 16.9	0.376 2349
4	304 36 35.8	− 6 48 16.0	0.431 0320	19	176 02 43.2	+ 5 33 31.9	0.382 0099
5	307 53 42.7	− 6 53 18.0	0.426 6640	20	180 06 09.5	+ 5 14 37.1	0.387 7253
6	311 15 04.1	− 6 57 03.0	0.422 0829	21	184 02 19.7	+ 4 54 45.0	0.393 3546
7	314 40 59.4	− 6 59 25.2	0.417 2999	22	187 51 39.8	+ 4 34 06.7	0.398 8740
8	318 11 48.5	− 7 00 18.2	0.412 3274	23	191 34 35.5	+ 4 12 51.9	0.404 2624
9	321 47 52.2	− 6 59 35.1	0.407 1794	24	195 11 32.0	+ 3 51 09.2	0.409 5008
10	325 29 31.7	− 6 57 08.6	0.401 8717	25	198 42 53.9	+ 3 29 05.8	0.414 5722
11	329 17 08.9	− 6 52 51.0	0.396 4223	26	202 09 04.8	+ 3 06 48.2	0.419 4617
12	333 11 06.1	− 6 46 34.0	0.390 8510	27	205 30 27.6	+ 2 44 21.9	0.424 1559
13	337 11 45.9	− 6 38 09.2	0.385 1802	28	208 47 24.1	+ 2 21 51.8	0.428 6430
14	341 19 30.7	− 6 27 28.1	0.379 4347	29	212 00 15.4	+ 1 59 22.0	0.432 9126
15	345 34 42.7	− 6 14 22.1	0.373 6423	30	215 09 21.3	+ 1 36 55.9	0.436 9555
16	349 57 43.4	− 5 58 42.7	0.367 8337	Dec. 1	218 15 01.0	+ 1 14 36.7	0.440 7636
17	354 28 53.2	− 5 40 22.4	0.362 0425	2	221 17 32.8	+ 0 52 26.9	0.444 3297
18	359 08 30.6	− 5 19 14.4	0.356 3057	3	224 17 14.0	+ 0 30 28.9	0.447 6476
19	3 56 51.7	− 4 55 13.3	0.350 6635	4	227 14 21.3	+ 0 08 44.7	0.450 7118
20	8 54 09.1	− 4 28 15.9	0.345 1593	5	230 09 10.8	− 0 12 44.0	0.453 5175
21	14 00 31.4	− 3 58 21.6	0.339 8392	6	233 01 57.6	− 0 33 55.7	0.456 0607
22	19 16 01.7	− 3 25 33.4	0.334 7522	7	235 52 56.7	− 0 54 48.9	0.458 3377
23	24 40 36.9	− 2 49 58.1	0.329 9491	8	238 42 22.3	− 1 15 22.5	0.460 3454
24	30 14 06.2	− 2 11 47.6	0.325 4819	9	241 30 28.1	− 1 35 35.2	0.462 0814
25	35 56 10.1	− 1 31 19.2	0.321 4029	10	244 17 27.5	− 1 55 26.1	0.463 5434
26	41 46 19.8	− 0 48 55.7	0.317 7634	11	247 03 33.7	− 2 14 53.9	0.464 7297
27	47 43 56.1	− 0 05 06.1	0.314 6119	12	249 48 59.4	− 2 33 57.7	0.465 6389
28	53 48 08.8	+ 0 39 35.4	0.311 9932	13	252 33 57.2	− 2 52 36.5	0.466 2699
29	59 57 57.7	+ 1 24 30.0	0.309 9462	14	255 18 39.4	− 3 10 49.2	0.466 6221
30	66 12 12.4	+ 2 08 55.4	0.308 5025	15	258 03 18.4	− 3 28 34.7	0.466 6950
31	72 29 34.0	+ 2 52 07.7	0.307 6851	16	260 48 06.3	− 3 45 51.9	0.466 4885
Nov. 1	78 48 36.9	+ 3 33 23.5	0.307 5073	17	263 33 15.4	− 4 02 39.4	0.466 0030
2	85 07 51.3	+ 4 12 01.9	0.307 9719	18	266 18 57.8	− 4 18 56.0	0.465 2388
3	91 25 46.2	+ 4 47 26.5	0.309 0714	19	269 05 26.0	− 4 34 40.3	0.464 1970
4	97 40 52.0	+ 5 19 07.1	0.310 7882	20	271 52 52.3	− 4 49 50.5	0.462 8787
5	103 51 43.8	+ 5 46 40.9	0.313 0950	21	274 41 29.4	− 5 04 25.0	0.461 2854
6	109 57 03.6	+ 6 09 53.0	0.315 9570	22	277 31 30.2	− 5 18 21.9	0.459 4192
7	115 55 43.0	+ 6 28 36.4	0.319 3324	23	280 23 07.9	− 5 31 38.9	0.457 2824
8	121 46 44.0	+ 6 42 51.5	0.323 1746	24	283 16 35.9	− 5 44 13.9	0.454 8777
9	127 29 20.4	+ 6 52 44.9	0.327 4335	25	286 12 08.3	− 5 56 04.2	0.452 2086
10	133 02 57.1	+ 6 58 28.6	0.332 0573	26	289 09 59.3	− 6 07 07.0	0.449 2787
11	138 27 10.7	+ 7 00 18.4	0.336 9936	27	292 10 23.8	− 6 17 19.1	0.446 0926
12	143 41 47.6	+ 6 58 32.8	0.342 1910	28	295 13 37.1	− 6 26 37.1	0.442 6553
13	148 46 43.7	+ 6 53 31.8	0.347 5992	29	298 19 55.3	− 6 34 57.2	0.438 9728
14	153 42 02.6	+ 6 45 35.8	0.353 1707	30	301 29 34.8	− 6 42 15.2	0.435 0515
15	158 27 54.1	+ 6 35 05.4	0.358 8603	31	304 42 52.9	− 6 48 26.5	0.430 8992
16	163 04 33.4	+ 6 22 20.0	0.364 6262	32	308 00 07.4	− 6 53 26.2	0.426 5244

VENUS, 2007

HELIOCENTRIC POSITIONS FOR 0^h TERRESTRIAL TIME
MEAN EQUINOX AND ECLIPTIC OF DATE

Date	Longitude	Latitude	Radius Vector	Date	Longitude	Latitude	Radius Vector
	° ′ ″	° ′ ″			° ′ ″	° ′ ″	
Jan. 0	316 12 40.2	− 2 55 29.6	0.728 2114	Apr. 2	103 19 13.1	+ 1 31 12.1	0.718 9935
2	319 22 32.6	− 3 00 55.8	0.728 1804	4	106 33 38.7	+ 1 41 21.4	0.718 8721
4	322 32 27.9	− 3 05 49.0	0.728 1343	6	109 48 10.1	+ 1 51 11.4	0.718 7647
6	325 42 26.6	− 3 10 08.2	0.728 0734	8	113 02 46.8	+ 2 00 40.3	0.718 6718
8	328 52 28.9	− 3 13 52.7	0.727 9979	10	116 17 28.5	+ 2 09 46.2	0.718 5936
10	332 02 35.1	− 3 17 01.8	0.727 9079	12	119 32 14.8	+ 2 18 27.1	0.718 5304
12	335 12 45.4	− 3 19 34.9	0.727 8038	14	122 47 05.2	+ 2 26 41.6	0.718 4824
14	338 23 00.0	− 3 21 31.5	0.727 6858	16	126 01 59.2	+ 2 34 27.8	0.718 4498
16	341 33 19.2	− 3 22 51.1	0.727 5543	18	129 16 56.4	+ 2 41 44.3	0.718 4326
18	344 43 43.1	− 3 23 33.5	0.727 4098	20	132 31 56.1	+ 2 48 29.7	0.718 4309
20	347 54 12.0	− 3 23 38.6	0.727 2525	22	135 46 57.7	+ 2 54 42.6	0.718 4447
22	351 04 45.8	− 3 23 06.2	0.727 0831	24	139 02 00.7	+ 3 00 21.8	0.718 4740
24	354 15 24.9	− 3 21 56.4	0.726 9021	26	142 17 04.5	+ 3 05 26.2	0.718 5186
26	357 26 09.3	− 3 20 09.4	0.726 7099	28	145 32 08.3	+ 3 09 54.8	0.718 5785
28	0 36 59.0	− 3 17 45.5	0.726 5072	30	148 47 11.4	+ 3 13 46.8	0.718 6534
30	3 47 54.3	− 3 14 44.9	0.726 2945	May 2	152 02 13.2	+ 3 17 01.3	0.718 7431
Feb. 1	6 58 55.2	− 3 11 08.3	0.726 0726	4	155 17 13.1	+ 3 19 37.9	0.718 8472
3	10 10 01.8	− 3 06 56.2	0.725 8421	6	158 32 10.2	+ 3 21 36.1	0.718 9656
5	13 21 14.2	− 3 02 09.3	0.725 6037	8	161 47 03.9	+ 3 22 55.4	0.719 0976
7	16 32 32.4	− 2 56 48.4	0.725 3582	10	165 01 53.4	+ 3 23 35.6	0.719 2430
9	19 43 56.6	− 2 50 54.6	0.725 1063	12	168 16 38.2	+ 3 23 36.8	0.719 4013
11	22 55 26.8	− 2 44 28.7	0.724 8487	14	171 31 17.5	+ 3 22 58.8	0.719 5720
13	26 07 03.1	− 2 37 31.9	0.724 5864	16	174 45 50.7	+ 3 21 42.0	0.719 7544
15	29 18 45.6	− 2 30 05.5	0.724 3200	18	178 00 17.2	+ 3 19 46.6	0.719 9480
17	32 30 34.3	− 2 22 10.8	0.724 0505	20	181 14 36.3	+ 3 17 13.0	0.720 1523
19	35 42 29.5	− 2 13 49.2	0.723 7786	22	184 28 47.6	+ 3 14 01.8	0.720 3665
21	38 54 31.0	− 2 05 02.2	0.723 5051	24	187 42 50.4	+ 3 10 13.8	0.720 5899
23	42 06 39.1	− 1 55 51.4	0.723 2311	26	190 56 44.3	+ 3 05 49.6	0.720 8219
25	45 18 53.9	− 1 46 18.4	0.722 9573	28	194 10 28.9	+ 3 00 50.3	0.721 0616
27	48 31 15.3	− 1 36 25.1	0.722 6845	30	197 24 03.8	+ 2 55 16.8	0.721 3084
Mar. 1	51 43 43.5	− 1 26 13.2	0.722 4136	June 1	200 37 28.7	+ 2 49 10.3	0.721 5615
3	54 56 18.6	− 1 15 44.7	0.722 1456	3	203 50 43.2	+ 2 42 32.0	0.721 8200
5	58 09 00.7	− 1 05 01.4	0.721 8811	5	207 03 47.1	+ 2 35 23.3	0.722 0831
7	61 21 49.8	− 0 54 05.4	0.721 6212	7	210 16 40.3	+ 2 27 45.6	0.722 3500
9	64 34 45.9	− 0 42 58.7	0.721 3665	9	213 29 22.6	+ 2 19 40.4	0.722 6199
11	67 47 49.3	− 0 31 43.4	0.721 1179	11	216 41 54.0	+ 2 11 09.4	0.722 8919
13	71 00 59.8	− 0 20 21.6	0.720 8761	13	219 54 14.4	+ 2 02 14.0	0.723 1652
15	74 14 17.4	− 0 08 55.5	0.720 6421	15	223 06 24.0	+ 1 52 56.2	0.723 4388
17	77 27 42.3	+ 0 02 32.7	0.720 4164	17	226 18 22.7	+ 1 43 17.7	0.723 7121
19	80 41 14.4	+ 0 14 00.8	0.720 1998	19	229 30 10.9	+ 1 33 20.3	0.723 9840
21	83 54 53.6	+ 0 25 26.7	0.719 9931	21	232 41 48.5	+ 1 23 06.0	0.724 2538
23	87 08 39.9	+ 0 36 48.1	0.719 7969	23	235 53 16.0	+ 1 12 36.7	0.724 5207
25	90 22 33.2	+ 0 48 02.8	0.719 6117	25	239 04 33.6	+ 1 01 54.3	0.724 7837
27	93 36 33.3	+ 0 59 08.8	0.719 4383	27	242 15 41.6	+ 0 51 00.9	0.725 0421
29	96 50 40.2	+ 1 10 03.7	0.719 2771	29	245 26 40.5	+ 0 39 58.6	0.725 2952
31	100 04 53.5	+ 1 20 45.5	0.719 1287	July 1	248 37 30.6	+ 0 28 49.3	0.725 5420
Apr. 2	103 19 13.1	+ 1 31 12.1	0.718 9935	3	251 48 12.5	+ 0 17 35.1	0.725 7820

VENUS, 2007

HELICENTRIC POSITIONS FOR 0^h TERRESTRIAL TIME
MEAN EQUINOX AND ECLIPTIC OF DATE

Date		Longitude	Latitude	Radius Vector	Date		Longitude	Latitude	Radius Vector
		° ′ ″	° ′ ″				° ′ ″	° ′ ″	
July	1	248 37 30.6	+ 0 28 49.3	0.725 5420	Oct.	1	34 35 43.0	− 2 16 47.0	0.723 9113
	3	251 48 12.5	+ 0 17 35.1	0.725 7820		3	37 47 41.1	− 2 08 08.7	0.723 6389
	5	254 58 46.5	+ 0 06 18.1	0.726 0142		5	40 59 45.7	− 1 59 06.1	0.723 3654
	7	258 09 13.1	− 0 04 59.6	0.726 2381		7	44 11 56.9	− 1 49 40.8	0.723 0917
	9	261 19 33.0	− 0 16 16.0	0.726 4529		9	47 24 14.7	− 1 39 54.4	0.722 8187
	11	264 29 46.7	− 0 27 29.0	0.726 6581		11	50 36 39.3	− 1 29 48.9	0.722 5471
	13	267 39 54.6	− 0 38 36.6	0.726 8529		13	53 49 10.8	− 1 19 26.0	0.722 2780
	15	270 49 57.5	− 0 49 36.8	0.727 0367		15	57 01 49.2	− 1 08 47.8	0.722 0120
	17	273 59 55.8	− 1 00 27.5	0.727 2091		17	60 14 34.5	− 0 57 56.0	0.721 7500
	19	277 09 50.1	− 1 11 06.9	0.727 3695		19	63 27 27.0	− 0 46 52.9	0.721 4930
	21	280 19 41.1	− 1 21 33.0	0.727 5175		21	66 40 26.6	− 0 35 40.5	0.721 2416
	23	283 29 29.2	− 1 31 44.0	0.727 6525		23	69 53 33.4	− 0 24 20.8	0.720 9967
	25	286 39 15.1	− 1 41 38.0	0.727 7741		25	73 06 47.4	− 0 12 56.1	0.720 7591
	27	289 48 59.4	− 1 51 13.2	0.727 8821		27	76 20 08.6	− 0 01 28.5	0.720 5295
	29	292 58 42.4	− 2 00 28.0	0.727 9760		29	79 33 37.1	+ 0 09 59.9	0.720 3087
	31	296 08 24.9	− 2 09 20.7	0.728 0557		31	82 47 12.7	+ 0 21 26.7	0.720 0973
Aug.	2	299 18 07.3	− 2 17 49.6	0.728 1208	Nov.	2	86 00 55.5	+ 0 32 49.8	0.719 8961
	4	302 27 50.1	− 2 25 53.3	0.728 1712		4	89 14 45.4	+ 0 44 07.1	0.719 7056
	6	305 37 33.7	− 2 33 30.4	0.728 2067		6	92 28 42.2	+ 0 55 16.3	0.719 5266
	8	308 47 18.6	− 2 40 39.4	0.728 2273		8	95 42 45.8	+ 1 06 15.3	0.719 3595
	10	311 57 05.3	− 2 47 19.1	0.728 2328		10	98 56 56.0	+ 1 17 01.9	0.719 2050
	12	315 06 54.1	− 2 53 28.2	0.728 2232		12	102 11 12.6	+ 1 27 34.0	0.719 0635
	14	318 16 45.4	− 2 59 05.6	0.728 1986		14	105 25 35.4	+ 1 37 49.5	0.718 9354
	16	321 26 39.6	− 3 04 10.4	0.728 1591		16	108 40 04.1	+ 1 47 46.5	0.718 8212
	18	324 36 36.9	− 3 08 41.6	0.728 1047		18	111 54 38.4	+ 1 57 23.0	0.718 7213
	20	327 46 37.7	− 3 12 38.3	0.728 0356		20	115 09 17.8	+ 2 06 37.1	0.718 6360
	22	330 56 42.3	− 3 15 59.8	0.727 9521		22	118 24 02.0	+ 2 15 27.0	0.718 5655
	24	334 06 50.8	− 3 18 45.4	0.727 8544		24	121 38 50.6	+ 2 23 50.9	0.718 5101
	26	337 17 03.6	− 3 20 54.7	0.727 7428		26	124 53 43.1	+ 2 31 47.2	0.718 4700
	28	340 27 20.8	− 3 22 27.2	0.727 6175		28	128 08 38.9	+ 2 39 14.3	0.718 4452
	30	343 37 42.6	− 3 23 22.6	0.727 4790		30	131 23 37.5	+ 2 46 10.7	0.718 4360
Sept.	1	346 48 09.2	− 3 23 40.7	0.727 3278	Dec.	2	134 38 38.4	+ 2 52 35.2	0.718 4422
	3	349 58 40.8	− 3 23 21.4	0.727 1642		4	137 53 41.0	+ 2 58 26.3	0.718 4639
	5	353 09 17.4	− 3 22 24.6	0.726 9887		6	141 08 44.5	+ 3 03 43.1	0.718 5010
	7	356 19 59.3	− 3 20 50.6	0.726 8019		8	144 23 48.4	+ 3 08 24.3	0.718 5534
	9	359 30 46.4	− 3 18 39.5	0.726 6043		10	147 38 51.9	+ 3 12 29.3	0.718 6209
	11	2 41 39.0	− 3 15 51.6	0.726 3965		12	150 53 54.5	+ 3 15 57.1	0.718 7033
	13	5 52 37.1	− 3 12 27.5	0.726 1792		14	154 08 55.4	+ 3 18 47.1	0.718 8004
	15	9 03 40.8	− 3 08 27.7	0.725 9530		16	157 23 53.8	+ 3 20 58.8	0.718 9117
	17	12 14 50.2	− 3 03 52.9	0.725 7186		18	160 38 49.2	+ 3 22 31.7	0.719 0370
	19	15 26 05.4	− 2 58 43.8	0.725 4768		20	163 53 40.7	+ 3 23 25.7	0.719 1758
	21	18 37 26.5	− 2 53 01.3	0.725 2282		22	167 08 27.8	+ 3 23 40.6	0.719 3277
	23	21 48 53.6	− 2 46 46.5	0.724 9736		24	170 23 09.6	+ 3 23 16.3	0.719 4922
	25	25 00 26.6	− 2 40 00.4	0.724 7138		26	173 37 45.7	+ 3 22 13.1	0.719 6687
	27	28 12 05.8	− 2 32 44.3	0.724 4496		28	176 52 15.2	+ 3 20 31.2	0.719 8567
	29	31 23 51.3	− 2 24 59.3	0.724 1818		30	180 06 37.7	+ 3 18 11.0	0.720 0557
Oct.	1	34 35 43.0	− 2 16 47.0	0.723 9113		32	183 20 52.6	+ 3 15 12.9	0.720 2648

MARS, 2007

HELIOCENTRIC POSITIONS FOR 0ʰ TERRESTRIAL TIME
MEAN EQUINOX AND ECLIPTIC OF DATE

Date		Longitude	Latitude	Radius Vector	Date		Longitude	Latitude	Radius Vector
		° ′ ″	° ′ ″				° ′ ″	° ′ ″	
Jan.	0	243 59 40.4	− 0 27 34.4	1.515 8365	July	3	354 14 48.3	− 1 31 19.7	1.387 2864
	4	246 06 35.1	− 0 31 31.4	1.510 6103		7	356 45 42.4	− 1 28 28.4	1.389 0107
	8	248 14 22.9	− 0 35 27.4	1.505 3841		11	359 16 12.3	− 1 25 27.4	1.390 9493
	12	250 23 04.2	− 0 39 22.2	1.500 1651		15	1 46 15.3	− 1 22 17.2	1.393 0980
	16	252 32 39.6	− 0 43 15.2	1.494 9607		19	4 15 48.9	− 1 18 58.2	1.395 4520
	20	254 43 09.3	− 0 47 06.1	1.489 7784		23	6 44 50.5	− 1 15 31.0	1.398 0062
	24	256 54 33.9	− 0 50 54.5	1.484 6258		27	9 13 17.9	− 1 11 56.2	1.400 7551
	28	259 06 53.4	− 0 54 39.9	1.479 5107		31	11 41 08.9	− 1 08 14.2	1.403 6928
Feb.	1	261 20 08.0	− 0 58 22.0	1.474 4411	Aug.	4	14 08 21.2	− 1 04 25.6	1.406 8132
	5	263 34 17.8	− 1 02 00.4	1.469 4247		8	16 34 53.0	− 1 00 31.0	1.410 1096
	9	265 49 22.7	− 1 05 34.4	1.464 4697		12	19 00 42.4	− 0 56 31.1	1.413 5753
	13	268 05 22.5	− 1 09 03.8	1.459 5841		16	21 25 47.6	− 0 52 26.2	1.417 2033
	17	270 22 17.0	− 1 12 28.1	1.454 7760		20	23 50 07.2	− 0 48 17.1	1.420 9863
	21	272 40 05.9	− 1 15 46.7	1.450 0536		24	26 13 39.6	− 0 44 04.3	1.424 9168
	25	274 58 48.6	− 1 18 59.2	1.445 4251		28	28 36 23.5	− 0 39 48.3	1.428 9872
Mar.	1	277 18 24.5	− 1 22 05.2	1.440 8986	Sept.	1	30 58 17.7	− 0 35 29.7	1.433 1897
	5	279 38 52.9	− 1 25 04.1	1.436 4821		5	33 19 21.2	− 0 31 09.1	1.437 5164
	9	282 00 13.0	− 1 27 55.6	1.432 1838		9	35 39 33.0	− 0 26 46.9	1.441 9593
	13	284 22 23.6	− 1 30 39.0	1.428 0117		13	37 58 52.3	− 0 22 23.7	1.446 5103
	17	286 45 23.9	− 1 33 14.0	1.423 9735		17	40 17 18.5	− 0 18 00.0	1.451 1613
	21	289 09 12.4	− 1 35 40.2	1.420 0772		21	42 34 51.1	− 0 13 36.2	1.455 9041
	25	291 33 47.8	− 1 37 56.9	1.416 3301		25	44 51 29.4	− 0 09 12.9	1.460 7305
	29	293 59 08.5	− 1 40 04.0	1.412 7398		29	47 07 13.3	− 0 04 50.5	1.465 6324
Apr.	2	296 25 13.0	− 1 42 00.8	1.409 3135	Oct.	3	49 22 02.5	− 0 00 29.3	1.470 6017
	6	298 51 59.4	− 1 43 47.1	1.406 0582		7	51 35 56.9	+ 0 03 50.1	1.475 6303
	10	301 19 25.8	− 1 45 22.5	1.402 9805		11	53 48 56.5	+ 0 08 07.3	1.480 7102
	14	303 47 30.2	− 1 46 46.6	1.400 0870		15	56 01 01.3	+ 0 12 22.1	1.485 8335
	18	306 16 10.3	− 1 47 59.0	1.397 3837		19	58 12 11.6	+ 0 16 34.1	1.490 9922
	22	308 45 24.0	− 1 48 59.6	1.394 8764		23	60 22 27.5	+ 0 20 42.9	1.496 1788
	26	311 15 08.7	− 1 49 47.9	1.392 5706		27	62 31 49.5	+ 0 24 48.2	1.501 3855
	30	313 45 22.1	− 1 50 23.9	1.390 4712		31	64 40 17.8	+ 0 28 49.7	1.506 6049
May	4	316 16 01.4	− 1 50 47.3	1.388 5829	Nov.	4	66 47 53.1	+ 0 32 47.1	1.511 8297
	8	318 47 03.9	− 1 50 58.0	1.386 9100		8	68 54 35.7	+ 0 36 40.3	1.517 0525
	12	321 18 27.0	− 1 50 55.8	1.385 4561		12	71 00 26.5	+ 0 40 28.9	1.522 2664
	16	323 50 07.6	− 1 50 40.7	1.384 2245		16	73 05 26.0	+ 0 44 12.7	1.527 4645
	20	326 22 02.9	− 1 50 12.5	1.383 2180		20	75 09 34.9	+ 0 47 51.5	1.532 6400
	24	328 54 09.8	− 1 49 31.5	1.382 4389		24	77 12 54.0	+ 0 51 25.1	1.537 7863
	28	331 26 25.4	− 1 48 37.5	1.381 8890		28	79 15 24.2	+ 0 54 53.4	1.542 8971
June	1	333 58 46.6	− 1 47 30.7	1.381 5695	Dec.	2	81 17 06.2	+ 0 58 16.2	1.547 9660
	5	336 31 10.3	− 1 46 11.2	1.381 4812		6	83 18 01.1	+ 1 01 33.4	1.552 9871
	9	339 03 33.4	− 1 44 39.2	1.381 6243		10	85 18 09.7	+ 1 04 44.7	1.557 9545
	13	341 35 52.8	− 1 42 54.9	1.381 9984		14	87 17 32.9	+ 1 07 50.2	1.562 8624
	17	344 08 05.5	− 1 40 58.6	1.382 6027		18	89 16 11.9	+ 1 10 49.6	1.567 7053
	21	346 40 08.3	− 1 38 50.6	1.383 4358		22	91 14 07.6	+ 1 13 42.9	1.572 4779
	25	349 11 58.4	− 1 36 31.2	1.384 4958		26	93 11 21.0	+ 1 16 30.0	1.577 1750
	29	351 43 32.7	− 1 34 00.7	1.385 7803		30	95 07 53.3	+ 1 19 10.9	1.581 7916
July	3	354 14 48.3	− 1 31 19.7	1.387 2864		34	97 03 45.5	+ 1 21 45.4	1.586 3229

HELIOCENTRIC POSITIONS FOR 0^h TERRESTRIAL TIME
MEAN EQUINOX AND ECLIPTIC OF DATE

Date		Longitude	Latitude	Radius Vector	Date		Longitude	Latitude	Radius Vector
		° ′ ″	° ′ ″				° ′ ″	° ′ ″	
		JUPITER					**SATURN**		
Jan.	0	242 33 10.1	+ 0 48 10.5	5.366 117	Jan.	0	140 07 51.7	+ 1 06 25.7	9.177 682
	10	243 20 01.2	+ 0 47 19.8	5.363 363		10	140 29 32.0	+ 1 07 16.1	9.179 888
	20	244 06 55.1	+ 0 46 28.6	5.360 576		20	140 51 11.6	+ 1 08 06.3	9.182 106
	30	244 53 52.0	+ 0 45 36.8	5.357 756		30	141 12 50.6	+ 1 08 56.4	9.184 338
Feb.	9	245 40 51.8	+ 0 44 44.5	5.354 903	Feb.	9	141 34 29.0	+ 1 09 46.3	9.186 583
	19	246 27 54.6	+ 0 43 51.5	5.352 019		19	141 56 06.7	+ 1 10 36.0	9.188 840
Mar.	1	247 15 00.5	+ 0 42 58.1	5.349 104	Mar.	1	142 17 43.8	+ 1 11 25.4	9.191 110
	11	248 02 09.4	+ 0 42 04.1	5.346 158		11	142 39 20.2	+ 1 12 14.7	9.193 392
	21	248 49 21.5	+ 0 41 09.5	5.343 181		21	143 00 56.0	+ 1 13 03.8	9.195 687
	31	249 36 36.7	+ 0 40 14.5	5.340 175		31	143 22 31.1	+ 1 13 52.7	9.197 994
Apr.	10	250 23 55.2	+ 0 39 18.9	5.337 140	Apr.	10	143 44 05.5	+ 1 14 41.4	9.200 312
	20	251 11 16.8	+ 0 38 22.8	5.334 076		20	144 05 39.4	+ 1 15 29.9	9.202 643
	30	251 58 41.8	+ 0 37 26.2	5.330 983		30	144 27 12.5	+ 1 16 18.2	9.204 986
May	10	252 46 10.0	+ 0 36 29.1	5.327 863	May	10	144 48 45.0	+ 1 17 06.3	9.207 341
	20	253 33 41.6	+ 0 35 31.5	5.324 716		20	145 10 16.8	+ 1 17 54.2	9.209 707
	30	254 21 16.6	+ 0 34 33.4	5.321 543		30	145 31 47.9	+ 1 18 41.9	9.212 085
June	9	255 08 54.9	+ 0 33 34.9	5.318 343	June	9	145 53 18.4	+ 1 19 29.4	9.214 475
	19	255 56 36.8	+ 0 32 35.9	5.315 118		19	146 14 48.1	+ 1 20 16.6	9.216 876
	29	256 44 22.1	+ 0 31 36.5	5.311 868		29	146 36 17.2	+ 1 21 03.7	9.219 289
July	9	257 32 10.9	+ 0 30 36.6	5.308 593	July	9	146 57 45.6	+ 1 21 50.5	9.221 713
	19	258 20 03.2	+ 0 29 36.3	5.305 295		19	147 19 13.4	+ 1 22 37.1	9.224 148
	29	259 07 59.1	+ 0 28 35.6	5.301 974		29	147 40 40.4	+ 1 23 23.5	9.226 595
Aug.	8	259 55 58.6	+ 0 27 34.5	5.298 630	Aug.	8	148 02 06.7	+ 1 24 09.7	9.229 052
	18	260 44 01.7	+ 0 26 32.9	5.295 265		18	148 23 32.4	+ 1 24 55.7	9.231 521
	28	261 32 08.5	+ 0 25 31.0	5.291 878		28	148 44 57.3	+ 1 25 41.4	9.234 001
Sept.	7	262 20 19.0	+ 0 24 28.7	5.288 471	Sept.	7	149 06 21.6	+ 1 26 26.9	9.236 492
	17	263 08 33.2	+ 0 23 26.0	5.285 045		17	149 27 45.2	+ 1 27 12.2	9.238 994
	27	263 56 51.1	+ 0 22 23.0	5.281 599		27	149 49 08.0	+ 1 27 57.2	9.241 506
Oct.	7	264 45 12.8	+ 0 21 19.6	5.278 134	Oct.	7	150 10 30.2	+ 1 28 42.1	9.244 029
	17	265 33 38.3	+ 0 20 15.9	5.274 653		17	150 31 51.7	+ 1 29 26.7	9.246 563
	27	266 22 07.7	+ 0 19 11.9	5.271 154		27	150 53 12.4	+ 1 30 11.0	9.249 106
Nov.	6	267 10 40.9	+ 0 18 07.5	5.267 639	Nov.	6	151 14 32.5	+ 1 30 55.2	9.251 660
	16	267 59 18.0	+ 0 17 02.9	5.264 108		16	151 35 51.8	+ 1 31 39.1	9.254 224
	26	268 47 59.0	+ 0 15 57.9	5.260 562		26	151 57 10.5	+ 1 32 22.7	9.256 797
Dec.	6	269 36 43.9	+ 0 14 52.7	5.257 003	Dec.	6	152 18 28.4	+ 1 33 06.2	9.259 380
	16	270 25 32.9	+ 0 13 47.2	5.253 429		16	152 39 45.6	+ 1 33 49.4	9.261 972
	26	271 14 25.8	+ 0 12 41.4	5.249 843		26	153 01 02.1	+ 1 34 32.3	9.264 574
	36	272 03 22.7	+ 0 11 35.4	5.246 245		36	153 22 17.9	+ 1 35 15.0	9.267 185
		URANUS					**NEPTUNE**		
		° ′ ″	° ′ ″				° ′ ″	° ′ ″	
Jan.	-20	343 46 43.9	− 0 46 19.6	20.086 58	Jan.	-20	319 08 42.4	− 0 13 28.3	30.050 82
Jan.	20	344 12 28.5	− 0 46 19.6	20.087 72	Jan.	20	319 23 10.0	− 0 13 54.7	30.049 97
Mar.	1	344 38 13.0	− 0 46 19.5	20.088 81	Mar.	1	319 37 37.8	− 0 14 21.2	30.049 12
Apr.	10	345 03 57.6	− 0 46 19.2	20.089 85	Apr.	10	319 52 05.7	− 0 14 47.6	30.048 27
May	20	345 29 42.1	− 0 46 18.7	20.090 83	May	20	320 06 33.8	− 0 15 14.0	30.047 42
June	29	345 55 26.6	− 0 46 18.1	20.091 76	June	29	320 21 02.1	− 0 15 40.4	30.046 56
Aug.	8	346 21 11.2	− 0 46 17.4	20.092 64	Aug.	8	320 35 30.5	− 0 16 06.8	30.045 70
Sept.	17	346 46 55.9	− 0 46 16.5	20.093 47	Sept.	17	320 49 59.1	− 0 16 33.2	30.044 83
Oct.	27	347 12 40.5	− 0 46 15.4	20.094 23	Oct.	27	321 04 27.8	− 0 16 59.5	30.043 96
Dec.	6	347 38 25.2	− 0 46 14.2	20.094 93	Dec.	6	321 18 56.6	− 0 17 25.9	30.043 08
Dec.	46	348 04 09.9	− 0 46 12.8	20.095 58	Dec.	46	321 33 25.5	− 0 17 52.2	30.042 19

MERCURY, 2007

GEOCENTRIC COORDINATES FOR 0ʰ TERRESTRIAL TIME

Date	Apparent Right Ascension	Apparent Declination	True Geocentric Distance	Date	Apparent Right Ascension	Apparent Declination	True Geocentric Distance
	h m s	o ′ ″			h m s	o ′ ″	
Jan. 0	18 21 41.210	−24 43 50.09	1.439 4216	Feb. 15	22 42 55.219	− 5 23 56.24	0.759 5488
1	18 28 40.256	−24 44 31.98	1.440 3620	16	22 41 42.177	− 5 15 41.56	0.737 5136
2	18 35 40.617	−24 43 50.21	1.440 7474	17	22 39 52.867	− 5 12 17.83	0.717 2544
3	18 42 42.190	−24 41 43.73	1.440 5743	18	22 37 29.791	− 5 13 45.42	0.698 9478
4	18 49 44.870	−24 38 11.51	1.439 8378	19	22 34 36.415	− 5 19 57.45	0.682 7389
5	18 56 48.544	−24 33 12.57	1.438 5319	20	22 31 17.112	− 5 30 39.45	0.668 7380
6	19 03 53.101	−24 26 45.95	1.436 6491	21	22 27 37.038	− 5 45 29.60	0.657 0174
7	19 10 58.419	−24 18 50.73	1.434 1807	22	22 23 41.946	− 6 03 59.39	0.647 6103
8	19 18 04.375	−24 09 26.04	1.431 1165	23	22 19 37.947	− 6 25 34.89	0.640 5111
9	19 25 10.837	−23 58 31.11	1.427 4451	24	22 15 31.244	− 6 49 38.39	0.635 6775
10	19 32 17.668	−23 46 05.20	1.423 1534	25	22 11 27.859	− 7 15 30.22	0.633 0338
11	19 39 24.722	−23 32 07.64	1.418 2271	26	22 07 33.390	− 7 42 30.77	0.632 4761
12	19 46 31.846	−23 16 37.88	1.412 6501	27	22 03 52.810	− 8 10 02.13	0.633 8777
13	19 53 38.871	−22 59 35.41	1.406 4051	28	22 00 30.332	− 8 37 29.57	0.637 0954
14	20 00 45.620	−22 40 59.86	1.399 4729	Mar. 1	21 57 29.333	− 9 04 22.50	0.641 9758
15	20 07 51.896	−22 20 51.00	1.391 8331	2	21 54 52.350	− 9 30 14.95	0.648 3605
16	20 14 57.488	−21 59 08.72	1.383 4634	3	21 52 41.120	− 9 54 45.72	0.656 0914
17	20 22 02.161	−21 35 53.11	1.374 3402	4	21 50 56.654	−10 17 38.17	0.665 0146
18	20 29 05.653	−21 11 04.47	1.364 4386	5	21 49 39.342	−10 38 39.82	0.674 9833
19	20 36 07.675	−20 44 43.32	1.353 7322	6	21 48 49.059	−10 57 41.77	0.685 8598
20	20 43 07.901	−20 16 50.50	1.342 1938	7	21 48 25.273	−11 14 38.16	0.697 5171
21	20 50 05.966	−19 47 27.15	1.329 7953	8	21 48 27.143	−11 29 25.55	0.709 8393
22	20 57 01.457	−19 16 34.84	1.316 5081	9	21 48 53.608	−11 42 02.46	0.722 7218
23	21 03 53.907	−18 44 15.60	1.302 3040	10	21 49 43.463	−11 52 28.85	0.736 0710
24	21 10 42.783	−18 10 32.03	1.287 1551	11	21 50 55.416	−12 00 45.80	0.749 8038
25	21 17 27.478	−17 35 27.38	1.271 0353	12	21 52 28.135	−12 06 55.16	0.763 8468
26	21 24 07.295	−16 59 05.67	1.253 9208	13	21 54 20.289	−12 10 59.31	0.778 1355
27	21 30 41.435	−16 21 31.83	1.235 7912	14	21 56 30.572	−12 13 00.98	0.792 6139
28	21 37 08.982	−15 42 51.82	1.216 6316	15	21 58 57.723	−12 13 03.13	0.807 2329
29	21 43 28.892	−15 03 12.79	1.196 4334	16	22 01 40.537	−12 11 08.78	0.821 9503
30	21 49 39.971	−14 22 43.21	1.175 1968	17	22 04 37.879	−12 07 21.00	0.836 7296
31	21 55 40.869	−13 41 33.06	1.152 9331	18	22 07 48.684	−12 01 42.80	0.851 5394
Feb. 1	22 01 30.066	−12 59 53.99	1.129 6666	19	22 11 11.962	−11 54 17.12	0.866 3529
2	22 07 05.860	−12 17 59.43	1.105 4376	20	22 14 46.801	−11 45 06.81	0.881 1474
3	22 12 26.368	−11 36 04.73	1.080 3046	21	22 18 32.360	−11 34 14.60	0.895 9035
4	22 17 29.529	−10 54 27.24	1.054 3468	22	22 22 27.869	−11 21 43.09	0.910 6050
5	22 22 13.114	−10 13 26.29	1.027 6663	23	22 26 32.626	−11 07 34.77	0.925 2379
6	22 26 34.752	− 9 33 23.15	1.000 3889	24	22 30 45.992	−10 51 52.00	0.939 7908
7	22 30 31.967	− 8 54 40.86	0.972 6652	25	22 35 07.388	−10 34 37.03	0.954 2535
8	22 34 02.231	− 8 17 43.97	0.944 6699	26	22 39 36.292	−10 15 51.96	0.968 6176
9	22 37 03.034	− 7 42 58.11	0.916 6001	27	22 44 12.236	− 9 55 38.82	0.982 8759
10	22 39 31.969	− 7 10 49.53	0.888 6727	28	22 48 54.805	− 9 33 59.51	0.997 0217
11	22 41 26.829	− 6 41 44.44	0.861 1199	29	22 53 43.627	− 9 10 55.84	1.011 0494
12	22 42 45.730	− 6 16 08.24	0.834 1849	30	22 58 38.379	− 8 46 29.56	1.024 9536
13	22 43 27.228	− 5 54 24.68	0.808 1152	31	23 03 38.776	− 8 20 42.31	1.038 7295
14	22 43 30.448	− 5 36 54.86	0.783 1572	Apr. 1	23 08 44.574	− 7 53 35.70	1.052 3720
15	22 42 55.219	− 5 23 56.24	0.759 5488	2	23 13 55.567	− 7 25 11.27	1.065 8762

GEOCENTRIC COORDINATES FOR 0ʰ TERRESTRIAL TIME

Date	Apparent Right Ascension	Apparent Declination	True Geocentric Distance	Date	Apparent Right Ascension	Apparent Declination	True Geocentric Distance
	h m s	° ′ ″			h m s	° ′ ″	
Apr. 1	23 08 44.574	− 7 53 35.70	1.052 3720	May 17	4 37 14.936	+24 02 09.28	1.157 2137
2	23 13 55.567	− 7 25 11.27	1.065 8762	18	4 45 14.232	+24 22 23.99	1.137 6158
3	23 19 11.580	− 6 55 30.49	1.079 2370	19	4 53 03.677	+24 40 06.50	1.117 5379
4	23 24 32.475	− 6 24 34.83	1.092 4488	20	5 00 42.439	+24 55 19.95	1.097 0827
5	23 29 58.140	− 5 52 25.71	1.105 5053	21	5 08 09.764	+25 08 08.35	1.076 3465
6	23 35 28.498	− 5 19 04.52	1.118 3998	22	5 15 24.975	+25 18 36.33	1.055 4184
7	23 41 03.494	− 4 44 32.65	1.131 1245	23	5 22 27.460	+25 26 49.10	1.034 3803
8	23 46 43.103	− 4 08 51.49	1.143 6705	24	5 29 16.665	+25 32 52.22	1.013 3064
9	23 52 27.326	− 3 32 02.43	1.156 0276	25	5 35 52.084	+25 36 51.58	0.992 2640
10	23 58 16.187	− 2 54 06.89	1.168 1842	26	5 42 13.253	+25 38 53.24	0.971 3137
11	0 04 09.735	− 2 15 06.31	1.180 1272	27	5 48 19.740	+25 39 03.39	0.950 5098
12	0 10 08.040	− 1 35 02.20	1.191 8412	28	5 54 11.138	+25 37 28.25	0.929 9010
13	0 16 11.197	− 0 53 56.10	1.203 3090	29	5 59 47.058	+25 34 14.10	0.909 5312
14	0 22 19.320	− 0 11 49.67	1.214 5109	30	6 05 07.128	+25 29 27.15	0.889 4398
15	0 28 32.545	+ 0 31 15.34	1.225 4247	31	6 10 10.982	+25 23 13.58	0.869 6626
16	0 34 51.028	+ 1 15 17.09	1.236 0253	June 1	6 14 58.263	+25 15 39.49	0.850 2324
17	0 41 14.941	+ 2 00 13.53	1.246 2843	2	6 19 28.614	+25 06 50.91	0.831 1793
18	0 47 44.475	+ 2 46 02.47	1.256 1701	3	6 23 41.685	+24 56 53.76	0.812 5315
19	0 54 19.829	+ 3 32 41.46	1.265 6475	4	6 27 37.127	+24 45 53.88	0.794 3159
20	1 01 01.215	+ 4 20 07.81	1.274 6772	5	6 31 14.593	+24 33 57.02	0.776 5580
21	1 07 48.850	+ 5 08 18.48	1.283 2158	6	6 34 33.745	+24 21 08.82	0.759 2828
22	1 14 42.954	+ 5 57 10.10	1.291 2153	7	6 37 34.254	+24 07 34.84	0.742 5151
23	1 21 43.745	+ 6 46 38.83	1.298 6233	8	6 40 15.806	+23 53 20.56	0.726 2796
24	1 28 51.433	+ 7 36 40.39	1.305 3827	9	6 42 38.112	+23 38 31.42	0.710 6015
25	1 36 06.214	+ 8 27 09.93	1.311 4316	10	6 44 40.910	+23 23 12.76	0.695 5066
26	1 43 28.258	+ 9 18 01.96	1.316 7042	11	6 46 23.978	+23 07 29.91	0.681 0215
27	1 50 57.699	+10 09 10.33	1.321 1307	12	6 47 47.150	+22 51 28.16	0.667 1739
28	1 58 34.625	+11 00 28.11	1.324 6384	13	6 48 50.318	+22 35 12.81	0.653 9926
29	2 06 19.061	+11 51 47.60	1.327 1525	14	6 49 33.460	+22 18 49.12	0.641 5079
30	2 14 10.959	+12 43 00.23	1.328 5980	15	6 49 56.651	+22 02 22.38	0.629 7511
May 1	2 22 10.178	+13 33 56.61	1.328 9010	16	6 50 00.084	+21 45 57.89	0.618 7553
2	2 30 16.473	+14 24 26.49	1.327 9911	17	6 49 44.095	+21 29 40.96	0.608 5543
3	2 38 29.479	+15 14 18.65	1.325 8039	18	6 49 09.183	+21 13 36.93	0.599 1833
4	2 46 48.739	+16 03 22.40	1.322 2836	19	6 48 16.029	+20 57 51.17	0.590 6779
5	2 55 13.577	+16 51 24.58	1.317 3858	20	6 47 05.516	+20 42 29.11	0.583 0741
6	3 03 43.260	+17 38 13.21	1.311 0798	21	6 45 38.743	+20 27 36.21	0.576 4077
7	3 12 16.893	+18 23 35.88	1.303 3514	22	6 43 57.030	+20 13 17.95	0.570 7138
8	3 20 53.460	+19 07 20.48	1.294 2042	23	6 42 01.923	+19 59 39.83	0.566 0265
9	3 29 31.843	+19 49 15.45	1.283 6607	24	6 39 55.189	+19 46 47.32	0.562 3775
10	3 38 10.839	+20 29 10.14	1.271 7624	25	6 37 38.799	+19 34 45.80	0.559 7966
11	3 46 49.190	+21 06 54.99	1.258 5684	26	6 35 14.910	+19 23 40.51	0.558 3102
12	3 55 25.609	+21 42 21.83	1.244 1544	27	6 32 45.832	+19 13 36.49	0.557 9412
13	4 03 58.808	+22 15 24.02	1.228 6097	28	6 30 13.990	+19 04 38.45	0.558 7084
14	4 12 27.525	+22 45 56.50	1.212 0341	29	6 27 41.883	+18 56 50.70	0.560 6261
15	4 20 50.542	+23 13 55.85	1.194 5349	30	6 25 12.032	+18 50 17.03	0.563 7039
16	4 29 06.706	+23 39 20.23	1.176 2239	July 1	6 22 46.938	+18 45 00.60	0.567 9468
17	4 37 14.936	+24 02 09.28	1.157 2137	2	6 20 29.028	+18 41 03.88	0.573 3545

MERCURY, 2007

GEOCENTRIC COORDINATES FOR 0ʰ TERRESTRIAL TIME

Date	Apparent Right Ascension	Apparent Declination	True Geocentric Distance	Date	Apparent Right Ascension	Apparent Declination	True Geocentric Distance
	h m s	° ′ ″			h m s	° ′ ″	
July 1	6 22 46.938	+18 45 00.60	0.567 9468	Aug. 16	9 43 34.900	+15 31 41.20	1.352 8993
2	6 20 29.028	+18 41 03.88	0.573 3545	17	9 51 26.405	+14 51 33.35	1.357 2250
3	6 18 20.621	+18 38 28.54	0.579 9224	18	9 59 10.162	+14 10 17.41	1.360 4815
4	6 16 23.884	+18 37 15.37	0.587 6411	19	10 06 46.002	+13 28 01.94	1.362 7294
5	6 14 40.809	+18 37 24.28	0.596 4973	20	10 14 13.851	+12 44 54.99	1.364 0285
6	6 13 13.191	+18 38 54.27	0.606 4738	21	10 21 33.717	+12 01 04.05	1.364 4372
7	6 12 02.615	+18 41 43.43	0.617 5501	22	10 28 45.673	+11 16 36.08	1.364 0112
8	6 11 10.456	+18 45 48.95	0.629 7028	23	10 35 49.842	+10 31 37.51	1.362 8033
9	6 10 37.879	+18 51 07.20	0.642 9060	24	10 42 46.390	+ 9 46 14.24	1.360 8631
10	6 10 25.849	+18 57 33.73	0.657 1317	25	10 49 35.513	+ 9 00 31.71	1.358 2366
11	6 10 35.150	+19 05 03.36	0.672 3498	26	10 56 17.426	+ 8 14 34.86	1.354 9663
12	6 11 06.396	+19 13 30.20	0.688 5285	27	11 02 52.364	+ 7 28 28.26	1.351 0913
13	6 12 00.055	+19 22 47.74	0.705 6345	28	11 09 20.568	+ 6 42 16.05	1.346 6469
14	6 13 16.466	+19 32 48.87	0.723 6325	29	11 15 42.284	+ 5 56 02.04	1.341 6655
15	6 14 55.862	+19 43 25.92	0.742 4853	30	11 21 57.762	+ 5 09 49.71	1.336 1759
16	6 16 58.382	+19 54 30.72	0.762 1534	31	11 28 07.247	+ 4 23 42.26	1.330 2042
17	6 19 24.091	+20 05 54.65	0.782 5946	Sept. 1	11 34 10.978	+ 3 37 42.63	1.323 7734
18	6 22 12.986	+20 17 28.62	0.803 7632	2	11 40 09.187	+ 2 51 53.57	1.316 9040
19	6 25 25.004	+20 29 03.10	0.825 6100	3	11 46 02.091	+ 2 06 17.64	1.309 6139
20	6 29 00.031	+20 40 28.19	0.848 0809	4	11 51 49.896	+ 1 20 57.23	1.301 9190
21	6 32 57.895	+20 51 33.58	0.871 1164	5	11 57 32.792	+ 0 35 54.61	1.293 8329
22	6 37 18.369	+21 02 08.58	0.894 6509	6	12 03 10.955	− 0 08 48.08	1.285 3676
23	6 42 01.164	+21 12 02.18	0.918 6119	7	12 08 44.544	− 0 53 08.77	1.276 5333
24	6 47 05.916	+21 21 03.08	0.942 9192	8	12 14 13.703	− 1 37 05.51	1.267 3387
25	6 52 32.180	+21 28 59.74	0.967 4844	9	12 19 38.560	− 2 20 36.39	1.257 7912
26	6 58 19.412	+21 35 40.51	0.992 2103	10	12 24 59.223	− 3 03 39.57	1.247 8970
27	7 04 26.954	+21 40 53.70	1.016 9913	11	12 30 15.783	− 3 46 13.22	1.237 6611
28	7 10 54.021	+21 44 27.78	1.041 7130	12	12 35 28.313	− 4 28 15.56	1.227 0879
29	7 17 39.685	+21 46 11.53	1.066 2537	13	12 40 36.863	− 5 09 44.79	1.216 1805
30	7 24 42.862	+21 45 54.29	1.090 4850	14	12 45 41.461	− 5 50 39.13	1.204 9418
31	7 32 02.310	+21 43 26.19	1.114 2743	15	12 50 42.112	− 6 30 56.74	1.193 3738
Aug. 1	7 39 36.628	+21 38 38.42	1.137 4870	16	12 55 38.792	− 7 10 35.77	1.181 4781
2	7 47 24.263	+21 31 23.51	1.159 9894	17	13 00 31.455	− 7 49 34.30	1.169 2559
3	7 55 23.528	+21 21 35.54	1.181 6525	18	13 05 20.022	− 8 27 50.34	1.156 7082
4	8 03 32.631	+21 09 10.40	1.202 3552	19	13 10 04.381	− 9 05 21.81	1.143 8359
5	8 11 49.703	+20 54 05.90	1.221 9880	20	13 14 44.388	− 9 42 06.53	1.130 6400
6	8 20 12.845	+20 36 21.83	1.240 4558	21	13 19 19.861	−10 18 02.19	1.117 1215
7	8 28 40.166	+20 15 59.99	1.257 6806	22	13 23 50.575	−10 53 06.33	1.103 2818
8	8 37 09.829	+19 53 04.01	1.273 6032	23	13 28 16.265	−11 27 16.33	1.089 1229
9	8 45 40.096	+19 27 39.24	1.288 1835	24	13 32 36.613	−12 00 29.37	1.074 6473
10	8 54 09.355	+18 59 52.47	1.301 4004	25	13 36 51.253	−12 32 42.42	1.059 8586
11	9 02 36.153	+18 29 51.67	1.313 2510	26	13 40 59.760	−13 03 52.19	1.044 7615
12	9 10 59.213	+17 57 45.65	1.323 7482	27	13 45 01.647	−13 33 55.11	1.029 3619
13	9 19 17.440	+17 23 43.85	1.332 9191	28	13 48 56.359	−14 02 47.31	1.013 6678
14	9 27 29.924	+16 47 55.99	1.340 8020	29	13 52 43.262	−14 30 24.50	0.997 6889
15	9 35 35.933	+16 10 31.88	1.347 4442	30	13 56 21.639	−14 56 42.01	0.981 4375
16	9 43 34.900	+15 31 41.20	1.352 8993	Oct. 1	13 59 50.677	−15 21 34.61	0.964 9290

GEOCENTRIC COORDINATES FOR 0ʰ TERRESTRIAL TIME

Date	Apparent Right Ascension	Apparent Declination	True Geocentric Distance	Date	Apparent Right Ascension	Apparent Declination	True Geocentric Distance
	h m s	° ′ ″			h m s	° ′ ″	
Oct. 1	13 59 50.677	−15 21 34.61	0.964 9290	Nov. 16	14 18 10.998	−11 42 12.12	1.163 7783
2	14 03 09.464	−15 44 56.54	0.948 1821	17	14 23 39.669	−12 14 53.82	1.184 4729
3	14 06 16.978	−16 06 41.38	0.931 2201	18	14 29 15.221	−12 47 59.32	1.204 2656
4	14 09 12.083	−16 26 41.97	0.914 0713	19	14 34 56.815	−13 21 17.84	1.223 1587
5	14 11 53.524	−16 44 50.36	0.896 7701	20	14 40 43.745	−13 54 39.89	1.241 1599
6	14 14 19.924	−17 00 57.73	0.879 3580	21	14 46 35.419	−14 27 57.14	1.258 2812
7	14 16 29.782	−17 14 54.25	0.861 8847	22	14 52 31.342	−15 01 02.27	1.274 5380
8	14 18 21.482	−17 26 29.08	0.844 4096	23	14 58 31.105	−15 33 48.85	1.289 9475
9	14 19 53.303	−17 35 30.24	0.827 0033	24	15 04 34.368	−16 06 11.21	1.304 5284
10	14 21 03.443	−17 41 44.67	0.809 7489	25	15 10 40.849	−16 38 04.31	1.318 3002
11	14 21 50.053	−17 44 58.22	0.792 7439	26	15 16 50.317	−17 09 23.69	1.331 2826
12	14 22 11.292	−17 44 55.83	0.776 1018	27	15 23 02.579	−17 40 05.35	1.343 4952
13	14 22 05.400	−17 41 21.79	0.759 9539	28	15 29 17.480	−18 10 05.68	1.354 9573
14	14 21 30.796	−17 34 00.26	0.744 4503	29	15 35 34.894	−18 39 21.44	1.365 6873
15	14 20 26.207	−17 22 35.98	0.729 7610	30	15 41 54.717	−19 07 49.67	1.375 7032
16	14 18 50.820	−17 06 55.37	0.716 0760	Dec. 1	15 48 16.869	−19 35 27.70	1.385 0221
17	14 16 44.461	−16 46 47.93	0.703 6043	2	15 54 41.283	−20 02 13.06	1.393 6600
18	14 14 07.787	−16 22 08.06	0.692 5712	3	16 01 07.906	−20 28 03.47	1.401 6321
19	14 11 02.474	−15 52 57.13	0.683 2139	4	16 07 36.692	−20 52 56.83	1.408 9524
20	14 07 31.374	−15 19 25.72	0.675 7751	5	16 14 07.605	−21 16 51.14	1.415 6340
21	14 03 38.611	−14 41 55.64	0.670 4931	6	16 20 40.612	−21 39 44.56	1.421 6887
22	13 59 29.578	−14 01 01.36	0.667 5915	7	16 27 15.682	−22 01 35.31	1.427 1275
23	13 55 10.815	−13 17 30.40	0.667 2655	8	16 33 52.787	−22 22 21.72	1.431 9602
24	13 50 49.746	−12 32 22.26	0.669 6695	9	16 40 31.895	−22 42 02.16	1.436 1953
25	13 46 34.302	−11 46 45.78	0.674 9047	10	16 47 12.977	−23 00 35.08	1.439 8404
26	13 42 32.460	−11 01 55.01	0.683 0097	11	16 53 55.997	−23 17 58.97	1.442 9020
27	13 38 51.750	−10 19 04.23	0.693 9551	12	17 00 40.918	−23 34 12.36	1.445 3857
28	13 35 38.824	− 9 39 22.82	0.707 6431	13	17 07 27.699	−23 49 13.81	1.447 2957
29	13 32 59.109	− 9 03 50.74	0.723 9114	14	17 14 16.293	−24 03 01.94	1.448 6353
30	13 30 56.605	− 8 33 15.40	0.742 5422	15	17 21 06.650	−24 15 35.35	1.449 4070
31	13 29 33.829	− 8 08 09.96	0.763 2738	16	17 27 58.713	−24 26 52.72	1.449 6117
Nov. 1	13 28 51.880	− 7 48 53.30	0.785 8134	17	17 34 52.421	−24 36 52.69	1.449 2498
2	13 28 50.603	− 7 35 31.06	0.809 8516	18	17 41 47.705	−24 45 33.95	1.448 3203
3	13 29 28.814	− 7 27 57.65	0.835 0745	19	17 48 44.486	−24 52 55.23	1.446 8212
4	13 30 44.541	− 7 25 58.49	0.861 1754	20	17 55 42.683	−24 58 55.30	1.444 7495
5	13 32 35.268	− 7 29 12.50	0.887 8638	21	18 02 42.203	−25 03 32.98	1.442 1008
6	13 34 58.148	− 7 37 14.19	0.914 8717	22	18 09 42.945	−25 06 47.07	1.438 8697
7	13 37 50.186	− 7 49 35.67	0.941 9586	23	18 16 44.798	−25 08 36.43	1.435 0496
8	13 41 08.382	− 8 05 48.09	0.968 9138	24	18 23 47.635	−25 08 59.92	1.430 6327
9	13 44 49.834	− 8 25 22.86	0.995 5566	25	18 30 51.320	−25 07 56.47	1.425 6095
10	13 48 51.815	− 8 47 52.44	1.021 7361	26	18 37 55.703	−25 05 25.02	1.419 9697
11	13 53 11.813	− 9 12 50.94	1.047 3287	27	18 45 00.622	−25 01 24.55	1.413 7013
12	13 57 47.558	− 9 39 54.40	1.072 2364	28	18 52 05.898	−24 55 54.13	1.406 7911
13	14 02 37.023	−10 08 40.96	1.096 3834	29	18 59 11.338	−24 48 52.90	1.399 2247
14	14 07 38.422	−10 38 50.88	1.119 7135	30	19 06 16.730	−24 40 20.08	1.390 9864
15	14 12 50.196	−11 10 06.51	1.142 1870	31	19 13 21.837	−24 30 15.02	1.382 0590
16	14 18 10.998	−11 42 12.12	1.163 7783	32	19 20 26.404	−24 18 37.19	1.372 4244

VENUS, 2007

GEOCENTRIC COORDINATES FOR 0^h TERRESTRIAL TIME

Date	Apparent Right Ascension	Apparent Declination	True Geocentric Distance	Date	Apparent Right Ascension	Apparent Declination	True Geocentric Distance
	h m s	° ′ ″			h m s	° ′ ″	
Jan. 0	19 47 57.083	−22 27 26.01	1.624 3921	Feb. 15	23 33 10.133	− 4 14 51.24	1.462 9335
1	19 53 17.758	−22 14 54.09	1.621 7175	16	23 37 40.505	− 3 43 55.97	1.458 5176
2	19 58 37.388	−22 01 42.17	1.619 0072	17	23 42 10.374	− 3 12 54.66	1.454 0603
3	20 03 55.934	−21 47 50.81	1.616 2614	18	23 46 39.777	− 2 41 48.09	1.449 5612
4	20 09 13.363	−21 33 20.58	1.613 4801	19	23 51 08.753	− 2 10 37.01	1.445 0199
5	20 14 29.641	−21 18 12.05	1.610 6635	20	23 55 37.342	− 1 39 22.18	1.440 4363
6	20 19 44.740	−21 02 25.83	1.607 8115	21	0 00 05.584	− 1 08 04.35	1.435 8101
7	20 24 58.635	−20 46 02.51	1.604 9240	22	0 04 33.520	− 0 36 44.29	1.431 1414
8	20 30 11.304	−20 29 02.72	1.602 0009	23	0 09 01.189	− 0 05 22.73	1.426 4302
9	20 35 22.727	−20 11 27.13	1.599 0420	24	0 13 28.630	+ 0 25 59.55	1.421 6767
10	20 40 32.887	−19 53 16.37	1.596 0471	25	0 17 55.881	+ 0 57 21.82	1.416 8811
11	20 45 41.771	−19 34 31.14	1.593 0160	26	0 22 22.982	+ 1 28 43.33	1.412 0434
12	20 50 49.368	−19 15 12.12	1.589 9485	27	0 26 49.970	+ 2 00 03.33	1.407 1640
13	20 55 55.667	−18 55 20.04	1.586 8443	28	0 31 16.885	+ 2 31 21.08	1.402 2430
14	21 01 00.662	−18 34 55.60	1.583 7031	Mar. 1	0 35 43.767	+ 3 02 35.87	1.397 2806
15	21 06 04.347	−18 13 59.55	1.580 5247	2	0 40 10.657	+ 3 33 46.96	1.392 2768
16	21 11 06.719	−17 52 32.64	1.577 3087	3	0 44 37.595	+ 4 04 53.64	1.387 2319
17	21 16 07.775	−17 30 35.63	1.574 0548	4	0 49 04.624	+ 4 35 55.20	1.382 1460
18	21 21 07.516	−17 08 09.29	1.570 7627	5	0 53 31.785	+ 5 06 50.94	1.377 0189
19	21 26 05.942	−16 45 14.41	1.567 4321	6	0 57 59.119	+ 5 37 40.14	1.371 8509
20	21 31 03.055	−16 21 51.78	1.564 0627	7	1 02 26.668	+ 6 08 22.11	1.366 6418
21	21 35 58.860	−15 58 02.18	1.560 6544	8	1 06 54.473	+ 6 38 56.13	1.361 3917
22	21 40 53.366	−15 33 46.41	1.557 2070	9	1 11 22.572	+ 7 09 21.51	1.356 1003
23	21 45 46.583	−15 09 05.27	1.553 7204	10	1 15 51.005	+ 7 39 37.53	1.350 7678
24	21 50 38.527	−14 43 59.54	1.550 1948	11	1 20 19.810	+ 8 09 43.49	1.345 3938
25	21 55 29.213	−14 18 30.03	1.546 6302	12	1 24 49.022	+ 8 39 38.67	1.339 9783
26	22 00 18.662	−13 52 37.54	1.543 0267	13	1 29 18.678	+ 9 09 22.35	1.334 5210
27	22 05 06.893	−13 26 22.87	1.539 3847	14	1 33 48.810	+ 9 38 53.81	1.329 0218
28	22 09 53.929	−12 59 46.83	1.535 7043	15	1 38 19.452	+10 08 12.33	1.323 4803
29	22 14 39.792	−12 32 50.21	1.531 9856	16	1 42 50.634	+10 37 17.16	1.317 8963
30	22 19 24.507	−12 05 33.83	1.528 2289	17	1 47 22.386	+11 06 07.58	1.312 2695
31	22 24 08.101	−11 37 58.46	1.524 4344	18	1 51 54.738	+11 34 42.82	1.306 5995
Feb. 1	22 28 50.601	−11 10 04.90	1.520 6021	19	1 56 27.718	+12 03 02.16	1.300 8860
2	22 33 32.037	−10 41 53.92	1.516 7321	20	2 01 01.352	+12 31 04.85	1.295 1288
3	22 38 12.442	−10 13 26.28	1.512 8244	21	2 05 35.666	+12 58 50.15	1.289 3276
4	22 42 51.849	− 9 44 42.75	1.508 8789	22	2 10 10.682	+13 26 17.34	1.283 4826
5	22 47 30.294	− 9 15 44.09	1.504 8956	23	2 14 46.421	+13 53 25.67	1.277 5936
6	22 52 07.812	− 8 46 31.05	1.500 8743	24	2 19 22.898	+14 20 14.42	1.271 6610
7	22 56 44.443	− 8 17 04.40	1.496 8148	25	2 24 00.129	+14 46 42.84	1.265 6850
8	23 01 20.223	− 7 47 24.87	1.492 7169	26	2 28 38.127	+15 12 50.21	1.259 6659
9	23 05 55.191	− 7 17 33.23	1.488 5804	27	2 33 16.906	+15 38 35.80	1.253 6040
10	23 10 29.386	− 6 47 30.22	1.484 4050	28	2 37 56.478	+16 03 58.89	1.247 4997
11	23 15 02.847	− 6 17 16.61	1.480 1905	29	2 42 36.855	+16 28 58.77	1.241 3533
12	23 19 35.614	− 5 46 53.15	1.475 9364	30	2 47 18.047	+16 53 34.74	1.235 1653
13	23 24 07.725	− 5 16 20.60	1.471 6424	31	2 52 00.065	+17 17 46.12	1.228 9360
14	23 28 39.218	− 4 45 39.70	1.467 3083	Apr. 1	2 56 42.918	+17 41 32.23	1.222 6657
15	23 33 10.133	− 4 14 51.24	1.462 9335	2	3 01 26.612	+18 04 52.38	1.216 3547

GEOCENTRIC COORDINATES FOR 0^h TERRESTRIAL TIME

Date	Apparent Right Ascension	Apparent Declination	True Geocentric Distance	Date	Apparent Right Ascension	Apparent Declination	True Geocentric Distance
	h m s	o ′ ″			h m s	o ′ ″	
Apr. 1	2 56 42.918	+17 41 32.23	1.222 6657	May 17	6 42 19.527	+25 47 05.16	0.894 3900
2	3 01 26.612	+18 04 52.38	1.216 3547	18	6 47 06.320	+25 42 41.71	0.886 5424
3	3 06 11.153	+18 27 45.93	1.210 0035	19	6 51 51.699	+25 37 41.04	0.878 6723
4	3 10 56.544	+18 50 12.22	1.203 6122	20	6 56 35.582	+25 32 03.58	0.870 7803
5	3 15 42.786	+19 12 10.60	1.197 1812	21	7 01 17.888	+25 25 49.79	0.862 8672
6	3 20 29.877	+19 33 40.43	1.190 7107	22	7 05 58.539	+25 19 00.15	0.854 9338
7	3 25 17.813	+19 54 41.10	1.184 2010	23	7 10 37.458	+25 11 35.19	0.846 9811
8	3 30 06.588	+20 15 11.97	1.177 6523	24	7 15 14.572	+25 03 35.43	0.839 0101
9	3 34 56.191	+20 35 12.43	1.171 0647	25	7 19 49.809	+24 55 01.43	0.831 0218
10	3 39 46.611	+20 54 41.88	1.164 4385	26	7 24 23.100	+24 45 53.79	0.823 0172
11	3 44 37.831	+21 13 39.72	1.157 7737	27	7 28 54.378	+24 36 13.11	0.814 9975
12	3 49 29.834	+21 32 05.34	1.151 0704	28	7 33 23.576	+24 26 00.03	0.806 9637
13	3 54 22.600	+21 49 58.19	1.144 3286	29	7 37 50.630	+24 15 15.20	0.798 9169
14	3 59 16.105	+22 07 17.66	1.137 5485	30	7 42 15.477	+24 03 59.30	0.790 8585
15	4 04 10.324	+22 24 03.22	1.130 7298	31	7 46 38.055	+23 52 13.02	0.782 7894
16	4 09 05.228	+22 40 14.31	1.123 8725	June 1	7 50 58.302	+23 39 57.07	0.774 7110
17	4 14 00.787	+22 55 50.42	1.116 9766	2	7 55 16.160	+23 27 12.17	0.766 6243
18	4 18 56.965	+23 10 51.04	1.110 0421	3	7 59 31.569	+23 13 59.05	0.758 5307
19	4 23 53.720	+23 25 15.72	1.103 0691	4	8 03 44.473	+23 00 18.46	0.750 4312
20	4 28 51.007	+23 39 04.00	1.096 0577	5	8 07 54.815	+22 46 11.15	0.742 3271
21	4 33 48.775	+23 52 15.45	1.089 0083	6	8 12 02.540	+22 31 37.87	0.734 2195
22	4 38 46.970	+24 04 49.66	1.081 9214	7	8 16 07.595	+22 16 39.39	0.726 1095
23	4 43 45.536	+24 16 46.24	1.074 7974	8	8 20 09.927	+22 01 16.47	0.717 9982
24	4 48 44.416	+24 28 04.82	1.067 6369	9	8 24 09.485	+21 45 29.88	0.709 8866
25	4 53 43.554	+24 38 45.07	1.060 4406	10	8 28 06.218	+21 29 20.42	0.701 7757
26	4 58 42.890	+24 48 46.68	1.053 2091	11	8 32 00.073	+21 12 48.89	0.693 6664
27	5 03 42.366	+24 58 09.39	1.045 9431	12	8 35 50.997	+20 55 56.11	0.685 5597
28	5 08 41.921	+25 06 52.94	1.038 6432	13	8 39 38.933	+20 38 42.94	0.677 4565
29	5 13 41.494	+25 14 57.13	1.031 3103	14	8 43 23.821	+20 21 10.26	0.669 3577
30	5 18 41.020	+25 22 21.78	1.023 9449	15	8 47 05.594	+20 03 18.98	0.661 2644
May 1	5 23 40.437	+25 29 06.75	1.016 5477	16	8 50 44.183	+19 45 10.02	0.653 1777
2	5 28 39.677	+25 35 11.92	1.009 1195	17	8 54 19.516	+19 26 44.33	0.645 0987
3	5 33 38.675	+25 40 37.20	1.001 6610	18	8 57 51.518	+19 08 02.85	0.637 0290
4	5 38 37.361	+25 45 22.55	0.994 1728	19	9 01 20.114	+18 49 06.54	0.628 9701
5	5 43 35.667	+25 49 27.95	0.986 6556	20	9 04 45.228	+18 29 56.39	0.620 9234
6	5 48 33.522	+25 52 53.39	0.979 1100	21	9 08 06.782	+18 10 33.38	0.612 8909
7	5 53 30.854	+25 55 38.92	0.971 5368	22	9 11 24.697	+17 50 58.50	0.604 8743
8	5 58 27.591	+25 57 44.59	0.963 9364	23	9 14 38.893	+17 31 12.76	0.596 8756
9	6 03 23.661	+25 59 10.48	0.956 3095	24	9 17 49.286	+17 11 17.19	0.588 8967
10	6 08 18.992	+25 59 56.72	0.948 6565	25	9 20 55.790	+16 51 12.83	0.580 9399
11	6 13 13.511	+26 00 03.43	0.940 9779	26	9 23 58.316	+16 31 00.72	0.573 0073
12	6 18 07.145	+25 59 30.78	0.933 2742	27	9 26 56.770	+16 10 41.95	0.565 1012
13	6 22 59.823	+25 58 18.96	0.925 5457	28	9 29 51.058	+15 50 17.58	0.557 2240
14	6 27 51.475	+25 56 28.20	0.917 7927	29	9 32 41.078	+15 29 48.71	0.549 3781
15	6 32 42.026	+25 53 58.77	0.910 0156	30	9 35 26.728	+15 09 16.46	0.541 5662
16	6 37 31.402	+25 50 50.98	0.902 2146	July 1	9 38 07.901	+14 48 41.95	0.533 7909
17	6 42 19.527	+25 47 05.16	0.894 3900	2	9 40 44.484	+14 28 06.31	0.526 0548

VENUS, 2007

GEOCENTRIC COORDINATES FOR 0^h TERRESTRIAL TIME

Date	Apparent Right Ascension	Apparent Declination	True Geocentric Distance	Date	Apparent Right Ascension	Apparent Declination	True Geocentric Distance
	h m s	o ′ ″			h m s	o ′ ″	
July 1	9 38 07.901	+14 48 41.95	0.533 7909	Aug. 16	9 43 09.150	+ 5 29 13.67	0.289 0176
2	9 40 44.484	+14 28 06.31	0.526 0548	17	9 40 41.544	+ 5 34 51.54	0.288 4534
3	9 43 16.365	+14 07 30.68	0.518 3609	18	9 38 13.765	+ 5 41 16.99	0.288 1835
4	9 45 43.426	+13 46 56.21	0.510 7120	19	9 35 46.715	+ 5 48 26.87	0.288 2085
5	9 48 05.546	+13 26 24.07	0.503 1109	20	9 33 21.294	+ 5 56 17.70	0.288 5280
6	9 50 22.600	+13 05 55.44	0.495 5607	21	9 30 58.392	+ 6 04 45.79	0.289 1405
7	9 52 34.459	+12 45 31.53	0.488 0642	22	9 28 38.877	+ 6 13 47.22	0.290 0439
8	9 54 40.988	+12 25 13.58	0.480 6247	23	9 26 23.584	+ 6 23 17.95	0.291 2351
9	9 56 42.046	+12 05 02.88	0.473 2451	24	9 24 13.309	+ 6 33 13.81	0.292 7100
10	9 58 37.485	+11 45 00.75	0.465 9287	25	9 22 08.797	+ 6 43 30.58	0.294 4642
11	10 00 27.145	+11 25 08.59	0.458 6788	26	9 20 10.740	+ 6 54 04.03	0.296 4919
12	10 02 10.860	+11 05 27.87	0.451 4988	27	9 18 19.771	+ 7 04 49.97	0.298 7873
13	10 03 48.455	+10 46 00.09	0.444 3925	28	9 16 36.457	+ 7 15 44.27	0.301 3434
14	10 05 19.745	+10 26 46.84	0.437 3637	29	9 15 01.301	+ 7 26 42.91	0.304 1529
15	10 06 44.539	+10 07 49.76	0.430 4166	30	9 13 34.735	+ 7 37 42.03	0.307 2080
16	10 08 02.643	+ 9 49 10.56	0.423 5555	31	9 12 17.122	+ 7 48 37.94	0.310 5003
17	10 09 13.857	+ 9 30 50.97	0.416 7852	Sept. 1	9 11 08.756	+ 7 59 27.19	0.314 0214
18	10 10 17.980	+ 9 12 52.83	0.410 1107	2	9 10 09.857	+ 8 10 06.56	0.317 7622
19	10 11 14.811	+ 8 55 17.98	0.403 5373	3	9 09 20.580	+ 8 20 33.13	0.321 7137
20	10 12 04.150	+ 8 38 08.34	0.397 0707	4	9 08 41.019	+ 8 30 44.19	0.325 8671
21	10 12 45.799	+ 8 21 25.88	0.390 7167	5	9 08 11.206	+ 8 40 37.31	0.330 2133
22	10 13 19.564	+ 8 05 12.61	0.384 4815	6	9 07 51.127	+ 8 50 10.30	0.334 7436
23	10 13 45.257	+ 7 49 30.59	0.378 3716	7	9 07 40.720	+ 8 59 21.18	0.339 4493
24	10 14 02.701	+ 7 34 21.91	0.372 3937	8	9 07 39.888	+ 9 08 08.17	0.344 3222
25	10 14 11.728	+ 7 19 48.71	0.366 5549	9	9 07 48.499	+ 9 16 29.69	0.349 3542
26	10 14 12.187	+ 7 05 53.13	0.360 8625	10	9 08 06.397	+ 9 24 24.32	0.354 5376
27	10 14 03.945	+ 6 52 37.34	0.355 3239	11	9 08 33.400	+ 9 31 50.81	0.359 8648
28	10 13 46.893	+ 6 40 03.50	0.349 9470	12	9 09 09.312	+ 9 38 48.04	0.365 3287
29	10 13 20.949	+ 6 28 13.72	0.344 7398	13	9 09 53.919	+ 9 45 15.01	0.370 9226
30	10 12 46.063	+ 6 17 10.11	0.339 7104	14	9 10 46.996	+ 9 51 10.85	0.376 6398
31	10 12 02.224	+ 6 06 54.67	0.334 8671	15	9 11 48.312	+ 9 56 34.80	0.382 4741
Aug. 1	10 11 09.461	+ 5 57 29.32	0.330 2182	16	9 12 57.625	+10 01 26.18	0.388 4197
2	10 10 07.851	+ 5 48 55.86	0.325 7719	17	9 14 14.692	+10 05 44.40	0.394 4707
3	10 08 57.522	+ 5 41 15.96	0.321 5366	18	9 15 39.266	+10 09 28.95	0.400 6218
4	10 07 38.652	+ 5 34 31.12	0.317 5205	19	9 17 11.100	+10 12 39.39	0.406 8677
5	10 06 11.474	+ 5 28 42.69	0.313 7313	20	9 18 49.945	+10 15 15.34	0.413 2036
6	10 04 36.280	+ 5 23 51.82	0.310 1769	21	9 20 35.556	+10 17 16.48	0.419 6248
7	10 02 53.415	+ 5 19 59.45	0.306 8649	22	9 22 27.691	+10 18 42.54	0.426 1267
8	10 01 03.287	+ 5 17 06.27	0.303 8024	23	9 24 26.111	+10 19 33.28	0.432 7051
9	9 59 06.361	+ 5 15 12.72	0.300 9962	24	9 26 30.584	+10 19 48.51	0.439 3558
10	9 57 03.166	+ 5 14 18.92	0.298 4530	25	9 28 40.881	+10 19 28.06	0.446 0749
11	9 54 54.287	+ 5 14 24.66	0.296 1787	26	9 30 56.782	+10 18 31.81	0.452 8584
12	9 52 40.372	+ 5 15 29.40	0.294 1791	27	9 33 18.070	+10 16 59.65	0.459 7026
13	9 50 22.123	+ 5 17 32.18	0.292 4590	28	9 35 44.536	+10 14 51.54	0.466 6036
14	9 48 00.295	+ 5 20 31.70	0.291 0231	29	9 38 15.973	+10 12 07.50	0.473 5580
15	9 45 35.691	+ 5 24 26.23	0.289 8749	30	9 40 52.175	+10 08 47.59	0.480 5620
16	9 43 09.150	+ 5 29 13.67	0.289 0176	Oct. 1	9 43 32.939	+10 04 51.95	0.487 6122

GEOCENTRIC COORDINATES FOR 0ʰ TERRESTRIAL TIME

Date	Apparent Right Ascension	Apparent Declination	True Geocentric Distance	Date	Apparent Right Ascension	Apparent Declination	True Geocentric Distance
	h m s	° ′ ″			h m s	° ′ ″	
Oct. 1	9 43 32.939	+10 04 51.95	0.487 6122	Nov. 16	12 30 53.220	− 1 38 28.17	0.829 7073
2	9 46 18.065	+10 00 20.77	0.494 7055	17	12 35 02.273	− 2 01 30.38	0.837 1042
3	9 49 07.355	+ 9 55 14.31	0.501 8387	18	12 39 12.177	− 2 24 41.22	0.844 4887
4	9 52 00.617	+ 9 49 32.83	0.509 0088	19	12 43 22.936	− 2 47 59.95	0.851 8604
5	9 54 57.668	+ 9 43 16.64	0.516 2134	20	12 47 34.558	− 3 11 25.83	0.859 2191
6	9 57 58.330	+ 9 36 26.08	0.523 4498	21	12 51 47.052	− 3 34 58.13	0.866 5645
7	10 01 02.433	+ 9 29 01.50	0.530 7158	22	12 56 00.431	− 3 58 36.13	0.873 8962
8	10 04 09.814	+ 9 21 03.26	0.538 0092	23	13 00 14.710	− 4 22 19.11	0.881 2138
9	10 07 20.319	+ 9 12 31.77	0.545 3280	24	13 04 29.902	− 4 46 06.32	0.888 5168
10	10 10 33.801	+ 9 03 27.43	0.552 6704	25	13 08 46.023	− 5 09 57.02	0.895 8045
11	10 13 50.120	+ 8 53 50.65	0.560 0347	26	13 13 03.083	− 5 33 50.43	0.903 0762
12	10 17 09.143	+ 8 43 41.87	0.567 4193	27	13 17 21.093	− 5 57 45.75	0.910 3312
13	10 20 30.742	+ 8 33 01.55	0.574 8226	28	13 21 40.065	− 6 21 42.17	0.917 5687
14	10 23 54.798	+ 8 21 50.13	0.582 2432	29	13 26 00.007	− 6 45 38.85	0.924 7879
15	10 27 21.196	+ 8 10 08.09	0.589 6800	30	13 30 20.933	− 7 09 34.96	0.931 9882
16	10 30 49.827	+ 7 57 55.91	0.597 1315	Dec. 1	13 34 42.852	− 7 33 29.67	0.939 1688
17	10 34 20.589	+ 7 45 14.08	0.604 5966	2	13 39 05.779	− 7 57 22.16	0.946 3293
18	10 37 53.384	+ 7 32 03.10	0.612 0743	3	13 43 29.725	− 8 21 11.58	0.953 4691
19	10 41 28.122	+ 7 18 23.48	0.619 5634	4	13 47 54.703	− 8 44 57.11	0.960 5877
20	10 45 04.715	+ 7 04 15.72	0.627 0629	5	13 52 20.727	− 9 08 37.92	0.967 6847
21	10 48 43.083	+ 6 49 40.35	0.634 5719	6	13 56 47.809	− 9 32 13.17	0.974 7598
22	10 52 23.153	+ 6 34 37.87	0.642 0893	7	14 01 15.961	− 9 55 42.03	0.981 8125
23	10 56 04.854	+ 6 19 08.80	0.649 6142	8	14 05 45.197	−10 19 03.67	0.988 8427
24	10 59 48.126	+ 6 03 13.67	0.657 1456	9	14 10 15.526	−10 42 17.26	0.995 8501
25	11 03 32.910	+ 5 46 52.99	0.664 6825	10	14 14 46.961	−11 05 21.96	1.002 8344
26	11 07 19.153	+ 5 30 07.30	0.672 2237	11	14 19 19.512	−11 28 16.95	1.009 7954
27	11 11 06.805	+ 5 12 57.16	0.679 7680	12	14 23 53.189	−11 51 01.39	1.016 7332
28	11 14 55.817	+ 4 55 23.16	0.687 3141	13	14 28 28.004	−12 13 34.44	1.023 6475
29	11 18 46.138	+ 4 37 25.94	0.694 8608	14	14 33 03.967	−12 35 55.30	1.030 5384
30	11 22 37.719	+ 4 19 06.15	0.702 4069	15	14 37 41.087	−12 58 03.12	1.037 4057
31	11 26 30.513	+ 4 00 24.48	0.709 9510	16	14 42 19.378	−13 19 57.10	1.044 2496
Nov. 1	11 30 24.474	+ 3 41 21.64	0.717 4921	17	14 46 58.850	−13 41 36.42	1.051 0700
2	11 34 19.561	+ 3 21 58.33	0.725 0291	18	14 51 39.516	−14 03 00.29	1.057 8668
3	11 38 15.735	+ 3 02 15.27	0.732 5610	19	14 56 21.390	−14 24 07.92	1.064 6403
4	11 42 12.962	+ 2 42 13.18	0.740 0870	20	15 01 04.483	−14 44 58.51	1.071 3902
5	11 46 11.210	+ 2 21 52.80	0.747 6063	21	15 05 48.808	−15 05 31.29	1.078 1165
6	11 50 10.452	+ 2 01 14.84	0.755 1182	22	15 10 34.376	−15 25 45.49	1.084 8192
7	11 54 10.661	+ 1 40 20.05	0.762 6220	23	15 15 21.194	−15 45 40.32	1.091 4978
8	11 58 11.817	+ 1 19 09.16	0.770 1170	24	15 20 09.266	−16 05 15.00	1.098 1521
9	12 02 13.898	+ 0 57 42.91	0.777 6028	25	15 24 58.597	−16 24 28.71	1.104 7817
10	12 06 16.888	+ 0 36 02.05	0.785 0789	26	15 29 49.185	−16 43 20.65	1.111 3860
11	12 10 20.772	+ 0 14 07.31	0.792 5447	27	15 34 41.030	−17 01 50.01	1.117 9645
12	12 14 25.536	− 0 08 00.54	0.799 9999	28	15 39 34.129	−17 19 55.98	1.124 5168
13	12 18 31.170	− 0 30 20.77	0.807 4441	29	15 44 28.478	−17 37 37.77	1.131 0424
14	12 22 37.666	− 0 52 52.61	0.814 8769	30	15 49 24.070	−17 54 54.60	1.137 5407
15	12 26 45.017	− 1 15 35.33	0.822 2981	31	15 54 20.898	−18 11 45.70	1.144 0114
16	12 30 53.220	− 1 38 28.17	0.829 7073	32	15 59 18.948	−18 28 10.30	1.150 4541

MARS, 2007

GEOCENTRIC COORDINATES FOR 0ʰ TERRESTRIAL TIME

Date	Apparent Right Ascension	Apparent Declination	True Geocentric Distance	Date	Apparent Right Ascension	Apparent Declination	True Geocentric Distance
	h m s	° ′ ″			h m s	° ′ ″	
Jan. 0	17 06 25.979	−23 09 44.85	2.387 8019	Feb. 15	19 34 08.207	−22 29 00.96	2.163 1651
1	17 09 33.799	−23 14 16.33	2.383 4084	16	19 37 21.355	−22 22 22.38	2.157 9411
2	17 12 42.006	−23 18 34.32	2.378 9871	17	19 40 34.318	−22 15 29.61	2.152 7088
3	17 15 50.590	−23 22 38.72	2.374 5385	18	19 43 47.084	−22 08 22.75	2.147 4685
4	17 18 59.542	−23 26 29.44	2.370 0632	19	19 46 59.639	−22 01 01.87	2.142 2209
5	17 22 08.852	−23 30 06.38	2.365 5613	20	19 50 11.974	−21 53 27.06	2.136 9668
6	17 25 18.509	−23 33 29.43	2.361 0332	21	19 53 24.081	−21 45 38.41	2.131 7068
7	17 28 28.505	−23 36 38.49	2.356 4792	22	19 56 35.951	−21 37 36.03	2.126 4418
8	17 31 38.829	−23 39 33.48	2.351 8996	23	19 59 47.579	−21 29 20.03	2.121 1726
9	17 34 49.471	−23 42 14.30	2.347 2944	24	20 02 58.954	−21 20 50.53	2.115 9000
10	17 38 00.423	−23 44 40.86	2.342 6641	25	20 06 10.071	−21 12 07.65	2.110 6246
11	17 41 11.673	−23 46 53.10	2.338 0089	26	20 09 20.919	−21 03 11.51	2.105 3471
12	17 44 23.209	−23 48 50.94	2.333 3289	27	20 12 31.492	−20 54 02.22	2.100 0681
13	17 47 35.021	−23 50 34.32	2.328 6245	28	20 15 41.782	−20 44 39.89	2.094 7880
14	17 50 47.097	−23 52 03.17	2.323 8960	Mar. 1	20 18 51.782	−20 35 04.64	2.089 5072
15	17 53 59.421	−23 53 17.44	2.319 1437	2	20 22 01.488	−20 25 16.56	2.084 2262
16	17 57 11.981	−23 54 17.08	2.314 3679	3	20 25 10.894	−20 15 15.78	2.078 9451
17	18 00 24.761	−23 55 02.04	2.309 5690	4	20 28 19.996	−20 05 02.39	2.073 6642
18	18 03 37.744	−23 55 32.29	2.304 7474	5	20 31 28.791	−19 54 36.53	2.068 3838
19	18 06 50.914	−23 55 47.77	2.299 9036	6	20 34 37.275	−19 43 58.30	2.063 1039
20	18 10 04.252	−23 55 48.46	2.295 0382	7	20 37 45.445	−19 33 07.84	2.057 8247
21	18 13 17.743	−23 55 34.29	2.290 1518	8	20 40 53.297	−19 22 05.28	2.052 5463
22	18 16 31.370	−23 55 05.24	2.285 2453	9	20 44 00.829	−19 10 50.76	2.047 2688
23	18 19 45.121	−23 54 21.27	2.280 3193	10	20 47 08.035	−18 59 24.42	2.041 9923
24	18 22 58.983	−23 53 22.35	2.275 3749	11	20 50 14.912	−18 47 46.41	2.036 7167
25	18 26 12.946	−23 52 08.48	2.270 4128	12	20 53 21.456	−18 35 56.89	2.031 4422
26	18 29 26.998	−23 50 39.65	2.265 4340	13	20 56 27.660	−18 23 56.01	2.026 1688
27	18 32 41.128	−23 48 55.86	2.260 4392	14	20 59 33.520	−18 11 43.94	2.020 8967
28	18 35 55.323	−23 46 57.13	2.255 4293	15	21 02 39.029	−17 59 20.86	2.015 6257
29	18 39 09.572	−23 44 43.47	2.250 4049	16	21 05 44.182	−17 46 46.92	2.010 3561
30	18 42 23.861	−23 42 14.88	2.245 3666	17	21 08 48.972	−17 34 02.30	2.005 0881
31	18 45 38.177	−23 39 31.38	2.240 3150	18	21 11 53.394	−17 21 07.17	1.999 8219
Feb. 1	18 48 52.508	−23 36 32.97	2.235 2506	19	21 14 57.445	−17 08 01.68	1.994 5578
2	18 52 06.840	−23 33 19.65	2.230 1738	20	21 18 01.124	−16 54 46.01	1.989 2963
3	18 55 21.162	−23 29 51.43	2.225 0848	21	21 21 04.429	−16 41 20.33	1.984 0381
4	18 58 35.464	−23 26 08.33	2.219 9841	22	21 24 07.363	−16 27 44.82	1.978 7836
5	19 01 49.734	−23 22 10.35	2.214 8718	23	21 27 09.923	−16 13 59.66	1.973 5336
6	19 05 03.961	−23 17 57.51	2.209 7483	24	21 30 12.110	−16 00 05.03	1.968 2886
7	19 08 18.135	−23 13 29.86	2.204 6137	25	21 33 13.922	−15 46 01.13	1.963 0493
8	19 11 32.245	−23 08 47.43	2.199 4683	26	21 36 15.360	−15 31 48.12	1.957 8161
9	19 14 46.279	−23 03 50.25	2.194 3122	27	21 39 16.423	−15 17 26.18	1.952 5894
10	19 18 00.226	−22 58 38.39	2.189 1457	28	21 42 17.113	−15 02 55.48	1.947 3696
11	19 21 14.073	−22 53 11.89	2.183 9690	29	21 45 17.433	−14 48 16.17	1.942 1570
12	19 24 27.809	−22 47 30.83	2.178 7824	30	21 48 17.385	−14 33 28.42	1.936 9518
13	19 27 41.419	−22 41 35.27	2.173 5860	31	21 51 16.974	−14 18 32.38	1.931 7541
14	19 30 54.890	−22 35 25.29	2.168 3801	Apr. 1	21 54 16.203	−14 03 28.23	1.926 5640
15	19 34 08.207	−22 29 00.96	2.163 1651	2	21 57 15.077	−13 48 16.11	1.921 3816

GEOCENTRIC COORDINATES FOR 0^h TERRESTRIAL TIME

Date	Apparent Right Ascension	Apparent Declination	True Geocentric Distance	Date	Apparent Right Ascension	Apparent Declination	True Geocentric Distance
	h m s	° ′ ″			h m s	° ′ ″	
Apr. 1	21 54 16.203	−14 03 28.23	1.926 5640	May 17	0 06 19.397	− 0 57 13.60	1.695 7862
2	21 57 15.077	−13 48 16.11	1.921 3816	18	0 09 06.530	− 0 39 16.96	1.690 9261
3	22 00 13.601	−13 32 56.20	1.916 2068	19	0 11 53.525	− 0 21 21.18	1.686 0706
4	22 03 11.779	−13 17 28.66	1.911 0397	20	0 14 40.385	− 0 03 26.44	1.681 2199
5	22 06 09.616	−13 01 53.67	1.905 8802	21	0 17 27.114	+ 0 14 27.07	1.676 3742
6	22 09 07.116	−12 46 11.40	1.900 7281	22	0 20 13.716	+ 0 32 19.18	1.671 5336
7	22 12 04.282	−12 30 22.04	1.895 5833	23	0 23 00.198	+ 0 50 09.72	1.666 6981
8	22 15 01.118	−12 14 25.78	1.890 4458	24	0 25 46.567	+ 1 07 58.54	1.661 8677
9	22 17 57.626	−11 58 22.79	1.885 3152	25	0 28 32.831	+ 1 25 45.48	1.657 0423
10	22 20 53.808	−11 42 13.28	1.880 1915	26	0 31 18.997	+ 1 43 30.38	1.652 2218
11	22 23 49.666	−11 25 57.45	1.875 0745	27	0 34 05.074	+ 2 01 13.11	1.647 4060
12	22 26 45.201	−11 09 35.49	1.869 9640	28	0 36 51.068	+ 2 18 53.50	1.642 5947
13	22 29 40.415	−10 53 07.60	1.864 8598	29	0 39 36.988	+ 2 36 31.40	1.637 7875
14	22 32 35.308	−10 36 34.00	1.859 7618	30	0 42 22.841	+ 2 54 06.68	1.632 9842
15	22 35 29.883	−10 19 54.86	1.854 6701	31	0 45 08.633	+ 3 11 39.17	1.628 1844
16	22 38 24.144	−10 03 10.40	1.849 5845	June 1	0 47 54.369	+ 3 29 08.71	1.623 3876
17	22 41 18.094	− 9 46 20.80	1.844 5054	2	0 50 40.056	+ 3 46 35.15	1.618 5934
18	22 44 11.738	− 9 29 26.27	1.839 4329	3	0 53 25.697	+ 4 03 58.33	1.613 8012
19	22 47 05.081	− 9 12 27.00	1.834 3674	4	0 56 11.296	+ 4 21 18.06	1.609 0106
20	22 49 58.127	− 8 55 23.19	1.829 3093	5	0 58 56.856	+ 4 38 34.20	1.604 2210
21	22 52 50.877	− 8 38 15.06	1.824 2590	6	1 01 42.380	+ 4 55 46.54	1.599 4317
22	22 55 43.337	− 8 21 02.81	1.819 2169	7	1 04 27.871	+ 5 12 54.94	1.594 6422
23	22 58 35.509	− 8 03 46.62	1.814 1834	8	1 07 13.331	+ 5 29 59.19	1.589 8520
24	23 01 27.399	− 7 46 26.68	1.809 1586	9	1 09 58.763	+ 5 46 59.14	1.585 0603
25	23 04 19.013	− 7 29 03.17	1.804 1428	10	1 12 44.169	+ 6 03 54.61	1.580 2668
26	23 07 10.358	− 7 11 36.26	1.799 1361	11	1 15 29.553	+ 6 20 45.44	1.575 4711
27	23 10 01.442	− 6 54 06.11	1.794 1385	12	1 18 14.915	+ 6 37 31.45	1.570 6727
28	23 12 52.273	− 6 36 32.89	1.789 1500	13	1 21 00.257	+ 6 54 12.48	1.565 8714
29	23 15 42.859	− 6 18 56.77	1.784 1705	14	1 23 45.576	+ 7 10 48.37	1.561 0671
30	23 18 33.209	− 6 01 17.92	1.779 1999	15	1 26 30.873	+ 7 27 18.93	1.556 2597
May 1	23 21 23.331	− 5 43 36.50	1.774 2381	16	1 29 16.143	+ 7 43 44.01	1.551 4492
2	23 24 13.233	− 5 25 52.68	1.769 2849	17	1 32 01.386	+ 8 00 03.43	1.546 6358
3	23 27 02.922	− 5 08 06.64	1.764 3399	18	1 34 46.601	+ 8 16 17.04	1.541 8193
4	23 29 52.407	− 4 50 18.56	1.759 4030	19	1 37 31.789	+ 8 32 24.70	1.537 0000
5	23 32 41.693	− 4 32 28.61	1.754 4737	20	1 40 16.952	+ 8 48 26.26	1.532 1776
6	23 35 30.786	− 4 14 36.98	1.749 5518	21	1 43 02.094	+ 9 04 21.60	1.527 3521
7	23 38 19.692	− 3 56 43.85	1.744 6368	22	1 45 47.217	+ 9 20 10.60	1.522 5235
8	23 41 08.415	− 3 38 49.43	1.739 7284	23	1 48 32.326	+ 9 35 53.13	1.517 6915
9	23 43 56.959	− 3 20 53.91	1.734 8261	24	1 51 17.424	+ 9 51 29.09	1.512 8559
10	23 46 45.329	− 3 02 57.48	1.729 9295	25	1 54 02.513	+10 06 58.35	1.508 0164
11	23 49 33.528	− 2 45 00.35	1.725 0382	26	1 56 47.597	+10 22 20.81	1.503 1728
12	23 52 21.561	− 2 27 02.70	1.720 1518	27	1 59 32.677	+10 37 36.35	1.498 3246
13	23 55 09.431	− 2 09 04.74	1.715 2701	28	2 02 17.756	+10 52 44.85	1.493 4715
14	23 57 57.146	− 1 51 06.66	1.710 3928	29	2 05 02.833	+11 07 46.21	1.488 6130
15	0 00 44.708	− 1 33 08.65	1.705 5197	30	2 07 47.910	+11 22 40.30	1.483 7487
16	0 03 32.124	− 1 15 10.90	1.700 6508	July 1	2 10 32.984	+11 37 27.00	1.478 8779
17	0 06 19.397	− 0 57 13.60	1.695 7862	2	2 13 18.056	+11 52 06.19	1.474 0001

MARS, 2007

GEOCENTRIC COORDINATES FOR 0ʰ TERRESTRIAL TIME

Date	Apparent Right Ascension	Apparent Declination	True Geocentric Distance	Date	Apparent Right Ascension	Apparent Declination	True Geocentric Distance
	h m s	° ′ ″			h m s	° ′ ″	
July 1	2 10 32.984	+11 37 27.00	1.478 8779	Aug. 16	4 15 32.190	+20 15 29.45	1.241 3116
2	2 13 18.056	+11 52 06.19	1.474 0001	17	4 18 09.836	+20 22 52.35	1.235 7503
3	2 16 03.124	+12 06 37.73	1.469 1147	18	4 20 47.042	+20 30 05.11	1.230 1697
4	2 18 48.184	+12 21 01.51	1.464 2210	19	4 23 23.793	+20 37 07.79	1.224 5701
5	2 21 33.235	+12 35 17.37	1.459 3183	20	4 26 00.076	+20 44 00.44	1.218 9513
6	2 24 18.275	+12 49 25.20	1.454 4060	21	4 28 35.877	+20 50 43.11	1.213 3136
7	2 27 03.301	+13 03 24.88	1.449 4835	22	4 31 11.179	+20 57 15.89	1.207 6568
8	2 29 48.309	+13 17 16.27	1.444 5501	23	4 33 45.969	+21 03 38.82	1.201 9809
9	2 32 33.295	+13 30 59.28	1.439 6053	24	4 36 20.229	+21 09 51.98	1.196 2860
10	2 35 18.253	+13 44 33.77	1.434 6488	25	4 38 53.945	+21 15 55.44	1.190 5719
11	2 38 03.176	+13 57 59.65	1.429 6801	26	4 41 27.099	+21 21 49.27	1.184 8384
12	2 40 48.054	+14 11 16.80	1.424 6992	27	4 43 59.675	+21 27 33.51	1.179 0853
13	2 43 32.879	+14 24 25.10	1.419 7058	28	4 46 31.655	+21 33 08.24	1.173 3124
14	2 46 17.639	+14 37 24.45	1.414 6999	29	4 49 03.023	+21 38 33.52	1.167 5193
15	2 49 02.325	+14 50 14.73	1.409 6815	30	4 51 33.761	+21 43 49.41	1.161 7057
16	2 51 46.930	+15 02 55.85	1.404 6505	31	4 54 03.851	+21 48 55.99	1.155 8712
17	2 54 31.448	+15 15 27.72	1.399 6071	Sept. 1	4 56 33.275	+21 53 53.35	1.150 0154
18	2 57 15.872	+15 27 50.26	1.394 5511	2	4 59 02.010	+21 58 41.59	1.144 1381
19	3 00 00.198	+15 40 03.40	1.389 4827	3	5 01 30.031	+22 03 20.82	1.138 2391
20	3 02 44.422	+15 52 07.08	1.384 4016	4	5 03 57.311	+22 07 51.14	1.132 3183
21	3 05 28.540	+16 04 01.26	1.379 3079	5	5 06 23.822	+22 12 12.66	1.126 3758
22	3 08 12.547	+16 15 45.86	1.374 2013	6	5 08 49.534	+22 16 25.51	1.120 4117
23	3 10 56.438	+16 27 20.86	1.369 0816	7	5 11 14.418	+22 20 29.80	1.114 4263
24	3 13 40.208	+16 38 46.19	1.363 9488	8	5 13 38.444	+22 24 25.64	1.108 4199
25	3 16 23.851	+16 50 01.83	1.358 8024	9	5 16 01.586	+22 28 13.17	1.102 3929
26	3 19 07.360	+17 01 07.73	1.353 6422	10	5 18 23.817	+22 31 52.52	1.096 3459
27	3 21 50.729	+17 12 03.84	1.348 4680	11	5 20 45.111	+22 35 23.82	1.090 2792
28	3 24 33.950	+17 22 50.12	1.343 2792	12	5 23 05.444	+22 38 47.24	1.084 1935
29	3 27 17.015	+17 33 26.53	1.338 0755	13	5 25 24.792	+22 42 02.93	1.078 0892
30	3 29 59.914	+17 43 53.01	1.332 8563	14	5 27 43.131	+22 45 11.06	1.071 9670
31	3 32 42.638	+17 54 09.53	1.327 6212	15	5 30 00.437	+22 48 11.81	1.065 8274
Aug. 1	3 35 25.178	+18 04 16.01	1.322 3695	16	5 32 16.686	+22 51 05.35	1.059 6709
2	3 38 07.525	+18 14 12.42	1.317 1005	17	5 34 31.855	+22 53 51.87	1.053 4982
3	3 40 49.668	+18 23 58.71	1.311 8138	18	5 36 45.919	+22 56 31.55	1.047 3096
4	3 43 31.597	+18 33 34.84	1.306 5087	19	5 38 58.853	+22 59 04.60	1.041 1059
5	3 46 13.299	+18 43 00.78	1.301 1847	20	5 41 10.632	+23 01 31.19	1.034 8873
6	3 48 54.761	+18 52 16.52	1.295 8413	21	5 43 21.230	+23 03 51.53	1.028 6546
7	3 51 35.965	+19 01 22.03	1.290 4783	22	5 45 30.622	+23 06 05.79	1.022 4080
8	3 54 16.894	+19 10 17.29	1.285 0953	23	5 47 38.780	+23 08 14.18	1.016 1481
9	3 56 57.530	+19 19 02.30	1.279 6922	24	5 49 45.680	+23 10 16.88	1.009 8752
10	3 59 37.852	+19 27 37.03	1.274 2691	25	5 51 51.295	+23 12 14.08	1.003 5896
11	4 02 17.840	+19 36 01.47	1.268 8258	26	5 53 55.598	+23 14 05.96	0.997 2915
12	4 04 57.478	+19 44 15.62	1.263 3624	27	5 55 58.563	+23 15 52.72	0.990 9813
13	4 07 36.747	+19 52 19.47	1.257 8792	28	5 58 00.161	+23 17 34.56	0.984 6591
14	4 10 15.632	+20 00 13.05	1.252 3762	29	6 00 00.362	+23 19 11.70	0.978 3252
15	4 12 54.117	+20 07 56.36	1.246 8536	30	6 01 59.131	+23 20 44.38	0.971 9798
16	4 15 32.190	+20 15 29.45	1.241 3116	Oct. 1	6 03 56.428	+23 22 12.85	0.965 6234

GEOCENTRIC COORDINATES FOR 0^h TERRESTRIAL TIME

Date	Apparent Right Ascension	Apparent Declination	True Geocentric Distance	Date	Apparent Right Ascension	Apparent Declination	True Geocentric Distance
	h m s	° ′ ″			h m s	° ′ ″	
Oct. 1	6 03 56.428	+23 22 12.85	0.965 6234	Nov. 16	6 54 47.038	+24 29 34.52	0.685 2725
2	6 05 52.214	+23 23 37.34	0.959 2567	17	6 54 43.994	+24 32 32.45	0.680 2209
3	6 07 46.443	+23 24 58.11	0.952 8803	18	6 54 37.240	+24 35 36.41	0.675 2621
4	6 09 39.073	+23 26 15.40	0.946 4950	19	6 54 26.752	+24 38 46.28	0.670 3999
5	6 11 30.060	+23 27 29.46	0.940 1019	20	6 54 12.512	+24 42 01.90	0.665 6379
6	6 13 19.362	+23 28 40.54	0.933 7021	21	6 53 54.503	+24 45 23.12	0.660 9798
7	6 15 06.936	+23 29 48.90	0.927 2968	22	6 53 32.713	+24 48 49.72	0.656 4294
8	6 16 52.742	+23 30 54.79	0.920 8871	23	6 53 07.135	+24 52 21.49	0.651 9903
9	6 18 36.739	+23 31 58.49	0.914 4745	24	6 52 37.759	+24 55 58.20	0.647 6663
10	6 20 18.887	+23 33 00.26	0.908 0604	25	6 52 04.580	+24 59 39.60	0.643 4612
11	6 21 59.147	+23 34 00.38	0.901 6461	26	6 51 27.592	+25 03 25.40	0.639 3790
12	6 23 37.478	+23 34 59.14	0.895 2332	27	6 50 46.794	+25 07 15.28	0.635 4237
13	6 25 13.841	+23 35 56.81	0.888 8231	28	6 50 02.192	+25 11 08.88	0.631 5998
14	6 26 48.194	+23 36 53.68	0.882 4174	29	6 49 13.802	+25 15 05.80	0.627 9115
15	6 28 20.498	+23 37 50.05	0.876 0177	30	6 48 21.649	+25 19 05.58	0.624 3635
16	6 29 50.711	+23 38 46.19	0.869 6256	Dec. 1	6 47 25.770	+25 23 07.77	0.620 9604
17	6 31 18.790	+23 39 42.39	0.863 2426	2	6 46 26.215	+25 27 11.83	0.617 7068
18	6 32 44.694	+23 40 38.93	0.856 8703	3	6 45 23.045	+25 31 17.24	0.614 6073
19	6 34 08.380	+23 41 36.08	0.850 5104	4	6 44 16.333	+25 35 23.43	0.611 6665
20	6 35 29.805	+23 42 34.13	0.844 1645	5	6 43 06.163	+25 39 29.82	0.608 8890
21	6 36 48.925	+23 43 33.32	0.837 8343	6	6 41 52.631	+25 43 35.79	0.606 2792
22	6 38 05.698	+23 44 33.93	0.831 5212	7	6 40 35.845	+25 47 40.72	0.603 8414
23	6 39 20.079	+23 45 36.20	0.825 2270	8	6 39 15.925	+25 51 43.97	0.601 5799
24	6 40 32.024	+23 46 40.38	0.818 9531	9	6 37 53.002	+25 55 44.89	0.599 4986
25	6 41 41.490	+23 47 46.72	0.812 7011	10	6 36 27.219	+25 59 42.83	0.597 6017
26	6 42 48.429	+23 48 55.49	0.806 4725	11	6 34 58.730	+26 03 37.11	0.595 8926
27	6 43 52.790	+23 50 06.95	0.800 2689	12	6 33 27.701	+26 07 27.09	0.594 3750
28	6 44 54.518	+23 51 21.39	0.794 0921	13	6 31 54.307	+26 11 12.11	0.593 0520
29	6 45 53.553	+23 52 39.10	0.787 9439	14	6 30 18.734	+26 14 51.55	0.591 9267
30	6 46 49.831	+23 54 00.34	0.781 8263	15	6 28 41.176	+26 18 24.77	0.591 0017
31	6 47 43.286	+23 55 25.39	0.775 7418	16	6 27 01.838	+26 21 51.19	0.590 2794
Nov. 1	6 48 33.856	+23 56 54.50	0.769 6926	17	6 25 20.929	+26 25 10.25	0.589 7620
2	6 49 21.476	+23 58 27.92	0.763 6815	18	6 23 38.665	+26 28 21.44	0.589 4513
3	6 50 06.084	+24 00 05.87	0.757 7112	19	6 21 55.268	+26 31 24.28	0.589 3487
4	6 50 47.622	+24 01 48.57	0.751 7846	20	6 20 10.959	+26 34 18.36	0.589 4554
5	6 51 26.031	+24 03 36.25	0.745 9049	21	6 18 25.962	+26 37 03.32	0.589 7726
6	6 52 01.254	+24 05 29.09	0.740 0751	22	6 16 40.499	+26 39 38.86	0.590 3008
7	6 52 33.236	+24 07 27.30	0.734 2984	23	6 14 54.786	+26 42 04.76	0.591 0406
8	6 53 01.925	+24 09 31.03	0.728 5783	24	6 13 09.041	+26 44 20.82	0.591 9925
9	6 53 27.268	+24 11 40.45	0.722 9180	25	6 11 23.476	+26 46 26.89	0.593 1568
10	6 53 49.215	+24 13 55.70	0.717 3211	26	6 09 38.305	+26 48 22.87	0.594 5337
11	6 54 07.719	+24 16 16.90	0.711 7912	27	6 07 53.743	+26 50 08.71	0.596 1231
12	6 54 22.731	+24 18 44.14	0.706 3317	28	6 06 10.002	+26 51 44.41	0.597 9250
13	6 54 34.210	+24 21 17.49	0.700 9464	29	6 04 27.298	+26 53 10.01	0.599 9390
14	6 54 42.112	+24 23 57.00	0.695 6390	30	6 02 45.842	+26 54 25.62	0.602 1646
15	6 54 46.400	+24 26 42.68	0.690 4131	31	6 01 05.841	+26 55 31.39	0.604 6010
16	6 54 47.038	+24 29 34.52	0.685 2725	32	5 59 27.500	+26 56 27.54	0.607 2470

JUPITER, 2007

GEOCENTRIC COORDINATES FOR 0ʰ TERRESTRIAL TIME

Date	Apparent Right Ascension	Apparent Declination	True Geocentric Distance	Date	Apparent Right Ascension	Apparent Declination	True Geocentric Distance
	h m s	° ′ ″			h m s	° ′ ″	
Jan. 0	16 25 21.612	−20 57 14.33	6.183 2652	Feb. 15	17 00 01.021	−22 01 06.55	5.613 4500
1	16 26 13.832	−20 59 13.01	6.174 5215	16	17 00 36.189	−22 01 55.23	5.598 1130
2	16 27 05.848	−21 01 10.12	6.165 5888	17	17 01 10.799	−22 02 42.59	5.582 6955
3	16 27 57.653	−21 03 05.64	6.156 4688	18	17 01 44.842	−22 03 28.63	5.567 2011
4	16 28 49.238	−21 04 59.59	6.147 1627	19	17 02 18.309	−22 04 13.36	5.551 6336
5	16 29 40.596	−21 06 51.94	6.137 6719	20	17 02 51.195	−22 04 56.77	5.535 9970
6	16 30 31.719	−21 08 42.69	6.127 9978	21	17 03 23.495	−22 05 38.89	5.520 2952
7	16 31 22.600	−21 10 31.83	6.118 1417	22	17 03 55.205	−22 06 19.74	5.504 5319
8	16 32 13.234	−21 12 19.34	6.108 1051	23	17 04 26.319	−22 06 59.36	5.488 7112
9	16 33 03.614	−21 14 05.23	6.097 8892	24	17 04 56.830	−22 07 37.77	5.472 8368
10	16 33 53.735	−21 15 49.49	6.087 4958	25	17 05 26.730	−22 08 15.00	5.456 9124
11	16 34 43.590	−21 17 32.12	6.076 9262	26	17 05 56.012	−22 08 51.08	5.440 9417
12	16 35 33.173	−21 19 13.14	6.066 1822	27	17 06 24.666	−22 09 26.01	5.424 9283
13	16 36 22.478	−21 20 52.54	6.055 2654	28	17 06 52.686	−22 09 59.80	5.408 8757
14	16 37 11.496	−21 22 30.33	6.044 1775	Mar. 1	17 07 20.063	−22 10 32.46	5.392 7876
15	16 38 00.221	−21 24 06.53	6.032 9205	2	17 07 46.791	−22 11 03.99	5.376 6673
16	16 38 48.644	−21 25 41.14	6.021 4962	3	17 08 12.863	−22 11 34.40	5.360 5185
17	16 39 36.755	−21 27 14.17	6.009 9066	4	17 08 38.273	−22 12 03.68	5.344 3446
18	16 40 24.546	−21 28 45.62	5.998 1540	5	17 09 03.016	−22 12 31.86	5.328 1493
19	16 41 12.005	−21 30 15.49	5.986 2406	6	17 09 27.085	−22 12 58.94	5.311 9361
20	16 41 59.122	−21 31 43.78	5.974 1687	7	17 09 50.476	−22 13 24.94	5.295 7086
21	16 42 45.889	−21 33 10.48	5.961 9411	8	17 10 13.182	−22 13 49.86	5.279 4705
22	16 43 32.296	−21 34 35.57	5.949 5602	9	17 10 35.196	−22 14 13.74	5.263 2257
23	16 44 18.338	−21 35 59.07	5.937 0289	10	17 10 56.513	−22 14 36.59	5.246 9778
24	16 45 04.010	−21 37 20.96	5.924 3499	11	17 11 17.125	−22 14 58.42	5.230 7308
25	16 45 49.306	−21 38 41.27	5.911 5261	12	17 11 37.025	−22 15 19.25	5.214 4886
26	16 46 34.221	−21 40 00.03	5.898 5603	13	17 11 56.204	−22 15 39.10	5.198 2553
27	16 47 18.750	−21 41 17.24	5.885 4551	14	17 12 14.654	−22 15 57.99	5.182 0351
28	16 48 02.884	−21 42 32.94	5.872 2134	15	17 12 32.367	−22 16 15.91	5.165 8320
29	16 48 46.617	−21 43 47.15	5.858 8377	16	17 12 49.334	−22 16 32.87	5.149 6505
30	16 49 29.939	−21 44 59.88	5.845 3307	17	17 13 05.547	−22 16 48.88	5.133 4951
31	16 50 12.843	−21 46 11.13	5.831 6949	18	17 13 21.001	−22 17 03.92	5.117 3704
Feb. 1	16 50 55.319	−21 47 20.91	5.817 9328	19	17 13 35.690	−22 17 17.99	5.101 2810
2	16 51 37.359	−21 48 29.22	5.804 0469	20	17 13 49.612	−22 17 31.11	5.085 2317
3	16 52 18.956	−21 49 36.06	5.790 0397	21	17 14 02.766	−22 17 43.28	5.069 2273
4	16 53 00.103	−21 50 41.43	5.775 9137	22	17 14 15.150	−22 17 54.55	5.053 2726
5	16 53 40.794	−21 51 45.34	5.761 6714	23	17 14 26.760	−22 18 04.92	5.037 3722
6	16 54 21.021	−21 52 47.78	5.747 3154	24	17 14 37.593	−22 18 14.44	5.021 5306
7	16 55 00.779	−21 53 48.78	5.732 8483	25	17 14 47.643	−22 18 23.12	5.005 7524
8	16 55 40.060	−21 54 48.35	5.718 2728	26	17 14 56.906	−22 18 30.97	4.990 0418
9	16 56 18.857	−21 55 46.50	5.703 5917	27	17 15 05.378	−22 18 37.99	4.974 4033
10	16 56 57.163	−21 56 43.24	5.688 8078	28	17 15 13.055	−22 18 44.17	4.958 8409
11	16 57 34.969	−21 57 38.60	5.673 9239	29	17 15 19.934	−22 18 49.52	4.943 3589
12	16 58 12.268	−21 58 32.60	5.658 9431	30	17 15 26.014	−22 18 54.04	4.927 9615
13	16 58 49.050	−21 59 25.25	5.643 8684	31	17 15 31.293	−22 18 57.71	4.912 6529
14	16 59 25.304	−22 00 16.56	5.628 7029	Apr. 1	17 15 35.770	−22 19 00.55	4.897 4371
15	17 00 01.021	−22 01 06.55	5.613 4500	2	17 15 39.444	−22 19 02.54	4.882 3184

GEOCENTRIC COORDINATES FOR 0ʰ TERRESTRIAL TIME

Date	Apparent Right Ascension	Apparent Declination	True Geocentric Distance	Date	Apparent Right Ascension	Apparent Declination	True Geocentric Distance
	h m s	° ′ ″			h m s	° ′ ″	
Apr. 1	17 15 35.770	−22 19 00.55	4.897 4371	May 17	17 05 14.542	−22 06 49.15	4.372 4603
2	17 15 39.444	−22 19 02.54	4.882 3184	18	17 04 46.008	−22 06 14.95	4.366 3408
3	17 15 42.316	−22 19 03.71	4.867 3010	19	17 04 17.059	−22 05 40.09	4.360 5001
4	17 15 44.384	−22 19 04.05	4.852 3889	20	17 03 47.712	−22 05 04.59	4.354 9404
5	17 15 45.647	−22 19 03.58	4.837 5866	21	17 03 17.987	−22 04 28.44	4.349 6635
6	17 15 46.106	−22 19 02.30	4.822 8981	22	17 02 47.904	−22 03 51.65	4.344 6712
7	17 15 45.759	−22 19 00.22	4.808 3279	23	17 02 17.484	−22 03 14.23	4.339 9650
8	17 15 44.605	−22 18 57.35	4.793 8803	24	17 01 46.750	−22 02 36.18	4.335 5463
9	17 15 42.643	−22 18 53.70	4.779 5596	25	17 01 15.723	−22 01 57.52	4.331 4164
10	17 15 39.871	−22 18 49.27	4.765 3703	26	17 00 44.428	−22 01 18.26	4.327 5766
11	17 15 36.288	−22 18 44.06	4.751 3170	27	17 00 12.886	−22 00 38.43	4.324 0277
12	17 15 31.892	−22 18 38.06	4.737 4041	28	16 59 41.120	−21 59 58.04	4.320 7709
13	17 15 26.683	−22 18 31.27	4.723 6365	29	16 59 09.153	−21 59 17.14	4.317 8070
14	17 15 20.663	−22 18 23.67	4.710 0187	30	16 58 37.008	−21 58 35.74	4.315 1367
15	17 15 13.834	−22 18 15.26	4.696 5556	31	16 58 04.706	−21 57 53.88	4.312 7607
16	17 15 06.201	−22 18 06.01	4.683 2520	June 1	16 57 32.269	−21 57 11.59	4.310 6797
17	17 14 57.771	−22 17 55.95	4.670 1129	2	16 56 59.717	−21 56 28.91	4.308 8942
18	17 14 48.550	−22 17 45.07	4.657 1429	3	16 56 27.071	−21 55 45.86	4.307 4046
19	17 14 38.545	−22 17 33.40	4.644 3469	4	16 55 54.352	−21 55 02.47	4.306 2115
20	17 14 27.764	−22 17 20.96	4.631 7294	5	16 55 21.580	−21 54 18.78	4.305 3151
21	17 14 16.210	−22 17 07.76	4.619 2948	6	16 54 48.775	−21 53 34.79	4.304 7159
22	17 14 03.889	−22 16 53.81	4.607 0473	7	16 54 15.960	−21 52 50.54	4.304 4140
23	17 13 50.807	−22 16 39.11	4.594 9911	8	16 53 43.156	−21 52 06.05	4.304 4097
24	17 13 36.969	−22 16 23.63	4.583 1301	9	16 53 10.387	−21 51 21.35	4.304 7031
25	17 13 22.384	−22 16 07.38	4.571 4681	10	16 52 37.679	−21 50 36.47	4.305 2943
26	17 13 07.060	−22 15 50.33	4.560 0090	11	16 52 05.057	−21 49 51.46	4.306 1831
27	17 12 51.008	−22 15 32.49	4.548 7564	12	16 51 32.545	−21 49 06.36	4.307 3694
28	17 12 34.237	−22 15 13.84	4.537 7141	13	16 51 00.170	−21 48 21.24	4.308 8526
29	17 12 16.758	−22 14 54.38	4.526 8855	14	16 50 27.955	−21 47 36.16	4.310 6321
30	17 11 58.582	−22 14 34.12	4.516 2744	15	16 49 55.922	−21 46 51.17	4.312 7070
May 1	17 11 39.721	−22 14 13.04	4.505 8841	16	16 49 24.091	−21 46 06.32	4.315 0761
2	17 11 20.186	−22 13 51.16	4.495 7182	17	16 48 52.484	−21 45 21.65	4.317 7380
3	17 10 59.989	−22 13 28.49	4.485 7801	18	16 48 21.122	−21 44 37.18	4.320 6909
4	17 10 39.141	−22 13 05.02	4.476 0733	19	16 47 50.027	−21 43 52.95	4.323 9332
5	17 10 17.653	−22 12 40.77	4.466 6011	20	16 47 19.219	−21 43 08.98	4.327 4628
6	17 09 55.537	−22 12 15.75	4.457 3669	21	16 46 48.723	−21 42 25.33	4.331 2776
7	17 09 32.804	−22 11 49.95	4.448 3741	22	16 46 18.558	−21 41 42.01	4.335 3754
8	17 09 09.465	−22 11 23.38	4.439 6262	23	16 45 48.746	−21 40 59.09	4.339 7539
9	17 08 45.532	−22 10 56.04	4.431 1264	24	16 45 19.309	−21 40 16.60	4.344 4107
10	17 08 21.019	−22 10 27.91	4.422 8781	25	16 44 50.265	−21 39 34.60	4.349 3435
11	17 07 55.939	−22 09 59.00	4.414 8847	26	16 44 21.634	−21 38 53.12	4.354 5495
12	17 07 30.307	−22 09 29.30	4.407 1495	27	16 43 53.434	−21 38 12.23	4.360 0264
13	17 07 04.142	−22 08 58.81	4.399 6759	28	16 43 25.682	−21 37 31.97	4.365 7714
14	17 06 37.463	−22 08 27.52	4.392 4670	29	16 42 58.393	−21 36 52.38	4.371 7818
15	17 06 10.289	−22 07 55.47	4.385 5262	30	16 42 31.583	−21 36 13.52	4.378 0550
16	17 05 42.642	−22 07 22.67	4.378 8563	July 1	16 42 05.267	−21 35 35.42	4.384 5882
17	17 05 14.542	−22 06 49.15	4.372 4603	2	16 41 39.457	−21 34 58.12	4.391 3786

JUPITER, 2007

GEOCENTRIC COORDINATES FOR 0^h TERRESTRIAL TIME

Date	Apparent Right Ascension	Apparent Declination	True Geocentric Distance	Date	Apparent Right Ascension	Apparent Declination	True Geocentric Distance
	h m s	° ′ ″			h m s	° ′ ″	
July 1	16 42 05.267	−21 35 35.42	4.384 5882	Aug. 16	16 33 58.279	−21 28 55.87	4.906 2136
2	16 41 39.457	−21 34 58.12	4.391 3786	17	16 34 05.526	−21 29 22.83	4.920 8452
3	16 41 14.168	−21 34 21.65	4.398 4236	18	16 34 13.551	−21 29 51.29	4.935 5482
4	16 40 49.412	−21 33 46.05	4.405 7204	19	16 34 22.350	−21 30 21.26	4.950 3182
5	16 40 25.204	−21 33 11.33	4.413 2662	20	16 34 31.921	−21 30 52.72	4.965 1510
6	16 40 01.560	−21 32 37.53	4.421 0583	21	16 34 42.259	−21 31 25.66	4.980 0421
7	16 39 38.495	−21 32 04.69	4.429 0937	22	16 34 53.361	−21 32 00.05	4.994 9874
8	16 39 16.025	−21 31 32.85	4.437 3696	23	16 35 05.221	−21 32 35.90	5.009 9826
9	16 38 54.166	−21 31 02.07	4.445 8829	24	16 35 17.833	−21 33 13.17	5.025 0238
10	16 38 32.933	−21 30 32.39	4.454 6305	25	16 35 31.191	−21 33 51.85	5.040 1068
11	16 38 12.340	−21 30 03.87	4.463 6089	26	16 35 45.288	−21 34 31.91	5.055 2279
12	16 37 52.397	−21 29 36.56	4.472 8149	27	16 36 00.118	−21 35 13.32	5.070 3833
13	16 37 33.115	−21 29 10.49	4.482 2445	28	16 36 15.676	−21 35 56.03	5.085 5692
14	16 37 14.505	−21 28 45.71	4.491 8941	29	16 36 31.955	−21 36 40.02	5.100 7821
15	16 36 56.574	−21 28 22.22	4.501 7596	30	16 36 48.953	−21 37 25.25	5.116 0185
16	16 36 39.333	−21 28 00.05	4.511 8369	31	16 37 06.668	−21 38 11.70	5.131 2749
17	16 36 22.791	−21 27 39.22	4.522 1218	Sept. 1	16 37 25.098	−21 38 59.35	5.146 5479
18	16 36 06.958	−21 27 19.73	4.532 6100	2	16 37 44.241	−21 39 48.20	5.161 8338
19	16 35 51.842	−21 27 01.62	4.543 2972	3	16 38 04.092	−21 40 38.23	5.177 1293
20	16 35 37.454	−21 26 44.91	4.554 1790	4	16 38 24.647	−21 41 29.44	5.192 4306
21	16 35 23.800	−21 26 29.61	4.565 2511	5	16 38 45.901	−21 42 21.80	5.207 7339
22	16 35 10.889	−21 26 15.75	4.576 5092	6	16 39 07.846	−21 43 15.29	5.223 0354
23	16 34 58.727	−21 26 03.37	4.587 9489	7	16 39 30.476	−21 44 09.88	5.238 3313
24	16 34 47.319	−21 25 52.48	4.599 5659	8	16 39 53.785	−21 45 05.51	5.253 6177
25	16 34 36.669	−21 25 43.10	4.611 3560	9	16 40 17.768	−21 46 02.16	5.268 8905
26	16 34 26.782	−21 25 35.26	4.623 3147	10	16 40 42.420	−21 46 59.78	5.284 1458
27	16 34 17.659	−21 25 28.97	4.635 4380	11	16 41 07.735	−21 47 58.33	5.299 3797
28	16 34 09.303	−21 25 24.25	4.647 7216	12	16 41 33.710	−21 48 57.78	5.314 5882
29	16 34 01.714	−21 25 21.10	4.660 1613	13	16 42 00.339	−21 49 58.10	5.329 7676
30	16 33 54.894	−21 25 19.53	4.672 7532	14	16 42 27.618	−21 50 59.25	5.344 9140
31	16 33 48.842	−21 25 19.52	4.685 4932	15	16 42 55.540	−21 52 01.20	5.360 0236
Aug. 1	16 33 43.560	−21 25 21.08	4.698 3774	16	16 43 24.101	−21 53 03.94	5.375 0928
2	16 33 39.052	−21 25 24.21	4.711 4020	17	16 43 53.294	−21 54 07.42	5.390 1180
3	16 33 35.320	−21 25 28.89	4.724 5630	18	16 44 23.112	−21 55 11.63	5.405 0957
4	16 33 32.368	−21 25 35.15	4.737 8567	19	16 44 53.546	−21 56 16.54	5.420 0224
5	16 33 30.200	−21 25 43.00	4.751 2790	20	16 45 24.590	−21 57 22.11	5.434 8948
6	16 33 28.820	−21 25 52.45	4.764 8261	21	16 45 56.235	−21 58 28.30	5.449 7096
7	16 33 28.228	−21 26 03.53	4.778 4938	22	16 46 28.473	−21 59 35.09	5.464 4636
8	16 33 28.426	−21 26 16.24	4.792 2779	23	16 47 01.295	−22 00 42.43	5.479 1539
9	16 33 29.413	−21 26 30.58	4.806 1743	24	16 47 34.693	−22 01 50.27	5.493 7773
10	16 33 31.187	−21 26 46.56	4.820 1784	25	16 48 08.659	−22 02 58.57	5.508 3312
11	16 33 33.746	−21 27 04.17	4.834 2859	26	16 48 43.189	−22 04 07.28	5.522 8127
12	16 33 37.089	−21 27 23.38	4.848 4922	27	16 49 18.276	−22 05 16.37	5.537 2191
13	16 33 41.214	−21 27 44.17	4.862 7927	28	16 49 53.919	−22 06 25.80	5.551 5480
14	16 33 46.122	−21 28 06.52	4.877 1828	29	16 50 30.114	−22 07 35.56	5.565 7966
15	16 33 51.810	−21 28 30.43	4.891 6580	30	16 51 06.856	−22 08 45.64	5.579 9623
16	16 33 58.279	−21 28 55.87	4.906 2136	Oct. 1	16 51 44.140	−22 09 56.01	5.594 0423

GEOCENTRIC COORDINATES FOR 0^h TERRESTRIAL TIME

Date	Apparent Right Ascension	Apparent Declination	True Geocentric Distance	Date	Apparent Right Ascension	Apparent Declination	True Geocentric Distance
	h m s	o ′ ″			h m s	o ′ ″	
Oct. 1	16 51 44.140	−22 09 56.01	5.594 0423	Nov. 16	17 28 11.413	−22 59 36.81	6.102 8873
2	16 52 21.959	−22 11 06.65	5.608 0338	17	17 29 06.836	−23 00 25.09	6.110 1046
3	16 53 00.304	−22 12 17.54	5.621 9338	18	17 30 02.487	−23 01 12.26	6.117 1294
4	16 53 39.169	−22 13 28.64	5.635 7393	19	17 30 58.358	−23 01 58.29	6.123 9606
5	16 54 18.546	−22 14 39.89	5.649 4473	20	17 31 54.444	−23 02 43.17	6.130 5973
6	16 54 58.428	−22 15 51.26	5.663 0546	21	17 32 50.740	−23 03 26.86	6.137 0386
7	16 55 38.811	−22 17 02.71	5.676 5583	22	17 33 47.243	−23 04 09.35	6.143 2837
8	16 56 19.688	−22 18 14.18	5.689 9551	23	17 34 43.948	−23 04 50.64	6.149 3318
9	16 57 01.054	−22 19 25.65	5.703 2422	24	17 35 40.853	−23 05 30.72	6.155 1821
10	16 57 42.904	−22 20 37.07	5.716 4165	25	17 36 37.951	−23 06 09.59	6.160 8339
11	16 58 25.233	−22 21 48.41	5.729 4750	26	17 37 35.234	−23 06 47.26	6.166 2863
12	16 59 08.035	−22 22 59.65	5.742 4148	27	17 38 32.696	−23 07 23.71	6.171 5381
13	16 59 51.304	−22 24 10.76	5.755 2332	28	17 39 30.328	−23 07 58.93	6.176 5884
14	17 00 35.034	−22 25 21.70	5.767 9273	29	17 40 28.122	−23 08 32.89	6.181 4360
15	17 01 19.216	−22 26 32.46	5.780 4946	30	17 41 26.074	−23 09 05.56	6.186 0797
16	17 02 03.845	−22 27 43.01	5.792 9323	Dec. 1	17 42 24.178	−23 09 36.90	6.190 5182
17	17 02 48.911	−22 28 53.31	5.805 2381	2	17 43 22.429	−23 10 06.92	6.194 7503
18	17 03 34.406	−22 30 03.34	5.817 4094	3	17 44 20.822	−23 10 35.58	6.198 7750
19	17 04 20.322	−22 31 13.05	5.829 4439	4	17 45 19.353	−23 11 02.87	6.202 5910
20	17 05 06.651	−22 32 22.43	5.841 3394	5	17 46 18.017	−23 11 28.80	6.206 1974
21	17 05 53.385	−22 33 31.42	5.853 0938	6	17 47 16.808	−23 11 53.34	6.209 5932
22	17 06 40.515	−22 34 39.98	5.864 7049	7	17 48 15.721	−23 12 16.49	6.212 7774
23	17 07 28.035	−22 35 48.08	5.876 1710	8	17 49 14.748	−23 12 38.26	6.215 7491
24	17 08 15.940	−22 36 55.68	5.887 4901	9	17 50 13.883	−23 12 58.64	6.218 5076
25	17 09 04.225	−22 38 02.74	5.898 6605	10	17 51 13.118	−23 13 17.63	6.221 0522
26	17 09 52.888	−22 39 09.24	5.909 6805	11	17 52 12.445	−23 13 35.23	6.223 3822
27	17 10 41.925	−22 40 15.17	5.920 5484	12	17 53 11.857	−23 13 51.42	6.225 4971
28	17 11 31.331	−22 41 20.53	5.931 2625	13	17 54 11.344	−23 14 06.20	6.227 3965
29	17 12 21.099	−22 42 25.30	5.941 8208	14	17 55 10.899	−23 14 19.56	6.229 0800
30	17 13 11.222	−22 43 29.46	5.952 2214	15	17 56 10.514	−23 14 31.49	6.230 5475
31	17 14 01.690	−22 44 32.98	5.962 4622	16	17 57 10.183	−23 14 41.98	6.231 7988
Nov. 1	17 14 52.498	−22 45 35.83	5.972 5411	17	17 58 09.899	−23 14 51.00	6.232 8338
2	17 15 43.639	−22 46 37.96	5.982 4560	18	17 59 09.657	−23 14 58.56	6.233 6527
3	17 16 35.106	−22 47 39.35	5.992 2047	19	18 00 09.453	−23 15 04.65	6.234 2556
4	17 17 26.895	−22 48 39.94	6.001 7850	20	18 01 09.284	−23 15 09.26	6.234 6427
5	17 18 19.000	−22 49 39.72	6.011 1947	21	18 02 09.146	−23 15 12.40	6.234 8142
6	17 19 11.416	−22 50 38.65	6.020 4318	22	18 03 09.041	−23 15 14.07	6.234 7704
7	17 20 04.140	−22 51 36.71	6.029 4942	23	18 04 08.992	−23 15 13.41	6.234 5115
8	17 20 57.164	−22 52 33.87	6.038 3799	24	18 05 08.780	−23 15 13.13	6.234 0376
9	17 21 50.484	−22 53 30.12	6.047 0870	25	18 06 08.718	−23 15 10.73	6.233 3487
10	17 22 44.094	−22 54 25.44	6.055 6135	26	18 07 08.633	−23 15 06.79	6.232 4448
11	17 23 37.985	−22 55 19.81	6.063 9578	27	18 08 08.534	−23 15 01.41	6.231 3257
12	17 24 32.152	−22 56 13.22	6.072 1181	28	18 09 08.415	−23 14 54.57	6.229 9913
13	17 25 26.587	−22 57 05.65	6.080 0926	29	18 10 08.273	−23 14 46.27	6.228 4415
14	17 26 21.280	−22 57 57.07	6.087 8800	30	18 11 08.104	−23 14 36.52	6.226 6760
15	17 27 16.225	−22 58 47.47	6.095 4787	31	18 12 07.904	−23 14 25.31	6.224 6948
16	17 28 11.413	−22 59 36.81	6.102 8873	32	18 13 07.668	−23 14 12.65	6.222 4978

SATURN, 2007

GEOCENTRIC COORDINATES FOR 0ʰ TERRESTRIAL TIME

Date	Apparent Right Ascension	Apparent Declination	True Geocentric Distance	Date	Apparent Right Ascension	Apparent Declination	True Geocentric Distance
	h m s	° ′ ″			h m s	° ′ ″	
Jan. 0	9 48 52.014	+14 29 10.71	8.460 0079	Feb. 15	9 36 28.669	+15 38 38.36	8.203 3826
1	9 48 41.750	+14 30 15.85	8.448 3585	16	9 36 09.687	+15 40 16.80	8.204 9221
2	9 48 31.120	+14 31 22.76	8.436 9297	17	9 35 50.749	+15 41 54.73	8.206 7777
3	9 48 20.127	+14 32 31.43	8.425 7255	18	9 35 31.866	+15 43 32.09	8.208 9487
4	9 48 08.775	+14 33 41.82	8.414 7497	19	9 35 13.048	+15 45 08.79	8.211 4342
5	9 47 57.067	+14 34 53.90	8.404 0064	20	9 34 54.310	+15 46 44.77	8.214 2328
6	9 47 45.008	+14 36 07.64	8.393 4994	21	9 34 35.666	+15 48 19.96	8.217 3432
7	9 47 32.604	+14 37 23.01	8.383 2328	22	9 34 17.128	+15 49 54.31	8.220 7634
8	9 47 19.861	+14 38 39.94	8.373 2104	23	9 33 58.710	+15 51 27.75	8.224 4917
9	9 47 06.785	+14 39 58.40	8.363 4361	24	9 33 40.421	+15 53 00.27	8.228 5259
10	9 46 53.384	+14 41 18.34	8.353 9139	25	9 33 22.272	+15 54 31.81	8.232 8640
11	9 46 39.667	+14 42 39.72	8.344 6477	26	9 33 04.271	+15 56 02.35	8.237 5036
12	9 46 25.641	+14 44 02.48	8.335 6412	27	9 32 46.425	+15 57 31.85	8.242 4426
13	9 46 11.314	+14 45 26.58	8.326 8983	28	9 32 28.743	+15 59 00.27	8.247 6785
14	9 45 56.694	+14 46 51.97	8.318 4226	Mar. 1	9 32 11.234	+16 00 27.59	8.253 2091
15	9 45 41.790	+14 48 18.62	8.310 2177	2	9 31 53.905	+16 01 53.74	8.259 0320
16	9 45 26.609	+14 49 46.48	8.302 2872	3	9 31 36.766	+16 03 18.69	8.265 1446
17	9 45 11.160	+14 51 15.51	8.294 6346	4	9 31 19.827	+16 04 42.40	8.271 5446
18	9 44 55.448	+14 52 45.67	8.287 2633	5	9 31 03.096	+16 06 04.82	8.278 2295
19	9 44 39.483	+14 54 16.91	8.280 1764	6	9 30 46.585	+16 07 25.89	8.285 1966
20	9 44 23.270	+14 55 49.19	8.273 3771	7	9 30 30.302	+16 08 45.60	8.292 4435
21	9 44 06.818	+14 57 22.44	8.266 8681	8	9 30 14.258	+16 10 03.89	8.299 9674
22	9 43 50.137	+14 58 56.61	8.260 6522	9	9 29 58.461	+16 11 20.74	8.307 7656
23	9 43 33.237	+15 00 31.62	8.254 7317	10	9 29 42.921	+16 12 36.11	8.315 8352
24	9 43 16.132	+15 02 07.40	8.249 1088	11	9 29 27.645	+16 13 49.97	8.324 1735
25	9 42 58.832	+15 03 43.87	8.243 7855	12	9 29 12.643	+16 15 02.30	8.332 7774
26	9 42 41.351	+15 05 20.98	8.238 7635	13	9 28 57.921	+16 16 13.07	8.341 6439
27	9 42 23.699	+15 06 58.68	8.234 0443	14	9 28 43.485	+16 17 22.27	8.350 7698
28	9 42 05.887	+15 08 36.91	8.229 6294	15	9 28 29.343	+16 18 29.85	8.360 1519
29	9 41 47.924	+15 10 15.64	8.225 5202	16	9 28 15.501	+16 19 35.81	8.369 7867
30	9 41 29.817	+15 11 54.81	8.221 7178	17	9 28 01.964	+16 20 40.10	8.379 6708
31	9 41 11.576	+15 13 34.39	8.218 2235	18	9 27 48.741	+16 21 42.69	8.389 8004
Feb. 1	9 40 53.209	+15 15 14.33	8.215 0383	19	9 27 35.839	+16 22 43.53	8.400 1716
2	9 40 34.724	+15 16 54.56	8.212 1633	20	9 27 23.268	+16 23 42.58	8.410 7802
3	9 40 16.132	+15 18 35.04	8.209 5996	21	9 27 11.038	+16 24 39.79	8.421 6220
4	9 39 57.442	+15 20 15.70	8.207 3480	22	9 26 59.157	+16 25 35.15	8.432 6924
5	9 39 38.666	+15 21 56.49	8.205 4095	23	9 26 47.632	+16 26 28.64	8.443 9868
6	9 39 19.815	+15 23 37.33	8.203 7849	24	9 26 36.469	+16 27 20.26	8.455 5007
7	9 39 00.900	+15 25 18.18	8.202 4750	25	9 26 25.669	+16 28 10.00	8.467 2294
8	9 38 41.934	+15 26 58.96	8.201 4804	26	9 26 15.238	+16 28 57.86	8.479 1684
9	9 38 22.927	+15 28 39.64	8.200 8018	27	9 26 05.176	+16 29 43.83	8.491 3129
10	9 38 03.891	+15 30 20.14	8.200 4395	28	9 25 55.487	+16 30 27.90	8.503 6586
11	9 37 44.839	+15 32 00.42	8.200 3940	29	9 25 46.175	+16 31 10.05	8.516 2009
12	9 37 25.780	+15 33 40.43	8.200 6655	30	9 25 37.244	+16 31 50.27	8.528 9354
13	9 37 06.725	+15 35 20.12	8.201 2541	31	9 25 28.696	+16 32 28.54	8.541 8575
14	9 36 47.685	+15 36 59.44	8.202 1599	Apr. 1	9 25 20.538	+16 33 04.84	8.554 9630
15	9 36 28.669	+15 38 38.36	8.203 3826	2	9 25 12.772	+16 33 39.16	8.568 2473

GEOCENTRIC COORDINATES FOR 0^h TERRESTRIAL TIME

Date	Apparent Right Ascension	Apparent Declination	True Geocentric Distance	Date	Apparent Right Ascension	Apparent Declination	True Geocentric Distance
	h m s	° ′ ″			h m s	° ′ ″	
Apr. 1	9 25 20.538	+16 33 04.84	8.554 9630	May 17	9 26 35.369	+16 24 38.75	9.276 2168
2	9 25 12.772	+16 33 39.16	8.568 2473	18	9 26 46.635	+16 23 41.91	9.292 7218
3	9 25 05.404	+16 34 11.49	8.581 7062	19	9 26 58.283	+16 22 43.26	9.309 1898
4	9 24 58.438	+16 34 41.81	8.595 3353	20	9 27 10.308	+16 21 42.83	9.325 6162
5	9 24 51.876	+16 35 10.12	8.609 1301	21	9 27 22.703	+16 20 40.65	9.341 9968
6	9 24 45.724	+16 35 36.41	8.623 0864	22	9 27 35.463	+16 19 36.72	9.358 3274
7	9 24 39.982	+16 36 00.68	8.637 1996	23	9 27 48.584	+16 18 31.07	9.374 6040
8	9 24 34.654	+16 36 22.93	8.651 4656	24	9 28 02.062	+16 17 23.69	9.390 8226
9	9 24 29.742	+16 36 43.16	8.665 8797	25	9 28 15.895	+16 16 14.59	9.406 9793
10	9 24 25.246	+16 37 01.38	8.680 4376	26	9 28 30.079	+16 15 03.79	9.423 0706
11	9 24 21.167	+16 37 17.58	8.695 1348	27	9 28 44.611	+16 13 51.28	9.439 0926
12	9 24 17.507	+16 37 31.77	8.709 9667	28	9 28 59.490	+16 12 37.10	9.455 0420
13	9 24 14.266	+16 37 43.93	8.724 9287	29	9 29 14.711	+16 11 21.24	9.470 9151
14	9 24 11.444	+16 37 54.07	8.740 0161	30	9 29 30.273	+16 10 03.72	9.486 7085
15	9 24 09.045	+16 38 02.15	8.755 2241	31	9 29 46.171	+16 08 44.57	9.502 4189
16	9 24 07.071	+16 38 08.17	8.770 5477	June 1	9 30 02.402	+16 07 23.80	9.518 0430
17	9 24 05.525	+16 38 12.09	8.785 9819	2	9 30 18.961	+16 06 01.43	9.533 5774
18	9 24 04.413	+16 38 13.93	8.801 5214	3	9 30 35.844	+16 04 37.49	9.549 0190
19	9 24 03.736	+16 38 13.67	8.817 1610	4	9 30 53.046	+16 03 11.99	9.564 3645
20	9 24 03.494	+16 38 11.33	8.832 8954	5	9 31 10.562	+16 01 44.95	9.579 6106
21	9 24 03.686	+16 38 06.95	8.848 7194	6	9 31 28.387	+16 00 16.39	9.594 7542
22	9 24 04.309	+16 38 00.52	8.864 6277	7	9 31 46.517	+15 58 46.32	9.609 7920
23	9 24 05.361	+16 37 52.07	8.880 6152	8	9 32 04.948	+15 57 14.73	9.624 7207
24	9 24 06.838	+16 37 41.61	8.896 6771	9	9 32 23.678	+15 55 41.64	9.639 5368
25	9 24 08.739	+16 37 29.15	8.912 8085	10	9 32 42.705	+15 54 07.04	9.654 2371
26	9 24 11.063	+16 37 14.67	8.929 0046	11	9 33 02.027	+15 52 30.93	9.668 8179
27	9 24 13.809	+16 36 58.20	8.945 2606	12	9 33 21.642	+15 50 53.32	9.683 2758
28	9 24 16.975	+16 36 39.72	8.961 5721	13	9 33 41.549	+15 49 14.22	9.697 6073
29	9 24 20.563	+16 36 19.24	8.977 9345	14	9 34 01.743	+15 47 33.67	9.711 8087
30	9 24 24.570	+16 35 56.76	8.994 3432	15	9 34 22.219	+15 45 51.70	9.725 8765
May 1	9 24 28.997	+16 35 32.29	9.010 7940	16	9 34 42.970	+15 44 08.34	9.739 8075
2	9 24 33.843	+16 35 05.83	9.027 2823	17	9 35 03.989	+15 42 23.61	9.753 5982
3	9 24 39.106	+16 34 37.40	9.043 8040	18	9 35 25.270	+15 40 37.53	9.767 2455
4	9 24 44.786	+16 34 07.01	9.060 3546	19	9 35 46.808	+15 38 50.14	9.780 7465
5	9 24 50.880	+16 33 34.67	9.076 9301	20	9 36 08.596	+15 37 01.42	9.794 0982
6	9 24 57.386	+16 33 00.41	9.093 5261	21	9 36 30.633	+15 35 11.41	9.807 2979
7	9 25 04.301	+16 32 24.23	9.110 1385	22	9 36 52.914	+15 33 20.09	9.820 3430
8	9 25 11.622	+16 31 46.15	9.126 7630	23	9 37 15.436	+15 31 27.50	9.833 2309
9	9 25 19.345	+16 31 06.18	9.143 3954	24	9 37 38.196	+15 29 33.64	9.845 9592
10	9 25 27.467	+16 30 24.34	9.160 0314	25	9 38 01.189	+15 27 38.52	9.858 5254
11	9 25 35.987	+16 29 40.62	9.176 6668	26	9 38 24.414	+15 25 42.17	9.870 9273
12	9 25 44.900	+16 28 55.02	9.193 2973	27	9 38 47.866	+15 23 44.61	9.883 1626
13	9 25 54.208	+16 28 07.53	9.209 9183	28	9 39 11.540	+15 21 45.85	9.895 2292
14	9 26 03.908	+16 27 18.16	9.226 5253	29	9 39 35.433	+15 19 45.92	9.907 1247
15	9 26 14.003	+16 26 26.90	9.243 1139	30	9 39 59.539	+15 17 44.84	9.918 8473
16	9 26 24.490	+16 25 33.76	9.259 6792	July 1	9 40 23.853	+15 15 42.64	9.930 3947
17	9 26 35.369	+16 24 38.75	9.276 2168	2	9 40 48.371	+15 13 39.34	9.941 7649

SATURN, 2007

GEOCENTRIC COORDINATES FOR 0ʰ TERRESTRIAL TIME

Date	Apparent Right Ascension	Apparent Declination	True Geocentric Distance	Date	Apparent Right Ascension	Apparent Declination	True Geocentric Distance
	h m s	° ′ ″			h m s	° ′ ″	
July 1	9 40 23.853	+15 15 42.64	9.930 3947	Aug. 16	10 01 36.637	+13 26 40.84	10.239 2754
2	9 40 48.371	+15 13 39.34	9.941 7649	17	10 02 06.122	+13 24 05.97	10.240 6383
3	9 41 13.085	+15 11 34.96	9.952 9559	18	10 02 35.620	+13 21 30.90	10.241 7593
4	9 41 37.992	+15 09 29.51	9.963 9656	19	10 03 05.127	+13 18 55.66	10.242 6381
5	9 42 03.089	+15 07 23.00	9.974 7917	20	10 03 34.640	+13 16 20.28	10.243 2748
6	9 42 28.371	+15 05 15.43	9.985 4322	21	10 04 04.154	+13 13 44.82	10.243 6695
7	9 42 53.837	+15 03 06.81	9.995 8847	22	10 04 33.656	+13 11 09.30	10.243 8222
8	9 43 19.484	+15 00 57.13	10.006 1470	23	10 05 03.147	+13 08 33.51	10.243 7332
9	9 43 45.312	+14 58 46.41	10.016 2167	24	10 05 32.634	+13 05 57.61	10.243 4026
10	9 44 11.318	+14 56 34.66	10.026 0914	25	10 06 02.108	+13 03 21.74	10.242 8307
11	9 44 37.498	+14 54 21.91	10.035 7687	26	10 06 31.561	+13 00 45.90	10.242 0178
12	9 45 03.847	+14 52 08.19	10.045 2464	27	10 07 00.986	+12 58 10.10	10.240 9642
13	9 45 30.359	+14 49 53.54	10.054 5220	28	10 07 30.379	+12 55 34.37	10.239 6701
14	9 45 57.027	+14 47 37.97	10.063 5935	29	10 07 59.737	+12 52 58.71	10.238 1358
15	9 46 23.845	+14 45 21.53	10.072 4587	30	10 08 29.056	+12 50 23.12	10.236 3615
16	9 46 50.807	+14 43 04.23	10.081 1158	31	10 08 58.337	+12 47 47.61	10.234 3471
17	9 47 17.909	+14 40 46.10	10.089 5629	Sept. 1	10 09 27.577	+12 45 12.19	10.232 0928
18	9 47 45.145	+14 38 27.13	10.097 7984	2	10 09 56.775	+12 42 36.88	10.229 5985
19	9 48 12.512	+14 36 07.35	10.105 8207	3	10 10 25.927	+12 40 01.70	10.226 8641
20	9 48 40.008	+14 33 46.77	10.113 6283	4	10 10 55.030	+12 37 26.70	10.223 8896
21	9 49 07.628	+14 31 25.40	10.121 2200	5	10 11 24.077	+12 34 51.90	10.220 6751
22	9 49 35.370	+14 29 03.26	10.128 5944	6	10 11 53.064	+12 32 17.34	10.217 2207
23	9 50 03.230	+14 26 40.37	10.135 7504	7	10 12 21.983	+12 29 43.07	10.213 5266
24	9 50 31.205	+14 24 16.76	10.142 6868	8	10 12 50.828	+12 27 09.11	10.209 5931
25	9 50 59.290	+14 21 52.44	10.149 4024	9	10 13 19.596	+12 24 35.48	10.205 4207
26	9 51 27.482	+14 19 27.44	10.155 8964	10	10 13 48.280	+12 22 02.22	10.201 0101
27	9 51 55.775	+14 17 01.79	10.162 1676	11	10 14 16.878	+12 19 29.34	10.196 3619
28	9 52 24.165	+14 14 35.51	10.168 2152	12	10 14 45.385	+12 16 56.87	10.191 4769
29	9 52 52.646	+14 12 08.64	10.174 0383	13	10 15 13.798	+12 14 24.82	10.186 3562
30	9 53 21.213	+14 09 41.18	10.179 6360	14	10 15 42.115	+12 11 53.21	10.181 0007
31	9 53 49.862	+14 07 13.17	10.185 0072	15	10 16 10.332	+12 09 22.08	10.175 4117
Aug. 1	9 54 18.587	+14 04 44.61	10.190 1512	16	10 16 38.445	+12 06 51.45	10.169 5902
2	9 54 47.386	+14 02 15.51	10.195 0667	17	10 17 06.451	+12 04 21.34	10.163 5378
3	9 55 16.257	+13 59 45.88	10.199 7529	18	10 17 34.344	+12 01 51.79	10.157 2556
4	9 55 45.198	+13 57 15.71	10.204 2085	19	10 18 02.122	+11 59 22.83	10.150 7451
5	9 56 14.208	+13 54 45.03	10.208 4322	20	10 18 29.778	+11 56 54.49	10.144 0079
6	9 56 43.285	+13 52 13.84	10.212 4230	21	10 18 57.309	+11 54 26.81	10.137 0454
7	9 57 12.425	+13 49 42.18	10.216 1794	22	10 19 24.708	+11 51 59.81	10.129 8592
8	9 57 41.623	+13 47 10.07	10.219 7005	23	10 19 51.970	+11 49 33.53	10.122 4510
9	9 58 10.874	+13 44 37.55	10.222 9849	24	10 20 19.092	+11 47 08.00	10.114 8223
10	9 58 40.172	+13 42 04.65	10.226 0316	25	10 20 46.067	+11 44 43.23	10.106 9747
11	9 59 09.511	+13 39 31.41	10.228 8397	26	10 21 12.894	+11 42 19.24	10.098 9098
12	9 59 38.885	+13 36 57.85	10.231 4083	27	10 21 39.570	+11 39 56.03	10.090 6292
13	10 00 08.289	+13 34 24.00	10.233 7367	28	10 22 06.094	+11 37 33.63	10.082 1341
14	10 00 37.717	+13 31 49.87	10.235 8243	29	10 22 32.465	+11 35 12.03	10.073 4259
15	10 01 07.168	+13 29 15.47	10.237 6707	30	10 22 58.680	+11 32 51.27	10.064 5060
16	10 01 36.637	+13 26 40.84	10.239 2754	Oct. 1	10 23 24.736	+11 30 31.38	10.055 3756

GEOCENTRIC COORDINATES FOR 0ʰ TERRESTRIAL TIME

Date	Apparent Right Ascension	Apparent Declination	True Geocentric Distance	Date	Apparent Right Ascension	Apparent Declination	True Geocentric Distance
	h m s	o ′ ″			h m s	o ′ ″	
Oct.　1	10 23 24.736	+11 30 31.38	10.055 3756	Nov. 16	10 39 11.301	+10 07 42.03	9.448 6924
2	10 23 50.626	+11 28 12.41	10.046 0360	17	10 39 24.870	+10 06 36.06	9.432 6046
3	10 24 16.344	+11 25 54.39	10.036 4888	18	10 39 38.078	+10 05 32.30	9.416 4546
4	10 24 41.884	+11 23 37.37	10.026 7354	19	10 39 50.920	+10 04 30.76	9.400 2469
5	10 25 07.240	+11 21 21.39	10.016 7775	20	10 40 03.394	+10 03 31.45	9.383 9858
6	10 25 32.406	+11 19 06.46	10.006 6169	21	10 40 15.499	+10 02 34.38	9.367 6758
7	10 25 57.378	+11 16 52.63	9.996 2556	22	10 40 27.234	+10 01 39.54	9.351 3212
8	10 26 22.152	+11 14 39.91	9.985 6957	23	10 40 38.601	+10 00 46.94	9.334 9263
9	10 26 46.724	+11 12 28.32	9.974 9392	24	10 40 49.596	+ 9 59 56.60	9.318 4953
10	10 27 11.090	+11 10 17.90	9.963 9886	25	10 41 00.218	+ 9 59 08.53	9.302 0322
11	10 27 35.247	+11 08 08.66	9.952 8463	26	10 41 10.463	+ 9 58 22.77	9.285 5413
12	10 27 59.192	+11 06 00.64	9.941 5147	27	10 41 20.324	+ 9 57 39.35	9.269 0267
13	10 28 22.921	+11 03 53.85	9.929 9966	28	10 41 29.797	+ 9 56 58.32	9.252 4927
14	10 28 46.430	+11 01 48.33	9.918 2945	29	10 41 38.877	+ 9 56 19.68	9.235 9437
15	10 29 09.715	+10 59 44.12	9.906 4113	30	10 41 47.560	+ 9 55 43.45	9.219 3843
16	10 29 32.771	+10 57 41.24	9.894 3498	Dec.　1	10 41 55.844	+ 9 55 09.66	9.202 8191
17	10 29 55.594	+10 55 39.72	9.882 1129	2	10 42 03.727	+ 9 54 38.29	9.186 2530
18	10 30 18.178	+10 53 39.61	9.869 7037	3	10 42 11.207	+ 9 54 09.37	9.169 6909
19	10 30 40.518	+10 51 40.94	9.857 1250	4	10 42 18.283	+ 9 53 42.90	9.153 1377
20	10 31 02.609	+10 49 43.73	9.844 3800	5	10 42 24.954	+ 9 53 18.89	9.136 5987
21	10 31 24.446	+10 47 48.02	9.831 4717	6	10 42 31.218	+ 9 52 57.34	9.120 0788
22	10 31 46.025	+10 45 53.83	9.818 4033	7	10 42 37.074	+ 9 52 38.27	9.103 5834
23	10 32 07.342	+10 44 01.18	9.805 1777	8	10 42 42.520	+ 9 52 21.68	9.087 1178
24	10 32 28.395	+10 42 10.09	9.791 7980	9	10 42 47.555	+ 9 52 07.60	9.070 6871
25	10 32 49.181	+10 40 20.55	9.778 2673	10	10 42 52.176	+ 9 51 56.02	9.054 2969
26	10 33 09.700	+10 38 32.58	9.764 5883	11	10 42 56.382	+ 9 51 46.97	9.037 9524
27	10 33 29.950	+10 36 46.21	9.750 7638	12	10 43 00.169	+ 9 51 40.45	9.021 6591
28	10 33 49.928	+10 35 01.45	9.736 7968	13	10 43 03.536	+ 9 51 36.47	9.005 4224
29	10 34 09.630	+10 33 18.35	9.722 6898	14	10 43 06.482	+ 9 51 35.03	8.989 2476
30	10 34 29.049	+10 31 36.95	9.708 4459	15	10 43 09.005	+ 9 51 36.14	8.973 1402
31	10 34 48.178	+10 29 57.30	9.694 0679	16	10 43 11.104	+ 9 51 39.79	8.957 1053
Nov.　1	10 35 07.012	+10 28 19.43	9.679 5589	17	10 43 12.781	+ 9 51 45.97	8.941 1483
2	10 35 25.544	+10 26 43.37	9.664 9221	18	10 43 14.036	+ 9 51 54.66	8.925 2744
3	10 35 43.770	+10 25 09.15	9.650 1610	19	10 43 14.872	+ 9 52 05.85	8.909 4885
4	10 36 01.687	+10 23 36.79	9.635 2790	20	10 43 15.290	+ 9 52 19.51	8.893 7957
5	10 36 19.290	+10 22 06.31	9.620 2798	21	10 43 15.294	+ 9 52 35.63	8.878 2008
6	10 36 36.577	+10 20 37.74	9.605 1671	22	10 43 14.885	+ 9 52 54.21	8.862 7085
7	10 36 53.545	+10 19 11.09	9.589 9448	23	10 43 14.063	+ 9 53 15.24	8.847 3237
8	10 37 10.190	+10 17 46.39	9.574 6168	24	10 43 12.826	+ 9 53 38.74	8.832 0508
9	10 37 26.509	+10 16 23.65	9.559 1872	25	10 43 11.172	+ 9 54 04.72	8.816 8947
10	10 37 42.499	+10 15 02.92	9.543 6602	26	10 43 09.101	+ 9 54 33.17	8.801 8600
11	10 37 58.156	+10 13 44.21	9.528 0400	27	10 43 06.610	+ 9 55 04.09	8.786 9516
12	10 38 13.477	+10 12 27.55	9.512 3308	28	10 43 03.701	+ 9 55 37.47	8.772 1743
13	10 38 28.456	+10 11 12.98	9.496 5370	29	10 43 00.375	+ 9 56 13.28	8.757 5332
14	10 38 43.089	+10 10 00.51	9.480 6630	30	10 42 56.636	+ 9 56 51.52	8.743 0334
15	10 38 57.372	+10 08 50.19	9.464 7133	31	10 42 52.485	+ 9 57 32.14	8.728 6799
16	10 39 11.301	+10 07 42.03	9.448 6924	32	10 42 47.925	+ 9 58 15.14	8.714 4780

URANUS, 2007

GEOCENTRIC COORDINATES FOR 0ʰ TERRESTRIAL TIME

Date	Apparent Right Ascension	Apparent Declination	True Geocentric Distance	Date	Apparent Right Ascension	Apparent Declination	True Geocentric Distance
	h m s	° ′ ″			h m s	° ′ ″	
Jan. 0	22 52 55.014	− 7 56 54.26	20.524 567	Feb. 15	23 00 47.308	− 7 07 13.84	21.026 927
1	22 53 02.470	− 7 56 06.42	20.539 840	16	23 00 59.661	− 7 05 56.49	21.032 252
2	22 53 10.084	− 7 55 17.63	20.554 973	17	23 01 12.058	− 7 04 38.89	21.037 304
3	22 53 17.853	− 7 54 27.92	20.569 962	18	23 01 24.497	− 7 03 21.04	21.042 083
4	22 53 25.773	− 7 53 37.31	20.584 803	19	23 01 36.973	− 7 02 02.96	21.046 585
5	22 53 33.842	− 7 52 45.80	20.599 492	20	23 01 49.487	− 7 00 44.65	21.050 812
6	22 53 42.056	− 7 51 53.43	20.614 025	21	23 02 02.037	− 6 59 26.12	21.054 761
7	22 53 50.413	− 7 51 00.18	20.628 398	22	23 02 14.623	− 6 58 07.37	21.058 432
8	22 53 58.913	− 7 50 06.08	20.642 608	23	23 02 27.242	− 6 56 48.42	21.061 826
9	22 54 07.553	− 7 49 11.12	20.656 650	24	23 02 39.893	− 6 55 29.30	21.064 940
10	22 54 16.334	− 7 48 15.30	20.670 520	25	23 02 52.572	− 6 54 10.02	21.067 776
11	22 54 25.255	− 7 47 18.64	20.684 215	26	23 03 05.275	− 6 52 50.61	21.070 333
12	22 54 34.314	− 7 46 21.13	20.697 730	27	23 03 17.996	− 6 51 31.11	21.072 610
13	22 54 43.510	− 7 45 22.79	20.711 062	28	23 03 30.733	− 6 50 11.54	21.074 609
14	22 54 52.843	− 7 44 23.62	20.724 207	Mar. 1	23 03 43.482	− 6 48 51.91	21.076 329
15	22 55 02.310	− 7 43 23.64	20.737 161	2	23 03 56.240	− 6 47 32.24	21.077 769
16	22 55 11.908	− 7 42 22.87	20.749 920	3	23 04 09.005	− 6 46 12.55	21.078 931
17	22 55 21.636	− 7 41 21.32	20.762 479	4	23 04 21.778	− 6 44 52.87	21.079 813
18	22 55 31.489	− 7 40 19.03	20.774 837	5	23 04 34.557	− 6 43 33.36	21.080 416
19	22 55 41.462	− 7 39 16.01	20.786 988	6	23 04 47.298	− 6 42 13.98	21.080 740
20	22 55 51.553	− 7 38 12.29	20.798 929	7	23 05 00.057	− 6 40 53.96	21.080 786
21	22 56 01.757	− 7 37 07.88	20.810 656	8	23 05 12.827	− 6 39 34.15	21.080 552
22	22 56 12.072	− 7 36 02.81	20.822 167	9	23 05 25.594	− 6 38 14.45	21.080 039
23	22 56 22.495	− 7 34 57.07	20.833 458	10	23 05 38.355	− 6 36 54.81	21.079 248
24	22 56 33.026	− 7 33 50.67	20.844 526	11	23 05 51.106	− 6 35 35.25	21.078 178
25	22 56 43.664	− 7 32 43.62	20.855 368	12	23 06 03.847	− 6 34 15.78	21.076 830
26	22 56 54.409	− 7 31 35.92	20.865 982	13	23 06 16.573	− 6 32 56.42	21.075 204
27	22 57 05.259	− 7 30 27.58	20.876 365	14	23 06 29.280	− 6 31 37.19	21.073 299
28	22 57 16.211	− 7 29 18.63	20.886 514	15	23 06 41.965	− 6 30 18.12	21.071 118
29	22 57 27.261	− 7 28 09.09	20.896 429	16	23 06 54.624	− 6 28 59.23	21.068 660
30	22 57 38.406	− 7 26 58.99	20.906 105	17	23 07 07.252	− 6 27 40.55	21.065 925
31	22 57 49.642	− 7 25 48.36	20.915 543	18	23 07 19.846	− 6 26 22.09	21.062 914
Feb. 1	22 58 00.964	− 7 24 37.21	20.924 738	19	23 07 32.406	− 6 25 03.86	21.059 629
2	22 58 12.369	− 7 23 25.57	20.933 689	20	23 07 44.929	− 6 23 45.86	21.056 070
3	22 58 23.855	− 7 22 13.44	20.942 394	21	23 07 57.416	− 6 22 28.09	21.052 238
4	22 58 35.419	− 7 21 00.84	20.950 851	22	23 08 09.866	− 6 21 10.57	21.048 136
5	22 58 47.059	− 7 19 47.78	20.959 058	23	23 08 22.277	− 6 19 53.31	21.043 764
6	22 58 58.775	− 7 18 34.26	20.967 013	24	23 08 34.645	− 6 18 36.33	21.039 125
7	22 59 10.564	− 7 17 20.28	20.974 714	25	23 08 46.966	− 6 17 19.67	21.034 220
8	22 59 22.425	− 7 16 05.87	20.982 158	26	23 08 59.237	− 6 16 03.36	21.029 051
9	22 59 34.358	− 7 14 51.03	20.989 344	27	23 09 11.452	− 6 14 47.41	21.023 621
10	22 59 46.359	− 7 13 35.77	20.996 269	28	23 09 23.609	− 6 13 31.85	21.017 930
11	22 59 58.427	− 7 12 20.11	21.002 933	29	23 09 35.704	− 6 12 16.69	21.011 982
12	23 00 10.559	− 7 11 04.06	21.009 332	30	23 09 47.736	− 6 11 01.95	21.005 777
13	23 00 22.753	− 7 09 47.65	21.015 465	31	23 09 59.703	− 6 09 47.63	20.999 318
14	23 00 35.003	− 7 08 30.90	21.021 331	Apr. 1	23 10 11.602	− 6 08 33.74	20.992 607
15	23 00 47.308	− 7 07 13.84	21.026 927	2	23 10 23.434	− 6 07 20.29	20.985 645

GEOCENTRIC COORDINATES FOR 0^h TERRESTRIAL TIME

Date	Apparent Right Ascension	Apparent Declination	True Geocentric Distance	Date	Apparent Right Ascension	Apparent Declination	True Geocentric Distance
	h m s	° ′ ″			h m s	° ′ ″	
Apr. 1	23 10 11.602	− 6 08 33.74	20.992 607	May 17	23 17 31.356	− 5 23 31.18	20.454 122
2	23 10 23.434	− 6 07 20.29	20.985 645	18	23 17 37.843	− 5 22 52.24	20.438 615
3	23 10 35.197	− 6 06 07.28	20.978 435	19	23 17 44.174	− 5 22 14.32	20.423 006
4	23 10 46.890	− 6 04 54.73	20.970 978	20	23 17 50.345	− 5 21 37.43	20.407 301
5	23 10 58.511	− 6 03 42.64	20.963 277	21	23 17 56.352	− 5 21 01.60	20.391 503
6	23 11 10.058	− 6 02 31.02	20.955 333	22	23 18 02.195	− 5 20 26.83	20.375 617
7	23 11 21.530	− 6 01 19.90	20.947 148	23	23 18 07.870	− 5 19 53.13	20.359 648
8	23 11 32.924	− 6 00 09.28	20.938 725	24	23 18 13.379	− 5 19 20.51	20.343 601
9	23 11 44.237	− 5 58 59.20	20.930 065	25	23 18 18.720	− 5 18 48.95	20.327 478
10	23 11 55.466	− 5 57 49.66	20.921 170	26	23 18 23.895	− 5 18 18.46	20.311 286
11	23 12 06.606	− 5 56 40.70	20.912 044	27	23 18 28.902	− 5 17 49.04	20.295 029
12	23 12 17.656	− 5 55 32.34	20.902 687	28	23 18 33.743	− 5 17 20.68	20.278 709
13	23 12 28.610	− 5 54 24.59	20.893 102	29	23 18 38.418	− 5 16 53.39	20.262 333
14	23 12 39.467	− 5 53 17.47	20.883 291	30	23 18 42.926	− 5 16 27.16	20.245 904
15	23 12 50.224	− 5 52 10.99	20.873 258	31	23 18 47.266	− 5 16 02.00	20.229 426
16	23 13 00.879	− 5 51 05.16	20.863 004	June 1	23 18 51.439	− 5 15 37.91	20.212 904
17	23 13 11.434	− 5 49 59.98	20.852 533	2	23 18 55.443	− 5 15 14.91	20.196 342
18	23 13 21.888	− 5 48 55.44	20.841 847	3	23 18 59.275	− 5 14 53.01	20.179 744
19	23 13 32.241	− 5 47 51.56	20.830 950	4	23 19 02.935	− 5 14 32.22	20.163 114
20	23 13 42.489	− 5 46 48.36	20.819 846	5	23 19 06.420	− 5 14 12.55	20.146 456
21	23 13 52.629	− 5 45 45.87	20.808 537	6	23 19 09.728	− 5 13 54.01	20.129 775
22	23 14 02.658	− 5 44 44.10	20.797 027	7	23 19 12.858	− 5 13 36.60	20.113 075
23	23 14 12.571	− 5 43 43.10	20.785 320	8	23 19 15.808	− 5 13 20.34	20.096 360
24	23 14 22.365	− 5 42 42.87	20.773 419	9	23 19 18.580	− 5 13 05.22	20.079 636
25	23 14 32.037	− 5 41 43.42	20.761 328	10	23 19 21.174	− 5 12 51.23	20.062 905
26	23 14 41.585	− 5 40 44.78	20.749 050	11	23 19 23.591	− 5 12 38.36	20.046 174
27	23 14 51.009	− 5 39 46.93	20.736 589	12	23 19 25.832	− 5 12 26.60	20.029 446
28	23 15 00.307	− 5 38 49.90	20.723 947	13	23 19 27.899	− 5 12 15.96	20.012 728
29	23 15 09.479	− 5 37 53.68	20.711 129	14	23 19 29.790	− 5 12 06.44	19.996 023
30	23 15 18.524	− 5 36 58.27	20.698 138	15	23 19 31.504	− 5 11 58.05	19.979 338
May 1	23 15 27.442	− 5 36 03.68	20.684 977	16	23 19 33.039	− 5 11 50.82	19.962 676
2	23 15 36.231	− 5 35 09.91	20.671 650	17	23 19 34.392	− 5 11 44.74	19.946 044
3	23 15 44.890	− 5 34 16.98	20.658 160	18	23 19 35.562	− 5 11 39.84	19.929 445
4	23 15 53.419	− 5 33 24.89	20.644 510	19	23 19 36.547	− 5 11 36.10	19.912 887
5	23 16 01.815	− 5 32 33.67	20.630 703	20	23 19 37.350	− 5 11 33.53	19.896 372
6	23 16 10.075	− 5 31 43.31	20.616 744	21	23 19 37.969	− 5 11 32.12	19.879 906
7	23 16 18.198	− 5 30 53.85	20.602 635	22	23 19 38.408	− 5 11 31.85	19.863 493
8	23 16 26.181	− 5 30 05.29	20.588 381	23	23 19 38.666	− 5 11 32.71	19.847 139
9	23 16 34.020	− 5 29 17.67	20.573 983	24	23 19 38.747	− 5 11 34.70	19.830 847
10	23 16 41.712	− 5 28 30.99	20.559 447	25	23 19 38.650	− 5 11 37.80	19.814 622
11	23 16 49.256	− 5 27 45.26	20.544 775	26	23 19 38.378	− 5 11 42.01	19.798 469
12	23 16 56.649	− 5 27 00.50	20.529 972	27	23 19 37.931	− 5 11 47.32	19.782 393
13	23 17 03.892	− 5 26 16.71	20.515 041	28	23 19 37.310	− 5 11 53.73	19.766 396
14	23 17 10.983	− 5 25 33.88	20.499 986	29	23 19 36.515	− 5 12 01.24	19.750 485
15	23 17 17.924	− 5 24 52.01	20.484 812	30	23 19 35.546	− 5 12 09.85	19.734 662
16	23 17 24.716	− 5 24 11.11	20.469 522	July 1	23 19 34.401	− 5 12 19.57	19.718 933
17	23 17 31.356	− 5 23 31.18	20.454 122	2	23 19 33.081	− 5 12 30.39	19.703 301

URANUS, 2007

GEOCENTRIC COORDINATES FOR 0^h TERRESTRIAL TIME

Date	Apparent Right Ascension	Apparent Declination	True Geocentric Distance	Date	Apparent Right Ascension	Apparent Declination	True Geocentric Distance
	h m s	° ′ ″			h m s	° ′ ″	
July 1	23 19 34.401	− 5 12 19.57	19.718 933	Aug. 16	23 15 52.221	− 5 37 17.00	19.169 541
2	23 19 33.081	− 5 12 30.39	19.703 301	17	23 15 44.421	− 5 38 07.48	19.162 801
3	23 19 31.584	− 5 12 42.33	19.687 770	18	23 15 36.538	− 5 38 58.44	19.156 334
4	23 19 29.910	− 5 12 55.38	19.672 346	19	23 15 28.576	− 5 39 49.84	19.150 140
5	23 19 28.059	− 5 13 09.54	19.657 031	20	23 15 20.539	− 5 40 41.66	19.144 222
6	23 19 26.034	− 5 13 24.79	19.641 832	21	23 15 12.429	− 5 41 33.88	19.138 582
7	23 19 23.835	− 5 13 41.12	19.626 751	22	23 15 04.252	− 5 42 26.48	19.133 221
8	23 19 21.466	− 5 13 58.51	19.611 793	23	23 14 56.008	− 5 43 19.44	19.128 141
9	23 19 18.930	− 5 14 16.95	19.596 963	24	23 14 47.702	− 5 44 12.75	19.123 344
10	23 19 16.227	− 5 14 36.42	19.582 266	25	23 14 39.334	− 5 45 06.39	19.118 831
11	23 19 13.361	− 5 14 56.92	19.567 707	26	23 14 30.908	− 5 46 00.36	19.114 604
12	23 19 10.330	− 5 15 18.45	19.553 289	27	23 14 22.425	− 5 46 54.63	19.110 663
13	23 19 07.134	− 5 15 41.02	19.539 018	28	23 14 13.886	− 5 47 49.18	19.107 009
14	23 19 03.772	− 5 16 04.62	19.524 899	29	23 14 05.297	− 5 48 44.00	19.103 645
15	23 19 00.245	− 5 16 29.26	19.510 936	30	23 13 56.661	− 5 49 39.06	19.100 570
16	23 18 56.552	− 5 16 54.93	19.497 133	31	23 13 47.982	− 5 50 34.31	19.097 787
17	23 18 52.694	− 5 17 21.63	19.483 496	Sept. 1	23 13 39.268	− 5 51 29.72	19.095 296
18	23 18 48.675	− 5 17 49.32	19.470 028	2	23 13 30.523	− 5 52 25.28	19.093 099
19	23 18 44.497	− 5 18 17.99	19.456 734	3	23 13 21.750	− 5 53 20.94	19.091 198
20	23 18 40.162	− 5 18 47.63	19.443 618	4	23 13 12.953	− 5 54 16.70	19.089 592
21	23 18 35.674	− 5 19 18.20	19.430 683	5	23 13 04.134	− 5 55 12.55	19.088 285
22	23 18 31.036	− 5 19 49.70	19.417 933	6	23 12 55.295	− 5 56 08.48	19.087 275
23	23 18 26.251	− 5 20 22.09	19.405 373	7	23 12 46.438	− 5 57 04.47	19.086 566
24	23 18 21.321	− 5 20 55.37	19.393 005	8	23 12 37.565	− 5 58 00.50	19.086 157
25	23 18 16.248	− 5 21 29.53	19.380 835	9	23 12 28.679	− 5 58 56.55	19.086 048
26	23 18 11.034	− 5 22 04.55	19.368 864	10	23 12 19.785	− 5 59 52.60	19.086 242
27	23 18 05.681	− 5 22 40.42	19.357 096	11	23 12 10.887	− 6 00 48.60	19.086 737
28	23 18 00.190	− 5 23 17.14	19.345 536	12	23 12 01.990	− 6 01 44.54	19.087 534
29	23 17 54.560	− 5 23 54.70	19.334 185	13	23 11 53.099	− 6 02 40.37	19.088 632
30	23 17 48.794	− 5 24 33.09	19.323 048	14	23 11 44.218	− 6 03 36.07	19.090 033
31	23 17 42.892	− 5 25 12.32	19.312 127	15	23 11 35.354	− 6 04 31.59	19.091 734
Aug. 1	23 17 36.855	− 5 25 52.35	19.301 426	16	23 11 26.510	− 6 05 26.93	19.093 736
2	23 17 30.686	− 5 26 33.18	19.290 948	17	23 11 17.691	− 6 06 22.05	19.096 039
3	23 17 24.389	− 5 27 14.78	19.280 696	18	23 11 08.901	− 6 07 16.93	19.098 640
4	23 17 17.968	− 5 27 57.12	19.270 674	19	23 11 00.142	− 6 08 11.55	19.101 541
5	23 17 11.427	− 5 28 40.18	19.260 885	20	23 10 51.419	− 6 09 05.89	19.104 738
6	23 17 04.770	− 5 29 23.92	19.251 332	21	23 10 42.733	− 6 09 59.94	19.108 232
7	23 16 57.999	− 5 30 08.35	19.242 020	22	23 10 34.087	− 6 10 53.68	19.112 021
8	23 16 51.116	− 5 30 53.44	19.232 950	23	23 10 25.483	− 6 11 47.09	19.116 103
9	23 16 44.124	− 5 31 39.20	19.224 127	24	23 10 16.924	− 6 12 40.17	19.120 478
10	23 16 37.022	− 5 32 25.61	19.215 555	25	23 10 08.413	− 6 13 32.89	19.125 143
11	23 16 29.811	− 5 33 12.67	19.207 235	26	23 09 59.954	− 6 14 25.22	19.130 098
12	23 16 22.494	− 5 34 00.36	19.199 172	27	23 09 51.552	− 6 15 17.13	19.135 341
13	23 16 15.073	− 5 34 48.67	19.191 369	28	23 09 43.211	− 6 16 08.58	19.140 870
14	23 16 07.551	− 5 35 37.56	19.183 827	29	23 09 34.939	− 6 16 59.55	19.146 685
15	23 15 59.932	− 5 36 27.01	19.176 550	30	23 09 26.739	− 6 17 50.00	19.152 783
16	23 15 52.221	− 5 37 17.00	19.169 541	Oct. 1	23 09 18.614	− 6 18 39.93	19.159 164

GEOCENTRIC COORDINATES FOR 0^h TERRESTRIAL TIME

Date	Apparent Right Ascension	Apparent Declination	True Geocentric Distance	Date	Apparent Right Ascension	Apparent Declination	True Geocentric Distance
	h m s	° ′ ″			h m s	° ′ ″	
Oct. 1	23 09 18.614	− 6 18 39.93	19.159 164	Nov. 16	23 05 15.017	− 6 42 35.63	19.710 122
2	23 09 10.567	− 6 19 29.32	19.165 826	17	23 05 13.462	− 6 42 42.80	19.726 280
3	23 09 02.599	− 6 20 18.18	19.172 767	18	23 05 12.090	− 6 42 48.82	19.742 542
4	23 08 54.711	− 6 21 06.48	19.179 987	19	23 05 10.901	− 6 42 53.67	19.758 903
5	23 08 46.906	− 6 21 54.22	19.187 482	20	23 05 09.897	− 6 42 57.35	19.775 357
6	23 08 39.186	− 6 22 41.37	19.195 251	21	23 05 09.080	− 6 42 59.85	19.791 901
7	23 08 31.555	− 6 23 27.92	19.203 293	22	23 05 08.453	− 6 43 01.15	19.808 528
8	23 08 24.017	− 6 24 13.83	19.211 604	23	23 05 08.016	− 6 43 01.25	19.825 234
9	23 08 16.576	− 6 24 59.07	19.220 182	24	23 05 07.773	− 6 43 00.13	19.842 014
10	23 08 09.236	− 6 25 43.62	19.229 025	25	23 05 07.724	− 6 42 57.80	19.858 863
11	23 08 02.003	− 6 26 27.45	19.238 130	26	23 05 07.867	− 6 42 54.27	19.875 777
12	23 07 54.881	− 6 27 10.53	19.247 493	27	23 05 08.200	− 6 42 49.56	19.892 750
13	23 07 47.873	− 6 27 52.84	19.257 113	28	23 05 08.722	− 6 42 43.69	19.909 779
14	23 07 40.983	− 6 28 34.36	19.266 985	29	23 05 09.429	− 6 42 36.65	19.926 857
15	23 07 34.215	− 6 29 15.08	19.277 106	30	23 05 10.324	− 6 42 28.45	19.943 981
16	23 07 27.570	− 6 29 54.97	19.287 473	Dec. 1	23 05 11.405	− 6 42 19.07	19.961 145
17	23 07 21.052	− 6 30 34.03	19.298 083	2	23 05 12.675	− 6 42 08.51	19.978 344
18	23 07 14.662	− 6 31 12.25	19.308 932	3	23 05 14.135	− 6 41 56.77	19.995 572
19	23 07 08.403	− 6 31 49.62	19.320 016	4	23 05 15.785	− 6 41 43.82	20.012 825
20	23 07 02.274	− 6 32 26.13	19.331 331	5	23 05 17.628	− 6 41 29.67	20.030 096
21	23 06 56.279	− 6 33 01.77	19.342 874	6	23 05 19.663	− 6 41 14.32	20.047 381
22	23 06 50.418	− 6 33 36.52	19.354 641	7	23 05 21.892	− 6 40 57.75	20.064 675
23	23 06 44.695	− 6 34 10.37	19.366 628	8	23 05 24.314	− 6 40 39.98	20.081 971
24	23 06 39.112	− 6 34 43.30	19.378 830	9	23 05 26.929	− 6 40 21.02	20.099 264
25	23 06 33.674	− 6 35 15.27	19.391 246	10	23 05 29.736	− 6 40 00.86	20.116 548
26	23 06 28.385	− 6 35 46.28	19.403 869	11	23 05 32.733	− 6 39 39.52	20.133 819
27	23 06 23.249	− 6 36 16.28	19.416 698	12	23 05 35.919	− 6 39 17.01	20.151 070
28	23 06 18.270	− 6 36 45.28	19.429 728	13	23 05 39.292	− 6 38 53.35	20.168 296
29	23 06 13.447	− 6 37 13.27	19.442 956	14	23 05 42.849	− 6 38 28.54	20.185 492
30	23 06 08.782	− 6 37 40.26	19.456 378	15	23 05 46.591	− 6 38 02.59	20.202 653
31	23 06 04.273	− 6 38 06.25	19.469 990	16	23 05 50.514	− 6 37 35.50	20.219 772
Nov. 1	23 05 59.921	− 6 38 31.23	19.483 789	17	23 05 54.619	− 6 37 07.29	20.236 844
2	23 05 55.728	− 6 38 55.20	19.497 770	18	23 05 58.906	− 6 36 37.94	20.253 866
3	23 05 51.695	− 6 39 18.14	19.511 929	19	23 06 03.375	− 6 36 07.46	20.270 831
4	23 05 47.825	− 6 39 40.03	19.526 263	20	23 06 08.027	− 6 35 35.84	20.287 734
5	23 05 44.121	− 6 40 00.86	19.540 766	21	23 06 12.862	− 6 35 03.08	20.304 572
6	23 05 40.585	− 6 40 20.60	19.555 434	22	23 06 17.880	− 6 34 29.20	20.321 339
7	23 05 37.222	− 6 40 39.24	19.570 262	23	23 06 23.078	− 6 33 54.20	20.338 030
8	23 05 34.032	− 6 40 56.76	19.585 246	24	23 06 28.454	− 6 33 18.12	20.354 642
9	23 05 31.021	− 6 41 13.15	19.600 381	25	23 06 34.002	− 6 32 40.97	20.371 171
10	23 05 28.188	− 6 41 28.39	19.615 662	26	23 06 39.721	− 6 32 02.78	20.387 610
11	23 05 25.536	− 6 41 42.49	19.631 083	27	23 06 45.608	− 6 31 23.56	20.403 957
12	23 05 23.066	− 6 41 55.43	19.646 640	28	23 06 51.660	− 6 30 43.31	20.420 207
13	23 05 20.779	− 6 42 07.21	19.662 328	29	23 06 57.878	− 6 30 02.03	20.436 354
14	23 05 18.675	− 6 42 17.84	19.678 141	30	23 07 04.263	− 6 29 19.73	20.452 395
15	23 05 16.754	− 6 42 27.31	19.694 074	31	23 07 10.813	− 6 28 36.39	20.468 325
16	23 05 15.017	− 6 42 35.63	19.710 122	32	23 07 17.528	− 6 27 52.02	20.484 138

NEPTUNE, 2007

GEOCENTRIC COORDINATES FOR 0^h TERRESTRIAL TIME

Date	Apparent Right Ascension	Apparent Declination	True Geocentric Distance	Date	Apparent Right Ascension	Apparent Declination	True Geocentric Distance
	h m s	° ′ ″			h m s	° ′ ″	
Jan. 0	21 22 22.260	−15 37 24.49	30.808 982	Feb. 15	21 28 54.769	−15 06 52.56	31.031 148
1	21 22 29.700	−15 36 50.11	30.819 749	16	21 29 03.720	−15 06 10.37	31.029 318
2	21 22 37.220	−15 36 15.36	30.830 285	17	21 29 12.651	−15 05 28.27	31.027 199
3	21 22 44.816	−15 35 40.27	30.840 586	18	21 29 21.561	−15 04 46.25	31.024 791
4	21 22 52.485	−15 35 04.84	30.850 650	19	21 29 30.446	−15 04 04.32	31.022 095
5	21 23 00.223	−15 34 29.09	30.860 474	20	21 29 39.307	−15 03 22.46	31.019 113
6	21 23 08.027	−15 33 53.02	30.870 056	21	21 29 48.143	−15 02 40.68	31.015 844
7	21 23 15.896	−15 33 16.63	30.879 393	22	21 29 56.956	−15 01 58.99	31.012 292
8	21 23 23.829	−15 32 39.93	30.888 482	23	21 30 05.743	−15 01 17.39	31.008 457
9	21 23 31.824	−15 32 02.91	30.897 320	24	21 30 14.504	−15 00 35.90	31.004 341
10	21 23 39.880	−15 31 25.57	30.905 905	25	21 30 23.235	−14 59 54.55	30.999 946
11	21 23 47.998	−15 30 47.92	30.914 235	26	21 30 31.934	−14 59 13.37	30.995 274
12	21 23 56.175	−15 30 09.96	30.922 306	27	21 30 40.596	−14 58 32.36	30.990 326
13	21 24 04.413	−15 29 31.69	30.930 116	28	21 30 49.218	−14 57 51.54	30.985 104
14	21 24 12.708	−15 28 53.13	30.937 663	Mar. 1	21 30 57.797	−14 57 10.92	30.979 611
15	21 24 21.059	−15 28 14.29	30.944 944	2	21 31 06.331	−14 56 30.51	30.973 847
16	21 24 29.465	−15 27 35.19	30.951 957	3	21 31 14.818	−14 55 50.30	30.967 814
17	21 24 37.923	−15 26 55.84	30.958 700	4	21 31 23.257	−14 55 10.31	30.961 515
18	21 24 46.429	−15 26 16.27	30.965 171	5	21 31 31.647	−14 54 30.52	30.954 951
19	21 24 54.978	−15 25 36.49	30.971 367	6	21 31 39.988	−14 53 50.95	30.948 125
20	21 25 03.568	−15 24 56.51	30.977 286	7	21 31 48.278	−14 53 11.59	30.941 037
21	21 25 12.194	−15 24 16.34	30.982 927	8	21 31 56.517	−14 52 32.46	30.933 690
22	21 25 20.855	−15 23 36.00	30.988 289	9	21 32 04.704	−14 51 53.56	30.926 085
23	21 25 29.548	−15 22 55.46	30.993 369	10	21 32 12.838	−14 51 14.90	30.918 225
24	21 25 38.273	−15 22 14.73	30.998 167	11	21 32 20.917	−14 50 36.50	30.910 112
25	21 25 47.031	−15 21 33.81	31.002 682	12	21 32 28.939	−14 49 58.37	30.901 748
26	21 25 55.821	−15 20 52.70	31.006 913	13	21 32 36.901	−14 49 20.52	30.893 135
27	21 26 04.643	−15 20 11.43	31.010 859	14	21 32 44.800	−14 48 42.99	30.884 275
28	21 26 13.493	−15 19 30.00	31.014 520	15	21 32 52.634	−14 48 05.78	30.875 171
29	21 26 22.370	−15 18 48.45	31.017 895	16	21 33 00.398	−14 47 28.90	30.865 825
30	21 26 31.269	−15 18 06.79	31.020 984	17	21 33 08.089	−14 46 52.37	30.856 239
31	21 26 40.187	−15 17 25.04	31.023 786	18	21 33 15.705	−14 46 16.19	30.846 417
Feb. 1	21 26 49.121	−15 16 43.22	31.026 301	19	21 33 23.245	−14 45 40.35	30.836 361
2	21 26 58.066	−15 16 01.32	31.028 528	20	21 33 30.709	−14 45 04.84	30.826 075
3	21 27 07.022	−15 15 19.36	31.030 467	21	21 33 38.099	−14 44 29.66	30.815 562
4	21 27 15.986	−15 14 37.34	31.032 118	22	21 33 45.415	−14 43 54.83	30.804 825
5	21 27 24.958	−15 13 55.26	31.033 480	23	21 33 52.655	−14 43 20.35	30.793 868
6	21 27 33.937	−15 13 13.11	31.034 552	24	21 33 59.819	−14 42 46.26	30.782 694
7	21 27 42.925	−15 12 30.91	31.035 335	25	21 34 06.901	−14 42 12.56	30.771 308
8	21 27 51.937	−15 11 48.73	31.035 828	26	21 34 13.900	−14 41 39.29	30.759 712
9	21 28 00.831	−15 11 07.34	31.036 030	27	21 34 20.811	−14 41 06.45	30.747 911
10	21 28 09.847	−15 10 24.27	31.035 943	28	21 34 27.633	−14 40 34.05	30.735 909
11	21 28 18.846	−15 09 41.85	31.035 565	29	21 34 34.363	−14 40 02.10	30.723 707
12	21 28 27.838	−15 08 59.48	31.034 896	30	21 34 41.001	−14 39 30.60	30.711 311
13	21 28 36.824	−15 08 17.13	31.033 937	31	21 34 47.544	−14 38 59.54	30.698 724
14	21 28 45.802	−15 07 34.82	31.032 688	Apr. 1	21 34 53.994	−14 38 28.92	30.685 949
15	21 28 54.769	−15 06 52.56	31.031 148	2	21 35 00.349	−14 37 58.75	30.672 990

GEOCENTRIC COORDINATES FOR 0ʰ TERRESTRIAL TIME

Date	Apparent Right Ascension	Apparent Declination	True Geocentric Distance	Date	Apparent Right Ascension	Apparent Declination	True Geocentric Distance
	h m s	° ′ ″			h m s	° ′ ″	
Apr. 1	21 34 53.994	−14 38 28.92	30.685 949	May 17	21 37 52.139	−14 24 41.80	29.964 836
2	21 35 00.349	−14 37 58.75	30.672 990	18	21 37 53.148	−14 24 37.98	29.947 936
3	21 35 06.609	−14 37 29.03	30.659 850	19	21 37 54.030	−14 24 34.82	29.931 059
4	21 35 12.775	−14 36 59.75	30.646 532	20	21 37 54.783	−14 24 32.32	29.914 212
5	21 35 18.845	−14 36 30.93	30.633 041	21	21 37 55.405	−14 24 30.48	29.897 399
6	21 35 24.820	−14 36 02.57	30.619 381	22	21 37 55.895	−14 24 29.32	29.880 625
7	21 35 30.698	−14 35 34.69	30.605 553	23	21 37 56.254	−14 24 28.80	29.863 895
8	21 35 36.477	−14 35 07.29	30.591 563	24	21 37 56.481	−14 24 28.94	29.847 214
9	21 35 42.156	−14 34 40.39	30.577 414	25	21 37 56.578	−14 24 29.72	29.830 587
10	21 35 47.733	−14 34 14.01	30.563 109	26	21 37 56.547	−14 24 31.12	29.814 017
11	21 35 53.204	−14 33 48.15	30.548 652	27	21 37 56.388	−14 24 33.14	29.797 511
12	21 35 58.567	−14 33 22.83	30.534 048	28	21 37 56.104	−14 24 35.77	29.781 071
13	21 36 03.820	−14 32 58.06	30.519 300	29	21 37 55.696	−14 24 39.01	29.764 703
14	21 36 08.960	−14 32 33.84	30.504 412	30	21 37 55.164	−14 24 42.85	29.748 412
15	21 36 13.987	−14 32 10.16	30.489 389	31	21 37 54.511	−14 24 47.30	29.732 200
16	21 36 18.901	−14 31 47.02	30.474 234	June 1	21 37 53.736	−14 24 52.36	29.716 073
17	21 36 23.704	−14 31 24.40	30.458 953	2	21 37 52.839	−14 24 58.03	29.700 035
18	21 36 28.395	−14 31 02.31	30.443 551	3	21 37 51.820	−14 25 04.32	29.684 090
19	21 36 32.978	−14 30 40.75	30.428 031	4	21 37 50.678	−14 25 11.24	29.668 243
20	21 36 37.449	−14 30 19.75	30.412 398	5	21 37 49.412	−14 25 18.78	29.652 498
21	21 36 41.808	−14 29 59.32	30.396 659	6	21 37 48.021	−14 25 26.94	29.636 859
22	21 36 46.050	−14 29 39.49	30.380 817	7	21 37 46.505	−14 25 35.72	29.621 330
23	21 36 50.174	−14 29 20.25	30.364 877	8	21 37 44.865	−14 25 45.11	29.605 916
24	21 36 54.176	−14 29 01.63	30.348 845	9	21 37 43.101	−14 25 55.09	29.590 621
25	21 36 58.056	−14 28 43.63	30.332 724	10	21 37 41.217	−14 26 05.66	29.575 451
26	21 37 01.813	−14 28 26.23	30.316 520	11	21 37 39.214	−14 26 16.79	29.560 409
27	21 37 05.447	−14 28 09.43	30.300 236	12	21 37 37.096	−14 26 28.47	29.545 500
28	21 37 08.957	−14 27 53.24	30.283 878	13	21 37 34.865	−14 26 40.71	29.530 729
29	21 37 12.345	−14 27 37.64	30.267 450	14	21 37 32.521	−14 26 53.51	29.516 101
30	21 37 15.611	−14 27 22.63	30.250 956	15	21 37 30.065	−14 27 06.87	29.501 621
May 1	21 37 18.756	−14 27 08.22	30.234 401	16	21 37 27.496	−14 27 20.82	29.487 292
2	21 37 21.780	−14 26 54.39	30.217 789	17	21 37 24.811	−14 27 35.35	29.473 121
3	21 37 24.682	−14 26 41.16	30.201 125	18	21 37 22.011	−14 27 50.46	29.459 110
4	21 37 27.464	−14 26 28.54	30.184 412	19	21 37 19.096	−14 28 06.14	29.445 264
5	21 37 30.124	−14 26 16.52	30.167 656	20	21 37 16.068	−14 28 22.37	29.431 588
6	21 37 32.662	−14 26 05.12	30.150 861	21	21 37 12.928	−14 28 39.14	29.418 084
7	21 37 35.075	−14 25 54.35	30.134 031	22	21 37 09.679	−14 28 56.43	29.404 758
8	21 37 37.362	−14 25 44.22	30.117 171	23	21 37 06.323	−14 29 14.23	29.391 613
9	21 37 39.522	−14 25 34.74	30.100 285	24	21 37 02.864	−14 29 32.52	29.378 652
10	21 37 41.552	−14 25 25.91	30.083 377	25	21 36 59.303	−14 29 51.29	29.365 879
11	21 37 43.451	−14 25 17.73	30.066 454	26	21 36 55.643	−14 30 10.54	29.353 297
12	21 37 45.219	−14 25 10.18	30.049 518	27	21 36 51.885	−14 30 30.26	29.340 911
13	21 37 46.857	−14 25 03.28	30.032 575	28	21 36 48.032	−14 30 50.45	29.328 723
14	21 37 48.366	−14 24 56.99	30.015 631	29	21 36 44.084	−14 31 11.10	29.316 736
15	21 37 49.748	−14 24 51.31	29.998 689	30	21 36 40.043	−14 31 32.22	29.304 954
16	21 37 51.006	−14 24 46.25	29.981 756	July 1	21 36 35.907	−14 31 53.81	29.293 380
17	21 37 52.139	−14 24 41.80	29.964 836	2	21 36 31.677	−14 32 15.86	29.282 017

NEPTUNE, 2007

GEOCENTRIC COORDINATES FOR 0ʰ TERRESTRIAL TIME

Date		Apparent Right Ascension	Apparent Declination	True Geocentric Distance	Date		Apparent Right Ascension	Apparent Declination	True Geocentric Distance
		h m s	° ′ ″				h m s	° ′ ″	
July	1	21 36 35.907	−14 31 53.81	29.293 380	Aug.	16	21 32 14.890	−14 53 56.54	29.033 484
	2	21 36 31.677	−14 32 15.86	29.282 017		17	21 32 08.484	−14 54 28.37	29.034 449
	3	21 36 27.353	−14 32 38.37	29.270 869		18	21 32 02.085	−14 55 00.13	29.035 710
	4	21 36 22.936	−14 33 01.33	29.259 938		19	21 31 55.698	−14 55 31.79	29.037 266
	5	21 36 18.427	−14 33 24.73	29.249 228		20	21 31 49.326	−14 56 03.36	29.039 116
	6	21 36 13.828	−14 33 48.55	29.238 741		21	21 31 42.971	−14 56 34.81	29.041 259
	7	21 36 09.141	−14 34 12.77	29.228 482		22	21 31 36.636	−14 57 06.15	29.043 696
	8	21 36 04.372	−14 34 37.36	29.218 454		23	21 31 30.324	−14 57 37.37	29.046 424
	9	21 35 59.522	−14 35 02.32	29.208 660		24	21 31 24.035	−14 58 08.46	29.049 443
	10	21 35 54.596	−14 35 27.64	29.199 102		25	21 31 17.770	−14 58 39.42	29.052 752
	11	21 35 49.596	−14 35 53.32	29.189 786		26	21 31 11.531	−14 59 10.25	29.056 349
	12	21 35 44.522	−14 36 19.35	29.180 713		27	21 31 05.318	−14 59 40.93	29.060 234
	13	21 35 39.375	−14 36 45.75	29.171 888		28	21 30 59.132	−15 00 11.46	29.064 405
	14	21 35 34.155	−14 37 12.51	29.163 313		29	21 30 52.976	−15 00 41.82	29.068 862
	15	21 35 28.862	−14 37 39.63	29.154 991		30	21 30 46.852	−15 01 11.97	29.073 602
	16	21 35 23.497	−14 38 07.09	29.146 924		31	21 30 40.766	−15 01 41.91	29.078 626
	17	21 35 18.060	−14 38 34.89	29.139 116	Sept.	1	21 30 34.721	−15 02 11.59	29.083 931
	18	21 35 12.556	−14 39 03.00	29.131 569		2	21 30 28.722	−15 02 41.03	29.089 518
	19	21 35 06.988	−14 39 31.39	29.124 285		3	21 30 22.773	−15 03 10.21	29.095 384
	20	21 35 01.358	−14 40 00.05	29.117 265		4	21 30 16.874	−15 03 39.13	29.101 529
	21	21 34 55.670	−14 40 28.97	29.110 513		5	21 30 11.026	−15 04 07.79	29.107 951
	22	21 34 49.928	−14 40 58.12	29.104 030		6	21 30 05.231	−15 04 36.20	29.114 648
	23	21 34 44.134	−14 41 27.50	29.097 818		7	21 29 59.488	−15 05 04.36	29.121 620
	24	21 34 38.292	−14 41 57.09	29.091 878		8	21 29 53.799	−15 05 32.24	29.128 864
	25	21 34 32.404	−14 42 26.89	29.086 212		9	21 29 48.166	−15 05 59.85	29.136 379
	26	21 34 26.472	−14 42 56.89	29.080 821		10	21 29 42.590	−15 06 27.15	29.144 162
	27	21 34 20.497	−14 43 27.08	29.075 708		11	21 29 37.075	−15 06 54.13	29.152 211
	28	21 34 14.481	−14 43 57.48	29.070 872		12	21 29 31.623	−15 07 20.78	29.160 524
	29	21 34 08.423	−14 44 28.07	29.066 316		13	21 29 26.239	−15 07 47.06	29.169 097
	30	21 34 02.326	−14 44 58.84	29.062 041		14	21 29 20.926	−15 08 12.97	29.177 929
	31	21 33 56.190	−14 45 29.79	29.058 048		15	21 29 15.687	−15 08 38.50	29.187 017
Aug.	1	21 33 50.015	−14 46 00.89	29.054 338		16	21 29 10.525	−15 09 03.63	29.196 357
	2	21 33 43.805	−14 46 32.14	29.050 913		17	21 29 05.443	−15 09 28.36	29.205 946
	3	21 33 37.564	−14 47 03.50	29.047 773		18	21 29 00.442	−15 09 52.68	29.215 782
	4	21 33 31.295	−14 47 34.95	29.044 921		19	21 28 55.524	−15 10 16.59	29.225 861
	5	21 33 25.003	−14 48 06.48	29.042 356		20	21 28 50.692	−15 10 40.09	29.236 180
	6	21 33 18.692	−14 48 38.06	29.040 082		21	21 28 45.944	−15 11 03.18	29.246 736
	7	21 33 12.364	−14 49 09.71	29.038 098		22	21 28 41.283	−15 11 25.85	29.257 525
	8	21 33 06.022	−14 49 41.42	29.036 407		23	21 28 36.707	−15 11 48.10	29.268 544
	9	21 32 59.666	−14 50 13.19	29.035 008		24	21 28 32.219	−15 12 09.92	29.279 789
	10	21 32 53.297	−14 50 45.02	29.033 904		25	21 28 27.818	−15 12 31.31	29.291 257
	11	21 32 46.916	−14 51 16.90	29.033 094		26	21 28 23.508	−15 12 52.23	29.302 945
	12	21 32 40.524	−14 51 48.82	29.032 580		27	21 28 19.290	−15 13 12.67	29.314 850
	13	21 32 34.122	−14 52 20.77	29.032 362		28	21 28 15.170	−15 13 32.61	29.326 967
	14	21 32 27.713	−14 52 52.72	29.032 440		29	21 28 11.151	−15 13 52.04	29.339 295
	15	21 32 21.302	−14 53 24.65	29.032 814		30	21 28 07.237	−15 14 10.95	29.351 829
	16	21 32 14.890	−14 53 56.54	29.033 484	Oct.	1	21 28 03.428	−15 14 29.35	29.364 567

GEOCENTRIC COORDINATES FOR 0ʰ TERRESTRIAL TIME

Date	Apparent Right Ascension	Apparent Declination	True Geocentric Distance	Date	Apparent Right Ascension	Apparent Declination	True Geocentric Distance
	h m s	° ′ ″			h m s	° ′ ″	
Oct. 1	21 28 03.428	−15 14 29.35	29.364 567	Nov. 16	21 27 18.454	−15 18 08.98	30.095 098
2	21 27 59.725	−15 14 47.25	29.377 504	17	21 27 20.563	−15 17 59.02	30.112 297
3	21 27 56.128	−15 15 04.65	29.390 639	18	21 27 22.802	−15 17 48.44	30.129 469
4	21 27 52.636	−15 15 21.56	29.403 966	19	21 27 25.170	−15 17 37.23	30.146 609
5	21 27 49.249	−15 15 37.96	29.417 483	20	21 27 27.668	−15 17 25.40	30.163 711
6	21 27 45.969	−15 15 53.86	29.431 185	21	21 27 30.296	−15 17 12.92	30.180 770
7	21 27 42.795	−15 16 09.23	29.445 068	22	21 27 33.057	−15 16 59.79	30.197 782
8	21 27 39.732	−15 16 24.06	29.459 129	23	21 27 35.950	−15 16 46.01	30.214 743
9	21 27 36.780	−15 16 38.34	29.473 362	24	21 27 38.979	−15 16 31.58	30.231 646
10	21 27 33.942	−15 16 52.05	29.487 763	25	21 27 42.141	−15 16 16.53	30.248 488
11	21 27 31.222	−15 17 05.17	29.502 329	26	21 27 45.434	−15 16 00.86	30.265 264
12	21 27 28.621	−15 17 17.71	29.517 053	27	21 27 48.857	−15 15 44.61	30.281 970
13	21 27 26.141	−15 17 29.65	29.531 932	28	21 27 52.404	−15 15 27.77	30.298 601
14	21 27 23.785	−15 17 41.00	29.546 961	29	21 27 56.074	−15 15 10.36	30.315 151
15	21 27 21.554	−15 17 51.74	29.562 134	30	21 27 59.866	−15 14 52.38	30.331 617
16	21 27 19.447	−15 18 01.89	29.577 448	Dec. 1	21 28 03.778	−15 14 33.80	30.347 994
17	21 27 17.466	−15 18 11.44	29.592 897	2	21 28 07.812	−15 14 14.64	30.364 275
18	21 27 15.611	−15 18 20.40	29.608 476	3	21 28 11.968	−15 13 54.87	30.380 457
19	21 27 13.881	−15 18 28.77	29.624 180	4	21 28 16.247	−15 13 34.51	30.396 535
20	21 27 12.276	−15 18 36.55	29.640 004	5	21 28 20.647	−15 13 13.55	30.412 502
21	21 27 10.795	−15 18 43.74	29.655 944	6	21 28 25.171	−15 12 51.99	30.428 355
22	21 27 09.439	−15 18 50.33	29.671 994	7	21 28 29.816	−15 12 29.83	30.444 088
23	21 27 08.207	−15 18 56.31	29.688 150	8	21 28 34.583	−15 12 07.09	30.459 697
24	21 27 07.102	−15 19 01.67	29.704 406	9	21 28 39.471	−15 11 43.78	30.475 176
25	21 27 06.126	−15 19 06.39	29.720 759	10	21 28 44.477	−15 11 19.91	30.490 520
26	21 27 05.281	−15 19 10.46	29.737 203	11	21 28 49.599	−15 10 55.48	30.505 725
27	21 27 04.572	−15 19 13.87	29.753 734	12	21 28 54.835	−15 10 30.52	30.520 786
28	21 27 03.998	−15 19 16.63	29.770 348	13	21 29 00.183	−15 10 05.04	30.535 698
29	21 27 03.560	−15 19 18.76	29.787 039	14	21 29 05.639	−15 09 39.03	30.550 456
30	21 27 03.256	−15 19 20.28	29.803 804	15	21 29 11.203	−15 09 12.51	30.565 057
31	21 27 03.084	−15 19 21.18	29.820 637	16	21 29 16.871	−15 08 45.47	30.579 496
Nov. 1	21 27 03.042	−15 19 21.48	29.837 534	17	21 29 22.643	−15 08 17.93	30.593 768
2	21 27 03.129	−15 19 21.16	29.854 491	18	21 29 28.519	−15 07 49.86	30.607 869
3	21 27 03.347	−15 19 20.23	29.871 501	19	21 29 34.498	−15 07 21.27	30.621 796
4	21 27 03.696	−15 19 18.66	29.888 559	20	21 29 40.582	−15 06 52.16	30.635 545
5	21 27 04.177	−15 19 16.46	29.905 661	21	21 29 46.770	−15 06 22.53	30.649 112
6	21 27 04.791	−15 19 13.60	29.922 801	22	21 29 53.062	−15 05 52.40	30.662 493
7	21 27 05.541	−15 19 10.08	29.939 974	23	21 29 59.456	−15 05 21.79	30.675 685
8	21 27 06.427	−15 19 05.91	29.957 174	24	21 30 05.947	−15 04 50.72	30.688 686
9	21 27 07.450	−15 19 01.06	29.974 396	25	21 30 12.533	−15 04 19.21	30.701 490
10	21 27 08.611	−15 18 55.56	29.991 634	26	21 30 19.208	−15 03 47.29	30.714 096
11	21 27 09.910	−15 18 49.40	30.008 883	27	21 30 25.971	−15 03 14.94	30.726 499
12	21 27 11.348	−15 18 42.59	30.026 137	28	21 30 32.819	−15 02 42.17	30.738 695
13	21 27 12.922	−15 18 35.14	30.043 391	29	21 30 39.752	−15 02 08.97	30.750 682
14	21 27 14.632	−15 18 27.04	30.060 640	30	21 30 46.770	−15 01 35.34	30.762 456
15	21 27 16.476	−15 18 18.33	30.077 877	31	21 30 53.872	−15 01 01.28	30.774 013
16	21 27 18.454	−15 18 08.98	30.095 098	32	21 31 01.058	−15 00 26.79	30.785 349

PLUTO, 2007

GEOCENTRIC POSITIONS FOR 0^ह TERRESTRIAL TIME

Date	Astrometric BCRS Right Ascension	Astrometric BCRS Declination	True Geocentric Distance	Date	Astrometric BCRS Right Ascension	Astrometric BCRS Declination	True Geocentric Distance
	h m s	° ′ ″			h m s	° ′ ″	
Jan. −4	17 46 32.516	−16 31 10.85	32.183780	July 5	17 48 06.491	−16 24 41.17	30.333815
1	17 47 17.961	−16 31 42.25	32.169982	10	17 47 36.035	−16 25 24.17	30.361764
6	17 48 02.686	−16 32 07.16	32.149137	15	17 47 06.787	−16 26 12.76	30.396526
11	17 48 46.442	−16 32 25.65	32.121398	20	17 46 39.041	−16 27 06.82	30.437863
16	17 49 28.974	−16 32 37.83	32.086944	25	17 46 13.067	−16 28 06.14	30.485450
21	17 50 10.016	−16 32 43.84	32.046017	30	17 45 49.099	−16 29 10.49	30.538924
26	17 50 49.308	−16 32 43.96	31.998943	Aug. 4	17 45 27.347	−16 30 19.63	30.597913
31	17 51 26.616	−16 32 38.52	31.946127	9	17 45 08.015	−16 31 33.38	30.662044
Feb. 5	17 52 01.740	−16 32 27.89	31.887981	14	17 44 51.309	−16 32 51.46	30.730890
10	17 52 34.483	−16 32 12.39	31.824924	19	17 44 37.412	−16 34 13.51	30.803945
15	17 53 04.650	−16 31 52.38	31.757401	24	17 44 26.468	−16 35 39.12	30.880662
20	17 53 32.051	−16 31 28.31	31.685921	29	17 44 18.583	−16 37 07.88	30.960489
25	17 53 56.518	−16 31 00.69	31.611064	Sept. 3	17 44 13.842	−16 38 39.43	31.042893
Mar. 2	17 54 17.932	−16 30 30.06	31.533433	8	17 44 12.329	−16 40 13.37	31.127338
7	17 54 36.193	−16 29 56.91	31.453605	13	17 44 14.113	−16 41 49.24	31.213231
12	17 54 51.215	−16 29 21.72	31.372154	18	17 44 19.229	−16 43 26.51	31.299935
17	17 55 02.916	−16 28 44.99	31.289676	23	17 44 27.670	−16 45 04.67	31.386819
22	17 55 11.234	−16 28 07.27	31.206814	28	17 44 39.398	−16 46 43.20	31.473279
27	17 55 16.152	−16 27 29.18	31.124241	Oct. 3	17 44 54.366	−16 48 21.66	31.558754
Apr. 1	17 55 17.697	−16 26 51.26	31.042595	8	17 45 12.527	−16 49 59.56	31.642666
6	17 55 15.908	−16 26 13.98	30.962466	13	17 45 33.807	−16 51 36.35	31.724402
11	17 55 10.838	−16 25 37.82	30.884431	18	17 45 58.096	−16 53 11.48	31.803354
16	17 55 02.553	−16 25 03.26	30.809078	23	17 46 25.251	−16 54 44.42	31.878957
21	17 54 51.150	−16 24 30.85	30.737015	28	17 46 55.111	−16 56 14.73	31.950706
26	17 54 36.777	−16 24 01.08	30.668823	Nov. 2	17 47 27.522	−16 57 42.00	32.018138
May 1	17 54 19.608	−16 23 34.35	30.605004	7	17 48 02.323	−16 59 05.75	32.080770
6	17 53 59.824	−16 23 11.02	30.546007	12	17 48 39.319	−17 00 25.52	32.138125
11	17 53 37.612	−16 22 51.43	30.492262	17	17 49 18.291	−17 01 40.90	32.189776
16	17 53 13.177	−16 22 35.97	30.444195	22	17 49 58.999	−17 02 51.54	32.235364
21	17 52 46.762	−16 22 25.00	30.402218	27	17 50 41.204	−17 03 57.17	32.274609
26	17 52 18.643	−16 22 18.81	30.366657	Dec. 2	17 51 24.680	−17 04 57.53	32.307256
31	17 51 49.100	−16 22 17.59	30.337753	7	17 52 09.186	−17 05 52.36	32.333048
June 5	17 51 18.406	−16 22 21.52	30.315699	12	17 52 54.457	−17 06 41.42	32.351772
10	17 50 46.835	−16 22 30.77	30.300668	17	17 53 40.213	−17 07 24.57	32.363291
15	17 50 14.678	−16 22 45.52	30.292817	22	17 54 26.173	−17 08 01.77	32.367557
20	17 49 42.253	−16 23 05.93	30.292243	27	17 55 12.073	−17 08 33.01	32.364589
25	17 49 09.881	−16 23 32.03	30.298940	32	17 55 57.663	−17 08 58.29	32.354410
30	17 48 37.866	−16 24 03.79	30.312834	37	17 56 42.675	−17 09 17.64	32.337068

HELIOCENTRIC POSITIONS FOR 0^ह TERRESTRIAL TIME

MEAN ECLIPTIC AND EQUINOX OF DATE

Date	Longitude	Latitude	Radius Vector	Date	Longitude	Latitude	Radius Vector
	° ′ ″	° ′ ″			° ′ ″	° ′ ″	
Jan. −20	266 29 34.1	+ 7 07 15.6	31.21051	Aug. 8	267 56 01.3	+ 6 43 17.3	31.32441
Jan. 20	266 44 01.8	+ 7 03 16.2	31.22929	Sept. 17	268 10 21.5	+ 6 39 17.2	31.34365
Mar. 1	266 58 28.1	+ 6 59 16.7	31.24816	Oct. 27	268 24 40.4	+ 6 35 17.0	31.36297
Apr. 10	267 12 53.3	+ 6 55 17.0	31.26711	Dec. 6	268 38 58.0	+ 6 31 16.7	31.38237
May 20	267 27 17.2	+ 6 51 17.2	31.28613	Dec. 46	268 53 14.3	+ 6 27 16.3	31.40185
June 29	267 41 39.9	+ 6 47 17.3	31.30523				

NOTES AND FORMULAS

Semidiameter and parallax

The apparent angular semidiameter, s, of a planet is given by:

$$s = \text{semidiameter at unit distance / true distance}$$

where the true distance is given in the daily geocentric ephemeris on pages E16–E44, and the adopted semidiameter at unit distance is given by:

	ʺ			ʺ			ʺ
Mercury	3.36	Jupiter: equatorial	98.57	Uranus	35.24
Venus	8.34	polar	92.18	Neptune	34.14
Mars	4.68	Saturn: equatorial	83.10	Pluto	1.65
		polar	74.96		

The difference in transit times of the limb and center of a planet in seconds of time is given approximately by:

$$\text{difference in transit time} = (s \text{ in seconds of arc}) / 15 \cos \delta$$

where the sidereal motion of the planet is ignored.

The equatorial horizontal parallax of a planet is given by $8ʺ.794\,143$ divided by its true geocentric distance; formulas for the corrections for diurnal parallax are given on page B77.

Time of transit of a planet

The transit times that are tabulated on pages E46–E53 are expressed in terrestrial time (TT) and refer to the transits over the ephemeris meridian; for most purposes this may be regarded as giving the universal time (UT) of transit over the Greenwich meridian.

The UT of transit over a local meridian is given by:

$$\text{time of ephemeris transit} - (\lambda/24) * \text{first difference}$$

with an error that is usually less than 1 second, where λ is the *east* longitude in hours and the first difference is about 24 hours.

Times of rising and setting

Approximate times of the rising and setting of a planet at a place with latitude φ may be obtained from the time of transit by applying the value of the hour angle h of the point on the horizon at the same declination as the planet; h is given by:

$$\cos h = - \tan \varphi \tan \delta$$

This ignores the sidereal motion of the planet during the interval between transit and rising or setting. Similarly, the time at which a planet reaches a zenith distance z may be obtained by determining the corresponding hour angle h from:

$$\cos h = - \tan \varphi \tan \delta + \sec \varphi \sec \delta \cos z$$

and applying h to the time of transit.

Date	Mercury	Venus	Mars	Jupiter	Saturn	Uranus	Neptune	Pluto
	h m s	h m s	h m s	h m s	h m s	h m s	h m s	h m s
Jan. 0	11 46 03	13 11 35	10 28 57	9 46 59	3 11 11	16 13 12	14 42 54	11 08 38
1	11 49 06	13 12 59	10 28 08	9 43 54	3 07 05	16 09 24	14 39 05	11 04 51
2	11 52 11	13 14 22	10 27 20	9 40 50	3 02 59	16 05 36	14 35 17	11 01 05
3	11 55 17	13 15 43	10 26 32	9 37 46	2 58 52	16 01 47	14 31 29	10 57 18
4	11 58 24	13 17 03	10 25 45	9 34 41	2 54 44	15 57 59	14 27 40	10 53 31
5	12 01 32	13 18 23	10 24 58	9 31 36	2 50 37	15 54 12	14 23 52	10 49 43
6	12 04 41	13 19 40	10 24 11	9 28 31	2 46 29	15 50 24	14 20 04	10 45 56
7	12 07 50	13 20 57	10 23 25	9 25 26	2 42 21	15 46 37	14 16 16	10 42 09
8	12 11 00	13 22 13	10 22 38	9 22 20	2 38 12	15 42 49	14 12 28	10 38 22
9	12 14 11	13 23 27	10 21 53	9 19 14	2 34 03	15 39 02	14 08 40	10 34 35
10	12 17 22	13 24 40	10 21 07	9 16 08	2 29 54	15 35 15	14 04 52	10 30 48
11	12 20 33	13 25 52	10 20 22	9 13 02	2 25 44	15 31 28	14 01 04	10 27 00
12	12 23 44	13 27 02	10 19 37	9 09 55	2 21 34	15 27 41	13 57 17	10 23 13
13	12 26 54	13 28 11	10 18 53	9 06 48	2 17 24	15 23 54	13 53 29	10 19 26
14	12 30 05	13 29 19	10 18 08	9 03 41	2 13 14	15 20 08	13 49 41	10 15 38
15	12 33 15	13 30 25	10 17 24	9 00 33	2 09 03	15 16 21	13 45 54	10 11 51
16	12 36 23	13 31 30	10 16 40	8 57 25	2 04 52	15 12 35	13 42 06	10 08 03
17	12 39 31	13 32 34	10 15 57	8 54 17	2 00 41	15 08 49	13 38 19	10 04 16
18	12 42 38	13 33 37	10 15 13	8 51 09	1 56 29	15 05 03	13 34 31	10 00 28
19	12 45 43	13 34 38	10 14 30	8 48 00	1 52 17	15 01 17	13 30 44	9 56 40
20	12 48 46	13 35 38	10 13 47	8 44 51	1 48 05	14 57 31	13 26 57	9 52 52
21	12 51 46	13 36 36	10 13 04	8 41 41	1 43 53	14 53 46	13 23 09	9 49 04
22	12 54 44	13 37 33	10 12 21	8 38 31	1 39 40	14 50 00	13 19 22	9 45 16
23	12 57 39	13 38 29	10 11 38	8 35 21	1 35 28	14 46 15	13 15 35	9 41 28
24	13 00 29	13 39 24	10 10 56	8 32 11	1 31 15	14 42 29	13 11 48	9 37 40
25	13 03 15	13 40 18	10 10 13	8 29 00	1 27 02	14 38 44	13 08 00	9 33 52
26	13 05 56	13 41 10	10 09 31	8 25 48	1 22 48	14 34 59	13 04 13	9 30 04
27	13 08 30	13 42 01	10 08 48	8 22 37	1 18 35	14 31 14	13 00 26	9 26 16
28	13 10 57	13 42 51	10 08 06	8 19 24	1 14 21	14 27 29	12 56 39	9 22 27
29	13 13 16	13 43 39	10 07 24	8 16 12	1 10 07	14 23 44	12 52 52	9 18 39
30	13 15 25	13 44 27	10 06 41	8 12 59	1 05 53	14 19 59	12 49 05	9 14 50
31	13 17 23	13 45 13	10 05 59	8 09 46	1 01 39	14 16 14	12 45 18	9 11 01
Feb. 1	13 19 09	13 45 59	10 05 17	8 06 32	0 57 25	14 12 30	12 41 31	9 07 13
2	13 20 40	13 46 43	10 04 35	8 03 18	0 53 11	14 08 45	12 37 44	9 03 24
3	13 21 55	13 47 26	10 03 52	8 00 03	0 48 56	14 05 01	12 33 57	8 59 35
4	13 22 51	13 48 09	10 03 10	7 56 48	0 44 42	14 01 16	12 30 10	8 55 46
5	13 23 26	13 48 50	10 02 28	7 53 32	0 40 27	13 57 32	12 26 23	8 51 57
6	13 23 38	13 49 30	10 01 46	7 50 16	0 36 13	13 53 48	12 22 36	8 48 08
7	13 23 24	13 50 10	10 01 03	7 47 00	0 31 58	13 50 04	12 18 49	8 44 18
8	13 22 41	13 50 49	10 00 21	7 43 43	0 27 43	13 46 20	12 15 02	8 40 29
9	13 21 28	13 51 27	9 59 38	7 40 25	0 23 28	13 42 36	12 11 15	8 36 39
10	13 19 42	13 52 04	9 58 56	7 37 07	0 19 14	13 38 52	12 07 28	8 32 50
11	13 17 21	13 52 40	9 58 13	7 33 49	0 14 59	13 35 08	12 03 41	8 29 00
12	13 14 23	13 53 16	9 57 30	7 30 30	0 10 44	13 31 24	11 59 54	8 25 10
13	13 10 47	13 53 51	9 56 47	7 27 10	0 06 29	13 27 40	11 56 07	8 21 20
14	13 06 34	13 54 26	9 56 04	7 23 50	0 02 14	13 23 57	11 52 20	8 17 30
15	13 01 42	13 55 00	9 55 21	7 20 30	23 53 45	13 20 13	11 48 33	8 13 40

Second transit: Saturn, Feb. 14^{d}23^{h}57^{m}59^s.

Date	Mercury	Venus	Mars	Jupiter	Saturn	Uranus	Neptune	Pluto
	h m s	h m s	h m s	h m s	h m s	h m s	h m s	h m s
Feb. 15	13 01 42	13 55 00	9 55 21	7 20 30	23 53 45	13 20 13	11 48 33	8 13 40
16	12 56 14	13 55 34	9 54 37	7 17 09	23 49 30	13 16 29	11 44 46	8 09 50
17	12 50 11	13 56 07	9 53 54	7 13 47	23 45 15	13 12 46	11 40 59	8 06 00
18	12 43 37	13 56 39	9 53 10	7 10 25	23 41 01	13 09 02	11 37 12	8 02 09
19	12 36 34	13 57 12	9 52 26	7 07 02	23 36 46	13 05 19	11 33 25	7 58 19
20	12 29 09	13 57 43	9 51 41	7 03 39	23 32 32	13 01 35	11 29 38	7 54 28
21	12 21 27	13 58 15	9 50 57	7 00 15	23 28 17	12 57 52	11 25 51	7 50 37
22	12 13 32	13 58 46	9 50 12	6 56 50	23 24 03	12 54 09	11 22 04	7 46 46
23	12 05 32	13 59 17	9 49 27	6 53 25	23 19 49	12 50 25	11 18 16	7 42 55
24	11 57 33	13 59 48	9 48 42	6 49 59	23 15 35	12 46 42	11 14 29	7 39 04
25	11 49 39	14 00 19	9 47 56	6 46 33	23 11 21	12 42 59	11 10 42	7 35 13
26	11 41 57	14 00 49	9 47 10	6 43 06	23 07 07	12 39 15	11 06 55	7 31 21
27	11 34 30	14 01 19	9 46 24	6 39 39	23 02 54	12 35 32	11 03 07	7 27 30
28	11 27 23	14 01 50	9 45 38	6 36 10	22 58 41	12 31 49	10 59 20	7 23 38
Mar. 1	11 20 39	14 02 20	9 44 51	6 32 41	22 54 27	12 28 06	10 55 33	7 19 46
2	11 14 19	14 02 50	9 44 04	6 29 12	22 50 15	12 24 23	10 51 45	7 15 54
3	11 08 25	14 03 21	9 43 17	6 25 42	22 46 02	12 20 39	10 47 58	7 12 02
4	11 02 58	14 03 51	9 42 30	6 22 11	22 41 49	12 16 56	10 44 10	7 08 10
5	10 57 57	14 04 22	9 41 42	6 18 40	22 37 37	12 13 13	10 40 23	7 04 18
6	10 53 24	14 04 53	9 40 54	6 15 07	22 33 25	12 09 30	10 36 35	7 00 25
7	10 49 16	14 05 24	9 40 05	6 11 35	22 29 13	12 05 47	10 32 47	6 56 33
8	10 45 33	14 05 56	9 39 16	6 08 01	22 25 01	12 02 03	10 28 59	6 52 40
9	10 42 14	14 06 27	9 38 27	6 04 27	22 20 50	11 58 20	10 25 12	6 48 47
10	10 39 17	14 07 00	9 37 38	6 00 52	22 16 39	11 54 37	10 21 24	6 44 55
11	10 36 42	14 07 32	9 36 48	5 57 17	22 12 28	11 50 54	10 17 36	6 41 01
12	10 34 28	14 08 05	9 35 58	5 53 40	22 08 17	11 47 10	10 13 48	6 37 08
13	10 32 31	14 08 38	9 35 07	5 50 03	22 04 07	11 43 27	10 10 00	6 33 15
14	10 30 53	14 09 12	9 34 17	5 46 25	21 59 57	11 39 44	10 06 12	6 29 21
15	10 29 30	14 09 47	9 33 25	5 42 47	21 55 47	11 36 01	10 02 24	6 25 28
16	10 28 23	14 10 22	9 32 34	5 39 08	21 51 38	11 32 17	9 58 36	6 21 34
17	10 27 30	14 10 57	9 31 42	5 35 28	21 47 29	11 28 34	9 54 47	6 17 40
18	10 26 50	14 11 33	9 30 50	5 31 47	21 43 20	11 24 50	9 50 59	6 13 46
19	10 26 22	14 12 10	9 29 57	5 28 06	21 39 12	11 21 07	9 47 10	6 09 52
20	10 26 05	14 12 48	9 29 04	5 24 23	21 35 04	11 17 24	9 43 22	6 05 58
21	10 25 58	14 13 26	9 28 11	5 20 40	21 30 56	11 13 40	9 39 33	6 02 04
22	10 26 01	14 14 05	9 27 17	5 16 57	21 26 48	11 09 57	9 35 45	5 58 09
23	10 26 13	14 14 44	9 26 23	5 13 12	21 22 41	11 06 13	9 31 56	5 54 14
24	10 26 34	14 15 25	9 25 29	5 09 27	21 18 35	11 02 29	9 28 07	5 50 20
25	10 27 02	14 16 06	9 24 34	5 05 41	21 14 28	10 58 46	9 24 18	5 46 25
26	10 27 37	14 16 48	9 23 38	5 01 54	21 10 22	10 55 02	9 20 29	5 42 30
27	10 28 20	14 17 31	9 22 43	4 58 06	21 06 17	10 51 18	9 16 40	5 38 34
28	10 29 09	14 18 14	9 21 47	4 54 18	21 02 12	10 47 34	9 12 51	5 34 39
29	10 30 03	14 18 58	9 20 50	4 50 29	20 58 07	10 43 50	9 09 02	5 30 44
30	10 31 04	14 19 44	9 19 54	4 46 39	20 54 02	10 40 06	9 05 12	5 26 48
31	10 32 10	14 20 30	9 18 57	4 42 48	20 49 58	10 36 22	9 01 23	5 22 52
Apr. 1	10 33 22	14 21 16	9 17 59	4 38 56	20 45 55	10 32 38	8 57 33	5 18 56
2	10 34 39	14 22 04	9 17 02	4 35 04	20 41 51	10 28 54	8 53 44	5 15 00

Date	Mercury	Venus	Mars	Jupiter	Saturn	Uranus	Neptune	Pluto
	h m s	h m s	h m s	h m s	h m s	h m s	h m s	h m s
Apr. 1	10 33 22	14 21 16	9 17 59	4 38 56	20 45 55	10 32 38	8 57 33	5 18 56
2	10 34 39	14 22 04	9 17 02	4 35 04	20 41 51	10 28 54	8 53 44	5 15 00
3	10 36 01	14 22 53	9 16 03	4 31 11	20 37 48	10 25 10	8 49 54	5 11 04
4	10 37 27	14 23 42	9 15 05	4 27 17	20 33 46	10 21 26	8 46 04	5 07 08
5	10 38 58	14 24 32	9 14 06	4 23 22	20 29 44	10 17 41	8 42 14	5 03 12
6	10 40 34	14 25 23	9 13 07	4 19 26	20 25 42	10 13 57	8 38 24	4 59 15
7	10 42 15	14 26 15	9 12 08	4 15 30	20 21 41	10 10 12	8 34 34	4 55 18
8	10 44 00	14 27 08	9 11 08	4 11 33	20 17 40	10 06 28	8 30 44	4 51 22
9	10 45 50	14 28 02	9 10 08	4 07 35	20 13 40	10 02 43	8 26 54	4 47 25
10	10 47 45	14 28 56	9 09 07	4 03 36	20 09 40	9 58 58	8 23 03	4 43 28
11	10 49 44	14 29 51	9 08 06	3 59 36	20 05 40	9 55 13	8 19 13	4 39 31
12	10 51 48	14 30 47	9 07 05	3 55 36	20 01 41	9 51 28	8 15 22	4 35 33
13	10 53 57	14 31 44	9 06 04	3 51 34	19 57 42	9 47 43	8 11 32	4 31 36
14	10 56 11	14 32 41	9 05 02	3 47 32	19 53 44	9 43 58	8 07 41	4 27 38
15	10 58 30	14 33 39	9 04 00	3 43 30	19 49 46	9 40 13	8 03 50	4 23 41
16	11 00 55	14 34 38	9 02 58	3 39 26	19 45 48	9 36 28	7 59 59	4 19 43
17	11 03 25	14 35 38	9 01 55	3 35 22	19 41 51	9 32 42	7 56 08	4 15 45
18	11 06 01	14 36 38	9 00 52	3 31 16	19 37 54	9 28 57	7 52 16	4 11 47
19	11 08 43	14 37 38	8 59 49	3 27 10	19 33 58	9 25 11	7 48 25	4 07 49
20	11 11 31	14 38 39	8 58 45	3 23 04	19 30 02	9 21 25	7 44 33	4 03 50
21	11 14 26	14 39 41	8 57 41	3 18 56	19 26 07	9 17 39	7 40 42	3 59 52
22	11 17 27	14 40 43	8 56 37	3 14 48	19 22 12	9 13 53	7 36 50	3 55 53
23	11 20 34	14 41 45	8 55 33	3 10 39	19 18 17	9 10 07	7 32 58	3 51 55
24	11 23 49	14 42 47	8 54 28	3 06 29	19 14 23	9 06 21	7 29 06	3 47 56
25	11 27 11	14 43 50	8 53 23	3 02 19	19 10 30	9 02 35	7 25 14	3 43 57
26	11 30 41	14 44 53	8 52 18	2 58 07	19 06 36	8 58 48	7 21 22	3 39 58
27	11 34 18	14 45 56	8 51 12	2 53 55	19 02 44	8 55 02	7 17 30	3 35 59
28	11 38 03	14 46 59	8 50 06	2 49 43	18 58 51	8 51 15	7 13 37	3 32 00
29	11 41 55	14 48 02	8 49 00	2 45 29	18 54 59	8 47 28	7 09 45	3 28 01
30	11 45 54	14 49 05	8 47 54	2 41 15	18 51 08	8 43 41	7 05 52	3 24 01
May 1	11 50 01	14 50 08	8 46 48	2 37 01	18 47 16	8 39 54	7 01 59	3 20 02
2	11 54 15	14 51 11	8 45 41	2 32 45	18 43 26	8 36 07	6 58 06	3 16 02
3	11 58 36	14 52 13	8 44 34	2 28 29	18 39 35	8 32 19	6 54 13	3 12 02
4	12 03 02	14 53 15	8 43 27	2 24 12	18 35 45	8 28 32	6 50 20	3 08 02
5	12 07 34	14 54 16	8 42 20	2 19 55	18 31 56	8 24 44	6 46 27	3 04 02
6	12 12 10	14 55 17	8 41 12	2 15 37	18 28 07	8 20 57	6 42 33	3 00 02
7	12 16 49	14 56 18	8 40 05	2 11 19	18 24 18	8 17 09	6 38 40	2 56 02
8	12 21 31	14 57 18	8 38 57	2 06 59	18 20 30	8 13 21	6 34 46	2 52 02
9	12 26 15	14 58 17	8 37 49	2 02 40	18 16 42	8 09 33	6 30 52	2 48 02
10	12 30 58	14 59 15	8 36 41	1 58 19	18 12 54	8 05 44	6 26 58	2 44 01
11	12 35 40	15 00 13	8 35 32	1 53 58	18 09 07	8 01 56	6 23 04	2 40 01
12	12 40 19	15 01 09	8 34 24	1 49 37	18 05 20	7 58 07	6 19 10	2 36 00
13	12 44 54	15 02 05	8 33 15	1 45 15	18 01 34	7 54 18	6 15 16	2 32 00
14	12 49 24	15 02 59	8 32 06	1 40 53	17 57 48	7 50 30	6 11 21	2 27 59
15	12 53 48	15 03 52	8 30 57	1 36 30	17 54 02	7 46 40	6 07 27	2 23 58
16	12 58 04	15 04 44	8 29 48	1 32 06	17 50 17	7 42 51	6 03 32	2 19 57
17	13 02 12	15 05 35	8 28 39	1 27 42	17 46 32	7 39 02	5 59 37	2 15 56

Date	Mercury	Venus	Mars	Jupiter	Saturn	Uranus	Neptune	Pluto
	h m s	h m s	h m s	h m s	h m s	h m s	h m s	h m s
May 17	13 02 12	15 05 35	8 28 39	1 27 42	17 46 32	7 39 02	5 59 37	2 15 56
18	13 06 10	15 06 25	8 27 29	1 23 18	17 42 48	7 35 12	5 55 42	2 11 55
19	13 09 58	15 07 12	8 26 20	1 18 53	17 39 04	7 31 23	5 51 47	2 07 54
20	13 13 34	15 07 59	8 25 10	1 14 28	17 35 20	7 27 33	5 47 52	2 03 53
21	13 16 59	15 08 44	8 24 00	1 10 03	17 31 37	7 23 43	5 43 57	1 59 51
22	13 20 11	15 09 27	8 22 50	1 05 37	17 27 54	7 19 53	5 40 01	1 55 50
23	13 23 10	15 10 08	8 21 40	1 01 11	17 24 11	7 16 02	5 36 06	1 51 49
24	13 25 55	15 10 47	8 20 30	0 56 44	17 20 29	7 12 12	5 32 10	1 47 47
25	13 28 26	15 11 25	8 19 20	0 52 17	17 16 47	7 08 21	5 28 14	1 43 46
26	13 30 43	15 12 00	8 18 09	0 47 50	17 13 06	7 04 31	5 24 18	1 39 44
27	13 32 45	15 12 34	8 16 59	0 43 23	17 09 24	7 00 40	5 20 22	1 35 42
28	13 34 31	15 13 05	8 15 49	0 38 56	17 05 44	6 56 48	5 16 26	1 31 41
29	13 36 02	15 13 34	8 14 38	0 34 28	17 02 03	6 52 57	5 12 29	1 27 39
30	13 37 16	15 14 01	8 13 27	0 30 00	16 58 23	6 49 06	5 08 33	1 23 37
31	13 38 14	15 14 25	8 12 17	0 25 32	16 54 43	6 45 14	5 04 36	1 19 35
June 1	13 38 55	15 14 48	8 11 06	0 21 04	16 51 03	6 41 22	5 00 40	1 15 33
2	13 39 19	15 15 07	8 09 55	0 16 36	16 47 24	6 37 30	4 56 43	1 11 31
3	13 39 26	15 15 25	8 08 44	0 12 07	16 43 45	6 33 38	4 52 46	1 07 29
4	13 39 14	15 15 39	8 07 33	0 07 39	16 40 07	6 29 46	4 48 49	1 03 27
5	13 38 45	15 15 51	8 06 22	0 03 10	16 36 28	6 25 53	4 44 52	0 59 25
6	13 37 57	15 16 01	8 05 11	23 54 13	16 32 50	6 22 01	4 40 54	0 55 23
7	13 36 50	15 16 08	8 04 00	23 49 45	16 29 13	6 18 08	4 36 57	0 51 21
8	13 35 24	15 16 12	8 02 49	23 45 16	16 25 35	6 14 15	4 32 59	0 47 19
9	13 33 39	15 16 13	8 01 38	23 40 48	16 21 58	6 10 21	4 29 02	0 43 16
10	13 31 35	15 16 11	8 00 27	23 36 19	16 18 22	6 06 28	4 25 04	0 39 14
11	13 29 10	15 16 07	7 59 16	23 31 51	16 14 45	6 02 35	4 21 06	0 35 12
12	13 26 26	15 15 59	7 58 05	23 27 23	16 11 09	5 58 41	4 17 08	0 31 10
13	13 23 22	15 15 49	7 56 53	23 22 55	16 07 33	5 54 47	4 13 10	0 27 07
14	13 19 58	15 15 35	7 55 42	23 18 27	16 03 57	5 50 53	4 09 11	0 23 05
15	13 16 14	15 15 18	7 54 31	23 14 00	16 00 22	5 46 59	4 05 13	0 19 03
16	13 12 11	15 14 58	7 53 20	23 09 32	15 56 47	5 43 04	4 01 15	0 15 00
17	13 07 48	15 14 35	7 52 09	23 05 05	15 53 12	5 39 10	3 57 16	0 10 58
18	13 03 08	15 14 08	7 50 57	23 00 38	15 49 37	5 35 15	3 53 17	0 06 56
19	12 58 10	15 13 38	7 49 46	22 56 12	15 46 03	5 31 20	3 49 18	0 02 53
20	12 52 55	15 13 04	7 48 35	22 51 46	15 42 29	5 27 25	3 45 19	23 54 49
21	12 47 25	15 12 27	7 47 23	22 47 20	15 38 55	5 23 29	3 41 20	23 50 46
22	12 41 40	15 11 46	7 46 12	22 42 54	15 35 22	5 19 34	3 37 21	23 46 44
23	12 35 44	15 11 01	7 45 00	22 38 29	15 31 48	5 15 38	3 33 22	23 42 42
24	12 29 37	15 10 13	7 43 49	22 34 04	15 28 15	5 11 42	3 29 23	23 38 39
25	12 23 21	15 09 20	7 42 38	22 29 40	15 24 42	5 07 46	3 25 23	23 34 37
26	12 17 00	15 08 24	7 41 26	22 25 16	15 21 10	5 03 50	3 21 24	23 30 35
27	12 10 34	15 07 23	7 40 15	22 20 52	15 17 37	4 59 54	3 17 24	23 26 32
28	12 04 07	15 06 18	7 39 03	22 16 29	15 14 05	4 55 57	3 13 24	23 22 30
29	11 57 41	15 05 09	7 37 52	22 12 07	15 10 33	4 52 00	3 09 24	23 18 28
30	11 51 18	15 03 55	7 36 41	22 07 44	15 07 01	4 48 03	3 05 24	23 14 26
July 1	11 45 01	15 02 37	7 35 29	22 03 23	15 03 30	4 44 06	3 01 24	23 10 24
2	11 38 53	15 01 14	7 34 18	21 59 02	14 59 58	4 40 09	2 57 24	23 06 21

Second transits: Jupiter, June 5^{d}23^{h}58^{m}42^s; Pluto, June 19^{d}23^{h}58^{m}51^s.

Date		Mercury	Venus	Mars	Jupiter	Saturn	Uranus	Neptune	Pluto
		h m s	h m s	h m s	h m s	h m s	h m s	h m s	h m s
July	1	11 45 01	15 02 37	7 35 29	22 03 23	15 03 30	4 44 06	3 01 24	23 10 24
	2	11 38 53	15 01 14	7 34 18	21 59 02	14 59 58	4 40 09	2 57 24	23 06 21
	3	11 32 55	14 59 47	7 33 06	21 54 41	14 56 27	4 36 12	2 53 24	23 02 19
	4	11 27 09	14 58 14	7 31 55	21 50 21	14 52 56	4 32 14	2 49 24	22 58 17
	5	11 21 38	14 56 37	7 30 43	21 46 02	14 49 25	4 28 16	2 45 23	22 54 15
	6	11 16 23	14 54 54	7 29 32	21 41 43	14 45 54	4 24 18	2 41 23	22 50 13
	7	11 11 25	14 53 06	7 28 20	21 37 25	14 42 24	4 20 20	2 37 22	22 46 11
	8	11 06 46	14 51 13	7 27 09	21 33 07	14 38 54	4 16 22	2 33 22	22 42 09
	9	11 02 27	14 49 14	7 25 57	21 28 50	14 35 24	4 12 23	2 29 21	22 38 07
	10	10 58 29	14 47 10	7 24 46	21 24 33	14 31 54	4 08 25	2 25 20	22 34 06
	11	10 54 52	14 44 59	7 23 34	21 20 17	14 28 24	4 04 26	2 21 19	22 30 04
	12	10 51 37	14 42 43	7 22 23	21 16 02	14 24 54	4 00 27	2 17 18	22 26 02
	13	10 48 45	14 40 20	7 21 11	21 11 48	14 21 25	3 56 28	2 13 17	22 22 00
	14	10 46 16	14 37 51	7 19 59	21 07 34	14 17 56	3 52 29	2 09 16	22 17 59
	15	10 44 09	14 35 16	7 18 47	21 03 21	14 14 26	3 48 29	2 05 15	22 13 57
	16	10 42 25	14 32 34	7 17 35	20 59 08	14 10 57	3 44 29	2 01 13	22 09 56
	17	10 41 05	14 29 44	7 16 23	20 54 57	14 07 29	3 40 30	1 57 12	22 05 54
	18	10 40 08	14 26 48	7 15 11	20 50 46	14 04 00	3 36 30	1 53 11	22 01 53
	19	10 39 33	14 23 44	7 13 59	20 46 35	14 00 31	3 32 30	1 49 09	21 57 52
	20	10 39 22	14 20 33	7 12 47	20 42 26	13 57 03	3 28 29	1 45 08	21 53 50
	21	10 39 33	14 17 14	7 11 34	20 38 17	13 53 34	3 24 29	1 41 06	21 49 49
	22	10 40 07	14 13 47	7 10 22	20 34 09	13 50 06	3 20 28	1 37 05	21 45 48
	23	10 41 03	14 10 11	7 09 09	20 30 01	13 46 38	3 16 28	1 33 03	21 41 47
	24	10 42 21	14 06 28	7 07 56	20 25 55	13 43 10	3 12 27	1 29 01	21 37 46
	25	10 44 00	14 02 36	7 06 44	20 21 49	13 39 42	3 08 26	1 24 59	21 33 45
	26	10 46 01	13 58 36	7 05 31	20 17 44	13 36 14	3 04 25	1 20 58	21 29 45
	27	10 48 21	13 54 26	7 04 17	20 13 39	13 32 47	3 00 24	1 16 56	21 25 44
	28	10 51 00	13 50 08	7 03 04	20 09 36	13 29 19	2 56 22	1 12 54	21 21 43
	29	10 53 57	13 45 42	7 01 51	20 05 33	13 25 51	2 52 21	1 08 52	21 17 43
	30	10 57 12	13 41 06	7 00 37	20 01 31	13 22 24	2 48 19	1 04 50	21 13 42
	31	11 00 42	13 36 21	6 59 23	19 57 30	13 18 57	2 44 17	1 00 48	21 09 42
Aug.	1	11 04 27	13 31 28	6 58 09	19 53 29	13 15 29	2 40 15	0 56 46	21 05 42
	2	11 08 24	13 26 26	6 56 55	19 49 29	13 12 02	2 36 13	0 52 44	21 01 42
	3	11 12 33	13 21 15	6 55 41	19 45 30	13 08 35	2 32 11	0 48 42	20 57 41
	4	11 16 50	13 15 57	6 54 26	19 41 32	13 05 08	2 28 09	0 44 40	20 53 41
	5	11 21 14	13 10 30	6 53 11	19 37 35	13 01 41	2 24 06	0 40 37	20 49 42
	6	11 25 44	13 04 55	6 51 56	19 33 38	12 58 14	2 20 04	0 36 35	20 45 42
	7	11 30 17	12 59 13	6 50 41	19 29 42	12 54 47	2 16 01	0 32 33	20 41 42
	8	11 34 52	12 53 24	6 49 25	19 25 47	12 51 20	2 11 58	0 28 31	20 37 43
	9	11 39 26	12 47 28	6 48 09	19 21 53	12 47 53	2 07 55	0 24 29	20 33 43
	10	11 43 58	12 41 27	6 46 53	19 17 59	12 44 27	2 03 53	0 20 26	20 29 44
	11	11 48 28	12 35 20	6 45 36	19 14 07	12 41 00	1 59 49	0 16 24	20 25 44
	12	11 52 53	12 29 09	6 44 19	19 10 15	12 37 33	1 55 46	0 12 22	20 21 45
	13	11 57 12	12 22 54	6 43 02	19 06 24	12 34 07	1 51 43	0 08 19	20 17 46
	14	12 01 26	12 16 36	6 41 44	19 02 33	12 30 40	1 47 40	0 04 17	20 13 47
	15	12 05 33	12 10 15	6 40 26	18 58 43	12 27 13	1 43 36	0 00 15	20 09 49
	16	12 09 32	12 03 53	6 39 07	18 54 55	12 23 47	1 39 32	23 52 10	20 05 50

Second transit: Neptune, Aug. $15^d 23^h 56^m 13^s$.

Date	Mercury	Venus	Mars	Jupiter	Saturn	Uranus	Neptune	Pluto
	h m s	h m s	h m s	h m s	h m s	h m s	h m s	h m s
Aug. 16	12 09 32	12 03 53	6 39 07	18 54 55	12 23 47	1 39 32	23 52 10	20 05 50
17	12 13 24	11 57 31	6 37 49	18 51 07	12 20 20	1 35 29	23 48 08	20 01 51
18	12 17 07	11 51 08	6 36 29	18 47 19	12 16 54	1 31 25	23 44 06	19 57 53
19	12 20 43	11 44 47	6 35 09	18 43 33	12 13 27	1 27 21	23 40 04	19 53 54
20	12 24 11	11 38 28	6 33 49	18 39 47	12 10 01	1 23 17	23 36 01	19 49 56
21	12 27 30	11 32 12	6 32 28	18 36 02	12 06 34	1 19 13	23 31 59	19 45 58
22	12 30 42	11 25 59	6 31 07	18 32 18	12 03 07	1 15 09	23 27 57	19 42 00
23	12 33 46	11 19 51	6 29 45	18 28 34	11 59 41	1 11 05	23 23 55	19 38 02
24	12 36 43	11 13 48	6 28 23	18 24 51	11 56 14	1 07 01	23 19 53	19 34 04
25	12 39 32	11 07 52	6 27 00	18 21 09	11 52 48	1 02 57	23 15 51	19 30 07
26	12 42 14	11 02 02	6 25 36	18 17 28	11 49 21	0 58 52	23 11 48	19 26 09
27	12 44 49	10 56 19	6 24 12	18 13 47	11 45 54	0 54 48	23 07 46	19 22 12
28	12 47 17	10 50 44	6 22 48	18 10 07	11 42 28	0 50 44	23 03 44	19 18 15
29	12 49 39	10 45 17	6 21 22	18 06 28	11 39 01	0 46 39	22 59 42	19 14 17
30	12 51 55	10 39 59	6 19 56	18 02 50	11 35 34	0 42 35	22 55 40	19 10 20
31	12 54 05	10 34 50	6 18 30	17 59 12	11 32 08	0 38 30	22 51 38	19 06 24
Sept. 1	12 56 09	10 29 51	6 17 03	17 55 35	11 28 41	0 34 26	22 47 37	19 02 27
2	12 58 08	10 25 00	6 15 35	17 51 59	11 25 14	0 30 21	22 43 35	18 58 30
3	13 00 02	10 20 20	6 14 06	17 48 23	11 21 47	0 26 16	22 39 33	18 54 34
4	13 01 51	10 15 49	6 12 37	17 44 48	11 18 20	0 22 12	22 35 31	18 50 37
5	13 03 35	10 11 27	6 11 07	17 41 14	11 14 53	0 18 07	22 31 30	18 46 41
6	13 05 14	10 07 15	6 09 36	17 37 40	11 11 26	0 14 02	22 27 28	18 42 45
7	13 06 49	10 03 13	6 08 04	17 34 07	11 07 59	0 09 58	22 23 26	18 38 49
8	13 08 19	9 59 20	6 06 31	17 30 35	11 04 31	0 05 53	22 19 25	18 34 53
9	13 09 45	9 55 37	6 04 58	17 27 03	11 01 04	0 01 48	22 15 23	18 30 57
10	13 11 07	9 52 02	6 03 23	17 23 33	10 57 37	23 53 39	22 11 22	18 27 02
11	13 12 25	9 48 37	6 01 48	17 20 02	10 54 09	23 49 34	22 07 21	18 23 06
12	13 13 39	9 45 20	6 00 11	17 16 33	10 50 41	23 45 29	22 03 19	18 19 11
13	13 14 49	9 42 12	5 58 34	17 13 04	10 47 14	23 41 24	21 59 18	18 15 16
14	13 15 54	9 39 13	5 56 56	17 09 35	10 43 46	23 37 20	21 55 17	18 11 21
15	13 16 56	9 36 21	5 55 16	17 06 08	10 40 18	23 33 15	21 51 16	18 07 26
16	13 17 54	9 33 37	5 53 36	17 02 41	10 36 50	23 29 10	21 47 15	18 03 31
17	13 18 48	9 31 01	5 51 54	16 59 14	10 33 22	23 25 06	21 43 14	17 59 36
18	13 19 38	9 28 32	5 50 12	16 55 48	10 29 54	23 21 01	21 39 13	17 55 42
19	13 20 23	9 26 10	5 48 28	16 52 23	10 26 26	23 16 56	21 35 13	17 51 47
20	13 21 04	9 23 56	5 46 43	16 48 59	10 22 57	23 12 52	21 31 12	17 47 53
21	13 21 41	9 21 47	5 44 57	16 45 35	10 19 29	23 08 47	21 27 11	17 43 59
22	13 22 12	9 19 46	5 43 10	16 42 11	10 16 00	23 04 43	21 23 11	17 40 05
23	13 22 38	9 17 50	5 41 21	16 38 48	10 12 31	23 00 39	21 19 11	17 36 11
24	13 22 59	9 16 00	5 39 31	16 35 26	10 09 02	22 56 34	21 15 10	17 32 17
25	13 23 14	9 14 16	5 37 40	16 32 04	10 05 33	22 52 30	21 11 10	17 28 24
26	13 23 22	9 12 38	5 35 48	16 28 43	10 02 04	22 48 26	21 07 10	17 24 30
27	13 23 23	9 11 05	5 33 54	16 25 23	9 58 34	22 44 21	21 03 10	17 20 37
28	13 23 17	9 09 37	5 31 59	16 22 03	9 55 05	22 40 17	20 59 10	17 16 43
29	13 23 03	9 08 14	5 30 02	16 18 43	9 51 35	22 36 13	20 55 10	17 12 50
30	13 22 40	9 06 55	5 28 04	16 15 24	9 48 05	22 32 09	20 51 11	17 08 57
Oct. 1	13 22 07	9 05 41	5 26 05	16 12 06	9 44 35	22 28 05	20 47 11	17 05 05

Second transit: Uranus, Sept. $9^d23^h57^m43^s$.

Date	Mercury	Venus	Mars	Jupiter	Saturn	Uranus	Neptune	Pluto
	h m s	h m s	h m s	h m s	h m s	h m s	h m s	h m s
Oct. 1	13 22 07	9 05 41	5 26 05	16 12 06	9 44 35	22 28 05	20 47 11	17 05 05
2	13 21 23	9 04 31	5 24 04	16 08 48	9 41 05	22 24 01	20 43 11	17 01 12
3	13 20 27	9 03 26	5 22 01	16 05 30	9 37 34	22 19 58	20 39 12	16 57 19
4	13 19 18	9 02 24	5 19 57	16 02 13	9 34 04	22 15 54	20 35 13	16 53 27
5	13 17 55	9 01 26	5 17 52	15 58 57	9 30 33	22 11 50	20 31 14	16 49 34
6	13 16 16	9 00 31	5 15 44	15 55 41	9 27 02	22 07 47	20 27 15	16 45 42
7	13 14 20	8 59 40	5 13 35	15 52 26	9 23 31	22 03 43	20 23 16	16 41 50
8	13 12 04	8 58 52	5 11 24	15 49 11	9 19 59	21 59 40	20 19 17	16 37 58
9	13 09 28	8 58 07	5 09 11	15 45 56	9 16 28	21 55 37	20 15 18	16 34 06
10	13 06 29	8 57 25	5 06 57	15 42 42	9 12 56	21 51 34	20 11 19	16 30 15
11	13 03 06	8 56 46	5 04 40	15 39 29	9 09 24	21 47 31	20 07 21	16 26 23
12	12 59 17	8 56 09	5 02 22	15 36 16	9 05 52	21 43 28	20 03 22	16 22 31
13	12 55 00	8 55 35	5 00 01	15 33 03	9 02 20	21 39 25	19 59 24	16 18 40
14	12 50 14	8 55 04	4 57 39	15 29 51	8 58 47	21 35 23	19 55 26	16 14 49
15	12 44 58	8 54 34	4 55 15	15 26 40	8 55 14	21 31 20	19 51 28	16 10 58
16	12 39 11	8 54 07	4 52 48	15 23 28	8 51 41	21 27 18	19 47 30	16 07 07
17	12 32 53	8 53 42	4 50 19	15 20 18	8 48 08	21 23 15	19 43 32	16 03 16
18	12 26 07	8 53 19	4 47 49	15 17 07	8 44 34	21 19 13	19 39 35	15 59 25
19	12 18 53	8 52 58	4 45 15	15 13 57	8 41 01	21 15 11	19 35 37	15 55 34
20	12 11 17	8 52 39	4 42 40	15 10 48	8 37 27	21 11 09	19 31 40	15 51 44
21	12 03 21	8 52 21	4 40 03	15 07 38	8 33 52	21 07 08	19 27 42	15 47 53
22	11 55 12	8 52 05	4 37 23	15 04 30	8 30 18	21 03 06	19 23 45	15 44 03
23	11 46 58	8 51 51	4 34 40	15 01 21	8 26 43	20 59 04	19 19 48	15 40 13
24	11 38 45	8 51 39	4 31 56	14 58 13	8 23 08	20 55 03	19 15 51	15 36 23
25	11 30 41	8 51 27	4 29 08	14 55 06	8 19 33	20 51 02	19 11 55	15 32 33
26	11 22 54	8 51 18	4 26 19	14 51 58	8 15 57	20 47 01	19 07 58	15 28 43
27	11 15 32	8 51 09	4 23 26	14 48 52	8 12 21	20 43 00	19 04 01	15 24 53
28	11 08 39	8 51 02	4 20 31	14 45 45	8 08 45	20 38 59	19 00 05	15 21 03
29	11 02 21	8 50 56	4 17 34	14 42 39	8 05 09	20 34 59	18 56 09	15 17 14
30	10 56 42	8 50 52	4 14 33	14 39 33	8 01 32	20 30 58	18 52 13	15 13 24
31	10 51 42	8 50 48	4 11 30	14 36 28	7 57 55	20 26 58	18 48 17	15 09 35
Nov. 1	10 47 22	8 50 46	4 08 24	14 33 22	7 54 18	20 22 58	18 44 21	15 05 45
2	10 43 43	8 50 45	4 05 15	14 30 18	7 50 40	20 18 58	18 40 25	15 01 56
3	10 40 42	8 50 45	4 02 03	14 27 13	7 47 02	20 14 58	18 36 30	14 58 07
4	10 38 17	8 50 46	3 58 48	14 24 09	7 43 24	20 10 59	18 32 34	14 54 18
5	10 36 26	8 50 48	3 55 30	14 21 05	7 39 46	20 06 59	18 28 39	14 50 29
6	10 35 06	8 50 51	3 52 08	14 18 02	7 36 07	20 03 00	18 24 44	14 46 40
7	10 34 13	8 50 55	3 48 44	14 14 58	7 32 28	19 59 01	18 20 48	14 42 52
8	10 33 46	8 51 00	3 45 16	14 11 55	7 28 48	19 55 02	18 16 54	14 39 03
9	10 33 40	8 51 06	3 41 44	14 08 53	7 25 08	19 51 03	18 12 59	14 35 14
10	10 33 54	8 51 13	3 38 10	14 05 50	7 21 28	19 47 04	18 09 04	14 31 26
11	10 34 24	8 51 21	3 34 32	14 02 48	7 17 48	19 43 06	18 05 10	14 27 37
12	10 35 10	8 51 29	3 30 50	13 59 46	7 14 07	19 39 08	18 01 15	14 23 49
13	10 36 08	8 51 39	3 27 05	13 56 45	7 10 26	19 35 10	17 57 21	14 20 01
14	10 37 18	8 51 49	3 23 17	13 53 43	7 06 44	19 31 12	17 53 27	14 16 13
15	10 38 37	8 52 00	3 19 25	13 50 42	7 03 03	19 27 14	17 49 33	14 12 24
16	10 40 05	8 52 12	3 15 29	13 47 41	6 59 20	19 23 17	17 45 39	14 08 36

Date	Mercury	Venus	Mars	Jupiter	Saturn	Uranus	Neptune	Pluto
	h m s	h m s	h m s	h m s	h m s	h m s	h m s	h m s
Nov. 16	10 40 05	8 52 12	3 15 29	13 47 41	6 59 20	19 23 17	17 45 39	14 08 36
17	10 41 41	8 52 25	3 11 29	13 44 41	6 55 38	19 19 19	17 41 45	14 04 48
18	10 43 22	8 52 38	3 07 26	13 41 40	6 51 55	19 15 22	17 37 52	14 01 00
19	10 45 10	8 52 53	3 03 19	13 38 40	6 48 12	19 11 25	17 33 58	13 57 13
20	10 47 03	8 53 08	2 59 09	13 35 40	6 44 28	19 07 29	17 30 05	13 53 25
21	10 49 00	8 53 25	2 54 55	13 32 40	6 40 44	19 03 32	17 26 12	13 49 37
22	10 51 01	8 53 42	2 50 37	13 29 41	6 37 00	18 59 36	17 22 19	13 45 50
23	10 53 06	8 54 00	2 46 15	13 26 42	6 33 15	18 55 39	17 18 26	13 42 02
24	10 55 15	8 54 19	2 41 49	13 23 42	6 29 30	18 51 43	17 14 33	13 38 14
25	10 57 26	8 54 39	2 37 20	13 20 43	6 25 45	18 47 48	17 10 40	13 34 27
26	10 59 41	8 54 59	2 32 47	13 17 45	6 21 59	18 43 52	17 06 48	13 30 39
27	11 01 58	8 55 21	2 28 10	13 14 46	6 18 13	18 39 57	17 02 55	13 26 52
28	11 04 18	8 55 44	2 23 29	13 11 47	6 14 26	18 36 01	16 59 03	13 23 05
29	11 06 40	8 56 08	2 18 45	13 08 49	6 10 39	18 32 06	16 55 11	13 19 18
30	11 09 04	8 56 33	2 13 57	13 05 51	6 06 52	18 28 11	16 51 19	13 15 30
Dec. 1	11 11 31	8 56 58	2 09 05	13 02 53	6 03 04	18 24 17	16 47 27	13 11 43
2	11 14 00	8 57 25	2 04 10	12 59 55	5 59 16	18 20 22	16 43 35	13 07 56
3	11 16 32	8 57 53	1 59 11	12 56 57	5 55 27	18 16 28	16 39 43	13 04 09
4	11 19 05	8 58 22	1 54 08	12 54 00	5 51 38	18 12 34	16 35 52	13 00 22
5	11 21 41	8 58 52	1 49 02	12 51 02	5 47 49	18 08 40	16 32 00	12 56 35
6	11 24 19	8 59 22	1 43 53	12 48 05	5 43 59	18 04 46	16 28 09	12 52 48
7	11 26 58	8 59 54	1 38 41	12 45 08	5 40 09	18 00 53	16 24 18	12 49 01
8	11 29 40	9 00 28	1 33 25	12 42 11	5 36 18	17 56 59	16 20 27	12 45 14
9	11 32 24	9 01 02	1 28 07	12 39 14	5 32 27	17 53 06	16 16 36	12 41 27
10	11 35 10	9 01 37	1 22 45	12 36 17	5 28 36	17 49 13	16 12 45	12 37 40
11	11 37 58	9 02 14	1 17 21	12 33 20	5 24 44	17 45 20	16 08 54	12 33 53
12	11 40 47	9 02 51	1 11 55	12 30 23	5 20 52	17 41 28	16 05 03	12 30 06
13	11 43 39	9 03 30	1 06 26	12 27 26	5 16 59	17 37 35	16 01 13	12 26 20
14	11 46 32	9 04 10	1 00 55	12 24 30	5 13 06	17 33 43	15 57 23	12 22 33
15	11 49 27	9 04 51	0 55 22	12 21 33	5 09 13	17 29 51	15 53 32	12 18 46
16	11 52 24	9 05 33	0 49 48	12 18 37	5 05 19	17 25 59	15 49 42	12 14 59
17	11 55 22	9 06 16	0 44 11	12 15 40	5 01 24	17 22 07	15 45 52	12 11 12
18	11 58 22	9 07 01	0 38 34	12 12 44	4 57 30	17 18 16	15 42 02	12 07 26
19	12 01 23	9 07 47	0 32 55	12 09 48	4 53 34	17 14 24	15 38 12	12 03 39
20	12 04 26	9 08 34	0 27 16	12 06 51	4 49 39	17 10 33	15 34 22	11 59 52
21	12 07 30	9 09 22	0 21 35	12 03 55	4 45 43	17 06 42	15 30 33	11 56 05
22	12 10 35	9 10 11	0 15 55	12 00 59	4 41 46	17 02 52	15 26 43	11 52 19
23	12 13 41	9 11 02	0 10 14	11 58 02	4 37 50	16 59 01	15 22 53	11 48 32
24	12 16 48	9 11 54	0 04 33	11 55 06	4 33 52	16 55 10	15 19 04	11 44 45
25	12 19 56	9 12 47	23 53 12	11 52 10	4 29 55	16 51 20	15 15 15	11 40 58
26	12 23 05	9 13 42	23 47 32	11 49 13	4 25 57	16 47 30	15 11 25	11 37 12
27	12 26 14	9 14 38	23 41 53	11 46 17	4 21 58	16 43 40	15 07 36	11 33 25
28	12 29 23	9 15 35	23 36 15	11 43 21	4 17 59	16 39 50	15 03 47	11 29 38
29	12 32 32	9 16 33	23 30 38	11 40 24	4 14 00	16 36 01	14 59 58	11 25 51
30	12 35 41	9 17 33	23 25 03	11 37 28	4 10 00	16 32 11	14 56 09	11 22 04
31	12 38 50	9 18 34	23 19 29	11 34 32	4 06 00	16 28 22	14 52 21	11 18 17
32	12 41 58	9 19 36	23 13 57	11 31 35	4 02 00	16 24 33	14 48 32	11 14 31

Second transit: Mars, Dec. 24^{d}23^{h}58^{m}52^s.

Explanatory information for data presented in the Ephemeris for Physical Observations of the planets and the Planetary Central Meridians are given here. Additional information is given in the Notes and References section, beginning on page L8.

The tabulated surface brightness is the average visual magnitude of an area of one square arcsecond of the illuminated portion of the apparent disk. For a few days around inferior and superior conjunctions, the tabulated surface brightness and magnitude of Mercury and Venus are unknown; surface brightness values are given for phase angles $2°1 <$ $\phi < 169°5$ for Mercury and $2°2 < \phi < 163°6$ for Venus. For Saturn the magnitude includes the contribution due to the rings, but the surface brightness applies only to the disk of the planet.

The diagram illustrates many of the quantities tabulated. The primary reference points are the sub-Earth point, e (center of disk); the sub-solar point, s; and the north pole, n. Points e and s are on the line between the center of the planet and the centers of the Earth and Sun, respectively (for an oblate planet, the Sun and Earth are not exactly at the zeniths of these two points). For points e and s, planetographic longitudes, λ_e and λ_s, and planetographic latitudes, β_e and β_s, are given. For points s and n, apparent distances from the center of the disk, d_s and d_n, and apparent position angles, p_s and p_n, are given.

The phase is the ratio of the apparent illuminated area of the disk to the total area of the disk, as seen from the Earth. The phase angle is the planetocentric elongation of the Earth from the Sun. The defect of illumination, q, is the length of the unilluminated section of the diameter passing through e and s. The position angle of q can be computed by adding $180°$ to p_s. Phase and q are based on the geometric terminator, defined by the plane crossing through the planet's center of mass, orthogonal to the direction of the Sun.

The angle W of the prime meridian is measured counterclockwise (when viewed from above the planet's north pole) along the planet's equator from the ascending node of the planet's equator on the Earth's mean equator of J2000.0. For a planet with direct rotation (counterclockwise as viewed from the planet's north pole), W increases with time. Values of W and its rate of change are given on page E3.

Position angles are measured east from the north on the celestial sphere, with north defined by the great circle on the celestial sphere passing through the center of the planet's apparent disk and the true celestial pole of date. Planetographic longitude is reckoned from the prime meridian and increases from $0°$ to $360°$ in the direction opposite rotation. Planetographic latitude is the angle between the planet's equator and the normal to the reference spheroid at the point. Latitudes north of the equator are positive. For points near the limb, the sign of the distance may change abruptly as distances are positive in the visible hemisphere and negative on the far side of the planet. Distance and position angle vary rapidly at points close to e and may appear to be discontinuous.

The planetocentric orbital longitude of the Sun, L_s, is measured eastward in the planet's orbital plane from the planet's vernal equinox. Instantaneous orbital and equatorial planes are used in computing L_s. Values of L_s of $0°$, $90°$, $180°$ and $270°$ correspond to the beginning of spring, summer, autumn and winter, for the planet's northern hemisphere.

Planetary Central Meridians are sub-Earth planetocentric longitudes; none are given for Uranus and Neptune since their rotational periods are not well known. Jupiter has three longitude systems, corresponding to different apparent rates of rotation: System I applies to the visible cloud layer in the equatorial region; System II applies to the visible cloud layer at higher latitudes; System III, used in the physical ephemeris, applies to the origin of the radio emissions.

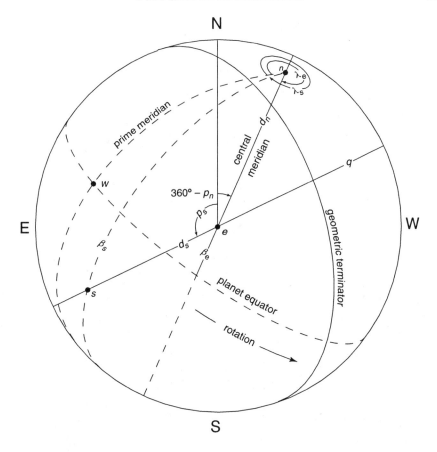

MERCURY, 2007

EPHEMERIS FOR PHYSICAL OBSERVATIONS
FOR 0^h TERRESTRIAL TIME

Date		Light-time	Magnitude	Surface Brightness	Diameter	Phase	Phase Angle	Defect of Illumination
		m			″		°	″
Jan.	0	11.97	− 1.0	+2.0	4.67	0.993	9.4	0.03
	2	11.98	− 1.1	+1.9	4.67	0.996	7.3	0.02
	4	11.97	− 1.2	+1.8	4.67	0.998	5.5	0.01
	6	11.95	− 1.3	+1.8	4.68	0.999	4.2	0.01
	8	11.90	− 1.4	+1.7	4.70	0.999	4.3	0.01
	10	11.84	− 1.3	+1.8	4.73	0.997	5.8	0.01
	12	11.75	− 1.3	+1.8	4.76	0.995	8.2	0.02
	14	11.64	− 1.2	+1.9	4.81	0.991	11.0	0.04
	16	11.51	− 1.2	+2.0	4.86	0.985	14.1	0.07
	18	11.35	− 1.1	+2.0	4.93	0.976	17.7	0.12
	20	11.16	− 1.1	+2.1	5.01	0.965	21.6	0.18
	22	10.95	− 1.1	+2.2	5.11	0.950	25.9	0.26
	24	10.71	− 1.0	+2.2	5.23	0.930	30.7	0.37
	26	10.43	− 1.0	+2.3	5.36	0.904	36.1	0.52
	28	10.12	− 1.0	+2.3	5.53	0.871	42.1	0.71
	30	9.78	− 1.0	+2.4	5.72	0.829	48.8	0.98
Feb.	1	9.40	− 0.9	+2.4	5.95	0.778	56.2	1.32
	3	8.99	− 0.9	+2.4	6.23	0.715	64.5	1.77
	5	8.55	− 0.8	+2.5	6.55	0.642	73.5	2.34
	7	8.09	− 0.7	+2.6	6.92	0.558	83.3	3.06
	9	7.62	− 0.5	+2.8	7.34	0.466	93.9	3.92
	11	7.16	− 0.1	+3.0	7.81	0.371	105.0	4.92
	13	6.72	+ 0.4	+3.3	8.32	0.276	116.6	6.03
	15	6.32	+ 1.1	+3.7	8.86	0.189	128.5	7.19
	17	5.97	+ 2.0	+4.2	9.38	0.114	140.5	8.31
	19	5.68	+ 3.1	+4.7	9.85	0.057	152.3	9.29
	21	5.46	+ 4.4	+5.0	10.24	0.022	163.0	10.02
	23	5.33	+ 5.3	+5.0	10.50	0.008	169.4	10.41
	25	5.26	+ 4.8	+5.2	10.63	0.016	165.5	10.46
	27	5.27	+ 3.7	+5.1	10.61	0.041	156.7	10.18
Mar.	1	5.34	+ 2.8	+4.9	10.48	0.078	147.5	9.66
	3	5.46	+ 2.1	+4.6	10.25	0.124	138.8	8.99
	5	5.61	+ 1.5	+4.4	9.97	0.174	130.8	8.24
	7	5.80	+ 1.1	+4.2	9.65	0.224	123.5	7.48
	9	6.01	+ 0.8	+4.0	9.31	0.274	116.9	6.76
	11	6.24	+ 0.6	+3.9	8.97	0.321	110.9	6.09
	13	6.47	+ 0.5	+3.8	8.65	0.366	105.5	5.48
	15	6.71	+ 0.4	+3.7	8.33	0.408	100.6	4.94
	17	6.96	+ 0.3	+3.7	8.04	0.446	96.2	4.45
	19	7.20	+ 0.2	+3.6	7.77	0.482	92.1	4.02
	21	7.45	+ 0.2	+3.6	7.51	0.515	88.3	3.64
	23	7.69	+ 0.1	+3.5	7.27	0.546	84.7	3.30
	25	7.94	+ 0.1	+3.5	7.05	0.575	81.3	2.99
	27	8.17	+ 0.1	+3.4	6.85	0.603	78.2	2.72
	29	8.41	0.0	+3.4	6.65	0.629	75.1	2.47
	31	8.64	0.0	+3.3	6.48	0.654	72.1	2.24
Apr.	2	8.86	0.0	+3.3	6.31	0.678	69.2	2.03

EPHEMERIS FOR PHYSICAL OBSERVATIONS
FOR 0^h TERRESTRIAL TIME

Date		Sub-Earth Point		Sub-Solar Point			North Pole	
		Long.	Lat.	Long.	Dist.	P.A.	Dist.	P.A.
		°	°	°	″	°	″	°
Jan.	0	91.62	− 3.70	100.30	+ 0.38	69.77	− 2.33	2.68
	2	100.72	− 3.80	107.01	+ 0.30	60.00	− 2.33	1.01
	4	109.79	− 3.90	113.65	+ 0.22	44.07	− 2.33	359.32
	6	118.84	− 4.01	120.19	+ 0.17	16.31	− 2.34	357.63
	8	127.87	− 4.11	126.61	+ 0.18	338.94	− 2.34	355.94
	10	136.87	− 4.22	132.87	+ 0.24	310.75	− 2.36	354.26
	12	145.84	− 4.34	138.93	+ 0.34	294.56	− 2.37	352.59
	14	154.78	− 4.46	144.76	+ 0.46	284.67	− 2.40	350.95
	16	163.69	− 4.58	150.31	+ 0.59	277.88	− 2.42	349.33
	18	172.58	− 4.71	155.54	+ 0.75	272.75	− 2.46	347.76
	20	181.44	− 4.86	160.40	+ 0.92	268.62	− 2.50	346.23
	22	190.29	− 5.01	164.84	+ 1.12	265.14	− 2.55	344.76
	24	199.14	− 5.18	168.81	+ 1.34	262.11	− 2.60	343.36
	26	208.00	− 5.36	172.24	+ 1.58	259.41	− 2.67	342.03
	28	216.89	− 5.57	175.09	+ 1.85	256.97	− 2.75	340.79
	30	225.86	− 5.80	177.32	+ 2.15	254.74	− 2.85	339.65
Feb.	1	234.94	− 6.07	178.92	+ 2.48	252.68	− 2.96	338.62
	3	244.20	− 6.37	179.90	+ 2.81	250.75	− 3.09	337.71
	5	253.72	− 6.72	180.32	+ 3.14	248.92	− 3.25	336.93
	7	263.58	− 7.11	180.30	+ 3.43	247.12	− 3.43	336.29
	9	273.88	− 7.55	179.98	− 3.66	245.29	− 3.64	335.81
	11	284.73	− 8.03	179.57	− 3.77	243.30	− 3.87	335.47
	13	296.22	− 8.54	179.28	− 3.72	240.99	− 4.12	335.31
	15	308.41	− 9.05	179.30	− 3.46	238.02	− 4.37	335.30
	17	321.30	− 9.54	179.79	− 2.98	233.70	− 4.62	335.47
	19	334.85	− 9.97	180.85	− 2.29	226.27	− 4.85	335.81
	21	348.92	− 10.29	182.52	− 1.50	209.89	− 5.04	336.29
	23	3.32	− 10.46	184.84	− 0.96	165.22	− 5.16	336.89
	25	17.82	− 10.48	187.76	− 1.33	113.24	− 5.23	337.54
	27	32.22	− 10.35	191.27	− 2.10	93.28	− 5.22	338.17
Mar.	1	46.32	− 10.08	195.29	− 2.81	84.95	− 5.16	338.74
	3	60.03	− 9.73	199.79	− 3.38	80.46	− 5.05	339.18
	5	73.27	− 9.30	204.70	− 3.77	77.58	− 4.92	339.48
	7	86.05	− 8.85	209.98	− 4.02	75.51	− 4.77	339.61
	9	98.38	− 8.38	215.57	− 4.15	73.87	− 4.61	339.60
	11	110.29	− 7.91	221.43	− 4.19	72.48	− 4.44	339.44
	13	121.84	− 7.46	227.51	− 4.17	71.24	− 4.29	339.17
	15	133.07	− 7.02	233.79	− 4.10	70.11	− 4.14	338.79
	17	144.01	− 6.60	240.22	− 4.00	69.04	− 3.99	338.33
	19	154.71	− 6.21	246.78	− 3.88	68.03	− 3.86	337.82
	21	165.18	− 5.83	253.43	+ 3.75	67.07	− 3.74	337.25
	23	175.47	− 5.47	260.14	+ 3.62	66.15	− 3.62	336.66
	25	185.59	− 5.13	266.90	+ 3.49	65.27	− 3.51	336.06
	27	195.55	− 4.80	273.66	+ 3.35	64.44	− 3.41	335.46
	29	205.38	− 4.49	280.41	+ 3.22	63.66	− 3.32	334.86
	31	215.07	− 4.20	287.12	+ 3.08	62.93	− 3.23	334.29
Apr.	2	224.65	− 3.91	293.76	+ 2.95	62.25	− 3.15	333.75

MERCURY, 2007

EPHEMERIS FOR PHYSICAL OBSERVATIONS
FOR 0^h TERRESTRIAL TIME

Date		Light-time	Magnitude	Surface Brightness	Diameter	Phase	Phase Angle	Defect of Illumination
		m			"		°	"
Apr.	2	8.86	0.0	+3.3	6.31	0.678	69.2	2.03
	4	9.08	− 0.1	+3.2	6.16	0.701	66.2	1.84
	6	9.30	− 0.1	+3.2	6.02	0.725	63.3	1.66
	8	9.51	− 0.2	+3.1	5.88	0.748	60.3	1.48
	10	9.71	− 0.3	+3.0	5.76	0.771	57.2	1.32
	12	9.91	− 0.3	+2.9	5.65	0.794	54.0	1.16
	14	10.10	− 0.4	+2.8	5.54	0.817	50.6	1.01
	16	10.28	− 0.5	+2.7	5.44	0.841	47.0	0.87
	18	10.45	− 0.6	+2.6	5.36	0.865	43.1	0.72
	20	10.60	− 0.8	+2.5	5.28	0.889	39.0	0.59
	22	10.74	− 0.9	+2.3	5.21	0.913	34.4	0.46
	24	10.86	− 1.1	+2.1	5.15	0.935	29.4	0.33
	26	10.95	− 1.3	+1.9	5.11	0.957	24.0	0.22
	28	11.02	− 1.6	+1.7	5.08	0.975	18.0	0.12
	30	11.05	− 1.9	+1.4	5.06	0.990	11.5	0.05
May	2	11.04	− 2.2	+1.0	5.07	0.998	4.5	0.01
	4	11.00	− 2.4	+0.9	5.09	0.999	3.2	0.00
	6	10.90	− 2.1	+1.2	5.13	0.991	11.1	0.05
	8	10.76	− 1.8	+1.5	5.20	0.972	19.4	0.15
	10	10.58	− 1.6	+1.7	5.29	0.942	27.8	0.30
	12	10.35	− 1.4	+1.9	5.41	0.904	36.1	0.52
	14	10.08	− 1.2	+2.1	5.55	0.858	44.3	0.79
	16	9.78	− 1.0	+2.3	5.72	0.807	52.2	1.11
	18	9.46	− 0.8	+2.4	5.91	0.753	59.6	1.46
	20	9.13	− 0.7	+2.6	6.13	0.698	66.7	1.85
	22	8.78	− 0.5	+2.8	6.37	0.644	73.3	2.27
	24	8.43	− 0.4	+2.9	6.64	0.591	79.5	2.71
	26	8.08	− 0.2	+3.1	6.93	0.540	85.4	3.18
	28	7.73	− 0.1	+3.2	7.23	0.492	90.9	3.68
	30	7.40	+ 0.1	+3.4	7.56	0.446	96.3	4.19
June	1	7.07	+ 0.3	+3.5	7.91	0.401	101.4	4.74
	3	6.76	+ 0.5	+3.7	8.28	0.359	106.4	5.31
	5	6.46	+ 0.7	+3.9	8.66	0.318	111.4	5.91
	7	6.18	+ 0.9	+4.0	9.06	0.278	116.3	6.54
	9	5.91	+ 1.1	+4.2	9.47	0.240	121.3	7.19
	11	5.66	+ 1.4	+4.4	9.88	0.203	126.4	7.87
	13	5.44	+ 1.8	+4.6	10.29	0.168	131.6	8.56
	15	5.24	+ 2.1	+4.8	10.68	0.135	136.9	9.24
	17	5.06	+ 2.6	+5.1	11.05	0.104	142.4	9.91
	19	4.91	+ 3.1	+5.3	11.39	0.076	148.0	10.53
	21	4.79	+ 3.7	+5.5	11.67	0.051	153.8	11.07
	23	4.71	+ 4.3	+5.7	11.89	0.031	159.6	11.51
	25	4.66	+ 5.0	+5.7	12.02	0.017	165.0	11.81
	27	4.64	+ 5.6	+5.6	12.06	0.009	169.3	11.95
	29	4.66	−	−	12.00	0.007	170.3	11.92
July	1	4.72	+ 5.3	+5.6	11.85	0.013	167.2	11.70
	3	4.82	+ 4.6	+5.6	11.60	0.025	161.8	11.31

EPHEMERIS FOR PHYSICAL OBSERVATIONS
FOR 0^h TERRESTRIAL TIME

Date		Sub-Earth Point		Sub-Solar Point			North Pole	
		Long.	Lat.	Long.	Dist.	P.A.	Dist.	P.A.
		°	°	°	″	°	″	°
Apr.	2	224.65	− 3.91	293.76	+ 2.95	62.25	− 3.15	333.75
	4	234.11	− 3.64	300.30	+ 2.82	61.63	− 3.07	333.24
	6	243.46	− 3.38	306.71	+ 2.69	61.08	− 3.00	332.78
	8	252.71	− 3.13	312.97	+ 2.56	60.59	− 2.94	332.38
	10	261.85	− 2.89	319.02	+ 2.42	60.18	− 2.88	332.04
	12	270.89	− 2.65	324.85	+ 2.28	59.84	− 2.82	331.76
	14	279.82	− 2.43	330.39	+ 2.14	59.58	− 2.77	331.57
	16	288.65	− 2.21	335.62	+ 1.99	59.40	− 2.72	331.46
	18	297.37	− 2.00	340.48	+ 1.83	59.32	− 2.68	331.44
	20	305.98	− 1.79	344.91	+ 1.66	59.32	− 2.64	331.52
	22	314.49	− 1.59	348.87	+ 1.47	59.41	− 2.60	331.72
	24	322.89	− 1.40	352.29	+ 1.27	59.57	− 2.58	332.04
	26	331.18	− 1.21	355.13	+ 1.04	59.78	− 2.55	332.48
	28	339.37	− 1.03	357.35	+ 0.79	59.93	− 2.54	333.07
	30	347.47	− 0.85	358.94	+ 0.51	59.67	− 2.53	333.80
May	2	355.49	− 0.67	359.91	+ 0.20	56.19	− 2.53	334.69
	4	3.45	− 0.50	0.33	+ 0.14	254.60	− 2.54	335.73
	6	11.39	− 0.32	0.29	+ 0.49	248.52	− 2.57	336.93
	8	19.33	− 0.14	359.97	+ 0.86	248.64	− 2.60	338.26
	10	27.33	+ 0.05	359.57	+ 1.23	249.63	+ 2.64	339.73
	12	35.41	+ 0.24	359.28	+ 1.59	250.96	+ 2.70	341.29
	14	43.61	+ 0.44	359.31	+ 1.94	252.47	+ 2.78	342.92
	16	51.96	+ 0.66	359.80	+ 2.26	254.10	+ 2.86	344.60
	18	60.50	+ 0.89	0.87	+ 2.55	255.78	+ 2.96	346.30
	20	69.23	+ 1.14	2.55	+ 2.82	257.49	+ 3.07	347.97
	22	78.16	+ 1.40	4.88	+ 3.05	259.19	+ 3.19	349.61
	24	87.31	+ 1.69	7.81	+ 3.26	260.88	+ 3.32	351.18
	26	96.69	+ 2.00	11.32	+ 3.45	262.52	+ 3.46	352.67
	28	106.29	+ 2.34	15.36	− 3.62	264.12	+ 3.61	354.07
	30	116.12	+ 2.70	19.86	− 3.76	265.66	+ 3.78	355.35
June	1	126.19	+ 3.08	24.78	− 3.88	267.15	+ 3.95	356.52
	3	136.51	+ 3.50	30.06	− 3.97	268.60	+ 4.13	357.56
	5	147.09	+ 3.94	35.65	− 4.03	270.02	+ 4.32	358.46
	7	157.93	+ 4.41	41.52	− 4.06	271.41	+ 4.52	359.22
	9	169.05	+ 4.90	47.61	− 4.04	272.83	+ 4.72	359.82
	11	180.46	+ 5.42	53.89	− 3.98	274.29	+ 4.92	0.27
	13	192.17	+ 5.95	60.33	− 3.85	275.89	+ 5.12	0.57
	15	204.19	+ 6.50	66.88	− 3.65	277.70	+ 5.31	0.70
	17	216.51	+ 7.04	73.54	− 3.37	279.92	+ 5.49	0.68
	19	229.12	+ 7.58	80.25	− 3.01	282.83	+ 5.64	0.50
	21	242.02	+ 8.08	87.01	− 2.58	286.99	+ 5.78	0.19
	23	255.15	+ 8.55	93.78	− 2.07	293.57	+ 5.88	359.75
	25	268.48	+ 8.95	100.53	− 1.55	305.33	+ 5.94	359.22
	27	281.93	+ 9.29	107.23	− 1.12	328.71	+ 5.95	358.63
	29	295.42	+ 9.53	113.87	− 1.01	7.32	+ 5.92	358.01
July	1	308.89	+ 9.68	120.41	− 1.32	38.97	+ 5.84	357.42
	3	322.24	+ 9.74	126.82	− 1.81	55.36	+ 5.72	356.88

MERCURY, 2007

EPHEMERIS FOR PHYSICAL OBSERVATIONS
FOR 0^h TERRESTRIAL TIME

Date		Light-time	Magnitude	Surface Brightness	Diameter	Phase	Phase Angle	Defect of Illumination
		m			"		°	"
July	1	4.72	+ 5.3	+5.6	11.85	0.013	167.2	11.70
	3	4.82	+ 4.6	+5.6	11.60	0.025	161.8	11.31
	5	4.96	+ 3.8	+5.4	11.28	0.044	155.8	10.78
	7	5.14	+ 3.2	+5.2	10.89	0.070	149.4	10.14
	9	5.35	+ 2.6	+4.9	10.47	0.101	143.0	9.41
	11	5.59	+ 2.0	+4.6	10.01	0.137	136.5	8.63
	13	5.87	+ 1.6	+4.3	9.54	0.178	130.0	7.83
	15	6.17	+ 1.1	+4.0	9.06	0.224	123.5	7.03
	17	6.51	+ 0.8	+3.8	8.60	0.274	116.8	6.24
	19	6.87	+ 0.4	+3.5	8.15	0.329	110.1	5.47
	21	7.24	+ 0.2	+3.3	7.72	0.387	103.1	4.74
	23	7.64	− 0.1	+3.1	7.32	0.449	95.8	4.03
	25	8.05	− 0.3	+2.9	6.95	0.515	88.3	3.37
	27	8.46	− 0.6	+2.7	6.62	0.583	80.4	2.76
	29	8.87	− 0.7	+2.5	6.31	0.652	72.3	2.19
	31	9.27	− 0.9	+2.4	6.04	0.721	63.8	1.69
Aug.	2	9.65	− 1.1	+2.2	5.80	0.786	55.1	1.24
	4	10.00	− 1.2	+2.1	5.60	0.845	46.4	0.87
	6	10.32	− 1.3	+1.9	5.42	0.895	37.7	0.57
	8	10.59	− 1.5	+1.8	5.28	0.936	29.3	0.34
	10	10.82	− 1.7	+1.6	5.17	0.966	21.4	0.18
	12	11.01	− 1.8	+1.4	5.08	0.985	14.1	0.08
	14	11.15	− 2.0	+1.2	5.02	0.995	8.0	0.02
	16	11.25	− 2.0	+1.2	4.97	0.998	5.2	0.01
	18	11.31	− 1.8	+1.4	4.95	0.995	8.2	0.03
	20	11.34	− 1.6	+1.6	4.93	0.987	12.9	0.06
	22	11.34	− 1.3	+1.9	4.93	0.977	17.4	0.11
	24	11.32	− 1.1	+2.1	4.94	0.964	21.7	0.18
	26	11.27	− 0.9	+2.2	4.97	0.950	25.7	0.25
	28	11.20	− 0.8	+2.4	5.00	0.936	29.4	0.32
	30	11.11	− 0.6	+2.5	5.03	0.920	32.8	0.40
Sept.	1	11.01	− 0.5	+2.6	5.08	0.904	36.0	0.49
	3	10.89	− 0.4	+2.7	5.14	0.888	39.1	0.57
	5	10.76	− 0.3	+2.8	5.20	0.872	42.0	0.67
	7	10.62	− 0.3	+2.9	5.27	0.855	44.8	0.76
	9	10.46	− 0.2	+3.0	5.35	0.838	47.5	0.87
	11	10.29	− 0.2	+3.0	5.44	0.820	50.2	0.98
	13	10.12	− 0.1	+3.1	5.53	0.802	52.8	1.09
	15	9.93	− 0.1	+3.1	5.64	0.783	55.5	1.22
	17	9.73	− 0.1	+3.2	5.75	0.763	58.2	1.36
	19	9.51	− 0.1	+3.2	5.88	0.742	61.0	1.52
	21	9.29	0.0	+3.2	6.02	0.719	64.0	1.69
	23	9.06	0.0	+3.3	6.18	0.695	67.0	1.88
	25	8.82	0.0	+3.3	6.35	0.669	70.3	2.10
	27	8.56	0.0	+3.3	6.54	0.640	73.8	2.35
	29	8.30	0.0	+3.3	6.74	0.608	77.5	2.64
Oct.	1	8.03	0.0	+3.4	6.97	0.573	81.6	2.98

EPHEMERIS FOR PHYSICAL OBSERVATIONS
FOR 0^h TERRESTRIAL TIME

Date		Sub-Earth Point		Sub-Solar Point			North Pole	
		Long.	Lat.	Long.	Dist.	P.A.	Dist.	P.A.
		°	°	°	″	°	″	°
July	1	308.89	+ 9.68	120.41	− 1.32	38.97	+ 5.84	357.42
	3	322.24	+ 9.74	126.82	− 1.81	55.36	+ 5.72	356.88
	5	335.39	+ 9.70	133.07	− 2.32	64.12	+ 5.56	356.44
	7	348.30	+ 9.59	139.12	− 2.77	69.51	+ 5.37	356.12
	9	0.90	+ 9.41	144.94	− 3.15	73.26	+ 5.16	355.96
	11	13.17	+ 9.18	150.49	− 3.44	76.15	+ 4.94	355.95
	13	25.09	+ 8.91	155.71	− 3.65	78.57	+ 4.71	356.13
	15	36.64	+ 8.61	160.56	− 3.78	80.74	+ 4.48	356.48
	17	47.84	+ 8.30	164.98	− 3.84	82.80	+ 4.25	357.02
	19	58.67	+ 7.97	168.93	− 3.83	84.82	+ 4.04	357.75
	21	69.15	+ 7.65	172.34	− 3.76	86.88	+ 3.83	358.66
	23	79.29	+ 7.34	175.17	− 3.64	89.00	+ 3.63	359.75
	25	89.10	+ 7.04	177.39	+ 3.48	91.23	+ 3.45	1.01
	27	98.60	+ 6.76	178.97	+ 3.26	93.60	+ 3.29	2.44
	29	107.79	+ 6.50	179.93	+ 3.01	96.12	+ 3.13	4.02
	31	116.72	+ 6.26	180.33	+ 2.71	98.84	+ 3.00	5.73
Aug.	2	125.40	+ 6.05	180.29	+ 2.38	101.78	+ 2.88	7.53
	4	133.88	+ 5.86	179.97	+ 2.03	105.02	+ 2.78	9.39
	6	142.21	+ 5.70	179.56	+ 1.66	108.70	+ 2.70	11.27
	8	150.43	+ 5.57	179.28	+ 1.29	113.13	+ 2.63	13.14
	10	158.59	+ 5.45	179.31	+ 0.94	119.05	+ 2.57	14.95
	12	166.72	+ 5.36	179.81	+ 0.62	128.56	+ 2.53	16.68
	14	174.87	+ 5.29	180.89	+ 0.35	149.45	+ 2.50	18.29
	16	183.07	+ 5.23	182.58	+ 0.23	205.10	+ 2.48	19.79
	18	191.32	+ 5.18	184.91	+ 0.35	252.40	+ 2.46	21.15
	20	199.66	+ 5.15	187.86	+ 0.55	269.18	+ 2.46	22.38
	22	208.07	+ 5.12	191.37	+ 0.74	276.96	+ 2.46	23.48
	24	216.58	+ 5.09	195.41	+ 0.92	281.57	+ 2.46	24.46
	26	225.17	+ 5.07	199.92	+ 1.08	284.72	+ 2.47	25.32
	28	233.85	+ 5.06	204.85	+ 1.23	287.04	+ 2.49	26.06
	30	242.62	+ 5.04	210.13	+ 1.36	288.85	+ 2.51	26.69
Sept.	1	251.47	+ 5.03	215.73	+ 1.50	290.30	+ 2.53	27.23
	3	260.41	+ 5.02	221.60	+ 1.62	291.48	+ 2.56	27.67
	5	269.43	+ 5.00	227.69	+ 1.74	292.45	+ 2.59	28.02
	7	278.52	+ 4.99	233.97	+ 1.86	293.25	+ 2.63	28.29
	9	287.70	+ 4.98	240.41	+ 1.97	293.92	+ 2.66	28.48
	11	296.96	+ 4.97	246.97	+ 2.09	294.46	+ 2.71	28.60
	13	306.29	+ 4.95	253.63	+ 2.20	294.90	+ 2.76	28.66
	15	315.71	+ 4.94	260.34	+ 2.32	295.25	+ 2.81	28.65
	17	325.21	+ 4.92	267.10	+ 2.45	295.53	+ 2.87	28.58
	19	334.80	+ 4.90	273.87	+ 2.57	295.75	+ 2.93	28.46
	21	344.48	+ 4.88	280.62	+ 2.71	295.90	+ 3.00	28.29
	23	354.27	+ 4.86	287.32	+ 2.84	296.02	+ 3.08	28.08
	25	4.18	+ 4.84	293.96	+ 2.99	296.10	+ 3.16	27.83
	27	14.21	+ 4.82	300.50	+ 3.14	296.16	+ 3.26	27.56
	29	24.39	+ 4.80	306.91	+ 3.29	296.21	+ 3.36	27.27
Oct.	1	34.74	+ 4.77	313.16	+ 3.45	296.27	+ 3.47	26.97

MERCURY, 2007

EPHEMERIS FOR PHYSICAL OBSERVATIONS
FOR 0^h TERRESTRIAL TIME

Date		Light-time	Magnitude	Surface Brightness	Diameter	Phase	Phase Angle	Defect of Illumination
		m			″		°	″
Oct.	1	8.03	0.0	+3.4	6.97	0.573	81.6	2.98
	3	7.75	0.0	+3.4	7.22	0.534	86.1	3.37
	5	7.46	+ 0.1	+3.4	7.50	0.491	91.1	3.82
	7	7.17	+ 0.2	+3.5	7.81	0.443	96.6	4.35
	9	6.88	+ 0.3	+3.5	8.13	0.390	102.7	4.96
	11	6.59	+ 0.5	+3.6	8.49	0.332	109.6	5.67
	13	6.32	+ 0.7	+3.8	8.85	0.270	117.4	6.47
	15	6.07	+ 1.2	+4.0	9.22	0.204	126.2	7.33
	17	5.85	+ 1.8	+4.3	9.56	0.139	136.1	8.23
	19	5.68	+ 2.7	+4.6	9.85	0.080	147.2	9.06
	21	5.58	+ 3.9	+5.0	10.03	0.032	159.3	9.71
	23	5.55	−	−	10.08	0.005	172.0	10.03
	25	5.61	−	−	9.97	0.004	172.7	9.93
	27	5.77	+ 3.8	+4.8	9.70	0.033	158.9	9.37
	29	6.02	+ 2.3	+4.3	9.29	0.091	144.9	8.45
	31	6.35	+ 1.2	+3.7	8.82	0.171	131.1	7.31
Nov.	2	6.73	+ 0.4	+3.3	8.31	0.265	118.0	6.11
	4	7.16	− 0.1	+3.0	7.81	0.364	105.8	4.97
	6	7.61	− 0.4	+2.8	7.35	0.460	94.6	3.97
	8	8.06	− 0.6	+2.7	6.94	0.549	84.4	3.13
	10	8.50	− 0.7	+2.6	6.59	0.627	75.2	2.45
	12	8.92	− 0.7	+2.6	6.28	0.695	67.0	1.91
	14	9.31	− 0.7	+2.6	6.01	0.752	59.7	1.49
	16	9.68	− 0.7	+2.6	5.78	0.800	53.2	1.16
	18	10.01	− 0.7	+2.5	5.59	0.839	47.3	0.90
	20	10.32	− 0.7	+2.5	5.42	0.871	42.1	0.70
	22	10.60	− 0.7	+2.5	5.28	0.897	37.4	0.54
	24	10.85	− 0.7	+2.5	5.16	0.919	33.2	0.42
	26	11.07	− 0.7	+2.4	5.05	0.936	29.3	0.32
	28	11.27	− 0.8	+2.4	4.97	0.950	25.8	0.25
	30	11.44	− 0.8	+2.3	4.89	0.962	22.5	0.19
Dec.	2	11.59	− 0.8	+2.3	4.83	0.971	19.5	0.14
	4	11.72	− 0.9	+2.2	4.78	0.979	16.7	0.10
	6	11.82	− 0.9	+2.2	4.73	0.985	14.0	0.07
	8	11.91	− 1.0	+2.1	4.70	0.990	11.5	0.05
	10	11.97	− 1.1	+2.0	4.67	0.994	9.1	0.03
	12	12.02	− 1.1	+1.9	4.65	0.996	6.9	0.02
	14	12.05	− 1.2	+1.8	4.64	0.998	4.8	0.01
	16	12.06	− 1.3	+1.8	4.64	0.999	3.2	0.00
	18	12.05	− 1.3	+1.8	4.65	0.999	3.0	0.00
	20	12.02	− 1.3	+1.8	4.66	0.999	4.3	0.01
	22	11.97	− 1.2	+1.9	4.68	0.997	6.4	0.01
	24	11.90	− 1.1	+2.0	4.70	0.994	8.8	0.03
	26	11.81	− 1.1	+2.0	4.74	0.990	11.3	0.05
	28	11.70	− 1.0	+2.1	4.78	0.985	14.1	0.07
	30	11.57	− 1.0	+2.2	4.84	0.978	17.0	0.11
	32	11.41	− 0.9	+2.2	4.90	0.969	20.2	0.15

EPHEMERIS FOR PHYSICAL OBSERVATIONS
FOR 0ʰ TERRESTRIAL TIME

Date		Sub-Earth Point		Sub-Solar Point			North Pole	
		Long.	Lat.	Long.	Dist.	P.A.	Dist.	P.A.
		°	°	°	″	°	″	°
Oct.	1	34.74	+ 4.77	313.16	+ 3.45	296.27	+ 3.47	26.97
	3	45.29	+ 4.74	319.21	+ 3.60	296.35	+ 3.60	26.68
	5	56.08	+ 4.71	325.03	− 3.75	296.49	+ 3.74	26.41
	7	67.15	+ 4.67	330.56	− 3.88	296.70	+ 3.89	26.17
	9	78.54	+ 4.63	335.78	− 3.97	297.03	+ 4.05	25.99
	11	90.33	+ 4.56	340.63	− 4.00	297.50	+ 4.23	25.88
	13	102.58	+ 4.48	345.05	− 3.93	298.19	+ 4.41	25.86
	15	115.35	+ 4.37	348.99	− 3.72	299.15	+ 4.60	25.95
	17	128.69	+ 4.23	352.39	− 3.31	300.53	+ 4.77	26.14
	19	142.60	+ 4.03	355.21	− 2.67	302.67	+ 4.91	26.42
	21	157.00	+ 3.77	357.42	− 1.78	306.75	+ 5.01	26.76
	23	171.75	+ 3.44	358.99	− 0.70	322.38	+ 5.03	27.12
	25	186.60	+ 3.06	359.94	− 0.64	92.93	+ 4.98	27.44
	27	201.23	+ 2.64	0.33	− 1.74	110.84	+ 4.84	27.69
	29	215.37	+ 2.21	0.29	− 2.68	114.74	+ 4.64	27.86
	31	228.83	+ 1.78	359.96	− 3.32	116.40	+ 4.41	27.95
Nov.	2	241.52	+ 1.39	359.56	− 3.67	117.23	+ 4.15	27.96
	4	253.45	+ 1.03	359.28	− 3.76	117.62	+ 3.91	27.91
	6	264.71	+ 0.70	359.31	− 3.67	117.73	+ 3.68	27.79
	8	275.41	+ 0.41	359.82	+ 3.46	117.63	+ 3.47	27.59
	10	285.67	+ 0.16	0.91	+ 3.18	117.35	+ 3.29	27.32
	12	295.59	− 0.08	2.61	+ 2.89	116.92	− 3.14	26.96
	14	305.26	− 0.29	4.95	+ 2.59	116.34	− 3.00	26.52
	16	314.75	− 0.49	7.91	+ 2.31	115.61	− 2.89	25.99
	18	324.11	− 0.67	11.43	+ 2.05	114.74	− 2.79	25.37
	20	333.39	− 0.85	15.48	+ 1.82	113.72	− 2.71	24.67
	22	342.61	− 1.01	20.00	+ 1.60	112.54	− 2.64	23.88
	24	351.79	− 1.17	24.92	+ 1.41	111.20	− 2.58	23.01
	26	0.94	− 1.32	30.21	+ 1.24	109.69	− 2.53	22.07
	28	10.09	− 1.47	35.82	+ 1.08	107.97	− 2.48	21.05
	30	19.23	− 1.62	41.69	+ 0.94	106.02	− 2.44	19.95
Dec.	2	28.36	− 1.76	47.78	+ 0.81	103.78	− 2.41	18.79
	4	37.50	− 1.90	54.07	+ 0.69	101.16	− 2.39	17.56
	6	46.63	− 2.04	60.51	+ 0.57	98.02	− 2.36	16.27
	8	55.77	− 2.18	67.07	+ 0.47	94.09	− 2.35	14.91
	10	64.91	− 2.32	73.72	+ 0.37	88.84	− 2.33	13.50
	12	74.04	− 2.46	80.44	+ 0.28	81.08	− 2.33	12.04
	14	83.17	− 2.59	87.20	+ 0.19	67.72	− 2.32	10.53
	16	92.30	− 2.73	93.96	+ 0.13	40.27	− 2.32	8.98
	18	101.42	− 2.87	100.71	+ 0.12	353.51	− 2.32	7.38
	20	110.53	− 3.01	107.42	+ 0.18	319.76	− 2.33	5.76
	22	119.63	− 3.15	114.05	+ 0.26	303.49	− 2.33	4.10
	24	128.72	− 3.30	120.59	+ 0.36	294.35	− 2.35	2.43
	26	137.80	− 3.44	127.00	+ 0.47	288.22	− 2.36	0.74
	28	146.86	− 3.60	133.24	+ 0.58	283.56	− 2.39	359.04
	30	155.91	− 3.76	139.29	+ 0.71	279.72	− 2.41	357.35
	32	164.94	− 3.92	145.10	+ 0.85	276.39	− 2.45	355.66

VENUS, 2007

EPHEMERIS FOR PHYSICAL OBSERVATIONS
FOR 0ʰ TERRESTRIAL TIME

Date		Light-time	Magnitude	Surface Brightness	Diameter	Phase	Phase Angle	Defect of Illumination
		m			"		°	"
Jan.	0	13.51	− 3.9	+ 0.9	10.27	0.965	21.4	0.36
	4	13.42	− 3.9	+ 0.9	10.34	0.961	22.8	0.40
	8	13.32	− 3.9	+ 0.9	10.42	0.956	24.1	0.45
	12	13.22	− 3.9	+ 0.9	10.50	0.952	25.4	0.51
	16	13.12	− 3.9	+ 0.9	10.58	0.947	26.7	0.57
	20	13.01	− 3.9	+ 1.0	10.67	0.941	28.1	0.63
	24	12.89	− 3.9	+ 1.0	10.77	0.935	29.4	0.70
	28	12.77	− 3.9	+ 1.0	10.87	0.929	30.8	0.77
Feb.	1	12.65	− 3.9	+ 1.0	10.97	0.923	32.2	0.84
	5	12.52	− 3.9	+ 1.0	11.09	0.917	33.6	0.93
	9	12.38	− 3.9	+ 1.0	11.21	0.910	35.0	1.01
	13	12.24	− 3.9	+ 1.0	11.34	0.902	36.4	1.11
	17	12.09	− 3.9	+ 1.0	11.48	0.895	37.9	1.21
	21	11.94	− 3.9	+ 1.0	11.62	0.887	39.3	1.32
	25	11.78	− 3.9	+ 1.1	11.78	0.878	40.8	1.43
Mar.	1	11.62	− 3.9	+ 1.1	11.94	0.870	42.3	1.56
	5	11.45	− 3.9	+ 1.1	12.12	0.861	43.8	1.69
	9	11.28	− 3.9	+ 1.1	12.31	0.851	45.4	1.83
	13	11.10	− 3.9	+ 1.1	12.50	0.841	47.0	1.99
	17	10.91	− 3.9	+ 1.1	12.72	0.831	48.6	2.15
	21	10.72	− 4.0	+ 1.1	12.94	0.820	50.2	2.33
	25	10.53	− 4.0	+ 1.1	13.18	0.809	51.8	2.52
	29	10.32	− 4.0	+ 1.2	13.44	0.797	53.5	2.72
Apr.	2	10.12	− 4.0	+ 1.2	13.72	0.785	55.2	2.95
	6	9.90	− 4.0	+ 1.2	14.01	0.773	56.9	3.19
	10	9.68	− 4.0	+ 1.2	14.33	0.760	58.7	3.44
	14	9.46	− 4.0	+ 1.2	14.67	0.746	60.5	3.72
	18	9.23	− 4.1	+ 1.2	15.03	0.732	62.3	4.03
	22	9.00	− 4.1	+ 1.2	15.42	0.718	64.2	4.36
	26	8.76	− 4.1	+ 1.2	15.84	0.703	66.1	4.71
	30	8.52	− 4.1	+ 1.3	16.30	0.687	68.0	5.10
May	4	8.27	− 4.2	+ 1.3	16.79	0.671	70.0	5.52
	8	8.02	− 4.2	+ 1.3	17.31	0.654	72.0	5.98
	12	7.76	− 4.2	+ 1.3	17.88	0.637	74.1	6.49
	16	7.50	− 4.2	+ 1.3	18.50	0.619	76.2	7.04
	20	7.24	− 4.3	+ 1.3	19.16	0.601	78.4	7.65
	24	6.98	− 4.3	+ 1.3	19.89	0.582	80.6	8.32
	28	6.71	− 4.3	+ 1.4	20.68	0.562	82.9	9.06
June	1	6.44	− 4.4	+ 1.4	21.54	0.542	85.2	9.88
	5	6.17	− 4.4	+ 1.4	22.48	0.520	87.7	10.79
	9	5.90	− 4.4	+ 1.4	23.51	0.498	90.2	11.80
	13	5.63	− 4.5	+ 1.4	24.63	0.475	92.9	12.94
	17	5.37	− 4.5	+ 1.4	25.87	0.451	95.7	14.21
	21	5.10	− 4.5	+ 1.4	27.23	0.425	98.6	15.65
	25	4.83	− 4.6	+ 1.5	28.73	0.399	101.7	17.27
	29	4.57	− 4.6	+ 1.5	30.38	0.371	104.9	19.10
July	3	4.31	− 4.6	+ 1.5	32.19	0.342	108.5	21.19

EPHEMERIS FOR PHYSICAL OBSERVATIONS
FOR 0^h TERRESTRIAL TIME

Date		L_s	Sub-Earth Point		Sub-Solar Point				North Pole	
			Long.	Lat.	Long.	Lat.	Dist.	P.A.	Dist.	P.A.
		°	°	°	°	°	″	°	″	°
Jan.	0	78.36	137.62	+ 1.43	159.04	+ 2.58	+ 1.88	264.26	+ 5.14	350.83
	4	84.68	148.56	+ 1.41	171.30	+ 2.63	+ 2.00	262.40	+ 5.17	348.96
	8	91.01	159.49	+ 1.37	183.55	+ 2.64	+ 2.13	260.60	+ 5.21	347.20
	12	97.34	170.42	+ 1.32	195.82	+ 2.62	+ 2.25	258.89	+ 5.25	345.56
	16	103.67	181.35	+ 1.25	208.08	+ 2.56	+ 2.38	257.28	+ 5.29	344.06
	20	110.00	192.28	+ 1.16	220.35	+ 2.48	2.51	255.78	+ 5.33	342.70
	24	116.35	203.19	+ 1.06	232.62	+ 2.36	2.65	254.41	+ 5.38	341.48
	28	122.70	214.10	+ 0.95	244.90	+ 2.22	2.78	253.16	+ 5.43	340.41
Feb.	1	129.05	225.01	+ 0.82	257.18	+ 2.05	2.92	252.04	+ 5.49	339.50
	5	135.42	235.90	+ 0.68	269.47	+ 1.85	3.07	251.06	+ 5.54	338.73
	9	141.79	246.79	+ 0.52	281.77	+ 1.63	3.21	250.23	+ 5.61	338.12
	13	148.17	257.67	+ 0.35	294.08	+ 1.39	3.37	249.53	+ 5.67	337.66
	17	154.56	268.53	+ 0.17	306.39	+ 1.13	3.52	248.97	+ 5.74	337.35
	21	160.96	279.39	− 0.01	318.71	+ 0.86	3.68	248.56	− 5.81	337.19
	25	167.37	290.24	− 0.21	331.04	+ 0.58	3.85	248.30	− 5.89	337.17
Mar.	1	173.79	301.07	− 0.41	343.38	+ 0.29	4.02	248.18	− 5.97	337.30
	5	180.22	311.89	− 0.62	355.73	− 0.01	4.20	248.20	− 6.06	337.57
	9	186.66	322.70	− 0.83	8.09	− 0.31	4.38	248.38	− 6.15	337.99
	13	193.11	333.49	− 1.05	20.45	− 0.60	4.57	248.70	− 6.25	338.54
	17	199.57	344.26	− 1.26	32.83	− 0.88	4.77	249.17	− 6.36	339.24
	21	206.03	355.02	− 1.47	45.21	− 1.16	4.97	249.80	− 6.47	340.08
	25	212.50	5.76	− 1.68	57.61	− 1.42	5.18	250.57	− 6.59	341.05
	29	218.98	16.47	− 1.88	70.01	− 1.66	5.40	251.48	− 6.72	342.15
Apr.	2	225.46	27.17	− 2.08	82.42	− 1.88	5.63	252.54	− 6.86	343.39
	6	231.95	37.84	− 2.26	94.83	− 2.08	5.87	253.74	− 7.00	344.75
	10	238.44	48.48	− 2.43	107.25	− 2.25	6.12	255.07	− 7.16	346.22
	14	244.94	59.10	− 2.59	119.68	− 2.39	6.38	256.52	− 7.33	347.80
	18	251.43	69.69	− 2.74	132.10	− 2.50	6.66	258.09	− 7.51	349.48
	22	257.93	80.25	− 2.86	144.53	− 2.58	6.94	259.76	− 7.70	351.24
	26	264.43	90.78	− 2.97	156.96	− 2.63	7.24	261.52	− 7.91	353.07
	30	270.92	101.27	− 3.05	169.39	− 2.64	7.56	263.34	− 8.14	354.95
May	4	277.41	111.71	− 3.12	181.81	− 2.62	7.89	265.21	− 8.38	356.86
	8	283.90	122.11	− 3.15	194.23	− 2.56	8.23	267.11	− 8.64	358.78
	12	290.38	132.46	− 3.16	206.64	− 2.47	8.60	269.02	− 8.93	0.69
	16	296.85	142.76	− 3.14	219.05	− 2.35	8.98	270.92	− 9.23	2.57
	20	303.32	153.00	− 3.09	231.45	− 2.20	9.38	272.79	− 9.57	4.40
	24	309.79	163.17	− 3.01	243.83	− 2.03	9.81	274.61	− 9.93	6.17
	28	316.24	173.27	− 2.89	256.21	− 1.82	+ 10.26	276.38	− 10.33	7.86
June	1	322.68	183.28	− 2.73	268.58	− 1.60	+ 10.73	278.07	− 10.76	9.45
	5	329.12	193.20	− 2.54	280.94	− 1.35	+ 11.23	279.68	− 11.23	10.93
	9	335.55	203.01	− 2.31	293.29	− 1.09	− 11.75	281.21	− 11.74	12.31
	13	341.96	212.71	− 2.03	305.63	− 0.82	− 12.30	282.65	− 12.31	13.57
	17	348.37	222.27	− 1.71	317.95	− 0.53	− 12.87	284.00	− 12.93	14.71
	21	354.77	231.68	− 1.34	330.27	− 0.24	− 13.46	285.28	− 13.61	15.73
	25	1.15	240.91	− 0.92	342.58	+ 0.05	− 14.07	286.49	− 14.36	16.63
	29	7.53	249.93	− 0.45	354.87	+ 0.35	− 14.67	287.64	− 15.19	17.41
July	3	13.90	258.71	+ 0.08	7.16	+ 0.63	− 15.27	288.77	+ 16.10	18.07

VENUS, 2007

EPHEMERIS FOR PHYSICAL OBSERVATIONS
FOR 0ʰ TERRESTRIAL TIME

Date		Light-time	Magnitude	Surface Brightness	Diameter	Phase	Phase Angle	Defect of Illumination
		m			″		°	″
July	3	4.31	− 4.6	+ 1.5	32.19	0.342	108.5	21.19
	7	4.06	− 4.7	+ 1.5	34.19	0.311	112.2	23.56
	11	3.81	− 4.7	+ 1.5	36.38	0.279	116.3	26.25
	15	3.58	− 4.7	+ 1.5	38.77	0.245	120.7	29.28
	19	3.36	− 4.7	+ 1.4	41.35	0.210	125.5	32.69
	23	3.15	− 4.7	+ 1.4	44.10	0.174	130.8	36.45
	27	2.96	− 4.6	+ 1.3	46.97	0.137	136.5	40.52
	31	2.79	− 4.5	+ 1.2	49.83	0.102	142.8	44.76
Aug.	4	2.64	− 4.4	+ 1.0	52.56	0.069	149.5	48.92
	8	2.53	− 4.2	+ 0.7	54.93	0.041	156.5	52.66
	12	2.45	− 4.0	+ 0.3	56.73	0.021	163.3	55.53
	16	2.40	− 4.1	− 0.5	57.74	0.011	168.2	57.13
	20	2.40	− 4.1	− 0.5	57.84	0.011	168.0	57.20
	24	2.43	− 4.1	+ 0.3	57.01	0.022	162.8	55.74
	28	2.51	− 4.3	+ 0.8	55.38	0.043	155.9	52.98
Sept.	1	2.61	− 4.4	+ 1.1	53.15	0.072	148.9	49.33
	5	2.75	− 4.6	+ 1.2	50.54	0.105	142.2	45.24
	9	2.91	− 4.7	+ 1.3	47.77	0.141	136.0	41.06
	13	3.08	− 4.7	+ 1.4	44.99	0.177	130.2	37.03
	17	3.28	− 4.8	+ 1.4	42.31	0.213	125.0	33.29
	21	3.49	− 4.8	+ 1.5	39.77	0.248	120.2	29.90
	25	3.71	− 4.8	+ 1.5	37.41	0.282	115.9	26.86
	29	3.94	− 4.7	+ 1.5	35.24	0.314	111.8	24.18
Oct.	3	4.17	− 4.7	+ 1.5	33.26	0.344	108.1	21.80
	7	4.41	− 4.7	+ 1.5	31.45	0.373	104.7	19.71
	11	4.66	− 4.7	+ 1.4	29.80	0.400	101.5	17.87
	15	4.90	− 4.6	+ 1.4	28.30	0.426	98.5	16.24
	19	5.15	− 4.6	+ 1.4	26.94	0.451	95.7	14.80
	23	5.40	− 4.6	+ 1.4	25.69	0.474	93.0	13.51
	27	5.65	− 4.5	+ 1.4	24.55	0.497	90.4	12.36
	31	5.90	− 4.5	+ 1.4	23.51	0.518	87.9	11.33
Nov.	4	6.15	− 4.5	+ 1.4	22.55	0.538	85.6	10.41
	8	6.40	− 4.4	+ 1.4	21.67	0.558	83.3	9.58
	12	6.65	− 4.4	+ 1.3	20.86	0.577	81.2	8.83
	16	6.90	− 4.4	+ 1.3	20.11	0.595	79.0	8.14
	20	7.15	− 4.3	+ 1.3	19.42	0.613	77.0	7.52
	24	7.39	− 4.3	+ 1.3	18.78	0.630	75.0	6.96
	28	7.63	− 4.3	+ 1.3	18.19	0.646	73.0	6.44
Dec.	2	7.87	− 4.2	+ 1.3	17.64	0.662	71.1	5.97
	6	8.11	− 4.2	+ 1.3	17.12	0.677	69.3	5.53
	10	8.34	− 4.2	+ 1.3	16.64	0.692	67.5	5.13
	14	8.57	− 4.2	+ 1.2	16.19	0.706	65.7	4.77
	18	8.80	− 4.1	+ 1.2	15.78	0.719	64.0	4.43
	22	9.02	− 4.1	+ 1.2	15.38	0.733	62.3	4.11
	26	9.24	− 4.1	+ 1.2	15.02	0.746	60.6	3.82
	30	9.46	− 4.1	+ 1.2	14.67	0.758	58.9	3.55
	34	9.67	− 4.1	+ 1.2	14.35	0.770	57.3	3.30

EPHEMERIS FOR PHYSICAL OBSERVATIONS
FOR 0^h TERRESTRIAL TIME

Date		L_s	Sub-Earth Point		Sub-Solar Point				North Pole	
			Long.	Lat.	Long.	Lat.	Dist.	P.A.	Dist.	P.A.
		°	°	°	°	°	"	°	"	°
July	3	13.90	258.71	+ 0.08	7.16	+ 0.63	− 15.27	288.77	+ 16.10	18.07
	7	20.26	267.21	+ 0.66	19.45	+ 0.91	− 15.83	289.89	+ 17.09	18.63
	11	26.62	275.40	+ 1.31	31.72	+ 1.18	− 16.31	291.05	+ 18.19	19.08
	15	32.96	283.20	+ 2.01	43.99	+ 1.43	− 16.67	292.30	+ 19.37	19.43
	19	39.30	290.58	+ 2.78	56.25	+ 1.67	− 16.83	293.72	+ 20.65	19.68
	23	45.64	297.46	+ 3.60	68.51	+ 1.89	− 16.70	295.44	+ 22.01	19.82
	27	51.97	303.78	+ 4.47	80.77	+ 2.08	− 16.16	297.63	+ 23.41	19.86
	31	58.30	309.49	+ 5.36	93.03	+ 2.24	− 15.07	300.65	+ 24.81	19.78
Aug.	4	64.62	314.57	+ 6.23	105.28	+ 2.38	− 13.33	305.13	+ 26.12	19.59
	8	70.95	319.03	+ 7.05	117.53	+ 2.49	− 10.94	312.51	+ 27.26	19.26
	12	77.27	322.98	+ 7.76	129.79	+ 2.57	− 8.16	326.44	+ 28.11	18.81
	16	83.59	326.56	+ 8.29	142.04	+ 2.62	− 5.91	355.64	+ 28.57	18.26
	20	89.92	330.00	+ 8.62	154.30	+ 2.64	− 6.03	38.68	+ 28.59	17.66
	24	96.25	333.55	+ 8.71	166.56	+ 2.62	− 8.44	66.48	+ 28.18	17.05
	28	102.58	337.44	+ 8.57	178.82	+ 2.57	− 11.29	79.83	+ 27.38	16.51
Sept.	1	108.91	341.84	+ 8.25	191.09	+ 2.50	− 13.72	87.09	+ 26.30	16.11
	5	115.25	346.87	+ 7.80	203.36	+ 2.39	− 15.49	91.69	+ 25.04	15.88
	9	121.60	352.54	+ 7.25	215.63	+ 2.25	− 16.60	94.97	+ 23.69	15.83
	13	127.96	358.83	+ 6.64	227.92	+ 2.08	− 17.17	97.54	+ 22.35	15.96
	17	134.32	5.69	+ 6.02	240.20	+ 1.89	− 17.33	99.69	+ 21.04	16.25
	21	140.69	13.07	+ 5.39	252.50	+ 1.67	− 17.18	101.58	+ 19.80	16.68
	25	147.07	20.90	+ 4.78	264.80	+ 1.43	− 16.83	103.28	+ 18.64	17.21
	29	153.46	29.11	+ 4.18	277.11	+ 1.18	− 16.36	104.86	+ 17.57	17.81
Oct.	3	159.85	37.67	+ 3.62	289.43	+ 0.91	− 15.80	106.32	+ 16.59	18.47
	7	166.26	46.52	+ 3.09	301.76	+ 0.63	− 15.21	107.68	+ 15.70	19.14
	11	172.68	55.62	+ 2.59	314.09	+ 0.34	− 14.60	108.94	+ 14.88	19.81
	15	179.11	64.94	+ 2.12	326.44	+ 0.04	− 14.00	110.09	+ 14.14	20.45
	19	185.54	74.44	+ 1.69	338.79	− 0.25	− 13.40	111.13	+ 13.46	21.04
	23	191.99	84.11	+ 1.29	351.16	− 0.55	− 12.83	112.05	+ 12.84	21.57
	27	198.44	93.91	+ 0.92	3.53	− 0.83	− 12.28	112.85	+ 12.27	22.03
	31	204.90	103.85	+ 0.59	15.91	− 1.11	+ 11.75	113.52	+ 11.75	22.39
Nov.	4	211.37	113.89	+ 0.29	28.30	− 1.37	+ 11.24	114.05	+ 11.27	22.65
	8	217.85	124.04	+ 0.03	40.70	− 1.62	+ 10.76	114.43	+ 10.84	22.80
	12	224.33	134.26	− 0.21	53.11	− 1.84	+ 10.31	114.67	− 10.43	22.84
	16	230.82	144.57	− 0.41	65.52	− 2.04	+ 9.87	114.75	− 10.06	22.75
	20	237.31	154.94	− 0.59	77.94	− 2.22	+ 9.46	114.68	− 9.71	22.54
	24	243.80	165.36	− 0.73	90.36	− 2.37	+ 9.07	114.44	− 9.39	22.19
	28	250.30	175.85	− 0.85	102.79	− 2.48	+ 8.70	114.05	− 9.09	21.71
Dec.	2	256.79	186.38	− 0.95	115.21	− 2.57	+ 8.34	113.48	− 8.82	21.09
	6	263.29	196.96	− 1.02	127.64	− 2.62	+ 8.01	112.76	− 8.56	20.34
	10	269.78	207.57	− 1.06	140.07	− 2.64	+ 7.69	111.86	− 8.32	19.45
	14	276.27	218.22	− 1.09	152.49	− 2.62	+ 7.38	110.81	− 8.10	18.42
	18	282.76	228.89	− 1.09	164.91	− 2.57	+ 7.09	109.59	− 7.89	17.26
	22	289.24	239.59	− 1.08	177.32	− 2.49	+ 6.81	108.21	− 7.69	15.97
	26	295.72	250.32	− 1.05	189.73	− 2.38	+ 6.54	106.68	− 7.51	14.54
	30	302.19	261.07	− 1.01	202.13	− 2.23	+ 6.28	105.00	− 7.33	13.00
	34	308.65	271.84	− 0.95	214.52	− 2.06	+ 6.04	103.18	− 7.17	11.34

MARS, 2007

EPHEMERIS FOR PHYSICAL OBSERVATIONS
FOR 0ʰ TERRESTRIAL TIME

Date		Light-time	Magnitude	Surface Brightness	Diameter		Phase	Phase Angle	Defect of Illumination
					Eq.	Pol.			
		m			″	″		°	″
Jan.	0	19.86	+ 1.5	+4.2	3.92	3.90	0.986	13.7	0.06
	4	19.71	+ 1.5	+4.2	3.95	3.93	0.984	14.5	0.06
	8	19.56	+ 1.5	+4.2	3.98	3.96	0.982	15.3	0.07
	12	19.41	+ 1.5	+4.2	4.01	3.99	0.981	16.1	0.08
	16	19.25	+ 1.4	+4.2	4.05	4.02	0.979	16.8	0.09
	20	19.09	+ 1.4	+4.2	4.08	4.06	0.977	17.6	0.10
	24	18.92	+ 1.4	+4.2	4.12	4.09	0.975	18.3	0.10
	28	18.76	+ 1.4	+4.2	4.15	4.13	0.972	19.1	0.11
Feb.	1	18.59	+ 1.4	+4.2	4.19	4.17	0.970	19.9	0.12
	5	18.42	+ 1.4	+4.2	4.23	4.20	0.968	20.6	0.13
	9	18.25	+ 1.4	+4.2	4.27	4.24	0.966	21.3	0.15
	13	18.08	+ 1.3	+4.2	4.31	4.28	0.963	22.1	0.16
	17	17.90	+ 1.3	+4.2	4.35	4.33	0.961	22.8	0.17
	21	17.73	+ 1.3	+4.2	4.39	4.37	0.958	23.5	0.18
	25	17.55	+ 1.3	+4.2	4.44	4.41	0.956	24.2	0.20
Mar.	1	17.38	+ 1.3	+4.2	4.48	4.46	0.953	24.9	0.21
	5	17.20	+ 1.3	+4.2	4.53	4.50	0.951	25.6	0.22
	9	17.03	+ 1.2	+4.2	4.57	4.55	0.948	26.3	0.24
	13	16.85	+ 1.2	+4.2	4.62	4.60	0.946	27.0	0.25
	17	16.68	+ 1.2	+4.2	4.67	4.65	0.943	27.6	0.27
	21	16.50	+ 1.2	+4.2	4.72	4.70	0.940	28.3	0.28
	25	16.33	+ 1.2	+4.2	4.77	4.75	0.937	29.0	0.30
	29	16.15	+ 1.1	+4.2	4.82	4.80	0.935	29.6	0.31
Apr.	2	15.98	+ 1.1	+4.2	4.87	4.85	0.932	30.2	0.33
	6	15.81	+ 1.1	+4.2	4.93	4.90	0.929	30.8	0.35
	10	15.64	+ 1.1	+4.2	4.98	4.96	0.927	31.5	0.37
	14	15.47	+ 1.1	+4.2	5.04	5.01	0.924	32.1	0.38
	18	15.30	+ 1.1	+4.2	5.09	5.07	0.921	32.7	0.40
	22	15.13	+ 1.0	+4.2	5.15	5.12	0.918	33.2	0.42
	26	14.96	+ 1.0	+4.2	5.21	5.18	0.915	33.8	0.44
	30	14.80	+ 1.0	+4.2	5.26	5.24	0.913	34.4	0.46
May	4	14.63	+ 1.0	+4.2	5.32	5.30	0.910	34.9	0.48
	8	14.47	+ 1.0	+4.2	5.38	5.36	0.907	35.4	0.50
	12	14.31	+ 0.9	+4.2	5.44	5.42	0.905	36.0	0.52
	16	14.14	+ 0.9	+4.2	5.51	5.48	0.902	36.5	0.54
	20	13.98	+ 0.9	+4.3	5.57	5.54	0.899	37.0	0.56
	24	13.82	+ 0.9	+4.3	5.64	5.61	0.897	37.5	0.58
	28	13.66	+ 0.9	+4.3	5.70	5.67	0.894	37.9	0.60
June	1	13.50	+ 0.8	+4.3	5.77	5.74	0.892	38.4	0.62
	5	13.34	+ 0.8	+4.3	5.84	5.81	0.889	38.8	0.64
	9	13.18	+ 0.8	+4.3	5.91	5.88	0.887	39.3	0.67
	13	13.02	+ 0.8	+4.3	5.98	5.95	0.885	39.7	0.69
	17	12.86	+ 0.8	+4.3	6.06	6.02	0.882	40.1	0.71
	21	12.70	+ 0.8	+4.3	6.13	6.10	0.880	40.5	0.73
	25	12.54	+ 0.7	+4.3	6.21	6.18	0.878	40.9	0.76
	29	12.38	+ 0.7	+4.3	6.29	6.26	0.876	41.2	0.78
July	3	12.22	+ 0.7	+4.3	6.37	6.34	0.874	41.6	0.80

EPHEMERIS FOR PHYSICAL OBSERVATIONS
FOR 0ʰ TERRESTRIAL TIME

Date		L_s	Sub-Earth Point		Sub-Solar Point				North Pole	
			Long.	Lat.	Long.	Lat.	Dist.	P.A.	Dist.	P.A.
		°	°	°	°	°	ʺ	°	ʺ	°
Jan.	0	158.85	79.99	+ 2.67	92.30	+ 8.94	+ 0.46	94.54	+ 1.95	31.91
	4	160.97	40.99	+ 1.39	53.95	+ 8.07	+ 0.49	93.26	+ 1.96	30.76
	8	163.10	1.98	+ 0.11	15.59	+ 7.19	+ 0.52	91.96	+ 1.98	29.53
	12	165.25	322.95	− 1.18	337.23	+ 6.30	+ 0.55	90.65	− 1.99	28.22
	16	167.41	283.92	− 2.47	298.86	+ 5.39	+ 0.59	89.33	− 2.01	26.84
	20	169.58	244.87	− 3.76	260.48	+ 4.47	+ 0.62	88.01	− 2.02	25.40
	24	171.77	205.81	− 5.04	222.10	+ 3.53	+ 0.65	86.69	− 2.04	23.89
	28	173.98	166.72	− 6.32	183.71	+ 2.59	+ 0.68	85.38	− 2.05	22.32
Feb.	1	176.20	127.62	− 7.58	145.30	+ 1.64	+ 0.71	84.08	− 2.06	20.69
	5	178.44	88.49	− 8.83	106.89	+ 0.67	+ 0.74	82.80	− 2.08	19.01
	9	180.69	49.33	− 10.06	68.46	− 0.30	+ 0.78	81.54	− 2.09	17.29
	13	182.96	10.14	− 11.27	30.02	− 1.27	+ 0.81	80.30	− 2.10	15.52
	17	185.24	330.92	− 12.45	351.56	− 2.25	+ 0.84	79.09	− 2.11	13.71
	21	187.53	291.67	− 13.61	313.09	− 3.24	+ 0.88	77.92	− 2.12	11.87
	25	189.85	252.39	− 14.73	274.60	− 4.22	+ 0.91	76.78	− 2.13	10.00
Mar.	1	192.17	213.07	− 15.82	236.09	− 5.21	+ 0.94	75.69	− 2.15	8.11
	5	194.51	173.71	− 16.87	197.56	− 6.20	+ 0.98	74.64	− 2.16	6.19
	9	196.87	134.31	− 17.87	159.01	− 7.18	+ 1.01	73.63	− 2.17	4.25
	13	199.24	94.87	− 18.83	120.44	− 8.16	+ 1.05	72.68	− 2.18	2.30
	17	201.62	55.40	− 19.73	81.85	− 9.13	+ 1.08	71.78	− 2.19	0.34
	21	204.02	15.88	− 20.59	43.23	− 10.09	+ 1.12	70.94	− 2.20	358.37
	25	206.43	336.33	− 21.38	4.58	− 11.05	+ 1.15	70.15	− 2.21	356.40
	29	208.85	296.74	− 22.12	325.91	− 11.99	+ 1.19	69.42	− 2.22	354.43
Apr.	2	211.28	257.12	− 22.78	287.22	− 12.92	+ 1.23	68.75	− 2.24	352.47
	6	213.73	217.46	− 23.38	248.49	− 13.83	+ 1.26	68.14	− 2.25	350.52
	10	216.18	177.78	− 23.91	209.74	− 14.72	+ 1.30	67.60	− 2.27	348.58
	14	218.65	138.07	− 24.37	170.96	− 15.59	+ 1.34	67.11	− 2.28	346.67
	18	221.13	98.34	− 24.76	132.14	− 16.44	+ 1.37	66.69	− 2.30	344.79
	22	223.61	58.59	− 25.06	93.30	− 17.27	+ 1.41	66.33	− 2.32	342.94
	26	226.11	18.83	− 25.29	54.43	− 18.06	+ 1.45	66.03	− 2.34	341.14
	30	228.61	339.06	− 25.44	15.53	− 18.83	+ 1.48	65.80	− 2.37	339.38
May	4	231.12	299.29	− 25.51	336.60	− 19.56	+ 1.52	65.63	− 2.39	337.67
	8	233.63	259.53	− 25.50	297.63	− 20.26	+ 1.56	65.52	− 2.42	336.02
	12	236.16	219.77	− 25.41	258.65	− 20.93	+ 1.60	65.47	− 2.45	334.44
	16	238.68	180.03	− 25.25	219.63	− 21.55	+ 1.64	65.48	− 2.48	332.93
	20	241.21	140.31	− 25.00	180.59	− 22.14	+ 1.67	65.55	− 2.51	331.50
	24	243.75	100.61	− 24.69	141.52	− 22.68	+ 1.71	65.69	− 2.55	330.15
	28	246.28	60.95	− 24.30	102.43	− 23.18	+ 1.75	65.88	− 2.59	328.89
June	1	248.82	21.31	− 23.84	63.32	− 23.63	+ 1.79	66.13	− 2.63	327.72
	5	251.36	341.72	− 23.32	24.19	− 24.04	+ 1.83	66.44	− 2.67	326.65
	9	253.90	302.16	− 22.73	345.05	− 24.39	+ 1.87	66.80	− 2.71	325.67
	13	256.44	262.65	− 22.08	305.89	− 24.70	+ 1.91	67.22	− 2.76	324.80
	17	258.97	223.18	− 21.38	266.72	− 24.95	+ 1.95	67.69	− 2.81	324.03
	21	261.51	183.76	− 20.62	227.55	− 25.16	+ 1.99	68.21	− 2.86	323.37
	25	264.04	144.40	− 19.82	188.37	− 25.31	+ 2.03	68.78	− 2.91	322.81
	29	266.56	105.08	− 18.97	149.19	− 25.41	+ 2.07	69.40	− 2.96	322.35
July	3	269.08	65.81	− 18.09	110.01	− 25.45	+ 2.11	70.07	− 3.02	322.00

MARS, 2007

EPHEMERIS FOR PHYSICAL OBSERVATIONS
FOR 0ʰ TERRESTRIAL TIME

Date		Light-time	Magnitude	Surface Brightness	Diameter		Phase	Phase Angle	Defect of Illumination
					Eq.	Pol.			
		m			″	″		°	″
July	3	12.22	+ 0.7	+4.3	6.37	6.34	0.874	41.6	0.80
	7	12.06	+ 0.7	+4.3	6.46	6.43	0.872	41.9	0.83
	11	11.89	+ 0.6	+4.3	6.55	6.51	0.870	42.2	0.85
	15	11.72	+ 0.6	+4.3	6.64	6.61	0.868	42.5	0.87
	19	11.56	+ 0.6	+4.3	6.74	6.70	0.867	42.8	0.90
	23	11.39	+ 0.6	+4.3	6.84	6.80	0.865	43.1	0.92
	27	11.22	+ 0.6	+4.3	6.94	6.91	0.864	43.3	0.94
	31	11.04	+ 0.5	+4.3	7.05	7.01	0.863	43.5	0.97
Aug.	4	10.87	+ 0.5	+4.3	7.17	7.13	0.861	43.7	0.99
	8	10.69	+ 0.5	+4.4	7.29	7.25	0.860	43.9	1.02
	12	10.51	+ 0.4	+4.4	7.41	7.37	0.859	44.0	1.04
	16	10.32	+ 0.4	+4.4	7.54	7.50	0.859	44.2	1.07
	20	10.14	+ 0.4	+4.4	7.68	7.64	0.858	44.3	1.09
	24	9.95	+ 0.3	+4.4	7.83	7.78	0.858	44.3	1.11
	28	9.76	+ 0.3	+4.4	7.98	7.93	0.858	44.3	1.14
Sept.	1	9.56	+ 0.3	+4.4	8.14	8.10	0.858	44.3	1.16
	5	9.37	+ 0.2	+4.4	8.31	8.27	0.858	44.3	1.18
	9	9.17	+ 0.2	+4.4	8.50	8.45	0.859	44.2	1.20
	13	8.97	+ 0.1	+4.4	8.69	8.64	0.859	44.0	1.22
	17	8.76	+ 0.1	+4.4	8.89	8.84	0.861	43.8	1.24
	21	8.56	+ 0.1	+4.4	9.10	9.05	0.862	43.6	1.25
	25	8.35	0.0	+4.4	9.33	9.28	0.864	43.3	1.27
	29	8.14	− 0.1	+4.4	9.57	9.52	0.866	42.9	1.28
Oct.	3	7.93	− 0.1	+4.4	9.83	9.77	0.869	42.4	1.28
	7	7.71	− 0.2	+4.4	10.10	10.04	0.872	41.9	1.29
	11	7.50	− 0.2	+4.4	10.39	10.33	0.876	41.2	1.29
	15	7.29	− 0.3	+4.4	10.69	10.63	0.880	40.5	1.28
	19	7.07	− 0.4	+4.4	11.01	10.95	0.885	39.6	1.26
	23	6.86	− 0.4	+4.4	11.35	11.28	0.891	38.6	1.24
	27	6.66	− 0.5	+4.4	11.70	11.63	0.897	37.5	1.21
	31	6.45	− 0.6	+4.4	12.07	12.00	0.903	36.2	1.17
Nov.	4	6.25	− 0.7	+4.4	12.46	12.38	0.911	34.8	1.11
	8	6.06	− 0.8	+4.4	12.85	12.78	0.919	33.2	1.05
	12	5.87	− 0.9	+4.4	13.26	13.18	0.927	31.4	0.97
	16	5.70	− 1.0	+4.4	13.67	13.59	0.936	29.4	0.88
	20	5.54	− 1.0	+4.4	14.07	13.99	0.945	27.2	0.77
	24	5.39	− 1.1	+4.3	14.46	14.38	0.954	24.7	0.66
	28	5.25	− 1.2	+4.3	14.83	14.74	0.963	22.1	0.54
Dec.	2	5.14	− 1.3	+4.3	15.16	15.07	0.972	19.2	0.42
	6	5.04	− 1.4	+4.3	15.45	15.36	0.980	16.2	0.31
	10	4.97	− 1.5	+4.2	15.67	15.58	0.987	13.0	0.20
	14	4.92	− 1.5	+4.2	15.82	15.73	0.993	9.7	0.11
	18	4.90	− 1.6	+4.1	15.89	15.79	0.997	6.3	0.05
	22	4.91	− 1.6	+4.1	15.87	15.77	0.999	3.2	0.01
	26	4.94	− 1.6	+4.1	15.75	15.66	1.000	2.3	0.01
	30	5.01	− 1.5	+4.1	15.55	15.46	0.998	5.0	0.03
	34	5.10	− 1.4	+4.2	15.27	15.18	0.995	8.2	0.08

EPHEMERIS FOR PHYSICAL OBSERVATIONS
FOR 0^h TERRESTRIAL TIME

Date		L_s	Sub-Earth Point		Sub-Solar Point				North Pole	
			Long.	Lat.	Long.	Lat.	Dist.	P.A.	Dist.	P.A.
		°	°	°	°	°	″	°	″	°
July	3	269.08	65.81	− 18.09	110.01	− 25.45	+ 2.11	70.07	− 3.02	322.00
	7	271.60	26.59	− 17.17	70.84	− 25.44	+ 2.16	70.78	− 3.07	321.76
	11	274.10	347.42	− 16.21	31.68	− 25.38	+ 2.20	71.53	− 3.13	321.61
	15	276.60	308.31	− 15.23	352.53	− 25.27	+ 2.24	72.32	− 3.19	321.56
	19	279.10	269.24	− 14.23	313.40	− 25.11	+ 2.29	73.15	− 3.25	321.61
	23	281.58	230.23	− 13.21	274.28	− 24.90	+ 2.33	74.01	− 3.31	321.75
	27	284.06	191.26	− 12.17	235.18	− 24.64	+ 2.38	74.90	− 3.38	321.98
	31	286.52	152.35	− 11.12	196.11	− 24.34	+ 2.43	75.82	− 3.44	322.30
Aug.	4	288.97	113.48	− 10.07	157.07	− 23.99	+ 2.47	76.76	− 3.51	322.69
	8	291.42	74.66	− 9.01	118.05	− 23.59	+ 2.52	77.72	− 3.58	323.16
	12	293.85	35.89	− 7.96	79.06	− 23.16	+ 2.57	78.70	− 3.65	323.71
	16	296.27	357.17	− 6.90	40.10	− 22.68	+ 2.63	79.69	− 3.72	324.31
	20	298.67	318.49	− 5.86	1.17	− 22.17	+ 2.68	80.68	− 3.80	324.98
	24	301.07	279.87	− 4.83	322.28	− 21.61	+ 2.73	81.68	− 3.88	325.69
	28	303.44	241.29	− 3.82	283.42	− 21.03	+ 2.79	82.68	− 3.96	326.46
Sept.	1	305.81	202.76	− 2.82	244.60	− 20.41	+ 2.84	83.67	− 4.04	327.26
	5	308.16	164.29	− 1.85	205.81	− 19.77	+ 2.90	84.65	− 4.13	328.10
	9	310.50	125.86	− 0.90	167.05	− 19.09	+ 2.96	85.61	− 4.22	328.97
	13	312.82	87.50	+ 0.01	128.33	− 18.39	+ 3.02	86.55	+ 4.32	329.86
	17	315.13	49.19	+ 0.89	89.64	− 17.67	+ 3.08	87.47	+ 4.42	330.76
	21	317.43	10.95	+ 1.73	50.99	− 16.92	+ 3.14	88.35	+ 4.52	331.66
	25	319.70	332.78	+ 2.53	12.37	− 16.16	+ 3.20	89.20	+ 4.63	332.56
	29	321.97	294.67	+ 3.29	333.78	− 15.38	+ 3.26	90.01	+ 4.75	333.45
Oct.	3	324.22	256.65	+ 3.99	295.22	− 14.58	+ 3.31	90.77	+ 4.87	334.32
	7	326.45	218.70	+ 4.65	256.69	− 13.76	+ 3.37	91.48	+ 5.00	335.17
	11	328.67	180.86	+ 5.24	218.20	− 12.94	+ 3.42	92.14	+ 5.14	335.98
	15	330.87	143.11	+ 5.77	179.73	− 12.10	+ 3.47	92.72	+ 5.29	336.75
	19	333.06	105.48	+ 6.24	141.29	− 11.25	+ 3.51	93.23	+ 5.44	337.46
	23	335.23	67.96	+ 6.63	102.87	− 10.39	+ 3.54	93.67	+ 5.60	338.11
	27	337.38	30.58	+ 6.95	64.48	− 9.53	+ 3.56	94.01	+ 5.78	338.68
	31	339.53	353.34	+ 7.18	26.11	− 8.66	+ 3.57	94.26	+ 5.95	339.18
Nov.	4	341.65	316.26	+ 7.33	347.76	− 7.79	+ 3.55	94.39	+ 6.14	339.58
	8	343.77	279.34	+ 7.39	309.43	− 6.91	+ 3.52	94.41	+ 6.34	339.87
	12	345.87	242.61	+ 7.35	271.12	− 6.04	+ 3.45	94.28	+ 6.54	340.05
	16	347.95	206.07	+ 7.21	232.83	− 5.16	+ 3.35	93.99	+ 6.74	340.11
	20	350.02	169.74	+ 6.97	194.55	− 4.28	+ 3.21	93.52	+ 6.94	340.05
	24	352.07	133.60	+ 6.62	156.29	− 3.40	+ 3.02	92.83	+ 7.14	339.85
	28	354.12	97.66	+ 6.17	118.04	− 2.53	+ 2.79	91.87	+ 7.33	339.53
Dec.	2	356.15	61.93	+ 5.63	79.79	− 1.66	+ 2.50	90.56	+ 7.50	339.07
	6	358.16	26.39	+ 5.00	41.56	− 0.79	+ 2.16	88.77	+ 7.65	338.50
	10	0.16	351.01	+ 4.28	3.33	+ 0.07	+ 1.76	86.20	+ 7.77	337.83
	14	2.15	315.77	+ 3.51	325.11	+ 0.93	+ 1.33	82.16	+ 7.85	337.07
	18	4.13	280.62	+ 2.71	286.89	+ 1.78	+ 0.88	74.45	+ 7.89	336.26
	22	6.10	245.54	+ 1.89	248.68	+ 2.62	+ 0.45	52.34	+ 7.88	335.43
	26	8.05	210.46	+ 1.08	210.47	+ 3.46	+ 0.32	334.80	+ 7.83	334.60
	30	9.99	175.35	+ 0.31	172.25	+ 4.29	+ 0.68	295.64	+ 7.73	333.81
	34	11.92	140.16	− 0.39	134.04	+ 5.11	+ 1.09	284.78	− 7.59	333.08

JUPITER, 2007

EPHEMERIS FOR PHYSICAL OBSERVATIONS
FOR 0^h TERRESTRIAL TIME

Date		Light-time	Magnitude	Surface Brightness	Diameter		Phase Angle	Defect of Illumination
					Eq.	Pol.		
		m			$''$	$''$	°	$''$
Jan.	0	51.43	− 1.8	+ 5.4	31.88	29.82	5.4	0.07
	4	51.13	− 1.8	+ 5.4	32.07	29.99	5.9	0.09
	8	50.80	− 1.8	+ 5.4	32.27	30.19	6.4	0.10
	12	50.45	− 1.8	+ 5.4	32.50	30.39	6.9	0.12
	16	50.08	− 1.8	+ 5.4	32.74	30.62	7.4	0.13
	20	49.69	− 1.8	+ 5.4	33.00	30.86	7.8	0.15
	24	49.27	− 1.9	+ 5.4	33.27	31.12	8.2	0.17
	28	48.84	− 1.9	+ 5.4	33.57	31.40	8.6	0.19
Feb.	1	48.39	− 1.9	+ 5.4	33.88	31.69	8.9	0.21
	5	47.92	− 1.9	+ 5.4	34.21	32.00	9.3	0.22
	9	47.44	− 1.9	+ 5.4	34.56	32.33	9.6	0.24
	13	46.94	− 1.9	+ 5.4	34.93	32.67	9.8	0.26
	17	46.43	− 2.0	+ 5.4	35.31	33.03	10.1	0.27
	21	45.92	− 2.0	+ 5.4	35.71	33.40	10.3	0.29
	25	45.39	− 2.0	+ 5.4	36.12	33.79	10.4	0.30
Mar.	1	44.85	− 2.0	+ 5.4	36.55	34.19	10.6	0.31
	5	44.32	− 2.1	+ 5.4	37.00	34.60	10.7	0.32
	9	43.78	− 2.1	+ 5.4	37.45	35.03	10.7	0.33
	13	43.24	− 2.1	+ 5.4	37.92	35.47	10.7	0.33
	17	42.70	− 2.2	+ 5.4	38.40	35.92	10.7	0.33
	21	42.16	− 2.2	+ 5.4	38.89	36.37	10.6	0.33
	25	41.64	− 2.2	+ 5.4	39.38	36.83	10.4	0.32
	29	41.12	− 2.2	+ 5.4	39.88	37.30	10.2	0.32
Apr.	2	40.61	− 2.3	+ 5.4	40.38	37.76	10.0	0.31
	6	40.11	− 2.3	+ 5.4	40.87	38.23	9.7	0.29
	10	39.64	− 2.3	+ 5.4	41.37	38.69	9.4	0.28
	14	39.18	− 2.4	+ 5.4	41.85	39.15	9.0	0.26
	18	38.74	− 2.4	+ 5.4	42.33	39.59	8.5	0.23
	22	38.32	− 2.4	+ 5.4	42.79	40.02	8.0	0.21
	26	37.93	− 2.4	+ 5.4	43.23	40.43	7.5	0.19
	30	37.56	− 2.5	+ 5.4	43.65	40.83	6.9	0.16
May	4	37.23	− 2.5	+ 5.4	44.04	41.19	6.3	0.13
	8	36.93	− 2.5	+ 5.4	44.40	41.53	5.6	0.11
	12	36.65	− 2.5	+ 5.4	44.73	41.84	4.9	0.08
	16	36.42	− 2.5	+ 5.4	45.02	42.11	4.2	0.06
	20	36.22	− 2.6	+ 5.4	45.27	42.34	3.4	0.04
	24	36.06	− 2.6	+ 5.4	45.47	42.53	2.7	0.02
	28	35.94	− 2.6	+ 5.4	45.63	42.67	1.9	0.01
June	1	35.85	− 2.6	+ 5.4	45.73	42.77	1.0	0.00
	5	35.81	− 2.6	+ 5.4	45.79	42.83	0.2	0.00
	9	35.80	− 2.6	+ 5.4	45.80	42.83	0.6	0.00
	13	35.84	− 2.6	+ 5.4	45.75	42.79	1.5	0.01
	17	35.91	− 2.6	+ 5.4	45.66	42.71	2.3	0.02
	21	36.02	− 2.6	+ 5.4	45.52	42.57	3.1	0.03
	25	36.17	− 2.6	+ 5.4	45.33	42.40	3.8	0.05
	29	36.36	− 2.5	+ 5.4	45.10	42.18	4.6	0.07
July	3	36.58	− 2.5	+ 5.4	44.82	41.92	5.3	0.10

EPHEMERIS FOR PHYSICAL OBSERVATIONS
FOR 0ʰ TERRESTRIAL TIME

Date		L_s	Sub-Earth Point		Sub-Solar Point				North Pole	
			Long.	Lat.	Long.	Lat.	Dist.	P.A.	Dist.	P.A.
		°	°	°	°	°	″	°	″	°
Jan.	0	285.19	40.58	− 3.34	46.03	− 3.45	+ 1.51	100.34	− 14.89	9.18
	4	285.50	282.09	− 3.34	288.04	− 3.44	+ 1.66	99.88	− 14.97	8.83
	8	285.81	163.63	− 3.34	170.07	− 3.44	+ 1.81	99.45	− 15.07	8.48
	12	286.12	45.20	− 3.33	52.12	− 3.43	+ 1.95	99.04	− 15.17	8.14
	16	286.44	286.81	− 3.33	294.18	− 3.43	+ 2.10	98.65	− 15.29	7.81
	20	286.75	168.45	− 3.33	176.25	− 3.42	+ 2.24	98.27	− 15.41	7.48
	24	287.06	50.12	− 3.33	58.33	− 3.42	+ 2.37	97.90	− 15.54	7.16
	28	287.38	291.83	− 3.33	300.43	− 3.41	+ 2.51	97.56	− 15.68	6.85
Feb.	1	287.69	173.58	− 3.32	182.53	− 3.40	+ 2.63	97.22	− 15.82	6.55
	5	288.00	55.36	− 3.32	64.65	− 3.40	+ 2.76	96.90	− 15.98	6.26
	9	288.31	297.18	− 3.32	306.77	− 3.39	+ 2.87	96.60	− 16.14	5.98
	13	288.63	179.05	− 3.32	188.91	− 3.39	+ 2.99	96.31	− 16.31	5.72
	17	288.94	60.95	− 3.32	71.05	− 3.38	+ 3.09	96.03	− 16.49	5.47
	21	289.26	302.90	− 3.32	313.19	− 3.37	+ 3.19	95.77	− 16.68	5.23
	25	289.57	184.88	− 3.32	195.34	− 3.37	+ 3.27	95.53	− 16.87	5.02
Mar.	1	289.88	66.91	− 3.32	77.50	− 3.36	+ 3.35	95.30	− 17.07	4.82
	5	290.20	308.98	− 3.32	319.66	− 3.35	+ 3.42	95.08	− 17.28	4.63
	9	290.51	191.10	− 3.32	201.81	− 3.35	+ 3.48	94.89	− 17.49	4.47
	13	290.83	73.26	− 3.32	83.97	− 3.34	+ 3.52	94.71	− 17.71	4.33
	17	291.14	315.46	− 3.32	326.13	− 3.33	+ 3.55	94.55	− 17.93	4.20
	21	291.46	197.71	− 3.32	208.28	− 3.33	+ 3.56	94.41	− 18.16	4.10
	25	291.77	80.01	− 3.32	90.43	− 3.32	+ 3.56	94.29	− 18.39	4.02
	29	292.09	322.34	− 3.32	332.58	− 3.31	+ 3.54	94.18	− 18.62	3.96
Apr.	2	292.40	204.72	− 3.32	214.72	− 3.30	+ 3.50	94.09	− 18.85	3.93
	6	292.72	87.14	− 3.32	96.85	− 3.30	+ 3.44	94.02	− 19.09	3.92
	10	293.03	329.60	− 3.33	338.97	− 3.29	+ 3.36	93.96	− 19.32	3.93
	14	293.35	212.10	− 3.33	221.08	− 3.28	+ 3.26	93.92	− 19.54	3.96
	18	293.66	94.64	− 3.33	103.17	− 3.27	+ 3.14	93.89	− 19.77	4.02
	22	293.98	337.21	− 3.33	345.26	− 3.26	+ 2.99	93.88	− 19.98	4.10
	26	294.29	219.81	− 3.34	227.32	− 3.26	+ 2.82	93.87	− 20.19	4.20
	30	294.61	102.44	− 3.34	109.37	− 3.25	+ 2.63	93.86	− 20.38	4.32
May	4	294.93	345.10	− 3.34	351.41	− 3.24	+ 2.42	93.84	− 20.57	4.46
	8	295.24	227.78	− 3.34	233.42	− 3.23	+ 2.18	93.81	− 20.73	4.62
	12	295.56	110.47	− 3.34	115.41	− 3.22	+ 1.92	93.75	− 20.89	4.80
	16	295.88	353.18	− 3.34	357.38	− 3.22	+ 1.65	93.62	− 21.02	4.99
	20	296.19	235.89	− 3.34	239.33	− 3.21	+ 1.36	93.37	− 21.14	5.19
	24	296.51	118.61	− 3.34	121.26	− 3.20	+ 1.05	92.87	− 21.23	5.40
	28	296.83	1.31	− 3.33	3.16	− 3.19	+ 0.74	91.79	− 21.31	5.63
June	1	297.14	244.01	− 3.33	245.04	− 3.18	+ 0.41	88.72	− 21.36	5.85
	5	297.46	126.70	− 3.32	126.90	− 3.17	+ 0.10	63.13	− 21.38	6.08
	9	297.78	9.36	− 3.32	8.73	− 3.16	+ 0.25	288.50	− 21.39	6.31
	13	298.10	251.99	− 3.31	250.54	− 3.15	+ 0.58	281.88	− 21.37	6.54
	17	298.42	134.59	− 3.30	132.32	− 3.14	+ 0.90	280.16	− 21.32	6.76
	21	298.73	17.15	− 3.29	14.08	− 3.13	+ 1.22	279.45	− 21.26	6.98
	25	299.05	259.67	− 3.28	255.82	− 3.12	+ 1.52	279.10	− 21.17	7.18
	29	299.37	142.14	− 3.27	137.54	− 3.11	+ 1.81	278.93	− 21.06	7.37
July	3	299.69	24.56	− 3.25	19.23	− 3.10	+ 2.08	278.84	− 20.93	7.55

JUPITER, 2007

EPHEMERIS FOR PHYSICAL OBSERVATIONS
FOR 0ʰ TERRESTRIAL TIME

Date		Light-time	Magnitude	Surface Brightness	Diameter		Phase Angle	Defect of Illumination
					Eq.	Pol.		
		m			''	''	°	''
July	3	36.58	− 2.5	+ 5.4	44.82	41.92	5.3	0.10
	7	36.83	− 2.5	+ 5.4	44.51	41.63	6.0	0.12
	11	37.12	− 2.5	+ 5.4	44.17	41.31	6.7	0.15
	15	37.44	− 2.5	+ 5.4	43.80	40.96	7.3	0.18
	19	37.78	− 2.5	+ 5.4	43.40	40.59	7.9	0.20
	23	38.15	− 2.4	+ 5.4	42.97	40.19	8.4	0.23
	27	38.55	− 2.4	+ 5.4	42.53	39.78	8.9	0.25
	31	38.97	− 2.4	+ 5.4	42.08	39.36	9.3	0.28
Aug.	4	39.40	− 2.4	+ 5.4	41.61	38.92	9.7	0.30
	8	39.85	− 2.3	+ 5.4	41.14	38.48	10.0	0.31
	12	40.32	− 2.3	+ 5.4	40.66	38.03	10.3	0.33
	16	40.80	− 2.3	+ 5.4	40.19	37.58	10.5	0.34
	20	41.29	− 2.2	+ 5.4	39.71	37.14	10.7	0.35
	24	41.79	− 2.2	+ 5.4	39.24	36.70	10.8	0.35
	28	42.29	− 2.2	+ 5.4	38.77	36.26	10.9	0.35
Sept.	1	42.80	− 2.2	+ 5.4	38.31	35.83	11.0	0.35
	5	43.31	− 2.1	+ 5.4	37.86	35.41	11.0	0.35
	9	43.82	− 2.1	+ 5.4	37.42	35.00	11.0	0.34
	13	44.32	− 2.1	+ 5.4	36.99	34.60	10.9	0.33
	17	44.82	− 2.1	+ 5.4	36.58	34.21	10.7	0.32
	21	45.32	− 2.1	+ 5.4	36.18	33.84	10.6	0.31
	25	45.81	− 2.0	+ 5.4	35.79	33.48	10.4	0.29
	29	46.29	− 2.0	+ 5.4	35.42	33.13	10.2	0.28
Oct.	3	46.75	− 2.0	+ 5.4	35.07	32.80	9.9	0.26
	7	47.21	− 2.0	+ 5.4	34.73	32.48	9.6	0.24
	11	47.65	− 2.0	+ 5.4	34.41	32.18	9.3	0.23
	15	48.07	− 1.9	+ 5.4	34.11	31.90	8.9	0.21
	19	48.48	− 1.9	+ 5.4	33.82	31.63	8.6	0.19
	23	48.87	− 1.9	+ 5.4	33.55	31.38	8.2	0.17
	27	49.24	− 1.9	+ 5.4	33.30	31.14	7.7	0.15
	31	49.59	− 1.9	+ 5.4	33.07	30.93	7.3	0.13
Nov.	4	49.91	− 1.9	+ 5.4	32.85	30.72	6.8	0.12
	8	50.22	− 1.9	+ 5.4	32.65	30.54	6.3	0.10
	12	50.50	− 1.8	+ 5.4	32.47	30.37	5.8	0.08
	16	50.75	− 1.8	+ 5.4	32.31	30.21	5.3	0.07
	20	50.98	− 1.8	+ 5.4	32.16	30.08	4.8	0.06
	24	51.19	− 1.8	+ 5.4	32.03	29.96	4.2	0.04
	28	51.37	− 1.8	+ 5.4	31.92	29.85	3.7	0.03
Dec.	2	51.52	− 1.8	+ 5.4	31.83	29.76	3.1	0.02
	6	51.64	− 1.8	+ 5.4	31.75	29.69	2.5	0.02
	10	51.74	− 1.8	+ 5.4	31.69	29.64	2.0	0.01
	14	51.81	− 1.8	+ 5.3	31.65	29.60	1.4	0.00
	18	51.84	− 1.8	+ 5.3	31.63	29.58	0.8	0.00
	22	51.85	− 1.8	+ 5.3	31.62	29.57	0.2	0.00
	26	51.83	− 1.8	+ 5.3	31.63	29.58	0.4	0.00
	30	51.79	− 1.8	+ 5.3	31.66	29.61	1.0	0.00
	34	51.71	− 1.8	+ 5.3	31.71	29.65	1.6	0.01

EPHEMERIS FOR PHYSICAL OBSERVATIONS
FOR 0^h TERRESTRIAL TIME

Date		L_s	Sub-Earth Point		Sub-Solar Point				North Pole	
			Long.	Lat.	Long.	Lat.	Dist.	P.A.	Dist.	P.A.
		°	°	°	°	°	″	°	″	°
July	3	299.69	24.56	− 3.25	19.23	− 3.10	+ 2.08	278.84	− 20.93	7.55
	7	300.01	266.92	− 3.24	260.90	− 3.09	+ 2.33	278.80	− 20.79	7.72
	11	300.33	149.23	− 3.23	142.56	− 3.08	+ 2.56	278.78	− 20.63	7.87
	15	300.65	31.48	− 3.21	24.19	− 3.07	+ 2.77	278.78	− 20.45	8.00
	19	300.96	273.67	− 3.20	265.81	− 3.06	+ 2.96	278.78	− 20.27	8.11
	23	301.28	155.80	− 3.18	147.41	− 3.05	+ 3.13	278.77	− 20.07	8.20
	27	301.60	37.87	− 3.17	29.00	− 3.04	+ 3.27	278.76	− 19.86	8.27
	31	301.92	279.87	− 3.15	270.58	− 3.03	+ 3.39	278.74	− 19.65	8.32
Aug.	4	302.24	161.82	− 3.14	152.14	− 3.02	+ 3.49	278.71	− 19.43	8.35
	8	302.56	43.71	− 3.12	33.69	− 3.01	+ 3.57	278.67	− 19.21	8.35
	12	302.88	285.53	− 3.11	275.24	− 3.00	+ 3.63	278.61	− 18.99	8.34
	16	303.20	167.31	− 3.09	156.77	− 2.99	+ 3.67	278.54	− 18.77	8.30
	20	303.52	49.02	− 3.08	38.30	− 2.98	+ 3.69	278.45	− 18.55	8.25
	24	303.84	290.69	− 3.06	279.83	− 2.97	+ 3.69	278.34	− 18.33	8.17
	28	304.16	172.30	− 3.05	161.35	− 2.96	+ 3.68	278.22	− 18.11	8.07
Sept.	1	304.49	53.87	− 3.03	42.87	− 2.95	+ 3.65	278.08	− 17.89	7.95
	5	304.81	295.39	− 3.02	284.39	− 2.93	+ 3.61	277.93	− 17.68	7.81
	9	305.13	176.87	− 3.00	165.90	− 2.92	+ 3.55	277.76	− 17.48	7.65
	13	305.45	58.30	− 2.99	47.42	− 2.91	+ 3.49	277.58	− 17.28	7.47
	17	305.77	299.70	− 2.97	288.94	− 2.90	+ 3.41	277.38	− 17.09	7.28
	21	306.09	181.07	− 2.96	170.47	− 2.89	+ 3.32	277.16	− 16.90	7.06
	25	306.41	62.41	− 2.94	52.00	− 2.88	+ 3.23	276.93	− 16.72	6.83
	29	306.74	303.71	− 2.93	293.53	− 2.86	+ 3.13	276.68	− 16.55	6.59
Oct.	3	307.06	184.99	− 2.91	175.08	− 2.85	+ 3.02	276.43	− 16.38	6.33
	7	307.38	66.25	− 2.90	56.63	− 2.84	+ 2.90	276.15	− 16.22	6.05
	11	307.70	307.48	− 2.88	298.18	− 2.83	+ 2.78	275.87	− 16.07	5.76
	15	308.03	188.69	− 2.87	179.75	− 2.81	+ 2.65	275.57	− 15.93	5.45
	19	308.35	69.89	− 2.85	61.33	− 2.80	+ 2.52	275.25	− 15.80	5.13
	23	308.67	311.08	− 2.84	302.92	− 2.79	+ 2.38	274.93	− 15.67	4.80
	27	309.00	192.25	− 2.82	184.52	− 2.78	+ 2.24	274.59	− 15.56	4.46
	31	309.32	73.42	− 2.81	66.13	− 2.76	+ 2.10	274.24	− 15.45	4.10
Nov.	4	309.64	314.57	− 2.79	307.75	− 2.75	+ 1.95	273.88	− 15.35	3.74
	8	309.97	195.72	− 2.77	189.39	− 2.74	+ 1.80	273.51	− 15.25	3.36
	12	310.29	76.87	− 2.76	71.04	− 2.73	+ 1.65	273.12	− 15.17	2.98
	16	310.62	318.02	− 2.74	312.71	− 2.71	+ 1.49	272.72	− 15.09	2.59
	20	310.94	199.17	− 2.72	194.40	− 2.70	+ 1.34	272.31	− 15.02	2.19
	24	311.26	80.32	− 2.70	76.09	− 2.69	+ 1.18	271.88	− 14.96	1.78
	28	311.59	321.48	− 2.68	317.81	− 2.67	+ 1.02	271.42	− 14.91	1.37
Dec.	2	311.91	202.65	− 2.66	199.54	− 2.66	+ 0.86	270.93	− 14.87	0.95
	6	312.24	83.82	− 2.64	81.28	− 2.65	+ 0.70	270.40	− 14.83	0.53
	10	312.56	325.00	− 2.62	323.05	− 2.63	+ 0.54	269.77	− 14.81	0.11
	14	312.89	206.20	− 2.60	204.83	− 2.62	+ 0.38	268.95	− 14.79	359.68
	18	313.22	87.41	− 2.58	86.63	− 2.60	+ 0.22	267.47	− 14.78	359.25
	22	313.54	328.63	− 2.55	328.44	− 2.59	+ 0.05	259.40	− 14.77	358.82
	26	313.87	209.87	− 2.53	210.27	− 2.58	+ 0.11	94.04	− 14.78	358.39
	30	314.19	91.13	− 2.51	92.12	− 2.56	+ 0.27	90.75	− 14.79	357.97
	34	314.52	332.41	− 2.48	333.99	− 2.55	+ 0.44	89.62	− 14.81	357.54

SATURN, 2007

EPHEMERIS FOR PHYSICAL OBSERVATIONS
FOR 0^h TERRESTRIAL TIME

Date		Light-time	Magnitude	Surface Brightness	Diameter		Phase Angle	Defect of Illumination
					Eq.	Pol.		
		m			$''$	$''$	$°$	$''$
Jan.	0	70.36	+0.3	+6.9	19.64	17.81	4.4	0.03
	4	69.99	+0.2	+6.8	19.75	17.91	4.0	0.02
	8	69.64	+0.2	+6.8	19.85	18.00	3.7	0.02
	12	69.33	+0.2	+6.8	19.94	18.08	3.3	0.02
	16	69.05	+0.1	+6.8	20.02	18.16	2.9	0.01
	20	68.81	+0.1	+6.8	20.09	18.22	2.5	0.01
	24	68.61	+0.1	+6.8	20.15	18.28	2.1	0.01
	28	68.45	0.0	+6.7	20.19	18.32	1.6	0.00
Feb.	1	68.32	0.0	+6.7	20.23	18.36	1.2	0.00
	5	68.24	0.0	+6.7	20.25	18.38	0.7	0.00
	9	68.20	0.0	+6.7	20.27	18.39	0.3	0.00
	13	68.21	0.0	+6.7	20.26	18.40	0.3	0.00
	17	68.25	0.0	+6.7	20.25	18.39	0.7	0.00
	21	68.34	0.0	+6.7	20.23	18.36	1.2	0.00
	25	68.47	0.0	+6.7	20.19	18.33	1.6	0.00
Mar.	1	68.64	0.0	+6.8	20.14	18.29	2.1	0.01
	5	68.85	+0.1	+6.8	20.08	18.24	2.5	0.01
	9	69.09	+0.1	+6.8	20.01	18.17	2.9	0.01
	13	69.37	+0.1	+6.8	19.92	18.10	3.3	0.02
	17	69.69	+0.1	+6.8	19.83	18.02	3.7	0.02
	21	70.04	+0.2	+6.9	19.74	17.93	4.1	0.02
	25	70.41	+0.2	+6.9	19.63	17.84	4.4	0.03
	29	70.82	+0.2	+6.9	19.52	17.74	4.7	0.03
Apr.	2	71.25	+0.2	+6.9	19.40	17.63	5.0	0.04
	6	71.71	+0.2	+6.9	19.27	17.52	5.3	0.04
	10	72.19	+0.3	+6.9	19.15	17.40	5.5	0.04
	14	72.68	+0.3	+6.9	19.02	17.29	5.7	0.05
	18	73.19	+0.3	+6.9	18.88	17.16	5.9	0.05
	22	73.72	+0.3	+6.9	18.75	17.04	6.0	0.05
	26	74.25	+0.4	+6.9	18.61	16.92	6.1	0.05
	30	74.80	+0.4	+6.9	18.48	16.80	6.2	0.05
May	4	75.35	+0.4	+6.9	18.34	16.67	6.3	0.05
	8	75.90	+0.4	+7.0	18.21	16.55	6.3	0.05
	12	76.45	+0.4	+7.0	18.08	16.43	6.3	0.05
	16	77.00	+0.5	+7.0	17.95	16.31	6.3	0.05
	20	77.55	+0.5	+6.9	17.82	16.19	6.2	0.05
	24	78.09	+0.5	+6.9	17.70	16.08	6.1	0.05
	28	78.63	+0.5	+6.9	17.58	15.97	6.0	0.05
June	1	79.15	+0.5	+6.9	17.46	15.86	5.9	0.05
	5	79.66	+0.5	+6.9	17.35	15.76	5.8	0.04
	9	80.16	+0.5	+6.9	17.24	15.66	5.6	0.04
	13	80.65	+0.5	+6.9	17.14	15.56	5.4	0.04
	17	81.11	+0.6	+6.9	17.04	15.47	5.2	0.03
	21	81.56	+0.6	+6.9	16.95	15.38	5.0	0.03
	25	81.98	+0.6	+6.9	16.86	15.30	4.7	0.03
	29	82.39	+0.6	+6.9	16.78	15.22	4.5	0.03
July	3	82.77	+0.6	+6.9	16.70	15.15	4.2	0.02

EPHEMERIS FOR PHYSICAL OBSERVATIONS
FOR 0^h TERRESTRIAL TIME

Date		L_s	Sub-Earth Point		Sub-Solar Point				North Pole	
			Long.	Lat.	Long.	Lat.	Dist.	P.A.	Dist.	P.A.
		°	°	°	°	°	″	°	″	°
Jan.	0	326.46	345.08	− 15.36	349.18	− 17.50	+ 0.74	108.36	− 8.65	353.68
	4	326.60	348.63	− 15.47	352.43	− 17.44	+ 0.69	108.11	− 8.69	353.67
	8	326.75	352.19	− 15.59	355.66	− 17.37	+ 0.63	107.82	− 8.73	353.66
	12	326.89	355.76	− 15.73	358.88	− 17.30	+ 0.57	107.46	− 8.76	353.65
	16	327.03	359.32	− 15.88	2.07	− 17.24	+ 0.50	107.02	− 8.80	353.64
	20	327.18	2.88	− 16.03	5.25	− 17.17	+ 0.43	106.44	− 8.82	353.63
	24	327.32	6.44	− 16.19	8.40	− 17.10	+ 0.36	105.63	− 8.84	353.61
	28	327.47	9.98	− 16.36	11.53	− 17.03	+ 0.28	104.42	− 8.86	353.60
Feb.	1	327.61	13.51	− 16.53	14.64	− 16.97	+ 0.20	102.32	− 8.87	353.59
	5	327.76	17.03	− 16.70	17.72	− 16.90	+ 0.12	97.54	− 8.87	353.58
	9	327.90	20.52	− 16.87	20.78	− 16.83	+ 0.04	75.72	− 8.87	353.56
	13	328.04	24.00	− 17.05	23.82	− 16.76	+ 0.05	317.59	− 8.87	353.55
	17	328.19	27.45	− 17.22	26.83	− 16.70	+ 0.13	299.73	− 8.86	353.54
	21	328.33	30.87	− 17.38	29.82	− 16.63	+ 0.21	295.38	− 8.84	353.53
	25	328.48	34.26	− 17.55	32.79	− 16.56	+ 0.29	293.39	− 8.82	353.52
Mar.	1	328.62	37.62	− 17.70	35.73	− 16.49	+ 0.37	292.22	− 8.79	353.50
	5	328.76	40.95	− 17.85	38.66	− 16.42	+ 0.44	291.44	− 8.76	353.49
	9	328.91	44.24	− 17.99	41.56	− 16.36	+ 0.51	290.86	− 8.72	353.48
	13	329.05	47.50	− 18.12	44.44	− 16.29	+ 0.58	290.41	− 8.68	353.47
	17	329.20	50.72	− 18.23	47.30	− 16.22	+ 0.64	290.05	− 8.64	353.47
	21	329.34	53.90	− 18.34	50.15	− 16.15	+ 0.70	289.75	− 8.59	353.46
	25	329.48	57.04	− 18.43	52.97	− 16.08	+ 0.75	289.49	− 8.54	353.45
	29	329.63	60.15	− 18.52	55.78	− 16.01	+ 0.80	289.27	− 8.49	353.45
Apr.	2	329.77	63.21	− 18.58	58.58	− 15.95	+ 0.84	289.08	− 8.44	353.44
	6	329.92	66.24	− 18.64	61.36	− 15.88	+ 0.88	288.91	− 8.38	353.44
	10	330.06	69.23	− 18.67	64.14	− 15.81	+ 0.91	288.76	− 8.33	353.44
	14	330.20	72.18	− 18.70	66.90	− 15.74	+ 0.94	288.63	− 8.27	353.43
	18	330.35	75.09	− 18.71	69.65	− 15.67	+ 0.96	288.51	− 8.21	353.43
	22	330.49	77.98	− 18.71	72.40	− 15.60	+ 0.98	288.41	− 8.15	353.43
	26	330.63	80.82	− 18.69	75.13	− 15.53	+ 0.99	288.32	− 8.09	353.43
	30	330.78	83.64	− 18.65	77.87	− 15.46	+ 0.99	288.25	− 8.04	353.44
May	4	330.92	86.43	− 18.61	80.60	− 15.39	+ 1.00	288.18	− 7.98	353.44
	8	331.06	89.19	− 18.55	83.33	− 15.32	+ 0.99	288.12	− 7.92	353.44
	12	331.21	91.92	− 18.47	86.06	− 15.26	+ 0.99	288.08	− 7.87	353.45
	16	331.35	94.63	− 18.39	88.79	− 15.19	+ 0.98	288.04	− 7.81	353.45
	20	331.49	97.31	− 18.28	91.52	− 15.12	+ 0.96	288.00	− 7.76	353.46
	24	331.64	99.98	− 18.17	94.26	− 15.05	+ 0.94	287.97	− 7.71	353.47
	28	331.78	102.63	− 18.05	97.00	− 14.98	+ 0.92	287.95	− 7.66	353.48
June	1	331.92	105.26	− 17.91	99.75	− 14.91	+ 0.90	287.93	− 7.62	353.49
	5	332.07	107.88	− 17.76	102.50	− 14.84	+ 0.87	287.91	− 7.57	353.50
	9	332.21	110.48	− 17.60	105.26	− 14.77	+ 0.84	287.89	− 7.53	353.51
	13	332.35	113.08	− 17.43	108.03	− 14.70	+ 0.81	287.88	− 7.49	353.52
	17	332.50	115.67	− 17.25	110.81	− 14.63	+ 0.77	287.85	− 7.45	353.53
	21	332.64	118.25	− 17.07	113.60	− 14.56	+ 0.73	287.83	− 7.42	353.55
	25	332.78	120.83	− 16.87	116.40	− 14.49	+ 0.70	287.80	− 7.38	353.56
	29	332.93	123.40	− 16.66	119.22	− 14.42	+ 0.65	287.75	− 7.35	353.58
July	3	333.07	125.98	− 16.45	122.05	− 14.34	+ 0.61	287.69	− 7.32	353.59

SATURN, 2007

EPHEMERIS FOR PHYSICAL OBSERVATIONS
FOR 0^h TERRESTRIAL TIME

Date		Light-time	Magnitude	Surface Brightness	Diameter		Phase Angle	Defect of Illumination
					Eq.	Pol.		
		m			''	''	°	''
July	3	82.77	+0.6	+6.9	16.70	15.15	4.2	0.02
	7	83.13	+0.6	+6.9	16.63	15.08	3.9	0.02
	11	83.46	+0.6	+6.8	16.56	15.02	3.6	0.02
	15	83.77	+0.6	+6.8	16.50	14.97	3.3	0.01
	19	84.04	+0.6	+6.8	16.45	14.91	3.0	0.01
	23	84.29	+0.6	+6.8	16.40	14.87	2.7	0.01
	27	84.51	+0.6	+6.8	16.35	14.83	2.3	0.01
	31	84.70	+0.6	+6.8	16.32	14.79	2.0	0.00
Aug.	4	84.86	+0.6	+6.8	16.29	14.76	1.6	0.00
	8	84.99	+0.6	+6.7	16.26	14.73	1.3	0.00
	12	85.09	+0.6	+6.7	16.24	14.72	0.9	0.00
	16	85.16	+0.6	+6.7	16.23	14.70	0.6	0.00
	20	85.19	+0.6	+6.7	16.22	14.69	0.2	0.00
	24	85.19	+0.6	+6.7	16.22	14.69	0.2	0.00
	28	85.16	+0.6	+6.7	16.23	14.69	0.6	0.00
Sept.	1	85.10	+0.6	+6.7	16.24	14.70	0.9	0.00
	5	85.00	+0.6	+6.7	16.26	14.72	1.3	0.00
	9	84.88	+0.7	+6.8	16.28	14.74	1.6	0.00
	13	84.72	+0.7	+6.8	16.31	14.76	2.0	0.00
	17	84.53	+0.7	+6.8	16.35	14.79	2.3	0.01
	21	84.31	+0.7	+6.8	16.39	14.83	2.7	0.01
	25	84.06	+0.7	+6.8	16.44	14.87	3.0	0.01
	29	83.78	+0.7	+6.8	16.50	14.92	3.3	0.01
Oct.	3	83.48	+0.8	+6.8	16.56	14.97	3.6	0.02
	7	83.14	+0.8	+6.9	16.62	15.03	3.9	0.02
	11	82.78	+0.8	+6.9	16.70	15.10	4.2	0.02
	15	82.39	+0.8	+6.9	16.78	15.16	4.5	0.02
	19	81.99	+0.8	+6.9	16.86	15.24	4.7	0.03
	23	81.55	+0.8	+6.9	16.95	15.32	5.0	0.03
	27	81.10	+0.8	+6.9	17.04	15.40	5.2	0.03
	31	80.63	+0.8	+6.9	17.14	15.49	5.4	0.04
Nov.	4	80.14	+0.8	+6.9	17.25	15.58	5.5	0.04
	8	79.64	+0.8	+6.9	17.36	15.68	5.7	0.04
	12	79.12	+0.8	+6.9	17.47	15.78	5.8	0.04
	16	78.59	+0.8	+6.9	17.59	15.89	5.9	0.05
	20	78.05	+0.8	+6.9	17.71	16.00	6.0	0.05
	24	77.51	+0.8	+6.9	17.83	16.11	6.1	0.05
	28	76.96	+0.8	+6.9	17.96	16.23	6.1	0.05
Dec.	2	76.41	+0.8	+6.9	18.09	16.34	6.1	0.05
	6	75.86	+0.7	+6.9	18.22	16.46	6.1	0.05
	10	75.31	+0.7	+6.9	18.35	16.58	6.0	0.05
	14	74.77	+0.7	+6.9	18.49	16.70	5.9	0.05
	18	74.24	+0.7	+6.9	18.62	16.82	5.8	0.05
	22	73.72	+0.7	+6.9	18.75	16.94	5.7	0.05
	26	73.21	+0.6	+6.9	18.88	17.06	5.5	0.04
	30	72.72	+0.6	+6.9	19.01	17.17	5.3	0.04
	34	72.25	+0.6	+6.9	19.13	17.28	5.1	0.04

EPHEMERIS FOR PHYSICAL OBSERVATIONS
FOR 0^h TERRESTRIAL TIME

Date		L_s	Sub-Earth Point		Sub-Solar Point				North Pole	
			Long.	Lat.	Long.	Lat.	Dist.	P.A.	Dist.	P.A.
		°	°	°	°	°	″	°	″	°
July	3	333.07	125.98	− 16.45	122.05	− 14.34	+ 0.61	287.69	− 7.32	353.59
	7	333.21	128.56	− 16.23	124.89	− 14.27	+ 0.57	287.62	− 7.30	353.61
	11	333.36	131.14	− 16.00	127.74	− 14.20	+ 0.52	287.51	− 7.27	353.63
	15	333.50	133.72	− 15.76	130.61	− 14.13	+ 0.48	287.37	− 7.25	353.65
	19	333.64	136.31	− 15.52	133.50	− 14.06	+ 0.43	287.18	− 7.24	353.67
	23	333.78	138.91	− 15.27	136.40	− 13.99	+ 0.38	286.92	− 7.22	353.69
	27	333.93	141.52	− 15.02	139.32	− 13.92	+ 0.33	286.56	− 7.21	353.71
	31	334.07	144.13	− 14.77	142.26	− 13.85	+ 0.28	286.03	− 7.20	353.73
Aug.	4	334.21	146.76	− 14.51	145.21	− 13.78	+ 0.23	285.24	− 7.19	353.75
	8	334.36	149.41	− 14.24	148.18	− 13.71	+ 0.18	283.95	− 7.18	353.78
	12	334.50	152.07	− 13.98	151.17	− 13.64	+ 0.13	281.58	− 7.18	353.80
	16	334.64	154.74	− 13.71	154.17	− 13.56	+ 0.08	276.10	− 7.18	353.82
	20	334.78	157.43	− 13.44	157.20	− 13.49	+ 0.03	253.49	− 7.18	353.85
	24	334.93	160.14	− 13.17	160.24	− 13.42	+ 0.03	148.49	− 7.19	353.87
	28	335.07	162.87	− 12.90	163.30	− 13.35	+ 0.08	124.99	− 7.20	353.89
Sept.	1	335.21	165.62	− 12.64	166.38	− 13.28	+ 0.13	119.39	− 7.21	353.92
	5	335.35	168.39	− 12.37	169.48	− 13.21	+ 0.18	116.98	− 7.22	353.94
	9	335.50	171.18	− 12.10	172.59	− 13.14	+ 0.23	115.66	− 7.24	353.97
	13	335.64	173.99	− 11.84	175.72	− 13.06	+ 0.28	114.84	− 7.25	353.99
	17	335.78	176.83	− 11.58	178.87	− 12.99	+ 0.33	114.29	− 7.27	354.02
	21	335.92	179.69	− 11.32	182.04	− 12.92	+ 0.38	113.90	− 7.30	354.04
	25	336.07	182.57	− 11.07	185.23	− 12.85	+ 0.43	113.61	− 7.32	354.07
	29	336.21	185.49	− 10.82	188.43	− 12.78	+ 0.48	113.39	− 7.35	354.09
Oct.	3	336.35	188.42	− 10.59	191.64	− 12.70	+ 0.52	113.21	− 7.38	354.12
	7	336.49	191.39	− 10.35	194.88	− 12.63	+ 0.57	113.08	− 7.42	354.14
	11	336.64	194.38	− 10.13	198.12	− 12.56	+ 0.61	112.96	− 7.45	354.16
	15	336.78	197.40	− 9.91	201.39	− 12.49	+ 0.65	112.86	− 7.49	354.18
	19	336.92	200.45	− 9.70	204.66	− 12.42	+ 0.69	112.78	− 7.53	354.21
	23	337.06	203.52	− 9.50	207.95	− 12.34	+ 0.73	112.70	− 7.57	354.23
	27	337.21	206.62	− 9.32	211.25	− 12.27	+ 0.77	112.63	− 7.62	354.25
	31	337.35	209.76	− 9.14	214.56	− 12.20	+ 0.80	112.57	− 7.67	354.27
Nov.	4	337.49	212.91	− 8.97	217.88	− 12.13	+ 0.83	112.50	− 7.72	354.28
	8	337.63	216.10	− 8.82	221.21	− 12.05	+ 0.86	112.44	− 7.77	354.30
	12	337.77	219.32	− 8.68	224.54	− 11.98	+ 0.89	112.38	− 7.82	354.32
	16	337.92	222.56	− 8.56	227.89	− 11.91	+ 0.91	112.31	− 7.87	354.33
	20	338.06	225.83	− 8.45	231.23	− 11.83	+ 0.93	112.24	− 7.93	354.34
	24	338.20	229.13	− 8.35	234.59	− 11.76	+ 0.94	112.17	− 7.99	354.36
	28	338.34	232.46	− 8.27	237.94	− 11.69	+ 0.95	112.09	− 8.04	354.37
Dec.	2	338.48	235.81	− 8.21	241.30	− 11.62	+ 0.96	112.00	− 8.10	354.37
	6	338.63	239.18	− 8.16	244.65	− 11.54	+ 0.96	111.91	− 8.16	354.38
	10	338.77	242.58	− 8.13	248.00	− 11.47	+ 0.96	111.81	− 8.22	354.39
	14	338.91	246.00	− 8.12	251.35	− 11.40	+ 0.95	111.70	− 8.28	354.39
	18	339.05	249.45	− 8.12	254.70	− 11.32	+ 0.94	111.58	− 8.34	354.39
	22	339.19	252.91	− 8.14	258.04	− 11.25	+ 0.93	111.44	− 8.40	354.39
	26	339.33	256.39	− 8.18	261.37	− 11.18	+ 0.90	111.29	− 8.46	354.39
	30	339.48	259.89	− 8.23	264.69	− 11.10	+ 0.88	111.12	− 8.51	354.39
	34	339.62	263.41	− 8.30	268.00	− 11.03	+ 0.84	110.93	− 8.57	354.38

URANUS, 2007

EPHEMERIS FOR PHYSICAL OBSERVATIONS
FOR 0ʰ TERRESTRIAL TIME

Date		Light-time	Magnitude	Equatorial Diameter	Phase Angle	L_s	Sub-Earth Lat.	North Pole	
								Dist.	P.A.
		m		''	°	°	°	''	°
Jan.	0	170.68	+5.9	3.43	2.5	356.35	− 6.37	− 1.67	255.46
	10	171.90	+5.9	3.41	2.2	356.46	− 5.99	− 1.66	255.40
	20	172.97	+5.9	3.39	1.9	356.57	− 5.55	− 1.65	255.35
	30	173.86	+5.9	3.37	1.5	356.67	− 5.05	− 1.64	255.28
Feb.	9	174.56	+5.9	3.36	1.1	356.78	− 4.51	− 1.64	255.21
	19	175.03	+5.9	3.35	0.7	356.89	− 3.94	− 1.63	255.14
Mar.	1	175.28	+5.9	3.34	0.2	356.99	− 3.36	− 1.63	255.08
	11	175.30	+5.9	3.34	0.2	357.10	− 2.76	− 1.63	255.01
	21	175.09	+5.9	3.35	0.7	357.21	− 2.17	− 1.63	254.95
	31	174.65	+5.9	3.36	1.1	357.31	− 1.60	− 1.64	254.89
Apr.	10	174.01	+5.9	3.37	1.6	357.42	− 1.07	− 1.65	254.84
	20	173.16	+5.9	3.39	1.9	357.53	− 0.57	− 1.65	254.79
	30	172.15	+5.9	3.40	2.3	357.63	− 0.12	− 1.66	254.75
May	10	171.00	+5.9	3.43	2.5	357.74	+ 0.27	+ 1.67	254.72
	20	169.74	+5.9	3.45	2.7	357.85	+ 0.59	+ 1.69	254.69
	30	168.40	+5.9	3.48	2.8	357.96	+ 0.83	+ 1.70	254.67
June	9	167.01	+5.8	3.51	2.9	358.06	+ 0.99	+ 1.71	254.66
	19	165.63	+5.8	3.54	2.9	358.17	+ 1.08	+ 1.73	254.65
	29	164.27	+5.8	3.57	2.8	358.28	+ 1.07	+ 1.74	254.65
July	9	163.00	+5.8	3.60	2.6	358.38	+ 0.99	+ 1.76	254.66
	19	161.83	+5.8	3.62	2.3	358.49	+ 0.83	+ 1.77	254.67
	29	160.81	+5.8	3.65	2.0	358.60	+ 0.59	+ 1.78	254.69
Aug.	8	159.96	+5.7	3.66	1.6	358.70	+ 0.29	+ 1.79	254.71
	18	159.32	+5.7	3.68	1.1	358.81	− 0.06	− 1.80	254.74
	28	158.91	+5.7	3.69	0.6	358.92	− 0.45	− 1.80	254.78
Sept.	7	158.74	+5.7	3.69	0.2	359.02	− 0.86	− 1.80	254.82
	17	158.81	+5.7	3.69	0.4	359.13	− 1.27	− 1.80	254.86
	27	159.14	+5.7	3.68	0.9	359.24	− 1.67	− 1.80	254.90
Oct.	7	159.70	+5.7	3.67	1.3	359.34	− 2.04	− 1.79	254.93
	17	160.49	+5.8	3.65	1.7	359.45	− 2.37	− 1.78	254.97
	27	161.47	+5.8	3.63	2.1	359.56	− 2.64	− 1.77	255.00
Nov.	6	162.62	+5.8	3.60	2.4	359.67	− 2.84	− 1.76	255.02
	16	163.91	+5.8	3.58	2.6	359.77	− 2.95	− 1.74	255.03
	26	165.29	+5.8	3.55	2.8	359.88	− 2.99	− 1.73	255.03
Dec.	6	166.71	+5.8	3.52	2.8	359.99	− 2.93	− 1.72	255.03
	16	168.15	+5.9	3.49	2.8	0.09	− 2.79	− 1.70	255.01
	26	169.54	+5.9	3.46	2.7	0.20	− 2.55	− 1.69	254.99
	36	170.86	+5.9	3.43	2.5	0.31	− 2.24	− 1.67	254.95
	46	172.07	+5.9	3.41	2.2	0.41	− 1.86	− 1.66	254.91

NEPTUNE, 2007

EPHEMERIS FOR PHYSICAL OBSERVATIONS
FOR 0^h TERRESTRIAL TIME

Date		Light-time	Magnitude	Equatorial Diameter	Phase Angle	L_s	Sub-Earth Lat.	North Pole	
								Dist.	P.A.
		m		″	°	°	°	″	°
Jan.	0	256.21	+8.0	2.22	1.2	273.61	− 29.10	− 0.96	342.55
	10	257.02	+8.0	2.21	0.9	273.67	− 29.10	− 0.96	342.29
	20	257.62	+8.0	2.20	0.6	273.73	− 29.10	− 0.95	342.01
	30	257.99	+8.0	2.20	0.3	273.79	− 29.10	− 0.95	341.71
Feb.	9	258.12	+8.0	2.20	0.0	273.85	− 29.10	− 0.95	341.41
	19	258.01	+8.0	2.20	0.3	273.91	− 29.09	− 0.95	341.11
Mar.	1	257.66	+8.0	2.20	0.6	273.97	− 29.09	− 0.95	340.81
	11	257.08	+8.0	2.21	0.9	274.03	− 29.08	− 0.96	340.54
	21	256.30	+8.0	2.22	1.2	274.09	− 29.07	− 0.96	340.28
	31	255.33	+8.0	2.22	1.4	274.15	− 29.06	− 0.96	340.05
Apr.	10	254.21	+7.9	2.23	1.6	274.21	− 29.05	− 0.97	339.85
	20	252.96	+7.9	2.25	1.8	274.27	− 29.05	− 0.97	339.68
	30	251.61	+7.9	2.26	1.9	274.33	− 29.04	− 0.98	339.56
May	10	250.22	+7.9	2.27	1.9	274.39	− 29.03	− 0.98	339.47
	20	248.81	+7.9	2.28	1.9	274.45	− 29.03	− 0.99	339.43
	30	247.43	+7.9	2.30	1.9	274.51	− 29.02	− 0.99	339.43
June	9	246.12	+7.9	2.31	1.7	274.57	− 29.02	− 1.00	339.47
	19	244.91	+7.9	2.32	1.6	274.63	− 29.02	− 1.00	339.55
	29	243.84	+7.9	2.33	1.4	274.69	− 29.02	− 1.01	339.67
July	9	242.93	+7.8	2.34	1.1	274.75	− 29.03	− 1.01	339.82
	19	242.23	+7.8	2.34	0.8	274.80	− 29.03	− 1.02	339.99
	29	241.74	+7.8	2.35	0.5	274.86	− 29.03	− 1.02	340.19
Aug.	8	241.49	+7.8	2.35	0.2	274.92	− 29.03	− 1.02	340.40
	18	241.48	+7.8	2.35	0.1	274.98	− 29.04	− 1.02	340.61
	28	241.72	+7.8	2.35	0.5	275.04	− 29.04	− 1.02	340.83
Sept.	7	242.19	+7.8	2.35	0.8	275.10	− 29.04	− 1.02	341.03
	17	242.88	+7.8	2.34	1.1	275.16	− 29.04	− 1.01	341.21
	27	243.79	+7.9	2.33	1.3	275.22	− 29.04	− 1.01	341.36
Oct.	7	244.87	+7.9	2.32	1.5	275.28	− 29.04	− 1.00	341.49
	17	246.09	+7.9	2.31	1.7	275.34	− 29.04	− 1.00	341.57
	27	247.43	+7.9	2.30	1.8	275.40	− 29.04	− 0.99	341.62
Nov.	6	248.84	+7.9	2.28	1.9	275.46	− 29.04	− 0.99	341.62
	16	250.27	+7.9	2.27	1.9	275.52	− 29.04	− 0.98	341.57
	26	251.68	+7.9	2.26	1.8	275.58	− 29.04	− 0.98	341.48
Dec.	6	253.04	+7.9	2.24	1.7	275.64	− 29.04	− 0.97	341.35
	16	254.30	+7.9	2.23	1.6	275.70	− 29.04	− 0.97	341.17
	26	255.42	+8.0	2.22	1.4	275.76	− 29.04	− 0.96	340.97
	36	256.38	+8.0	2.22	1.1	275.82	− 29.03	− 0.96	340.73
	46	257.13	+8.0	2.21	0.8	275.88	− 29.02	− 0.96	340.46

PLUTO, 2007

EPHEMERIS FOR PHYSICAL OBSERVATIONS
FOR 0^h TERRESTRIAL TIME

Date		Light-time	Magnitude	Phase Angle	L_s	Sub-Earth Point		North Pole P.A.
						Long.	Lat.	
		m		°	°	°	°	°
Jan.	0	267.58	+14.0	0.4	226.00	175.78	−37.58	64.10
	10	267.21	+14.0	0.7	226.06	19.63	−37.89	63.86
	20	266.60	+14.0	1.0	226.12	223.47	−38.19	63.64
	30	265.80	+14.0	1.2	226.19	67.30	−38.47	63.44
Feb.	9	264.81	+14.0	1.4	226.25	271.11	−38.72	63.26
	19	263.67	+14.0	1.6	226.31	114.90	−38.93	63.12
Mar.	1	262.41	+14.0	1.7	226.37	318.67	−39.11	63.00
	11	261.08	+14.0	1.8	226.43	162.40	−39.24	62.92
	21	259.70	+13.9	1.8	226.49	6.11	−39.33	62.88
	31	258.33	+13.9	1.8	226.55	209.78	−39.36	62.87
Apr.	10	257.01	+13.9	1.7	226.62	53.42	−39.35	62.90
	20	255.77	+13.9	1.6	226.68	257.03	−39.30	62.97
	30	254.66	+13.9	1.4	226.74	100.60	−39.20	63.06
May	10	253.70	+13.9	1.2	226.80	304.16	−39.06	63.17
	20	252.92	+13.9	0.9	226.86	147.68	−38.88	63.31
	30	252.36	+13.9	0.7	226.92	351.20	−38.68	63.46
June	9	252.03	+13.9	0.4	226.98	194.69	−38.46	63.62
	19	251.93	+13.9	0.2	227.04	38.19	−38.22	63.78
	29	252.07	+13.9	0.4	227.11	241.68	−37.98	63.93
July	9	252.45	+13.9	0.6	227.17	85.17	−37.75	64.07
	19	253.06	+13.9	0.9	227.23	288.68	−37.53	64.20
	29	253.88	+13.9	1.2	227.29	132.20	−37.33	64.30
Aug.	8	254.88	+13.9	1.4	227.35	335.73	−37.16	64.38
	18	256.04	+13.9	1.6	227.41	179.29	−37.03	64.43
	28	257.33	+13.9	1.7	227.47	22.87	−36.94	64.45
Sept.	7	258.71	+13.9	1.8	227.53	226.48	−36.89	64.43
	17	260.14	+14.0	1.8	227.59	70.12	−36.88	64.38
	27	261.59	+14.0	1.8	227.66	273.79	−36.93	64.30
Oct.	7	263.00	+14.0	1.8	227.72	117.49	−37.02	64.18
	17	264.35	+14.0	1.6	227.78	321.22	−37.15	64.04
	27	265.59	+14.0	1.5	227.84	164.97	−37.33	63.86
Nov.	6	266.69	+14.0	1.3	227.90	8.75	−37.54	63.66
	16	267.62	+14.0	1.0	227.96	212.56	−37.79	63.43
	26	268.35	+14.0	0.8	228.02	56.38	−38.07	63.19
Dec.	6	268.86	+14.0	0.5	228.08	260.22	−38.36	62.94
	16	269.14	+14.0	0.3	228.14	104.07	−38.67	62.68
	26	269.18	+14.0	0.2	228.21	307.93	−38.99	62.41
	36	268.98	+14.0	0.5	228.27	151.80	−39.30	62.15
	46	268.54	+14.0	0.8	228.33	355.66	−39.61	61.91

FOR 0ʰ TERRESTRIAL TIME

Date		Mars	Jupiter			Saturn
			System I	System II	System III	
		°	°	°	°	°
Jan.	0	79.99	279.53	197.54	40.58	345.08
	1	70.24	77.27	347.65	190.96	75.96
	2	60.49	235.01	137.76	341.33	166.85
	3	50.74	32.75	287.87	131.71	257.74
	4	40.99	190.50	77.98	282.09	348.63
	5	31.24	348.24	228.10	72.47	79.52
	6	21.48	145.99	18.21	222.86	170.41
	7	11.73	303.74	168.33	13.24	261.30
	8	1.98	101.49	318.46	163.63	352.19
	9	352.22	259.24	108.58	314.02	83.09
	10	342.47	57.00	258.70	104.41	173.98
	11	332.71	214.76	48.83	254.81	264.87
	12	322.95	12.52	198.96	45.20	355.76
	13	313.20	170.28	349.09	195.60	86.65
	14	303.44	328.04	139.22	346.00	177.54
	15	293.68	125.81	289.36	136.40	268.43
	16	283.92	283.58	79.50	286.81	359.32
	17	274.16	81.35	229.64	77.21	90.21
	18	264.40	239.12	19.78	227.62	181.10
	19	254.64	36.89	169.92	18.03	271.99
	20	244.87	194.67	320.07	168.45	2.88
	21	235.11	352.45	110.22	318.86	93.77
	22	225.34	150.23	260.37	109.28	184.66
	23	215.58	308.01	50.52	259.70	275.55
	24	205.81	105.80	200.68	50.12	6.44
	25	196.04	263.59	350.83	200.54	97.32
	26	186.27	61.38	140.99	350.97	188.21
	27	176.50	219.17	291.16	141.40	279.10
	28	166.72	16.97	81.32	291.83	9.98
	29	156.95	174.76	231.49	82.26	100.86
	30	147.17	332.56	21.66	232.70	191.75
	31	137.40	130.36	171.83	23.14	282.63
Feb.	1	127.62	288.17	322.00	173.58	13.51
	2	117.84	85.97	112.18	324.02	104.39
	3	108.06	243.78	262.35	114.46	195.27
	4	98.27	41.60	52.53	264.91	286.15
	5	88.49	199.41	202.72	55.36	17.03
	6	78.70	357.22	352.90	205.81	107.90
	7	68.91	155.04	143.09	356.27	198.78
	8	59.12	312.86	293.28	146.73	289.65
	9	49.33	110.69	83.47	297.18	20.52
	10	39.54	268.51	233.67	87.65	111.39
	11	29.74	66.34	23.87	238.11	202.26
	12	19.94	224.17	174.07	28.58	293.13
	13	10.14	22.01	324.27	179.05	24.00
	14	0.34	179.84	114.48	329.52	114.86
	15	350.54	337.68	264.68	119.99	205.72

FOR 0^h TERRESTRIAL TIME

Date		Mars	Jupiter			Saturn
			System I	System II	System III	
		°	°	°	°	°
Feb.	15	350.54	337.68	264.68	119.99	205.72
	16	340.73	135.52	54.89	270.47	296.59
	17	330.92	293.37	205.11	60.95	27.45
	18	321.12	91.21	355.32	211.43	118.30
	19	311.30	249.06	145.54	1.92	209.16
	20	301.49	46.91	295.76	152.41	300.02
	21	291.67	204.77	85.99	302.90	30.87
	22	281.86	2.62	236.21	93.39	121.72
	23	272.04	160.48	26.44	243.88	212.57
	24	262.21	318.35	176.67	34.38	303.42
	25	252.39	116.21	326.91	184.88	34.26
	26	242.56	274.08	117.14	335.39	125.10
	27	232.73	71.95	267.38	125.89	215.95
	28	222.90	229.82	57.62	276.40	306.79
Mar.	1	213.07	27.70	207.87	66.91	37.62
	2	203.23	185.57	358.12	217.43	128.46
	3	193.39	343.45	148.37	7.94	219.29
	4	183.55	141.34	298.62	158.46	310.12
	5	173.71	299.22	88.87	308.98	40.95
	6	163.86	97.11	239.13	99.51	131.78
	7	154.01	255.01	29.39	250.04	222.60
	8	144.16	52.90	179.66	40.57	313.42
	9	134.31	210.80	329.92	191.10	44.24
	10	124.46	8.70	120.19	341.64	135.06
	11	114.60	166.60	270.46	132.18	225.88
	12	104.74	324.50	60.74	282.72	316.69
	13	94.87	122.41	211.02	73.26	47.50
	14	85.01	280.32	1.30	223.81	138.31
	15	75.14	78.24	151.58	14.36	229.11
	16	65.27	236.15	301.87	164.91	319.92
	17	55.40	34.07	92.15	315.46	50.72
	18	45.52	191.99	242.45	106.02	141.52
	19	35.64	349.92	32.74	256.58	232.31
	20	25.76	147.85	183.04	47.15	323.11
	21	15.88	305.78	333.34	197.71	53.90
	22	6.00	103.71	123.64	348.28	144.69
	23	356.11	261.65	273.94	138.85	235.48
	24	346.22	59.58	64.25	289.43	326.26
	25	336.33	217.53	214.56	80.01	57.04
	26	326.44	15.47	4.87	230.59	147.82
	27	316.54	173.42	155.19	21.17	238.60
	28	306.64	331.37	305.51	171.75	329.37
	29	296.74	129.32	95.83	322.34	60.15
	30	286.84	287.27	246.15	112.93	150.92
	31	276.93	85.23	36.48	263.52	241.68
Apr.	1	267.03	243.19	186.81	54.12	332.45
	2	257.12	41.15	337.14	204.72	63.21

FOR 0ʰ TERRESTRIAL TIME

Date		Mars	Jupiter			Saturn
			System I	System II	System III	
		°	°	°	°	°
Apr.	1	267.03	243.19	186.81	54.12	332.45
	2	257.12	41.15	337.14	204.72	63.21
	3	247.21	199.12	127.48	355.32	153.97
	4	237.30	357.08	277.81	145.92	244.73
	5	227.38	155.05	68.15	296.53	335.48
	6	217.46	313.03	218.50	87.14	66.24
	7	207.55	111.00	8.84	237.75	156.99
	8	197.63	268.98	159.19	28.36	247.74
	9	187.70	66.96	309.54	178.98	338.48
	10	177.78	224.94	99.89	329.60	69.23
	11	167.85	22.93	250.24	120.22	159.97
	12	157.93	180.92	40.60	270.84	250.71
	13	148.00	338.91	190.96	61.47	341.44
	14	138.07	136.90	341.32	212.10	72.18
	15	128.14	294.89	131.69	2.73	162.91
	16	118.21	92.89	282.05	153.36	253.64
	17	108.27	250.89	72.42	304.00	344.37
	18	98.34	48.89	222.79	94.64	75.09
	19	88.40	206.90	13.17	245.28	165.82
	20	78.46	4.90	163.54	35.92	256.54
	21	68.53	162.91	313.92	186.56	347.26
	22	58.59	320.92	104.30	337.21	77.98
	23	48.65	118.93	254.68	127.86	168.69
	24	38.71	276.94	45.06	278.51	259.40
	25	28.77	74.96	195.45	69.16	350.11
	26	18.83	232.98	345.83	219.81	80.82
	27	8.89	31.00	136.22	10.47	171.53
	28	358.95	189.02	286.61	161.12	262.24
	29	349.00	347.04	77.01	311.78	352.94
	30	339.06	145.07	227.40	102.44	83.64
May	1	329.12	303.09	17.79	253.11	174.34
	2	319.18	101.12	168.19	43.77	265.04
	3	309.24	259.15	318.59	194.43	355.73
	4	299.29	57.18	108.99	345.10	86.43
	5	289.35	215.21	259.39	135.77	177.12
	6	279.41	13.24	49.79	286.44	267.81
	7	269.47	171.28	200.20	77.11	358.50
	8	259.53	329.31	350.60	227.78	89.19
	9	249.59	127.35	141.01	18.45	179.87
	10	239.65	285.38	291.41	169.12	270.56
	11	229.71	83.42	81.82	319.80	1.24
	12	219.77	241.46	232.23	110.47	91.92
	13	209.83	39.50	22.64	261.15	182.60
	14	199.90	197.54	173.05	51.82	273.28
	15	189.96	355.58	323.46	202.50	3.95
	16	180.03	153.62	113.87	353.18	94.63
	17	170.10	311.66	264.28	143.86	185.30

PLANETARY CENTRAL MERIDIANS, 2007

FOR 0^h TERRESTRIAL TIME

Date		Mars	Jupiter			Saturn
			System I	System II	System III	
		°	°	°	°	°
May	17	170.10	311.66	264.28	143.86	185.30
	18	160.17	109.70	54.69	294.53	275.97
	19	150.24	267.75	205.10	85.21	6.64
	20	140.31	65.79	355.52	235.89	97.31
	21	130.38	223.83	145.93	26.57	187.98
	22	120.46	21.87	296.34	177.25	278.65
	23	110.53	179.91	86.75	327.93	9.32
	24	100.61	337.96	237.16	118.61	99.98
	25	90.69	136.00	27.57	269.28	190.64
	26	80.78	294.04	177.98	59.96	281.31
	27	70.86	92.08	328.40	210.64	11.97
	28	60.95	250.12	118.80	1.31	102.63
	29	51.03	48.16	269.21	151.99	193.29
	30	41.13	206.20	59.62	302.67	283.95
	31	31.22	4.23	210.03	93.34	14.60
June	1	21.31	162.27	0.44	244.01	105.26
	2	11.41	320.31	150.84	34.69	195.92
	3	1.51	118.34	301.25	185.36	286.57
	4	351.61	276.38	91.65	336.03	17.23
	5	341.72	74.41	242.05	126.70	107.88
	6	331.82	232.44	32.45	277.36	198.53
	7	321.93	30.47	182.85	68.03	289.18
	8	312.05	188.49	333.25	218.69	19.83
	9	302.16	346.52	123.65	9.36	110.48
	10	292.28	144.55	274.04	160.02	201.13
	11	282.40	302.57	64.43	310.68	291.78
	12	272.52	100.59	214.82	101.33	22.43
	13	262.65	258.61	5.21	251.99	113.08
	14	252.78	56.62	155.60	42.64	203.73
	15	242.91	214.64	305.98	193.29	294.38
	16	233.04	12.65	96.36	343.94	25.02
	17	223.18	170.66	246.74	134.59	115.67
	18	213.32	328.67	37.12	285.23	206.31
	19	203.47	126.67	187.50	75.87	296.96
	20	193.61	284.67	337.87	226.51	27.61
	21	183.76	82.67	128.24	17.15	118.25
	22	173.92	240.67	278.61	167.78	208.90
	23	164.07	38.66	68.97	318.41	299.54
	24	154.23	196.66	219.33	109.04	30.18
	25	144.40	354.64	9.69	259.67	120.83
	26	134.56	152.63	160.05	50.29	211.47
	27	124.73	310.61	310.40	200.91	302.12
	28	114.90	108.59	100.75	351.52	32.76
	29	105.08	266.57	251.09	142.14	123.40
	30	95.26	64.54	41.44	292.75	214.05
July	1	85.44	222.51	191.78	83.35	304.69
	2	75.62	20.47	342.11	233.96	35.34

FOR 0^h TERRESTRIAL TIME

Date		Mars	Jupiter			Saturn
			System I	System II	System III	
		°	°	°	°	°
July	1	85.44	222.51	191.78	83.35	304.69
	2	75.62	20.47	342.11	233.96	35.34
	3	65.81	178.44	132.45	24.56	125.98
	4	56.00	336.40	282.78	175.15	216.62
	5	46.19	134.35	73.10	325.75	307.27
	6	36.39	292.31	223.43	116.34	37.91
	7	26.59	90.26	13.75	266.92	128.56
	8	16.79	248.20	164.06	57.50	219.20
	9	7.00	46.14	314.37	208.08	309.85
	10	357.21	204.08	104.68	358.66	40.49
	11	347.42	2.02	254.99	149.23	131.14
	12	337.64	159.95	45.29	299.80	221.78
	13	327.86	317.88	195.59	90.36	312.43
	14	318.08	115.80	345.88	240.92	43.07
	15	308.31	273.72	136.17	31.48	133.72
	16	298.54	71.64	286.46	182.03	224.37
	17	288.77	229.55	76.74	332.58	315.01
	18	279.00	27.46	227.02	123.13	45.66
	19	269.24	185.36	17.30	273.67	136.31
	20	259.48	343.26	167.57	64.21	226.96
	21	249.73	141.16	317.83	214.74	317.61
	22	239.98	299.05	108.10	5.27	48.26
	23	230.23	96.94	258.36	155.80	138.91
	24	220.48	254.83	48.61	306.32	229.56
	25	210.74	52.71	198.87	96.84	320.21
	26	201.00	210.59	349.11	247.36	50.86
	27	191.26	8.46	139.36	37.87	141.52
	28	181.53	166.33	289.60	188.37	232.17
	29	171.80	324.20	79.84	338.88	322.82
	30	162.07	122.06	230.07	129.38	53.48
	31	152.35	279.92	20.30	279.87	144.13
Aug.	1	142.63	77.77	170.52	70.37	234.79
	2	132.91	235.62	320.75	220.85	325.45
	3	123.19	33.47	110.96	11.34	56.11
	4	113.48	191.31	261.18	161.82	146.76
	5	103.77	349.15	51.39	312.30	237.42
	6	94.06	146.99	201.60	102.77	328.08
	7	84.36	304.82	351.80	253.24	58.75
	8	74.66	102.65	142.00	43.71	149.41
	9	64.96	260.48	292.19	194.17	240.07
	10	55.27	58.30	82.39	344.63	330.74
	11	45.58	216.12	232.58	135.08	61.40
	12	35.89	13.93	22.76	285.53	152.07
	13	26.20	171.74	172.94	75.98	242.73
	14	16.52	329.55	323.12	226.43	333.40
	15	6.84	127.35	113.29	16.87	64.07
	16	357.17	285.15	263.47	167.31	154.74

PLANETARY CENTRAL MERIDIANS, 2007

FOR 0^h TERRESTRIAL TIME

Date		Mars	Jupiter			Saturn
			System I	System II	System III	
		°	°	°	°	°
Aug.	16	357.17	285.15	263.47	167.31	154.74
	17	347.49	82.95	53.63	317.74	245.41
	18	337.82	240.74	203.80	108.17	336.08
	19	328.16	38.53	353.96	258.60	66.76
	20	318.49	196.32	144.12	49.02	157.43
	21	308.83	354.11	294.27	199.44	248.11
	22	299.17	151.89	84.42	349.86	338.78
	23	289.52	309.66	234.57	140.27	69.46
	24	279.87	107.44	24.71	290.69	160.14
	25	270.22	265.21	174.85	81.09	250.82
	26	260.57	62.97	324.99	231.50	341.50
	27	250.93	220.74	115.13	21.90	72.18
	28	241.29	18.50	265.26	172.30	162.87
	29	231.65	176.26	55.39	322.70	253.55
	30	222.02	334.02	205.52	113.09	344.24
	31	212.39	131.77	355.64	263.48	74.93
Sept.	1	202.76	289.52	145.76	53.87	165.62
	2	193.14	87.27	295.88	204.25	256.31
	3	183.52	245.01	85.99	354.63	347.00
	4	173.90	42.75	236.11	145.01	77.69
	5	164.29	200.49	26.21	295.39	168.39
	6	154.68	358.23	176.32	85.76	259.08
	7	145.07	155.96	326.43	236.13	349.78
	8	135.46	313.69	116.53	26.50	80.48
	9	125.86	111.42	266.63	176.87	171.18
	10	116.27	269.15	56.72	327.23	261.88
	11	106.67	66.87	206.82	117.59	352.58
	12	97.08	224.59	356.91	267.95	83.28
	13	87.50	22.31	147.00	58.30	173.99
	14	77.92	180.02	297.09	208.66	264.70
	15	68.34	337.74	87.17	359.01	355.40
	16	58.76	135.45	237.25	149.36	86.12
	17	49.19	293.16	27.33	299.70	176.83
	18	39.63	90.87	177.41	90.05	267.54
	19	30.06	248.57	327.49	240.39	358.25
	20	20.51	46.28	117.56	30.73	88.97
	21	10.95	203.98	267.63	181.07	179.69
	22	1.40	1.68	57.70	331.41	270.41
	23	351.86	159.37	207.77	121.74	1.13
	24	342.31	317.07	357.84	272.07	91.85
	25	332.78	114.76	147.90	62.41	182.57
	26	323.24	272.45	297.96	212.73	273.30
	27	313.72	70.14	88.02	3.06	4.03
	28	304.19	227.83	238.08	153.39	94.76
	29	294.67	25.52	28.14	303.71	185.49
	30	285.16	183.20	178.20	94.03	276.22
Oct.	1	275.65	340.89	328.25	244.35	6.95

FOR 0ʰ TERRESTRIAL TIME

Date		Mars	Jupiter			Saturn
			System I	System II	System III	
		°	°	°	°	°
Oct.	1	275.65	340.89	328.25	244.35	6.95
	2	266.15	138.57	118.30	34.67	97.69
	3	256.65	296.25	268.35	184.99	188.42
	4	247.15	93.93	58.40	335.31	279.16
	5	237.66	251.61	208.45	125.62	9.90
	6	228.18	49.28	358.50	275.93	100.65
	7	218.70	206.96	148.54	66.25	191.39
	8	209.23	4.63	298.58	216.56	282.13
	9	199.77	162.30	88.63	6.86	12.88
	10	190.31	319.97	238.67	157.17	103.63
	11	180.86	117.64	28.71	307.48	194.38
	12	171.41	275.31	178.75	97.78	285.13
	13	161.97	72.98	328.78	248.09	15.89
	14	152.54	230.64	118.82	38.39	106.64
	15	143.11	28.31	268.86	188.69	197.40
	16	133.69	185.97	58.89	339.00	288.16
	17	124.28	343.63	208.92	129.30	18.92
	18	114.87	141.30	358.96	279.59	109.68
	19	105.48	298.96	148.99	69.89	200.45
	20	96.09	96.62	299.02	220.19	291.21
	21	86.70	254.28	89.05	10.49	21.98
	22	77.33	51.93	239.08	160.78	112.75
	23	67.96	209.59	29.11	311.08	203.52
	24	58.60	7.25	179.13	101.37	294.29
	25	49.25	164.91	329.16	251.67	25.07
	26	39.91	322.56	119.19	41.96	115.85
	27	30.58	120.22	269.21	192.25	206.62
	28	21.26	277.87	59.24	342.54	297.40
	29	11.94	75.53	209.26	132.83	28.19
	30	2.64	233.18	359.29	283.12	118.97
	31	353.34	30.83	149.31	73.42	209.76
Nov.	1	344.05	188.49	299.33	223.70	300.54
	2	334.78	346.14	89.36	13.99	31.33
	3	325.51	143.79	239.38	164.28	122.12
	4	316.26	301.44	29.40	314.57	212.91
	5	307.01	99.09	179.42	104.86	303.71
	6	297.78	256.74	329.45	255.15	34.50
	7	288.56	54.40	119.47	45.44	125.30
	8	279.34	212.05	269.49	195.72	216.10
	9	270.14	9.70	59.51	346.01	306.90
	10	260.96	167.35	209.53	136.30	37.71
	11	251.78	325.00	359.55	286.59	128.51
	12	242.61	122.65	149.57	76.87	219.32
	13	233.46	280.30	299.59	227.16	310.13
	14	224.32	77.95	89.61	17.45	40.94
	15	215.19	235.60	239.63	167.73	131.75
	16	206.07	33.25	29.65	318.02	222.56

PLANETARY CENTRAL MERIDIANS, 2007

FOR 0^h TERRESTRIAL TIME

Date		Mars	Jupiter			Saturn
			System I	System II	System III	
		°	°	°	°	°
Nov.	16	206.07	33.25	29.65	318.02	222.56
	17	196.97	190.90	179.67	108.31	313.38
	18	187.88	348.55	329.69	258.60	44.19
	19	178.80	146.20	119.71	48.88	135.01
	20	169.74	303.85	269.73	199.17	225.83
	21	160.68	101.50	59.76	349.46	316.66
	22	151.64	259.15	209.78	139.75	47.48
	23	142.61	56.80	359.80	290.04	138.30
	24	133.60	214.46	149.82	80.32	229.13
	25	124.60	12.11	299.84	230.61	319.96
	26	115.61	169.76	89.87	20.90	50.79
	27	106.63	327.41	239.89	171.19	141.62
	28	97.66	125.07	29.91	321.48	232.46
	29	88.71	282.72	179.94	111.77	323.29
	30	79.77	80.37	329.96	262.06	54.13
Dec.	1	70.85	238.03	119.99	52.36	144.97
	2	61.93	35.68	270.01	202.65	235.81
	3	53.03	193.34	60.04	352.94	326.65
	4	44.14	351.00	210.06	143.23	57.49
	5	35.26	148.65	0.09	293.53	148.34
	6	26.39	306.31	150.12	83.82	239.18
	7	17.53	103.97	300.15	234.12	330.03
	8	8.68	261.63	90.18	24.41	60.88
	9	359.84	59.29	240.20	174.71	151.73
	10	351.01	216.95	30.23	325.00	242.58
	11	342.19	14.61	180.27	115.30	333.43
	12	333.37	172.27	330.30	265.60	64.29
	13	324.57	329.93	120.33	55.90	155.15
	14	315.77	127.59	270.36	206.20	246.00
	15	306.97	285.26	60.40	356.50	336.86
	16	298.18	82.92	210.43	146.80	67.72
	17	289.40	240.59	0.47	297.10	158.58
	18	280.62	38.26	150.51	87.41	249.45
	19	271.85	195.92	300.54	237.71	340.31
	20	263.07	353.59	90.58	28.02	71.18
	21	254.30	151.26	240.62	178.32	162.04
	22	245.54	308.93	30.66	328.63	252.91
	23	236.77	106.61	180.71	118.94	343.78
	24	228.00	264.28	330.75	269.25	74.65
	25	219.23	61.95	120.79	59.56	165.52
	26	210.46	219.63	270.84	209.87	256.39
	27	201.69	17.30	60.88	0.19	347.27
	28	192.91	174.98	210.93	150.50	78.14
	29	184.13	332.66	0.98	300.81	169.02
	30	175.35	130.34	151.03	91.13	259.89
	31	166.56	288.02	301.08	241.45	350.77
	32	157.77	85.70	91.13	31.77	81.65

CONTENTS OF SECTION F

The satellite ephemerides were calculated using $\Delta T = 65$ seconds.

Data also appear on *The Astronomical Almanac Online*
at: **http://asa.usno.navy.mil** and **http://asa.nao.rl.ac.uk**

Satellite		Orbital Period [1] (R = Retrograde)	Max. Elong. at Mean Opposition	Semimajor Axis	Orbital Eccentricity	Inclination of Orbit to Planet's Equator	Motion of Node on Fixed Plane [2]
		d	° ′ ″	×10³ km		°	°/yr
Earth							
	Moon	27.321 661		384.400	0.054 900 489	18.28–28.58	19.34 [7]
Mars							
I	Phobos	0.318 910 203	25	9.380	0.015 1	1.08	158.8
II	Deimos	1.262 440 8	1 02	23.460	0.000 2	1.793	6.260
Jupiter							
I	Io	1.769 137 786	2 18	421.8	0.004 1	0.036	48.6
II	Europa	3.551 181 041	3 40	671.1	0.009 4	0.469	12.0
III	Ganymede	7.154 552 96	5 51	1 070.4	0.001	0.170	2.63
IV	Callisto	16.689 018 4	10 18	1 882.7	0.007	0.187	0.643
V	Amalthea	0.498 179 05	59	181.4	0.003	0.388	914.6
VI	Himalia	250.56	1 02 46	11 461	0.162	27.496	524.4
VII	Elara	259.64	1 04 10	11 741	0.217	26.627	506.1
VIII	Pasiphae	743.63 R	2 08 26	23 624	0.409	151.431	185.6
IX	Sinope	758.90 R	2 09 31	23 939	0.250	158.109	181.4
X	Lysithea	259.20	1 03 53	11 717	0.112	28.302	506.9
XI	Carme	734.17 R	2 07 37	23 404	0.253	164.907	187.1
XII	Ananke	629.77 R	1 56 15	21 276	0.244	148.889	215.2
XIII	Leda	240.92	1 00 50	11 165	0.164	27.457	545.4
XIV	Thebe	0.674 5	1 13	221.9	0.018	1.070	
XV	Adrastea	0.298 26	42	128.9	0.002	0.054	
XVI	Metis	0.294 780	42	128.0	0.001	0.019	
XVII	Callirrhoe	758.77 R	2 12 53	24 103	0.283	147.158	
XVIII	Themisto	130.02	40 23	7 284	0.242 6	43.259	
XIX	Megaclite	752.88 R		23 493	0.419 7	152.769	
XX	Taygete	732.41 R		23 280	0.252 5	165.272	
XXI	Chaldene	723.70 R		23 100	0.251 9	165.191	
XXII	Harpalyke	623.31 R		20 858	0.226 8	148.644	
XXIII	Kalyke	742.03 R		23 566	0.246 5	165.159	
XXIV	Iocaste	631.60 R		21 061	0.216	149.429	
XXV	Erinome	728.51 R		23 196	0.266 5	164.934	
XXVI	Isonoe	726.25 R		23 155	0.247 1	165.268	
XXVII	Praxidike	625.38 R		20 907	0.230 8	148.967	
XXVIII	Autonoe	760.95 R		24 046	0.316 8	152.416	
XXIX	Thyone	627.21 R		20 939	0.229	148.509	
XXX	Hermippe	633.90 R		21 131	0.210	150.725	
XXXI	Aitne	730.18 R		23 229	0.264	165.091	
XXXII	Eurydome	717.33 R		22 865	0.276	150.274	
XXXIII	Euanthe	620.49 R		20 797	0.232	148.910	
XXXVI	Sponde	748.34 R		23 487	0.312	150.998	
XXXVII	Kale	729.47 R		23 217	0.260	164.996	
XXXIX	Hegemone	739.60 R		23 947	0.327 6	155.214	
XLI	Aoede	761.50 R		23 981	0.432 2	158.257	
XLIII	Arche	723.90 R		22 931	0.258 8	165.001	
XLV	Helike	634.77 R		21 263	0.155 8	154.773	
XLVI	Carpo	456.10		16 989	0.429 7	51.395	
XLVII	Eukelade	746.39 R		23 661	0.272 1	165.482	
Saturn							
I	Mimas	0.942 421 813	30	185.60	0.020 6	1.566	365.0
II	Enceladus	1.370 217 855	38	238.10	0.000 1	0.010	156.2 [8]
III	Tethys	1.887 802 160	48	294.70	0.000 1	0.168	72.25
IV	Dione	2.736 914 742	1 01	377.40	0.000 2	0.002	30.85 [8]
V	Rhea	4.517 500 436	1 25	527.10	0.000 9	0.327	10.16
VI	Titan	15.945 420 68	3 17	1 221.90	0.028 8	1.634	0.5213 [8]
VII	Hyperion	21.276 608 8	3 59	1 464.10	0.017 5	0.568	
VIII	Iapetus	79.330 182 5	9 35	3 560.80	0.028 4	7.570	
IX	Phoebe	548.21 R	34 51	12 944.30	0.164 4	174.751 [9]	
X	Janus	0.694 5	24	151.50	0.007 3	0.165	
XI	Epimetheus	0.694 2	24	151.40	0.020 5	0.335	
XII	Helene	2.736 9	1 01	377.40	0.000 1	0.212	
XIII	Telesto	1.887 8	48	294.70	0.001 0	1.158	

[1] Sidereal periods, except that tropical periods are given for satellites of Saturn.

[2] Rate of decrease (or increase) in the longitude of the ascending node.

[3] S = Synchronous, rotation period same as orbital period.

[4] V(Sun) = −26.75

[5] $V(1, 0)$ is the visual magnitude of the satellite reduced to a distance of 1 au from both the Sun and Earth and with phase angle of zero.

[6] V_0 is the mean opposition magnitude of the satellite.

Satellite		Mass (1/Planet)	Radius	Sidereal Period of Rotation[3]	Geometric Albedo (V)[4]	$V(1,0)$[5]	V_0[6]	$B-V$	$U-B$
			km	d					
Earth									
	Moon	0.01230002	1737.4	S	0.12	+ 0.21	−12.74	0.92	0.46
Mars									
I	Phobos	1.65×10^{-8}	13.4 × 11.2 × 9.2	S	0.07	+11.8	+11.4	0.6	
II	Deimos	3.71×10^{-9}	7.5 × 6.1 × 5.2	S	0.068	+12.89	+12.5	0.65	0.18
Jupiter									
I	Io	4.70×10^{-5}	1830×1819×1815	S	0.62	− 1.68	+ 5.02	1.17	1.30
II	Europa	2.53×10^{-5}	1561	S	0.68	− 1.41	+ 5.29	0.87	0.52
III	Ganymede	7.80×10^{-5}	2631	S	0.44	− 2.09	+ 4.61	0.83	0.50
IV	Callisto	5.67×10^{-5}	2410	S	0.19	− 1.05	+ 5.6	0.86	0.55
V	Amalthea		131 × 73 × 67	S	0.09	+ 7.4	+14.1	1.50	
VI	Himalia		93 :	0.40	0.03	+ 8.14	+14.6	0.67	0.30
VII	Elara		43 :		0.03	+10.0	+16.3	0.69	0.28
VIII	Pasiphae		30 :		0.04 :	+10.33	+17.03	0.63	0.34
IX	Sinope		19 :	0.548	0.04 :	+11.6	+18.1	0.7	
X	Lysithea		18 :	0.533	0.04 :	+11.7	+18.3	0.7	
XI	Carme		23 :	0.433	0.04 :	+11.3	+17.6	0.7	
XII	Ananke		15 :	0.35	0.04 :	+12.2	+18.8	0.7	
XIII	Leda		10 :		0.04 :	+13.5	+19.5	0.7	
XIV	Thebe		55 × 45	S	0.047	+ 9.0	+16.0	1.3	
XV	Adrastea		13 × 10 × 8		0.05 :	+12.4	+18.7		
XVI	Metis		22 :		0.061	+10.8	+17.5		
XVII	Callirrhoe		4 :		0.06 :	+14.2	+20.7		
XVIII	Themisto		2 :		0.06 :	+14.4	+21.0		
XIX	Megaclite		2 :		0.06 :	+15.0	+21.7		
XX	Taygete		2 :		0.06 :	+15.4	+21.9		
XXI	Chaldene		1.5 :		0.06 :	+15.7	+22.5		
XXII	Harpalyke		1.5 :		0.06 :	+15.2	+22.2		
XXIII	Kalyke		2 :		0.06 :	+15.3	+21.8		
XXIV	Iocaste		2 :		0.06 :	+14.5	+21.8		
XXV	Erinome		1.5 :		0.06 :	+16.0	+22.8		
XXVI	Isonoe		1.5 :		0.06 :	+15.9	+22.5		
XXVII	Praxidike		2.5 :		0.06 :	+15.0	+21.2		
XXVIII	Autonoe		1.5 :		0.06 :	+15.4	+22.0		
XXIX	Thyone		1.5 :		0.06 :	+15.7	+22.3		
XXX	Hermippe		2 :		0.06 :	+15.5	+22.1		
XXXI	Aitne		1.5 :		0.06 :	+16.1	+22.7		
XXXII	Eurydome		1.5 :		0.06 :	+16.1	+22.7		
XXXIII	Euanthe		1.5 :		0.06 :	+16.2	+22.8		
XXXVI	Sponde		1 :		0.06 :	+16.4	+23.0		
XXXVII	Kale		1 :		0.06 :	+16.4	+23.0		
XXXIX	Hegemone		1.5 :		0.04 :		+22.8		
XLI	Aoede		2 :		0.04 :		+22.5		
XLIII	Arche		1.5 :		0.04 :		+22.8		
XLV	Helike		2 :		0.04 :		+22.6		
XLVI	Carpo		1.5 :		0.04 :		+23.0		
XLVII	Eukelade		2 :		0.04 :		+22.6		
Saturn									
I	Mimas	6.60×10^{-8}	209 × 196 × 191	S	0.6	+ 3.3	+12.8		
II	Enceladus	1×10^{-7}	256 × 247 × 245	S	1.0	+ 2.1	+11.8	0.70	0.28
III	Tethys	1.10×10^{-6}	536 × 528 × 526	S	0.8	+ 0.6	+10.3	0.73	0.30
IV	Dione	1.93×10^{-6}	560	S	0.6	+ 0.8	+10.4	0.71	0.31
V	Rhea	4.06×10^{-6}	765	S	0.6	+ 0.1	+ 9.7	0.78	0.38
VI	Titan	2.37×10^{-4}	2575	S	0.2	− 1.28	+ 8.4	1.28	0.75
VII	Hyperion		180 × 140 ×113		0.3	+ 4.63	+14.4	0.78	0.33
VIII	Iapetus	2.8×10^{-6}	718	S	0.2[10]	+ 1.5	+11.0	0.72	0.30
IX	Phoebe		110	0.4	0.081	+ 6.89	+16.5	0.70	0.34
X	Janus	3.38×10^{-9}	97 × 95 × 77	S	0.6	+ 4.4 :	+14.4		
XI	Epimetheus	9.5×10^{-10}	69 × 55 × 55	S	0.5	+ 5.4 :	+15.6		
XII	Helene		18 × 16 × 15		0.6	+ 8.4 :	+18.4		
XIII	Telesto		15 × 12.5 × 7.5		0.7 :	+ 8.9 :	+18.5		

[7] Motion on the ecliptic plane.

[8] Rate of increase in the longitude of the apse.

[9] Measured from the ecliptic plane.

[10] Bright side, 0.5; faint side, 0.05.

[11] Referred to the ICRF.

: Quantity is uncertain.

Satellite		Orbital Period [1] (R = Retrograde)	Max. Elong. at Mean Opposition	Semimajor Axis	Orbital Eccentricity	Inclination of Orbit to Planet's Equator	Motion of Node on Fixed Plane [2]
		d	° ′ ″	×10³ km		°	°/yr
Saturn							
XIV	Calypso	1.887 8	48	294.70	0.000 5	1.473	
XV	Atlas	0.601 9	22	137.70	0.000 0	0.000	
XVI	Prometheus	0.613 0	23	139.40	0.002 3	0.000	
XVII	Pandora	0.628 5	23	141.70	0.004 4	0.000	
XVIII	Pan	0.575 0	21	133.60	0.000 0	0.000	
XIX	Ymir	1315.35		23 041.00	0.335 0	173.104	
XX	Paaliaq	686.94	40 13	15 200.00	0.363 1	45.077	
XXI	Tarvos	926.11	46 18	17 982.00	0.536 5	33.495	
XXII	Ijiraq	451.47	30 46	11 125.00	0.316 4	46.730	
XXIV	Kiviuq	449.22	30 09	11 110.00	0.328 9	46.148	
XXVI	Albiorix	783.45		16 182.00	0.479 1	34.207	
XXVIII	Erriapo	871.16	48 52	17 342.00	0.472 4	34.469	
XXIX	Siarnaq	895.55		17 531.00	0.296 1	45.539	
Uranus							
I	Ariel	2.520 379 35	14	190.90	0.001 2	0.041	6.8
II	Umbriel	4.144 177 2	20	266.00	0.003 9	0.128	3.6
III	Titania	8.705 871 7	33	436.30	0.001 1	0.079	2.0
IV	Oberon	13.463 238 9	44	583.50	0.001 4	0.068	1.4
V	Miranda	1.413 479 25	10	129.90	0.001 3	4.338	19.8
IX	Cressida	0.463 569 60	5	61.80	0.000 4	0.006	257
X	Desdemona	0.473 649 60	5	62.70	0.000 1	0.113	244
XI	Juliet	0.493 065 49	5	64.40	0.000 7	0.065	222
XII	Portia	0.513 195 92	5	66.10	0.000 1	0.059	203
XIII	Rosalind	0.558 459 53	5	69.90	0.000 1	0.279	166
XIV	Belinda	0.623 527 47	6	75.30	0.000 1	0.031	129
XV	Puck	0.761 832 87	7	86.00	0.000 1	0.319	81
XVI	Caliban	579.73 R	9 03	7 231.00	0.158 7	140.881 [9]	
XVII	Sycorax	1288.30 R	15 26	12 179.00	0.522 4	159.404 [9]	
Neptune							
I	Triton	5.876 854 1 R	17	354.800	0.000 016	156.834	0.5232
II	Nereid	360.135 38	4 21	5 513.400	0.751 2	7.232	0.039
V	Despina	0.334 655	2	52.526	0.000 2	0.064	466
VI	Galatea	0.428 745	3	61.953	0.000 0	0.062	261
VII	Larissa	0.554 654	3	73.548	0.001 4	0.205	143
VIII	Proteus	1.122 316	6	117.647	0.000 5	0.026	28.80
Pluto							
I	Charon	6.387 25	<1	19.599	0.002 2	96.151 [11]	

[1] Sidereal periods, except that tropical periods are given for satellites of Saturn.

[2] Rate of decrease (or increase) in the longitude of the ascending node.

[3] S = Synchronous, rotation period same as orbital period.

[4] V(Sun) = –26.75

[5] $V(1, 0)$ is the visual magnitude of the satellite reduced to a distance of 1 au from both the Sun and Earth and with phase angle of zero.

[6] V_0 is the mean opposition magnitude of the satellite.

A Note on the Satellite Diagrams

The satellite orbit diagrams have been designed to assist observers in locating many of the shorter period (< 21 days) satellites of the planets. Each diagram depicts a planet and the apparent orbits of its satellites at 0 hours UT on that planet's opposition date, unless no opposition date occurs during the year. In that case, the diagram depicts the planet and orbits at 0 hours UT on January 1 or December 31 depending on which date provides the better view. The diagrams are inverted to reproduce what an observer would normally see through a telescope. Two arrows or text in the diagram indicate the apparent motion of the satellite(s); for most satellites in the solar system, the orbital motion is counterclockwise when viewed from the northern side of the orbital plane. In the case of Jupiter, the diagram has an expanded scale in the north-south direction to better clarify the relative positions of the orbits.

Satellite		Mass (1/Planet)	Radius	Sidereal Period of Rotation [3]	Geometric Albedo (V) [4]	$V(1,0)$ [5]	V_0 [6]	$B - V$	$U - B$
			km	d					
Saturn									
XIV	Calypso		$15 \times 8 \times 8$		1.0	+ 9.1 :	+18.7		
XV	Atlas		$18.5 \times 17.2 \times 13.5$		0.4	+ 8.4 :	+19.0		
XVI	Prometheus		$74 \times 50 \times 34$	S	0.6	+ 6.4 :	+15.8		
XVII	Pandora		$55 \times 44 \times 31$	S	0.5	+ 6.4 :	+16.4		
XVIII	Pan		10 :		0.5 :		+19.4		
XIX	Ymir		8:		0.06		+21.6		
XX	Paaliaq		9.5 :		0.06 :	+12.2	+21.2		
XXI	Tarvos		6.5 :		0.06 :	+13.2	+22.0		
XXII	Ijiraq		5 :		0.06 :	+13.6	+22.5		
XXIV	Kiviuq		7 :		0.06 :	+13.1	+21.9		
XXVI	Albiorix		13 :		0.06 :		+20.4		
XXVIII	Erriapo		4 :		0.06 :	+14.0	+22.9		
XXIX	Siarnaq		16 :		0.06 :		+20.0		
Uranus									
I	Ariel	1.55×10^{-5}	$581 \times 578 \times 578$	S	0.39	+ 1.45	+13.7	0.65	
II	Umbriel	1.35×10^{-5}	585	S	0.21	+ 2.10	+14.5	0.68	
III	Titania	4.06×10^{-5}	789	S	0.27	+ 1.02	+13.5	0.70	0.28
IV	Oberon	3.47×10^{-5}	762	S	0.23	+ 1.23	+13.7	0.68	0.20
V	Miranda	0.08×10^{-5}	$240 \times 234 \times 233$	S	0.32	+ 3.6	+15.8		
IX	Cressida		33 :		0.07 :	+ 9.5	+22.3		
X	Desdemona		30 :		0.07 :	+ 9.8	+22.5		
XI	Juliet		43 :		0.07 :	+ 8.8	+21.7		
XII	Portia		55 :		0.07 :	+ 8.3	+21.1		
XIII	Rosalind		30 :		0.07 :	+ 9.8	+22.5		
XIV	Belinda		34 :		0.07 :	+ 9.4	+22.1		
XV	Puck		78 :		0.07 :	+ 7.5	+20.4		
XVI	Caliban		30 :		0.07 :	+ 9.7	+22.4		
XVII	Sycorax		60 :		0.07 :	+ 8.2	+20.8		
Neptune									
I	Triton	2.09×10^{-4}	1353	S	0.756	− 1.24	+13.5	0.72	0.29
II	Nereid		170		0.155	+ 4.0	+19.7	0.65	
V	Despina		75 :		0.06	+ 7.9	+22.5		
VI	Galatea		88 :		0.06 :	+ 7.6 :	+22.4		
VII	Larissa		104×89	S	0.06	+ 7.3	+22.0		
VIII	Proteus		$218 \times 208 \times 201$	S	0.06	+ 5.6	+20.3		
Pluto									
I	Charon	0.125	593	S	0.372	+ 0.9	+17.3		

[7] Motion on the ecliptic plane.
[8] Rate of increase in the longitude of the apse.
[9] Measured from the ecliptic plane.
[10] Bright side, 0.5; faint side, 0.05.
[11] Referred to the ICRF.
: Quantity is uncertain.

A Note on selection criteria for the satellite data tables

Due to the recent proliferation of satellites associated with the gas giant planets, a set of selection criteria has been established under which satellites will be included in the data tables presented on pages F2-F5. These criteria are the following: The value of the visual magnitude of the satellite must not be greater than 23.0 and the satellite must be sanctioned by the IAU with a roman numeral and a name designation. Satellites that have yet to receive IAU approval shall be designated as "works in progress" and shall be included at a later time should such approval be granted, provided their visual magnitudes are not dimmer than 23.0. A more complete version of this table, including satellites with visual magnitude values larger than 23.0, is to be found at *The Astronomical Almanac Online* (**http://asa.usno.navy.mil** and **http://asa.nao.rl.ac.uk**).

SATELLITES OF MARS, 2007
APPARENT ORBITS OF THE SATELLITES AT OPPOSITION, DECEMBER 24

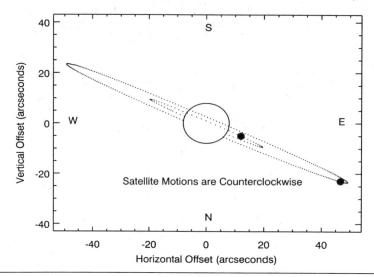

NAME	SIDEREAL PERIOD d
I Phobos	0.318 910 203
II Deimos	1.262 440 8

DEIMOS
UNIVERSAL TIME OF GREATEST EASTERN ELONGATION

Jan.	Feb.	Mar.	Apr.	May	June	July	Aug.	Sept.	Oct.	Nov.	Dec.
d h	d h	d h	d h	d h	d h	d h	d h	d h	d h	d h	d h
-1 20.6	1 18.2	1 14.4	2 06.0	1 08.9	2 00.5	1 03.2	1 18.4	1 03.0	1 11.4	2 01.6	1 02.5
1 03.0	3 00.6	2 20.8	3 12.3	2 15.2	3 06.9	2 09.6	3 00.8	2 09.4	2 17.7	3 07.9	2 08.8
2 09.4	4 06.9	4 03.2	4 18.7	3 21.6	4 13.3	3 16.0	4 07.2	3 15.7	4 00.1	4 14.3	3 15.0
3 15.7	5 13.3	5 09.6	6 01.1	5 04.0	5 19.7	4 22.3	5 13.5	4 22.1	5 06.4	5 20.6	4 21.3
4 22.1	6 19.7	6 15.9	7 07.5	6 10.4	7 02.0	6 04.7	6 19.9	6 04.4	6 12.7	7 02.9	6 03.6
6 04.5	8 02.1	7 22.3	8 13.9	7 16.8	8 08.4	7 11.1	8 02.2	7 10.8	7 19.1	8 09.2	7 09.9
7 10.8	9 08.4	9 04.7	9 20.3	8 23.2	9 14.8	8 17.5	9 08.6	8 17.1	9 01.4	9 15.5	8 16.1
8 17.2	10 14.8	10 11.1	11 02.7	10 05.6	10 21.2	9 23.8	10 15.0	9 23.5	10 07.7	10 21.8	9 22.4
9 23.6	11 21.2	11 17.4	12 09.0	11 12.0	12 03.6	11 06.2	11 21.3	11 05.8	11 14.1	12 04.1	11 04.7
11 05.9	13 03.5	12 23.8	13 15.4	12 18.4	13 09.9	12 12.6	13 03.7	12 12.2	12 20.4	13 10.4	12 10.9
12 12.3	14 09.9	14 06.2	14 21.8	14 00.7	14 16.3	13 18.9	14 10.0	13 18.5	14 02.7	14 16.7	13 17.2
13 18.7	15 16.3	15 12.6	16 04.2	15 07.1	15 22.7	15 01.3	15 16.4	15 00.9	15 09.1	15 23.0	14 23.5
15 01.0	16 22.7	16 19.0	17 10.6	16 13.5	17 05.1	16 07.7	16 22.8	16 07.2	16 15.4	17 05.3	16 05.7
16 07.4	18 05.0	18 01.4	18 17.0	17 19.9	18 11.5	17 14.0	18 05.1	17 13.6	17 21.7	18 11.6	17 12.0
17 13.8	19 11.4	19 07.7	19 23.4	19 02.3	19 17.8	18 20.4	19 11.5	18 19.9	19 04.1	19 17.9	18 18.2
18 20.1	20 17.8	20 14.1	21 05.8	20 08.7	21 00.2	20 02.8	20 17.8	20 02.3	20 10.4	21 00.2	20 00.5
20 02.5	22 00.2	21 20.5	22 12.1	21 15.1	22 06.6	21 09.1	22 00.2	21 08.6	21 16.7	22 06.5	21 06.8
21 08.9	23 06.5	23 02.9	23 18.5	22 21.4	23 13.0	22 15.5	23 06.5	22 15.0	22 23.1	23 12.8	22 13.0
22 15.2	24 12.9	24 09.3	25 00.9	24 03.8	24 19.3	23 21.9	24 12.9	23 21.3	24 05.4	24 19.1	23 19.3
23 21.6	25 19.3	25 15.6	26 07.3	25 10.2	26 01.7	25 04.2	25 19.3	25 03.7	25 11.7	26 01.4	25 01.6
25 04.0	27 01.7	26 22.0	27 13.7	26 16.6	27 08.1	26 10.6	27 01.6	26 10.0	26 18.0	27 07.6	26 07.8
26 10.4	28 08.0	28 04.4	28 20.1	27 23.0	28 14.5	27 17.0	28 08.0	27 16.3	28 00.3	28 13.9	27 14.1
27 16.7		29 10.8	30 02.5	29 05.4	29 20.8	28 23.3	29 14.3	28 22.7	29 06.7	29 20.2	28 20.3
28 23.1		30 17.2		30 11.8		30 05.7	30 20.7	30 05.0	30 13.0		30 02.6
30 05.5		31 23.6		31 18.1		31 12.1			31 19.3		31 08.9
31 11.8											32 15.1

SATELLITES OF MARS, 2007

PHOBOS

UNIVERSAL TIME OF EVERY THIRD GREATEST EASTERN ELONGATION

Jan.	Feb.	Mar.	Apr.	May	June	July	Aug.	Sept.	Oct.	Nov.	Dec.
d h	d h	d h	d h	d h	d h	d h	d h	d h	d h	d h	d h
0 23.5	1 13.6	1 07.9	1 22.1	1 14.4	1 05.7	1 21.0	1 12.2	1 03.3	1 18.3	1 09.3	1 01.1
1 22.5	2 12.6	2 06.9	2 21.1	2 13.4	2 04.7	2 20.0	2 11.1	2 02.3	2 17.3	2 08.2	2 00.0
2 21.4	3 11.6	3 05.9	3 20.1	3 12.4	3 03.7	3 18.9	3 10.1	3 01.2	3 16.3	3 07.2	2 23.0
3 20.4	4 10.6	4 04.8	4 19.1	4 11.4	4 02.7	4 17.9	4 09.1	4 00.2	4 15.2	4 06.2	3 21.9
4 19.4	5 09.5	5 03.8	5 18.0	5 10.4	5 01.7	5 16.9	5 08.1	4 23.2	5 14.2	5 05.1	4 20.9
5 18.4	6 08.5	6 02.8	6 17.0	6 09.3	6 00.6	6 15.9	6 07.0	5 22.1	6 13.2	6 04.1	5 19.9
6 17.3	7 07.5	7 01.8	7 16.0	7 08.3	6 23.6	7 14.8	7 06.0	6 21.1	7 12.2	7 03.1	6 18.8
7 16.3	8 06.5	8 00.7	8 15.0	8 07.3	7 22.6	8 13.8	8 05.0	7 20.1	8 11.1	8 02.0	7 17.8
8 15.3	9 05.4	8 23.7	9 14.0	9 06.3	8 21.6	9 12.8	9 04.0	8 19.1	9 10.1	9 01.0	8 16.7
9 14.2	10 04.4	9 22.7	10 12.9	10 05.3	9 20.5	10 11.8	10 02.9	9 18.0	10 09.1	10 00.0	9 15.7
10 13.2	11 03.4	10 21.7	11 11.9	11 04.2	10 19.5	11 10.7	11 01.9	10 17.0	11 08.0	10 22.9	10 14.6
11 12.2	12 02.4	11 20.6	12 10.9	12 03.2	11 18.5	12 09.7	12 00.9	11 16.0	12 07.0	11 21.9	11 13.6
12 11.2	13 01.3	12 19.6	13 09.9	13 02.2	12 17.5	13 08.7	12 23.9	12 14.9	13 06.0	12 20.8	12 12.6
13 10.1	14 00.3	13 18.6	14 08.8	14 01.2	13 16.4	14 07.7	13 22.8	13 13.9	14 04.9	13 19.8	13 11.5
14 09.1	14 23.3	14 17.6	15 07.8	15 00.1	14 15.4	15 06.6	14 21.8	14 12.9	15 03.9	14 18.8	14 10.5
15 08.1	15 22.3	15 16.6	16 06.8	15 23.1	15 14.4	16 05.6	15 20.8	15 11.9	16 02.9	15 17.7	15 09.4
16 07.1	16 21.2	16 15.5	17 05.8	16 22.1	16 13.4	17 04.6	16 19.7	16 10.8	17 01.8	16 16.7	16 08.4
17 06.0	17 20.2	17 14.5	18 04.8	17 21.1	17 12.4	18 03.6	17 18.7	17 09.8	18 00.8	17 15.6	17 07.3
18 05.0	18 19.2	18 13.5	19 03.7	18 20.1	18 11.3	19 02.5	18 17.7	18 08.8	18 23.8	18 14.6	18 06.3
19 04.0	19 18.2	19 12.5	20 02.7	19 19.0	19 10.3	20 01.5	19 16.7	19 07.7	19 22.7	19 13.6	19 05.2
20 03.0	20 17.1	20 11.4	21 01.7	20 18.0	20 09.3	21 00.5	20 15.6	20 06.7	20 21.7	20 12.5	20 04.2
21 01.9	21 16.1	21 10.4	22 00.7	21 17.0	21 08.3	21 23.5	21 14.6	21 05.7	21 20.7	21 11.5	21 03.1
22 00.9	22 15.1	22 09.4	22 23.6	22 16.0	22 07.2	22 22.4	22 13.6	22 04.6	22 19.6	22 10.4	22 02.1
22 23.9	23 14.1	23 08.4	23 22.6	23 14.9	23 06.2	23 21.4	23 12.5	23 03.6	23 18.6	23 09.4	23 01.1
23 22.9	24 13.0	24 07.3	24 21.6	24 13.9	24 05.2	24 20.4	24 11.5	24 02.6	24 17.6	24 08.4	24 00.0
24 21.8	25 12.0	25 06.3	25 20.6	25 12.9	25 04.2	25 19.4	25 10.5	25 01.6	25 16.5	25 07.3	24 23.0
25 20.8	26 11.0	26 05.3	26 19.6	26 11.9	26 03.1	26 18.3	26 09.5	26 00.5	26 15.5	26 06.3	25 21.9
26 19.8	27 10.0	27 04.3	27 18.5	27 10.9	27 02.1	27 17.3	27 08.4	26 23.5	27 14.5	27 05.2	26 20.9
27 18.8	28 08.9	28 03.3	28 17.5	28 09.8	28 01.1	28 16.3	28 07.4	27 22.5	28 13.4	28 04.2	27 19.8
28 17.7		29 02.2	29 16.5	29 08.8	29 00.1	29 15.3	29 06.4	28 21.4	29 12.4	29 03.2	28 18.8
29 16.7		30 01.2	30 15.5	30 07.8	29 23.0	30 14.2	30 05.3	29 20.4	30 11.4	30 02.1	29 17.7
30 15.7		31 00.2		31 06.8	30 22.0	31 13.2	31 04.3	30 19.4	31 10.3		30 16.7
31 14.7		31 23.2									31 15.7
											32 14.6

APPARENT ORBITS OF SATELLITES I-V AT OPPOSITION, JUNE 5

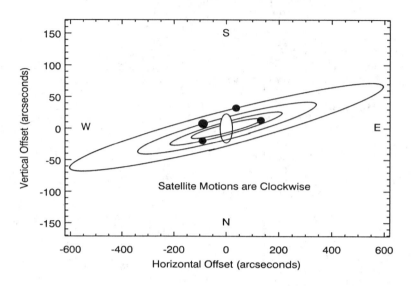

Orbits elongated in ratio of 2.3 to 1 in the North-South direction.

NAME		MEAN SYNODIC PERIOD		NAME		SIDEREAL PERIOD
		d h m s	d			d
V	Amalthea	0 11 57 27.619 =	0.498 236 33	XIII	Leda	240.92
I	Io	1 18 28 35.946 =	1.769 860 49	X	Lysithea	259.20
II	Europa	3 13 17 53.736 =	3.554 094 17	XII	Ananke	629.77 R
III	Ganymede	7 03 59 35.856 =	7.166 387 22	XI	Carme	734.17 R
IV	Callisto	16 18 05 06.916 =	16.753 552 27	VIII	Pasiphae	743.63 R
VI	Himalia		266.00	IX	Sinope	758.90 R
VII	Elara		276.67			

V   AMALTHEA

UNIVERSAL TIME OF EVERY TWENTIETH GREATEST EASTERN ELONGATION

	d h		d h		d h		d h		d h
Jan.	0 14.0	Mar.	21 07.3	June	9 00.0	Aug.	27 17.0	Nov.	15 10.5
	10 13.2		31 06.4		18 23.1	Sept.	6 16.1		25 09.7
	20 12.4	Apr.	10 05.5		28 22.2		16 15.3	Dec.	5 08.9
	30 11.5		20 04.6	July	8 21.3		26 14.5		15 08.1
Feb.	9 10.7		30 03.7		18 20.4	Oct.	6 13.7		25 07.3
	19 09.9	May	10 02.8		28 19.5		16 12.9		35 06.5
Mar.	1 09.0		20 01.8	Aug.	7 18.7		26 12.1		
	11 08.1		30 00.9		17 17.8	Nov.	5 11.3		

MULTIPLES OF THE MEAN SYNODIC PERIOD

	d h		d h		d h		d h
1............	0 12.0	6............	2 23.7	11............	5 11.5	16............	7 23.3
2............	0 23.9	7............	3 11.7	12............	5 23.5	17............	8 11.3
3............	1 11.9	8............	3 23.7	13............	6 11.4	18............	8 23.2
4............	1 23.8	9............	4 11.6	14............	6 23.4	19............	9 11.2
5............	2 11.8	10............	4 23.6	15............	7 11.4	20............	9 23.2

DIFFERENTIAL COORDINATES FOR 0ʰ U.T.

Date		VI Himalia Δα	Δδ	VII Elara Δα	Δδ	Date		VI Himalia Δα	Δδ	VII Elara Δα	Δδ
		m s	′	m s	′			m s	′	m s	′
Jan.	0	− 2 20	+ 24.0	− 2 41	+ 22.4	July	3	− 0 43	+ 15.9	− 0 34	− 18.1
	4	− 2 18	+ 22.6	− 2 39	+ 23.2		7	− 1 07	+ 19.6	− 0 54	− 15.2
	8	− 2 16	+ 21.1	− 2 36	+ 23.8		11	− 1 28	+ 22.9	− 1 13	− 12.2
	12	− 2 12	+ 19.5	− 2 31	+ 24.3		15	− 1 48	+ 25.9	− 1 30	− 9.2
	16	− 2 08	+ 17.8	− 2 26	+ 24.5		19	− 2 06	+ 28.4	− 1 47	− 6.2
	20	− 2 04	+ 15.9	− 2 19	+ 24.5		23	− 2 21	+ 30.5	− 2 02	− 3.1
	24	− 1 58	+ 13.9	− 2 11	+ 24.2		27	− 2 34	+ 32.2	− 2 15	− 0.2
	28	− 1 52	+ 11.8	− 2 01	+ 23.7		31	− 2 44	+ 33.4	− 2 28	+ 2.6
Feb.	1	− 1 44	+ 9.7	− 1 50	+ 22.9	Aug.	4	− 2 53	+ 34.2	− 2 38	+ 5.4
	5	− 1 36	+ 7.4	− 1 38	+ 21.8		8	− 2 59	+ 34.6	− 2 48	+ 8.1
	9	− 1 28	+ 5.1	− 1 24	+ 20.4		12	− 3 04	+ 34.6	− 2 56	+ 10.6
	13	− 1 18	+ 2.8	− 1 08	+ 18.6		16	− 3 06	+ 34.3	− 3 02	+ 12.9
	17	− 1 07	+ 0.3	− 0 51	+ 16.6		20	− 3 07	+ 33.7	− 3 08	+ 15.2
	21	− 0 56	− 2.1	− 0 33	+ 14.3		24	− 3 06	+ 32.7	− 3 11	+ 17.2
	25	− 0 44	− 4.5	− 0 14	+ 11.7		28	− 3 04	+ 31.5	− 3 14	+ 19.1
Mar.	1	− 0 31	− 7.0	+ 0 07	+ 8.8	Sept.	1	− 3 01	+ 30.1	− 3 15	+ 20.7
	5	− 0 17	− 9.4	+ 0 27	+ 5.7		5	− 2 57	+ 28.4	− 3 15	+ 22.2
	9	− 0 03	− 11.9	+ 0 48	+ 2.5		9	− 2 52	+ 26.6	− 3 14	+ 23.4
	13	+ 0 13	− 14.3	+ 1 09	− 0.8		13	− 2 46	+ 24.7	− 3 12	+ 24.5
	17	+ 0 28	− 16.6	+ 1 30	− 4.3		17	− 2 39	+ 22.6	− 3 08	+ 25.3
	21	+ 0 44	− 18.8	+ 1 49	− 7.6		21	− 2 32	+ 20.4	− 3 04	+ 25.9
	25	+ 1 01	− 21.0	+ 2 08	− 11.0		25	− 2 23	+ 18.1	− 2 58	+ 26.3
	29	+ 1 18	− 23.0	+ 2 25	− 14.3		29	− 2 15	+ 15.8	− 2 51	+ 26.4
Apr.	2	+ 1 34	− 24.9	+ 2 40	− 17.5	Oct.	3	− 2 06	+ 13.5	− 2 44	+ 26.3
	6	+ 1 50	− 26.6	+ 2 54	− 20.5		7	− 1 56	+ 11.1	− 2 35	+ 26.0
	10	+ 2 06	− 28.1	+ 3 06	− 23.3		11	− 1 47	+ 8.7	− 2 25	+ 25.4
	14	+ 2 21	− 29.4	+ 3 16	− 25.9		15	− 1 37	+ 6.3	− 2 14	+ 24.5
	18	+ 2 35	− 30.4	+ 3 23	− 28.3		19	− 1 26	+ 3.9	− 2 02	+ 23.4
	22	+ 2 47	− 31.1	+ 3 28	− 30.4		23	− 1 15	+ 1.6	− 1 49	+ 22.1
	26	+ 2 58	− 31.5	+ 3 31	− 32.3		27	− 1 04	− 0.6	− 1 35	+ 20.4
	30	+ 3 07	− 31.6	+ 3 31	− 33.8		31	− 0 53	− 2.8	− 1 20	+ 18.6
May	4	+ 3 13	− 31.3	+ 3 28	− 35.1	Nov.	4	− 0 42	− 4.9	− 1 05	+ 16.5
	8	+ 3 16	− 30.5	+ 3 23	− 36.1		8	− 0 30	− 7.0	− 0 49	+ 14.3
	12	+ 3 17	− 29.3	+ 3 16	− 36.8		12	− 0 18	− 8.9	− 0 32	+ 11.8
	16	+ 3 14	− 27.7	+ 3 07	− 37.1		16	− 0 07	− 10.7	− 0 15	+ 9.3
	20	+ 3 08	− 25.6	+ 2 55	− 37.1		20	+ 0 05	− 12.4	+ 0 02	+ 6.6
	24	+ 2 58	− 23.1	+ 2 41	− 36.8		24	+ 0 17	− 13.9	+ 0 19	+ 3.9
	28	+ 2 45	− 20.2	+ 2 26	− 36.1		28	+ 0 30	− 15.4	+ 0 36	+ 1.3
June	1	+ 2 29	− 16.9	+ 2 09	− 35.2	Dec.	2	+ 0 42	− 16.6	+ 0 52	− 1.4
	5	+ 2 09	− 13.2	+ 1 50	− 33.9		6	+ 0 53	− 17.7	+ 1 07	− 4.0
	9	+ 1 48	− 9.3	+ 1 30	− 32.3		10	+ 1 05	− 18.6	+ 1 22	− 6.4
	13	+ 1 24	− 5.1	+ 1 10	− 30.5		14	+ 1 17	− 19.3	+ 1 35	− 8.7
	17	+ 0 59	− 0.8	+ 0 49	− 28.4		18	+ 1 28	− 19.8	+ 1 48	− 10.8
	21	+ 0 33	+ 3.5	+ 0 28	− 26.1		22	+ 1 39	− 20.1	+ 2 00	− 12.7
	25	+ 0 07	+ 7.8	+ 0 07	− 23.6		26	+ 1 49	− 20.1	+ 2 10	− 14.4
	29	− 0 19	+ 12.0	− 0 14	− 20.9		30	+ 1 59	− 20.0	+ 2 20	− 15.9
July	3	− 0 43	+ 15.9	− 0 34	− 18.1		34	+ 2 08	− 19.6	+ 2 28	− 17.3

Differential coordinates are given in the sense "satellite minus planet."

SATELLITES OF JUPITER, 2007

DIFFERENTIAL COORDINATES FOR 0ʰ U.T.

Date		VIII Pasiphae		IX Sinope		X Lysithea	
		$\Delta\alpha$	$\Delta\delta$	$\Delta\alpha$	$\Delta\delta$	$\Delta\alpha$	$\Delta\delta$
		m s	′	m s	′	m s	′
Jan.	0	+ 3 50	− 50.8	+ 1 52	− 38.0	+ 2 45	− 19.8
	10	+ 4 35	− 50.5	+ 2 35	− 37.6	+ 2 57	− 15.4
	20	+ 5 18	− 49.7	+ 3 16	− 36.5	+ 3 01	− 10.1
	30	+ 6 00	− 48.4	+ 3 54	− 34.9	+ 2 54	− 4.0
Feb.	9	+ 6 40	− 46.8	+ 4 28	− 32.6	+ 2 37	+ 2.5
	19	+ 7 19	− 44.9	+ 4 58	− 29.8	+ 2 06	+ 8.9
Mar.	1	+ 7 56	− 42.8	+ 5 23	− 26.5	+ 1 22	+ 14.7
	11	+ 8 32	− 40.4	+ 5 42	− 22.6	+ 0 28	+ 19.2
	21	+ 9 06	− 37.9	+ 5 55	− 18.3	− 0 34	+ 22.1
	31	+ 9 37	− 35.3	+ 6 02	− 13.7	− 1 37	+ 22.9
Apr.	10	+ 10 07	− 32.6	+ 6 02	− 8.7	− 2 36	+ 21.8
	20	+ 10 34	− 29.9	+ 5 57	− 3.5	− 3 25	+ 18.9
	30	+ 10 58	− 27.1	+ 5 45	+ 1.8	− 4 01	+ 14.6
May	10	+ 11 19	− 24.4	+ 5 28	+ 7.2	− 4 21	+ 9.2
	20	+ 11 34	− 21.6	+ 5 06	+ 12.5	− 4 23	+ 3.1
	30	+ 11 45	− 18.8	+ 4 39	+ 17.7	− 4 07	− 3.3
June	9	+ 11 49	− 15.8	+ 4 09	+ 22.6	− 3 37	− 9.7
	19	+ 11 47	− 12.7	+ 3 34	+ 27.1	− 2 54	− 15.7
	29	+ 11 40	− 9.4	+ 2 57	+ 31.1	− 2 03	− 21.1
July	9	+ 11 26	− 6.0	+ 2 17	+ 34.6	− 1 09	− 25.6
	19	+ 11 08	− 2.3	+ 1 36	+ 37.7	− 0 14	− 28.8
	29	+ 10 46	+ 1.4	+ 0 53	+ 40.2	+ 0 37	− 30.8
Aug.	8	+ 10 20	+ 5.3	+ 0 10	+ 42.1	+ 1 24	− 31.3
	18	+ 9 52	+ 9.3	− 0 33	+ 43.5	+ 2 03	− 30.5
	28	+ 9 22	+ 13.3	− 1 15	+ 44.5	+ 2 35	− 28.2
Sept.	7	+ 8 50	+ 17.3	− 1 57	+ 44.9	+ 2 59	− 24.7
	17	+ 8 16	+ 21.2	− 2 38	+ 44.8	+ 3 14	− 20.1
	27	+ 7 41	+ 25.0	− 3 17	+ 44.3	+ 3 19	− 14.7
Oct.	7	+ 7 05	+ 28.7	− 3 54	+ 43.3	+ 3 15	− 8.7
	17	+ 6 27	+ 32.2	− 4 28	+ 41.9	+ 3 01	− 2.4
	27	+ 5 48	+ 35.5	− 5 01	+ 40.0	+ 2 37	+ 3.7
Nov.	6	+ 5 08	+ 38.5	− 5 30	+ 37.9	+ 2 03	+ 9.2
	16	+ 4 27	+ 41.3	− 5 57	+ 35.3	+ 1 22	+ 13.4
	26	+ 3 44	+ 43.8	− 6 21	+ 32.5	+ 0 36	+ 16.1
Dec.	6	+ 3 01	+ 46.0	− 6 41	+ 29.3	− 0 13	+ 17.0
	16	+ 2 18	+ 47.8	− 6 58	+ 26.0	− 1 00	+ 16.1
	26	+ 1 34	+ 49.2	− 7 11	+ 22.4	− 1 43	+ 13.4
	36	+ 0 49	+ 50.3	− 7 21	+ 18.8	− 2 19	+ 9.4

Differential coordinates are given in the sense "satellite minus planet."

DIFFERENTIAL COORDINATES FOR 0ʰ U.T.

Date		XI Carme		XII Ananke		XIII Leda	
		$\Delta\alpha$	$\Delta\delta$	$\Delta\alpha$	$\Delta\delta$	$\Delta\alpha$	$\Delta\delta$
		m s	,	m s	,	m s	,
Jan.	0	+ 4 39	+ 5.6	+ 2 20	− 5.7	− 0 34	+ 10.0
	10	+ 5 14	+ 4.3	+ 2 57	− 2.4	+ 0 01	+ 13.2
	20	+ 5 45	+ 3.3	+ 3 29	+ 1.2	+ 0 37	+ 15.9
	30	+ 6 13	+ 2.2	+ 3 57	+ 5.2	+ 1 13	+ 18.2
Feb.	9	+ 6 37	+ 1.2	+ 4 19	+ 9.4	+ 1 49	+ 19.9
	19	+ 6 58	+ 0.2	+ 4 34	+ 13.7	+ 2 24	+ 20.9
Mar.	1	+ 7 16	− 1.0	+ 4 42	+ 17.9	+ 2 56	+ 21.1
	11	+ 7 31	− 2.5	+ 4 42	+ 21.9	+ 3 25	+ 20.4
	21	+ 7 42	− 4.1	+ 4 33	+ 25.3	+ 3 49	+ 18.7
	31	+ 7 51	− 6.1	+ 4 15	+ 28.1	+ 4 06	+ 15.9
Apr.	10	+ 7 57	− 8.4	+ 3 49	+ 30.0	+ 4 12	+ 12.0
	20	+ 8 01	− 11.1	+ 3 16	+ 30.9	+ 4 04	+ 7.0
	30	+ 8 02	− 14.0	+ 2 36	+ 30.8	+ 3 40	+ 1.3
May	10	+ 7 59	− 17.2	+ 1 52	+ 29.6	+ 2 58	− 4.9
	20	+ 7 53	− 20.4	+ 1 04	+ 27.4	+ 1 57	− 10.7
	30	+ 7 43	− 23.6	+ 0 16	+ 24.5	+ 0 43	− 15.5
June	9	+ 7 29	− 26.5	− 0 33	+ 21.0	− 0 37	− 18.3
	19	+ 7 11	− 29.1	− 1 21	+ 17.1	− 1 51	− 18.8
	29	+ 6 48	− 31.1	− 2 06	+ 13.1	− 2 47	− 16.7
July	9	+ 6 21	− 32.5	− 2 49	+ 9.0	− 3 18	− 12.6
	19	+ 5 51	− 33.4	− 3 29	+ 5.0	− 3 21	− 7.3
	29	+ 5 18	− 33.6	− 4 05	+ 1.1	− 3 01	− 1.6
Aug.	8	+ 4 42	− 33.4	− 4 37	− 2.6	− 2 25	+ 3.9
	18	+ 4 05	− 32.7	− 5 06	− 6.2	− 1 40	+ 8.7
	28	+ 3 26	− 31.7	− 5 31	− 9.6	− 0 52	+ 12.6
Sept.	7	+ 2 46	− 30.4	− 5 52	− 13.0	− 0 05	+ 15.7
	17	+ 2 06	− 29.1	− 6 08	− 16.3	+ 0 38	+ 17.9
	27	+ 1 25	− 27.8	− 6 21	− 19.6	+ 1 16	+ 19.4
Oct.	7	+ 0 45	− 26.5	− 6 30	− 22.9	+ 1 49	+ 20.1
	17	+ 0 04	− 25.4	− 6 35	− 26.2	+ 2 16	+ 20.1
	27	− 0 36	− 24.4	− 6 36	− 29.4	+ 2 38	+ 19.6
Nov.	6	− 1 16	− 23.7	− 6 32	− 32.7	+ 2 55	+ 18.5
	16	− 1 55	− 23.3	− 6 25	− 35.9	+ 3 06	+ 16.8
	26	− 2 33	− 23.1	− 6 13	− 39.0	+ 3 13	+ 14.5
Dec.	6	− 3 10	− 23.2	− 5 58	− 42.0	+ 3 14	+ 11.8
	16	− 3 45	− 23.6	− 5 39	− 44.9	+ 3 10	+ 8.4
	26	− 4 18	− 24.3	− 5 16	− 47.5	+ 2 59	+ 4.7
	36	− 4 50	− 25.2	− 4 49	− 49.8	+ 2 41	+ 0.5

Differential coordinates are given in the sense "satellite minus planet."

SATELLITES OF JUPITER, 2007

TERRESTRIAL TIME OF SUPERIOR GEOCENTRIC CONJUNCTION

I Io

	d h m		d h m		d h m		d h m
Jan.	0 07 15	Mar.	26 06 26	June	19 03 36	Sept.	12 01 37
	2 01 45		28 00 54		20 22 02		13 20 06
	3 20 15		29 19 22		22 16 28		15 14 36
	5 14 45		31 13 49		24 10 55		17 09 05
	7 09 15	Apr.	2 08 17		26 05 21		19 03 34
	9 03 45		4 02 44		27 23 47		20 22 04
	10 22 14		5 21 11		29 18 13		22 16 33
	12 16 44		7 15 39	July	1 12 40		24 11 02
	14 11 14		9 10 06		3 07 06		26 05 32
	16 05 44		11 04 33		5 01 33		28 00 01
	18 00 13		12 23 00		6 19 59		29 18 31
	19 18 43		14 17 27		8 14 26	Oct.	1 13 01
	21 13 13		16 11 54		10 08 52		3 07 30
	23 07 42		18 06 21		12 03 19		5 02 00
	25 02 12		20 00 47		13 21 46		6 20 30
	26 20 41		21 19 14		15 16 13		8 15 00
	28 15 11		23 13 41		17 10 39		10 09 30
	30 09 40		25 08 07		19 05 06		12 04 00
Feb.	1 04 09		27 02 34		20 23 33		13 22 29
	2 22 39		28 21 01		22 18 00		15 16 59
	4 17 08		30 15 27		24 12 28		17 11 29
	6 11 37	May	2 09 53		26 06 55		19 06 00
	8 06 06		4 04 20		28 01 22		21 00 30
	10 00 36		5 22 46		29 19 50		22 19 00
	11 19 05		7 17 12		31 14 17		24 13 30
	13 13 34		9 11 39	Aug.	2 08 45		26 08 00
	15 08 03		11 06 05		4 03 12		28 02 30
	17 02 32		13 00 31		5 21 40		29 21 00
	18 21 01		14 18 57		7 16 08		31 15 31
	20 15 29		16 13 23		9 10 35	Nov.	2 10 01
	22 09 58		18 07 49		11 05 03		4 04 31
	24 04 27		20 02 15		12 23 31		5 23 02
	25 22 56		21 20 41		14 17 59		7 17 32
	27 17 24		23 15 07		16 12 27		9 12 02
Mar.	1 11 53		25 09 33		18 06 56		11 06 33
	3 06 21		27 03 59		20 01 24		13 01 03
	5 00 50		28 22 25		21 19 52		14 19 33
	6 19 18		30 16 51		23 14 21		16 14 04
	8 13 47	June	1 11 17		25 08 49		18 08 34
	10 08 15		3 05 43		27 03 18		20 03 05
	12 02 43		5 00 08		28 21 46		21 21 35
	13 21 11		6 18 34		30 16 15		23 16 06
	15 15 39		8 13 00	Sept.	1 10 44		25 10 36
	17 10 07		10 07 26		3 05 12		27 05 07
	19 04 35		12 01 52		4 23 41	Dec.	.. .. ..
	20 23 03		13 20 18		6 18 10		
	22 17 31		15 14 44		8 12 39		
	24 11 59		17 09 10		10 07 08		

TERRESTRIAL TIME OF SUPERIOR GEOCENTRIC CONJUNCTION

II Europa

	d h m		d h m		d h m		d h m
Jan.	1 17 27	Mar.	28 01 41	June	21 05 42	Sept.	14 11 06
	5 06 51		31 14 57		24 18 50		18 00 25
	8 20 15	Apr.	4 04 11		28 07 59		21 13 45
	12 09 38		7 17 25	July	1 21 08		25 03 05
	15 23 02		11 06 38		5 10 17		28 16 26
	19 12 25		14 19 51		8 23 27	Oct.	2 05 46
	23 01 48		18 09 03		12 12 37		5 19 08
	26 15 11		21 22 15		16 01 47		9 08 29
	30 04 33		25 11 26		19 14 58		12 21 51
Feb.	2 17 56		29 00 37		23 04 10		16 11 13
	6 07 17	May	2 13 47		26 17 22		20 00 35
	9 20 39		6 02 57		30 06 35		23 13 58
	13 10 00		9 16 06	Aug.	2 19 48		27 03 20
	16 23 22		13 05 15		6 09 02		30 16 43
	20 12 42		16 18 23		9 22 16	Nov.	3 06 07
	24 02 02		20 07 32		13 11 31		6 19 30
	27 15 21		23 20 40		17 00 46		10 08 53
Mar.	3 04 41		27 09 48		20 14 02		13 22 17
	6 17 59		30 22 55		24 03 18		17 11 41
	10 07 18	June	3 12 03		27 16 35		21 01 05
	13 20 35		7 01 11		31 05 52		24 14 29
	17 09 53		10 14 18	Sept.	3 19 10	Dec.	.. .. ..
	20 23 09		14 03 26		7 08 28		
	24 12 26		17 16 34		10 21 47		

III Ganymede

	d h m		d h m		d h m		d h m
Jan.	6 10 47	Apr.	2 12 04	June	27 04 56	Sept.	21 01 52
	13 15 08		9 15 46	July	4 08 19		28 06 02
	20 19 28		16 19 22		11 11 44	Oct.	5 10 16
	27 23 46		23 22 54		18 15 14		12 14 33
Feb.	4 04 02	May	1 02 23		25 18 47		19 18 53
	11 08 15		8 05 47	Aug.	1 22 24		26 23 14
	18 12 25		15 09 10		9 02 06	Nov.	3 03 37
	25 16 31		22 12 29		16 05 53		10 08 02
Mar.	4 20 33		29 15 47		23 09 45		17 12 28
	12 00 32	June	5 19 03		30 13 41		24 16 56
	19 04 27		12 22 19	Sept.	6 17 41	Dec.	.. .. ..
	26 08 18		20 01 36		13 21 45		

IV Callisto

	d h m		d h m		d h m		d h m
Jan.	5 20 47	Apr.	16 11 27	July	25 04 07	Nov.	2 18 26
	22 16 54	May	3 02 55	Aug.	10 20 26		19 14 54
Feb.	8 12 31		19 17 36		27 13 41	Dec.	.. .. ..
	25 07 31	June	5 07 51	Sept.	13 07 50		
Mar.	14 01 44		21 22 05		30 02 47		
	30 19 05	July	8 12 44	Oct.	16 22 21		

SATELLITES OF JUPITER, 2007

TERRESTRIAL TIME OF GEOCENTRIC PHENOMENA

JANUARY

d	h m		d	h m		d	h m		d	h m	
0	0 28	II.Tr.E.	8	7 29	I.Tr.E.	17	0 34	III.Sh.I.	24	10 29	III.Tr.E.
	5 31	I.Ec.D.		17 24	II.Ec.D.		0 55	I.Sh.I.		17 38	II.Sh.I.
	8 20	I.Oc.R.		21 31	II.Oc.R.		1 48	I.Tr.I.		19 34	II.Tr.I.
1	2 39	I.Sh.I.	9	1 53	I.Ec.D.		2 31	III.Sh.E.		20 10	II.Sh.E.
	3 18	I.Tr.I.		4 50	I.Oc.R.		3 05	I.Sh.E.		22 06	II.Tr.E.
	4 49	I.Sh.E.		20 36	III.Sh.I.		3 58	I.Tr.E.	25	0 08	I.Ec.D.
	5 29	I.Tr.E.		22 32	III.Sh.E.		4 06	III.Tr.I.		3 17	I.Oc.R.
	14 49	II.Ec.D.		23 01	I.Sh.I.		6 09	III.Tr.E.		21 17	I.Sh.I.
	18 44	II.Oc.R.		23 44	III.Tr.I.		15 04	II.Sh.I.		22 16	I.Tr.I.
2	0 00	I.Ec.D.		23 48	I.Tr.I.		16 50	II.Tr.I.		23 27	I.Sh.E.
	2 50	I.Oc.R.	10	1 11	I.Sh.E.		17 36	II.Sh.E.	26	0 26	I.Tr.E.
	16 38	III.Sh.I.		1 48	III.Tr.E.		19 22	II.Tr.E.		11 52	II.Ec.D.
	18 33	III.Sh.E.		1 59	I.Tr.E.		22 15	I.Ec.D.		16 28	II.Oc.R.
	19 20	III.Tr.I.		12 30	II.Sh.I.	18	1 19	I.Oc.R.		18 36	I.Ec.D.
	21 08	I.Sh.I.		14 05	II.Tr.I.		19 24	I.Sh.I.		21 47	I.Oc.R.
	21 24	III.Tr.E.		15 02	II.Sh.E.		20 17	I.Tr.I.	27	15 46	I.Sh.I.
	21 48	I.Tr.I.		16 37	II.Tr.E.		21 33	I.Sh.E.		16 46	I.Tr.I.
	23 18	I.Sh.E.		20 21	I.Ec.D.		22 28	I.Tr.E.		17 56	I.Sh.E.
	23 59	I.Tr.E.		23 20	I.Oc.R.	19	9 17	II.Ec.D.		18 40	III.Ec.D.
3	9 56	II.Sh.I.	11	17 30	I.Sh.I.		13 42	II.Oc.R.		18 56	I.Tr.E.
	11 18	II.Tr.I.		18 18	I.Tr.I.		16 43	I.Ec.D.		20 40	III.Ec.R.
	12 28	II.Sh.E.		19 40	I.Sh.E.		19 48	I.Oc.R.		22 44	III.Oc.D.
	13 51	II.Tr.E.		20 29	I.Tr.E.	20	13 52	I.Sh.I.	28	0 48	III.Oc.R.
	18 28	I.Ec.D.	12	6 42	II.Ec.D.		14 43	III.Ec.D.		6 55	II.Sh.I.
	21 20	I.Oc.R.		10 55	II.Oc.R.		14 47	I.Tr.I.		8 55	II.Tr.I.
4	15 36	I.Sh.I.		14 50	I.Ec.D.		16 02	I.Sh.E.		9 26	II.Sh.E.
	16 18	I.Tr.I.		17 50	I.Oc.R.		16 42	III.Ec.R.		11 27	II.Tr.E.
	17 46	I.Sh.E.	13	10 46	III.Ec.D.		16 58	I.Tr.E.		13 05	I.Ec.D.
	18 29	I.Tr.E.		11 58	I.Sh.I.		18 26	III.Oc.D.		16 16	I.Oc.R.
5	4 07	II.Ec.D.		12 45	III.Ec.R.		20 31	III.Oc.R.	29	10 14	I.Sh.I.
	8 08	II.Oc.R.		12 48	I.Tr.I.	21	4 21	II.Sh.I.		11 15	I.Tr.I.
	12 56	I.Ec.D.		14 06	III.Oc.D.		6 12	II.Tr.I.		12 24	I.Sh.E.
	15 50	I.Oc.R.		14 08	I.Sh.E.		6 53	II.Sh.E.		13 26	I.Tr.E.
6	6 49	III.Ec.D.		14 58	I.Tr.E.		8 44	II.Tr.E.	30	1 10	II.Ec.D.
	8 47	III.Ec.R.		16 11	III.Oc.R.		11 11	I.Ec.D.		5 50	II.Oc.R.
	9 44	III.Oc.D.	14	1 47	II.Sh.I.		14 18	I.Oc.R.		7 33	I.Ec.D.
	10 05	I.Sh.I.		3 27	II.Tr.I.	22	8 20	I.Sh.I.		10 45	I.Oc.R.
	10 48	I.Tr.I.		4 19	II.Sh.E.		9 17	I.Tr.I.	31	4 43	I.Sh.I.
	11 49	III.Oc.R.		6 00	II.Tr.E.		10 30	I.Sh.E.		5 45	I.Tr.I.
	12 15	I.Sh.E.		9 18	I.Ec.D.		11 27	I.Tr.E.		6 52	I.Sh.E.
	12 59	I.Tr.E.		12 19	I.Oc.R.		22 34	II.Ec.D.		7 55	I.Tr.E.
	23 13	II.Sh.I.	15	6 27	I.Sh.I.	23	3 05	II.Oc.R.		8 30	III.Sh.I.
7	0 42	II.Tr.I.		7 18	I.Tr.I.		5 40	I.Ec.D.		10 28	III.Sh.E.
	1 45	II.Sh.E.		8 37	I.Sh.E.		8 48	I.Oc.R.		12 43	III.Tr.I.
	3 14	II.Tr.E.		9 28	I.Tr.E.	24	2 49	I.Sh.I.		14 45	III.Tr.E.
	7 25	I.Ec.D.		19 59	II.Ec.D.		3 46	I.Tr.I.		20 12	II.Sh.I.
	10 20	I.Oc.R.	16	0 19	II.Oc.R.		4 32	III.Sh.I.		22 17	II.Tr.I.
8	4 33	I.Sh.I.		3 46	I.Ec.D.		4 59	I.Sh.E.		22 43	II.Sh.E.
	5 18	I.Tr.I.		6 49	I.Oc.R.		5 57	I.Tr.E.			
	6 43	I.Sh.E.					6 30	III.Sh.E.			
							8 26	III.Tr.I.			

I. Jan. 16	II. Jan. 15	III. Jan. 13	IV. Jan.
$x_1 = -1.7$, $y_1 = -0.3$	$x_1 = -2.1$, $y_1 = -0.4$	$x_1 = -2.4$, $y_1 = -0.8$ $x_2 = -1.3$, $y_2 = -0.8$	No Eclipse

NOTE.–I. denotes ingress; E., egress; D., disappearance; R., reappearance; Ec., eclipse; Oc., occultation; Tr., transit of the satellite; Sh., transit of the shadow.

CONFIGURATIONS OF SATELLITES I-IV FOR JANUARY

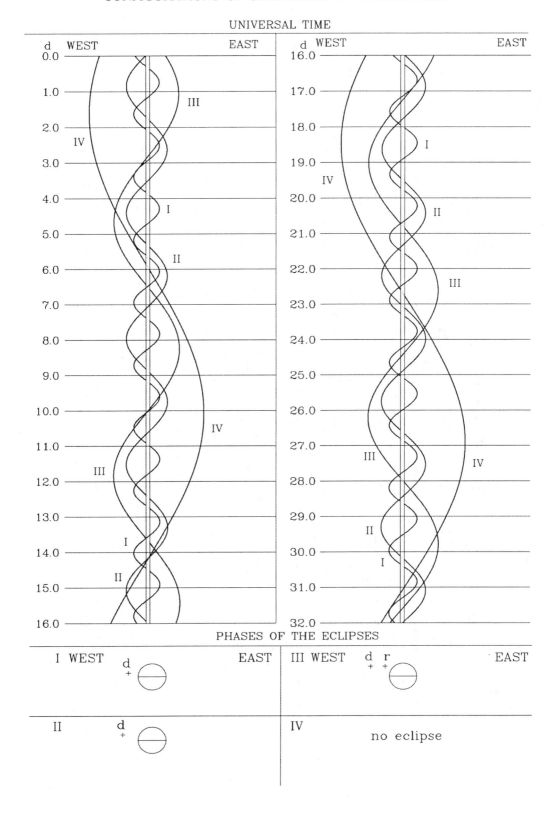

UNIVERSAL TIME

PHASES OF THE ECLIPSES

SATELLITES OF JUPITER, 2007

TERRESTRIAL TIME OF GEOCENTRIC PHENOMENA

FEBRUARY

d	h m		d	h m		d	h m		d	h m	
1	0 48	II.Tr.E.	8	0 58	II.Tr.I.	15	1 19	II.Sh.I.	22	1 17	III.Tr.I.
	2 01	I.Ec.D.		1 16	II.Sh.E.		3 38	II.Tr.I.		3 19	III.Tr.E.
	5 15	I.Oc.R.		3 29	II.Tr.E.		3 50	II.Sh.E.		3 52	II.Sh.I.
	23 11	I.Sh.I.		3 54	I.Ec.D.		5 47	I.Ec.D.		6 16	II.Tr.I.
2	0 14	I.Tr.I.		7 12	I.Oc.R.		6 08	II.Tr.E.		6 23	II.Sh.E.
	1 21	I.Sh.E.	9	1 05	I.Sh.I.		9 08	I.Oc.R.		7 40	I.Ec.D.
	2 25	I.Tr.E.		2 12	I.Tr.I.					8 46	II.Tr.E.
	14 28	II.Ec.D.		3 14	I.Sh.E.	16	2 58	I.Sh.I.		11 04	I.Oc.R.
	19 13	II.Oc.R.		4 22	I.Tr.E.		4 09	I.Tr.I.			
	20 30	I.Ec.D.		17 03	II.Ec.D.		5 08	I.Sh.E.	23	4 52	I.Sh.I.
	23 44	I.Oc.R.		21 56	II.Oc.R.		6 19	I.Tr.E.		6 05	I.Tr.I.
3	17 39	I.Sh.I.		22 23	I.Ec.D.		19 39	II.Ec.D.		7 02	I.Sh.E.
	18 44	I.Tr.I.	10	1 41	I.Oc.R.	17	0 16	I.Ec.D.		8 15	I.Tr.E.
	19 49	I.Sh.E.		19 33	I.Sh.I.		0 38	II.Oc.R.		22 14	II.Ec.D.
	20 54	I.Tr.E.		20 41	I.Tr.I.		3 37	I.Oc.R.	24	2 09	I.Ec.D.
	22 38	III.Ec.D.		21 43	I.Sh.E.		21 27	I.Sh.I.		3 19	II.Oc.R.
4	0 39	III.Ec.R.		22 51	I.Tr.E.		22 38	I.Tr.I.		5 32	I.Oc.R.
	3 00	III.Oc.D.	11	2 36	III.Ec.D.		23 36	I.Sh.E.		23 20	I.Sh.I.
	5 05	III.Oc.R.		4 37	III.Ec.R.	18	0 48	I.Tr.E.	25	0 33	I.Tr.I.
	9 29	II.Sh.I.		7 13	III.Oc.D.		6 33	III.Ec.D.		1 30	I.Sh.E.
	11 37	II.Tr.I.		9 17	III.Oc.R.		8 35	III.Ec.R.		2 44	I.Tr.E.
	12 00	II.Sh.E.		12 02	II.Sh.I.		11 23	III.Oc.D.		10 30	III.Ec.D.
	14 08	II.Tr.E.		14 18	II.Tr.I.		13 27	III.Oc.R.		12 33	III.Ec.R.
	14 58	I.Ec.D.		14 33	II.Sh.E.		14 35	II.Sh.I.		15 29	III.Oc.D.
	18 13	I.Oc.R.		16 49	II.Tr.E.		16 57	II.Tr.I.		17 08	II.Sh.I.
5	12 08	I.Sh.I.		16 51	I.Ec.D.		17 06	II.Sh.E.		17 33	III.Oc.R.
	13 13	I.Tr.I.		20 10	I.Oc.R.		18 44	I.Ec.D.		19 34	II.Tr.I.
	14 18	I.Sh.E.	12	14 01	I.Sh.I.		19 27	II.Tr.E.		19 39	II.Sh.E.
	15 23	I.Tr.E.		15 10	I.Tr.I.		22 06	I.Oc.R.		20 37	I.Ec.D.
6	3 45	II.Ec.D.		16 11	I.Sh.E.	19	15 55	I.Sh.I.		22 04	II.Tr.E.
	8 34	II.Oc.R.		17 21	I.Tr.E.		17 07	I.Tr.I.	26	0 01	I.Oc.R.
	9 26	I.Ec.D.	13	6 20	II.Ec.D.		18 05	I.Sh.E.		17 48	I.Sh.I.
	12 43	I.Oc.R.		11 17	II.Oc.R.		19 17	I.Tr.E.		19 02	I.Tr.I.
7	6 36	I.Sh.I.		11 19	I.Ec.D.	20	8 56	II.Ec.D.		19 58	I.Sh.E.
	7 42	I.Tr.I.		14 39	I.Oc.R.		13 12	I.Ec.D.		21 12	I.Tr.E.
	8 46	I.Sh.E.	14	8 30	I.Sh.I.		13 58	II.Oc.R.	27	11 32	II.Ec.D.
	9 53	I.Tr.E.		9 39	I.Tr.I.		16 35	I.Oc.R.		15 05	I.Ec.D.
	12 27	III.Sh.I.		10 40	I.Sh.E.	21	10 23	I.Sh.I.		16 38	II.Oc.R.
	14 26	III.Sh.E.		11 50	I.Tr.E.		11 36	I.Tr.I.		18 30	I.Oc.R.
	16 57	III.Tr.I.		16 24	III.Sh.I.		12 33	I.Sh.E.	28	12 17	I.Sh.I.
	18 59	III.Tr.E.		18 24	III.Sh.E.		13 46	I.Tr.E.		13 31	I.Tr.I.
	22 45	II.Sh.I.		21 09	III.Tr.I.		20 22	III.Sh.I.		14 27	I.Sh.E.
				23 11	III.Tr.E.		22 22	III.Sh.E.		15 41	I.Tr.E.

I. Feb. 15	II. Feb. 16	III. Feb. 11	IV. Feb.
$x_1 = -1.9,\ y_1 = -0.3$	$x_1 = -2.5,\ y_1 = -0.4$	$x_1 = -3.1,\ y_1 = -0.8$ $x_2 = -2.0,\ y_2 = -0.8$	No Eclipse

NOTE.–I. denotes ingress; E., egress; D., disappearance; R., reappearance; Ec., eclipse; Oc., occultation; Tr., transit of the satellite; Sh., transit of the shadow.

CONFIGURATIONS OF SATELLITES I-IV FOR FEBRUARY

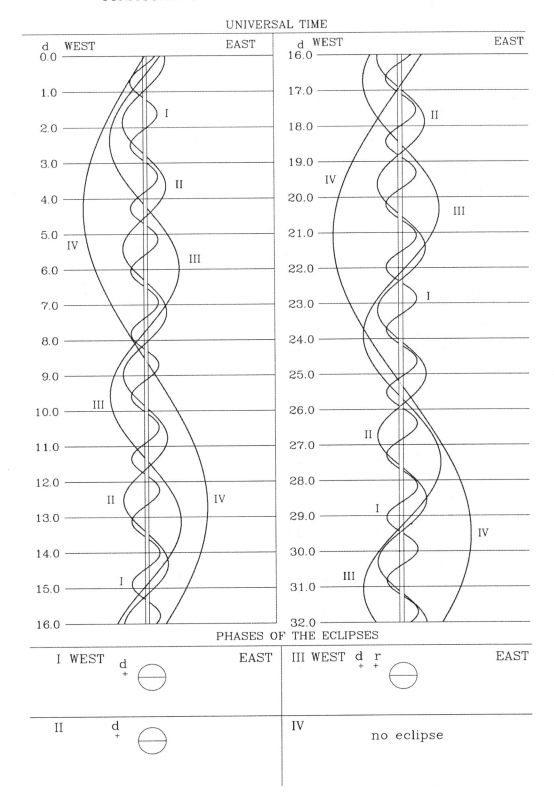

UNIVERSAL TIME

PHASES OF THE ECLIPSES

SATELLITES OF JUPITER, 2007

TERRESTRIAL TIME OF GEOCENTRIC PHENOMENA

MARCH

d	h m		d	h m		d	h m		d	h m	
1	0 20	III.Sh.I.	8	11 26	I.Ec.D.	15	16 29	II.Tr.E.	23	14 36	I.Sh.E.
	2 21	III.Sh.E.		11 27	II.Tr.I.		16 45	I.Oc.R.		15 50	I.Tr.E.
	5 23	III.Tr.I.		11 29	II.Sh.E.	16	10 32	I.Sh.I.	24	8 37	II.Ec.D.
	6 25	II.Sh.I.		13 56	II.Tr.E.		11 47	I.Tr.I.		9 40	I.Ec.D.
	7 25	III.Tr.E.		14 52	I.Oc.R.		12 42	I.Sh.E.		13 04	I.Oc.R.
	8 52	II.Tr.I.	9	8 39	I.Sh.I.		13 57	I.Tr.E.		13 42	II.Oc.R.
	8 56	II.Sh.E.		9 54	I.Tr.I.	17	6 01	II.Ec.D.	25	6 54	I.Sh.I.
	9 33	I.Ec.D.		10 49	I.Sh.E.		7 47	I.Ec.D.		8 07	I.Tr.I.
	11 22	II.Tr.E.		12 04	I.Tr.E.		8 36	II.Ec.R.		9 04	I.Sh.E.
	12 58	I.Oc.R.	10	3 26	II.Ec.D.		8 36	II.Oc.D.		10 18	I.Tr.E.
2	6 45	I.Sh.I.		5 54	I.Ec.D.		11 09	II.Oc.R.	26	2 18	III.Ec.D.
	8 00	I.Tr.I.		6 00	II.Ec.R.		11 13	I.Oc.R.		3 20	II.Sh.I.
	8 55	I.Sh.E.		6 01	II.Oc.D.	18	5 01	I.Sh.I.		4 08	I.Ec.D.
	10 10	I.Tr.E.		8 34	II.Oc.R.		6 15	I.Tr.I.		4 25	III.Ec.R.
3	0 50	II.Ec.D.		9 20	I.Oc.R.		7 11	I.Sh.E.		5 44	II.Tr.I.
	4 02	I.Ec.D.	11	3 07	I.Sh.I.		8 26	I.Tr.E.		5 51	II.Sh.E.
	5 58	II.Oc.R.		4 22	I.Tr.I.		22 21	III.Ec.D.		7 16	III.Oc.D.
	7 27	I.Oc.R.		5 17	I.Sh.E.	19	0 26	III.Ec.R.		7 32	I.Oc.R.
4	1 14	I.Sh.I.		6 33	I.Tr.E.		0 47	II.Sh.I.		8 14	II.Tr.E.
	2 28	I.Tr.I.		18 24	III.Ec.D.		2 16	I.Ec.D.		9 19	III.Oc.R.
	3 24	I.Sh.E.		20 28	III.Ec.R.		3 15	II.Tr.I.	27	1 23	I.Sh.I.
	4 39	I.Tr.E.		22 14	II.Sh.I.		3 18	II.Sh.E.		2 35	I.Tr.I.
	14 27	III.Ec.D.		23 30	III.Oc.D.		3 25	III.Oc.D.		3 33	I.Sh.E.
	16 30	III.Ec.R.	12	0 23	I.Ec.D.		5 28	III.Oc.R.		4 45	I.Tr.E.
	19 31	III.Oc.D.		0 43	II.Tr.I.		5 41	I.Oc.R.		21 55	II.Ec.D.
	19 41	II.Sh.I.		0 45	II.Sh.E.		5 44	II.Tr.E.		22 37	I.Ec.D.
	21 35	III.Oc.R.		1 34	III.Oc.R.		23 29	I.Sh.I.	28	1 59	I.Oc.R.
	22 10	II.Tr.I.		3 13	II.Tr.E.	20	0 43	I.Tr.I.		2 57	II.Oc.R.
	22 12	II.Sh.E.		3 48	I.Oc.R.		1 39	I.Sh.E.		19 51	I.Sh.I.
	22 30	I.Ec.D.		21 36	I.Sh.I.		2 54	I.Tr.E.		21 03	I.Tr.I.
5	0 40	II.Tr.E.		22 51	I.Tr.I.		19 19	II.Ec.D.		22 01	I.Sh.E.
	1 55	I.Oc.R.		23 46	I.Sh.E.		20 44	I.Ec.D.		23 13	I.Tr.E.
	19 42	I.Sh.I.	13	1 01	I.Tr.E.	21	0 08	I.Oc.R.	29	16 10	III.Sh.I.
	20 57	I.Tr.I.		16 43	II.Ec.D.		0 26	II.Oc.R.		16 36	II.Sh.I.
	21 52	I.Sh.E.		18 51	I.Ec.D.		17 57	I.Sh.I.		17 05	I.Ec.D.
	23 07	I.Tr.E.		19 17	II.Ec.R.		19 12	I.Tr.I.		18 14	III.Sh.E.
6	14 07	II.Ec.D.		19 18	II.Oc.D.		20 08	I.Sh.E.		18 58	II.Tr.I.
	16 42	II.Ec.R.		21 52	II.Oc.R.		21 22	I.Tr.E.		19 07	II.Sh.E.
	16 42	II.Oc.D.		22 16	I.Oc.R.	22	12 13	III.Sh.I.		20 27	I.Oc.R.
	16 58	I.Ec.D.	14	16 04	I.Sh.I.		14 04	II.Sh.I.		21 04	III.Tr.I.
	19 16	II.Oc.R.		17 19	I.Tr.I.		14 16	III.Sh.E.		21 28	II.Tr.E.
	20 23	I.Oc.R.		18 14	I.Sh.E.		15 12	I.Ec.D.		23 04	III.Tr.E.
7	14 10	I.Sh.I.		19 29	I.Tr.E.		16 30	II.Tr.I.	30	14 19	I.Sh.I.
	15 26	I.Tr.I.	15	8 16	III.Sh.I.		16 35	II.Sh.E.		15 31	I.Tr.I.
	16 20	I.Sh.E.		10 18	III.Sh.E.		17 15	III.Tr.I.		16 30	I.Sh.E.
	17 36	I.Tr.E.		11 31	II.Sh.I.		18 36	I.Oc.R.		17 41	I.Tr.E.
8	4 18	III.Sh.I.		13 19	I.Ec.D.		18 59	II.Tr.E.	31	11 13	II.Ec.D.
	6 19	III.Sh.E.		13 22	III.Tr.I.		19 16	III.Tr.E.		11 33	I.Ec.D.
	8 58	II.Sh.I.		13 59	II.Tr.I.	23	12 26	I.Sh.I.		14 54	I.Oc.R.
	9 25	III.Tr.I.		14 02	II.Sh.E.		13 39	I.Tr.I.		16 13	II.Oc.R.
	11 26	III.Tr.E.		15 24	III.Tr.E.						

I. Mar. 15	II. Mar. 17	III. Mar. 11	IV. Mar.
$x_1 = -2.0,\ y_1 = -0.3$	$x_1 = -2.6,\ y_1 = -0.4$ $x_2 = -0.9,\ y_2 = -0.5$	$x_1 = -3.3,\ y_1 = -0.8$ $x_2 = -2.2,\ y_2 = -0.8$	No Eclipse

NOTE.–I. denotes ingress; E., egress; D., disappearance; R., reappearance; Ec., eclipse; Oc., occultation; Tr., transit of the satellite; Sh., transit of the shadow.

CONFIGURATIONS OF SATELLITES I-IV FOR MARCH

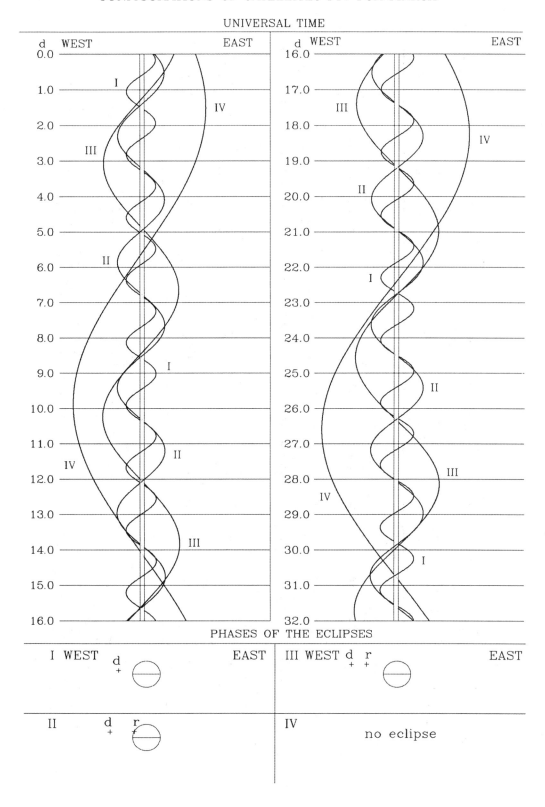

UNIVERSAL TIME

PHASES OF THE ECLIPSES

SATELLITES OF JUPITER, 2007

TERRESTRIAL TIME OF GEOCENTRIC PHENOMENA

APRIL

d	h m		d	h m		d	h m		d	h m	
1	8 48	I.Sh.I.	8	13 58	I.Tr.E.	16	10 58	II.Sh.I.	23	16 03	II.Sh.E.
	9 58	I.Tr.I.	9	7 54	I.Ec.D.		12 59	I.Oc.R.		17 51	II.Tr.E.
	10 58	I.Sh.E.		8 25	II.Sh.I.		13 00	II.Tr.I.		18 07	III.Ec.D.
	12 09	I.Tr.E.		10 13	III.Ec.D.		13 30	II.Sh.E.		20 17	III.Ec.R.
2	5 53	II.Sh.I.		10 37	II.Tr.I.		14 10	III.Ec.R.		21 53	III.Oc.D.
	6 01	I.Ec.D.		10 57	II.Sh.E.		15 30	II.Tr.E.		23 55	III.Oc.R.
	6 16	III.Ec.D.		11 11	I.Oc.R.		16 19	III.Ec.R.	24	8 57	I.Sh.I.
	8 11	II.Tr.I.		12 21	III.Ec.R.		18 21	III.Oc.D.		9 51	I.Tr.I.
	8 23	III.Ec.R.		13 06	II.Tr.E.		20 23	III.Oc.R.		11 08	I.Sh.E.
	8 24	II.Sh.E.		14 44	III.Oc.D.	17	7 03	I.Sh.I.		12 02	I.Tr.E.
	9 22	I.Oc.R.		16 47	III.Oc.R.		8 04	I.Tr.I.	25	6 09	I.Ec.D.
	10 41	II.Tr.E.	10	5 10	I.Sh.I.		9 14	I.Sh.E.		8 19	II.Ec.D.
	11 02	III.Oc.D.		6 15	I.Tr.I.		10 14	I.Tr.E.		9 13	I.Oc.R.
	13 05	III.Oc.R.		7 20	I.Sh.E.	18	4 16	I.Ec.D.		12 42	II.Oc.R.
3	3 16	I.Sh.I.		8 26	I.Tr.E.		5 43	II.Ec.D.	26	3 25	I.Sh.I.
	4 26	I.Tr.I.	11	2 23	I.Ec.D.		7 26	I.Oc.R.		4 18	I.Tr.I.
	5 26	I.Sh.E.		3 06	II.Ec.D.		10 19	II.Oc.R.		5 36	I.Sh.E.
	6 36	I.Tr.E.		5 38	I.Oc.R.	19	1 32	I.Sh.I.		6 29	I.Tr.E.
4	0 30	I.Ec.D.		7 54	II.Oc.R.		2 31	I.Tr.I.	27	0 37	I.Ec.D.
	0 31	II.Ec.D.		23 38	I.Sh.I.		3 42	I.Sh.E.		2 48	II.Sh.I.
	3 49	I.Oc.R.	12	0 43	I.Tr.I.		4 41	I.Tr.E.		3 39	I.Oc.R.
	5 27	II.Oc.R.		1 49	I.Sh.E.		22 44	I.Ec.D.		4 31	II.Tr.I.
	21 45	I.Sh.I.		2 53	I.Tr.E.	20	0 15	II.Sh.I.		5 20	II.Sh.E.
	22 53	I.Tr.I.		20 51	I.Ec.D.		1 53	I.Oc.R.		7 01	II.Tr.E.
	23 55	I.Sh.E.		21 42	II.Sh.I.		2 10	II.Tr.I.		8 01	III.Sh.I.
5	1 04	I.Tr.E.		23 48	II.Tr.I.		2 47	II.Sh.E.		10 09	III.Sh.E.
	18 58	I.Ec.D.	13	0 05	III.Sh.I.		4 03	III.Sh.I.		11 34	III.Tr.I.
	19 09	II.Sh.I.		0 05	I.Oc.R.		4 40	II.Tr.E.		13 34	III.Tr.E.
	20 07	III.Sh.I.		0 13	II.Sh.E.		6 10	III.Sh.E.		21 54	I.Sh.I.
	21 24	II.Tr.I.		2 11	III.Sh.E.		8 03	III.Tr.I.		22 45	I.Tr.I.
	21 40	II.Sh.E.		2 18	II.Tr.E.		10 03	III.Tr.E.	28	0 05	I.Sh.E.
	22 12	III.Sh.E.		4 27	III.Tr.I.		20 00	I.Sh.I.		0 55	I.Tr.E.
	22 17	I.Oc.R.		6 28	III.Tr.E.		20 58	I.Tr.I.		19 05	I.Ec.D.
	23 54	II.Tr.E.		18 06	I.Sh.I.		22 11	I.Sh.E.		21 37	II.Ec.D.
6	0 48	III.Tr.I.		19 10	I.Tr.I.		23 08	I.Tr.E.		22 06	I.Oc.R.
	2 48	III.Tr.E.		20 17	I.Sh.E.	21	17 12	I.Ec.D.	29	1 53	II.Oc.R.
	16 13	I.Sh.I.		21 20	I.Tr.E.		19 01	II.Ec.D.		16 22	I.Sh.I.
	17 21	I.Tr.I.	14	15 19	I.Ec.D.		20 19	I.Oc.R.		17 11	I.Tr.I.
	18 23	I.Sh.E.		16 25	II.Ec.D.		23 31	II.Oc.R.		18 33	I.Sh.E.
	19 31	I.Tr.E.		18 32	I.Oc.R.	22	14 28	I.Sh.I.		19 22	I.Tr.E.
7	13 26	I.Ec.D.		21 07	II.Oc.R.		15 25	I.Tr.I.	30	13 34	I.Ec.D.
	13 49	II.Ec.D.	15	12 35	I.Sh.I.		16 39	I.Sh.E.		16 04	II.Sh.I.
	16 44	I.Oc.R.		13 37	I.Tr.I.		17 35	I.Tr.E.		16 32	I.Oc.R.
	18 41	II.Oc.R.		14 46	I.Sh.E.	23	11 40	I.Ec.D.		17 40	II.Tr.I.
8	10 41	I.Sh.I.		15 47	I.Tr.E.		13 31	II.Sh.I.		18 37	II.Sh.E.
	11 48	I.Tr.I.	16	9 47	I.Ec.D.		14 46	I.Oc.R.		20 10	II.Tr.E.
	12 52	I.Sh.E.					15 21	II.Tr.I.		22 04	III.Ec.D.

I. Apr. 16	II. Apr. 14	III. Apr. 16	IV. Apr.
$x_1 = -1.8,\ y_1 = -0.3$	$x_1 = -2.3,\ y_1 = -0.4$	$x_1 = -2.9,\ y_1 = -0.8$ $x_2 = -1.7,\ y_2 = -0.8$	No Eclipse

NOTE.–I. denotes ingress; E., egress; D., disappearance; R., reappearance; Ec., eclipse; Oc., occultation; Tr., transit of the satellite; Sh., transit of the shadow.

CONFIGURATIONS OF SATELLITES I-IV FOR APRIL

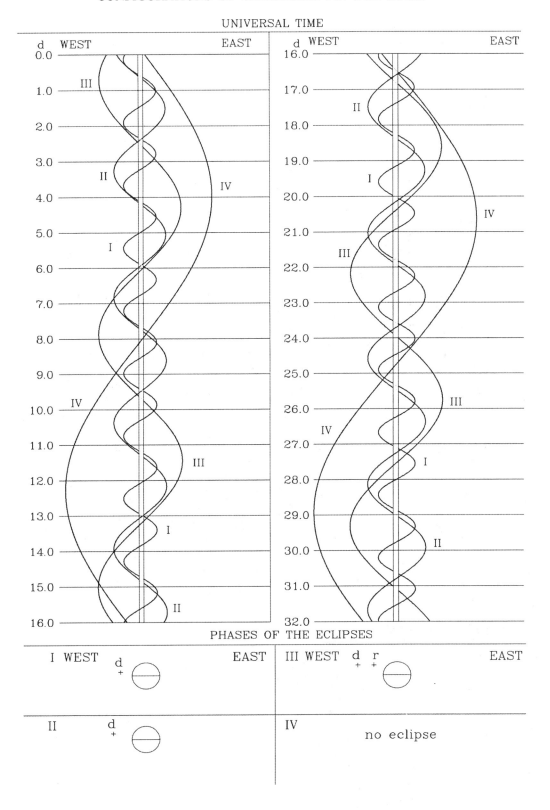

UNIVERSAL TIME

PHASES OF THE ECLIPSES

SATELLITES OF JUPITER, 2007

TERRESTRIAL TIME OF GEOCENTRIC PHENOMENA

MAY

d	h m		d	h m		d	h m		d	h m	
1	0 15	III.Ec.R.	8	12 44	I.Sh.I.	16	11 49	I.Ec.D.	24	11 01	I.Sh.I.
	1 22	III.Oc.D.		13 24	I.Tr.I.		14 28	I.Oc.R.		11 19	I.Tr.I.
	3 24	III.Oc.R.		14 56	I.Sh.E.		16 07	II.Ec.D.		13 12	I.Sh.E.
	10 51	I.Sh.I.		15 34	I.Tr.E.		19 39	II.Oc.R.		13 30	I.Tr.E.
	11 38	I.Tr.I.									
	13 02	I.Sh.E.	9	9 55	I.Ec.D.	17	9 07	I.Sh.I.	25	8 11	I.Ec.D.
	13 49	I.Tr.E.		12 44	I.Oc.R.		9 35	I.Tr.I.		10 38	I.Oc.R.
				13 31	II.Ec.D.		11 18	I.Sh.E.		13 01	II.Sh.I.
2	8 02	I.Ec.D.		17 22	II.Oc.R.		11 46	I.Tr.E.		13 35	II.Tr.I.
	10 55	II.Ec.D.								15 35	II.Sh.E.
	10 59	I.Oc.R.	10	7 13	I.Sh.I.	18	6 17	I.Ec.D.		16 06	II.Tr.E.
	15 03	II.Oc.R.		7 50	I.Tr.I.		8 54	I.Oc.R.		23 52	III.Sh.I.
				9 24	I.Sh.E.		10 28	II.Sh.I.			
3	5 19	I.Sh.I.		10 01	I.Tr.E.		11 21	II.Tr.I.	26	1 02	III.Tr.I.
	6 05	I.Tr.I.					13 01	II.Sh.E.		2 05	III.Sh.E.
	7 30	I.Sh.E.	11	4 24	I.Ec.D.		13 51	II.Tr.E.		3 03	III.Tr.E.
	8 15	I.Tr.E.		7 10	I.Oc.R.		19 54	III.Sh.I.		5 29	I.Sh.I.
				7 54	II.Sh.I.		21 44	III.Tr.I.		5 45	I.Tr.I.
4	2 30	I.Ec.D.		9 05	II.Tr.I.		22 06	III.Sh.E.		7 41	I.Sh.E.
	5 21	II.Sh.I.		10 27	II.Sh.E.		23 44	III.Tr.E.		7 56	I.Tr.E.
	5 25	I.Oc.R.		11 36	II.Tr.E.						
	6 49	II.Tr.I.		15 57	III.Sh.I.	19	3 35	I.Sh.I.	27	2 39	I.Ec.D.
	7 53	II.Sh.E.		18 07	III.Sh.E.		4 01	I.Tr.I.		5 04	I.Oc.R.
	9 19	II.Tr.E.		18 24	III.Tr.I.		5 47	I.Sh.E.		8 02	II.Ec.D.
	11 59	III.Sh.I.		20 24	III.Tr.E.		6 12	I.Tr.E.		11 04	II.Oc.R.
	14 08	III.Sh.E.								23 58	I.Sh.I.
	15 01	III.Tr.I.	12	1 41	I.Sh.I.	20	0 45	I.Ec.D.			
	17 01	III.Tr.E.		2 16	I.Tr.I.		3 20	I.Oc.R.	28	0 11	I.Tr.I.
	23 47	I.Sh.I.		3 53	I.Sh.E.		5 26	II.Ec.D.		2 10	I.Sh.E.
				4 27	I.Tr.E.		8 48	II.Oc.R.		2 22	I.Tr.E.
5	0 31	I.Tr.I.		22 52	I.Ec.D.		22 04	I.Sh.I.		21 08	I.Ec.D.
	1 59	I.Sh.E.					22 27	I.Tr.I.		23 30	I.Oc.R.
	2 42	I.Tr.E.	13	1 36	I.Oc.R.						
	20 59	I.Ec.D.		2 49	II.Ec.D.	21	0 15	I.Sh.E.	29	2 18	II.Sh.I.
	23 51	I.Oc.R.		6 31	II.Oc.R.		0 38	I.Tr.E.		2 42	II.Tr.I.
				20 10	I.Sh.I.		19 14	I.Ec.D.		4 52	II.Sh.E.
6	0 13	II.Ec.D.		20 43	I.Tr.I.		21 46	I.Oc.R.		5 13	II.Tr.E.
	4 13	II.Oc.R.		22 21	I.Sh.E.		23 44	II.Sh.I.		13 56	III.Ec.D.
	18 16	I.Sh.I.		22 53	I.Tr.E.					16 48	III.Oc.R.
	18 57	I.Tr.I.				22	0 28	II.Tr.I.		18 26	I.Sh.I.
	20 27	I.Sh.E.	14	17 20	I.Ec.D.		2 18	II.Sh.E.		18 37	I.Tr.I.
	21 08	I.Tr.E.		20 02	I.Oc.R.		2 59	II.Tr.E.		20 38	I.Sh.E.
				21 11	II.Sh.I.		9 58	III.Ec.D.		20 48	I.Tr.E.
7	15 27	I.Ec.D.		22 13	II.Tr.I.		13 30	III.Oc.R.			
	18 18	I.Oc.R.		23 44	II.Sh.E.		16 32	I.Sh.I.	30	15 36	I.Ec.D.
	18 37	II.Sh.I.					16 53	I.Tr.I.		17 56	I.Oc.R.
	19 57	II.Tr.I.	15	0 44	II.Tr.E.		18 44	I.Sh.E.		21 20	II.Ec.D.
	21 10	II.Sh.E.		6 00	III.Ec.D.		19 04	I.Tr.E.			
	22 28	II.Tr.E.		10 11	III.Oc.R.				31	0 11	II.Oc.R.
				14 38	I.Sh.I.	23	13 42	I.Ec.D.		12 55	I.Sh.I.
8	2 02	III.Ec.D.		15 09	I.Tr.I.		16 12	I.Oc.R.		13 03	I.Tr.I.
	4 13	III.Ec.R.		16 50	I.Sh.E.		18 43	II.Ec.D.		15 07	I.Sh.E.
	4 46	III.Oc.D.		17 19	I.Tr.E.		21 56	II.Oc.R.		15 14	I.Tr.E.
	6 48	III.Oc.R.									

I. May 16	II. May 16	III. May 15	IV. May
$x_1 = -1.4,\ y_1 = -0.3$	$x_1 = -1.6,\ y_1 = -0.4$	$x_1 = -1.7,\ y_1 = -0.8$	No Eclipse

NOTE.–I. denotes ingress; E., egress; D., disappearance; R., reappearance; Ec., eclipse; Oc., occultation; Tr., transit of the satellite; Sh., transit of the shadow.

CONFIGURATIONS OF SATELLITES I-IV FOR MAY

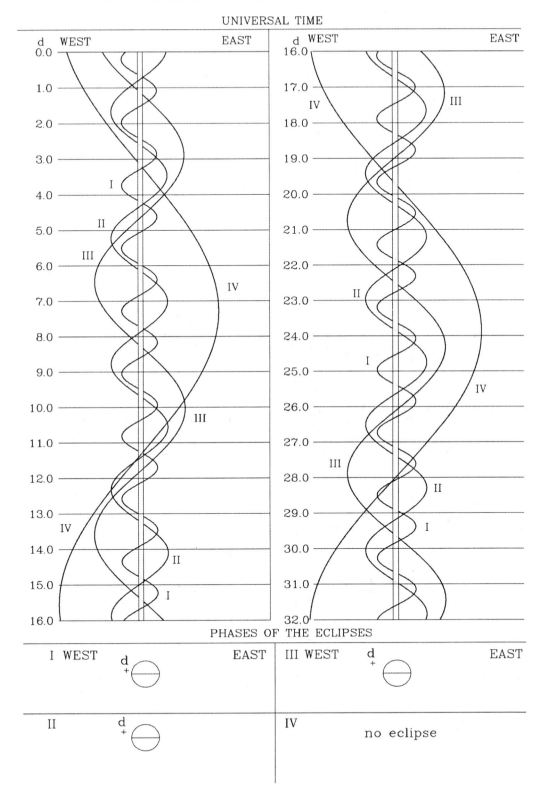

UNIVERSAL TIME

PHASES OF THE ECLIPSES

SATELLITES OF JUPITER, 2007

TERRESTRIAL TIME OF GEOCENTRIC PHENOMENA

JUNE

d	h m		d	h m		d	h m		d	h m	
1	10 04	I.Ec.D.	8	20 34	II.Tr.E.	16	10 57	I.Tr.I.	23	15 47	III.Sh.I.
	12 22	I.Oc.R.		20 44	II.Sh.E.		11 12	I.Sh.I.		16 15	III.Tr.E.
	15 35	II.Sh.I.	9	7 35	III.Tr.I.		11 48	III.Sh.I.		18 04	III.Sh.E.
	15 49	II.Tr.I.		7 50	III.Sh.I.		12 56	III.Tr.E.	24	9 49	I.Oc.D.
	18 09	II.Sh.E.		9 13	I.Tr.I.		13 08	I.Tr.E.		12 27	I.Ec.R.
	18 20	II.Tr.E.		9 18	I.Sh.I.		13 24	I.Sh.E.		17 33	II.Oc.D.
2	3 50	III.Sh.I.		9 38	III.Tr.E.		14 04	III.Sh.E.		21 02	II.Ec.R.
	4 18	III.Tr.I.		10 04	III.Sh.E.	17	8 05	I.Oc.D.			
	6 04	III.Sh.E.		11 24	I.Tr.E.		10 32	I.Ec.R.	25	7 08	I.Tr.I.
	6 20	III.Tr.E.		11 30	I.Sh.E.		15 17	II.Oc.D.		7 36	I.Sh.I.
	7 23	I.Sh.I.	10	6 21	I.Oc.D.		18 26	II.Ec.R.		9 19	I.Tr.E.
	7 29	I.Tr.I.		8 38	I.Ec.R.	18	5 23	I.Tr.I.		9 47	I.Sh.E.
	9 35	I.Sh.E.		13 02	II.Oc.D.		5 41	I.Sh.I.	26	4 15	I.Oc.D.
	9 40	I.Tr.E.		15 50	II.Ec.R.		7 34	I.Tr.E.		6 55	I.Ec.R.
3	4 33	I.Ec.D.	11	3 39	I.Tr.I.		7 53	I.Sh.E.		11 39	II.Tr.I.
	6 48	I.Oc.R.		3 46	I.Sh.I.	19	2 31	I.Oc.D.		12 37	II.Sh.I.
	10 38	II.Ec.D.		5 50	I.Tr.E.		5 01	I.Ec.R.		14 12	II.Tr.E.
	13 19	II.Oc.R.		5 58	I.Sh.E.		9 24	II.Tr.I.		15 11	II.Sh.E.
4	1 52	I.Sh.I.	12	0 47	I.Oc.D.		10 02	II.Sh.I.	27	1 35	I.Tr.I.
	1 55	I.Tr.I.		3 07	I.Ec.R.		11 56	II.Tr.E.		2 04	I.Sh.I.
	4 04	I.Sh.E.		7 09	II.Tr.I.		12 36	II.Sh.E.		3 45	I.Tr.E.
	4 06	I.Tr.E.		7 27	II.Sh.I.		23 50	I.Tr.I.		3 51	III.Oc.D.
	23 01	I.Ec.D.		9 41	II.Tr.E.	20	0 10	I.Sh.I.		4 16	I.Sh.E.
5	1 14	I.Oc.R.		10 01	II.Sh.E.		0 33	III.Oc.D.		8 07	III.Ec.R.
	4 52	II.Sh.I.		21 16	III.Oc.D.		2 01	I.Tr.E.		22 42	I.Oc.D.
	4 56	II.Tr.I.		22 05	I.Tr.I.		2 21	I.Sh.E.	28	1 24	I.Ec.R.
	7 26	II.Sh.E.		22 15	I.Sh.I.		4 07	III.Ec.R.		6 42	II.Oc.D.
	7 27	II.Tr.E.	13	0 08	III.Ec.R.		20 57	I.Oc.D.		10 20	II.Ec.R.
	17 54	III.Ec.D.		0 16	I.Tr.E.		23 30	I.Ec.R.		20 01	I.Tr.I.
	20 09	III.Ec.R.		0 27	I.Sh.E.	21	4 25	II.Oc.D.		20 33	I.Sh.I.
	20 21	I.Sh.I.		19 13	I.Oc.D.		7 44	II.Ec.R.		22 12	I.Tr.E.
	20 21	I.Tr.I.		21 35	I.Ec.R.		18 16	I.Tr.I.		22 45	I.Sh.E.
	22 32	I.Tr.E.	14	2 09	II.Oc.D.		18 38	I.Sh.I.	29	17 08	I.Oc.D.
	22 32	I.Sh.E.		5 08	II.Ec.R.		20 27	I.Tr.E.		19 53	I.Ec.R.
6	17 29	I.Oc.D.		16 31	I.Tr.I.		20 50	I.Sh.E.	30	0 48	II.Tr.I.
	19 41	I.Ec.R.		16 44	I.Sh.I.	22	15 23	I.Oc.D.		1 54	II.Sh.I.
	23 54	II.Oc.D.		18 42	I.Tr.E.		17 58	I.Ec.R.		3 20	II.Tr.E.
7	2 31	II.Ec.R.		18 56	I.Sh.E.		22 31	II.Tr.I.		4 29	II.Sh.E.
	14 47	I.Tr.I.	15	13 39	I.Oc.D.		23 19	II.Sh.I.		14 27	I.Tr.I.
	14 49	I.Sh.I.		16 04	I.Ec.R.	23	1 04	II.Tr.E.		15 02	I.Sh.I.
	16 58	I.Tr.E.		20 17	II.Tr.I.		1 53	II.Sh.E.		16 38	I.Tr.E.
	17 01	I.Sh.E.		20 44	II.Sh.I.		12 42	I.Tr.I.		17 13	I.Sh.E.
8	11 55	I.Oc.D.		22 48	II.Tr.E.		13 07	I.Sh.I.		17 29	III.Tr.I.
	14 10	I.Ec.R.		23 18	II.Sh.E.		14 09	III.Tr.I.		19 36	III.Tr.E.
	18 03	II.Tr.I.	16	10 52	III.Tr.I.		14 53	I.Tr.E.		19 46	III.Sh.I.
	18 10	II.Sh.I.					15 19	I.Sh.E.		22 03	III.Sh.E.

I. June 15	II. June 14	III. June 13	IV. June
$x_2 = +1.2,\ y_2 = -0.3$	$x_2 = +1.2,\ y_2 = -0.5$	$x_2 = +1.0,\ y_2 = -0.8$	No Eclipse

NOTE.–I. denotes ingress; E., egress; D., disappearance; R., reappearance; Ec., eclipse; Oc., occultation; Tr., transit of the satellite; Sh., transit of the shadow.

CONFIGURATIONS OF SATELLITES I-IV FOR JUNE

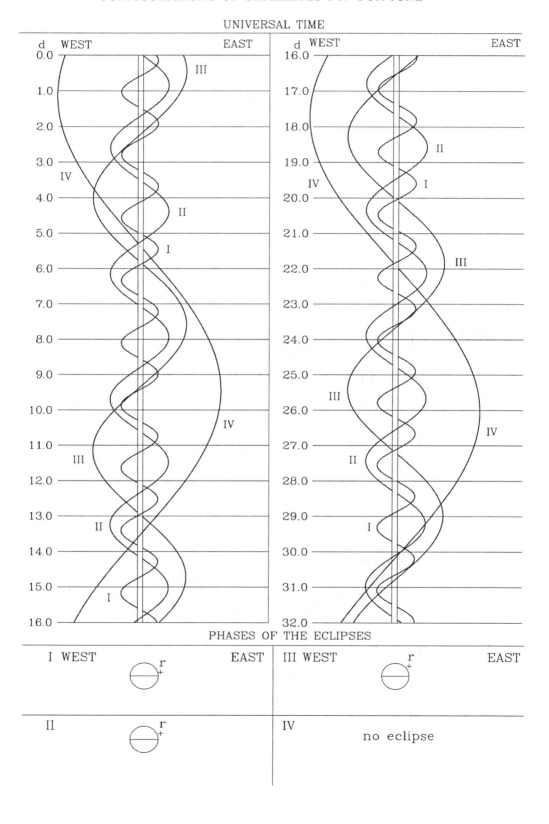

UNIVERSAL TIME

PHASES OF THE ECLIPSES

SATELLITES OF JUPITER, 2007

TERRESTRIAL TIME OF GEOCENTRIC PHENOMENA

JULY

d	h m		d	h m		d	h m		d	h m	
1	11 34	I.Oc.D.	9	2 15	II.Ec.R.	16	15 31	I.Sh.E.	24	20 58	II.Tr.I.
	14 21	I.Ec.R.		10 40	I.Tr.I.	17	9 34	I.Oc.D.		22 59	II.Sh.I.
	19 51	II.Oc.D.		11 25	I.Sh.I.		12 39	I.Ec.R.		23 31	II.Tr.E.
	23 39	II.Ec.R.		12 51	I.Tr.E.		18 35	II.Tr.I.	25	1 34	II.Sh.E.
				13 36	I.Sh.E.		20 23	II.Sh.I.		8 43	I.Tr.I.
2	8 54	I.Tr.I.	10	7 47	I.Oc.D.		21 08	II.Tr.E.		9 43	I.Sh.I.
	9 30	I.Sh.I.		10 45	I.Ec.R.		22 58	II.Sh.E.		10 54	I.Tr.E.
	11 05	I.Tr.E.		16 15	II.Tr.I.	18	6 54	I.Tr.I.		11 55	I.Sh.E.
	11 42	I.Sh.E.		17 47	II.Sh.I.		7 48	I.Sh.I.		17 39	III.Oc.D.
3	6 01	I.Oc.D.		18 48	II.Tr.E.		9 05	I.Tr.E.		19 55	III.Oc.R.
	8 50	I.Ec.R.		20 22	II.Sh.E.		10 00	I.Sh.E.		21 45	III.Ec.D.
	13 56	II.Tr.I.	11	5 07	I.Tr.I.		14 07	III.Oc.D.	26	0 07	III.Ec.R.
	15 12	II.Sh.I.		5 54	I.Sh.I.		16 20	III.Oc.R.		5 49	I.Oc.D.
	16 29	II.Tr.E.		7 18	I.Tr.E.		17 46	III.Ec.D.		9 03	I.Ec.R.
	17 46	II.Sh.E.		8 05	I.Sh.E.		20 08	III.Ec.R.		16 04	II.Oc.D.
4	3 20	I.Tr.I.		10 38	III.Oc.D.	19	4 01	I.Oc.D.		20 45	II.Ec.R.
	3 59	I.Sh.I.		12 50	III.Oc.R.		7 08	I.Ec.R.	27	3 10	I.Tr.I.
	5 31	I.Tr.E.		13 47	III.Ec.D.		13 41	II.Oc.D.		4 12	I.Sh.I.
	6 10	I.Sh.E.		16 07	III.Ec.R.		18 09	II.Ec.R.		5 21	I.Tr.E.
	7 13	III.Oc.D.	12	2 13	I.Oc.D.	20	1 21	I.Tr.I.		6 23	I.Sh.E.
	9 24	III.Oc.R.		5 13	I.Ec.R.		2 17	I.Sh.I.			
	9 48	III.Ec.D.		11 19	II.Oc.D.		3 32	I.Tr.E.	28	0 16	I.Oc.D.
	12 07	III.Ec.R.		15 33	II.Ec.R.		4 29	I.Sh.E.		3 32	I.Ec.R.
5	0 27	I.Oc.D.		23 34	I.Tr.I.		22 28	I.Oc.D.		10 10	II.Tr.I.
	3 19	I.Ec.R.	13	0 22	I.Sh.I.	21	1 37	I.Ec.R.		12 18	II.Sh.I.
	9 00	II.Oc.D.		1 44	I.Tr.E.		7 46	II.Tr.I.		12 44	II.Tr.E.
	12 57	II.Ec.R.		2 34	I.Sh.E.		9 41	II.Sh.I.		14 52	II.Sh.E.
	21 47	I.Tr.I.		20 40	I.Oc.D.		10 20	II.Tr.E.		21 38	I.Tr.I.
	22 28	I.Sh.I.		23 42	I.Ec.R.		12 16	II.Sh.E.		22 41	I.Sh.I.
	23 58	I.Tr.E.	14	5 25	II.Tr.I.		19 48	I.Tr.I.		23 48	I.Tr.E.
6	0 39	I.Sh.E.		7 05	II.Sh.I.		20 46	I.Sh.I.	29	0 52	I.Sh.E.
	18 53	I.Oc.D.		7 58	II.Tr.E.		21 59	I.Tr.E.		7 23	III.Tr.I.
	21 47	I.Ec.R.		9 40	II.Sh.E.		22 57	I.Sh.E.		9 38	III.Tr.E.
7	3 05	II.Tr.I.		18 00	I.Tr.I.	22	3 48	III.Tr.I.		11 42	III.Sh.I.
	4 30	II.Sh.I.		18 51	I.Sh.I.		6 01	III.Tr.E.		14 03	III.Sh.E.
	5 38	II.Tr.E.		20 11	I.Tr.E.		7 42	III.Sh.I.		18 44	I.Oc.D.
	7 04	II.Sh.E.		21 02	I.Sh.E.		10 02	III.Sh.E.		22 01	I.Ec.R.
	16 13	I.Tr.I.	15	0 18	III.Tr.I.		16 55	I.Oc.D.	30	5 17	II.Oc.D.
	16 56	I.Sh.I.		2 29	III.Tr.E.		20 06	I.Ec.R.		10 03	II.Ec.R.
	18 24	I.Tr.E.		3 43	III.Sh.I.	23	2 52	II.Oc.D.		16 05	I.Tr.I.
	19 08	I.Sh.E.		6 02	III.Sh.E.		7 27	II.Ec.R.		17 10	I.Sh.I.
	20 51	III.Tr.I.		15 07	I.Oc.D.		14 16	I.Tr.I.		18 16	I.Tr.E.
	23 01	III.Tr.E.		18 11	I.Ec.R.		15 15	I.Sh.I.		19 21	I.Sh.E.
	23 44	III.Sh.I.	16	0 30	II.Oc.D.		16 26	I.Tr.E.	31	13 11	I.Oc.D.
8	2 02	III.Sh.E.		4 51	II.Ec.R.		17 26	I.Sh.E.		16 29	I.Ec.R.
	13 20	I.Oc.D.		12 27	I.Tr.I.	24	11 22	I.Oc.D.		23 23	II.Tr.I.
	16 16	I.Ec.R.		13 20	I.Sh.I.		14 34	I.Ec.R.			
	22 09	II.Oc.D.		14 38	I.Tr.E.						

I. July 15	II. July 16	III. July 18	IV. July
$x_2 = +1.7, y_2 = -0.3$	$x_2 = +2.1, y_2 = -0.4$	$x_1 = +1.4, y_1 = -0.7$ $x_2 = +2.7, y_2 = -0.7$	No Eclipse

NOTE.–I. denotes ingress; E., egress; D., disappearance; R., reappearance; Ec., eclipse; Oc., occultation; Tr., transit of the satellite; Sh., transit of the shadow.

CONFIGURATIONS OF SATELLITES I-IV FOR JULY

UNIVERSAL TIME

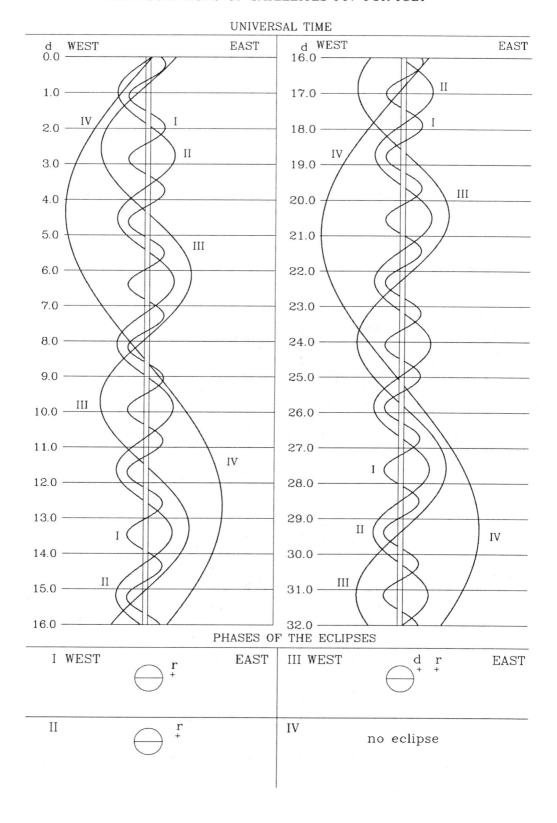

PHASES OF THE ECLIPSES

SATELLITES OF JUPITER, 2007

TERRESTRIAL TIME OF GEOCENTRIC PHENOMENA

AUGUST

d	h m		d	h m		d	h m		d	h m	
1	1 36	II.Sh.I.	8	15 44	I.Sh.E.	16	12 07	III.Ec.R.	24	11 52	I.Sh.I.
	1 57	II.Tr.E.					14 49	I.Ec.R.		12 47	I.Tr.E.
	4 10	II.Sh.E.	9	0 56	III.Oc.D.		23 28	II.Oc.D.		14 03	I.Sh.E.
	10 32	I.Tr.I.		3 16	III.Oc.R.						
	11 38	I.Sh.I.		5 42	III.Ec.D.	17	4 33	II.Ec.R.	25	7 43	I.Oc.D.
	12 43	I.Tr.E.		8 07	III.Ec.R.		8 43	I.Tr.I.		11 13	I.Ec.R.
	13 49	I.Sh.E.		9 29	I.Oc.D.		9 57	I.Sh.I.		20 09	II.Tr.I.
	21 15	III.Oc.D.		12 53	I.Ec.R.		10 54	I.Tr.E.		22 44	II.Sh.I.
	23 33	III.Oc.R.		20 58	II.Oc.D.		12 08	I.Sh.E.		22 44	II.Tr.E.
2	1 43	III.Ec.D.	10	1 57	II.Ec.R.	18	5 50	I.Oc.D.	26	1 20	II.Sh.E.
	4 07	III.Ec.R.		6 51	I.Tr.I.		9 17	I.Ec.R.		5 05	I.Tr.I.
	7 39	I.Oc.D.		8 02	I.Sh.I.		17 36	II.Tr.I.		6 21	I.Sh.I.
	10 58	I.Ec.R.		9 02	I.Tr.E.		20 07	II.Sh.I.		7 15	I.Tr.E.
	18 30	II.Oc.D.		10 13	I.Sh.E.		20 11	II.Tr.E.		8 31	I.Sh.E.
	23 21	II.Ec.R.					22 42	II.Sh.E.		22 27	III.Tr.I.
			11	3 57	I.Oc.D.						
3	5 00	I.Tr.I.		7 22	I.Ec.R.	19	3 11	I.Tr.I.	27	0 49	III.Tr.E.
	6 07	I.Sh.I.		15 05	II.Tr.I.		4 26	I.Sh.I.		2 11	I.Oc.D.
	7 11	I.Tr.E.		17 31	II.Sh.I.		5 22	I.Tr.E.		3 38	III.Sh.I.
	8 18	I.Sh.E.		17 40	II.Tr.E.		6 37	I.Sh.E.		5 42	I.Ec.R.
				20 05	II.Sh.E.		18 35	III.Tr.I.		6 03	III.Sh.E.
4	2 06	I.Oc.D.					20 55	III.Tr.E.		15 17	II.Oc.D.
	5 27	I.Ec.R.	12	1 19	I.Tr.I.		23 39	III.Sh.I.		20 27	II.Ec.R.
	12 37	II.Tr.I.		2 31	I.Sh.I.	20	0 18	I.Oc.D.		23 33	I.Tr.I.
	14 54	II.Sh.I.		3 30	I.Tr.E.		2 03	III.Sh.E.			
	15 11	II.Tr.E.		4 42	I.Sh.E.		3 46	I.Ec.R.	28	0 49	I.Sh.I.
	17 29	II.Sh.E.		14 47	III.Tr.I.		12 44	II.Oc.D.		1 44	I.Tr.E.
	23 28	I.Tr.I.		17 05	III.Tr.E.		17 51	II.Ec.R.		3 00	I.Sh.E.
				19 41	III.Sh.I.		21 40	I.Tr.I.		20 40	I.Oc.D.
5	0 36	I.Sh.I.		22 04	III.Sh.E.		22 54	I.Sh.I.			
	1 38	I.Tr.E.		22 25	I.Oc.D.		23 50	I.Tr.E.	29	0 11	I.Ec.R.
	2 47	I.Sh.E.				21	1 05	I.Sh.E.		9 27	II.Tr.I.
	11 03	III.Tr.I.	13	1 51	I.Ec.R.		18 46	I.Oc.D.		12 02	II.Tr.E.
	13 19	III.Tr.E.		10 13	II.Oc.D.		22 15	I.Ec.R.		12 03	II.Sh.I.
	15 41	III.Sh.I.		15 15	II.Ec.R.	22	6 52	II.Tr.I.		14 38	II.Sh.E.
	18 03	III.Sh.E.		19 47	I.Tr.I.		9 26	II.Sh.I.		18 02	I.Tr.I.
	20 34	I.Oc.D.		20 59	I.Sh.I.		9 27	II.Tr.E.		19 18	I.Sh.I.
	23 56	I.Ec.R.		21 58	I.Tr.E.		12 01	II.Sh.E.		20 13	I.Tr.E.
6	7 44	II.Oc.D.		23 10	I.Sh.E.		16 08	I.Tr.I.		21 29	I.Sh.E.
	12 39	II.Ec.R.					17 23	I.Sh.I.			
	17 55	I.Tr.I.	14	16 53	I.Oc.D.		18 19	I.Tr.E.	30	12 29	III.Oc.D.
	19 04	I.Sh.I.		20 20	I.Ec.R.		19 34	I.Sh.E.		14 53	III.Oc.R.
	20 06	I.Tr.E.				23	8 34	III.Oc.D.		15 09	I.Oc.D.
	21 16	I.Sh.E.	15	4 20	II.Tr.I.		10 57	III.Oc.R.		17 41	III.Ec.D.
				6 49	II.Sh.I.		13 15	I.Oc.D.		18 39	I.Ec.R.
7	15 02	I.Oc.D.		6 55	II.Tr.E.		13 42	III.Ec.D.		20 09	III.Ec.R.
	18 25	I.Ec.R.		9 24	II.Sh.E.		16 09	III.Ec.R.			
8	1 50	II.Tr.I.		14 15	I.Tr.I.		16 44	I.Ec.R.	31	4 34	II.Oc.D.
	4 12	II.Sh.I.		15 28	I.Sh.I.	24	2 00	II.Oc.D.		9 45	II.Ec.R.
	4 25	II.Tr.E.		16 26	I.Tr.E.		7 09	II.Ec.R.		12 31	I.Tr.I.
	6 47	II.Sh.E.		17 39	I.Sh.E.		10 36	I.Tr.I.		13 47	I.Sh.I.
	12 23	I.Tr.I.	16	4 42	III.Oc.D.					14 41	I.Tr.E.
	13 33	I.Sh.I.		7 04	III.Oc.R.					15 58	I.Sh.E.
	14 34	I.Tr.E.		9 42	III.Ec.D.						
				11 21	I.Oc.D.						

I. Aug. 14	II. Aug. 13	III. Aug. 16	IV. Aug.
$x_2 = +2.0$, $y_2 = -0.3$	$x_2 = +2.6$, $y_2 = -0.4$	$x_1 = +2.1$, $y_1 = -0.7$ $x_2 = +3.4$, $y_2 = -0.7$	No Eclipse

NOTE.–I. denotes ingress; E., egress; D., disappearance; R., reappearance; Ec., eclipse; Oc., occultation; Tr., transit of the satellite; Sh., transit of the shadow.

CONFIGURATIONS OF SATELLITES I-IV FOR AUGUST

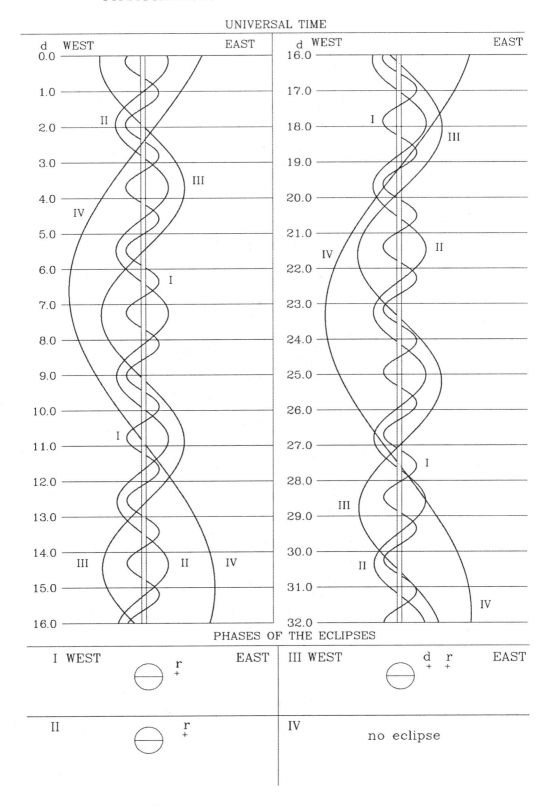

UNIVERSAL TIME

PHASES OF THE ECLIPSES

SATELLITES OF JUPITER, 2007

TERRESTRIAL TIME OF GEOCENTRIC PHENOMENA

SEPTEMBER

d	h m		d	h m		d	h m		d	h m	
1	9 37	I.Oc.D.	9	1 23	II.Tr.I.	16	9 12	II.Sh.E.	23	14 59	I.Tr.E.
	13 08	I.Ec.R.		3 58	II.Tr.E.		10 51	I.Tr.I.		16 11	I.Sh.E.
	22 45	II.Tr.I.		3 59	II.Sh.I.		12 05	I.Sh.I.	24	9 56	I.Oc.D.
2	1 20	II.Tr.E.		6 35	II.Sh.E.		13 02	I.Tr.E.		13 23	I.Ec.R.
	1 22	II.Sh.I.		8 54	I.Tr.I.		14 16	I.Sh.E.		14 39	III.Tr.I.
	3 57	II.Sh.E.		10 10	I.Sh.I.	17	7 58	I.Oc.D.		17 06	III.Tr.E.
	6 59	I.Tr.I.		11 05	I.Tr.E.		10 30	III.Tr.I.		19 36	III.Sh.I.
	8 15	I.Sh.I.		12 21	I.Sh.E.		11 28	I.Ec.R.		22 06	III.Sh.E.
	9 10	I.Tr.E.	10	6 02	I.Oc.D.		12 57	III.Tr.E.	25	1 47	II.Oc.D.
	10 26	I.Sh.E.		6 25	III.Tr.I.		15 37	III.Sh.I.		6 49	II.Ec.R.
3	2 24	III.Tr.I.		8 50	III.Tr.E.		18 05	III.Sh.E.		7 17	I.Tr.I.
	4 06	I.Oc.D.		9 33	I.Ec.R.		23 07	II.Oc.D.		8 29	I.Sh.I.
	4 47	III.Tr.E.		11 37	III.Sh.I.	18	4 13	II.Ec.R.		9 28	I.Tr.E.
	7 37	I.Ec.R.		14 04	III.Sh.E.		5 20	I.Tr.I.		10 40	I.Sh.E.
	7 37	III.Sh.I.		20 28	II.Oc.D.		6 34	I.Sh.I.	26	4 25	I.Oc.D.
	10 04	III.Sh.E.	11	1 38	II.Ec.R.		7 31	I.Tr.E.		7 52	I.Ec.R.
	17 52	II.Oc.D.		3 23	I.Tr.I.		8 45	I.Sh.E.		20 05	II.Tr.I.
	23 02	II.Ec.R.		4 39	I.Sh.I.	19	2 28	I.Oc.D.		22 32	II.Sh.I.
4	1 28	I.Tr.I.		5 34	I.Tr.E.		5 57	I.Ec.R.		22 41	II.Tr.E.
	2 44	I.Sh.I.		6 50	I.Sh.E.		17 22	II.Tr.I.	27	1 09	II.Sh.E.
	3 39	I.Tr.E.	12	0 31	I.Oc.D.		19 55	II.Sh.I.		1 46	I.Tr.I.
	4 55	I.Sh.E.		4 01	I.Ec.R.		19 59	II.Tr.E.		2 58	I.Sh.I.
	22 35	I.Oc.D.		14 42	II.Tr.I.		22 31	II.Sh.E.		3 57	I.Tr.E.
5	2 06	I.Ec.R.		17 17	II.Sh.I.		23 49	I.Tr.I.		5 09	I.Sh.E.
	12 03	II.Tr.I.		17 18	II.Tr.E.	20	1 03	I.Sh.I.		22 55	I.Oc.D.
	14 39	II.Tr.E.		19 53	II.Sh.E.		2 00	I.Tr.E.	28	2 21	I.Ec.R.
	14 40	II.Sh.I.		21 52	I.Tr.I.		3 14	I.Sh.E.		4 47	III.Oc.D.
	17 15	II.Sh.E.		23 08	I.Sh.I.		20 57	I.Oc.D.		7 17	III.Oc.R.
	19 57	I.Tr.I.	13	0 03	I.Tr.E.	21	0 26	I.Ec.R.		9 39	III.Ec.D.
	21 13	I.Sh.I.		1 19	I.Sh.E.		0 37	III.Oc.D.		12 11	III.Ec.R.
	22 07	I.Tr.E.		19 00	I.Oc.D.		3 06	III.Oc.R.		15 07	II.Oc.D.
	23 24	I.Sh.E.		20 31	III.Oc.D.		5 39	III.Ec.D.		20 06	II.Ec.R.
6	16 28	III.Oc.D.		22 30	I.Ec.R.		8 10	III.Ec.R.		20 16	I.Tr.I.
	17 04	I.Oc.D.		22 58	III.Oc.R.		12 27	II.Oc.D.		21 26	I.Sh.I.
	18 54	III.Oc.R.	14	1 40	III.Ec.D.		17 31	II.Ec.R.		22 27	I.Tr.E.
	20 35	I.Ec.R.		4 10	III.Ec.R.		18 18	I.Tr.I.		23 38	I.Sh.E.
	21 41	III.Ec.D.		9 47	II.Oc.D.		19 31	I.Sh.I.	29	17 25	I.Oc.D.
7	0 10	III.Ec.R.		14 56	II.Ec.R.		20 29	I.Tr.E.		20 50	I.Ec.R.
	7 10	II.Oc.D.		16 22	I.Tr.I.		21 43	I.Sh.E.	30	9 27	II.Tr.I.
	12 20	II.Ec.R.		17 37	I.Sh.I.	22	15 26	I.Oc.D.		11 52	II.Sh.I.
	14 26	I.Tr.I.		18 32	I.Tr.E.		18 54	I.Ec.R.		12 04	II.Tr.E.
	15 42	I.Sh.I.		19 48	I.Sh.E.	23	6 44	II.Tr.I.		14 28	II.Sh.E.
	16 36	I.Tr.E.	15	13 29	I.Oc.D.		9 14	II.Sh.I.		14 45	I.Tr.I.
	17 53	I.Sh.E.		16 59	I.Ec.R.		9 20	II.Tr.E.		15 55	I.Sh.I.
8	11 33	I.Oc.D.	16	4 02	II.Tr.I.		11 50	II.Sh.E.		16 56	I.Tr.E.
	15 04	I.Ec.R.		6 36	II.Sh.I.		12 48	I.Tr.I.		18 06	I.Sh.E.
				6 38	II.Tr.E.		14 00	I.Sh.I.			

I. Sept. 15	II. Sept. 14	III. Sept. 14	IV. Sept.
$x_2 = +2.0,\ y_2 = -0.3$	$x_2 = +2.6,\ y_2 = -0.4$	$x_1 = +2.1,\ y_1 = -0.7$ $x_2 = +3.5,\ y_2 = -0.7$	No Eclipse

NOTE.–I. denotes ingress; E., egress; D., disappearance; R., reappearance; Ec., eclipse; Oc., occultation; Tr., transit of the satellite; Sh., transit of the shadow.

CONFIGURATIONS OF SATELLITES I–IV FOR SEPTEMBER

UNIVERSAL TIME

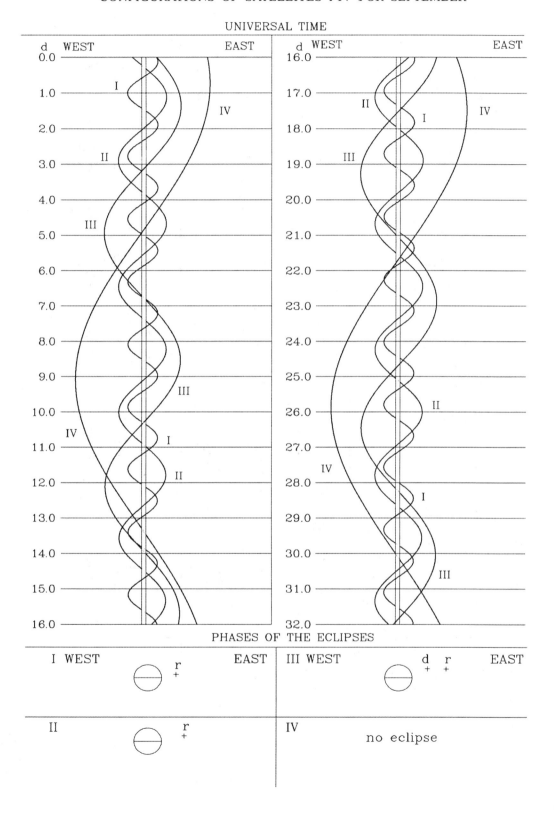

PHASES OF THE ECLIPSES

SATELLITES OF JUPITER, 2007

TERRESTRIAL TIME OF GEOCENTRIC PHENOMENA

OCTOBER

d	h m		d	h m		d	h m		d	h m	
1	11 54	I.Oc.D.	9	1 35	III.Tr.E.	16	13 12	I.Tr.I.	23	18 20	I.Sh.E.
	15 19	I.Ec.R.		3 34	III.Sh.I.		14 13	I.Sh.I.			
	18 51	III.Tr.I.		6 06	III.Sh.E.		14 34	II.Ec.R.	24	12 23	I.Oc.D.
	21 20	III.Tr.E.		7 11	II.Oc.D.		15 24	I.Tr.E.		15 34	I.Ec.R.
	23 35	III.Sh.I.		11 13	I.Tr.I.		16 25	I.Sh.E.			
				11 59	II.Ec.R.				25	7 09	II.Tr.I.
2	2 06	III.Sh.E.		12 18	I.Sh.I.	17	10 23	I.Oc.D.		9 03	II.Sh.I.
	4 28	II.Oc.D.		13 24	I.Tr.E.		13 38	I.Ec.R.		9 41	I.Tr.I.
	9 15	I.Tr.I.		14 30	I.Sh.E.					9 47	II.Tr.E.
	9 24	II.Ec.R.				18	4 21	II.Tr.I.		10 36	I.Sh.I.
	10 24	I.Sh.I.	10	8 23	I.Oc.D.		6 25	II.Sh.I.		11 41	II.Sh.E.
	11 26	I.Tr.E.		11 43	I.Ec.R.		6 59	II.Tr.E.		11 53	I.Tr.E.
	12 35	I.Sh.E.					7 42	I.Tr.I.		12 48	I.Sh.E.
			11	1 34	II.Tr.I.		8 42	I.Sh.I.			
3	6 24	I.Oc.D.		3 48	II.Sh.I.		9 03	II.Sh.E.	26	6 53	I.Oc.D.
	9 48	I.Ec.R.		4 12	II.Tr.E.		9 53	I.Tr.E.		10 03	I.Ec.R.
	22 49	II.Tr.I.		5 43	I.Tr.I.		10 53	I.Sh.E.		21 57	III.Oc.D.
				6 25	II.Sh.E.						
4	1 10	II.Sh.I.		6 47	I.Sh.I.	19	4 53	I.Oc.D.	27	0 32	III.Oc.R.
	1 26	II.Tr.E.		7 54	I.Tr.E.		8 07	I.Ec.R.		1 37	III.Ec.D.
	3 44	I.Tr.I.		8 59	I.Sh.E.		17 35	III.Oc.D.		2 02	II.Oc.D.
	3 47	II.Sh.E.					20 10	III.Oc.R.		4 11	I.Tr.I.
	4 52	I.Sh.I.	12	2 53	I.Oc.D.		21 38	III.Ec.D.		4 14	III.Ec.R.
	5 55	I.Tr.E.		6 12	I.Ec.R.		23 17	II.Oc.D.		5 05	I.Sh.I.
	7 04	I.Sh.E.		13 17	III.Oc.D.					6 23	I.Tr.E.
				15 50	III.Oc.R.	20	0 13	III.Ec.R.		6 26	II.Ec.R.
5	0 54	I.Oc.D.		17 38	III.Ec.D.		2 12	I.Tr.I.		7 17	I.Sh.E.
	4 17	I.Ec.R.		20 13	III.Ec.R.		3 10	I.Sh.I.			
	9 00	III.Oc.D.		20 32	II.Oc.D.		3 51	II.Ec.R.	28	1 23	I.Oc.D.
	11 32	III.Oc.R.					4 23	I.Tr.E.		4 31	I.Ec.R.
	13 38	III.Ec.D.	13	0 12	I.Tr.I.		5 22	I.Sh.E.		20 34	II.Tr.I.
	16 11	III.Ec.R.		1 16	I.Sh.I.		23 23	I.Oc.D.		22 22	II.Sh.I.
	17 49	II.Oc.D.		1 16	II.Ec.R.					22 41	I.Tr.I.
	22 14	I.Tr.I.		2 24	I.Tr.E.	21	2 36	I.Ec.R.		23 12	II.Tr.E.
	22 41	I.Ec.R.		3 27	I.Sh.E.		17 45	II.Tr.I.		23 34	I.Sh.I.
	23 21	I.Sh.I.		21 23	I.Oc.D.		19 45	II.Sh.I.			
							20 23	II.Tr.E.	29	0 53	I.Tr.E.
6	0 25	I.Tr.E.	14	0 41	I.Ec.R.		20 42	I.Tr.I.		1 00	II.Sh.E.
	1 32	I.Sh.E.		14 58	II.Tr.I.		21 39	I.Sh.I.		1 46	I.Sh.E.
	19 23	I.Oc.D.		17 07	II.Sh.I.		22 22	II.Sh.E.		19 54	I.Oc.D.
	22 45	I.Ec.R.		17 36	II.Tr.E.		22 53	I.Tr.E.		23 00	I.Ec.R.
				18 42	I.Tr.I.		23 51	I.Sh.E.			
7	12 12	II.Tr.I.		19 44	II.Sh.E.				30	12 01	III.Tr.I.
	14 29	II.Sh.I.		19 44	I.Sh.I.	22	17 53	I.Oc.D.		14 36	III.Tr.E.
	14 49	II.Tr.E.		20 54	I.Tr.E.		21 05	I.Ec.R.		15 25	II.Oc.D.
	16 43	I.Tr.I.		21 56	I.Sh.E.					15 31	III.Sh.I.
	17 06	II.Sh.E.				23	7 40	III.Tr.I.		17 11	I.Tr.I.
	17 50	I.Sh.I.	15	15 53	I.Oc.D.		10 14	III.Tr.E.		18 02	I.Sh.I.
	18 55	I.Tr.E.		19 10	I.Ec.R.		11 32	III.Sh.I.		18 07	III.Sh.E.
	20 01	I.Sh.E.					12 39	II.Oc.D.		19 23	I.Tr.E.
			16	3 21	III.Tr.I.		14 07	III.Sh.E.		19 44	II.Ec.R.
8	13 53	I.Oc.D.		5 53	III.Tr.E.		15 11	I.Tr.I.		20 14	I.Sh.E.
	17 14	I.Ec.R.		7 33	III.Sh.I.		16 08	I.Sh.I.			
	23 04	III.Tr.I.		9 54	II.Oc.D.		17 09	II.Ec.R.	31	14 24	I.Oc.D.
				10 06	III.Sh.E.		17 23	I.Tr.E.		17 29	I.Ec.R.

I. Oct. 15	II. Oct. 16	III. Oct. 12	IV. Oct.
$x_2 = +1.9, \; y_2 = -0.2$	$x_2 = +2.3, \; y_2 = -0.4$	$x_1 = +1.7, \; y_1 = -0.7$ $x_2 = +3.1, \; y_2 = -0.7$	No Eclipse

NOTE.–I. denotes ingress; E., egress; D., disappearance; R., reappearance; Ec., eclipse; Oc., occultation; Tr., transit of the satellite; Sh., transit of the shadow.

CONFIGURATIONS OF SATELLITES I-IV FOR OCTOBER

UNIVERSAL TIME

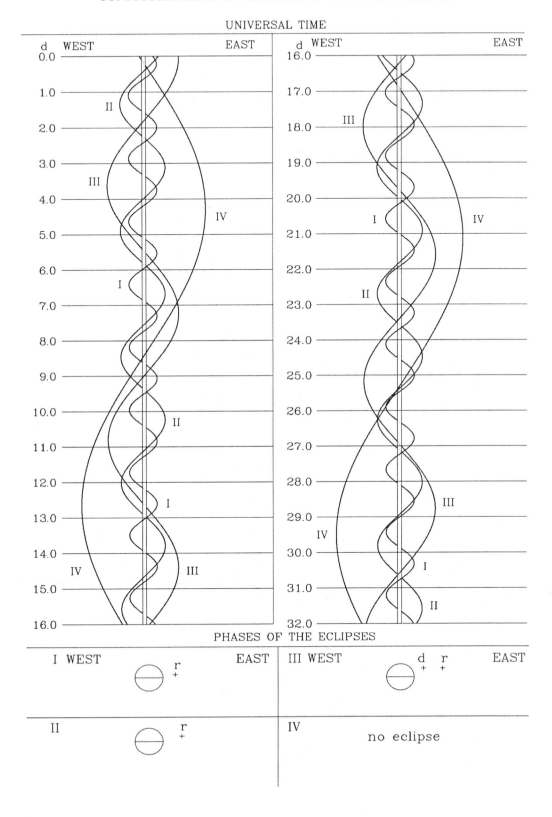

PHASES OF THE ECLIPSES

SATELLITES OF JUPITER, 2007

TERRESTRIAL TIME OF GEOCENTRIC PHENOMENA

NOVEMBER

d	h m		d	h m		d	h m		d	h m	
1	9 58	II.Tr.I.	8	14 18	II.Sh.I.	15	17 55	I.Tr.E.	23	14 59	I.Oc.D.
	11 41	II.Sh.I.		14 25	I.Sh.I.		18 18	II.Tr.E.		17 43	I.Ec.R.
	11 41	I.Tr.I.		15 27	II.Tr.E.		18 32	I.Sh.E.			
	12 31	I.Sh.I.		15 54	I.Tr.E.		19 35	II.Sh.E.	24	12 13	I.Tr.I.
	12 37	II.Tr.E.		16 38	I.Sh.E.					12 42	I.Sh.I.
	13 53	I.Tr.E.		16 57	II.Sh.E.	16	12 57	I.Oc.D.		13 10	II.Oc.D.
	14 19	II.Sh.E.	9	10 55	I.Oc.D.		15 48	I.Ec.R.		14 26	I.Tr.E.
	14 43	I.Sh.E.		13 53	I.Ec.R.	17	10 13	I.Tr.I.		14 55	I.Sh.E.
2	8 54	I.Oc.D.	10	6 43	III.Oc.D.		10 22	II.Oc.D.		15 35	III.Oc.D.
	11 58	I.Ec.R.		7 35	II.Oc.D.		10 48	I.Sh.I.		16 45	II.Ec.R.
3	2 19	III.Oc.D.		8 12	I.Tr.I.		11 08	III.Oc.D.		20 15	III.Ec.R.
	4 48	II.Oc.D.		8 54	I.Sh.I.		12 25	I.Tr.E.	25	9 29	I.Oc.D.
	4 56	III.Oc.R.		9 21	III.Oc.R.		13 01	I.Sh.E.		12 12	I.Ec.R.
	5 36	III.Ec.D.		9 35	III.Ec.D.		14 10	II.Ec.R.			
	6 11	I.Tr.I.		10 24	I.Tr.E.		16 14	III.Ec.R.	26	6 44	I.Tr.I.
	6 59	I.Sh.I.		11 06	I.Sh.E.					7 11	I.Sh.I.
	8 14	III.Ec.R.		11 36	II.Ec.R.	18	7 27	I.Oc.D.		7 56	II.Tr.I.
	8 24	I.Tr.E.		12 14	III.Ec.R.		10 17	I.Ec.R.		8 53	II.Sh.I.
	9 01	II.Ec.R.				19	4 43	I.Tr.I.		8 57	I.Tr.E.
	9 12	I.Sh.E.	11	5 26	I.Oc.D.		5 05	II.Tr.I.		9 24	I.Sh.E.
4	3 24	I.Oc.D.		8 22	I.Ec.R.		5 17	I.Sh.I.		10 36	II.Tr.E.
	6 27	I.Ec.R.	12	2 14	II.Tr.I.		6 15	II.Sh.I.		11 32	II.Sh.E.
	23 23	II.Tr.I.		2 42	I.Tr.I.		6 55	I.Tr.E.	27	4 00	I.Oc.D.
5	0 42	I.Tr.I.		3 22	I.Sh.I.		7 29	I.Sh.E.		6 41	I.Ec.R.
	1 00	II.Sh.I.		3 38	II.Sh.I.		7 44	II.Tr.E.			
	1 28	I.Sh.I.		4 53	II.Tr.E.		8 54	II.Sh.E.	28	1 14	I.Tr.I.
	2 02	II.Tr.E.		4 54	I.Tr.E.					1 40	I.Sh.I.
	2 54	I.Tr.E.		5 35	I.Sh.E.	20	1 58	I.Oc.D.		2 34	II.Oc.D.
	3 38	II.Sh.E.		6 16	II.Sh.E.		4 46	I.Ec.R.		3 27	I.Tr.E.
	3 40	I.Sh.E.		23 56	I.Oc.D.		23 13	I.Tr.I.		3 52	I.Sh.E.
	21 55	I.Oc.D.	13	2 51	I.Ec.R.		23 45	I.Sh.I.		5 43	III.Tr.I.
6	0 55	I.Ec.R.		20 50	III.Tr.I.		23 46	II.Oc.D.		6 02	II.Ec.R.
	16 25	III.Tr.I.		20 58	II.Oc.D.	21	1 16	III.Tr.I.		7 27	III.Sh.I.
	18 11	II.Oc.D.		21 12	I.Tr.I.		1 26	I.Tr.E.		8 24	III.Tr.E.
	19 02	III.Tr.E.		21 51	I.Sh.I.		1 58	I.Sh.E.		10 08	III.Sh.E.
	19 12	I.Tr.I.		23 25	I.Tr.E.		3 28	II.Ec.R.		22 30	I.Oc.D.
	19 31	III.Sh.I.		23 28	III.Tr.E.		3 29	III.Sh.I.			
	19 57	I.Sh.I.		23 30	III.Sh.I.		3 56	III.Tr.E.	29	1 09	I.Ec.R.
	21 24	I.Tr.E.	14	0 03	I.Sh.E.		6 08	III.Sh.E.		19 44	I.Tr.I.
	22 08	III.Sh.E.		0 53	II.Ec.R.		20 28	I.Oc.D.		20 08	I.Sh.I.
	22 09	I.Sh.E.		2 08	III.Sh.E.		23 14	I.Ec.R.		21 22	II.Tr.I.
	22 18	II.Ec.R.		18 26	I.Oc.D.	22	17 43	I.Tr.I.		21 57	I.Tr.E.
7	16 25	I.Oc.D.		21 19	I.Ec.R.		18 14	I.Sh.I.		22 11	II.Sh.I.
	19 24	I.Ec.R.	15	15 39	II.Tr.I.		18 30	II.Tr.I.		22 21	I.Sh.E.
8	12 48	II.Tr.I.		15 42	I.Tr.I.		19 34	II.Sh.I.	30	0 02	II.Tr.E.
	13 42	I.Tr.I.		16 20	I.Sh.I.		19 56	I.Tr.E.		0 50	II.Sh.E.
				16 56	II.Sh.I.		20 27	I.Sh.E.		17 01	I.Oc.D.
							21 10	II.Tr.E.		19 38	I.Ec.R.
							22 13	II.Sh.E.			

I. Nov. 14	II. Nov. 14	III. Nov. 17	IV. Nov.
$x_2 = +1.5,\ y_2 = -0.2$	$x_2 = +1.8,\ y_2 = -0.4$	$x_2 = +2.1,\ y_2 = -0.6$	No Eclipse

NOTE.–I denotes ingress; E., egress; D., disappearance; R., reappearance; Ec., eclipse; Oc., occultation; Tr., transit of the satellite; Sh., transit of the shadow.

CONFIGURATIONS OF SATELLITES I-IV FOR NOVEMBER

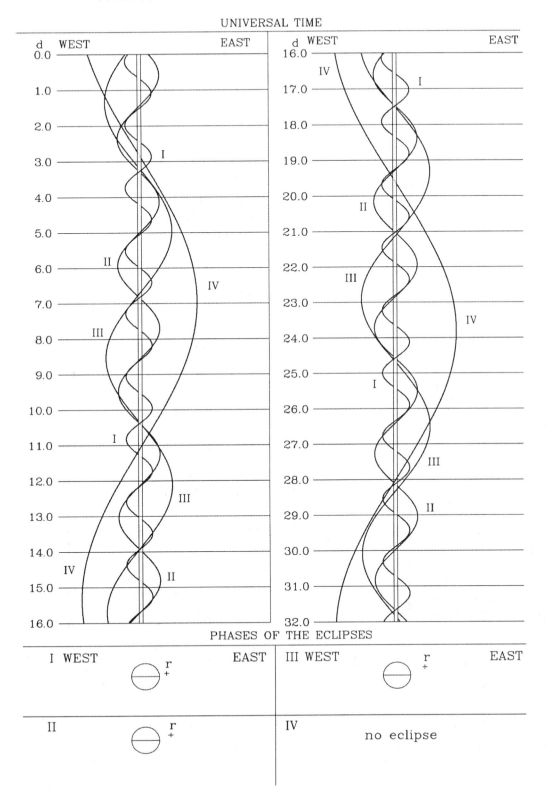

SATELLITES OF JUPITER, 2007

TERRESTRIAL TIME OF GEOCENTRIC PHENOMENA

DECEMBER

d	h m		d	h m		d	h m		d	h m	
1	14 15	I.Tr.I.	9	0 32	III.Oc.D.	17	15 01	I.Tr.E.	24	22 05	II.Tr.E.
	14 37	I.Sh.I.		4 16	III.Ec.R.		15 07	I.Sh.E.	25	12 05	I.Ec.D.
	15 58	II.Oc.D.		13 33	I.Oc.D.		16 32	II.Tr.I.		14 22	I.Oc.R.
	16 28	I.Tr.E.		16 02	I.Ec.R.		16 44	II.Sh.I.	26	9 16	I.Sh.I.
	16 50	I.Sh.E.	10	10 46	I.Tr.I.		19 13	II.Tr.E.		9 19	I.Tr.I.
	19 20	II.Ec.R.		10 59	I.Sh.I.		19 24	II.Sh.E.		11 29	I.Sh.E.
	20 04	III.Oc.D.		12 59	I.Tr.E.	18	10 06	I.Oc.D.		11 33	I.Tr.E.
2	0 16	III.Ec.R.		13 12	I.Sh.E.		12 25	I.Ec.R.		13 42	II.Ec.D.
	11 31	I.Oc.D.		13 40	II.Tr.I.	19	7 18	I.Tr.I.		16 28	II.Oc.R.
	14 07	I.Ec.R.		14 07	II.Sh.I.		7 22	I.Sh.I.		23 22	III.Sh.I.
3	8 45	I.Tr.I.		16 20	II.Tr.E.		9 31	I.Tr.E.		23 37	III.Tr.I.
	9 05	I.Sh.I.		16 47	II.Sh.E.		9 35	I.Sh.E.	27	2 07	III.Sh.E.
	10 48	II.Tr.I.	11	8 04	I.Oc.D.		11 00	II.Oc.D.		2 25	III.Tr.E.
	10 58	I.Tr.E.		10 30	I.Ec.R.		13 46	II.Ec.R.		6 34	I.Ec.D.
	11 18	I.Sh.E.	12	5 16	I.Tr.I.		19 07	III.Tr.I.		8 53	I.Oc.R.
	11 30	II.Sh.I.		5 28	I.Sh.I.		19 23	III.Sh.I.	28	3 44	I.Sh.I.
	13 28	II.Tr.E.		7 30	I.Tr.E.		21 53	III.Tr.E.		3 49	I.Tr.I.
	14 10	II.Sh.E.		7 41	I.Sh.E.		22 07	III.Sh.E.		5 58	I.Sh.E.
4	6 02	I.Oc.D.		8 11	II.Oc.D.	20	4 36	I.Oc.D.		6 03	I.Tr.E.
	8 36	I.Ec.R.		11 12	II.Ec.R.		6 54	I.Ec.R.		8 39	II.Sh.I.
5	3 15	I.Tr.I.		14 38	III.Tr.I.	21	1 48	I.Tr.I.		8 50	II.Tr.I.
	3 34	I.Sh.I.		15 24	III.Sh.I.		1 50	I.Sh.I.		11 19	II.Sh.E.
	5 22	II.Oc.D.		17 23	III.Tr.E.		4 02	I.Tr.E.		11 31	II.Tr.E.
	5 28	I.Tr.E.		18 07	III.Sh.E.		4 04	I.Sh.E.	29	1 03	I.Ec.D.
	5 47	I.Sh.E.	13	2 34	I.Oc.D.		5 58	II.Tr.I.		3 23	I.Oc.R.
	8 37	II.Ec.R.		4 59	I.Ec.R.		6 02	II.Sh.I.		22 13	I.Sh.I.
	10 10	III.Tr.I.		23 47	I.Tr.I.		8 38	II.Tr.E.		22 20	I.Tr.I.
	11 25	III.Sh.I.		23 56	I.Sh.I.		8 42	II.Sh.E.	30	0 26	I.Sh.E.
	12 53	III.Tr.E.	14	2 00	I.Tr.E.		23 07	I.Oc.D.		0 33	I.Tr.E.
	14 07	III.Sh.E.		2 10	I.Sh.E.	22	1 22	I.Ec.R.		2 59	II.Ec.D.
6	0 32	I.Oc.D.		3 06	II.Tr.I.		20 18	I.Tr.I.		5 53	II.Oc.R.
	3 04	I.Ec.R.		3 25	II.Sh.I.		20 19	I.Sh.I.		13 28	III.Ec.D.
	21 45	I.Tr.I.		5 46	II.Tr.E.		22 32	I.Tr.E.		16 47	III.Oc.R.
	22 02	I.Sh.I.		6 05	II.Sh.E.		22 32	I.Sh.E.		19 31	I.Ec.D.
	23 59	I.Tr.E.		21 05	I.Oc.D.	23	0 24	II.Oc.D.		21 54	I.Oc.R.
7	0 13	II.Tr.I.		23 28	I.Ec.R.		3 03	II.Ec.R.	31	16 25	IV.Tr.I.
	0 15	I.Sh.E.	15	18 17	I.Tr.I.		8 04	IV.Oc.D.		16 41	I.Sh.I.
	0 48	II.Sh.I.		18 25	I.Sh.I.		8 48	IV.Oc.R.		16 50	I.Tr.I.
	2 54	II.Tr.E.		20 30	I.Tr.E.		9 30	III.Oc.D.		17 32	IV.Tr.E.
	3 28	II.Sh.E.		20 38	I.Sh.E.		12 17	III.Oc.R.		18 55	I.Sh.E.
	19 03	I.Oc.D.		21 35	II.Oc.D.		17 37	I.Ec.D.		19 04	I.Tr.E.
	21 33	I.Ec.R.	16	0 29	II.Ec.R.		19 52	I.Oc.R.		21 58	II.Sh.I.
8	16 16	I.Tr.I.		5 01	III.Oc.D.	24	14 47	I.Sh.I.		22 16	II.Tr.I.
	16 31	I.Sh.I.		8 16	III.Ec.R.		14 49	I.Tr.I.	32	0 38	II.Sh.E.
	18 29	I.Tr.E.		15 35	I.Oc.D.		17 01	I.Sh.E.		0 57	II.Tr.E.
	18 44	I.Sh.E.		17 56	I.Ec.R.		17 02	I.Tr.E.		14 00	I.Ec.D.
	18 47	II.Oc.D.	17	12 47	I.Tr.I.		19 21	II.Sh.I.		16 24	I.Oc.R.
	21 54	II.Ec.R.		12 53	I.Sh.I.		19 24	II.Tr.I.			
							22 01	II.Sh.E.			

I. Dec. 14	II. Dec. 16	III. Dec. 16	IV. Dec.
$x_2 = +1.1,\ y_2 = -0.2$	$x_2 = +1.1,\ y_2 = -0.4$	$x_2 = +1.0,\ y_2 = -0.6$	No Eclipse

NOTE.–I. denotes ingress; E., egress; D., disappearance; R., reappearance; Ec., eclipse; Oc., occultation; Tr., transit of the satellite; Sh., transit of the shadow.

CONFIGURATIONS OF SATELLITES I-IV FOR DECEMBER

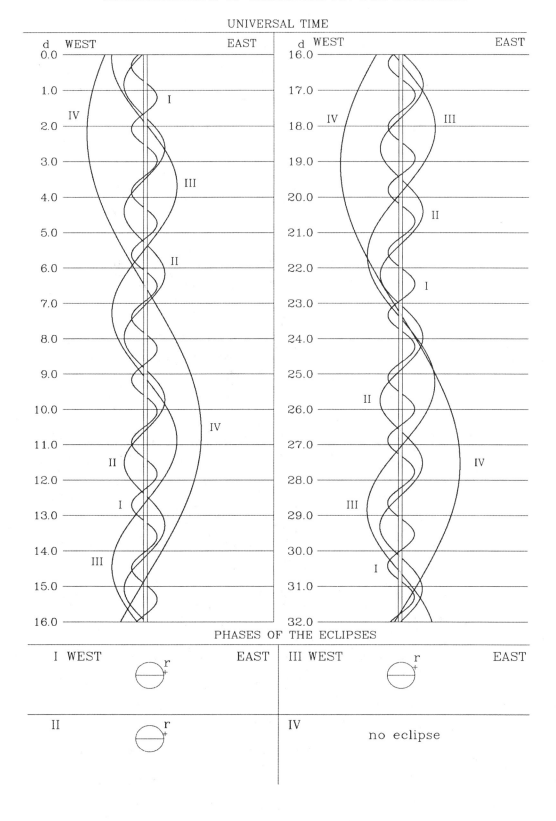

UNIVERSAL TIME

PHASES OF THE ECLIPSES

RINGS OF SATURN, 2007

FOR 0^h UNIVERSAL TIME

Date		Axes of outer edge of outer ring		U	B	P	U'	B'	P'
		Major	Minor						
		$''$	$''$	°	°	°	°	°	°
Jan.	0	44.58	9.73	17.729	−12.599	−6.345	333.963	−14.396	−25.016
	4	44.82	9.85	17.559	−12.693	−6.354	334.101	−14.340	−25.047
	8	45.05	9.98	17.367	−12.798	−6.363	334.238	−14.284	−25.078
	12	45.25	10.11	17.154	−12.911	−6.373	334.375	−14.228	−25.109
	16	45.43	10.24	16.921	−13.032	−6.383	334.512	−14.172	−25.140
	20	45.59	10.38	16.672	−13.161	−6.395	334.650	−14.115	−25.171
	24	45.72	10.52	16.408	−13.295	−6.407	334.786	−14.059	−25.201
	28	45.83	10.65	16.131	−13.435	−6.419	334.923	−14.003	−25.231
Feb.	1	45.91	10.78	15.844	−13.577	−6.432	335.060	−13.946	−25.261
	5	45.97	10.90	15.550	−13.722	−6.444	335.197	−13.890	−25.291
	9	45.99	11.02	15.252	−13.867	−6.457	335.333	−13.833	−25.321
	13	45.99	11.14	14.951	−14.012	−6.470	335.470	−13.777	−25.351
	17	45.96	11.24	14.651	−14.156	−6.482	335.606	−13.720	−25.380
	21	45.90	11.33	14.354	−14.296	−6.494	335.743	−13.663	−25.410
	25	45.81	11.42	14.064	−14.432	−6.506	335.879	−13.606	−25.439
Mar.	1	45.70	11.49	13.783	−14.563	−6.517	336.015	−13.549	−25.468
	5	45.56	11.55	13.513	−14.687	−6.528	336.151	−13.492	−25.497
	9	45.40	11.60	13.257	−14.803	−6.537	336.287	−13.435	−25.525
	13	45.22	11.64	13.018	−14.912	−6.546	336.423	−13.378	−25.554
	17	45.01	11.66	12.796	−15.011	−6.555	336.558	−13.321	−25.582
	21	44.79	11.67	12.594	−15.100	−6.562	336.694	−13.264	−25.610
	25	44.55	11.66	12.414	−15.179	−6.569	336.829	−13.207	−25.638
	29	44.29	11.65	12.256	−15.247	−6.574	336.965	−13.149	−25.666
Apr.	2	44.02	11.62	12.124	−15.303	−6.579	337.100	−13.092	−25.693
	6	43.74	11.58	12.016	−15.348	−6.583	337.236	−13.035	−25.721
	10	43.45	11.53	11.934	−15.381	−6.586	337.371	−12.977	−25.748
	14	43.16	11.46	11.878	−15.402	−6.587	337.506	−12.920	−25.775
	18	42.85	11.39	11.850	−15.411	−6.588	337.641	−12.862	−25.802
	22	42.55	11.30	11.848	−15.407	−6.588	337.776	−12.804	−25.829
	26	42.24	11.21	11.874	−15.391	−6.587	337.911	−12.747	−25.856
	30	41.94	11.11	11.927	−15.364	−6.585	338.045	−12.689	−25.882
May	4	41.63	11.00	12.006	−15.324	−6.582	338.180	−12.631	−25.909
	8	41.33	10.89	12.111	−15.273	−6.578	338.314	−12.573	−25.935
	12	41.03	10.76	12.241	−15.211	−6.573	338.449	−12.515	−25.961
	16	40.73	10.64	12.397	−15.137	−6.567	338.583	−12.457	−25.987
	20	40.45	10.50	12.578	−15.053	−6.560	338.718	−12.399	−−26.012
	24	40.17	10.37	12.781	−14.958	−6.553	338.852	−12.341	−26.038
	28	39.89	10.23	13.008	−14.853	−6.544	338.986	−12.283	−26.063
June	1	39.63	10.08	13.256	−14.738	−6.534	339.120	−12.225	−26.088
	5	39.37	9.93	13.524	−14.613	−6.524	339.254	−12.166	−26.113
	9	39.13	9.78	13.812	−14.480	−6.512	339.388	−12.108	−26.138
	13	38.89	9.63	14.120	−14.338	−6.500	339.521	−12.050	−26.163
	17	38.67	9.48	14.444	−14.187	−6.487	339.655	−11.991	−26.187
	21	38.46	9.32	14.786	−14.029	−6.473	339.789	−11.933	−26.212
	25	38.26	9.17	15.143	−13.863	−6.458	339.922	−11.874	−26.236
	29	38.07	9.01	15.515	−13.690	−6.443	340.056	−11.816	−26.260
July	3	37.90	8.85	15.900	−13.510	−6.426	340.189	−11.757	−26.284

Factor by which axes of outer edge of outer ring are to be multiplied to obtain axes of:

Inner edge of outer ring 0.8932

Outer edge of inner ring 0.8596

Inner edge of inner ring 0.6726

Inner edge of dusky ring 0.5447

U = The geocentric longitude of Saturn, measured in the plane of the rings eastward from its ascending node on the mean equator of the Earth. The Saturnicentric longitude of the Earth, measured in the same way, is $U+180°$.

B = The Saturnicentric latitude of the Earth, referred to the plane of the rings, positive toward the north. When B is positive the visible surface of the rings is the northern surface.

P = The geocentric position angle of the northern semiminor axis of the apparent ellipse of the rings, measured eastward from north.

FOR 0ʰ UNIVERSAL TIME

Date		Axes of outer edge of outer ring		U	B	P	U'	B'	P'
		Major	Minor						
		$''$	$''$	$\circ$	$\circ$	$\circ$	$\circ$	$\circ$	$\circ$
July	3	37.90	8.85	15.900	−13.510	−6.426	340.189	−11.757	−26.284
	7	37.73	8.70	16.297	−13.325	−6.409	340.322	−11.699	−26.307
	11	37.58	8.54	16.706	−13.134	−6.391	340.455	−11.640	−26.331
	15	37.45	8.38	17.125	−12.937	−6.372	340.588	−11.581	−26.354
	19	37.32	8.23	17.554	−12.736	−6.353	340.721	−11.522	−26.377
	23	37.21	8.07	17.990	−12.530	−6.333	340.854	−11.463	−26.400
	27	37.12	7.92	18.434	−12.320	−6.312	340.987	−11.405	−26.423
	31	37.03	7.77	18.883	−12.107	−6.290	341.120	−11.346	−26.446
Aug.	4	36.96	7.62	19.338	−11.891	−6.269	341.253	−11.287	−26.469
	8	36.91	7.47	19.797	−11.673	−6.246	341.385	−11.228	−26.491
	12	36.87	7.32	20.259	−11.452	−6.223	341.518	−11.168	−26.513
	16	36.84	7.17	20.724	−11.230	−6.200	341.650	−11.109	−26.535
	20	36.82	7.03	21.189	−11.007	−6.176	341.782	−11.050	−26.557
	24	36.82	6.89	21.654	−10.784	−6.152	341.915	−10.991	−26.579
	28	36.84	6.75	22.119	−10.561	−6.127	342.047	−10.932	−26.601
Sept.	1	36.86	6.62	22.581	−10.338	−6.103	342.179	−10.872	−26.622
	5	36.90	6.48	23.040	−10.117	−6.078	342.311	−10.813	−26.643
	9	36.96	6.35	23.496	−9.897	−6.053	342.443	−10.754	−26.664
	13	37.03	6.23	23.947	−9.680	−6.028	342.575	−10.694	−26.685
	17	37.11	6.10	24.391	−9.465	−6.003	342.706	−10.635	−26.706
	21	37.21	5.98	24.829	−9.254	−5.978	342.838	−10.575	−26.727
	25	37.32	5.87	25.258	−9.046	−5.954	342.970	−10.516	−26.747
	29	37.44	5.76	25.678	−8.844	−5.930	343.101	−10.456	−26.767
Oct.	3	37.58	5.65	26.088	−8.646	−5.906	343.232	−10.396	−26.788
	7	37.73	5.55	26.487	−8.454	−5.882	343.364	−10.337	−26.807
	11	37.90	5.45	26.874	−8.268	−5.859	343.495	−10.277	−26.827
	15	38.07	5.36	27.247	−8.090	−5.837	343.626	−10.217	−26.847
	19	38.27	5.27	27.606	−7.918	−5.815	343.757	−10.157	−26.866
	23	38.47	5.19	27.950	−7.756	−5.794	343.888	−10.097	−26.886
	27	38.68	5.12	28.276	−7.601	−5.774	344.019	−10.038	−26.905
	31	38.91	5.05	28.586	−7.456	−5.755	344.150	−9.978	−26.924
Nov.	4	39.15	4.99	28.877	−7.321	−5.737	344.281	−9.918	−26.943
	8	39.39	4.93	29.148	−7.196	−5.720	344.412	−9.858	−26.961
	12	39.65	4.89	29.399	−7.082	−5.704	344.543	−9.798	−26.980
	16	39.92	4.85	29.629	−6.980	−5.690	344.673	−9.737	−26.998
	20	40.19	4.82	29.835	−6.890	−5.677	344.804	−9.677	−27.017
	24	40.48	4.80	30.019	−6.812	−5.665	344.934	−9.617	−27.035
	28	40.77	4.79	30.179	−6.746	−5.655	345.064	−9.557	−27.053
Dec.	2	41.06	4.79	30.314	−6.694	−5.647	345.195	−9.497	−27.070
	6	41.36	4.79	30.424	−6.655	−5.640	345.325	−9.437	−27.088
	10	41.66	4.81	30.508	−6.630	−5.635	345.455	−9.376	−27.105
	14	41.96	4.84	30.565	−6.618	−5.631	345.585	−9.316	−27.123
	18	42.26	4.87	30.596	−6.621	−5.629	345.715	−9.256	−27.140
	22	42.56	4.92	30.601	−6.637	−5.629	345.845	−9.195	−27.157
	26	42.85	4.97	30.579	−6.667	−5.631	345.975	−9.135	−27.173
	30	43.14	5.04	30.531	−6.710	−5.635	346.105	−9.074	−27.190
	34	43.42	5.12	30.457	−6.767	−5.640	346.234	−9.014	−27.206

Factor by which axes of outer edge of outer ring are to be multiplied to obtain axes of:

Inner edge of outer ring 0.8932   Inner edge of inner ring 0.6726

Outer edge of inner ring 0.8596   Inner edge of dusky ring 0.5447

U' = The heliocentric longitude of Saturn, measured in the plane of the rings eastward from its ascending node on the ecliptic. The Saturnicentric longitude of the Sun, measured in the same way is $U' + 180°$.

B' = The Saturnicentric latitude of the Sun, referred to the plane of the rings, positive toward the north. When B′ is positive the northern surface of the rings is illuminated.

P' = The heliocentric position angle of the northern semiminor axis of the rings on the heliocentric celestial sphere, measured eastward from the great circle that passes through Saturn and the poles of the ecliptic.

APPARENT ORBITS OF SATELLITES I–VII AT DATE OF OPPOSITION, FEBRUARY 10

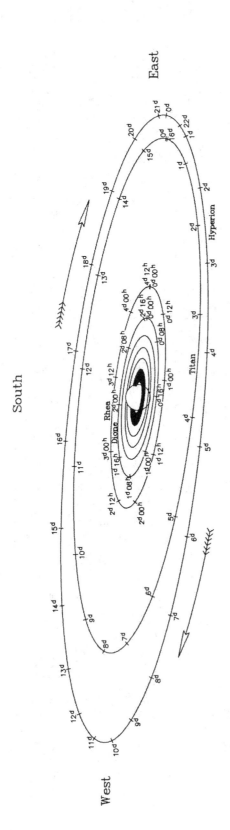

Orbits elongated in ratio of 1 to 1 in direction of minor axes.

	Name	Mean Synodic Period		Name	Mean Synodic Period
		d			d
I	Mimas...........	0.9417	VI	Titan...........	15.9708
II	Enceladus........	1.3708	VII	Hyperion.........	21.3167
III	Tethys	1.8875	VIII	Iapetus..........	79.9208
IV	Dione...........	2.7375	IX	Phoebe..........	523.6500 R
V	Rhea...........	4.5208			

UNIVERSAL TIME OF GREATEST EASTERN ELONGATION

MIMAS

Jan.	Feb.	Mar.	Apr.	May	June	July	Aug.	Sept.	Oct.	Nov.	Dec.
d h	d h	d h	d h	d h	d h	d h	d h	d h	d h	d h	d h
0 06.1	1 07.0	1 13.4	1 15.8	1 19.6	1 22.1	1 03.5	1 06.1	1 08.8	1 12.8	1 15.4	1 19.2
1 04.7	2 05.6	2 12.0	2 14.4	2 18.2	2 20.7	2 02.1	2 04.8	2 07.4	2 11.4	2 14.0	2 17.9
2 03.3	3 04.2	3 10.7	3 13.0	3 16.8	3 19.4	3 00.7	3 03.4	3 06.0	3 10.1	3 12.6	3 16.5
3 01.9	4 02.8	4 09.3	4 11.6	4 15.4	4 18.0	3 23.4	4 02.0	4 04.7	4 08.7	4 11.2	4 15.1
4 00.6	5 01.4	5 07.9	5 10.2	5 14.1	5 16.6	4 22.0	5 00.6	5 03.3	5 07.3	5 09.9	5 13.7
4 23.2	6 00.1	6 06.5	6 08.8	6 12.7	6 15.2	5 20.6	5 23.3	6 01.9	6 05.9	6 08.5	6 12.3
5 21.8	6 22.7	7 05.1	7 07.5	7 11.3	7 13.9	6 19.2	6 21.9	7 00.6	7 04.6	7 07.1	7 11.0
6 20.4	7 21.3	8 03.7	8 06.1	8 09.9	8 12.5	7 17.9	7 20.5	7 23.2	8 03.2	8 05.7	8 09.6
7 19.0	8 19.9	9 02.3	9 04.7	9 08.6	9 11.1	8 16.5	8 19.1	8 21.8	9 01.8	9 04.4	9 08.2
8 17.6	9 18.5	10 01.0	10 03.3	10 07.2	10 09.7	9 15.1	9 17.8	9 20.4	10 00.4	10 03.0	10 06.8
9 16.2	10 17.1	10 23.6	11 01.9	11 05.8	11 08.4	10 13.7	10 16.4	10 19.1	10 23.0	11 01.6	11 05.4
10 14.9	11 15.7	11 22.2	12 00.6	12 04.4	12 07.0	11 12.4	11 15.0	11 17.7	11 21.7	12 00.2	12 04.1
11 13.5	12 14.4	12 20.8	12 23.2	13 03.0	13 05.6	12 11.0	12 13.7	12 16.3	12 20.3	12 22.8	13 02.7
12 12.1	13 13.0	13 19.4	13 21.8	14 01.7	14 04.2	13 09.6	13 12.3	13 14.9	13 18.9	13 21.5	14 01.3
13 10.7	14 11.6	14 18.0	14 20.4	15 00.3	15 02.9	14 08.2	14 10.9	14 13.6	14 17.5	14 20.1	14 23.9
14 09.3	15 10.2	15 16.7	15 19.0	15 22.9	16 01.5	15 06.9	15 09.5	15 12.2	15 16.2	15 18.7	15 22.5
15 07.9	16 08.8	16 15.3	16 17.7	16 21.5	17 00.1	16 05.5	16 08.2	16 10.8	16 14.8	16 17.3	16 21.2
16 06.5	17 07.4	17 13.9	17 16.3	17 20.2	17 22.7	17 04.1	17 06.8	17 09.4	17 13.4	17 15.9	17 19.8
17 05.2	18 06.0	18 12.5	18 14.9	18 18.8	18 21.4	18 02.7	18 05.4	18 08.1	18 12.0	18 14.6	18 18.4
18 03.8	19 04.7	19 11.1	19 13.5	19 17.4	19 20.0	19 01.4	19 04.0	19 06.7	19 10.7	19 13.2	19 17.0
19 02.4	20 03.3	20 09.7	20 12.1	20 16.0	20 18.6	20 00.0	20 02.7	20 05.3	20 09.3	20 11.8	20 15.6
20 01.0	21 01.9	21 08.3	21 10.8	21 14.6	21 17.2	20 22.6	21 01.3	21 03.9	21 07.9	21 10.4	21 14.2
20 23.6	22 00.5	22 07.0	22 09.4	22 13.3	22 15.9	21 21.3	21 23.9	22 02.6	22 06.5	22 09.1	22 12.9
21 22.2	22 23.1	23 05.6	23 08.0	23 11.9	23 14.5	22 19.9	22 22.5	23 01.2	23 05.2	23 07.7	23 11.5
22 20.8	23 21.7	24 04.2	24 06.6	24 10.5	24 13.1	23 18.5	23 21.2	23 23.8	24 03.8	24 06.3	24 10.1
23 19.5	24 20.3	25 02.8	25 05.2	25 09.1	25 11.7	24 17.1	24 19.8	24 22.4	25 02.4	25 04.9	25 08.7
24 18.1	25 19.0	26 01.4	26 03.9	26 07.8	26 10.4	25 15.8	25 18.4	25 21.1	26 01.0	26 03.5	26 07.3
25 16.7	26 17.6	27 00.1	27 02.5	27 06.4	27 09.0	26 14.4	26 17.0	26 19.7	26 23.6	27 02.2	27 05.9
26 15.3	27 16.2	27 22.7	28 01.1	28 05.0	28 07.6	27 13.0	27 15.7	27 18.3	27 22.3	28 00.8	28 04.6
27 13.9	28 14.8	28 21.3	28 23.7	29 03.6	29 06.2	28 11.6	28 14.3	28 16.9	28 20.9	28 23.4	29 03.2
28 12.5		29 19.9	29 22.3	30 02.3	30 04.9	29 10.3	29 12.9	29 15.6	29 19.5	29 22.0	30 01.8
29 11.1		30 18.5	30 21.0	31 00.9		30 08.9	30 11.5	30 14.2	30 18.1	30 20.6	31 00.4
30 09.8		31 17.1		31 23.5		31 07.5	31 10.2		31 16.8		31 23.0
31 08.4											32 21.6

ENCELADUS

Jan.	Feb.	Mar.	Apr.	May	June	July	Aug.	Sept.	Oct.	Nov.	Dec.
d h	d h	d h	d h	d h	d h	d h	d h	d h	d h	d h	d h
-1 17.4	1 14.4	2 08.8	1 12.2	1 15.7	2 04.2	2 08.0	1 11.8	2 00.5	2 04.3	1 07.9	1 11.5
1 02.2	2 23.3	3 17.7	2 21.0	3 00.6	3 13.1	3 16.9	2 20.7	3 09.4	3 13.1	2 16.8	2 20.4
2 11.1	4 08.1	5 02.5	4 05.9	4 09.5	4 22.0	5 01.8	4 05.6	4 18.3	4 22.0	4 01.7	4 05.2
3 20.0	5 17.0	6 11.4	5 14.8	5 18.4	6 06.9	6 10.7	5 14.5	6 03.2	6 06.9	5 10.6	5 14.1
5 04.9	7 01.9	7 20.3	6 23.7	7 03.2	7 15.8	7 19.6	6 23.4	7 12.1	7 15.8	6 19.5	6 23.0
6 13.7	8 10.8	9 05.2	8 08.6	8 12.1	9 00.7	9 04.5	8 08.3	8 21.0	9 00.7	8 04.4	8 07.9
7 22.6	9 19.6	10 14.1	9 17.5	9 21.0	10 09.6	10 13.4	9 17.2	10 05.9	10 09.6	9 13.3	9 16.8
9 07.5	11 04.5	11 22.9	11 02.4	11 05.9	11 18.5	11 22.3	11 02.1	11 14.8	11 18.5	10 22.2	11 01.7
10 16.4	12 13.4	13 07.8	12 11.2	12 14.8	13 03.4	13 07.2	12 11.0	12 23.7	13 03.4	12 07.0	12 10.6
12 01.3	13 22.3	14 16.7	13 20.1	13 23.7	14 12.3	14 16.1	13 19.9	14 08.6	14 12.3	13 15.9	13 19.4
13 10.1	15 07.1	16 01.6	15 05.0	15 08.6	15 21.2	16 01.0	15 04.8	15 17.5	15 21.2	15 00.8	15 04.3
14 19.0	16 16.0	17 10.5	16 13.9	16 17.5	17 06.1	17 09.9	16 13.7	17 02.4	17 06.1	16 09.7	16 13.2
16 03.9	18 00.9	18 19.3	17 22.8	18 02.4	18 15.0	18 18.8	17 22.6	18 11.3	18 15.0	17 18.6	17 22.1
17 12.8	19 09.8	20 04.2	19 07.7	19 11.3	19 23.9	20 03.7	19 07.5	19 20.2	19 23.9	19 03.5	19 07.0
18 21.6	20 18.7	21 13.1	20 16.6	20 20.2	21 08.8	21 12.6	20 16.4	21 05.1	21 08.8	20 12.4	20 15.9
20 06.5	22 03.5	22 22.0	22 01.5	22 05.1	22 17.7	22 21.5	22 01.3	22 14.0	22 17.7	21 21.3	22 00.7
21 15.4	23 12.4	24 06.9	23 10.3	23 14.0	24 02.6	24 06.4	23 10.2	23 22.9	24 02.6	23 06.2	23 09.6
23 00.3	24 21.3	25 15.7	24 19.2	24 22.9	25 11.5	25 15.3	24 19.1	25 07.8	25 11.5	24 15.0	24 18.5
24 09.1	26 06.2	27 00.6	26 04.1	26 07.8	26 20.4	27 00.2	26 04.0	26 16.7	26 20.4	25 23.9	26 03.4
25 18.0	27 15.0	28 09.5	27 13.0	27 16.7	28 05.3	28 09.1	27 12.9	28 01.6	28 05.2	27 08.8	27 12.3
27 02.9	28 23.9	29 18.4	28 21.9	29 01.6	29 14.2	29 18.0	28 21.8	29 10.5	29 14.1	28 17.7	28 21.1
28 11.8		31 03.3	30 06.8	30 10.4	30 23.1	31 02.9	30 06.7	30 19.4	30 23.0	30 02.6	30 06.0
29 20.6				31 19.3				31 15.6			31 14.9
31 05.5											32 23.8

SATELLITES OF SATURN, 2007

UNIVERSAL TIME OF GREATEST EASTERN ELONGATION

Jan.	Feb.	Mar.	Apr.	May	June	July	Aug.	Sept.	Oct.	Nov.	Dec.

TETHYS

d h	d h	d h	d h	d h	d h	d h	d h	d h	d h	d h	d h
0 05.1	1 07.0	1 14.4	2 16.4	1 00.1	2 02.6	2 07.9	1 13.2	2 15.9	2 21.2	2 02.4	2 07.5
2 02.4	3 04.3	3 11.7	4 13.8	2 21.4	3 23.9	4 05.2	3 10.6	4 13.3	4 18.6	3 23.7	4 04.8
3 23.7	5 01.6	5 09.0	6 11.1	4 18.7	5 21.2	6 02.5	5 07.9	6 10.6	6 15.9	5 21.1	6 02.1
5 21.0	6 22.9	7 06.3	8 08.4	6 16.0	7 18.6	7 23.9	7 05.2	8 07.9	8 13.2	7 18.4	7 23.4
7 18.3	8 20.2	9 03.6	10 05.7	8 13.4	9 15.9	9 21.2	9 02.6	10 05.3	10 10.5	9 15.7	9 20.7
9 15.6	10 17.5	11 00.9	12 03.0	10 10.7	11 13.2	11 18.5	10 23.9	12 02.6	12 07.9	11 13.0	11 18.0
11 12.8	12 14.8	12 22.2	14 00.3	12 08.0	13 10.5	13 15.9	12 21.2	13 23.9	14 05.2	13 10.3	13 15.3
13 10.1	14 12.1	14 19.4	15 21.6	14 05.3	15 07.9	15 13.2	14 18.6	15 21.3	16 02.5	15 07.7	15 12.6
15 07.4	16 09.4	16 16.7	17 18.9	16 02.7	17 05.2	17 10.5	16 15.9	17 18.6	17 23.8	17 05.0	17 09.9
17 04.7	18 06.6	18 14.0	19 16.2	18 00.0	19 02.5	19 07.9	18 13.2	19 15.9	19 21.2	19 02.3	19 07.2
19 02.0	20 03.9	20 11.3	21 13.5	19 21.3	20 23.9	21 05.2	20 10.6	21 13.2	21 18.5	20 23.6	21 04.5
20 23.3	22 01.2	22 08.6	23 10.8	21 18.6	22 21.2	23 02.5	22 07.9	23 10.6	23 15.8	22 20.9	23 01.8
22 20.6	23 22.5	24 05.9	25 08.2	23 15.9	24 18.5	24 23.9	24 05.2	25 07.9	25 13.1	24 18.2	24 23.1
24 17.9	25 19.8	26 03.2	27 05.5	25 13.3	26 15.9	26 21.2	26 02.6	27 05.2	27 10.5	26 15.5	26 20.4
26 15.2	27 17.1	28 00.5	29 02.8	27 10.6	28 13.2	28 18.6	27 23.9	29 02.6	29 07.8	28 12.8	28 17.7
28 12.5		29 21.8		29 07.9	30 10.5	30 15.9	29 21.3	30 23.9	31 05.1	30 10.2	30 15.0
30 09.7		31 19.1		31 05.2			31 18.6				32 12.3

DIONE

d h	d h	d h	d h	d h	d h	d h	d h	d h	d h	d h	d h
0 07.3	2 03.1	1 11.6	3 07.6	3 10.2	2 13.0	2 16.1	1 19.3	3 16.2	1 01.6	2 22.3	3 01.1
3 00.9	4 20.8	4 05.3	6 01.3	6 03.9	5 06.8	5 09.8	4 13.0	6 09.9	3 19.3	5 16.0	5 18.8
5 18.6	7 14.4	6 22.9	8 18.9	8 21.6	8 00.5	8 03.6	7 06.8	9 03.7	6 13.1	8 09.7	8 12.4
8 12.2	10 08.0	9 16.6	11 12.6	11 15.3	10 18.2	10 21.3	10 00.5	11 21.4	9 06.8	11 03.4	11 06.1
11 05.9	13 01.7	12 10.2	14 06.3	14 09.0	13 11.9	13 15.1	12 18.2	14 15.2	12 00.5	13 21.1	13 23.8
13 23.6	15 19.3	15 03.9	17 00.0	17 02.7	16 05.7	16 08.8	15 12.0	17 08.9	14 18.2	16 14.9	16 17.5
16 17.2	18 13.0	17 21.5	19 17.7	19 20.4	18 23.4	19 02.5	18 05.7	20 02.6	17 12.0	19 08.6	19 11.2
19 10.9	21 06.6	20 15.2	22 11.4	22 14.1	21 17.1	21 20.3	20 23.5	22 20.4	20 05.7	22 02.3	22 04.9
22 04.5	24 00.3	23 08.9	25 05.1	25 07.9	24 10.9	24 14.0	23 17.2	25 14.1	22 23.4	24 20.0	24 22.5
24 22.2	26 17.9	26 02.6	27 22.8	28 01.6	27 04.6	27 07.8	26 11.0	28 07.9	25 17.1	27 13.7	27 16.2
27 15.8		28 20.2	30 16.5	30 19.3	29 22.4	30 01.5	29 04.7		28 10.9	30 07.4	30 09.9
30 09.5		31 13.9					31 22.5		31 04.6		

RHEA

d h	d h	d h	d h	d h	d h	d h	d h	d h	d h	d h	d h
-3 15.4	2 18.0	1 20.0	2 10.4	4 01.4	4 16.9	1 20.2	2 12.2	3 04.2	4 20.2	5 11.9	2 14.8
2 03.7	7 06.4	6 08.3	6 22.8	8 13.9	9 05.4	6 08.7	7 00.7	7 16.8	9 08.7	10 00.4	7 03.2
6 16.1	11 18.7	10 20.6	11 11.2	13 02.4	13 18.0	10 21.3	11 13.3	12 05.4	13 21.3	14 12.9	11 15.6
11 04.4	16 07.0	15 09.0	15 23.7	17 14.9	18 06.5	15 09.9	16 01.9	16 17.9	18 09.8	19 01.4	16 04.1
15 16.8	20 19.3	19 21.3	20 12.1	22 03.4	22 19.0	19 22.4	20 14.5	21 06.5	22 22.3	23 13.8	20 16.5
20 05.1	25 07.6	24 09.7	25 00.5	26 15.9	27 07.6	24 11.0	25 03.1	25 19.1	27 10.9	28 02.3	25 04.9
24 17.4		28 22.1	29 13.0	31 04.4		28 23.6	29 15.6	30 07.6	31 23.4		29 17.3
29 05.7											

UNIVERSAL TIME OF CONJUNCTIONS AND ELONGATIONS

TITAN

Eastern Elongation		Inferior Conjunction		Western Elongation		Superior Conjunction	
	d h		d h		d h		d h
		Jan.	4 06.4	Jan.	8 03.8	Jan.	12 04.1
Jan.	16 06.0		20 04.2		24 01.4		28 01.6
Feb.	1 03.4	Feb.	5 01.8	Feb.	8 22.8	Feb.	12 23.0
	17 00.8		20 23.3		24 20.1		28 20.4
Mar.	4 22.1	Mar.	8 20.9	Mar.	12 17.7	Mar.	16 18.0
	20 19.8		24 18.8		28 15.5	Apr.	1 15.9
Apr.	5 17.8	Apr.	9 17.0	Apr.	13 13.8		17 14.4
	21 16.3		25 15.7		29 12.5	May	3 13.3
May	7 15.3	May	11 14.8	May	15 11.8		19 12.6
	23 14.8		27 14.3		31 11.4	June	4 12.4
June	8 14.6	June	12 14.1	June	16 11.4		20 12.6
	24 14.8		28 14.2	July	2 11.7	July	6 13.0
July	10 15.3	July	14 14.6		18 12.2		22 13.6
	26 15.9		30 15.0	Aug.	3 12.9	Aug.	7 14.3
Aug.	11 16.6	Aug.	15 15.6		19 13.6		23 15.1
	27 17.4		31 16.1	Sept.	4 14.3	Sept.	8 15.9
Sept.	12 18.1	Sept.	16 16.6		20 14.9		24 16.6
	28 18.7	Oct.	2 17.0	Oct.	6 15.4	Oct.	10 17.1
Oct.	14 19.1		18 17.2		22 15.7		26 17.3
	30 19.3	Nov.	3 17.2	Nov.	7 15.7	Nov.	11 17.2
Nov.	15 19.1		19 16.8		23 15.3		27 16.8
Dec.	1 18.5	Dec.	5 16.0	Dec.	9 14.5	Dec.	13 15.8
	17 17.4		21 14.9		25 13.2		29 14.5

HYPERION

Eastern Elongation		Inferior Conjunction		Western Elongation		Superior Conjunction	
	d h		d h		d h		d h
						Jan.	3 03.4
Jan.	7 19.8	Jan.	12 09.3	Jan.	18 07.9		24 08.8
	29 01.2	Feb.	2 15.0	Feb.	8 13.1	Feb.	14 13.9
Feb.	19 06.0		23 20.1	Mar.	1 18.9	Mar.	7 21.0
Mar.	12 13.0	Mar.	17 02.9		23 01.3		29 04.2
Apr.	2 20.5	Apr.	7 11.1	Apr.	13 09.4	Apr.	19 12.2
	24 04.3		28 19.6	May	4 19.1	May	10 22.6
May	15 14.7	May	20 05.9		26 05.8	June	1 09.5
June	6 02.0	June	10 17.8	June	16 17.9		22 20.5
	27 12.8	July	2 05.4	July	8 06.7	July	14 08.9
July	19 00.9		23 17.6		29 19.4	Aug.	4 21.3
Aug.	9 13.6	Aug.	14 06.9	Aug.	20 08.4		26 08.2
	31 00.4	Sept.	4 18.8	Sept.	10 20.9	Sept.	16 19.7
Sept.	21 11.6		26 05.9	Oct.	2 08.5	Oct.	8 06.7
Oct.	12 22.8	Oct.	17 17.6		23 19.0		29 15.0
Nov.	3 07.1	Nov.	8 02.8	Nov.	14 04.2	Nov.	19 23.1
	24 14.9		29 10.3	Dec.	5 11.7	Dec.	11 06.4
Dec.	15 22.2	Dec.	20 17.7		26 17.5		

IAPETUS

Eastern Elongation		Inferior Conjunction		Western Elongation		Superior Conjunction	
	d h		d h		d h		d h
		Jan.	7 04.2	Jan.	26 01.1	Feb.	14 05.6
Mar.	6 09.7	Mar.	26 09.9	Apr.	14 01.8	May	3 21.8
May	24 10.7	June	14 03.8	July	3 09.9	July	23 16.1
Aug.	13 19.5	Sept.	3 09.3	Sept.	23 02.2	Oct.	13 04.2
Nov.	3 10.2	Nov.	23 07.3	Dec.	12 20.0	Dec.	32 08.1

SATELLITES OF SATURN, 2007

DIFFERENTIAL COORDINATES OF HYPERION FOR 0ʰ U.T.

Date		$\Delta\alpha$	$\Delta\delta$	Date		$\Delta\alpha$	$\Delta\delta$	Date		$\Delta\alpha$	$\Delta\delta$
		s	′			s	′			s	′
Jan.	0	− 13	− 0.9	May	2	− 13	+ 0.3	Sept.	1	+ 11	+ 0.5
	2	− 5	− 0.9		4	− 17	− 0.2		3	+ 6	+ 0.6
	4	+ 5	− 0.7		6	− 16	− 0.7		5	− 1	+ 0.5
	6	+ 13	− 0.2		8	− 11	− 1.0		7	− 9	+ 0.3
	8	+ 15	+ 0.4		10	− 3	− 1.0		9	− 14	0.0
	10	+ 11	+ 0.8		12	+ 5	− 0.7		11	− 15	− 0.4
	12	+ 1	+ 0.9		14	+ 12	− 0.2		13	− 12	− 0.6
	14	− 8	+ 0.6		16	+ 14	+ 0.5		15	− 7	− 0.6
	16	− 16	+ 0.1		18	+ 9	+ 0.9		17	+ 1	− 0.5
	18	− 19	− 0.4		20	+ 1	+ 0.9		19	+ 9	− 0.2
	20	− 17	− 0.8		22	− 8	+ 0.6		21	+ 12	+ 0.2
	22	− 10	− 1.0		24	− 14	+ 0.1		23	+ 11	+ 0.5
	24	− 1	− 0.9		26	− 17	− 0.4		25	+ 4	+ 0.6
	26	+ 8	− 0.6		28	− 15	− 0.8		27	− 3	+ 0.4
	28	+ 15	0.0		30	− 9	− 1.0		29	− 10	+ 0.2
	30	+ 14	+ 0.6	June	1	− 1	− 0.9	Oct.	1	− 14	− 0.1
Feb.	1	+ 7	+ 0.9		3	+ 7	− 0.5		3	− 15	− 0.4
	3	− 3	+ 0.9		5	+ 13	0.0		5	− 11	− 0.6
	5	− 12	+ 0.5		7	+ 12	+ 0.6		7	− 5	− 0.5
	7	− 18	− 0.1		9	+ 7	+ 0.8		9	+ 4	− 0.4
	9	− 19	− 0.6		11	− 2	+ 0.8		11	+ 10	0.0
	11	− 15	− 1.0		13	− 10	+ 0.5		13	+ 13	+ 0.3
	13	− 7	− 1.1		15	− 15	0.0		15	+ 9	+ 0.5
	15	− 3	− 0.9		17	− 16	− 0.5		17	+ 2	+ 0.5
	17	+ 12	− 0.4		19	− 13	− 0.8		19	− 6	+ 0.3
	19	+ 15	+ 0.3		21	− 7	− 0.9		21	− 12	+ 0.1
	21	+ 12	+ 0.8		23	+ 1	− 0.8		23	− 15	− 0.2
	23	+ 4	+ 1.0		25	+ 9	− 0.4		25	− 14	− 0.4
	25	− 6	+ 0.8		27	+ 13	+ 0.2		27	− 10	− 0.5
	27	− 15	+ 0.3		29	+ 11	+ 0.6		29	− 2	− 0.5
Mar.	1	− 19	− 0.3	July	1	+ 4	+ 0.8		31	+ 6	− 0.2
	3	− 18	− 0.8		3	− 4	+ 0.7	Nov.	2	+ 12	+ 0.1
	5	− 12	− 1.1		5	− 11	+ 0.3		4	+ 13	+ 0.4
	7	− 3	− 1.1		7	− 15	− 0.1		6	+ 8	+ 0.5
	9	+ 6	− 0.8		9	− 15	− 0.5		8	0	+ 0.4
	11	+ 14	− 0.2		11	− 11	− 0.8		10	− 8	+ 0.2
	13	+ 15	+ 0.5		13	− 5	− 0.8		12	− 14	0.0
	15	+ 10	+ 1.0		15	+ 3	− 0.6		14	− 16	− 0.3
	17	0	+ 1.0		17	+ 10	− 0.2		16	− 14	− 0.5
	19	− 10	+ 0.6		19	+ 13	+ 0.3		18	− 8	− 0.5
	21	− 16	+ 0.1		21	+ 9	+ 0.6		20	+ 1	− 0.4
	23	− 18	− 0.5		23	+ 2	+ 0.7		22	+ 9	− 0.1
	25	− 16	− 0.9		25	− 5	+ 0.5		24	+ 13	+ 0.2
	27	− 9	− 1.1		27	− 12	+ 0.2		26	+ 12	+ 0.4
	29	0	− 1.0		29	− 15	− 0.2		28	+ 6	+ 0.5
	31	+ 9	− 0.6		31	− 14	− 0.5		30	− 3	+ 0.4
Apr.	2	+ 14	+ 0.1	Aug.	2	− 10	− 0.7	Dec.	2	− 10	+ 0.1
	4	+ 13	+ 0.7		4	− 3	− 0.7		4	− 15	− 0.1
	6	+ 6	+ 1.0		6	+ 5	− 0.5		6	− 16	− 0.4
	8	− 3	+ 0.9		8	+ 11	0.0		8	− 13	− 0.5
	10	− 12	+ 0.5		10	+ 12	+ 0.4		10	− 5	− 0.5
	12	− 17	− 0.1		12	+ 8	+ 0.6		12	+ 4	− 0.3
	14	− 18	− 0.6		14	+ 1	+ 0.6		14	+ 12	0.0
	16	− 14	− 1.0		16	− 7	+ 0.4		16	+ 14	+ 0.3
	18	− 6	− 1.1		18	− 13	+ 0.1		18	+ 10	+ 0.5
	20	+ 3	− 0.9		20	− 15	− 0.3		20	+ 3	+ 0.5
	22	+ 11	− 0.4		22	− 13	− 0.6		22	− 6	+ 0.3
	24	+ 14	+ 0.3		24	− 8	− 0.7		24	− 13	0.0
	26	+ 11	+ 0.8		26	− 1	− 0.6		26	− 17	− 0.2
	28	+ 3	+ 1.0		28	− 7	− 0.3		28	− 16	− 0.5
	30	− 6	+ 0.8		30	+ 12	+ 0.1		30	− 10	− 0.5
May	2	− 13	+ 0.3	Sept.	1	+ 11	+ 0.5		32	− 2	− 0.4

Differential coordinates are given in the sense "satellite minus planet."

DIFFERENTIAL COORDINATES OF IAPETUS FOR 0^h U.T.

Date		$\Delta\alpha$	$\Delta\delta$	Date		$\Delta\alpha$	$\Delta\delta$	Date		$\Delta\alpha$	$\Delta\delta$
		s	′			s	′			s	′
Jan.	0	+ 22	− 0.3	May	2	− 5	− 0.2	Sept.	1	+ 6	− 0.3
	2	+ 16	− 0.2		4	+ 1	− 0.3		3	+ 1	− 0.3
	4	+ 10	− 0.1		6	+ 6	− 0.3		5	− 4	− 0.2
	6	+ 4	− 0.1		8	+ 12	− 0.3		7	− 10	− 0.1
	8	− 3	0.0		10	+ 17	− 0.3		9	− 14	0.0
	10	− 10	+ 0.1		12	+ 22	− 0.3		11	− 19	+ 0.1
	12	− 16	+ 0.1		14	+ 26	− 0.3		13	− 23	+ 0.2
	14	− 22	+ 0.2		16	+ 30	− 0.2		15	− 26	+ 0.3
	16	− 27	+ 0.2		18	+ 33	− 0.2		17	− 29	+ 0.4
	18	− 32	+ 0.3		20	+ 35	− 0.2		19	− 31	+ 0.4
	20	− 35	+ 0.3		22	+ 36	− 0.2		21	− 32	+ 0.5
	22	− 38	+ 0.3		24	+ 37	− 0.2		23	− 32	+ 0.6
	24	− 40	+ 0.3		26	+ 37	− 0.1		25	− 32	+ 0.7
	26	− 40	+ 0.3		28	+ 36	− 0.1		27	− 31	+ 0.7
	28	− 40	+ 0.3		30	+ 34	− 0.1		29	− 29	+ 0.7
	30	− 38	+ 0.3	June	1	+ 31	− 0.1	Oct.	1	− 26	+ 0.7
Feb.	1	− 35	+ 0.2		3	+ 28	0.0		3	− 23	+ 0.7
	3	− 32	+ 0.2		5	+ 23	0.0		5	− 19	+ 0.7
	5	− 27	+ 0.1		7	+ 19	0.0		7	− 15	+ 0.7
	7	− 22	+ 0.1		9	+ 14	+ 0.1		9	− 10	+ 0.6
	9	− 16	0.0		11	+ 8	+ 0.1		11	− 5	+ 0.6
	11	− 10	0.0		13	+ 3	+ 0.1		13	0	+ 0.5
	13	− 4	− 0.1		15	− 3	+ 0.1		15	+ 5	+ 0.4
	15	+ 3	− 0.1		17	− 8	+ 0.1		17	+ 10	+ 0.3
	17	+ 9	− 0.2		19	− 13	+ 0.2		19	+ 15	+ 0.1
	19	+ 16	− 0.2		21	− 18	+ 0.2		21	+ 19	0.0
	21	+ 21	− 0.3		23	− 22	+ 0.2		23	+ 23	− 0.1
	23	+ 27	− 0.3		25	− 26	+ 0.2		25	+ 27	− 0.2
	25	+ 31	− 0.3		27	− 29	+ 0.2		27	+ 30	− 0.4
	27	+ 35	− 0.3		29	− 31	+ 0.2		29	+ 32	− 0.5
Mar.	1	+ 38	− 0.3	July	1	− 33	+ 0.2		31	+ 34	− 0.6
	3	+ 41	− 0.3		3	− 33	+ 0.2	Nov.	2	+ 35	− 0.7
	5	+ 42	− 0.2		5	− 33	+ 0.2		4	+ 35	− 0.8
	7	+ 42	− 0.2		7	− 32	+ 0.2		6	+ 34	− 0.9
	9	+ 41	− 0.1		9	− 30	+ 0.2		8	+ 33	− 0.9
	11	+ 39	− 0.1		11	− 27	+ 0.2		10	+ 30	− 1.0
	13	+ 36	0.0		13	− 24	+ 0.2		12	+ 27	− 1.0
	15	+ 33	0.0		15	− 20	+ 0.2		14	+ 23	− 1.0
	17	+ 28	+ 0.1		17	− 16	+ 0.2		16	+ 19	− 0.9
	19	+ 23	+ 0.1		19	− 11	+ 0.1		18	+ 14	− 0.9
	21	+ 17	+ 0.2		21	− 6	+ 0.1		20	+ 9	− 0.8
	23	+ 11	+ 0.2		23	− 1	+ 0.1		22	+ 3	− 0.7
	25	+ 4	+ 0.2		25	+ 4	0.0		24	− 2	− 0.5
	27	− 2	+ 0.3		27	+ 9	0.0		26	− 8	− 0.4
	29	− 9	+ 0.3		29	+ 13	− 0.1		28	− 14	− 0.2
	31	− 15	+ 0.3		31	+ 18	− 0.1		30	− 19	− 0.1
Apr.	2	− 21	+ 0.3	Aug.	2	+ 22	− 0.2	Dec.	2	− 24	+ 0.1
	4	− 26	+ 0.3		4	+ 25	− 0.2		4	− 28	+ 0.3
	6	− 30	+ 0.2		6	+ 28	− 0.3		6	− 31	+ 0.4
	8	− 34	+ 0.2		8	+ 31	− 0.3		8	− 34	+ 0.6
	10	− 36	+ 0.2		10	+ 32	− 0.4		10	− 35	+ 0.7
	12	− 38	+ 0.1		12	+ 33	− 0.4		12	− 36	+ 0.9
	14	− 38	+ 0.1		14	+ 33	− 0.4		14	− 36	+ 1.0
	16	− 38	+ 0.1		16	+ 33	− 0.5		16	− 35	+ 1.0
	18	− 36	0.0		18	+ 32	− 0.5		18	− 33	+ 1.1
	20	− 34	0.0		20	+ 30	− 0.5		20	− 30	+ 1.1
	22	− 30	− 0.1		22	+ 27	− 0.5		22	− 26	+ 1.1
	24	− 26	− 0.1		24	+ 24	− 0.5		24	− 22	+ 1.1
	26	− 22	− 0.2		26	+ 20	− 0.5		26	− 17	+ 1.0
	28	− 17	− 0.2		28	+ 16	− 0.4		28	− 12	+ 0.9
	30	− 11	− 0.2		30	+ 11	− 0.4		30	− 6	+ 0.8
May	2	− 5	− 0.2	Sept.	1	+ 6	− 0.3		32	0	+ 0.7

Differential coordinates are given in the sense "satellite minus planet."

SATELLITES OF SATURN, 2007

DIFFERENTIAL COORDINATES OF PHOEBE FOR 0^h U.T.

Date		$\Delta\alpha$	$\Delta\delta$	Date		$\Delta\alpha$	$\Delta\delta$	Date		$\Delta\alpha$	$\Delta\delta$
		m s	′			m s	′			m s	′
Jan.	0	− 1 37	+ 4.2	May	2	+ 1 23	− 6.1	Sept.	1	+ 0 34	− 0.2
	2	− 1 35	+ 4.0		4	+ 1 25	− 6.1		3	+ 0 32	+ 0.1
	4	− 1 33	+ 3.8		6	+ 1 27	− 6.2		5	+ 0 29	+ 0.3
	6	− 1 31	+ 3.6		8	+ 1 29	− 6.3		7	+ 0 26	+ 0.5
	8	− 1 28	+ 3.4		10	+ 1 31	− 6.3		9	+ 0 23	+ 0.8
	10	− 1 26	+ 3.2		12	+ 1 32	− 6.4		11	+ 0 20	+ 1.0
	12	− 1 23	+ 3.0		14	+ 1 34	− 6.4		13	+ 0 17	+ 1.3
	14	− 1 21	+ 2.8		16	+ 1 35	− 6.4		15	+ 0 14	+ 1.5
	16	− 1 18	+ 2.6		18	+ 1 37	− 6.5		17	+ 0 11	+ 1.8
	18	− 1 15	+ 2.4		20	+ 1 38	− 6.5		19	+ 0 08	+ 2.0
	20	− 1 13	+ 2.2		22	+ 1 39	− 6.5		21	+ 0 05	+ 2.3
	22	− 1 10	+ 2.0		24	+ 1 40	− 6.5		23	+ 0 03	+ 2.5
	24	− 1 07	+ 1.8		26	+ 1 41	− 6.5		25	0 00	+ 2.8
	26	− 1 04	+ 1.6		28	+ 1 42	− 6.5		27	− 0 03	+ 3.0
	28	− 1 01	+ 1.4		30	+ 1 42	− 6.5		29	− 0 06	+ 3.3
	30	− 0 58	+ 1.2	June	1	+ 1 43	− 6.5	Oct.	1	− 0 09	+ 3.5
Feb.	1	− 0 55	+ 1.0		3	+ 1 43	− 6.5		3	− 0 12	+ 3.8
	3	− 0 52	+ 0.7		5	+ 1 44	− 6.5		5	− 0 15	+ 4.0
	5	− 0 49	+ 0.5		7	+ 1 44	− 6.4		7	− 0 18	+ 4.3
	7	− 0 46	+ 0.3		9	+ 1 44	− 6.4		9	− 0 21	+ 4.5
	9	− 0 43	+ 0.1		11	+ 1 44	− 6.4		11	− 0 24	+ 4.8
	11	− 0 40	− 0.1		13	+ 1 44	− 6.3		13	− 0 27	+ 5.0
	13	− 0 37	− 0.3		15	+ 1 44	− 6.3		15	− 0 30	+ 5.3
	15	− 0 33	− 0.5		17	+ 1 44	− 6.2		17	− 0 33	+ 5.5
	17	− 0 30	− 0.7		19	+ 1 43	− 6.2		19	− 0 36	+ 5.8
	19	− 0 27	− 0.9		21	+ 1 43	− 6.1		21	− 0 39	+ 6.0
	21	− 0 24	− 1.1		23	+ 1 42	− 6.0		23	− 0 42	+ 6.2
	23	− 0 20	− 1.3		25	+ 1 42	− 5.9		25	− 0 45	+ 6.5
	25	− 0 17	− 1.5		27	+ 1 41	− 5.8		27	− 0 48	+ 6.7
	27	− 0 13	− 1.7		29	+ 1 40	− 5.8		29	− 0 50	+ 7.0
Mar.	1	− 0 10	− 1.9	July	1	+ 1 39	− 5.7		31	− 0 53	+ 7.2
	3	− 0 07	− 2.1		3	+ 1 38	− 5.6	Nov.	2	− 0 56	+ 7.4
	5	− 0 03	− 2.2		5	+ 1 37	− 5.4		4	− 0 59	+ 7.7
	7	0 00	− 2.4		7	+ 1 36	− 5.3		6	− 1 02	+ 7.9
	9	+ 0 04	− 2.6		9	+ 1 34	− 5.2		8	− 1 05	+ 8.1
	11	+ 0 07	− 2.8		11	+ 1 33	− 5.1		10	− 1 07	+ 8.3
	13	+ 0 10	− 3.0		13	+ 1 31	− 4.9		12	− 1 10	+ 8.6
	15	+ 0 14	− 3.1		15	+ 1 30	− 4.8		14	− 1 13	+ 8.8
	17	+ 0 17	− 3.3		17	+ 1 28	− 4.7		16	− 1 15	+ 9.0
	19	+ 0 21	− 3.5		19	+ 1 27	− 4.5		18	− 1 18	+ 9.2
	21	+ 0 24	− 3.6		21	+ 1 25	− 4.4		20	− 1 21	+ 9.4
	23	+ 0 27	− 3.8		23	+ 1 23	− 4.2		22	− 1 23	+ 9.6
	25	+ 0 30	− 3.9		25	+ 1 21	− 4.0		24	− 1 26	+ 9.8
	27	+ 0 34	− 4.1		27	+ 1 19	− 3.9		26	− 1 28	+10.0
	29	+ 0 37	− 4.2		29	+ 1 17	− 3.7		28	− 1 31	+10.2
	31	+ 0 40	− 4.4		31	+ 1 15	− 3.5		30	− 1 33	+10.4
Apr.	2	+ 0 43	− 4.5	Aug.	2	+ 1 13	− 3.3	Dec.	2	− 1 36	+10.6
	4	+ 0 46	− 4.6		4	+ 1 10	− 3.2		4	− 1 38	+10.8
	6	+ 0 49	− 4.8		6	+ 1 08	− 3.0		6	− 1 41	+10.9
	8	+ 0 52	− 4.9		8	+ 1 06	− 2.8		8	− 1 43	+11.1
	10	+ 0 55	− 5.0		10	+ 1 03	− 2.6		10	− 1 45	+11.3
	12	+ 0 58	− 5.1		12	+ 1 01	− 2.4		12	− 1 48	+11.4
	14	+ 1 01	− 5.3		14	+ 0 58	− 2.2		14	− 1 50	+11.6
	16	+ 1 04	− 5.4		16	+ 0 56	− 2.0		16	− 1 52	+11.8
	18	+ 1 07	− 5.5		18	+ 0 53	− 1.7		18	− 1 54	+11.9
	20	+ 1 09	− 5.6		20	+ 0 51	− 1.5		20	− 1 57	+12.1
	22	+ 1 12	− 5.7		22	+ 0 48	− 1.3		22	− 1 59	+12.2
	24	+ 1 14	− 5.8		24	+ 0 45	− 1.1		24	− 2 01	+12.3
	26	+ 1 17	− 5.8		26	+ 0 43	− 0.9		26	− 2 03	+12.5
	28	+ 1 19	− 5.9		28	+ 0 40	− 0.6		28	− 2 05	+12.6
	30	+ 1 21	− 6.0		30	+ 0 37	− 0.4		30	− 2 07	+12.7
May	2	+ 1 23	− 6.1	Sept.	1	+ 0 34	− 0.2		32	− 2 09	+12.8

Differential coordinates are given in the sense "satellite minus planet."

APPARENT ORBITS OF SATELLITES I-IV AT DATE OF OPPOSITION, SEPTEMBER 9

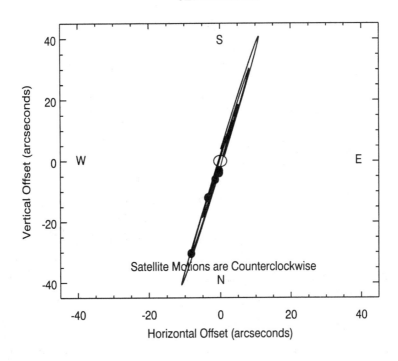

	NAME	SIDEREAL PERIOD
		d
V	Miranda	1.413 479 25
I	Ariel	2.520 379 35
II	Umbriel	4.144 177 2
III	Titania	8.705 871 7
IV	Oberon	13.463 238 9

RINGS OF URANUS

Ring	Semimajor Axis	Eccentricity	Azimuth of Periapse	Precession Rate
	km		°	°/d
6	41870	0.0014	236	2.77
5	42270	0.0018	182	2.66
4	42600	0.0012	120	2.60
α	44750	0.0007	331	2.18
β	45700	0.0005	231	2.03
η	47210	— —	—	—
γ	47660	— —	—	—
δ	48330	0.0005	140	—
ϵ	51180	0.0079	216	1.36

Epoch: 1977 March 10, 20^h UT (JD 244 3213.33)

SATELLITES OF URANUS, 2007

UNIVERSAL TIME OF GREATEST NORTHERN ELONGATION

Jan.	Feb.	Mar.	Apr.	May	June	July	Aug.	Sept.	Oct.	Nov.	Dec.
					MIRANDA						
d h	d h	d h	d h	d h	d h	d h	d h	d h	d h	d h	d h
0 16.6	2 04.8	1 01.4	1 03.7	2 05.9	2 08.2	2 00.5	2 02.8	2 05.1	1 21.5	1 23.9	1 16.3
2 02.5	3 14.8	2 11.3	2 13.6	3 15.8	3 18.1	3 10.4	3 12.7	3 15.0	3 07.4	3 09.8	3 02.3
3 12.4	5 00.7	3 21.2	3 23.5	5 01.8	5 04.0	4 20.3	4 22.6	5 00.9	4 17.4	4 19.7	4 12.2
4 22.3	6 10.6	5 07.2	5 09.4	6 11.7	6 13.9	6 06.2	6 08.5	6 10.8	6 03.3	6 05.7	5 22.1
6 08.3	7 20.5	6 17.1	6 19.3	7 21.6	7 23.8	7 16.2	7 18.5	7 20.8	7 13.2	7 15.6	7 08.1
7 18.2	9 06.5	8 03.0	8 05.3	9 07.5	9 09.8	9 02.1	9 04.4	9 06.7	8 23.1	9 01.5	8 18.0
9 04.1	10 16.4	9 12.9	9 15.2	10 17.4	10 19.7	10 12.0	10 14.3	10 16.6	10 09.1	10 11.4	10 03.9
10 14.0	12 02.3	10 22.8	11 01.1	12 03.4	12 05.6	11 21.9	12 00.2	12 02.5	11 19.0	11 21.4	11 13.8
12 00.0	13 12.2	12 08.8	12 11.0	13 13.3	13 15.5	13 07.9	13 10.1	13 12.5	13 04.9	13 07.3	12 23.8
13 09.9	14 22.2	13 18.7	13 20.9	14 23.2	15 01.4	14 17.8	14 20.1	14 22.4	14 14.8	14 17.2	14 09.7
14 19.8	16 08.1	15 04.6	15 06.9	16 09.1	16 11.4	16 03.7	16 06.0	16 08.3	16 00.8	16 03.1	15 19.6
16 05.7	17 18.0	16 14.5	16 16.8	17 19.0	17 21.3	17 13.6	17 15.9	17 18.2	17 10.7	17 13.1	17 05.5
17 15.7	19 03.9	18 00.4	18 02.7	19 05.0	19 07.2	18 23.5	19 01.8	19 04.2	18 20.6	18 23.0	18 15.5
19 01.6	20 13.8	19 10.4	19 12.6	20 14.9	20 17.1	20 09.5	20 11.8	20 14.1	20 06.5	20 08.9	20 01.4
20 11.5	21 23.8	20 20.3	20 22.6	22 00.8	22 03.0	21 19.4	21 21.7	22 00.0	21 16.5	21 18.9	21 11.3
21 21.4	23 09.7	22 06.2	22 08.5	23 10.7	23 13.0	23 05.3	23 07.6	23 09.9	23 02.4	23 04.8	22 21.2
23 07.4	24 19.6	23 16.1	23 18.4	24 20.6	24 22.9	24 15.2	24 17.5	24 19.9	24 12.3	24 14.7	24 07.2
24 17.3	26 05.5	25 02.1	25 04.3	26 06.6	26 08.8	26 01.2	26 03.5	26 05.8	25 22.2	26 00.6	25 17.1
26 03.2	27 15.5	26 12.0	26 14.2	27 16.5	27 18.7	27 11.1	27 13.4	27 15.7	27 08.2	27 10.6	27 03.0
27 13.1		27 21.9	28 00.2	29 02.4	29 04.6	28 21.0	28 23.3	29 01.7	28 18.1	28 20.5	28 13.0
28 23.1		29 07.8	29 10.1	30 12.3	30 14.6	30 06.9	30 09.2	30 11.6	30 04.0	30 06.4	29 22.9
30 09.0		30 17.7	30 20.0	31 22.2		31 16.8	31 19.2		31 14.0		31 08.8
31 18.9											32 18.7
					ARIEL						
d h	d h	d h	d h	d h	d h	d h	d h	d h	d h	d h	d h
- 1 12.9	1 07.3	1 00.6	2 18.9	3 00.7	2 06.5	2 12.3	1 18.1	1 00.0	1 05.9	3 00.3	3 06.3
2 01.4	3 19.8	3 13.1	5 07.4	5 13.2	4 19.0	5 00.8	4 06.6	3 12.5	3 18.4	5 12.8	5 18.8
4 13.9	6 08.2	6 01.6	7 19.9	8 01.7	7 07.5	7 13.3	6 19.1	6 01.0	6 06.9	8 01.3	8 07.3
7 02.4	8 20.7	8 14.1	10 08.4	10 14.2	9 20.0	10 01.8	9 07.6	8 13.5	8 19.4	10 13.8	10 19.8
9 14.8	11 09.2	11 02.6	12 20.9	13 02.7	12 08.4	12 14.3	11 20.1	11 02.0	11 07.9	13 02.3	13 08.2
12 03.3	13 21.7	13 15.1	15 09.3	15 15.1	14 20.9	15 02.7	14 08.6	13 14.5	13 20.4	15 14.8	15 20.7
14 15.8	16 10.2	16 03.5	17 21.8	18 03.6	17 09.4	17 15.2	16 21.1	16 03.0	16 08.9	18 03.3	18 09.2
17 04.3	18 22.7	18 16.0	20 10.3	20 16.1	19 21.9	20 03.7	19 09.6	18 15.4	18 21.4	20 15.8	20 21.7
19 16.8	21 11.2	21 04.5	22 22.8	23 04.6	22 10.4	22 16.2	21 22.0	21 03.9	21 09.9	23 04.3	23 10.2
22 05.3	23 23.7	23 17.0	25 11.3	25 17.1	24 22.9	25 04.7	24 10.5	23 16.4	23 22.4	25 16.8	25 22.7
24 17.8	26 12.1	26 05.5	27 23.8	28 05.6	27 11.3	27 17.2	26 23.0	26 04.9	26 10.9	28 05.3	28 11.2
27 06.3		28 18.0	30 12.2	30 18.0	29 23.8	30 05.7	29 11.5	28 17.4	28 23.3	30 17.8	30 23.7
29 18.8		31 06.4							31 11.8		

UNIVERSAL TIME OF GREATEST NORTHERN ELONGATION

Jan.	Feb.	Mar.	Apr.	May	June	July	Aug.	Sept.	Oct.	Nov.	Dec.

UMBRIEL

d h	d h	d h	d h	d h	d h	d h	d h	d h	d h	d h	d h
- 1 19.0	1 22.7	2 22.9	5 02.5	4 02.6	2 02.7	1 02.9	3 06.5	1 06.8	4 10.5	2 10.8	1 11.1
3 22.4	6 02.1	7 02.3	9 05.9	8 06.0	6 06.2	5 06.3	7 10.0	5 10.2	8 14.0	6 14.3	5 14.5
8 01.9	10 05.6	11 05.8	13 09.4	12 09.5	10 09.6	9 09.8	11 13.5	9 13.7	12 17.4	10 17.7	9 18.0
12 05.4	14 09.0	15 09.2	17 12.8	16 12.9	14 13.1	13 13.2	15 16.9	13 17.2	16 20.9	14 21.2	13 21.5
16 08.8	18 12.5	19 12.7	21 16.2	20 16.4	18 16.5	17 16.7	19 20.4	17 20.6	21 00.4	19 00.7	18 00.9
20 12.3	22 15.9	23 16.1	25 19.7	24 19.8	22 20.0	21 20.1	23 23.8	22 00.1	25 03.8	23 04.1	22 04.4
24 15.8	26 19.4	27 19.6	29 23.1	28 23.3	26 23.4	25 23.6	28 03.3	26 03.6	29 07.3	27 07.6	26 07.9
28 19.2		31 23.0				30 03.1		30 07.0			30 11.3

TITANIA

d h	d h	d h	d h	d h	d h	d h	d h	d h	d h	d h	d h
- 1 16.1	3 11.8	1 14.5	5 10.1	1 12.8	5 08.5	1 11.2	5 07.0	9 02.8	5 05.7	9 01.6	5 04.5
8 09.0	12 04.7	10 07.4	14 03.0	10 05.7	14 01.4	10 04.2	13 23.9	17 19.8	13 22.7	17 18.6	13 21.4
17 02.0	20 21.6	19 00.3	22 20.0	18 22.7	22 18.3	18 21.1	22 16.9	26 12.7	22 15.7	26 11.5	22 14.3
25 18.9		27 17.2		27 15.6		27 14.0	31 09.8		31 08.6		31 07.3

OBERON

d h	d h	d h	d h	d h	d h	d h	d h	d h	d h	d h	d h
- 7 01.4	2 10.7	1 08.8	10 18.0	7 16.0	3 14.1	13 23.4	9 21.7	5 20.0	2 18.3	12 03.7	9 02.0
6 12.5	15 21.7	14 19.8	24 05.0	21 03.0	17 01.1	27 10.5	23 08.8	19 07.1	16 05.4	25 14.9	22 13.1
19 23.6		28 06.9			30 12.3				29 16.6		

SATELLITES OF NEPTUNE, 2007

APPARENT ORBIT OF TRITON AT DATE OF OPPOSITION, AUG. 13

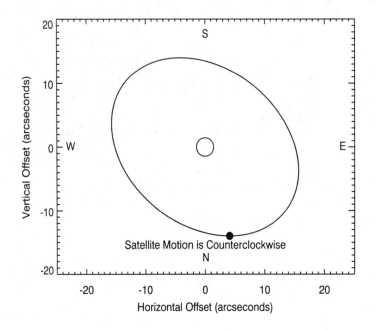

NAME	SIDEREAL PERIOD
I Triton	$5^d.876\ 854\ 1$ R
II Nereid	$360^d.135\ 38$

DIFFERENTIAL COORDINATES OF NEREID FOR 0^h UT

Date		$\Delta\alpha\cos\delta$	$\Delta\delta$	Date		$\Delta\alpha\cos\delta$	$\Delta\delta$	Date		$\Delta\alpha\cos\delta$	$\Delta\delta$
		′ ″	″			′ ″	″			′ ″	″
Jan.	0	+4 10.6	+105.7	May	10	+1 39.3	+ 44.8	Sept.	17	+6 26.0	+165.9
	10	+3 49.1	+ 96.8		20	+2 35.2	+ 69.5		27	+6 22.3	+163.8
	20	+3 26.0	+ 87.2		30	+3 21.5	+ 89.9	Oct.	7	+6 16.2	+160.9
	30	+3 01.0	+ 76.8	June	9	+4 00.4	+107.0		17	+6 07.8	+157.0
Feb.	9	+2 33.9	+ 65.4		19	+4 33.5	+121.3		27	+5 57.3	+152.4
	19	+2 04.5	+ 52.8		29	+5 01.5	+133.3	Nov.	6	+5 45.0	+147.1
Mar.	1	+1 32.5	+ 39.1	July	9	+5 24.9	+143.2		16	+5 31.0	+141.1
	11	+0 57.5	+ 24.0		19	+5 44.3	+151.1		26	+5 15.4	+134.5
	21	+0 19.5	+ 7.5		29	+5 59.7	+157.3	Dec.	6	+4 58.2	+127.3
	31	−0 20.3	− 9.7	Aug.	8	+6 11.6	+161.9		16	+4 39.6	+119.5
Apr.	10	−0 55.2	− 24.7		18	+6 19.9	+164.9		26	+4 19.5	+111.0
	20	−0 44.2	− 19.2		28	+6 25.0	+166.5		36	+3 57.8	+101.8
	30	−0 30.5	+ 14.2	Sept.	7	+6 26.9	+166.8		46	+3 34.5	+ 91.9

TRITON

UNIVERSAL TIME OF GREATEST EASTERN ELONGATION

Jan.	Feb.	Mar.	Apr.	May	June	July	Aug.	Sept.	Oct.	Nov.	Dec.
d h	d h	d h	d h	d h	d h	d h	d h	d h	d h	d h	d h
2 13.1	6 18.7	2 06.3	6 12.0	5 20.8	4 06.0	3 15.3	2 00.9	6 07.7	5 17.3	4 02.7	3 11.8
8 10.0	12 15.6	8 03.3	12 08.9	11 17.8	10 03.0	9 12.4	7 22.0	12 04.8	11 14.4	9 23.7	9 08.8
14 06.9	18 12.5	14 00.2	18 05.9	17 14.9	16 00.1	15 09.5	13 19.2	18 02.0	17 11.5	15 20.8	15 05.8
20 03.9	24 09.4	19 21.1	24 02.9	23 11.9	21 21.1	21 06.6	19 16.3	23 23.1	23 08.6	21 17.8	21 02.8
26 00.8		25 18.1	29 23.8	29 08.9	27 18.2	27 03.8	25 13.4	29 20.2	29 05.6	27 14.8	26 23.7
31 21.7		31 15.0					31 10.6				32 20.7

SATELLITE OF PLUTO, 2007

APPARENT ORBIT OF CHARON AT DATE OF OPPOSITION, JUNE 19

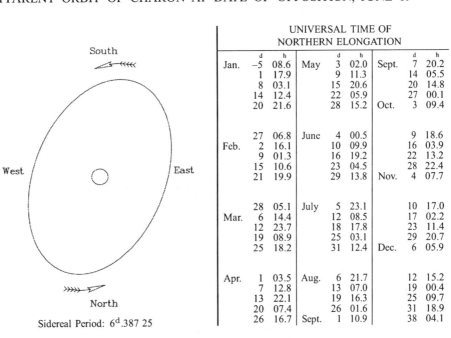

South

West

East

North

Sidereal Period: 6^{d}.387 25

UNIVERSAL TIME OF NORTHERN ELONGATION

	d h		d h		d h
Jan.	−5 08.6	May	3 02.0	Sept.	7 20.2
	1 17.9		9 11.3		14 05.5
	8 03.1		15 20.6		20 14.8
	14 12.4		22 05.9		27 00.1
	20 21.6		28 15.2	Oct.	3 09.4
	27 06.8	June	4 00.5		9 18.6
Feb.	2 16.1		10 09.9		16 03.9
	9 01.3		16 19.2		22 13.2
	15 10.6		23 04.5		28 22.4
	21 19.9		29 13.8	Nov.	4 07.7
	28 05.1	July	5 23.1		10 17.0
Mar.	6 14.4		12 08.5		17 02.2
	12 23.7		18 17.8		23 11.4
	19 08.9		25 03.1		29 20.7
	25 18.2		31 12.4	Dec.	6 05.9
Apr.	1 03.5	Aug.	6 21.7		12 15.2
	7 12.8		13 07.0		19 00.4
	13 22.1		19 16.3		25 09.7
	20 07.4		26 01.6		31 18.9
	26 16.7	Sept.	1 10.9		38 04.1

CONTENTS OF SECTION G

Notes on bright minor planets

The following pages contains various data on a selection of 93 of the largest and/or brightest minor planets. The first two pages tabulates their osculating orbital elements for epoch 2007 October 27·0 TT (JD 245 4400·5), with respect to the ecliptic and equinox J2000·0.

The opposition dates of all the objects are listed in chronological order together with the visual magnitude and declination. From these, a sub-set of the 15 larger minor planets, consisting of Ceres, Pallas, Juno, Vesta, Hebe, Iris, Flora, Metis, Hygiea, Eunomia, Psyche, Europa, Cybele, Davida and Interamnia are candidates for a daily ephemeris.

A daily geocentric astrometric (see page B33) ephemeris will be tabulated for those of the 15 larger minor planets that have an opposition date occurring between January 1 and January 31 of the following year. The daily ephemeris of each object is centred about the opposition date, which is repeated at the bottom of the first column and at the top of the second column. The highlighted dates indicate when the object is stationary in right ascension. It is very occasionally possible for a stationary date to be outside the period tabulated.

Linear interpolation is sufficient for the magnitude and ephemeris transit, but for the right ascension and declination second differences are significant. The tabulations are similar to those for Pluto, and the use of the data is similar to that for major planets.

BRIGHT MINOR PLANETS, 2007

OSCULATING ELEMENTS
FOR EPOCH 2007 OCTOBER 27·0 TT, ECLIPTIC AND EQUINOX J2000·0

Name	No.	Magnitude Parameters H	G	Mean Dia- meter	Inclin- ation i	Long. of Asc. Node Ω	Argument of Peri- helion ω	Mean Distance a	Daily Motion n	Eccen- tricity e	Mean Anomaly M
				km	°	°	°		°		°
Ceres	1	3·34	0·12	957	10·587	80·407	73·043	2·7665	0·21419	0·0796	258·751
Pallas	2	4·13	0·11	524	34·841	173·137	310·313	2·7719	0·21357	0·2308	242·490
Juno	3	5·33	0·32	274	12·967	170·102	247·880	2·6687	0·22607	0·2576	166·443
Vesta	4	3·20	0·32	512	7·135	103·914	149·979	2·3617	0·27156	0·0893	36·074
Astraea	5	6·85	0·15	120	5·369	141·677	357·496	2·5734	0·23874	0·1925	1·571
Hebe	6	5·71	0·24	190	14·752	138·737	239·550	2·4255	0·26091	0·2019	70·569
Iris	7	5·51	0·15	211	5·527	259·720	145·359	2·3851	0·26758	0·2314	96·887
Flora	8	6·49	0·28	138	5·889	110·961	285·472	2·2014	0·30175	0·1564	7·261
Metis	9	6·28	0·17	209	5·575	68·967	6·181	2·3867	0·26731	0·1217	234·144
Hygiea	10	5·43	0·15	444	3·842	283·453	313·118	3·1374	0·17736	0·1178	127·119
Parthenope	11	6·55	0·15	153	4·625	125·622	195·123	2·4527	0·25659	0·1002	281·833
Victoria	12	7·24	0·22	113	8·364	235·537	69·604	2·3342	0·27638	0·2203	52·425
Egeria	13	6·74	0·15	208	16·544	43·290	80·944	2·5759	0·23840	0·0859	266·272
Irene	14	6·30	0·15	180	9·107	86·458	96·317	2·5857	0·23704	0·1678	251·204
Eunomia	15	5·28	0·23	320	11·738	293·268	97·897	2·6440	0·22925	0·1874	40·772
Psyche	16	5·90	0·20	239	3·096	150·345	227·749	2·9191	0·19762	0·1396	180·959
Thetis	17	7·76	0·15	90	5·588	125·608	136·077	2·4697	0·25395	0·1346	317·521
Melpomene	18	6·51	0·25	138	10·127	150·532	227·939	2·2950	0·28349	0·2188	157·066
Fortuna	19	7·13	0·10	225	1·573	211·369	181·907	2·4417	0·25832	0·1591	192·775
Massalia	20	6·50	0·25	145	0·707	206·506	255·493	2·4087	0·26365	0·1427	91·721
Lutetia	21	7·35	0·11	116	3·064	80·913	249·957	2·4356	0·25930	0·1631	335·005
Kalliope	22	6·45	0·21	181	13·710	66·233	355·922	2·9083	0·19872	0·1027	82·832
Thalia	23	6·95	0·15	108	10·145	67·229	59·408	2·6281	0·23134	0·2329	84·311
Themis	24	7·08	0·19	175	0·760	36·000	107·894	3·1309	0·17791	0·1319	328·360
Phocaea	25	7·83	0·15	75	21·582	214·263	90·201	2·4003	0·26503	0·2556	139·406
Proserpina	26	7·50	0·15	95	3·562	45·882	193·297	2·6565	0·22763	0·0868	229·239
Euterpe	27	7·00	0·15	118	1·584	94·805	356·850	2·3462	0·27425	0·1727	263·389
Bellona	28	7·09	0·15	121	9·401	144·475	342·839	2·7797	0·21267	0·1482	100·152
Amphitrite	29	5·85	0·20	212	6·096	356·497	63·322	2·5547	0·24137	0·0728	350·508
Urania	30	7·57	0·15	100	2·099	307·748	87·007	2·3654	0·27093	0·1266	331·562
Euphrosyne	31	6·74	0·15	256	26·317	31·233	61·963	3·1486	0·17641	0·2257	67·455
Pomona	32	7·56	0·15	81	5·530	220·562	339·246	2·5863	0·23696	0·0832	117·580
Fides	37	7·29	0·24	108	3·074	7·405	62·620	2·6406	0·22969	0·1765	98·282
Laetitia	39	6·10	0·15	150	10·384	157·160	209·495	2·7683	0·21399	0·1144	122·509
Harmonia	40	7·00	0·15	108	4·257	94·286	269·514	2·2670	0·28876	0·0462	335·184
Daphne	41	7·12	0·10	187	15·766	178·148	46·295	2·7646	0·21441	0·2718	311·755
Isis	42	7·53	0·15	100	8·530	84·396	236·630	2·4414	0·25838	0·2231	199·362
Ariadne	43	7·93	0·11	66	3·468	264·933	15·970	2·2031	0·30141	0·1681	312·530
Nysa	44	7·03	0·46	71	3·703	131·602	342·410	2·4231	0·26130	0·1483	66·587
Eugenia	45	7·46	0·07	215	6·609	147·927	85·440	2·7212	0·21956	0·0818	198·707
Doris	48	6·90	0·15	222	6·554	183·743	257·467	3·1100	0·17970	0·0748	30·209
Nemausa	51	7·35	0·08	158	9·972	176·165	2·949	2·3655	0·27091	0·0664	37·829
Europa	52	6·31	0·18	302	7·480	128·751	343·965	3·0966	0·18087	0·1052	196·740
Alexandra	54	7·66	0·15	166	11·806	313·437	345·631	2·7123	0·22065	0·1966	169·954
Echo	60	8·21	0·27	60	3·599	191·730	270·818	2·3950	0·26592	0·1822	170·497
Ausonia	63	7·55	0·25	103	5·786	337·909	295·709	2·3955	0·26583	0·1259	103·096
Angelina	64	7·67	0·48	56	1·310	309·212	179·606	2·6821	0·22439	0·1251	175·084

OSCULATING ELEMENTS
FOR EPOCH 2007 OCTOBER 27·0 TT, ECLIPTIC AND EQUINOX J2000·0

Name	No.	Magnitude Parameters H	G	Mean Diameter	Inclination i	Long. of Asc. Node Ω	Argument of Perihelion ω	Mean Distance a	Daily Motion n	Eccentricity e	Mean Anomaly M
				km	°	°	°		°		°
Cybele	65	6·62	0·01	230	3·548	155·803	105·701	3·4342	0·15487	0·1054	326·240
Asia	67	8·28	0·15	58	6·028	202·716	106·324	2·4207	0·26169	0·1851	260·665
Leto	68	6·78	0·05	123	7·971	44·180	305·406	2·7832	0·21227	0·1856	88·265
Hesperia	69	7·05	0·19	138	8·583	185·072	289·928	2·9772	0·19187	0·1681	214·273
Niobe	71	7·30	0·40	83	23·264	316·077	267·319	2·7540	0·21565	0·1764	78·686
Eurynome	79	7·96	0·25	66	4·618	206·766	200·523	2·4467	0·25754	0·1909	226·637
Sappho	80	7·98	0·15	79	8·662	218·808	139·217	2·2958	0·28334	0·1998	347·770
Io	85	7·61	0·15	164	11·958	203·409	122·099	2·6538	0·22798	0·1918	343·904
Sylvia	87	6·94	0·15	261	10·857	73·323	265·787	3·4880	0·15130	0·0803	174·561
Thisbe	88	7·04	0·14	232	5·219	276·764	36·622	2·7668	0·21415	0·1651	229·655
Julia	89	6·60	0·15	151	16·143	311·649	44·949	2·5494	0·24213	0·1840	201·839
Undina	92	6·61	0·15	126	9·923	101·830	242·125	3·1891	0·17306	0·1009	169·280
Aurora	94	7·57	0·15	204	7·966	2·704	59·881	3·1587	0·17557	0·0876	292·325
Klotho	97	7·63	0·15	83	11·784	159·773	268·629	2·6676	0·22621	0·2569	82·208
Hera	103	7·66	0·15	91	5·421	136·268	190·196	2·7027	0·22182	0·0798	141·333
Camilla	107	7·08	0·08	223	10·049	173·128	309·777	3·4756	0·15211	0·0781	47·470
Thyra	115	7·51	0·12	80	11·602	308·978	96·906	2·3796	0·26850	0·1918	329·229
Hermione	121	7·31	0·15	209	7·601	73·200	297·214	3·4493	0·15385	0·1363	292·957
Nemesis	128	7·49	0·15	188	6·254	76·459	302·246	2·7521	0·21588	0·1260	246·106
Antigone	129	7·07	0·33	138	12·217	136·425	108·275	2·8686	0·20286	0·2127	171·409
Hertha	135	8·23	0·15	79	2·305	343·854	339·912	2·4293	0·26031	0·2063	324·375
Eunike	185	7·62	0·15	158	23·223	153·937	224·247	2·7390	0·21743	0·1273	351·284
Nausikaa	192	7·13	0·03	95	6·816	343·310	30·075	2·4030	0·26459	0·2456	327·479
Prokne	194	7·68	0·15	169	18·486	159·484	162·884	2·6172	0·23278	0·2357	17·671
Philomela	196	6·54	0·15	136	7·261	72·554	199·503	3·1119	0·17954	0·0217	58·597
Kleopatra	216	7·30	0·29	118	13·099	215·572	179·674	2·7986	0·21052	0·2485	265·363
Athamantis	230	7·35	0·27	109	9·438	239·960	139·950	2·3820	0·26809	0·0609	337·571
Anahita	270	8·75	0·15	51	2·366	254·556	80·214	2·1985	0·30236	0·1503	331·794
Nephthys	287	8·30	0·22	68	10·023	142·475	120·386	2·3531	0·27306	0·0240	332·583
Bamberga	324	6·82	0·09	228	11·105	328·037	43·983	2·6831	0·22425	0·3380	229·022
Hermentaria	346	7·13	0·15	107	8·762	92·151	289·784	2·7981	0·21058	0·1013	236·802
Dembowska	349	5·93	0·37	140	8·256	32·500	347·485	2·9255	0·19698	0·0881	34·890
Eleonora	354	6·44	0·37	155	18·393	140·408	6·864	2·7981	0·21058	0·1141	168·576
Palma	372	7·20	0·15	189	23·864	327·458	115·981	3·1438	0·17682	0·2624	70·416
Aquitania	387	7·41	0·15	101	18·138	128·315	157·742	2·7382	0·21752	0·2373	267·564
Industria	389	7·88	0·15	79	8·135	282·556	263·691	2·6085	0·23395	0·0650	321·360
Aspasia	409	7·62	0·29	162	11·243	242·363	352·664	2·5769	0·23827	0·0705	218·522
Diotima	423	7·24	0·15	209	11·237	69·548	204·317	3·0695	0·18327	0·0409	6·037
Eros	433	11·16	0·46	16	10·831	304·377	178·681	1·4581	0·55979	0·2229	215·954
Patientia	451	6·65	0·19	225	15·222	89·394	340·352	3·0609	0·18404	0·0772	46·881
Papagena	471	6·73	0·37	134	14·985	84·093	314·395	2·8851	0·20112	0·2336	123·428
Davida	511	6·22	0·16	326	15·938	107·667	338·418	3·1671	0·17487	0·1858	317·805
Herculina	532	5·81	0·26	207	16·314	107·601	76·704	2·7703	0·21375	0·1785	166·975
Zelinda	654	8·52	0·15	127	18·129	278·572	213·999	2·2960	0·28330	0·2323	225·748
Alauda	702	7·25	0·15	195	20·614	289·968	352·396	3·1914	0·17287	0·0219	46·828
Interamnia	704	5·94	−0·02	329	17·292	280·389	95·784	3·0626	0·18389	0·1501	46·396

BRIGHT MINOR PLANETS, 2007

AT OPPOSITION

	Name	Date		Mag.	Dec.			Name	Date		Mag.	Dec.	
					°	′						°	′
42	Isis	Jan.	2	11·3	+26	51	121	Hermione	June	19	12·1	−26	08
92	Undina	Jan.	13	11·3	+24	09	9	**Metis**	**June**	**23**	**9·7**	**−26**	**52**
87	Sylvia	Jan.	17	12·2	+30	48	192	Nausikaa	July	5	9·9	−33	26
37	Fides	Jan.	17	9·9	+25	44	64	Angelina	July	7	11·6	−23	22
372	Palma	Jan.	22	10·5	+36	49	433	Eros	July	9	12·0	−30	12
18	Melpomene	Jan.	23	9·2	+11	26	52	**Europa**	**July**	**13**	**11·0**	**−18**	**34**
31	Euphrosyne	Jan.	23	10·7	+58	50	80	Sappho	July	24	10·0	−02	48
387	Aquitania	Jan.	24	12·0	+17	17	71	Niobe	July	25	10·6	−29	03
88	Thisbe	Jan.	27	11·5	+14	51	354	Eleonora	July	26	10·7	−11	17
20	Massalia	Jan.	29	8·4	+16	39	32	Pomona	July	28	11·0	−10	13
107	Camilla	Jan.	31	11·7	+08	02	69	Hesperia	July	31	12·0	−08	23
471	Papagena	Feb.	3	10·7	+33	24	40	Harmonia	Aug.	3	9·3	−22	07
67	Asia	Feb.	6	12·2	+07	35	702	Alauda	Aug.	8	11·8	−03	18
17	Thetis	Feb.	8	11·0	+17	02	27	Euterpe	Aug.	11	10·2	−17	01
43	Ariadne	Feb.	10	11·0	+09	38	196	Philomela	Aug.	11	10·9	−24	37
51	Nemausa	Feb.	12	10·0	+04	29	194	Prokne	Aug.	19	9·6	−04	19
89	Julia	Feb.	17	10·7	+05	31	654	Zelinda	Aug.	22	12·6	+08	38
16	**Psyche**	**Mar.**	**3**	**10·3**	**+07**	**46**	94	Aurora	Aug.	28	11·9	−14	55
287	Nephthys	Mar.	10	11·1	+11	25	230	Athamantis	Aug.	31	10·1	+06	59
11	Parthenope	Mar.	19	10·0	+06	06	2	**Pallas**	**Sept.**	**3**	**8·8**	**+04**	**16**
23	Thalia	Mar.	20	9·6	+16	06	30	Urania	Sept.	3	9·7	−05	29
19	Fortuna	Mar.	21	10·6	−01	21	115	Thyra	Sept.	5	9·8	+04	35
65	**Cybele**	**Mar.**	**23**	**11·2**	**+01**	**06**	532	Herculina	Sept.	10	10·6	−23	46
324	Bamberga	Apr.	3	12·0	−15	08	185	Eunike	Sept.	17	10·8	−15	27
3	**Juno**	**Apr.**	**10**	**9·7**	**+01**	**05**	10	**Hygiea**	**Oct.**	**3**	**10·1**	**+09**	**00**
28	Bellona	Apr.	10	10·6	+03	40	12	Victoria	Oct.	8	9·4	+15	40
135	Hertha	Apr.	27	11·2	−16	54	13	Egeria	Oct.	12	10·3	−03	25
346	Hermentaria	Apr.	28	11·5	−03	58	511	**Davida**	**Oct.**	**19**	**10·4**	**−12**	**36**
128	Nemesis	May	1	11·7	−09	50	63	Ausonia	Oct.	22	10·7	+18	10
79	Eurynome	May	10	11·8	−14	58	1	**Ceres**	**Nov.**	**9**	**7·2**	**+08**	**07**
270	Anahita	May	23	10·8	−21	33	29	Amphitrite	Nov.	17	8·8	+27	34
60	Echo	May	28	11·7	−16	47	8	**Flora**	**Nov.**	**19**	**8·0**	**+09**	**26**
4	**Vesta**	**May**	**30**	**5·4**	**−14**	**04**	129	Antigone	Nov.	26	12·1	+04	53
21	Lutetia	May	31	9·9	−20	45	14	Irene	Nov.	26	9·9	+15	27
216	Kleopatra	May	31	12·0	−11	21	349	Dembowska	Dec.	1	9·6	+29	23
423	Diotima	June	2	11·1	−22	38	45	Eugenia	Dec.	10	11·6	+13	34
85	Io	June	9	10·7	−06	03	704	**Interamnia**	**Dec.**	**21**	**9·9**	**+28**	**45**

AT OPPOSITION DURING 2008

	Name	Date		Mag.	Dec.			Name	Date		Mag.	Dec.	
409	Aspasia	Jan.	4	11·3	+11	11	451	Patientia	Feb.	13	11·0	+30	48
15	**Eunomia**	**Jan.**	**10**	**8·2**	**+23**	**11**	39	Laetitia	Mar.	2	10·2	+08	12
25	Phocaea	Jan.	12	12·5	−08	39	389	Industria	Mar.	21	11·1	−12	48
68	Leto	Jan.	14	11·1	+32	16	22	Kalliope	Mar.	26	10·9	+13	43
26	Proserpina	Jan.	19	11·2	+25	33	5	Astraea	Apr.	6	9·4	+00	47
24	Themis	Jan.	23	10·6	+20	34	7	Iris	Apr.	9	9·4	−14	36
54	Alexandra	Jan.	26	12·1	+20	46	41	Daphne	Apr.	10	9·3	+03	06
103	Hera	Feb.	1	11·5	+16	35	97	Klotho	Apr.	20	12·2	+00	54
48	Doris	Feb.	6	11·0	+08	54	44	Nysa	May	31	10·4	−16	48
6	Hebe	Feb.	7	8·8	+15	03							

Daily ephemerides of minor planets printed in **bold** are given in this section

GEOCENTRIC POSITIONS FOR 0ʰ TERRESTRIAL TIME

Date	Astrometric BCRS R.A. (h m s)	Dec. (° ′ ″)	Vis. Mag.	Ephemeris Transit (h m)	Date	Astrometric BCRS R.A. (h m s)	Dec. (° ′ ″)	Vis. Mag.	Ephemeris Transit (h m)
2007 Sept. 11	3 34 11·8	+ 9 26 49	8·4	4 15·5	2007 Nov. 9	3 07 59·9	+ 8 05 17	7·2	23 52·3
12	3 34 25·6	+ 9 26 30	8·4	4 11·7	10	3 07 03·1	+ 8 04 15	7·2	23 47·4
13	3 34 38·1	+ 9 26 06	8·4	4 08·0	11	3 06 06·2	+ 8 03 18	7·2	23 42·5
14	3 34 49·1	+ 9 25 38	8·4	4 04·3	12	3 05 09·2	+ 8 02 25	7·2	23 37·7
15	3 34 58·7	+ 9 25 06	8·4	4 00·5	13	3 04 12·3	+ 8 01 37	7·2	23 32·8
16	3 35 07·0	+ 9 24 31	8·3	3 56·7	14	3 03 15·5	+ 8 00 54	7·3	23 27·9
17	3 35 13·7	+ 9 23 51	8·3	3 52·8	15	3 02 18·8	+ 8 00 16	7·3	23 23·1
18	3 35 19·0	+ 9 23 08	8·3	3 49·0	16	3 01 22·3	+ 7 59 44	7·3	23 18·2
19	3 35 22·9	+ 9 22 22	8·3	3 45·1	17	3 00 26·2	+ 7 59 18	7·3	23 13·3
20	3 35 25·3	+ 9 21 31	8·3	3 41·2	18	2 59 30·3	+ 7 58 57	7·3	23 08·5
Sept. 21	3 35 26·2	+ 9 20 38	8·2	3 37·3	19	2 58 34·9	+ 7 58 42	7·3	23 03·6
22	3 35 25·7	+ 9 19 41	8·2	3 33·4	20	2 57 39·9	+ 7 58 33	7·4	22 58·8
23	3 35 23·6	+ 9 18 40	8·2	3 29·4	21	2 56 45·5	+ 7 58 31	7·4	22 54·0
24	3 35 20·1	+ 9 17 37	8·2	3 25·4	22	2 55 51·6	+ 7 58 34	7·4	22 49·2
25	3 35 15·0	+ 9 16 30	8·2	3 21·4	23	2 54 58·4	+ 7 58 44	7·4	22 44·4
26	3 35 08·5	+ 9 15 20	8·2	3 17·3	24	2 54 05·9	+ 7 59 01	7·4	22 39·6
27	3 35 00·4	+ 9 14 07	8·1	3 13·2	25	2 53 14·1	+ 7 59 24	7·5	22 34·8
28	3 34 50·8	+ 9 12 51	8·1	3 09·1	26	2 52 23·1	+ 7 59 53	7·5	22 30·0
29	3 34 39·7	+ 9 11 33	8·1	3 05·0	27	2 51 33·0	+ 8 00 30	7·5	22 25·3
30	3 34 27·1	+ 9 10 11	8·1	3 00·9	28	2 50 43·7	+ 8 01 13	7·5	22 20·6
Oct. 1	3 34 12·9	+ 9 08 47	8·0	2 56·7	29	2 49 55·3	+ 8 02 03	7·5	22 15·9
2	3 33 57·2	+ 9 07 20	8·0	2 52·5	30	2 49 08·0	+ 8 03 00	7·6	22 11·2
3	3 33 40·0	+ 9 05 51	8·0	2 48·3	Dec. 1	2 48 21·6	+ 8 04 04	7·6	22 06·5
4	3 33 21·2	+ 9 04 19	8·0	2 44·0	2	2 47 36·4	+ 8 05 16	7·6	22 01·8
5	3 33 00·9	+ 9 02 45	8·0	2 39·8	3	2 46 52·2	+ 8 06 34	7·6	21 57·2
6	3 32 39·1	+ 9 01 09	7·9	2 35·5	4	2 46 09·2	+ 8 08 00	7·7	21 52·5
7	3 32 15·7	+ 8 59 31	7·9	2 31·1	5	2 45 27·4	+ 8 09 33	7·7	21 47·9
8	3 31 50·9	+ 8 57 51	7·9	2 26·8	6	2 44 46·8	+ 8 11 13	7·7	21 43·4
9	3 31 24·5	+ 8 56 10	7·9	2 22·4	7	2 44 07·5	+ 8 13 01	7·7	21 38·8
10	3 30 56·7	+ 8 54 27	7·9	2 18·0	8	2 43 29·5	+ 8 14 56	7·7	21 34·3
11	3 30 27·4	+ 8 52 42	7·8	2 13·6	9	2 42 52·8	+ 8 16 59	7·8	21 29·7
12	3 29 56·7	+ 8 50 56	7·8	2 09·1	10	2 42 17·5	+ 8 19 08	7·8	21 25·2
13	3 29 24·5	+ 8 49 10	7·8	2 04·7	11	2 41 43·5	+ 8 21 26	7·8	21 20·8
14	3 28 50·9	+ 8 47 22	7·8	2 00·2	12	2 41 11·0	+ 8 23 50	7·8	21 16·3
15	3 28 15·9	+ 8 45 33	7·7	1 55·7	13	2 40 39·9	+ 8 26 22	7·8	21 11·9
16	3 27 39·6	+ 8 43 44	7·7	1 51·1	14	2 40 10·3	+ 8 29 01	7·9	21 07·5
17	3 27 02·0	+ 8 41 55	7·7	1 46·6	15	2 39 42·2	+ 8 31 48	7·9	21 03·1
18	3 26 23·1	+ 8 40 05	7·7	1 42·0	16	2 39 15·5	+ 8 34 42	7·9	20 58·8
19	3 25 42·9	+ 8 38 16	7·7	1 37·4	17	2 38 50·4	+ 8 37 43	7·9	20 54·5
20	3 25 01·4	+ 8 36 26	7·6	1 32·8	18	2 38 26·8	+ 8 40 51	7·9	20 50·2
21	3 24 18·8	+ 8 34 37	7·6	1 28·1	19	2 38 04·7	+ 8 44 06	8·0	20 45·9
22	3 23 35·1	+ 8 32 49	7·6	1 23·5	20	2 37 44·1	+ 8 47 28	8·0	20 41·7
23	3 22 50·2	+ 8 31 01	7·6	1 18·8	21	2 37 25·1	+ 8 50 57	8·0	20 37·4
24	3 22 04·2	+ 8 29 14	7·5	1 14·1	22	2 37 07·7	+ 8 54 33	8·0	20 33·2
25	3 21 17·2	+ 8 27 28	7·5	1 09·4	23	2 36 51·8	+ 8 58 15	8·0	20 29·1
26	3 20 29·2	+ 8 25 43	7·5	1 04·6	24	2 36 37·5	+ 9 02 04	8·0	20 24·9
27	3 19 40·3	+ 8 24 00	7·5	0 59·9	25	2 36 24·7	+ 9 06 00	8·1	20 20·8
28	3 18 50·4	+ 8 22 18	7·5	0 55·1	26	2 36 13·5	+ 9 10 02	8·1	20 16·7
29	3 17 59·7	+ 8 20 38	7·4	0 50·4	27	2 36 03·8	+ 9 14 10	8·1	20 12·6
30	3 17 08·2	+ 8 19 00	7·4	0 45·6	28	2 35 55·7	+ 9 18 25	8·1	20 08·6
31	3 16 15·9	+ 8 17 25	7·4	0 40·8	29	2 35 49·2	+ 9 22 46	8·1	20 04·6
Nov. 1	3 15 22·9	+ 8 15 51	7·4	0 36·0	30	2 35 44·2	+ 9 27 13	8·2	20 00·6
2	3 14 29·2	+ 8 14 21	7·3	0 31·1	31	2 35 40·7	+ 9 31 46	8·2	19 56·6
3	3 13 34·9	+ 8 12 53	7·3	0 26·3	2008 Jan. 1	2 35 38·8	+ 9 36 25	8·2	19 52·7
4	3 12 40·1	+ 8 11 28	7·3	0 21·5	2	2 35 38·4	+ 9 41 10	8·2	19 48·8
5	3 11 44·8	+ 8 10 07	7·3	0 16·6	3	2 35 39·6	+ 9 46 01	8·2	19 44·9
6	3 10 49·0	+ 8 08 48	7·3	0 11·8	4	2 35 42·3	+ 9 50 58	8·2	19 41·0
7	3 09 52·9	+ 8 07 34	7·3	0 06·9	5	2 35 46·6	+ 9 56 00	8·3	19 37·2
8	3 08 56·5	+ 8 06 24	7·2	0 02·0	6	2 35 52·3	+10 01 07	8·3	19 33·4
Nov. 9	3 07 59·9	+ 8 05 17	7·2	23 52·3	Jan. 7	2 35 59·6	+10 06 20	8·3	19 29·6

Second transit for Ceres 2007 November 8ᵈ 23ʰ 57ᵐ2

PALLAS, 2007
GEOCENTRIC POSITIONS FOR 0ʰ TERRESTRIAL TIME

Date	Astrometric BCRS R.A.	Dec.	Vis. Mag.	Ephemeris Transit	Date	Astrometric BCRS R.A.	Dec.	Vis. Mag.	Ephemeris Transit
	h m s	° ′ ″		h m		h m s	° ′ ″		h m
2007 July 6	22 54 36·8	+10 53 33	9·9	3 59·9	2007 Sept. 3	22 26 42·3	+ 4 13 10	8·8	23 35·4
7	22 54 36·8	+10 52 40	9·9	3 56·0	4	22 25 57·0	+ 4 00 47	8·8	23 30·7
8	22 54 35·8	+10 51 36	9·9	3 52·1	5	22 25 11·8	+ 3 48 17	8·8	23 26·0
9	22 54 33·6	+10 50 22	9·8	3 48·1	6	22 24 26·8	+ 3 35 42	8·8	23 21·3
10	22 54 30·3	+10 48 57	9·8	3 44·1	7	22 23 42·1	+ 3 23 02	8·8	23 16·7
11	22 54 25·9	+10 47 21	9·8	3 40·1	8	22 22 57·7	+ 3 10 17	8·8	23 12·0
12	22 54 20·3	+10 45 35	9·8	3 36·1	9	22 22 13·5	+ 2 57 27	8·9	23 07·3
13	22 54 13·7	+10 43 36	9·8	3 32·0	10	22 21 29·8	+ 2 44 34	8·9	23 02·7
14	22 54 05·8	+10 41 27	9·8	3 27·9	11	22 20 46·4	+ 2 31 38	8·9	22 58·1
15	22 53 56·9	+10 39 06	9·7	3 23·9	12	22 20 03·5	+ 2 18 40	8·9	22 53·4
16	22 53 46·8	+10 36 33	9·7	3 19·7	13	22 19 21·1	+ 2 05 39	8·9	22 48·8
17	22 53 35·6	+10 33 48	9·7	3 15·6	14	22 18 39·3	+ 1 52 36	8·9	22 44·2
18	22 53 23·3	+10 30 51	9·7	3 11·5	15	22 17 58·0	+ 1 39 32	8·9	22 39·6
19	22 53 09·8	+10 27 43	9·7	3 07·3	16	22 17 17·4	+ 1 26 28	8·9	22 35·0
20	22 52 55·2	+10 24 21	9·6	3 03·1	17	22 16 37·5	+ 1 13 23	9·0	22 30·4
21	22 52 39·5	+10 20 48	9·6	2 58·9	18	22 15 58·2	+ 1 00 18	9·0	22 25·8
22	22 52 22·7	+10 17 01	9·6	2 54·7	19	22 15 19·7	+ 0 47 15	9·0	22 21·3
23	22 52 04·8	+10 13 02	9·6	2 50·5	20	22 14 41·9	+ 0 34 13	9·0	22 16·7
24	22 51 45·8	+10 08 51	9·6	2 46·2	21	22 14 05·0	+ 0 21 12	9·0	22 12·2
25	22 51 25·7	+10 04 26	9·6	2 42·0	22	22 13 28·9	+ 0 08 14	9·0	22 07·7
26	22 51 04·5	+ 9 59 49	9·5	2 37·7	23	22 12 53·7	− 0 04 42	9·1	22 03·2
27	22 50 42·3	+ 9 54 58	9·5	2 33·4	24	22 12 19·3	− 0 17 34	9·1	21 58·7
28	22 50 19·0	+ 9 49 55	9·5	2 29·1	25	22 11 45·9	− 0 30 23	9·1	21 54·3
29	22 49 54·6	+ 9 44 38	9·5	2 24·7	26	22 11 13·5	− 0 43 08	9·1	21 49·8
30	22 49 29·2	+ 9 39 08	9·5	2 20·4	27	22 10 42·0	− 0 55 49	9·1	21 45·4
31	22 49 02·8	+ 9 33 24	9·4	2 16·0	28	22 10 11·6	− 1 08 25	9·1	21 40·9
Aug. 1	22 48 35·3	+ 9 27 27	9·4	2 11·6	29	22 09 42·2	− 1 20 56	9·2	21 36·5
2	22 48 06·9	+ 9 21 17	9·4	2 07·2	30	22 09 13·8	− 1 33 22	9·2	21 32·2
3	22 47 37·5	+ 9 14 53	9·4	2 02·8	Oct. 1	22 08 46·5	− 1 45 41	9·2	21 27·8
4	22 47 07·1	+ 9 08 16	9·4	1 58·3	2	22 08 20·3	− 1 57 55	9·2	21 23·5
5	22 46 35·7	+ 9 01 25	9·3	1 53·9	3	22 07 55·2	− 2 10 02	9·2	21 19·1
6	22 46 03·5	+ 8 54 20	9·3	1 49·4	4	22 07 31·2	− 2 22 03	9·2	21 14·8
7	22 45 30·3	+ 8 47 02	9·3	1 44·9	5	22 07 08·4	− 2 33 56	9·3	21 10·5
8	22 44 56·2	+ 8 39 30	9·3	1 40·4	6	22 06 46·8	− 2 45 42	9·3	21 06·3
9	22 44 21·3	+ 8 31 45	9·3	1 35·9	7	22 06 26·3	− 2 57 20	9·3	21 02·0
10	22 43 45·5	+ 8 23 47	9·2	1 31·4	8	22 06 07·1	− 3 08 51	9·3	20 57·8
11	22 43 08·9	+ 8 15 35	9·2	1 26·8	9	22 05 49·1	− 3 20 12	9·3	20 53·6
12	22 42 31·5	+ 8 07 10	9·2	1 22·3	10	22 05 32·3	− 3 31 26	9·3	20 49·4
13	22 41 53·3	+ 7 58 32	9·2	1 17·7	11	22 05 16·7	− 3 42 31	9·4	20 45·2
14	22 41 14·5	+ 7 49 40	9·2	1 13·1	12	22 05 02·5	− 3 53 26	9·4	20 41·1
15	22 40 34·9	+ 7 40 36	9·1	1 08·6	13	22 04 49·4	− 4 04 13	9·4	20 36·9
16	22 39 54·7	+ 7 31 19	9·1	1 04·0	14	22 04 37·7	− 4 14 50	9·4	20 32·8
17	22 39 13·9	+ 7 21 50	9·1	0 59·3	15	22 04 27·2	− 4 25 17	9·4	20 28·8
18	22 38 32·5	+ 7 12 09	9·1	0 54·7	16	22 04 18·0	− 4 35 35	9·4	20 24·7
19	22 37 50·5	+ 7 02 15	9·1	0 50·1	17	22 04 10·1	− 4 45 43	9·5	20 20·7
20	22 37 08·1	+ 6 52 10	9·0	0 45·5	18	22 04 03·5	− 4 55 41	9·5	20 16·6
21	22 36 25·1	+ 6 41 53	9·0	0 40·8	19	22 03 58·2	− 5 05 28	9·5	20 12·6
22	22 35 41·8	+ 6 31 25	9·0	0 36·2	20	22 03 54·2	− 5 15 05	9·5	20 08·7
23	22 34 58·0	+ 6 20 46	9·0	0 31·5	21	22 03 51·4	− 5 24 32	9·5	20 04·7
24	22 34 13·9	+ 6 09 56	9·0	0 26·8	Oct. 22	22 03 50·0	− 5 33 49	9·5	20 00·8
25	22 33 29·5	+ 5 58 56	9·0	0 22·2	23	22 03 49·8	− 5 42 55	9·6	19 56·9
26	22 32 44·8	+ 5 47 46	8·9	0 17·5	24	22 03 50·9	− 5 51 50	9·6	19 53·0
27	22 31 59·9	+ 5 36 27	8·9	0 12·8	25	22 03 53·3	− 6 00 35	9·6	19 49·1
28	22 31 14·7	+ 5 24 58	8·9	0 08·1	26	22 03 57·0	− 6 09 09	9·6	19 45·2
29	22 30 29·5	+ 5 13 20	8·9	0 03·5	27	22 04 01·9	− 6 17 33	9·6	19 41·4
30	22 29 44·1	+ 5 01 34	8·9	23 54·1	28	22 04 08·1	− 6 25 45	9·6	19 37·6
31	22 28 58·6	+ 4 49 39	8·9	23 49·4	29	22 04 15·5	− 6 33 47	9·6	19 33·8
Sept. 1	22 28 13·2	+ 4 37 37	8·9	23 44·7	30	22 04 24·2	− 6 41 39	9·7	19 30·0
2	22 27 27·7	+ 4 25 27	8·8	23 40·0	31	22 04 34·1	− 6 49 19	9·7	19 26·3
Sept. 3	22 26 42·3	+ 4 13 10	8·8	23 35·4	Nov. 1	22 04 45·2	− 6 56 49	9·7	19 22·6

Second transit for Pallas 2007 August 29ᵈ 23ʰ 58ᵐ8

GEOCENTRIC POSITIONS FOR 0^h TERRESTRIAL TIME

Date	Astrometric BCRS R.A.	Astrometric BCRS Dec.	Vis. Mag.	Ephemeris Transit	Date	Astrometric BCRS R.A.	Astrometric BCRS Dec.	Vis. Mag.	Ephemeris Transit
	h m s	° ′ ″		h m		h m s	° ′ ″		h m
2007 Feb. 10	13 50 52·5	− 5 33 34	10·4	4 31·8	2007 Apr. 10	13 27 14·6	+ 1 06 20	9·7	0 16·0
11	13 51 04·0	− 5 29 59	10·4	4 28·1	11	13 26 26·9	+ 1 13 58	9·7	0 11·3
12	13 51 14·2	− 5 26 16	10·4	4 24·3	12	13 25 39·2	+ 1 21 31	9·7	0 06·6
13	13 51 23·1	− 5 22 23	10·4	4 20·5	13	13 24 51·4	+ 1 28 59	9·7	0 01·9
14	13 51 30·6	− 5 18 21	10·4	4 16·7	14	13 24 03·8	+ 1 36 21	9·7	23 52·4
15	13 51 36·7	− 5 14 11	10·4	4 12·8	15	13 23 16·3	+ 1 43 36	9·7	23 47·7
16	13 51 41·5	− 5 09 51	10·4	4 09·0	16	13 22 29·0	+ 1 50 45	9·8	23 43·0
17	13 51 44·9	− 5 05 23	10·4	4 05·1	17	13 21 41·9	+ 1 57 47	9·8	23 38·3
18	13 51 47·0	− 5 00 45	10·3	4 01·2	18	13 20 55·1	+ 2 04 42	9·8	23 33·6
Feb. 19	13 51 47·7	− 4 55 59	10·3	3 57·3	19	13 20 08·6	+ 2 11 29	9·8	23 28·9
20	13 51 47·0	− 4 51 04	10·3	3 53·3	20	13 19 22·4	+ 2 18 08	9·8	23 24·2
21	13 51 44·9	− 4 46 01	10·3	3 49·3	21	13 18 36·7	+ 2 24 40	9·8	23 19·5
22	13 51 41·5	− 4 40 49	10·3	3 45·3	22	13 17 51·5	+ 2 31 02	9·9	23 14·8
23	13 51 36·7	− 4 35 28	10·3	3 41·3	23	13 17 06·8	+ 2 37 17	9·9	23 10·2
24	13 51 30·5	− 4 29 59	10·3	3 37·3	24	13 16 22·6	+ 2 43 22	9·9	23 05·5
25	13 51 22·9	− 4 24 22	10·3	3 33·2	25	13 15 39·0	+ 2 49 18	9·9	23 00·9
26	13 51 14·0	− 4 18 37	10·2	3 29·1	26	13 14 56·0	+ 2 55 05	9·9	22 56·3
27	13 51 03·8	− 4 12 43	10·2	3 25·0	27	13 14 13·7	+ 3 00 43	10·0	22 51·6
28	13 50 52·1	− 4 06 42	10·2	3 20·9	28	13 13 32·1	+ 3 06 11	10·0	22 47·0
Mar. 1	13 50 39·2	− 4 00 33	10·2	3 16·7	29	13 12 51·2	+ 3 11 30	10·0	22 42·4
2	13 50 24·8	− 3 54 17	10·2	3 12·6	30	13 12 11·1	+ 3 16 39	10·0	22 37·9
3	13 50 09·2	− 3 47 53	10·2	3 08·4	May 1	13 11 31·8	+ 3 21 37	10·0	22 33·3
4	13 49 52·2	− 3 41 21	10·2	3 04·1	2	13 10 53·3	+ 3 26 26	10·1	22 28·7
5	13 49 33·9	− 3 34 43	10·1	2 59·9	3	13 10 15·6	+ 3 31 04	10·1	22 24·2
6	13 49 14·3	− 3 27 57	10·1	2 55·6	4	13 09 38·8	+ 3 35 32	10·1	22 19·7
7	13 48 53·5	− 3 21 05	10·1	2 51·3	5	13 09 03·0	+ 3 39 50	10·1	22 15·2
8	13 48 31·3	− 3 14 06	10·1	2 47·0	6	13 08 28·0	+ 3 43 58	10·1	22 10·7
9	13 48 07·9	− 3 07 01	10·1	2 42·7	7	13 07 54·0	+ 3 47 55	10·1	22 06·2
10	13 47 43·2	− 2 59 49	10·1	2 38·4	8	13 07 21·0	+ 3 51 41	10·2	22 01·7
11	13 47 17·3	− 2 52 32	10·1	2 34·0	9	13 06 49·0	+ 3 55 17	10·2	21 57·3
12	13 46 50·1	− 2 45 09	10·0	2 29·6	10	13 06 18·0	+ 3 58 43	10·2	21 52·9
13	13 46 21·8	− 2 37 40	10·0	2 25·2	11	13 05 48·0	+ 4 01 57	10·2	21 48·5
14	13 45 52·3	− 2 30 06	10·0	2 20·8	12	13 05 19·1	+ 4 05 01	10·2	21 44·1
15	13 45 21·7	− 2 22 27	10·0	2 16·3	13	13 04 51·2	+ 4 07 55	10·3	21 39·7
16	13 44 49·9	− 2 14 44	10·0	2 11·9	14	13 04 24·5	+ 4 10 38	10·3	21 35·3
17	13 44 17·0	− 2 06 56	10·0	2 07·4	15	13 03 58·8	+ 4 13 10	10·3	21 31·0
18	13 43 43·1	− 1 59 04	10·0	2 02·9	16	13 03 34·3	+ 4 15 31	10·3	21 26·7
19	13 43 08·1	− 1 51 09	9·9	1 58·4	17	13 03 10·9	+ 4 17 42	10·3	21 22·4
20	13 42 32·1	− 1 43 10	9·9	1 53·8	18	13 02 48·7	+ 4 19 42	10·3	21 18·1
21	13 41 55·1	− 1 35 08	9·9	1 49·3	19	13 02 27·6	+ 4 21 32	10·4	21 13·8
22	13 41 17·2	− 1 27 04	9·9	1 44·7	20	13 02 07·7	+ 4 23 11	10·4	21 09·6
23	13 40 38·5	− 1 18 57	9·9	1 40·1	21	13 01 48·9	+ 4 24 40	10·4	21 05·4
24	13 39 58·8	− 1 10 49	9·9	1 35·6	22	13 01 31·3	+ 4 25 59	10·4	21 01·2
25	13 39 18·4	− 1 02 39	9·9	1 30·9	23	13 01 14·9	+ 4 27 07	10·4	20 57·0
26	13 38 37·1	− 0 54 28	9·8	1 26·3	24	13 00 59·7	+ 4 28 05	10·5	20 52·8
27	13 37 55·2	− 0 46 16	9·8	1 21·7	25	13 00 45·7	+ 4 28 53	10·5	20 48·7
28	13 37 12·5	− 0 38 03	9·8	1 17·1	26	13 00 32·9	+ 4 29 32	10·5	20 44·6
29	13 36 29·2	− 0 29 51	9·8	1 12·4	27	13 00 21·2	+ 4 30 00	10·5	20 40·5
30	13 35 45·3	− 0 21 39	9·8	1 07·7	28	13 00 10·8	+ 4 30 19	10·5	20 36·4
31	13 35 00·8	− 0 13 28	9·8	1 03·1	29	13 00 01·5	+ 4 30 29	10·5	20 32·3
Apr. 1	13 34 15·8	− 0 05 18	9·8	0 58·4	30	12 59 53·4	+ 4 30 29	10·6	20 28·3
2	13 33 30·3	+ 0 02 50	9·7	0 53·7	31	12 59 46·5	+ 4 30 20	10·6	20 24·2
3	13 32 44·4	+ 0 10 57	9·7	0 49·0	June 1	12 59 40·7	+ 4 30 01	10·6	20 20·2
4	13 31 58·1	+ 0 19 01	9·7	0 44·3	2	12 59 36·1	+ 4 29 34	10·6	20 16·3
5	13 31 11·4	+ 0 27 03	9·7	0 39·6	3	12 59 32·7	+ 4 28 58	10·6	20 12·3
6	13 30 24·5	+ 0 35 02	9·7	0 34·9	4	12 59 30·4	+ 4 28 12	10·6	20 08·3
7	13 29 37·3	+ 0 42 57	9·7	0 30·2	June 5	12 59 29·3	+ 4 27 19	10·7	20 04·4
8	13 28 49·9	+ 0 50 49	9·7	0 25·5	6	12 59 29·3	+ 4 26 16	10·7	20 00·5
9	13 28 02·3	+ 0 58 37	9·7	0 20·7	7	12 59 30·5	+ 4 25 06	10·7	19 56·6
Apr. 10	13 27 14·6	+ 1 06 20	9·7	0 16·0	June 8	12 59 32·8	+ 4 23 46	10·7	19 52·7

Second transit for Juno 2007 April 13^d 23^h 57^m·1

VESTA, 2007
GEOCENTRIC POSITIONS FOR 0^h TERRESTRIAL TIME

Date	Astrometric BCRS R.A.	Dec.	Vis. Mag.	Ephemeris Transit	Date	Astrometric BCRS R.A.	Dec.	Vis. Mag.	Ephemeris Transit
	h m s	° ′ ″		h m		h m s	° ′ ″		h m
2007 Apr. 1	16 53 40·3	−14 13 44	6·7	4 17·7	2007 May 30	16 33 27·2	−14 02 23	5·4	0 05·2
2	16 54 13·4	−14 13 13	6·7	4 14·3	31	16 32 26·3	−14 03 50	5·4	0 00·3
3	16 54 44·8	−14 12 39	6·7	4 10·8	June 1	16 31 25·3	−14 05 23	5·4	23 50·4
4	16 55 14·4	−14 12 04	6·6	4 07·4	2	16 30 24·3	−14 07 01	5·4	23 45·5
5	16 55 42·3	−14 11 27	6·6	4 03·9	3	16 29 23·5	−14 08 44	5·4	23 40·5
6	16 56 08·3	−14 10 48	6·6	4 00·4	4	16 28 22·8	−14 10 32	5·5	23 35·6
7	16 56 32·4	−14 10 08	6·6	3 56·9	5	16 27 22·4	−14 12 26	5·5	23 30·7
8	16 56 54·7	−14 09 27	6·6	3 53·3	6	16 26 22·3	−14 14 26	5·5	23 25·7
9	16 57 15·2	−14 08 44	6·5	3 49·7	7	16 25 22·7	−14 16 31	5·5	23 20·8
10	16 57 33·6	−14 08 00	6·5	3 46·1	8	16 24 23·7	−14 18 41	5·5	23 15·9
11	16 57 50·2	−14 07 16	6·5	3 42·4	9	16 23 25·2	−14 20 57	5·6	23 11·1
12	16 58 04·8	−14 06 30	6·5	3 38·7	10	16 22 27·4	−14 23 19	5·6	23 06·2
13	16 58 17·5	−14 05 44	6·5	3 35·0	11	16 21 30·5	−14 25 47	5·6	23 01·3
14	16 58 28·1	−14 04 58	6·4	3 31·2	12	16 20 34·4	−14 28 20	5·6	22 56·5
15	16 58 36·8	−14 04 11	6·4	3 27·4	13	16 19 39·2	−14 30 59	5·6	22 51·6
16	16 58 43·4	−14 03 24	6·4	3 23·6	14	16 18 45·1	−14 33 43	5·7	22 46·8
17	16 58 48·0	−14 02 37	6·4	3 19·7	15	16 17 52·1	−14 36 33	5·7	22 42·1
Apr. 18	16 58 50·5	−14 01 50	6·3	3 15·8	16	16 17 00·3	−14 39 30	5·7	22 37·3
19	16 58 51·0	−14 01 03	6·3	3 11·9	17	16 16 09·7	−14 42 31	5·7	22 32·5
20	16 58 49·5	−14 00 17	6·3	3 07·9	18	16 15 20·5	−14 45 39	5·7	22 27·8
21	16 58 45·9	−13 59 31	6·3	3 03·9	19	16 14 32·6	−14 48 52	5·8	22 23·1
22	16 58 40·2	−13 58 47	6·3	2 59·9	20	16 13 46·2	−14 52 11	5·8	22 18·4
23	16 58 32·6	−13 58 03	6·2	2 55·8	21	16 13 01·4	−14 55 35	5·8	22 13·8
24	16 58 22·8	−13 57 20	6·2	2 51·7	22	16 12 18·0	−14 59 05	5·8	22 09·2
25	16 58 11·1	−13 56 39	6·2	2 47·6	23	16 11 36·3	−15 02 41	5·9	22 04·6
26	16 57 57·3	−13 55 59	6·2	2 43·4	24	16 10 56·3	−15 06 21	5·9	22 00·0
27	16 57 41·5	−13 55 20	6·1	2 39·2	25	16 10 17·9	−15 10 08	5·9	21 55·5
28	16 57 23·7	−13 54 43	6·1	2 35·0	26	16 09 41·3	−15 13 59	5·9	21 51·0
29	16 57 03·9	−13 54 08	6·1	2 30·7	27	16 09 06·5	−15 17 56	5·9	21 46·5
30	16 56 42·1	−13 53 35	6·1	2 26·4	28	16 08 33·4	−15 21 57	6·0	21 42·0
May 1	16 56 18·3	−13 53 04	6·0	2 22·1	29	16 08 02·2	−15 26 04	6·0	21 37·6
2	16 55 52·6	−13 52 35	6·0	2 17·7	30	16 07 32·8	−15 30 16	6·0	21 33·2
3	16 55 25·0	−13 52 08	6·0	2 13·3	July 1	16 07 05·4	−15 34 33	6·0	21 28·9
4	16 54 55·4	−13 51 44	6·0	2 08·9	2	16 06 39·8	−15 38 54	6·1	21 24·6
5	16 54 24·0	−13 51 22	5·9	2 04·4	3	16 06 16·1	−15 43 20	6·1	21 20·3
6	16 53 50·7	−13 51 03	5·9	1 59·9	4	16 05 54·4	−15 47 51	6·1	21 16·0
7	16 53 15·6	−13 50 47	5·9	1 55·4	5	16 05 34·6	−15 52 26	6·1	21 11·8
8	16 52 38·7	−13 50 34	5·9	1 50·9	6	16 05 16·7	−15 57 06	6·2	21 07·6
9	16 52 00·1	−13 50 24	5·9	1 46·3	7	16 05 00·9	−16 01 50	6·2	21 03·4
10	16 51 19·7	−13 50 17	5·8	1 41·7	8	16 04 47·0	−16 06 38	6·2	20 59·3
11	16 50 37·7	−13 50 13	5·8	1 37·0	9	16 04 35·1	−16 11 31	6·2	20 55·2
12	16 49 54·0	−13 50 13	5·8	1 32·4	10	16 04 25·2	−16 16 28	6·2	20 51·1
13	16 49 08·8	−13 50 17	5·8	1 27·7	11	16 04 17·3	−16 21 29	6·3	20 47·1
14	16 48 22·0	−13 50 24	5·7	1 23·0	12	16 04 11·5	−16 26 33	6·3	20 43·1
15	16 47 33·8	−13 50 35	5·7	1 18·3	13	16 04 07·6	−16 31 42	6·3	20 39·2
16	16 46 44·2	−13 50 50	5·7	1 13·5	July 14	16 04 05·8	−16 36 54	6·3	20 35·2
17	16 45 53·3	−13 51 09	5·7	1 08·7	15	16 04 06·0	−16 42 10	6·4	20 31·3
18	16 45 01·1	−13 51 33	5·6	1 03·9	16	16 04 08·2	−16 47 29	6·4	20 27·5
19	16 44 07·8	−13 52 01	5·6	0 59·1	17	16 04 12·4	−16 52 52	6·4	20 23·6
20	16 43 13·4	−13 52 33	5·6	0 54·3	18	16 04 18·6	−16 58 18	6·4	20 19·8
21	16 42 17·9	−13 53 10	5·6	0 49·4	19	16 04 26·8	−17 03 47	6·4	20 16·1
22	16 41 21·5	−13 53 52	5·6	0 44·5	20	16 04 36·9	−17 09 19	6·5	20 12·3
23	16 40 24·3	−13 54 38	5·5	0 39·7	21	16 04 49·1	−17 14 54	6·5	20 08·6
24	16 39 26·3	−13 55 30	5·5	0 34·8	22	16 05 03·1	−17 20 31	6·5	20 05·0
25	16 38 27·7	−13 56 26	5·5	0 29·9	23	16 05 19·2	−17 26 11	6·5	20 01·3
26	16 37 28·4	−13 57 27	5·5	0 24·9	24	16 05 37·1	−17 31 53	6·5	19 57·7
27	16 36 28·7	−13 58 34	5·5	0 20·0	25	16 05 56·9	−17 37 38	6·6	19 54·2
28	16 35 28·5	−13 59 45	5·4	0 15·1	26	16 06 18·6	−17 43 25	6·6	19 50·6
29	16 34 28·0	−14 01 02	5·4	0 10·2	27	16 06 42·2	−17 49 14	6·6	19 47·1
May 30	16 33 27·2	−14 02 23	5·4	0 05·2	July 28	16 07 07·6	−17 55 05	6·6	19 43·6

Second transit for Vesta 2007 May 31^d 23^h 55^{m}3

GEOCENTRIC POSITIONS FOR 0ʰ TERRESTRIAL TIME

Date	Astrometric BCRS R.A.	Dec.	Vis. Mag.	Ephemeris Transit	Date	Astrometric BCRS R.A.	Dec.	Vis. Mag.	Ephemeris Transit
	h m s	° ′ ″		h m		h m s	° ′ ″		h m
2007 Sept. 21	4 00 43·5	+11 14 53	9·3	4 02·9	2007 Nov. 19	3 45 09·8	+ 9 24 38	8·0	23 49·8
22	4 01 30·5	+11 13 54	9·2	3 59·7	20	3 44 06·4	+ 9 24 38	8·0	23 44·8
23	4 02 15·5	+11 12 49	9·2	3 56·5	21	3 43 03·1	+ 9 24 48	8·0	23 39·8
24	4 02 58·6	+11 11 39	9·2	3 53·3	22	3 41 59·9	+ 9 25 07	8·0	23 34·9
25	4 03 39·7	+11 10 24	9·2	3 50·0	23	3 40 57·1	+ 9 25 37	8·0	23 29·9
26	4 04 18·8	+11 09 03	9·2	3 46·7	24	3 39 54·7	+ 9 26 17	8·0	23 24·9
27	4 04 55·8	+11 07 37	9·1	3 43·4	25	3 38 52·8	+ 9 27 08	8·0	23 20·0
28	4 05 30·7	+11 06 06	9·1	3 40·0	26	3 37 51·5	+ 9 28 09	8·1	23 15·1
29	4 06 03·5	+11 04 30	9·1	3 36·6	27	3 36 51·0	+ 9 29 20	8·1	23 10·1
30	4 06 34·2	+11 02 49	9·1	3 33·2	28	3 35 51·4	+ 9 30 42	8·1	23 05·2
Oct. 1	4 07 02·6	+11 01 03	9·0	3 29·7	29	3 34 52·6	+ 9 32 15	8·1	23 00·4
2	4 07 28·9	+10 59 12	9·0	3 26·2	30	3 33 55·0	+ 9 33 59	8·2	22 55·5
3	4 07 52·8	+10 57 18	9·0	3 22·6	Dec. 1	3 32 58·4	+ 9 35 54	8·2	22 50·7
4	4 08 14·5	+10 55 19	9·0	3 19·0	2	3 32 03·1	+ 9 37 59	8·2	22 45·8
5	4 08 33·9	+10 53 16	8·9	3 15·4	3	3 31 09·2	+ 9 40 16	8·2	22 41·0
6	4 08 50·9	+10 51 09	8·9	3 11·8	4	3 30 16·6	+ 9 42 44	8·3	22 36·3
7	4 09 05·5	+10 48 58	8·9	3 08·1	5	3 29 25·6	+ 9 45 22	8·3	22 31·5
8	4 09 17·8	+10 46 44	8·9	3 04·3	6	3 28 36·1	+ 9 48 12	8·3	22 26·8
9	4 09 27·6	+10 44 27	8·8	3 00·5	7	3 27 48·4	+ 9 51 13	8·4	22 22·1
10	4 09 35·0	+10 42 07	8·8	2 56·7	8	3 27 02·3	+ 9 54 24	8·4	22 17·5
11	4 09 40·0	+10 39 44	8·8	2 52·8	9	3 26 18·1	+ 9 57 47	8·4	22 12·8
Oct. 12	4 09 42·6	+10 37 19	8·8	2 48·9	10	3 25 35·8	+10 01 20	8·4	22 08·2
13	4 09 42·7	+10 34 52	8·8	2 45·0	11	3 24 55·4	+10 05 04	8·5	22 03·7
14	4 09 40·3	+10 32 23	8·7	2 41·0	12	3 24 17·0	+10 08 59	8·5	21 59·1
15	4 09 35·5	+10 29 52	8·7	2 37·0	13	3 23 40·7	+10 13 04	8·5	21 54·7
16	4 09 28·2	+10 27 20	8·7	2 32·9	14	3 23 06·5	+10 17 19	8·6	21 50·2
17	4 09 18·5	+10 24 46	8·7	2 28·8	15	3 22 34·4	+10 21 44	8·6	21 45·8
18	4 09 06·3	+10 22 13	8·6	2 24·6	16	3 22 04·5	+10 26 19	8·6	21 41·4
19	4 08 51·7	+10 19 38	8·6	2 20·5	17	3 21 36·8	+10 31 05	8·6	21 37·0
20	4 08 34·7	+10 17 04	8·6	2 16·2	18	3 21 11·3	+10 35 59	8·7	21 32·7
21	4 08 15·3	+10 14 29	8·6	2 12·0	19	3 20 48·1	+10 41 03	8·7	21 28·5
22	4 07 53·6	+10 11 55	8·5	2 07·7	20	3 20 27·2	+10 46 16	8·7	21 24·2
23	4 07 29·5	+10 09 22	8·5	2 03·3	21	3 20 08·6	+10 51 38	8·8	21 20·0
24	4 07 03·1	+10 06 50	8·5	1 58·9	22	3 19 52·2	+10 57 08	8·8	21 15·9
25	4 06 34·4	+10 04 19	8·5	1 54·5	23	3 19 38·1	+11 02 47	8·8	21 11·7
26	4 06 03·5	+10 01 49	8·4	1 50·1	24	3 19 26·4	+11 08 35	8·8	21 07·7
27	4 05 30·4	+ 9 59 22	8·4	1 45·6	25	3 19 16·9	+11 14 30	8·9	21 03·6
28	4 04 55·1	+ 9 56 57	8·4	1 41·0	26	3 19 09·7	+11 20 32	8·9	20 59·6
29	4 04 17·7	+ 9 54 34	8·4	1 36·5	27	3 19 04·9	+11 26 43	8·9	20 55·6
30	4 03 38·2	+ 9 52 14	8·3	1 31·9	Dec. 28	3 19 02·3	+11 33 00	9·0	20 51·7
31	4 02 56·6	+ 9 49 58	8·3	1 27·2	29	3 19 01·9	+11 39 25	9·0	20 47·8
Nov. 1	4 02 13·1	+ 9 47 44	8·3	1 22·6	30	3 19 03·9	+11 45 56	9·0	20 44·0
2	4 01 27·7	+ 9 45 35	8·3	1 17·9	31	3 19 08·1	+11 52 34	9·0	20 40·1
3	4 00 40·4	+ 9 43 30	8·2	1 13·2	2008 Jan. 1	3 19 14·6	+11 59 19	9·1	20 36·4
4	3 59 51·3	+ 9 41 30	8·2	1 08·4	2	3 19 23·3	+12 06 10	9·1	20 32·6
5	3 59 00·6	+ 9 39 34	8·2	1 03·6	3	3 19 34·2	+12 13 07	9·1	20 28·9
6	3 58 08·3	+ 9 37 44	8·2	0 58·8	4	3 19 47·4	+12 20 09	9·1	20 25·2
7	3 57 14·5	+ 9 36 00	8·1	0 54·0	5	3 20 02·8	+12 27 17	9·2	20 21·6
8	3 56 19·3	+ 9 34 21	8·1	0 49·1	6	3 20 20·3	+12 34 31	9·2	20 18·0
9	3 55 22·7	+ 9 32 49	8·1	0 44·3	7	3 20 40·0	+12 41 49	9·2	20 14·4
10	3 54 25·0	+ 9 31 24	8·1	0 39·4	8	3 21 01·9	+12 49 13	9·3	20 10·9
11	3 53 26·1	+ 9 30 06	8·1	0 34·5	9	3 21 25·9	+12 56 41	9·3	20 07·4
12	3 52 26·3	+ 9 28 56	8·0	0 29·5	10	3 21 52·0	+13 04 13	9·3	20 03·9
13	3 51 25·6	+ 9 27 53	8·0	0 24·6	11	3 22 20·2	+13 11 50	9·3	20 00·5
14	3 50 24·2	+ 9 26 59	8·0	0 19·6	12	3 22 50·4	+13 19 31	9·4	19 57·1
15	3 49 22·1	+ 9 26 13	8·0	0 14·7	13	3 23 22·7	+13 27 15	9·4	19 53·8
16	3 48 19·5	+ 9 25 36	8·0	0 09·7	14	3 23 57·0	+13 35 03	9·4	19 50·4
17	3 47 16·5	+ 9 25 07	8·0	0 04·7	15	3 24 33·3	+13 42 54	9·4	19 47·1
18	3 46 13·3	+ 9 24 48	8·0	23 54·8	16	3 25 11·5	+13 50 48	9·5	19 43·9
Nov. 19	3 45 09·8	+ 9 24 38	8·0	23 49·8	Jan. 17	3 25 51·6	+13 58 44	9·5	19 40·7

Second transit for Flora 2007 November 17ᵈ 23ʰ 59ᵐ7

METIS, 2007

GEOCENTRIC POSITIONS FOR 0ʰ TERRESTRIAL TIME

Date	Astrometric BCRS R.A.	Dec.	Vis. Mag.	Ephemeris Transit	Date	Astrometric BCRS R.A.	Dec.	Vis. Mag.	Ephemeris Transit
	h m s	° ′ ″		h m		h m s	° ′ ″		h m
2007 Apr. 25	18 37 43·8	−24 23 10	11·0	4 27·0	2007 June 23	18 06 03·0	−26 51 35	9·7	0 03·1
26	18 37 58·6	−24 24 57	11·0	4 23·3	24	18 04 57·1	−26 53 36	9·7	23 53·1
27	18 38 11·8	−24 26 47	10·9	4 19·6	25	18 03 51·2	−26 55 33	9·7	23 48·0
28	18 38 23·3	−24 28 39	10·9	4 15·9	26	18 02 45·3	−26 57 26	9·7	23 43·0
29	18 38 33·2	−24 30 33	10·9	4 12·1	27	18 01 39·6	−26 59 15	9·7	23 38·0
30	18 38 41·5	−24 32 31	10·9	4 08·3	28	18 00 34·1	−27 01 00	9·8	23 33·0
May 1	18 38 48·0	−24 34 31	10·9	4 04·4	29	17 59 28·9	−27 02 40	9·8	23 28·0
2	18 38 52·9	−24 36 33	10·9	4 00·6	30	17 58 24·1	−27 04 17	9·8	23 23·0
3	18 38 56·0	−24 38 39	10·8	3 56·7	July 1	17 57 19·7	−27 05 49	9·8	23 18·0
May 4	18 38 57·5	−24 40 46	10·8	3 52·8	2	17 56 15·9	−27 07 18	9·9	23 13·0
5	18 38 57·2	−24 42 57	10·8	3 48·8	3	17 55 12·6	−27 08 42	9·9	23 08·1
6	18 38 55·1	−24 45 10	10·8	3 44·9	4	17 54 09·9	−27 10 02	9·9	23 03·1
7	18 38 51·4	−24 47 26	10·8	3 40·8	5	17 53 08·0	−27 11 18	9·9	22 58·2
8	18 38 45·8	−24 49 44	10·7	3 36·8	6	17 52 06·8	−27 12 31	10·0	22 53·2
9	18 38 38·5	−24 52 05	10·7	3 32·7	7	17 51 06·5	−27 13 39	10·0	22 48·3
10	18 38 29·4	−24 54 28	10·7	3 28·7	8	17 50 07·1	−27 14 43	10·0	22 43·4
11	18 38 18·5	−24 56 54	10·7	3 24·5	9	17 49 08·7	−27 15 44	10·0	22 38·5
12	18 38 05·8	−24 59 22	10·7	3 20·4	10	17 48 11·3	−27 16 41	10·1	22 33·7
13	18 37 51·3	−25 01 53	10·6	3 16·2	11	17 47 15·0	−27 17 35	10·1	22 28·8
14	18 37 35·0	−25 04 26	10·6	3 12·0	12	17 46 19·9	−27 18 25	10·1	22 24·0
15	18 37 16·9	−25 07 01	10·6	3 07·7	13	17 45 25·9	−27 19 11	10·1	22 19·2
16	18 36 57·0	−25 09 38	10·6	3 03·5	14	17 44 33·3	−27 19 55	10·1	22 14·4
17	18 36 35·3	−25 12 18	10·5	2 59·2	15	17 43 42·0	−27 20 35	10·2	22 09·7
18	18 36 11·8	−25 14 59	10·5	2 54·8	16	17 42 52·1	−27 21 12	10·2	22 05·0
19	18 35 46·6	−25 17 42	10·5	2 50·5	17	17 42 03·6	−27 21 47	10·2	22 00·3
20	18 35 19·6	−25 20 27	10·5	2 46·1	18	17 41 16·5	−27 22 18	10·2	21 55·6
21	18 34 50·8	−25 23 13	10·5	2 41·7	19	17 40 31·0	−27 22 47	10·3	21 50·9
22	18 34 20·3	−25 26 01	10·4	2 37·2	20	17 39 47·1	−27 23 14	10·3	21 46·3
23	18 33 48·1	−25 28 50	10·4	2 32·7	21	17 39 04·7	−27 23 38	10·3	21 41·7
24	18 33 14·2	−25 31 41	10·4	2 28·2	22	17 38 23·9	−27 24 00	10·3	21 37·1
25	18 32 38·6	−25 34 32	10·4	2 23·7	23	17 37 44·8	−27 24 20	10·3	21 32·6
26	18 32 01·3	−25 37 24	10·4	2 19·1	24	17 37 07·4	−27 24 38	10·4	21 28·0
27	18 31 22·5	−25 40 17	10·3	2 14·6	25	17 36 31·7	−27 24 54	10·4	21 23·6
28	18 30 42·0	−25 43 11	10·3	2 09·9	26	17 35 57·7	−27 25 08	10·4	21 19·1
29	18 29 59·9	−25 46 05	10·3	2 05·3	27	17 35 25·4	−27 25 21	10·4	21 14·7
30	18 29 16·3	−25 48 59	10·3	2 00·6	28	17 34 54·9	−27 25 32	10·4	21 10·3
31	18 28 31·2	−25 51 53	10·2	1 56·0	29	17 34 26·2	−27 25 42	10·5	21 05·9
June 1	18 27 44·7	−25 54 47	10·2	1 51·3	30	17 33 59·3	−27 25 51	10·5	21 01·5
2	18 26 56·6	−25 57 40	10·2	1 46·5	31	17 33 34·1	−27 25 59	10·5	20 57·2
3	18 26 07·2	−26 00 33	10·2	1 41·8	Aug. 1	17 33 10·8	−27 26 06	10·5	20 52·9
4	18 25 16·4	−26 03 25	10·1	1 37·0	2	17 32 49·3	−27 26 11	10·5	20 48·7
5	18 24 24·3	−26 06 17	10·1	1 32·2	3	17 32 29·5	−27 26 16	10·6	20 44·5
6	18 23 30·9	−26 09 07	10·1	1 27·4	4	17 32 11·7	−27 26 21	10·6	20 40·3
7	18 22 36·2	−26 11 56	10·1	1 22·5	5	17 31 55·6	−27 26 25	10·6	20 36·1
8	18 21 40·4	−26 14 43	10·0	1 17·6	6	17 31 41·4	−27 26 28	10·6	20 32·0
9	18 20 43·5	−26 17 29	10·0	1 12·8	7	17 31 29·0	−27 26 31	10·6	20 27·9
10	18 19 45·4	−26 20 13	10·0	1 07·9	8	17 31 18·4	−27 26 34	10·7	20 23·8
11	18 18 46·4	−26 22 54	10·0	1 03·0	9	17 31 09·7	−27 26 36	10·7	20 19·7
12	18 17 46·3	−26 25 34	9·9	0 58·0	10	17 31 02·9	−27 26 38	10·7	20 15·7
13	18 16 45·4	−26 28 11	9·9	0 53·1	11	17 30 57·8	−27 26 40	10·7	20 11·8
14	18 15 43·7	−26 30 46	9·9	0 48·1	12	17 30 54·6	−27 26 42	10·7	20 07·8
15	18 14 41·2	−26 33 17	9·9	0 43·2	Aug. 13	17 30 53·3	−27 26 44	10·8	20 03·9
16	18 13 38·0	−26 35 46	9·8	0 38·2	14	17 30 53·7	−27 26 46	10·8	20 00·0
17	18 12 34·3	−26 38 12	9·8	0 33·2	15	17 30 56·0	−27 26 48	10·8	19 56·1
18	18 11 29·9	−26 40 35	9·8	0 28·2	16	17 31 00·1	−27 26 50	10·8	19 52·3
19	18 10 25·2	−26 42 54	9·8	0 23·2	17	17 31 06·0	−27 26 52	10·8	19 48·5
20	18 09 20·0	−26 45 10	9·7	0 18·2	18	17 31 13·7	−27 26 55	10·8	19 44·7
21	18 08 14·5	−26 47 22	9·7	0 13·1	19	17 31 23·1	−27 26 58	10·9	19 41·0
22	18 07 08·9	−26 49 30	9·7	0 08·1	20	17 31 34·3	−27 27 00	10·9	19 37·3
June 23	18 06 03·0	−26 51 35	9·7	0 03·1	Aug. 21	17 31 47·3	−27 27 03	10·9	19 33·6

Second transit for Metis 2007 June 23ᵈ 23ʰ 58ᵐ1

GEOCENTRIC POSITIONS FOR 0^h TERRESTRIAL TIME

Date	Astrometric BCRS R.A.	Dec.	Vis. Mag.	Ephemeris Transit	Date	Astrometric BCRS R.A.	Dec.	Vis. Mag.	Ephemeris Transit
	h m s	° ′ ″		h m		h m s	° ′ ″		h m
2007 Aug. 5	0 54 47·2	+10 45 28	11·1	4 01·9	2007 Oct. 3	0 28 27·4	+ 9 00 41	10·1	23 38·8
6	0 54 49·8	+10 47 15	11·1	3 58·0	4	0 27 43·1	+ 8 55 57	10·1	23 34·2
Aug. 7	0 54 51·1	+10 48 56	11·1	3 54·1	5	0 26 59·1	+ 8 51 11	10·2	23 29·5
8	0 54 51·4	+10 50 29	11·1	3 50·1	6	0 26 15·1	+ 8 46 23	10·2	23 24·8
9	0 54 50·4	+10 51 55	11·0	3 46·2	7	0 25 31·4	+ 8 41 34	10·2	23 20·2
10	0 54 48·3	+10 53 13	11·0	3 42·2	8	0 24 48·0	+ 8 36 42	10·2	23 15·5
11	0 54 45·1	+10 54 24	11·0	3 38·2	9	0 24 04·8	+ 8 31 50	10·2	23 10·9
12	0 54 40·6	+10 55 28	11·0	3 34·2	10	0 23 22·0	+ 8 26 58	10·2	23 06·3
13	0 54 35·0	+10 56 24	11·0	3 30·2	11	0 22 39·6	+ 8 22 04	10·3	23 01·6
14	0 54 28·3	+10 57 12	11·0	3 26·1	12	0 21 57·7	+ 8 17 11	10·3	22 57·0
15	0 54 20·3	+10 57 53	11·0	3 22·0	13	0 21 16·1	+ 8 12 18	10·3	22 52·4
16	0 54 11·2	+10 58 26	10·9	3 18·0	14	0 20 35·2	+ 8 07 25	10·3	22 47·8
17	0 54 00·9	+10 58 52	10·9	3 13·8	15	0 19 54·7	+ 8 02 33	10·4	22 43·2
18	0 53 49·5	+10 59 09	10·9	3 09·7	16	0 19 14·9	+ 7 57 43	10·4	22 38·6
19	0 53 36·8	+10 59 19	10·9	3 05·6	17	0 18 35·6	+ 7 52 53	10·4	22 34·1
20	0 53 23·1	+10 59 21	10·9	3 01·4	18	0 17 57·1	+ 7 48 05	10·4	22 29·5
21	0 53 08·2	+10 59 16	10·9	2 57·2	19	0 17 19·2	+ 7 43 20	10·4	22 25·0
22	0 52 52·1	+10 59 02	10·9	2 53·0	20	0 16 42·0	+ 7 38 36	10·5	22 20·4
23	0 52 35·0	+10 58 41	10·8	2 48·8	21	0 16 05·7	+ 7 33 55	10·5	22 15·9
24	0 52 16·7	+10 58 12	10·8	2 44·6	22	0 15 30·1	+ 7 29 16	10·5	22 11·4
25	0 51 57·2	+10 57 34	10·8	2 40·3	23	0 14 55·3	+ 7 24 41	10·5	22 06·9
26	0 51 36·7	+10 56 49	10·8	2 36·0	24	0 14 21·4	+ 7 20 09	10·5	22 02·4
27	0 51 15·1	+10 55 57	10·8	2 31·7	25	0 13 48·3	+ 7 15 40	10·6	21 58·0
28	0 50 52·4	+10 54 56	10·8	2 27·4	26	0 13 16·1	+ 7 11 15	10·6	21 53·5
29	0 50 28·7	+10 53 47	10·7	2 23·1	27	0 12 44·9	+ 7 06 54	10·6	21 49·1
30	0 50 03·9	+10 52 31	10·7	2 18·7	28	0 12 14·5	+ 7 02 37	10·6	21 44·7
31	0 49 38·0	+10 51 06	10·7	2 14·4	29	0 11 45·2	+ 6 58 24	10·6	21 40·3
Sept. 1	0 49 11·1	+10 49 34	10·7	2 10·0	30	0 11 16·8	+ 6 54 16	10·7	21 35·9
2	0 48 43·2	+10 47 54	10·7	2 05·6	31	0 10 49·4	+ 6 50 12	10·7	21 31·5
3	0 48 14·3	+10 46 06	10·7	2 01·2	Nov. 1	0 10 23·0	+ 6 46 13	10·7	21 27·2
4	0 47 44·5	+10 44 10	10·6	1 56·7	2	0 09 57·7	+ 6 42 19	10·7	21 22·9
5	0 47 13·7	+10 42 07	10·6	1 52·3	3	0 09 33·4	+ 6 38 31	10·7	21 18·5
6	0 46 41·9	+10 39 56	10·6	1 47·8	4	0 09 10·2	+ 6 34 48	10·8	21 14·2
7	0 46 09·2	+10 37 37	10·6	1 43·3	5	0 08 48·1	+ 6 31 11	10·8	21 10·0
8	0 45 35·7	+10 35 11	10·6	1 38·9	6	0 08 27·1	+ 6 27 39	10·8	21 05·7
9	0 45 01·3	+10 32 37	10·6	1 34·3	7	0 08 07·2	+ 6 24 14	10·8	21 01·5
10	0 44 26·0	+10 29 56	10·5	1 29·8	8	0 07 48·4	+ 6 20 54	10·8	20 57·2
11	0 43 50·0	+10 27 08	10·5	1 25·3	9	0 07 30·8	+ 6 17 41	10·9	20 53·0
12	0 43 13·2	+10 24 12	10·5	1 20·8	10	0 07 14·3	+ 6 14 34	10·9	20 48·9
13	0 42 35·6	+10 21 10	10·5	1 16·2	11	0 06 59·0	+ 6 11 34	10·9	20 44·7
14	0 41 57·4	+10 18 01	10·5	1 11·6	12	0 06 44·8	+ 6 08 40	10·9	20 40·5
15	0 41 18·5	+10 14 45	10·5	1 07·0	13	0 06 31·8	+ 6 05 53	10·9	20 36·4
16	0 40 38·9	+10 11 23	10·4	1 02·5	14	0 06 20·0	+ 6 03 13	10·9	20 32·3
17	0 39 58·8	+10 07 54	10·4	0 57·9	15	0 06 09·3	+ 6 00 40	11·0	20 28·2
18	0 39 18·1	+10 04 19	10·4	0 53·2	16	0 05 59·9	+ 5 58 14	11·0	20 24·2
19	0 38 36·8	+10 00 39	10·4	0 48·6	17	0 05 51·6	+ 5 55 55	11·0	20 20·1
20	0 37 55·1	+ 9 56 52	10·4	0 44·0	18	0 05 44·5	+ 5 53 43	11·0	20 16·1
21	0 37 13·0	+ 9 53 00	10·3	0 39·4	19	0 05 38·6	+ 5 51 38	11·0	20 12·1
22	0 36 30·4	+ 9 49 03	10·3	0 34·7	20	0 05 33·9	+ 5 49 40	11·0	20 08·1
23	0 35 47·5	+ 9 45 00	10·3	0 30·1	21	0 05 30·3	+ 5 47 50	11·1	20 04·1
24	0 35 04·3	+ 9 40 53	10·3	0 25·4	22	0 05 27·9	+ 5 46 07	11·1	20 00·2
25	0 34 20·8	+ 9 36 40	10·3	0 20·8	Nov. 23	0 05 26·7	+ 5 44 31	11·1	19 56·2
26	0 33 37·0	+ 9 32 24	10·2	0 16·1	24	0 05 26·7	+ 5 43 02	11·1	19 52·3
27	0 32 53·1	+ 9 28 03	10·2	0 11·5	25	0 05 27·8	+ 5 41 41	11·1	19 48·4
28	0 32 09·0	+ 9 23 38	10·2	0 06·8	26	0 05 30·0	+ 5 40 27	11·1	19 44·5
29	0 31 24·7	+ 9 19 09	10·2	0 02·1	27	0 05 33·4	+ 5 39 21	11·2	19 40·7
30	0 30 40·4	+ 9 14 37	10·2	23 52·8	28	0 05 38·0	+ 5 38 21	11·2	19 36·9
Oct. 1	0 29 56·1	+ 9 10 01	10·2	23 48·1	29	0 05 43·6	+ 5 37 29	11·2	19 33·0
2	0 29 11·7	+ 9 05 23	10·2	23 43·5	30	0 05 50·4	+ 5 36 45	11·2	19 29·2
Oct. 3	0 28 27·4	+ 9 00 41	10·1	23 38·8	Dec. 1	0 05 58·4	+ 5 36 07	11·2	19 25·5

Second transit for Hygiea 2007 September 29^d 23^h 57^{m}5

EUNOMIA, 2007
GEOCENTRIC POSITIONS FOR 0ʰ TERRESTRIAL TIME

Date	Astrometric BCRS R.A.	Dec.	Vis. Mag.	Ephemeris Transit	Date	Astrometric BCRS R.A.	Dec.	Vis. Mag.	Ephemeris Transit
	h m s	° ′ ″		h m		h m s	° ′ ″		h m
2007 Nov. 12	7 59 35·9	+25 56 08	9·4	4 36·5	2008 Jan. 10	7 26 57·6	+23 14 26	8·2	0 11·6
13	7 59 57·9	+25 52 42	9·4	4 32·9	11	7 25 48·4	+23 11 25	8·2	0 06·5
14	8 00 18·0	+25 49 18	9·3	4 29·3	12	7 24 39·5	+23 08 21	8·2	0 01·4
15	8 00 36·1	+25 45 57	9·3	4 25·7	13	7 23 30·9	+23 05 15	8·2	23 51·3
16	8 00 52·2	+25 42 38	9·3	4 22·0	14	7 22 22·8	+23 02 07	8·3	23 46·3
17	8 01 06·3	+25 39 21	9·3	4 18·3	15	7 21 15·2	+22 58 56	8·3	23 41·2
18	8 01 18·3	+25 36 07	9·3	4 14·5	16	7 20 08·2	+22 55 44	8·4	23 36·2
19	8 01 28·3	+25 32 56	9·3	4 10·7	17	7 19 01·9	+22 52 29	8·4	23 31·2
20	8 01 36·2	+25 29 46	9·2	4 06·9	18	7 17 56·5	+22 49 13	8·4	23 26·2
21	8 01 42·1	+25 26 40	9·2	4 03·1	19	7 16 51·9	+22 45 54	8·5	23 21·2
22	8 01 45·9	+25 23 36	9·2	3 59·2	20	7 15 48·2	+22 42 34	8·5	23 16·2
Nov. 23	8 01 47·6	+25 20 34	9·2	3 55·3	21	7 14 45·5	+22 39 12	8·5	23 11·3
24	8 01 47·2	+25 17 34	9·2	3 51·3	22	7 13 43·9	+22 35 49	8·6	23 06·3
25	8 01 44·7	+25 14 37	9·2	3 47·3	23	7 12 43·5	+22 32 24	8·6	23 01·4
26	8 01 40·1	+25 11 42	9·1	3 43·3	24	7 11 44·3	+22 28 58	8·6	22 56·5
27	8 01 33·3	+25 08 50	9·1	3 39·3	25	7 10 46·3	+22 25 31	8·7	22 51·7
28	8 01 24·5	+25 06 00	9·1	3 35·2	26	7 09 49·7	+22 22 02	8·7	22 46·8
29	8 01 13·5	+25 03 12	9·1	3 31·1	27	7 08 54·5	+22 18 33	8·7	22 42·0
30	8 01 00·3	+25 00 26	9·1	3 26·9	28	7 08 00·7	+22 15 03	8·7	22 37·2
Dec. 1	8 00 45·1	+24 57 43	9·1	3 22·7	29	7 07 08·4	+22 11 32	8·8	22 32·5
2	8 00 27·6	+24 55 01	9·0	3 18·5	30	7 06 17·7	+22 08 01	8·8	22 27·7
3	8 00 08·1	+24 52 22	9·0	3 14·2	31	7 05 28·5	+22 04 29	8·8	22 23·0
4	7 59 46·4	+24 49 44	9·0	3 09·9	Feb. 1	7 04 41·0	+22 00 57	8·9	22 18·3
5	7 59 22·6	+24 47 08	9·0	3 05·6	2	7 03 55·1	+21 57 25	8·9	22 13·7
6	7 58 56·6	+24 44 34	9·0	3 01·2	3	7 03 11·0	+21 53 53	8·9	22 09·0
7	7 58 28·6	+24 42 01	8·9	2 56·8	4	7 02 28·6	+21 50 20	8·9	22 04·4
8	7 57 58·5	+24 39 30	8·9	2 52·3	5	7 01 48·0	+21 46 48	9·0	21 59·9
9	7 57 26·4	+24 37 01	8·9	2 47·9	6	7 01 09·2	+21 43 16	9·0	21 55·3
10	7 56 52·2	+24 34 32	8·9	2 43·3	7	7 00 32·3	+21 39 44	9·0	21 50·8
11	7 56 16·0	+24 32 05	8·9	2 38·8	8	6 59 57·2	+21 36 12	9·0	21 46·3
12	7 55 37·9	+24 29 38	8·8	2 34·2	9	6 59 24·0	+21 32 41	9·1	21 41·9
13	7 54 57·8	+24 27 12	8·8	2 29·6	10	6 58 52·7	+21 29 11	9·1	21 37·5
14	7 54 15·8	+24 24 47	8·8	2 25·0	11	6 58 23·4	+21 25 41	9·1	21 33·1
15	7 53 32·0	+24 22 22	8·8	2 20·3	12	6 57 55·9	+21 22 12	9·1	21 28·7
16	7 52 46·4	+24 19 58	8·8	2 15·6	13	6 57 30·4	+21 18 43	9·2	21 24·4
17	7 51 59·0	+24 17 33	8·7	2 10·9	14	6 57 06·8	+21 15 15	9·2	21 20·1
18	7 51 09·9	+24 15 09	8·7	2 06·1	15	6 56 45·2	+21 11 48	9·2	21 15·9
19	7 50 19·1	+24 12 44	8·7	2 01·4	16	6 56 25·5	+21 08 22	9·2	21 11·6
20	7 49 26·7	+24 10 19	8·7	1 56·6	17	6 56 07·8	+21 04 56	9·3	21 07·5
21	7 48 32·8	+24 07 54	8·7	1 51·7	18	6 55 51·9	+21 01 32	9·3	21 03·3
22	7 47 37·4	+24 05 28	8·6	1 46·9	19	6 55 38·0	+20 58 09	9·3	20 59·2
23	7 46 40·5	+24 03 01	8·6	1 42·0	20	6 55 26·0	+20 54 46	9·3	20 55·1
24	7 45 42·4	+24 00 33	8·6	1 37·1	21	6 55 15·9	+20 51 25	9·4	20 51·0
25	7 44 42·9	+23 58 03	8·6	1 32·2	22	6 55 07·7	+20 48 04	9·4	20 47·0
26	7 43 42·1	+23 55 33	8·6	1 27·2	23	6 55 01·4	+20 44 45	9·4	20 43·0
27	7 42 40·3	+23 53 01	8·5	1 22·3	24	6 54 56·9	+20 41 27	9·4	20 39·0
28	7 41 37·3	+23 50 28	8·5	1 17·3	Feb. 25	6 54 54·3	+20 38 09	9·5	20 35·1
29	7 40 33·3	+23 47 54	8·5	1 12·3	26	6 54 53·5	+20 34 53	9·5	20 31·1
30	7 39 28·4	+23 45 17	8·5	1 07·3	27	6 54 54·5	+20 31 38	9·5	20 27·3
31	7 38 22·6	+23 42 39	8·5	1 02·2	28	6 54 57·3	+20 28 23	9·5	20 23·4
2008 Jan. 1	7 37 16·1	+23 40 00	8·4	0 57·2	29	6 55 01·9	+20 25 10	9·6	20 19·6
2	7 36 08·9	+23 37 18	8·4	0 52·2	Mar. 1	6 55 08·2	+20 21 57	9·6	20 15·8
3	7 35 01·0	+23 34 34	8·4	0 47·1	2	6 55 16·3	+20 18 46	9·6	20 12·0
4	7 33 52·7	+23 31 48	8·4	0 42·0	3	6 55 26·2	+20 15 35	9·6	20 08·3
5	7 32 44·0	+23 29 00	8·3	0 37·0	4	6 55 37·8	+20 12 25	9·6	20 04·6
6	7 31 35·0	+23 26 10	8·3	0 31·9	5	6 55 51·0	+20 09 16	9·7	20 00·9
7	7 30 25·7	+23 23 17	8·3	0 26·8	6	6 56 05·9	+20 06 07	9·7	19 57·2
8	7 29 16·3	+23 20 23	8·2	0 21·7	7	6 56 22·5	+20 02 59	9·7	19 53·6
9	7 28 06·9	+23 17 26	8·2	0 16·7	8	6 56 40·7	+19 59 52	9·7	19 50·0
Jan. 10	7 26 57·6	+23 14 26	8·2	0 11·6	Mar. 9	6 57 00·6	+19 56 45	9·8	19 46·4

Second transit for Eunomia 2008 January 12ᵈ 23ʰ 56ᵐ4

GEOCENTRIC POSITIONS FOR 0ʰ TERRESTRIAL TIME

Date	Astrometric BCRS R.A. (h m s)	Dec. (° ′ ″)	Vis. Mag.	Ephemeris Transit (h m)	Date	Astrometric BCRS R.A. (h m s)	Dec. (° ′ ″)	Vis. Mag.	Ephemeris Transit (h m)
2007 Jan. 3	11 20 34.5	+ 4 24 18	11.4	4 31.3	2007 Mar. 3	10 56 18.5	+ 7 46 44	10.3	0 14.9
4	11 20 43.0	+ 4 24 08	11.3	4 27.5	4	10 55 31.8	+ 7 52 19	10.3	0 10.2
5	11 20 50.3	+ 4 24 07	11.3	4 23.7	5	10 54 45.2	+ 7 57 52	10.3	0 05.5
6	11 20 56.3	+ 4 24 14	11.3	4 19.9	6	10 53 58.6	+ 8 03 24	10.3	0 00.8
7	11 21 01.1	+ 4 24 30	11.3	4 16.0	7	10 53 12.1	+ 8 08 55	10.4	23 51.4
8	11 21 04.7	+ 4 24 53	11.3	4 12.1	8	10 52 25.8	+ 8 14 23	10.4	23 46.7
9	11 21 07.0	+ 4 25 26	11.3	4 08.2	9	10 51 39.6	+ 8 19 49	10.4	23 42.0
Jan. 10	11 21 08.0	+ 4 26 06	11.3	4 04.3	10	10 50 53.8	+ 8 25 12	10.5	23 37.3
11	11 21 07.8	+ 4 26 55	11.3	4 00.3	11	10 50 08.2	+ 8 30 33	10.5	23 32.6
12	11 21 06.3	+ 4 27 53	11.2	3 56.4	12	10 49 23.0	+ 8 35 50	10.5	23 28.0
13	11 21 03.5	+ 4 28 59	11.2	3 52.4	13	10 48 38.2	+ 8 41 04	10.5	23 23.3
14	11 20 59.4	+ 4 30 13	11.2	3 48.4	14	10 47 53.8	+ 8 46 15	10.6	23 18.6
15	11 20 54.1	+ 4 31 36	11.2	3 44.4	15	10 47 09.8	+ 8 51 21	10.6	23 14.0
16	11 20 47.4	+ 4 33 08	11.2	3 40.3	16	10 46 26.4	+ 8 56 23	10.6	23 09.3
17	11 20 39.5	+ 4 34 48	11.2	3 36.2	17	10 45 43.6	+ 9 01 21	10.6	23 04.7
18	11 20 30.3	+ 4 36 37	11.1	3 32.1	18	10 45 01.4	+ 9 06 14	10.7	23 00.1
19	11 20 19.8	+ 4 38 35	11.1	3 28.0	19	10 44 19.8	+ 9 11 02	10.7	22 55.5
20	11 20 08.0	+ 4 40 40	11.1	3 23.9	20	10 43 38.9	+ 9 15 44	10.7	22 50.9
21	11 19 54.9	+ 4 42 55	11.1	3 19.7	21	10 42 58.7	+ 9 20 21	10.7	22 46.3
22	11 19 40.6	+ 4 45 17	11.1	3 15.6	22	10 42 19.3	+ 9 24 53	10.7	22 41.8
23	11 19 25.0	+ 4 47 48	11.1	3 11.4	23	10 41 40.8	+ 9 29 18	10.8	22 37.2
24	11 19 08.2	+ 4 50 27	11.1	3 07.1	24	10 41 03.0	+ 9 33 38	10.8	22 32.7
25	11 18 50.1	+ 4 53 15	11.0	3 02.9	25	10 40 26.1	+ 9 37 51	10.8	22 28.1
26	11 18 30.7	+ 4 56 10	11.0	2 58.6	26	10 39 50.1	+ 9 41 58	10.8	22 23.6
27	11 18 10.2	+ 4 59 13	11.0	2 54.4	27	10 39 15.1	+ 9 45 58	10.8	22 19.1
28	11 17 48.4	+ 5 02 24	11.0	2 50.1	28	10 38 41.0	+ 9 49 52	10.9	22 14.6
29	11 17 25.5	+ 5 05 43	11.0	2 45.7	29	10 38 07.9	+ 9 53 39	10.9	22 10.2
30	11 17 01.4	+ 5 09 10	10.9	2 41.4	30	10 37 35.7	+ 9 57 19	10.9	22 05.9
31	11 16 36.1	+ 5 12 43	10.9	2 37.1	31	10 37 04.6	+10 00 51	10.9	22 01.3
Feb. 1	11 16 09.7	+ 5 16 25	10.9	2 32.7	Apr. 1	10 36 34.6	+10 04 17	10.9	21 56.9
2	11 15 42.1	+ 5 20 13	10.9	2 28.3	2	10 36 05.6	+10 07 36	11.0	21 52.5
3	11 15 13.4	+ 5 24 08	10.9	2 23.9	3	10 35 37.7	+10 10 47	11.0	21 48.1
4	11 14 43.7	+ 5 28 11	10.9	2 19.4	4	10 35 10.9	+10 13 51	11.0	21 43.8
5	11 14 12.8	+ 5 32 20	10.8	2 15.0	5	10 34 45.2	+10 16 48	11.0	21 39.5
6	11 13 41.0	+ 5 36 35	10.8	2 10.5	6	10 34 20.7	+10 19 37	11.0	21 35.1
7	11 13 08.0	+ 5 40 57	10.8	2 06.0	7	10 33 57.3	+10 22 19	11.0	21 30.8
8	11 12 34.1	+ 5 45 25	10.8	2 01.5	8	10 33 35.0	+10 24 53	11.1	21 26.6
9	11 11 59.3	+ 5 49 59	10.8	1 57.0	9	10 33 13.9	+10 27 19	11.1	21 22.3
10	11 11 23.4	+ 5 54 39	10.7	1 52.5	10	10 32 54.0	+10 29 38	11.1	21 18.1
11	11 10 46.7	+ 5 59 25	10.7	1 48.0	11	10 32 35.3	+10 31 49	11.1	21 13.8
12	11 10 09.1	+ 6 04 15	10.7	1 43.4	12	10 32 17.8	+10 33 53	11.1	21 09.6
13	11 09 30.6	+ 6 09 11	10.7	1 38.8	13	10 32 01.4	+10 35 49	11.2	21 05.5
14	11 08 51.3	+ 6 14 12	10.7	1 34.2	14	10 31 46.3	+10 37 37	11.2	21 01.3
15	11 08 11.2	+ 6 19 17	10.7	1 29.6	15	10 31 32.5	+10 39 17	11.2	20 57.2
16	11 07 30.4	+ 6 24 26	10.6	1 25.0	16	10 31 19.8	+10 40 50	11.2	20 53.0
17	11 06 48.9	+ 6 29 40	10.6	1 20.4	17	10 31 08.4	+10 42 15	11.2	20 48.9
18	11 06 06.7	+ 6 34 57	10.6	1 15.8	18	10 30 58.2	+10 43 32	11.2	20 44.9
19	11 05 23.9	+ 6 40 17	10.6	1 11.1	19	10 30 49.2	+10 44 41	11.3	20 40.8
20	11 04 40.5	+ 6 45 40	10.6	1 06.5	20	10 30 41.5	+10 45 43	11.3	20 36.8
21	11 03 56.6	+ 6 51 07	10.5	1 01.8	21	10 30 35.0	+10 46 36	11.3	20 32.8
22	11 03 12.2	+ 6 56 35	10.5	0 57.1	22	10 30 29.8	+10 47 23	11.3	20 28.8
23	11 02 27.4	+ 7 02 05	10.5	0 52.5	23	10 30 25.7	+10 48 01	11.3	20 24.8
24	11 01 42.2	+ 7 07 38	10.5	0 47.8	24	10 30 22.9	+10 48 32	11.3	20 20.8
25	11 00 56.6	+ 7 13 11	10.4	0 43.1	Apr. 25	10 30 21.3	+10 48 56	11.4	20 16.9
26	11 00 10.7	+ 7 18 46	10.4	0 38.4	26	10 30 21.0	+10 49 11	11.4	20 13.0
27	10 59 24.6	+ 7 24 21	10.4	0 33.7	27	10 30 21.8	+10 49 20	11.4	20 09.1
28	10 58 38.3	+ 7 29 57	10.4	0 29.0	28	10 30 23.8	+10 49 21	11.4	20 05.2
Mar. 1	10 57 51.8	+ 7 35 33	10.3	0 24.3	29	10 30 27.0	+10 49 15	11.4	20 01.3
2	10 57 05.2	+ 7 41 09	10.3	0 19.6	30	10 30 31.4	+10 49 02	11.4	19 57.5
Mar. 3	10 56 18.5	+ 7 46 44	10.3	0 14.9	May 1	10 30 36.9	+10 48 41	11.5	19 53.7

Second transit for Psyche 2007 March 6ᵈ 23ʰ 56ᵐ1

EUROPA, 2007
GEOCENTRIC POSITIONS FOR 0ʰ TERRESTRIAL TIME

Date	Astrometric BCRS R.A.	Dec.	Vis. Mag.	Ephemeris Transit
	h m s	° ′ ″		h m
2007 May 15	19 55 40·7	−16 40 55	12·1	4 26·0
16	19 55 45·6	−16 40 50	12·1	4 22·2
17	19 55 49·3	−16 40 49	12·0	4 18·3
18	19 55 51·9	−16 40 52	12·0	4 14·4
May 19	19 55 53·2	−16 40 59	12·0	4 10·5
20	19 55 53·3	−16 41 11	12·0	4 06·5
21	19 55 52·1	−16 41 27	12·0	4 02·6
22	19 55 49·8	−16 41 47	12·0	3 58·6
23	19 55 46·2	−16 42 12	12·0	3 54·6
24	19 55 41·4	−16 42 41	11·9	3 50·6
25	19 55 35·4	−16 43 14	11·9	3 46·6
26	19 55 28·2	−16 43 52	11·9	3 42·5
27	19 55 19·7	−16 44 35	11·9	3 38·4
28	19 55 10·1	−16 45 22	11·9	3 34·3
29	19 54 59·2	−16 46 13	11·9	3 30·2
30	19 54 47·1	−16 47 09	11·8	3 26·1
31	19 54 33·8	−16 48 09	11·8	3 21·9
June 1	19 54 19·3	−16 49 14	11·8	3 17·7
2	19 54 03·6	−16 50 24	11·8	3 13·5
3	19 53 46·7	−16 51 37	11·8	3 09·3
4	19 53 28·6	−16 52 56	11·8	3 05·1
5	19 53 09·4	−16 54 19	11·7	3 00·8
6	19 52 48·9	−16 55 46	11·7	2 56·5
7	19 52 27·3	−16 57 17	11·7	2 52·2
8	19 52 04·6	−16 58 53	11·7	2 47·9
9	19 51 40·6	−17 00 34	11·7	2 43·6
10	19 51 15·6	−17 02 19	11·7	2 39·2
11	19 50 49·4	−17 04 08	11·6	2 34·9
12	19 50 22·1	−17 06 01	11·6	2 30·5
13	19 49 53·7	−17 07 59	11·6	2 26·1
14	19 49 24·3	−17 10 01	11·6	2 21·6
15	19 48 53·8	−17 12 07	11·6	2 17·2
16	19 48 22·2	−17 14 16	11·6	2 12·7
17	19 47 49·6	−17 16 30	11·5	2 08·2
18	19 47 16·1	−17 18 48	11·5	2 03·8
19	19 46 41·6	−17 21 09	11·5	1 59·2
20	19 46 06·2	−17 23 34	11·5	1 54·7
21	19 45 29·8	−17 26 03	11·5	1 50·2
22	19 44 52·6	−17 28 35	11·5	1 45·6
23	19 44 14·5	−17 31 11	11·4	1 41·1
24	19 43 35·6	−17 33 49	11·4	1 36·5
25	19 42 56·0	−17 36 31	11·4	1 31·9
26	19 42 15·5	−17 39 16	11·4	1 27·3
27	19 41 34·4	−17 42 04	11·4	1 22·7
28	19 40 52·5	−17 44 54	11·3	1 18·0
29	19 40 10·0	−17 47 48	11·3	1 13·4
30	19 39 26·9	−17 50 43	11·3	1 08·8
July 1	19 38 43·2	−17 53 42	11·3	1 04·1
2	19 37 58·9	−17 56 42	11·3	0 59·4
3	19 37 14·1	−17 59 45	11·2	0 54·8
4	19 36 28·9	−18 02 49	11·2	0 50·1
5	19 35 43·1	−18 05 56	11·2	0 45·4
6	19 34 57·0	−18 09 04	11·2	0 40·7
7	19 34 10·5	−18 12 14	11·2	0 36·0
8	19 33 23·7	−18 15 26	11·1	0 31·3
9	19 32 36·6	−18 18 39	11·1	0 26·6
10	19 31 49·3	−18 21 53	11·1	0 21·8
11	19 31 01·8	−18 25 09	11·1	0 17·1
12	19 30 14·1	−18 28 25	11·1	0 12·4
July 13	19 29 26·3	−18 31 43	11·0	0 07·7
2007 July 13	19 29 26·3	−18 31 43	11·0	0 07·7
14	19 28 38·5	−18 35 01	11·0	0 03·0
15	19 27 50·6	−18 38 19	11·0	23 53·5
16	19 27 02·8	−18 41 38	11·1	23 48·8
17	19 26 15·1	−18 44 58	11·1	23 44·1
18	19 25 27·5	−18 48 17	11·1	23 39·3
19	19 24 40·1	−18 51 37	11·1	23 34·6
20	19 23 52·9	−18 54 57	11·1	23 29·9
21	19 23 05·9	−18 58 16	11·2	23 25·2
22	19 22 19·3	−19 01 35	11·2	23 20·5
23	19 21 33·0	−19 04 53	11·2	23 15·8
24	19 20 47·1	−19 08 11	11·2	23 11·2
25	19 20 01·6	−19 11 29	11·2	23 06·5
26	19 19 16·7	−19 14 45	11·3	23 01·8
27	19 18 32·2	−19 18 01	11·3	22 57·2
28	19 17 48·3	−19 21 15	11·3	22 52·5
29	19 17 04·9	−19 24 29	11·3	22 47·9
30	19 16 22·2	−19 27 41	11·3	22 43·2
31	19 15 40·2	−19 30 53	11·4	22 38·6
Aug. 1	19 14 58·9	−19 34 03	11·4	22 34·0
2	19 14 18·2	−19 37 11	11·4	22 29·4
3	19 13 38·4	−19 40 18	11·4	22 24·9
4	19 12 59·3	−19 43 24	11·4	22 20·3
5	19 12 21·1	−19 46 28	11·5	22 15·8
6	19 11 43·7	−19 49 30	11·5	22 11·2
7	19 11 07·2	−19 52 30	11·5	22 06·7
8	19 10 31·6	−19 55 29	11·5	22 02·2
9	19 09 57·0	−19 58 26	11·5	21 57·7
10	19 09 23·4	−20 01 21	11·6	21 53·2
11	19 08 50·7	−20 04 14	11·6	21 48·8
12	19 08 19·2	−20 07 06	11·6	21 44·4
13	19 07 48·6	−20 09 55	11·6	21 39·9
14	19 07 19·2	−20 12 42	11·6	21 35·5
15	19 06 50·8	−20 15 26	11·6	21 31·2
16	19 06 23·6	−20 18 09	11·7	21 26·8
17	19 05 57·5	−20 20 49	11·7	21 22·5
18	19 05 32·6	−20 23 28	11·7	21 18·1
19	19 05 08·9	−20 26 03	11·7	21 13·8
20	19 04 46·3	−20 28 37	11·7	21 09·6
21	19 04 25·0	−20 31 08	11·7	21 05·3
22	19 04 04·9	−20 33 37	11·8	21 01·0
23	19 03 46·0	−20 36 03	11·8	20 56·8
24	19 03 28·4	−20 38 27	11·8	20 52·6
25	19 03 12·0	−20 40 49	11·8	20 48·4
26	19 02 56·8	−20 43 08	11·8	20 44·3
27	19 02 42·9	−20 45 25	11·8	20 40·1
28	19 02 30·3	−20 47 39	11·9	20 36·0
29	19 02 18·9	−20 49 51	11·9	20 31·9
30	19 02 08·8	−20 52 00	11·9	20 27·9
31	19 02 00·0	−20 54 07	11·9	20 23·8
Sept. 1	19 01 52·5	−20 56 11	11·9	20 19·8
2	19 01 46·2	−20 58 13	11·9	20 15·8
3	19 01 41·2	−21 00 13	11·9	20 11·8
4	19 01 37·4	−21 02 09	12·0	20 07·8
5	19 01 35·0	−21 04 04	12·0	20 03·8
Sept. 6	19 01 33·8	−21 05 55	12·0	19 59·9
7	19 01 33·9	−21 07 45	12·0	19 56·0
8	19 01 35·3	−21 09 31	12·0	19 52·1
9	19 01 38·0	−21 11 15	12·0	19 48·3
Sept. 10	19 01 41·9	−21 12 57	12·0	19 44·4

Second transit for Europa 2007 July 14ᵈ 23ʰ 58ᵐ2

GEOCENTRIC POSITIONS FOR 0ʰ TERRESTRIAL TIME

Date	Astrometric BCRS R.A.	Astrometric BCRS Dec.	Vis. Mag.	Ephemeris Transit	Date	Astrometric BCRS R.A.	Astrometric BCRS Dec.	Vis. Mag.	Ephemeris Transit
	h m s	° ′ ″		h m		h m s	° ′ ″		h m
2007 Jan. 23	12 31 50·3	− 2 05 56	12·6	4 23·8	2007 Mar. 23	12 12 32·8	+ 1 06 09	11·2	0 12·3
24	12 32 00·9	− 2 05 57	12·5	4 20·0	24	12 11 52·1	+ 1 11 26	11·2	0 07·7
25	12 32 10·3	− 2 05 51	12·5	4 16·2	25	12 11 11·4	+ 1 16 42	11·2	0 03·1
26	12 32 18·6	− 2 05 37	12·5	4 12·4	26	12 10 30·7	+ 1 21 57	11·3	23 53·9
27	12 32 25·8	− 2 05 15	12·5	4 08·6	27	12 09 50·0	+ 1 27 11	11·3	23 49·3
28	12 32 31·9	− 2 04 46	12·5	4 04·8	28	12 09 09·5	+ 1 32 23	11·3	23 44·7
29	12 32 36·9	− 2 04 09	12·5	4 00·9	29	12 08 29·0	+ 1 37 33	11·4	23 40·1
30	12 32 40·8	− 2 03 25	12·4	3 57·0	30	12 07 48·7	+ 1 42 40	11·4	23 35·5
31	12 32 43·5	− 2 02 33	12·4	3 53·1	31	12 07 08·7	+ 1 47 45	11·4	23 30·9
Feb. 1	12 32 45·1	− 2 01 33	12·4	3 49·2	Apr. 1	12 06 28·8	+ 1 52 47	11·4	23 26·3
2	12 32 45·5	− 2 00 26	12·4	3 45·3	2	12 05 49·3	+ 1 57 46	11·5	23 21·7
3	12 32 44·8	− 1 59 11	12·4	3 41·3	3	12 05 10·1	+ 2 02 42	11·5	23 17·1
4	12 32 43·0	− 1 57 48	12·4	3 37·4	4	12 04 31·2	+ 2 07 34	11·5	23 12·6
5	12 32 40·0	− 1 56 18	12·3	3 33·4	5	12 03 52·8	+ 2 12 22	11·5	23 08·0
6	12 32 35·8	− 1 54 40	12·3	3 29·4	6	12 03 14·7	+ 2 17 06	11·6	23 03·5
7	12 32 30·5	− 1 52 54	12·3	3 25·3	7	12 02 37·2	+ 2 21 46	11·6	22 58·9
8	12 32 24·1	− 1 51 01	12·3	3 21·3	8	12 02 00·2	+ 2 26 21	11·6	22 54·4
9	12 32 16·5	− 1 49 00	12·3	3 17·2	9	12 01 23·7	+ 2 30 51	11·6	22 49·9
10	12 32 07·7	− 1 46 51	12·2	3 13·1	10	12 00 47·7	+ 2 35 16	11·6	22 45·3
11	12 31 57·8	− 1 44 35	12·2	3 09·0	11	12 00 12·4	+ 2 39 36	11·7	22 40·8
12	12 31 46·7	− 1 42 11	12·2	3 04·9	12	11 59 37·8	+ 2 43 51	11·7	22 36·3
13	12 31 34·5	− 1 39 39	12·2	3 00·8	13	11 59 03·8	+ 2 48 00	11·7	22 31·9
14	12 31 21·2	− 1 37 00	12·2	2 56·6	14	11 58 30·6	+ 2 52 02	11·7	22 27·4
15	12 31 06·7	− 1 34 14	12·1	2 52·4	15	11 57 58·0	+ 2 55 59	11·8	22 22·9
16	12 30 51·2	− 1 31 21	12·1	2 48·2	16	11 57 26·3	+ 2 59 50	11·8	22 18·5
17	12 30 34·5	− 1 28 20	12·1	2 44·0	17	11 56 55·4	+ 3 03 34	11·8	22 14·1
18	12 30 16·7	− 1 25 12	12·1	2 39·8	18	11 56 25·3	+ 3 07 11	11·8	22 09·7
19	12 29 57·8	− 1 21 57	12·0	2 35·5	19	11 55 56·0	+ 3 10 42	11·8	22 05·3
20	12 29 37·8	− 1 18 35	12·0	2 31·3	20	11 55 27·7	+ 3 14 05	11·9	22 00·9
21	12 29 16·8	− 1 15 07	12·0	2 27·0	21	11 55 00·3	+ 3 17 22	11·9	21 56·5
22	12 28 54·7	− 1 11 32	12·0	2 22·7	22	11 54 33·8	+ 3 20 31	11·9	21 52·2
23	12 28 31·6	− 1 07 50	12·0	2 18·4	23	11 54 08·2	+ 3 23 33	11·9	21 47·8
24	12 28 07·6	− 1 04 02	11·9	2 14·0	24	11 53 43·7	+ 3 26 27	11·9	21 43·5
25	12 27 42·5	− 1 00 08	11·9	2 09·7	25	11 53 20·1	+ 3 29 14	12·0	21 39·2
26	12 27 16·5	− 0 56 08	11·9	2 05·3	26	11 52 57·6	+ 3 31 53	12·0	21 34·9
27	12 26 49·5	− 0 52 02	11·9	2 00·9	27	11 52 36·1	+ 3 34 24	12·0	21 30·6
28	12 26 21·6	− 0 47 51	11·8	1 56·5	28	11 52 15·6	+ 3 36 48	12·0	21 26·4
Mar. 1	12 25 52·9	− 0 43 34	11·8	1 52·1	29	11 51 56·2	+ 3 39 04	12·0	21 22·2
2	12 25 23·2	− 0 39 12	11·8	1 47·7	30	11 51 37·8	+ 3 41 12	12·0	21 17·9
3	12 24 52·7	− 0 34 45	11·8	1 43·2	May 1	11 51 20·5	+ 3 43 12	12·1	21 13·8
4	12 24 21·4	− 0 30 13	11·8	1 38·8	2	11 51 04·3	+ 3 45 04	12·1	21 09·6
5	12 23 49·3	− 0 25 36	11·7	1 34·3	3	11 50 49·2	+ 3 46 49	12·1	21 05·4
6	12 23 16·4	− 0 20 55	11·7	1 29·8	4	11 50 35·2	+ 3 48 25	12·1	21 01·3
7	12 22 42·8	− 0 16 09	11·7	1 25·3	5	11 50 22·3	+ 3 49 53	12·1	20 57·1
8	12 22 08·5	− 0 11 20	11·7	1 20·8	6	11 50 10·5	+ 3 51 14	12·1	20 53·0
9	12 21 33·5	− 0 06 26	11·6	1 16·3	7	11 49 59·8	+ 3 52 26	12·2	20 48·9
10	12 20 57·9	− 0 01 29	11·6	1 11·8	8	11 49 50·3	+ 3 53 30	12·2	20 44·9
11	12 20 21·7	+ 0 03 31	11·6	1 07·3	9	11 49 41·8	+ 3 54 26	12·2	20 40·8
12	12 19 44·9	+ 0 08 34	11·5	1 02·7	10	11 49 34·5	+ 3 55 14	12·2	20 36·8
13	12 19 07·5	+ 0 13 40	11·5	0 58·2	11	11 49 28·4	+ 3 55 55	12·2	20 32·8
14	12 18 29·6	+ 0 18 48	11·5	0 53·6	12	11 49 23·4	+ 3 56 27	12·2	20 28·8
15	12 17 51·3	+ 0 23 59	11·5	0 49·0	13	11 49 19·5	+ 3 56 51	12·3	20 24·8
16	12 17 12·6	+ 0 29 12	11·4	0 44·5	14	11 49 16·7	+ 3 57 07	12·3	20 20·9
17	12 16 33·4	+ 0 34 26	11·4	0 39·9	May 15	11 49 15·1	+ 3 57 15	12·3	20 16·9
18	12 15 53·9	+ 0 39 42	11·4	0 35·3	16	11 49 14·7	+ 3 57 15	12·3	20 13·0
19	12 15 14·1	+ 0 44 59	11·3	0 30·7	17	11 49 15·4	+ 3 57 07	12·3	20 09·1
20	12 14 34·1	+ 0 50 16	11·3	0 26·1	18	11 49 17·2	+ 3 56 52	12·3	20 05·2
21	12 13 53·8	+ 0 55 34	11·3	0 21·5	19	11 49 20·2	+ 3 56 28	12·4	20 01·4
22	12 13 13·3	+ 1 00 52	11·2	0 16·9	20	11 49 24·3	+ 3 55 56	12·4	19 57·5
Mar. 23	12 12 32·8	+ 1 06 09	11·2	0 12·3	May 21	11 49 29·5	+ 3 55 17	12·4	19 53·7

Second transit for Cybele 2007 March 25ᵈ 23ʰ 58ᵐ5

DAVIDA, 2007
GEOCENTRIC POSITIONS FOR 0ʰ TERRESTRIAL TIME

Date	Astrometric BCRS R.A.	Dec.	Vis. Mag.	Ephemeris Transit	Date	Astrometric BCRS R.A.	Dec.	Vis. Mag.	Ephemeris Transit
	h m s	° ′ ″		h m		h m s	° ′ ″		h m
2007 Aug. 21	2 24 28·6	− 6 42 23	11·3	4 28·6	2007 Oct. 19	2 10 09·5	−12 37 05	10·4	0 21·9
22	2 24 52·0	− 6 47 06	11·3	4 25·0	20	2 09 22·7	−12 41 01	10·4	0 17·2
23	2 25 14·1	− 6 51 57	11·3	4 21·4	21	2 08 35·5	−12 44 44	10·4	0 12·5
24	2 25 35·0	− 6 56 54	11·3	4 17·8	22	2 07 48·0	−12 48 15	10·4	0 07·8
25	2 25 54·7	− 7 01 58	11·2	4 14·2	23	2 07 00·2	−12 51 33	10·4	0 03·1
26	2 26 13·2	− 7 07 09	11·2	4 10·6	24	2 06 12·2	−12 54 37	10·4	23 53·6
27	2 26 30·3	− 7 12 26	11·2	4 06·9	25	2 05 24·1	−12 57 28	10·4	23 48·9
28	2 26 46·2	− 7 17 49	11·2	4 03·2	26	2 04 35·9	−13 00 06	10·4	23 44·1
29	2 27 00·9	− 7 23 19	11·2	3 59·6	27	2 03 47·6	−13 02 29	10·4	23 39·4
30	2 27 14·2	− 7 28 54	11·2	3 55·8	28	2 02 59·3	−13 04 38	10·4	23 34·7
31	2 27 26·2	− 7 34 36	11·1	3 52·1	29	2 02 11·1	−13 06 33	10·4	23 29·9
Sept. 1	2 27 36·8	− 7 40 24	11·1	3 48·3	30	2 01 23·0	−13 08 13	10·4	23 25·2
2	2 27 46·1	− 7 46 17	11·1	3 44·5	31	2 00 35·1	−13 09 38	10·4	23 20·5
3	2 27 54·1	− 7 52 15	11·1	3 40·7	Nov. 1	1 59 47·4	−13 10 48	10·4	23 15·8
4	2 28 00·7	− 7 58 19	11·1	3 36·9	2	1 59 00·0	−13 11 43	10·4	23 11·1
5	2 28 05·9	− 8 04 28	11·1	3 33·0	3	1 58 13·0	−13 12 23	10·4	23 06·4
6	2 28 09·7	− 8 10 42	11·0	3 29·2	4	1 57 26·3	−13 12 48	10·5	23 01·7
7	2 28 12·1	− 8 17 01	11·0	3 25·3	5	1 56 40·1	−13 12 57	10·5	22 57·0
Sept. 8	2 28 13·2	− 8 23 24	11·0	3 21·3	6	1 55 54·4	−13 12 50	10·5	22 52·3
9	2 28 12·8	− 8 29 51	11·0	3 17·4	7	1 55 09·3	−13 12 28	10·5	22 47·6
10	2 28 10·9	− 8 36 22	11·0	3 13·4	8	1 54 24·8	−13 11 51	10·5	22 43·0
11	2 28 07·7	− 8 42 57	10·9	3 09·4	9	1 53 40·9	−13 10 57	10·5	22 38·3
12	2 28 03·0	− 8 49 35	10·9	3 05·4	10	1 52 57·8	−13 09 48	10·5	22 33·7
13	2 27 56·9	− 8 56 16	10·9	3 01·4	11	1 52 15·4	−13 08 23	10·5	22 29·1
14	2 27 49·4	− 9 03 00	10·9	2 57·3	12	1 51 33·9	−13 06 43	10·5	22 24·5
15	2 27 40·4	− 9 09 46	10·9	2 53·2	13	1 50 53·2	−13 04 47	10·6	22 19·9
16	2 27 30·0	− 9 16 33	10·8	2 49·1	14	1 50 13·4	−13 02 36	10·6	22 15·3
17	2 27 18·2	− 9 23 23	10·8	2 45·0	15	1 49 34·6	−13 00 09	10·6	22 10·8
18	2 27 05·0	− 9 30 14	10·8	2 40·8	16	1 48 56·8	−12 57 27	10·6	22 06·2
19	2 26 50·4	− 9 37 06	10·8	2 36·6	17	1 48 20·0	−12 54 30	10·6	22 01·7
20	2 26 34·4	− 9 43 59	10·8	2 32·4	18	1 47 44·3	−12 51 18	10·6	21 57·2
21	2 26 17·0	− 9 50 51	10·8	2 28·2	19	1 47 09·6	−12 47 52	10·6	21 52·7
22	2 25 58·2	− 9 57 44	10·7	2 23·9	20	1 46 36·2	−12 44 10	10·7	21 48·3
23	2 25 38·1	−10 04 36	10·7	2 19·7	21	1 46 03·8	−12 40 15	10·7	21 43·8
24	2 25 16·6	−10 11 27	10·7	2 15·4	22	1 45 32·7	−12 36 05	10·7	21 39·4
25	2 24 53·8	−10 18 17	10·7	2 11·1	23	1 45 02·8	−12 31 41	10·7	21 35·0
26	2 24 29·7	−10 25 05	10·7	2 06·7	24	1 44 34·1	−12 27 03	10·7	21 30·6
27	2 24 04·2	−10 31 51	10·6	2 02·4	25	1 44 06·7	−12 22 12	10·7	21 26·3
28	2 23 37·5	−10 38 34	10·6	1 58·0	26	1 43 40·6	−12 17 08	10·7	21 21·9
29	2 23 09·5	−10 45 15	10·6	1 53·6	27	1 43 15·7	−12 11 51	10·8	21 17·6
30	2 22 40·3	−10 51 52	10·6	1 49·1	28	1 42 52·2	−12 06 20	10·8	21 13·3
Oct. 1	2 22 09·8	−10 58 26	10·6	1 44·7	29	1 42 30·1	−12 00 37	10·8	21 09·0
2	2 21 38·1	−11 04 55	10·6	1 40·2	30	1 42 09·2	−11 54 42	10·8	21 04·8
3	2 21 05·3	−11 11 20	10·6	1 35·8	Dec. 1	1 41 49·8	−11 48 34	10·8	21 00·5
4	2 20 31·3	−11 17 39	10·5	1 31·3	2	1 41 31·7	−11 42 14	10·8	20 56·3
5	2 19 56·2	−11 23 53	10·5	1 26·7	3	1 41 15·1	−11 35 43	10·8	20 52·2
6	2 19 20·0	−11 30 01	10·5	1 22·2	4	1 40 59·8	−11 29 00	10·9	20 48·0
7	2 18 42·8	−11 36 03	10·5	1 17·6	5	1 40 46·0	−11 22 06	10·9	20 43·9
8	2 18 04·5	−11 41 57	10·5	1 13·1	6	1 40 33·6	−11 15 00	10·9	20 39·8
9	2 17 25·3	−11 47 44	10·5	1 08·5	7	1 40 22·6	−11 07 44	10·9	20 35·7
10	2 16 45·1	−11 53 23	10·5	1 03·9	8	1 40 13·1	−11 00 17	10·9	20 31·6
11	2 16 04·1	−11 58 54	10·4	0 59·1	9	1 40 05·0	−10 52 40	10·9	20 27·6
12	2 15 22·2	−12 04 16	10·4	0 54·6	10	1 39 58·4	−10 44 53	10·9	20 23·6
13	2 14 39·5	−12 09 29	10·4	0 50·0	11	1 39 53·3	−10 36 56	11·0	20 19·6
14	2 13 56·0	−12 14 31	10·4	0 45·3	12	1 39 49·6	−10 28 49	11·0	20 15·6
15	2 13 11·9	−12 19 24	10·4	0 40·7	13	1 39 47·3	−10 20 33	11·0	20 11·7
16	2 12 27·1	−12 24 06	10·4	0 36·0	Dec. 14	1 39 46·5	−10 12 09	11·0	20 07·7
17	2 11 41·8	−12 28 37	10·4	0 31·3	15	1 39 47·2	−10 03 35	11·0	20 03·8
18	2 10 55·9	−12 32 57	10·4	0 26·6	16	1 39 49·3	− 9 54 53	11·0	20 00·0
Oct. 19	2 10 09·5	−12 37 05	10·4	0 21·9	Dec. 17	1 39 52·9	− 9 46 02	11·0	19 56·1

Second transit for Davida 2007 October 23ᵈ 23ʰ 58ᵐ3

GEOCENTRIC POSITIONS FOR 0^h TERRESTRIAL TIME

Date	Astrometric BCRS R.A.	Dec.	Vis. Mag.	Ephemeris Transit	Date	Astrometric BCRS R.A.	Dec.	Vis. Mag.	Ephemeris Transit
	h m s	° ′ ″		h m		h m s	° ′ ″		h m
2007 Oct. 23	6 28 59·8	+32 05 36	11·1	4 24·8	2007 Dec. 21	5 56 20·2	+28 47 44	9·9	23 54·9
24	6 29 14·3	+32 03 50	11·1	4 21·1	22	5 55 17·6	+28 42 01	9·9	23 49·9
25	6 29 27·1	+32 02 02	11·1	4 17·3	23	5 54 15·3	+28 36 13	9·9	23 45·0
26	6 29 38·1	+32 00 13	11·1	4 13·6	24	5 53 13·3	+28 30 21	9·9	23 40·0
27	6 29 47·3	+31 58 22	11·1	4 09·8	25	5 52 11·6	+28 24 26	9·9	23 35·1
28	6 29 54·7	+31 56 29	11·0	4 06·0	26	5 51 10·5	+28 18 27	10·0	23 30·1
29	6 30 00·3	+31 54 34	11·0	4 02·1	27	5 50 09·9	+28 12 25	10·0	23 25·2
30	6 30 04·0	+31 52 38	11·0	3 58·2	28	5 49 09·8	+28 06 19	10·0	23 20·3
Oct. 31	6 30 06·0	+31 50 40	11·0	3 54·3	29	5 48 10·5	+28 00 11	10·0	23 15·4
Nov. 1	6 30 06·1	+31 48 39	11·0	3 50·4	30	5 47 11·8	+27 54 01	10·1	23 10·5
2	6 30 04·3	+31 46 37	11·0	3 46·4	31	5 46 14·0	+27 47 48	10·1	23 05·6
3	6 30 00·6	+31 44 33	10·9	3 42·4	2008 Jan. 1	5 45 16·9	+27 41 33	10·1	23 00·8
4	6 29 55·1	+31 42 26	10·9	3 38·4	2	5 44 20·8	+27 35 16	10·2	22 55·9
5	6 29 47·7	+31 40 17	10·9	3 34·3	3	5 43 25·7	+27 28 58	10·2	22 51·1
6	6 29 38·4	+31 38 06	10·9	3 30·2	4	5 42 31·6	+27 22 38	10·2	22 46·3
7	6 29 27·3	+31 35 52	10·9	3 26·1	5	5 41 38·6	+27 16 18	10·3	22 41·5
8	6 29 14·3	+31 33 35	10·8	3 21·9	6	5 40 46·7	+27 09 56	10·3	22 36·8
9	6 28 59·4	+31 31 16	10·8	3 17·7	7	5 39 56·0	+27 03 35	10·3	22 32·0
10	6 28 42·6	+31 28 54	10·8	3 13·5	8	5 39 06·5	+26 57 13	10·4	22 27·3
11	6 28 23·9	+31 26 28	10·8	3 09·2	9	5 38 18·3	+26 50 52	10·4	22 22·6
12	6 28 03·5	+31 24 00	10·8	3 05·0	10	5 37 31·4	+26 44 30	10·4	22 17·9
13	6 27 41·1	+31 21 29	10·7	3 00·6	11	5 36 45·9	+26 38 10	10·4	22 13·2
14	6 27 17·0	+31 18 54	10·7	2 56·3	12	5 36 01·9	+26 31 50	10·5	22 08·6
15	6 26 51·0	+31 16 15	10·7	2 51·9	13	5 35 19·2	+26 25 32	10·5	22 04·0
16	6 26 23·3	+31 13 33	10·7	2 47·5	14	5 34 38·1	+26 19 14	10·5	21 59·4
17	6 25 53·8	+31 10 47	10·7	2 43·1	15	5 33 58·4	+26 12 59	10·5	21 54·8
18	6 25 22·5	+31 07 57	10·6	2 38·6	16	5 33 20·3	+26 06 45	10·6	21 50·3
19	6 24 49·5	+31 05 04	10·6	2 34·1	17	5 32 43·7	+26 00 34	10·6	21 45·8
20	6 24 14·9	+31 02 06	10·6	2 29·6	18	5 32 08·7	+25 54 24	10·6	21 41·3
21	6 23 38·5	+30 59 03	10·6	2 25·1	19	5 31 35·3	+25 48 17	10·7	21 36·9
22	6 23 00·6	+30 55 56	10·6	2 20·5	20	5 31 03·5	+25 42 13	10·7	21 32·4
23	6 22 21·0	+30 52 45	10·5	2 15·9	21	5 30 33·3	+25 36 11	10·7	21 28·0
24	6 21 39·9	+30 49 29	10·5	2 11·3	22	5 30 04·8	+25 30 13	10·7	21 23·7
25	6 20 57·3	+30 46 08	10·5	2 06·7	23	5 29 37·9	+25 24 18	10·8	21 19·3
26	6 20 13·1	+30 42 43	10·5	2 02·0	24	5 29 12·6	+25 18 26	10·8	21 15·0
27	6 19 27·5	+30 39 12	10·4	1 57·3	25	5 28 49·0	+25 12 37	10·8	21 10·7
28	6 18 40·5	+30 35 36	10·4	1 52·6	26	5 28 27·0	+25 06 52	10·8	21 06·4
29	6 17 52·1	+30 31 55	10·4	1 47·8	27	5 28 06·8	+25 01 11	10·9	21 02·2
30	6 17 02·4	+30 28 09	10·4	1 43·1	28	5 27 48·1	+24 55 33	10·9	20 58·0
Dec. 1	6 16 11·4	+30 24 17	10·4	1 38·3	29	5 27 31·2	+24 50 00	10·9	20 53·8
2	6 15 19·2	+30 20 20	10·3	1 33·5	30	5 27 15·9	+24 44 30	10·9	20 49·7
3	6 14 25·8	+30 16 17	10·3	1 28·7	31	5 27 02·3	+24 39 05	11·0	20 45·5
4	6 13 31·3	+30 12 09	10·3	1 23·8	Feb. 1	5 26 50·4	+24 33 44	11·0	20 41·4
5	6 12 35·7	+30 07 55	10·3	1 19·0	2	5 26 40·1	+24 28 27	11·0	20 37·4
6	6 11 39·2	+30 03 36	10·2	1 14·1	3	5 26 31·5	+24 23 14	11·0	20 33·3
7	6 10 41·7	+29 59 11	10·2	1 09·2	4	5 26 24·5	+24 18 06	11·1	20 29·3
8	6 09 43·3	+29 54 40	10·2	1 04·3	5	5 26 19·2	+24 13 02	11·1	20 25·3
9	6 08 44·2	+29 50 04	10·2	0 59·4	6	5 26 15·5	+24 08 02	11·1	20 21·3
10	6 07 44·4	+29 45 22	10·1	0 54·5	Feb. 7	5 26 13·5	+24 03 07	11·1	20 17·4
11	6 06 43·9	+29 40 34	10·1	0 49·5	8	5 26 13·1	+23 58 16	11·1	20 13·5
12	6 05 42·8	+29 35 41	10·1	0 44·6	9	5 26 14·3	+23 53 30	11·2	20 09·6
13	6 04 41·3	+29 30 42	10·1	0 39·6	10	5 26 17·2	+23 48 48	11·2	20 05·8
14	6 03 39·3	+29 25 38	10·0	0 34·7	11	5 26 21·6	+23 44 11	11·2	20 01·9
15	6 02 37·0	+29 20 28	10·0	0 29·7	12	5 26 27·5	+23 39 38	11·2	19 58·1
16	6 01 34·4	+29 15 13	10·0	0 24·7	13	5 26 35·1	+23 35 09	11·2	19 54·3
17	6 00 31·6	+29 09 53	9·9	0 19·8	14	5 26 44·2	+23 30 45	11·3	19 50·6
18	5 59 28·7	+29 04 28	9·9	0 14·8	15	5 26 54·8	+23 26 25	11·3	19 46·9
19	5 58 25·8	+28 58 58	9·9	0 09·8	16	5 27 06·9	+23 22 09	11·3	19 43·1
20	5 57 22·9	+28 53 23	9·9	0 04·8	17	5 27 20·5	+23 17 57	11·3	19 39·5
Dec. 21	5 56 20·2	+28 47 44	9·9	23 54·9	Feb. 18	5 27 35·6	+23 13 50	11·3	19 35·8

Second transit for Interamnia 2007 December 20^d 23^h 59^{m}9

Notes on comets

The osculating elements for periodic comets returning to perihelion in 2007 have been supplied by B.G. Marsden, Smithsonian Astrophysical Observatory

The following table of osculating elements is for use in the generation of ephemerides by numerical integration. Typically, an ephemeris may be computed from these unperturbed elements to provide positions accurate to one to two arcminutes within a year of the epoch (Osc. epoch). The innate inaccuracy in some of these elements can be more of a problem, particularly for those comets that have been observed for no more than a few months in the past (i.e. those without a number in front of the P/). It is important to note that elements for numbered comets may be prone to uncertainty due to non-gravitational forces that effect their orbits. In some case these forces have a degree of predictability. However, calculations of these non-gravitational effects can never be absolute and their effects in common with short-arc uncertainties mainly affect the perihelion time T.

Up-to-date elements of the comets currently observable may be found at http://cfa-www.harvard.edu/iau/Ephemerides/Comets/index.html.

OSCULATING ELEMENTS FOR ECLIPTIC AND EQUINOX OF J2000·0

Name	Perihelion Time T	Perihelion Distance q	Eccentricity e	Period P	Arg. of Perihelion ω	Long. of Asc. Node Ω	Inclination i	Osc. Epoch
		au		years	°	°	°	
99P/Kowal	Jan. 15·715 01	4·718 3082	0·227 1956	15·09	172·825 62	28·399 88	4·345 08	Jan. 20
P/2001 WF₂(LONEOS)	Feb. 6·191 56	0·979 6689	0·665 9301	5·02	51·447 63	75·060 50	16·905 18	Jan. 20
P/2001 Q2 (Petriew)	Feb. 24·616 63	0·937 6024	0·698 1325	5·47	181·921 57	214·102 69	13·974 70	Mar. 1
106P/Schuster	Apr. 2·221 79	1·556 1338	0·586 8018	7·31	355·828 94	50·612 23	20·111 33	Apr. 10
96P/Machholz	Apr. 4·619 35	0·124 6185	0·958 6845	5·24	14·618 08	94·550 68	59·955 26	Apr. 10
2P/Encke	Apr. 19·311 68	0·339 2692	0·847 0405	3·30	186·522 98	334·571 42	11·754 33	Apr. 10
17P/Holmes	May 4·499 49	2·053 1688	0·432 4293	6·88	24·258 50	326·867 49	19·113 18	May 20
P/1998 QP₅₄(LONEOS-Tucker)	May 12·185 88	1·879 9164	0·552 0204	8·60	30·333 08	341·810 87	17·711 36	May 20
135P/Shoemaker-Levy	May 30·996 06	2·711 2456	0·291 0948	7·48	22·317 03	213·297 86	6·054 06	May 20
128P/Shoemaker-Holt	June 13·650 52	3·068 9260	0·319 8894	9·59	210·448 13	214·420 52	4·355 37	June 29
156P/Russell-LINEAR	June 17·364 32	1·593 1109	0·557 6174	6·83	357·677 61	39·049 88	20·748 01	June 29
87P/Bus	July 7·238 58	2·173 3418	0·376 3990	6·51	24·242 70	182·188 26	2·576 92	June 29
P/1998 U2 (Mueller)	July 7·867 67	2·031 8878	0·520 6265	8·73	49·725 92	336·120 77	2·189 93	June 29
108P/Ciffréo	July 18·044 74	1·719 1225	0·541 5218	7·26	357·975 81	53·739 04	13·078 30	June 29
P/2002 O5 (NEAT)	July 26·267 14	1·173 3959	0·597 7475	4·98	15·271 36	282·201 09	20·402 12	Aug. 8
125P/Spacewatch	Aug. 10·734 87	1·523 5995	0·512 6918	5·53	87·337 84	153·199 78	9·985 62	Aug. 8
70P/Kojima	Oct. 5·936 62	2·011 9114	0·453 2187	7·06	2·108 86	119·258 98	6·595 56	Sept. 17
136P/Mueller	Oct. 22·243 52	2·960 6526	0·292 9614	8·57	224·865 48	137·561 01	9·427 35	Oct. 27
50P/Arend	Nov. 1·182 58	1·924 3546	0·529 2440	8·26	49·041 79	355·336 80	19·154 91	Oct. 27
P/1995 A1 (Jedicke)	Dec. 4·095 07	4·087 2592	0·307 9022	14·35	295·474 05	115·851 53	19·874 36	Dec. 6
P/1990 V1 (Shoemaker-Levy)	Dec. 12·889 82	1·463 8844	0·773 3326	16·41	312·730 34	51·656 59	24·558 25	Dec. 6
P/1998 S1 (LINEAR-Mueller)	Dec. 16·111 42	2·552 1293	0·415 8770	9·13	26·435 09	359·150 06	10·546 23	Dec. 6
93P/Lovas	Dec. 17·347 65	1·704 7347	0·611 7685	9·20	74·667 38	339·924 27	12·218 10	Dec. 6

CONTENTS OF SECTION H

Except for the tables of ICRF radio sources, radio flux calibrators, and pulsars, positions tabulated in Section H are referred to the mean equator and equinox of J2007.5 = 2007 July 2.875 = JD 245 4284.375. The positions of the ICRF radio sources provide a practical realization of the ICRS. The positions of radio flux calibrators and pulsars are referred to the equator and equinox of J2000.0 = JD 245 1545.0.

When present, notes associated with a table are found on the table's last page.

Flamsteed/Bayer Designation			BS=HR No.	Right Ascension	Declination	Notes	V	U−B	B−V	Spectral Type
				h m s	° ′ ″					
	ε	Tuc	9076	00 00 18.1	−65 32 08		4.50	−0.28	−0.08	B9 IV
	θ	Oct	9084	00 01 58.3	−77 01 28		4.78	+1.41	+1.27	K2 III
30	YY	Psc	9089	00 02 20.7	−05 58 21		4.41	+1.83	+1.63	M3 III
2		Cet	9098	00 04 07.4	−17 17 39	h	4.55	−0.12	−0.05	B9 IV
33	BC	Psc	3	00 05 43.2	−05 39 57	6	4.61	+0.89	+1.04	K0 III−IV
21	α	And	15	00 08 46.6	+29 07 55	hd6	2.06	−0.46	−0.11	B9p Hg Mn
11	β	Cas	21	00 09 34.9	+59 11 28	hsvd6	2.27	+0.11	+0.34	F2 III
	ε	Phe	25	00 09 47.4	−45 42 22		3.88	+0.84	+1.03	K0 III
22		And	27	00 10 42.8	+46 06 50		5.03	+0.25	+0.40	F0 II
	κ²	Scl	34	00 11 57.2	−27 45 29	d	5.41	+1.46	+1.34	K5 III
	θ	Scl	35	00 12 06.8	−35 05 28		5.25		+0.44	F3/5 V
88	γ	Peg	39	00 13 37.4	+15 13 31	hsvd6	2.83	−0.87	−0.23	B2 IV
89	χ	Peg	45	00 14 59.5	+20 14 54	as	4.80	+1.93	+1.57	M2+ III
7	AE	Cet	48	00 15 01.2	−18 53 29		4.44	+1.99	+1.66	M1 III
25	σ	And	68	00 18 43.3	+36 49 36	6	4.52	+0.07	+0.05	A2 Va
8	ι	Cet	74	00 19 48.6	−08 46 57	d	3.56	+1.25	+1.22	K1 IIIb
	ζ	Tuc	77	00 20 27.4	−64 49 51		4.23	+0.02	+0.58	F9 V
41		Psc	80	00 20 59.1	+08 13 55		5.37	+1.55	+1.34	K3− III Ca 1 CN 0.5
27	ρ	And	82	00 21 31.1	+38 00 36		5.18	+0.05	+0.42	F6 IV
	R	And	90	00 24 25.8	+38 37 07	svd	7.39	+1.25	+1.97	S5/4.5e
	β	Hyi	98	00 26 08.2	−77 12 44		2.80	+0.11	+0.62	G1 IV
	κ	Phe	100	00 26 34.2	−43 38 18		3.94	+0.11	+0.17	A5 Vn
	α	Phe	99	00 26 39.2	−42 15 55	67	2.39	+0.88	+1.09	K0 IIIb
			118	00 30 45.1	−23 44 47	h6	5.19		+0.12	A5 Vn
	λ¹	Phe	125	00 31 46.6	−48 45 44	d6	4.77	+0.04	+0.02	A1 Va
	β¹	Tuc	126	00 31 53.1	−62 55 01	d6	4.37	−0.17	−0.07	B9 V
15	κ	Cas	130	00 33 25.9	+62 58 23	hs6	4.16	−0.80	+0.14	B0.7 Ia
29	π	And	154	00 37 17.0	+33 45 38	d6	4.36	−0.55	−0.14	B5 V
17	ζ	Cas	153	00 37 23.6	+53 56 17	h	3.66	−0.87	−0.20	B2 IV
			157	00 37 45.4	+35 26 26	s	5.42	+0.45	+0.88	G2 Ib−II
30	ε	And	163	00 38 57.2	+29 21 09		4.37	+0.47	+0.87	G6 III Fe−3 CH 1
31	δ	And	165	00 39 43.8	+30 54 07	sd6	3.27	+1.48	+1.28	K3 III
18	α	Cas	168	00 40 56.2	+56 34 42	hd	2.23	+1.13	+1.17	K0− IIIa
	μ	Phe	180	00 41 40.7	−46 02 38		4.59	+0.72	+0.97	G8 III
	η	Phe	191	00 43 41.3	−57 25 19	d	4.36	−0.02	0.00	A0.5 IV
16	β	Cet	188	00 43 57.9	−17 56 44	h	2.04	+0.87	+1.02	G9 III CH−1 CN 0.5 Ca 1
22	o	Cas	193	00 45 08.8	+48 19 31	hd6	4.54	−0.51	−0.07	B5 III
34	ζ	And	215	00 47 44.3	+24 18 28	hvd6	4.06	+0.90	+1.12	K0 III
	λ	Hyi	236	00 48 50.9	−74 52 58		5.07	+1.68	+1.37	K5 III
63	δ	Psc	224	00 49 04.3	+07 37 33	d	4.43	+1.86	+1.50	K4.5 IIIb
64		Psc	225	00 49 22.4	+16 58 52	d6	5.07	0.00	+0.51	F7 V
24	η	Cas	219	00 49 33.8	+57 51 17	hsd6	3.44	+0.01	+0.57	F9 V
35	ν	And	226	00 50 13.8	+41 07 11	6	4.53	−0.58	−0.15	B5 V
19	φ²	Cet	235	00 50 30.1	−10 36 15		5.19	−0.02	+0.50	F8 V
			233	00 51 11.3	+64 17 18	cd6	5.39	+0.14	+0.49	G0 III−IV + B9.5 V
20		Cet	248	00 53 23.5	−01 06 13		4.77	+1.93	+1.57	M0− IIIa
	λ²	Tuc	270	00 55 17.0	−69 29 12		5.45	+1.00	+1.09	K2 III
27	γ	Cas	264	00 57 10.0	+60 45 26	hd6	2.47	−1.08	−0.15	B0 IVnpe (shell)
37	μ	And	269	00 57 10.3	+38 32 24	hd	3.87	+0.15	+0.13	A5 IV−V
38	η	And	271	00 57 36.5	+23 27 29	d6	4.42	+0.69	+0.94	G8− IIIb

Flamsteed/Bayer Designation			BS=HR No.	Right Ascension	Declination	Notes	V	U − B	B − V	Spectral Type
				h m s	° ′ ″					
68		Psc	274	00 58 14.6	+29 01 57		5.42		+1.08	gG6
	α	Scl	280	00 58 58.0	−29 19 01	s6	4.31	−0.56	−0.16	B4 Vp
	σ	Scl	293	01 02 47.9	−31 30 42		5.50	+0.13	+0.08	A2 V
71	ε	Psc	294	01 03 20.0	+07 55 49		4.28	+0.70	+0.96	G9 III Fe−2
	β	Phe	322	01 06 25.1	−46 40 42	d7	3.31	+0.57	+0.89	G8 III
	ι	Tuc	332	01 07 36.4	−61 44 07		5.37		+0.88	G5 III
	υ	Phe	331	01 08 08.3	−41 26 49	d	5.21	+0.09	+0.16	A3 IV/V
	ζ	Phe	338	01 08 41.9	−55 12 21	vd6	3.92	−0.41	−0.08	B7 V
30	μ	Cas	321	01 08 46.6	+54 57 25	d6	5.17	+0.09	+0.69	G5 Vb
31	η	Cet	334	01 08 58.0	−10 08 34	d	3.45	+1.19	+1.16	K2⁻ III CN 0.5
			285	01 09 54.4	+86 17 49		4.25	+1.33	+1.21	K2 III
42	φ	And	335	01 09 56.4	+47 16 54	d7	4.25	−0.34	−0.07	B7 III
43	β	And	337	01 10 09.3	+35 39 37	ad	2.06	+1.96	+1.58	M0⁺ IIIa
33	θ	Cas	343	01 11 33.8	+55 11 23	hd6	4.33	+0.12	+0.17	A7m
84	χ	Psc	351	01 11 51.5	+21 04 28		4.66	+0.82	+1.03	G8.5 III
83	τ	Psc	352	01 12 04.5	+30 07 45	6	4.51	+1.01	+1.09	K0.5 IIIb
86	ζ	Psc	361	01 14 07.4	+07 36 53	d67	5.24	+0.09	+0.32	F0 Vn
89		Psc	378	01 18 11.2	+03 39 14	6	5.16	+0.08	+0.07	A3 V
90	υ	Psc	383	01 19 52.8	+27 18 12	6	4.76	+0.10	+0.03	A2 IV
34	φ	Cas	382	01 20 33.5	+58 16 15	sd6	4.98	+0.49	+0.68	F0 Ia
46	ξ	And	390	01 22 47.1	+45 34 04	6	4.88	+0.99	+1.08	K0⁻ IIIb
45	θ	Cet	402	01 24 23.9	−08 08 41	hd	3.60	+0.93	+1.06	K0 IIIb
37	δ	Cas	403	01 26 18.7	+60 16 26	hsd6	2.68	+0.12	+0.13	A5 IV
36	ψ	Cas	399	01 26 28.4	+68 10 08	d	4.74	+0.94	+1.05	K0 III CN 0.5
94		Psc	414	01 27 06.1	+19 16 45		5.50	+1.05	+1.11	gK1
48	ω	And	417	01 28 06.5	+45 26 43	d	4.83	0.00	+0.42	F5 V
	γ	Phe	429	01 28 41.4	−43 16 48	v6	3.41	+1.85	+1.57	M0⁻ IIIa
48		Cet	433	01 29 57.7	−21 35 27	hd7	5.12	+0.04	+0.02	A1 Va
	δ	Phe	440	01 31 33.8	−49 02 02		3.95	+0.70	+0.99	G9 III
99	η	Psc	437	01 31 53.2	+15 23 03	d	3.62	+0.75	+0.97	G7 IIIa
50	υ	And	458	01 37 14.4	+41 26 34	hd6	4.09	+0.06	+0.54	F8 V
	α	Eri	472	01 37 59.5	−57 11 56	h	0.46	−0.66	−0.16	B3 Vnp (shell)
51		And	464	01 38 27.4	+48 39 57		3.57	+1.45	+1.28	K3⁻ III
40		Cas	456	01 39 07.7	+73 04 41	d	5.28	+0.72	+0.96	G7 III
106	ν	Psc	489	01 41 49.4	+05 31 31		4.44	+1.57	+1.36	K3 IIIb
	π	Scl	497	01 42 28.9	−32 17 22		5.25	+0.79	+1.05	K1 II/III
			500	01 43 06.3	−03 39 10		4.99	+1.58	+1.38	K3 II−III
	φ	Per	496	01 44 08.1	+50 43 34	6	4.07	−0.93	−0.04	B2 Vep
52	τ	Cet	509	01 44 25.0	−15 53 54	hd	3.50	+0.21	+0.72	G8 V
110	o	Psc	510	01 45 47.4	+09 11 43	s	4.26	+0.71	+0.96	G8 III
	ε	Scl	514	01 45 59.8	−25 00 55	hd7	5.31	+0.02	+0.39	F0 V
			513	01 46 21.9	−05 41 46	s	5.34	+1.88	+1.52	K4 III
53	χ	Cet	531	01 49 57.2	−10 38 58	d	4.67	+0.03	+0.33	F2 IV−V
55	ζ	Cet	539	01 51 49.9	−10 17 54	d6	3.73	+1.07	+1.14	K0 III
2	α	Tri	544	01 53 30.7	+29 36 54	dv6	3.41	+0.06	+0.49	F6 IV
111	ξ	Psc	549	01 53 56.7	+03 13 27	6	4.62	+0.72	+0.94	G9 IIIb Fe−0.5
	ψ	Phe	555	01 53 56.7	−46 15 58	6	4.41	+1.70	+1.59	M4 III
	φ	Phe	558	01 54 40.7	−42 27 37	6	5.11	−0.15	−0.06	Ap Hg
45	ε	Cas	542	01 54 56.5	+63 42 24	h	3.38	−0.60	−0.15	B3 IV:p (shell)
6	β	Ari	553	01 55 03.4	+20 50 40	hd6	2.64	+0.10	+0.13	A4 V

Flamsteed/Bayer Designation		BS=HR No.	Right Ascension	Declination	Notes	V	$U-B$	$B-V$	Spectral Type
			h m s	° ′ ″					
	η² Hyi	570	01 55 07.6	−67 36 38		4.69	+0.64	+0.95	G8.5 III
	χ Eri	566	01 56 14.9	−51 34 18	d7	3.70	+0.46	+0.85	G8 III−IV CN−0.5 Hδ 0.5
	α Hyi	591	01 59 00.4	−61 32 01	h	2.86	+0.14	+0.28	F0n III−IV
59	υ Cet	585	02 00 21.5	−21 02 30		4.00	+1.91	+1.57	M0 IIIb
113	α Psc	596	02 02 26.2	+02 47 59	vd6	4.18	−0.05	+0.03	A0p Si Sr
4	Per	590	02 02 48.4	+54 31 24	h6	5.04	−0.32	−0.08	B8 III
50	Cas	580	02 04 05.4	+72 27 26	h6	3.98	+0.03	−0.01	A1 Va
57	γ¹ And	603	02 04 21.8	+42 21 55	hd6	2.26	+1.58	+1.37	K3⁻ IIb
	ν For	612	02 04 49.6	−29 15 40	v	4.69	−0.51	−0.17	B9.5p Si
13	α Ari	617	02 07 35.9	+23 29 51	ha6	2.00	+1.12	+1.15	K2 IIIab
4	β Tri	622	02 09 59.5	+35 01 21	d6	3.00	+0.10	+0.14	A5 IV
	μ For	652	02 13 14.3	−30 41 20		5.28	−0.06	−0.02	A0 Va⁺nn
65	ξ¹ Cet	649	02 13 23.9	+08 52 54	d6	4.37	+0.60	+0.89	G7 II−III Fe−1
		645	02 14 06.5	+51 06 01	d6	5.31	+0.62	+0.93	G8 III CN 1 CH 0.5 Fe−1
		641	02 14 13.7	+58 35 43	s	6.44	+0.23	+0.60	A3 Iab
	φ Eri	674	02 16 46.6	−51 28 40	d	3.56	−0.39	−0.12	B8 V
67	Cet	666	02 17 21.5	−06 23 16		5.51	+0.76	+0.96	G8.5 III
9	γ Tri	664	02 17 45.8	+33 52 54		4.01	+0.02	+0.02	A0 IV−Vn
68	o Cet	681	02 19 43.6	−02 56 38	vd	2−10	+1.09	+1.42	M5.5−9e III + pec
62	And	670	02 19 46.0	+47 24 51		5.30	0.00	−0.01	A1 V
	δ Hyi	705	02 21 53.1	−68 37 31		4.09	+0.05	+0.03	A1 Va
	κ For	695	02 22 53.1	−23 46 57	h	5.20	+0.12	+0.60	G0 Va
	κ Hyi	715	02 22 55.3	−73 36 43		5.01	+1.04	+1.09	K1 III
	λ Hor	714	02 25 06.5	−60 16 43		5.35	+0.06	+0.39	F2 IV−V
72	ρ Cet	708	02 26 18.8	−12 15 25		4.89	−0.07	−0.03	A0 III−IVn
	κ Eri	721	02 27 15.6	−47 40 13	6	4.25	−0.50	−0.14	B5 IV
73	ξ² Cet	718	02 28 33.5	+08 29 36	6	4.28	−0.12	−0.06	A0 III⁻
12	Tri	717	02 28 36.5	+29 42 09		5.30	+0.10	+0.30	F0 III
	ι Cas	707	02 29 41.6	+67 26 08	vd	4.52	+0.06	+0.12	A5p Sr
	μ Hyi	776	02 31 32.0	−79 04 36		5.28	+0.73	+0.98	G8 III
76	σ Cet	740	02 32 26.6	−15 12 43		4.75	−0.02	+0.45	F4 IV
14	Tri	736	02 32 33.8	+36 10 49		5.15	+1.78	+1.47	K5 III
78	ν Cet	754	02 36 16.1	+05 37 32	d67	4.97	+0.56	+0.87	G8 III
		753	02 36 29.6	+06 55 20	hsd6	5.82	+0.81	+0.98	K3⁻ V
		743	02 38 45.7	+72 51 02		5.16	+0.58	+0.88	G8 III
32	ν Ari	773	02 39 14.6	+21 59 36	6	5.46	+0.16	+0.16	A7 V
	ε Hyi	806	02 39 42.4	−68 14 06		4.11	−0.14	−0.06	B9 V
82	δ Cet	779	02 39 52.1	+00 21 38	hv6	4.07	−0.87	−0.22	B2 IV
1	α UMi	424	02 40 36.5	+89 17 47	hvd6	2.02	+0.38	+0.60	F5−8 Ib
	ζ Hor	802	02 40 53.6	−54 31 05	6	5.21	−0.01	+0.40	F4 IV
	ι Eri	794	02 40 57.8	−39 49 25		4.11	+0.74	+1.02	K0.5 IIIb Fe−0.5
86	γ Cet	804	02 43 41.4	+03 16 01	hd7	3.47	+0.07	+0.09	A2 Va
35	Ari	801	02 43 53.6	+27 44 19	6	4.66	−0.62	−0.13	B3 V
89	π Cet	811	02 44 28.8	−13 49 38	6	4.25	−0.45	−0.14	B7 V
14	Per	800	02 44 34.7	+44 19 43		5.43	+0.65	+0.90	G0 Ib Ca 1
13	θ Per	799	02 44 42.9	+49 15 35	hd	4.12	0.00	+0.49	F7 V
87	μ Cet	813	02 45 20.9	+10 08 44	d6	4.27	+0.08	+0.31	F0m F2 V⁺
1	τ¹ Eri	818	02 45 27.2	−18 32 28	6	4.47	0.00	+0.48	F5 V
	β For	841	02 49 24.3	−32 22 29	d	4.46	+0.69	+0.99	G8.5 III Fe−0.5
41	Ari	838	02 50 25.6	+27 17 28	d6	3.63	−0.37	−0.10	B8 Vn

Flamsteed/Bayer Designation			BS=HR No.	Right Ascension	Declination	Notes	V	U−B	B−V	Spectral Type
				h m s	° ′ ″					
16		Per	840	02 51 03.6	+38 20 57	d	4.23	+0.08	+0.34	F1 V⁺
15	η	Per	834	02 51 14.9	+55 55 34	d6	3.76	+1.89	+1.68	K3⁻ Ib−IIa
2	τ²	Eri	850	02 51 22.7	−20 58 24	d	4.75	+0.63	+0.91	K0 III
43	σ	Ari	847	02 51 54.5	+15 06 45		5.49	−0.43	−0.09	B7 V
	R	Hor	868	02 54 07.7	−49 51 33	v	5−14	+0.43	+2.11	gM6.5e:
18	τ	Per	854	02 54 47.6	+52 47 34	hcd6	3.95	+0.46	+0.74	G5 III + A4 V
3	η	Eri	874	02 56 47.7	−08 52 07	h	3.89	+1.00	+1.11	K1 IIIb
			875	02 57 00.0	−03 40 57	6	5.17	+0.05	+0.08	A3 Vn
	θ¹	Eri	897	02 58 32.8	−40 16 30	d6	3.24	+0.14	+0.14	A5 IV
24		Per	882	02 59 31.7	+35 12 46		4.93	+1.29	+1.23	K2 III
91	λ	Cet	896	03 00 07.1	+08 56 13	h	4.70	−0.45	−0.12	B6 III
	θ	Hyi	939	03 02 16.7	−71 52 24	d7	5.53	−0.51	−0.14	B9 IVp
92	α	Cet	911	03 02 40.3	+04 07 08		2.53	+1.94	+1.64	M1.5 IIIa
11	τ³	Eri	919	03 02 43.4	−23 35 43	h	4.09	+0.08	+0.16	A4 V
	μ	Hor	934	03 03 47.5	−59 42 32		5.11	−0.03	+0.34	F0 IV−V
23	γ	Per	915	03 05 20.6	+53 32 07	hcd6	2.93	+0.45	+0.70	G5 III + A2 V
25	ρ	Per	921	03 05 39.6	+38 52 08		3.39	+1.79	+1.65	M4 II
			881	03 07 09.9	+79 26 50	d6	5.49		+1.57	M2 IIIab
26	β	Per	936	03 08 39.6	+40 59 03	hcvd6	2.12	−0.37	−0.05	B8 V + F:
	ι	Per	937	03 09 36.7	+49 38 29	d	4.05	+0.12	+0.59	G0 V
27	κ	Per	941	03 10 00.3	+44 53 08	d6	3.80	+0.83	+0.98	K0 III
57	δ	Ari	951	03 12 03.6	+19 45 17		4.35	+0.87	+1.03	K0 III
	α	For	963	03 12 23.7	−28 57 30	hd7	3.87	+0.02	+0.52	F6 V
	TW	Hor	977	03 12 44.6	−57 17 37	s	5.74	+2.83	+2.28	C6:,2.5 Ba2 Y4
94		Cet	962	03 13 09.4	−01 10 06	d7	5.06	+0.12	+0.57	G0 IV
58	ζ	Ari	972	03 15 20.0	+21 04 18		4.89	−0.01	−0.01	A0.5 Va⁺
13	ζ	Eri	984	03 16 11.9	−08 47 32	6	4.80	+0.09	+0.23	A5m:
29		Per	987	03 19 10.0	+50 14 57	s6	5.15	−0.06	−0.05	B3 V
96	κ	Cet	996	03 19 45.3	+03 23 50	dasv	4.83	+0.19	+0.68	G5 V
16	τ⁴	Eri	1003	03 19 51.0	−21 43 51	d	3.69	+1.81	+1.62	M3⁺ IIIa Ca−1
			1008	03 20 13.6	−43 02 29		4.27	+0.22	+0.71	G8 V
			999	03 20 47.7	+29 04 31		4.47	+1.79	+1.55	K3 IIIa Ba 0.5
			961	03 21 18.4	+77 45 41	d	5.45	+0.11	+0.19	A5 III:
61	τ	Ari	1005	03 21 39.7	+21 10 25	dv	5.28	−0.52	−0.07	B5 IV
33	α	Per	1017	03 24 51.7	+49 53 14	hdas	1.79	+0.37	+0.48	F5 Ib
1	o	Tau	1030	03 25 13.1	+09 03 17	6	3.60	+0.61	+0.89	G6 IIIa Fe−1
			1009	03 25 20.1	+64 36 44		5.23	+2.06	+2.08	M0 II
			1029	03 26 29.5	+49 08 48	sv	6.09	−0.49	−0.07	B7 V
2	ξ	Tau	1038	03 27 34.6	+09 45 30	hd6	3.74	−0.33	−0.09	B9 Vn
	κ	Ret	1083	03 29 30.6	−62 54 41	d	4.72	−0.04	+0.40	F5 IV−V
			1035	03 29 40.9	+59 57 57	hvd	4.21	−0.24	+0.41	B9 Ia
			1040	03 30 31.0	+58 54 15	has6	4.54	−0.11	+0.56	A0 Ia
17		Eri	1070	03 30 59.4	−05 02 59	h	4.73	−0.27	−0.09	B9 Vs
35	σ	Per	1052	03 31 06.4	+48 01 14		4.36	+1.54	+1.35	K3 III
5		Tau	1066	03 31 17.3	+12 57 43	6	4.11	+1.02	+1.12	K0⁻ II−III Fe−0.5
18	ε	Eri	1084	03 33 17.1	−09 26 00	das	3.73	+0.59	+0.88	K2 V
19	τ⁵	Eri	1088	03 34 07.2	−21 36 29	h6	4.27	−0.35	−0.11	B8 V
20	EG	Eri	1100	03 36 37.9	−17 26 33	dv	5.23	−0.49	−0.13	B9p Si
37	ψ	Per	1087	03 37 01.5	+48 13 01		4.23	−0.57	−0.06	B5 Ve
10		Tau	1101	03 37 15.4	+00 25 30		4.28	+0.07	+0.58	F9 IV−V

Flamsteed/Bayer Designation			BS=HR No.	Right Ascension	Declination	Notes	V	U−B	B−V	Spectral Type
			1106	h m s 03 37 21.8	° ′ ″ −40 15 01		4.58	+0.77	+1.04	K1 III
	δ	For	1134	03 42 32.8	−31 54 53	6	5.00	−0.60	−0.16	B5 IV
	BD	Cam	1105	03 42 48.8	+63 14 26	6	5.10	+1.82	+1.63	S3.5/2
39	δ	Per	1122	03 43 27.7	+47 48 39	hd6	3.01	−0.51	−0.13	B5 III
23	δ	Eri	1136	03 43 36.5	−09 44 18		3.54	+0.69	+0.92	K0+ IV
	β	Ret	1175	03 44 17.7	−64 47 00	d6	3.85	+1.10	+1.13	K2 III
38	o	Per	1131	03 44 47.5	+32 18 41	vd6	3.83	−0.75	+0.05	B1 III
24		Eri	1146	03 44 53.4	−01 08 24	6	5.25	−0.39	−0.10	B7 V
17		Tau	1142	03 45 19.3	+24 08 11	h6	3.70	−0.40	−0.11	B6 III
19		Tau	1145	03 45 39.4	+24 29 25	d6	4.30	−0.46	−0.11	B6 IV
41	ν	Per	1135	03 45 42.4	+42 36 06	d	3.77	+0.31	+0.42	F5 II
29		Tau	1153	03 46 04.4	+06 04 23	d6	5.35	−0.61	−0.12	B3 V
20		Tau	1149	03 46 16.5	+24 23 26	s6	3.87	−0.40	−0.07	B7 IIIp
26	π	Eri	1162	03 46 29.8	−12 04 43		4.42	+2.01	+1.63	M2− IIIab
23	v971	Tau	1156	03 46 46.4	+23 58 16		4.18	−0.42	−0.06	B6 IV
	γ	Hyi	1208	03 47 07.8	−74 12 57		3.24	+1.99	+1.62	M2 III
27	τ6	Eri	1173	03 47 10.3	−23 13 41		4.23	0.00	+0.42	F3 III
25	η	Tau	1165	03 47 55.9	+24 07 40	hd	2.87	−0.34	−0.09	B7 IIIn
27		Tau	1178	03 49 36.6	+24 04 33	d6	3.63	−0.36	−0.09	B8 III
			1195	03 49 44.1	−36 10 40		4.17	+0.69	+0.95	G7 IIIa
	BE	Cam	1155	03 50 12.9	+65 32 54		4.47	+2.13	+1.88	M2+ IIab
	γ	Cam	1148	03 51 09.7	+71 21 16	d	4.63	+0.07	+0.03	A1 IIIn
44	ζ	Per	1203	03 54 36.3	+31 54 19	sd67	2.85	−0.77	+0.12	B1 Ib
45	ε	Per	1220	03 58 21.6	+40 01 53	hsd67	2.89	−0.95	−0.20	B0.5 IV
34	γ	Eri	1231	03 58 22.8	−13 29 15	d	2.95	+1.96	+1.59	M0.5 IIIb Ca−1
	δ	Ret	1247	03 58 52.0	−61 22 45		4.56	+1.96	+1.62	M1 III
46	ξ	Per	1228	03 59 27.2	+35 48 43	6	4.04	−0.92	+0.01	O7.5 IIIf
35	λ	Tau	1239	04 01 05.8	+12 30 40	v6	3.47	−0.62	−0.12	B3 V
35		Eri	1244	04 01 54.9	−01 31 45		5.28	−0.55	−0.15	B5 V
38	ν	Tau	1251	04 03 33.4	+06 00 35		3.91	+0.07	+0.03	A1 Va
37		Tau	1256	04 05 08.4	+22 06 07	d	4.36	+0.95	+1.07	K0 III
47	λ	Per	1261	04 07 08.7	+50 22 15		4.29	−0.04	−0.02	A0 IIIn
			1279	04 08 07.5	+15 10 56	sd6	6.01	+0.02	+0.40	F3 V
48	MX	Per	1273	04 09 12.5	+47 43 55	h	4.04	−0.55	−0.03	B3 Ve
43		Tau	1283	04 09 36.2	+19 37 43		5.50		+1.07	K1 III
			1270	04 10 06.0	+59 55 39	s	6.32	+0.92	+1.16	G8 IIa
44	IM	Tau	1287	04 11 17.3	+26 30 00	v	5.41	+0.06	+0.34	F2 IV−V
38	o1	Eri	1298	04 12 13.9	−06 49 06		4.04	+0.13	+0.33	F1 IV
	α	Hor	1326	04 14 15.0	−42 16 34		3.86	+1.00	+1.10	K2 III
	α	Ret	1336	04 14 31.4	−62 27 19	d6	3.35	+0.63	+0.91	G8 II−III
51	μ	Per	1303	04 15 27.1	+48 25 40	d67	4.14	+0.64	+0.95	G0 Ib
40	o2	Eri	1325	04 15 37.0	−07 38 30	hd	4.43	+0.45	+0.82	K0.5 V
49	μ	Tau	1320	04 15 56.5	+08 54 38	6	4.29	−0.53	−0.06	B3 IV
48		Tau	1319	04 16 11.9	+15 25 08	sd	6.32	+0.02	+0.40	F3 V
	γ	Dor	1338	04 16 13.4	−51 28 05	v	4.25	+0.03	+0.30	F1 V+
	ε	Ret	1355	04 16 36.9	−59 17 03	d	4.44	+1.07	+1.08	K2 IV
41		Eri	1347	04 18 10.7	−33 46 49	hd67	3.56	−0.37	−0.12	B9p Mn
54	γ	Tau	1346	04 20 13.3	+15 38 43	d6	3.63	+0.82	+0.99	G9.5 IIIab CN 0.5
57	v483	Tau	1351	04 20 23.1	+14 03 10	sd6	5.59	+0.08	+0.28	F0 IV
54		Per	1343	04 20 54.0	+34 35 03	d	4.93	+0.69	+0.94	G8 III Fe 0.5

Flamsteed/Bayer Designation			BS=HR No.	Right Ascension	Declination	Notes	V	U−B	B−V	Spectral Type
				h m s	° ′ ″					
			1367	04 20 58.7	−20 37 20		5.38		−0.02	A1 V
			1327	04 21 23.0	+65 09 28	s	5.27	+0.47	+0.81	G5 IIb
	η	Ret	1395	04 21 58.3	−63 22 07		5.24	+0.69	+0.96	G8 III
61	δ	Tau	1373	04 23 22.1	+17 33 34	d6	3.76	+0.82	+0.98	G9.5 III CN 0.5
63		Tau	1376	04 23 50.9	+16 47 39	cs6	5.64	+0.13	+0.30	F0m
42	ξ	Eri	1383	04 24 03.3	−03 43 43	6	5.17	+0.08	+0.08	A2 V
43		Eri	1393	04 24 19.1	−33 59 59		3.96	+1.80	+1.49	K3.5⁻ IIIb
65	κ¹	Tau	1387	04 25 49.1	+22 18 38	d6	4.22	+0.13	+0.13	A5 IV−V
68	v776	Tau	1389	04 25 55.5	+17 56 40	d6	4.29	+0.08	+0.05	A2 IV−Vs
69	υ	Tau	1392	04 26 45.5	+22 49 48	d6	4.28	+0.14	+0.26	A9 IV⁻n
71	v777	Tau	1394	04 26 46.4	+15 38 05	d6	4.49	+0.14	+0.25	F0n IV−V
77	θ¹	Tau	1411	04 29 00.3	+15 58 42	d6	3.84	+0.73	+0.95	G9 III Fe−0.5
74	ϵ	Tau	1409	04 29 03.3	+19 11 47	d	3.53	+0.88	+1.01	G9.5 III CN 0.5
78	θ²	Tau	1412	04 29 05.5	+15 53 13	sd6	3.40	+0.13	+0.18	A7 III
	δ	Cae	1443	04 31 03.9	−44 56 17		5.07	−0.78	−0.19	B2 IV−V
50	υ¹	Eri	1453	04 33 48.2	−29 45 06		4.51	+0.72	+0.98	K0⁺ III Fe−0.5
	α	Dor	1465	04 34 09.6	−55 01 47	hvd7	3.27	−0.35	−0.10	A0p Si
86	ρ	Tau	1444	04 34 16.5	+14 51 35	6	4.65	+0.08	+0.25	A9 V
52	υ²	Eri	1464	04 35 50.6	−30 32 50		3.82	+0.72	+0.98	G8.5 IIIa
88		Tau	1458	04 36 04.0	+10 10 32	d6	4.25	+0.11	+0.18	A5m
87	α	Tau	1457	04 36 21.1	+16 31 26	hsd6	0.85	+1.90	+1.54	K5⁺ III
48	ν	Eri	1463	04 36 41.7	−03 20 15	hvd6	3.93	−0.89	−0.21	B2 III
	R	Dor	1492	04 36 50.9	−62 03 45	sd	5.40	+0.86	+1.58	M8e III:
58		Per	1454	04 37 12.7	+41 16 46	c6	4.25	+0.82	+1.22	K0 II−III + B9 V
53		Eri	1481	04 38 31.5	−14 17 23	d67	3.87	+1.01	+1.09	K1.5 IIIb
90		Tau	1473	04 38 34.7	+12 31 31	d6	4.27	+0.13	+0.12	A5 IV−V
54	DM	Eri	1496	04 40 46.2	−19 39 27	d	4.32	+1.81	+1.61	M3 II−III
	α	Cae	1502	04 40 48.2	−41 50 59	d	4.45	+0.01	+0.34	F1 V
	β	Cae	1503	04 42 19.4	−37 07 48		5.05	+0.04	+0.37	F2 V
94	τ	Tau	1497	04 42 41.8	+22 58 15	d67	4.28	−0.57	−0.13	B3 V
57	μ	Eri	1520	04 45 52.7	−03 14 29	h6	4.02	−0.60	−0.15	B4 IV
4		Cam	1511	04 48 37.9	+56 46 11	d	5.30	+0.15	+0.25	Am
1	π³	Ori	1543	04 50 14.9	+06 58 26	ad6	3.19	−0.01	+0.45	F6 V
			1533	04 50 25.0	+37 30 03		4.88	+1.70	+1.44	K3.5 III
2	π²	Ori	1544	04 51 01.3	+08 54 45	6	4.36	0.00	+0.01	A0.5 IVn
3	π⁴	Ori	1552	04 51 36.4	+05 37 03	s6	3.69	−0.81	−0.17	B2 III
97	v480	Tau	1547	04 51 48.8	+18 51 07	d	5.10	+0.12	+0.21	A9 V⁺
4	o¹	Ori	1556	04 52 57.5	+14 15 45	cv	4.74	+2.03	+1.84	S3.5/1⁻
61	ω	Eri	1560	04 53 15.8	−05 26 26	6	4.39	+0.16	+0.25	A9 IV
8	π⁵	Ori	1567	04 54 38.6	+02 27 09	hv6	3.72	−0.83	−0.18	B2 III
9	α	Cam	1542	04 54 48.0	+66 21 16	h	4.29	−0.88	+0.03	O9.5 Ia
	η	Men	1629	04 54 58.6	−74 55 30		5.47	+1.83	+1.52	K4 III
9	o²	Ori	1580	04 56 47.6	+13 31 33	d	4.07	+1.11	+1.15	K2⁻ III Fe−1
3	ι	Aur	1577	04 57 29.0	+33 10 38	a	2.69	+1.78	+1.53	K3 II
7		Cam	1568	04 57 53.4	+53 45 48	d67	4.47	−0.01	−0.02	A0m A1 III
10	π⁶	Ori	1601	04 58 56.3	+01 43 30		4.47	+1.55	+1.40	K2⁻ II
7	ϵ	Aur	1605	05 02 30.5	+43 50 01	hvd6	2.99	+0.33	+0.54	A9 Ia
8	ζ	Aur	1612	05 03 00.2	+41 05 10	cdv6	3.75	+0.38	+1.22	K5 II + B5 V
102	ι	Tau	1620	05 03 32.7	+21 36 00		4.64	+0.15	+0.16	A7 IV
10	β	Cam	1603	05 04 05.3	+60 27 08	d	4.03	+0.63	+0.92	G1 Ib−IIa

BRIGHT STARS, J2007.5

Flamsteed/Bayer Designation			BS=HR No.	Right Ascension	Declination	Notes	V	U−B	B−V	Spectral Type
				h m s	° ′ ″					
11	v1032	Ori	1638	05 04 59.9	+15 24 50	v	4.68	−0.09	−0.06	A0p Si
	η^2	Pic	1663	05 05 09.7	−49 34 05		5.03	+1.88	+1.49	K5 III
	ζ	Dor	1674	05 05 38.4	−57 27 46		4.72	−0.04	+0.52	F7 V
2	ε	Lep	1654	05 05 46.7	−22 21 41		3.19	+1.78	+1.46	K4 III
10	η	Aur	1641	05 07 02.5	+41 14 38	ha	3.17	−0.67	−0.18	B3 V
67	β	Eri	1666	05 08 13.1	−05 04 38	hd	2.79	+0.10	+0.13	A3 IVn
69	λ	Eri	1679	05 09 30.3	−08 44 42		4.27	−0.90	−0.19	B2 IVn
16		Ori	1672	05 09 44.4	+09 50 19	d6	5.43	+0.16	+0.24	A9m
3	ι	Lep	1696	05 12 38.9	−11 51 38	d	4.45	−0.40	−0.10	B9 V:
5	μ	Lep	1702	05 13 16.1	−16 11 49	hs	3.31	−0.39	−0.11	B9p Hg Mn
4	κ	Lep	1705	05 13 34.7	−12 55 58	d7	4.36	−0.37	−0.10	B7 V
17	ρ	Ori	1698	05 13 41.0	+02 52 11	d67	4.46	+1.16	+1.19	K1 III CN 0.5
	θ	Dor	1744	05 13 45.2	−67 10 37		4.83	+1.39	+1.28	K2.5 IIIa
11	μ	Aur	1689	05 13 56.6	+38 29 34		4.86	+0.09	+0.18	A7m
19	β	Ori	1713	05 14 53.9	−08 11 36	hvdas6	0.12	−0.66	−0.03	B8 Ia
13	α	Aur	1708	05 17 14.7	+46 00 18	hcd67	0.08	+0.44	+0.80	G6 III + G2 III
	o	Col	1743	05 17 45.3	−34 53 18		4.83	+0.80	+1.00	K0/1 III/IV
20	τ	Ori	1735	05 17 58.3	−06 50 12	sd6	3.60	−0.47	−0.11	B5 III
	ζ	Pic	1767	05 19 33.2	−50 35 53		5.45	+0.01	+0.51	F7 III−IV
15	λ	Aur	1729	05 19 40.2	+40 06 18	hd	4.71	+0.12	+0.63	G1.5 IV−V Fe−1
6	λ	Lep	1756	05 19 55.3	−13 10 10		4.29	−1.03	−0.26	B0.5 IV
22		Ori	1765	05 22 08.7	−00 22 32	6	4.73	−0.79	−0.17	B2 IV−V
			1686	05 23 48.4	+79 14 17	d	5.05	−0.13	+0.47	F7 Vs
29		Ori	1784	05 24 18.5	−07 48 06		4.14	+0.69	+0.96	G8 III Fe−0.5
28	η	Ori	1788	05 24 51.3	−02 23 27	hcdv6	3.36	−0.92	−0.17	B1 IV + B
24	γ	Ori	1790	05 25 32.0	+06 21 21	hd6	1.64	−0.87	−0.22	B2 III
112	β	Tau	1791	05 26 46.0	+28 36 47	hsd	1.65	−0.49	−0.13	B7 III
115		Tau	1808	05 27 36.4	+17 58 05	d	5.42	−0.53	−0.10	B5 V
9	β	Lep	1829	05 28 34.0	−20 45 14	hd	2.84	+0.46	+0.82	G5 II
			1856	05 30 21.9	−47 04 21	d7	5.46	+0.21	+0.62	G3 IV
17		Cam	1802	05 30 52.8	+63 04 21		5.42	+2.00	+1.71	M1 IIIa
32		Ori	1839	05 31 11.2	+05 57 12	d7	4.20	−0.55	−0.14	B5 V
	ε	Col	1862	05 31 28.8	−35 27 55		3.87	+1.08	+1.14	K1 II/III
	γ	Men	1953	05 31 35.4	−76 20 07	d	5.19	+1.19	+1.13	K2 III
34	δ	Ori	1852	05 32 23.4	−00 17 39	hdv6	2.23	−1.05	−0.22	O9.5 II
119	CE	Tau	1845	05 32 39.2	+18 35 57		4.38	+2.21	+2.07	M2 Iab−Ib
11	α	Lep	1865	05 33 03.7	−17 49 03	hdas	2.58	+0.23	+0.21	F0 Ib
25	χ	Aur	1843	05 33 13.0	+32 11 49	6	4.76	−0.46	+0.34	B5 Iab
	β	Dor	1922	05 33 41.5	−62 29 06	v	3.76	+0.55	+0.82	F7−G2 Ib
37	ϕ^1	Ori	1876	05 35 14.0	+09 29 39	d6	4.41	−0.97	−0.16	B0.5 IV−V
39	λ	Ori	1879	05 35 33.1	+09 56 19	d	3.54	−1.03	−0.18	O8 IIIf
	v1046	Ori	1890	05 35 44.1	−04 29 23	sdv6	6.55	−0.77	−0.13	B2 Vh
			1891	05 35 44.6	−04 25 12	ds	6.24	−0.70	−0.15	B2.5 V
44	ι	Ori	1899	05 35 48.0	−05 54 20	hds6	2.77	−1.08	−0.24	O9 III
46	ε	Ori	1903	05 36 35.7	−01 11 51	hdas6	1.70	−1.04	−0.19	B0 Ia
40	ϕ^2	Ori	1907	05 37 19.1	+09 17 39	s	4.09	+0.64	+0.95	K0 IIIb Fe−2
123	ζ	Tau	1910	05 38 05.6	+21 08 48	hs6	3.00	−0.67	−0.19	B2 IIIpe (shell)
48	σ	Ori	1931	05 39 07.4	−02 35 46	hd6	3.81	−1.01	−0.24	O9.5 V
	α	Col	1956	05 39 55.3	−34 04 14	hd	2.64	−0.46	−0.12	B7 IV
50	ζ	Ori	1948	05 41 08.3	−01 56 21	hd6	2.03	−1.04	−0.21	O9.5 Ib

Flamsteed/Bayer Designation			BS=HR No.	Right Ascension	Declination	Notes	V	U−B	B−V	Spectral Type
				h m s	o ′ ″					
13	γ	Lep	1983	05 44 46.6	−22 26 47	hd	3.60	0.00	+0.47	F7 V
	δ	Dor	2015	05 44 47.2	−65 43 58		4.35	+0.12	+0.21	A7 V⁺n
27	o	Aur	1971	05 46 28.9	+49 49 44		5.47	+0.07	+0.03	A0p Cr
14	ζ	Lep	1998	05 47 17.7	−14 49 11	h6	3.55	+0.07	+0.10	A2 Van
	β	Pic	2020	05 47 27.8	−51 03 51		3.85	+0.10	+0.17	A6 V
130		Tau	1990	05 47 52.5	+17 43 53		5.49	+0.27	+0.30	F0 III
53	κ	Ori	2004	05 48 06.7	−09 40 03	h	2.06	−1.03	−0.17	B0.5 Ia
	γ	Pic	2042	05 49 57.9	−56 09 54		4.51	+0.98	+1.10	K1 III
			2049	05 51 03.4	−52 06 27		5.17	+0.72	+0.99	G8 III
	β	Col	2040	05 51 13.5	−35 45 57		3.12	+1.21	+1.16	K1.5 III
15	δ	Lep	2035	05 51 38.7	−20 52 44		3.81	+0.68	+0.99	K0 III Fe−1.5 CH 0.5
32	ν	Aur	2012	05 52 00.6	+39 09 00	d	3.97	+1.09	+1.13	K0 III CN 0.5
136		Tau	2034	05 53 47.9	+27 36 48	6	4.58	+0.03	−0.02	A0 IV
54	χ¹	Ori	2047	05 54 49.7	+20 16 37	6	4.41	+0.07	+0.59	G0⁻ V Ca 0.5
30	ξ	Aur	2029	05 55 28.5	+55 42 28	h	4.99	+0.12	+0.05	A1 Va
58	α	Ori	2061	05 55 34.7	+07 24 29	had6	0.50	+2.06	+1.85	M1−M2 Ia−Iab
16	η	Lep	2085	05 56 44.8	−14 10 00	h	3.71	+0.01	+0.33	F1 V
	γ	Col	2106	05 57 48.2	−35 16 58	d	4.36	−0.66	−0.18	B2.5 IV
60		Ori	2103	05 59 12.7	+00 33 11	d6	5.22	+0.01	+0.01	A1 Vs
	η	Col	2120	05 59 22.6	−42 48 54		3.96	+1.08	+1.14	G8/K1 II
34	β	Aur	2088	06 00 04.7	+44 56 51	hvd6	1.90	+0.05	+0.03	A1 IV
33	δ	Aur	2077	06 00 08.7	+54 17 04	d	3.72	+0.87	+1.00	K0⁻ III
37	θ	Aur	2095	06 00 14.0	+37 12 45	hvd67	2.62	−0.18	−0.08	A0p Si
35	π	Aur	2091	06 00 29.5	+45 56 12		4.26	+1.83	+1.72	M3 II
61	μ	Ori	2124	06 02 47.8	+09 38 48	d6	4.12	+0.11	+0.16	A5m:
62	χ²	Ori	2135	06 04 21.9	+20 08 16	asv	4.63	−0.68	+0.28	B2 Ia
1		Gem	2134	06 04 34.6	+23 15 44	hd67	4.16	+0.53	+0.84	G5 III−IV
17	SS	Lep	2148	06 05 19.2	−16 29 07	s6	4.93	+0.12	+0.24	Ap (shell)
67	ν	Ori	2159	06 08 00.0	+14 46 01	d6	4.42	−0.66	−0.17	B3 IV
	ν	Dor	2221	06 08 41.4	−68 50 42		5.06	−0.21	−0.08	B8 V
			2180	06 09 16.8	−22 25 45		5.50		−0.01	A0 V
	α	Men	2261	06 10 01.0	−74 45 19		5.09	+0.33	+0.72	G5 V
	δ	Pic	2212	06 10 26.7	−54 58 14	v6	4.81	−1.03	−0.23	B0.5 IV
70	ξ	Ori	2199	06 12 22.0	+14 12 23	d6	4.48	−0.65	−0.18	B3 IV
36		Cam	2165	06 13 36.3	+65 42 57	6	5.38	+1.47	+1.34	K2 II−III
5	γ	Mon	2227	06 15 13.3	−06 16 39	d	3.98	+1.41	+1.32	K1 III Ba 0.5
7	η	Gem	2216	06 15 19.8	+22 30 14	hvd6	3.28	+1.66	+1.60	M2.5 III
44	κ	Aur	2219	06 15 51.4	+29 29 41		4.35	+0.80	+1.02	G9 IIIb
	κ	Col	2256	06 16 49.2	−35 08 36		4.37	+0.83	+1.00	K0.5 IIIa
74		Ori	2241	06 16 51.9	+12 16 10	d	5.04	−0.02	+0.42	F4 IV
			2209	06 19 40.3	+69 18 58	6	4.80	0.00	+0.03	A0 IV⁺nn
7		Mon	2273	06 20 04.5	−07 49 36	d6	5.27	−0.75	−0.19	B2.5 V
2	UZ	Lyn	2238	06 20 17.1	+59 00 27	h	4.48	+0.03	+0.01	A1 Va
1	ζ	CMa	2282	06 20 36.1	−30 04 02	hd6	3.02	−0.72	−0.19	B2.5 V
	δ	Col	2296	06 22 23.3	−33 26 26	6	3.85	+0.52	+0.88	G7 II
2	β	CMa	2294	06 23 01.8	−17 57 36	hsvd6	1.98	−0.98	−0.23	B1 II−III
13	μ	Gem	2286	06 23 24.9	+22 30 33	hsd	2.88	+1.85	+1.64	M3 IIIab
	α	Car	2326	06 24 07.1	−52 42 00	h	−0.72	+0.10	+0.15	A9 II
8		Mon	2298	06 24 09.9	+04 35 19	d6	4.44	+0.13	+0.20	A6 IV
			2305	06 24 31.3	−11 32 05		5.22	+1.20	+1.24	K3 III

Flamsteed/Bayer Designation			BS=HR No.	Right Ascension	Declination	Notes	V	U−B	B−V	Spectral Type
46	ψ^1	Aur	2289	h m s 06 25 28.5	° ′ ″ +49 17 00	6	4.91	+2.29	+1.97	K5−M0 Iab−Ib
10		Mon	2344	06 28 19.8	−04 46 02	d	5.06	−0.76	−0.17	B2 V
	λ	CMa	2361	06 28 26.9	−32 35 07		4.48	−0.61	−0.17	B4 V
18	ν	Gem	2343	06 29 24.5	+20 12 24	d6	4.15	−0.48	−0.13	B6 III
4	ξ^1	CMa	2387	06 32 10.1	−23 25 27	hvd6	4.33	−0.99	−0.24	B1 III
			2392	06 33 08.0	−11 10 20	ds6	6.24	+0.78	+1.11	G9.5 III: Ba 3
13		Mon	2385	06 33 18.6	+07 19 37		4.50	−0.18	0.00	A0 Ib−II
			2395	06 34 00.8	−01 13 35		5.10	−0.56	−0.14	B5 Vn
			2435	06 35 08.5	−52 58 55		4.39	−0.15	−0.02	A0 II
5	ξ^2	CMa	2414	06 35 22.3	−22 58 16	h	4.54	−0.03	−0.05	A0 III
7	ν^2	CMa	2429	06 37 00.7	−19 15 46		3.95	+1.01	+1.06	K1.5 III−IV Fe 1
	ν	Pup	2451	06 37 59.5	−43 12 10	6	3.17	−0.41	−0.11	B8 IIIn
24	γ	Gem	2421	06 38 08.7	+16 23 32	hd6	1.93	+0.04	0.00	A1 IVs
8	ν^3	CMa	2443	06 38 13.2	−18 14 40	d	4.43	+1.04	+1.15	K0.5 III
15	S	Mon	2456	06 41 23.4	+09 53 18	das6	4.66	−1.07	−0.25	O7 Vf
27	ε	Gem	2473	06 44 23.6	+25 07 23	das6	2.98	+1.46	+1.40	G8 Ib
30		Gem	2478	06 44 24.7	+13 13 12	d	4.49	+1.16	+1.16	K0.5 III CN 0.5
9	α	CMa	2491	06 45 28.5	−16 43 36	od6	−1.46	−0.05	0.00	A0m A1 Va
			2513	06 45 36.5	−52 12 33	s	6.57		+1.08	G5 Iab
31	ξ	Gem	2484	06 45 42.6	+12 53 13		3.36	+0.06	+0.43	F5 IV
56	ψ^5	Aur	2483	06 47 16.7	+43 34 09	d	5.25	+0.05	+0.56	G0 V
			2401	06 47 30.2	+79 33 18	6	5.45	−0.02	+0.50	F8 V
			2518	06 47 36.8	−37 56 18	d	5.26	−0.25	−0.08	B8/9 V
57	ψ^6	Aur	2487	06 48 13.8	+48 46 51		5.22	+1.04	+1.12	K0 III
18		Mon	2506	06 48 15.1	+02 24 12	6	4.47	+1.04	+1.11	K0+ IIIa
	α	Pic	2550	06 48 16.1	−61 56 58		3.27	+0.13	+0.21	A6 Vn
	v415	Car	2554	06 50 01.1	−53 37 53	6	4.40	+0.61	+0.92	G4 II
13	κ	CMa	2538	06 50 07.3	−32 31 03	h	3.96	−0.92	−0.23	B1.5 IVne
	τ	Pup	2553	06 50 07.3	−50 37 25	6	2.93	+1.21	+1.20	K1 III
	v592	Mon	2534	06 51 04.0	−08 03 01	sv	6.29	+0.02	0.00	A2p Sr Cr Eu
	ι	Vol	2602	06 51 21.7	−70 58 22		5.40	−0.38	−0.11	B7 IV
34	θ	Gem	2540	06 53 17.0	+33 57 06	d6	3.60	+0.14	+0.10	A3 III−IV
16	o^1	CMa	2580	06 54 26.6	−24 11 38	s	3.87	+1.99	+1.73	K2 Iab
43		Cam	2511	06 54 30.5	+68 52 43		5.12	−0.43	−0.13	B7 III
14	θ	CMa	2574	06 54 32.3	−12 02 54		4.07	+1.70	+1.43	K4 III
	NP	Pup	2591	06 54 40.9	−42 22 31	s	6.32	+2.79	+2.24	C5,2.5
20	ι	CMa	2596	06 56 28.3	−17 03 52		4.37	−0.70	−0.07	B3 II
15		Lyn	2560	06 57 55.5	+58 24 44	d7	4.35	+0.52	+0.85	G5 III−IV
21	ε	CMa	2618	06 58 55.2	−28 58 58	hd	1.50	−0.93	−0.21	B2 II
			2527	07 01 09.1	+76 57 59	6	4.55	+1.66	+1.36	K4 III
22	σ	CMa	2646	07 02 01.1	−27 56 45	d	3.47	+1.88	+1.73	K7 Ib
42	ω	Gem	2630	07 02 52.2	+24 12 15	s	5.18	+0.68	+0.94	G5 IIa
24	o^2	CMa	2653	07 03 20.3	−23 50 41	vas6	3.02	−0.80	−0.08	B3 Ia
23	γ	CMa	2657	07 04 05.9	−15 38 41		4.12	−0.48	−0.12	B8 II
			2666	07 04 17.1	−42 20 55	d6	5.20	+0.15	+0.20	A9m
	v386	Car	2683	07 04 26.7	−56 45 41	v	5.17		−0.04	Ap Si
43	ζ	Gem	2650	07 04 33.2	+20 33 31	vd6	3.79	+0.62	+0.79	F9 Ib (var)
	γ^2	Vol	2736	07 08 40.9	−70 30 40	d	3.78	+0.88	+1.04	G9 III
25	δ	CMa	2693	07 08 41.8	−26 24 20	hdas6	1.84	+0.54	+0.68	F8 Ia
20		Mon	2701	07 10 36.0	−04 14 57	d	4.92	+0.78	+1.03	K0 III

Flamsteed/Bayer Designation			BS=HR No.	Right Ascension	Declination	Notes	V	U−B	B−V	Spectral Type
				h m s	° ′ ″					
46	τ	Gem	2697	07 11 37.0	+30 13 56	d7	4.41	+1.41	+1.26	K2 III
63		Aur	2696	07 12 10.2	+39 18 28	6	4.90	+1.74	+1.45	K3.5 III
22	δ	Mon	2714	07 12 14.8	−00 30 20	d	4.15	+0.02	−0.01	A1 III+
	QW	Pup	2740	07 12 46.5	−46 46 20		4.49	−0.01	+0.32	F0 IVs
48		Gem	2706	07 12 53.7	+24 06 56	s	5.85	+0.09	+0.36	F5 III−IV
	L₂	Pup	2748	07 13 46.1	−44 39 08	vd	5.10		+1.56	M5 IIIe
51	BQ	Gem	2717	07 13 48.1	+16 08 45	d	5.00	+1.82	+1.66	M4 IIIab
27	EW	CMa	2745	07 14 33.6	−26 21 57	hd6	4.66	−0.71	−0.19	B3 IIIep
28	ω	CMa	2749	07 15 06.9	−26 47 10		3.85	−0.73	−0.17	B2 IV−Ve
	δ	Vol	2803	07 16 49.5	−67 58 15		3.98	+0.45	+0.79	F9 Ib
	π	Pup	2773	07 17 24.5	−37 06 41	d	2.70	+1.24	+1.62	K3 Ib
54	λ	Gem	2763	07 18 31.4	+16 31 35	d67	3.58	+0.10	+0.11	A4 IV
30	τ	CMa	2782	07 19 01.2	−24 58 06	hvd6	4.40	−0.99	−0.15	O9 II
55	δ	Gem	2777	07 20 34.2	+21 58 05	hd67	3.53	+0.04	+0.34	F0 V+
31	η	CMa	2827	07 24 23.5	−29 19 05	hdas	2.45	−0.72	−0.08	B5 Ia
66		Aur	2805	07 24 39.6	+40 39 26	6	5.23	+1.25	+1.25	K1 IIIa Fe−1
60	ι	Gem	2821	07 26 11.5	+27 46 57		3.79	+0.85	+1.03	G9 IIIb
3	β	CMi	2845	07 27 33.4	+08 16 25	hd6	2.90	−0.28	−0.09	B8 V
4	γ	CMi	2854	07 28 34.3	+08 54 35	d6	4.32	+1.54	+1.43	K3 III Fe−1
	σ	Pup	2878	07 29 28.1	−43 19 01	vd6	3.25	+1.78	+1.51	K5 III
62	ρ	Gem	2852	07 29 35.6	+31 46 09	d6	4.18	−0.03	+0.32	F0 V+
6		CMi	2864	07 30 12.8	+11 59 26		4.54	+1.37	+1.28	K1 III
			2906	07 34 22.5	−22 18 46	h	4.45	+0.06	+0.51	F6 IV
66	α¹	Gem	2891	07 35 04.5	+31 52 16	od6	1.98	+0.01	+0.03	A1m A2 Va
66	α²	Gem	2890	07 35 04.8	+31 52 19	od6	2.88	+0.02	+0.04	A2m A5 V:
			2934	07 35 50.9	−52 33 03	6	4.94	+1.63	+1.40	K3 III
69	υ	Gem	2905	07 36 23.0	+26 52 43	d	4.06	+1.94	+1.54	M0 III−IIIb
			2937	07 37 38.8	−34 59 09	d7	4.53	−0.31	−0.09	B8 V
25		Mon	2927	07 37 39.1	−04 07 41	d	5.13	+0.12	+0.44	F6 III
10	α	CMi	2943	07 39 41.6	+05 12 20	osd67	0.38	+0.02	+0.42	F5 IV−V
	R	Pup	2974	07 41 10.1	−31 40 44	s	6.56	+0.85	+1.18	G2 0−Ia
26	α	Mon	2970	07 41 36.3	−09 34 09		3.93	+0.88	+1.02	G9 III Fe−1
	ζ	Vol	3024	07 41 43.5	−72 37 26	d7	3.95	+0.83	+1.04	G9 III
24		Lyn	2946	07 43 38.3	+58 41 31	hd	4.99	+0.08	+0.08	A2 IVn
	OV	Cep	2609	07 43 46.2	+87 00 07		5.07	+1.97	+1.63	M2− IIIab
75	σ	Gem	2973	07 43 46.8	+28 51 53	d6	4.28	+0.97	+1.12	K1 III
3		Pup	2996	07 44 06.5	−28 58 23	h6	3.96	−0.09	+0.18	A2 Ib
77	κ	Gem	2985	07 44 54.0	+24 22 46	ad7	3.57	+0.69	+0.93	G8 III
			3017	07 45 31.3	−37 59 14		3.61	+1.72	+1.73	K5 IIa
78	β	Gem	2990	07 45 46.4	+28 00 27	had	1.14	+0.85	+1.00	K0 IIIb
4		Pup	3015	07 46 17.6	−14 34 57		5.04	+0.09	+0.33	F2 V
81		Gem	3003	07 46 33.5	+18 29 28	6	4.88	+1.75	+1.45	K4 III
11		CMi	3008	07 46 40.9	+10 44 58	6	5.30	−0.02	+0.01	A0.5 IV−nn
			2999	07 47 09.2	+37 29 55		5.18	+1.94	+1.58	M2+ IIIb
			3037	07 47 45.1	−46 37 39	6	5.23	−0.85	−0.14	B1.5 IV
80	π	Gem	3013	07 47 59.3	+33 23 48	d7	5.14	+1.95	+1.60	M1+ IIIa
	o	Pup	3034	07 48 23.9	−25 57 22	hd	4.50	−1.02	−0.05	B1 IV:nne
			3055	07 49 28.0	−46 23 32	d	4.11	−1.01	−0.18	B0 III
7	ξ	Pup	3045	07 49 36.6	−24 52 44	d6	3.34	+1.16	+1.24	G6 Iab−Ib
13	ζ	CMi	3059	07 52 05.3	+01 44 50		5.14	−0.49	−0.12	B8 II

Flamsteed/Bayer Designation			BS=HR No.	Right Ascension	Declination	Notes	V	U−B	B−V	Spectral Type
				h m s	° ′ ″					
			3080	07 52 28.5	−40 35 44	c6	3.73	+0.78	+1.04	K1/2 II + A
	QZ	Pup	3084	07 52 54.6	−38 52 57	v6	4.49	−0.69	−0.19	B2.5 V
			3090	07 53 31.4	−48 07 22		4.24	−1.00	−0.14	B0.5 Ib
83	φ	Gem	3067	07 53 57.3	+26 44 45	6	4.97	+0.10	+0.09	A3 IV−V
26		Lyn	3066	07 55 15.3	+47 32 40		5.45	+1.73	+1.46	K3 III
	χ	Car	3117	07 56 58.2	−53 00 10		3.47	−0.67	−0.18	B3p Si
11		Pup	3102	07 57 10.9	−22 54 02		4.20	+0.42	+0.72	F8 II
			3113	07 57 58.1	−30 21 18		4.79	+0.18	+0.15	A6 II
	V	Pup	3129	07 58 27.4	−49 15 56	cvd6	4.41	−0.96	−0.17	B1 Vp + B2:
			3153	07 59 45.2	−60 36 28	s	5.17	+1.91	+1.74	M1.5 II
27		Mon	3122	08 00 06.6	−03 42 02		4.93	+1.21	+1.21	K2 III
			3131	08 00 12.2	−18 25 13		4.61	+0.08	+0.08	A2 IVn
			3075	08 01 04.8	+73 53 49		5.41	+1.64	+1.42	K3 III
			3145	08 02 39.3	+02 18 49	d	4.39	+1.28	+1.25	K2 IIIb Fe−0.5
	ζ	Pup	3165	08 03 50.9	−40 01 28	hs	2.25	−1.11	−0.26	O5 Iafn
	χ	Gem	3149	08 03 58.7	+27 46 22	d6	4.94	+1.09	+1.12	K1 III
15	ρ	Pup	3185	08 07 51.8	−24 19 35	hvd6	2.81	+0.19	+0.43	F5 (Ib−II)p
	ε	Vol	3223	08 07 57.1	−68 38 21	d67	4.35	−0.46	−0.11	B6 IV
29	ζ	Mon	3188	08 08 58.3	−03 00 22	d	4.34	+0.69	+0.97	G2 Ib
27		Lyn	3173	08 09 01.1	+51 29 04	d	4.84	0.00	+0.05	A1 Va
16		Pup	3192	08 09 21.7	−19 16 02	6	4.40	−0.60	−0.15	B5 IV
	γ²	Vel	3207	08 09 45.8	−47 21 32	hcd6	1.78	−0.99	−0.22	WC8 + O9I:
	NS	Pup	3225	08 11 37.6	−39 38 28	6	4.45	+1.86	+1.62	K4.5 Ib
			3182	08 13 33.1	+68 27 04		5.45	+0.80	+1.05	G7 II
20		Pup	3229	08 13 40.7	−15 48 40		4.99	+0.78	+1.07	G5 IIa
			3243	08 14 18.9	−40 22 16	d6	4.44	+1.09	+1.17	K1 II/III
17	β	Cnc	3249	08 16 55.3	+09 09 43	d	3.52	+1.77	+1.48	K4 III Ba 0.5
	α	Cha	3318	08 18 19.3	−76 56 36		4.07	−0.02	+0.39	F4 IV
			3270	08 18 50.2	−36 40 58		4.45	+0.11	+0.22	A7 IV
	θ	Cha	3340	08 20 24.4	−77 30 30	d	4.35	+1.20	+1.16	K2 III CN 0.5
18	χ	Cnc	3262	08 20 31.1	+27 11 35		5.14	−0.06	+0.47	F6 V
			3282	08 21 40.8	−33 04 43		4.83	+1.60	+1.45	K2.5 II−III
	ε	Car	3307	08 22 40.0	−59 32 02	hdc	1.86	+0.19	+1.28	K3: III + B2: V
31		Lyn	3275	08 23 20.8	+43 09 49		4.25	+1.90	+1.55	K4.5 III
			3315	08 25 23.2	−24 04 15	d6	5.28	+1.83	+1.48	K4.5 III CN 1
	β	Vol	3347	08 25 49.0	−66 09 43		3.77	+1.14	+1.13	K2 III
			3314	08 26 02.1	−03 55 53	h	3.90	−0.02	−0.02	A0 Va
1	ο	UMa	3323	08 30 52.9	+60 41 33	hsd	3.37	+0.52	+0.85	G5 III
33	η	Cnc	3366	08 33 08.5	+20 24 55		5.33	+1.39	+1.25	K3 III
			3426	08 37 54.5	−43 00 56		4.14	+0.16	+0.11	A6 II
4	δ	Hya	3410	08 38 03.2	+05 40 38	d6	4.16	+0.01	0.00	A1 IVnn
5	σ	Hya	3418	08 39 08.9	+03 18 53		4.44	+1.28	+1.21	K1 III
6		Hya	3431	08 40 22.8	−12 30 08		4.98	+1.62	+1.42	K4 III
	β	Pyx	3438	08 40 23.8	−35 20 07	d6	3.97	+0.65	+0.94	G4 III
	ο	Vel	3447	08 40 30.5	−52 56 55	v6	3.62	−0.64	−0.18	B3 IV
	v343	Car	3457	08 40 46.9	−59 47 17	d6	4.33	−0.80	−0.11	B1.5 III
			3445	08 40 52.5	−46 40 32	d	3.82	+0.33	+0.70	F0 Ia
	η	Cha	3502	08 41 03.3	−78 59 25		5.47	−0.35	−0.10	B8 V
34		Lyn	3422	08 41 32.0	+45 48 26		5.37	+0.75	+0.99	G8 IV
7	η	Hya	3454	08 43 37.0	+03 22 17	6	4.30	−0.74	−0.20	B4 V

Flamsteed/Bayer Designation			BS=HR No.	Right Ascension	Declination	Notes	V	U−B	B−V	Spectral Type
				h m s	° ′ ″					
43	γ	Cnc	3449	08 43 43.1	+21 26 28	d6	4.66	+0.01	+0.02	A1 Va
	α	Pyx	3468	08 43 53.6	−33 12 49		3.68	−0.88	−0.18	B1.5 III
			3477	08 44 40.0	−42 40 36	d	4.07	+0.52	+0.87	G6 II−III
	δ	Vel	3485	08 44 54.7	−54 44 12	hd7	1.96	+0.07	+0.04	A1 Va
47	δ	Cnc	3461	08 45 06.6	+18 07 35	d	3.94	+0.99	+1.08	K0 IIIb
			3487	08 46 16.9	−46 04 09		3.91	−0.05	0.00	A1 II
12		Hya	3484	08 46 43.8	−13 34 32	d6	4.32	+0.62	+0.90	G8 III Fe−1
	v344	Car	3498	08 46 54.2	−56 47 51		4.49	−0.73	−0.17	B3 Vne
48	ι	Cnc	3475	08 47 09.0	+28 43 55	d	4.02	+0.78	+1.01	G8 II−III
11	ε	Hya	3482	08 47 10.3	+06 23 27	cd67	3.38	+0.36	+0.68	G5: III + A:
13	ρ	Hya	3492	08 48 49.8	+05 48 35	d6	4.36	−0.04	−0.04	A0 Vn
14	KX	Hya	3500	08 49 44.3	−03 28 16		5.31	−0.35	−0.09	B9p Hg Mn
	γ	Pyx	3518	08 50 51.0	−27 44 17		4.01	+1.40	+1.27	K2.5 III
			3571	08 55 13.0	−60 40 24	d	3.84	−0.45	−0.10	B7 II−III
	ζ	Oct	3678	08 55 28.0	−85 41 32		5.42	+0.07	+0.31	F0 III
16	ζ	Hya	3547	08 55 47.4	+05 55 00		3.11	+0.80	+1.00	G9 IIIa
	v376	Car	3582	08 57 09.4	−59 15 30	d	4.92	−0.77	−0.19	B2 IV−V
65	α	Cnc	3572	08 58 53.8	+11 49 42	d6	4.25	+0.15	+0.14	A5m
9	ι	UMa	3569	08 59 43.1	+48 00 43	hd6	3.14	+0.07	+0.19	A7 IVn
64	σ³	Cnc	3575	09 00 00.2	+32 23 20	d	5.22	+0.64	+0.92	G8 III
			3591	09 00 22.2	−41 16 59	c6	4.45	+0.38	+0.65	G8/K1 III + A
			3579	09 01 07.5	+41 45 09	od67	3.97	+0.04	+0.43	F7 V
	α	Vol	3615	09 02 33.8	−66 25 34	6	4.00	+0.13	+0.14	A5m
8	ρ	UMa	3576	09 03 12.7	+67 35 59		4.76	+1.88	+1.53	M3 IIIb Ca 1
12	κ	UMa	3594	09 04 08.1	+47 07 35	hd7	3.60	+0.01	0.00	A0 IIIn
			3614	09 04 24.8	−47 07 40		3.75	+1.22	+1.20	K2 III
			3643	09 05 09.7	−72 37 58		4.48	+0.22	+0.61	F8 II
			3612	09 07 00.3	+38 25 18		4.56	+0.82	+1.04	G7 Ib−II
76	κ	Cnc	3623	09 08 09.1	+10 38 16	d6	5.24	−0.43	−0.11	B8p Hg Mn
	λ	Vel	3634	09 08 16.3	−43 27 47	d	2.21	+1.81	+1.66	K4.5 Ib
15		UMa	3619	09 09 23.8	+51 34 26	h	4.48	+0.12	+0.27	F0m
77	ξ	Cnc	3627	09 09 47.3	+22 00 53	d6	5.14	+0.80	+0.97	G9 IIIa Fe−0.5 CH−1
	v357	Car	3659	09 11 09.9	−58 59 52	6	3.44	−0.70	−0.19	B2 IV−V
			3663	09 11 26.9	−62 20 52		3.97	−0.67	−0.18	B3 III
	β	Car	3685	09 13 16.8	−69 44 53	h	1.68	+0.03	0.00	A1 III
36		Lyn	3652	09 14 17.5	+43 11 11	h	5.32	−0.48	−0.14	B8p Mn
22	θ	Hya	3665	09 14 45.3	+02 16 56	d6	3.88	−0.12	−0.06	B9.5 IV (C II)
			3696	09 16 24.8	−57 34 23		4.34	+1.98	+1.63	M0.5 III Ba 0.3
	ι	Car	3699	09 17 17.5	−59 18 25	h	2.25	+0.16	+0.18	A7 Ib
38		Lyn	3690	09 19 18.5	+36 46 14	hd67	3.82	+0.06	+0.06	A2 IV⁻
40	α	Lyn	3705	09 21 30.6	+34 21 38		3.13	+1.94	+1.55	K7 IIIab
	θ	Pyx	3718	09 21 49.5	−25 59 51		4.72	+2.02	+1.63	M0.5 III
	κ	Vel	3734	09 22 20.8	−55 02 34	h6	2.50	−0.75	−0.18	B2 IV−V
1	κ	Leo	3731	09 25 05.4	+26 08 59	d7	4.46	+1.31	+1.23	K2 III
30	α	Hya	3748	09 27 57.4	−08 41 29	d	1.98	+1.72	+1.44	K3 II−III
	ε	Ant	3765	09 29 33.3	−35 59 04	6	4.51	+1.68	+1.44	K3 III
	ψ	Vel	3786	09 30 59.8	−40 29 59	d7	3.60	−0.03	+0.36	F0 V⁺
			3803	09 31 27.0	−57 04 03		3.13	+1.89	+1.55	K5 III
			3821	09 31 39.4	−73 06 51		5.47	+1.75	+1.56	K4 III
23		UMa	3757	09 32 06.8	+63 01 43	hd	3.67	+0.10	+0.33	F0 IV

Flamsteed/Bayer Designation			BS=HR No.	Right Ascension	Declination	Notes	V	U−B	B−V	Spectral Type
				h m s	° ′ ″					
4	λ	Leo	3773	09 32 08.8	+22 56 04		4.31	+1.89	+1.54	K4.5 IIIb
5	ξ	Leo	3782	09 32 21.0	+11 15 59		4.97	+0.86	+1.05	G9.5 III
	R	Car	3816	09 32 25.9	−62 49 20	vd	4−10	+0.23	+1.43	gM5e
25	θ	UMa	3775	09 33 21.3	+51 38 34	hd6	3.17	+0.02	+0.46	F6 IV
			3808	09 33 33.2	−21 08 57		5.01	+0.87	+1.02	K0 III
			3825	09 34 39.7	−59 15 48		4.08	−0.56	+0.01	B5 II
10	SU	LMi	3800	09 34 40.8	+36 21 50		4.55	+0.62	+0.92	G7.5 III Fe−0.5
24	DK	UMa	3771	09 35 08.0	+69 47 49		4.56	+0.34	+0.77	G5 III−IV
26		UMa	3799	09 35 20.0	+52 01 04		4.50	+0.04	+0.01	A1 Va
			3836	09 37 05.7	−49 23 20	d	4.35	+0.13	+0.17	A5 IV−V
			3751	09 38 06.5	+81 17 33		4.29	+1.72	+1.48	K3 IIIa
			3834	09 38 50.7	+04 36 54		4.68	+1.46	+1.32	K3 III
35	ι	Hya	3845	09 40 14.3	−01 10 38		3.91	+1.46	+1.32	K2.5 III
38	κ	Hya	3849	09 40 39.9	−14 22 00		5.06	−0.57	−0.15	B5 V
14	o	Leo	3852	09 41 33.0	+09 51 28	cd6	3.52	+0.21	+0.49	F5 II + A5?
16	ψ	Leo	3866	09 44 08.4	+13 59 13	d	5.35	+1.95	+1.63	M24+ IIIab
	θ	Ant	3871	09 44 32.2	−27 48 15	cd7	4.79	+0.35	+0.51	F7 II−III + A8 V
	λ	Car	3884	09 45 27.2	−62 32 33	v	3.69	+0.85	+1.22	F9−G5 Ib
17	ε	Leo	3873	09 46 16.5	+23 44 22		2.98	+0.47	+0.80	G1 II
	υ	Car	3890	09 47 17.4	−65 06 25	d	3.01	+0.13	+0.27	A6 II
	R	Leo	3882	09 47 57.7	+11 23 37	v	4−11	−0.20	+1.30	gM7e
			3881	09 49 04.2	+45 59 09		5.09	+0.10	+0.62	G0.5 Va
29	υ	UMa	3888	09 51 31.0	+59 00 11	hvd	3.80	+0.18	+0.28	F0 IV
39	υ¹	Hya	3903	09 51 50.4	−14 52 55		4.12	+0.65	+0.92	G8.5 IIIa
24	μ	Leo	3905	09 53 11.3	+25 58 17	s	3.88	+1.39	+1.22	K2 III CN 1 Ca 1
			3923	09 55 13.5	−19 02 42	6	4.94	+1.93	+1.57	K5 III
	φ	Vel	3940	09 57 07.6	−54 36 13	d	3.54	−0.62	−0.08	B5 Ib
19		LMi	3928	09 58 08.5	+41 01 11	6	5.14	0.00	+0.46	F5 V
	η	Ant	3947	09 59 11.6	−35 55 37	d	5.23	+0.08	+0.31	F1 III−IV
29	π	Leo	3950	10 00 36.6	+08 00 29		4.70	+1.93	+1.60	M2− IIIab
20		LMi	3951	10 01 26.5	+31 53 11		5.36	+0.27	+0.66	G3 Va Hδ 1
40	υ²	Hya	3970	10 05 29.4	−13 06 04	6	4.60	−0.27	−0.09	B8 V
30	η	Leo	3975	10 07 44.4	+16 43 33	hasd	3.52	−0.21	−0.03	A0 Ib
21		LMi	3974	10 07 52.2	+35 12 28		4.48	+0.08	+0.18	A7 V
31		Leo	3980	10 08 18.1	+09 57 38	d	4.37	+1.75	+1.45	K3.5 IIIb Fe−1:
15	α	Sex	3981	10 08 19.3	−00 24 31		4.49	−0.07	−0.04	A0 III
32	α	Leo	3982	10 08 46.2	+11 55 49	hd6	1.35	−0.36	−0.11	B7 Vn
41	λ	Hya	3994	10 10 57.2	−12 23 29	d6	3.61	+0.92	+1.01	K0 III CN 0.5
	ω	Car	4037	10 13 54.9	−70 04 31		3.32	−0.33	−0.08	B8 IIIn
			4023	10 15 03.1	−42 09 33	6	3.85	+0.06	+0.05	A2 Va
36	ζ	Leo	4031	10 17 06.4	+23 22 47	hdas6	3.44	+0.20	+0.31	F0 III
	v337	Car	4050	10 17 20.1	−61 22 12	d	3.40	+1.72	+1.54	K2.5 II
33	λ	UMa	4033	10 17 32.8	+42 52 36	hs	3.45	+0.06	+0.03	A1 IV
22	ε	Sex	4042	10 18 00.2	−08 06 24		5.24	+0.13	+0.31	F1 IV⁻
	AG	Ant	4049	10 18 28.3	−29 01 47		5.34		+0.24	A0p Ib−II
41	γ¹	Leo	4057	10 20 23.1	+19 48 12	hd6	2.61	+1.00	+1.15	K1⁻ IIIb Fe−0.5
			4080	10 22 38.9	−41 41 16		4.83	+1.08	+1.12	K1 III
34	μ	UMa	4069	10 22 46.4	+41 27 42	6	3.05	+1.89	+1.59	M0 III
			4086	10 23 49.1	−38 02 53		5.33		+0.25	A8 V
			4102	10 24 32.5	−74 04 11	6	4.00	−0.01	+0.35	F2 V

Flamsteed/Bayer Designation			BS=HR No.	Right Ascension	Declination	Notes	V	U−B	B−V	Spectral Type
				h m s	° ′ ″					
			4072	10 24 39.8	+65 31 42	6	4.97	−0.13	−0.06	A0p Hg
42	μ	Hya	4094	10 26 27.2	−16 52 29		3.81	+1.82	+1.48	K4+ III
	α	Ant	4104	10 27 29.7	−31 06 22	6	4.25	+1.63	+1.45	K4.5 III
			4114	10 28 09.3	−58 46 40		3.82	+0.24	+0.31	F0 Ib
31	β	LMi	4100	10 28 18.9	+36 40 07	d67	4.21	+0.64	+0.90	G9 IIIab
29	δ	Sex	4116	10 29 51.6	−02 46 40		5.21	−0.12	−0.06	B9.5 V
36		UMa	4112	10 31 06.1	+55 56 31	d	4.83	−0.01	+0.52	F8 V
			4084	10 31 56.2	+82 31 12		5.26	−0.05	+0.37	F4 V
	PP	Car	4140	10 32 17.5	−61 43 27	h	3.32	−0.72	−0.09	B4 Vne
46		Leo	4127	10 32 35.8	+14 05 55		5.46	+2.04	+1.68	M1 IIIb
47	ρ	Leo	4133	10 33 12.3	+09 16 04	vd6	3.85	−0.96	−0.14	B1 Iab
			4143	10 33 15.9	−47 02 32	d7	5.02	+0.59	+1.04	K1/2 III
44		Hya	4145	10 34 22.3	−23 47 02	d	5.08	+1.82	+1.60	K5 III
	γ	Cha	4174	10 35 33.1	−78 38 48		4.11	+1.95	+1.58	M0 III
37		UMa	4141	10 35 38.4	+57 02 38	h	5.16	−0.02	+0.34	F1 V
			4126	10 35 42.6	+75 40 26		4.84	+0.72	+0.96	G8 III
			4159	10 35 52.7	−57 35 48	6	4.45	+1.79	+1.62	K5 II
			4167	10 37 37.1	−48 15 53	hd67	3.84	+0.07	+0.30	F0m
37		LMi	4166	10 39 08.4	+31 56 14		4.71	+0.54	+0.81	G2.5 IIa
			4180	10 39 36.4	−55 38 33	d	4.28	+0.75	+1.04	G2 II
	θ	Car	4199	10 43 13.6	−64 26 02	h6	2.76	−1.01	−0.22	B0.5 Vp
			4181	10 43 35.7	+69 02 12		5.00	+1.54	+1.38	K3 III
41		LMi	4192	10 43 49.4	+23 08 56		5.08	+0.05	+0.04	A2 IV
			4191	10 43 59.2	+46 09 51	d6	5.18	+0.01	+0.33	F5 III
	δ²	Cha	4234	10 45 50.8	−80 34 47		4.45	−0.70	−0.19	B2.5 IV
42		LMi	4203	10 46 16.8	+30 38 34	d6	5.24	−0.14	−0.06	A1 Vn
51		Leo	4208	10 46 48.7	+18 51 07		5.50	+1.15	+1.13	gK3
	μ	Vel	4216	10 47 05.6	−49 27 36	cd67	2.69	+0.57	+0.90	G5 III + F8: V
53		Leo	4227	10 49 39.1	+10 30 19	6	5.34	+0.02	+0.03	A2 V
	ν	Hya	4232	10 49 59.7	−16 13 59	h	3.11	+1.30	+1.25	K1.5 IIIb Hδ−0.5
46		LMi	4247	10 53 43.8	+34 10 27		3.83	+0.91	+1.04	K0+ III−IV
			4257	10 53 48.1	−58 53 35	d6	3.78	+0.65	+0.95	K0 IIIb
54		Leo	4259	10 56 01.1	+24 42 34	cd	4.50	+0.01	+0.01	A1 IIIn + A1 IVn
	ι	Ant	4273	10 57 04.1	−37 10 42		4.60	+0.84	+1.03	K0 III
47		UMa	4277	10 59 53.0	+40 23 24		5.05	+0.13	+0.61	G1− V Fe−0.5
7	α	Crt	4287	11 00 08.4	−18 20 20		4.08	+1.00	+1.09	K0+ III
			4293	11 00 30.0	−42 15 58		4.39	+0.12	+0.11	A3 IV
58		Leo	4291	11 00 56.9	+03 34 38	d	4.84	+1.12	+1.16	K0.5 III Fe−0.5
48	β	UMa	4295	11 02 17.4	+56 20 31	h6	2.37	+0.01	−0.02	A0m A1 IV−V
60		Leo	4300	11 02 43.7	+20 08 22		4.42	+0.05	+0.05	A0.5m A3 V
50	α	UMa	4301	11 04 11.1	+61 42 38	hd6	1.80	+0.90	+1.07	K0− IIIa
63	χ	Leo	4310	11 05 24.2	+07 17 43	d7	4.63	+0.08	+0.33	F1 IV
	χ¹	Hya	4314	11 05 41.6	−27 20 03	d7	4.94	+0.04	+0.36	F3 IV
	v382	Car	4337	11 08 54.8	−59 00 57	c6	3.91	+0.94	+1.23	G4 0−Ia
52	ψ	UMa	4335	11 10 05.0	+44 27 28		3.01	+1.11	+1.14	K1 III
11	β	Crt	4343	11 12 01.7	−22 52 01	h6	4.48	+0.06	+0.03	A2 IV
			4350	11 12 53.7	−49 08 30	6	5.36		+0.18	A3 IV/V
68	δ	Leo	4357	11 14 30.4	+20 28 57	hd	2.56	+0.12	+0.12	A4 IV
70	θ	Leo	4359	11 14 38.0	+15 23 19		3.34	+0.06	−0.01	A2 IV (Kvar)
74	φ	Leo	4368	11 17 02.6	−03 41 34	d	4.47	+0.14	+0.21	A7 V+n

Flamsteed/Bayer Designation			BS=HR No.	Right Ascension	Declination	Notes	V	U−B	B−V	Spectral Type
	SV	Crt	4369	h m s 11 17 21.0	° ′ ″ −07 10 32	sd67	6.14	+0.15	+0.20	A8p Sr Cr
54	ν	UMa	4377	11 18 53.0	+33 03 12	d6	3.48	+1.55	+1.40	K3⁻ III
55		UMa	4380	11 19 32.3	+38 08 40	hd6	4.78	+0.03	+0.12	A1 Va
12	δ	Crt	4382	11 19 43.0	−14 49 09	h6	3.56	+0.97	+1.12	G9 IIIb CH 0.2
	π	Cen	4390	11 21 21.1	−54 31 56	d7	3.89	−0.59	−0.15	B5 Vn
77	σ	Leo	4386	11 21 31.4	+05 59 17	6	4.05	−0.12	−0.06	A0 III⁺
78	ι	Leo	4399	11 24 18.9	+10 29 17	d67	3.94	+0.07	+0.41	F2 IV
15	γ	Crt	4405	11 25 15.4	−17 43 31	hd	4.08	+0.11	+0.21	A7 V
84	τ	Leo	4418	11 28 19.4	+02 48 54	d	4.95	+0.79	+1.00	G7.5 IIIa
1	λ	Dra	4434	11 31 50.5	+69 17 23		3.84	+1.97	+1.62	M0 III Ca−1
	ξ	Hya	4450	11 33 22.3	−31 53 57	d	3.54	+0.71	+0.94	G7 III
	λ	Cen	4467	11 36 07.8	−63 03 41	d	3.13	−0.17	−0.04	B9.5 IIn
			4466	11 36 17.5	−47 41 00		5.25	+0.12	+0.25	A7m
21	θ	Crt	4468	11 37 03.8	−09 50 38	6	4.70	−0.18	−0.08	B9.5 Vn
91	υ	Leo	4471	11 37 20.0	−00 51 55		4.30	+0.75	+1.00	G8⁺ IIIb
	o	Hya	4494	11 40 35.2	−34 47 11		4.70	−0.22	−0.07	B9 V
61		UMa	4496	11 41 26.6	+34 09 33	das	5.33	+0.25	+0.72	G8 V
3		Dra	4504	11 42 53.1	+66 42 12		5.30	+1.24	+1.28	K3 III
	v810	Cen	4511	11 43 52.9	−62 31 52	s	5.03	+0.35	+0.80	G0 0−Ia Fe 1
27	ζ	Crt	4514	11 45 08.6	−18 23 33	d	4.73	+0.74	+0.97	G8 IIIa
	λ	Mus	4520	11 45 57.9	−66 46 13	d	3.64	+0.15	+0.16	A7 IV
3	ν	Vir	4517	11 46 14.7	+06 29 14		4.03	+1.79	+1.51	M1 III
63	χ	UMa	4518	11 46 26.6	+47 44 16		3.71	+1.16	+1.18	K0.5 IIIb
			4522	11 46 52.8	−61 13 12	d	4.11	+0.58	+0.90	G3 II
93	DQ	Leo	4527	11 48 22.3	+20 10 38	cd6	4.53	+0.28	+0.55	G4 III−IV + A7 V
	II	Hya	4532	11 49 07.9	−26 47 29		5.11	+1.67	+1.60	M4⁺ III
94	β	Leo	4534	11 49 26.5	+14 31 48	hd	2.14	+0.07	+0.09	A3 Va
			4537	11 50 03.2	−63 49 49	h	4.32	−0.59	−0.15	B3 V
5	β	Vir	4540	11 51 05.2	+01 43 21	d	3.61	+0.11	+0.55	F9 V
			4546	11 51 31.3	−45 12 55		4.46	+1.46	+1.30	K3 III
	β	Hya	4552	11 53 17.3	−33 56 59	vd7	4.28	−0.33	−0.10	Ap Si
64	γ	UMa	4554	11 54 13.4	+53 39 11	a6	2.44	+0.02	0.00	A0 Van
95		Leo	4564	11 56 03.7	+15 36 18	d6	5.53	+0.12	+0.11	A3 V
30	η	Crt	4567	11 56 23.9	−17 11 33		5.18	0.00	−0.02	A0 Va
8	π	Vir	4589	12 01 15.4	+06 34 21	6	4.66	+0.11	+0.13	A5 IV
	θ¹	Cru	4599	12 03 24.7	−63 21 17	d6	4.33	+0.04	+0.27	A8m
			4600	12 04 03.0	−42 28 34		5.15	−0.03	+0.41	F6 V
9	o	Vir	4608	12 05 35.5	+08 41 29	s	4.12	+0.63	+0.98	G8 IIIa CN−1 Ba 1 CH 1
	η	Cru	4616	12 07 16.7	−64 39 20	d6	4.15	+0.03	+0.34	F2 V⁺
			4618	12 08 28.7	−50 42 11	v	4.47	−0.67	−0.15	B2 IIIne
	δ	Cen	4621	12 08 45.0	−50 45 51	d	2.60	−0.90	−0.12	B2 IVne
1	α	Crv	4623	12 08 48.1	−24 46 14	h	4.02	−0.02	+0.32	F0 IV−V
2	ε	Crv	4630	12 10 30.7	−22 39 41	h	3.00	+1.47	+1.33	K2.5 IIIa
	ρ	Cen	4638	12 12 02.8	−52 24 37		3.96	−0.62	−0.15	B3 V
			4646	12 12 32.6	+77 34 29	v6	5.14	+0.10	+0.33	F2m
	δ	Cru	4656	12 15 32.8	−58 47 26		2.80	−0.91	−0.23	B2 IV
69	δ	UMa	4660	12 15 47.7	+56 59 28	hd	3.31	+0.07	+0.08	A2 Van
4	γ	Crv	4662	12 16 11.6	−17 35 01	h6	2.59	−0.34	−0.11	B8p Hg Mn
	ε	Mus	4671	12 17 59.0	−68 00 09	6	4.11	+1.55	+1.58	M5 III
	β	Cha	4674	12 18 48.1	−79 21 14		4.26	−0.51	−0.12	B5 Vn

Flamsteed/Bayer Designation			BS=HR No.	Right Ascension	Declination	Notes	V	U−B	B−V	Spectral Type
				h m s	° ′ ″					
	ζ	Cru	4679	12 18 50.9	−64 02 41	d	4.04	−0.69	−0.17	B2.5 V
3		CVn	4690	12 20 10.8	+48 56 33		5.29	+1.97	+1.66	M1+ IIIab
15	η	Vir	4689	12 20 17.4	−00 42 30	d6	3.89	+0.06	+0.02	A1 IV+
16		Vir	4695	12 20 43.8	+03 16 15	d	4.96	+1.15	+1.16	K0.5 IIIb Fe−0.5
	ε	Cru	4700	12 21 46.2	−60 26 33		3.59	+1.63	+1.42	K3 III
12		Com	4707	12 22 52.9	+25 48 17	cd6	4.81	+0.26	+0.49	G5 III + A5
6		CVn	4728	12 26 13.0	+38 58 37		5.02	+0.73	+0.96	G9 III
	α¹	Cru	4730	12 27 01.2	−63 08 26	hcd6	1.33	−1.03	−0.24	B0.5 IV
15	γ	Com	4737	12 27 18.7	+28 13 36		4.36	+1.15	+1.13	K1 III Fe 0.5
	σ	Cen	4743	12 28 26.9	−50 16 20		3.91	−0.78	−0.19	B2 V
			4748	12 28 46.5	−39 04 57		5.44		−0.08	B8/9 V
7	δ	Crv	4757	12 30 15.2	−16 33 26	hd7	2.95	−0.08	−0.05	B9.5 IV−n
74		UMa	4760	12 30 18.2	+58 21 52		5.35	+0.14	+0.20	δ Del
	γ	Cru	4763	12 31 35.2	−57 09 18	hd	1.63	+1.78	+1.59	M3.5 III
8	η	Crv	4775	12 32 27.5	−16 14 15	6	4.31	+0.01	+0.38	F2 V
	γ	Mus	4773	12 32 55.4	−72 10 28		3.87	−0.62	−0.15	B5 V
5	κ	Dra	4787	12 33 47.9	+69 44 49	hv6	3.87	−0.57	−0.13	B6 IIIpe
			4783	12 34 01.0	+33 12 22		5.42	+0.83	+1.00	K0 III CN−1
8	β	CVn	4785	12 34 05.8	+41 19 00	ads6	4.26	+0.05	+0.59	G0 V
9	β	Crv	4786	12 34 47.0	−23 26 17	h	2.65	+0.60	+0.89	G5 IIb
23		Com	4789	12 35 13.5	+22 35 17	d6	4.81	−0.01	0.00	A0m A1 IV
24		Com	4792	12 35 30.3	+18 20 09	d	5.02	+1.11	+1.15	K2 III
	α	Mus	4798	12 37 38.3	−69 10 37	d	2.69	−0.83	−0.20	B2 IV−V
	τ	Cen	4802	12 38 07.0	−48 34 57		3.86	+0.03	+0.05	A1 IVnn
26	χ	Vir	4813	12 39 38.0	−08 02 12	d	4.66	+1.39	+1.23	K2 III CN 1.5
	γ	Cen	4819	12 41 56.0	−49 00 03	d67	2.17	−0.01	−0.01	A1 IV
29	γ¹	Vir	4825	12 42 02.4	−01 29 26	ocd6	3.48	−0.03	+0.36	F1 V
29	γ²	Vir	4826	12 42 02.4	−01 29 25	ocd	3.50	−0.03	+0.36	F0m F2 V
30	ρ	Vir	4828	12 42 15.8	+10 11 40	6	4.88	+0.03	+0.09	A0 Va (λ Boo)
			4839	12 44 24.6	−28 21 54		5.48	+1.50	+1.34	K3 III
	Y	CVn	4846	12 45 28.9	+45 23 58		4.99	+6.33	+2.54	C5,5
32	FM	Vir	4847	12 45 59.8	+07 37 57	6	5.22	+0.15	+0.33	F2m
	β	Mus	4844	12 46 44.8	−68 08 57	hcd7	3.05	−0.74	−0.18	B2 V + B2.5 V
	β	Cru	4853	12 48 09.8	−59 43 47	hvd6	1.25	−1.00	−0.23	B0.5 III
			4874	12 51 05.7	−34 02 24	d	4.91	−0.11	−0.04	A0 IV
31		Com	4883	12 52 03.8	+27 30 00	s	4.94	+0.20	+0.67	G0 IIIp
			4888	12 53 32.6	−48 59 02	6	4.33	+1.58	+1.37	K3/4 III
			4889	12 53 51.3	−40 13 10		4.27	+0.12	+0.21	A7 V
77	ε	UMa	4905	12 54 21.4	+55 55 09	hdv6	1.77	+0.02	−0.02	A0p Cr
40	ψ	Vir	4902	12 54 44.6	−09 34 47		4.79	+1.53	+1.60	M3− III Ca−1
	μ¹	Cru	4898	12 55 02.3	−57 13 07	d	4.03	−0.76	−0.17	B2 IV−V
8		Dra	4916	12 55 46.3	+65 23 52	v	5.24	+0.02	+0.28	F0 IV−V
	ι	Oct	4870	12 55 50.5	−85 09 50	d	5.46	+0.79	+1.02	K0 III
43	δ	Vir	4910	12 55 58.9	+03 21 25	d	3.38	+1.78	+1.58	M3+ III
12	α²	CVn	4915	12 56 22.7	+38 16 41	hvd	2.90	−0.32	−0.12	A0p Si Eu
78		UMa	4931	13 01 02.9	+56 19 34	hasd7	4.93	+0.01	+0.36	F2 V
47	ε	Vir	4932	13 02 33.0	+10 55 08	asd	2.83	+0.73	+0.94	G8 IIIab
	δ	Mus	4923	13 02 47.8	−71 35 21	6	3.62	+1.26	+1.18	K2 III
14		CVn	4943	13 06 05.4	+35 45 32	h	5.25	−0.20	−0.08	B9 V
	ξ²	Cen	4942	13 07 21.1	−49 56 46	d6	4.27	−0.79	−0.19	B1.5 V

Flamsteed/Bayer Designation			BS=HR No.	Right Ascension	Declination	Notes	V	U−B	B−V	Spectral Type
				h m s	° ′ ″					
51	θ	Vir	4963	13 10 20.3	−05 34 44	hd6	4.38	−0.01	−0.01	A1 IV
43	β	Com	4983	13 12 13.4	+27 50 25	d6	4.26	+0.07	+0.57	F9.5 V
	η	Mus	4993	13 15 45.9	−67 56 03	vd6	4.80	−0.35	−0.08	B7 V
			5006	13 17 18.2	−31 32 45		5.10	+0.61	+0.96	K0 III
20	AO	CVn	5017	13 17 52.7	+40 32 00	sv	4.73	+0.21	+0.30	F2 III (str. met.)
60	σ	Vir	5015	13 17 59.0	+05 25 50		4.80	+1.95	+1.67	M1 III
61		Vir	5019	13 18 47.9	−18 21 10	hd	4.74	+0.26	+0.71	G6.5 V
46	γ	Hya	5020	13 19 19.8	−23 12 39	hd	3.00	+0.66	+0.92	G8 IIIa
	ι	Cen	5028	13 21 01.2	−36 45 06		2.75	+0.03	+0.04	A2 Va
			5035	13 23 07.4	−61 01 39	d	4.53	−0.60	−0.13	B3 V
79	ζ	UMa	5054	13 24 13.6	+54 53 11	hd6	2.27	+0.03	+0.02	A1 Va⁺ (Si)
80		UMa	5062	13 25 31.5	+54 56 57	6	4.01	+0.08	+0.16	A5 Vn
67	α	Vir	5056	13 25 35.3	−11 12 01	hvd6	0.98	−0.93	−0.23	B1 V
68		Vir	5064	13 27 07.0	−12 44 47		5.25	+1.75	+1.52	M0 III
			5085	13 28 43.5	+59 54 26	d	5.40	−0.02	−0.01	A1 Vn
70		Vir	5072	13 28 47.8	+13 44 20	d	4.98	+0.26	+0.71	G4 V
			5089	13 31 28.9	−39 26 45	d67	3.88	+1.03	+1.17	G8 III
78	CW	Vir	5105	13 34 30.8	+03 37 14	v6	4.94	0.00	+0.03	A1p Cr Eu
79	ζ	Vir	5107	13 35 04.6	−00 38 02	h	3.37	+0.10	+0.11	A2 IV⁻
	BH	CVn	5110	13 35 07.9	+37 08 39	6	4.98	+0.06	+0.40	F1 V⁺
			5139	13 37 21.9	+71 12 15		5.50		+1.20	gK2
	ε	Cen	5132	13 40 22.0	−53 30 15	hd	2.30	−0.92	−0.22	B1 III
	v744	Cen	5134	13 40 27.8	−49 59 16	s	6.00	+1.15	+1.50	M6 III
82		Vir	5150	13 42 00.5	−08 44 26		5.01	+1.95	+1.63	M1.5 III
1		Cen	5168	13 46 06.9	−33 04 53	6	4.23	0.00	+0.38	F2 V⁺
4	τ	Boo	5185	13 47 37.1	+17 25 11	d7	4.50	+0.04	+0.48	F7 V
	v766	Cen	5171	13 47 42.7	−62 37 37	sd	6.51	+1.19	+1.98	K0 0−Ia
85	η	UMa	5191	13 47 50.1	+49 16 34	ha6	1.86	−0.67	−0.19	B3 V
5	υ	Boo	5200	13 49 50.4	+15 45 39		4.07	+1.87	+1.52	K5.5 III
2	v806	Cen	5192	13 49 52.9	−34 29 17		4.19	+1.45	+1.50	M4.5 III
	ν	Cen	5190	13 49 57.4	−41 43 29	v6	3.41	−0.84	−0.22	B2 IV
	μ	Cen	5193	13 50 04.3	−42 30 39	sd6	3.04	−0.72	−0.17	B2 IV−Vpne (shell)
89		Vir	5196	13 50 16.8	−18 10 17		4.97	+0.92	+1.06	K0.5 III
10	CU	Dra	5226	13 51 39.1	+64 41 11	d	4.65	+1.89	+1.58	M3.5 III
8	η	Boo	5235	13 55 02.5	+18 21 37	hasd6	2.68	+0.20	+0.58	G0 IV
	ζ	Cen	5231	13 56 00.7	−47 19 30	h6	2.55	−0.92	−0.22	B2.5 IV
			5241	13 58 11.9	−63 43 23		4.71	+1.04	+1.11	K1.5 III
	φ	Cen	5248	13 58 43.8	−42 08 14		3.83	−0.83	−0.21	B2 IV
47		Hya	5250	13 58 56.5	−25 00 31	h6	5.15	−0.40	−0.10	B8 V
	υ¹	Cen	5249	13 59 08.7	−44 50 24		3.87	−0.80	−0.20	B2 IV−V
93	τ	Vir	5264	14 02 01.7	+01 30 31	d6	4.26	+0.12	+0.10	A3 IV
	υ²	Cen	5260	14 02 11.8	−45 38 22	6	4.34	+0.27	+0.60	F6 II
			5270	14 02 53.9	+09 39 00	s	6.20	+0.38	+0.90	G8: II: Fe−5
	β	Cen	5267	14 04 21.5	−60 24 32	hd6	0.61	−0.98	−0.23	B1 III
11	α	Dra	5291	14 04 35.6	+64 20 25	hs6	3.65	−0.08	−0.05	A0 III
	θ	Aps	5261	14 06 05.1	−76 49 57	s	5.50	+1.05	+1.55	M6.5 III:
	χ	Cen	5285	14 06 30.4	−41 12 55		4.36	−0.77	−0.19	B2 V
49	π	Hya	5287	14 06 48.0	−26 43 05		3.27	+1.04	+1.12	K2⁻ III Fe−0.5
5	θ	Cen	5288	14 07 07.6	−36 24 24	d	2.06	+0.87	+1.01	K0⁻ IIIb
	BY	Boo	5299	14 08 13.7	+43 49 08		5.27	+1.66	+1.59	M4.5 III

Flamsteed/Bayer Designation			BS=HR No.	Right Ascension	Declination	Notes	V	U−B	B−V	Spectral Type
				h m s	° ′ ″					
4		UMi	5321	14 08 49.8	+77 30 44	d6	4.82	+1.39	+1.36	K3⁻ IIIb Fe−0.5
12		Boo	5304	14 10 44.5	+25 03 23	d6	4.83	+0.07	+0.54	F8 IV
98	κ	Vir	5315	14 13 17.8	−10 18 30		4.19	+1.47	+1.33	K2.5 III Fe−0.5
16	α	Boo	5340	14 16 00.2	+19 08 37	hd	−0.04	+1.27	+1.23	K1.5 III Fe−0.5
99	ι	Vir	5338	14 16 24.5	−06 02 10	h	4.08	+0.04	+0.52	F7 III−IV
21	ι	Boo	5350	14 16 25.9	+51 19 58	d6	4.75	+0.06	+0.20	A7 IV
19	λ	Boo	5351	14 16 40.1	+46 03 15		4.18	+0.05	+0.08	A0 Va (λ Boo)
			5361	14 18 18.8	+35 28 31	6	4.81	+0.92	+1.06	K0 III
100	λ	Vir	5359	14 19 31.0	−13 24 19	6	4.52	+0.12	+0.13	A5m:
18		Boo	5365	14 19 38.1	+12 58 12	d	5.41	−0.03	+0.38	F3 V
	ι	Lup	5354	14 19 53.2	−46 05 32		3.55	−0.72	−0.18	B2.5 IVn
			5358	14 20 51.3	−56 25 14		4.33	−0.43	+0.12	B6 Ib
	ψ	Cen	5367	14 21 01.0	−37 55 10	d	4.05	−0.11	−0.03	A0 III
	v761	Cen	5378	14 23 30.1	−39 32 45	v	4.42	−0.75	−0.18	B7 IIIp (var)
			5392	14 24 33.8	+05 47 11	6	5.10	+0.10	+0.12	A5 V
			5390	14 25 14.4	−24 50 24		5.32	+0.71	+0.96	K0 III
23	θ	Boo	5404	14 25 27.1	+51 48 59	d	4.05	+0.01	+0.50	F7 V
	τ¹	Lup	5395	14 26 37.3	−45 15 18	vd	4.56	−0.79	−0.15	B2 IV
	τ²	Lup	5396	14 26 39.9	−45 24 46	cd67	4.35	+0.19	+0.43	F4 IV + A7:
22		Boo	5405	14 26 48.3	+19 11 36		5.39	+0.23	+0.23	F0m
5		UMi	5430	14 27 31.1	+75 39 46	d	4.25	+1.70	+1.44	K4⁻ III
	δ	Oct	5339	14 28 12.2	−83 42 05		4.32	+1.45	+1.31	K2 III
105	φ	Vir	5409	14 28 35.4	−02 15 41	sd67	4.81	+0.21	+0.70	G2 IV
52		Hya	5407	14 28 36.9	−29 31 30	hd	4.97	−0.41	−0.07	B8 IV
25	ρ	Boo	5429	14 32 09.2	+30 20 20	ad	3.58	+1.44	+1.30	K3 III
27	γ	Boo	5435	14 32 22.8	+38 16 33	hd	3.03	+0.12	+0.19	A7 IV⁺
	σ	Lup	5425	14 33 07.6	−50 29 24		4.42	−0.84	−0.19	B2 III
28	σ	Boo	5447	14 35 00.4	+29 42 46	d	4.46	−0.08	+0.36	F2 V
	η	Cen	5440	14 35 59.2	−42 11 25	hv7	2.31	−0.83	−0.19	B1.5 IVpne (shell)
	ρ	Lup	5453	14 38 23.7	−49 27 29		4.05	−0.56	−0.15	B5 V
33		Boo	5468	14 39 07.0	+44 22 21	6	5.39	−0.04	0.00	A1 V
	α²	Cen	5460	14 40 06.2	−60 52 00	od	1.33	+0.68	+0.88	K1 V
	α¹	Cen	5459	14 40 07.2	−60 51 55	od6	−0.01	+0.24	+0.71	G2 V
30	ζ	Boo	5478	14 41 30.4	+13 41 47	od6	4.52	+0.05	+0.05	A2 Va
			5471	14 42 25.7	−37 49 31		4.00	−0.70	−0.17	B3 V
	α	Lup	5469	14 42 25.9	−47 25 12	hvd6	2.30	−0.89	−0.20	B1.5 III
	α	Cir	5463	14 43 07.3	−65 00 26	d6	3.19	+0.12	+0.24	A7p Sr Eu
107	μ	Vir	5487	14 43 27.4	−05 41 26	h6	3.88	−0.02	+0.38	F2 V
34	W	Boo	5490	14 43 45.1	+26 29 47	v	4.81	+1.94	+1.66	M3⁻ III
			5485	14 44 07.1	−35 12 20		4.05	+1.53	+1.35	K3 IIIb
36	ε	Boo	5506	14 45 18.9	+27 02 34	d	2.70	+0.73	+0.97	K0⁻ II−III
109		Vir	5511	14 46 37.7	+01 51 42		3.72	−0.03	−0.01	A0 IVnn
			5495	14 47 33.0	−52 24 53	d	5.21		+0.98	G8 III
56		Hya	5516	14 48 11.2	−26 07 07		5.24	+0.65	+0.94	G8/K0 III
	α	Aps	5470	14 48 49.5	−79 04 33		3.83	+1.68	+1.43	K3 III CN 0.5
7	β	UMi	5563	14 50 41.4	+74 07 29	hd	2.08	+1.78	+1.47	K4⁻ III
58		Hya	5526	14 50 43.8	−27 59 28	h	4.41	+1.49	+1.40	K2.5 IIIb Fe−1:
8	α¹	Lib	5530	14 51 06.1	−16 01 41	h	5.15	−0.03	+0.41	F3 V
9	α²	Lib	5531	14 51 17.7	−16 04 21	d6	2.75	+0.09	+0.15	A3 III−IV
			5552	14 51 37.9	+59 15 49		5.46	+1.60	+1.36	K4 III

Flamsteed/Bayer Designation		BS=HR No.	Right Ascension	Declination	Notes	V	U−B	B−V	Spectral Type
			h　m　　s	° ′ ″					
	ο Lup	5528	14 52 07.8	−43 36 21	d67	4.32	−0.61	−0.15	B5 IV
		5558	14 56 12.5	−33 53 09	d6	5.32		+0.04	A0 V
15	ξ² Lib	5564	14 57 10.6	−11 26 23		5.46	+1.70	+1.49	gK4
16	Lib	5570	14 57 34.5	−04 22 36		4.49	+0.05	+0.32	F0 IV⁻
RR	UMi	5589	14 57 42.3	+65 54 10	6	4.60	+1.59	+1.59	M4.5 III
	β Lup	5571	14 59 01.6	−43 09 49		2.68	−0.87	−0.22	B2 IV
	κ Cen	5576	14 59 39.1	−42 08 02	d	3.13	−0.79	−0.20	B2 V
19	δ Lib	5586	15 01 22.4	−08 32 54	vd6	4.92	−0.10	0.00	B9.5 V
42	β Boo	5602	15 02 13.7	+40 21 41		3.50	+0.72	+0.97	G8 IIIa Fe−0.5
110	Vir	5601	15 03 16.8	+02 03 44		4.40	+0.88	+1.04	K0⁺ IIIb Fe−0.5
20	σ Lib	5603	15 04 30.6	−25 18 40		3.29	+1.94	+1.70	M2.5 III
43	ψ Boo	5616	15 04 46.0	+26 55 07		4.54	+1.33	+1.24	K2 III
		5635	15 06 29.6	+54 31 40		5.25	+0.64	+0.96	G8 III Fe−1
45	Boo	5634	15 07 37.8	+24 50 25	d	4.93	−0.02	+0.43	F5 V
	λ Lup	5626	15 09 21.1	−45 18 30	d67	4.05	−0.68	−0.18	B3 V
	κ¹ Lup	5646	15 12 27.6	−48 45 57	d	3.87	−0.13	−0.05	B9.5 IVnn
24	ι Lib	5652	15 12 39.0	−19 49 11	hd6	4.54	−0.35	−0.08	B9p Si
	ζ Lup	5649	15 12 49.7	−52 07 38	d	3.41	+0.66	+0.92	G8 III
		5691	15 14 43.7	+67 19 06		5.13	+0.08	+0.53	F8 V
1	Lup	5660	15 15 05.0	−31 32 48		4.91	+0.28	+0.37	F0 Ib−II
3	Ser	5675	15 15 33.8	+04 54 43	d	5.33	+0.91	+1.09	gK0
49	δ Boo	5681	15 15 48.3	+33 17 14	d6	3.47	+0.66	+0.95	G8 III Fe−1
27	β Lib	5685	15 17 24.7	−09 24 37	h6	2.61	−0.36	−0.11	B8 IIIn
	β Cir	5670	15 18 06.4	−58 49 43	h	4.07	+0.09	+0.09	A3 Vb
2	Lup	5686	15 18 17.3	−30 10 33		4.34	+1.07	+1.10	K0⁻ IIIa CH−1
	μ Lup	5683	15 19 03.5	−47 54 08	d7	4.27	−0.37	−0.08	B8 V
	γ TrA	5671	15 19 37.2	−68 42 24		2.89	−0.02	0.00	A1 III
13	γ UMi	5735	15 20 43.3	+71 48 26	h	3.05	+0.12	+0.05	A3 III
	δ Lup	5695	15 21 52.0	−40 40 27		3.22	−0.89	−0.22	B1.5 IVn
	φ¹ Lup	5705	15 22 17.1	−36 17 17	d	3.56	+1.88	+1.54	K4 III
	ε Lup	5708	15 23 11.6	−44 42 58	d67	3.37	−0.75	−0.18	B2 IV−V
	φ² Lup	5712	15 23 38.2	−36 53 06		4.54	−0.63	−0.15	B4 V
	γ Cir	5704	15 23 58.8	−59 20 50	hcd7	4.51	−0.35	+0.19	B5 IV
51	μ¹ Boo	5733	15 24 46.4	+37 21 04	d6	4.31	+0.07	+0.31	F0 IV
12	ι Dra	5744	15 25 05.8	+58 56 24	d	3.29	+1.22	+1.16	K2 III
9	τ¹ Ser	5739	15 26 08.3	+15 24 07		5.17	+1.95	+1.66	M1 IIIa
3	β CrB	5747	15 28 08.3	+29 04 49	vd6	3.68	+0.11	+0.28	F0p Cr Eu
52	ν¹ Boo	5763	15 31 11.9	+40 48 28		5.02	+1.90	+1.59	K4.5 IIIb Ba 0.5
	κ¹ Aps	5730	15 32 20.7	−73 24 53	d	5.49	−0.77	−0.12	B1pne
4	θ CrB	5778	15 33 13.9	+31 20 03	d	4.14	−0.54	−0.13	B6 Vnn
37	Lib	5777	15 34 35.4	−10 05 23		4.62	+0.86	+1.01	K1 III−IV
5	α CrB	5793	15 35 00.3	+26 41 23	h6	2.23	−0.02	−0.02	A0 IV
13	δ Ser	5789	15 35 09.7	+10 30 51	cd	4.23	+0.12	+0.26	F0 III−IV + F0 IIIb
	γ Lup	5776	15 35 38.6	−41 11 29	dv67	2.78	−0.82	−0.20	B2 IVn
38	γ Lib	5787	15 35 56.8	−14 48 51	hd	3.91	+0.74	+1.01	G8.5 III
		5784	15 36 43.1	−44 25 17		5.43	+1.82	+1.50	K4/5 III
	ε TrA	5771	15 37 24.9	−66 20 30	d	4.11	+1.16	+1.17	K1/2 III
39	υ Lib	5794	15 37 28.9	−28 09 34	d	3.58	+1.58	+1.38	K3.5 III
54	φ Boo	5823	15 38 05.8	+40 19 46		5.24	+0.53	+0.88	G7 III−IV Fe−2
	ω Lup	5797	15 38 33.7	−42 35 29	d6	4.33	+1.72	+1.42	K4.5 III

Flamsteed/Bayer Designation			BS=HR No.	Right Ascension	Declination	Notes	V	U−B	B−V	Spectral Type
40	τ	Lib	5812	h m s 15 39 07.1	° ′ ″ −29 48 07	h6	3.66	−0.70	−0.17	B2.5 V
			5798	15 39 23.1	−52 23 49	d	5.44	0.00	0.00	B9 V
43	κ	Lib	5838	15 42 22.8	−19 42 10	d6	4.74	+1.95	+1.57	M0⁻ IIIb
8	γ	CrB	5849	15 43 03.5	+26 16 20	d7	3.84	−0.04	0.00	A0 IV comp.?
16	ζ	UMi	5903	15 43 48.3	+77 46 16	h	4.32	+0.05	+0.04	A2 III−IVn
24	α	Ser	5854	15 44 38.3	+06 24 09	hd	2.65	+1.24	+1.17	K2 IIIb CN 1
28	β	Ser	5867	15 46 32.0	+15 23 55	d	3.67	+0.08	+0.06	A2 IV
			5886	15 46 47.0	+62 34 35		5.19	−0.10	+0.04	A2 IV
27	λ	Ser	5868	15 46 48.5	+07 19 48	6	4.43	+0.11	+0.60	G0⁻ V
35	κ	Ser	5879	15 49 04.7	+18 07 08		4.09	+1.95	+1.62	M0.5 IIIab
10	δ	CrB	5889	15 49 54.5	+26 02 45	s	4.62	+0.36	+0.80	G5 III−IV Fe−1
32	μ	Ser	5881	15 50 00.7	−03 27 10	hd6	3.53	−0.10	−0.04	A0 III
37	ε	Ser	5892	15 51 11.4	+04 27 20		3.71	+0.11	+0.15	A5m
5	χ	Lup	5883	15 51 26.2	−33 38 58	6	3.95	−0.13	−0.04	B9p Hg
11	κ	CrB	5901	15 51 30.9	+35 38 04	sd	4.82	+0.87	+1.00	K1 IVa
1	χ	Her	5914	15 52 56.1	+42 25 51		4.62	0.00	+0.56	F8 V Fe−2 Hδ−1
45	λ	Lib	5902	15 53 46.3	−20 11 20	h6	5.03	−0.56	−0.01	B2.5 V
46	θ	Lib	5908	15 54 15.2	−16 45 03		4.15	+0.81	+1.02	G9 IIIb
	β	TrA	5897	15 55 48.6	−63 27 11	hd	2.85	+0.05	+0.29	F0 IV
41	γ	Ser	5933	15 56 48.0	+15 38 15	hd	3.85	−0.03	+0.48	F6 V
5	ρ	Sco	5928	15 57 20.9	−29 14 08	d6	3.88	−0.82	−0.20	B2 IV−V
13	ε	CrB	5947	15 57 53.9	+26 51 23	sd	4.15	+1.28	+1.23	K2 IIIab
	CL	Dra	5960	15 57 58.2	+54 43 44	6	4.95	+0.05	+0.26	F0 IV
48	FX	Lib	5941	15 58 36.6	−14 18 02	6	4.88	−0.20	−0.10	B5 IIIpe (shell)
6	π	Sco	5944	15 59 18.4	−26 08 07	hcvd6	2.89	−0.91	−0.19	B1 V + B2 V
	T	CrB	5958	15 59 49.0	+25 53 57	vd6	2−11	+0.59	+1.40	gM3: + Bep
			5943	16 00 01.0	−41 45 55		4.99		+1.00	K0 II/III
	η	Lup	5948	16 00 37.3	−38 25 03	d	3.41	−0.83	−0.22	B2.5 IVn
49		Lib	5954	16 00 44.9	−16 33 18	d6	5.47	+0.03	+0.52	F8 V
7	δ	Sco	5953	16 00 46.7	−22 38 33	hd6	2.32	−0.91	−0.12	B0.3 IV
13	θ	Dra	5986	16 02 01.8	+58 32 43	6	4.01	+0.10	+0.52	F8 IV−V
8	β¹	Sco	5984	16 05 52.5	−19 49 32	hd6	2.62	−0.87	−0.07	B0.5 V
8	β²	Sco	5985	16 05 52.8	−19 49 19	hsd	4.92	−0.70	−0.02	B2 V
	δ	Nor	5980	16 07 01.4	−45 11 35		4.72	+0.15	+0.23	A7m
	θ	Lup	5987	16 07 05.2	−36 49 20		4.23	−0.70	−0.17	B2.5 Vn
9	ω¹	Sco	5993	16 07 14.8	−20 41 20	hs	3.96	−0.81	−0.04	B1 V
10	ω²	Sco	5997	16 07 50.8	−20 53 19		4.32	+0.50	+0.84	G4 II−III
7	κ	Her	6008	16 08 24.9	+17 01 39	d	5.00	+0.61	+0.95	G5 III
11	φ	Her	6023	16 09 00.4	+44 54 56	v6	4.26	−0.28	−0.07	B9p Hg Mn
16	τ	CrB	6018	16 09 14.8	+36 28 20	d6	4.76	+0.86	+1.01	K1⁻ III−IV
19		UMi	6079	16 10 37.2	+75 51 30		5.48	−0.36	−0.11	B8 V
14	ν	Sco	6027	16 12 25.9	−19 28 47	hd6	4.01	−0.65	+0.04	B2 IVp
	κ	Nor	6024	16 14 04.4	−54 38 57	d	4.94	+0.78	+1.04	G8 III
1	δ	Oph	6056	16 14 44.4	−03 42 47	hd	2.74	+1.96	+1.58	M0.5 III
	δ	TrA	6030	16 16 07.5	−63 42 15	d	3.85	+0.86	+1.11	G2 Ib−IIa
21	η	UMi	6116	16 17 17.6	+75 44 16	d	4.95	+0.08	+0.37	F5 V
2	ε	Oph	6075	16 18 43.1	−04 42 37	hd	3.24	+0.75	+0.96	G9.5 IIIb Fe−0.5
22	τ	Her	6092	16 19 58.0	+46 17 45	vd	3.89	−0.56	−0.15	B5 IV
			6077	16 20 01.3	−30 55 28	d6	5.49	−0.01	+0.47	F6 III
	γ²	Nor	6072	16 20 24.2	−50 10 24	d	4.02	+1.16	+1.08	K1⁺ III

Flamsteed/Bayer Designation		BS=HR No.	Right Ascension	Declination	Notes	V	U−B	B−V	Spectral Type
			h m s	° ′ ″					
	δ^1 Aps	6020	16 21 29.4	−78 42 48	d	4.68	+1.69	+1.69	M4 IIIa
20	σ Sco	6084	16 21 38.7	−25 36 37	vd6	2.89	−0.70	+0.13	B1 III
20	γ Her	6095	16 22 15.1	+19 08 09	hd6	3.75	+0.18	+0.27	A9 IIIbn
50	σ Ser	6093	16 22 27.2	+01 00 43		4.82	+0.04	+0.34	F1 IV−V
14	η Dra	6132	16 24 05.7	+61 29 50	hd67	2.74	+0.70	+0.91	G8⁻ IIIab
4	ψ Oph	6104	16 24 32.6	−20 03 16		4.50	+0.82	+1.01	K0⁻ II−III
24	ω Her	6117	16 25 45.7	+14 00 59	vd	4.57	−0.04	0.00	B9p Cr
7	χ Oph	6118	16 27 27.6	−18 28 22	h6	4.42	−0.75	+0.28	B1.5 Ve
	ε Nor	6115	16 27 44.2	−47 34 16	d67	4.46	−0.53	−0.07	B4 V
15	Dra	6161	16 27 58.3	+68 45 07	h	5.00	−0.12	−0.06	B9.5 III
	ζ TrA	6098	16 29 17.0	−70 06 01	6	4.91	+0.04	+0.55	F9 V
21	α Sco	6134	16 29 52.1	−26 26 53	hd6	0.96	+1.34	+1.83	M1.5 Iab−Ib
27	β Her	6148	16 30 32.6	+21 28 25	hd6	2.77	+0.69	+0.94	G7 IIIa Fe−0.5
10	λ Oph	6149	16 31 17.6	+01 58 05	d67	3.82	+0.01	+0.01	A1 IV
8	φ Oph	6147	16 31 34.2	−16 37 43	d	4.28	+0.72	+0.92	G8⁺ IIIa
		6143	16 31 52.4	−34 43 12		4.23	−0.80	−0.16	B2 III−IV
9	ω Oph	6153	16 32 34.9	−21 28 55	h	4.45	+0.13	+0.13	Ap Sr Cr
35	σ Her	6168	16 34 20.7	+42 25 19	d6	4.20	−0.10	−0.01	A0 IIIn
	γ Aps	6102	16 34 37.4	−78 54 45	6	3.89	+0.62	+0.91	G8/K0 III
23	τ Sco	6165	16 36 21.0	−28 13 52	s	2.82	−1.03	−0.25	B0 V
		6166	16 36 52.2	−35 16 13	6	4.16	+1.94	+1.57	K7 III
13	ζ Oph	6175	16 37 34.4	−10 34 54	h	2.56	−0.86	+0.02	O9.5 Vn
42	Her	6200	16 38 57.1	+48 54 50	d	4.90	+1.76	+1.55	M3⁻ IIIab
40	ζ Her	6212	16 41 34.1	+31 35 22	hd67	2.81	+0.21	+0.65	G0 IV
		6196	16 42 00.5	−17 45 22		4.96	+0.87	+1.11	G7.5 II−III CN 1 Ba 0.5
44	η Her	6220	16 43 09.2	+38 54 30	d	3.53	+0.60	+0.92	G7 III Fe−1
	β Aps	6163	16 44 09.9	−77 31 55	d	4.24	+0.95	+1.06	K0 III
22	ε UMi	6322	16 45 13.5	+82 01 26	vd6	4.23	+0.55	+0.89	G5 III
		6237	16 45 26.4	+56 46 07	d6	4.85	−0.06	+0.38	F2 V⁺
	α TrA	6217	16 49 27.9	−69 02 26		1.92	+1.56	+1.44	K2 IIb−IIIa
20	Oph	6243	16 50 15.0	−10 47 45	6	4.65	+0.07	+0.47	F7 III
	η Ara	6229	16 50 26.2	−59 03 14	d	3.76	+1.94	+1.57	K5 III
26	ε Sco	6241	16 50 39.0	−34 18 22		2.29	+1.27	+1.15	K2 III
51	Her	6270	16 52 03.9	+24 38 39		5.04	+1.29	+1.25	K0.5 IIIa Ca 0.5
	μ^1 Sco	6247	16 52 22.8	−38 03 35	hv6	3.08	−0.87	−0.20	B1.5 IVn
	μ^2 Sco	6252	16 52 50.7	−38 01 47		3.57	−0.85	−0.21	B2 IV
53	Her	6279	16 53 15.1	+31 41 23	d	5.32	−0.02	+0.29	F2 V
25	ι Oph	6281	16 54 21.8	+10 09 12	6	4.38	−0.32	−0.08	B8 V
	ζ^2 Sco	6271	16 55 06.8	−42 22 25		3.62	+1.65	+1.37	K3.5 IIIb
27	κ Oph	6299	16 58 01.4	+09 21 50	as	3.20	+1.18	+1.15	K2 III
	ζ Ara	6285	16 59 14.6	−56 00 04		3.13	+1.97	+1.60	K4 III
	ϵ^1 Ara	6295	17 00 11.0	−53 10 16		4.06	+1.71	+1.45	K4 IIIab
58	ε Her	6324	17 00 34.6	+30 54 57	d6	3.92	−0.10	−0.01	A0 IV⁺
30	Oph	6318	17 01 27.4	−04 14 00	d	4.82	+1.83	+1.48	K4 III
59	Her	6332	17 01 53.0	+33 33 28		5.25	+0.02	+0.02	A3 IV−Vs
60	Her	6355	17 05 43.6	+12 43 52	d	4.91	+0.05	+0.12	A4 IV
22	ζ Dra	6396	17 08 48.6	+65 42 20	hd	3.17	−0.43	−0.12	B6 III
35	η Oph	6378	17 10 48.5	−15 44 01	hd67	2.43	+0.09	+0.06	A2 Va⁺ (Sr)
	η Sco	6380	17 12 41.5	−43 14 54		3.33	+0.09	+0.41	F2 V:p (Cr)
64	α^1 Her	6406	17 14 59.4	+14 22 56	sd	3.48	+1.01	+1.44	M5 Ib−II

Flamsteed/Bayer Designation			BS=HR No.	Right Ascension	Declination	Notes	V	U−B	B−V	Spectral Type
				h m s	° ′ ″					
67	π	Her	6418	17 15 18.5	+36 48 04		3.16	+1.66	+1.44	K3 II
65	δ	Her	6410	17 15 20.4	+24 49 51	d6	3.14	+0.08	+0.08	A1 Vann
	v656	Her	6452	17 20 38.7	+18 02 59		5.00	+2.06	+1.62	M1⁺ IIIab
72		Her	6458	17 20 56.4	+32 27 31	d	5.39	+0.07	+0.62	G0 V
53	ν	Ser	6446	17 21 15.0	−12 51 14	d7	4.33	+0.05	+0.03	A1.5 IV
40	ξ	Oph	6445	17 21 27.4	−21 07 13	hd7	4.39	−0.05	+0.39	F2 V
42	θ	Oph	6453	17 22 28.2	−25 00 23	hdv6	3.27	−0.86	−0.22	B2 IV
	ι	Aps	6411	17 22 56.3	−70 07 48	d7	5.41	−0.23	−0.04	B8/9 Vn
	β	Ara	6461	17 25 55.5	−55 32 10		2.85	+1.56	+1.46	K3 Ib–IIa
	γ	Ara	6462	17 26 01.6	−56 23 02	hd	3.34	−0.96	−0.13	B1 Ib
44		Oph	6486	17 26 49.7	−24 10 54		4.17	+0.12	+0.28	A9m:
49	σ	Oph	6498	17 26 53.2	+04 08 04	s	4.34	+1.62	+1.50	K2 II
			6493	17 27 01.8	−05 05 34	h6	4.54	−0.03	+0.39	F2 V
45		Oph	6492	17 27 50.0	−29 52 24		4.29	+0.09	+0.40	δ Del
23	δ	UMi	6789	17 29 49.6	+86 34 53		4.36	+0.03	+0.02	A1 Van
23	β	Dra	6536	17 30 36.2	+52 17 46	hsd	2.79	+0.64	+0.98	G2 Ib–IIa
76	λ	Her	6526	17 31 02.5	+26 06 19		4.41	+1.68	+1.44	K3.5 III
34	υ	Sco	6508	17 31 16.5	−37 18 04	6	2.69	−0.82	−0.22	B2 IV
	δ	Ara	6500	17 31 46.6	−60 41 21	d	3.62	−0.31	−0.10	B8 Vn
27		Dra	6566	17 31 56.1	+68 07 49	d6	5.05	+0.92	+1.08	G9 IIIb
24	ν¹	Dra	6554	17 32 19.5	+55 10 46	h6	4.88	+0.04	+0.26	A7m
25	ν²	Dra	6555	17 32 24.9	+55 10 05	hd6	4.87	+0.06	+0.28	A7m
	α	Ara	6510	17 32 25.3	−49 52 53	d6	2.95	−0.69	−0.17	B2 Vne
35	λ	Sco	6527	17 34 07.1	−37 06 31	hvd6	1.63	−0.89	−0.22	B1.5 IV
55	α	Oph	6556	17 35 17.0	+12 33 18	h6	2.08	+0.10	+0.15	A5 Vnn
28	ω	Dra	6596	17 36 54.5	+68 45 16	d6	4.80	−0.01	+0.43	F4 V
			6546	17 37 03.9	−38 38 24		4.29	+0.90	+1.09	G8/K0 III/IV
	θ	Sco	6553	17 37 51.5	−43 00 07	h	1.87	+0.22	+0.40	F1 III
55	ξ	Ser	6561	17 38 01.0	−15 24 10	d6	3.54	+0.14	+0.26	F0 IIIb
85	ι	Her	6588	17 39 40.6	+46 00 09	svd6	3.80	−0.69	−0.18	B3 IV
31	ψ	Dra	6636	17 41 48.5	+72 08 42	d	4.58	+0.01	+0.42	F5 V
56	o	Ser	6581	17 41 50.2	−12 52 44	6	4.26	+0.10	+0.08	A2 Va
	κ	Sco	6580	17 43 00.4	−39 01 59	hv6	2.41	−0.89	−0.22	B1.5 III
84		Her	6608	17 43 40.0	+24 19 30	s	5.71	+0.27	+0.65	G2 IIIb
60	β	Oph	6603	17 43 50.6	+04 33 53		2.77	+1.24	+1.16	K2 III CN 0.5
58		Oph	6595	17 43 52.8	−21 41 11	h	4.87	−0.03	+0.47	F7 V:
	μ	Ara	6585	17 44 44.5	−51 50 14		5.15	+0.24	+0.70	G5 V
	η	Pav	6582	17 46 28.2	−64 43 35		3.62	+1.17	+1.19	K1 IIIa CN 1
86	μ	Her	6623	17 46 45.2	+27 43 00	asd	3.42	+0.39	+0.75	G5 IV
3	X	Sgr	6616	17 48 02.0	−27 49 59	v	4.54	+0.50	+0.80	F3 II
	ι¹	Sco	6615	17 48 06.6	−40 07 45	sd6	3.03	+0.27	+0.51	F2 Ia
62	γ	Oph	6629	17 48 16.1	+02 42 18	6	3.75	+0.04	+0.04	A0 Van
35		Dra	6701	17 49 07.0	+76 57 41		5.04	+0.08	+0.49	F7 IV
			6630	17 50 22.1	−37 02 42	d	3.21	+1.19	+1.17	K2 III
32	ξ	Dra	6688	17 53 39.5	+56 52 18	d	3.75	+1.21	+1.18	K2 III
89	v441	Her	6685	17 55 43.4	+26 02 57	sv6	5.45	+0.26	+0.34	F2 Ibp
91	θ	Her	6695	17 56 30.6	+37 15 00		3.86	+1.46	+1.35	K1 IIa CN 2
33	γ	Dra	6705	17 56 46.8	+51 29 18	hasd	2.23	+1.87	+1.52	K5 III
92	ξ	Her	6703	17 58 03.4	+29 14 51	v	3.70	+0.70	+0.94	G8.5 III
94	ν	Her	6707	17 58 47.4	+30 11 21	d	4.41	+0.15	+0.39	F2m

Flamsteed/Bayer Designation			BS=HR No.	Right Ascension	Declination	Notes	V	U−B	B−V	Spectral Type
				h m s	° ′ ″					
64	ν	Oph	6698	17 59 26.4	−09 46 26		3.34	+0.88	+0.99	G9 IIIa
93		Her	6713	18 00 23.5	+16 45 03		4.67	+1.22	+1.26	K0.5 IIb
67		Oph	6714	18 01 01.3	+02 55 54	sd	3.97	−0.62	+0.02	B5 Ib
68		Oph	6723	18 02 08.0	+01 18 19	d67	4.45	0.00	+0.02	A0.5 Van
	W	Sgr	6742	18 05 30.0	−29 34 45	vd6	4.69	+0.52	+0.78	G0 Ib/II
70		Oph	6752	18 05 50.0	+02 29 56	dv67	4.03	+0.54	+0.86	K0− V
10	γ	Sgr	6746	18 06 17.4	−30 25 24	6	2.99	+0.77	+1.00	K0+ III
	θ	Ara	6743	18 07 12.9	−50 05 25		3.66	−0.85	−0.08	B2 Ib
72		Oph	6771	18 07 42.3	+09 33 55	hd6	3.73	+0.10	+0.12	A5 IV−V
			6791	18 07 42.3	+43 27 47	s6	5.00	+0.71	+0.91	G8 III CN−1 CH−3
103	ο	Her	6779	18 07 50.1	+28 45 50	d6	3.83	−0.07	−0.03	A0 II−III
102		Her	6787	18 09 04.7	+20 48 58	d	4.36	−0.81	−0.16	B2 IV
	π	Pav	6745	18 09 18.1	−63 40 02	6	4.35	+0.18	+0.22	A7p Sr
	ε	Tel	6783	18 11 47.2	−45 57 09	d	4.53	+0.78	+1.01	K0 III
36		Dra	6850	18 13 56.4	+64 24 00	d	5.02	−0.06	+0.41	F5 V
13	μ	Sgr	6812	18 14 12.7	−21 03 23	hd6	3.86	−0.49	+0.23	B9 Ia
			6819	18 17 45.4	−56 01 13	6	5.33	−0.69	−0.05	B3 IIIpe
	η	Sgr	6832	18 18 08.1	−36 45 32	d7	3.11	+1.71	+1.56	M3.5 IIIab
1	κ	Lyr	6872	18 20 07.5	+36 04 06		4.33	+1.19	+1.17	K2− IIIab CN 0.5
43	φ	Dra	6920	18 20 38.9	+71 20 30	vd67	4.22	−0.33	−0.10	A0p Si
44	χ	Dra	6927	18 20 55.2	+72 44 09	hd6	3.57	−0.06	+0.49	F7 V
74		Oph	6866	18 21 14.5	+03 22 52	d	4.86	+0.62	+0.91	G8 III
19	δ	Sgr	6859	18 21 28.4	−29 49 27	d	2.70	+1.55	+1.38	K2.5 IIIa CN 0.5
58	η	Ser	6869	18 21 41.9	−02 53 47	d	3.26	+0.66	+0.94	K0 III−IV
	ξ	Pav	6855	18 23 55.0	−61 29 23	d67	4.36	+1.55	+1.48	K4 III
109		Her	6895	18 24 01.1	+21 46 25	sd	3.84	+1.17	+1.18	K2 IIIab
20	ε	Sgr	6879	18 24 40.2	−34 22 50	hd	1.85	−0.13	−0.03	A0 II−n (shell)
	α	Tel	6897	18 27 31.8	−45 57 49		3.51	−0.64	−0.17	B3 IV
22	λ	Sgr	6913	18 28 26.0	−25 25 01		2.81	+0.89	+1.04	K1 IIIb
	ζ	Tel	6905	18 29 24.5	−49 03 57		4.13	+0.82	+1.02	G8/K0 III
	γ	Sct	6930	18 29 37.5	−14 33 38		4.70	+0.06	+0.06	A2 III−
60		Ser	6935	18 30 04.4	−01 58 48	6	5.39	+0.76	+0.96	K0 III
	θ	Cra	6951	18 34 02.3	−42 18 23		4.64	+0.76	+1.01	G8 III
	α	Sct	6973	18 35 36.9	−08 14 18		3.85	+1.54	+1.33	K3 III
			6985	18 36 49.3	+09 07 44	6	5.39	−0.02	+0.37	F5 IIIs
3	α	Lyr	7001	18 37 11.6	+38 47 28	hasd	0.03	−0.01	0.00	A0 Va
	δ	Sct	7020	18 42 41.1	−09 02 41	vd6	4.72	+0.14	+0.35	F2 III (str. met.)
	ζ	Pav	6982	18 43 54.5	−71 25 14	d	4.01	+1.02	+1.14	K0 III
	ε	Sct	7032	18 43 55.8	−08 16 02	d	4.90	+0.87	+1.12	G8 IIb
6	ζ¹	Lyr	7056	18 45 01.9	+37 36 48	d6	4.36	+0.16	+0.19	A5m
110		Her	7061	18 45 59.1	+20 33 14	d	4.19	+0.01	+0.46	F6 V
27	φ	Sgr	7039	18 46 07.5	−26 58 57	6	3.17	−0.36	−0.11	B8 III
50		Dra	7124	18 46 07.5	+75 26 33	6	5.35	+0.04	+0.05	A1 Vn
			7064	18 46 22.6	+26 40 14		4.83	+1.23	+1.20	K2 III
111		Her	7069	18 47 21.2	+18 11 25	d6	4.36	+0.07	+0.13	A3 Va+
	β	Sct	7063	18 47 34.3	−04 44 22	6	4.22	+0.81	+1.10	G4 IIa
	R	Sct	7066	18 47 53.0	−05 41 48	s	5.20	+1.64	+1.47	K0 Ib:p Ca−1
	η¹	CrA	7062	18 49 22.9	−43 40 16		5.49		+0.13	A2 Vn
10	β	Lyr	7106	18 50 21.4	+33 22 18	cvd6	3.45	−0.56	0.00	B7 Vpe (shell)
47	ο	Dra	7125	18 51 18.7	+59 23 52	dv6	4.66	+1.04	+1.19	G9 III Fe−0.5

Flamsteed/Bayer Designation		BS=HR No.	Right Ascension	Declination	Notes	V	U−B	B−V	Spectral Type
			h m s	° ′ ″					
	λ Pav	7074	18 52 54.6	−62 10 41	hd	4.22	−0.89	−0.14	B2 II−III
52	υ Dra	7180	18 54 18.2	+71 18 26	6	4.82	+1.10	+1.15	K0 III CN 0.5
12	δ² Lyr	7139	18 54 46.0	+36 54 31	d	4.30	+1.65	+1.68	M4 II
13	R Lyr	7157	18 55 33.8	+43 57 23	s6	4.04	+1.41	+1.59	M5 III (var)
34	σ Sgr	7121	18 55 43.8	−26 17 13	hd	2.02	−0.75	−0.22	B3 IV
63	θ¹ Ser	7141	18 56 35.6	+04 12 50	d	4.61	+0.11	+0.16	A5 V
	κ Pav	7107	18 57 43.2	−67 13 23	v	4.44	+0.71	+0.60	F5 I−II
37	ξ² Sgr	7150	18 58 10.6	−21 05 46		3.51	+1.13	+1.18	K1 III
	χ Oct	6721	18 59 01.6	−87 35 45		5.28	+1.60	+1.28	K3 III
	λ Tel	7134	18 59 03.7	−52 55 41	6	4.87		−0.05	A0 III⁺
14	γ Lyr	7178	18 59 13.5	+32 42 01	d	3.24	−0.09	−0.05	B9 II
13	ε Aql	7176	18 59 57.8	+15 04 44	d6	4.02	+1.04	+1.08	K1⁻ III CN 0.5
12	Aql	7193	19 02 04.8	−05 43 41		4.02	+1.04	+1.09	K1 III
38	ζ Sgr	7194	19 03 05.3	−29 52 08	hd67	2.60	+0.06	+0.08	A2 IV−V
39	o Sgr	7217	19 05 07.9	−21 43 48	d	3.77	+0.85	+1.01	G9 IIIb
17	ζ Aql	7235	19 05 45.3	+13 52 30	d6	2.99	−0.01	+0.01	A0 Vann
16	λ Aql	7236	19 06 38.8	−04 52 15	h	3.44	−0.27	−0.09	A0 IVp (wk 4481)
40	τ Sgr	7234	19 07 24.5	−27 39 32	6	3.32	+1.15	+1.19	K1.5 IIIb
18	ι Lyr	7262	19 07 34.2	+36 06 44	d	5.28	−0.51	−0.11	B6 IV
	α CrA	7254	19 09 58.9	−37 53 32		4.11	+0.08	+0.04	A2 IVn
41	π Sgr	7264	19 10 12.6	−21 00 40	hd7	2.89	+0.22	+0.35	F2 II−III
	β CrA	7259	19 10 32.7	−39 19 42		4.11	+1.07	+1.20	K0 II
57	δ Dra	7310	19 12 33.3	+67 40 29	d	3.07	+0.78	+1.00	G9 III
20	Aql	7279	19 13 05.1	−07 55 35		5.34	−0.44	+0.13	B3 V
20	η Lyr	7298	19 14 00.8	+39 09 33	d6	4.39	−0.65	−0.15	B2.5 IV
60	τ Dra	7352	19 15 24.1	+73 22 09	6	4.45	+1.45	+1.25	K2⁺ IIIb CN 1
21	θ Lyr	7314	19 16 37.7	+38 08 51	d	4.36	+1.23	+1.26	K0 II
1	κ Cyg	7328	19 17 16.6	+53 22 57	6	3.77	+0.74	+0.96	G9 III
43	Sgr	7304	19 18 04.4	−18 56 20		4.96	+0.80	+1.02	G8 II−III
25	ω¹ Aql	7315	19 18 10.1	+11 36 34		5.28	+0.22	+0.20	F0 IV
44	ρ¹ Sgr	7340	19 22 06.4	−17 49 57		3.93	+0.13	+0.22	F0 III−IV
46	υ Sgr	7342	19 22 09.4	−15 56 26	6	4.61	−0.53	+0.10	Apep
	β¹ Sgr	7337	19 23 10.6	−44 26 39	d	4.01	−0.39	−0.10	B8 V
	β² Sgr	7343	19 23 45.6	−44 47 06		4.29	+0.07	+0.34	F0 IV
	α Sgr	7348	19 24 24.3	−40 36 04	6	3.97	−0.33	−0.10	B8 V
31	Aql	7373	19 25 19.7	+11 57 39	d	5.16	+0.42	+0.77	G7 IV Hδ 1
30	δ Aql	7377	19 25 52.6	+03 07 49	d6	3.36	+0.04	+0.32	F2 IV−V
6	α Vul	7405	19 29 01.1	+24 40 50	d	4.44	+1.81	+1.50	M0.5 IIIb
10	ι² Cyg	7420	19 29 53.7	+51 44 46		3.79	+0.11	+0.14	A4 V
6	β Cyg	7417	19 31 01.4	+27 58 33	cd	3.08	+0.62	+1.13	K3 II + B9.5 V
36	Aql	7414	19 31 03.4	−02 46 22		5.03	+2.05	+1.75	M1 IIIab
8	Cyg	7426	19 32 03.1	+34 28 09		4.74	−0.65	−0.14	B3 IV
61	σ Dra	7462	19 32 20.6	+69 40 26	asd	4.68	+0.38	+0.79	K0 V
38	μ Aql	7429	19 34 27.3	+07 23 43	d	4.45	+1.26	+1.17	K3⁻ IIIb Fe 0.5
	ι Tel	7424	19 35 46.3	−48 04 57		4.90		+1.09	K0 III
13	θ Cyg	7469	19 36 38.6	+50 14 19	d	4.48	−0.03	+0.38	F4 V
41	ι Aql	7447	19 37 06.5	−01 16 10	hd	4.36	−0.44	−0.08	B5 III
52	Sgr	7440	19 37 09.8	−24 52 00	hd	4.60	−0.15	−0.07	B8/9 V
39	κ Aql	7446	19 37 17.6	−07 00 37		4.95	−0.87	0.00	B0.5 IIIn
5	α Sge	7479	19 40 25.9	+18 01 54	d	4.37	+0.43	+0.78	G1 II

Flamsteed/Bayer Designation			BS=HR No.	Right Ascension	Declination	Notes	V	U−B	B−V	Spectral Type
				h m s	° ′ ″					
			7495	19 41 04.1	+45 32 35	sd	5.06	+0.15	+0.40	F5 II−III
54		Sgr	7476	19 41 09.1	−16 16 32	d	5.30	+1.06	+1.13	K2 III
6	β	Sge	7488	19 41 23.2	+17 29 38		4.37	+0.89	+1.05	G8 IIIa CN 0.5
16		Cyg	7503	19 42 00.9	+50 32 34	sd	5.96	+0.19	+0.64	G1.5 Vb
16		Cyg	7504	19 42 03.9	+50 32 07	s	6.20	+0.20	+0.66	G3 V
55		Sgr	7489	19 42 56.8	−16 06 21	6	5.06	+0.09	+0.33	F0 IVn:
10		Vul	7506	19 44 01.6	+25 47 25		5.49	+0.67	+0.93	G8 III
15		Cyg	7517	19 44 32.8	+37 22 22		4.89	+0.69	+0.95	G8 III
18	δ	Cyg	7528	19 45 12.5	+45 08 58	hd67	2.87	−0.10	−0.03	B9.5 III
50	γ	Aql	7525	19 46 37.0	+10 37 55	d	2.72	+1.68	+1.52	K3 II
56		Sgr	7515	19 46 47.9	−19 44 33		4.86	+0.96	+0.93	K0+ III
7	δ	Sge	7536	19 47 43.3	+18 33 11	cd6	3.82	+0.96	+1.41	M2 II +A0 V
63	ε	Dra	7582	19 48 08.6	+70 17 13	d67	3.83	+0.52	+0.89	G7 IIIb Fe−1
	ν	Tel	7510	19 48 37.7	−56 20 38		5.35		+0.20	A9 Vn
	χ	Cyg	7564	19 50 51.2	+32 56 00	vd	4.23	+0.96	+1.82	S6+/1e
53	α	Aql	7557	19 51 08.9	+08 53 19	hdv	0.77	+0.08	+0.22	A7 Vnn
51		Aql	7553	19 51 11.5	−10 44 38	d	5.39		+0.38	F0 V
			7589	19 52 12.6	+47 02 49	s	5.62	−0.97	−0.07	O9.5 Iab
	v3961	Sgr	7552	19 52 21.1	−39 51 17	sv6	5.33	−0.22	−0.06	A0p Si Cr Eu
9		Sge	7574	19 52 41.8	+18 41 30	s6	6.23	−0.92	+0.01	O8 If
55	η	Aql	7570	19 52 51.3	+01 01 31	v6	3.90	+0.51	+0.89	F6−G1 Ib
	v1291	Aql	7575	19 53 42.3	−03 05 41	s	5.65	+0.10	+0.20	A5p Sr Cr Eu
60	β	Aql	7602	19 55 40.9	+06 25 33	ad	3.71	+0.48	+0.86	G8 IV
	ι	Sgr	7581	19 55 46.6	−41 50 53		4.13	+0.90	+1.08	G8 III
21	η	Cyg	7615	19 56 35.3	+35 06 13	d	3.89	+0.89	+1.02	K0 III
61		Sgr	7614	19 58 22.5	−15 28 16		5.02	+0.07	+0.05	A3 Va
12	γ	Sge	7635	19 59 05.4	+19 30 46	s	3.47	+1.93	+1.57	M0− III
	θ¹	Sgr	7623	20 00 13.4	−35 15 20	d6	4.37	−0.67	−0.15	B2.5 IV
15	NT	Vul	7653	20 01 24.6	+27 46 29	6	4.64	+0.16	+0.18	A7m
	ε	Pav	7590	20 01 26.9	−72 53 23		3.96	−0.05	−0.03	A0 Va
62	v3872	Sgr	7650	20 03 07.1	−27 41 19		4.58	+1.80	+1.65	M4.5 III
	ξ	Tel	7673	20 07 57.4	−52 51 31	6	4.94	+1.84	+1.62	M1 IIab
1	κ	Cep	7750	20 08 37.5	+77 44 01	d7	4.39	−0.11	−0.05	B9 III
	δ	Pav	7665	20 09 27.4	−66 09 44		3.56	+0.45	+0.76	G6/8 IV
28	v1624	Cyg	7708	20 09 42.3	+36 51 43	6	4.93	−0.77	−0.13	B2.5 V
65	θ	Aql	7710	20 11 41.5	−00 47 56	hd6	3.23	−0.14	−0.07	B9.5 III+
33		Cyg	7740	20 13 34.3	+56 35 27	6	4.30	+0.08	+0.11	A3 IVn
31	o¹	Cyg	7735	20 13 52.1	+46 45 52	cvd6	3.79	+0.42	+1.28	K2 II + B4 V
67	ρ	Aql	7724	20 14 37.4	+15 13 15	6	4.95	+0.01	+0.08	A1 Va
32	o²	Cyg	7751	20 15 42.2	+47 44 15	cvd6	3.98	+1.03	+1.52	K3 II + B9: V
24		Vul	7753	20 17 06.3	+24 41 40		5.32	+0.67	+0.95	G8 III
5	α¹	Cap	7747	20 18 03.8	−12 29 05	d6	4.24	+0.78	+1.07	G3 Ib
34	P	Cyg	7763	20 18 03.8	+38 03 24	s	4.81	−0.58	+0.42	B1pe
6	α²	Cap	7754	20 18 28.2	−12 31 16	hd6	3.57	+0.69	+0.94	G9 III
9	β	Cap	7776	20 21 25.9	−14 45 26	cd67	3.08	+0.28	+0.79	K0 II: + A5n: V:
37	γ	Cyg	7796	20 22 29.9	+40 16 52	asd	2.20	+0.53	+0.68	F8 Ib
			7794	20 23 33.0	+05 22 02		5.31	+0.77	+0.97	G8 III−IV
39		Cyg	7806	20 24 09.6	+32 12 53	s	4.43	+1.50	+1.33	K2.5 III Fe−0.5
	α	Pav	7790	20 26 14.2	−56 42 38	hd6	1.94	−0.71	−0.20	B2.5 V
41		Cyg	7834	20 29 42.1	+30 23 38		4.01	+0.27	+0.40	F5 II

Flamsteed/Bayer Designation			BS=HR No.	Right Ascension	Declination	Notes	V	U−B	B−V	Spectral Type
				h m s	° ′ ″					
2	θ	Cep	7850	20 29 42.4	+63 01 10	h6	4.22	+0.16	+0.20	A7m
69		Aql	7831	20 30 02.5	−02 51 37		4.91	+1.22	+1.15	K2 III
73	AF	Dra	7879	20 31 24.0	+74 58 49	6	5.20	+0.11	+0.07	A0p Sr Cr Eu
2	ε	Del	7852	20 33 34.3	+11 19 45	h	4.03	−0.47	−0.13	B6 III
6	β	Del	7882	20 37 54.0	+14 37 18	d6	3.63	+0.08	+0.44	F5 IV
	α	Ind	7869	20 38 05.5	−47 15 53	d	3.11	+0.79	+1.00	K0 III CN−1
71		Aql	7884	20 38 43.5	−01 04 43	d6	4.32	+0.69	+0.95	G7.5 IIIa
29		Vul	7891	20 38 51.4	+21 13 40		4.82	−0.08	−0.02	A0 Va (shell)
7	κ	Del	7896	20 39 29.6	+10 06 47	d	5.05	+0.21	+0.72	G2 IV
9	α	Del	7906	20 39 59.2	+15 56 20	hd6	3.77	−0.21	−0.06	B9 IV
15	υ	Cap	7900	20 40 28.5	−18 06 43		5.10	+1.99	+1.66	M1 III
49		Cyg	7921	20 41 20.8	+32 20 03	sd6	5.51		+0.88	G8 IIb
50	α	Cyg	7924	20 41 41.3	+45 18 27	hasd6	1.25	−0.24	+0.09	A2 Ia
11	δ	Del	7928	20 43 48.5	+15 06 07	v6	4.43	+0.10	+0.32	F0m
	η	Ind	7920	20 44 35.2	−51 53 37		4.51	+0.09	+0.27	A9 IV
3	η	Cep	7957	20 45 26.5	+61 52 05	d	3.43	+0.62	+0.92	K0 IV
			7955	20 45 32.3	+57 36 25	d6	4.51	+0.10	+0.54	F8 IV−V
	β	Pav	7913	20 45 37.6	−66 10 32		3.42	+0.12	+0.16	A6 IV⁻
52		Cyg	7942	20 45 58.3	+30 44 51	d	4.22	+0.89	+1.05	K0 IIIa
53	ε	Cyg	7949	20 46 30.9	+33 59 55	ad6	2.46	+0.87	+1.03	K0 III
16	ψ	Cap	7936	20 46 32.3	−25 14 37	h	4.14	+0.02	+0.43	F4 V
12	γ²	Del	7948	20 47 00.4	+16 09 06	d	4.27	+0.97	+1.04	K1 IV
54	λ	Cyg	7963	20 47 42.1	+36 31 07	hd67	4.53	−0.49	−0.11	B6 IV
2	ε	Aqr	7950	20 48 04.9	−09 28 05		3.77	+0.02	0.00	A1 III⁻
3	EN	Aqr	7951	20 48 08.0	−04 59 59		4.42	+1.92	+1.65	M3 III
	ι	Mic	7943	20 48 59.5	−43 57 39	d7	5.11	+0.06	+0.35	F1 IV
55	v1661	Cyg	7977	20 49 11.6	+46 08 32	sd	4.84	−0.45	+0.41	B2.5 Ia
18	ω	Cap	7980	20 52 16.1	−26 53 26		4.11	+1.93	+1.64	M0 III Ba 0.5
6	μ	Aqr	7990	20 53 03.5	−08 57 17	d6	4.73	+0.11	+0.32	F2m
32		Vul	8008	20 54 52.8	+28 05 11		5.01	+1.79	+1.48	K4 III
	β	Ind	7986	20 55 23.5	−58 25 31	d	3.65	+1.23	+1.25	K1 II
			8023	20 56 50.7	+44 57 14	s6	5.96	−0.85	+0.05	O6 V
58	υ	Cyg	8028	20 57 27.2	+41 11 47	d6	3.94	0.00	+0.02	A0.5 IIIn
33		Vul	8032	20 58 36.5	+22 21 19		5.31		+1.40	K3.5 III
20	AO	Cap	8033	21 00 01.6	−19 00 21	sv	6.25		−0.13	B9psi
59	v832	Cyg	8047	21 00 04.9	+47 33 02	d6	4.70	−0.93	−0.04	B1.5 Vnne
	γ	Mic	8039	21 01 45.0	−32 13 41	d	4.67	+0.54	+0.89	G8 III
	ζ	Mic	8048	21 03 26.6	−38 36 06		5.30		+0.41	F3 V
62	ξ	Cyg	8079	21 05 12.3	+43 57 29	s6	3.72	+1.83	+1.65	K4.5 Ib−II
	α	Oct	8021	21 05 36.2	−76 59 40	cv6	5.15	+0.13	+0.49	G2 III + A7 III
23	θ	Cap	8075	21 06 22.1	−17 12 10	h6	4.07	+0.01	−0.01	A1 Va⁺
61	v1803	Cyg	8085	21 07 14.2	+38 47 12	hasd	5.21	+1.11	+1.18	K5 V
61		Cyg	8086	21 07 15.5	+38 46 44	sd	6.03	+1.23	+1.37	K7 V
24		Cap	8080	21 07 33.9	−24 58 32	d	4.50	+1.93	+1.61	M1⁻ III
13	ν	Aqr	8093	21 10 00.1	−11 20 27		4.51	+0.70	+0.94	G8⁺ III
5	γ	Equ	8097	21 10 42.4	+10 09 44	d	4.69	+0.10	+0.26	F0p Sr Eu
64	ζ	Cyg	8115	21 13 15.4	+30 15 29	sd6	3.20	+0.76	+0.99	G8⁺ III−IIIa Ba 0.5
			8110	21 13 43.9	−27 35 18		5.42	+1.69	+1.42	K5 III
	ο	Pav	8092	21 14 02.0	−70 05 42	6	5.02	+1.56	+1.58	M1/2 III
7	δ	Equ	8123	21 14 50.7	+10 02 16	d67	4.49	−0.01	+0.50	F8 V

Flamsteed/Bayer Designation			BS=HR No.	Right Ascension	Declination	Notes	V	U−B	B−V	Spectral Type
				h m s	o ′ ″					
65	τ	Cyg	8130	21 15 05.5	+38 04 39	d67	3.72	+0.02	+0.39	F2 V
	σ	Oct	7228	21 15 13.3	−88 55 32	v	5.47	+0.13	+0.27	F0 III
8	α	Equ	8131	21 16 11.9	+05 16 45	cd6	3.92	+0.29	+0.53	G2 II−III + A4 V
67	σ	Cyg	8143	21 17 42.7	+39 25 35	6	4.23	−0.39	+0.12	B9 Iab
66	υ	Cyg	8146	21 18 13.6	+34 55 43	hd6	4.43	−0.82	−0.11	B2 Ve
	ε	Mic	8135	21 18 23.5	−32 08 27		4.71	+0.02	+0.06	A1m A2 Va⁺
5	α	Cep	8162	21 18 45.5	+62 37 03	hd	2.44	+0.11	+0.22	A7 V⁺n
	θ	Ind	8140	21 20 23.8	−53 25 03	hd7	4.39	+0.12	+0.19	A5 IV−V
	θ¹	Mic	8151	21 21 14.3	−40 46 39	dv	4.82	−0.07	+0.02	Ap Cr Eu
1		Peg	8173	21 22 26.0	+19 50 13	d6	4.08	+1.06	+1.11	K1 III
32	ι	Cap	8167	21 22 39.8	−16 48 08		4.28	+0.58	+0.90	G7 III Fe−1.5
18		Aqr	8187	21 24 36.0	−12 50 44	d	5.49		+0.29	F0 V⁺
69		Cyg	8209	21 26 05.4	+36 42 00	sd	5.94	−0.94	−0.08	B0 Ib
	γ	Pav	8181	21 27 03.3	−65 19 54	h	4.22	−0.12	+0.49	F6 Vp
34	ζ	Cap	8204	21 27 05.6	−22 22 43	hd6	3.74	+0.59	+1.00	G4 Ib: Ba 2
8	β	Cep	8238	21 28 45.3	+70 35 37	hvd6	3.23	−0.95	−0.22	B1 III
36		Cap	8213	21 29 09.0	−21 46 27		4.51	+0.60	+0.91	G7 IIIb Fe−1
71		Cyg	8228	21 29 43.6	+46 34 26		5.24	+0.80	+0.97	K0⁻ III
2		Peg	8225	21 30 17.3	+23 40 19	d	4.57	+1.93	+1.62	M1⁺ III
22	β	Aqr	8232	21 31 57.2	−05 32 16	hasd	2.91	+0.56	+0.83	G0 Ib
73	ρ	Cyg	8252	21 34 15.8	+45 37 31		4.02	+0.56	+0.89	G8 III Fe−0.5
74		Cyg	8266	21 37 15.1	+40 26 51		5.01	+0.10	+0.18	A5 V
5		Peg	8267	21 38 06.5	+19 21 09		5.45	+0.14	+0.30	F0 V⁺
9	v337	Cep	8279	21 38 07.3	+62 06 57	has	4.73	−0.53	+0.30	B2 Ib
23	ξ	Aqr	8264	21 38 09.0	−07 49 13	d6	4.69	+0.13	+0.17	A5 Vn
75		Cyg	8284	21 40 28.8	+43 18 29	sd	5.11	+1.90	+1.60	M1 IIIab
40	γ	Cap	8278	21 40 30.3	−16 37 41	h6	3.68	+0.20	+0.32	A7m:
11		Cep	8317	21 42 01.7	+71 20 46		4.56	+1.10	+1.10	K0.5 III
	ν	Oct	8254	21 42 17.2	−77 21 22	h6	3.76	+0.89	+1.00	K0 III
	μ	Cep	8316	21 43 44.3	+58 48 53	asd	4.08	+2.42	+2.35	M2⁻ Ia
8	ε	Peg	8308	21 44 33.3	+09 54 35	hsd	2.39	+1.70	+1.53	K2 Ib−II
9		Peg	8313	21 44 52.0	+17 23 05	as	4.34	+1.00	+1.17	G5 Ib
10	κ	Peg	8315	21 44 59.1	+25 40 47	d67	4.13	+0.03	+0.43	F5 IV
9	ι	PsA	8305	21 45 23.5	−32 59 28	d6	4.34	−0.11	−0.05	A0 IV
10	ν	Cep	8334	21 45 39.9	+61 09 20	h	4.29	+0.13	+0.52	A2 Ia
81	π²	Cyg	8335	21 47 04.3	+49 20 40	hd6	4.23	−0.71	−0.12	B2.5 III
49	δ	Cap	8322	21 47 27.2	−16 05 35	hvd6	2.87	+0.09	+0.29	F2m
14		Peg	8343	21 50 10.6	+30 12 34	6	5.04	+0.03	−0.03	A1 Vs
	o	Ind	8333	21 51 24.6	−69 35 39		5.53	+1.63	+1.37	K2/3 III
16		Peg	8356	21 53 24.3	+25 57 38	6	5.08	−0.67	−0.17	B3 V
51	μ	Cap	8351	21 53 42.3	−13 30 58		5.08	−0.01	+0.37	F2 V
	γ	Gru	8353	21 54 22.8	−37 19 45		3.01	−0.37	−0.12	B8 IV−Vs
13		Cep	8371	21 55 08.3	+56 38 49	s	5.80	−0.02	+0.73	B8 Ib
	δ	Ind	8368	21 58 25.4	−54 57 24	d7	4.40	+0.10	+0.28	F0 III−IVn
	ε	Ind	8387	22 03 55.8	−56 45 17		4.69	+0.99	+1.06	K4/5 V
17	ξ	Cep	8417	22 04 00.5	+64 39 53	d6	4.29	+0.09	+0.34	A7m:
20		Cep	8426	22 05 14.2	+62 49 21		5.27	+1.78	+1.41	K4 III
19		Cep	8428	22 05 22.7	+62 18 59	hsd	5.11	−0.84	+0.08	O9.5 Ib
34	α	Aqr	8414	22 06 10.1	−00 16 59	sd	2.96	+0.74	+0.98	G2 Ib
	λ	Gru	8411	22 06 33.9	−39 30 25		4.46	+1.66	+1.37	K3 III

Flamsteed/Bayer Designation			BS=HR No.	Right Ascension	Declination	Notes	V	U−B	B−V	Spectral Type
				h m s	° ′ ″					
33	ι	Aqr	8418	22 06 50.5	−13 49 59	6	4.27	−0.29	−0.07	B9 IV−V
24	ι	Peg	8430	22 07 21.6	+25 22 55	d6	3.76	−0.04	+0.44	F5 V
	α	Gru	8425	22 08 42.2	−46 55 28	hd	1.74	−0.47	−0.13	B7 Vn
14	μ	PsA	8431	22 08 49.2	−32 57 06		4.50	+0.05	+0.05	A1 IVnn
24		Cep	8468	22 09 57.0	+72 22 42		4.79	+0.61	+0.92	G7 II−III
29	π	Peg	8454	22 10 19.3	+33 12 55		4.29	+0.18	+0.46	F3 III
26	θ	Peg	8450	22 10 34.7	+06 14 06	h6	3.53	+0.10	+0.08	A2m A1 IV−V
21	ζ	Cep	8465	22 11 06.9	+58 14 18	6	3.35	+1.71	+1.57	K1.5 Ib
22	λ	Cep	8469	22 11 45.9	+59 27 06	hs	5.04	−0.74	+0.25	O6 If
			8546	22 12 27.4	+86 08 43	6	5.27	−0.11	−0.03	B9.5 Vn
			8485	22 14 12.1	+39 45 08	d6	4.49	+1.45	+1.39	K2.5 III
16	λ	PsA	8478	22 14 44.2	−27 43 46		5.43	−0.55	−0.16	B8 III
23	ε	Cep	8494	22 15 18.9	+57 04 52	hd6	4.19	+0.04	+0.28	A9 IV
1		Lac	8498	22 16 17.8	+37 47 11		4.13	+1.63	+1.46	K3⁻ II−III
43	θ	Aqr	8499	22 17 13.8	−07 44 45		4.16	+0.81	+0.98	G9 III
	α	Tuc	8502	22 19 00.6	−60 13 19	6	2.86	+1.54	+1.39	K3 III
	ε	Oct	8481	22 20 49.9	−80 24 07		5.10	+1.09	+1.47	M6 III
31	IN	Peg	8520	22 21 53.2	+12 14 35		5.01	−0.81	−0.13	B2 IV−V
47		Aqr	8516	22 22 00.3	−21 33 38		5.13	+0.92	+1.07	K0 III
48	γ	Aqr	8518	22 22 02.6	−01 20 58	hd6	3.84	−0.12	−0.05	B9.5 III−IV
3	β	Lac	8538	22 23 51.4	+52 16 00	d	4.43	+0.77	+1.02	G9 IIIb Ca 1
52	π	Aqr	8539	22 25 39.6	+01 24 56		4.66	−0.98	−0.03	B1 Ve
	δ	Tuc	8540	22 27 51.5	−64 55 41	d7	4.48	−0.07	−0.03	B9.5 IVn
	ν	Gru	8552	22 29 05.4	−39 05 37	d	5.47		+0.95	G8 III
55	ζ²	Aqr	8559	22 29 13.1	+00 01 07	hcd	4.49	0.00	+0.37	F2.5 IV−V
27	δ	Cep	8571	22 29 27.1	+58 27 13	vd6	3.75		+0.60	F5−G2 Ib
	δ¹	Gru	8556	22 29 42.9	−43 27 25	d	3.97	+0.80	+1.03	G6/8 III
5		Lac	8572	22 29 50.7	+47 44 44	cd6	4.36	+1.11	+1.68	M0 II + B8 V
29	ρ²	Cep	8591	22 29 56.6	+78 51 46	6	5.50	+0.08	+0.07	A3 V
	δ²	Gru	8560	22 30 12.2	−43 42 38	d	4.11	+1.71	+1.57	M4.5 IIIa
6		Lac	8579	22 30 48.8	+43 09 43	h6	4.51	−0.74	−0.09	B2 IV
57	σ	Aqr	8573	22 31 02.6	−10 38 22	d6	4.82	−0.11	−0.06	A0 IV
7	α	Lac	8585	22 31 36.1	+50 19 16	hd	3.77	0.00	+0.01	A1 Va
17	β	PsA	8576	22 31 55.8	−32 18 27	d7	4.29	+0.02	+0.01	A1 Va
59	υ	Aqr	8592	22 35 06.2	−20 40 11		5.20	0.00	+0.44	F5 V
62	η	Aqr	8597	22 35 44.5	−00 04 43	h	4.02	−0.26	−0.09	B9 IV−V:n
31		Cep	8615	22 35 57.2	+73 40 56		5.08	+0.16	+0.39	F3 III−IV
63	κ	Aqr	8610	22 38 08.7	−04 11 21	d	5.03	+1.16	+1.14	K1.5 IIIb CN 0.5
30		Cep	8627	22 38 55.1	+63 37 25	6	5.19	0.00	+0.06	A3 IV
10		Lac	8622	22 39 35.9	+39 05 22	had	4.88	−1.04	−0.20	O9 V
			8626	22 39 54.8	+37 37 55	sd	6.03		+0.86	G3 Ib−II: CN−1 CH 2 Fe−1
11		Lac	8632	22 40 50.7	+44 18 56		4.46	+1.36	+1.33	K2.5 III
18	ε	PsA	8628	22 41 04.1	−27 00 16		4.17	−0.37	−0.11	B8 Ve
42	ζ	Peg	8634	22 41 50.2	+10 52 14	hd	3.40	−0.25	−0.09	B8.5 III
	β	Gru	8636	22 43 06.7	−46 50 43		2.10	+1.67	+1.60	M4.5 III
44	η	Peg	8650	22 43 21.3	+30 15 38	cd6	2.94	+0.55	+0.86	G8 II + F0 V
13		Lac	8656	22 44 25.6	+41 51 31	d	5.08	+0.78	+0.96	K0 III
	β	Oct	8630	22 46 47.2	−81 20 31	6	4.15	+0.11	+0.20	A7 III−IV
47	λ	Peg	8667	22 46 53.6	+23 36 19	h	3.95	+0.91	+1.07	G8 IIIa CN 0.5
46	ξ	Peg	8665	22 47 04.1	+12 12 41	d	4.19	−0.03	+0.50	F6 V

Flamsteed/Bayer Designation		BS=HR No.	Right Ascension	Declination	Notes	V	U−B	B−V	Spectral Type
			h m s	° ′ ″					
68	Aqr	8670	22 47 57.2	−19 34 27		5.26	+0.59	+0.94	G8 III
	ε Gru	8675	22 49 00.3	−51 16 38		3.49	+0.10	+0.08	A2 Va
32	ι Cep	8694	22 49 56.9	+66 14 24	s	3.52	+0.90	+1.05	K0⁻ III
71	τ Aqr	8679	22 49 59.3	−13 33 10	d	4.01	+1.95	+1.57	M0 III
48	μ Peg	8684	22 50 22.0	+24 38 29	s	3.48	+0.68	+0.93	G8⁺ III
		8685	22 51 27.6	−39 07 01		5.42	+1.69	+1.43	K3 III
22	γ PsA	8695	22 52 56.4	−32 50 08	d7	4.46	−0.14	−0.04	A0m A1 III−IV
73	λ Aqr	8698	22 53 00.3	−07 32 22	h	3.74	+1.74	+1.64	M2.5 III Fe−0.5
		8748	22 54 19.8	+84 23 11		4.71	+1.69	+1.43	K4 III
76	δ Aqr	8709	22 55 02.8	−15 46 51	h	3.27	+0.08	+0.05	A3 IV−V
23	δ PsA	8720	22 56 21.7	−32 29 58	d	4.21	+0.69	+0.97	G8 III
		8726	22 56 45.8	+49 46 25	s	4.95	+1.96	+1.78	K5 Ib
24	α PsA	8728	22 58 03.8	−29 34 56	ha	1.16	+0.08	+0.09	A3 Va
		8732	22 59 00.0	−35 29 00	s	6.13		+0.58	F8 III−IV
	v509 Cas	8752	23 00 24.2	+56 59 09	s	5.00	+1.16	+1.42	G4v 0
	ζ Gru	8747	23 01 19.2	−52 42 50	6	4.12	+0.70	+0.98	G8/K0 III
1	o And	8762	23 02 16.1	+42 21 59	hd6	3.62	−0.53	−0.09	B6pe (shell)
	π PsA	8767	23 03 54.6	−34 42 31	6	5.11	+0.02	+0.29	F0 V:
53	β Peg	8775	23 04 08.3	+28 07 25	d	2.42	+1.96	+1.67	M2.5 II−III
4	β Psc	8773	23 04 15.5	+03 51 38		4.53	−0.49	−0.12	B6 Ve
54	α Peg	8781	23 05 08.1	+15 14 45	h6	2.49	−0.05	−0.04	A0 III−IV
86	Aqr	8789	23 07 05.0	−23 42 09	hd	4.47	+0.58	+0.90	G6 IIIb
	θ Gru	8787	23 07 17.9	−43 28 47	d7	4.28	+0.16	+0.42	F5 (II−III)m
55	Peg	8795	23 07 22.9	+09 27 00		4.52	+1.90	+1.57	M1 IIIab
33	π Cep	8819	23 08 08.3	+75 25 41	d67	4.41	+0.46	+0.80	G2 III
88	Aqr	8812	23 09 50.7	−21 07 54	h	3.66	+1.24	+1.22	K1.5 III
	ι Gru	8820	23 10 46.9	−45 12 22	6	3.90	+0.86	+1.02	K1 III
59	Peg	8826	23 12 06.9	+08 45 39		5.16	+0.08	+0.13	A3 Van
90	φ Aqr	8834	23 14 42.6	−06 00 31		4.22	+1.90	+1.56	M1.5 III
91	ψ¹ Aqr	8841	23 16 17.0	−09 02 48	d	4.21	+0.99	+1.11	K1⁻ III Fe−0.5
6	γ Psc	8852	23 17 33.3	+03 19 24	s	3.69	+0.58	+0.92	G9 III: Fe−2
	γ Tuc	8848	23 17 51.8	−58 11 40		3.99	−0.02	+0.40	F2 V
93	ψ² Aqr	8858	23 18 17.6	−09 08 29	h	4.39	−0.56	−0.15	B5 Vn
	γ Scl	8863	23 19 13.6	−32 29 28		4.41	+1.06	+1.13	K1 III
95	ψ³ Aqr	8865	23 19 21.1	−09 34 11	d	4.98	−0.02	−0.02	A0 Va
62	τ Peg	8880	23 21 00.6	+23 46 53	v	4.60	+0.10	+0.17	A5 V
98	Aqr	8892	23 23 21.8	−20 03 34	h	3.97	+0.95	+1.10	K1 III
4	Cas	8904	23 25 10.4	+62 19 27	d	4.98	+2.07	+1.68	M2⁻ IIIab
68	υ Peg	8905	23 25 45.3	+23 26 44	s	4.40	+0.14	+0.61	F8 III
99	Aqr	8906	23 26 26.4	−20 36 03		4.39	+1.81	+1.47	K4.5 III
8	κ Psc	8911	23 27 19.0	+01 17 48	d	4.94	−0.02	+0.03	A0p Cr Sr
10	θ Psc	8916	23 28 20.9	+06 25 13		4.28	+1.01	+1.07	K0.5 III
	τ Oct	8862	23 28 58.0	−87 26 27		5.49	+1.43	+1.27	K2 III
70	Peg	8923	23 29 32.1	+12 48 07		4.55	+0.73	+0.94	G8 IIIa
		8924	23 29 55.3	−04 29 31	s	6.25	+1.16	+1.09	K3⁻ IIIb Fe 2
	β Scl	8937	23 33 22.3	−37 46 36		4.37	−0.36	−0.09	B9.5p Hg Mn
		8952	23 35 18.8	+71 41 01	s	5.84	+1.73	+1.80	G9 Ib
	ι Phe	8949	23 35 28.6	−42 34 25	d	4.71	+0.07	+0.08	Ap Sr
16	λ And	8961	23 37 56.0	+46 29 56	vd6	3.82	+0.69	+1.01	G8 III−IV
		8959	23 38 15.1	−45 27 03	6	4.74	+0.09	+0.08	A1/2 V

Flamsteed/Bayer Designation			BS=HR No.	Right Ascension	Declination	Notes	V	U−B	B−V	Spectral Type
				h m s	° ′ ″					
17	ι	And	8965	23 38 30.4	+43 18 35	6	4.29	−0.29	−0.10	B8 V
35	γ	Cep	8974	23 39 39.7	+77 40 27	as	3.21	+0.94	+1.03	K1 III−IV CN 1
17	ι	Psc	8969	23 40 20.2	+05 40 01	d	4.13	0.00	+0.51	F7 V
19	κ	And	8976	23 40 46.8	+44 22 32	d	4.15	−0.21	−0.08	B8 IVn
	μ	Scl	8975	23 41 01.7	−32 01 54		5.31	+0.66	+0.97	K0 III
18	λ	Psc	8984	23 42 25.8	+01 49 17	6	4.50	+0.08	+0.20	A6 IV⁻
105	ω²	Aqr	8988	23 43 06.7	−14 30 12	d6	4.49	−0.12	−0.04	B9.5 IV
106		Aqr	8998	23 44 35.4	−18 14 07	h	5.24	−0.27	−0.08	B9 Vn
20	ψ	And	9003	23 46 24.5	+46 27 43	d	4.99	+0.81	+1.11	G3 Ib−II
			9013	23 48 16.6	+67 50 55	6	5.04	−0.04	−0.01	A1 Vn
20		Psc	9012	23 48 19.7	−02 43 12	d	5.49	+0.70	+0.94	gG8
	δ	Scl	9016	23 49 18.9	−28 05 20	d	4.57	−0.03	+0.01	A0 Va⁺n
81	φ	Peg	9036	23 52 52.2	+19 09 43		5.08	+1.86	+1.60	M3⁻ IIIb
82	HT	Peg	9039	23 53 00.1	+10 59 21		5.31	+0.10	+0.18	A4 Vn
7	ρ	Cas	9045	23 54 45.7	+57 32 28		4.54	+1.12	+1.22	G2 0 (var)
84	ψ	Peg	9064	23 58 08.5	+25 10 59	d	4.66	+1.68	+1.59	M3 III
27		Psc	9067	23 59 03.4	−03 30 52	d6	4.86	+0.70	+0.93	G9 III
	π	Phe	9069	23 59 18.9	−52 42 14		5.13	+1.03	+1.13	K0 III
28	ω	Psc	9072	23 59 41.8	+06 54 17	6	4.01	+0.06	+0.42	F3 V

Notes to Table

a   anchor point for the MK system
c   composite or combined spectrum
d   double star given in Washington Double Star Catalog
h   Hipparcos proper motion used instead of Tycho−2 proper motion
o   orbital position generated using FK5 center−of−mass position and proper motion
s   MK standard star
v   star given in Hipparcos Periodic Variables list
6   spectroscopic binary
7   magnitude and color refer to combined light of two or more stars

Data also appear on *The Astronomical Almanac Online*
at: **http://asa.usno.navy.mil** and **http://asa.nao.rl.ac.uk**

BS=HR No.	WDS No.	Right Ascension	Declination	Discoverer Designation	Epoch[1]	P.A.	Separation	V of primary[2]	Δm_V
		h m s	° ′ ″			°	″		
126	00315−6257	00 31 53.1	−62 55 01	LCL 119 AC	1999	168	26.9	4.28	0.23
154	00369+3343	00 37 17.0	+33 45 38	H 5 17 Aa−B	2003	173	36.0	4.32	2.76
361	01137+0735	01 14 07.4	+07 36 53	STF 100 AB	2003	63	22.7	5.22	0.93
382	01201+5814	01 20 33.5	+58 16 15	H 3 23 AC	2001	233	135.3	5.07	1.97
531	01496−1041	01 49 57.2	−10 38 58	ENG 8	2001	251	184.7	4.69	2.12
596	02020+0246	02 02 26.2	+02 47 59	STF 202 AB	2007.5	266	1.8	4.10	1.07
603	02039+4220	02 04 21.8	+42 21 55	STF 205 A−BC	2003	63	9.5	2.31	2.71
681	02193−0259	02 19 43.6	−02 56 38	H 6 1 Aa−C	2007.5	69	122.6	6.65	2.94
681	02193−0259	02 19 43.6	−02 56 38	STG 1 Aa−D	1921	319	148.5	6.65	2.65
897	02583−4018	02 58 32.8	−40 16 30	PZ 2	2002	90	8.4	3.20	0.92
1279	04077+1510	04 08 07.5	+15 10 56	STF 495	2002	221	3.7	6.11	2.66
1412	04287+1552	04 29 05.5	+15 53 13	STFA 10	2002	348	336.7	3.41	0.53
1497	04422+2257	04 42 41.8	+22 58 15	S 455 Aa−B	1999	214	63.0	4.24	2.78
1856	05302−4705	05 30 21.9	−47 04 21	DUN 21 AD	2000	271	197.8	5.52	1.16
1879	05351+0956	05 35 33.1	+09 56 19	STF 738 AB	2003	44	4.3	3.51	1.94
1931	05387−0236	05 39 07.4	−02 35 46	STF3135	1998	324	207.8	3.76	0.00
1931	05387−0236	05 39 07.4	−02 35 46	STF 762 AB−D	2002	84	12.7	3.76	2.80
1931	05387−0236	05 39 07.4	−02 35 46	STF 762 AB−E	2003	62	41.5	3.76	2.58
1983	05445−2227	05 44 46.6	−22 26 47	H 6 40 AB	1999	350	96.9	3.64	2.64
2298	06238+0436	06 24 09.9	+04 35 19	STF 900 AB	2004	29	12.1	4.42	2.22
2736	07087−7030	07 08 40.9	−70 30 40	DUN 42	1999	298	13.7	3.86	1.57
2891	07346+3153	07 35 04.5	+31 52 16	STF1110 AB	2007.5	59	4.5	1.93	1.04
3223	08079−6837	08 07 57.1	−68 38 21	RMK 7	1999	24	6.0	4.38	2.93
3207	08095−4720	08 09 45.8	−47 21 32	DUN 65 AB	2002	219	41.0	1.79	2.35
3315	08252−2403	08 25 23.2	−24 04 15	S 568	2001	90	42.2	5.48	2.95
3475	08467+2846	08 47 09.0	+28 43 55	STF1268	2003	308	30.7	4.13	1.86
3582	08570−5914	08 57 09.4	−59 15 30	DUN 74	2000	76	40.1	4.87	1.71
3890	09471−6504	09 47 17.4	−65 06 25	RMK 11	2000	129	5.0	3.02	2.98
4031	10167+2325	10 17 06.4	+23 22 47	STFA 18	2002	338	333.8	3.46	2.57
4057	10200+1950	10 20 23.1	+19 48 12	STF1424 AB	2007.5	126	4.4	2.37	1.27
4180	10393−5536	10 39 36.4	−55 38 33	DUN 95 AB	2000	105	51.7	4.38	1.68
4191	10435+4612	10 43 59.2	+46 09 51	SMA 75 AB	2002	88	288.4	5.21	2.14
4203	10459+3041	10 46 16.8	+30 38 34	S 612	2002	174	196.5	5.34	2.44
4257	10535−5851	10 53 48.1	−58 53 35	DUN 102 AB	2000	204	159.4	3.88	2.35
4259	10556+2445	10 56 01.1	+24 42 34	STF1487	2003	111	6.3	4.48	1.82
4314	11053−2718	11 05 41.6	−27 20 03	LDS6238 AB−C	1960	46	18.0	4.92*	0.20
4369	11170−0708	11 17 21.0	−07 10 32	BU 600 AC	2007.5	99	53.7	6.15	2.07
4418	11279+0251	11 28 19.4	+02 48 54	STFA 19 AB	2007.5	181	89.0	5.05	2.42
4621	12084−5043	12 08 45.0	−50 45 51	JC 2 AB	1992	325	268.9	2.51	1.91
4730	12266−6306	12 27 01.2	−63 08 26	DUN 252 AB	2000	114	3.9	1.25	0.30
4792	12351+1823	12 35 30.3	+18 20 09	STF1657	2004	270	20.1	5.11	1.22
4898	12546−5711	12 55 02.3	−57 13 07	DUN 126	2001	17	35.0	3.94	1.01
4915	12560+3819	12 56 22.7	+38 16 41	STF1692	2004	229	19.3	2.85	2.67
4993	13152−6754	13 15 45.9	−67 56 03	DUN 131 AC	2000	331	58.3	4.76	2.48
5035	13226−6059	13 23 07.4	−61 01 39	DUN 133 AB−C	2000	346	60.7	4.51*	1.66
5054	13239+5456	13 24 13.6	+54 53 11	STF1744 AB	2003	153	14.3	2.23	1.65
5054	13239+5456	13 24 13.6	+54 53 11	STF1744 AC	1991	71	708.5	2.23	1.78
5171	13472−6235	13 47 42.7	−62 37 37	COO 157 AB	1991	321	7.1	7.19	2.71
5350	14162+5122	14 16 25.9	+51 19 58	STFA 26 AB	2003	32	38.7	4.76	2.63
5460	14396−6050	14 40 06.2	−60 52 00	RHD 1 AB	2007.5	236	8.7	−0.01*	1.36

BS=HR No.	WDS No.	Right Ascension	Declination	Discoverer Designation	Epoch[1]	P.A.	Separation	V of primary[2]	Δm_V
		h m s	° ′ ″			°	″		
5459	14396−6050	14 40 07.2	−60 51 55	RHD 1 BA	2007.5	56	8.7	1.35*	1.36
5506	14450+2704	14 45 18.9	+27 02 34	STF1877 AB	2004	343	2.8	2.58	2.23
5531	14509−1603	14 51 17.7	−16 04 21	SHJ 186 AB	2002	315	231.1	2.74	2.45
5646	15119−4844	15 12 27.6	−48 45 57	DUN 177	1999	143	26.5	3.83	1.69
5683	15185−4753	15 19 03.5	−47 54 08	DUN 180 AC	1999	129	23.0	4.99	1.35
5733	15245+3723	15 24 46.4	+37 21 04	STFA 28 Aa−BC	2002	170	107.1	4.33	2.76
5789	15348+1032	15 35 09.7	+10 30 51	STF1954 AB	2007.5	173	4.0	4.17	0.99
5984	16054−1948	16 05 52.5	−19 49 32	H 3 7 AC	2003	20	13.6	2.59	1.93
5985	16054−1948	16 05 52.8	−19 49 19	H 3 7 CA	2003	200	13.6	4.52	1.93
6008	16081+1703	16 08 24.9	+17 01 39	STF2010 AB	2007.5	13	27.2	5.10	1.11
6027	16120−1928	16 12 25.9	−19 28 47	H 5 6 Aa−C	2003	337	40.8	4.21	2.39
6077	16195−3054	16 20 01.3	−30 55 28	BSO 12	1998	319	23.5	5.55	1.33
6020	16203−7842	16 21 29.4	−78 42 48	BSO 22 AB	2000	10	103.3	4.90	0.51
6115	16272−4733	16 27 44.2	−47 34 16	HJ 4853	1999	334	22.8	4.51	1.61
6406	17146+1423	17 14 59.4	+14 22 56	STF2140 Aa−B	2007.5	104	4.6	3.48	1.92
6555	17322+5511	17 32 24.9	+55 10 05	STFA 35	2003	311	63.4	4.87	0.03
6636	17419+7209	17 41 48.5	+72 08 42	STF2241 AB	2007.5	16	30.0	4.60	0.99
6714	18006+0256	18 01 01.3	+02 55 54	H 6 2 AC	2003	142	54.3	3.96	0.16
6752	18055+0230	18 05 50.0	+02 29 56	STF2272 AB	2007.5	135	5.3	4.22	1.98
7056	18448+3736	18 45 01.9	+37 36 48	STFA 38 AD	2003	150	43.8	4.34	1.28
7141	18562+0412	18 56 35.6	+04 12 50	STF2417 AB	2003	104	22.1	4.59	0.34
7405	19287+2440	19 29 01.1	+24 40 50	STFA 42	2007.5	28	428.0	4.61	1.32
7417	19307+2758	19 31 01.4	+27 58 33	STFA 43 Aa−B	2003	55	34.7	3.37	1.31
7476	19407−1618	19 41 09.1	−16 16 32	HJ 599 AC	2003	42	44.7	5.42	2.23
7503	19418+5032	19 42 00.9	+50 32 34	STFA 46 Aa−B	2007.5	133	39.6	6.00	0.23
7582	19482+7016	19 48 08.6	+70 17 13	STF2603	2002	20	3.2	4.01	2.86
7735	20136+4644	20 13 52.1	+46 45 52	STFA 50 Aa−D	1998	324	330.7	3.93	0.90
7754	20181−1233	20 18 28.2	−12 31 16	STFA 51 AE	2002	292	381.2	3.66	0.40
7776	20210−1447	20 21 25.9	−14 45 26	STFA 52 Aa−Ba	2001	267	207.0	3.15	2.93
7948	20467+1607	20 47 00.4	+16 09 06	STF2727	2007.5	265	9.1	4.36	0.67
8085	21069+3845	21 07 14.2	+38 47 12	STF2758 AB	2007.5	151	31.2	5.35	0.75
8086	21069+3845	21 07 15.5	+38 46 44	STF2758 BA	2007.5	331	31.2	6.10	0.75
8097	21103+1008	21 10 42.4	+10 09 44	STFA 54 AD	2001	152	337.7	4.70	1.36
8140	21199−5327	21 20 23.8	−53 25 03	HJ 5258	2007.5	270	7.1	4.50	2.43
8417	22038+6438	22 04 00.5	+64 39 53	STF2863 Aa−B	2007.5	274	8.3	4.45	1.95
8559	22288−0001	22 29 13.1	+00 01 07	STF2909 AB	2007.5	177	2.2	4.34	0.15
8571	22292+5825	22 29 27.1	+58 27 13	STFA 58 AC	2004	191	40.6	4.21	1.90
8576	22315−3221	22 31 55.8	−32 18 27	PZ 7	1999	173	30.4	4.28	2.84
8695	22525−3253	22 52 56.4	−32 50 08	HJ 5367	1992	258	4.0	4.50	0.53

Notes to Table

[1]   Epoch represents the date of position angle and separation data. Data for Epoch 2007.5 are calculated; data for all other epochs represent the most recent measurement. In the latter cases, the system configuration at 2007.5 is not expected to be significantly different.

[2]   Visual magnitudes are Tycho V except where indicated by '*'; in those cases, the magnitudes are Hipparcos V. 'Primary' is not necessarily the brighter object, but is the object used as the origin of the measurements for the pair.

Name	Right Ascension	Declination	V	$B-V$	$U-B$	$V-R$	$R-I$	$V-I$
	h m s	o ′ ″						
TPHE A	00 30 31	−46 29 00	14.651	+0.793	+0.380	+0.435	+0.405	+0.841
TPHE C	00 30 39	−46 29 53	14.376	−0.298	−1.217	−0.148	−0.211	−0.360
TPHE D	00 30 40	−46 28 51	13.118	+1.551	+1.871	+0.849	+0.810	+1.663
TPHE E	00 30 41	−46 22 07	11.630	+0.443	−0.103	+0.276	+0.283	+0.564
92 245	00 54 39	+00 42 21	13.818	+1.418	+1.189	+0.929	+0.907	+1.836
92 249	00 54 57	+00 43 31	14.325	+0.699	+0.240	+0.399	+0.370	+0.770
92 250	00 55 00	+00 41 24	13.178	+0.814	+0.480	+0.446	+0.394	+0.840
92 252	00 55 10	+00 41 50	14.932	+0.517	−0.140	+0.326	+0.332	+0.666
92 253	00 55 14	+00 42 46	14.085	+1.131	+0.955	+0.719	+0.616	+1.337
92 342	00 55 33	+00 45 39	11.613	+0.436	−0.042	+0.266	+0.270	+0.538
92 410	00 55 37	+01 04 17	14.984	+0.398	−0.134	+0.239	+0.242	+0.484
92 412	00 55 39	+01 04 20	15.036	+0.457	−0.152	+0.285	+0.304	+0.589
92 260	00 55 52	+00 39 33	15.071	+1.162	+1.115	+0.719	+0.608	+1.328
92 263	00 56 02	+00 38 45	11.782	+1.048	+0.843	+0.563	+0.522	+1.087
92 425	00 56 21	+00 55 24	13.941	+1.191	+1.173	+0.755	+0.627	+1.384
92 426	00 56 23	+00 55 20	14.466	+0.729	+0.184	+0.412	+0.396	+0.809
92 355	00 56 29	+00 53 12	14.965	+1.164	+1.201	+0.759	+0.645	+1.406
92 430	00 56 38	+00 55 44	14.440	+0.567	−0.040	+0.338	+0.338	+0.676
92 276	00 56 50	+00 44 16	12.036	+0.629	+0.067	+0.368	+0.357	+0.726
92 282	00 57 10	+00 40 55	12.969	+0.318	−0.038	+0.201	+0.221	+0.422
92 288	00 57 40	+00 39 14	11.630	+0.855	+0.472	+0.489	+0.441	+0.931
F 11	01 04 45	+04 16 01	12.065	−0.240	−0.978	−0.120	−0.142	−0.261
F 16	01 54 31	−06 40 42	12.406	−0.012	+0.009	−0.003	+0.002	−0.001
93 317	01 55 01	+00 45 12	11.546	+0.488	−0.055	+0.293	+0.298	+0.592
93 333	01 55 28	+00 47 54	12.011	+0.832	+0.436	+0.469	+0.422	+0.892
93 424	01 55 50	+00 58 54	11.620	+1.083	+0.943	+0.554	+0.502	+1.058
G3 33	02 00 32	+13 05 29	12.298	+1.804	+1.316	+1.355	+1.751	+3.099
F 22	02 30 40	+05 17 50	12.799	−0.054	−0.806	−0.103	−0.105	−0.207
PG0231+051A	02 34 04	+05 19 38	12.772	+0.710	+0.270	+0.405	+0.394	+0.799
PG0231+051	02 34 05	+05 20 41	16.105	−0.329	−1.192	−0.162	−0.371	−0.534
PG0231+051B	02 34 09	+05 19 31	14.735	+1.448	+1.342	+0.954	+0.998	+1.951
F 24	02 35 31	+03 45 54	12.411	−0.203	−1.169	+0.090	+0.364	+0.451
94 171	02 54 02	+00 19 08	12.659	+0.817	+0.304	+0.480	+0.483	+0.964
94 242	02 57 44	+00 20 26	11.728	+0.301	+0.107	+0.178	+0.184	+0.362
94 251	02 58 10	+00 17 50	11.204	+1.219	+1.281	+0.659	+0.587	+1.247
94 702	02 58 37	+01 12 41	11.594	+1.418	+1.621	+0.756	+0.673	+1.430
GD 50	03 49 13	−00 57 12	14.063	−0.276	−1.191	−0.145	−0.180	−0.325
95 301	03 53 04	+00 32 41	11.216	+1.290	+1.296	+0.692	+0.620	+1.311
95 302	03 53 05	+00 32 37	11.694	+0.825	+0.447	+0.471	+0.420	+0.891
95 96	03 53 17	+00 01 38	10.010	+0.147	+0.072	+0.079	+0.095	+0.174
95 190	03 53 36	+00 17 41	12.627	+0.287	+0.236	+0.195	+0.220	+0.415
95 193	03 53 44	+00 17 53	14.338	+1.211	+1.239	+0.748	+0.616	+1.366
95 317	03 54 07	+00 31 08	13.449	+1.320	+1.120	+0.768	+0.708	+1.476
95 42	03 54 07	−00 03 16	15.606	−0.215	−1.111	−0.119	−0.180	−0.300
95 263	03 54 10	+00 27 59	12.679	+1.500	+1.559	+0.801	+0.711	+1.513

Name	Right Ascension	Declination	V	B−V	U−B	V−R	R−I	V−I
	h m s	° ′ ″						
95 43	03 54 12	−00 01 43	10.803	+0.510	−0.016	+0.308	+0.316	+0.624
95 271	03 54 39	+00 20 10	13.669	+1.287	+0.916	+0.734	+0.717	+1.453
95 328	03 54 43	+00 37 50	13.525	+1.532	+1.298	+0.908	+0.868	+1.776
95 329	03 54 47	+00 38 26	14.617	+1.184	+1.093	+0.766	+0.642	+1.410
95 330	03 54 54	+00 30 23	12.174	+1.999	+2.233	+1.166	+1.100	+2.268
95 275	03 55 07	+00 28 38	13.479	+1.763	+1.740	+1.011	+0.931	+1.944
95 276	03 55 09	+00 27 12	14.118	+1.225	+1.218	+0.748	+0.646	+1.395
95 60	03 55 13	−00 05 46	13.429	+0.776	+0.197	+0.464	+0.449	+0.914
95 218	03 55 13	+00 11 26	12.095	+0.708	+0.208	+0.397	+0.370	+0.767
95 132	03 55 15	+00 06 39	12.064	+0.448	+0.300	+0.259	+0.287	+0.545
95 62	03 55 23	−00 01 36	13.538	+1.355	+1.181	+0.742	+0.685	+1.428
95 227	03 55 32	+00 15 52	15.779	+0.771	+0.034	+0.515	+0.552	+1.067
95 142	03 55 32	+00 02 38	12.927	+0.588	+0.097	+0.371	+0.375	+0.745
95 74	03 55 54	−00 07 56	11.531	+1.126	+0.686	+0.600	+0.567	+1.165
95 231	03 56 02	+00 12 01	14.216	+0.452	+0.297	+0.270	+0.290	+0.560
95 284	03 56 05	+00 27 55	13.669	+1.398	+1.073	+0.818	+0.766	+1.586
95 149	03 56 08	+00 08 20	10.938	+1.593	+1.564	+0.874	+0.811	+1.685
95 236	03 56 36	+00 10 05	11.491	+0.736	+0.162	+0.420	+0.411	+0.831
96 36	04 52 05	−00 09 25	10.591	+0.247	+0.118	+0.134	+0.136	+0.271
96 737	04 52 58	+00 23 13	11.716	+1.334	+1.160	+0.733	+0.695	+1.428
96 83	04 53 22	−00 13 58	11.719	+0.179	+0.202	+0.093	+0.097	+0.190
96 235	04 53 42	−00 04 19	11.140	+1.074	+0.898	+0.559	+0.510	+1.068
G97 42	05 28 26	+09 39 33	12.443	+1.639	+1.259	+1.171	+1.485	+2.655
G102 22	05 42 36	+12 29 21	11.509	+1.621	+1.134	+1.211	+1.590	+2.800
GD 71	05 52 54	+15 53 17	13.032	−0.249	−1.107	−0.137	−0.164	−0.302
97 249	05 57 31	+00 01 13	11.733	+0.648	+0.100	+0.369	+0.353	+0.723
97 345	05 57 56	+00 21 18	11.608	+1.655	+1.680	+0.928	+0.844	+1.771
97 351	05 58 00	+00 13 45	9.781	+0.202	+0.096	+0.124	+0.141	+0.264
97 75	05 58 18	−00 09 27	11.483	+1.872	+2.100	+1.047	+0.952	+1.999
97 284	05 58 48	+00 05 14	10.788	+1.363	+1.087	+0.774	+0.725	+1.500
98 563	06 51 55	−00 26 59	14.162	+0.416	−0.190	+0.294	+0.317	+0.610
98 978	06 51 57	−00 12 05	10.572	+0.609	+0.094	+0.349	+0.322	+0.671
98 581	06 52 03	−00 26 16	14.556	+0.238	+0.161	+0.118	+0.244	+0.361
98 618	06 52 13	−00 21 50	12.723	+2.192	+2.144	+1.254	+1.151	+2.407
98 185	06 52 25	−00 27 56	10.536	+0.202	+0.113	+0.109	+0.124	+0.231
98 193	06 52 26	−00 27 52	10.030	+1.180	+1.152	+0.615	+0.537	+1.153
98 650	06 52 28	−00 20 12	12.271	+0.157	+0.110	+0.080	+0.086	+0.166
98 653	06 52 28	−00 18 52	9.539	−0.004	−0.099	+0.009	+0.008	+0.017
98 666	06 52 33	−00 24 06	12.732	+0.164	−0.004	+0.091	+0.108	+0.200
98 671	06 52 35	−00 19 00	13.385	+0.968	+0.719	+0.575	+0.494	+1.071
98 670	06 52 35	−00 19 50	11.930	+1.356	+1.313	+0.723	+0.653	+1.375
98 675	06 52 36	−00 20 14	13.398	+1.909	+1.936	+1.082	+1.002	+2.085
98 676	06 52 37	−00 19 54	13.068	+1.146	+0.666	+0.683	+0.673	+1.352
98 682	06 52 40	−00 20 15	13.749	+0.632	+0.098	+0.366	+0.352	+0.717
98 685	06 52 41	−00 20 54	11.954	+0.463	+0.096	+0.290	+0.280	+0.570

Name	Right Ascension	Declination	V	B−V	U−B	V−R	R−I	V−I
	h m s	° ′ ″						
98 688	06 52 42	−00 24 07	12.754	+0.293	+0.245	+0.158	+0.180	+0.337
98 1087	06 52 44	−00 16 25	14.439	+1.595	+1.284	+0.928	+0.882	+1.812
98 1102	06 52 51	−00 14 17	12.113	+0.314	+0.089	+0.193	+0.195	+0.388
98 1119	06 53 00	−00 15 06	11.878	+0.551	+0.069	+0.312	+0.299	+0.611
98 724	06 53 00	−00 19 55	11.118	+1.104	+0.904	+0.575	+0.527	+1.103
98 1124	06 53 01	−00 17 08	13.707	+0.315	+0.258	+0.173	+0.201	+0.373
98 1122	06 53 01	−00 17 38	14.090	+0.595	−0.297	+0.376	+0.442	+0.816
98 733	06 53 03	−00 17 49	12.238	+1.285	+1.087	+0.698	+0.650	+1.347
RU 149G	07 24 35	−00 32 52	12.829	+0.541	+0.033	+0.322	+0.322	+0.645
RU 149A	07 24 36	−00 33 47	14.495	+0.298	+0.118	+0.196	+0.196	+0.391
RU 149F	07 24 37	−00 32 33	13.471	+1.115	+1.025	+0.594	+0.538	+1.132
RU 149	07 24 37	−00 33 58	13.866	−0.129	−0.779	−0.040	−0.068	−0.108
RU 149D	07 24 38	−00 33 42	11.480	−0.037	−0.287	+0.021	+0.008	+0.029
RU 149C	07 24 40	−00 33 20	14.425	+0.195	+0.141	+0.093	+0.127	+0.222
RU 149B	07 24 41	−00 34 00	12.642	+0.662	+0.151	+0.374	+0.354	+0.728
RU 149E	07 24 41	−00 32 13	13.718	+0.522	−0.007	+0.321	+0.314	+0.637
RU 152F	07 30 16	−02 05 49	14.564	+0.635	+0.069	+0.382	+0.315	+0.689
RU 152E	07 30 17	−02 06 28	12.362	+0.042	−0.086	+0.030	+0.034	+0.065
RU 152	07 30 21	−02 07 35	13.014	−0.190	−1.073	−0.057	−0.087	−0.145
RU 152B	07 30 22	−02 06 55	15.019	+0.500	+0.022	+0.290	+0.309	+0.600
RU 152A	07 30 23	−02 07 20	14.341	+0.543	−0.085	+0.325	+0.329	+0.654
RU 152C	07 30 25	−02 06 37	12.222	+0.573	−0.013	+0.342	+0.340	+0.683
RU 152D	07 30 29	−02 05 35	11.076	+0.875	+0.491	+0.473	+0.449	+0.921
99 438	07 56 17	−00 18 02	9.398	−0.155	−0.725	−0.059	−0.081	−0.141
99 447	07 56 30	−00 21 55	9.417	−0.067	−0.225	−0.032	−0.041	−0.074
100 241	08 52 57	−00 41 32	10.139	+0.157	+0.101	+0.078	+0.085	+0.163
100 162	08 53 37	−00 45 14	9.150	+1.276	+1.497	+0.649	+0.553	+1.203
100 280	08 53 58	−00 38 25	11.799	+0.494	−0.002	+0.295	+0.291	+0.588
100 394	08 54 18	−00 34 06	11.384	+1.317	+1.457	+0.705	+0.636	+1.341
PG0918+029D	09 21 45	+02 45 32	12.272	+1.044	+0.821	+0.575	+0.535	+1.108
PG0918+029	09 21 52	+02 44 06	13.327	−0.271	−1.081	−0.129	−0.159	−0.288
PG0918+029B	09 21 56	+02 46 03	13.963	+0.765	+0.366	+0.417	+0.370	+0.787
PG0918+029A	09 21 58	+02 44 23	14.490	+0.536	−0.032	+0.325	+0.336	+0.661
PG0918+029C	09 22 06	+02 44 41	13.537	+0.631	+0.087	+0.367	+0.357	+0.722
−12 2918	09 31 41	−13 31 19	10.067	+1.501	+1.166	+1.067	+1.318	+2.385
PG0942−029	09 45 35	−03 11 26	14.004	−0.294	−1.175	−0.130	−0.149	−0.280
101 315	09 55 14	−00 29 40	11.249	+1.153	+1.056	+0.612	+0.559	+1.172
101 316	09 55 15	−00 20 43	11.552	+0.493	+0.032	+0.293	+0.291	+0.584
101 320	09 55 56	−00 24 42	13.823	+1.052	+0.690	+0.581	+0.561	+1.141
101 404	09 56 04	−00 20 31	13.459	+0.996	+0.697	+0.530	+0.500	+1.029
101 324	09 56 20	−00 25 24	9.742	+1.161	+1.148	+0.591	+0.519	+1.110
101 326	09 56 31	−00 29 20	14.923	+0.729	+0.227	+0.406	+0.375	+0.780
101 327	09 56 32	−00 28 03	13.441	+1.155	+1.139	+0.717	+0.574	+1.290
101 413	09 56 37	−00 14 04	12.583	+0.983	+0.716	+0.529	+0.497	+1.025
101 268	09 56 40	−00 34 06	14.380	+1.531	+1.381	+1.040	+1.200	+2.237

Name	Right Ascension	Declination	V	B−V	U−B	V−R	R−I	V−I
	h m s	° ′ ″						
101 330	09 56 44	−00 29 31	13.723	+0.577	−0.026	+0.346	+0.338	+0.684
101 281	09 57 28	−00 33 52	11.575	+0.812	+0.419	+0.452	+0.412	+0.864
101 429	09 57 55	−00 20 24	13.496	+0.980	+0.782	+0.617	+0.526	+1.143
101 431	09 58 00	−00 20 03	13.684	+1.246	+1.144	+0.808	+0.708	+1.517
101 207	09 58 15	−00 49 46	12.419	+0.515	−0.078	+0.321	+0.320	+0.641
101 363	09 58 42	−00 27 46	9.874	+0.261	+0.129	+0.146	+0.151	+0.297
GD 108	10 01 10	−07 35 41	13.561	−0.215	−0.942	−0.098	−0.122	−0.220
G162 66	10 34 05	−11 43 58	13.012	−0.165	−0.996	−0.126	−0.141	−0.266
G44 27	10 36 25	+05 04 52	12.636	+1.586	+1.088	+1.185	+1.526	+2.714
PG1034+001	10 37 27	−00 10 40	13.228	−0.365	−1.274	−0.155	−0.203	−0.359
PG1047+003	10 50 26	−00 03 01	13.474	−0.290	−1.121	−0.132	−0.162	−0.295
PG1047+003A	10 50 29	−00 03 35	13.512	+0.688	+0.168	+0.422	+0.418	+0.840
PG1047+003B	10 50 31	−00 04 28	14.751	+0.679	+0.172	+0.391	+0.371	+0.764
PG1047+003C	10 50 37	−00 02 56	12.453	+0.607	−0.019	+0.378	+0.358	+0.737
G44 40	10 51 15	+06 46 00	11.675	+1.644	+1.213	+1.216	+1.568	+2.786
102 620	10 55 27	−00 50 43	10.069	+1.083	+1.020	+0.642	+0.524	+1.167
G45 20	10 57 04	+07 00 18	13.507	+2.034	+1.165	+1.823	+2.174	+4.000
102 1081	10 57 27	−00 15 38	9.903	+0.664	+0.255	+0.366	+0.333	+0.698
G163 27	10 57 57	−07 33 47	14.338	+0.288	−0.548	+0.206	+0.210	+0.417
G163 50	11 08 23	−05 11 56	13.059	+0.035	−0.688	−0.085	−0.072	−0.159
G163 51	11 08 29	−05 16 17	12.576	+1.506	+1.228	+1.084	+1.359	+2.441
G10 50	11 48 08	+00 46 26	11.153	+1.752	+1.318	+1.294	+1.673	+2.969
103 302	11 56 29	−00 50 25	9.861	+0.368	−0.056	+0.228	+0.237	+0.465
103 626	11 57 09	−00 25 45	11.836	+0.413	−0.057	+0.262	+0.274	+0.535
G12 43	12 33 39	+08 58 49	12.467	+1.846	+1.085	+1.530	+1.944	+3.479
104 428	12 42 04	−00 28 54	12.630	+0.985	+0.748	+0.534	+0.497	+1.032
104 430	12 42 13	−00 28 20	13.858	+0.652	+0.131	+0.364	+0.363	+0.727
104 330	12 42 35	−00 43 09	15.296	+0.594	−0.028	+0.369	+0.371	+0.739
104 440	12 42 37	−00 27 14	15.114	+0.440	−0.227	+0.289	+0.317	+0.605
104 334	12 42 43	−00 42 56	13.484	+0.518	−0.067	+0.323	+0.331	+0.653
104 239	12 42 46	−00 49 04	13.936	+1.356	+1.291	+0.868	+0.805	+1.675
104 336	12 42 48	−00 42 26	14.404	+0.830	+0.495	+0.461	+0.403	+0.865
104 338	12 42 53	−00 41 00	16.059	+0.591	−0.082	+0.348	+0.372	+0.719
104 455	12 43 15	−00 26 45	15.105	+0.581	−0.024	+0.360	+0.357	+0.716
104 457	12 43 17	−00 31 16	16.048	+0.753	+0.522	+0.484	+0.490	+0.974
104 460	12 43 26	−00 30 46	12.886	+1.287	+1.243	+0.813	+0.693	+1.507
104 461	12 43 29	−00 34 46	9.705	+0.476	−0.030	+0.289	+0.290	+0.580
104 350	12 43 37	−00 35 48	13.634	+0.673	+0.165	+0.383	+0.353	+0.736
104 490	12 44 57	−00 28 19	12.572	+0.535	+0.048	+0.318	+0.312	+0.630
104 598	12 45 40	−00 19 08	11.479	+1.106	+1.050	+0.670	+0.546	+1.215
PG1323−086	13 26 03	−08 51 39	13.481	−0.140	−0.681	−0.048	−0.078	−0.127
PG1323−086B	13 26 14	−08 53 15	13.406	+0.761	+0.265	+0.426	+0.407	+0.833
PG1323−086C	13 26 14	−08 50 59	14.003	+0.707	+0.245	+0.395	+0.363	+0.759
PG1323−086D	13 26 29	−08 52 56	12.080	+0.587	+0.005	+0.346	+0.335	+0.684
105 437	13 37 40	−00 40 13	12.535	+0.248	+0.067	+0.136	+0.143	+0.279

Name	Right Ascension	Declination	V	B−V	U−B	V−R	R−I	V−I
	h m s	o ′ ″						
105 815	13 40 25	−00 04 36	11.453	+0.385	−0.237	+0.267	+0.291	+0.560
+2 2711	13 42 42	+01 28 03	10.367	−0.166	−0.697	−0.072	−0.095	−0.167
121968	13 59 14	−02 57 03	10.254	−0.186	−0.908	−0.073	−0.098	−0.172
106 700	14 41 14	−00 25 31	9.785	+1.362	+1.582	+0.728	+0.641	+1.370
107 568	15 38 16	−00 18 45	13.054	+1.149	+0.862	+0.625	+0.595	+1.217
107 1006	15 38 56	+00 12 52	11.712	+0.766	+0.279	+0.442	+0.421	+0.863
107 456	15 39 06	−00 21 14	12.919	+0.921	+0.589	+0.537	+0.478	+1.015
107 351	15 39 09	−00 33 33	12.342	+0.562	−0.005	+0.351	+0.358	+0.708
107 592	15 39 13	−00 18 36	11.847	+1.318	+1.380	+0.709	+0.647	+1.357
107 599	15 39 33	−00 15 55	14.675	+0.698	+0.243	+0.433	+0.438	+0.869
107 601	15 39 37	−00 14 53	14.646	+1.412	+1.265	+0.923	+0.835	+1.761
107 602	15 39 42	−00 16 56	12.116	+0.991	+0.585	+0.545	+0.531	+1.074
107 626	15 40 28	−00 18 55	13.468	+1.000	+0.728	+0.600	+0.527	+1.126
107 627	15 40 31	−00 18 49	13.349	+0.779	+0.226	+0.465	+0.454	+0.918
107 484	15 40 40	−00 22 41	11.311	+1.237	+1.291	+0.664	+0.577	+1.240
107 639	15 41 08	−00 18 36	14.197	+0.640	−0.026	+0.399	+0.404	+0.803
G153 41	16 18 21	−15 36 58	13.422	−0.205	−1.133	−0.135	−0.154	−0.290
−12 4523	16 30 42	−12 40 11	10.069	+1.568	+1.192	+1.152	+1.498	+2.649
PG1633+099	16 35 45	+09 46 56	14.397	−0.192	−0.974	−0.093	−0.116	−0.212
PG1633+099A	16 35 47	+09 46 59	15.256	+0.873	+0.320	+0.505	+0.511	+1.015
PG1633+099B	16 35 55	+09 45 27	12.969	+1.081	+1.007	+0.590	+0.502	+1.090
PG1633+099C	16 35 59	+09 45 22	13.229	+1.134	+1.138	+0.618	+0.523	+1.138
PG1633+099D	16 36 02	+09 45 48	13.691	+0.535	−0.025	+0.324	+0.327	+0.650
108 475	16 37 24	−00 35 32	11.309	+1.380	+1.462	+0.744	+0.665	+1.409
108 551	16 38 11	−00 33 58	10.703	+0.179	+0.178	+0.099	+0.110	+0.208
PG1647+056	16 50 41	+05 32 11	14.773	−0.173	−1.064	−0.058	−0.022	−0.082
PG1657+078	16 59 54	+07 42 52	15.015	−0.149	−0.940	−0.063	−0.033	−0.100
109 71	17 44 30	−00 25 08	11.493	+0.323	+0.153	+0.186	+0.223	+0.410
109 381	17 44 35	−00 20 43	11.730	+0.704	+0.225	+0.428	+0.435	+0.861
109 954	17 44 39	−00 02 26	12.436	+1.296	+0.956	+0.764	+0.731	+1.496
109 231	17 45 43	−00 26 01	9.332	+1.462	+1.593	+0.785	+0.704	+1.492
109 537	17 46 06	−00 21 45	10.353	+0.609	+0.227	+0.376	+0.392	+0.768
G21 15	18 27 36	+04 03 28	13.889	+0.092	−0.598	−0.039	−0.030	−0.069
110 229	18 41 09	+00 02 16	13.649	+1.910	+1.391	+1.198	+1.155	+2.356
110 230	18 41 15	+00 02 50	14.281	+1.084	+0.728	+0.624	+0.596	+1.218
110 232	18 41 15	+00 02 21	12.516	+0.729	+0.147	+0.439	+0.450	+0.889
110 233	18 41 16	+00 01 18	12.771	+1.281	+0.812	+0.773	+0.818	+1.593
110 340	18 41 51	+00 15 50	10.025	+0.303	+0.127	+0.170	+0.182	+0.353
110 477	18 42 06	+00 27 10	13.988	+1.345	+0.715	+0.850	+0.857	+1.707
110 355	18 42 42	+00 08 52	11.944	+1.023	+0.504	+0.652	+0.727	+1.378
110 361	18 43 08	+00 08 33	12.425	+0.632	+0.035	+0.361	+0.348	+0.709
110 266	18 43 12	+00 05 35	12.018	+0.889	+0.411	+0.538	+0.577	+1.111
110 364	18 43 16	+00 08 23	13.615	+1.133	+1.095	+0.697	+0.585	+1.281
110 157	18 43 20	−00 08 30	13.491	+2.123	+1.679	+1.257	+1.139	+2.395
110 365	18 43 20	+00 07 51	13.470	+2.261	+1.895	+1.360	+1.270	+2.631

Name	Right Ascension	Declination	V	B−V	U−B	V−R	R−I	V−I
	h m s	° ′ ″						
110 496	18 43 22	+00 31 37	13.004	+1.040	+0.737	+0.607	+0.681	+1.287
110 280	18 43 30	−00 03 13	12.996	+2.151	+2.133	+1.235	+1.148	+2.384
110 499	18 43 31	+00 28 30	11.737	+0.987	+0.639	+0.600	+0.674	+1.273
110 502	18 43 33	+00 28 11	12.330	+2.326	+2.326	+1.373	+1.250	+2.625
110 503	18 43 35	+00 30 11	11.773	+0.671	+0.506	+0.373	+0.436	+0.808
110 441	18 43 57	+00 20 09	11.121	+0.555	+0.112	+0.324	+0.336	+0.660
110 450	18 44 14	+00 23 27	11.585	+0.944	+0.691	+0.552	+0.625	+1.177
110 315	18 44 15	+00 01 18	13.637	+2.069	+2.256	+1.206	+1.133	+2.338
111 775	19 37 39	+00 13 08	10.744	+1.738	+2.029	+0.965	+0.896	+1.862
111 773	19 37 39	+00 12 00	8.963	+0.206	−0.210	+0.119	+0.144	+0.262
111 1925	19 37 52	+00 26 05	12.388	+0.395	+0.262	+0.221	+0.253	+0.474
111 1965	19 38 05	+00 27 53	11.419	+1.710	+1.865	+0.951	+0.877	+1.830
111 1969	19 38 06	+00 26 51	10.382	+1.959	+2.306	+1.177	+1.222	+2.400
111 2039	19 38 28	+00 33 15	12.395	+1.369	+1.237	+0.739	+0.689	+1.430
111 2088	19 38 44	+00 32 03	13.193	+1.610	+1.678	+0.888	+0.818	+1.708
111 2093	19 38 46	+00 32 28	12.538	+0.637	+0.283	+0.370	+0.397	+0.766
112 595	20 41 41	+00 18 05	11.352	+1.601	+1.993	+0.899	+0.901	+1.801
112 704	20 42 25	+00 20 46	11.452	+1.536	+1.742	+0.822	+0.746	+1.570
112 223	20 42 38	+00 10 37	11.424	+0.454	+0.010	+0.273	+0.274	+0.547
112 250	20 42 49	+00 09 20	12.095	+0.532	−0.025	+0.317	+0.323	+0.639
112 275	20 42 58	+00 08 58	9.905	+1.210	+1.299	+0.647	+0.569	+1.217
112 805	20 43 10	+00 17 46	12.086	+0.152	+0.150	+0.063	+0.075	+0.138
112 822	20 43 18	+00 16 40	11.549	+1.031	+0.883	+0.558	+0.502	+1.060
MARK A2	20 44 19	−10 43 53	14.540	+0.666	+0.096	+0.379	+0.371	+0.751
MARK A1	20 44 23	−10 45 34	15.911	+0.609	−0.014	+0.367	+0.373	+0.740
MARK A	20 44 24	−10 46 03	13.258	−0.242	−1.162	−0.115	−0.125	−0.241
MARK A3	20 44 28	−10 43 59	14.818	+0.938	+0.651	+0.587	+0.510	+1.098
WOLF 918	21 09 42	−13 16 33	10.868	+1.494	+1.146	+0.981	+1.088	+2.065
113 221	21 41 00	+00 23 07	12.071	+1.031	+0.874	+0.550	+0.490	+1.041
113 339	21 41 19	+00 30 02	12.250	+0.568	−0.034	+0.340	+0.347	+0.687
113 342	21 41 23	+00 29 40	10.878	+1.015	+0.696	+0.537	+0.513	+1.050
113 241	21 41 32	+00 27 52	14.352	+1.344	+1.452	+0.897	+0.797	+1.683
113 466	21 41 50	+00 42 19	10.004	+0.454	−0.001	+0.281	+0.282	+0.563
113 259	21 42 08	+00 19 44	11.742	+1.194	+1.221	+0.621	+0.543	+1.166
113 260	21 42 11	+00 25 57	12.406	+0.514	+0.069	+0.308	+0.298	+0.606
113 475	21 42 14	+00 41 25	10.306	+1.058	+0.844	+0.570	+0.527	+1.098
113 492	21 42 51	+00 40 26	12.174	+0.553	+0.005	+0.342	+0.341	+0.684
113 493	21 42 52	+00 40 16	11.767	+0.786	+0.392	+0.430	+0.393	+0.824
113 163	21 42 58	+00 18 50	14.540	+0.658	+0.106	+0.380	+0.355	+0.735
113 177	21 43 20	+00 16 48	13.560	+0.789	+0.318	+0.456	+0.436	+0.890
113 182	21 43 31	+00 16 54	14.370	+0.659	+0.065	+0.402	+0.422	+0.824
113 187	21 43 44	+00 18 59	15.080	+1.063	+0.969	+0.638	+0.535	+1.174
113 189	21 43 51	+00 19 25	15.421	+1.118	+0.958	+0.713	+0.605	+1.319
113 191	21 43 57	+00 17 59	12.337	+0.799	+0.223	+0.471	+0.466	+0.937
113 195	21 44 04	+00 19 26	13.692	+0.730	+0.201	+0.418	+0.413	+0.832

Name	Right Ascension	Declination	V	B−V	U−B	V−R	R−I	V−I
	h m s	o ′ ″						
G93 48	21 52 48	+02 25 25	12.739	−0.008	−0.792	−0.097	−0.094	−0.191
PG2213−006C	22 16 41	−00 19 59	15.109	+0.721	+0.177	+0.426	+0.404	+0.830
PG2213−006B	22 16 45	−00 19 33	12.706	+0.749	+0.297	+0.427	+0.402	+0.829
PG2213−006A	22 16 46	−00 19 12	14.178	+0.673	+0.100	+0.406	+0.403	+0.808
PG2213−006	22 16 51	−00 18 58	14.124	−0.217	−1.125	−0.092	−0.110	−0.203
G156 31	22 38 58	−15 15 36	12.361	+1.993	+1.408	+1.648	+2.042	+3.684
114 531	22 41 00	+00 54 17	12.094	+0.733	+0.186	+0.422	+0.403	+0.825
114 637	22 41 06	+01 05 32	12.070	+0.801	+0.307	+0.456	+0.415	+0.872
114 548	22 42 00	+01 01 27	11.601	+1.362	+1.573	+0.738	+0.651	+1.387
114 750	22 42 08	+01 14 58	11.916	−0.041	−0.354	+0.027	−0.015	+0.011
114 670	22 42 32	+01 12 38	11.101	+1.206	+1.223	+0.645	+0.561	+1.208
114 176	22 43 33	+00 23 37	9.239	+1.485	+1.853	+0.800	+0.717	+1.521
G156 57	22 53 41	−14 13 30	10.180	+1.556	+1.182	+1.174	+1.542	+2.713
GD 246	23 12 58	+10 52 53	13.094	−0.318	−1.187	−0.148	−0.183	−0.332
F 108	23 16 36	−01 48 08	12.958	−0.235	−1.052	−0.103	−0.135	−0.239
PG2317+046	23 20 18	+04 55 02	12.876	−0.246	−1.137	−0.074	−0.035	−0.118
115 486	23 41 56	+01 19 15	12.482	+0.493	−0.049	+0.298	+0.308	+0.607
115 420	23 43 00	+01 08 29	11.161	+0.468	−0.027	+0.286	+0.293	+0.580
115 271	23 43 05	+00 47 43	9.695	+0.615	+0.101	+0.353	+0.349	+0.701
115 516	23 44 38	+01 16 42	10.434	+1.028	+0.759	+0.563	+0.534	+1.098
PG2349+002	23 52 16	+00 30 48	13.277	−0.191	−0.921	−0.103	−0.116	−0.219

The table of bright Johnson *UBVRI* standards listed in editions prior to 2003 now appears on *The Astronomical Almanac Online* at: **http://asa.usno.navy.mil** and **http://asa.nao.rl.ac.uk**

BS=HR No.		Name		Right Ascension	Declination	Spectral Type	V	$b-y$	m_1	c_1	β
				h m s	o ′ ″						
9076		ϵ	Tuc	00 00 18.1	−65 32 08	B9 IV	4.50	−0.023	+0.098	+0.881	2.722
9088	85		Peg	00 02 33.7	+27 07 20	G2 V	5.75	+0.430	+0.187	+0.214	2.558
9091		ζ	Scl	00 02 42.9	−29 40 43	B4 III	5.04	−0.063	+0.106	+0.450	2.712
9107				00 05 17.4	+34 42 06	G2 V	6.10	+0.412	+0.169	+0.312	
15	21	α	And	00 08 46.6	+29 07 55	B9p Hg Mn	2.06*	−0.046	+0.120	+0.520	2.743
21	11	β	Cas	00 09 34.9	+59 11 28	F2 III	2.27*	+0.216	+0.177	+0.785	
27	22		And	00 10 42.8	+46 06 50	F0 II	5.04	+0.273	+0.123	+1.082	2.666
63	24	θ	And	00 17 29.1	+38 43 24	A2 V	4.62	+0.026	+0.180	+1.049	2.880
100		κ	Phe	00 26 34.2	−43 38 18	A5 Vn	3.95	+0.098	+0.194	+0.918	2.846
114	28		And	00 30 31.2	+29 47 34	Am	5.23*	+0.169	+0.165	+0.869	
184	20	π	Cas	00 43 53.2	+47 03 56	A5 V	4.96	+0.086	+0.226	+0.901	
193	22	o	Cas	00 45 08.8	+48 19 31	B5 III	4.62*	+0.007	+0.076	+0.479	2.667
233				00 51 11.3	+64 17 18	G0 III−IV + B9.5 V	5.39	+0.355	+0.127	+0.696	
269	37	μ	And	00 57 10.3	+38 32 24	A5 IV−V	3.87	+0.068	+0.194	+1.056	2.865
343	33	θ	Cas	01 11 33.8	+55 11 23	A7m	4.34*	+0.087	+0.213	+0.997	
373	39		Cet	01 16 59.2	−02 27 40	G5 IIIe	5.41*	+0.554	+0.285	+0.335	
413	93	ρ	Psc	01 26 39.6	+19 12 40	F2 V:	5.35	+0.259	+0.146	+0.481	
458	50	υ	And	01 37 14.4	+41 26 34	F8 V	4.10	+0.344	+0.179	+0.409	2.629
493	107		Psc	01 42 54.3	+20 18 17	K1 V	5.24	+0.493	+0.364	+0.298	
531	53	χ	Cet	01 49 57.2	−10 38 58	F2 IV−V	4.66	+0.209	+0.188	+0.649	2.737
617	13	α	Ari	02 07 35.9	+23 29 51	K2 IIIab	2.00	+0.696	+0.526	+0.395	
623	14		Ari	02 09 51.1	+25 58 30	F2 III	4.98	+0.210	+0.185	+0.874	2.723
635	64		Cet	02 11 44.9	+08 36 17	G0 IV	5.64	+0.361	+0.180	+0.469	2.627
660	8	δ	Tri	02 17 30.8	+34 15 30	G0 V	4.86	+0.390	+0.187	+0.259	
672				02 18 24.9	+01 47 35	G0.5 IVb	5.60	+0.370	+0.188	+0.405	2.619
675	10		Tri	02 19 23.2	+28 40 37	A2 V	5.03	+0.011	+0.161	+1.145	
685	9		Per	02 22 53.1	+55 52 46	A2 IA	5.17*	+0.321	−0.038	+0.753	
717	12		Tri	02 28 36.5	+29 42 09	F0 III	5.29	+0.178	+0.211	+0.780	
773	32	ν	Ari	02 39 14.6	+21 59 36	A7 V	5.30	+0.092	+0.182	+1.095	2.829
784				02 40 34.3	−09 25 16	F6 V	5.79	+0.330	+0.168	+0.362	2.627
801	35		Ari	02 43 53.6	+27 44 19	B3 V	4.65	−0.052	+0.097	+0.333	2.684
811	89	π	Cet	02 44 28.8	−13 49 38	B7 V	4.25	−0.052	+0.105	+0.599	2.718
813	87	μ	Cet	02 45 20.9	+10 08 44	F0m F2 V+	4.27*	+0.189	+0.188	+0.756	2.751
812	38		Ari	02 45 22.2	+12 28 37	A7 III−IV	5.18*	+0.136	+0.186	+0.842	2.798
870				02 56 37.9	+08 24 41	F7 IV	5.97	+0.306	+0.175	+0.505	2.662
913				03 02 31.6	−06 27 56	G0 IV−V	6.20	+0.373	+0.205	+0.394	2.621
937		ι	Per	03 09 36.7	+49 38 29	G0 V	4.05	+0.376	+0.201	+0.376	
962	94		Cet	03 13 09.4	−01 10 06	G0 IV	5.06	+0.363	+0.186	+0.425	
1006		ζ^1	Ret	03 17 56.0	−62 32 49	G3−5 V	5.51	+0.403	+0.204	+0.284	
1010		ζ^2	Ret	03 18 22.7	−62 28 41	G2 V	5.23	+0.381	+0.183	+0.297	
1024				03 23 39.7	−07 46 06	G2 V	6.20	+0.449	+0.198	+0.295	
1017	33	α	Per	03 24 51.7	+49 53 14	F5 Ib	1.79	+0.302	+0.195	+1.074	2.677
1030	1	o	Tau	03 25 13.1	+09 03 17	G6 IIIa Fe−1	3.61	+0.547	+0.333	+0.426	
1089				03 35 13.0	+06 26 32	G0	6.49	+0.408	+0.183	+0.452	2.613
1140	16		Tau	03 45 15.1	+24 18 45	B7 IV	5.46	+0.005	+0.097	+0.650	2.750
1144	18		Tau	03 45 36.7	+24 51 44	B8 V	5.67	−0.021	+0.107	+0.638	2.750
1178	27		Tau	03 49 36.6	+24 04 33	B8 III	3.62	−0.019	+0.092	+0.708	2.696
1201				03 53 35.8	+17 20 56	F4 V	5.97	+0.221	+0.166	+0.610	2.712
1269	42	ψ	Tau	04 07 28.4	+29 01 16	F1 V	5.23	+0.226	+0.159	+0.588	
1292	45		Tau	04 11 44.3	+05 32 32	F4 V	5.71	+0.231	+0.164	+0.597	2.710

BS=HR No.	Name			Right Ascension	Declination	Spectral Type	V	$b-y$	m_1	c_1	β
				h m s	° ′ ″						
1303	51	μ	Per	04 15 27.1	+48 25 40	G0 Ib	4.15*	+0.614	+0.268	+0.551	
1321				04 15 49.8	+06 13 04	G5 IV	6.94	+0.425	+0.240	+0.297	2.580
1322				04 15 52.8	+06 12 18	G0 IV	6.32	+0.369	+0.185	+0.331	2.606
1329	50	ω	Tau	04 17 42.1	+20 35 47	A3m	4.94	+0.146	+0.235	+0.745	
1331	51		Tau	04 18 49.9	+21 35 50	F0 V	5.64	+0.171	+0.191	+0.784	
1341	56		Tau	04 20 03.4	+21 47 28	A0p	5.38	−0.094	+0.197	+0.536	2.768
1346	54	γ	Tau	04 20 13.3	+15 38 43	G9.5 IIIab CN 0.5	3.64*	+0.596	+0.422	+0.385	
1327				04 21 23.0	+65 09 28	G5 IIb	5.26	+0.513	+0.286	+0.402	
1373	61	δ	Tau	04 23 22.1	+17 33 34	G9.5 III CN 0.5	3.76*	+0.597	+0.424	+0.405	
1376	63		Tau	04 23 50.9	+16 47 39	F0m	5.63	+0.179	+0.244	+0.731	2.785
1387	65	κ	Tau	04 25 49.1	+22 18 38	A5 IV−V	4.22*	+0.070	+0.200	+1.054	2.864
1388	67		Tau	04 25 51.9	+22 13 00	A7 V	5.28*	+0.149	+0.193	+0.840	
1394	71	v777	Tau	04 26 46.4	+15 38 05	F0n IV−V	4.49	+0.153	+0.183	+0.933	
1411	77	θ^1	Tau	04 29 00.3	+15 58 42	G9 III Fe−0.5	3.85	+0.584	+0.394	+0.393	
1409	74	ϵ	Tau	04 29 03.3	+19 11 47	G9.5 III CN 0.5	3.53	+0.616	+0.449	+0.417	
1412	78	θ^2	Tau	04 29 05.5	+15 53 13	A7 III	3.41*	+0.101	+0.199	+1.014	2.831
1414	79		Tau	04 29 15.4	+13 03 49	A7 V	5.02	+0.116	+0.225	+0.907	2.836
1430	83		Tau	04 31 02.7	+13 44 25	F0 V	5.40	+0.154	+0.200	+0.813	
1444	86	ρ	Tau	04 34 16.5	+14 51 35	A9 V	4.65	+0.146	+0.199	+0.829	2.797
1457	87	α	Tau	04 36 21.1	+16 31 26	K5+ III	0.86*	+0.955	+0.814	+0.373	
1543	1	π^3	Ori	04 50 14.9	+06 58 26	F6 V	3.18*	+0.299	+0.162	+0.416	2.652
1552	3	π^4	Ori	04 51 36.4	+05 37 03	B2 III	3.68	−0.056	+0.073	+0.135	2.606
1577	3	ι	Aur	04 57 29.0	+33 10 38	K3 II	2.69*	+0.937	+0.775	+0.307	
1620	102	ι	Tau	05 03 32.7	+21 36 00	A7 IV	4.63	+0.078	+0.203	+1.034	2.847
1641	10	η	Aur	05 07 02.5	+41 14 38	B3 V	3.16*	−0.085	+0.104	+0.318	2.685
1656	104		Tau	05 07 53.6	+18 39 16	G4 V	4.91	+0.410	+0.201	+0.328	
1662	13		Ori	05 08 03.0	+09 28 49	G1 IV	6.17	+0.398	+0.185	+0.350	2.590
1672	16		Ori	05 09 44.4	+09 50 19	A9m	5.42	+0.136	+0.251	+0.835	2.828
1729	15	λ	Aur	05 19 40.2	+40 06 18	G1.5 IV−V Fe−1	4.71	+0.389	+0.206	+0.363	2.598
1865	11	α	Lep	05 33 03.7	−17 49 03	F0 Ib	2.57	+0.142	+0.150	+1.496	
1861				05 33 04.1	−01 35 13	B1 IV	5.34*	−0.074	+0.073	+0.002	2.615
1905	122		Tau	05 37 29.9	+17 02 40	F0 V	5.53	+0.132	+0.203	+0.856	
2056		λ	Col	05 53 23.2	−33 48 00	B5 V	4.89*	−0.070	+0.115	+0.413	2.718
2034	136		Tau	05 53 47.9	+27 36 48	A0 IV	4.56	+0.001	+0.133	+1.152	
2047	54	χ^1	Ori	05 54 49.7	+20 16 37	G0− V Ca 0.5	4.41	+0.378	+0.194	+0.307	2.599
2106		γ	Col	05 57 48.2	−35 16 58	B2.5 IV	4.36	−0.073	+0.093	+0.362	2.644
2143	40		Aur	06 07 06.1	+38 28 53	A4m	5.35*	+0.139	+0.222	+0.923	
2233				06 15 57.2	−00 30 56	F6 V	5.62	+0.325	+0.154	+0.446	2.633
2236				06 16 17.2	+01 09 58	F5 IV:	6.36	+0.299	+0.148	+0.476	2.645
2264	45		Aur	06 22 22.7	+53 26 53	F5 III	5.33	+0.285	+0.170	+0.627	
2313				06 25 39.6	−00 57 03	F8 V	5.88	+0.361	+0.170	+0.395	2.613
2473	27	ϵ	Gem	06 44 23.6	+25 07 23	G8 Ib	3.00	+0.868	+0.656	+0.282	
2484	31	ξ	Gem	06 45 42.6	+12 53 13	F5 IV	3.36*	+0.288	+0.167	+0.552	
2483	56	ψ^5	Aur	06 47 16.7	+43 34 09	G0 V	5.25	+0.359	+0.184	+0.376	
2585	16		Lyn	06 58 09.9	+45 05 01	A2 Vn	4.91	+0.014	+0.159	+1.109	
2622				07 00 40.1	−05 22 40	G0 III−IV	6.29	+0.359	+0.192	+0.402	
2657	23	γ	CMa	07 04 05.9	−15 38 41	B8 II	4.11	−0.046	+0.099	+0.556	2.689
2707	21		Mon	07 11 46.6	−00 18 53	A8 Vn −F3 Vn	5.44*	+0.185	+0.184	+0.875	
2763	54	λ	Gem	07 18 31.4	+16 31 35	A4 IV	3.58*	+0.048	+0.198	+1.055	
2779				07 20 11.9	+07 07 43	F8 V	5.92	+0.339	+0.169	+0.469	2.628

BS=HR No.	Name			Right Ascension	Declination	Spectral Type	V	b−y	m₁	c₁	β
				h m s	° ′ ″						
2777	55	δ	Gem	07 20 34.2	+21 58 05	F0 V⁺	3.53	+0.221	+0.156	+0.696	2.712
2798				07 21 38.4	−08 53 34	F5	6.55	+0.343	+0.174	+0.390	
2807				07 22 41.2	−02 59 38	F5	6.24	+0.432	+0.216	+0.588	
2845	3	β	CMi	07 27 33.4	+08 16 25	B8 V	2.89*	−0.038	+0.113	+0.799	2.731
2852	62	ρ	Gem	07 29 35.6	+31 46 09	F0 V⁺	4.18	+0.214	+0.155	+0.613	2.713
2866				07 29 47.5	−07 34 01	F8 V	5.86	+0.311	+0.155	+0.392	
2857	64		Gem	07 29 48.4	+28 06 08	A4 V	5.05	+0.062	+0.202	+1.013	
2883				07 32 27.3	−08 53 53	F5 V	5.93	+0.355	+0.124	+0.335	2.595
2880	7	δ¹	CMi	07 32 29.3	+01 53 53	F0 III	5.25	+0.128	+0.173	+1.198	
2886	68		Gem	07 34 02.1	+15 48 36	A1 Vn	5.28	+0.037	+0.143	+1.178	
2918				07 36 58.7	+05 50 42	G0 V	5.90	+0.375	+0.188	+0.387	2.610
2927	25		Mon	07 37 39.1	−04 07 41	F6 III	5.14	+0.283	+0.180	+0.643	
2948/9				07 39 07.8	−26 49 09	B6 V + B5 IVn	3.83	−0.076	+0.121	+0.400	
2930	71	o	Gem	07 39 39.2	+34 34 00	F3 III	4.89	+0.270	+0.173	+0.654	
2961				07 39 43.2	−38 19 32	B2.5 V	4.84	−0.084	+0.103	+0.303	
2985	77	κ	Gem	07 44 54.0	+24 22 46	G8 III	3.57	+0.573	+0.379	+0.398	
3003	81		Gem	07 46 33.5	+18 29 29	K4 III	4.85	+0.895	+0.735	+0.451	
3084		QZ	Pup	07 52 54.6	−38 52 57	B2.5 V	4.50*	−0.083	+0.104	+0.244	
3131				08 00 12.2	−18 25 13	A2 IVn	4.61	+0.048	+0.161	+1.122	2.837
3173	27		Lyn	08 09 01.1	+51 29 04	A1 Va	4.81	+0.017	+0.151	+1.105	
3249	17	β	Cnc	08 16 55.3	+09 09 43	K4 III Ba 0.5	3.52	+0.914	+0.758	+0.371	
3262	18	χ	Cnc	08 20 31.1	+27 11 35	F6 V	5.14	+0.314	+0.146	+0.384	
3271				08 20 35.9	−00 56 01	F9 V	6.17	+0.385	+0.193	+0.414	2.612
3297	1		Hya	08 24 57.4	−03 46 33	F3 V	5.60	+0.311	+0.138	+0.400	2.631
3314				08 26 02.1	−03 55 53	A0 Va	3.90	−0.006	+0.156	+1.024	2.898
3410	4	δ	Hya	08 38 03.2	+05 40 38	A1 IVnn	4.15	+0.009	+0.152	+1.091	2.855
3454	7	η	Hya	08 43 37.0	+03 22 17	B4 V	4.30*	−0.087	+0.093	+0.241	2.653
3459				08 44 02.5	−07 15 40	G1 Ib	4.63	+0.517	+0.294	+0.472	
3538				08 54 40.1	−05 27 48	G3 V	6.01	+0.410	+0.239	+0.325	2.597
3555	59	σ²	Cnc	08 57 24.3	+32 52 52	A7 IV	5.45	+0.084	+0.205	+0.972	
3619	15		UMa	09 09 23.8	+51 34 26	F0m	4.46	+0.165	+0.248	+0.762	
3624	14	τ	UMa	09 11 31.7	+63 28 57	Am	4.65	+0.214	+0.253	+0.711	
3657				09 14 02.9	+21 15 07	A2 V	6.48	+0.017	+0.164	+1.094	
3665	22	θ	Hya	09 14 45.2	+02 16 56	B9.5 IV (C II)	3.88	−0.028	+0.145	+0.944	
3662	18		UMa	09 16 43.5	+53 59 26	A5 V	4.84*	+0.113	+0.196	+0.892	
3759	31	τ¹	Hya	09 29 31.7	−02 48 07	F6 V	4.60	+0.295	+0.164	+0.453	
3757	23		UMa	09 32 06.8	+63 01 43	F0 IV	3.67*	+0.211	+0.180	+0.752	
3775	25	θ	UMa	09 33 21.3	+51 38 34	F6 IV	3.18	+0.314	+0.153	+0.463	
3800	10	SU	LMi	09 34 40.8	+36 21 50	G7.5 III Fe−0.5	4.55	+0.561	+0.349	+0.375	
3815	11		LMi	09 36 06.4	+35 46 33	G8 IIIv	5.41	+0.473	+0.304	+0.372	
3856				09 39 33.5	−61 21 44	B9 IV−V	4.51*	−0.034	+0.140	+0.821	
3849	38	κ	Hya	09 40 39.9	−14 22 00	B5 V	5.07	−0.070	+0.110	+0.407	2.704
3852	14	o	Leo	09 41 33.0	+09 51 28	F5 II + A5?	3.52	+0.306	+0.234	+0.615	
3881				09 49 04.2	+45 59 09	G0.5 Va	5.10	+0.390	+0.203	+0.382	
3893	4		Sex	09 50 53.5	+04 18 30	F7 Vn	6.24	+0.306	+0.161	+0.419	2.646
3901				09 51 44.0	−06 13 02	F8 V	6.43	+0.363	+0.185	+0.412	
3906	7		Sex	09 52 35.4	+02 25 08	A0 Vs	6.03	−0.015	+0.136	+1.040	
3928	19		LMi	09 58 08.5	+41 01 11	F5 V	5.14	+0.300	+0.165	+0.457	
3951	20		LMi	10 01 26.5	+31 53 11	G3 Va Hδ 1	5.35	+0.416	+0.234	+0.388	2.599
3975	30	η	Leo	10 07 44.4	+16 43 33	A0 Ib	3.53	+0.030	+0.068	+0.966	

BS=HR No.	Name			Right Ascension	Declination	Spectral Type	V	b−y	m₁	c₁	β
				h m s	° ′ ″						
3974	21		LMi	10 07 52.2	+35 12 28	A7 V	4.49*	+0.106	+0.201	+0.876	2.837
4031	36	ζ	Leo	10 17 06.4	+23 22 47	F0 III	3.44	+0.196	+0.169	+0.986	2.722
4054	40		Leo	10 20 08.6	+19 25 57	F6 IV	4.79*	+0.299	+0.166	+0.462	
4057/8	41	γ¹	Leo	10 20 23.2	+19 48 11	K1⁻ IIIb Fe−0.5	1.98*	+0.689	+0.457	+0.373	
4090	30		LMi	10 26 20.5	+33 45 28	F0 V	4.73	+0.150	+0.196	+0.959	
4101	45		Leo	10 28 02.7	+09 43 26	A0p	6.04	−0.036	+0.180	+0.956	
4119	30	β	Sex	10 30 40.5	−00 40 32	B6 V	5.08	−0.061	+0.113	+0.479	2.730
4133	47	ρ	Leo	10 33 12.3	+09 16 04	B1 Iab	3.86*	−0.027	+0.040	−0.040	2.552
4166	37		LMi	10 39 08.4	+31 56 14	G2.5 IIa	4.72	+0.512	+0.297	+0.477	2.595
4277	47		UMa	10 59 53.0	+40 23 24	G1⁻ V Fe−0.5	5.05	+0.392	+0.203	+0.337	
4293				11 00 30.0	−42 15 58	A3 IV	4.38	+0.059	+0.179	+1.116	
4288	49		UMa	11 01 15.5	+39 10 18	F0 Vs	5.07	+0.142	+0.198	+1.012	
4300	60		Leo	11 02 43.7	+20 08 22	A0.5m A3 V	4.42	+0.022	+0.194	+1.019	
4343	11	β	Crt	11 12 01.7	−22 52 01	A2 IV	4.47	+0.011	+0.164	+1.190	2.877
4378				11 18 44.5	+11 56 36	A2 V	6.66	+0.024	+0.190	+1.052	
4386	77	σ	Leo	11 21 31.4	+05 59 17	A0 III⁺	4.05	−0.020	+0.127	+1.014	
4392	56		UMa	11 23 14.1	+43 26 29	G7.5 IIIa	4.99	+0.610	+0.416	+0.396	
4405	15	γ	Crt	11 25 15.4	−17 43 31	A7 V	4.07	+0.118	+0.195	+0.895	2.823
4456	90		Leo	11 35 05.9	+16 45 19	B4 V	5.95	−0.066	+0.095	+0.323	2.687
4501	62		UMa	11 41 57.6	+31 42 16	F4 V	5.74	+0.312	+0.118	+0.401	
4515	2	ξ	Vir	11 45 40.2	+08 12 59	A4 V	4.85	+0.090	+0.196	+0.928	2.855
4527	93	DQ	Leo	11 48 22.3	+20 10 38	G4 III−IV + A7 V	4.53*	+0.352	+0.186	+0.725	
4534	94	β	Leo	11 49 26.5	+14 31 48	A3 Va	2.14*	+0.044	+0.210	+0.975	2.900
4540	5	β	Vir	11 51 05.2	+01 43 21	F9 V	3.60	+0.354	+0.186	+0.415	2.629
4550				11 53 24.6	+37 39 53	G8 V P	6.43	+0.483	+0.225	+0.153	
4554	64	γ	UMa	11 54 13.4	+53 39 11	A0 Van	2.44	+0.006	+0.153	+1.113	2.884
4618				12 08 28.7	−50 42 11	B2 IIIne	4.47	−0.076	+0.108	+0.254	2.682
4689	15	η	Vir	12 20 17.4	−00 42 30	A1 IV⁺	3.90*	+0.017	+0.163	+1.130	
4695	16		Vir	12 20 43.8	+03 16 15	K0.5 IIIb Fe−0.5	4.97	+0.717	+0.485	+0.516	
4705				12 22 33.4	+24 43 56	A0 V	6.20	−0.002	+0.169	+1.034	
4707	12		Com	12 22 52.9	+25 48 17	G5 III + A5	4.81	+0.322	+0.175	+0.779	2.701
4753	18		Com	12 29 49.5	+24 04 03	F5 III	5.48	+0.289	+0.170	+0.609	
4775	8	η	Crv	12 32 27.5	−16 14 15	F2 V	4.30*	+0.245	+0.167	+0.543	2.700
4789	23		Com	12 35 13.5	+22 35 17	A0m A1 IV	4.81	+0.008	+0.144	+1.090	
4802		τ	Cen	12 38 07.0	−48 34 57	A1 IVnn	3.86	+0.026	+0.159	+1.086	2.870
4861	28		Com	12 48 36.9	+13 30 44	A1 V	6.56	+0.012	+0.167	+1.052	
4865	29		Com	12 49 16.8	+14 04 54	A1 V	5.70	+0.020	+0.156	+1.130	
4869	30		Com	12 49 39.3	+27 30 42	A2 V	5.78	+0.025	+0.169	+1.074	
4883	31		Com	12 52 03.8	+27 30 00	G0 IIIp	4.93	+0.437	+0.186	+0.416	2.592
4889				12 53 51.3	−40 13 10	A7 V	4.26	+0.125	+0.185	+0.971	2.816
4914	12	α¹	CVn	12 56 21.6	+38 16 28	F0 V	5.60	+0.230	+0.152	+0.578	
4931	78		UMa	13 01 02.9	+56 19 34	F2 V	4.92*	+0.244	+0.170	+0.575	2.707
4983	43	β	Com	13 12 13.4	+27 50 25	F9.5 V	4.26	+0.370	+0.191	+0.337	2.608
5011	59		Vir	13 17 08.9	+09 23 06	G0 Vs	5.19	+0.372	+0.191	+0.385	2.614
5017	20	AO	CVn	13 17 52.7	+40 32 00	F3 III(str. met.)	4.72*	+0.174	+0.238	+0.915	
5062	80		UMa	13 25 31.5	+54 56 57	A5 Vn	4.02*	+0.097	+0.192	+0.928	2.847
5072	70		Vir	13 28 47.8	+13 44 20	G4 V	4.97	+0.446	+0.232	+0.350	
5163				13 44 17.7	−05 32 11	A1 V	6.53	+0.028	+0.172	+0.980	
5168	1		Cen	13 46 06.9	−33 04 53	F2 V⁺	4.23*	+0.247	+0.164	+0.548	2.700
5235	8	η	Boo	13 55 02.5	+18 21 37	G0 IV	2.68	+0.376	+0.203	+0.476	2.627

BS=HR No.	Name			Right Ascension	Declination	Spectral Type	V	b−y	m₁	c₁	β
				h m s	° ′ ″						
5270				14 02 53.9	+09 39 00	G8: II: Fe−5	6.21	+0.638	+0.087	+0.541	2.533
5280				14 03 16.5	+50 56 09	A2 V	6.15	+0.020	+0.181	+1.016	
5285		χ	Cen	14 06 30.4	−41 12 55	B2 V	4.36*	−0.094	+0.102	+0.161	2.661
5304	12		Boo	14 10 44.5	+25 03 23	F8 IV	4.82	+0.347	+0.172	+0.443	
5414				14 28 51.2	+28 15 22	A1 V	7.62	+0.014	+0.168	+1.018	
5415				14 28 53.1	+28 15 26	A1 V	7.12	+0.008	+0.146	+1.020	
5447	28	σ	Boo	14 35 00.4	+29 42 46	F2 V	4.47*	+0.253	+0.135	+0.484	2.675
5511	109		Vir	14 46 37.7	+01 51 42	A0 IVnn	3.74	+0.006	+0.137	+1.078	2.846
5522				14 49 17.3	−00 52 43	B9 Vp:v	6.16	−0.007	+0.132	+0.996	
5530	8	α¹	Lib	14 51 06.1	−16 01 41	F3 V	5.16	+0.265	+0.156	+0.494	2.681
5531	9	α²	Lib	14 51 17.7	−16 04 21	A3 III−IV	2.75	+0.074	+0.192	+0.996	2.860
5634	45		Boo	15 07 37.8	+24 50 25	F5 V	4.93	+0.287	+0.161	+0.448	
5633				15 07 41.0	+18 24 47	A3 V	6.02	+0.032	+0.190	+1.017	
5626		λ	Lup	15 09 21.1	−45 18 30	B3 V	4.06	−0.077	+0.105	+0.265	2.687
5660	1		Lup	15 15 05.0	−31 32 48	F0 Ib−II	4.92	+0.246	+0.132	+1.367	2.741
5681	49	δ	Boo	15 15 48.3	+33 17 14	G8 III Fe−1	3.49	+0.587	+0.346	+0.410	
5685	27	β	Lib	15 17 24.7	−09 24 37	B8 IIIn	2.61	−0.040	+0.100	+0.750	2.706
5717	7		Ser	15 22 44.6	+12 32 28	A0 V	6.28	+0.008	+0.136	+1.044	
5754				15 27 48.9	+62 15 00	A5 IV	6.40	+0.062	+0.210	+0.982	
5752				15 28 58.9	+47 10 33	Am	6.15	+0.046	+0.194	+1.142	
5793	5	α	CrB	15 35 00.3	+26 41 23	A0 IV	2.24*	0.000	+0.144	+1.060	
5825				15 41 42.5	−44 41 08	F5 IV−V	4.64	+0.270	+0.152	+0.458	2.678
5854	24	α	Ser	15 44 38.3	+06 24 09	K2 IIIb CN 1	2.64	+0.715	+0.572	+0.445	
5868	27	λ	Ser	15 46 48.5	+07 19 48	G0⁻ V	4.43	+0.383	+0.193	+0.366	2.605
5885	1		Sco	15 51 25.9	−25 46 25	B3 V	4.65	+0.006	+0.070	+0.122	2.639
5936	12	λ	CrB	15 56 04.0	+37 55 32	F0 IV	5.44	+0.230	+0.161	+0.654	
5933	41	γ	Ser	15 56 48.0	+15 38 15	F6 V	3.86	+0.319	+0.151	+0.401	2.632
5947	13	ε	CrB	15 57 53.9	+26 51 23	K2 IIIab	4.15	+0.751	+0.570	+0.414	
5968	15	ρ	CrB	16 01 19.9	+33 16 52	G2 V	5.40	+0.396	+0.176	+0.331	
5993	9	ω¹	Sco	16 07 14.8	−20 41 20	B1 V	3.94	+0.037	+0.042	+0.009	2.617
5997	10	ω²	Sco	16 07 50.8	−20 53 19	G4 II−III	4.32	+0.522	+0.285	+0.448	2.577
6027	14	ν	Sco	16 12 25.9	−19 28 47	B2 IVp	3.99	+0.080	+0.051	+0.137	2.663
6092	22	τ	Her	16 19 58.0	+46 17 45	B5 IV	3.88*	−0.056	+0.089	+0.440	2.702
6141	22		Sco	16 30 39.9	−25 07 52	B2 V	4.79	−0.047	+0.092	+0.191	2.665
6175	13	ζ	Oph	16 37 34.4	−10 34 54	O9.5 Vn	2.56	+0.088	+0.014	−0.069	2.583
6243	20		Oph	16 50 15.0	−10 47 45	F7 III	4.64	+0.311	+0.164	+0.532	2.647
6332	59		Her	17 01 53.0	+33 33 28	A3 IV−Vs	5.28	+0.001	+0.172	+1.102	2.885
6355	60		Her	17 05 43.6	+12 43 52	A4 IV	4.90	+0.064	+0.207	+0.992	2.877
6378	35	η	Oph	17 10 48.4	−15 44 03	A2 Va⁺ (Sr)	2.42	+0.029	+0.186	+1.076	2.894
6458	72		Her	17 20 56.4	+32 27 30	G0 V	5.39*	+0.405	+0.178	+0.312	2.588
6536	23	β	Dra	17 30 36.2	+52 17 46	G2 Ib−IIa	2.78	+0.610	+0.323	+0.423	2.599
6588	85	ι	Her	17 39 40.6	+46 00 09	B3 IV	3.80	−0.064	+0.078	+0.294	2.661
6581	56	o	Ser	17 41 50.2	−12 52 44	A2 Va	4.25*	+0.049	+0.168	+1.108	2.874
6603	60	β	Oph	17 43 50.6	+04 33 53	K2 III CN 0.5	2.76	+0.719	+0.553	+0.451	
6595	58		Oph	17 43 52.8	−21 41 11	F7 V:	4.87	+0.304	+0.150	+0.408	2.645
6629	62	γ	Oph	17 48 16.1	+02 42 18	A0 Van	3.75	+0.024	+0.165	+1.055	2.905
6714	67		Oph	18 01 01.3	+02 55 54	B5 Ib	3.97	+0.081	+0.020	+0.302	2.585
6723	68		Oph	18 02 08.0	+01 18 19	A0.5 Van	4.44*	+0.029	+0.137	+1.087	2.842
6743		θ	Ara	18 07 12.9	−50 05 25	B2 Ib	3.67	+0.007	+0.037	+0.006	2.582
6775	99		Her	18 07 18.7	+30 33 49	F7 V	5.06	+0.356	+0.136	+0.321	

BS=HR No.		Name	Right Ascension	Declination	Spectral Type	V	$b-y$	m_1	c_1	β
			h m s	° ′ ″						
6930		γ Sct	18 29 37.5	−14 33 38	A2 III⁻	4.69	+0.045	+0.147	+1.208	2.846
7069	111	Her	18 47 21.2	+18 11 25	A3 Va⁺	4.36	+0.061	+0.216	+0.942	2.895
7119			18 55 08.9	−15 35 35	B5 II	5.09	+0.175	+0.026	+0.468	2.626
7178	14	γ Lyr	18 59 13.5	+32 42 01	B9 II	3.24	+0.001	+0.093	+1.219	2.751
7152		ε CrA	18 59 13.7	−37 05 49	F0 V	4.85*	+0.253	+0.161	+0.617	
7235	17	ζ Aql	19 05 45.3	+13 52 30	A0 Vann	2.99	+0.012	+0.147	+1.080	2.873
7253			19 06 55.6	+28 38 27	F0 III	5.53	+0.176	+0.189	+0.747	2.756
7254		α CrA	19 09 58.9	−37 53 32	A2 IVn	4.11	+0.024	+0.181	+1.057	2.890
7328	1	κ Cyg	19 17 16.6	+53 22 57	G9 III	3.76	+0.579	+0.390	+0.430	
7340	44	ρ¹ Sgr	19 22 06.4	−17 49 57	F0 III−IV	3.93*	+0.130	+0.194	+0.950	2.809
7377	30	δ Aql	19 25 52.6	+03 07 49	F2 IV−V	3.37*	+0.203	+0.170	+0.711	2.733
7462	61	σ Dra	19 32 20.6	+69 40 26	K0 V	4.67	+0.472	+0.324	+0.266	
7469	13	θ Cyg	19 36 38.6	+50 14 19	F4 V	4.49	+0.262	+0.157	+0.502	2.689
7447	41	ι Aql	19 37 06.5	−01 16 10	B5 III	4.36	−0.017	+0.087	+0.574	2.704
7446	39	κ Aql	19 37 17.6	−07 00 37	B0.5 IIIn	4.95	+0.085	−0.024	−0.031	2.563
7479	5	α Sge	19 40 25.9	+18 01 54	G1 II	4.39	+0.489	+0.259	+0.471	
7503	16	Cyg	19 42 00.9	+50 32 34	G1.5 Vb	5.98	+0.410	+0.212	+0.368	
7504			19 42 03.9	+50 32 07	G3 V	6.23	+0.417	+0.223	+0.349	
7525	50	γ Aql	19 46 37.0	+10 37 55	K3 II	2.71	+0.936	+0.762	+0.292	
7534	17	Cyg	19 46 42.7	+33 44 43	F7 V	5.01	+0.312	+0.155	+0.436	
7557	53	α Aql	19 51 08.9	+08 53 19	A7 Vnn	0.76	+0.137	+0.178	+0.880	
7560	54	o Aql	19 51 23.2	+10 26 06	F8 V	5.13	+0.356	+0.182	+0.415	
7602	60	β Aql	19 55 40.9	+06 25 33	G8 IV	3.72*	+0.522	+0.303	+0.345	
7610	61	φ Aql	19 56 35.6	+11 26 39	A1 IV	5.29	−0.006	+0.178	+1.021	
7773	8	ν Cap	20 21 04.7	−12 44 06	B9.5 V	4.76	−0.020	+0.135	+1.011	2.853
7796	37	γ Cyg	20 22 29.9	+40 16 52	F8 Ib	2.23	+0.396	+0.296	+0.885	2.641
7858	3	η Del	20 34 18.3	+13 03 12	A3 IV	5.40	+0.023	+0.207	+0.983	2.918
7906	9	α Del	20 39 59.2	+15 56 20	B9 IV	3.77	−0.019	+0.125	+0.893	2.799
7949	53	ε Cyg	20 46 30.9	+33 59 55	K0 III	2.46	+0.627	+0.415	+0.425	
7936	16	ψ Cap	20 46 32.3	−25 14 37	F4 V	4.14	+0.278	+0.161	+0.465	2.673
7977	55	v1661 Cyg	20 49 11.6	+46 08 32	B2.5 Ia	4.86*	+0.356	−0.067	+0.153	2.530
7984	56	Cyg	20 50 20.9	+44 05 16	A4m	5.04	+0.108	+0.209	+0.897	2.844
8060	22	η Cap	21 04 49.8	−19 49 30	A5 V	4.86	+0.090	+0.191	+0.946	2.861
8085	61	v1803 CygA	21 07 14.2	+38 47 12	K5 V	5.21	+0.656	+0.677	+0.136	
8086	61	CygB	21 07 15.5	+38 46 44	K7 V	6.04	+0.792	+0.673	+0.063	
8143	67	σ Cyg	21 17 42.7	+39 25 35	B9 Iab	4.23	+0.138	+0.027	+0.571	2.583
8162	5	α Cep	21 18 45.5	+62 37 03	A7 V⁺n	2.45*	+0.125	+0.190	+0.936	2.808
8181		γ Pav	21 27 03.3	−65 19 54	F6 Vp	4.23	+0.333	+0.118	+0.315	2.613
8267	5	Peg	21 38 06.5	+19 21 09	F0 V⁺	5.47*	+0.199	+0.172	+0.890	2.734
8279	9	v337 Cep	21 38 07.3	+62 06 57	B2 Ib	4.73*	+0.275	−0.051	+0.135	2.558
8313	9	Peg	21 44 52.0	+17 23 05	G5 Ib	4.34	+0.706	+0.479	+0.346	
8344	13	Peg	21 50 30.1	+17 19 16	F2 III−IV	5.29*	+0.263	+0.156	+0.545	2.688
8353		γ Gru	21 54 22.8	−37 19 45	B8 IV−Vs	3.01	−0.045	+0.106	+0.726	
8425		α Gru	22 08 42.2	−46 55 28	B7 Vn	1.74	−0.058	+0.107	+0.568	2.729
8431	14	μ PsA	22 08 49.2	−32 57 06	A1 IVnn	4.50	+0.032	+0.167	+1.070	2.872
8454	29	π Peg	22 10 19.3	+33 12 55	F3 III	4.29	+0.304	+0.177	+0.778	
8494	23	ε Cep	22 15 18.9	+57 04 52	A9 IV	4.19*	+0.169	+0.192	+0.787	2.758
8551	35	Peg	22 28 14.3	+04 44 00	K0 III	4.79	+0.640	+0.420	+0.418	
8585	7	α Lac	22 31 36.1	+50 19 16	A1 Va	3.77	+0.001	+0.173	+1.030	2.906
8613	9	Lac	22 37 41.0	+51 35 02	A8 IV	4.65	+0.149	+0.172	+0.935	2.784

BS=HR No.	Name			Right Ascension	Declination	Spectral Type	V	$b-y$	m_1	c_1	β
				h m s	° ′ ″						
8622	10		Lac	22 39 35.9	+39 05 22	O9 V	4.89	−0.066	+0.037	−0.117	2.587
8634	42	ζ	Peg	22 41 50.2	+10 52 14	B8.5 III	3.40	−0.035	+0.114	+0.867	2.768
8630		β	Oct	22 46 47.2	−81 20 31	A7 III−IV	4.14	+0.124	+0.191	+0.915	2.817
8665	46	ξ	Peg	22 47 04.1	+12 12 41	F6 V	4.19	+0.330	+0.147	+0.407	
8675		ε	Gru	22 49 00.3	−51 16 38	A2 Va	3.49	+0.051	+0.161	+1.143	2.856
8709	76	δ	Aqr	22 55 02.8	−15 46 51	A3 IV−V	3.28	+0.036	+0.167	+1.157	2.890
8729	51		Peg	22 57 50.1	+20 48 33	G2.5 IVa	5.45	+0.415	+0.233	+0.372	
8728	24	α	PsA	22 58 03.8	−29 34 56	A3 Va	1.16	+0.039	+0.208	+0.985	2.906
8781	54	α	Peg	23 05 08.1	+15 14 45	A0 III−IV	2.48	−0.012	+0.130	+1.128	2.840
8826	59		Peg	23 12 06.9	+08 45 39	A3 Van	5.16	+0.076	+0.164	+1.091	2.820
8830	7		And	23 12 53.7	+49 26 50	F0 V	4.53	+0.188	+0.169	+0.713	
8848		γ	Tuc	23 17 51.8	−58 11 40	F2 V	3.99	+0.271	+0.143	+0.564	2.665
8880	62	τ	Peg	23 21 00.6	+23 46 53	A5 V	4.60*	+0.105	+0.166	+1.009	
8899				23 24 09.7	+32 34 21	F4 Vw	6.69	+0.321	+0.121	+0.404	
8954	16		PsC	23 36 46.3	+02 08 38	F6 Vbvw	5.69	+0.306	+0.122	+0.386	
8965	17	ι	And	23 38 30.4	+43 18 35	B8 V	4.29	−0.031	+0.100	+0.784	2.728
8969	17	ι	Psc	23 40 20.2	+05 40 01	F7 V	4.13	+0.331	+0.161	+0.398	2.621
8976	19	κ	And	23 40 46.8	+44 22 32	B8 IVn	4.14	−0.035	+0.131	+0.831	2.833
9072	28	ω	Psc	23 59 41.8	+06 54 17	F3 V	4.03	+0.271	+0.154	+0.631	2.667

Notes to Table

*   *V* magnitude may be or is variable.

HD No.	BS=HR No.	Name		Right Ascension	Declination	V	Spectral Type	v_r	
				h m s	° ′ ″			km/s	
693	33	6	Cet	00 11 38.7	−15 25 37	4.89	F5 V	+ 14.7	±0.2
3712	168	18	α Cas	00 40 56.2	+56 34 42	2.23	K0⁻ IIIa	− 3.9	0.1
3765				00 41 14.1	+40 13 37	7.36	K2 V	− 63.0	0.2
4128	188	16	β Cet	00 43 57.9	−17 56 44	2.04	G9 III CH−1 CN 0.5 Ca 1	+ 13.1	0.1
4388				00 46 51.3	+30 59 33	7.34	K3 III	− 28.3	0.6
6655				01 05 32.4	−72 30 51	8.06	F8 V	+ 15.5	±0.5
8779	416			01 26 50.4	−00 21 37	6.41	K0 IV	− 5.0	0.6
9138	434	98	μ Psc	01 30 34.7	+06 10 56	4.84	K4 III	+ 35.4	0.5
12029				01 59 07.8	+29 24 58	7.44	K2 III	+ 38.6	0.5
12929	617	13	α Ari	02 07 35.9	+23 29 51	2.00	K2 IIIab	− 14.3	0.2
18884	911	92	α Cet	03 02 40.3	+04 07 08	2.53	M1.5 IIIa	− 25.8	±0.1
22484	1101	10	Tau	03 37 15.4	+00 25 30	4.28	F9 IV−V	+ 27.9	0.1
23169				03 44 20.2	+25 44 55	8.50	G2 V	+ 13.3	0.2
24331				03 50 50.9	−42 32 31	8.61	K2 V	+ 22.4	0.5
26162	1283	43	Tau	04 09 36.2	+19 37 43	5.50	K1 III	+ 23.9	0.6
29139	1457	87	α Tau	04 36 21.1	+16 31 26	0.85	K5⁺III	+ 54.1	±0.1
32963				05 08 23.6	+26 20 14	7.60	G5 IV	− 63.1	0.4
36079	1829	9	β Lep	05 28 34.0	−20 45 14	2.84	G5 II	− 13.5	0.1
39194				05 44 26.9	−70 08 17	8.09	K0 V	+ 14.2	0.4
		CD	−43° 2527	06 32 28.9	−43 31 35	8.65	K1 III	+ 13.1	0.5
48381				06 41 59.5	−33 28 38	8.49	K0 IV	+ 39.5	±0.5
51250	2593	18	μ CMa	06 56 27.3	−14 03 13	5.00	K2 III +B9 V:	+ 19.6	0.5
62509	2990	78	β Gem	07 45 46.4	+28 00 27	1.14	K0 IIIb	+ 3.3	0.1
65583				08 00 59.9	+29 11 20	6.97	G8 V	+ 12.5	0.4
65934				08 02 38.5	+26 37 00	7.70	G8 III	+ 35.0	0.3
66141	3145			08 02 39.3	+02 18 49	4.39	K2 IIIb Fe−0.5	+ 70.9	±0.3
75935				08 54 16.7	+26 53 04	8.46	G8 V	− 18.9	0.3
80170	3694			09 17 14.7	−39 26 00	5.33	K5 III−IV	0.0	0.2
81797	3748	30	α Hya	09 27 57.4	−08 41 29	1.98	K3 II−III	− 4.4	0.2
83443				09 37 29.4	−43 18 23	8.23	K0 V	+ 27.6	0.5
83516				09 38 21.5	−35 06 39	8.63	G8 IV	+ 42.0	±0.5
84441	3873	17	ε Leo	09 46 16.5	+23 44 22	2.98	G1 II	+ 4.8	0.1
90861				10 30 18.8	+28 32 34	6.88	K2 III	+ 36.3	0.4
92588	4182	33	Sex	10 41 47.1	−01 46 52	6.26	K1 IV	+ 42.8	0.1
101266				11 39 12.9	−45 24 16	9.30	G5 IV	+ 20.6	0.5
102494				11 48 19.7	+27 17 56	7.48	G9 IVw...	− 22.9	±0.3
102870	4540	5	β Vir	11 51 05.2	+01 43 21	3.61	F9 V	+ 5.0	0.2
103095	4550			11 53 24.6	+37 39 53	6.45	G8 Vp	− 99.1	0.3
107328	4695	16	Vir	12 20 43.8	+03 16 15	4.96	K0.5 IIIb Fe−0.5	+ 35.7	0.3
109379	4786	9	β Crv	12 34 47.0	−23 26 17	2.65	G5 IIb	− 7.0	0.0
111417				12 49 57.1	−45 52 00	8.30	K3 IV	− 16.0	±0.5
112299				12 55 50.2	+25 41 50	8.39	F8 V	+ 3.4	0.5
120223				13 49 34.0	−43 46 14	8.96	G8 IV−V	− 24.1	0.6
122693				14 03 12.8	+24 31 31	8.11	F8 V	− 6.3	0.2
124897	5340	16	α Boo	14 16 00.2	+19 08 37	−0.04	K1.5 III Fe−0.5	− 5.3	0.1

HD No.	BS=HR No.	Name		Right Ascension	Declination	V	Spectral Type	v_r	
				h m s	° ′ ″			km/s	
126053	5384			14 23 38.3	+01 12 24	6.27	G1 V	− 18.5	±0.4
132737				15 00 11.8	+27 07 51	7.64	K0 III	− 24.1	0.3
136202	5694	5	Ser	15 19 41.8	+01 44 15	5.06	F8 III−IV	+ 53.5	0.2
144579				16 05 12.3	+39 08 12	6.66	G8 IV	− 60.0	0.3
145001	6008	7	κ Her	16 08 24.9	+17 01 39	5.00	G5 III	− 9.5	0.2
146051	6056	1	δ Oph	16 14 44.4	−03 42 47	2.74	M0.5 III	− 19.8	±0.0
150798	6217		α TrA	16 49 27.9	−69 02 26	1.92	K2 IIb−IIIa	− 3.7	0.2
154417	6349			17 05 39.8	+00 41 31	6.01	F8.5 IV−V	− 17.4	0.3
157457	6468		κ Ara	17 26 35.2	−50 38 23	5.23	G8 III	+ 17.4	0.2
161096	6603	60	β Oph	17 43 50.6	+04 33 53	2.77	K2 III CN 0.5	− 12.0	0.1
168454	6859	19	δ Sgr	18 21 28.4	−29 49 27	2.70	K2.5 IIIa CN 0.5	− 20.0	±0.0
171391	6970			18 35 27.4	−10 58 15	5.14	G8 III	+ 6.9	0.2
176047				19 00 14.4	−34 27 37	8.10	K1 III	− 40.7	0.5
182572	7373	31	Aql	19 25 19.7	+11 57 39	5.16	G7 IV Hδ 1	−100.5	0.4
	BD	28° 3402		19 35 18.3	+29 06 15	8.88	F7 V	− 36.6	0.5
187691	7560	54	o Aql	19 51 23.2	+10 26 06	5.11	F8 V	+ 0.1	±0.3
193231				20 22 12.8	−54 47 19	8.39	G5 V	− 29.1	0.6
194071				20 22 56.3	+28 16 15	7.80	G8 III	− 9.8	0.1
196983				20 42 18.7	−33 51 39	9.08	K2 III	− 8.0	0.6
203638	8183	33	Cap	21 24 35.0	−20 49 11	5.41	K0 III	+ 21.9	0.1
204867	8232	22	β Aqr	21 31 57.2	−05 32 16	2.91	G0 Ib	+ 6.7	±0.1
212943	8551	35	Peg	22 28 14.3	+04 44 00	4.79	K0 III	+ 54.3	0.3
213014				22 28 33.4	+17 18 06	7.45	G9 III	− 39.7	0.0
213947				22 34 57.8	+26 38 14	6.88	K2	+ 16.7	0.3
219509				23 17 48.6	−66 52 45	8.71	K5 V	+ 62.3	0.5
222368	8969	17	ι Psc	23 40 20.2	+05 40 01	4.13	F7 V	+ 5.3	±0.2
223311	9014			23 48 55.6	−06 20 20	6.07	K4 III	− 20.4	0.1

Name		HD No.	Right Ascension	Declination	Type	Magnitude Max.	Magnitude Min.	Mag. Type	Epoch (2400000+)	Period	Spectral Type
			h m s	° ′ ″						d	
WW	Cet		00 11 47.7	−11 26 13	UGz:	9.3	16.0	p		31.2:	pec(UG)
S	Scl	1115	00 15 44.9	−32 00 13	M	5.5	13.6	v	42345	362.57	M3e−M9e(TC)
T	Cet	1760	00 22 09.0	−20 00 59	SRc	5.0	6.9	v	40562	158.9	M5−6SIIe
R	And	1967	00 24 25.8	+38 37 07	M	5.8	14.9	v	43135	409.33	S3,5e−S8,8e(M7e)
TV	Psc	2411	00 28 26.4	+17 56 05	SR	4.65	5.42	V	31387	49.1	M3III−M4IIIb
EG	And	4174	00 45 01.9	+40 43 13	Z And	7.08	7.8	V			M2IIIep
U	Cep	5679	01 03 00.6	+81 54 57	EA	6.75	9.24	V	51492.323	2.493	B7Ve + G8III−IV
RX	And		01 05 01.1	+41 20 22	UGz	10.3	15.4	v		14:	pec(UG)
ζ	Phe	6882	01 08 41.9	−55 12 21	EA	3.91	4.42	V	41957.6058	1.670	B6V + B9V
WX	Hyi		02 10 03.2	−63 16 33	UGsu	9.6	14.85	V		13.7:	pec(UG)
KK	Per	13136	02 10 47.0	+56 35 39	Lc	6.6	7.89	V			M1.0Iab−M3.5Iab
o	Cet	14386	02 19 43.6	−02 56 38	M	2.0	10.1	v	44839	331.96	M5e−M9e
VW	Ari	15165	02 27 09.8	+10 35 55	SX Phe:	6.64	6.76	V		0.149	F0IV
U	Cet	15971	02 34 05.3	−13 06 57	M	6.8	13.4	v	42137	234.76	M2e−M6e
R	Tri	16210	02 37 29.8	+34 17 48	M	5.4	12.6	v	45215	266.9	M4IIIe−M8e
RZ	Cas	17138	02 49 36.8	+69 39 55	EA	6.18	7.72	V	48960.2122	1.195	A2.8V
R	Hor	18242	02 54 07.8	−49 51 33	M	4.7	14.3	v	41494	407.6	M5e−M8eII−III
ρ	Per	19058	03 05 39.6	+38 52 08	SRb	3.30	4.0	V		50:	M4Ib−IIIb
β	Per	19356	03 08 39.6	+40 59 03	EA	2.12	3.39	V	52207.684	2.867	B8V
λ	Tau	25204	04 01 05.8	+12 30 40	EA	3.37	3.91	V	47185.265	3.953	B3V + A4IV
VW	Hyi		04 09 08.3	−71 16 32	UGsu	8.4	14.4	v		27.3:	pec(UG)
R	Dor	29712	04 36 50.9	−62 03 45	SRb	4.8	6.6	v		338:	M8IIIe
HU	Tau	29365	04 38 42.4	+20 41 57	EA	5.85	6.68	V	42412.456	2.056	B8V
R	Cae	29844	04 40 45.7	−38 13 16	M	6.7	13.7	v	40645	390.95	M6e
R	Pic	30551	04 46 21.6	−49 13 57	SR	6.35	10.1	V	44922	170.9	M1IIe−M4IIe
R	Lep	31996	04 59 56.9	−14 47 44	M	5.5	11.7	v	42506	427.07	C7,6e(N6e)
ε	Aur	31964	05 02 30.5	+43 50 01	EA	2.92	3.83	V	35629	9892	A8Ia−F2epIa + BV
RX	Lep	33664	05 11 43.9	−11 50 25	SRb	5.0	7.4	v		60:	M6.2III
AR	Aur	34364	05 18 48.6	+33 46 29	EA	6.15	6.82	V	49706.3615	4.135	Ap(Hg−Mn) + B9V
TZ	Men	39780	05 28 48.2	−84 46 46	EA	6.19	6.87	V	39190.34	8.569	A1III + B9V:
β	Dor	37350	05 33 41.5	−62 29 06	δ Cep	3.46	4.08	V	40905.30	9.843	F4−G4Ia−II
SU	Tau	247925	05 49 31.4	+19 04 03	RCB	9.1	16.86	V			G0−1Iep(C1,0Hd)
α	Ori	39801	05 55 34.7	+07 24 29	SRc	0.0	1.3	v		2335	M1−M2Ia−Ibe
U	Ori	39816	05 56 15.9	+20 10 33	M	4.8	13.0	v	45254	368.3	M6e−M9.5e
SS	Aur		06 13 56.5	+47 44 16	UGss	10.3	15.8	v		55.5:	pec(UG)
η	Gem	42995	06 15 19.8	+22 30 14	SRa+EA	3.15	3.9	V	37725	232.9	M3IIIab
T	Mon	44990	06 25 37.3	+07 04 52	δ Cep	5.58	6.62	V	43784.615	27.025	F7Iab−K1Iab +...
RT	Aur	45412	06 29 03.0	+30 29 16	δ Cep	5.00	5.82	V	42361.155	3.728	F4Ib−G1Ib
WW	Aur	46052	06 32 56.5	+32 26 56	EA	5.79	6.54	V	41399.305	2.525	A3m: + A3m:
IR	Gem		06 48 08.0	+28 04 12	UGsu	11.2	17.0	V		75:	pec(UG)
IS	Gem	49380	06 50 10.6	+32 35 51	SRc	6.6	7.3	p		47:	K3II
ζ	Gem	52973	07 04 33.2	+20 33 31	δ Cep	3.62	4.18	V	43805.927	10.151	F7Ib−G3Ib
L₂	Pup	56096	07 13 46.1	−44 39 08	SRb	2.6	6.2	v		140.6	M5IIIe−M6IIIe
R	CMa	57167	07 19 48.6	−16 24 35	EA	5.70	6.34	V	50015.6841	1.136	F1V
U	Mon	59693	07 31 08.9	−09 47 35	RVb	6.1	8.8	p	38496	91.32	F8eVIb−K0pIb(M2)
U	Gem	64511	07 55 31.8	+21 58 52	UGss+E	8.6	15.5	v		105.2:	pec(UG) + M4.5V
V	Pup	65818	07 58 27.4	−49 15 56	EB	4.35	4.92	V	45367.6063	1.454	B1Vp + B3:
AR	Pup		08 03 18.3	−36 37 05	RVb	8.7	10.9	p		74.58	F0I−II−F8I−II
AI	Vel	69213	08 14 20.0	−44 35 56	δ Sct	6.15	6.76	V		0.116	A2p−F2pIV/V
Z	Cam		08 26 02.8	+73 05 10	UGz	10.0	14.5	v		22:	pec(UG) + G1

Name		HD No.	Right Ascension	Declination	Type	Magnitude		Mag. Type	Epoch (2400000+)	Period	Spectral Type
						Max.	Min.				
			h m s	o ′ ″						d	
SW	UMa		08 37 16.2	+53 27 03	UGsu	9.3	18.49	V		460:	pec(UG)
AK	Hya	73844	08 40 14.2	−17 19 49	SRb	6.33	6.91	V		75:	M4III
VZ	Cnc	73857	08 41 16.5	+09 47 50	δ Sct	7.18	7.91	V	39897.4246	0.178	A7III−F2III
BZ	UMa		08 54 18.8	+57 46 57	UGsu	10.5	17.5	v		97:	pec(UG)
CU	Vel		08 58 49.8	−41 49 38	UGsu	10.0	16.83	V		164.7:	
TY	Pyx	77137	09 00 02.0	−27 50 45	EA/RS	6.85	7.50	V	43187.2304	3.199	G5 + G5
CV	Vel	77464	09 00 52.1	−51 35 07	EA	6.69	7.19	V	42048.6689	6.889	B2.5V + B2.5V
SY	Cnc		09 01 28.6	+17 52 09	UGz	10.5	14.1	V		27:	pec(UG) + G
T	Pyx		09 05 00.2	−32 24 36	Nr	7.0	15.77	B	39501	7000:	pec(NOVA)
WY	Vel	81137	09 22 13.9	−52 35 48	Z And	8.8	10.2	p			M3epIb: + B
IW	Car	82085	09 27 03.8	−63 39 47	RVb	7.9	9.6	p	29401	67.5	F7−F8
R	Car	82901	09 32 25.9	−62 49 20	M	3.9	10.5	v	42000	308.71	M4e−M8e
S	Ant	82610	09 32 38.1	−28 39 40	EW	6.4	6.92	V	46516.428	0.648	A9Vn
W	UMa	83950	09 44 16.8	+55 55 04	EW	7.75	8.48	V	51276.3967	0.334	F8Vp + F8Vp
R	Leo	84748	09 47 57.7	+11 23 37	M	4.4	11.3	v	44164	309.95	M6e−M8IIIe−...
CH	UMa		10 07 35.2	+67 30 35	UG	10.4	15.5	v		204:	pec(UG) + K
S	Car	88366	10 09 36.3	−61 35 09	M	4.5	9.9	v	42112	149.49	K5e−M6e
η	Car	93309	10 45 21.1	−59 43 26	S Dor	−0.80	7.9	v			pec(E)
VY	UMa	92839	10 45 34.8	+67 22 19	Lb	5.87	7.0	V			C6,3(N0)
U	Car	95109	10 58 06.7	−59 46 21	δ Cep	5.72	7.02	V	37320.055	38.768	F6−G7Iab
VW	UMa	94902	10 59 32.1	+69 56 55	SR	6.85	7.71	V		610	M2
T	Leo		11 38 49.9	+03 19 37	UGsu	9.6	16.2	v			pec(UG)
BC	UMa		11 52 39.3	+49 12 12	UGsu	10.9	19.37	V			
RU	Cen	105578	12 09 47.3	−45 28 05	RV	8.7	10.7	p	28015.51	64.727	A7Ib−G2pe
S	Mus	106111	12 13 11.6	−70 11 36	δ Cep	5.89	6.49	V	40299.42	9.660	F6Ib−G0
RY	UMa	107397	12 20 48.7	+61 16 05	SRb	6.68	8.3	V		310:	M2−M3IIIe
SS	Vir	108105	12 25 37.4	+00 43 42	SRa	6.0	9.6	v	45361	364.14	C6,3e(Ne)
BO	Mus	109372	12 35 21.2	−67 47 53	Lb	5.85	6.56	V			M6II−III
R	Vir	109914	12 38 52.8	+06 56 51	M	6.1	12.1	v	45872	145.63	M3.5IIIe−M8.5e
R	Mus	110311	12 42 33.0	−69 26 55	δ Cep	5.93	6.73	V	26496.288	7.510	F7Ib−G2
UW	Cen		12 43 42.9	−54 34 09	RCB	9.1	<14.5	v			K
TX	CVn		12 45 03.7	+36 43 23	Z And	9.2	11.8	p			B1−B9Veq +...
SW	Vir	114961	13 14 27.6	−02 50 48	SRb	6.40	7.90	V		150:	M7III
FH	Vir	115322	13 16 46.6	+06 27 54	SRb	6.92	7.45	V	40740	70:	M6III
V	CVn	115898	13 19 47.3	+45 29 16	SRa	6.52	8.56	V	43929	191.89	M4e−M6eIIIa:
R	Hya	117287	13 30 07.5	−23 19 12	M	3.5	10.9	v	43596	388.87	M6e−M9eS(TC)
BV	Cen		13 31 48.1	−55 00 52	UGss+E	10.7	13.6	v	40264.780	0.610	pec(UG)
T	Cen	119090	13 42 11.5	−33 38 06	SRa	5.5	9.0	v	43242	90.44	K0:e−M4II:e
V412	Cen	121518	13 57 58.9	−57 44 51	Lb	7.1	9.6	B			M3Iab/b−M7
θ	Aps	122250	14 06 05.1	−76 49 57	SRb	6.4	8.6	p		119	M7III
Z	Aps		14 07 33.6	−71 24 25	UGz	10.7	12.7	v		19:	
R	Cen	124601	14 17 07.1	−59 56 54	M	5.3	11.8	v	41942	505	M4e−M8IIe
δ	Lib	132742	15 01 22.4	−08 32 54	EA	4.91	5.90	V	48788.426	2.327	A0IV−V
i	Boo	133640	15 04 02.1	+47 37 30	EW	5.8	6.40	V	50945.4898	0.268	G2V + G2V
S	Aps		15 10 10.4	−72 05 27	RCB	9.6	15.2	v			C(R3)
GG	Lup	135876	15 19 26.0	−40 48 55	EB	5.49	6.0	B	47676.6274	1.850	B7V
τ⁴	Ser	139216	15 36 49.1	+15 04 37	SRb	5.89	7.07	V		100:	M5IIb−IIIa
R	CrB	141527	15 48 53.0	+28 08 03	RCB	5.71	14.8	V			C0,0(F8pep)
R	Ser	141850	15 51 02.5	+15 06 41	M	5.16	14.4	V	45521	356.41	M5IIIe−M9e
T	CrB	143454	15 59 49.0	+25 53 57	Nr	2.0	10.8	v	31860	29000:	M3III + pec(NOVA)

Name	HD No.	Right Ascension	Declination	Type	Magnitude Max.	Magnitude Min.	Mag. Type	Epoch (2400000+)	Period	Spectral Type
		h m s	° ′ ″						d	
AG Dra		16 01 43.7	+66 46 56	Z And	8.9	11.8	p	38900	554	K3IIIep
AT Dra	147232	16 17 22.9	+59 44 13	Lb	6.8	7.5	p			M4IIIa
U Sco		16 22 56.8	−17 53 45	Nr	8.7	19.3	v	44049		pec(E)
g Her	148783	16 28 53.3	+41 51 56	SRb	4.3	6.3	v		89.2	M6III
α Sco	148478	16 29 52.1	−26 26 53	Lc	0.88	1.16	V			M1.5Iab−Ib
R Ara	149730	16 40 22.3	−57 00 31	EA	6.0	6.9	p	25818.028	4.425	B9IV−V
AH Her		16 44 28.6	+25 14 13	UGz	10.6	15.2	v		19.8:	pec(UG)
V1010 Oph	151676	16 49 53.4	−15 40 50	EB	6.1	7.00	V	50963.757	0.661	A5V
ζ¹ Sco	152236	16 54 31.6	−42 22 26	S Dor:	4.66	4.86	V			B1Iape
RS Sco	152476	16 56 10.6	−45 06 53	M	6.2	13.0	v	44676	319.91	M5e−M9
V861 Sco	152667	16 57 07.4	−40 50 05	EB	6.07	6.40	V	43704.21	7.848	B0.5Iae
α¹ Her	156014	17 14 59.4	+14 22 56	SRc	2.74	4.0	V			M5Ib−II
VW Dra	156947	17 16 34.9	+60 39 46	SRd:	6.0	7.0	v		170:	K1.5IIIb
U Oph	156247	17 16 54.6	+01 12 10	EA	5.84	6.56	V	52066.758	1.677	B5V + B5V
u Her	156633	17 17 36.2	+33 05 33	EA	4.69	5.37	V	48852.367	2.051	B1.5Vp + B5III
RY Ara		17 21 39.9	−51 07 40	RV	9.2	12.1	p	30220	143.5	G5−K0
BM Sco	160371	17 41 27.9	−32 13 04	SRd	6.8	8.7	p		815:	K2.5Ib
V703 Sco	160589	17 42 46.2	−32 31 35	δ Sct	7.58	8.04	V	42979.3923	0.115	A9−G0
X Sgr	161592	17 48 02.0	−27 49 59	δ Cep	4.20	4.90	V	40741.70	7.013	F5−G2II
RS Oph	162214	17 50 37.4	−06 42 35	Nr	4.3	12.5	v	39791		Ob + M2ep
V539 Ara	161783	17 51 05.0	−53 36 51	EA	5.66	6.18	V	48016.7171	3.169	B2V + B3V
OP Her	163990	17 57 01.5	+45 21 01	SRb	5.85	6.73	V	41196	120.5	M5IIb−IIIa(S)
W Sgr	164975	18 05 30.0	−29 34 45	δ Cep	4.29	5.14	V	43374.77	7.595	F4−G2Ib
VX Sgr	165674	18 08 31.2	−22 13 21	SRc	6.52	14.0	V	36493	732	M4eIa−M10eIa
RS Sgr	167647	18 18 06.1	−34 06 14	EA	6.01	6.97	V	20586.387	2.416	B3IV−V + A
RS Tel		18 19 24.8	−46 32 41	RCB	9.0	<14.0	v			C(R0)
Y Sgr	168608	18 21 49.5	−18 51 22	δ Cep	5.25	6.24	V	40762.38	5.773	F5−G0Ib−II
AC Her	170756	18 30 35.3	+21 52 21	RVa	6.85	9.0	V	35097.8	75.01	F2PIb−K4e(C0.0)
T Lyr		18 32 35.7	+37 00 17	Lb	7.84	9.6	V			C6,5(R6)
XY Lyr	172380	18 38 21.3	+39 40 31	Lc	5.80	6.35	V			M4−5Ib−II
X Oph	172171	18 38 42.6	+08 50 28	M	5.9	9.2	v	44729	328.85	M5e−M9e
R Sct	173819	18 47 53.0	−05 41 48	RVa	4.2	8.6	v	44872	146.5	G0Iae−K2p(M3)Ibe
V CrA	173539	18 48 03.1	−38 09 01	RCB	8.3	<16.5	v			C(r0)
β Lyr	174638	18 50 21.4	+33 22 18	EB	3.25	4.36	V	52652.486	12.940	B8II−IIIep
FN Sgr		18 54 21.2	−18 59 05	Z And	9	13.9	p			pec(E)
R Lyr	175865	18 55 33.8	+43 57 23	SRb	3.88	5.0	V		46:	M5III
κ Pav	174694	18 57 43.2	−67 13 23	CWa	3.91	4.78	V	40140.167	9.094	F5−G5I−II
FF Aql	176155	18 58 34.8	+17 22 17	δ Cep	5.18	5.68	V	41576.428	4.471	F5Ia−F8Ia
MT Tel	176387	19 02 45.5	−46 38 32	RRc	8.68	9.28	V	42206.350	0.317	A0W
R Aql	177940	19 06 43.9	+08 14 31	M	5.5	12.0	v	43458	270	M5e−M9e
RY Sgr	180093	19 17 02.1	−33 30 31	RCB	5.8	14.0	v			G0Iaep(C1,0)
RS Vul	180939	19 17 59.2	+22 27 18	EA	6.79	7.83	V	32808.257	4.478	B4V + A2IV
U Sge	181182	19 19 08.1	+19 37 28	EA	6.45	9.28	V	17130.4114	3.381	B8V + G2III−IV
UX Dra	183556	19 21 19.2	+76 34 27	SRa:	5.94	7.1	V		168	C7,3(N0)
BF Cyg		19 24 11.2	+29 41 23	Z And	9.3	13.4	p			Bep + M5III
CH Cyg	182917	19 24 44.9	+50 15 23	Z And+SR	5.3	10.6	v			M7IIIab + Be
RR Lyr	182989	19 25 42.3	+42 47 57	RRab	7.06	8.12	V	50238.499	0.567	A5.0−F7.0
CI Cyg		19 50 28.5	+35 42 13	Z And+EA	9.9	13.1	p	11902	855.25	Bep + M5III
χ Cyg	187796	19 50 51.2	+32 56 00	M	3.3	14.2	v	42140	408.05	S6,2e−S10,4e(MSe)
η Aql	187929	19 52 51.3	+01 01 31	δ Cep	3.48	4.39	V	36084.656	7.177	F6Ib−G4Ib

Name		HD No.	Right Ascension	Declination	Type	Magnitude Max.	Magnitude Min.	Mag. Type	Epoch (2400000+)	Period	Spectral Type
			h m s	° ' "						d	
V505	Sgr	187949	19 53 31.7	−14 35 01	EA	6.46	7.51	V	50999.3118	1.183	A2V + F6:
V449	Cyg	188344	19 53 38.1	+33 58 12	Lb	7.4	9.07	B			M1−M4
S	Sge	188727	19 56 21.7	+16 39 18	δ Cep	5.24	6.04	V	42678.792	8.382	F6Ib−G5Ib
RR	Sgr	188378	19 56 24.4	−29 10 11	M	5.4	14.0	v	40809	336.33	M4e−M9e
RR	Tel		20 04 54.2	−55 42 15	Nc	6.5	16.5	p			pec
WZ	Sge		20 07 56.1	+17 43 36	UGwz/DQ	7.8	15.8	v		11900:	DAep(UG)
P	Cyg	193237	20 18 03.8	+38 03 24	S Dor	3	6	v			B1IApeq
V	Sge		20 20 34.0	+21 07 36	E+NL	8.6	13.9	v	37889.9154	0.514	pec(CONT + e)
EU	Del	196610	20 38 15.3	+18 17 43	SRb	5.79	6.9	V	41156	59.7	M6.4III
AE	Aqr		20 40 32.4	−00 50 38	NL/DQ	10.4	12.2	v			K2Ve +...
X	Cyg	197572	20 43 41.8	+35 36 54	δ Cep	5.85	6.91	V	43830.387	16.386	F7Ib−G8Ib
T	Vul	198726	20 51 47.4	+28 16 44	δ Cep	5.41	6.09	V	41705.121	4.435	F5Ib−G0Ib
T	Cep	202012	21 09 37.6	+68 31 17	M	5.2	11.3	v	44177	388.14	M5.5e−M8.8e
VY	Aqr		21 12 33.4	−08 47 45	UGwz	10.0	17.38	V	17796		
W	Cyg	205730	21 36 19.6	+45 24 30	SRb	6.80	8.9	B		131.1	M4e−M6e(TC:)III
EE	Peg	206155	21 40 24.0	+09 13 08	EA	6.93	7.51	V	45563.8916	2.628	A3MV + F5
V460	Cyg	206570	21 42 20.1	+35 32 41	SRb	5.57	7.0	V		180:	C6,4(N1)
SS	Cyg	206697	21 43 00.6	+43 37 14	UGss	7.7	12.4	v		49.5:	K5V + pec(UG)
RS	Gru	206379	21 43 33.5	−48 09 18	δ Sct	7.92	8.51	V	34325.2931	0.147	A6−A9IV−F0
μ	Cep	206936	21 43 44.3	+58 48 53	SRc	3.43	5.1	V		730	M2eIa
AG	Peg	207757	21 51 23.8	+12 39 39	Nc	6.0	9.4	v			WN6 + M3III
VV	Cep	208816	21 56 51.8	+63 39 41	EA+SRc	4.80	5.36	V	43360	7430	M2epIa−...
AR	Lac	210334	22 08 59.0	+45 46 45	EA/RS	6.08	6.77	V	49292.3444	1.983	G2IV−V + K0IV
RU	Peg		22 14 24.7	+12 44 30	UGss	9.5	13.6	v		74.3:	pec(UG) + G8IVn
π¹	Gru	212087	22 23 11.5	−45 54 36	SRb	5.41	6.70	V		150:	S5,7e
δ	Cep	213306	22 29 27.1	+58 27 13	δ Cep	3.48	4.37	V	36075.445	5.366	F5Ib−G1Ib
ER	Aqr	218074	23 05 49.6	−22 26 47	Lb	7.14	7.81	V			M3
Z	And	221650	23 34 01.7	+48 51 35	Z And	8.0	12.4	p			M2III + B1eq
R	Aqr	222800	23 44 12.7	−15 14 35	M	5.8	12.4	v	42398	386.96	M5e−M8.5e + pec
TX	Psc	223075	23 46 46.5	+03 31 42	Lb	4.79	5.20	V			C7,2(N0)(TC)
SX	Phe	223065	23 46 56.6	−41 32 31	SX Phe	6.76	7.53	V	38636.6170	0.055	A5−F4

Notes to Table

E	eclipsing	δ Sct	δ Scuti type
EA	eclipsing, Algol type	SR	semi-regular long period variable
EB	eclipsing, β Lyrae type	SRa	semi-regular, late spectral class, strong periodicities
EW	eclipsing, W Ursae Maj type	SRb	semi-regular, late spectral class, weak periodicities
δ Cep	cepheid, classical type	SRc	semi-regular supergiant of late spectral class
CWa	cepheid, W Vir type (period > 8 days)	SRd	semi-regular giant or supergiant, spectrum F, G, or K
DQ	DQ Herculis type	UG	U Gem type dwarf nova
Lb	slow irregular variable	UGss	U Gem type dwarf nova (SS Cygni subtype)
Lc	irregular supergiant (late spectral type)	UGsu	U Gem type dwarf nova (SU Ursae Majoris subtype)
M	Mira type long period variable	UGwz	U Gem type dwarf nova (WZ Sagittae subtype)
Nc	very slow nova	UGz	U Gem type dwarf nova (Z Camelopardalis subtype)
NL	nova-like variable	Z And	Z And type symbiotic star
Nr	recurrent nova	RRab	RR Lyrae variable (asymmetric light curves)
RS	RS Canum Venaticorum type	RRc	RR Lyrae variable (symmetric sinusoidal light curves)
RV	RV Tauri type	RCB	R Coronae Borealis variable
RVa	RV Tauri type (constant mean brightness)	S Dor	S Doradus variable
RVb	RV Tauri type (varying mean brightness)	SX Phe	SX Phoenicis variable
p	photographic magnitude	V	photoelectric magnitude, visual filter
v	visual magnitude	B	photoelectric magnitude, blue filter
:	uncertainty in period or spectral type	<	fainter than the magnitude indicated
...	full spectral type given in Section L		

Name	Right Ascension	Declination	Type	L	Log (D_{25})	Log (R_{25})	P.A.	B_T^w	$B-V$	$U-B$	v_r
	h m s	° ′ ″					°				km/s
WLM	00 02 20	−15 24.6	IB(s)m	9.0	2.06	0.46	4	11.03	0.44	−0.21	− 118
NGC 0045	00 14 26.4	−23 08 22	SA(s)dm	7.3	1.93	0.16	142	11.32	0.71	−0.05	+ 468
NGC 0055	00 15 17	−39 09.4	SB(s)m: sp	5.6	2.51	0.76	108	8.42	0.55	+0.12	+ 124
NGC 0134	00 30 44.2	−33 12 10	SAB(s)bc	3.7	1.93	0.62	50	11.23	0.84	+0.23	+1579
NGC 0147	00 33 36.8	+48 33 00	dE5 pec		2.12	0.23	25	10.47	0.95		− 160
NGC 0185	00 39 22.7	+48 22 41	dE3 pec		2.07	0.07	35	10.10	0.92	+0.39	− 251
NGC 0205	00 40 46.6	+41 43 35	dE5 pec		2.34	0.30	170	8.92	0.85	+0.22	− 239
NGC 0221	00 43 06.5	+40 54 22	cE2		1.94	0.13	170	9.03	0.95	+0.48	− 205
NGC 0224	00 43 09.00	+41 18 36.0	SA(s)b	2.2	3.28	0.49	35	4.36	0.92	+0.50	− 298
NGC 0247	00 47 30.7	−20 43 09	SAB(s)d	6.8	2.33	0.49	174	9.67	0.56	−0.09	+ 159
NGC 0253	00 47 55.23	−25 14 50.4	SAB(s)c	3.3	2.44	0.61	52	8.04	0.85	+0.38	+ 250
SMC	00 52 54	−72 45.6	SB(s)m pec	7.0	3.50	0.23	45	2.70	0.45	−0.20	+ 175
NGC 0300	00 55 14.7	−37 38 37	SA(s)d	6.2	2.34	0.15	111	8.72	0.59	+0.11	+ 141
Sculptor	01 00 30	−33 40.1	dSph		[2.06]	0.17	99	9.5:	0.7		+ 107
IC 1613	01 05 11	+02 09.6	IB(s)m	9.5	2.21	0.05	50	9.88	0.67		− 230
NGC 0488	01 22 10.2	+05 17 46	SA(r)b	1.1	1.72	0.13	15	11.15	0.87	+0.35	+2267
NGC 0598	01 34 16.31	+30 41 54.2	SA(s)cd	4.3	2.85	0.23	23	6.27	0.55	−0.10	− 179
NGC 0613	01 34 38.98	−29 22 49.3	SB(rs)bc	3.0	1.74	0.12	120	10.73	0.68	+0.06	+1478
NGC 0628	01 37 06.0	+15 49 18	SA(s)c	1.1	2.02	0.04	25	9.95	0.56		+ 655
NGC 0672	01 48 19.6	+27 28 12	SB(s)cd	5.4	1.86	0.45	65	11.47	0.58	−0.10	+ 420
NGC 0772	01 59 44.4	+19 02 38	SA(s)b	1.2	1.86	0.23	130	11.09	0.78	+0.26	+2457
NGC 0891	02 23 01.6	+42 22 59	SA(s)b? sp	4.5	2.13	0.73	22	10.81	0.88	+0.27	+ 528
NGC 0908	02 23 25.4	−21 12 00	SA(s)c	1.5	1.78	0.36	75	10.83	0.65	0.00	+1499
NGC 0925	02 27 44.0	+33 36 44	SAB(s)d	4.3	2.02	0.25	102	10.69	0.57		+ 553
Fornax	02 40 18	−34 25.1	dSph		[2.26]	0.18	82	8.4:	0.62	+0.04	+ 53
NGC 1023	02 40 52.3	+39 05 42	SB(rs)0⁻		1.94	0.47	87	10.35	1.00	+0.56	+ 632
NGC 1055	02 42 08.3	+00 28 30	SBb: sp	3.9	1.88	0.45	105	11.40	0.81	+0.19	+ 995
NGC 1068	02 43 03.78	+00 01 06.4	(R)SA(rs)b	2.3	1.85	0.07	70	9.61	0.74	+0.09	+1135
NGC 1097	02 46 38.16	−30 14 36.6	SB(s)b	2.2	1.97	0.17	130	10.23	0.75	+0.23	+1274
NGC 1187	03 02 57.6	−22 50 17	SB(r)c	2.1	1.74	0.13	130	11.34	0.56	−0.05	+1397
NGC 1232	03 10 05.7	−20 33 03	SAB(rs)c	2.0	1.87	0.06	108	10.52	0.63	0.00	+1683
NGC 1291	03 17 34.9	−41 04 50	(R)SB(s)0/a		1.99	0.08		9.39	0.93	+0.46	+ 836
NGC 1313	03 18 21.4	−66 28 17	SB(s)d	7.0	1.96	0.12		9.2	0.49	−0.24	+ 456
NGC 1300	03 20 01.5	−19 23 03	SB(rs)bc	1.1	1.79	0.18	106	11.11	0.68	+0.11	+1568
NGC 1316	03 22 58.90	−37 10 53.8	SAB(s)0⁰ pec		2.08	0.15	50	9.42	0.89	+0.39	+1793
NGC 1344	03 28 38.0	−31 02 33	E5		1.78	0.24	165	11.27	0.88	+0.44	+1169
NGC 1350	03 31 25.9	−33 36 11	(R′)SB(r)ab	3.0	1.72	0.27	0	11.16	0.87	+0.34	+1883
NGC 1365	03 33 53.6	−36 06 55	SB(s)b	1.3	2.05	0.26	32	10.32	0.69	+0.16	+1663
NGC 1399	03 38 46.3	−35 25 36	E1 pec		1.84	0.03		10.55	0.96	+0.50	+1447
NGC 1395	03 38 49.3	−23 00 12	E2		1.77	0.12		10.55	0.96	+0.58	+1699
NGC 1398	03 39 11.1	−26 18 49	(R′)SB(r)ab	1.1	1.85	0.12	100	10.57	0.90	+0.43	+1407
NGC 1433	03 42 15.6	−47 11 54	(R′)SB(r)ab	2.7	1.81	0.04		10.70	0.79	+0.21	+1067
NGC 1425	03 42 29.8	−29 52 11	SA(s)b	3.2	1.76	0.35	129	11.29	0.68	+0.11	+1508
NGC 1448	03 44 46.7	−44 37 17	SAcd: sp	4.4	1.88	0.65	41	11.40	0.72	+0.01	+1165
IC 342	03 47 32.3	+68 07 09	SAB(rs)cd	2.0	2.33	0.01		9.10			+ 32

Name	Right Ascension	Declination	Type	L	Log (D_{25})	Log (R_{25})	P.A.	B_T^w	$B-V$	$U-B$	v_r
	h m s	° ′ ″					°				km/s
NGC 1512	04 04 09.0	−43 19 43	SB(r)a	1.1	1.95	0.20	90	11.13	0.81	+0.17	+ 889
IC 356	04 08 33.9	+69 49 55	SA(s)ab pec		1.72	0.13	90	11.39	1.32	+0.76	+ 888
NGC 1532	04 12 21.6	−32 51 19	SB(s)b pec sp	1.9	2.10	0.58	33	10.65	0.80	+0.15	+1187
NGC 1566	04 20 10.6	−54 55 14	SAB(s)bc	1.7	1.92	0.10	60	10.33	0.60	−0.04	+1492
NGC 1672	04 45 49.9	−59 14 03	SB(s)b	3.1	1.82	0.08	170	10.28	0.60	+0.01	+1339
NGC 1792	05 05 29.9	−37 58 15	SA(rs)bc	4.0	1.72	0.30	137	10.87	0.68	+0.08	+1224
NGC 1808	05 07 57.90	−37 30 12.3	(R)SAB(s)a		1.81	0.22	133	10.76	0.82	+0.29	+1006
LMC	05 23.5	−69 45	SB(s)m	5.8	3.81	0.07	170	0.91	0.51	0.00	+ 313
NGC 2146	06 19 49.5	+78 21 11	SB(s)ab pec	3.4	1.78	0.25	56	11.38	0.79	+0.29	+ 890
Carina	06 41 48	−50 58.5	dSph		[2.25]	0.17	65	11.5:	0.7:		+ 223
NGC 2280	06 45 07.0	−27 38 48	SA(s)cd	2.2	1.80	0.31	163	10.9	0.60	+0.15	+1906
NGC 2336	07 28 20.5	+80 09 45	SAB(r)bc	1.1	1.85	0.26	178	11.05	0.62	+0.06	+2200
NGC 2366	07 29 42.8	+69 12 04	IB(s)m	8.7	1.91	0.39	25	11.43	0.58		+ 99
NGC 2442	07 36 22.3	−69 32 51	SAB(s)bc pec	2.5	1.74	0.05		11.24	0.82	+0.23	+1448
NGC 2403	07 37 33.7	+65 35 03	SAB(s)cd	5.4	2.34	0.25	127	8.93	0.47		+ 130
Holmberg II	08 19 53	+70 41.5	Im	8.0	1.90	0.10	15	11.10	0.44		+ 157
NGC 2613	08 33 42.5	−22 59 57	SA(s)b	3.0	1.86	0.61	113	11.16	0.91	+0.38	+1677
NGC 2683	08 53 09.3	+33 23 33	SA(rs)b	4.0	1.97	0.63	44	10.64	0.89	+0.27	+ 405
NGC 2768	09 12 12.2	+60 00 23	E6:		1.91	0.28	95	10.84	0.97	+0.46	+1335
NGC 2784	09 12 39.5	−24 12 12	SA(s)0⁰:		1.74	0.39	73	11.30	1.14	+0.72	+ 691
NGC 2835	09 18 13.3	−22 23 11	SB(rs)c	1.8	1.82	0.18	8	11.01	0.49	−0.12	+ 887
NGC 2841	09 22 33.59	+50 56 39.6	SA(r)b:	.5	1.91	0.36	147	10.09	0.87	+0.34	+ 637
NGC 2903	09 32 35.5	+21 28 04	SAB(rs)bc	2.3	2.10	0.32	17	9.68	0.67	+0.06	+ 556
NGC 2997	09 45 58.4	−31 13 32	SAB(rs)c	1.6	1.95	0.12	110	10.06	0.7	+0.3	+1087
NGC 2976	09 47 51.8	+67 52 53	SAc pec	6.8	1.77	0.34	143	10.82	0.66	0.00	+ 3
NGC 3031	09 56 09.725	+69 01 46.28	SA(s)ab	2.2	2.43	0.28	157	7.89	0.95	+0.48	− 36
NGC 3034	09 56 29.5	+69 38 38	I0		2.05	0.42	65	9.30	0.89	+0.31	+ 216
NGC 3109	10 03 32.9	−26 11 40	SB(s)m	8.2	2.28	0.71	93	10.39			+ 404
NGC 3077	10 03 54.7	+68 41 51	I0 pec		1.73	0.08	45	10.61	0.76	+0.14	+ 13
NGC 3115	10 05 36.4	−07 45 19	S0⁻		1.86	0.47	43	9.87	0.97	+0.54	+ 661
Leo I	10 08 51.6	+12 16 14	dSph		[1.82]	0.10	79	10.7	0.6	+0.1:	+ 285
Sextans	10 13.4	−01 39	dSph		[2.52]	0.91	56	11.0:			+ 224
NGC 3184	10 18 43.7	+41 23 11	SAB(rs)cd	3.5	1.87	0.03	135	10.36	0.58	−0.03	+ 591
NGC 3198	10 20 22.4	+45 30 44	SB(rs)c	2.6	1.93	0.41	35	10.87	0.54	−0.04	+ 663
NGC 3227	10 23 55.12	+19 49 37.0	SAB(s)a pec	3.5	1.73	0.17	155	11.1	0.82	+0.27	+1156
IC 2574	10 28 54.3	+68 22 24	SAB(s)m	8.0	2.12	0.39	50	10.80	0.44		+ 46
NGC 3319	10 39 35.6	+41 38 51	SB(rs)cd	3.8	1.79	0.26	37	11.48	0.41		+ 746
NGC 3344	10 43 55.7	+24 52 58	(R)SAB(r)bc	1.9	1.85	0.04		10.45	0.59	−0.07	+ 585
NGC 3351	10 44 21.4	+11 39 51	SB(r)b	3.3	1.87	0.17	13	10.53	0.80	+0.18	+ 777
NGC 3359	10 47 06.1	+63 11 04	SB(rs)c	3.0	1.86	0.22	170	11.03	0.46	−0.20	+1012
NGC 3368	10 47 09.42	+11 46 49.4	SAB(rs)ab	3.4	1.88	0.16	5	10.11	0.86	+0.31	+ 897
NGC 3377	10 48 06.1	+13 56 45	E5−6		1.72	0.24	35	11.24	0.86	+0.31	+ 692
NGC 3379	10 48 13.4	+12 32 31	E1		1.73	0.05		10.24	0.96	+0.53	+ 889
NGC 3384	10 48 40.7	+12 35 22	SB(s)0⁻:		1.74	0.34	53	10.85	0.93	+0.44	+ 735
NGC 3486	11 00 48.4	+28 56 05	SAB(r)c	2.6	1.85	0.13	80	11.05	0.52	−0.16	+ 681

Name	Right Ascension	Declination	Type	L	Log (D_{25})	Log (R_{25})	P.A.	B_T^w	$B-V$	$U-B$	v_r
	h m s	° ′ ″					°				km/s
NGC 3521	11 06 11.64	−00 04 35.2	SAB(rs)bc	3.6	2.04	0.33	163	9.83	0.81	+0.23	+ 804
NGC 3556	11 11 57.0	+55 38 01	SB(s)cd	5.7	1.94	0.59	80	10.69	0.66	+0.07	+ 694
NGC 3621	11 18 38.4	−32 51 18	SA(s)d	5.8	2.09	0.24	159	10.28	0.62	−0.08	+ 725
NGC 3623	11 19 19.4	+13 03 04	SAB(rs)a	3.3	1.99	0.53	174	10.25	0.92	+0.45	+ 806
NGC 3627	11 20 38.46	+12 57 01.3	SAB(s)b	3.0	1.96	0.34	173	9.65	0.73	+0.20	+ 726
NGC 3628	11 20 40.5	+13 32 52	Sb pec sp	4.5	2.17	0.70	104	10.28	0.80		+ 846
NGC 3631	11 21 28.2	+53 07 42	SA(s)c	1.8	1.70	0.02		11.01	0.58		+1157
NGC 3675	11 26 33.0	+43 32 39	SA(s)b	3.3	1.77	0.28	178	11.00			+ 766
NGC 3726	11 33 45.4	+46 59 16	SAB(r)c	2.2	1.79	0.16	10	10.91	0.49		+ 849
NGC 3923	11 51 24.7	−28 50 52	E4−5		1.77	0.18	50	10.8	1.00	+0.61	+1668
NGC 3938	11 53 12.8	+44 04 45	SA(s)c	1.1	1.73	0.04		10.90	0.52	−0.10	+ 808
NGC 3953	11 54 12.3	+52 17 06	SB(r)bc	1.8	1.84	0.30	13	10.84	0.77	+0.20	+1053
NGC 3992	11 57 59.2	+53 19 59	SB(rs)bc	1.1	1.88	0.21	68	10.60	0.77	+0.20	+1048
NGC 4038	12 02 16.0	−18 54 37	SB(s)m pec	4.2	1.72	0.23	80	10.91	0.65	−0.19	+1626
NGC 4039	12 02 16.7	−18 55 40	SB(s)m pec	5.3	1.72	0.29	171	11.10			+1655
NGC 4051	12 03 32.54	+44 29 22.4	SAB(rs)bc	3.3	1.72	0.13	135	10.83	0.65	−0.04	+ 720
NGC 4088	12 05 57.0	+50 29 52	SAB(rs)bc	3.9	1.76	0.41	43	11.15	0.59	−0.05	+ 758
NGC 4096	12 06 23.9	+47 26 11	SAB(rs)c	4.2	1.82	0.57	20	11.48	0.63	+0.01	+ 564
NGC 4125	12 08 28.3	+65 07 57	E6 pec		1.76	0.26	95	10.65	0.93	+0.49	+1356
NGC 4151	12 10 55.26	+39 21 50.7	(R′)SAB(rs)ab:		1.80	0.15	50	11.28	0.73	−0.17	+ 992
NGC 4192	12 14 11.2	+14 51 32	SAB(s)ab	2.9	1.99	0.55	155	10.95	0.81	+0.30	− 141
NGC 4214	12 16 02.0	+36 17 06	IAB(s)m	5.8	1.93	0.11		10.24	0.46	−0.31	+ 291
NGC 4216	12 16 17.3	+13 06 28	SAB(s)b:	3.0	1.91	0.66	19	10.99	0.98	+0.52	+ 129
NGC 4236	12 17 05	+69 25.0	SB(s)dm	7.6	2.34	0.48	162	10.05	0.42		0
NGC 4244	12 17 52.2	+37 45 57	SA(s)cd: sp	7.0	2.22	0.94	48	10.88	0.50		+ 242
NGC 4242	12 17 52.4	+45 34 39	SAB(s)dm	6.2	1.70	0.12	25	11.37	0.54		+ 517
NGC 4254	12 19 12.4	+14 22 30	SA(s)c	1.5	1.73	0.06		10.44	0.57	+0.01	+2407
NGC 4258	12 19 19.68	+47 15 44.4	SAB(s)bc	3.5	2.27	0.41	150	9.10	0.69		+ 449
NGC 4274	12 20 13.18	+29 34 22.8	(R)SB(r)ab	4.0	1.83	0.43	102	11.34	0.93	+0.44	+ 929
NGC 4293	12 21 35.56	+18 20 27.9	(R)SB(s)0/a		1.75	0.34	72	11.26	0.90		+ 943
NGC 4303	12 22 17.89	+04 25 55.5	SAB(rs)bc	2.0	1.81	0.05		10.18	0.53	−0.11	+1569
NGC 4321	12 23 17.7	+15 46 50	SAB(s)bc	1.1	1.87	0.07	30	10.05	0.70	−0.01	+1585
NGC 4365	12 24 51.2	+07 16 35	E3		1.84	0.14	40	10.52	0.96	+0.50	+1227
NGC 4374	12 25 26.554	+12 50 43.76	E1		1.81	0.06	135	10.09	0.98	+0.53	+ 951
NGC 4382	12 25 46.8	+18 08 59	SA(s)0+ pec		1.85	0.11		10.00	0.89	+0.42	+ 722
NGC 4395	12 26 11.2	+33 30 20	SA(s)m:	7.3	2.12	0.08	147	10.64	0.46		+ 319
NGC 4406	12 26 34.57	+12 54 17.0	E3		1.95	0.19	130	9.83	0.93	+0.49	− 248
NGC 4429	12 27 49.4	+11 03 58	SA(r)0+		1.75	0.34	99	11.02	0.98	+0.55	+1137
NGC 4438	12 28 08.35	+12 58 03.1	SA(s)0/a pec:		1.93	0.43	27	11.02	0.85	+0.35	+ 64
NGC 4449	12 28 33.0	+44 03 08	IBm	6.7	1.79	0.15	45	9.99	0.41	−0.35	+ 202
NGC 4450	12 28 52.26	+17 02 37.0	SA(s)ab	1.5	1.72	0.13	175	10.90	0.82		+1956
NGC 4472	12 30 09.63	+07 57 32.4	E2		2.01	0.09	155	9.37	0.96	+0.55	+ 912
NGC 4490	12 30 58.1	+41 36 06	SB(s)d pec	5.4	1.80	0.31	125	10.22	0.43	−0.19	+ 578
NGC 4486	12 31 12.189	+12 20 59.12	E+0−1 pec		1.92	0.10		9.59	0.96	+0.57	+1282
NGC 4501	12 32 21.85	+14 22 44.7	SA(rs)b	2.4	1.84	0.27	140	10.36	0.73	+0.24	+2279

Name	Right Ascension	Declination	Type	L	Log (D_{25})	Log (R_{25})	P.A.	B_T^w	$B-V$	$U-B$	v_r
	h m s	° ′ ″					°				km/s
NGC 4517	12 33 08.7	+00 04 24	SA(s)cd: sp	5.6	2.02	0.83	83	11.10	0.71		+1121
NGC 4526	12 34 25.86	+07 39 29.0	SAB(s)0⁰:		1.86	0.48	113	10.66	0.96	+0.53	+ 460
NGC 4527	12 34 31.44	+02 36 45.7	SAB(s)bc	3.3	1.79	0.47	67	11.38	0.86	+0.21	+1733
NGC 4535	12 34 43.14	+08 09 23.4	SAB(s)c	1.6	1.85	0.15	0	10.59	0.63	−0.01	+1957
NGC 4536	12 34 50.1	+02 08 47	SAB(rs)bc	2.0	1.88	0.37	130	11.16	0.61	−0.02	+1804
NGC 4548	12 35 49.1	+14 27 19	SB(rs)b	2.3	1.73	0.10	150	10.96	0.81	+0.29	+ 486
NGC 4552	12 36 02.6	+12 30 54	E0−1		1.71	0.04		10.73	0.98	+0.56	+ 311
NGC 4559	12 36 19.9	+27 55 08	SAB(rs)cd	4.3	2.03	0.39	150	10.46	0.45		+ 814
NGC 4565	12 36 43.08	+25 56 47.1	SA(s)b? sp	1.0	2.20	0.87	136	10.42	0.84		+1225
NGC 4569	12 37 12.48	+13 07 18.3	SAB(rs)ab	2.4	1.98	0.34	23	10.26	0.72	+0.30	− 236
NGC 4579	12 38 06.25	+11 46 37.5	SAB(rs)b	3.1	1.77	0.10	95	10.48	0.82	+0.32	+1521
NGC 4605	12 40 19.1	+61 34 05	SB(s)c pec	5.7	1.76	0.42	125	10.89	0.56	−0.08	+ 143
NGC 4594	12 40 22.853	− 11 39 50.97	SA(s)a		1.94	0.39	89	8.98	0.98	+0.53	+1089
NGC 4621	12 42 25.0	+11 36 21	E5		1.73	0.16	165	10.57	0.94	+0.48	+ 430
NGC 4631	12 42 29.9	+32 30 01	SB(s)d	5.0	2.19	0.76	86	9.75	0.56		+ 608
NGC 4636	12 43 12.8	+02 38 48	E0−1		1.78	0.11	150	10.43	0.94	+0.44	+1017
NGC 4649	12 44 02.7	+11 30 41	E2		1.87	0.09	105	9.81	0.97	+0.60	+1114
NGC 4656	12 44 20.4	+32 07 51	SB(s)m pec	7.0	2.18	0.71	33	10.96	0.44		+ 640
NGC 4697	12 48 59.1	−05 50 29	E6		1.86	0.19	70	10.14	0.91	+0.39	+1236
NGC 4725	12 50 48.6	+25 27 37	SAB(r)ab pec	2.4	2.03	0.15	35	10.11	0.72	+0.34	+1205
NGC 4736	12 51 14.18	+41 04 46.4	(R)SA(r)ab	3.0	2.05	0.09	105	8.99	0.75	+0.16	+ 308
NGC 4753	12 52 45.2	−01 14 24	I0		1.78	0.33	80	10.85	0.90	+0.41	+1237
NGC 4762	12 53 18.6	+11 11 24	SB(r)0⁰? sp		1.94	0.72	32	11.12	0.86	+0.40	+ 979
NGC 4826	12 57 05.7	+21 38 33	(R)SA(rs)ab	3.5	2.00	0.27	115	9.36	0.84	+0.32	+ 411
NGC 4945	13 05 53.9	−49 30 30	SB(s)cd: sp	6.7	2.30	0.72	43	9.3			+ 560
NGC 4976	13 09 04.0	−49 32 45	E4 pec:		1.75	0.28	161	11.04	1.01	+0.44	+1453
NGC 5005	13 11 17.00	+37 01 09.6	SAB(rs)bc	3.3	1.76	0.32	65	10.61	0.80	+0.31	+ 948
NGC 5033	13 13 48.20	+36 33 15.4	SA(s)c	2.2	2.03	0.33	170	10.75	0.55		+ 877
NGC 5055	13 16 09.4	+41 59 24	SA(rs)bc	3.9	2.10	0.24	105	9.31	0.72		+ 504
NGC 5068	13 19 19.1	−21 04 41	SAB(rs)cd	4.7	1.86	0.06	110	10.7	0.67		+ 671
NGC 5102	13 22 23.3	−36 40 10	SA0⁻		1.94	0.49	48	10.35	0.72	+0.23	+ 468
NGC 5128	13 25 54.095	−43 03 28.72	E1/S0 + S pec		2.41	0.11	35	7.84	1.00		+ 559
NGC 5194	13 30 11.64	+47 09 23.8	SA(s)bc pec	1.8	2.05	0.21	163	8.96	0.60	−0.06	+ 463
NGC 5195	13 30 18.5	+47 13 39	I0 pec		1.76	0.10	79	10.45	0.90	+0.31	+ 484
NGC 5236	13 37 25.8	−29 54 10	SAB(s)c	2.8	2.11	0.05		8.20	0.66	+0.03	+ 514
NGC 5248	13 37 54.46	+08 50 51.1	SAB(rs)bc	1.8	1.79	0.14	110	10.97	0.65	+0.05	+1153
NGC 5247	13 38 27.46	−17 55 18.9	SA(s)bc	1.8	1.75	0.06	20	10.5	0.54	−0.11	+1357
NGC 5253	13 40 21.65	−31 40 40.7	Pec		1.70	0.41	45	10.87	0.43	−0.24	+ 404
NGC 5322	13 49 30.28	+60 09 12.3	E3−4		1.77	0.18	95	11.14	0.91	+0.47	+1915
NGC 5364	13 56 34.6	+04 58 42	SA(rs)bc pec	1.1	1.83	0.19	30	11.17	0.64	+0.07	+1241
NGC 5457	14 03 28.4	+54 18 46	SAB(rs)cd	1.1	2.46	0.03		8.31	0.45		+ 240
NGC 5585	14 20 02.4	+56 41 42	SAB(s)d	7.6	1.76	0.19	30	11.20	0.46	−0.22	+ 304
NGC 5566	14 20 42.7	+03 53 59	SB(r)ab	3.6	1.82	0.48	35	11.46	0.91	+0.45	+1505
NGC 5746	14 45 18.7	+01 55 24	SAB(rs)b? sp	4.5	1.87	0.75	170	11.29	0.97	+0.42	+1722
Ursa Minor	15 09 06	+67 11.9	dSph		[2.50]	0.35	53	11.5:	0.9?		− 250

Name	Right Ascension	Declination	Type	L	Log (D₂₅)	Log (R₂₅)	P.A.	B_T^w	B−V	U−B	v_r
	h m s	° ′ ″					°				km/s
NGC 5907	15 16 05.3	+56 18 05	SA(s)c: sp	3.0	2.10	0.96	155	11.12	0.78	+0.15	+ 666
NGC 6384	17 32 46.1	+07 03 19	SAB(r)bc	1.1	1.79	0.18	30	11.14	0.72	+0.23	+1667
NGC 6503	17 49 21.7	+70 08 33	SA(s)cd	5.2	1.85	0.47	123	10.91	0.68	+0.03	+ 43
Sgr Dw Sph	18 55.7	−30 29	dSph		[4.26]	0.42	104	4.3:	0.7?		+ 140
NGC 6744	19 10 28.6	−63 50 41	SAB(r)bc	3.3	2.30	0.19	15	9.14			+ 838
NGC 6822	19 45 22	−14 47.2	IB(s)m	8.5	2.19	0.06	5	9.0	0.79	+0.04:	− 54
NGC 6946	20 35 01.77	+60 10 48.4	SAB(rs)cd	2.3	2.06	0.07		9.61	0.80		+ 50
NGC 7090	21 36 59.9	−54 31 22	SBc? sp		1.87	0.77	127	11.33	0.61	−0.02	+ 854
IC 5152	22 03 10.8	−51 15 34	IA(s)m	8.4	1.72	0.21	100	11.06			+ 120
IC 5201	22 21 24.8	−45 59 51	SB(rs)cd	5.1	1.93	0.34	33	11.3			+ 914
NGC 7331	22 37 24.71	+34 27 17.3	SA(s)b	2.2	2.02	0.45	171	10.35	0.87	+0.30	+ 821
NGC 7410	22 55 26.3	−39 37 17	SB(s)a		1.72	0.51	45	11.24	0.93	+0.45	+1751
IC 1459	22 57 35.65	−36 25 19.3	E3−4		1.72	0.14	40	10.97	0.98	+0.51	+1691
IC 5267	22 57 39.1	−43 21 21	SA(rs)0/a		1.72	0.13	140	11.43	0.89	+0.37	+1713
NGC 7424	22 57 43.8	−41 01 49	SAB(rs)cd	4.0	1.98	0.07		10.96	0.48	−0.15	+ 941
NGC 7582	23 18 48.4	−42 19 47	(R′)SB(s)ab		1.70	0.38	157	11.37	0.75	+0.25	+1573
IC 5332	23 34 51.3	−36 03 35	SA(s)d	3.9	1.89	0.10		11.09			+ 706
NGC 7793	23 58 12.9	−32 32 58	SA(s)d	6.9	1.97	0.17	98	9.63	0.54	−0.09	+ 228

Alternate Names for Some Galaxies

Leo I	Regulus Dwarf
LMC	Large Magellanic Cloud
NGC 224	Andromeda Galaxy, M31
NGC 598	Triangulum Galaxy, M33
NGC 1068	M77, 3C 71
NGC 1316	Fornax A
NGC 3034	M82, 3C 231
NGC 4038/9	The Antennae
NGC 4374	M84, 3C 272.1
NGC 4486	Virgo A, M87, 3C 274
NGC 4594	Sombrero Galaxy, M104
NGC 4826	Black Eye Galaxy, M64
NGC 5055	Sunflower Galaxy, M63
NGC 5128	Centaurus A
NGC 5194	Whirlpool Galaxy, M51
NGC 5457	Pinwheel Galaxy, M101/2
NGC 6822	Barnard's Galaxy
Sgr Dw Sph	Sagittarius Dwarf Spheroidal Galaxy
SMC	Small Magellanic Cloud, NGC 292
WLM	Wolf-Lundmark-Melotte Galaxy

IAU Designation	Name	RA	Dec.	Appt. Diam.	Dist.	Log (age)	Mag. Mem.[1]	$E_{(B-V)}$	Metal-licity	Trumpler Class
		h m s	° ′ ″	′	pc	yr				
C0001−302	Blanco 1	00 04 30	−29 47 30	70.0	269	7.796	8	0.010	+0.23	IV 3 m
C0022+610	NGC 103	00 25 41	+61 21 53	4.0	3026	8.126	11	0.406		II 1 m
C0027+599	NGC 129	00 30 25	+60 15 35	19.0	1625	7.886	11	0.548		III 2 m
C0029+628	King 14	00 32 20	+63 12 29	6.0	2593	7.924	10	0.414		III 1 p
C0030+630	NGC 146	00 33 29	+63 20 35	7.0	3032	7.822		0.480		II 2 p
C0036+608	NGC 189	00 40 01	+61 08 10	5.0	752	7.00		0.42		III 1 p
C0040+615	NGC 225	00 44 06	+61 48 58	12.0	657	8.114		0.274		III 1 pn
C0039+850	NGC 188	00 48 16	+85 17 45	17.0	2047	9.632	10	0.082	−0.010	I 2 r
C0048+579	King 2	00 51 27	+58 13 27	5.0	5750	9.78	17	0.31		II 2 m
	IC 1590	00 53 16	+56 40 08	4.0	2940	6.54		0.32		
C0112+598	NGC 433	01 15 40	+60 09 58	2.0	2323	7.50	9	0.86		III 2 p
C0112+585	NGC 436	01 16 26	+58 51 04	5.0	3014	7.926	10	0.460		I 2 m
C0115+580	NGC 457	01 20 04	+58 19 33	20.0	2429	7.324	6	0.472		II 3 r
C0126+630	NGC 559	01 30 02	+63 20 43	6.0	1258	7.748	9	0.790		I 1 m
C0129+604	NGC 581	01 33 53	+60 41 18	5.0	2194	7.336	9	0.382		II 2 m
C0132+610	Trumpler 1	01 36 13	+61 19 17	3.0	2563	7.60	10	0.582		II 2 p
C0139+637	NGC 637	01 43 36	+64 04 39	3.0	2160	6.980	8	0.634		I 2 m
C0140+616	NGC 654	01 44 31	+61 55 21	5.0	2410	7.0	10	0.82		II 2 r
C0140+604	NGC 659	01 44 55	+60 42 39	5.0	1938	7.548	10	0.652		I 2 m
C0144+717	Collinder 463	01 46 22	+71 50 50	57.0	702	8.373		0.259		III 2 m
C0142+610	NGC 663	01 46 40	+61 16 20	14.0	2420	7.4	9	0.80		II 3 r
C0149+615	IC 166	01 53 02	+61 52 12	7.0	3970	8.629	17	1.050	−0.178	II 1 r
C0154+374	NGC 752	01 58 08	+37 49 17	75.0	457	9.050	8	0.034	−0.088	II 2 r
C0155+552	NGC 744	01 59 03	+55 30 35	5.0	1207	8.248	10	0.384		III 1 p
C0211+590	Stock 2	02 15 16	+59 31 11	60.0	303	8.23		0.38		I 2 m
C0215+569	NGC 869	02 19 32	+57 09 45	18.0	2079	7.069	7	0.575		I 3 r
C0218+568	NGC 884	02 22 50	+57 10 14	18.0	2345	7.032	7	0.560		I 3 r
C0225+604	Markarian 6	02 30 10	+60 40 59	5.0	698	7.214	8	0.606		III 1 P
C0228+612	IC 1805	02 33 16	+61 28 58	20.0	1886	6.822	9	0.822		II 3 mn
C0233+557	Trumpler 2	02 37 25	+55 56 50	17.0	651	8.169		0.324		II 2 p
C0238+425	NGC 1039	02 42 34	+42 47 36	35.0	499	8.249	9	0.070	−0.30	II 3 r
C0238+613	NGC 1027	02 43 15	+61 37 36	20.0	772	8.203	9	0.325		II 3 mn
C0247+602	IC 1848	02 51 47	+60 27 50	18.0	2002	6.840		0.598		I 3 pn
C0302+441	NGC 1193	03 06 26	+44 24 43	3.0	4300	9.90	14	0.12	−0.293	I 2 m
	NGC 1252	03 11 00	−57 44 19	14.0	640	9.48		0.02		
C0311+470	NGC 1245	03 15 13	+47 15 51	40.0	2800	9.02	12	0.68	+0.10	II 2 r
C0318+484	Melotte 20	03 24 51	+49 53 16	300.0	185	7.854	3	0.090		III 3 m
C0328+371	NGC 1342	03 32 07	+37 24 06	15.0	665	8.655	8	0.319	−0.16	III 2 m
C0341+321	IC 348	03 45 02	+32 11 12	8.0	385	7.641		0.929		
C0344+239	Melotte 22	03 47 27	+24 08 22	120.0	150	8.131	3	0.030	−0.03	I 3 rn
C0400+524	NGC 1496	04 05 07	+52 40 54	4.0	1230	8.80	12	0.45		III 2 p
C0403+622	NGC 1502	04 08 30	+62 21 04	8.0	821	7.051	7	0.759		I 3 m
C0406+493	NGC 1513	04 10 30	+49 32 03	10.0	1320	8.11	11	0.67		II 1 m
C0411+511	NGC 1528	04 15 57	+51 14 00	16.0	776	8.568	10	0.258		II 2 m
C0417+448	Berkeley 11	04 21 08	+44 56 03	5.0	2200	8.041	15	0.95		II 2 m
C0417+501	NGC 1545	04 21 31	+50 16 15	18.0	711	8.448	9	0.303	−0.060	IV 2 p
C0424+157	Melotte 25	04 27 20	+15 52 59	330.0	45	8.896	4	0.010	+0.13	
C0443+189	NGC 1647	04 46 21	+19 07 42	40.0	540	8.158	9	0.370		II 2 r
C0445+108	NGC 1662	04 48 52	+10 56 58	20.0	437	8.625	9	0.304	−0.095	II 3 m
C0447+436	NGC 1664	04 51 38	+43 41 14	9.0	1199	8.465	10	0.254		

IAU Designation	Name	RA	Dec.	Appt. Diam.	Dist.	Log (age)	Mag. Mem.[1]	$E_{(B-V)}$	Metal- licity	Trumpler Class
		h m s	° ′ ″	′	pc	yr				
C0504+369	NGC 1778	05 08 34	+37 01 58	8.0	1469	8.155		0.336		III 2 p
C0509+166	NGC 1817	05 12 41	+16 41 55	16.0	1972	8.612	9	0.334	−0.268	IV 2 r
C0518−685	NGC 1901	05 18 13	−68 25 45	40.0	415	8.92		0.06		III 3 m
C0519+333	NGC 1893	05 23 14	+33 25 06	25.0	6000	6.48		0.45		II 3 rn
C0520+295	Berkeley 19	05 24 35	+29 36 23	4.0	4831	9.49	15	0.40	−0.50	II 1 m
C0524+352	NGC 1907	05 28 35	+35 19 51	7.0	1556	8.567	11	0.415		I 1 mn
C0524+343	Stock 8	05 28 37	+34 25 45	15.0	1821	7.056		0.445		
C0525+358	NGC 1912	05 29 10	+35 51 14	20.0	1066	8.463	8	0.248		II 2 r
C0532+099	Collinder 69	05 35 31	+09 56 16	70.0	400	6.70		0.12		
C0532−059	NGC 1980	05 35 46	−05 54 38	20.0	500			0.00		III 3 mn
C0532+341	NGC 1960	05 36 48	+34 08 39	10.0	1318	7.468	9	0.222		I 3 r
C0536−026	Sigma Orionis	05 39 05	−02 35 46	10.0	399	7.11		0.05		III 1 p
C0535+379	Stock 10	05 39 31	+37 56 14	25.0	380	8.35		0.065		IV 2 p
C0546+336	King 8	05 49 54	+33 38 07	4.0	6403	8.618	15	0.580	−0.460	II 2 m
C0548+217	Berkeley 21	05 52 09	+21 47 05	5.0	5000	9.34	6	0.76	−0.835	I 2
C0549+325	NGC 2099	05 52 47	+32 33 17	14.0	1383	8.540	11	0.302	+0.089	I 2 r
C0600+104	NGC 2141	06 03 20	+10 26 46	10.0	4033	9.231	15	0.250	−0.262	I 2 r
C0601+240	IC 2157	06 05 18	+24 03 18	5.0	2040	7.800	12	0.548		II 1 p
C0604+241	NGC 2158	06 07 53	+24 05 43	5.0	5071	9.023	15	0.360	−0.25	
C0605+139	NGC 2169	06 08 50	+13 57 48	5.0	1052	7.067		0.199		III 3 m
C0605+243	NGC 2168	06 09 28	+24 20 54	25.0	912	8.25	8	0.20	−0.160	III 3 r
C0606+203	NGC 2175	06 10 06	+20 29 06	22.0	1627	6.953	8	0.598		III 3 rn
C0609+054	NGC 2186	06 12 31	+05 27 22	5.0	1445	7.738	12	0.272		II 2 m
C0611+128	NGC 2194	06 14 10	+12 48 15	9.0	3781	8.515	13	0.383		II 2 r
C0613−186	NGC 2204	06 15 53	−18 40 04	10.0	2629	8.896	13	0.085	−0.32	II 2 r
C0618−072	NGC 2215	06 21 11	−07 17 14	7.0	1293	8.369	11	0.300		II 2 m
C0624−047	NGC 2232	06 27 37	−04 45 48	53.0	359	7.727		0.030		III 2 p
C0627−312	NGC 2243	06 29 51	−31 17 19	5.0	4458	9.032		0.051	−0.49	I 2 r
C0629+049	NGC 2244	06 32 19	+04 56 09	29.0	1445	6.896	7	0.463		II 3 rn
C0632+084	NGC 2251	06 35 03	+08 21 37	10.0	1329	8.427		0.186	−0.080	III 2 m
C0634+094	Trumpler 5	06 37 07	+09 25 36	15.4	2400	9.70	17	0.60	−0.30	III 1 rn
C0635+020	Collinder 110	06 38 47	+02 00 35	18.0	1950	9.15		0.50		
C0638+099	NGC 2264	06 41 23	+09 53 15	39.0	667	6.954	5	0.051	−0.15	III 3 mn
C0640+270	NGC 2266	06 43 47	+26 57 44	5.0	3400	8.80	11	0.10		II 2 m
C0644−206	NGC 2287	06 46 20	−20 45 54	39.0	693	8.385	8	0.027	+0.040	I 3 r
C0645+411	NGC 2281	06 48 49	+41 04 10	25.0	558	8.554	8	0.063	+0.13	I 3 m
C0649+005	NGC 2301	06 52 08	+00 27 02	14.0	872	8.216	8	0.028	+0.060	I 3 r
C0649−070	NGC 2302	06 52 17	−07 05 34	5.0	1182	7.847	12	0.207		III 2 m
C0649+030	Berkeley 28	06 52 36	+02 55 26	3.0	2557	7.846	15	0.761		I 1 p
C0655+065	Berkeley 32	06 58 30	+06 25 22	6.0	3100	9.53	14	0.16	−0.50	II 2 r
C0700−082	NGC 2323	07 03 04	−08 23 41	14.0	1000	8.11	9	0.22		II 3 r
C0701+011	NGC 2324	07 04 30	+01 02 00	10.6	3800	8.65	12	0.25	−0.31	II 2 r
C0704−100	NGC 2335	07 07 10	−10 02 25	6.0	1417	8.210	10	0.393	−0.030	III 2 mn
C0705−105	NGC 2343	07 08 27	−10 37 44	5.0	1056	7.104	8	0.118	−0.30	II 2 pn
C0706−130	NGC 2345	07 08 39	−13 12 20	12.0	2251	7.853	9	0.616		II 3 r
C0712−256	NGC 2354	07 14 28	−25 42 12	18.0	4085	8.126		0.307		III 2 r
C0712−102	NGC 2353	07 14 51	−10 16 48	18.0	1119	7.974	9	0.072		III 3 p
C0712−310	Collinder 132	07 15 37	−30 41 49	80.0	472	7.080		0.037		III 3 p
C0714+138	NGC 2355	07 17 24	+13 44 10	7.0	2200	8.85	13	0.12	−0.07	II 2 m
C0715−367	Collinder 135	07 17 33	−36 49 50	50.0	316	7.407		0.032		

IAU Designation	Name	RA	Dec.	Appt. Diam.	Dist.	Log (age)	Mag. Mem.[1]	$E_{(B-V)}$	Metal-licity	Trumpler Class
		h m s	° ′ ″	′	pc	yr				
C0715−155	NGC 2360	07 18 03	−15 39 20	13.0	1887	8.749		0.111	−0.150	I 3 r
C0716−248	NGC 2362	07 19 00	−24 58 09	5.0	1389	6.914	8	0.095		I 3 r
C0717−130	Haffner 6	07 20 27	−13 08 52	6.0	3054	8.826	16	0.450		IV 2 rn
C0721−131	NGC 2374	07 24 17	−13 16 42	12.0	1468	8.463		0.090		IV 2 p
C0722−321	Collinder 140	07 24 44	−31 51 54	60.0	405	7.548		0.030	−0.10	III 3 m
C0722−261	Ruprecht 18	07 24 57	−26 13 54	7.0	1056	7.648		0.700	−0.010	
C0722−209	NGC 2384	07 25 29	−21 02 13	5.0	2116	6.904		0.255		IV 3 p
C0724−476	Melotte 66	07 26 36	−47 40 55	14.0	4313	9.445		0.143	−0.354	II 1 r
C0731−153	NGC 2414	07 33 33	−15 28 12	5.0	3455	6.976		0.508		I 3 m
C0734−205	NGC 2421	07 36 33	−20 37 43	6.0	2200	7.90	11	0.42		I 2 r
C0734−143	NGC 2422	07 36 56	−14 30 02	25.0	490	7.861	5	0.070		I 3 m
C0734−137	NGC 2423	07 37 27	−13 53 20	12.0	766	8.867		0.097	+0.143	II 2 m
C0735−119	Melotte 71	07 37 51	−12 05 02	7.0	3154	8.371		0.113	−0.30	II 2 r
C0735+216	NGC 2420	07 38 50	+21 33 21	5.0	3085	9.048	11	0.029	−0.38	I 1 r
C0738−334	Bochum 15	07 40 23	−33 33 04	3.0	2806	6.742		0.576		IV 2 pn
C0738−315	NGC 2439	07 41 02	−31 42 40	9.0	3855	7.251	9	0.407		II 3 r
C0739−147	NGC 2437	07 42 07	−14 49 41	20.0	1375	8.390	10	0.154	+0.059	II 2 r
C0742−237	NGC 2447	07 44 49	−23 52 30	10.0	1037	8.588	9	0.046		I 3 r
C0744−044	Berkeley 39	07 47 04	−04 37 08	7.0	4780	9.90	16	0.12	−0.26	II 2 r
C0745−271	NGC 2453	07 47 53	−27 12 50	4.0	2150	7.187		0.446		I 3 m
C0746−261	Ruprecht 36	07 48 42	−26 19 09	5.0	1681	7.606	12	0.166		IV 1 m
C0750−384	NGC 2477	07 52 26	−38 32 59	15.0	1222	8.848	12	0.279	−0.13	I 2 r
C0752−241	NGC 2482	07 55 31	−24 16 42	10.0	1343	8.604		0.093	+0.120	IV 1 m
C0754−299	NGC 2489	07 56 33	−30 05 01	6.0	3957	7.264	11	0.374	+0.080	I 2 m
C0757−607	NGC 2516	07 58 11	−60 46 26	30.0	409	8.052	7	0.101	+0.060	I 3 r
C0757−284	Ruprecht 44	07 59 09	−28 36 15	10.0	4730	6.941	12	0.619		IV 2 m
C0757−106	NGC 2506	08 00 22	−10 47 27	12.0	3460	9.045	11	0.081	−0.376	I 2 r
C0803−280	NGC 2527	08 05 16	−28 10 06	10.0	601	8.649		0.038	−0.09	II 2 m
C0805−297	NGC 2533	08 07 22	−29 54 19	5.0	3379	8.876		0.047		II 2 r
C0809−491	NGC 2547	08 10 22	−49 14 15	25.0	455	7.557	7	0.041	−0.160	I 3 rn
C0808−126	NGC 2539	08 10 58	−12 50 27	9.0	1363	8.570	9	0.082	+0.137	III 2 m
C0810−374	NGC 2546	08 12 32	−37 37 04	70.0	919	7.874	7	0.134	+0.120	III 2 m
C0811−056	NGC 2548	08 14 05	−05 46 23	30.0	769	8.557	8	0.031	+0.080	I 3 r
C0816−304	NGC 2567	08 18 50	−30 39 49	7.0	1677	8.469	11	0.128	−0.09	II 2 m
C0816−295	NGC 2571	08 19 14	−29 46 26	8.0	1342	7.488		0.137	+0.05	II 3 m
C0835−394	Pismis 5	08 37 55	−39 36 35	2.0	869	7.197		0.421		
C0837−460	NGC 2645	08 39 18	−46 15 36	3.0	1668	7.283	9	0.380		II 3 p
C0838−459	Waterloo 6	08 40 39	−46 09 37	2.0	1578	7.671		0.243		II 3 p
C0838−528	IC 2391	08 40 45	−53 03 37	60.0	175	7.661	4	0.008	−0.09	II 3 m
C0837+201	NGC 2632	08 40 50	+19 38 23	70.0	187	8.863	6	0.009	+0.142	II 3 m
	Mamajek 1	08 41 50	−79 03 15	40.0	97	6.9		0.00		
C0839−461	Pismis 8	08 41 51	−46 17 37	3.0	1312	7.427	10	0.706		II 2 p
C0839−480	IC 2395	08 42 45	−48 08 26	18.6	800	6.80		0.09	+0.02	II 3 m
C0840−469	NGC 2660	08 42 53	−47 13 38	3.5	2826	9.033	13	0.313	−0.181	I 1 r
C0843−486	NGC 2670	08 45 44	−48 49 39	7.0	1188	7.690	13	0.430		III 2 m
C0843−527	NGC 2669	08 46 35	−52 58 34	20.0	1046	7.927		0.180		III 3 m
C0846−423	Trumpler 10	08 48 10	−42 28 41	29.0	424	7.542		0.034		II 3 m
C0847+120	NGC 2682	08 51 43	+11 46 18	25.0	908	9.409	9	0.059	−0.15	II 3 r
C0914−364	NGC 2818	09 16 19	−36 39 23	9.0	1855	8.626		0.121	−0.17	III 1 m
	NGC 2866	09 22 22	−51 07 56	2.0	1901	7.656		0.628		

IAU Designation	Name	RA	Dec.	Appt. Diam.	Dist.	Log (age)	Mag. Mem.[1]	$E_{(B-V)}$	Metal- licity	Trumpler Class
		h m s	° ′ ″	′	pc	yr				
C0922−515	Ruprecht 76	09 24 28	−51 41 57	5.0	1262	7.734	13	0.376		IV 2 p
C0925−549	Ruprecht 77	09 27 18	−55 08 58	5.0	4129	7.501	14	0.622		II 1 m
C0926−567	IC 2488	09 27 52	−57 01 58	18.0	1134	8.113	10	0.231	+0.10	II 3 r
C0927−534	Ruprecht 78	09 29 25	−53 43 59	3.0	1641	7.987	15	0.350		II 2 m
C0939−536	Ruprecht 79	09 41 14	−53 53 04	5.0	1979	7.093	11	0.717		III 2 p
C1001−598	NGC 3114	10 02 51	−60 09 23	35.0	911	8.093	9	0.069	+0.022	
C1019−514	NGC 3228	10 21 40	−51 45 59	5.0	544	7.932		0.028		
C1022−575	Westerlund 2	10 24 19	−57 48 17	2.0	6400	6.30		1.675		IV 1 pn
C1025−573	IC 2581	10 27 46	−57 39 18	5.0	2446	7.142		0.415	−0.34	II 2 pn
C1028−595	Collinder 223	10 32 33	−60 03 31	18.0	2820	8.0		0.25		II 2 m
C1033−579	NGC 3293	10 36 08	−58 16 08	6.0	2327	7.014	8	0.263		
C1035−583	NGC 3324	10 37 37	−58 40 51	12.0	2317	6.754		0.438		
C1036−538	NGC 3330	10 39 04	−54 09 45	4.0	894	8.229		0.050		III 2 m
C1040−588	Bochum 10	10 42 29	−59 10 22	20.0	2027	6.857		0.306		II 3 mn
C1041−641	IC 2602	10 43 14	−64 26 22	100.0	161	7.507	3	0.024	−0.09	I 3 r
C1041−593	Trumpler 14	10 44 14	−59 35 22	5.0	2500	6.30		0.57		
C1041−597	Collinder 228	10 44 17	−60 07 34	14.0	2201	6.830		0.342		
C1042−591	Trumpler 15	10 45 01	−59 24 22	14.0	1853	6.926		0.434		III 2 pn
C1043−594	Trumpler 16	10 45 28	−59 45 22	10.0	3900	6.70		0.61		
C1045−598	Bochum 11	10 47 33	−60 07 23	21.0	2412	6.764		0.576		IV 3 pn
C1054−589	Trumpler 17	10 56 42	−59 14 25	5.0	2189	7.706		0.605		
C1055−614	Bochum 12	10 57 42	−61 45 25	10.0	2218	7.61		0.24		III 3 p
C1057−600	NGC 3496	10 59 54	−60 22 37	8.0	990	8.471		0.469		II 1 r
	Sher 1	11 01 23	−60 16 25	1.0	5875	6.713		1.374		
C1059−595	Pismis 17	11 01 25	−59 51 25	6.0	3504	7.023	9	0.471		
C1104−584	NGC 3532	11 05 58	−58 47 38	50.0	486	8.492	8	0.037	−0.022	II 3 r
C1108−599	NGC 3572	11 10 42	−60 17 21	5.0	1995	6.891	7	0.389		II 3 mn
C1108−601	Hogg 10	11 11 01	−60 26 27	3.0	1776	6.784		0.460		
C1109−604	Trumpler 18	11 11 47	−60 42 27	5.0	1358	7.194		0.315		II 3 m
C1109−600	Collinder 240	11 11 59	−60 21 02	32.0	1577	7.160		0.310		III 2 mn
C1110−605	NGC 3590	11 13 18	−60 49 45	3.0	1651	7.231		0.449		I 2 p
C1110−586	Stock 13	11 13 25	−58 55 27	5.0	1577	7.222	10	0.218		I 3 pn
C1112−609	NGC 3603	11 15 27	−61 18 03	4.0	3634	6.842		1.338		II 3 mn
C1115−624	IC 2714	11 17 46	−62 46 28	14.0	1238	8.542	10	0.341	−0.011	II 2 r
C1117−632	Melotte 105	11 20 02	−63 31 28	5.0	2208	8.316		0.482		I 2 r
C1123−429	NGC 3680	11 26 00	−43 17 05	5.0	938	9.077	10	0.066	−0.19	I 2 m
C1133−613	NGC 3766	11 36 35	−61 38 59	9.3	2218	7.32	8	0.20		I 3 r
C1134−627	IC 2944	11 38 41	−63 24 52	65.0	1794	6.818		0.320		III 3 mn
C1141−622	Stock 14	11 44 10	−62 33 30	6.0	2146	7.058	10	0.225		III 3 p
C1148−554	NGC 3960	11 50 55	−55 42 54	5.0	1850	9.1		0.29	−0.175	I 2 m
C1154−623	Ruprecht 97	11 57 51	−62 45 30	5.0	1357	8.343	12	0.229		IV 1 p
C1204−609	NGC 4103	12 07 04	−61 17 30	6.0	1632	7.393	10	0.294		I 2 m
C1221−616	NGC 4349	12 24 33	−61 54 47	5.0	2176	8.315	11	0.384	−0.12	II 2 m
C1222+263	Melotte 111	12 25 29	+26 03 31	120.0	96	8.652	5	0.013	−0.05	III 3 r
C1226−604	Harvard 5	12 27 41	−60 49 13	5.0	1184	8.032		0.160		
C1225−598	NGC 4439	12 28 52	−60 08 47	4.0	1785	7.909		0.348		
C1239−627	NGC 4609	12 42 45	−63 02 10	4.0	1223	7.892	10	0.328		II 2 m
C1250−600	NGC 4755	12 54 06	−60 24 08	10.0	1976	7.216	7	0.388		
C1315−623	Stock 16	13 19 59	−62 40 21	3.0	1640	6.915	10	0.491		III 3 pn
C1317−646	Ruprecht 107	13 20 16	−64 59 21	3.0	1442	7.478	12	0.458		III 2 p

IAU Designation	Name	RA	Dec.	Appt. Diam.	Dist.	Log (age)	Mag. Mem.[1]	$E_{(B-V)}$	Metal-licity	Trumpler Class
		h m s	° ′ ″	′	pc	yr				
C1324−587	NGC 5138	13 27 45	−59 04 19	7.0	1986	7.986		0.262	+0.120	II 2 m
C1326−609	Hogg 16	13 29 48	−61 14 19	6.0	1585	7.047		0.411		II 2 p
C1327−606	NGC 5168	13 31 36	−60 58 43	4.0	1777	8.001		0.431		I 2 m
C1328−625	Trumpler 21	13 32 45	−62 50 18	5.0	1263	7.696		0.197		I 2 p
C1343−626	NGC 5281	13 47 07	−62 57 14	7.0	1108	7.146	10	0.225		I 3 m
C1350−616	NGC 5316	13 54 29	−61 54 18	14.0	1215	8.202	11	0.267	−0.02	II 2 r
C1356−619	Lynga 1	14 00 35	−62 11 10	3.0	1900	8.00		0.45		II 2 p
C1404−480	NGC 5460	14 07 56	−48 22 44	35.0	678	8.207	9	0.092		I 3 m
C1420−611	Lynga 2	14 25 09	−61 22 01	10.0	1000	8.122		0.196		II 3 m
C1424−594	NGC 5606	14 28 20	−59 39 54	3.0	1805	7.075		0.474		I 3 p
C1426−605	NGC 5617	14 30 18	−60 44 41	10.0	2000	7.90	10	0.48		I 3 r
C1427−609	Trumpler 22	14 31 36	−61 11 59	10.0	1516	7.950	12	0.521		III 2 m
C1431−563	NGC 5662	14 36 10	−56 39 03	29.0	666	7.968	10	0.311		II 3 r
C1440+697	Collinder 285	14 41 12	+69 32 05	1400.0	25	8.30	2	0.00		
C1445−543	NGC 5749	14 49 26	−54 31 45	10.0	1031	7.728		0.376		II 2 m
C1501−541	NGC 5822	15 04 54	−54 25 32	35.0	917	8.821	10	0.150	−0.028	II 2 r
C1502−554	NGC 5823	15 06 04	−55 37 56	12.0	1192	8.900	13	0.090		II 2 r
C1511−588	Pismis 20	15 15 59	−59 05 39	4.0	2018	6.864		1.179		
C1559−603	NGC 6025	16 03 55	−60 27 07	14.0	756	7.889	7	0.159	+0.19	II 3 r
C1601−517	Lynga 6	16 05 26	−51 57 12	5.0	1600	7.430		1.250		
C1603−539	NGC 6031	16 08 10	−54 02 05	3.0	1823	8.069		0.371		I 3 p
C1609−540	NGC 6067	16 13 46	−54 14 13	14.0	1417	8.076	10	0.380	+0.138	I 3 r
C1614−577	NGC 6087	16 19 28	−57 57 10	14.0	891	7.976	8	0.175	−0.01	II 2 m
C1622−405	NGC 6124	16 25 51	−40 40 12	39.0	512	8.147	9	0.750		I 3 r
C1623−261	Collinder 302	16 26 36	−26 16 00	500.0						III 3 p
C1624−490	NGC 6134	16 28 20	−49 10 05	6.0	913	8.968	11	0.395	+0.182	
C1632−455	NGC 6178	16 36 20	−45 39 30	5.0	1014	7.248		0.219		III 3 p
C1637−486	NGC 6193	16 41 54	−48 46 38	14.0	1155	6.775		0.475		
C1642−469	NGC 6204	16 46 42	−47 01 47	5.0	1200	7.90		0.46		I 3 m
C1645−537	NGC 6208	16 50 04	−53 44 27	18.0	939	9.069		0.210	−0.03	III 2 r
C1650−417	NGC 6231	16 54 42	−41 50 12	14.0	1243	6.843	6	0.439		
C1652−394	NGC 6242	16 56 04	−39 28 24	9.0	1131	7.608		0.377		
C1653−405	Trumpler 24	16 57 31	−40 40 41	60.0	1138	6.919		0.418		
C1654−447	NGC 6249	16 58 14	−44 49 22	5.0	981	7.386		0.443		II 2 m
C1654−457	NGC 6250	16 58 29	−45 56 52	10.0	865	7.415		0.350		II 3 r
C1657−446	NGC 6259	17 01 18	−44 39 56	14.0	1031	8.336	11	0.498	+0.020	II 2 r
C1714−355	Bochum 13	17 17 54	−35 33 28	14.0	1077	6.823		0.854		III 3 m
C1714−429	NGC 6322	17 18 57	−42 56 27	5.0	996	7.058		0.590		I 3 m
C1720−499	IC 4651	17 25 24	−49 56 23	10.0	888	9.057	10	0.116	+0.095	II 2 r
C1731−325	NGC 6383	17 35 17	−32 34 16	20.0	985	6.962		0.298		II 3 mn
C1732−334	Trumpler 27	17 36 50	−33 31 15	6.0	1211	7.063		1.194		III 3 m
C1733−324	Trumpler 28	17 37 29	−32 29 15	5.0	1343	7.290		0.733		III 2 mn
C1734−362	Ruprecht 127	17 38 21	−36 18 14	5.0	1466	7.351	11	0.990		II 2 p
C1736−321	NGC 6405	17 40 49	−32 15 25	20.0	487	7.974	7	0.144	+0.06	II 3 r
C1741−323	NGC 6416	17 44 48	−32 21 52	14.0	741	8.087		0.251		III 2 m
C1743+057	IC 4665	17 46 40	+05 42 51	70.0	352	7.634	6	0.174		III 2 m
C1747−302	NGC 6451	17 51 10	−30 12 42	7.0	2080	8.134	12	0.672	−0.34	I 2 rn
C1750−348	NGC 6475	17 54 21	−34 47 40	80.0	301	8.475	7	0.103	+0.03	I 3 r
C1753−190	NGC 6494	17 57 31	−18 59 08	29.0	628	8.477	10	0.356	+0.090	II 2 r
C1758−237	Bochum 14	18 02 27	−23 40 59	2.0	578	6.996		1.508		III 1 pn

IAU Designation	Name	RA	Dec.	Appt. Diam.	Dist.	Log (age)	Mag. Mem.[1]	$E_{(B-V)}$	Metal-licity	Trumpler Class
		h m s	° ′ ″	′	pc	yr				
C1800−279	NGC 6520	18 03 52	−27 53 16	5.0	1577	7.724	9	0.431		I 2 rn
C1801−225	NGC 6531	18 04 40	−22 29 21	14.0	1205	7.070	8	0.281		I 3 r
C1801−243	NGC 6530	18 04 59	−24 21 27	14.0	1330	6.867	6	0.333		
C1804−233	NGC 6546	18 07 49	−23 17 43	14.0	938	7.849		0.491		II 1 r
C1815−122	NGC 6604	18 18 28	−12 14 18	5.0	1696	6.810		0.970		I 3 mn
C1816−138	NGC 6611	18 19 14	−13 48 12	6.0	1749	6.884	11	0.782		
C1817−171	NGC 6613	18 20 24	−17 05 53	5.0	1296	7.223		0.450		II 3 pn
C1825+065	NGC 6633	18 27 37	+06 30 48	20.0	376	8.629	8	0.182	+0.000	III 2 m
C1828−192	IC 4725	18 32 13	−19 06 39	29.0	620	7.965	8	0.476	+0.17	I 3 m
C1830−104	NGC 6649	18 33 52	−10 23 50	5.0	1369	7.566	13	1.201		I 3 m
C1834−082	NGC 6664	18 37 01	−07 48 24	12.0	1164	7.162	9	0.709		III 2 m
C1836+054	IC 4756	18 39 22	+05 27 26	39.0	484	8.699	8	0.192	−0.060	II 3 r
C1840−041	Trumpler 35	18 43 18	−04 07 32	5.0	1206	7.862		1.218		I 2 m
C1842−094	NGC 6694	18 45 43	−09 22 30	7.0	1600	7.931	11	0.589		II 3 m
C1848−052	NGC 6704	18 51 09	−05 11 45	5.0	2974	7.863	12	0.717		I 2 m
C1848−063	NGC 6705	18 51 29	−06 15 39	32.0	1877	8.4	11	0.428	+0.136	
C1850−204	Collinder 394	18 52 43	−20 11 38	22.0	690	7.803		0.235		
C1851+368	Stephenson 1	18 53 46	+36 55 35	20.0	390	7.731		0.040		IV 3 p
C1851−199	NGC 6716	18 55 01	−19 53 30	10.0	789	7.961		0.220	−0.31	IV 1 p
C1905+041	NGC 6755	19 08 11	+04 16 44	14.0	1421	7.719	11	0.826		II 2 r
C1906+046	NGC 6756	19 09 04	+04 43 03	4.0	1507	7.79	13	1.18		I 1 m
C1919+377	NGC 6791	19 21 09	+37 47 10	10.0	5853	9.643	15	0.117	+0.11	I 2 r
C1936+464	NGC 6811	19 37 30	+46 24 20	14.0	1215	8.799	11	0.160		III 1 r
C1939+400	NGC 6819	19 41 33	+40 12 16	5.0	2360	9.174	11	0.238	+0.074	
C1941+231	NGC 6823	19 43 28	+23 19 05	6.0	3176	6.5		0.854		I 3 mn
C1948+229	NGC 6830	19 51 18	+23 07 10	5.0	1639	7.572	10	0.501		II 2 p
C1950+292	NGC 6834	19 52 30	+29 25 41	5.0	2067	7.883	11	0.708		II 2 m
C1950+182	Harvard 20	19 53 26	+18 21 11	7.0	1540	7.476		0.247		IV 2 p
C2002+438	NGC 6866	20 04 10	+44 10 47	14.0	1450	8.576	10	0.169		II 2 r
C2002+290	Roslund 4	20 05 12	+29 14 18	5.0	2000	6.6		0.91		II 3 mn
C2004+356	NGC 6871	20 06 16	+35 47 55	29.0	1574	6.958		0.443		II 2 pn
C2007+353	Biurakan 2	20 09 29	+35 30 20	20.0	1106	7.011	16	0.360		III 2 p
C2008+410	IC 1311	20 10 34	+41 14 21	5.0	5333	8.625		0.760		I 1 r
C2009+263	NGC 6885	20 12 20	+26 30 04	20.0	597	9.16	6	0.08		III 2 m
C2014+374	IC 4996	20 16 47	+37 39 24	6.0	1732	6.948	8	0.673		II 3 pn
C2018+385	Berkeley 86	20 20 40	+38 43 26	6.0	1112	7.116	13	0.898		IV 2 mn
C2019+372	Berkeley 87	20 21 59	+37 23 27	10.0	633	7.152	13	1.369		III 2 m
C2021+406	NGC 6910	20 23 28	+40 48 10	10.0	1139	7.127		0.971		I 3 mn
C2022+383	NGC 6913	20 24 14	+38 31 58	10.0	1148	7.111	9	0.744		II 3 mn
C2030+604	NGC 6939	20 31 39	+60 41 14	10.0	1800	9.20		0.33	+0.026	II 1 r
C2032+281	NGC 6940	20 34 45	+28 18 34	25.0	770	8.858	11	0.214	+0.013	III 2 r
C2054+444	NGC 6996	20 56 46	+44 39 45	14.0	760	8.54		0.52		III 2 m
C2109+454	NGC 7039	21 11 04	+45 38 51	14.0	951	7.820		0.131		IV 2 m
C2121+461	NGC 7062	21 23 43	+46 24 39	5.0	1480	8.465		0.452		II 2 m
C2122+478	NGC 7067	21 24 39	+48 02 33	6.0	3600	8.00		0.75		II 1 p
C2122+362	NGC 7063	21 24 39	+36 31 09	9.0	689	7.977		0.091		III 1 p
C2127+468	NGC 7082	21 29 33	+47 09 35	25.0	1442	8.233		0.237	−0.01	
C2130+482	NGC 7092	21 32 04	+48 28 00	29.0	326	8.445	7	0.013		III 2 m
C2137+572	Trumpler 37	21 39 20	+57 32 03	89.0	835	7.054		0.470		IV 3 m
C2144+655	NGC 7142	21 45 20	+65 48 35	12.0	1686	9.276	11	0.397	+0.040	I 2 r

IAU Designation	Name	RA	Dec.	Appt. Diam.	Dist.	Log (age)	Mag. Mem.[1]	$E_{(B-V)}$	Metal- licity	Trumpler Class
		h m s	° ′ ″	′	pc	yr				
C2151+470	IC 5146	21 53 41	+47 18 08	20.0	852	8.023		0.593		III 2 pn
C2152+623	NGC 7160	21 53 53	+62 38 20	5.0	789	7.278		0.375		I 3 p
C2203+462	NGC 7209	22 05 25	+46 31 12	14.0	1168	8.617	9	0.168	−0.12	III 1 m
C2208+551	NGC 7226	22 10 42	+55 26 07	2.0	2616	8.436		0.536		I 2 m
C2210+570	NGC 7235	22 12 41	+57 18 26	5.0	2823	7.072		0.934		II 3 m
C2213+496	NGC 7243	22 15 26	+49 56 09	29.0	808	8.058	8	0.220		II 2 m
C2213+540	NGC 7245	22 15 28	+54 22 51	5.0	2106	8.246		0.473		II 2 m
C2218+578	NGC 7261	22 20 27	+58 09 34	5.0	1681	7.670		0.969		II 3 m
C2227+551	Berkeley 96	22 29 41	+55 26 19	2.0	3087	6.822	13	0.630		I 2 p
C2245+578	NGC 7380	22 47 39	+58 10 17	20.0	2222	7.077	10	0.602		III 2 mn
C2306+602	King 19	23 08 37	+60 33 27	5.0	1967	8.557	12	0.547		III 2 p
C2309+603	NGC 7510	23 11 22	+60 36 39	6.0	2075	7.578	10	0.855		II 3 rn
C2313+602	Markarian 50	23 15 38	+60 30 27	2.0	2114	7.095		0.810		III 1 pn
C2322+613	NGC 7654	23 25 08	+61 38 05	15.0	1421	7.764	11	0.646		II 2 r
C2345+683	King 11	23 48 10	+68 40 30	5.0	2892	9.048	17	1.270	−0.27	I 2 m
C2350+616	King 12	23 53 23	+62 00 30	3.0	2378	7.037	10	0.590		II 1 p
C2354+611	NGC 7788	23 57 08	+61 26 24	4.0	2374	7.593		0.283		I 2 p
C2354+564	NGC 7789	23 57 47	+56 45 00	25.0	2337	9.235	10	0.217	−0.24	II 2 r
C2355+609	NGC 7790	23 58 47	+61 15 00	5.0	2944	7.749	10	0.531		II 2 m

Notes to Table

[1] The Mag. Mem. column gives the visual magnitude of the brightest cluster member.

Alternate Names for Some Clusters

C0001−302	ζ Scl Cluster	C0837+201	M44, NGC 2632
C0129+604	M103	C0838−528	o Vel Cluster
C0215+569	h Per	C0847+120	M67
C0218+568	χ Per	C1041−641	θ Car Cluster
C0238+425	M34	C1043−594	η Car Cluster
C0344+239	M45	C1239−627	Coal-Sack Cluster
C0525+358	M38	C1250−600	NGC 4755, Jewel Box Cluster
C0532+341	M36	C1736−321	M6
C0549+325	M37	C1750−348	M7
C0605+243	M35	C1753−190	M23
C0629+049	Rosette Cluster	C1801−225	M21
C0638+099	S Mon Cluster	C1816−138	M16
C0644−206	M41	C1817−171	M18
C0700−082	M50	C1828−192	M25
C0716−248	τ CMa Cluster	C1842−094	M26
C0734−143	M47	C1848−063	M11
C0739−147	M46	C2022+383	M29
C0742−237	M93	C2130+482	M39
C0811−056	M48	C2322+613	M52

Name	RA	Dec.	V_t	B–V	$E_{(B-V)}$	$(m-M)_V$	[Fe/H]	v_r	c	r_c	Alternate Name
	h m s	° ′ ″						km/s		′	
NGC 104	00 24 25.0	−72 02 22	3.95	0.88	0.04	13.37	−0.76	− 18.7	2.03	0.40	47 Tuc
NGC 288	00 53 09.4	−26 32 58	8.09	0.65	0.03	14.83	−1.24	− 46.6	0.96	1.42	
NGC 362	01 03 29.5	−70 48 29	6.40	0.77	0.05	14.81	−1.16	+223.5	1.94c:	0.19	
NGC 1261	03 12 27.6	−55 11 21	8.29	0.72	0.01	16.10	−1.35	+ 68.2	1.27	0.39	
Pal 1	03 34 29.9	+79 36 19	13.18	0.96	0.15	15.65	−0.60	− 82.8	1.60	0.22	
AM 1	03 55 15.7	−49 35 34	15.72	0.72	0.00	20.43	−1.80	+116.0	1.12	0.15	E 1
Eridanus	04 25 04.0	−21 10 12	14.70	0.79	0.02	19.84	−1.46	− 23.6	1.10	0.25	
Pal 2	04 46 34.8	+31 23 38	13.04	2.08	1.24	21.05	−1.30	−133.0	1.45	0.24	
NGC 1851	05 14 21.1	−40 02 20	7.14	0.76	0.02	15.47	−1.22	+320.5	2.32	0.06	
NGC 1904	05 24 29.1	−24 31 04	7.73	0.65	0.01	15.59	−1.57	+206.0	1.72	0.16	M 79
NGC 2298	06 49 15.1	−36 00 51	9.29	0.75	0.14	15.59	−1.85	+148.9	1.28	0.34	
NGC 2419	07 38 38.9	+38 51 52	10.39	0.66	0.11	19.97	−2.12	− 20.0	1.40	0.35	
Pyxis	09 08 15.7	−37 15 07	12.90		0.21	18.65	−1.30	+ 34.3	0.65	1.38	
NGC 2808	09 12 11.4	−64 53 39	6.20	0.92	0.22	15.59	−1.15	+ 93.6	1.77	0.26	
E 3	09 20 53.9	−77 18 53	11.35		0.30	14.12	−0.80		0.75	1.87	
Pal 3	10 05 54.5	+00 02 05	14.26		0.04	19.96	−1.66	+ 83.4	1.00	0.48	
NGC 3201	10 17 55.3	−46 26 56	6.75	0.96	0.23	14.21	−1.58	+494.0	1.30	1.43	
Pal 4	11 29 40.6	+28 55 56	14.20		0.01	20.22	−1.48	+ 74.5	0.78	0.55	
NGC 4147	12 10 29.1	+18 30 01	10.32	0.59	0.02	16.48	−1.83	+183.2	1.80	0.10	
NGC 4372	12 26 12.1	−72 42 02	7.24	1.10	0.39	15.01	−2.09	+ 72.3	1.30	1.75	
Rup 106	12 39 05.4	−51 11 29	10.90		0.20	17.25	−1.67	− 44.0	0.70	1.00	
NGC 4590	12 39 51.9	−26 47 02	7.84	0.63	0.05	15.19	−2.06	− 94.3	1.64	0.69	M 68
NGC 4833	13 00 05.5	−70 54 54	6.91	0.93	0.32	15.07	−1.80	+200.2	1.25	1.00	
NGC 5024	13 13 17.3	+18 07 46	7.61	0.64	0.02	16.31	−1.99	− 79.1	1.78	0.36	M 53
NGC 5053	13 16 49.0	+17 39 31	9.47	0.65	0.04	16.19	−2.29	+ 44.0	0.84	1.98	
NGC 5139	13 27 13.0	−47 30 57	3.68	0.78	0.12	13.97	−1.62	+232.3	1.61	1.40	ω Cen
NGC 5272	13 42 31.9	+28 20 16	6.19	0.69	0.01	15.12	−1.57	−147.6	1.84	0.55	M 3
NGC 5286	13 46 55.2	−51 24 38	7.34	0.88	0.24	15.95	−1.67	+ 57.4	1.46	0.29	
AM 4	13 56 15.7	−27 12 33	15.90		0.04	17.50	−2.00		0.50	0.42	
NGC 5466	14 05 47.5	+28 29 56	9.04	0.67	0.00	16.00	−2.22	+107.7	1.32	1.64	
NGC 5634	14 30 01.0	−06 00 34	9.47	0.67	0.05	17.16	−1.88	− 45.1	1.60	0.21	
NGC 5694	14 40 02.8	−26 34 13	10.17	0.69	0.09	17.98	−1.86	−144.1	1.84	0.06	
IC 4499	15 01 33.7	−82 14 35	9.76	0.91	0.23	17.09	−1.60		1.11	0.96	
NGC 5824	15 04 26.3	−33 05 48	9.09	0.75	0.13	17.93	−1.85	− 27.5	2.45	0.05	
Pal 5	15 16 28.4	−00 08 19	11.75		0.03	16.92	−1.41	− 58.7	0.70	3.25	
NGC 5897	15 17 50.5	−21 02 15	8.53	0.74	0.09	15.74	−1.80	+101.5	0.79	1.96	
NGC 5904	15 18 56.6	+02 03 21	5.65	0.72	0.03	14.46	−1.27	+ 52.6	1.83	0.42	M 5
NGC 5927	15 28 33.2	−50 41 54	8.01	1.31	0.45	15.81	−0.37	−107.5	1.60	0.42	
NGC 5946	15 36 01.4	−50 41 02	9.61	1.29	0.54	16.81	−1.38	+128.4	2.50c	0.08	
BH 176	15 39 40.1	−50 04 29	14.00		0.77	18.35					
NGC 5986	15 46 33.0	−37 48 33	7.52	0.90	0.28	15.96	−1.58	+ 88.9	1.22	0.63	
Pal 14	16 11 25.6	+14 56 20	14.74		0.04	19.47	−1.52	+ 76.6	0.75	0.94	AvdB
Lynga 7	16 11 38.9	−55 20 01			0.73	16.54	−0.62	+ 8.0			
NGC 6093	16 17 29.4	−22 59 35	7.33	0.84	0.18	15.56	−1.75	+ 8.2	1.95	0.15	M 80
NGC 6121	16 24 03.1	−26 32 32	5.63	1.03	0.36	12.83	−1.20	+ 70.4	1.59	0.83	M 4
NGC 6101	16 26 40.3	−72 13 06	9.16	0.68	0.05	16.07	−1.82	+361.4	0.80	1.15	
NGC 6144	16 27 41.7	−26 02 28	9.01	0.96	0.36	15.76	−1.75	+188.9	1.55	0.94	
NGC 6139	16 28 10.9	−38 51 55	8.99	1.40	0.75	17.35	−1.68	+ 6.7	1.80	0.14	
Terzan 3	16 29 09.7	−35 22 11	12.00		0.72	16.61	−0.73	−136.3	0.70	1.18	
NGC 6171	16 32 57.1	−13 04 09	7.93	1.10	0.33	15.06	−1.04	− 33.6	1.51	0.54	M 107

Name	RA	Dec.	V_t	B–V	$E_{(B-V)}$	$(m-M)_V$	[Fe/H]	v_r	c	r_c	Alternate Name
	h m s	° ′ ″						km/s		′	
1636−283	16 39 53.7	−28 24 44	12.00		0.49	15.97	−1.50				ESO452−SC11
NGC 6205	16 41 57.6	+36 26 47	5.78	0.68	0.02	14.48	−1.54	−245.6	1.51	0.78	M 13
NGC 6229	16 47 11.6	+47 30 53	9.39	0.70	0.01	17.44	−1.43	−154.2	1.61	0.13	
NGC 6218	16 47 37.9	−01 57 39	6.70	0.83	0.19	14.02	−1.48	− 42.2	1.39	0.72	M 12
NGC 6235	16 53 52.4	−22 11 21	9.97	1.05	0.36	16.41	−1.40	+ 87.3	1.33	0.36	
NGC 6254	16 57 32.7	−04 06 39	6.60	0.90	0.28	14.08	−1.52	+ 75.8	1.40	0.86	M 10
NGC 6256	17 00 03.0	−37 07 56	11.29	1.69	1.03	17.81	−0.70	−101.4	2.50c	0.02	
Pal 15	17 00 25.6	−00 33 10	14.00		0.40	19.49	−1.90	+ 68.9	0.60	1.25	
NGC 6266	17 01 41.5	−30 07 27	6.45	1.19	0.47	15.64	−1.29	− 70.0	1.70c:	0.18	M 62
NGC 6273	17 03 05.7	−26 16 42	6.77	1.03	0.41	15.95	−1.68	+135.0	1.53	0.43	M 19
NGC 6284	17 04 56.4	−24 46 29	8.83	0.99	0.28	16.80	−1.32	+ 27.6	2.50c	0.07	
NGC 6287	17 05 36.5	−22 43 04	9.35	1.20	0.60	16.71	−2.05	−288.7	1.60	0.26	
NGC 6293	17 10 38.2	−26 35 27	8.22	0.96	0.41	15.99	−1.92	−146.2	2.50c	0.05	
NGC 6304	17 15 00.7	−29 28 13	8.22	1.31	0.53	15.54	−0.59	−107.3	1.80	0.21	
NGC 6316	17 17 05.6	−28 08 52	8.43	1.39	0.51	16.78	−0.55	+ 71.5	1.55	0.17	
NGC 6341	17 17 21.1	+43 07 43	6.44	0.63	0.02	14.64	−2.28	−120.3	1.81	0.23	M 92
NGC 6325	17 18 26.6	−23 46 24	10.33	1.66	0.89	17.28	−1.17	+ 29.8	2.50c	0.03	
NGC 6333	17 19 38.2	−18 31 25	7.72	0.97	0.38	15.66	−1.75	+229.1	1.15	0.58	M 9
NGC 6342	17 21 36.8	−19 35 39	9.66	1.26	0.46	16.10	−0.65	+116.2	2.50c	0.05	
NGC 6356	17 24 01.2	−17 49 11	8.25	1.13	0.28	16.77	−0.50	+ 27.0	1.54	0.23	
NGC 6355	17 24 26.6	−26 21 36	9.14	1.48	0.75	17.22	−1.50	−176.9	2.50c	0.05	
NGC 6352	17 26 03.4	−48 25 44	7.96	1.06	0.21	14.44	−0.70	−120.9	1.10	0.83	
IC 1257	17 27 32.8	−07 05 56	13.10	1.38	0.73	19.25	−1.70	−140.2			
Terzan 2	17 28 02.1	−30 48 29	14.29		1.57	19.56	−0.40	+109.0	2.50c	0.03	HP 3
NGC 6366	17 28 08.2	−05 04 57	9.20	1.44	0.71	14.97	−0.82	−122.3	0.92	1.83	
Terzan 4	17 31 08.2	−31 36 03	16.00		2.35	22.09	−1.60	− 50.0			HP 4
HP 1	17 31 34.0	−29 59 13	11.59		0.74	18.03	−1.55	+ 53.1	2.50c	0.03	BH 229
NGC 6362	17 32 41.4	−67 03 11	7.73	0.85	0.09	14.67	−0.95	− 13.1	1.10	1.32	
Liller 1	17 33 54.1	−33 23 37	16.77		3.06	24.40	+0.22	+ 52.0	2.30c:	0.06	
NGC 6380	17 34 59.1	−39 04 26	11.31	2.01	1.17	18.77	−0.50	− 3.6	1.55c:	0.34	Ton 1
Terzan 1	17 36 16.1	−30 29 10	15.90		2.28	20.80	−1.30	+114.0	2.50c	0.04	HP 2
Ton 2	17 36 41.5	−38 33 27	12.24		1.24	18.38	−0.50	−184.4	1.30	0.54	Pismis 26
NGC 6388	17 36 49.9	−44 44 21	6.72	1.17	0.37	16.14	−0.60	+ 81.2	1.70	0.12	
NGC 6402	17 37 59.7	−03 15 00	7.59	1.25	0.60	16.71	−1.39	− 66.1	1.60	0.83	M 14
NGC 6401	17 39 04.1	−23 54 48	9.45	1.58	0.72	17.35	−0.98	− 65.0	1.69	0.25	
NGC 6397	17 41 17.9	−53 40 37	5.73	0.73	0.18	12.36	−1.95	+ 18.9	2.50c	0.05	
Pal 6	17 44 10.2	−26 13 32	11.55	2.83	1.46	18.36	−1.09	+182.5	1.10	0.66	
NGC 6426	17 45 17.2	+03 10 03	11.01	1.02	0.36	17.70	−2.26	−162.0	1.70	0.26	
Djorg 1	17 47 57.9	−33 04 04	13.60		1.44	19.86	−2.00	−362.4	1.50	0.32	
Terzan 5	17 48 32.6	−24 46 53	13.85	2.77	2.15	21.72	0.00	− 94.0	1.87	0.18	Terzan 11
NGC 6440	17 49 19.5	−20 21 44	9.20	1.97	1.07	17.95	−0.34	− 78.7	1.70	0.13	
NGC 6441	17 50 43.5	−37 03 11	7.15	1.27	0.47	16.79	−0.53	+ 16.4	1.85	0.11	
Terzan 6	17 51 15.5	−31 16 37	13.85		2.14	21.52	−0.50	+126.0	2.50c	0.05	HP 5
NGC 6453	17 51 21.7	−34 36 03	10.08	1.31	0.66	16.96	−1.53	− 83.7	2.50c	0.07	
UKS 1	17 54 54.8	−24 08 46	17.29		3.09	24.17	−0.50		2.10c:	0.15	
NGC 6496	17 59 34.8	−44 15 54	8.54	0.98	0.15	15.77	−0.64	−112.7	0.70	1.05	
Terzan 9	18 02 06.9	−26 50 22	16.00		1.87	19.85	−2.00	+ 59.0	2.50c	0.03	
NGC 6517	18 02 15.2	−08 57 31	10.23	1.75	1.08	18.51	−1.37	− 39.6	1.82	0.06	
Djorg 2	18 02 17.5	−27 49 32	9.90		0.89	16.88	−0.50		1.50	0.33	ESO456−SC38
Terzan 10	18 03 25.4	−26 03 58	14.90		2.40	21.20	−0.70				

Name	RA	Dec.	V_t	$B–V$	$E_{(B–V)}$	$(m–M)_V$	[Fe/H]	v_r	c	r_c	Alternate Name
	h m s	° ′ ″						km/s		′	
NGC 6522	18 04 03.0	−30 02 00	8.27	1.21	0.48	15.94	−1.44	− 21.1	2.50c	0.05	
NGC 6535	18 04 13.8	−00 17 46	10.47	0.94	0.34	15.22	−1.80	−215.1	1.30	0.42	
NGC 6539	18 05 14.2	−07 35 06	9.33	1.83	0.97	17.63	−0.66	− 45.6	1.60	0.54	
NGC 6528	18 05 18.5	−30 03 18	9.60	1.53	0.54	16.16	−0.04	+206.2	2.29	0.09	
NGC 6540	18 06 36.9	−27 45 51	9.30		0.60	14.68	−1.20	− 17.7	2.50c	0.03	Djorg 3
NGC 6544	18 07 48.3	−24 59 46	7.77	1.46	0.73	14.43	−1.56	− 27.3	1.63c:	0.05	
NGC 6541	18 08 34.8	−43 29 55	6.30	0.76	0.14	14.67	−1.83	−158.7	2.00c:	0.30	
2MS−GC01	18 08 48.5	−19 49 41			6.80	33.88	−1.20				2MASS−GC01
ESO−SC06	18 09 39.6	−46 25 17			0.07	16.90	−2.00				ESO280−SC06
NGC 6553	18 09 45.5	−25 54 25	8.06	1.73	0.63	15.83	−0.21	− 6.5	1.17	0.55	
2MS−GC02	18 10 03.4	−20 46 38			5.56	30.25					2MASS−GC02
NGC 6558	18 10 46.9	−31 45 43	9.26	1.11	0.44	15.72	−1.44	−197.2	2.50c	0.03	
IC 1276	18 11 08.5	−07 12 20	10.34	1.76	1.08	17.01	−0.73	+155.7	1.29	1.08	Pal 7
Terzan12	18 12 43.1	−22 44 23	15.63		2.06	19.77	−0.50	+ 94.1	0.57	0.83	
NGC 6569	18 14 08.1	−31 49 28	8.55	1.34	0.55	16.85	−0.86	− 28.1	1.27	0.37	
NGC 6584	18 19 13.6	−52 12 42	8.27	0.76	0.10	15.95	−1.49	+222.9	1.20	0.59	
NGC 6624	18 24 09.4	−30 21 24	7.87	1.11	0.28	15.36	−0.44	+ 53.9	2.50c	0.06	
NGC 6626	18 25 00.6	−24 51 56	6.79	1.08	0.40	14.97	−1.45	+ 17.0	1.67	0.24	M 28
NGC 6638	18 31 23.9	−25 29 31	9.02	1.15	0.40	16.15	−0.99	+ 18.1	1.40	0.26	
NGC 6637	18 31 52.5	−32 20 32	7.64	1.01	0.16	15.28	−0.70	+ 39.9	1.39	0.34	M 69
NGC 6642	18 32 21.5	−23 28 10	9.13	1.11	0.41	15.90	−1.35	− 57.2	1.99	0.10	
NGC 6652	18 36 15.2	−32 59 01	8.62	0.94	0.09	15.30	−0.96	−111.7	1.80	0.07	
NGC 6656	18 36 51.6	−23 53 48	5.10	0.98	0.34	13.60	−1.64	−148.9	1.31	1.42	M 22
Pal 8	18 41 56.5	−19 49 06	11.02	1.22	0.32	16.54	−0.48	− 43.0	1.53	0.40	
NGC 6681	18 43 42.0	−32 17 03	7.87	0.72	0.07	14.98	−1.51	+220.3	2.50c	0.03	M 70
NGC 6712	18 53 28.9	−08 41 47	8.10	1.17	0.45	15.60	−1.01	−107.5	0.90	0.94	
NGC 6715	18 55 32.1	−30 28 06	7.60	0.85	0.15	17.61	−1.58	+141.9	1.84	0.11	M 54
NGC 6717	18 55 33.3	−22 41 27	9.28	1.00	0.22	14.94	−1.29	+ 22.8	2.07c:	0.08	Pal 9
NGC 6723	19 00 03.5	−36 37 15	7.01	0.75	0.05	14.85	−1.12	− 94.5	1.05	0.94	
NGC 6749	19 05 38.0	+01 54 45	12.44	2.14	1.50	19.14	−1.60	− 61.7	0.83	0.77	
NGC 6752	19 11 31.6	−59 58 19	5.40	0.66	0.04	13.13	−1.56	− 27.9	2.50c	0.17	
NGC 6760	19 11 35.0	+01 02 36	8.88	1.66	0.77	16.74	−0.52	− 27.5	1.59	0.33	
NGC 6779	19 16 53.1	+30 11 54	8.27	0.86	0.20	15.65	−1.94	−135.7	1.37	0.37	M 56
Terzan 7	19 18 13.3	−34 38 37	12.00		0.07	17.05	−0.58	+166.0	1.08	0.61	
Pal 10	19 18 22.0	+18 35 08	13.22		1.66	19.01	−0.10	− 31.7	0.58	0.81	
Arp 2	19 29 12.6	−30 20 17	12.30	0.86	0.10	17.59	−1.76	+115.0	0.90	1.59	
NGC 6809	19 40 27.9	−30 56 40	6.32	0.72	0.08	13.87	−1.81	+174.8	0.76	2.83	M 55
Terzan 8	19 42 14.2	−33 58 56	12.40		0.12	17.45	−2.00	+130.0	0.60	1.00	
Pal 11	19 45 38.7	−07 59 19	9.80	1.27	0.35	16.66	−0.39	− 68.0	0.69	2.00	
NGC 6838	19 54 06.2	+18 47 54	8.19	1.09	0.25	13.79	−0.73	− 22.8	1.15	0.63	M 71
NGC 6864	20 06 31.3	−21 53 58	8.52	0.87	0.16	17.07	−1.16	−189.3	1.88	0.10	M 75
NGC 6934	20 34 33.6	+07 25 49	8.83	0.77	0.10	16.29	−1.54	−411.4	1.53	0.25	
NGC 6981	20 53 52.6	−12 30 30	9.27	0.72	0.05	16.31	−1.40	−345.1	1.23	0.54	M 72
NGC 7006	21 01 50.5	+16 13 02	10.56	0.75	0.05	18.24	−1.63	−384.1	1.42	0.24	
NGC 7078	21 30 20.0	+12 12 00	6.20	0.68	0.10	15.37	−2.26	−107.0	2.50c	0.07	M 15
NGC 7089	21 33 52.4	−00 47 22	6.47	0.66	0.06	15.49	−1.62	− 5.3	1.80	0.34	M 2
NGC 7099	21 40 47.5	−23 08 42	7.19	0.60	0.03	14.62	−2.12	−181.9	2.50c	0.06	M 30
Pal 12	21 47 04.0	−21 12 57	11.99	1.07	0.02	16.47	−0.94	+ 27.8	1.94	0.20	
Pal 13	23 07 06.9	+12 48 45	13.47	0.76	0.05	17.21	−1.74	+ 24.1	0.68	0.65	
NGC 7492	23 08 50.4	−15 34 14	11.29	0.42	0.00	17.06	−1.51	−207.6	1.00	0.83	

IERS Designation	Name	Right Ascension	Declination	Type	V	z^1	S 5 GHz
		h m s	° ′ ″				Jy
0003+380		00 05 57.175 409	+38 20 15.148 57	G	19.4	0.229	0.50
0007+106	III ZW 2	00 10 31.005 888	+10 58 29.504 12	G	15.4	0.090	0.42
0007+171		00 10 33.990 619	+17 24 18.761 35	Q	18.0	1.601	1.19
0010+405	4C 40.01	00 13 31.130 213	+40 51 37.144 07	G	17.9	0.256	1.05
0014+813		00 17 08.474 953	+81 35 08.136 33	Q	16.5	3.387	0.55
0039+230		00 42 04.545 183	+23 20 01.061 29				
0047−579		00 49 59.473 091	−57 38 27.339 92	Q	18.5	1.797	2.19
0109+224		01 12 05.824 718	+22 44 38.786 19	L	15.7		0.78
0123+257	4C 25.05	01 26 42.792 631	+25 59 01.300 79	Q	17.5	2.353	0.97
0131−522		01 33 05.762 585	−52 00 03.946 93	Q	20.0	0.020	
0133+476	OC 457	01 36 58.594 810	+47 51 29.100 06	Q	19.0	0.859	3.26
0135−247	OC−259	01 37 38.346 378	−24 30 53.885 26	Q	17.3	0.831	1.65
0138−097		01 41 25.832 025	−09 28 43.673 81	L	16.6	>0.501	1.19
0148+274		01 51 27.146 149	+27 44 41.793 65	G	20.0	1.260	
0149+218		01 52 18.059 047	+22 07 07.700 04	Q	18.0	1.320	1.08
0153+744		01 57 34.964 908	+74 42 43.229 98	Q	16.0	2.338	1.51
0159+723		02 03 33.385 004	+72 32 53.667 41	L	19.2		0.33
0202+319		02 05 04.925 371	+32 12 30.095 60	Q	18.0	1.466	1.02
0215+015	OD 026	02 17 48.954 740	+01 44 49.699 09	Q	18.8	1.715	0.36
0219+428	3C 66A	02 22 39.611 500	+43 02 07.798 84	L	15.2	0.444	1.04
0220−349		02 22 56.401 625	−34 41 28.730 11	Q	22.0	1.490	
0224+671	4C 67.05	02 28 50.051 459	+67 21 03.029 26	Q	19.5		
0230−790		02 29 34.946 647	−78 47 45.601 29	Q	18.9	1.070	0.77
0235+164	OD 160	02 38 38.930 108	+16 36 59.274 71	L	15.5	0.940	2.79
0239+108	OD 166	02 42 29.170 847	+11 01 00.728 23	Q	20.0		
0248+430		02 51 34.536 779	+43 15 15.828 58	Q	17.6	1.310	1.21
0256+075	OD 094.7	02 59 27.076 633	+07 47 39.643 23	Q	18.0	0.893	0.98
0302−623		03 03 50.631 333	−62 11 25.549 83	Q	18.0		
0306+102	OE 110	03 09 03.623 523	+10 29 16.340 82	Q	18.4	0.863	0.70
0308−611		03 09 56.099 167	−60 58 39.056 28	Q	18.5		
0309+411	NRAO 128	03 13 01.962 129	+41 20 01.183 53	G	18.0	0.136	0.46
0342+147		03 45 06.416 546	+14 53 49.558 18				
0400+258	CTD 26	04 03 05.586 048	+26 00 01.502 74	Q	18.0	2.109	1.79
0406+121		04 09 22.008 740	+12 17 39.847 50	L	20.2	1.020	1.62
0414−189		04 16 36.544 466	−18 51 08.340 12	Q	18.5	1.536	0.77
0422−380		04 24 42.243 727	−37 56 20.784 23	Q	18.1	0.782	0.81
0422+004	OF 038	04 24 46.842 052	+00 36 06.329 83	L	17.0		1.60
0423+051		04 26 36.604 102	+05 18 19.872 04	Q	19.5	1.333	
0426−380		04 28 40.424 306	−37 56 19.580 31	L	19.0	>1.030	1.13
0437−454		04 39 00.854 714	−45 22 22.562 60	Q	20.6		
0440−003	NRAO 190	04 42 38.660 762	−00 17 43.419 10	Q	19.2	0.844	2.39
0446+112		04 49 07.671 119	+11 21 28.596 62	G	20.0		
0454−810		04 50 05.440 195	−81 01 02.231 46	G	19.2	0.444	1.36
0457+024	OF 097	04 59 52.050 664	+02 29 31.176 31	Q	18.5	2.384	1.21
0458+138		05 01 45.270 840	+13 56 07.220 63				
0502+049		05 05 23.184 723	+04 59 42.724 48	Q	19.0	0.954	
0506−612		05 06 43.988 739	−61 09 40.993 28	Q	16.9	1.093	2.05
0454+844		05 08 42.363 503	+84 32 04.544 02	L	16.5	0.112	1.40
0507+179		05 10 02.369 122	+18 00 41.581 71				
0516−621		05 16 44.926 178	−62 07 05.389 30				

IERS Designation	Name	Right Ascension	Declination	Type	V	z^1	S 5 GHz
		h m s	o ′ ″				Jy
0518+165	3C 138	05 21 09.886 021	+16 38 22.051 22	Q	18.8	0.759	4.16
0521−365		05 22 57.984 651	−36 27 30.850 92	L	14.6	0.055	8.89
0530−727		05 29 30.042 235	−72 45 28.507 31				
0537−286	OG−263	05 39 54.281 429	−28 39 55.947 45	Q	20.0	3.104	1.23
0539−057		05 41 38.083 384	−05 41 49.428 39	Q	20.4	0.839	1.51
0538+498	3C 147	05 42 36.137 916	+49 51 07.233 56	Q	17.8	0.545	8.18
0544+273		05 47 34.148 941	+27 21 56.842 40				
0556+238		05 59 32.033 133	+23 53 53.926 90				
0609+607	OH 617	06 14 23.866 195	+60 46 21.755 38	Q	19.1	2.690	1.10
0615+820		06 26 03.006 188	+82 02 25.567 64	Q	17.5	0.710	1.00
0629−418		06 31 11.998 059	−41 54 26.946 11	Q	19.3	1.416	0.74
0637−752		06 35 46.507 934	−75 16 16.815 33	G	15.8	0.654	6.19
0636+680		06 42 04.257 418	+67 58 35.620 85	Q	16.6	3.177	0.54
0642+449	OH 471	06 46 32.025 985	+44 51 16.590 13	Q	18.5	3.408	0.78
0648−165		06 50 24.581 852	−16 37 39.725 00				
0707+476		07 10 46.104 900	+47 32 11.142 67	Q	18.2	1.292	1.00
0716+714		07 21 53.448 459	+71 20 36.363 39	L	15.5		1.12
0722+145	4C 14.23	07 25 16.807 752	+14 25 13.746 84				
0723−008	OI 039	07 25 50.639 953	−00 54 56.544 38	L	18.0	0.127	2.25
0718+792		07 26 11.735 177	+79 11 31.016 24				
0733−174		07 35 45.812 508	−17 35 48.501 31				
0738−674		07 38 56.496 292	−67 35 50.825 83	Q	19.8	1.663	0.56
0738+313	OI 363	07 41 10.703 308	+31 12 00.228 62	G	16.1	0.630	2.48
0743+259		07 46 25.874 166	+25 49 02.134 88				
0745+241	OI 275	07 48 36.109 278	+24 00 24.110 18	Q	19.0	0.409	0.84
0749+540	4C 54.15	07 53 01.384 573	+53 52 59.637 16	L	18.5	0.200	0.56
0754+100	OI 090.4	07 57 06.642 936	+09 56 34.852 10	L	15.0	0.660	1.48
0804+499	OJ 508	08 08 39.666 274	+49 50 36.530 46	Q	18.9	1.433	2.07
0805+410		08 08 56.652 038	+40 52 44.888 89	Q	19.0	1.420	0.77
0812+367	OJ 320	08 15 25.944 824	+36 35 15.148 30	Q	20.0	1.025	1.01
0818−128	OJ 131	08 20 57.447 616	−12 58 59.169 49	L	15.0		0.86
0820+560	4C 56.16A	08 24 47.236 351	+55 52 42.669 38	Q	18.0	1.417	0.92
0821+394	4C 39.23	08 24 55.483 865	+39 16 41.904 30	Q	18.5	1.216	0.99
0826−373		08 28 04.780 268	−37 31 06.280 64				
0829+046	OJ 049	08 31 48.876 955	+04 29 39.085 34	L	16.4	0.180	0.70
0828+493	OJ 448	08 32 23.216 688	+49 13 21.038 23	L	18.8	0.548	1.02
0831+557	4C 55.16	08 34 54.903 997	+55 34 21.070 80	G	18.5	0.242	
0834−201		08 36 39.215 215	−20 16 59.503 50	Q	19.4	2.752	3.42
0833+585		08 37 22.409 733	+58 25 01.845 21	Q	18.0	2.101	1.11
0839+187		08 42 05.094 180	+18 35 40.990 61	Q	16.4	1.272	1.20
0850+581	4C 58.17	08 54 41.996 385	+57 57 29.939 28	Q	18.0	1.322	1.41
0859+470	OJ 499	09 03 03.990 103	+46 51 04.137 53	Q	18.7	1.462	1.78
0912+297	OK 222	09 15 52.401 620	+29 33 24.042 74	L	16.4		0.20
0917+449		09 20 58.458 480	+44 41 53.985 02	Q	19.0	2.180	0.80
0917+624	OK 630	09 21 36.231 054	+62 15 52.180 35	Q	19.5	1.446	1.24
0945+408	4C 40.24	09 48 55.338 145	+40 39 44.587 19	Q	17.5	1.252	1.38
0952+179	VRO 17.09.04	09 54 56.823 626	+17 43 31.222 42	Q	17.2	1.478	0.74
0955+476	OK 492	09 58 19.671 648	+47 25 07.842 50	Q	18.7	1.873	0.74
0955+326	3C 232	09 58 20.949 621	+32 24 02.209 29	Q	15.8	0.530	0.85
0954+658		09 58 47.245 101	+65 33 54.818 06	L	16.7	0.367	1.46

IERS Designation	Name	Right Ascension	Declination	Type	V	z^1	S 5 GHz
		h m s	° ′ ″				Jy
1012+232	4C 23.24	10 14 47.065 445	+23 01 16.570 91	Q	17.5	0.565	0.81
1020+400		10 23 11.565 623	+39 48 15.385 39	Q	17.5	1.254	0.87
1030+415	VRO 10.41.03	10 33 03.707 841	+41 16 06.232 97	Q	18.2	1.120	1.13
1032−199		10 35 02.155 274	−20 11 34.359 75	Q	19.0	2.198	1.02
1038+064	OL 064.5	10 41 17.162 504	+06 10 16.923 78	Q	16.7	1.265	1.32
1038+528	OL 564	10 41 46.781 639	+52 33 28.231 27	Q	17.6	0.677	0.42
1038+529		10 41 48.897 638	+52 33 55.607 90	Q	18.6	2.296	0.14
1040+123	3C 245	10 42 44.605 212	+12 03 31.264 07	Q	17.3	1.028	1.39
1039+811		10 44 23.062 554	+80 54 39.443 03	Q	16.5	1.260	1.14
1049+215	4C 21.28	10 51 48.789 073	+21 19 52.314 11	Q	18.5	1.300	1.25
1053+815		10 58 11.535 365	+81 14 32.675 21	Q	20.0	0.706	0.77
1057−797		10 58 43.309 786	−80 03 54.159 49	Q	19.3		
1111+149	OM 118	11 13 58.695 097	+14 42 26.952 62	Q	18.0	0.869	0.60
1116+128	4C 12.39	11 18 57.301 443	+12 34 41.718 06	Q	19.3	2.118	1.48
1128+385		11 30 53.282 612	+38 15 18.547 07	Q	16.0	1.733	0.77
1130+009		11 33 20.055 797	+00 40 52.837 20	Q	19.0		
1143−245	OM 272	11 46 08.103 374	−24 47 32.896 81	Q	18.0	1.950	1.49
1147+245	OM 280	11 50 19.212 173	+24 17 53.835 03	L	15.7		1.00
1148−671		11 51 13.426 591	−67 28 11.094 23				
1150+812		11 53 12.499 130	+80 58 29.154 51	Q	18.5	1.250	1.18
1150+497	4C 49.22	11 53 24.466 626	+49 31 08.830 14	Q	17.1	0.334	1.12
1155+251		11 58 25.787 505	+24 50 17.963 69	G	17.5		
1213+350	4C 35.28	12 15 55.601 049	+34 48 15.220 53	Q	20.0	0.857	1.01
1215+303	ON 325	12 17 52.081 987	+30 07 00.636 25	L	15.6	0.237	0.42
1216+487	ON 428	12 19 06.414 733	+48 29 56.164 97	Q	18.5	1.076	1.08
1219+044	4C 04.42	12 22 22.549 618	+04 13 15.776 30	Q	18.0	0.965	0.93
1221+809		12 23 40.493 698	+80 40 04.340 31	L	19.0		0.52
1226+373		12 28 47.423 662	+37 06 12.095 78			1.515	
1228+126	3C 274	12 30 49.423 381	+12 23 28.043 90	G	12.9	0.004	71.90
1236+077		12 39 24.588 312	+07 30 17.189 09	Q	18.5	0.400	0.67
1236−684		12 39 46.651 396	−68 45 30.892 60	Q	18.5		
1252+119	ON 187	12 54 38.255 601	+11 41 05.895 07	Q	16.6	0.870	1.00
1251−713		12 54 59.921 421	−71 38 18.436 64	Q	21.5		
1257+145		13 00 20.918 799	+14 17 18.531 07	A	18.0		
1308+326	OP 313	13 10 28.663 845	+32 20 43.782 95	Q	15.2	0.997	1.59
1324+224		13 27 00.861 311	+22 10 50.163 06			1.400	
1342+662		13 43 45.959 534	+66 02 25.745 03	Q	20.0	0.766	0.54
1342+663		13 44 08.679 674	+66 06 11.643 81	Q	18.6	1.351	0.82
1347+539	4C 53.28	13 49 34.656 623	+53 41 17.040 28	Q	17.5	0.976	0.96
1416+067	3C 298	14 19 08.180 173	+06 28 34.803 49	Q	16.8	1.439	1.46
1418+546	OQ 530	14 19 46.597 401	+54 23 14.787 21	L	15.7	0.152	1.09
1435+638		14 36 45.802 138	+63 36 37.866 58	Q	16.6	2.062	1.24
1442+101	OQ 172	14 45 16.465 213	+09 58 36.072 44	Q	17.8	3.535	1.15
1445−161		14 48 15.054 162	−16 20 24.548 88	Q	18.9	2.417	0.80
1448+762		14 48 28.778 877	+76 01 11.597 17	G	22.3	0.899	0.68
1459+480		15 00 48.654 199	+47 51 15.538 26		17.1		
1504+377	OR 306	15 06 09.529 958	+37 30 51.132 41	G	21.2	0.674	1.10
1514+197		15 16 56.796 194	+19 32 12.991 87	L	18.7		0.50
1532+016		15 34 52.453 675	+01 31 04.206 57	Q	18.0	1.435	0.92
1538+149	4C 14.60	15 40 49.491 511	+14 47 45.884 85	L	17.3	0.605	1.95

IERS Designation	Name	Right Ascension	Declination	Type	V	z^1	S 5 GHz
		h m s	° ′ ″				Jy
1547+507	OR 580	15 49 17.468 534	+50 38 05.788 20	Q	18.5	2.169	0.74
1549−790		15 56 58.869 899	−79 14 04.281 34	G	18.5	0.149	3.54
1600+335		16 02 07.263 468	+33 26 53.072 67		23.2		
1604−333		16 07 34.762 344	−33 31 08.913 13	Q	20.5		
1606+106	4C 10.45	16 08 46.203 179	+10 29 07.775 85	Q	18.0	1.226	1.05
1616+063		16 19 03.687 684	+06 13 02.243 57	Q	19.0	2.086	0.89
1619−680		16 24 18.437 150	−68 09 12.498 11	Q	18.0	1.354	1.81
1624+416	4C 41.32	16 25 57.669 700	+41 34 40.629 22	Q	22.0	2.550	1.58
1637+574	OS 562	16 38 13.456 293	+57 20 23.979 18	Q	17.0	0.751	1.44
1642+690	4C 69.21	16 42 07.848 514	+68 56 39.756 40	G	20.5	0.751	1.43
1656+348	OS 392	16 58 01.419 204	+34 43 28.402 40	Q	18.5	1.936	0.60
1705+018		17 07 34.415 277	+01 48 45.699 23	Q	18.8	2.576	0.54
1706−174	OT−111	17 09 34.345 380	−17 28 53.364 80	A	17.5		
1718−649		17 23 41.029 765	−65 00 36.615 18	G	15.5	0.014	3.70
1726+455		17 27 27.650 808	+45 30 39.731 39	Q	19.0	0.714	0.63
1727+502	OT 546	17 28 18.623 853	+50 13 10.470 01	L	16.0	0.055	0.17
1725+044		17 28 24.952 716	+04 27 04.914 01	G	17.0	0.293	1.21
1743+173		17 45 35.208 181	+17 20 01.423 41	Q	19.5	1.702	0.94
1745+624	4C 62.29	17 46 14.034 146	+62 26 54.738 42	Q	18.8	3.889	0.57
1749+701		17 48 32.840 231	+70 05 50.768 82	L	17.0	0.770	1.09
1751+441	OT 486	17 53 22.647 901	+44 09 45.686 08	Q	19.5	0.871	1.04
1800+440	OU 401	18 01 32.314 854	+44 04 21.900 31	Q	16.8	0.663	1.02
1758−651		18 03 23.496 605	−65 07 36.761 77	G	15.4		
1823+568	4C 56.27	18 24 07.068 372	+56 51 01.490 88	L	18.4	0.664	1.67
1830+285	4C 28.45	18 32 50.185 631	+28 33 35.955 30	Q	17.2	0.594	1.07
1845+797	3C 390.3	18 42 08.989 953	+79 46 17.128 01	G	15.4	0.057	4.48
1842+681		18 42 33.641 636	+68 09 25.227 88	Q	17.9	0.475	0.81
1849+670	4C 66.20	18 49 16.072 300	+67 05 41.679 93	Q	18.0	0.657	0.59
1856+737		18 54 57.299 946	+73 51 19.907 47	G	17.5	0.460	0.41
1903−802		19 12 40.019 176	−80 10 05.946 27	Q	19.0	1.758	1.79
1954+513	OV 591	19 55 42.738 273	+51 31 48.546 23	Q	18.5	1.230	1.61
1954−388		19 57 59.819 271	−38 45 06.356 26	Q	17.1	0.630	2.02
2000−330		20 03 24.116 306	−32 51 45.132 31	Q	17.3	3.783	1.03
2008−068	OW−015	20 11 14.215 847	−06 44 03.555 19				
2017+745	4C 74.25	20 17 13.079 311	+74 40 47.999 91	Q	18.1	2.191	0.37
2021+317	4C 31.56	20 23 19.017 351	+31 53 02.305 95				
2030+547	OW 551	20 31 47.958 562	+54 55 03.140 60				
2029+121		20 31 54.994 279	+12 19 41.340 43	L	20.3	1.215	1.29
2037+511	3C 418	20 38 37.034 755	+51 19 12.662 69	Q	21.0	1.687	3.79
2048+312	CL 4	20 50 51.131 502	+31 27 27.373 68	Q	20.0	3.198	0.70
2051+745		20 51 33.734 576	+74 41 40.498 23	L	20.4		0.53
2052−474		20 56 16.359 851	−47 14 47.627 68	Q	19.1	1.489	2.45
2059+034	OW 098	21 01 38.834 187	+03 41 31.321 59	Q	17.8	1.015	0.77
2059−786		21 05 44.961 453	−78 25 34.546 64				
2106−413		21 09 33.188 582	−41 10 20.605 30	Q	21.0	1.055	2.28
2113+293		21 15 29.413 455	+29 33 38.366 94	Q	19.5	1.514	1.45
2109−811		21 16 30.845 958	−80 53 55.223 39	G	20.0		
2136+141	OX 161	21 39 01.309 267	+14 23 35.991 99	Q	18.9	2.427	1.11
2143−156	OX−173	21 46 22.979 340	−15 25 43.885 26	Q	17.3	0.700	0.51
2145+067	4C 06.69	21 48 05.458 679	+06 57 38.604 22	Q	16.5	0.999	4.41

IERS Designation	Name	Right Ascension	Declination	Type	V	z[1]	S 5 GHz
		h m s	° ′ ″				Jy
2146−783		21 52 03.154 504	−78 07 06.639 62				
2150+173		21 52 24.819 405	+17 34 37.794 82	L	17.9		1.02
2204−540		22 07 43.733 296	−53 46 33.820 04	Q	18.0	1.206	2.82
2209+236		22 12 05.966 318	+23 55 40.543 88	A	19.0		
2229+695		22 30 36.469 725	+69 46 28.076 98	?L	19.6		0.81
2232−488		22 35 13.236 524	−48 35 58.794 55	Q	17.2	0.510	0.87
2254+074	OY 091	22 57 17.303 120	+07 43 12.302 84	L	16.4	0.190	0.48
2312−319		23 14 48.500 631	−31 38 39.526 51	G	18.5	0.284	0.58
2319+272	4C 27.50	23 21 59.862 235	+27 32 46.443 43	Q	19.0	1.253	1.07
2320+506	OZ 533	23 22 25.982 159	+50 57 51.963 71				
2326−477		23 29 17.704 369	−47 30 19.115 19	Q	16.8	1.306	2.06
2329−162		23 31 38.652 436	−15 56 57.009 52	Q	20.0	1.153	1.88
2329−384		23 31 59.476 115	−38 11 47.650 53	Q	17.0	1.195	0.67

Notes to Table

[1]   ">" indicates value is a lower limit

Q   Quasar

G   Galaxy

L   BL Lac object

?L   BL Lac candidate

A   Other

Name	Right Ascension	Declination	S_{400}	S_{750}	S_{1400}	S_{1665}	S_{2700}	S_{5000}	S_{8000}
	h m s	° ′ ″	Jy	Jy	Jy	Jy	Jy	Jy	Jy
3C 48[e]	01 37 41.299	+33 09 35.13	39.4	25.6	16.42	14.26	9.46	5.40	3.42
3C 123	04 37 04.4	+29 40 15	119.2	77.7	48.70	42.40	28.50	16.5	10.60
3C 147[e,g]	05 42 36.138	+49 51 07.23	48.2	33.9	22.42	19.43	12.96	7.66	5.10
3C 161	06 27 10.0	−05 53 07	41.2	28.9	19.00	16.80	11.40	6.62	4.18
3C 218	09 18 06.0	−12 05 45	134.6	76.0	43.10	36.80	23.70	13.5	8.81
3C 227	09 47 46.4	+07 25 12	20.3	12.1	7.21	6.25	4.19	2.52	1.71
3C 249.1	11 04 11.5	+76 59 01	6.1	4.0	2.48	2.14	1.40	0.77	0.47
3C 274[e,f]	12 30 49.423	+12 23 28.04	625.0	365.0	214.00	184.00	122.00	71.9	48.10
3C 286[e]	13 31 08.288	+30 30 32.96	25.1	19.7	14.84	13.61	10.52	7.30	5.38
3C 295	14 11 20.7	+52 12 09	54.1	36.3	22.53	19.33	12.21	6.35	3.66
3C 348	16 51 08.3	+04 59 26	168.1	86.8	45.00	37.50	22.60	11.8	7.19
3C 353	17 20 29.5	−00 58 52	131.1	88.2	57.30	50.50	35.00	21.2	14.20
DR 21	20 39 01.2	+42 19 45							21.60
NGC 7027[d]	21 07 01.6	+42 14 10			1.43	1.93	3.69	5.43	5.90

Name	S_{10700}	S_{15000}	S_{22235}	S_{32000}	S_{43200}	Spec.	Type	Polariza-tion (at 5 GHz)	Angular Size (at 1.4 GHz)
	Jy	Jy	Jy	Jy	Jy			%	″
3C 48[e]	2.55	1.79	1.17	0.77	0.54	C⁻	QSS	5	<1
3C 123	7.94	5.63	3.71			C⁻	GAL	2	20
3C 147[e,g]	3.95	2.92	2.05	1.47	1.12	C⁻	QSS	< 1	<1
3C 161	3.09	2.14				C⁻	GAL	5	<3
3C 218	6.77					S	GAL	1	core 25, halo 220
3C 227	1.34	1.02	0.73			S	GAL	7	180
3C 249.1	0.34	0.23				S	QSS		15
3C 274[e,f]	37.50	28.10				S	GAL	1	halo 400[a]
3C 286[e]	4.40	3.44	2.55	1.90	1.48	C⁻	QSS	11	<5
3C 295	2.54	1.63	0.95	0.56	0.35	C⁻	GAL	0.1	4
3C 348	5.30					S	GAL	8	115[b]
3C 353	10.90					C⁻	GAL	5	150
DR 21	20.80	20.00	19.00			Th	HII		20[c]
NGC 7027[d]	5.93	5.84	5.65	5.43	5.23	Th	PN	< 1	10

Notes to Table

a	Halo has steep spectral index, so for λ ≤ 6 cm, more than 90% of the flux is in the core. The slope of the spectrum is positive above 20 GHz.
b	Angular distance between the two components
c	Angular size at 2 cm, but consists of 5 smaller components
d	All data are calculated from a fit to the thermal spectrum. Mean epoch is 1995.5.
e	Suitable for calibration of interferometers and synthesis telescopes.
f	Virgo A
g	Indications of time variability above 5 GHz
GAL	Galaxy
HII	HII region
PN	Planetary Nebula
QSS	Quasar

Name	Right Ascension	Declination	Flux[1]	Mag.[2]	Identified Counterpart	Type
	h m s	° ′ ″	μJy			
Tycho's SNR	00 25 45.4	+64 10 48	8.08		Tycho's SNR	SNR
4U 0037−10	00 41 57.4	−09 18 32	3.19	15.7	Abell 85	C
4U 0053+60	00 57 10.0	+60 45 26	5.00 − 11.0	1.6V	Gamma Cas	NS
SMC X−1	01 17 17.1	−73 24 14	0.50 − 57.0	13.3	Sanduleak 160	P
2S 0114+650	01 18 33.1	+65 19 51	4.00	11.0	LSI + 65 010	P
4U 0115+634	01 19 01.8	+63 46 55	2.00 − 350.0	14.5V	V 635 Cas	P
4U 0316+41	03 20 17.8	+41 32 20	52.1	12.7	Abell 426	C
4U 0352+309	03 55 51.3	+31 04 03	9.00 − 37.0	6.0V	X Per	P
4U 0431−12	04 33 57.0	−13 13 48	2.79	15.3	Abell 496	C
4U 0513−40	05 14 21.4	−40 02 07	6.00	8.1	NGC 1851	A
LMC X−2	05 20 21.5	−71 57 11	9.00 − 44.0	18.0V		BHC
LMC X−4	05 32 49.9	−66 21 55	3.00 − 60.0	14.0	OB star	P
Crab Nebula	05 34 58.4	+22 01 09	1041.7	8.4	Crab Nebula	SNR+P
A 0538−66	05 35 44.6	−66 50 09	0.01 − 180.0	13V	Be star	P
LMC X−3	05 38 59.2	−64 04 50	1.70 − 44.0	16.7V	B3V star	BHC
A 0535+262	05 39 22.6	+26 19 10	3.00 − 2800.0	8.9V	HD 245770	P
LMC X−1	05 39 36.1	−69 44 20	3.00 − 25.0	14.5	O7III star	BHC
4U 0614+091	06 17 32.7	+09 08 26	50.0	11.2	V 1055 Ori	BHC
IC 443	06 18 28.6	+22 33 36	3.78		IC 443	SNR
A 0620−00	06 23 07.5	−00 20 59	0.02 − 50000	16.4V	V 616 Mon	BHC
4U 0726−260	07 29 12.1	−26 07 26	1.20 − 4.70	11.6	LS 437	P
EXO 0748−676	07 48 35.0	−67 46 16	0.10 − 60.0	16.9V	UY Vol	B
Pup A	08 24 22.6	−43 01 24	8.25		Pup A	SNR
Vela SNR	08 34 26.4	−45 46 44	10.01	20.0	Vela SNR	SNR
GRS 0834−430	08 37 07.2	−43 16 35	30.0 − 300.0	20.4		P
Vela X−1	09 02 23.9	−40 35 04	2.00 − 1100.0	6.9	HD 77581	P
3A 1102+385	11 04 52.2	+38 10 05	2.73	13.5*	MRK 421	G
Cen X−3	11 21 35.2	−60 39 55	10.0 − 312.0	13.3	V 779 Cen	P
4U 1145−619	11 48 22.1	−62 14 55	4.00 − 1000.0	9.3	HD 102567	P
4U 1206+39	12 10 55.2	+39 21 51	4.73	11.2*	NGC 4151	G
GX 301−2	12 27 02.9	−62 48 43	9.00 − 1000.0	10.8	Wray 977	P
3C 273	12 29 29.7	+02 00 40	2.96	13.0	3C 273	Q
4U 1228+12	12 31 12.2	+12 20 58	23.9	9.2	M 87	G
4U 1246−41	12 49 14.2	−41 21 06	5.24	12.4*	Centaurus Cluster	C
4U 1254−690	12 58 07.4	−69 19 40	25.0	19.1	GR Mus	B
4U 1257+28	12 59 57.5	+27 55 19	16.3	10.7	Coma Cluster	C
GX 304−1	13 01 45.1	−61 38 32	0.30 − 200.0	13.5V	V 850 Cen	P
Cen A	13 25 54.1	−43 03 29	9.24	6.98	QSO 1322−428	Q
Cen X−4	14 58 49.9	−32 02 53	0.10 − 20000	12.8	V 822 Cen	B
SN 1006	15 02 51.7	−41 55 32	2.65	19.9	SN 1006	SNR
Cir X−1	15 21 15.9	−57 11 36	5.00 − 3000.0	21.4	BR Cir	NS
4U 1538−522	15 42 57.2	−52 24 34	3.00 − 30.0	14.4	QV Nor	P
4U 1556−605	16 01 40.1	−60 45 40	16.0	18.6V	LU TrA	
4U 1608−522	16 13 17.5	−52 26 28	1.00 − 110.0	21V	QX Nor	NS
Sco X−1	16 20 20.7	−15 39 28	14000.0	12.2	V 818 Sco	NS
4U 1627+39	16 28 53.7	+39 32 06	4.22	13.9	Abell 2199	C
4U 1626−673	16 33 02.2	−67 28 36	25.0	18.5	KZ TrA	P
4U 1636−536	16 41 31.5	−53 45 56	220.0	17.5	V 801 Ara	B
GX 340+0	16 46 20.7	−45 37 29	500.0			NS
GRO J1655−40	16 54 31.3	−39 51 28	1600.0	14.2V	V 1033 Sco	BHC

Name	Right Ascension	Declination	Flux[1]	Mag.[2]	Identified Counterpart	Type
	h m s	o ′ ″	μJy			
Her X−1	16 58 06.0	+35 19 52	15.0 − 50.0	13.0V	HZ Her	P
4U 1704−30	17 02 35.0	−29 57 22	3.45	18.3V	V 2131 Oph	B
GX 339−4	17 03 23.6	−48 48 00	1.50 − 900.0	15.5	V 821 Ara	BHC
4U 1700−377	17 04 27.4	−37 51 15	11.0 − 110.0	6.6	V 884 Sco	P
GX 349+2	17 06 14.7	−36 25 58	825.0	18.6	V 1101 Sco	NS
4U 1708−23	17 12 28.2	−23 21 48	33.0	21*	Ophiuchus Cluster	C
4U 1722−30	17 28 02.3	−30 48 26	7.56	17	Terzan 2	A
Kepler's SNR	17 31 02.8	−21 29 14	2.95	19	Kepler's SNR	SNR
GX 9+9	17 32 10.0	−16 58 01	300.0	16.8	V 2216 Oph	NS
GX 354−0	17 32 27.0	−33 50 16	150.0			B
GX 1+4	17 32 29.8	−24 45 02	100.0	19.0	V 2116 Oph	P
Rapid Burster	17 33 53.2	−33 23 43	0.10 − 200.0	17.5	Liller 1	B
4U 1735−444	17 39 31.1	−44 27 14	160.0	17.5	V 926 Sco	NS
1E 1740.7−2942	17 44 31.5	−29 43 35	4.00 − 30.0			BHC
GX 3+1	17 48 24.5	−26 33 58	400.0		V 3893 Sgr	B
4U 1746−37	17 50 43.3	−37 03 15	32.0	8.4*	NGC 6441	A
4U 1755−338	17 59 10.0	−33 48 26	100.0	18.5	V 4134 Sgr	BHC
GX 5−1	18 01 35.7	−25 04 53	1250.0			NS
GX 9+1	18 01 57.9	−20 31 38	700.0			NS
GX 13+1	18 14 56.5	−17 09 19	350.0			NS
GX 17+2	18 16 27.0	−14 02 01	700.0	17.5	NP Ser	NS
4U 1820−30	18 24 09.4	−30 21 26	250.0	8.6*	NGC 6624	A
4U 1822−37	18 26 17.5	−37 06 02	10.0 − 25.0	15.9V	V 691 CrA	B
Ser X−1	18 40 19.8	+05 02 37	225.0	19.2*	MM Ser	B
4U 1850−08	18 53 29.6	−08 41 49	7.00	8.9	NGC 6712	A
Aql X−1	19 11 38.6	+00 36 00	0.10 − 1300.0	14.8	V 1333 Aql	NS
SS 433	19 12 11.8	+04 59 44	1.11	14.2	SS 433	NS
GRS 1915+105	19 15 32.9	+10 57 34	300.0		V 1487 Aql	BHC
4U 1916−053	19 19 11.9	−05 13 19	25.0	21V	V 1405 Aql	B
Cyg X−1	19 58 38.6	+35 13 20	235.0 − 1320.0	8.9	V 1357 Cyg	BHC
4U 1957+11	19 59 45.3	+11 43 45	30.0	18.7V	V 1408 Aql	
Cyg X−3	20 32 42.4	+40 58 53	90.0 − 430.0		V 1521 Cyg	BHC
4U 2129+12	21 30 20.0	+12 12 02	6.00	15.8V	M 15	A
4U 2129+47	21 31 42.7	+47 19 24	9.00	16.9	V1727 Cyg	B
SS Cyg	21 43 00.6	+43 37 14	2.27	12.1V	SS Cyg	T
Cyg X−2	21 44 59.8	+38 21 22	450.0	14.7	V 1341 Cyg	NS
Cas A	23 23 41.9	+58 51 13	58.7	19.6	Cassiopeia A	SNR

Notes to Table

[1] (2−10) keV flux

[2] "*" indicates B magnitude, otherwise V magnitude
"V" indicates variable magnitude

A	Globular Cluster	NS	Neutron Star
B	X−Ray Burster	P	Pulsar
BHC	Black Hole Candidate	Q	Quasar
C	Cluster of Galaxies	SNR	Supernova Remnant
G	Galaxy	T	Transient (Nova−like optically)

Name	Right Ascension	Declination	Flux 6 cm	Flux 11 cm	z	V	$B-V$	M(abs)
	h m s	° ′ ″	Jy	Jy				
S5 0014+81	00 17 36.3	+81 37 37	0.551	0.61	3.387	16.5		−31.7
BR 0019−15	00 22 24.9	−15 10 52			4.52	19.0		−28.9
Q 0043−2923	00 46 10.0	−29 04 30			0.90	14.8		−29.2
I ZW 1	00 53 58.5	+12 44 02	0.003		0.061	14.03	+0.38	−23.4
Q 0051−279	00 54 37.3	−27 39 42			4.395	20.18		−27.6
TON S180	00 57 42.2	−22 20 30			0.062	14.41	+0.19	−23.3
BR 0103+00	01 06 42.4	+00 50 47			4.433	18.70		−29.1
IRAS 01072−0348	01 10 08.0	−03 30 10	0.008		0.054	13		−24.6
F 9	01 24 02.9	−58 46 01			0.046	13.83	+0.43	−23.0
3C 48.0	01 38 07.1	+33 11 52	5.37	8.97	0.367	16.20	+0.42	−25.2
4U 0241+61	02 45 33.4	+62 29 59	0.20	0.24	0.044	12.19	−0.04	−25.0
PSS J0248+1802	02 49 19.6	+18 04 41			4.43	18.4		−29.4
PC 0307+0222	03 10 14.7	+02 35 04			4.379	20.39		−27.4
MS 03180−1937	03 20 41.5	−19 24 55			0.104	14.86	+1.04	−23.1
IRAS 03335−5625	03 34 58.8	−56 13 44			0.078	14.9		−23.5
BR 0351−10	03 54 14.8	−10 19 53			4.36	18.7		−29.1
IRAS 03575−6132	03 58 25.9	−61 22 51			0.047	14.2		−23.1
PKS 0405−12	04 08 09.7	−12 10 25	1.99	2.36	0.574	14.86	+0.23	−27.7
PKS 0438−43	04 40 31.3	−43 32 18	7.58	6.17	2.852	19.5		−27.8
3C 147.0	05 43 11.2	+49 51 18	8.18	12.98	0.545	17.80	+0.65	−24.2
B2 0552+39A	05 56 02.2	+39 48 52	5.425	3.53	2.365	18.0		−28.5
PKS 0558−504	05 59 58.3	−50 26 51	0.113	0.19	0.137	14.97	+0.21	−24.4
IRAS 06115−3240	06 13 37.4	−32 42 03			0.050	14.1		−23.3
HS 0624+6907	06 30 51.4	+69 04 44			0.370	14.44		−27.4
PKS 0637−75	06 35 31.9	−75 16 40	6.19	4.51	0.654	15.75	+0.33	−27.0
S4 0636+68	06 42 51.4	+67 58 08	0.539	0.32	3.177	16.6		−31.3
VII ZW 118	07 07 56.4	+64 35 15			0.079	14.61	+0.68	−23.1
MS 07546+3928	07 58 30.3	+39 19 16	0.003		0.096	14.36	+0.38	−24.1
PG 0804+761	08 11 55.4	+76 01 21	0.002		0.100	14.71	+0.32	−23.9
PG 0844+349	08 48 10.7	+34 43 24	0.000		0.064	14.50	+0.33	−23.1
IRAS 09149−6206	09 16 20.0	−62 21 23	0.016		0.057	13.55	+0.52	−23.6
B2 0923+39	09 27 31.1	+39 00 23	7.57	4.54	0.698	17.86	+0.06	−25.3
HE 0940−1050	09 43 15.6	−11 06 30			3.054	16.6		−31.1
BRI 0952−01	09 54 56.0	−01 16 21			4.43	18.7		−29.1
PC 0953+4749	09 56 53.9	+47 32 33			4.457	19.47		−28.4
0956+1217	09 59 16.3	+12 00 35			3.306	17.6		−30.6
CSO 38	10 12 21.4	+29 39 27			2.62	16		−30.9
BRI 1013+00	10 16 12.1	+00 18 04			4.381	19.1		−28.7
HE 1029−1401	10 32 16.5	−14 19 11			0.086	13.86	+0.22	−24.5
BR 1033−0327	10 36 46.5	−03 45 40			4.506	18.5		−29.4
PSS J1048+4407	10 49 12.5	+44 04 50			4.45	19.3		−28.5
Q 1107+487	11 11 04.0	+48 28 49			2.958	16.7		−30.8
PG 1116+215	11 19 32.6	+21 16 50	0.003		0.177	14.72	+0.13	−25.3
PKS 1127−14	11 30 29.7	−14 51 56	7.31	6.43	1.187	16.90	+0.27	−27.5
WAS 26	11 41 39.5	+21 53 52			0.063	14.9		−23.0
4C 29.45	11 59 55.0	+29 12 15	0.89	1.15	0.729	14.41	+0.39	−28.6
PC 1158+4635	12 00 59.9	+46 16 17			4.733	20.21		−27.8
PG 1211+143	12 14 40.6	+14 00 43	0.001		0.085	14.19	+0.27	−24.1
3C 273.0	12 29 29.7	+02 00 39	43.41	41.44	0.158	12.85	+0.20	−26.9
PC 1233+4752	12 35 52.5	+47 33 38			4.447	20.63		−27.2

Name	Right Ascension	Declination	Flux 6 cm	Flux 11 cm	z	V	$B-V$	M(abs)
	h m s	o ′ ″	Jy	Jy				
SBS 1233+594	12 36 09.8	+59 08 00			2.824	16.5		−30.8
PC 1247+3406	12 50 03.7	+33 47 26			4.897	20.4		−27.7
PKS 1251−407	12 54 24.8	−41 01 53	0.22	0.25	4.46	19.9		−27.9
3C 279	12 56 34.4	−05 49 47	15.34	11.96	0.538	17.75	+0.26	−24.6
PSS J1317+3531	13 18 03.9	+35 29 10			4.36	19.1		−28.7
3C 286.0	13 31 29.1	+30 28 13	7.48	10.26	0.846	17.25	+0.26	−26.4
PG 1351+64	13 53 29.1	+63 43 34	0.032		0.088	14.28	+0.26	−24.1
SP 1	14 00 32.8	+38 52 08			3.280	17		−31.0
PG 1411+442	14 14 06.0	+43 58 09	0.001		0.089	14.99		−23.7
B 1422+231	14 24 58.7	+22 54 00	0.503		3.62	16.5		−30.7
SBS 1425+606	14 27 08.6	+60 23 50			3.20	16.5		−31.5
MARK 1383	14 29 29.5	+01 15 06	0.001		0.086	14.87	+0.34	−23.4
MARK 478	14 42 25.9	+35 24 29	0.001		0.077	14.58	+0.33	−23.4
PSS J1443+2724	14 43 50.9	+27 22 43			4.42	19.3		−28.5
CSO 1061	14 45 13.1	+29 17 12			2.669	16.2		−30.8
3C 305.0	14 49 31.3	+63 14 23	0.92	1.60	0.042	13.74		−23.3
MCG 11.19.006	15 19 27.8	+65 33 03			0.044	13.9		−23.2
MS 15198−0633	15 22 52.8	−06 46 16	0.006		0.084	14.9	+0.3	−23.3
PKS 1610−77	16 18 52.7	−77 18 23	5.55	3.80	1.710	19.0		−26.5
KP 1623.7+26.8B	16 26 07.2	+26 45 59			2.521	16.0		−30.8
HS 1626+6433	16 26 49.5	+64 25 55			2.32	15.8		−30.7
PG 1634+706	16 34 25.7	+70 30 38	0.001		1.337	14.66		−30.3
3C 345.0	16 43 14.0	+39 47 48	5.65	6.01	0.594	15.96	+0.29	−26.6
HS 1700+6416	17 01 03.5	+64 11 31			2.722	16.13	+0.23	−30.8
PG 1718+481	17 19 50.5	+48 03 47	0.137	0.11	1.083	14.60		−29.8
IRAS 17596+4221	18 01 23.0	+42 21 45			0.053	14.5		−23.0
KUV 18217+6419	18 21 59.6	+64 20 50	0.013		0.297	14.24	−0.01	−27.1
3C 380.0	18 29 43.5	+48 45 05	7.50	9.88	0.692	16.81	+0.24	−26.2
IRAS 19254−7245	19 32 14.2	−72 38 23		0.04	0.061	14.5		−23.3
HS 1946+7658	19 44 38.7	+77 06 58	0.001		3.051	15.8		−31.9
MARK 509	20 44 34.2	−10 41 45	0.004		0.035	13.12	+0.23	−23.3
ESO 235−IG26	20 59 45.3	−51 58 34			0.051	13.6		−23.8
IRAS 21219−1757	21 25 06.8	−17 42 49	0.007		0.113	14.5		−24.7
2E 2124−1459	21 27 57.1	−14 44 50			0.057	14.68		−23.0
PKS 2126−15	21 29 36.9	−15 36 43	1.186	1.17	3.266	17.0		−31.0
II ZW 136	21 32 49.8	+10 10 19	0.002		0.063	14.64	+0.28	−23.0
PKS 2134+004	21 37 01.7	+00 43 57	11.49	7.59	1.932	16.79	+0.30	−28.7
Q 2134−4521	21 38 36.5	−45 06 16			4.36	20.15	+1.17	−26.4
Q 2139−4324	21 43 26.6	−43 08 55			4.46	20.64		−27.2
Q 2203+29	22 06 23.1	+29 32 14			4.406	20.87		−26.9
MARK 304	22 17 34.2	+14 16 36	0.000		0.067	14.66	+0.36	−23.0
HE 2217−2818	22 20 32.1	−28 01 07			2.406	16.0		−30.6
BR 2237−06	22 40 29.8	−06 11 59			4.55	18.3		−29.6
3C 454.3	22 54 19.9	+16 11 17	10.03	10.70	0.859	16.10	+0.47	−27.3
MR 2251−178	22 54 29.9	−17 32 31	0.003		0.068	14.36	+0.63	−23.1
MARK 926	23 05 06.9	−08 38 42	0.009		0.047	13.76	+0.36	−23.1
3C 465.0	23 38 52.0	+27 04 22	2.80	4.21	0.030	13.3		−23.0
C15.05	23 50 57.7	−43 23 30			2.9	16.3		−31.2

Name	Right Ascension	Declination	Period	$\dot{P}$	Epoch	DM	S_{400}
	h m s	° ′ ″	s	$10^{-15}\,\text{s s}^{-1}$	MJD	$\text{cm}^{-3}\,\text{pc}$	mJy
B0021−72C	00 23 50.4	−72 04 31.5	0.005 756 780	0.0000	51600	24.6	1.5
J0034−0534 *	00 34 21.8	−05 34 36.6	0.001 877 182	0.0000	50690	13.8	17
J0045−7319 *	00 45 35.2	−73 19 03.0	0.926 275 905	4.4632	49144	105.4	1
J0218+4232 *	02 18 06.4	+42 32 17.4	0.002 323 090	0.0001	50864	61.3	35
B0329+54	03 32 59.4	+54 34 43.6	0.714 518 700	2.0483	46473	26.8	1500
J0437−4715 *	04 37 15.8	−47 15 08.5	0.005 757 452	0.0001	51194	2.6	550
B0450−18	04 52 34.1	−17 59 23.4	0.548 939 223	5.7531	49289	39.9	82
B0531+21	05 34 31.9	+22 00 52.1	0.033 403 347	420.95	48743	56.8	646
B0540−69	05 40 11.2	−69 19 55.0	0.050 567 546	478.91	52858	146.5	
J0613−0200 *	06 13 44.0	−02 00 47.1	0.003 061 844	0.0000	50315	38.8	21
B0628−28	06 30 49.5	−28 34 43.1	1.244 418 596	7.123	46603	34.5	206
B0655+64 *	07 00 37.8	+64 18 11.2	0.195 670 945	0.0007	48806	8.8	5
J0737−3039 *	07 37 51.2	−30 39 40.7	0.022 699 378	0.0017	52870	48.9	
J0737−3039 *	07 37 51.2	−30 39 40.7	2.773 460 747	0.88	52870	48.7	
B0736−40	07 38 32.3	−40 42 40.9	0.374 919 985	1.6161	51700	160.8	190
B0740−28	07 42 49.1	−28 22 43.8	0.166 762 292	16.821	49326	73.8	296
J0751+1807 *	07 51 09.2	+18 07 38.6	0.003 478 771	0.0000	50982	30.2	10
B0818−13	08 20 26.4	−13 50 55.5	1.238 129 544	2.1052	48904	40.9	102
B0820+02 *	08 23 09.8	+01 59 12.4	0.864 872 805	0.1046	49281	23.7	30
B0833−45	08 35 20.6	−45 10 34.9	0.089 328 385	125.01	51559	68.0	5000
B0834+06	08 37 05.6	+06 10 14.6	1.273 768 292	6.7992	48721	12.9	89
B0835−41	08 37 21.3	−41 35 15.0	0.751 623 618	3.5393	51700	147.3	197
B0950+08	09 53 09.3	+07 55 35.8	0.253 065 165	0.2298	46375	3.0	400
B0959−54	10 01 38.0	−55 07 06.7	1.436 582 629	51.396	46800	130.3	80
J1012+5307 *	10 12 33.4	+53 07 02.6	0.005 255 749	0.0000	50700	9.0	30
J1022+1001 *	10 22 58.0	+10 01 52.1	0.016 452 930	0.0000	50250	10.2	20
J1045−4509 *	10 45 50.2	−45 09 54.2	0.007 474 224	0.0000	50277	58.1	15
B1055−52	10 57 58.8	−52 26 56.3	0.197 107 608	5.8335	43556	30.1	80
B1133+16	11 36 03.2	+15 51 04.5	1.187 913 066	3.7338	46407	4.9	257
J1141−6545 *	11 41 07.0	−65 45 19.1	0.393 897 834	4.2946	51370	116.0	
J1157−5112 *	11 57 08.2	−51 12 56.1	0.043 589 227	0.0000	51400	39.7	
B1154−62	11 57 15.2	−62 24 50.9	0.400 522 048	3.9313	46800	325.2	145
B1237+25	12 39 40.5	+24 53 49.3	1.382 449 103	0.9600	46531	9.2	110
B1240−64	12 43 17.2	−64 23 23.8	0.388 480 921	4.5006	46800	297.2	110
B1257+12 *	13 00 03.0	+12 40 56.7	0.006 218 532	0.0001	48700	10.2	20
B1259−63 *	13 02 47.7	−63 50 08.7	0.047 762 507	2.2783	48214	146.8	
B1323−58	13 26 58.3	−58 59 29.1	0.477 990 867	3.238	47782	287.3	120
B1323−62	13 27 17.2	−62 22 43	0.529 906 294	18.89	43556	318.8	135
B1356−60	13 59 58.2	−60 38 08.0	0.127 500 777	6.3385	43556	293.7	105
B1426−66	14 30 40.9	−66 23 05.0	0.785 440 757	2.7695	46800	65.3	130
B1449−64	14 53 32.7	−64 13 15.6	0.179 484 754	2.7461	46800	71.1	230
J1455−3330 *	14 55 48.0	−33 30 46.4	0.007 987 205	0.0000	50598	13.6	9
B1451−68	14 56 00.2	−68 43 39.2	0.263 376 815	0.0983	46800	8.6	350
B1508+55	15 09 25.7	+55 31 32.8	0.739 681 923	4.9982	49904	19.6	114
J1518+4904 *	15 18 16.8	+49 04 34.3	0.040 934 988	0.0000	51203	11.6	8
B1534+12 *	15 37 10.0	+11 55 55.6	0.037 904 441	0.0024	50300	11.6	36
B1556−44	15 59 41.5	−44 38 46.1	0.257 056 098	1.0192	46800	56.1	110
B1620−26 *	16 23 38.2	−26 31 53.8	0.011 075 751	0.0007	48725	62.9	15
J1640+2224 *	16 40 16.7	+22 24 09.0	0.003 163 316	0.0000	49360	18.4	
B1639+36A	16 41 40.9	+36 27 15.4	0.010 377 509	0.0000	47666	30.4	3

Name	Right Ascension	Declination	Period	$\dot{P}$	Epoch	DM	S_{400}
	h m s	o ′ ″	s	10^{-15} s s^{-1}	MJD	cm^{-3} pc	mJy
J1643−1224 *	16 43 38.2	−12 24 58.7	0.004 621 641	0.0000	50288	62.4	75
B1641−45	16 44 49.3	−45 59 09.5	0.455 059 775	20.090	46800	479	375
B1642−03	16 45 02.0	−03 17 58.4	0.387 689 698	1.7804	46515	35.7	393
B1648−42	16 51 48.8	−42 46 11	0.844 080 666	4.812	46800	482	100
J1713+0747 *	17 13 49.5	+07 47 37.5	0.004 570 136	0.0000	50913	16.0	36
J1730−2304	17 30 21.6	−23 04 31.4	0.008 122 798	0.0000	50320	9.6	43
B1727−47	17 31 42.1	−47 44 34.6	0.829 828 785	163.63	50939	123.3	190
B1744−24A *	17 48 02.2	−24 46 36.9	0.011 563 148	0.0000	48270	242.2	
B1749−28	17 52 58.7	−28 06 37.3	0.562 557 636	8.1291	46483	50.4	1100
B1800−27 *	18 03 31.7	−27 12 06.4	0.334 415 426	0.0171	50261	165.5	3.4
J1804−2717 *	18 04 21.1	−27 17 31.2	0.009 343 031	0.0000	51041	24.7	15
B1802−07 *	18 04 49.9	−07 35 24.7	0.023 100 855	0.0005	50337	186.3	3.1
B1818−04	18 20 52.6	−04 27 38.1	0.598 075 930	6.3314	46634	84.4	157
B1820−11 *	18 23 40.3	−11 15 11.3	0.279 828 697	1.379	49465	428.6	11
B1820−30A	18 23 40.5	−30 21 39.9	0.005 440 003	0.0034	50319	86.8	16
B1821−24	18 24 32.0	−24 52 11.1	0.003 054 315	0.0016	49858	119.8	40
B1830−08	18 33 40.3	−08 27 31.2	0.085 284 251	9.1707	50483	411	
B1831−03	18 33 41.9	−03 39 04.3	0.686 704 444	41.565	49698	234.5	89
B1831−00 *	18 34 17.2	−00 10 53.3	0.520 954 311	0.0105	49123	88.6	5.1
B1855+09 *	18 57 36.4	+09 43 17.3	0.005 362 100	0.0000	47526	13.3	31
B1857−26	19 00 47.6	−26 00 43.8	0.612 209 204	0.2045	48891	38.0	131
B1859+03	19 01 31.8	+03 31 05.9	0.655 450 239	7.459	50027	402.1	165
J1911−1114 *	19 11 49.3	−11 14 22.3	0.003 625 746	0.0000	50458	31.0	31
B1911−04	19 13 54.2	−04 40 47.7	0.825 935 803	4.0680	46634	89.4	118
B1913+16 *	19 15 28.0	+16 06 27.4	0.059 029 998	0.0086	46444	168.8	4
B1929+10	19 32 13.9	+10 59 32.4	0.226 517 635	1.1574	46523	3.2	303
B1933+16	19 35 47.8	+16 16 40.2	0.358 738 411	6.0025	46434	158.5	242
B1937+21	19 39 38.6	+21 34 59.1	0.001 557 806	0.0001	47900	71.0	240
B1946+35	19 48 25.0	+35 40 11.1	0.717 311 174	7.0612	49449	129.1	145
B1951+32	19 52 58.2	+32 52 40.8	0.039 531 193	5.8448	49845	45.0	7
B1953+29 *	19 55 27.9	+29 08 43.5	0.006 133 166	0.0000	49718	104.6	15
B1957+20 *	19 59 36.8	+20 48 15.1	0.001 607 402	0.0000	48196	29.1	20
B2016+28	20 18 03.8	+28 39 54.2	0.557 953 480	0.1481	46384	14.2	314
J2019+2425 *	20 19 31.9	+24 25 15.3	0.003 934 524	0.0000	50000	17.2	15
J2043+2740	20 43 43.5	+27 40 56	0.096 130 563	1.27	49773	21.0	
B2045−16	20 48 35.4	−16 16 43.0	1.961 572 304	10.958	46423	11.5	116
J2051−0827 *	20 51 07.5	−08 27 37.8	0.004 508 642	0.0000	51000	20.7	22
B2111+46	21 13 24.3	+46 44 08.7	1.014 684 793	0.7146	46614	141.3	230
J2124−3358	21 24 43.9	−33 58 44.2	0.004 931 118	0.0000	50288	4.6	17
B2127+11B	21 29 58.6	+12 10 00.3	0.056 133 034	0.0096	47632	67.7	1.0
J2145−0750 *	21 45 50.5	−07 50 18.4	0.016 052 424	0.0000	50317	9.0	100
B2154+40	21 57 01.8	+40 17 45.9	1.525 265 340	3.4326	49277	70.9	105
B2217+47	22 19 48.1	+47 54 53.9	0.538 468 822	2.7652	46599	43.5	111
J2229+2643 *	22 29 50.9	+26 43 57.8	0.002 977 819	0.0000	49718	23.0	13
J2235+1506	22 35 43.7	+15 06 49.1	0.059 767 358	0.0002	49250	18.1	3
B2303+46 *	23 05 55.8	+47 07 45.3	1.066 371 072	0.5691	46107	62.1	1.9
B2310+42	23 13 08.6	+42 53 13.0	0.349 433 682	0.1124	48241	17.3	89
J2317+1439 *	23 17 09.2	+14 39 31.2	0.003 445 251	0.0000	49300	21.9	19
J2322+2057	23 22 22.4	+20 57 02.9	0.004 808 428	0.0000	48900	13.4	2.8

"*" indicates pulsar is a member of a binary system

Name	Alternate Name	Right Ascension	Declination	Flux[1]	Flux Error	E_{low}[2]	E_{high}	Type
		h m s	° ′ ″	photons cm^{-2}s^{-1}	photons cm^{-2}s^{-1}	MeV	MeV	
3EG J0010+7309	2EG J0008+7307	00 10 39	+73 12 42	5.68×10^{-7}	8.2×10^{-8}	>100		U
QSO 0208−512	3EG J0210−5055	02 11 01	−50 59 06	2.06×10^{-6}	9.00×10^{-8}	30	4000	Q
PKS 0235+164	3EG J0237+1635	02 39 03	+16 38 31	8.0×10^{-7}	1.2×10^{-7}	100	10000	Q
2CG 135+01	3EG J0241+6103	02 42 13	+61 06 06	1.06×10^{-6}	8.8×10^{-8}	>100		U
NGC 1275	PER A	03 20 18	+41 32 12	6.44×10^{-3}	1.43×10^{-3}	0.02	0.08	Q
CTA 26	3EG J0340−0201	03 40 32	−01 59 46	1.19×10^{-6}	2.20×10^{-7}	>100		Q
3EG J0416+3650	QSO 0415+379	04 16 39	+36 51 30	1.28×10^{-7}	2.60×10^{-8}	>100		Q
3C 111	1H 0414+380	04 18 51	+38 02 52	2.81×10^{-4}	4.90×10^{-5}	0.05	0.15	Q
GRO J0422+32	Nova Per 1992	04 22 12	+32 55 37	9.00×10^{-4}	3.10×10^{-4}	0.75	2	P
QSO 0420−014	3EG J0422−0102	04 23 39	+01 21 25	5.0×10^{-7}	1.4×10^{-7}	50	2000	Q
3C 120	1H 0426+051	04 33 35	+05 21 54	2.64×10^{-4}	3.80×10^{-5}	0.05	0.15	Q
3EG J0433+2908	EF B0430+2859	04 34 04	+29 09 19	2.15×10^{-7}	3.3×10^{-8}	>100		Q
NRAO 190	3EG J0442−0033	04 43 01	+00 18 13	8.40×10^{-7}	1.2×10^{-7}	>100		Q
PKS 0446+112	3EG J0450+1105	04 49 32	+11 22 21	2.28×10^{-7}	3.5×10^{-8}	>100		Q
QSO 0458−020	3EG J0500−0159	05 01 34	−01 58 45	3.11×10^{-7}	9.3×10^{-8}	>100		Q
LMC	3EG J0533−6916	05 23 32	−69 44 36			>100		G
PKS 0528+134	3EG J0530+1323	05 31 20	+13 32 06	6.60×10^{-6}	4.80×10^{-7}	30	1000	Q
Crab	3EG J0534+2200	05 34 31	+22 11 41	6.91×10^{-6}	2.7×10^{-7}	50	10000	P
SN 1987A		05 35 25	−69 15 55	6.50×10^{-3}	1.40×10^{-3}	0.85	line[3]	R
QSO 0537−441	3EG J0540−4402	05 39 03	−44 05 10	2.90×10^{-7}	7×10^{-8}	100	1000	Q
3EG J0542−0655	QSO 0539−057	05 42 38	−06 55 36	6.65×10^{-7}	1.95×10^{-7}	>100		Q
Geminga	1E 0630+17.8	06 34 21	+17 45 49	6.14×10^{-6}	3.80×10^{-7}	30	2000	P
PSR B0656+14	PSR J0659+1414	06 58 47	+14 13 46	4.1×10^{-8}	1.4×10^{-8}	>100		P
QSO 0827+243	3EG J0829+2413	08 31 19	+24 09 15	2.59×10^{-7}	6.2×10^{-8}	>100		Q
Vela Pulsar	3EG J0834−4511	08 35 35	−45 12 11	1.86×10^{-5}	3.00×10^{-7}	30	2000	P
2CG 284−00	3EG J1027−5817	10 27 53	−58 18 30	8.77×10^{-7}	8.6×10^{-8}	>100		U
2CG 288−00	3EG J1048−5840	10 48 51	−58 43 10	5.97×10^{-7}	8.7×10^{-8}	>100		U
PSR B1055−52	3EG J1058−5234	10 58 18	−52 29 21	6.95×10^{-7}	9.10×10^{-8}	100	4000	P
MRK 421	3EG J1104+3809	11 04 51	+38 10 10	1.70×10^{-7}		>100		Q
NGC 3783	1H 1135−372	11 39 24	−37 46 54	3.86×10^{-4}	1.38×10^{-4}	0.05	0.15	Q
QSO 1156+295	4C 29.45	11 59 54	+29 12 30	2.29×10^{-6}	5.48×10^{-7}	>100		Q
NGC 4151	H 1208+396	12 10 56	+39 22 05	2.33×10^{-6}	3.50×10^{-8}	0.07	0.3	Q
NGC 4388	MCG+02−32−041	12 26 10	+12 36 31	6.35×10^{-4}	5.80×10^{-5}	0.05	0.15	Q
3C 273	3EG J1229+0210	12 29 30	+02 00 30	3.0×10^{-7}	5×10^{-8}	>100		Q
3C 279	QSO 1253−055	12 56 35	−05 49 50	2.8×10^{-6}	4×10^{-7}	>100		Q
Cen A	3EG J1324−4314	13 25 53	−43 03 28			1.0	3.0	Q
IC 4329A	1H 1345−300	13 49 45	−30 20 48	5.98×10^{-4}	3.70×10^{-5}	0.05	0.15	Q
QSO 1406−076	3EG J1409−0745	14 09 21	−07 54 19	1.15×10^{-6}	1.20×10^{-7}	>30		Q
2CG 311−01	3EG J1410−6147	14 11 28	−62 13 29	9.05×10^{-7}	1.34×10^{-7}	>100		U
NGC 5548	H 1415+253	14 18 20	+25 05 43	3.78×10^{-4}	7.40×10^{-5}	0.05	0.15	Q
H 1426+428	RGB J1428+426	14 28 50	+42 38 25	2.04×10^{-11}	3.5×10^{-12}	>280000		Q
QSO 1424−418	3EG J1429−4217	14 29 45	−42 25 58	2.95×10^{-7}	7.4×10^{-8}	>100		Q
SN 1006	H 1506−42	15 02 50	−41 55 44	4.60×10^{-12}	0	>1700000		R
PSR 1509−58		15 14 31	−59 10 03	9.41×10^{-4}	4.80×10^{-5}	0.05	5	P
QSO 1611+343	3EG J1614+3424	16 13 57	+34 11 29	4.06×10^{-7}	7.70×10^{-8}	100	10000	Q
QSO 1622−253	3EG J1626−2519	16 26 14	−25 28 36	4.34×10^{-7}	6.7×10^{-8}	>100		Q
PKS 1622−297	3EG J1625−2955	16 26 35	−29 52 35	1.70×10^{-5}	3.0×10^{-6}	>100		Q
QSO 1633+382	3EG J1635+3813	16 35 30	+38 06 54	9.6×10^{-7}	8×10^{-8}	>100		Q
MRK 501	H 1652+398	16 54 07	+39 44 52	8.10×10^{-12}	1.40×10^{-12}	>300000		Q
Her X−1	4U 1656+35	16 58 06	+35 19 44			0.03	0.06	T

Name	Alternate Name	Right Ascension	Declination	Flux[1]	Flux Error	E_{low}[2]	E_{high}	Type
		h m s	° ′ ″	photons cm^{-2}s^{-1}	photons cm^{-2}s^{-1}	MeV	MeV	
GX 339−4	1H 1659−487	17 03 24	−48 48 00	9.81×10^{-2}	8.20×10^{-3}	0.01	0.2	T
PSR B1706−44	3EG J1710−4439	17 10 33	−44 31 33	1.30×10^{-6}	1.20×10^{-7}	50	10000	P
G 347.3−0.5	RX J1713.7−3946	17 14 04	−39 46 14	5.3×10^{-12}	9×10^{-13}	>1800000		R
QSO 1730−130	3EG J1733−1313	17 33 27	−13 05 06	2.72×10^{-7}	4.3×10^{-8}	>100		Q
1E 1740.7−2942	Great Annihilator	17 44 31	−29 43 36	1.73×10^{-2}	1.70×10^{-3}	0.04	0.2	T
Galactic Center	3EG J1746−2851	17 45 02	−28 44 29	1.20×10^{-5}	7×10^{-7}	>100		U
3EG J1746−2851	2EG J1746−2852	17 46 31	−28 51 44	1.11×10^{-6}	9.4×10^{-8}	>100		U
2CG 359−00	2EG J1747−3039	17 48 16	−30 39 44	4.09×10^{-7}	8.1×10^{-8}	>100		U
GRO J1753+57		17 51 48	+57 10 42	5.80×10^{-4}	1.00×10^{-4}	0.75	8	U
3EG J1800−3955	PMN J1802−3940	18 01 23	−39 55 46	8.50×10^{-7}	2.02×10^{-7}	>100		Q
2CG 006−00	3EG J1800−2338	18 01 48	−23 12 35	7.00×10^{-7}	9×10^{-8}	>100		U
3EG J1806−5005	PMN J1808−5011	18 06 44	−50 05 56	6.21×10^{-7}	1.97×10^{-7}	>100		Q
3EG J1832−2110	PKS 1830−21	18 32 51	−21 10 26	2.10×10^{-7}	4.4×10^{-8}	>100		Q
3C 390.3	1H 1858+797	18 41 42	+79 46 03	2.68×10^{-4}	3.90×10^{-5}	0.05	0.15	Q
GRS 1915+105	Nova Aql 1992	19 15 32	+10 57 34	8.00×10^{-2}		0.02	0.1	T
QSO 1933−400	3EG J1935−4022	19 37 47	−39 57 09	2.04×10^{-7}	4.9×10^{-8}	>100		Q
QSO 1936−155	3EG J1937−1529	19 38 18	−15 28 22	5.50×10^{-7}	1.86×10^{-7}	>100		Q
NGC 6814	QSO 1939−104	19 43 05	−10 18 07	3.19×10^{-4}	8.30×10^{-5}	0.05	0.15	Q
PSR B1951+32	PSR J1952+3252	19 53 14	+32 53 59	1.60×10^{-7}	2×10^{-8}	>100		P
Cyg X−1	4U 1956+35	19 58 38	+35 13 14	6.64×10^{-4}	7.40×10^{-5}	0.75	2	T
1ES 1959+650	QSO B1959+650	20 00 04	+65 10 10	3.50×10^{-11}	4×10^{-12}	>1000000		Q
2CG 078+01	3EG J2020+4017	20 21 16	+40 19 26	1.27×10^{-6}	8.3×10^{-8}	>100		U
2CG 075+00	3EG J2021+3716	20 21 29	+37 17 39	8.23×10^{-7}	7.9×10^{-8}	>100		U
QSO 2022−077	3EG J2025−0744	20 26 04	−07 33 54	2.34×10^{-7}	3.9×10^{-8}	>100		Q
TEV J2032+4130		20 32 16	+41 31 33	4.5×10^{-13}	1.3×10^{-13}	>1000000		U
Cyg X−3		20 32 42	+40 59 09	8.2×10^{-7}	9×10^{-8}	>100		T
3C 454.3	3EG J2254+1601	22 54 19	+16 10 11	1.40×10^{-7}	2×10^{-8}	100	10000	Q
Cas A	1H 2321+585	23 23 32	+58 51 04	2.80×10^{-4}	6.60×10^{-5}	0.04	0.25	R
1ES 2344+514	QSO B2344+514	23 47 27	+51 44 47	6.6×10^{-11}	1.9×10^{-11}	>350000		Q

Notes to Table

[1]   integrated flux over the specified energy range if one is given; if only E_{low} is specified, the flux is the peak observed flux.

[2]   '>' indicates a lower limit energy value; no upper energy limit has been recorded.

[3]   For SN1987A, flux is only for single observed spectral line.

G   Galaxy
P   Pulsar
Q   Quasar
R   Supernova Remnant
T   Transient
U   Unknown

CONTENTS OF SECTION J

Beginning with the 1997 edition of *The Astronomical Almanac*, observatories are listed alphabetically by country and then by the name of the observatory within the country. Thus, Dominion Astrophysical Observatory is found under Canada. If you do not know the country of an observatory, you can find it in the Index List. Taking Ebro Observatory as an example, the Index List refers you to Spain where Ebro is listed.

Observatories in England, Northern Ireland, Scotland and Wales will be found under United Kingdom. Observatories in the United States will be found under the appropriate state, under United States of America (USA). Thus, the W.M. Keck Observatory is under USA, Hawaii. In the Index List it is listed under Keck, W.M. and W.M. Keck, with referrals to Hawaii (USA) in the General List.

The "Location" column in the General List gives the city or town associated with the observatory, sometimes with the name of the mountain on which the observatory is actually located. Since some institutions have observatories located outside of their native countries, the "Location" column indicates the locale of the observatory, but not necessarily the ownership by that country. In the "Observatory Name" column of the General List, observatories with radio instruments, infrared instruments, or laser instruments are designated with an 'R', 'I', or 'L', respectively.

INDEX LIST

INDEX LIST

INDEX LIST

INDEX LIST

INDEX LIST

INDEX LIST

Observatory Name		Location	East Longitude	Latitude	Height (m.s.l.)
			° ′	° ′	m
Algeria					
Alger Obs.		Bouzaréa	+ 3 02.1	+ 36 48.1	345
Argentina					
Argentine Radio Ast. Inst.	R	Villa Elisa	− 58 08.2	− 34 52.1	11
Córdoba Ast. Obs.		Córdoba	− 64 11.8	− 31 25.3	434
Córdoba Obs. Astrophys. Sta.		Bosque Alegre	− 64 32.8	− 31 35.9	1250
Dr. Carlos U. Cesco Sta.		San Juan/El Leoncito	− 69 19.8	− 31 48.1	2348
El Leoncito Ast. Complex		San Juan/El Leoncito	− 69 18.0	− 31 48.0	2552
Félix Aguilar Obs.		San Juan	− 68 37.2	− 31 30.6	700
La Plata Ast. Obs.		La Plata	− 57 55.9	− 34 54.5	17
National Obs. of Cosmic Physics		San Miguel	− 58 43.9	− 34 33.4	37
Naval Obs.		Buenos Aires	− 58 21.3	− 34 37.3	6
Armenia					
Byurakan Astrophysical Obs.	R	Yerevan/Mt. Aragatz	+ 44 17.5	+ 40 20.1	1500
Australia					
Anglo-Australian Obs.	I	Coonabarabran/Siding Spring, N.S.W.	+ 149 04.0	− 31 16.6	1164
Australian Natl. Radio Ast. Obs.	R	Parkes, New South Wales	+ 148 15.7	− 33 00.0	392
Australia Tel. Natl. Facility	R	Culgoora, New South Wales	+ 149 33.7	− 30 18.9	217
Deep Space Sta.	R	Tidbinbilla, Austl. Cap. Ter.	+ 148 58.8	− 35 24.1	656
Fleurs Radio Obs.	R	Kemps Creek, New South Wales	+ 150 46.5	− 33 51.8	45
Molonglo Radio Obs.	R	Hoskinstown, New South Wales	+ 149 25.4	− 35 22.3	732
Mount Pleasant Radio Ast. Obs.	R	Hobart, Tasmania	+ 147 26.4	− 42 48.3	43
Mount Stromlo Obs.		Canberra/Mt. Stromlo, Austl. Cap. Ter.	+ 149 00.5	− 35 19.2	767
Perth Obs.		Bickley, Western Australia	+ 116 08.1	− 32 00.5	391
Riverview College Obs.		Lane Cove, New South Wales	+ 151 09.5	− 33 49.8	25
Siding Spring Obs.		Coonabarabran/Siding Spring, N.S.W.	+ 149 03.7	− 31 16.4	1149
Austria					
Kanzelhöhe Solar Obs.		Klagenfurt/Kanzelhöhe	+ 13 54.4	+ 46 40.7	1526
Kuffner Obs.		Vienna	+ 16 17.8	+ 48 12.8	302
L. Figl Astrophysical Obs.		St. Corona at Schöpfl	+ 15 55.4	+ 48 05.0	890
Lustbühel Obs.		Graz	+ 15 29.7	+ 47 03.9	480
Univ. of Graz Obs.		Graz	+ 15 27.1	+ 47 04.7	375
Urania Obs.		Vienna	+ 16 23.1	+ 48 12.7	193
Vienna Univ. Obs.		Vienna	+ 16 20.2	+ 48 13.9	241
Belgium					
Ast. and Astrophys. Inst.		Brussels	+ 4 23.0	+ 50 48.8	147
Cointe Obs.		Liège	+ 5 33.9	+ 50 37.1	127
Royal Obs. of Belgium	R	Uccle	+ 4 21.5	+ 50 47.9	105
Royal Obs. Radio Ast. Sta.	R	Humain	+ 5 15.3	+ 50 11.5	293
Brazil					
Abrahão de Moraes Obs.	R	Valinhos	− 46 58.0	− 23 00.1	850
Antares Ast. Obs.		Feira de Santana	− 38 57.9	− 12 15.4	256
Itapetinga Radio Obs.	R	Atibaia	− 46 33.5	− 23 11.1	806
Morro Santana Obs.		Porto Alegre	− 51 07.6	− 30 03.2	300
National Obs.		Rio de Janeiro	− 43 13.4	− 22 53.7	33
Pico dos Dias Obs.		Itajubá/Pico dos Dias	− 45 35.0	− 22 32.1	1870
Piedade Obs.		Belo Horizonte	− 43 30.7	− 19 49.3	1746
Valongo Obs.		Rio de Janeiro/Mt. Valongo	− 43 11.2	− 22 53.9	52
Bulgaria					
Belogradchik Ast. Obs.		Belogradchik	+ 22 40.5	+ 43 37.4	650
Rozhen National Ast. Obs.		Rozhen	+ 24 44.6	+ 41 41.6	1759

Observatory Name		Location	East Longitude	Latitude	Height (m.s.l.)
			° ′	° ′	m
Canada					
Algonquin Radio Obs.	R	Lake Traverse, Ontario	− 78 04.4	+ 45 57.3	260
Climenhaga Obs.		Victoria, British Columbia	− 123 18.5	+ 48 27.8	74
David Dunlap Obs.		Richmond Hill, Ontario	− 79 25.3	+ 43 51.8	244
Devon Ast. Obs.		Devon, Alberta	− 113 45.5	+ 53 23.4	708
Dominion Astrophysical Obs.		Victoria, British Columbia	− 123 25.0	+ 48 31.2	238
Dominion Radio Astrophys. Obs.	R	Penticton, British Columbia	− 119 37.2	+ 49 19.2	545
Elginfield Obs.		London, Ontario	− 81 18.9	+ 43 11.5	323
Mont Mégantic Ast. Obs.		Mégantic/Mont Mégantic, Quebec	− 71 09.2	+ 45 27.3	1114
Ottawa River Solar Obs.		Ottawa, Ontario	− 75 53.6	+ 45 23.2	58
Rothney Astrophysical Obs.	I	Priddis, Alberta	− 114 17.3	+ 50 52.1	1272
Chile					
Cerro Calán National Ast. Obs.		Santiago/Cerro Calán	− 70 32.8	− 33 23.8	860
Cerro El Roble Ast. Obs.		Santiago/Cerro El Roble	− 71 01.2	− 32 58.9	2220
Cerro Tololo Inter-Amer. Obs.	R,I	La Serena/Cerro Tololo	− 70 48.9	− 30 09.9	2215
European Southern Obs.	R	La Serena/Cerro La Silla	− 70 43.8	− 29 15.4	2347
Gemini South Obs.		La Serena/Cerro Pachón	− 70 43.4	− 30 13.7	2725
Las Campanas Obs.		Vallenar/Cerro Las Campanas	− 70 42.0	− 29 00.5	2282
Maipu Radio Ast. Obs.	R	Maipu	− 70 51.5	− 33 30.1	446
Manuel Foster Astrophys. Obs.		Santiago/Cerro San Cristobal	− 70 37.8	− 33 25.1	840
Paranal Obs.		Antofagasta/Cerro Paranal	− 70 24.2	− 24 37.5	2635
China, People's Republic of					
Beijing Normal Univ. Obs.	R	Beijing	+ 116 21.6	+ 39 57.4	70
Beijing Obs. Sta.	R	Miyun	+ 116 45.9	+ 40 33.4	160
Beijing Obs. Sta.	R,L	Shahe	+ 116 19.7	+ 40 06.1	40
Beijing Obs. Sta.		Tianjing	+ 117 03.5	+ 39 08.0	5
Beijing Obs. Sta.	I	Xinglong	+ 117 34.5	+ 40 23.7	870
Purple Mountain Obs.	R	Nanjing/Purple Mtn.	+ 118 49.3	+ 32 04.0	267
Shaanxi Ast. Obs.	R	Lintong	+ 109 33.1	+ 34 56.7	468
Shanghai Obs. Sta.	R,L	Sheshan	+ 121 11.2	+ 31 05.8	100
Shanghai Obs. Sta.	R	Urumqui	+ 87 10.7	+ 43 28.3	2080
Shanghai Obs. Sta.	R	Xujiahui	+ 121 25.6	+ 31 11.4	5
Wuchang Time Obs.	L	Wuhan	+ 114 20.7	+ 30 32.5	28
Yunnan Obs.	R	Kunming	+ 102 47.3	+ 25 01.5	1940
Colombia					
National Ast. Obs.		Bogotá	− 74 04.9	+ 4 35.9	2640
Croatia, Republic of					
Geodetical Faculty Obs.		Zagreb	+ 16 01.3	+ 45 49.5	146
Hvar Obs.		Hvar	+ 16 26.9	+ 43 10.7	238
Czech Republic					
Charles Univ. Ast. Inst.		Prague	+ 14 23.7	+ 50 04.6	267
Nicholas Copernicus Obs.		Brno	+ 16 35.0	+ 49 12.2	304
Ondřejov Obs.	R	Ondřejov	+ 14 47.0	+ 49 54.6	533
Prostějov Obs.		Prostějov	+ 17 09.8	+ 49 29.2	225
Valašské Meziříčí Obs.		Valašské Meziříčí	+ 17 58.5	+ 49 27.8	338
Denmark					
Copenhagen Univ. Obs.		Brorfelde	+ 11 40.0	+ 55 37.5	90
Copenhagen Univ. Obs.		Copenhagen	+ 12 34.6	+ 55 41.2	——
Ole Rømer Obs.		Århus	+ 10 11.8	+ 56 07.7	50

Observatory Name		Location	East Longitude	Latitude	Height (m.s.l.)
			° ′	° ′	m
Ecuador					
Quito Ast. Obs.		Quito	− 78 29.9	− 0 13.0	2818
Egypt					
Helwân Obs.		Helwân	+ 31 22.8	+ 29 51.5	116
Kottamia Obs.		Kottamia	+ 31 49.5	+ 29 55.9	476
Estonia					
Wilhelm Struve Astrophys. Obs.		Tartu	+ 26 28.0	+ 58 16.0	——
Finland					
European Incoh. Scatter Facility	R	Sodankylä	+ 26 37.6	+ 67 21.8	197
Metsähovi Obs.		Kirkkonummi	+ 24 23.8	+ 60 13.2	60
Metsähovi Obs. Radio Rsch. Sta.	R	Kirkkonummi	+ 24 23.6	+ 60 13.1	61
Tuorla Obs.		Piikkiö	+ 22 26.8	+ 60 25.0	40
Univ. of Helsinki Obs.		Helsinki	+ 24 57.3	+ 60 09.7	33
France					
Besançon Obs.		Besançon	+ 5 59.2	+ 47 15.0	312
Bordeaux Univ. Obs.	R	Floirac	− 0 31.7	+ 44 50.1	73
Côte d'Azur Obs.		Nice/Mont Gros	+ 7 18.1	+ 43 43.4	372
Côte d'Azur Obs. Calern Sta.	I,L	St. Vallier-de-Thiey	+ 6 55.6	+ 43 44.9	1270
Grenoble Obs.	R	Gap/Plateau de Bure	+ 5 54.5	+ 44 38.0	2552
Lyon Univ. Obs.		St. Genis Laval	+ 4 47.1	+ 45 41.7	299
Meudon Obs.		Meudon	+ 2 13.9	+ 48 48.3	162
Millimeter Radio Ast. Inst.	R	Gap/Plateau de Bure	+ 5 54.4	+ 44 38.0	2552
Obs. of Haute-Provence		Forcalquier/St. Michel	+ 5 42.8	+ 43 55.9	665
Paris Obs.		Paris	+ 2 20.2	+ 48 50.2	67
Paris Obs. Radio Ast. Sta.	R	Nançay	+ 2 11.8	+ 47 22.8	150
Pic du Midi Obs.		Bagnères-de-Bigorre	+ 0 08.7	+ 42 56.2	2861
Strasbourg Obs.		Strasbourg	+ 7 46.2	+ 48 35.0	142
Toulouse Univ. Obs.		Toulouse	+ 1 27.8	+ 43 36.7	195
Georgia					
Abastumani Astrophysical Obs.	R	Abastumani/Mt. Kanobili	+ 42 49.3	+ 41 45.3	1583
Germany					
Archenhold Obs.		Berlin	+ 13 28.7	+ 52 29.2	41
Bochum Obs.		Bochum	+ 7 13.4	+ 51 27.9	132
Central Inst. for Earth Physics		Potsdam	+ 13 04.0	+ 52 22.9	91
Einstein Tower Solar Obs.	R	Potsdam	+ 13 03.9	+ 52 22.8	100
Friedrich Schiller Univ. Obs.		Jena	+ 11 29.2	+ 50 55.8	356
Göttingen Univ. Obs.		Göttingen	+ 9 56.6	+ 51 31.8	159
Hamburg Obs.		Bergedorf	+ 10 14.5	+ 53 28.9	45
Hoher List Obs.		Daun/Hoher List	+ 6 51.0	+ 50 09.8	533
Inst. of Geodesy Ast. Obs.		Hannover	+ 9 42.8	+ 52 23.3	71
Karl Schwarzschild Obs.		Tautenburg	+ 11 42.8	+ 50 58.9	331
Lohrmann Obs.		Dresden	+ 13 52.3	+ 51 03.0	324
Max Planck Inst. for Radio Ast.	R	Effelsberg	+ 6 53.1	+ 50 31.6	369
Munich Univ. Obs.		Munich	+ 11 36.5	+ 48 08.7	529
Potsdam Astrophysical Obs.		Potsdam	+ 13 04.0	+ 52 22.9	107
Remeis Obs.		Bamberg	+ 10 53.4	+ 49 53.1	288
Schauinsland Obs.		Freiburg/Schauinsland Mtn.	+ 7 54.4	+ 47 54.9	1240
Sonneberg Obs.		Sonneberg	+ 11 11.5	+ 50 22.7	640

Observatory Name		Location	East Longitude	Latitude	Height (m.s.l.)
			° ′	° ′	m
Germany, cont.					
State Obs.		Heidelberg/Königstuhl	+ 8 43.3	+ 49 23.9	570
Stockert Radio Obs.	R	Eschweiler	+ 6 43.4	+ 50 34.2	435
Stuttgart Obs.		Welzheim	+ 9 35.8	+ 48 52.5	547
Swabian Obs.		Stuttgart	+ 9 11.8	+ 48 47.0	354
Tremsdorf Radio Ast. Obs.	R	Tremsdorf	+ 13 08.2	+ 52 17.1	35
Tübingen Univ. Ast. Obs.		Tübingen	+ 9 03.5	+ 48 32.3	470
Wendelstein Solar Obs.		Brannenburg	+ 12 00.8	+ 47 42.5	1838
Wilhelm Foerster Obs.		Berlin	+ 13 21.2	+ 52 27.5	78
Greece					
Kryonerion Ast. Obs.		Kiáton/Mt. Killini	+ 22 37.3	+ 37 58.4	905
National Obs. of Athens		Athens	+ 23 43.2	+ 37 58.4	110
National Obs. Sta.	R	Pentele	+ 23 51.8	+ 38 02.9	509
Stephanion Obs.		Stephanion	+ 22 49.7	+ 37 45.3	800
Univ. of Thessaloníki Obs.		Thessaloníki	+ 22 57.5	+ 40 37.0	28
Greenland					
Incoherent Scatter Facility	R	Søndre Strømfjord	− 50 57.0	+ 66 59.2	180
Hungary					
Heliophysical Obs.		Debrecen	+ 21 37.4	+ 47 33.6	132
Heliophysical Obs. Sta.		Gyula	+ 21 16.2	+ 46 39.2	135
Konkoly Obs.		Budapest	+ 18 57.9	+ 47 30.0	474
Konkoly Obs. Sta.		Piszkéstetö	+ 19 53.7	+ 47 55.1	958
Urania Obs.		Budapest	+ 19 03.9	+ 47 29.1	166
India					
Gauribidanur Radio Obs.	R	Gauribidanur	+ 77 26.1	+ 13 36.2	686
Gurushikhar Infrared Obs.	I	Abu	+ 72 46.8	+ 24 39.1	1700
Indian Ast. Obs.		Hanle/Mt. Saraswati	+ 78 57.9	+ 32 46.8	4467
Japal-Rangapur Obs.	R	Japal	+ 78 43.7	+ 17 05.9	695
Kodaikanal Solar Obs.		Kodaikanal	+ 77 28.1	+ 10 13.8	2343
National Centre for Radio Aph.		Khodad	+ 74 03.0	+ 19 06.0	650
Nizamiah Obs.		Hyderabad	+ 78 27.2	+ 17 25.9	554
Radio Ast. Center	R	Udhagamandalam (Ooty)	+ 76 40.0	+ 11 22.9	2150
Uttar Pradesh State Obs.		Naini Tal/Manora Peak	+ 79 27.4	+ 29 21.7	1927
Vainu Bappu Obs.		Kavalur	+ 78 49.6	+ 12 34.6	725
Indonesia					
Bosscha Obs.		Lembang (Java)	+ 107 37.0	− 6 49.5	1300
Ireland					
Dunsink Obs.		Castleknock	− 6 20.2	+ 53 23.3	85
Israel					
Florence and George Wise Obs.		Mitzpe Ramon/Mt. Zin	+ 34 45.8	+ 30 35.8	874
Italy					
Arcetri Astrophysical Obs.		Arcetri	+ 11 15.3	+ 43 45.2	184
Asiago Astrophysical Obs.		Asiago	+ 11 31.7	+ 45 51.7	1045
Bologna Univ. Obs.		Loiano	+ 11 20.2	+ 44 15.5	785
Brera-Milan Ast. Obs.		Merate	+ 9 25.7	+ 45 42.0	340
Brera-Milan Ast. Obs.		Milan	+ 9 11.5	+ 45 28.0	146

Observatory Name		Location	East Longitude	Latitude	Height (m.s.l.)
			° ′	° ′	m
Italy, cont.					
Cagliari Ast. Obs.	L	Capoterra	+ 8 58.6	+ 39 08.2	205
Capodimonte Ast. Obs.		Naples	+ 14 15.3	+ 40 51.8	150
Catania Astrophysical Obs.		Catania	+ 15 05.2	+ 37 30.2	47
Catania Obs. Stellar Sta.		Catania/Serra la Nave	+ 14 58.4	+ 37 41.5	1735
Chaonis Obs.		Chions	+ 12 42.7	+ 45 50.6	15
Collurania Ast. Obs.		Teramo	+ 13 44.0	+ 42 39.5	388
Damecuta Obs.		Anacapri	+ 14 11.8	+ 40 33.5	137
International Latitude Obs.		Carloforte	+ 8 18.7	+ 39 08.2	22
Medicina Radio Ast. Sta.	R	Medicina	+ 11 38.7	+ 44 31.2	44
Mount Ekar Obs.		Asiago/Mt. Ekar	+ 11 34.3	+ 45 50.6	1350
Padua Ast. Obs.		Padua	+ 11 52.3	+ 45 24.0	38
Palermo Univ. Ast. Obs.		Palermo	+ 13 21.5	+ 38 06.7	72
Rome Obs.		Rome/Monte Mario	+ 12 27.1	+ 41 55.3	152
San Vittore Obs.		Bologna	+ 11 20.5	+ 44 28.1	280
Trieste Ast. Obs.	R	Trieste	+ 13 52.5	+ 45 38.5	400
Turin Ast. Obs.		Pino Torinese	+ 7 46.5	+ 45 02.3	622
Japan					
Dodaira Obs.	L	Tokyo/Mt. Dodaira	+ 139 11.8	+ 36 00.2	879
Hida Obs.		Kamitakara	+ 137 18.5	+ 36 14.9	1276
Hiraiso Solar Terr. Rsch. Center	R	Nakaminato	+ 140 37.5	+ 36 22.0	27
Kagoshima Space Center	R	Uchinoura	+ 131 04.0	+ 31 13.7	228
Kashima Space Reseach Center	R	Kashima	+ 140 39.8	+ 35 57.3	32
Kiso Obs.		Kiso	+ 137 37.7	+ 35 47.6	1130
Kwasan Obs.		Kyoto	+ 135 47.6	+ 34 59.7	221
Kyoto Univ. Ast. Dept. Obs.		Kyoto	+ 135 47.2	+ 35 01.7	86
Kyoto Univ. Physics Dept. Obs.		Kyoto	+ 135 47.2	+ 35 01.7	80
Mizusawa Astrogeodynamics Obs.		Mizusawa	+ 141 07.9	+ 39 08.1	61
Nagoya Univ. Fujigane Sta.	R	Kamiku Isshiki	+ 138 36.7	+ 35 25.6	1015
Nagoya Univ. Radio Ast. Lab.	R	Nagoya	+ 136 58.4	+ 35 08.9	75
Nagoya Univ. Sugadaira Sta.	R	Toyokawa	+ 138 19.3	+ 36 31.2	1280
Nagoya Univ. Toyokawa Sta.	R	Toyokawa	+ 137 22.2	+ 34 50.1	25
National Ast. Obs.	R	Mitaka	+ 139 32.5	+ 35 40.3	58
Nobeyama Cosmic Radio Obs.	R	Nobeyama	+ 138 29.0	+ 35 56.0	1350
Nobeyama Solar Radio Obs.	R	Nobeyama	+ 138 28.8	+ 35 56.3	1350
Norikura Solar Obs.	I	Matsumoto/Mt. Norikura	+ 137 33.3	+ 36 06.8	2876
Okayama Astrophysical Obs.		Kurashiki/Mt. Chikurin	+ 133 35.8	+ 34 34.4	372
Sendai Ast. Obs.		Sendai	+ 140 51.9	+ 38 15.4	45
Simosato Hydrographic Obs.	R,L	Simosato	+ 135 56.4	+ 33 34.5	63
Sirahama Hydrographic Obs.		Sirahama	+ 138 59.3	+ 34 42.8	172
Tohoku Univ. Obs.		Sendai	+ 140 50.6	+ 38 15.4	153
Tokyo Hydrographic Obs.		Tokyo	+ 139 46.2	+ 35 39.7	41
Toyokawa Obs.	R	Toyokawa	+ 137 22.3	+ 34 50.2	18
Kazakhstan					
Mountain Obs.		Alma-Ata	+ 76 57.4	+ 43 11.3	1450
Korea, Republic of					
Bohyunsan Optical Ast. Obs.		Youngchun/Mt. Bohyun	+ 128 58.6	+ 36 10.0	1127
Daeduk Radio Ast. Obs.	R	Taejeon	+ 127 22.3	+ 36 23.9	120
Korea Ast. Obs.		Taejeon	+ 127 22.3	+ 36 23.9	120
Sobaeksan Ast. Obs.		Danyang	+ 128 27.4	+ 36 56.0	1390

Observatory Name		Location	East Longitude	Latitude	Height (m.s.l.)
			° ′	° ′	m
Latvia					
Latvian State Univ. Ast. Obs.	L	Riga	+ 24 07.0	+ 56 57.1	39
Riga Radio-Astrophysical Obs.	R	Riga	+ 24 24.0	+ 56 47.0	75
Lithuania					
Moletai Ast. Obs.		Moletai	+ 25 33.8	+ 55 19.0	220
Vilnius Ast. Obs.		Vilnius	+ 25 17.2	+ 54 41.0	122
Mexico					
Guillermo Haro Astrophys. Obs.		Cananea/La Mariquita Mtn.	− 110 23.0	+ 31 03.2	2480
National Ast. Obs.		San Felipe (Baja)	− 115 27.8	+ 31 02.6	2830
National Ast. Obs.	R	Tonantzintla	− 98 18.8	+ 19 02.0	2150
Netherlands					
Catholic Univ. Ast. Inst.		Nijmegen	+ 5 52.1	+ 51 49.5	62
Dwingeloo Radio Obs.	R	Dwingeloo	+ 6 23.8	+ 52 48.8	25
Kapteyn Obs.		Roden	+ 6 26.6	+ 53 07.7	12
Leiden Obs.		Leiden	+ 4 29.1	+ 52 09.3	12
Simon Stevin Obs.	R	Hoeven	+ 4 33.8	+ 51 34.0	9
Sonnenborgh Obs.		Utrecht	+ 5 07.8	+ 52 05.2	14
Westerbork Radio Ast. Obs.	R	Westerbork	+ 6 36.3	+ 52 55.0	16
New Zealand					
Auckland Obs.		Auckland	+ 174 46.7	− 36 54.4	80
Carter Obs.		Wellington	+ 174 46.0	− 41 17.2	129
Carter Obs. Sta.		Blenheim/Black Birch	+ 173 48.2	− 41 44.9	1396
Mount John Univ. Obs.		Lake Tekapo/Mt. John	+ 170 27.9	− 43 59.2	1027
Norway					
European Incoh. Scatter Facility	R	Tromsø	+ 19 31.2	+ 69 35.2	85
Skibotn Ast. Obs.		Skibotn	+ 20 21.9	+ 69 20.9	157
Philippine Islands					
Manila Obs.	R	Quezon City	+ 121 04.6	+ 14 38.2	58
Pagasa Ast. Obs.		Quezon City	+ 121 04.3	+ 14 39.2	70
Poland					
Astronomical Latitude Obs.	L	Borowiec	+ 17 04.5	+ 52 16.6	80
Jagellonian Obs. Ft. Skala Sta.	R	Cracow	+ 19 49.6	+ 50 03.3	314
Jagellonian Univ. Ast. Obs.		Cracow	+ 19 57.6	+ 50 03.9	225
Mount Suhora Obs.		Koninki/Mt. Suhora	+ 20 04.0	+ 49 34.2	1000
Piwnice Ast. Obs.	R	Piwnice	+ 18 33.4	+ 53 05.7	100
Poznań Univ. Ast. Obs.	L	Poznań	+ 16 52.7	+ 52 23.8	85
Warsaw Univ. Ast. Obs.		Ostrowik	+ 21 25.2	+ 52 05.4	138
Wroclaw Univ. Ast. Obs.		Wroclaw	+ 17 05.3	+ 51 06.7	115
Wroclaw Univ. Bialkow Sta.		Wasosz	+ 16 39.6	+ 51 28.5	140
Portugal					
Coimbra Ast. Obs.		Coimbra	− 8 25.8	+ 40 12.4	99
Lisbon Ast. Obs.		Lisbon	− 9 11.2	+ 38 42.7	111
Prof. Manuel de Barros Obs.	R	Vila Nova de Gaia	− 8 35.3	+ 41 06.5	232
Puerto Rico					
Arecibo Obs.	R	Arecibo	− 66 45.2	+ 18 20.6	496

Observatory Name		Location	East Longitude	Latitude	Height (m.s.l.)
			° ′	° ′	m
Romania					
Bucharest Ast. Obs.		Bucharest	+ 26 05.8	+ 44 24.8	81
Cluj-Napoca Ast. Obs.		Cluj-Napoca	+ 23 35.9	+ 46 42.8	750
Russia					
Engelhardt Ast. Obs.		Kazan	+ 48 48.9	+ 55 50.3	98
Irkutsk Ast. Obs.		Irkutsk	+ 104 20.7	+ 52 16.7	468
Kaliningrad Univ. Obs.		Kaliningrad	+ 20 29.7	+ 54 42.8	24
Kazan Univ. Obs.		Kazan	+ 49 07.3	+ 55 47.4	79
Pulkovo Obs.	R	Pulkovo	+ 30 19.6	+ 59 46.4	75
Pulkovo Obs. Sta.		Kislovodsk/Shat Jat Mass Mtn.	+ 42 31.8	+ 43 44.0	2130
St. Petersburg Univ. Obs.		St. Petersburg	+ 30 17.7	+ 59 56.5	3
Sayan Mtns. Radiophys. Obs.		Sayan Mountains	+ 102 12.5	+ 51 45.5	832
Special Astrophysical Obs.	R	Zelenchukskaya/Pasterkhov Mtn.	+ 41 26.5	+ 43 39.2	2100
Sternberg State Ast. Inst.		Moscow	+ 37 32.7	+ 55 42.0	195
Tomsk Univ. Obs.		Tomsk	+ 84 56.8	+ 56 28.1	130
Slovakia					
Lomnický Štít Coronal Obs.		Poprad/Mt. Lomnický Štít	+ 20 13.2	+ 49 11.8	2632
Skalnaté Pleso Obs.		Poprad	+ 20 14.7	+ 49 11.3	1783
Slovak Technical Univ. Obs.		Bratislava	+ 17 07.2	+ 48 09.3	171
South Africa, Republic of					
Boyden Obs.		Mazelspoort	+ 26 24.3	− 29 02.3	1387
Hartebeeshoek Radio Ast. Obs.	R	Hartebeeshoek	+ 27 41.1	− 25 53.4	1391
Leiden Obs. Southern Sta.		Hartebeespoort	+ 27 52.6	− 25 46.4	1220
South African Ast. Obs.		Cape Town	+ 18 28.7	− 33 56.1	18
South African Ast. Obs. Sta.		Sutherland	+ 20 48.7	− 32 22.7	1771
Spain					
Deep Space Sta.	R	Cebreros	− 4 22.0	+ 40 27.3	789
Deep Space Sta.	R	Robledo	− 4 14.9	+ 40 25.8	774
Ebro Obs.	R	Roquetas	+ 0 29.6	+ 40 49.2	50
German Spanish Ast. Center		Gérgal/Calar Alto Mtn.	− 2 32.2	+ 37 13.8	2168
Millimeter Radio Ast. Inst.	R	Granada/Pico Veleta	− 3 24.0	+ 37 04.1	2870
National Ast. Obs.		Madrid	− 3 41.1	+ 40 24.6	670
National Obs. Ast. Center	R	Yebes	− 3 06.0	+ 40 31.5	914
Naval Obs.	L	San Fernando	− 6 12.2	+ 36 28.0	27
Ramon Maria Aller Obs.		Santiago de Compostela	− 8 33.6	+ 42 52.5	240
Roque de los Muchachos Obs.		La Palma Island (Canaries)	− 17 52.9	+ 28 45.6	2326
Teide Obs.	R,I	Tenerife Island (Canaries)	− 16 29.8	+ 28 17.5	2395
Sweden					
European Incoh. Scatter Facility	R	Kiruna	+ 20 26.1	+ 67 51.6	418
Kvistaberg Obs.		Bro	+ 17 36.4	+ 59 30.1	33
Lund Obs.		Lund	+ 13 11.2	+ 55 41.9	34
Lund Obs. Jävan Sta.		Björnstorp	+ 13 26.0	+ 55 37.4	145
Onsala Space Obs.	R	Onsala	+ 11 55.1	+ 57 23.6	24
Stockholm Obs.		Saltsjöbaden	+ 18 18.5	+ 59 16.3	60
Switzerland					
Arosa Astrophysical Obs.		Arosa	+ 9 40.1	+ 46 47.0	2050
Basle Univ. Ast. Inst.		Binningen	+ 7 35.0	+ 47 32.5	318
Cantonal Obs.		Neuchâtel	+ 6 57.5	+ 46 59.9	488

Observatory Name		Location	East Longitude	Latitude	Height (m.s.l.)
			° ′	° ′	m
Switzerland, cont.					
Geneva Obs.		Sauverny	+ 6 08.2	+ 46 18.4	465
Gornergrat North & South Obs.	R,I	Zermatt/Gornergrat	+ 7 47.1	+ 45 59.1	3135
High Alpine Research Obs.		Mürren/Jungfraujoch	+ 7 59.1	+ 46 32.9	3576
Swiss Federal Obs.		Zürich	+ 8 33.1	+ 47 22.6	469
Univ. of Lausanne Obs.		Chavannes-des-Bois	+ 6 08.2	+ 46 18.4	465
Zimmerwald Obs.		Zimmerwald	+ 7 27.9	+ 46 52.6	929
Tadzhikistan					
Inst. of Astrophysics		Dushanbe	+ 68 46.9	+ 38 33.7	820
Taiwan (Republic of China)					
National Central Univ. Obs.		Chung-li	+ 121 11.2	+ 24 58.2	152
Taipei Obs.		Taipei	+ 121 31.6	+ 25 04.7	31
Turkey					
Ege Univ. Obs.		Bornova	+ 27 16.5	+ 38 23.9	795
Istanbul Univ. Obs.		Istanbul	+ 28 57.9	+ 41 00.7	65
Kandilli Obs.		Istanbul	+ 29 03.7	+ 41 03.8	120
Tübitak National Obs.		Antalya/Mt. Bakirlitepe	+ 30 20.1	+ 36 49.5	2515
Univ. of Ankara Obs.	R	Ankara	+ 32 46.8	+ 39 50.6	1266
Ukraine					
Crimean Astrophysical Obs.		Partizanskoye	+ 34 01.0	+ 44 43.7	550
Crimean Astrophysical Obs.	R	Simeis	+ 34 01.0	+ 44 32.1	676
Inst. of Radio Ast.	R	Kharkov	+ 36 56.0	+ 49 38.0	150
Kharkov Univ. Ast. Obs.		Kharkov	+ 36 13.9	+ 50 00.2	138
Kiev Univ. Obs.		Kiev	+ 30 29.9	+ 50 27.2	184
Lvov Univ. Obs.		Lvov	+ 24 01.8	+ 49 50.0	330
Main Ast. Obs.		Kiev	+ 30 30.4	+ 50 21.9	188
Nikolaev Ast. Obs.		Nikolaev	+ 31 58.5	+ 46 58.3	54
Odessa Obs.		Odessa	+ 30 45.5	+ 46 28.6	60
United Kingdom					
Armagh Obs.		Armagh, Northern Ireland	− 6 38.9	+ 54 21.2	64
Cambridge Univ. Obs.		Cambridge, England	+ 0 05.7	+ 52 12.8	30
Chilbolton Obs.	R	Chilbolton, England	− 1 26.2	+ 51 08.7	92
City Obs.		Edinburgh, Scotland	− 3 10.8	+ 55 57.4	107
Godlee Obs.		Manchester, England	− 2 14.0	+ 53 28.6	77
Jodrell Bank Obs.	R	Macclesfield, England	− 2 18.4	+ 53 14.2	78
Mills Obs.		Dundee, Scotland	− 3 00.7	+ 56 27.9	152
Mullard Radio Ast. Obs.	R	Cambridge, England	+ 0 02.6	+ 52 10.2	17
Royal Obs. Edinburgh		Edinburgh, Scotland	− 3 11.0	+ 55 55.5	146
Satellite Laser Ranger Group	L	Herstmonceux, England	+ 0 20.3	+ 50 52.0	31
Univ. of Glasgow Obs.		Glasgow, Scotland	− 4 18.3	+ 55 54.1	53
Univ. of London Obs.		Mill Hill, England	− 0 14.4	+ 51 36.8	81
Univ. of St. Andrews Obs.		St. Andrews, Scotland	− 2 48.9	+ 56 20.2	30
United States of America (USA)					
Alabama					
Univ. of Alabama Obs.		Tuscaloosa	− 87 32.5	+ 33 12.6	87
Arizona					
Fred L. Whipple Obs.		Amado/Mt. Hopkins	− 110 52.6	+ 31 40.9	2344
Kitt Peak National Obs.		Tucson/Kitt Peak	− 111 36.0	+ 31 57.8	2120
Lowell Obs.		Flagstaff	− 111 39.9	+ 35 12.2	2219

Observatory Name		Location	East Longitude	Latitude	Height (m.s.l.)
			° ′	° ′	m
USA, cont.					
Arizona, cont.					
Lowell Obs. Sta.		Flagstaff/Anderson Mesa	− 111 32.2	+ 35 05.8	2200
McGraw-Hill Obs.		Tucson/Kitt Peak	− 111 37.0	+ 31 57.0	1925
MMT Obs.		Amado/Mt. Hopkins	− 110 53.1	+ 31 41.3	2608
Mount Lemmon Infrared Obs.	I	Tucson/Mt. Lemmon	− 110 47.5	+ 32 26.5	2776
National Radio Ast. Obs.	R	Tucson/Kitt Peak	− 111 36.9	+ 31 57.2	1939
Northern Arizona Univ. Obs.		Flagstaff	− 111 39.2	+ 35 11.1	2110
Steward Obs.		Tucson	− 110 56.9	+ 32 14.0	757
Steward Obs. Catalina Sta.		Tucson/Mt. Bigelow	− 110 43.9	+ 32 25.0	2510
Steward Obs. Catalina Sta.		Tucson/Mt. Lemmon	− 110 47.3	+ 32 26.6	2790
Steward Obs. Catalina Sta.		Tucson/Tumamoc Hill	− 111 00.3	+ 32 12.8	950
Steward Obs. Sta.		Tucson/Kitt Peak	− 111 36.0	+ 31 57.8	2071
Submillimeter Telescope Obs.	R	Safford/Mt. Graham	− 109 53.5	+ 32 42.1	3190
U.S. Naval Obs. Sta.		Flagstaff	− 111 44.4	+ 35 11.0	2316
Vatican Obs. Research Group	I	Safford/Mt. Graham	− 109 53.5	+ 32 42.1	3181
Warner and Swasey Obs. Sta.		Tucson/Kitt Peak	− 111 35.9	+ 31 57.6	2084
California					
Big Bear Solar Obs.		Big Bear City	− 116 54.9	+ 34 15.2	2067
Chabot Space & Science Center		Oakland	− 122 10.9	+ 37 49.1	476
Goldstone Complex	R	Fort Irwin	− 116 50.9	+ 35 23.4	1036
Griffith Obs.		Los Angeles	− 118 17.9	+ 34 07.1	357
Hat Creek Radio Ast. Obs.	R	Cassel	− 121 28.4	+ 40 49.1	1043
Leuschner Obs.		Lafayette	− 122 09.4	+ 37 55.1	304
Lick Obs.		San Jose/Mt. Hamilton	− 121 38.2	+ 37 20.6	1290
MIRA Oliver Observing Sta.		Monterey/Chews Ridge	− 121 34.2	+ 36 18.3	1525
Mount Laguna Obs.	L	Mount Laguna	− 116 25.6	+ 32 50.4	1859
Mount Wilson Obs.	R	Pasadena/Mt. Wilson	− 118 03.6	+ 34 13.0	1742
Owens Valley Radio Obs.	R	Big Pine	− 118 16.9	+ 37 13.9	1236
Palomar Obs.		Palomar Mtn.	− 116 51.8	+ 33 21.4	1706
Radio Ast. Inst.	R	Stanford	− 122 11.3	+ 37 23.9	80
San Fernando Obs.	R	San Fernando	− 118 29.5	+ 34 18.5	371
SRI Radio Ast. Obs.	R	Stanford	− 122 10.6	+ 37 24.3	168
Stanford Center for Radar Ast.	R	Palo Alto	− 122 10.7	+ 37 27.5	172
Table Mountain Obs.		Wrightwood	− 117 40.9	+ 34 22.9	2285
Colorado					
Chamberlin Obs.		Denver	− 104 57.2	+ 39 40.6	1644
Chamberlin Obs. Sta.		Bailey/Dick Mtn.	− 105 26.2	+ 39 25.6	2675
Meyer-Womble Obs.		Georgetown/Mt. Evans	− 105 38.4	+ 39 35.2	4305
Sommers-Bausch Obs.		Boulder	− 105 15.8	+ 40 00.2	1653
Tiara Obs.		South Park	− 105 31.0	+ 38 58.2	2679
U.S. Air Force Academy Obs.		Colorado Springs	− 104 52.5	+ 39 00.4	2187
Connecticut					
John J. McCarthy Obs.		New Milford	− 73 25.6	+ 41 31.6	79
Van Vleck Obs.		Middletown	− 72 39.6	+ 41 33.3	65
Western Conn. State Univ. Obs.		Danbury	− 73 26.7	+ 41 24.0	128
Delaware					
Mount Cuba Ast. Obs.		Greenville	− 75 38.0	+ 39 47.1	92
District of Columbia					
Naval Rsch. Lab. Radio Ast. Obs.	R	Washington	− 77 01.6	+ 38 49.3	30
U.S. Naval Obs.		Washington	− 77 04.0	+ 38 55.3	92
Florida					
Brevard Community College Obs.		Cocoa	− 80 45.7	+ 28 23.1	17
Rosemary Hill Obs.		Bronson	− 82 35.2	+ 29 24.0	44
Univ. of Florida Radio Obs.	R	Old Town	− 83 02.1	+ 29 31.7	8

Observatory Name		Location	East Longitude	Latitude	Height (m.s.l.)
			° ′	° ′	m
USA, cont.					
Georgia					
Bradley Obs.		Decatur	− 84 17.6	+ 33 45.9	316
Fernbank Obs.		Atlanta	− 84 19.1	+ 33 46.7	320
Hard Labor Creek Obs.		Rutledge	− 83 35.6	+ 33 40.2	223
Hawaii					
Caltech Submillimeter Obs.	R	Hilo/Mauna Kea, Hawaii	− 155 28.5	+ 19 49.3	4072
Canada-France-Hawaii Tel. Corp.	I	Hilo/Mauna Kea, Hawaii	− 155 28.1	+ 19 49.5	4204
C.E.K. Mees Solar Obs.		Kahului/Haleakala, Maui	− 156 15.4	+ 20 42.4	3054
Gemini North Obs.		Hilo/Mauna Kea, Hawaii	− 155 28.1	+ 19 49.4	4213
Joint Astronomy Centre	R,I	Hilo/Mauna Kea, Hawaii	− 155 28.2	+ 19 49.3	4198
LURE Obs.	L	Kahului/Haleakala, Maui	− 156 15.5	+ 20 42.6	3049
Mauna Kea Obs.	I	Hilo/Mauna Kea, Hawaii	− 155 28.2	+ 19 49.4	4214
Subaru Tel.		Hilo/Mauna Kea, Hawaii	− 155 28.6	+ 19 49.5	4163
W.M. Keck Obs.		Hilo/Mauna Kea, Hawaii	− 155 28.5	+ 19 49.6	4160
Illinois					
Dearborn Obs.		Evanston	− 87 40.5	+ 42 03.4	195
Indiana					
Goethe Link Obs.		Brooklyn	− 86 23.7	+ 39 33.0	300
Iowa					
Erwin W. Fick Obs.		Boone	− 93 56.5	+ 42 00.3	332
Grant O. Gale Obs.		Grinnell	− 92 43.2	+ 41 45.4	318
North Liberty Radio Obs.	R	North Liberty	− 91 34.5	+ 41 46.3	241
Univ. of Iowa Obs.		Riverside	− 91 33.6	+ 41 30.9	221
Kansas					
Clyde W. Tombaugh Obs.		Lawrence	− 95 15.0	+ 38 57.6	323
Zenas Crane Obs.		Topeka	− 95 41.8	+ 39 02.2	306
Kentucky					
Moore Obs.		Brownsboro	− 85 31.8	+ 38 20.1	216
Maryland					
GSFC Optical Test Site		Greenbelt	− 76 49.6	+ 39 01.3	53
Maryland Point Obs.	R	Riverside	− 77 13.9	+ 38 22.4	20
Univ. of Maryland Obs.	R	College Park	− 76 57.4	+ 39 00.1	53
Massachusetts					
Five College Radio Ast. Obs.	R	New Salem	− 72 20.7	+ 42 23.5	314
George R. Wallace Jr. Aph. Obs.		Westford	− 71 29.1	+ 42 36.6	107
Harvard-Smithsonian Ctr. for Aph.	R	Cambridge	− 71 07.8	+ 42 22.8	24
Haystack Obs.	R	Westford	− 71 29.3	+ 42 37.4	146
Hopkins Obs.	R	Williamstown	− 73 12.1	+ 42 42.7	215
Maria Mitchell Obs.		Nantucket	− 70 06.3	+ 41 16.8	20
Millstone Hill Atm. Sci. Fac.	R	Westford	− 71 29.7	+ 42 36.6	146
Millstone Hill Radar Obs.	R	Westford	− 71 29.5	+ 42 37.0	156
Oak Ridge Obs.	R	Harvard	− 71 33.5	+ 42 30.3	185
Sagamore Hill Radio Obs.	R	Hamilton	− 70 49.3	+ 42 37.9	53
The Clay Center		Brookline	− 71 08.0	+ 42 20.0	47
Westford Antenna Facility	R	Westford	− 71 29.7	+ 42 36.8	115
Whitin Obs.		Wellesley	− 71 18.2	+ 42 17.7	32
Michigan					
Brooks Obs.		Mount Pleasant	− 84 46.5	+ 43 35.3	258
Michigan State Univ. Obs.		East Lansing	− 84 29.0	+ 42 42.4	274
Univ. of Mich. Radio Ast. Obs.	R	Dexter	− 83 56.2	+ 42 23.9	345
Minnesota					
O'Brien Obs.		Marine-on-St. Croix	− 92 46.6	+ 45 10.9	308
Missouri					
Morrison Obs.		Fayette	− 92 41.8	+ 39 09.1	228

Observatory Name		Location	East Longitude	Latitude	Height (m.s.l.)
			° ′	° ′	m
USA, cont.					
Nebraska					
Behlen Obs.		Mead	− 96 26.8	+ 41 10.3	362
Nevada					
MacLean Obs.		Incline Village	− 119 55.7	+ 39 17.7	2546
New Hampshire					
Shattuck Obs.		Hanover	− 72 17.0	+ 43 42.3	183
New Jersey					
Crawford Hill Obs.	R	Holmdel	− 74 11.2	+ 40 23.5	114
FitzRandolph Obs.		Princeton	− 74 38.8	+ 40 20.7	43
New Mexico					
Apache Point Obs.		Sunspot	− 105 49.2	+ 32 46.8	2781
Capilla Peak Obs.		Albuquerque/Capilla Peak	− 106 24.3	+ 34 41.8	2842
Corralitos Obs.		Las Cruces	− 107 02.6	+ 32 22.8	1453
Joint Obs. for Cometary Research		Socorro/South Baldy Peak	− 107 11.3	+ 33 59.1	3235
National Radio Ast. Obs.	R	Socorro	− 107 37.1	+ 34 04.7	2124
National Solar Obs.		Sunspot	− 105 49.2	+ 32 47.2	2811
New Mexico State Univ. Obs. Sta.		Las Cruces/Blue Mesa	− 107 09.9	+ 32 29.5	2025
New Mexico State Univ. Obs. Sta.		Las Cruces/Tortugas Mtn.	− 106 41.8	+ 32 17.6	1505
New York					
C.E. Kenneth Mees Obs.		Bristol Springs	− 77 24.5	+ 42 42.0	701
Hartung-Boothroyd Obs.		Ithaca	− 76 23.1	+ 42 27.5	534
Rutherfurd Obs.		New York	− 73 57.5	+ 40 48.6	25
Syracuse Univ. Obs.		Syracuse	− 76 08.3	+ 43 02.2	160
North Carolina					
Dark Sky Obs.		Boone	− 81 24.7	+ 36 15.1	926
Morehead Obs.		Chapel Hill	− 79 03.0	+ 35 54.8	161
Pisgah Ast. Rsch. Inst. (PARI)		Rosman	− 82 52.3	+ 35 12.0	892
Three College Obs.		Saxapahaw	− 79 24.4	+ 35 56.7	183
Ohio					
Cincinnati Obs.		Cincinnati	− 84 25.4	+ 39 08.3	247
Nassau Ast. Obs.		Montville	− 81 04.5	+ 41 35.5	390
Perkins Obs.		Delaware	− 83 03.3	+ 40 15.1	280
Ritter Obs.		Toledo	− 83 36.8	+ 41 39.7	201
Pennsylvania					
Allegheny Obs.		Pittsburgh	− 80 01.3	+ 40 29.0	380
Black Moshannon Obs.		State College/Rattlesnake Mtn.	− 78 00.3	+ 40 55.3	738
Bucknell Univ. Obs.		Lewisburg	− 76 52.9	+ 40 57.1	170
Flower and Cook Obs.		Malvern	− 75 29.6	+ 40 00.0	155
Kutztown Univ. Obs.		Kutztown	− 75 47.1	+ 40 30.9	158
Sproul Obs.		Swarthmore	− 75 21.4	+ 39 54.3	63
Strawbridge Obs.	R	Haverford	− 75 18.2	+ 40 00.7	116
The Franklin Inst. Obs.		Philadelphia	− 75 10.4	+ 39 57.5	30
Villanova Univ. Obs.	R	Villanova	− 75 20.5	+ 40 02.4	——
Rhode Island					
Ladd Obs.		Providence	− 71 24.0	+ 41 50.3	69
South Carolina					
Melton Memorial Obs.		Columbia	− 81 01.6	+ 33 59.8	98
Univ. of S.C. Radio Obs.	R	Columbia	− 81 01.9	+ 33 59.8	127
Tennessee					
Arthur J. Dyer Obs.		Nashville	− 86 48.3	+ 36 03.1	345
Texas					
George R. Agassiz Sta.	R	Fort Davis	− 103 56.8	+ 30 38.1	1603
McDonald Obs.	L	Fort Davis/Mt. Locke	− 104 01.3	+ 30 40.3	2075
Millimeter Wave Obs.	R	Fort Davis/Mt. Locke	− 104 01.7	+ 30 40.3	2031

Observatory Name		Location	East Longitude	Latitude	Height (m.s.l.)
			° ′	° ′	m
USA, cont.					
Virginia					
Leander McCormick Obs.		Charlottesville	− 78 31.4	+ 38 02.0	264
Leander McCormick Obs. Sta.		Charlottesville/Fan Mtn.	− 78 41.6	+ 37 52.7	566
Washington					
Manastash Ridge Obs.		Ellensburg/Manastash Ridge	− 120 43.4	+ 46 57.1	1198
West Virginia					
National Radio Ast. Obs.	R	Green Bank	− 79 50.5	+ 38 25.8	836
Naval Research Lab. Radio Sta.	R	Sugar Grove	− 79 16.4	+ 38 31.2	705
Wisconsin					
Pine Bluff Obs.		Pine Bluff	− 89 41.1	+ 43 04.7	366
Thompson Obs.		Beloit	− 89 01.9	+ 42 30.3	255
Washburn Obs.		Madison	− 89 24.5	+ 43 04.6	292
Yerkes Obs.		Williams Bay	− 88 33.4	+ 42 34.2	334
Wyoming					
Wyoming Infrared Obs.	I	Jelm/Jelm Mtn.	− 105 58.6	+ 41 05.9	2943
Uruguay					
Los Molinos Ast. Obs.		Montevideo	− 56 11.4	− 34 45.3	110
Montevideo Obs.		Montevideo	− 56 12.8	− 34 54.6	24
Uzbekistan					
Maidanak Ast. Obs.		Kitab/Mt. Maidanak	+ 66 54.0	+ 38 41.1	2500
Tashkent Obs.		Tashkent	+ 69 17.6	+ 41 19.5	477
Uluk-Bek Latitude Sta.		Kitab	+ 66 52.9	+ 39 08.0	658
Vatican City State					
Vatican Obs.		Castel Gandolfo	+ 12 39.1	+ 41 44.8	450
Venezuela					
Cagigal Obs.		Caracas	− 66 55.7	+ 10 30.4	1026
Llano del Hato Obs.		Mérida	− 70 52.0	+ 8 47.4	3610
Yugoslavia					
Belgrade Ast. Obs.		Belgrade, Serbia	+ 20 30.8	+ 44 48.2	253

m.s.l. = mean sea level

CONTENTS OF SECTION K

CONVERSION FOR PRE–JANUARY AND POST–DECEMBER DATES

Tabulated Date	Equivalent Date in Previous Year	Tabulated Date	Equivalent Date in Previous Year	Tabulated Date	Equivalent Date in Subsequent Year	Tabulated Date	Equivalent Date in Subsequent Year
Jan. − 39	Nov. 22	Jan. − 19	Dec. 12	Dec. 32	Jan. 1	Dec. 52	Jan. 21
− 38	23	− 18	13	33	2	53	22
− 37	24	− 17	14	34	3	54	23
− 36	25	− 16	15	35	4	55	24
− 35	26	− 15	16	36	5	56	25
Jan. − 34	Nov. 27	Jan. − 14	Dec. 17	Dec. 37	Jan. 6	Dec. 57	Jan. 26
− 33	28	− 13	18	38	7	58	27
− 32	29	− 12	19	39	8	59	28
− 31	30	− 11	20	40	9	60	29
− 30	1	− 10	21	41	10	61	30
Jan. − 29	Dec. 2	Jan. − 9	Dec. 22	Dec. 42	Jan. 11	Dec. 62	Jan. 31
− 28	3	− 8	23	43	12	63	Feb. 1
− 27	4	− 7	24	44	13	64	2
− 26	5	− 6	25	45	14	65	3
− 25	6	− 5	26	46	15	66	4
Jan. − 24	Dec. 7	Jan. − 4	Dec. 27	Dec. 47	Jan. 16	Dec. 67	Feb. 5
− 23	8	− 3	28	48	17	68	6
− 22	9	− 2	29	49	18	69	7
− 21	10	− 1	30	50	19	70	8
− 20	11	Jan. 0	Dec. 31	51	20	71	9

JULIAN DAY NUMBER, 1950–2000

OF DAY COMMENCING AT GREENWICH NOON ON:

Year	Jan. 0	Feb. 0	Mar. 0	Apr. 0	May 0	June 0	July 0	Aug. 0	Sept. 0	Oct. 0	Nov. 0	Dec. 0
1950	243 3282	3313	3341	3372	3402	3433	3463	3494	3525	3555	3586	3616
1951	3647	3678	3706	3737	3767	3798	3828	3859	3890	3920	3951	3981
1952	4012	4043	4072	4103	4133	4164	4194	4225	4256	4286	4317	4347
1953	4378	4409	4437	4468	4498	4529	4559	4590	4621	4651	4682	4712
1954	4743	4774	4802	4833	4863	4894	4924	4955	4986	5016	5047	5077
1955	243 5108	5139	5167	5198	5228	5259	5289	5320	5351	5381	5412	5442
1956	5473	5504	5533	5564	5594	5625	5655	5686	5717	5747	5778	5808
1957	5839	5870	5898	5929	5959	5990	6020	6051	6082	6112	6143	6173
1958	6204	6235	6263	6294	6324	6355	6385	6416	6447	6477	6508	6538
1959	6569	6600	6628	6659	6689	6720	6750	6781	6812	6842	6873	6903
1960	243 6934	6965	6994	7025	7055	7086	7116	7147	7178	7208	7239	7269
1961	7300	7331	7359	7390	7420	7451	7481	7512	7543	7573	7604	7634
1962	7665	7696	7724	7755	7785	7816	7846	7877	7908	7938	7969	7999
1963	8030	8061	8089	8120	8150	8181	8211	8242	8273	8303	8334	8364
1964	8395	8426	8455	8486	8516	8547	8577	8608	8639	8669	8700	8730
1965	243 8761	8792	8820	8851	8881	8912	8942	8973	9004	9034	9065	9095
1966	9126	9157	9185	9216	9246	9277	9307	9338	9369	9399	9430	9460
1967	9491	9522	9550	9581	9611	9642	9672	9703	9734	9764	9795	9825
1968	243 9856	9887	9916	9947	9977	*0008	*0038	*0069	*0100	*0130	*0161	*0191
1969	244 0222	0253	0281	0312	0342	0373	0403	0434	0465	0495	0526	0556
1970	244 0587	0618	0646	0677	0707	0738	0768	0799	0830	0860	0891	0921
1971	0952	0983	1011	1042	1072	1103	1133	1164	1195	1225	1256	1286
1972	1317	1348	1377	1408	1438	1469	1499	1530	1561	1591	1622	1652
1973	1683	1714	1742	1773	1803	1834	1864	1895	1926	1956	1987	2017
1974	2048	2079	2107	2138	2168	2199	2229	2260	2291	2321	2352	2382
1975	244 2413	2444	2472	2503	2533	2564	2594	2625	2656	2686	2717	2747
1976	2778	2809	2838	2869	2899	2930	2960	2991	3022	3052	3083	3113
1977	3144	3175	3203	3234	3264	3295	3325	3356	3387	3417	3448	3478
1978	3509	3540	3568	3599	3629	3660	3690	3721	3752	3782	3813	3843
1979	3874	3905	3933	3964	3994	4025	4055	4086	4117	4147	4178	4208
1980	244 4239	4270	4299	4330	4360	4391	4421	4452	4483	4513	4544	4574
1981	4605	4636	4664	4695	4725	4756	4786	4817	4848	4878	4909	4939
1982	4970	5001	5029	5060	5090	5121	5151	5182	5213	5243	5274	5304
1983	5335	5366	5394	5425	5455	5486	5516	5547	5578	5608	5639	5669
1984	5700	5731	5760	5791	5821	5852	5882	5913	5944	5974	6005	6035
1985	244 6066	6097	6125	6156	6186	6217	6247	6278	6309	6339	6370	6400
1986	6431	6462	6490	6521	6551	6582	6612	6643	6674	6704	6735	6765
1987	6796	6827	6855	6886	6916	6947	6977	7008	7039	7069	7100	7130
1988	7161	7192	7221	7252	7282	7313	7343	7374	7405	7435	7466	7496
1989	7527	7558	7586	7617	7647	7678	7708	7739	7770	7800	7831	7861
1990	244 7892	7923	7951	7982	8012	8043	8073	8104	8135	8165	8196	8226
1991	8257	8288	8316	8347	8377	8408	8438	8469	8500	8530	8561	8591
1992	8622	8653	8682	8713	8743	8774	8804	8835	8866	8896	8927	8957
1993	8988	9019	9047	9078	9108	9139	9169	9200	9231	9261	9292	9322
1994	9353	9384	9412	9443	9473	9504	9534	9565	9596	9626	9657	9687
1995	244 9718	9749	9777	9808	9838	9869	9899	9930	9961	9991	*0022	*0052
1996	245 0083	0114	0143	0174	0204	0235	0265	0296	0327	0357	0388	0418
1997	0449	0480	0508	0539	0569	0600	0630	0661	0692	0722	0753	0783
1998	0814	0845	0873	0904	0934	0965	0995	1026	1057	1087	1118	1148
1999	1179	1210	1238	1269	1299	1330	1360	1391	1422	1452	1483	1513
2000	245 1544	1575	1604	1635	1665	1696	1726	1757	1788	1818	1849	1879

OF DAY COMMENCING AT GREENWICH NOON ON:

Year	Jan. 0	Feb. 0	Mar. 0	Apr. 0	May 0	June 0	July 0	Aug. 0	Sept. 0	Oct. 0	Nov. 0	Dec. 0
2000	245 1544	1575	1604	1635	1665	1696	1726	1757	1788	1818	1849	1879
2001	1910	1941	1969	2000	2030	2061	2091	2122	2153	2183	2214	2244
2002	2275	2306	2334	2365	2395	2426	2456	2487	2518	2548	2579	2609
2003	2640	2671	2699	2730	2760	2791	2821	2852	2883	2913	2944	2974
2004	3005	3036	3065	3096	3126	3157	3187	3218	3249	3279	3310	3340
2005	245 3371	3402	3430	3461	3491	3522	3552	3583	3614	3644	3675	3705
2006	3736	3767	3795	3826	3856	3887	3917	3948	3979	4009	4040	4070
2007	4101	4132	4160	4191	4221	4252	4282	4313	4344	4374	4405	4435
2008	4466	4497	4526	4557	4587	4618	4648	4679	4710	4740	4771	4801
2009	4832	4863	4891	4922	4952	4983	5013	5044	5075	5105	5136	5166
2010	245 5197	5228	5256	5287	5317	5348	5378	5409	5440	5470	5501	5531
2011	5562	5593	5621	5652	5682	5713	5743	5774	5805	5835	5866	5896
2012	5927	5958	5987	6018	6048	6079	6109	6140	6171	6201	6232	6262
2013	6293	6324	6352	6383	6413	6444	6474	6505	6536	6566	6597	6627
2014	6658	6689	6717	6748	6778	6809	6839	6870	6901	6931	6962	6992
2015	245 7023	7054	7082	7113	7143	7174	7204	7235	7266	7296	7327	7357
2016	7388	7419	7448	7479	7509	7540	7570	7601	7632	7662	7693	7723
2017	7754	7785	7813	7844	7874	7905	7935	7966	7997	8027	8058	8088
2018	8119	8150	8178	8209	8239	8270	8300	8331	8362	8392	8423	8453
2019	8484	8515	8543	8574	8604	8635	8665	8696	8727	8757	8788	8818
2020	245 8849	8880	8909	8940	8970	9001	9031	9062	9093	9123	9154	9184
2021	9215	9246	9274	9305	9335	9366	9396	9427	9458	9488	9519	9549
2022	9580	9611	9639	9670	9700	9731	9761	9792	9823	9853	9884	9914
2023	245 9945	9976	*0004	*0035	*0065	*0096	*0126	*0157	*0188	*0218	*0249	*0279
2024	246 0310	0341	0370	0401	0431	0462	0492	0523	0554	0584	0615	0645
2025	246 0676	0707	0735	0766	0796	0827	0857	0888	0919	0949	0980	1010
2026	1041	1072	1100	1131	1161	1192	1222	1253	1284	1314	1345	1375
2027	1406	1437	1465	1496	1526	1557	1587	1618	1649	1679	1710	1740
2028	1771	1802	1831	1862	1892	1923	1953	1984	2015	2045	2076	2106
2029	2137	2168	2196	2227	2257	2288	2318	2349	2380	2410	2441	2471
2030	246 2502	2533	2561	2592	2622	2653	2683	2714	2745	2775	2806	2836
2031	2867	2898	2926	2957	2987	3018	3048	3079	3110	3140	3171	3201
2032	3232	3263	3292	3323	3353	3384	3414	3445	3476	3506	3537	3567
2033	3598	3629	3657	3688	3718	3749	3779	3810	3841	3871	3902	3932
2034	3963	3994	4022	4053	4083	4114	4144	4175	4206	4236	4267	4297
2035	246 4328	4359	4387	4418	4448	4479	4509	4540	4571	4601	4632	4662
2036	4693	4724	4753	4784	4814	4845	4875	4906	4937	4967	4998	5028
2037	5059	5090	5118	5149	5179	5210	5240	5271	5302	5332	5363	5393
2038	5424	5455	5483	5514	5544	5575	5605	5636	5667	5697	5728	5758
2039	5789	5820	5848	5879	5909	5940	5970	6001	6032	6062	6093	6123
2040	246 6154	6185	6214	6245	6275	6306	6336	6367	6398	6428	6459	6489
2041	6520	6551	6579	6610	6640	6671	6701	6732	6763	6793	6824	6854
2042	6885	6916	6944	6975	7005	7036	7066	7097	7128	7158	7189	7219
2043	7250	7281	7309	7340	7370	7401	7431	7462	7493	7523	7554	7584
2044	7615	7646	7675	7706	7736	7767	7797	7828	7859	7889	7920	7950
2045	246 7981	8012	8040	8071	8101	8132	8162	8193	8224	8254	8285	8315
2046	8346	8377	8405	8436	8466	8497	8527	8558	8589	8619	8650	8680
2047	8711	8742	8770	8801	8831	8862	8892	8923	8954	8984	9015	9045
2048	9076	9107	9136	9167	9197	9228	9258	9289	9320	9350	9381	9411
2049	9442	9473	9501	9532	9562	9593	9623	9654	9685	9715	9746	9776
2050	246 9807	9838	9866	9897	9927	9958	9988	*0019	*0050	*0080	*0111	*0141

JULIAN DAY NUMBER, 2050–2100

OF DAY COMMENCING AT GREENWICH NOON ON:

Year	Jan. 0	Feb. 0	Mar. 0	Apr. 0	May 0	June 0	July 0	Aug. 0	Sept. 0	Oct. 0	Nov. 0	Dec. 0
2050	246 9807	9838	9866	9897	9927	9958	9988	*0019	*0050	*0080	*0111	*0141
2051	247 0172	0203	0231	0262	0292	0323	0353	0384	0415	0445	0476	0506
2051	0172	0203	0231	0262	0292	0323	0353	0384	0415	0445	0476	0506
2052	0537	0568	0597	0628	0658	0689	0719	0750	0781	0811	0842	0872
2053	0903	0934	0962	0993	1023	1054	1084	1115	1146	1176	1207	1237
2054	1268	1299	1327	1358	1388	1419	1449	1480	1511	1541	1572	1602
2055	247 1633	1664	1692	1723	1753	1784	1814	1845	1876	1906	1937	1967
2056	1998	2029	2058	2089	2119	2150	2180	2211	2242	2272	2303	2333
2057	2364	2395	2423	2454	2484	2515	2545	2576	2607	2637	2668	2698
2058	2729	2760	2788	2819	2849	2880	2910	2941	2972	3002	3033	3063
2059	3094	3125	3153	3184	3214	3245	3275	3306	3337	3367	3398	3428
2060	247 3459	3490	3519	3550	3580	3611	3641	3672	3703	3733	3764	3794
2061	3825	3856	3884	3915	3945	3976	4006	4037	4068	4098	4129	4159
2062	4190	4221	4249	4280	4310	4341	4371	4402	4433	4463	4494	4524
2063	4555	4586	4614	4645	4675	4706	4736	4767	4798	4828	4859	4889
2064	4920	4951	4980	5011	5041	5072	5102	5133	5164	5194	5225	5255
2065	247 5286	5317	5345	5376	5406	5437	5467	5498	5529	5559	5590	5620
2066	5651	5682	5710	5741	5771	5802	5832	5863	5894	5924	5955	5985
2067	6016	6047	6075	6106	6136	6167	6197	6228	6259	6289	6320	6350
2068	6381	6412	6441	6472	6502	6533	6563	6594	6625	6655	6686	6716
2069	6747	6778	6806	6837	6867	6898	6928	6959	6990	7020	7051	7081
2070	247 7112	7143	7171	7202	7232	7263	7293	7324	7355	7385	7416	7446
2071	7477	7508	7536	7567	7597	7628	7658	7689	7720	7750	7781	7811
2072	7842	7873	7902	7933	7963	7994	8024	8055	8086	8116	8147	8177
2073	8208	8239	8267	8298	8328	8359	8389	8420	8451	8481	8512	8542
2074	8573	8604	8632	8663	8693	8724	8754	8785	8816	8846	8877	8907
2075	247 8938	8969	8997	9028	9058	9089	9119	9150	9181	9211	9242	9272
2076	9303	9334	9363	9394	9424	9455	9485	9516	9547	9577	9608	9638
2077	247 9669	9700	9728	9759	9789	9820	9850	9881	9912	9942	9973	*0003
2078	248 0034	0065	0093	0124	0154	0185	0215	0246	0277	0307	0338	0368
2078	0034	0065	0093	0124	0154	0185	0215	0246	0277	0307	0338	0368
2079	0399	0430	0458	0489	0519	0550	0580	0611	0642	0672	0703	0733
2080	248 0764	0795	0824	0855	0885	0916	0946	0977	1008	1038	1069	1099
2081	1130	1161	1189	1220	1250	1281	1311	1342	1373	1403	1434	1464
2082	1495	1526	1554	1585	1615	1646	1676	1707	1738	1768	1799	1829
2083	1860	1891	1919	1950	1980	2011	2041	2072	2103	2133	2164	2194
2084	2225	2256	2285	2316	2346	2377	2407	2438	2469	2499	2530	2560
2085	248 2591	2622	2650	2681	2711	2742	2772	2803	2834	2864	2895	2925
2086	2956	2987	3015	3046	3076	3107	3137	3168	3199	3229	3260	3290
2087	3321	3352	3380	3411	3441	3472	3502	3533	3564	3594	3625	3655
2088	3686	3717	3746	3777	3807	3838	3868	3899	3930	3960	3991	4021
2089	4052	4083	4111	4142	4172	4203	4233	4264	4295	4325	4356	4386
2090	248 4417	4448	4476	4507	4537	4568	4598	4629	4660	4690	4721	4751
2091	4782	4813	4841	4872	4902	4933	4963	4994	5025	5055	5086	5116
2092	5147	5178	5207	5238	5268	5299	5329	5360	5391	5421	5452	5482
2093	5513	5544	5572	5603	5633	5664	5694	5725	5756	5786	5817	5847
2094	5878	5909	5937	5968	5998	6029	6059	6090	6121	6151	6182	6212
2095	248 6243	6274	6302	6333	6363	6394	6424	6455	6486	6516	6547	6577
2096	6608	6639	6668	6699	6729	6760	6790	6821	6852	6882	6913	6943
2097	6974	7005	7033	7064	7094	7125	7155	7186	7217	7247	7278	7308
2098	7339	7370	7398	7429	7459	7490	7520	7551	7582	7612	7643	7673
2099	7704	7735	7763	7794	7824	7855	7885	7916	7947	7977	8008	8038
2100	248 8069	8100	8128	8159	8189	8220	8250	8281	8312	8342	8373	8403

The Julian date (JD) corresponding to any instant is the interval in mean solar days elapsed since 4713 BC January 1 at Greenwich mean noon (12^h UT). To determine the JD at 0^h UT for a given Gregorian calendar date, sum the values from Table A for century, Table B for year and Table C for month; then add the day of the month. Julian dates for the current year are given on page B6.

A. Julian date at January 0^d 0^h UT of centurial year

Year	1600†	1700	1800	1900	2000†	2100
Julian date	230 5447·5	234 1971·5	237 8495·5	241 5019·5	245 1544·5	248 8068·5

† Centurial years that are exactly divisible by 400 are leap years in the Gregorian calendar. To determine the JD for any date in such a year, subtract 1 from the JD in Table A and use the leap year portion of Table C. (For 1600 and 2000 the JDs tabulated in Table A are actually for January 1^d 0^h.)

B. Addition to give Julian date for January 0^d 0^h UT of year

Examples

Year	Add	Year	Add	Year	Add	Year	Add
0	0	25	9131	50	18262	75	27393
1	365	26	9496	51	18627	76*	27758
2	730	27	9861	52*	18992	77	28124
3	1095	28*	10226	53	19358	78	28489
4*	1460	29	10592	54	19723	79	28854
5	1826	30	10957	55	20088	80*	29219
6	2191	31	11322	56*	20453	81	29585
7	2556	32*	11687	57	20819	82	29950
8*	2921	33	12053	58	21184	83	30315
9	3287	34	12418	59	21549	84*	30680
10	3652	35	12783	60*	21914	85	31046
11	4017	36*	13148	61	22280	86	31411
12*	4382	37	13514	62	22645	87	31776
13	4748	38	13879	63	23010	88*	32141
14	5113	39	14244	64*	23375	89	32507
15	5478	40*	14609	65	23741	90	32872
16*	5843	41	14975	66	24106	91	33237
17	6209	42	15340	67	24471	92*	33602
18	6574	43	15705	68*	24836	93	33968
19	6939	44*	16070	69	25202	94	34333
20*	7304	45	16436	70	25567	95	34698
21	7670	46	16801	71	25932	96*	35063
22	8035	47	17166	72*	26297	97	35429
23	8400	48*	17531	73	26663	98	35794
24*	8765	49	17897	74	27028	99	36159

* Leap years

a. 1981 November 14

Table A	
1900 Jan. 0	241 5019·5
+ Table B	+ 2 9585
1981 Jan. 0	244 4604·5
+ Table C (n.y.)	+ 304
1981 Nov. 0	244 4908·5
+ Day of Month	+ 14
1981 Nov. 14	244 4922·5

b. 2000 September 24

Table A	
2000 Jan. 1	245 1544·5
− 1 (for 2000)	− 1
2000 Jan. 0	245 1543·5
+ Table B	+ 0
2000 Jan. 0	245 1543·5
+ Table C (l.y.)	+ 244
2000 Sept. 0	245 1787·5
+ Day of Month	+ 24
2000 Sept. 24	245 1811·5

c. 2006 June 21

Table A	
2000 Jan. 1	245 1544·5
+ Table B	+ 2191
2006 Jan. 0	245 3735·5
+ Table C (n.y.)	+ 151
2006 June 0	245 3886·5
+ Day of Month	+ 21
2006 June 21	245 3907·5

C. Addition to give Julian date for beginning of month (0^d 0^h UT)

	Jan.	Feb.	Mar.	Apr.	May	June	July	Aug.	Sept.	Oct.	Nov.	Dec.
Normal year	0	31	59	90	120	151	181	212	243	273	304	334
Leap year	0	31	60	91	121	152	182	213	244	274	305	335

WARNING: prior to 1925 Greenwich mean noon (i.e. 12^h UT) was usually denoted by 0^h GMT in astronomical publications.

Conversions between Calendar dates and Julian dates or vice versa can be performed using the utility on http://aa.usno.navy.mil/AA/data/docs/JulianDate.html.

Selected Astronomical Constants

Units:

The units meter (m), kilogram (kg), and SI second (s) are the units of length, mass and time in the International System of Units (SI).

The astronomical unit of time is a time interval of one day (D) of 86400 seconds. An interval of 36525 days is one Julian century. The astronomical unit of mass is the mass of the Sun (S). The astronomical unit of length is that length (A) for which the Gaussian gravitational constant (k) takes the value 0·017 202 098 95 when the units of measurement are the astronomical units of length, mass and time. The dimensions of k^2 are those of the constant of gravitation (G), i.e., $A^3 S^{-1} D^{-2}$.

Some constants from the JPL DE405 ephemeris are consistent with TDB seconds (see page L2). For these quantities both TDB and SI values are given.

	Quantity	Symbol, Value(s), [Uncertainty]	Refs.
Defining constants:			
1	Gaussian gravitational constant	$k = 0·017\ 202\ 098\ 95$	I*
2	Speed of light	$c = 299\ 792\ 458\ \mathrm{m\,s}^{-1}$	C E J A
3	L_G	$L_G = 6·969\ 290\ 134\ \times 10^{-10}$	I E
Other constants:			
4	L_C	$L_C = 1·480\ 826\ 867\ 41\ \times 10^{-8}$ $[2 \times 10^{-17}]$	I E
5	$L_B = L_G + L_C - L_G L_C$	$L_B = 1·550\ 519\ 767\ 72\ \times 10^{-8}$ $[2 \times 10^{-17}]$	I E
6	Light-time for unit distance	$\tau_A = 499\overset{s}{.}004\ 783\ 806\ 1$ (TDB) $= 499\overset{s}{.}004\ 786\ 385\ 2$ (SI) $[2^s \times 10^{-8}]$ $1/\tau_A = 173·144\ 632\ 684\ 7$ au/d (TDB)	J E A
7	Unit distance, astronomical unit in metres	$A = c\tau_A$ $= 1·495\ 978\ 706\ 91\ \times 10^{11}$ m (TDB) $= 1·495\ 978\ 714\ 64\ \times 10^{11}$ m (SI) $[6]$	J E
8	Equatorial radius for Earth	$a_e = 6\ 378\ 136·6$ m $[0·10]$	G E A
9	Flattening factor for Earth	$f = 0·003\ 352\ 8197 = 1/298·256\ 42$ $[1/0·00001]$	G E A
10	Dynamical form-factor for the Earth	$J_2 = 0·001\ 082\ 635\ 9$ $[1·0 \times 10^{-10}]$	G E
11	Nominal mean angular velocity of Earth rotation	$\omega = 7·292\ 115\ \times 10^{-5}\ \mathrm{rad\,s}^{-1}$ [variable]	I E G A
12	Potential of the geoid	$W_0 = 6·263\ 685\ 60\ \times 10^7\ \mathrm{m^2\,s^{-2}}$ $[0·5]$	G E
13	Geocentric gravitational constant	$GE = 3·986\ 004\ 33\ \times 10^{14}\ \mathrm{m^3\,s^{-2}}$ (TDB) $= 3·986\ 004\ 39\ \times 10^{14}\ \mathrm{m^3\,s^{-2}}$ (SI) $= 3·986\ 004\ 418\ \times 10^{14}\ \mathrm{m^3\,s^{-2}}$ $[8 \times 10^5]$	J A G E
14	Heliocentric gravitational constant	$GS = A^3 k^2 / D^2$ $= 1·327\ 124\ 400\ 179\ 87\ \times 10^{20}\ \mathrm{m^3\,s^{-2}}$ (TDB) $= 1·327\ 124\ 420\ 76\ \times 10^{20}\ \mathrm{m^3\,s^{-2}}$ (SI) $[5 \times 10^{10}]$	J A E
15	Constant of gravitation	$G = 6·6742\ \times 10^{-11}\ \mathrm{m^3\,kg^{-1}\,s^{-2}}$ $= 6·673\ \times 10^{-11}\ \mathrm{m^3\,kg^{-1}\,s^{-2}}$ $[1·0 \times 10^{-13}]$	C E

Selected Astronomical Constants (continued)

	Quantity	Symbol, Value(s), [Uncertainty]	Refs.
	Other constants (continued):		
16	General precession in longitude at J2000·0	$p_A = 5029\rlap{.}''796\ 95$ per Julian century, IAU2000A/IERS $= 5028\rlap{.}''796\ 195$ per Julian century, P03 solution	P P
17	Obliquity of the ecliptic at J2000·0	$\epsilon_0 = 23°\ 26'\ 21\rlap{.}''448\ \ = 84\ 381\rlap{.}''448$ $= 23°\ 26'\ 21\rlap{.}''4059 = 84\ 381\rlap{.}''4059$ $= 23°\ 26'\ 21\rlap{.}''406\ \ = 84\ 381\rlap{.}''406$ $[0\rlap{.}''0003]$	I* I A E P
18	Ratio: mass of Moon to that of the Earth	$\mu = 1/81·300\ 56 = 0·012\ 300\ 0383$ $[5 \times 10^{-10}]$	E J
19	Ratio: mass of Sun to that of the Earth	$S/E = GS/GE = 332\ 946·050\ 895$	J
20	Ratio: mass of Sun to that of the Earth + Moon	$(S/E)/(1 + \mu)$ $= 328\ 900·561\ 400$	J
21	Mass of the Sun	$S = (GS)/G = 1·9884\ \times 10^{30}$ kg	
22	Constant of nutation	$N = 9\rlap{.}''2052\ 331$ at epoch J2000·0	I
23	Solar parallax	$\pi_{\odot} = \sin^{-1}(a_e/A) = 8\rlap{.}''794\ 143$	
24	Constant of aberration	$\kappa = 20\rlap{.}''495\ 51$ at epoch J2000·0	
25	Ratios of mass of Sun to masses of the planets: JPL DE405 Ephemeris (J)		

Mercury	6 023 600	Jupiter	1 047·3486	Pluto	135 200 000
Venus	408 523·71	Saturn	3 497·898		
Earth + Moon	328 900·561 400	Uranus	22 902·98		
Mars	3 098 708	Neptune	19 412·24		

26	Minor planet masses: mass in solar mass

	Hilton (H)		JPL DE405 (J)
1 Ceres	$4·39 \times 10^{-10}$	$\pm0·04$	$4·7 \times 10^{-10}$
2 Pallas	$1·59 \times 10^{-10}$	$\pm0·05$	$1·0 \times 10^{-10}$
4 Vesta	$1·69 \times 10^{-10}$	$\pm0·11$	$1·3 \times 10^{-10}$

27	Masses of the larger natural satellites: mass satellite/mass of the planet (see pages F3, F5)

Jupiter	Io	$4·70 \times 10^{-5}$	**Saturn**	Titan	$2·37 \times 10^{-4}$
	Europa	$2·53 \times 10^{-5}$	**Uranus**	Titania	$4·06 \times 10^{-5}$
	Ganymede	$7·80 \times 10^{-5}$		Oberon	$3·47 \times 10^{-5}$
	Callisto	$5·67 \times 10^{-5}$	**Neptune**	Triton	$2·09 \times 10^{-4}$

28	Equatorial radii in km: *Cartographic Coordinates* (CC) and JPL DE405 Ephemeris (J)

	CC A	JPL		CC A		CC A
Mercury	$2\ 439·7\ \pm 1·0$	2 439·76	Jupiter	$71\ 492 \pm\ \ 4$	Pluto	$1\ 195\ \ \pm 5$
Venus	$6\ 051·8\ \pm 1·0$	6 052·3	Saturn	$60\ 268 \pm\ \ 4$		
Earth	$6\ 378·14 \pm 0·01$	6 378·137	Uranus	$25\ 559 \pm\ \ 4$	Moon (mean)	$1\ 737·4 \pm 1$
Mars	$3\ 396·19 \pm 0·1$	3 397·515	Neptune	$24\ 764 \pm 15$	Sun (I*)	696 000

The references (Refs.) indicate where the constant has been used, quoted or derived from:

A	Constants used in this publication.
C	CODATA 2002, http://physics.nist.gov/constants, page 1.
CC	Report of the IAU/IAG Working Group on Cartographic Coordinates & Rotational Elements of Planets and Satellites: 2000 Seidelmann *et al.*, *Celest. Mech.*, **82**, 83-111, 2002, & 2003 report in press 2005.
E	IERS *Conventions 2003*, Technical Note 32, Chapter 1.
G	IAG XXII GA, Special Commission SC3, Fundamental Constants, Groten, E., 1999.
H	Hilton, *Astrophysical Journal*, **117**, 1077-1086, 1999.
I	IAU XXIV General Assembly (2000), resolutions B1.5, B1.6, B1.9, & IAU2000A precession-nutation.
I*	IAU (1976) System of Astronomical Constants.
J	JPL IOM 312.F-98-048, Standish, E.M., 1998 (DE405/LE405 Ephemeris).
P	Capitaine *et al.*, *Astronomy & Astrophysics*, **412**, 567-586, 2003.

$$\Delta T = \text{ET} - \text{UT}$$

Year	ΔT s	Year	ΔT s	Year	ΔT s	Year	ΔT s	Year	ΔT s	Year	ΔT s
1620·0	+124	1665·0	+32	1710·0	+10	1755·0	+14	1800·0	+13·7	1845·0	+6·3
1621	+119	1666	+31	1711	+10	1756	+14	1801	+13·4	1846	+6·5
1622	+115	1667	+30	1712	+10	1757	+14	1802	+13·1	1847	+6·6
1623	+110	1668	+28	1713	+10	1758	+15	1803	+12·9	1848	+6·8
1624	+106	1669	+27	1714	+10	1759	+15	1804	+12·7	1849	+6·9
1625·0	+102	1670·0	+26	1715·0	+10	1760·0	+15	1805·0	+12·6	1850·0	+7·1
1626	+ 98	1671	+25	1716	+10	1761	+15	1806	+12·5	1851	+7·2
1627	+ 95	1672	+24	1717	+11	1762	+15	1807	+12·5	1852	+7·3
1628	+ 91	1673	+23	1718	+11	1763	+15	1808	+12·5	1853	+7·4
1629	+ 88	1674	+22	1719	+11	1764	+15	1809	+12·5	1854	+7·5
1630·0	+ 85	1675·0	+21	1720·0	+11	1765·0	+16	1810·0	+12·5	1855·0	+7·6
1631	+ 82	1676	+20	1721	+11	1766	+16	1811	+12·5	1856	+7·7
1632	+ 79	1677	+19	1722	+11	1767	+16	1812	+12·5	1857	+7·7
1633	+ 77	1678	+18	1723	+11	1768	+16	1813	+12·5	1858	+7·8
1634	+ 74	1679	+17	1724	+11	1769	+16	1814	+12·5	1859	+7·8
1635·0	+ 72	1680·0	+16	1725·0	+11	1770·0	+16	1815·0	+12·5	1860·0	+7·88
1636	+ 70	1681	+15	1726	+11	1771	+16	1816	+12·5	1861	+7·82
1637	+ 67	1682	+14	1727	+11	1772	+16	1817	+12·4	1862	+7·54
1638	+ 65	1683	+14	1728	+11	1773	+16	1818	+12·3	1863	+6·97
1639	+ 63	1684	+13	1729	+11	1774	+16	1819	+12·2	1864	+6·40
1640·0	+ 62	1685·0	+12	1730·0	+11	1775·0	+17	1820·0	+12·0	1865·0	+6·02
1641	+ 60	1686	+12	1731	+11	1776	+17	1821	+11·7	1866	+5·41
1642	+ 58	1687	+11	1732	+11	1777	+17	1822	+11·4	1867	+4·10
1643	+ 57	1688	+11	1733	+11	1778	+17	1823	+11·1	1868	+2·92
1644	+ 55	1689	+10	1734	+12	1779	+17	1824	+10·6	1869	+1·82
1645·0	+ 54	1690·0	+10	1735·0	+12	1780·0	+17	1825·0	+10·2	1870·0	+1·61
1646	+ 53	1691	+10	1736	+12	1781	+17	1826	+ 9·6	1871	+0·10
1647	+ 51	1692	+ 9	1737	+12	1782	+17	1827	+ 9·1	1872	−1·02
1648	+ 50	1693	+ 9	1738	+12	1783	+17	1828	+ 8·6	1873	−1·28
1649	+ 49	1694	+ 9	1739	+12	1784	+17	1829	+ 8·0	1874	−2·69
1650·0	+ 48	1695·0	+ 9	1740·0	+12	1785·0	+17	1830·0	+ 7·5	1875·0	−3·24
1651	+ 47	1696	+ 9	1741	+12	1786	+17	1831	+ 7·0	1876	−3·64
1652	+ 46	1697	+ 9	1742	+12	1787	+17	1832	+ 6·6	1877	−4·54
1653	+ 45	1698	+ 9	1743	+12	1788	+17	1833	+ 6·3	1878	−4·71
1654	+ 44	1699	+ 9	1744	+13	1789	+17	1834	+ 6·0	1879	−5·11
1655·0	+ 43	1700·0	+ 9	1745·0	+13	1790·0	+17	1835·0	+ 5·8	1880·0	−5·40
1656	+ 42	1701	+ 9	1746	+13	1791	+17	1836	+ 5·7	1881	−5·42
1657	+ 41	1702	+ 9	1747	+13	1792	+16	1837	+ 5·6	1882	−5·20
1658	+ 40	1703	+ 9	1748	+13	1793	+16	1838	+ 5·6	1883	−5·46
1659	+ 38	1704	+ 9	1749	+13	1794	+16	1839	+ 5·6	1884	−5·46
1660·0	+ 37	1705·0	+ 9	1750·0	+13	1795·0	+16	1840·0	+ 5·7	1885·0	−5·79
1661	+ 36	1706	+ 9	1751	+14	1796	+15	1841	+ 5·8	1886	−5·63
1662	+ 35	1707	+ 9	1752	+14	1797	+15	1842	+ 5·9	1887	−5·64
1663	+ 34	1708	+10	1753	+14	1798	+14	1843	+ 6·1	1888	−5·80
1664·0	+ 33	1709·0	+10	1754·0	+14	1799·0	+14	1844·0	+ 6·2	1889·0	−5·66

For years 1620 to 1955 the table is based on an adopted value of $-26''/\text{cy}^2$ for the tidal term $(\dot{n})$ in the mean motion of the Moon from the results of analyses of observations of lunar occultations of stars, eclipses of the Sun, and transits of Mercury (see F. R. Stephenson and L. V. Morrison, *Phil. Trans. R. Soc. London*, 1984, A **313**, 47-70)

To calculate the values of ΔT for a different value of the tidal term $(\dot{n}')$, add

$$-0.000\,091\,(\dot{n}' + 26)\,(\text{year} - 1955)^2 \text{ seconds}$$

to the tabulated value of ΔT

1890–1983, $\Delta T = ET - UT$
1984–2000, $\Delta T = TDT - UT$
From 2001, $\Delta T = TT - UT$

Extrapolated Values

TAI − UTC

Year	ΔT	Year	ΔT	Year	ΔT	Year	ΔT
	s		s		s		s
1890·0	− 5·87	1935·0	+23·93	1980·0	+50·54	2006	+64·9
1891	− 6·01	1936	+23·73	1981	+51·38	2007	+65
1892	− 6·19	1937	+23·92	1982	+52·17	2008	+65
1893	− 6·64	1938	+23·96	1983	+52·96	2009	+66
1894	− 6·44	1939	+24·02	1984	+53·79	2010	+66
1895·0	− 6·47	1940·0	+24·33	1985·0	+54·34		
1896	− 6·09	1941	+24·83	1986	+54·87		
1897	− 5·76	1942	+25·30	1987	+55·32		
1898	− 4·66	1943	+25·70	1988	+55·82		
1899	− 3·74	1944	+26·24	1989	+56·30		
1900·0	− 2·72	1945·0	+26·77	1990·0	+56·86		
1901	− 1·54	1946	+27·28	1991	+57·57		
1902	− 0·02	1947	+27·78	1992	+58·31		
1903	+ 1·24	1948	+28·25	1993	+59·12		
1904	+ 2·64	1949	+28·71	1994	+59·98		
1905·0	+ 3·86	1950·0	+29·15	1995·0	+60·78		
1906	+ 5·37	1951	+29·57	1996	+61·63		
1907	+ 6·14	1952	+29·97	1997	+62·29		
1908	+ 7·75	1953	+30·36	1998	+62·97		
1909	+ 9·13	1954	+30·72	1999	+63·47		
1910·0	+10·46	1955·0	+31·07	2000·0	+63·83		
1911	+11·53	1956	+31·35	2001	+64·09		
1912	+13·36	1957	+31·68	2002	+64·30		
1913	+14·65	1958	+32·18	2003	+64·47		
1914	+16·01	1959	+32·68	2004	+64·57		
1915·0	+17·20	1960·0	+33·15	2005·0	+64·69		
1916	+18·24	1961	+33·59				
1917	+19·06	1962	+34·00				
1918	+20·25	1963	+34·47				
1919	+20·95	1964	+35·03				
1920·0	+21·16	1965·0	+35·73				
1921	+22·25	1966	+36·54				
1922	+22·41	1967	+37·43				
1923	+23·03	1968	+38·29				
1924	+23·49	1969	+39·20				
1925·0	+23·62	1970·0	+40·18				
1926	+23·86	1971	+41·17				
1927	+24·49	1972	+42·23				
1928	+24·34	1973	+43·37				
1929	+24·08	1974	+44·49				
1930·0	+24·02	1975·0	+45·48				
1931	+24·00	1976	+46·46				
1932	+23·87	1977	+47·52				
1933	+23·95	1978	+48·53				
1934·0	+23·86	1979·0	+49·59				

TAI − UTC

Date	ΔAT
	s
1972 Jan. 1	+10·00
1972 July 1	+11·00
1973 Jan. 1	+12·00
1974 Jan. 1	+13·00
1975 Jan. 1	+14·00
1976 Jan. 1	+15·00
1977 Jan. 1	+16·00
1978 Jan. 1	+17·00
1979 Jan. 1	+18·00
1980 Jan. 1	+19·00
1981 July 1	+20·00
1982 July 1	+21·00
1983 July 1	+22·00
1985 July 1	+23·00
1988 Jan. 1	+24·00
1990 Jan. 1	+25·00
1991 Jan. 1	+26·00
1992 July 1	+27·00
1993 July 1	+28·00
1994 July 1	+29·00
1996 Jan. 1	+30·00
1997 July 1	+31·00
1999 Jan. 1	+32·00
2006 Jan. 1	+33·00

In critical cases descend

$$\frac{\Delta ET}{\Delta TT} = \Delta AT + 32^{s}184$$

From 1990 onwards, ΔT is for January 1 0^{h} UTC.

See page B6 for a summary of the notation for time-scales.

WITH RESPECT TO THE INTERNATIONAL TERRESTRIAL REFERENCE SYSTEM (ITRS)

Date	x 1970	y	x 1980	y	x 1990	y	x 2000	y
	"	"	"	"	"	"	"	"
Jan. 1	−0·140	+0·144	+0·129	+0·251	−0·132	+0·165	+0·043	+0·378
Apr. 1	−0·097	+0·397	+0·014	+0·189	−0·154	+0·469	+0·075	+0·346
July 1	+0·139	+0·405	−0·044	+0·280	+0·161	+0·542	+0·110	+0·280
Oct. 1	+0·174	+0·125	−0·006	+0·338	+0·297	+0·243	−0·006	+0·247
	1971		**1981**		**1991**		**2001**	
Jan. 1	−0·081	+0·026	+0·056	+0·361	+0·023	+0·069	−0·073	+0·400
Apr. 1	−0·199	+0·313	+0·088	+0·285	−0·217	+0·281	+0·091	+0·490
July 1	+0·050	+0·523	+0·075	+0·209	−0·033	+0·560	+0·254	+0·308
Oct. 1	+0·249	+0·263	−0·045	+0·210	+0·250	+0·436	+0·065	+0·118
	1972		**1982**		**1992**		**2002**	
Jan. 1	+0·045	+0·050	−0·091	+0·378	+0·182	+0·168	−0·177	+0·294
Apr. 1	−0·180	+0·174	+0·093	+0·431	−0·083	+0·162	−0·031	+0·541
July 1	−0·031	+0·409	+0·231	+0·239	−0·142	+0·378	+0·228	+0·462
Oct. 1	+0·142	+0·344	+0·036	+0·060	+0·055	+0·503	+0·199	+0·200
	1973		**1983**		**1993**		**2003**	
Jan. 1	+0·129	+0·139	−0·211	+0·249	+0·208	+0·359	−0·088	+0·188
Apr. 1	−0·035	+0·129	−0·069	+0·538	+0·115	+0·170	−0·133	+0·436
July 1	−0·075	+0·286	+0·269	+0·436	−0·062	+0·209	+0·131	+0·539
Oct. 1	+0·035	+0·347	+0·235	+0·069	−0·095	+0·370	+0·259	+0·304
	1974		**1984**		**1994**		**2004**	
Jan. 1	+0·115	+0·252	−0·125	+0·089	+0·010	+0·476	+0·031	+0·154
Apr. 1	+0·037	+0·185	−0·211	+0·410	+0·174	+0·391	−0·140	+0·321
July 1	+0·014	+0·216	+0·119	+0·543	+0·137	+0·212	−0·008	+0·510
Oct. 1	+0·002	+0·225	+0·313	+0·246	−0·066	+0·199	+0·199	+0·432
	1975		**1985**		**1995**		**2005**	
Jan. 1	−0·055	+0·281	+0·051	+0·025	−0·154	+0·418	+0·149	+0·238
Apr. 1	+0·027	+0·344	−0·196	+0·220	+0·032	+0·558	−0·029	+0·243
July 1	+0·151	+0·249	−0·044	+0·482	+0·280	+0·384	−0·040	+0·397
Oct. 1	+0·063	+0·115	+0·214	+0·404	+0·138	+0·106		
	1976		**1986**		**1996**			
Jan. 1	−0·145	+0·204	+0·187	+0·072	−0·176	+0·191		
Apr. 1	−0·091	+0·399	−0·041	+0·139	−0·152	+0·506		
July 1	+0·159	+0·390	−0·075	+0·324	+0·179	+0·546		
Oct. 1	+0·227	+0·158	+0·062	+0·395	+0·267	+0·227		
	1977		**1987**		**1997**			
Jan. 1	−0·065	+0·076	+0·146	+0·315	−0·023	+0·095		
Apr. 1	−0·226	+0·362	+0·096	+0·212	−0·191	+0·329		
July 1	+0·085	+0·500	−0·003	+0·208	+0·019	+0·536		
Oct. 1	+0·281	+0·230	−0·053	+0·295	+0·221	+0·379		
	1978		**1988**		**1998**			
Jan. 1	+0·007	+0·015	−0·023	+0·414	+0·103	+0·175		
Apr. 1	−0·231	+0·240	+0·134	+0·407	−0·110	+0·252		
July 1	−0·042	+0·483	+0·171	+0·253	−0·068	+0·439		
Oct. 1	+0·236	+0·353	+0·011	+0·132	+0·125	+0·445		
	1979		**1989**		**1999**			
Jan. 1	+0·140	+0·076	−0·159	+0·316	+0·139	+0·296		
Apr. 1	−0·107	+0·133	+0·028	+0·482	+0·026	+0·241		
July 1	−0·117	+0·351	+0·238	+0·369	−0·032	+0·310		
Oct. 1	+0·092	+0·408	+0·167	+0·106	+0·006	+0·379		

The orientation of the ITRS is consistent with the former BIH system (and the previous IPMS and ILS systems). The angles, x y, are defined on page B79. From 1988 their values have been taken from the IERS Bulletin B, published by the IERS Central Bureau, Bundesamt für Kartographie und Geodäsie, Richard-Strauss-Allee 11, 60598 Frankfurt am Main, Germany. Further information can be found on http://www.iers.org/iers/products/eop/.

Introduction

In the reduction of astrometric observations of high precision it is necessary to distinguish between several different systems of terrestrial coordinates that are used to specify the positions of points on or near the surface of the Earth. The formulae on page B79 for the reduction for polar motion give the relationships between the representations of a geocentric vector referred to either the equinox-based celestial reference system of the true equator and equinox of date, or the Celestial Intermediate Reference System, and the current terrestrial reference system, which is realized by the International Terrestrial Reference Frame, ITRF2000 (Altamimi, Sillard and Boucher, *J. Geophys. Res.*, 107(B10), 2214, 2002). Realizations of the ITRF have been published at intervals since 1989 in the form of the geocentric rectangular coordinates and velocities of observing sites around the world. ITRF2000 is a rigorous combination of space geodesy solutions from the techniques of VLBI, SLR, LLR, GPS and DORIS from some 800 stations located at about 500 sites with better global distribution compared to previous ITRF versions. The ITRF2000 origin is defined by the Earth centre of mass sensed by SLR and its scale by SLR and VLBI solutions. The ITRF axes are consistent with the axes of the former BIH Terrestrial System (BTS) to within $\pm 0.''005$, and the BTS was consistent with the earlier Conventional International Origin to within $\pm 0.''03$ The use of rectangular coordinates is precise and unambiguous, but for some purposes it is more convenient to represent the position by its longitude, latitude and height referred to a reference spheroid (the term "spheroid" is used here in the sense of an ellipsoid whose equatorial section is a circle and for which each meridional section is an ellipse). The precise transformation between these coordinate systems is given below. The spheroid is defined by two parameters, its equatorial radius and flattening (usually the reciprocal of the flattening is given). The values used should always be stated with any tabulation of spheroidal positions, but in case they should be omitted a list of the parameters of some commonly used spheroids is given in the table on page K13. For work such as mapping gravity anomalies it is convenient that the reference spheroid should also be an equipotential surface of a reference body that is in hydrostatic equilibrium, and has the equatorial radius, gravitational constant, dynamical form factor and angular velocity of the Earth. This is referred to as a Geodetic Reference System (rather than just a reference spheroid). It provides a suitable approximation to mean sea level (i.e. to the geoid), but may differ from it by up to 100m in some regions.

Reduction from geodetic to geocentric coordinates

The position of a point relative to a terrestrial reference frame may be expressed in three ways:

    (i) geocentric equatorial rectangular coordinates, x, y, z;

    (ii) geocentric longitude, latitude and radius, λ, ϕ', ρ;

    (iii) geodetic longitude, latitude and height, λ, ϕ, h.

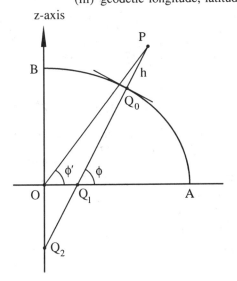

O is centre of Earth

OA = equatorial radius, a

OB = polar radius, b
    $= a(1 - f)$

OP = geocentric radius, ap

PQ_0 is normal to the reference spheroid

$Q_0Q_1 = aS$

$Q_0Q_2 = aC$

ϕ = geodetic latitude

ϕ' = geocentric latitude

The geodetic and geocentric longitudes of a point are the same, while the relationship between the geodetic and geocentric latitudes of a point is illustrated in the figure on page K11, which represents a meridional section through the reference spheroid. The geocentric radius ρ is usually expressed in units of the equatorial radius of the reference spheroid. The following relationships hold between the geocentric and geodetic coordinates:

$$x = a\,\rho\,\cos\phi'\cos\lambda = (aC + h)\,\cos\phi\,\cos\lambda$$
$$y = a\,\rho\,\cos\phi'\sin\lambda = (aC + h)\,\cos\phi\,\sin\lambda$$
$$z = a\,\rho\,\sin\phi' \qquad = (aS + h)\,\sin\phi$$

where a is the equatorial radius of the spheroid and C and S are auxiliary functions that depend on the geodetic latitude and on the flattening f of the reference spheroid. The polar radius b and the eccentricity e of the ellipse are given by:

$$b = a\,(1 - f) \qquad e^2 = 2f - f^2 \qquad \text{or} \qquad 1 - e^2 = (1 - f)^2$$

It follows from the geometrical properties of the ellipse that:

$$C = \{\cos^2\phi + (1 - f)^2\sin^2\phi\}^{-1/2} \qquad S = (1 - f)^2 C$$

Geocentric coordinates may be calculated directly from geodetic coordinates. The reverse calculation of geodetic coordinates from geocentric coordinates can be done in closed form (see for example, Borkowski, *Bull. Geod.* **63**, 50-56, 1989), but it is usually done using an iterative procedure.

An iterative procedure for calculating λ, ϕ, h from x, y, z is as follows:

Calculate: $\qquad \lambda = \tan^{-1}(y/x) \qquad r = (x^2 + y^2)^{1/2} \qquad e^2 = 2f - f^2$

Calculate the first approximation to ϕ from: $\qquad\qquad \phi = \tan^{-1}(z/r)$

Then perform the following iteration until ϕ is unchanged to the required precision:

$$\phi_1 = \phi \qquad C = (1 - e^2\sin^2\phi_1)^{-1/2} \qquad \phi = \tan^{-1}((z + aCe^2\sin\phi_1)/r)$$

Then: $\qquad\qquad\qquad\qquad\qquad h = r/\cos\phi - aC$

Series expressions and tables are available for certain values of f for the calculation of C and S and also of ρ and $\phi - \phi'$ for points on the spheroid ($h = 0$). The quantity $\phi - \phi'$ is sometimes known as the "reduction of the latitude" or the "angle of the vertical", and it is of the order of $10'$ in mid-latitudes. To a first approximation when h is small the geocentric radius is increased by h/a and the angle of the vertical is unchanged. The height h refers to a height above the reference spheroid and differs from the height above mean sea level (i.e. above the geoid) by the "undulation of the geoid" at the point.

Other geodetic reference systems

In practice most geodetic positions are referred either (a) to a regional geodetic datum that is represented by a spheroid that approximates to the geoid in the region considered or (b) to a global reference system, ideally the ITRF2000 or earlier versions. Data for the reduction of regional geodetic coordinates or those in earlier versions of the ITRF to ITRF2000 are available in the relevant geodetic publications, but it is hoped that the following notes and formulae and data will be useful.

(a) Each regional geodetic datum is specified by the size and shape of an adopted spheroid and by the coordinates of an "origin point". The principal axis of the spheroid is generally close to the mean axis of rotation of the Earth, but the centre of the spheroid may not coincide with the centre of mass of the Earth, The offset is usually represented by the geocentric rectangular coordinates (x_0, y_0, z_0) of the centre of the regional spheroid. The reduction from the regional geodetic coordinates (λ, ϕ, h) to the geocentric rectangular coordinates referred to the ITRF (and hence to the geodetic coordinates relative to a reference spheroid) may then be made by using the expressions:

$$x = x_0 + (aC + h)\cos\phi\cos\lambda$$
$$y = y_0 + (aC + h)\cos\phi\sin\lambda$$
$$z = z_0 + (aS + h)\sin\phi$$

(b) The global reference systems defined by the various versions of ITRF differ slightly due to an evolution in the multi-technique combination and constraints philosophy as well as through observational and modelling improvements, although all versions give good approximations to the ITRF2000 reference frame. The transformations from one ITRF system to ITRF2000 involve coordinate and velocity translations, rotations and scaling (i.e. 14 parameters in all) and all of these are given in *IERS Conventions (2003)*, IERS Technical Note 32, International Earth Rotation and Reference Systems Service, Central Bureau, Bundesamt fur Kartographie und Geodäsie, Frankfurt, Germany. For example, translation parameters T_1, T_2 and T_3 from ITRF2000 to ITRF97 are ($+0.67$, $+0.61$, -1.85) centimetres, with scale difference 1.6 parts per billion.

The space technique GPS is now widely used for position determination. Since January 1987 the broadcast orbits of the GPS satellites have been referred to the WGS84 terrestrial frame, and so positions determined directly using these orbits will also be referred to this frame, which at the level of a few centimetres is close to the ITRF. The parameters of the spheroid used are listed below, and the frame is defined to agree with the BIH frame. However, with the ready availability of data from a large number of geodetic sites whose coordinates and velocities are rigorously defined within ITRF2000, and with GPS orbital solutions also being referred by the International GPS Service analysis centres to the same frame, it is straightforward to determine directly new sites' coordinates within ITRF2000.

GEODETIC REFERENCE SPHEROIDS

Name and Date	Equatorial Radius, a m	Reciprocal of Flattening, $1/f$	Gravitational Constant, GM $10^{14} m^3 s^{-2}$	Dynamical Form Factor, J_2	Ang. Velocity of earth, ω $10^{-5} rad\ s^{-1}$
WGS 84	637 8137	298·257 223 563	3·986 005	0·001 082 63	7·292 115
MERIT 1983	8137	298·257	—	—	—
GRS 80 (IUGG, 1980)[†]	8137	298·257 222	3·986 005	0·001 082 63	7·292 115
IAU 1976	8140	298·257	3·986 005	0·001 082 63	—
South American 1969	8160	298·25	—	—	—
GRS 67 (IUGG, 1967)	8160	298·247 167	3·986 03	0·001 082 7	7·292 115 146 7
Australian National 1965	8160	298·25	—	—	—
IAU 1964	8160	298·25	3·986 03	0·001 082 7	7·292 1
Krassovski 1942	8245	298·3	—	—	—
International 1924 (Hayford)	8388	297	—	—	—
Clarke 1880 mod.	8249·145	293·466 3	—	—	—
Clarke 1866	8206·4	294·978 698	—	—	—
Bessel 1841	7397·155	299·152 813	—	—	—
Everest 1830	7276·345	300·801 7	—	—	—
Airy 1830	637 7563·396	299·324 964	—	—	—

[†] H. Moritz, Geodetic Reference System 1980, *Bull. Géodésique*, **58**(3), 388-398, 1984.

Astronomical coordinates

Many astrometric observations that are used in the determination of the terrestrial coordinates of the point of observation use the local vertical, which defines the zenith, as a principal reference axis; the coordinates so obtained are called "astronomical coordinates". The local vertical is in the direction of the vector sum of the acceleration due to the gravitational field of the Earth and of the apparent acceleration due to the rotation of the Earth on its axis. The vertical is normal to the equipotential (or level) surface at the point, but it is inclined to the normal to the geodetic reference spheroid; the angle of inclination is known as the "deflection of the vertical".

The astronomical coordinates of an observatory may differ significantly (e.g. by as much as $1'$) from its geodetic coordinates, which are required for the determination of the geocentric coordinates of the observatory for use in computing, for example, parallax corrections for solar system observations. The size and direction of the deflection may be estimated by studying the gravity field in the region concerned. The deflection may affect both the latitude and longitude, and hence local time. Astronomical coordinates also vary with time because they are affected by polar motion (see page B79).

INTRODUCTION AND NOTATION

The interpolation methods described in this section, together with the accompanying tables, are usually sufficient to interpolate to full precision the ephemerides in this volume. Additional notes, formulae and tables are given in the booklets *Interpolation and Allied Tables* and *Subtabulation* (see p. ix) and in many textbooks on numerical analysis. It is recommended that interpolated values of the Moon's right ascension, declination and horizontal parallax are derived from the daily polynomial coefficients that are provided for this purpose on the web (see page D1).

f_p denotes the value of the function $f(t)$ at the time $t = t_0 + ph$, where h is the interval of tabulation, t_0 is a tabular argument, and $p = (t - t_0)/h$ is known as the interpolating factor. The notation for the differences of the tabular values is shown in the following table; it is derived from the use of the central-difference operator δ, which is defined by:

$$\delta f_p = f_{p+1/2} - f_{p-1/2}$$

The symbol for the function is usually omitted in the notation for the differences. Tables are given for use with Bessel's interpolation formula for p in the range 0 to +1. The differences may be expressed in terms of function values for convenience in the use of programmable calculators or computers.

Arg.	Function	Differences				Differences in terms of Function Values
		1st	2nd	3rd	4th	
t_{-2}	f_{-2}		δ^2_{-2}			$\delta_{1/2} = f_1 - f_0$
		$\delta_{-3/2}$		$\delta^3_{-3/2}$		$\delta^2_0 = \delta_{1/2} - \delta_{-1/2}$
t_{-1}	f_{-1}		δ^2_{-1}		δ^4_{-1}	$= f_1 - 2f_0 + f_{-1}$
		$\delta_{-1/2}$		$\delta^3_{-1/2}$		$\delta^2_0 + \delta^2_1 = f_2 - f_1 - f_0 + f_{-1}$
t_0	f_0		δ^2_0		δ^4_0	$\delta^3_{1/2} = \delta^2_1 - \delta^2_0$
		$\delta_{1/2}$		$\delta^3_{1/2}$		$= f_2 - 3f_1 + 3f_0 - f_{-1}$
t_{+1}	f_{+1}		δ^2_1		δ^4_1	$\delta^4_0 = \delta^3_{1/2} - \delta^3_{-1/2}$
		$\delta_{3/2}$		$\delta^3_{3/2}$		$= f_2 - 4f_1 + 6f_0 - 4f_{-1} + f_{-2}$
t_{+2}	f_{+2}		δ^2_2			$\delta^4_0 + \delta^4_1 = f_3 - 3f_2 + 2f_1 + 2f_0 - 3f_{-1} + f_{-2}$

$$p \equiv \text{the interpolating factor} = (t - t_0)/(t_1 - t_0) = (t - t_0)/h$$

BESSEL'S INTERPOLATION FORMULA

In this notation Bessel's interpolation formula is:

$$f_p = f_0 + p\,\delta_{1/2} + B_2\,(\delta^2_0 + \delta^2_1) + B_3\,\delta^3_{1/2} + B_4\,(\delta^4_0 + \delta^4_1) + \cdots$$

where
$$B_2 = p\,(p-1)/4 \qquad B_3 = p\,(p-1)\,(p-\tfrac{1}{2})/6$$
$$B_4 = (p+1)\,p\,(p-1)\,(p-2)/48$$

The maximum contribution to the truncation error of f_p, for $0 < p < 1$, from neglecting each order of difference is less than 0·5 in the unit of the end figure of the tabular function if
$$\delta^2 < 4 \qquad \delta^3 < 60 \qquad \delta^4 < 20 \qquad \delta^5 < 500.$$

The critical table of B_2 opposite provides a rapid means of interpolating when δ^2 is less than 500 and higher-order differences are negligible or when full precision is not required. The interpolating factor p should be rounded to 4 decimals, and the required value of B_2 is then the tabular value opposite the interval in which p lies, or it is the value above and to the right of p if p exactly equals a tabular argument. B_2 is always negative. The effects of the third and fourth differences can be estimated from the values of B_3 and B_4, given in the last column.

INVERSE INTERPOLATION

Inverse interpolation to derive the interpolating factor p, and hence the time, for which the function takes a specified value f_p is carried out by successive approximations. The first estimate p_1 is obtained from:

$$p_1 = (f_p - f_0)/\delta_{1/2}$$

This value of p is used to obtain an estimate of B_2, from the critical table or otherwise, and hence an improved estimate of p from:

$$p = p_1 - B_2\,(\delta_0^2 + \delta_1^2)/\delta_{1/2}$$

This last step is repeated until there is no further change in B_2 or p; the effects of higher-order differences may be taken into account in this step.

CRITICAL TABLE FOR B_2

p	B_2	p	B_2	p	B_2	p	B_2	p	B_2	p	B_3
0·0000	—	0·1101	—	0·2719	—	0·7280	—	0·8898	—	0·0	0·000
0·0020	·000	0·1152	·025	0·2809	·050	0·7366	·049	0·8949	·024	0·1	+0·006
0·0060	·001	0·1205	·026	0·2902	·051	0·7449	·048	0·9000	·023	0·2	+0·008
0·0101	·002	0·1258	·027	0·3000	·052	0·7529	·047	0·9049	·022	0·3	+0·007
0·0142	·003	0·1312	·028	0·3102	·053	0·7607	·046	0·9098	·021	0·4	+0·004
0·0183	·004	0·1366	·029	0·3211	·054	0·7683	·045	0·9147	·020		
0·0225	·005	0·1422	·030	0·3326	·055	0·7756	·044	0·9195	·019	0·5	0·000
0·0267	·006	0·1478	·031	0·3450	·056	0·7828	·043	0·9242	·018		
0·0309	·007	0·1535	·032	0·3585	·057	0·7898	·042	0·9289	·017	0·6	−0·004
0·0352	·008	0·1594	·033	0·3735	·058	0·7966	·041	0·9335	·016	0·7	−0·007
0·0395	·009	0·1653	·034	0·3904	·059	0·8033	·040	0·9381	·015	0·8	−0·008
0·0439	·010	0·1713	·035	0·4105	·060	0·8098	·039	0·9427	·014	0·9	−0·006
0·0483	·011	0·1775	·036	0·4367	·061	0·8162	·038	0·9472	·013	1·0	0·000
0·0527	·012	0·1837	·037	0·5632	·062	0·8224	·037	0·9516	·012	p	B_4
0·0572	·013	0·1901	·038	0·5894	·061	0·8286	·036	0·9560	·011	0·0	0·000
0·0618	·014	0·1966	·039	0·6095	·060	0·8346	·035	0·9604	·010	0·1	+0·004
0·0664	·015	0·2033	·040	0·6264	·059	0·8405	·034	0·9647	·009	0·2	+0·007
0·0710	·016	0·2101	·041	0·6414	·058	0·8464	·033	0·9690	·008	0·3	+0·010
0·0757	·017	0·2171	·042	0·6549	·057	0·8521	·032	0·9732	·007	0·4	+0·011
0·0804	·018	0·2243	·043	0·6673	·056	0·8577	·031	0·9774	·006		
0·0852	·019	0·2316	·044	0·6788	·055	0·8633	·030	0·9816	·005	0·5	+0·012
0·0901	·020	0·2392	·045	0·6897	·054	0·8687	·029	0·9857	·004		
0·0950	·021	0·2470	·046	0·7000	·053	0·8741	·028	0·9898	·003	0·6	+0·011
0·1000	·022	0·2550	·047	0·7097	·052	0·8794	·027	0·9939	·002	0·7	+0·010
0·1050	·023	0·2633	·048	0·7190	·051	0·8847	·026	0·9979	·001	0·8	+0·007
0·1101	·024	0·2719	·049	0·7280	·050	0·8898	·025	1·0000	·000	0·9	+0·004
										1·0	0·000

In critical cases ascend. B_2 is always negative.

POLYNOMIAL REPRESENTATIONS

It is sometimes convenient to construct a simple polynomial representation of the form

$$f_p = a_0 + a_1\,p + a_2\,p^2 + a_3\,p^3 + a_4\,p^4 + \cdots$$

which may be evaluated in the nested form

$$f_p = (((a_4\,p + a_3)\,p + a_2)\,p + a_1)\,p + a_0$$

Expressions for the coefficients a_0, a_1, ... may be obtained from Stirling's interpolation formula, neglecting fifth-order differences:

$$a_4 = \delta_0^4/24 \qquad a_2 = \delta_0^2/2 - a_4 \qquad a_0 = f_0$$

$$a_3 = (\delta_{1/2}^3 + \delta_{-1/2}^3)/12 \qquad a_1 = (\delta_{1/2} + \delta_{-1/2})/2 - a_3$$

This is suitable for use in the range $-\tfrac{1}{2} \le p \le +\tfrac{1}{2}$, and it may be adequate in the range $-2 \le p \le 2$, but it should not normally be used outside this range. Techniques are available in the literature for obtaining polynomial representations which give smaller errors over similar or larger intervals. The coefficients may be expressed in terms of function values rather than differences.

EXAMPLES

To find (a) the declination of the Sun at 16^h 23^m $14\overset{s}{\cdot}8$ TT on 1984 January 19, (b) the right ascension of Mercury at 17^h 21^m $16\overset{s}{\cdot}8$ TT on 1984 January 8, and (c) the time on 1984 January 8 when Mercury's right ascension is exactly 18^h 04^m.

Difference tables for the Sun and Mercury are constructed as shown below, where the differences are in units of the end figures of the function. Second-order differences are sufficient for the Sun, but fourth-order differences are required for Mercury.

1984 Jan.	Sun Dec.	δ	δ^2	1984 Jan.	Mercury R.A.	δ	δ^2	δ^3	δ^4
	° ′ ″				h m s				
18	−20 44 48·3			6	18 10 10·12				
		+7212				−18709			
19	−20 32 47·1		+233	7	18 07 03·03		+4299		
		+7445				−14410		−16	
20	−20 20 22·6		+230	8	18 04 38·93		+4283		−104
		+7675				−10127		−120	
21	−20 07 35·1			9	18 02 57·66		+4163		−76
						−5964		−196	
				10	18 01 58·02		+3967		
						−1997			
				11	18 01 38·05				

(a) *Use of Bessel's formula*

The tabular interval is one day, hence the interpolating factor is 0·68281. From the critical table, $B_2 = -0.054$, and

$$f_p = -20° \; 32' \; 47''\!\cdot\!1 + 0\!\cdot\!68281 \, (+744''\!\cdot\!5) - 0\!\cdot\!054 \, (+23''\!\cdot\!3 + 23''\!\cdot\!0)$$
$$= -20° \; 24' \; 21''\!\cdot\!2$$

(b) *Use of polynomial formula*

Using the polynomial method, the coefficients are:

$a_4 = -1\overset{s}{\cdot}04/24 = -0\overset{s}{\cdot}043$ \qquad $a_1 = (-101\overset{s}{\cdot}27 - 144\overset{s}{\cdot}10)/2 + 0\overset{s}{\cdot}113 = -122\overset{s}{\cdot}572$

$a_3 = (-1\overset{s}{\cdot}20 - 0\overset{s}{\cdot}16)/12 = -0\overset{s}{\cdot}113$ \qquad $a_0 = 18^h + 278\overset{s}{\cdot}93$

$a_2 = +42\overset{s}{\cdot}83/2 + 0\overset{s}{\cdot}043 = +21\overset{s}{\cdot}458$

where an extra decimal place has been kept as a guarding figure. Then with interpolating factor $p = 0\!\cdot\!72311$

$$f_p = 18^h + 278\overset{s}{\cdot}93 - 122\overset{s}{\cdot}572 \, p + 21\overset{s}{\cdot}458 \, p^2 - 0\overset{s}{\cdot}113 \, p^3 - 0\overset{s}{\cdot}043 \, p^4$$
$$= 18^h \; 03^m \; 21\overset{s}{\cdot}46$$

(c) *Inverse interpolation*

Since $f_p = 18^h \; 04^m$ the first estimate for p is:

$$p_1 = (18^h \; 04^m - 18^h \; 04^m \; 38\overset{s}{\cdot}93)/(-101\overset{s}{\cdot}27) = 0\!\cdot\!38442$$

From the critical table, with $p = 0\!\cdot\!3844$, $B_2 = -0.059$. Also

$$(\delta_0^2 + \delta_1^2)/\delta_{1/2} = (+42\!\cdot\!83 + 41\!\cdot\!63)/(-101\!\cdot\!27) = -0\!\cdot\!834$$

The second approximation to p is:

$$p = 0\!\cdot\!38442 + 0\!\cdot\!059 \, (-0\!\cdot\!834) = 0\!\cdot\!33521 \quad \text{which gives } t = 8^h \; 02^m \; 42^s;$$

as a check, using the polynomial found in (b) with $p = 0\!\cdot\!33521$ gives

$$f_p = 18^h \; 04^m \; 00\overset{s}{\cdot}25.$$

The next approximation is $B_2 = -0.056$ and $p = 0\!\cdot\!38442 + 0\!\cdot\!056(-0\!\cdot\!834) = 0\!\cdot\!33772$ which gives $t = 8^h \; 06^m \; 19^s$: using the polynomial in (b) with $p = 0\!\cdot\!33772$ gives

$$f_p = 18^h \; 03^m \; 59\overset{s}{\cdot}98.$$

SUBTABULATION

Coefficients for use in the systematic interpolation of an ephemeris to a smaller interval are given in the following table for certain values of the ratio of the two intervals. The table is entered for each of the appropriate multiples of this ratio to give the corresponding decimal value of the interpolating factor p and the Bessel coefficients. The values of p are exact or recurring decimal numbers. The values of the coefficients may be rounded to suit the maximum number of figures in the differences.

BESSEL COEFFICIENTS FOR SUBTABULATION

Ratio of intervals											Bessel Coefficients			
$\frac{1}{2}$	$\frac{1}{3}$	$\frac{1}{4}$	$\frac{1}{5}$	$\frac{1}{6}$	$\frac{1}{8}$	$\frac{1}{10}$	$\frac{1}{12}$	$\frac{1}{20}$	$\frac{1}{24}$	$\frac{1}{40}$	p	B_2	B_3	B_4
										1	0·025	−0·006094	0·00193	0·0010
									1		0·0416	−0·009983	0·00305	0·0017
								1		2	0·050	−0·011875	0·00356	0·0020
										3	0·075	−0·017344	0·00491	0·0030
							1		2		0·0833	−0·019097	0·00530	0·0033
						1		2		4	0·100	−0·022500	0·00600	0·0039
					1				3	5	0·125	−0·027344	0·00684	0·0048
								3		6	0·150	−0·031875	0·00744	0·0057
				1			2		4		0·1666	−0·034722	0·00772	0·0062
										7	0·175	−0·036094	0·00782	0·0064
			1			2		4		8	0·200	−0·040000	0·00800	0·0072
									5		0·2083	−0·041233	0·00802	0·0074
										9	0·225	−0·043594	0·00799	0·0079
		1			2		3	5	6	10	0·250	−0·046875	0·00781	0·0085
										11	0·275	−0·049844	0·00748	0·0091
									7		0·2916	−0·051649	0·00717	0·0095
						3		6		12	0·300	−0·052500	0·00700	0·0097
										13	0·325	−0·054844	0·00640	0·0101
	1			2			4		8		0·3333	−0·055556	0·00617	0·0103
								7		14	0·350	−0·056875	0·00569	0·0106
					3				9	15	0·375	−0·058594	0·00488	0·0109
			2			4		8		16	0·400	−0·060000	0·00400	0·0112
							5		10		0·4166	−0·060764	0·00338	0·0114
										17	0·425	−0·061094	0·00305	0·0114
								9		18	0·450	−0·061875	0·00206	0·0116
									11		0·4583	−0·062066	0·00172	0·0116
										19	0·475	−0·062344	0·00104	0·0117
1		2		3	4	5	6	10	12	20	0·500	−0·062500	0·00000	0·0117
										21	0·525	−0·062344	−0·00104	0·0117
									13		0·5416	−0·062066	−0·00172	0·0116
								11		22	0·550	−0·061875	−0·00206	0·0116
										23	0·575	−0·061094	−0·00305	0·0114
							7		14		0·5833	−0·060764	−0·00338	0·0114
			3			6		12		24	0·600	−0·060000	−0·00400	0·0112
					5				15	25	0·625	−0·058594	−0·00488	0·0109
								13		26	0·650	−0·056875	−0·00569	0·0106
	2			4			8		16		0·6666	−0·055556	−0·00617	0·0103
										27	0·675	−0·054844	−0·00640	0·0101
						7		14		28	0·700	−0·052500	−0·00700	0·0097
									17		0·7083	−0·051649	−0·00717	0·0095
										29	0·725	−0·049844	−0·00748	0·0091
		3			6		9	15	18	30	0·750	−0·046875	−0·00781	0·0085
										31	0·775	−0·043594	−0·00799	0·0079
									19		0·7916	−0·041233	−0·00802	0·0074
			4			8		16		32	0·800	−0·040000	−0·00800	0·0072
										33	0·825	−0·036094	−0·00782	0·0064
				5			10		20		0·8333	−0·034722	−0·00772	0·0062
								17		34	0·850	−0·031875	−0·00744	0·0057
					7				21	35	0·875	−0·027344	−0·00684	0·0048
						9		18		36	0·900	−0·022500	−0·00600	0·0039
							11		22		0·9166	−0·019097	−0·00530	0·0033
										37	0·925	−0·017344	−0·00491	0·0030
								19		38	0·950	−0·011875	−0·00356	0·0020
									23		0·9583	−0·009983	−0·00305	0·0017
										39	0·975	−0·006094	−0·00193	0·0010

This section specifies the sources for the theories and data used to construct the ephemerides in this volume, explains the basic concepts required to use the ephemerides, and where appropriate states the precise meaning of tabulated quantities. Definitions of individual terms appear in the Glossary (Section M). The *Explanatory Supplement to the Astronomical Almanac*, 1992, published by University Science Books, contains additional information about the theories and data used.

The companion website *The Astronomical Almanac Online* provides, in machine-readable form, some of the information printed in this volume as well as closely related data. The URL for the website in the United States is http://asa.usno.navy.mil and is mirrored in the United Kingdom at http://asa.nao.rl.ac.uk.

To the greatest extent possible, *The Astronomical Almanac* is prepared using standard data sources and models recommended by the International Astronomical Union (IAU), including those adopted in resolutions of the 1997 and 2000 General Assemblies. The 2000 resolutions involving precession, nutation, and Earth rotation were first implemented in the 2006 edition of *The Astronomical Almanac*.[1]

Fundamental Reference System

The fundamental reference system for astronomical applications is the International Celestial Reference System (ICRS), as adopted by the IAU General Assembly in 1997 (Resolution B2, *Trans. IAU*, **XXIIIB**, 1997). At the same time, the IAU specified that the practical realization of the ICRS in the radio regime is the International Celestial Reference Frame (ICRF), a space-fixed frame based on high accuracy radio positions of extragalactic sources measured by Very Long Baseline Interferometry (VLBI). (See Ma, C. *et al.*, *Astron. Jour.*, **116**, 516-546, 1998.) The ICRS is realized in the optical regime by the Hipparcos Celestial Reference Frame (HCRF), consisting of the *Hipparcos Catalogue* (ESA, 1997) with certain exclusions (Resolution B1.2, *Trans. IAU*, **XXIVB**, 2000). Although the directions of the ICRS coordinate axes are not defined by the kinematics of the Earth, the ICRS axes (as implemented by the ICRF and HCRF) closely approximate the axes that would be defined by the mean Earth equator and equinox of J2000.0 (to within 0.1 arcsecond).

In 2000, the IAU defined a system of space-time coordinates for (1) the solar system, and (2) the Earth, within the framework of General Relativity, by specifying the form of the metric tensors for each and the 4-dimensional space-time transformation between them. The former is called the Barycentric Celestial Reference System (BCRS), and the latter, the Geocentric Celestial Reference System (GCRS) (Resolution B1.3, *op. cit.*). The ICRS can be considered a specific implementation of the BCRS; the ICRS defines the spatial axis directions of the BCRS. The GCRS axis directions are derived from those of the BCRS (ICRS); the GCRS can be considered to be the "geocentric ICRS," and the coordinates of stars and planets in the GCRS are obtained from basic ICRS reference data by applying the algorithms for proper place (*e.g.*, for stars, correcting the ICRS-based catalog position for proper motion, parallax, gravitational deflection of light, and aberration).

Time Scales

Two fundamentally different groups of time scales are used in astronomy. The first group of time scales is based on the SI second and the second group is based on the (vari-

---

[1] A Working Group on Nomenclature for Fundamental Astronomy was established within IAU Division I at the 2003 IAU General Assembly. Thus, the nomenclature adopted at previous General Assemblies, especially nomenclature associated with the IAU 2000 resolutions, is subject to change, depending upon the recommendations of this Working Group.

able) rotation of the Earth. The first group can be further subdivided into time scales that are implemented in (or closely approximated by) actual clock systems and those that are theoretical. In many astronomical applications, several time scales must be used. In the astronomical system of units, the unit of time is the day of 86400 seconds. For long periods, however, the Julian century of 36525 days is used. (Use of the tropical year and Besselian epochs was discontinued in 1984.)

The SI second is defined as 9 192 631 770 cycles of the radiation corresponding to the ground state hyperfine transition of Cesium 133. As a simple count of cycles of an observable phenomenon, the SI second can be implemented, at least in principle, by an observer anywhere. Thus, SI-based time scales can be constructed or hypothesized on the surface of the Earth, on other celestial bodies, on spacecraft, or at theoretically interesting locations in space, such as the solar system barycenter. According to relativity theory, clocks advancing by SI seconds may not, in general, appear to advance by SI seconds to an observer on a different space-time trajectory from that of the clock. Thus, an SI-based time scale defined for use in a specific reference system may be related to an SI-based time scale defined for a different reference system by a rather complex formula, depending on the relative space-time trajectories of the two reference systems. On the other hand, the universal use of SI units allows the values of fundamental physical constants determined in one reference system to be used in another reference system without scaling.

International Atomic Time (TAI) is a commonly used time scale based on the SI second on the Earth's surface (the rotating geoid). TAI is the most precisely determined time scale that is now available for astronomical use. This scale results from analyses by the Bureau International des Poids et Mesures in Sèvres, France, of data from atomic time standards of many countries. Although TAI was not officially introduced until 1972, atomic time scales have been available since 1956, and TAI may be extrapolated backwards to the period 1956–1971 (for a history of TAI, see Nelson, R.A. *et al.*, *Metrologia*, **38**, 509-529, 2001). TAI is readily available as an integral number of seconds offset from UTC, which is extensively disseminated; UTC is discussed at the end of this section.

The astronomical time scale called Terrestrial Time (TT), used widely in this volume, is an idealized form of TAI with an epoch offset. In practice it is TT = TAI + $32^{s}_{\cdot}184$. TT was so defined to preserve continuity with previously-used (now obsolete) "dynamical" time scales, Terrestrial Dynamical Time (TDT) and Ephemeris Time (ET). The standard epoch for astrometric reference data designated J2000.0 is 2000 January 1, 12^{h} TT (JD 245 1545.0 TT).

The IAU has recommended coordinate time scales (in the terminology of General Relativity) based on the SI second for theoretical developments using the Barycentric Celestial Reference System (BCRS) or the Geocentric Celestial reference System (GCRS). These time scales are, respectively, Barycentric Coordinate Time (TCB) and Geocentric Coordinate Time (TCG). Neither TCB nor TCG appear explicitly in this volume (except here and in the Glossary), but may underlie the physical theories that contribute to the data, and are likely to be more widely used in the future.

The fundamental solar system ephemerides from the Jet Propulsion Laboratory that are the basis for many of the tabulations in this volume (see Ephemeris Section) were computed in a barycentric reference system with the independent argument being a coordinate time scale called T_{eph}. T_{eph} differs in rate (by about 10^{-8}) from that of TCB, the IAU recommended time scale for barycentric developments; the rate of T_{eph} has been adjusted so that on average it matches that of TT over the time span of the ephemerides (Standish, E.M., *Astron. Astrophys.*, **336**, 381-384, 1998). In this volume, T_{eph} is treated as functionally equivalent to Barycentric Dynamical Time (TDB), defined by the IAU in

1976 and 1979. Although defined differently, T_{eph} and TDB advance at the same rate, and space coordinates obtained from the ephemerides are consistent with TDB. Barycentric and heliocentric data are therefore tabulated with TDB shown as the time argument. Because T_{eph} ($\approx$TDB) is not based on the SI second in the barycentric reference system, the values of parameters determined from or consistent with the JPL ephemerides will, in general, require scaling to convert them to SI-based units (dimensionless quantities such as mass ratios are unaffected).

Time scales that are based on the rotation of the Earth are also used in this volume. Greenwich sidereal time is the hour angle of the equinox measured with respect to the Greenwich meridian. Local sidereal time is the local hour angle of the equinox, or the Greenwich sidereal time plus the longitude (east positive) of the observer, expressed in time units. Sidereal time appears in two forms, apparent and mean, the difference being the *equation of the equinoxes*; apparent sidereal time includes the effect of nutation on the location of the equinox. Greenwich (or local) sidereal time can be observationally obtained from the right ascensions of celestial objects transiting the Greenwich (or local) meridian.

Universal Time (UT) is also widely used in astronomy, and in this volume always means UT1. Historically, Universal Time (formerly, Greenwich Mean Time) has been obtained from Greenwich mean sidereal time using a standard expression (the most recent given in Resolution C5, *Trans. IAU*, **XVIIIB**, 1982, adopted from Aoki, S. *et al.*, *Astron. Astrophys.*, **105**, 359-361, 1982). In 2000, the IAU redefined UT1 to be linearly proportional to the Earth Rotation Angle, θ, which is the geocentric angle between two directions in the equatorial plane called, respectively, the celestial intermediate origin (CIO) and the terrestrial intermediate origin (TIO)[2] (Resolution B1.8, *Trans. IAU*, **XXIVB**, 2000). The TIO rotates with the Earth, while the CIO has no instantaneous rotation around the Earth's axis (as defined by the precession-nutation theory), so that θ is a direct measure of the Earth's rotation. The definition of UT1 based on θ is assumed in this volume. One practical consequence is that the expression for Greenwich mean sidereal time now contains θ as the rapidly varying term. No discontinuities in any time scale result from the change to the new definition of UT1, which was introduced in *The Astronomical Almanac* for 2006.

Both sidereal time and UT1 are affected by variations in the Earth's rate of rotation (length of day), which are unpredictable. The lengths of the sidereal and UT1 seconds are therefore not constant when expressed in a uniform time scale such as TT. The accumulated difference in time measured by a clock keeping SI seconds on the geoid from that measured by the rotation of the Earth is ΔT = TT–UT1. In preparing this volume, an assumption had to be made about the value(s) of ΔT during the tabular year; a table of observed and extrapolated values of ΔT is given on page K9. Calculations of topocentric data, such as precise transit times and hour angles, are often referred to the *ephemeris meridian*, which is 1.002 738 ΔT east of the Greenwich meridian, and thus independent of the Earth's actual rotation. Only when ΔT is specified can such predictions be referred to the Greenwich meridian. Essentially, the ephemeris meridian rotates at a uniform rate corresponding to the SI second on the geoid, rather than at the variable (and generally slower) rate of the real Earth.

The worldwide system of civil time is based on Coordinated Universal Time (UTC), which is now ubiquitous and tightly synchronized. UTC is a hybrid time scale, using the SI second on the geoid as its fundamental unit, but subject to occasional 1-second adjustments to keep it within 0.9 of UT1. Such adjustments, called "leap seconds," are normally intro-

---

[2]the names and abbreviations have been changed from those in the original resolution, on the basis of preliminary recommendations from the IAU Working Group on Nomenclature for Fundamental Astronomy.

duced at the end of June or December, when necessary, by international agreement. Tables of the differences UT1–UTC, called ΔUT, for various dates are published by the International Earth Rotation and Reference System Service (IERS), at http://www.iers.org/iers/products/eop/. DUT, an approximation to UT1–UTC, is transmitted in code with some radio time signals, such as those from WWV. As previously noted, UTC and TAI differ by an integral number of seconds, which increases by 1 whenever a (positive) leap second is introduced into UTC. The TAI–UTC difference is referred to as ΔAT, tabulated on page K9. Therefore TAI $=$ UTC $+ \Delta$AT and TT $=$ UTC $+ \Delta$AT $+ 32\overset{s}{.}184$.

Other information on time scales and the relationships between them can be found on pages B6–B11.

Ephemerides

The fundamental ephemerides of the Sun, Moon, and major planets were calculated by numerical integration at the Jet Propulsion Laboratory (JPL). These ephemerides, designated DE405/LE405, provide barycentric equatorial rectangular coordinates for the period 1600 to 2201 (Standish, E. M., "JPL Planetary and Lunar Ephemerides, DE405/LE405," *JPL Interoffice Memorandum, IOM 312.F-98-048*, 1998). *The Astronomical Almanac* for 2003 was the first edition that used the DE405/LE405 ephemerides; the volumes for 1984 through 2002 used the ephemerides designated DE200/LE200. Optical, radar, laser, and spacecraft observations were analyzed to determine starting conditions for the numerical integration and values of fundamental constants such as the planetary masses and the length of the astronomical unit in meters. The reference frame for the basic ephemerides is the ICRF; the alignment onto this frame has an estimated accuracy of 1-2 milliarcseconds. As described above, the JPL DE405/LE405 ephemerides have been developed in a barycentric reference system using a barycentric coordinate time scale T_{eph}, which in this volume is considered to be a practical implementation of the IAU time scale TDB. Astronomical constants obtained from DE405/LE405 are listed on pages K6-K7 (those marked as from ref. J). As noted above, some of the values are in TDB-consistent units and must be scaled for use with TCB or other SI-based time scales. For these quantities, both the TDB and the equivalent SI values are given.

The geocentric ephemerides of the Sun, Moon, and planets tabulated in this volume have been computed from the basic JPL ephemerides in a manner consistent with the rigorous reduction methods presented in Section B. For each planet, the ephemerides represent the position of the center of mass, which includes any satellites, not the center of figure or center of light. For the 2006 and succeeding volumes, the expressions used for precession and nutation are based on the IAU 2000A Precession-Nutation Model, and are specifically those recommended by the IERS (*IERS Conventions (2003)*, IERS Tech. Note No. 32, ed. D. D. McCarthy & G. Petit). The offset of the ICRS axes from those of the dynamical system (mean equator and equinox of J2000.0) assumed by the new precession-nutation model is also accounted for. The introduction of the IAU 2000A Precession-Nutation Model in *The Astronomical Almanac* for 2006 represents the first change in these algorithms since 1984. The new rate of precession in longitude is approximately 3 milliarcseconds per year less than the IAU (1976) value, and some of the larger nutation components differ in amplitude by several milliarcseconds from those in the 1980 IAU Theory of Nutation (Seidelmann, P. K., *Cel. Mech.*, **27**, 79, 1982). These changes in the basis of the calculations should be reflected in improvements to the tabulated apparent geocentric positions of solar system bodies, but mainly only in the end digits.

Section A: Summary of Principal Phenomena

The lunations given on page A1 are numbered in continuation of E.W. Brown's series, of which No. 1 commenced on 1923 January 16 (*Mon. Not. Roy. Astron. Soc.*, **93**, 603, 1933).

The list of occultations of planets and bright stars by the Moon starting on page A2 gives the approximate times and areas of visibility for the major planets, except Neptune and Pluto, and the bright stars *Aldebaran, Antares, Regulus, Pollux* and *Spica*. More detailed information about these events and of other occultations by the Moon may be obtained from the International Lunar Occultation Center (ILOC) at http://www1.kaiho.mlit. go.jp/KOHO/iloc/docs/iloc_e.html.

Times tabulated on page A3 for the stationary points of the planets are the instants at which the planet is stationary in apparent geocentric right ascension; but for elongations of the planets from the Sun, the tabular times are for the geometric configurations. From inferior conjunction to superior conjunction for Mercury or Venus, or from conjunction to opposition for a superior planet, the elongation from the Sun is west; from superior to inferior conjunction, or from opposition to conjunction, the elongation is east. Because planetary orbits do not lie exactly in the ecliptic plane, elongation passages from west to east or from east to west do not in general coincide with oppositions and conjunctions.

Dates of heliocentric phenomena are given on page A3. Since they are determined from the actual perturbed motion, these dates generally differ from dates obtained by using the elements of the mean orbit. The date on which the radius vector is a minimum may differ considerably from the date on which the heliocentric longitude of a planet is equal to the longitude of perihelion of the mean orbit. Similarly, when the heliocentric latitude of a planet is zero, the heliocentric longitude may not equal the longitude of the mean node. On page A4, the magnitudes for Mercury are not provided for a few dates around inferior and superior conjunction.

Configurations of the Sun, Moon and planets (pages A9–A11) are a chronological listing, with times to the nearest hour, of geocentric phenomena. Included are eclipses; lunar perigees, apogees and phases; phenomena in apparent geocentric longitude of the planets and of the minor planets Ceres, Pallas, Juno and Vesta; times when the planets and minor planets are stationary in right ascension and when the geocentric distance to Mars is a minimum; and geocentric conjunctions in apparent right ascension of the planets with the Moon, with each other, and with the bright stars *Aldebaran, Regulus, Spica, Pollux* and *Antares*, provided these conjunctions are considered to occur sufficiently far from the Sun to permit observation. Thus conjunctions in right ascension are excluded if they occur within 15° of the Sun for the Moon, Mars and Saturn; within 10° for Venus and Jupiter; and within approximately 10° for Mercury, depending on Mercury's brightness. The occurrence of occultations of planets and bright stars is indicated by "Occn."; the areas of visibility are given in the list on page A2. Geocentric phenomena differ from the actually observed configurations by the effects of the geocentric parallax at the place of observation, which for configurations with the Moon may be quite large.

The explanation for the tables of sunrise and sunset, twilight, moonrise and moonset is given on page A12; examples are given on page A13.

Eclipses

The elements and circumstances are computed according to Bessel's method from apparent right ascensions and declinations of the Sun and Moon. Semidiameters of the Sun and Moon used in the calculation of eclipses do not include irradiation. The adopted semidiameter of the Sun at unit distance is $15'59''.64$ from the IAU (1976) Astronomical Constants. The apparent semidiameter of the Moon is equal to $\arcsin(k \sin \pi)$, where π is the Moon's horizontal parallax and k is an adopted constant. In 1982, the IAU adopted $k = 0.272\ 5076$, corresponding to the mean radius of Watts' datum as determined by observations of occultations and to the adopted radius of the Earth. Corrections to the ephemerides, if any, are noted in the beginning of the eclipse section.

In calculating lunar eclipses the radius of the geocentric shadow of the Earth is increased by one-fiftieth part to allow for the effect of the atmosphere. Refraction is neglected in calculating solar and lunar eclipses. Because the circumstances of eclipses are calculated for the surface of the ellipsoid, refraction is not included in Besselian elements. For local predictions, corrections for refraction are unnecessary; they are required only in precise comparisons of theory with observation in which many other refinements are also necessary.

Descriptions of the maps and use of Besselian elements are given on pages A78–A82.

Section B: Time Scales and Coordinate Systems

The software library (issue 04-29-2003) provided by the IAU SOFA initiative (http://www.iau-sofa.rl.ac.uk/) has been used to generate the fundamental quantities.

Calendar

Over extended intervals, civil time is ordinarily reckoned according to conventional calendar years and adopted historical eras; in constructing and regulating civil calendars and fixing ecclesiastical calendars, a number of auxiliary cycles and periods are used.

To facilitate chronological reckoning, the system of Julian day (JD) numbers maintains a continuous count of astronomical days, beginning with JD 0 on 1 January 4713 B.C., Julian proleptic calendar. Julian day numbers for the current year are given on page B3 and in the Universal and Sidereal Times table, pages B12–B19. To determine JD numbers for other years on the Gregorian calendar, consult the Julian Day Number tables, pages K2–K5.

Note that the Julian day begins at noon, whereas the calendar day begins at the preceding midnight. Thus the Julian day system is consistent with astronomical practice before 1925, with the astronomical day being reckoned from noon. For critical applications, the Julian date should include a specification as to whether UT, TT or TDB is used.

Nomenclature

To avoid confusion, readers are asked to take particular care with the following change of nomenclature for *The Astronomical Almanac* beginning with the 2006 edition. The IAU resolution B1.8 recommends the use of the "non-rotating" origins in the geocentric and terrestrial systems and that they be designated the Celestial Ephemeris Origin (CEO) and the Terrestrial Ephemeris Origin (TEO), respectively. However, the terminology used in this section follows the recommendations of the IAU Working Group "Nomenclature for Fundamental Astronomy," namely that both the CEO and TEO be replaced by the Celestial Intermediate Origin (CIO), and the Terrestrial Intermediate Origin (TIO), respectively. This is subject to ratification by the IAU General Assembly in 2006.

Universal and Sidereal Times and Earth Rotation Angle

The tabulation of Greenwich mean sidereal time (GMST) at 0h UT1 are calculated from the defining relation between Earth Rotation Angle (ERA) and universal time (see sections on the relationship between time-scales, B7-B9) given by the XXIVth IAU General Assembly in 2000 in Resolution B1.8. Following the general practice of this volume, UT implies UT1 in applications. Useful formulae and examples are given on pages B6-B11. The equations for GMST and Greenwich apparent sidereal time (GAST), consistent with the IAU 2000 precession-nutation, and expressions to implement the IAU 2000 definition of UT1 are taken from Capitaine *et al.*, *Astron. Astrophys.*, **406**, 1135-1149, 2003.

Reduction of Astronomical Coordinates

Formulae and methods are given showing the various stages of the reduction from an International Celestial Reference System (ICRS) position to an "of date" position. This reduction may be achieved either by using the long-standing equinox approach or the new CIO-based method generating apparent and intermediate places. The examples also show the calculation of Greenwich hour angle using GAST or ERA as appropriate. The matrices for the transformation from the GCRS to the "of date" position for each method are tabulated on pages B42-B57. The Earth's position and velocity components are derived from the numerical integration DE405/LE405 described on page L4.

A lower precision method for calculating apparent places involving Besselian and second-order day numbers may be found on *The Astronomical Almanac Online* at http://asa.usno.navy.mil and http://asa.nao.rl.ac.uk.

The determination of latitude using the position of Polaris or σ Octantis may be performed using the methods and tables on pages B82-B87.

Section C: The Sun

Formulae for geocentric and heliographic coordinates are given on pages C1–C3. Formulae for computing the mean longitude of the Sun, the mean longitude of perigee of the Sun, the geometric mean anomaly of the Sun, the eccentricity of the Sun, the mean obliquity of the ecliptic, and the derivatives of these terms conform to Simon *et al.* (*Astron. Astrophys.*, **282**, 663, 1994).

The rotation elements listed on page C3, as well as the daily tabulations of rotational parameters (odd pages C5–C19), are due to R.C. Carrington (*Observations of the Spots on the Sun*, 1863). The synodic rotation numbers are in continuation of Carrington's Greenwich photoheliographic series, of which Number 1 commenced on November 9, 1853. The tabular values of the semidiameter are computed by taking the arcsine of the quantity formed by dividing the IAU (1976) solar radius (696 000 km) by the true distance in km.

Apparent geocentric coordinates of the Sun are given on even pages C4–C18; geocentric rectangular coordinates referred to the mean equator and equinox of J2000.0 are given on pages C20–C23. These ephemerides are based on the numerical integration DE405/LE405 described on page L4. The tabular argument of the solar ephemerides is TT. Although the apparent right ascension and declination are antedated for light-time, the true geocentric distance in astronomical units is the geometric distance at the tabular time.

Section D: The Moon

The geocentric ephemerides of the Moon are based on the numerical integration DE405/LE405 described on page L4. The tabular argument is TT.

For high precision calculations a polynomial ephemeris (ASCII or PDF) is available at http://asa.nao.rl.ac.uk and http://asa.usno.navy.mil along with the necessary procedures for evaluating the polynomials. A daily geocentric ephemeris to lower precision is given on the even numbered pages D6–D20. Although the tabular apparent right ascension and declination are antedated for light-time, the horizontal parallax is the geometric value for the tabular time. It is derived from $\arcsin(1/r)$, where r is the true distance in units of the

Earth's equatorial radius. The semidiameter s is computed from $s = \arcsin(k \sin \pi)$, where $k = 0.272\,399$ is the ratio of the equatorial radius of the Moon to the equatorial radius of the Earth and π is the horizontal parallax. No correction is made for irradiation.

Beginning in 1985 the physical ephemeris (odd pages D7–D21) is based on the formulae and constants for physical librations given by D. Eckhardt (*The Moon and the Planets*, **25**, 3, 1981; *High Precision Earth Rotation and Earth-Moon Dynamics*, ed. O. Calame, pages 193–198, 1982), but with the IAU value of $1°32'32''.7$ for the inclination of the mean lunar equator to the ecliptic. Although values of Eckhardt's constants differ slightly from those of the IAU, this is of no consequence to the precision of the tabulation. Optical librations are first calculated from rigorous formulae; then the total librations (optical and physical) are calculated from the rigorous formulae by replacing I with $I + \rho$, Ω with $\Omega + \sigma$ and $ℂ$ with $ℂ + \tau$. Included in the calculations are perturbations for all terms greater than $0°.0001$ in solution 500 of the first Eckhardt reference and in Table I of the second reference. Since apparent coordinates of the Sun and Moon are used in the calculations, aberration is fully included, except for the inappreciable difference between the light-time from the Sun to the Moon and from the Sun to the Earth.

The selenographic coordinates of the Earth and Sun specify the point on the lunar surface where the Earth and Sun are in the selenographic zenith. The selenographic longitude and latitude of the Earth are the total geocentric, optical and physical librations in longitude and latitude, respectively. When the longitude is positive, the mean central point of the disk is displaced eastward on the celestial sphere, exposing to view a region on the west limb. When the latitude is positive, the mean central point is displaced toward the south, exposing to view the north limb. If the principal moment of inertia axis toward the Earth is used as the origin for measuring librations, rather than the traditional origin in the mean direction of the Earth from the Moon, there is a constant offset of $214''.2$ in τ, or equivalently a correction of $-0°.059$ to the Earth's selenographic longitude.

The tabulated selenographic colongitude of the Sun is the east selenographic longitude of the morning terminator. It is calculated by subtracting the selenographic longitude of the Sun from $90°$ or $450°$. Colongitudes of $270°$, $0°$, $90°$ and $180°$ correspond to New Moon, First Quarter, Full Moon and Last Quarter, respectively.

The position angles of the axis of rotation and the midpoint of the bright limb are measured counterclockwise around the disk from the north point. The position angle of the terminator may be obtained by adding $90°$ to the position angle of the bright limb before Full Moon and by subtracting $90°$ after Full Moon.

For precise reductions of observations, the tabular data should be reduced to topocentric values. Formulae for this purpose by R. d'E. Atkinson (*Mon. Not. Roy. Astron. Soc.*, **111**, 448, 1951) are given on page D5.

Additional formulae and data pertaining to the Moon are given on pages D1–D5, D22.

Section E: Major Planets

The heliocentric and geocentric ephemerides of the planets are based on the numerical integration DE405/LE405 described on page L4. The time scale TT is the tabular argument of the geocentric ephemerides. The argument of the heliocentric ephemerides is TDB. The longitude of perihelion for both Venus and Neptune is given to a lower degree of precision due to the fact that they have nearly circular orbits and the point of perihelion is nearly undefined.

Although the apparent right ascension and declination are antedated for light-time, the true geocentric distance in astronomical units is the geometric distance for the tabular time. For Pluto the astrometric ephemeris is comparable with observations referred to catalog places of comparison stars (corrected for proper motion and annual parallax, if significant, to the epoch of observation), provided the catalog is referred to the ICRS and the observations are corrected for geocentric parallax.

The physical ephemerides of the planets depend upon the fundamental solar system ephemerides DE405/LE405 described on page L4. Physical data are based on the "Report of the IAU/IAG Working Group on Cartographic Coordinates and Rotational Elements of the Planets and Satellites: 2000" (Seidelmann, P. K. *et al.*, *Cel. Mech.*, **82**, 83, 2002) and the 2003 report (Seidelmann, P.K. *et al.*, *Cel. Mech.*, in press, 2005; hereafter referred to as the IAU Report on Cartographic Coordinates). This report contains tables giving the dimensions, directions of the north poles of rotation and the prime meridians of the planets, some of the satellites, and asteroids. The IAU Report on Cartographic Coordinates is revised every few years. Beginning with the volume for 2003 the computations incorporate the data from the 2000 IAU Report on Cartographic Coordinates.

All tabulated quantities are corrected for light-time, so the given values apply to the disk that is visible at the tabular time. Except for planetographic longitudes, all tabulated quantities vary so slowly that they remain unchanged if the time argument is considered to be UT rather than TT. Conversion from TT to UT affects the tabulated planetographic longitudes by several tenths of a degree for all planets except Mercury, Venus and Pluto.

Expressions for the visual magnitudes of the planets are due to D.L. Harris (*Planets and Satellites*, ed. G.P. Kuiper and B.L. Middlehurst, p. 272, 1961), with the exception of those for Mercury and Venus which are given by J. Hilton (*Astron. Jour.*, **129**, 2902, 2005).

The apparent disk of an oblate planet is always an ellipse, with an oblateness less than or equal to the oblateness of the planet itself, depending on the apparent tilt of the planet's axis. For planets with significant oblateness, the apparent equatorial and polar diameters are separately tabulated. The IAU Report on Cartographic Coordinates gives two values for the polar radii of Mars because there is a location difference between the center of figure and the center of mass for the planet. For the purposes of the physical ephemerides, the calculations use the mean value of the polar radii for Mars which produces the same result as using either radii.

The orientation of the pole of a planet is specified by the right ascension α_0 and declination δ_0 of the north pole, with respect to the Earth's mean equator and equinox of J2000.0. According to the IAU definition, the north pole is the pole that lies on the north side of the invariable plane of the solar system. Because of precession of a planet's axis, α_0 and δ_0 may vary slowly with time; values for the current year are given on page E3.

Useful data and formulae are given on pages E3, E4, E45 and E54-E55.

Section F: Satellites of the Planets

The ephemerides of the satellites are intended only for search and identification, not for the exact comparison of theory with observation; they are calculated only to an accuracy sufficient for the purpose of facilitating observations. These ephemerides are based on the numerical integration DE405/LE405 described on page L4, and corrected for light-time. The value of ΔT used in preparing the ephemerides is given on page F1. Reference planes for the satellite orbits are defined by the individual theories used to compute their ephemerides. Those theories are cited below.

Beginning with the 2006 edition of *The Astronomical Almanac*, a set of selection criteria has been instituted to determine which satellites are included in the table; those criteria appear on page F5. As a result, many newer satellites of Jupiter, Saturn, and Uranus have been included. However, some satellites that were included in previous editions have now been excluded. A more complete table containing all of the data from this edition as well as many of the previously included satellites is available on *The Astronomical Almanac Online* at http://asa.usno.navy.mil and http://asa.nao.rl.ac.uk. The following sources were used to update the data presented in this table: Jacobson, R. A., Synnott, S. P., & Campbell, J. K., *Astron. Astrophys.*, **225**, 548, 1989; Sheppard, S. S., at *The Giant Planet Satellite Page*, http://www.ifa.hawaii.edu/˜sheppard/satellites, 2003; Jacobson, R. A., at *JPL Solar System Dynamics*, http://ssd.jpl.nasa.gov/sat_elem.html, and references therein, 2004; Nicholson, P. D., "Natural Satellites of the Planets," in *The Observer's Handbook 2004*, Rajiv Gupta, ed., (Toronto: University of Toronto Press), 2003, pp. 20-25; Jacobson, R. A., *Astron. Jour.*, **120**, 2679, 2000; Jacobson, R. A., *Astron. Jour.*, **115**, 1195, 1998; Owen, Jr., W. M., Vaughan, R. M., & Synnott, S. P., *Astron. Jour.*, **101**, 1511, 1991.

Ephemerides and phenomena for planetary satellites are computed using data from a mixed function solution for twenty short-period planetary satellite orbits provided by D. B. Taylor (*NAO Technical Note*, **68**, 1995). For the 2007 edition, the offset data generated were used to produce satellite diagrams for Mars, Jupiter, Uranus, and Neptune. The new diagrams give a scale (in arcseconds) of the orbit of the satellites as seen from Earth. Approximate formulae for calculating differential coordinates of satellites are given with the relevant tables.

The tables of apparent distance and position angle have been discontinued in *The Astronomical Almanac* starting with the 2005 edition. These tables are available on *The Astronomical Almanac Online* at http://asa.usno. navy.mil and http://asa.nao.rl.ac.uk along with the offsets of the satellites from the planets.

Satellites of Mars

The ephemerides of the satellites of Mars are computed from the orbital elements given by A.T. Sinclair (*Astron. Astrophys.*, **220**, 321, 1989). The orbital elements of H. Struve (*Sitzungsberichte der Königlich Preuss. Akad. der Wiss.*, p. 1073, 1911) are used in editions prior to 2004.

Satellites of Jupiter

The ephemerides of Satellites I–IV are based on the theory of J.H. Lieske (*Astron. Astrophys.*, **56**, 333, 1977), with constants due to J.-E. Arlot (*Astron. Astrophys.*, **107**, 305, 1982).

Elongations of Satellite V are computed from circular orbital elements determined by P.V. Sudbury (*Icarus*, **10**, 116, 1969). The differential coordinates of Satellites VI–XIII are computed from numerical integrations, using starting coordinates and velocities calculated at the U.S. Naval Observatory (*Explanatory Supplement to the Astronomical Almanac*, 353, 1992).

The actual geocentric phenomena of Satellites I–IV are not instantaneous. Since the tabulated times are for the middle of the phenomena, a satellite is usually observable after the tabulated time of eclipse disappearance (EcD) and before the time of eclipse reappearance (EcR). In the case of Satellite IV the difference is sometimes quite large. Light curves of eclipse phenomena are discussed by D.L. Harris (*Planets and Satellites*, ed. G.P. Kuiper and B.M. Middlehurst, pages 327–340, 1961).

To facilitate identification, approximate configurations of Satellites I–IV are shown in graphical form on pages facing the tabular ephemerides of the geocentric phenomena. Time is shown by the vertical scale, with horizontal lines denoting 0^h UT. For any time the curves specify the relative positions of the satellites in the equatorial plane of Jupiter. The width of the central band, which represents the disk of Jupiter, is scaled to the planet's equatorial diameter.

For eclipses the points d of immersion into the shadow and points r of emersion from the shadow are shown pictorially at the foot of the right-hand pages for the superior conjunctions nearest the middle of each month. At the foot of the left-hand pages, rectangular coordinates of these points are given in units of the equatorial radius of Jupiter. The x-axis lies in Jupiter's equatorial plane, positive toward the east; the y-axis is positive toward the north pole of Jupiter. The subscript 1 refers to the beginning of an eclipse, subscript 2 to the end of an eclipse.

Satellites and Rings of Saturn

The apparent dimensions of the outer ring and factors for computing relative dimensions of the rings are from L.W. Esposito *et al.* (*Saturn*, eds. T. Gehrels and M.S. Matthews, 468–478, 1984). The appearance of the rings depends upon the Saturnicentric positions of the Earth and Sun. The ephemeris of the rings is corrected for light-time.

The positions of Mimas, Enceladus, Tethys and Dione are based upon orbital theories by Y. Kozai (*Ann. Toyko Obs. Ser. 2*, **5**, 73, 1957), elements from D.B. Taylor and K.X. Shen (*Astron. Astrophys.*, **200**, 269, 1988), with mean motions and secular rates from Kozai (1957) or H.A. Garcia (*Astron. Jour.*, **77**, 684, 1972). The positions of Rhea and Titan are based upon orbital theories by A.T. Sinclair (*Mon. Not. Roy. Astr. Soc.*, **180**, 447, 1977) with elements by Taylor and Shen (1988), mean motions and secular rates by Garcia (1972). The theory and elements for Hyperion are from D.B. Taylor (*Astron. Astrophys.*, **141**, 151, 1984). The theory for Iapetus is from A.T. Sinclair (*Mon. Not. Roy. Astr. Soc.*, **169**, 591, 1974) with additional terms from D. Harper *et al.* (*Astron. Astrophys.*, **191**, 381, 1988) and elements from Taylor and Shen (1988). The orbital elements used for Phoebe are from P.E. Zadunaisky (*Astron. Jour.*, **59**, 1, 1954).

For Satellites I–V times of eastern elongation are tabulated; for Satellites VI–VIII times of all elongations and conjunctions are tabulated. On the diagram of the orbits of Satellites I–VII, points of eastern elongation are marked "0". From the tabular times of these elongations the apparent position of a satellite at any other time can be marked on the diagram by setting off on the orbit the elapsed interval since last eastern elongation. For Hyperion, Iapetus, and Phoebe, ephemerides of differential coordinates are also included.

Solar perturbations are not included in calculating the tables of elongations and conjunctions, distances and position angles for Satellites I–VIII. For Satellites I–IV, the orbital eccentricity e is neglected.

Satellites and Rings of Uranus

Data for the Uranian rings are from the analysis of J.L. Elliot *et al.* (*Astron. Jour.*, **86**, 444, 1981). Ephemerides of the satellites are calculated from orbital elements determined by J. Laskar and R.A. Jacobson (*Astron. Astrophys.*, **188**, 212, 1987).

Satellites of Neptune

The ephemerides of Triton and Nereid are calculated from elements by R.A. Jacobson (*Astron. Astrophys.*, **231**, 241, 1990). The differential coordinates of Nereid are apparent positions with respect to the true equator and equinox of date.

Satellite of Pluto

The ephemeris of Charon is calculated from the elements of D.J. Tholen (*Astron. Jour.*, **90**, 2353, 1985).

Section G: Minor Planets and Comets

This section contains data on a selection of 93 minor planets. These minor planets are divided into two sets. The main set of the fifteen largest asteroids are 1 Ceres, 2 Pallas, 3 Juno, 4 Vesta, 6 Hebe, 7 Iris, 8 Flora, 9 Metis, 10 Hygiea, 15 Eunomia, 16 Psyche, 52 Europa, 65 Cybele, 511 Davida, and 704 Interamnia. Their ephemerides are based on the USNO/AE98 minor planets of J.L. Hilton (*Astron. Jour.*, **117**, 1077, 1999). These particular asteroids were chosen because they are large (> 300 km in diameter), have well observed histories, and/or are the largest member of their taxonomic class. The remaining 78 minor planets constitute the set with opposition magnitudes < 11, or < 12 if the diameter ≥ 200 km. Their positions are based on the USNO/AE2001 ephemerides of J.L. Hilton (in preparation). The absolute visual magnitude at zero phase angle (*H*) and the slope parameter (*G*), which depends on the albedo, are from the *Minor Planet Ephemerides* produced by the Institute of Applied Astronomy, St. Petersburg. The change in content of this section (starting with the 2003 edition) and the purpose of the selection of objects is to encourage observation of the most massive, largest and brightest of the minor planets.

Astrometric positions for the main set of minor planets are given daily at 0^hTT for sixty days on either side of an opposition occurring between January 1 of the current year and January 31 of the following year. Also given are the apparent visual magnitude and the time of ephemeris transit over the ephemeris meridian. The dates when the object is stationary in apparent right ascension are indicated by shading. It is occasionally possible for a stationary date to be outside the period tabulated. The astrometric ephemeris is comparable with observations referred to catalog places of comparison stars (corrected for proper motion and annual parallax, if significant, to the epoch of observation), provided the catalog is referred to the ICRS (or the mean equator and equinox of J2000.0) and the observations are corrected for geocentric parallax. Linear interpolation is sufficient for the magnitude and ephemeris transit, but for the astrometric right ascension and declination second differences are significant.

A chronological list of the opposition dates of all the objects is given together with their visual magnitude and apparent declination. Those oppositions printed in bold also have a sixty-day ephemeris around opposition. All phenomena (dates of opposition and dates of stationary points) are calculated to the nearest hour UT. It must be noted, as with phenomena for all objects, that opposition dates are determined from the apparent longitude of the Sun and the object, with respect to the mean ecliptic of date. Stationary points, on the other hand, are defined to occur when the rate of change of the apparent right ascension is zero.

Osculating orbital elements for all the minor planets are tabulated with respect to the ecliptic and equinox J2000.0 for, usually, a 400-day epoch. Also tabulated are the *H* and *G* parameters for magnitude and the diameters. The masses of most of the objects have been set to an arbitrary value of $1 \times 10^{-12} M_\odot$. However, the masses of 13 minor planets tabulated by J. Hilton ("Asteroid Masses and Densities," in *Asteroids III*, eds. Bottke, Cellino, Paolicchi and Binzel, Univ. of Arizona Press, 103 – 112, 2003), have been used. The values for the diameters of the minor planets were taken from a number of sources which are referenced on *The Astronomical Almanac Online* at http://asa.usno.navy.mil and http://asa.nao.rl.ac.uk.

B.G. Marsden, Smithsonian Astrophysical Observatory, supplied the osculating elements of the periodic comets returning to perihelion during the year. Up-to-date elements of the comets currently observable may be found at http://cfa-www.harvard.edu/iau/Ephemerides/Comets/index.html.

Section H: Stars and Stellar Systems

Except for the tables of ICRF radio sources, radio flux calibrators, and pulsars, positions tabulated in Section H are referred to the mean equator and equinox of J2006.5 = 2006 July 2.625 = JD 245 3919.125. The positions of the ICRF radio sources provide a practical realization of the ICRS. The positions of radio flux calibrators and pulsars are referred to the equator and equinox of J2000.0 = JD 245 1545.0.

Bright Stars

Included in the list of bright stars are 1469 stars chosen according to the following criteria:

   a. all stars of visual magnitude 4.5 or brighter, as listed in the fifth revised edition of the *Yale Bright Star Catalogue* (BSC);

   b. all FK5 stars brighter than 5.5;

   c. all MK atlas standards in the BSC (Morgan, W.W. *et al.*, *Revised MK Spectral Atlas for Stars Earlier Than the Sun*, 1978; and Keenan, P.C. and McNeil, R.C., *Atlas of Spectra of the Cooler Stars: Types G, K, M, S, and C*, 1976).

   d. all stars selected according to the criteria in a, b, or c above and also listed in the *Hipparcos Catalogue*.

Flamsteed and Bayer designations are given with the constellation name and the BSC number.

Positions for all stars are taken from the *Hipparcos Catalogue* and converted to epoch J2000.0, then precessed to the equator and equinox of the middle of the current year. For the majority of the stars, proper motions are taken from the *Tycho-2 Catalog*. Stars with multiple listings in the *Tycho-2 Catalog* and a single listing in the *Hipparcos Catalogue* are assigned the proper motion of the primary star. Both the *Hipparcos Catalogue* and the *Tycho-2 Catalog* are consistent with the ICRS. As indicated in the notes to the table, proper motions from the *Hipparcos Catalogue* are used for about 300 stars which do not have proper motions in the *Tycho-2 Catalog*.

Orbital positions are given for several wide binary stars noted in the table. Orbital elements are taken from the *Sixth Catalog of Orbits of Visual Binary Stars* (Hartkopf, W.I. and Mason, B.D. 2002, http://ad.usno.navy.mil/wds/orb6.html; see also the *Fifth Catalog of Orbits of Visual Binary Stars*, Hartkopf, W.I., Mason, B.D., and Worley, C.E., *Astron. Jour.*, **122**, 3472, 2001).

The *V* magnitudes and color indices $U-B$ and $B-V$ are homogenized magnitudes taken from the BSC. Spectral types were provided by W.P. Bidelman and updated by R.F. Garrison. Codes in the Notes column are explained at the end of the table (page H31). Stars marked as MK Standards are from either of the two spectral atlases listed above. Stars marked as anchor points to the MK System are a subset of standard stars that represent the most stable points in the system (in *The MK Process at 50 Years*, eds. Corbally, Gray, and Garrison, ASP Conf. Series, **60**, 3–14, 1994). Further details about the stars marked as double stars may be found at http://ad.usno.navy.mil/wds/wdstext.html.

The entire table of bright star data for the current year is available on *The Astronomical Almanac Online* at http://asa.usno.navy.mil and http://asa.nao.rl.ac.uk.

Double Stars

The table of Selected Double Stars contains recent orbital data for 89 double star systems in the Bright Star table where the pair contains the primary star and the components have a separation > 3″0 and differential visual magnitude < 3 magnitudes. A few other systems of interest are also present. Data given are the most recent measures except for 20 systems, where predicted positions are given based on orbit or rectilinear motion calculations. The list was provided by Brian Mason and taken from the *Washington Double Star Catalog* (WDS, Mason, B.D. *et al.*, *Astron. Jour.*, **122**, 3466, 2001; also available at http://ad.usno.navy.mil/ wds/wds.html).

The positions are for those of the primary stars and taken directly from the list of bright stars. The Discoverer Designation contains the reference for the measurement from the WDS and the Epoch column gives the year of the measurement. The column headed Δ m_v gives the relative magnitude difference in the visual band between the two components.

The term "primary" used in this section is not necessarily the brighter object, but designates which object is the origin of measurements.

Photometric Standards

The table of *UBVRI* Photometric Standards are selected from Table 2 in Landolt, *Astron. Jour.*, **104**, 340, 1992. Finding charts for stars are given in the paper. This subset of 291 stars reviewed by A. Landolt represents those sources which are observed seven times or more and are non-variable. They provide internally consistent homogeneous broadband standards for the Johnson-Kron-Cousins photometric system for telescopes of intermediate and large size in both hemispheres. The filter bands have the following effective wavelengths: U, 3600 Å; B, 4400 Å; V, 5500 Å; R, 6400 Å; I 7900 Å.

The positions are taken from the Naval Observatory Merged Astronomical Database (NOMAD) which provides the optimum ICRF positions and proper motions for stars taken from the following catalogs in the order given: *Hipparcos, Tycho-2, UCAC2,* or *USNO-B.* Positions are precessed to the equator and equinox of the middle of the current year.

The list of bright Johnson standards which appeared in editions prior to 2003 is given at http://asa.usno.navy.mil and http://asa.nao.rl.ac.uk.

The selection and photometric data for standards on the Strömgren four-color and Hβ systems are those of C.L. Perry, E.H. Olsen and D.L. Crawford (*Pub. Astron. Soc. Pac.*, **99**, 1184, 1987). Only the 319 stars which have four-color data are included. The u band is centered at 3500 Å; v at 4100 Å; b at 4700 Å; and y at 5500 Å. Four indices are tabulated: $b-y, m_1 = (v-b) - (b-y), c_1 = (u-v) - (v-b)$ and Hβ.

Star names and numbers are taken from the BSC. Positions and proper motions are taken from NOMAD as described above. Spectral types are taken from the list of bright stars (pages H2–H31) or from the original reference cited above. Visual magnitudes given in the column headed V are taken from the original reference and therefore may disagree with those given in the list of bright stars.

Radial Velocity Standards

The selection of radial velocity standard stars is based on a list of bright standards taken from the report of IAU Commission 30 Working Group on Radial Velocity Standard Stars (*Trans. IAU*, **IX**, 442, 1957) and a list of faint standards (*Trans. IAU*, **XVA**, 409, 1973). The combined list represents the IAU radial velocity standard stars with late spectral types. Also included in the table at the recommendation of IAU Commission 30 are 14 faint stars with reliable radial velocity data useful for observers in the Southern Hemisphere (*Trans. IAU*, **XIIIB**, 170, 1968). Variable stars (orbital and intrinsic) in the lists of standards have been removed. (See Udry, S. *et al.*, "20 years of CORAVEL Monitoring of Radial-Velocity Standard Stars", in *Precise Stellar Radial Velocities, Victoria*, IAU Coll. 170, ed. J. Hearnshaw and C. Scarfe, 383, 1999). The resulting table of stars is sufficient to serve as a group of moderate-precision radial velocity standards.

These stars have been extensively observed for more than a decade at the Center for Astrophysics, Geneva Observatory, and the Dominion Astrophysical Observatory. A discussion of velocity standards and the mean velocities from these three monitoring programs can be found in the report of IAU Commission 30, Reports on Astronomy (*Trans. IAU*, **XXIB**, 1992).

Positions are taken from the *Hipparcos Catalogue* processed by the procedures used for the list of bright stars (pages H2–H31). *V* magnitudes are taken from the BSC, the *Hipparcos Catalogue* or SIMBAD. The spectral types are taken primarily from the list of bright stars. Otherwise, the spectral types originate from the BSC, the *Hipparcos Catalogue*, or the original IAU list.

Variable Stars

The list of variable stars was compiled by J.A. Mattei using as reference the fourth edition of the *General Catalogue of Variable Stars*, the *Sky Catalog 2000.0, Volume 2, A Catalog and Atlas of Cataclysmic Variables—2nd Edition*, and the data files of the American Association of Variable Star Observers (AAVSO). The brightest stars for each class with amplitude of 0.5 magnitude or more have been selected. The following magnitude criteria at maximum brightness are used:

a. eclipsing variables brighter than magnitude 7.0;

b. pulsating variables:

   RR Lyrae stars brighter than magnitude 9.0;

   Cepheids brighter than 6.0;

   Mira variables brighter than 7.0;

   Semiregular variables brighter than 7.0;

   Irregular variables brighter than 8.0;

c. eruptive variables:

   U Geminorum, Z Camelopardalis, SS Cygni, SU Ursae Majoris,
   WZ Sagittae, recurrent novae, very slow novae, nova-like and
   DQ Herculis variables brighter than magnitude 11.0;

d. other types:

   RV Tauri variables brighter than magnitude 9.0;

   R Coronae Borealis variables brighter than 10.0;

   Symbiotic stars (Z Andromedae) brighter than 10.0;

   δ Scuti variables brighter than 9.0;

   S Doradus variables brighter than 6.0;

   SX Phoenicis variables brighter than 7.0.

The epoch for eclipsing variables is for time of minimum. The epoch for pulsating, eruptive, and other types of variables is for time of maximum.

Positions and proper motions are taken from NOMAD as described on the previous page.

Several spectral types were too long to be listed in the table and are given here:

T Mon: F7Iab-K1Iab + A0V

R Leo: M6e-M8IIIe-M9.5e

TX CVn: B1-B9Veq + K0III-M4

AE Aqr: K2Ve + pec(e+CONT)

VV Cep: M2epIa-Iab + B8:eV

Bright Galaxies

This is a list of 198 galaxies brighter than $B_T^w = 11.50$ and larger than $D_{25} = 5'$, drawn primarily from *The Third Reference Catalogue of Bright Galaxies* (de Vaucouleurs, G. *et al.*, 1991), hereafter referred to as RC3. The data have been reviewed and corrected where necessary, or supplemented by H.G. Corwin, R.J. Buta, and G. de Vaucouleurs.

Two recently recognized dwarf spheroidal galaxies (in Sextans and Sagittarius) that are not included in RC3 are added to the list (see Irwin, M. and Hatzidimitriou, D., *Mon. Not. Roy. Astron. Soc.*, **277**, 1354, 1995; Ibata, R.A. *et al.*, *Astron. Jour.*, **113**, 634, 1997).

The columns are as follows (see RC3 for further explanation and references):

In the column headed Name, catalog designations are from the *New General Catalog* (NGC) or from the *Index Catalog* (IC). A few galaxies with no NGC or IC number are identified by common names. The Small Magellanic Cloud is designated "SMC" rather than NGC 292. Cross-identifications for these common names are given in Appendix 8 of RC3 or at the end of the table (page H58).

In most cases, the RC3 position is replaced with a more accurate weighted mean position based on measurements from many different sources, some unpublished. Where positions for unresolved nuclear radio sources from high-resolution interferometry (usually at 6- or 20-cm) are known to coincide with the position of the optical nucleus, the radio positions are adopted. Similarly, positions have been adopted from the 2-Micron All-Sky Survey (2MASS, *e.g.* Jarrett, T.H. *et al.*, *Astron. Jour.*, **119**, 2498, 2000) where these coincide with the optical nucleus. Positions for Magellanic irregular galaxies without nuclei (*e.g.* LMC, NGC 6822, IC 1613) are for the centers of the bars in these galaxies. Positions for the dwarf spheroidal galaxies (*e.g.* Fornax, Sculptor, Carina) refer to the peaks of the luminosity distributions. The precision with which the position is listed reflects the accuracy with which it is known. The mean errors in the listed positions are 2–3 digits in the last place given.

Morphological types are based on the revised Hubble system (see de Vaucouleurs, G., *Handbuch der Physik*, **53**, 275, 1959; *Astrophys. Jour. Supp.*, **8**, 31, 1963).

The column headed L gives the mean numerical van den Bergh luminosity classification for spiral galaxies. The numerical scale adopted in RC3 corresponds to van den Bergh classes as follows:

L	1	2	3	4	5	6	7	8	9	(10)	(11)
class	I	I–II	II	II–III	III	III–IV	IV	IV–V	V	(V–VI)	(VI)

Classes V–VI and VI (10 and 11 in the numerical scale) are an extension of van den Bergh's original system, which stopped at class V.

The column headed Log (D_{25}) gives the logarithm to base 10 of the diameter (in tenths of arcmin.) of the major axis at the 25.0 blue mag/arcsec^2 isophote. Diameters with larger than usual standard deviations are noted with brackets. With the exception of the Fornax and Sagittarius Systems, the diameters for the highly resolved Local Group dwarf spheroidal galaxies are core diameters from fitting of King models to radial profiles derived from star counts (Irwin and Hatzidimitriou, *op. cit.*). The relationship of these core diameters to the 25.0 blue mag/arcsec^2 isophote is unknown. The diameter for the Fornax System is a mean of measured values given by de Vaucouleurs and Ables (*Astrophys. Jour.*, **151**, 105, 1968) and Hodge and Smith (*Astrophys. Jour.*, **188**, 19, 1974), while that of Sagittarius is taken from Ibata *et al.* (*op. cit.*) and references therein.

The column headed Log (R_{25}) gives the logarithm to base 10 of the ratio of the major to the minor axes (D/d) at the 25.0 blue mag/arcsec^2 isophote. For the dwarf spheroidal galaxies, the ratio is a mean value derived from isopleths.

The column headed P.A. gives the position angle in degrees, measured from north through east, of the major axis for the equinox 1950.0.

The column headed B_T^w gives the total blue magnitude derived from surface or aperture photometry, or from photographic photometry reduced to the system of surface and aperture photometry, uncorrected for extinction or redshift. Because of very low surface brightnesses, the magnitudes for the dwarf spheroidal galaxies (see Irwin and Hatzidimitriou, *op. cit.*) are very uncertain. The total magnitude for NGC 6822 is from P.W. Hodge (*Astron. Astrophys. Supp.*, **33**, 69, 1977). A colon indicates a larger than normal standard deviation associated with the magnitude.

Columns headed $B-V$ and $U-B$ give the total colors, uncorrected for extinction or redshift. RC3 gives total colors only when there are aperture photometry data at apertures larger than the effective (half-light) aperture. However, a few of these galaxies have a considerable amount of data at smaller apertures, and also have small color gradients with aperture. Thus, total colors for these objects have been determined by further extrapolation along standard color curves. The colors for the Fornax System are taken from de Vaucouleurs and Ables (*op. cit.*), while those for the other dwarf spheroidal systems are from the recent literature, or from unpublished aperture photometry. The colors for NGC 6822 are from Hodge (*op. cit.*). A colon indicates a larger than normal standard deviation associated with the color.

The column headed v_r gives, in km/s, the weighted mean heliocentric radial velocity. It is derived from neutral hydrogen and/or optical redshifts, expressed as $v = cz = c(\Delta\lambda/\lambda)$, following the optical convention.

In maintaining this list, extensive use is made of these services: The NASA/IPAC Extragalactic Database (NED), operated by the Jet Propulsion Laboratory, California Institute of Technology, under contract with the National Aeronautics and Space Administration (NASA); the Digitized Sky Surveys made available by the Space Telescope Science Institute, operated by NASA; and the Two Micron All Sky Survey, a joint project of the University of Massachusetts and the Infrared Processing and Analysis Center/California Institute of Technology, funded by NASA and the National Science Foundation.

Star Clusters

The list of open clusters comprises a selection of 319 open clusters which have been studied in some detail so that a reasonable set of data is available for each. With the exception of the magnitude and Trumpler class data, all data are taken from the *New Catalog of Optically Visible Open Clusters and Candidates* (Dias, W.S. *et al.*, *Astron. Astrophys.*, **389**, 871, 2002) supplied by Wilton Dias and updated current to 2005. The catalog is available at http://www.astro.iag.usp.br/~wilton. The "Trumpler Class" and "Mag. Mem." columns are taken from fifth (1987) edition of the Lund-Strasbourg catalog (original edition described by G. Lyngå, *Astron. Data Cen. Bul.*, 2, 1981), with updates and corrections to the data current to 1992.

For each cluster, two identifications are given. First is the designation adopted by the IAU, while the second is the traditional name. Alternate names for some clusters are given on page H65.

Positions are for the central coordinates of the clusters, referred to the mean equator and equinox of the middle of the Julian year. Cluster mean absolute proper motion and radial velocity are used in the calculation when available.

Apparent angular diameters of the clusters are given in arcminutes and distances between the clusters and the Sun are given in parsecs. The logarithm to the base 10 of the cluster age in years is determined from the turnoff point on the main sequence. Under the heading "Mag. Mem." is the visual magnitude of the brightest cluster member. $E_{(B-V)}$ is the color excess. Metallicity is mostly determined from photometric narrow band or intermediate band studies. Trumpler classification is defined by R.S. Trumpler (*Lick Obs. Bul.*, **XIV**, 154, 1930).

The list of 150 Milky Way globular clusters is compiled from the February 2003 revision of a *Catalog of Parameters for Milky Way Globular Clusters* supplied by William E. Harris. The complete catalog containing basic parameters on distances, velocities, metallicities, luminosities, colors, and dynamical parameters, a list of source references, an explanation of the quantities, and calibration information are accessible at http://physwww. physics.mcmaster.ca/%7Eharris/mwgc.dat. The catalog is also briefly described in Harris, W.E., *Astron. Jour.*, **112**, 1487, 1996.

The present catalog contains objects adopted as certain or highly probable Milky Way globular clusters. Objects with virtually no data entries in the catalog still have somewhat uncertain identities. The adoption of a final candidate list continues to be a matter of some arbitrary judgment for certain objects. The bibliographic references should be consulted for excellent discussions of these individually troublesome objects, as well as lists of other less likely candidates.

The adopted integrated V magnitudes of clusters, V_t, are the straight averages of the data from all sources. The integrated $B-V$ colors of clusters are on the standard Johnson system.

Measurements of the foreground reddening, $E_{(B-V)}$, are the averages of the given sources (up to 4 per cluster), with double weight given to the reddening from well calibrated (120 clusters) color-magnitude diagrams. The typical uncertainty in the reddening for any cluster is on the order of 10 percent, i.e. $\Delta[E_{(B-V)}] = 0.1E_{(B-V)}$.

The primary distance indicator used in the calculation of the apparent visual distance modulus, $(m-M)_V$, is the mean V magnitude of the horizontal branch (or RR Lyrae stars), V_{HB}. The absolute calibration of V_{HB} adopted here uses a modest dependence of absolute V magnitude on metallicity, $M_V(HB) = 0.15[Fe/H] + 0.80$. The $V(HB)$ here denotes the mean magnitude of the HB stars, without further adjustments to any predicted zero age HB level. Wherever possible, it denotes the mean magnitude of the RR Lyrae stars directly. No adjustments are made to the mean V magnitude of the horizontal branch before using it to estimate the distance of the cluster. For a few clusters (mostly ones in the Galactic bulge region with very heavy reddening), no good [Fe/H] estimate is currently available; for these cases, a value $[Fe/H] = -1$ is assumed.

The heavy-element abundance scale, [Fe/H], adopted here is the one established by Zinn and West (*Astrophys. Jour. Supp.*, **55**, 45, 1984). This scale has recently been reinvestigated as being nonlinear when calibrated against the best modern measurements of [Fe/H] from high-dispersion spectra (see Carretta and Gratton, *Astron. Astrophys. Supp.*, **121**, 95, 1997 and Rutledge, Hesser, and Stetson, *Pub. Astron. Soc. Pac.*, **109**, 907, 1997). In particular, these authors suggest that the Zinn–West scale overestimates the metallicities of the most metal-rich clusters. However, the present catalog maintains the older (Zinn–West) scale until a new consensus is reached in the primary literature.

The adopted heliocentric radial velocity, v_r, for each cluster is the average of the available measurements, each one weighted inversely as the published uncertainty.

A 'c' following the value for the central concentration index denotes a core-collapsed cluster. The listed values of r_c and c should not be used to calculate a value of tidal radius r_t for core-collapsed clusters. Trager, Djorgovski, and King (in *Structure and Dynamics of Globular Clusters*, eds. Djorgovski and Meylan, ASP Conf. Series, **50**, 347, 1993) arbitrarily adopt $c = 2.50$ for such clusters, and these have been carried over to the present catalog. The 'c:' symbol denotes an uncertain identification of the cluster as being core-collapsed.

The cluster core radii, r_c, and the central concentration $c = \log(r_t/r_c)$, where r_t is the tidal radius, are taken primarily from the comprehensive discussion of Trager, Djorgovski, and King (*op. cit.*). Updates for a few clusters (Pal 2, N6144, N6352, Ter 5, N6544, Pal 8, Pal 10, Pal 12, Pal 13) are taken from Trager, King, and Djorgovski, *Astron. Jour.*, **109**, 218, 1995.

Radio Sources

The list of radio source positions gives the 212 defining sources of the ICRF. Based upon the varying quality of the VLBI data analysis, the objects in the ICRF are classified in three categories: defining, candidate and other sources. Data for all the 608 ICRF extragalactic radio sources can be obtained at http://hpiers.obspm.fr/webiers/results/icrf/icrfrsc.html. The candidate source 3C 274 is included in the list due to its popularity.

The data presented here are taken from C. Ma and M. Feissel (eds), *Definition and Realization of the International Celestial Reference System by VLBI Astrometry of Extragalactic Objects*, International Earth Rotation Service (IERS) Technical Note **23**, Observatoire de Paris, 1997. The positions provide a practical realization of the ICRS. The column headed V gives apparent visual magnitude, the column headed z gives redshift, and the column headed S_{5GHz} gives the flux density in Janskys at 5 GHz. The codes listed under Type are given at the end of the table (page H73).

Data for the list of radio flux standards are due to Baars, J.W.M. *et al.*, *Astron. Astrophys.*, **61**, 99, 1977, as updated by Kraus, Krichbaum, Pauliny-Toth and Witzel. Flux densities S, measured in Janskys, are given for twelve frequencies ranging from 400 to 43200 MHz. Positions are referred to the mean equinox and equator of J2000.0. Positions of 3C 48, 3C 147, 3C 274 and 3C 286 are taken from the ICRF database found at the website listed above. Positions of the other sources are due to Baars *et al.*, (*op. cit.*).

The codes listed under the column headed "Spec." describe the spectrum: "Th" indicates thermal; "S" indicates that a straight line has been fitted to the data; "C-" indicates that a concave parabola has been fitted to the data.

X-Ray Sources

The primary criterion for the selection of X-ray sources is having an identified optical counterpart. The most commonly known name of the X-ray source appears in the column headed Name. Positions are for those of the optical counterparts, except when none is listed in the column headed Identified Counterpart. Positions and proper motions are taken from NOMAD descibed on page L14. The X-ray flux in the 2 – 10 keV energy range is given in micro-Janskys (μJy) in the column headed Flux. In some cases, a range of flux values is presented, representing the variability of these sources. The identified optical counterpart (or companion in the case of an X-ray binary system) is listed in the column headed Identified Counterpart. The type of X-ray source is listed in the column headed Type. Neutron stars in binary systems that are known to exhibit many X-ray bursts are designated "B" for "Burster." X-ray sources that are suspected of being Black Holes have the "BHC" designation for "Black Hole Candidate." Supernova remnants have the "SNR" designation. Other neutron stars in binaries which do not burst and are not known as X-ray pulsars have been given the "NS" designation. All codes in the Type column are explained at the end of the table (page H76).

The data in this table are courtesy of M. Stollberg (USNO). He drew from several current source catalogs to compile the table. For the X-ray binary sources, the catalogs of van Paradijs (*X-Ray Binaries*, ed. W.H.G. Lewin, J. van Paradijs, and E.P.J. van den Heuvel, 536, 1995) and Liu, van Paradijs, and van den Heuvel (*Astron. Astrophys.*, **147**, 25, 2000) are used. Other sources are selected from the *Fourth Uhuru Catalog* (Forman *et al.*, *Astrophys. Jour. Supp.*, **38**, 357, 1978), hereafter referred to as 4U. Fluxes in μJy in the 2 – 10 keV range for X-ray binary sources were readily given by the van Paradijs and Liu, van Paradijs, and van den Heuvel papers. Other fluxes were obtained by converting the 4U count rates. The conversion factor can be found in the paper "The Optical Counterparts of Compact Galactic X-ray Sources" by H.V.D. Bradt and J.E. McClintock (*Ann. Rev. Astron. Astrophys.*, **21**, 13, 1983).

The tabulated magnitudes are the optical magnitude of the counterpart in the *V* filter, unless marked by an asterisk, in which case the *B* magnitude is given. Variable magnitude objects are denoted by "V"; for these objects the tabulated magnitude pertains to maximum brightness.

Quasars

A set of 98 quasars is selected from the catalog of M.-P. Véron-Cetty and P. Véron (*A Catalogue of Quasars and Active Nuclei, 7th Edition*, ESO Scientific Report No. 17, 1996). Based on the suggestions of T.M. Heckman, the following selection criteria, that are not mutually exclusive, are used:

$V < 15.0$ (45 quasars);
$M(\text{abs}) \leq -30.6$ (18 quasars);
z (redshift) ≥ 4.36 (21 quasars);
6 cm flux density ≥ 5.3 Janskys (15 quasars).

No objects classified as Seyfert, BL Lac or HII are included.

Positions are given for the equator and equinox of the middle of the current year. Flux densities are given for 6 cm and 11 cm. The authors of the catalog caution that many of the *V* magnitudes are inaccurate and, in any case, variable. However, the $(B-V)$ color indices do not vary much and should be more accurate. Absolute magnitudes are computed assuming $H_0 = 50$ km s^{-1}Mpc^{-1}, $q_0 = 0$, and an optical spectral index of 0.7.

Pulsars

Data for the 99 pulsars presented in this table are provided by Z. Arzoumanian (NASA/GSFC). Tabulated information is derived from the pulsar catalog described by Manchester, R.N. *et al.*, (*Astron. Jour.*, **129**, 1993; http://www.atnf.csiro.au/research/pulsar/psrcat). The exceptions are for B0540-69 and B1259-63 whose data are derived from Johnston, S. *et al.*, (*Mon. Not. Roy. Astron. Soc.*, **355**, 31, 2004) and Wang, N., Johnston, S., and Manchester, R. N. (*Mon. Not. Roy. Astron. Soc.*, **351**, 599, 2004), respectively,

Pulsars chosen are either bright, with S_{400}, the mean flux density at 400 MHz, greater than 80 milli-Janskys; fast, with spin period less than 100 milli-seconds; or have binary companions. Pulsars without measured spin-down rates and very weak pulsars (with measured 400 MHz flux density below 1 milli-Jansky) are excluded. A few other interesting systems are also included.

Positions are referred to the equator and equinox of J2000.0. For each pulsar the period P in seconds and the time rate of change $\dot{P}$ in 10^{-15} s s^{-1} are given for the specified epoch. The group velocity of radio waves is reduced from the speed of light in a vacuum by the dispersive effect of the interstellar medium. The dispersion measure DM is the integrated column density of free electrons along the line of sight to the pulsar; it is expressed in units cm^{-3} pc. The epoch of the period is in Modified Julian Date (MJD), where MJD = JD − 2400000.5.

Gamma Ray Sources

The table of Gamma Ray Sources contains a selection of historically important sources, well known sources, and extremely bright sources. The table is a subset from a catalog of gamma ray sources (Macomb and Gehrels, *Astrophys. Jour. Supp.*, **120**, 335, 1999).

The table gives two designations for most sources: the most common source name in the column headed Name and an alternate name in the column headed Alternate Name. The Large Magellanic Cloud (LMC) is included in the table because it is an important gamma ray source for diffuse emission studies. The position given for the LMC is the centroid of detection for the EGRET instrument from the *Compton Gamma Ray Observatory* (CGRO). EGRET detected an integrated flux from the LMC thought to be due to cosmic ray interactions with the interstellar medium. The observed flux of the source is given with the upper and lower limits on the energy range (in MeV) over which it has been observed. The flux, in photons $cm^{-2}s^{-1}$, is an integrated flux over this energy range. In many cases, no upper limit energy is given. For those cases, the flux is the peak observed flux. For SN1987A, the flux given is only for a single observed spectral line; hence the designation "line" is given. The column headed Type uses a single letter code to identify the type of source; codes are defined at the end of the table on page H82.

Section J: Observatories

The list of observatories is intended to serve as a finder list for planning observations or other purposes not requiring precise coordinates. Members of the list are chosen on the basis of instrumentation, and being active in astronomical research, the results of which are published in the current scientific literature. Most of the observatories provided their own information, and the coordinates listed are for one of the instruments on their grounds. Thus the coordinates may be astronomical, geodetic, or other, and should not be used for rigorous reduction of observations. The list of observatories and index are also provided in PDF format on *The Astronomical Almanac Online* at http://asa.usno.navy.mil and http://asa.nao.rl.ac.uk.

Section K: Tables and Data

Selected astronomical constants are given on pages K6–K7, along with references for the values. The IAU (1976) constants used in previous editions can be found on *The Astronomical Almanac Online* at http://asa.usno.navy.mil and http://asa.nao.rl.ac.uk.

The ΔT values provided on pages K8–K9 are not necessarily those used in the production of *The Astronomical Almanac* or its predecessors. They are tabulated primarily for those involved in historical research. Estimates of ΔT are derived from data published in Bulletins B and C of the International Earth Rotation and Reference Systems Service (IERS) (see http://www.iers.org/iers/pc/eop/). Coordinates of the celestial pole (from 2003, the Celestial Intermediate Pole) on page K10 are also taken from section 2 of IERS Bulletin B.

Section M: Glossary

E. M. Standish (Jet Propulsion Laboratory, California Institute of Technology) and S. Klioner (Technischen Universitat Dresden) were consulted in updating the content of several of the definitions in recent editions.

ΔT: the difference between **Terrestrial Time (TT)** and **Universal Time (UT)**: $\Delta T = TT - UT1$.

$\Delta UT1$ (or ΔUT): the value of the difference between **Universal Time (UT)** and **Coordinated Universal Time (UTC)**: $\Delta UT1 = UT1 - UTC$.

aberration: the relativistic apparent angular displacement of the observed position of a celestial object from its **geometric position**, caused by the motion of the observer in the reference system in which the trajectories of the observed object and the observer are described. (See **aberration, planetary.**)

aberration, annual: the component of stellar **aberration** resulting from the motion of the Earth about the Sun. (See **aberration, stellar.**)

aberration, diurnal: the component of stellar **aberration** resulting from the observer's diurnal motion about the center of the Earth. (See **aberration, stellar.**)

aberration, E-terms of: terms of the annual **aberration** that depend on the **eccentricity** and longitude of **perihelion** of the Earth. (See **perihelion; aberration, annual.**)

aberration, elliptic: see **aberration, E-terms of.**

aberration, planetary: the apparent angular displacement of the observed position of a solar system body produced by the motion of the observer and the actual motion of the observed object. (See **aberration, stellar.**)

aberration, secular: the component of stellar aberration resulting from the essentially uniform and almost rectilinear motion of the entire solar system in space. Secular aberration is usually disregarded. (See **aberration, stellar.**)

aberration, stellar: the apparent angular displacement of the observed position of a celestial body resulting from the motion of the observer. Stellar aberration is divided into the diurnal, annual, and secular components. (See **aberration, diurnal; aberration, annual; aberration, secular.**)

altitude: the angular distance of a celestial body above or below the horizon, measured along the great circle passing through the body and the **zenith**. Altitude is 90° minus the **zenith distance**.

anomaly: angular separation of a body in its orbit from its **pericenter**. (See **eccentric anomaly; true anomaly.**)

aphelion: the most distant point from the Sun in a **heliocentric orbit**.

apogee: the point at which a body in **orbit** around the Earth reaches its farthest distance from the Earth. Apogee is sometimes used in reference to the apparent orbit of the Sun around the Earth.

apparent place: coordinates of a celestial object at a specific date, obtained by removing from the directly observed position of the object the effects that depend on the **topocentric** location of the observer, i.e., **refraction**, diurnal aberration, and geocentric (diurnal) **parallax**. Thus, the position at which the object would actually be seen from the center of the Earth — if the Earth were transparent, nonrefracting, and massless — referred to the **true equator and equinox**. (See **aberration, diurnal.**)

apparent solar time: the measure of time based on the diurnal motion of the true Sun. The rate of diurnal motion undergoes seasonal variation caused by the **obliquity** of the **ecliptic** and by the **eccentricity** of the Earth's **orbit**. Additional small variations result from irregularities in the rotation of the Earth on its axis.

Aries, First point of: another name for the **vernal equinox**.

aspect: the apparent position of any of the planets or the Moon relative to the Sun, as seen from the Earth.

astrometric ephemeris: an **ephemeris** of a solar system body in which the tabulated positions are essentially comparable to catalog **mean places** of stars at a **standard epoch**. An astrometric position is obtained by adding to the **geometric position**, computed from gravitational theory, the correction for **light-time**. Prior to 1984, the E-terms of annual aberration were also added to the geometric position. (See **aberration, annual**; **aberration, stellar**; **aberration, E-terms of**.)

astronomical coordinates: the longitude and latitude of the point on Earth relative to the **geoid**. These coordinates are influenced by local gravity anomalies. (See **zenith**; **longitude, terrestrial**; **latitude, terrestrial**.)

astronomical unit (AU): the radius of a circular **orbit** in which a body of negligible mass, and free of **perturbations**, would revolve around the Sun in $2\pi/k$ days, k being the **Gaussian gravitational constant**. This is slightly less than the mean **semimajor axis** of the Earth's orbit.

astronomical zenith: see **zenith, astronomical**.

atomic second: see **second, Système International**.

augmentation: the amount by which the apparent **semidiameter** of a celestial body, as observed from the surface of the Earth, is greater than the semidiameter that would be observed from the center of the Earth.

azimuth: the angular distance measured eastward along the **horizon** from a specified reference point (usually north). Azimuth is measured to the point where the great circle determining the **altitude** of an object meets the horizon.

barycenter: the center of mass of a system of bodies; e.g., the center of mass of the solar system, or that of the Earth-Moon system.

barycentric: with reference to, or pertaining to, the **barycenter** (usually of the solar system).

Barycentric Celestial Reference System (BCRS): a system of **barycentric** space-time coordinates for the solar system within the framework of General Relativity. The metric tensor to be used in the system is specified by the IAU 2000 resolutions. (See **Barycentric Coordinate Time (TCB)**.)

Barycentric Coordinate Time (TCB): the coordinate time of the **Barycentric Celestial Reference System (BCRS)**, which advances by SI seconds within that system. TCB is related to **Geocentric Coordinate Time (TCG)** and **Terrestrial Time (TT)** by relativistic transformations that include a secular term. (See **second, Système International**.)

Barycentric Dynamical Time (TDB): A time scale defined by an IAU 1976 resolution for use as an independent argument of **barycentric** ephemerides and equations of motion. TDB was defined to have only periodic variations with respect to what is now called **Terrestrial Time (TT)**. (The definition is problematic in practice.) In the **Barycentric Celestial Reference System (BCRS)**, TDB does not advance by SI seconds but has a secular drift with respect to **Barycentric Coordinate Time (TCB)**. TDB seconds are fractionally longer than TCB seconds by about 1.55×10^{-8}. (See **second, Système International**.)

calendar: a system of reckoning time in units of solar days. The days are enumerated according to their position in cyclic patterns usually involving the motions of the Sun and/or the Moon.

catalog equinox: see **equinox, catalog**.

Celestial Ephemeris Origin (CEO): the non-rotating origin of the **Geocentric Celestial Reference System (GCRS)**, recommended by the IAU in 2000. Same as **Celestial Intermediate Origin (CIO)**; CIO has yet to be formally adopted by the IAU but is used throughout this book.

Celestial Ephemeris Pole: the reference pole for **nutation** and **polar motion**; the axis of figure for the mean surface of a model Earth in which the free motion has zero amplitude. This pole has no nearly-diurnal nutation with respect to a space-fixed or Earth-fixed coordinate system.

celestial equator: the plane perpendicular to the **Celestial Ephemeris Pole**. Colloquially, the projection onto the **celestial sphere** of the Earth's **equator**. (See **mean equator and equinox**; **true equator and equinox**.)

Celestial Intermediate Origin (CIO): the non-rotating origin of the **Geocentric Celestial Reference System (GCRS)**. Same as **Celestial Ephemeris Origin (CEO)**; CIO has yet to be formally adopted by the IAU but is used throughout this book.

Celestial Intermediate Pole (CIP): the reference pole of the IAU 2000A precession–nutation model. The motions of the CIP are those of the Tisserand mean axis of the Earth with periods greater than two days. (See **precession**; **nutation**.)

celestial pole: see **pole, celestial**.

celestial sphere: an imaginary sphere of arbitrary radius upon which celestial bodies may be considered to be located. As circumstances require, the celestial sphere may be centered at the observer, at the Earth's center, or at any other location.

center of figure: that point so situated relative to the apparent figure of a body that any line drawn through it divides the figure into two parts having equal apparent areas. If the body is oddly shaped, the center of figure may lie outside the figure itself.

center of light: same as **center of figure** except referring only to the illuminated portion.

conjunction: the phenomenon in which two bodies have the same apparent celestial longitude or **right ascension** as viewed from a third body. Conjunctions are usually tabulated as **geocentric** phenomena. For Mercury and Venus, geocentric inferior conjunctions occur when the planet is between the Earth and Sun, and superior conjunctions occur when the Sun is between the planet and the Earth. (See **longitude, celestial**.)

constellation: a grouping of stars, usually with pictorial or mythical associations, that serves to identify an area of the **celestial sphere**. Also, one of the precisely defined areas of the celestial sphere, associated with a grouping of stars, that the IAU has designated as a constellation.

Coordinated Universal Time (UTC): the time scale available from broadcast time signals. UTC differs from **International Atomic Time (TAI)** by an integral number of seconds; it is maintained to within $\pm0\overset{s}{.}90$ of **UT1** by the introduction of **leap seconds**. (See **International Atomic Time (TAI)**; **Universal Time**; **leap second**.)

culmination: the passage of a celestial object across the observer's **meridian**; also called "meridian passage."

culmination, lower: (also called "culmination below pole" for circumpolar stars and the Moon) is the crossing farther from the observer's **zenith**.

culmination, upper: (also called "culmination above pole" for circumpolar stars and the Moon) or **transit** is the crossing closer to the observer's **zenith**.

day: an interval of 86 400 SI seconds, unless otherwise indicated. (See **second, Système International**.)

declination: angular distance on the **celestial sphere** north or south of the **celestial equator**. It is measured along the **hour circle** passing through the celestial object. Declination is usually given in combination with **right ascension** or **hour angle**.

defect of illumination: the angular amount of the observed lunar or planetary disk that is not illuminated to an observer on the Earth.

deflection of light: the angle by which the direction of a light ray is altered from a straight line by the gravitational field of the Sun or other massive object. As seen from the Earth, objects appear to be deflected radially away from the Sun by up to $1''.75$ at the Sun's limb. Correction for this effect, which is independent of wavelength, is included in the transformation from **mean place** to **apparent place**.

deflection of the vertical: the angle between the astronomical vertical and the geodetic vertical. (See **zenith**; **astronomical coordinates**; **geodetic coordinates**.)

delta *T*: see ΔT.

delta UT1: see Δ**UT1**.

direct motion: for orbital motion in the solar system, motion that is counterclockwise in the **orbit** as seen from the north pole of the **ecliptic**; for an object observed on the **celestial**

sphere, motion that is from west to east, resulting from the relative motion of the object and the Earth.

diurnal motion: the apparent daily motion, caused by the Earth's rotation, of celestial bodies across the sky from east to west.

dynamical equinox: the ascending **node** of the Earth's mean **orbit** on the Earth's true **equator**; i.e., the intersection of the **ecliptic** with the **celestial equator** at which the Sun's **declination** changes from south to north. (See **catalog equinox; equinox; true equator and equinox.**)

dynamical time: the family of time scales introduced in 1984 to replace **ephemeris time (ET)** as the independent argument of dynamical theories and ephemerides. (See **Barycentric Dynamical Time (TDB); Terrestrial Time (TT).**)

Earth Rotation Angle: the angle, θ, measured along the **equator** of the **Celestial Intermediate Pole (CIP)** between the unit vectors directed towards the **Celestial Ephemeris Origin (CEO)** and the **Terrestrial Ephemeris Origin (TEO)**.

eccentric anomaly: in undisturbed elliptic motion, the angle measured at the center of the **orbit** ellipse from **pericenter** to the point on the circumscribing auxiliary circle from which a perpendicular to the major axis would intersect the orbiting body. (See **mean anomaly; true anomaly.**)

eccentricity: a parameter that specifies the shape of a conic section; one of the standard elements used to describe an elliptic or hyperbolic **orbit**. For an elliptical orbit, the quantity $e = \sqrt{1 - (b^2/a^2)}$, where a and b are the lengths of the semimajor and semiminor axes, respectively. (See **orbital elements.**)

eclipse: the obscuration of a celestial body caused by its passage through the shadow cast by another body.

eclipse, annular: a solar **eclipse** in which the solar disk is not completely covered but is seen as an annulus or ring at maximum eclipse. An annular eclipse occurs when the apparent disk of the Moon is smaller than that of the Sun. (See **eclipse, solar.**)

eclipse, lunar: an **eclipse** in which the Moon passes through the shadow cast by the Earth. The eclipse may be total (the Moon passing completely through the Earth's **umbra**), partial (the Moon passing partially through the Earth's umbra at maximum eclipse), or penumbral (the Moon passing only through the Earth's **penumbra**).

eclipse, solar: an **eclipse** in which the Earth passes through the shadow cast by the Moon. It may be total (observer in the Moon's **umbra**), partial (observer in the Moon's **penumbra**), or annular. (See **eclipse, annular.**)

ecliptic: the mean plane of the Earth's **orbit** around the Sun.

ecliptic longitude: see **longitude, ecliptic.**

elements, Besselian: quantities tabulated for the calculation of accurate predictions of an **eclipse** or **occultation** for any point on or above the surface of the Earth.

elements, Keplerian: see **Keplerian elements.**

elements, mean: see **mean elements.**

elements, orbital: see **orbital elements.**

elements, osculating: see **osculating elements.**

elongation, greatest: the instant when the **geocentric** angular distance of Mercury or Venus from the Sun is at a maximum.

elongation, planetary: the **geocentric** angle between a planet and the Sun. Planetary elongations are measured from 0° to 180°, east or west of the Sun.

elongation, satellite: the **geocentric** angle between a satellite and its primary. Satellite elongations are measured from 0° east or west of the planet.

epact: the age of the Moon; the number of days since new moon, diminished by one day, on January 1 in the Gregorian ecclesiastical lunar cycle. (See **Gregorian calendar; lunar phases.**)

ephemeris: a tabulation of the positions of a celestial object in an orderly sequence for a number of dates.

ephemeris hour angle: an **hour angle** referred to the **ephemeris meridian**.

ephemeris longitude: longitude measured eastward from the **ephemeris meridian**. (See **longitude, terrestrial**.)

ephemeris meridian: a fictitious **meridian** that rotates independently of the Earth at the uniform rate implicitly defined by **Terrestrial Time (TT)**. The ephemeris meridian is 1.002 738 ΔT east of the Greenwich meridian, where $\Delta T = \text{TT} - \text{UT1}$.

ephemeris time (ET): the time scale used prior to 1984 as the independent variable in gravitational theories of the solar system. In 1984, ET was replaced by **dynamical time**.

ephemeris transit: the passage of a celestial body or point across the **ephemeris meridian**.

epoch: an arbitrary fixed instant of time or date used as a chronological reference datum for calendars, celestial reference systems, star catalogs, or orbital motions. (See **calendar**; **orbit**).

equation of the equinoxes: the difference apparent sidereal time minus mean sidereal time, due to the effect of **nutation** in longitude on the location of the **equinox**. Equivalently, the difference between the right ascensions of the true and mean equinoxes, expressed in time units. (See **sidereal time**.)

equation of time: the difference **apparent solar time** minus **mean solar time**.

equator: the great circle on the surface of a body formed by the intersection of the surface with the plane passing through the center of the body perpendicular to the axis of rotation. (See **celestial equator**.)

equinox: either of the two points on the **celestial sphere** at which the **ecliptic** intersects the **celestial equator**; the time at which the Sun passes through either of these intersection points; i.e., when the apparent **ecliptic longitude** of the Sun is 0° or 180°; the **vernal equinox**. (See **mean equator and equinox**; **true equator and equinox**.)

equinox, autumnal: the decending **node** of the **ecliptic** on the **celestial sphere**; the time which the apparent **ecliptic longitude** of the sun is 180°.

equinox, catalog: the intersection of the **hour angle** of zero **right ascension** of a star catalog with the **celestial equator**; obsolete.

equinox, dynamical: the ascending **node** of the Earth's mean orbit (**ecliptic**) on the Earth's **true equator**.

equinox, vernal: the ascending **node** of the **ecliptic** on the **celestial equator**; the time at which the apparent **ecliptic longitude** of the Sun is 0°.

era: a system of chronological notation reckoned from a specific event.

flattening: a parameter that specifies the degree by which a planet's figure differs from that of a sphere; the ratio $f = (a - b)/a$, where a is the equatorial radius and b is the polar radius.

frequency: the number of cycles or complete alternations, per unit time, of a carrier wave, band, or oscillation.

frequency standard: a generator whose output is used as a precise frequency reference; a primary frequency standard is one whose frequency corresponds to the adopted definition of the second, with its specified accuracy achieved without calibration of the device. (See **second, Système International**.)

Gaussian gravitational constant: ($k = 0.017\ 202\ 098\ 95$): the constant defining the astronomical system of units of length (**astronomical unit**), mass (solar mass) and time (day), by means of Kepler's third law. The dimensions of k^2 are equal to those of Newton's constant of gravitation: $L^3 M^{-1} T^{-2}$.

geocentric: with reference to, or pertaining to, the center of the Earth.

Geocentric Celestial Reference System (GCRS): a system of **geocentric** space-time coordinates within the framework of General Relativity. The metric tensor used in the system is specified by the IAU 2000 resolutions. The GCRS is defined such that its spatial coordinates are kinematically non-rotating with respect to those of the **Barycentric Celestial Reference System (BCRS)**. (See **Geocentric Coordinate Time (TCG)**.)

geocentric coordinates: the latitude and longitude of a point on the Earth's surface relative to the center of the Earth; also, celestial coordinates given with respect to the center of the Earth. (See **zenith**; **latitude, terrestrial**; **longitude, terrestrial**.)

Geocentric Coordinate Time (TCG): the coordinate time of the **Geocentric Celestial Reference System (GCRS)**,which advances by SI seconds within that system. TCG is related to **Barycentric Coordinate Time (TCB)** and **Terrestrial Time (TT)**, by relativistic transformations that include a secular term. (See **second, Système International**).

geocentric zenith: see **zenith, geocentric**.

geodetic coordinates: the latitude and longitude of a point on the Earth's surface determined from the geodetic vertical (normal to the reference ellipsoid). (See **zenith**; **latitude, terrestrial**; **longitude, terrestrial**.)

geodetic zenith: see **zenith, geodetic**.

geoid: an equipotential surface that coincides with mean sea level in the open ocean. On land it is the level surface that would be assumed by water in an imaginary network of frictionless channels connected to the ocean.

geometric position: the position of an object defined by a straight line (vector) between the center of the Earth (or the observer) and the object at a given time, without any corrections for **light-time, aberration**, etc.

Greenwich Apparent Sidereal Time (GAST): the Greenwich **hour angle** of the true **equinox** of date.

Greenwich Mean Sidereal Time (GMST): the Greenwich **hour angle** of the mean **equinox** of date.

Greenwich sidereal date (GSD): the number of **sidereal days** elapsed at Greenwich since the beginning of the Greenwich sidereal day that was in progress at the **Julian date (JD)** 0.0.

Greenwich sidereal day number: the integral part of the **Greenwich sidereal date (GSD)**.

Gregorian calendar: the calendar introduced by Pope Gregory XIII in 1582 to replace the **Julian calendar**; the calendar now used as the civil calendar in most countries. Every year that is exactly divisible by four is a leap year, except for centurial years, which must be exactly divisible by 400 to be leap years. Thus, 2000 is a leap year, but 1900 and 2100 are not leap years.

height: the distance above or below a reference surface such as mean sea level on the Earth or a reference surface on another solar system planet defined using its **planetographic coordinates**.

heliocentric: with reference to, or pertaining to, the center of the Sun.

horizon: a plane perpendicular to the line from an observer through the **zenith**. The observed border between Earth and the sky.

horizon, astronomical: the plane perpendicular to the line from an observer to the **astronomical zenith** that passes through the point of observation.

horizon, geocentric: the plane perpendicular to the line from an observer to the **geocentric zenith** that passes through the center of the Earth.

horizon, natural: the border between the sky and the Earth as seen from an observation point.

horizontal parallax: the difference between the **topocentric** and **geocentric** positions of an object, when the object is on the astronomical **horizon**.

hour angle: angular distance on the **celestial sphere** measured westward along the **celestial equator** from the **meridian** to the **hour circle** that passes through a celestial object.

hour circle: a great circle on the **celestial sphere** that passes through the **celestial poles** and is therefore perpendicular to the **celestial equator**.

IAU: see **International Astronomical Union (IAU)**.

illuminated extent: the illuminated area of an apparent planetary disk, expressed as a solid angle.

inclination: the angle between two planes or their poles; usually the angle between an orbital plane and a reference plane; one of the standard orbital elements that specifies the orientation of the **orbit**. (See **orbital elements**.)

instantaneous orbit: the unperturbed two-body **orbit** that a body would follow if **perturbations** were to cease instantaneously. Each orbit in the solar system (and, more generally, in the many-body setting) can be represented as a sequence of instantaneous ellipses or hyperbolae whose parameters are called **orbital elements**. If these elements are chosen to be osculating, each instantaneous orbit is tangential to the physical orbit. (See **orbital elements; osculating elements**.)

International Astronomical Union (IAU): an international non-governmental organization that promotes the science of astronomy in all its aspects. The IAU is composed of both national and individual members. In the field of positional astronomy, the IAU, among other activities, recommends standards for data analysis and modeling, usually in the form of resolutions passed at General Assemblies held every three years.

International Atomic Time (TAI): the continuous time scale resulting from analysis by the Bureau International des Poids et Mesures of atomic time standards in many countries. The fundamental unit of TAI is the SI second on the **geoid**, and the **epoch** is 1958 January 1. (See **second, Système International**.)

International Celestial Reference Frame (ICRF): the coordinates of 212 extragalactic radio sources that serve as fiducial points to fix the axes of the **International Celestial Reference System (ICRS)**, recommended by the **IAU** in 1997.

International Celestial Reference System (ICRS): a time-independent, kinematically non-rotating barycentric reference system recommended by the **IAU** in 1997. Its axes are those of the **International Celestial Reference Frame (ICRF)**.

International Terrestrial Reference System (ITRS): a time-dependent, non-inertial reference system co-moving with the geocenter and rotating with the Earth.

invariable plane: the plane through the center of mass of the solar system perpendicular to the angular momentum vector of the solar system.

irradiation: an optical effect of contrast that makes bright objects viewed against a dark background appear to be larger than they really are.

Julian calendar: the **calendar** introduced by Julius Caesar in 46 B.C. to replace the Roman calendar. In the Julian calendar a common **year** is defined to comprise 365 days, and every fourth year is a leap year comprising 366 days. The Julian calendar was superseded by the **Gregorian calendar**.

Julian date (JD): the interval of time, in days and fractions of a **day**, since 4713 B.C. January 1, Greenwich noon, **Julian proleptic calendar**. In precise work, the time scale, e.g., **Terestrial Time (TT)** or **Universal Time (UT)**, should be specified.

Julian date, modified (MJD): the **Julian date (JD)** minus 2400000.5.

Julian day number: the integral part of the **Julian date (JD)**.

Julian proleptic calendar: the calendric system employing the rules of the **Julian calendar**, but extended and applied to dates preceding the introduction thereof.

Julian year: a period of 365.25 days. It served as the basis for the **Julian calendar**.

Keplerian Elements: a certain set of six **orbital elements**, sometimes referred to as the Keplerian set. Historically, this set included the **mean anomaly at epoch**, the **semimajor axis**, the **eccentricity** and three Euler angles: the **longitude of the ascending node**, the **inclination**, and the **argument of the pericenter**. The time of **pericenter** passage is often used as a part of the Keplerian set instead of the mean anomaly at epoch. Sometimes the longitude of pericenter (which is the sum of the longitude of the ascending node and the argument of the pericenter) is used instead of either the longitude of the ascending node or the argument of the pericenter.

Laplacian plane: for planets see **invariable plane**; for a system of satellites, the fixed plane relative to which the vector sum of the disturbing forces has no orthogonal component.

latitude, celestial: angular distance on the **celestial sphere** measured north or south of the **ecliptic** along the great circle passing through the poles of the ecliptic and the celestial object. Also referred to as ecliptic latitude.

latitude, ecliptic: see **latitude, celestial**.

latitude, terrestrial: angular distance on the Earth measured north or south of the **equator** along the **meridian** of a geographic location.

leap second: a second added between 60^s and 0^s at announced times to keep **UTC** within $0\overset{s}{.}90$ of **UT1**. Generally, leap seconds are added at the end of June or December. (See **second, Système International; Universal Time (UT); Coordinated Universal Time (UTC)**.)

librations: variations in the orientation of the Moon's surface with respect to an observer on the Earth. Physical librations are due to variations in the orientation of the Moon's rotational axis in inertial space. The much larger optical librations are due to variations in the rate of the Moon's orbital motion, the **obliquity** of the Moon's **equator** to its orbital plane, and the diurnal changes of geometric perspective of an observer on the Earth's surface.

light, deflection of: see **deflection of light**.

light-time: the interval of time required for light to travel from a celestial body to the Earth. During this interval the motion of the body in space causes an angular displacement of its **apparent place** from its geometric place. (See **geometric position; aberration, planetary**.)

light-year: the distance that light traverses in a vacuum during one **year**.

limb: the apparent edge of the Sun, Moon, or a planet or any other celestial body with a detectable disk.

limb correction: correction that must be made to the distance between the center of mass of the Moon and its **limb**. These corrections are due to the irregular surface of the Moon and are a function of the **librations** in longitude and latitude and the position angle from the central **meridian**.

local sidereal time: the local **hour angle** of a **catalog equinox**.

longitude, celestial: see **longitude, ecliptic**.

longitude, ecliptic: angular distance on the **celestial sphere** measured eastward along the **ecliptic** from the **dynamical equinox** to the great circle passing through the poles of the ecliptic and the celestial object. Also referred to as **celestial longitude**.

longitude, terrestrial: angular distance measured along the Earth's **equator** from the Greenwich **meridian** to the meridian of a geographic location.

longitude of the ascending node: given an **orbit** and a reference plane through the primary body (or center of mass): the angle, Ω, at the primary, between a fiducial direction in the reference plane and the point at which the orbit crosses the reference plane from south to north. Equivalently, Ω is one of the angles in the reference plane between the fiducial direction and the line of nodes. It is one of the six **Keplerian elements** that specify an orbit. For planetary orbits, the primary is the Sun, the reference plane is usually the **ecliptic**, and the fiducial direction is usually toward the **equinox**. (See **node; orbital elements; instantaneous orbit**.)

luminosity class: distinctions in intrinsic brightness among stars of the same spectral class. (See **spectral types or classes**.)

lunar phases: cyclically recurring apparent forms of the Moon. New moon, first quarter, full moon and last quarter are defined as the times at which the excess of the apparent celestial longitude of the Moon over that of the Sun is 0°, 90°, 180° and 270°, respectively. (See **longitude, celestial**.)

lunation: the period of time between two consecutive new moons.

magnitude, stellar: a measure on a logarithmic scale of the brightness of a celestial object considered as a point source.

magnitude of a lunar eclipse: the fraction of the lunar diameter obscured by the shadow of the Earth at the greatest phase of a lunar **eclipse**, measured along the common diameter. (See **eclipse, lunar**.)

magnitude of a solar eclipse: the fraction of the solar diameter obscured by the Moon at the greatest phase of a solar **eclipse**, measured along the common diameter. (See **eclipse, solar**.)

mean anomaly: the product of the **mean motion** of an orbiting body and the interval of time since the body passed the **pericenter**. Thus, the mean anomaly is the angle from the pericenter of a hypothetical body moving with a constant angular speed that is equal to the mean motion. In realistic computations, with disturbances taken into account, the mean anomaly is equal to its initial value at an **epoch** plus an integral of the mean motion over the time elapsed since the epoch. (See **true anomaly**; **eccentric anomaly**; **mean anomaly at epoch**.)

mean anomaly at epoch: the value of the **mean anomaly** at a specific **epoch**, i.e., at some fiducial moment of time. It is one of the six **Keplerian elements** that specify an **orbit**. (See **Keplerian elements**; **orbital elements**; **instantaneous orbit**.)

mean distance: an average distance between the primary and the secondary gravitating body. The meaning of the mean distance depends upon the chosen method of averaging (i.e., averaging over the time, or over the **true anomaly**, or the **mean anomaly**. It is also important what power of the distance is subject to averaging.) In this volume the mean distance is defined as the inverse of the time-averaged reciprocal distance: $(\int r^{-1}dt)^{-1}$. In the two-body setting, when the disturbances are neglected and the orbit is elliptic, this formula yields the **semimajor axis**, a, which plays the role of mean distance.

mean elements: average values of the **orbital elements** over some section of the **orbit** or over some interval of time. They are interpreted as the elements of some reference (mean) orbit that approximates the actual one and, thus, may serve as the basis for calculating orbit **perturbations**. The values of mean elements depend upon the chosen method of averaging and upon the length of time over which the averaging is made.

mean equator and equinox: the celestial reference system defined by the orientation of the Earth's equatorial plane on some specified date together with the direction of the **dynamical equinox** on that date, neglecting **nutation**. Thus, the mean equator and equinox are affected only by **precession**. Positions in a star catalog have traditionally been referred to a catalog equator and equinox that approximate the mean equator and equinox of a **standard epoch**. (See **catalog equinox**; **true equator and equinox**.)

mean motion: in undisturbed elliptic motion, the constant angular speed required for a body to complete one revolution in an **orbit** of a specified **semimajor axis**.

mean place: coordinates of a star or other celestial object (outside the solar system) at a specific date, in the **Barycentric Celestial Reference System (BCRS)**. Conceptually, the coordinates represent the direction of the object as it would hypothetically be observed from the solar system barycenter at the specified date, with respect to a fixed coordinate system (e.g., the axes of the **International Celestial Reference Frame (ICRF)**), if the masses of the Sun and other solar system bodies were negligible.

mean solar time: an obsolete measure of time based conceptually on the **diurnal motion** of a fiducial point, called the fictitious mean Sun, with uniform motion along the **celestial equator**.

meridian: a great circle passing through the **celestial poles** and through the **zenith** of any location on Earth. For planetary observations a meridian is half the great circle passing through the planet's poles and through any location on the planet.

month: the period of one complete synodic or sidereal revolution of the Moon around the Earth; also, a calendrical unit that approximates the period of revolution.

moonrise, moonset: the times at which the apparent upper **limb** of the Moon is on the as-
tronomical **horizon**; i.e., when the true **zenith distance**, referred to the center of the Earth,
of the central point of the disk is $90°34' + s - \pi$, where s is the Moon's **semidiameter**,
π is the **horizontal parallax**, and $34'$ is the adopted value of horizontal **refraction**.

nadir: the point on the **celestial sphere** diametrically opposite to the **zenith**.

node: either of the points on the **celestial sphere** at which the plane of an **orbit** intersects a
reference plane. The position of one of the nodes (the **longitude of the ascending node**)
is traditionally used as one of the standard **orbital elements**.

nutation: oscillations in the motion of the rotation pole of a freely rotating body that
is undergoing torque from external gravitational forces. Nutation of the Earth's pole is
specified in terms of components in **obliquity** and longitude. (See **longitude, celestial**.)

obliquity: in general, the angle between the equatorial and orbital planes of a body or,
equivalently, between the rotational and orbital poles. For the Earth the obliquity of the
ecliptic is the angle between the planes of the **equator** and the ecliptic.

occultation: the obscuration of one celestial body by another of greater apparent diameter;
especially the passage of the Moon in front of a star or planet, or the disappearance
of a satellite behind the disk of its primary. If the primary source of illumination of a
reflecting body is cut off by the occultation, the phenomenon is also called an **eclipse**.
The occultation of the Sun by the Moon is a solar eclipse. (See **eclipse, solar**.)

opposition: the phenomenon in which two bodies have apparent **ecliptic longitudes** or
right ascensions that differ by $180°$ as viewed by a third body. Oppositions are usually
tabulated as **geocentric** phenomena.

orbit: the path in space followed by a celestial body as a function of time. (See **orbital
elements**.)

orbit, instantaneous: see **instantaneous orbit**.

orbital elements: a set of six independent parameters that specifies an **instantaneous
orbit**. Every real **orbit** can be represented as a sequence of instantaneous ellipses or
hyperbolae sharing one of their foci. At each instant of time, the position and velocity
of the body is characterised by its place on one such instantaneous curve. The evolution
of this representation is mathematically described by evolution of the values of orbital
elements. Different sets of geometric parameters may be chosen to play the role of orbital
elements. The set of **Keplerian elements** is one of many such sets. When the Lagrange
constraint (the requirement that the instantaneous orbit is tangential to the actual orbit) is
imposed upon the orbital elements, they are called **osculating elements**.

osculating elements: a set of parameters that specifies the instantaneous position and
velocity of a celestial body in its perturbed **orbit**. Osculating elements describe the
unperturbed (two-body) orbit that the body would follow if **perturbations** were to cease
instantaneously. (See **orbital elements**; **instantaneous orbit**.)

parallax: the difference in apparent direction of an object as seen from two different
locations; conversely, the angle at the object that is subtended by the line joining two
designated points. Geocentric (diurnal) parallax is the difference in direction between a
topocentric observation and a hypothetical **geocentric** observation. Heliocentric or annual
parallax is the difference between hypothetical geocentric and **heliocentric** observations;
it is the angle subtended at the observed object by the **semimajor axis** of the Earth's
orbit. (See also **horizontal parallax**.)

parsec: the distance at which one **astronomical unit (AU)** subtends an angle of one second
of arc; equivalently, the distance to an object having an annual **parallax** of one second
of arc.

penumbra: the portion of a shadow in which light from an extended source is partially
but not completely cut off by an intervening body; the area of partial shadow surrounding
the **umbra**.

pericenter: the point in an **orbit** that is nearest to the center of force. (See **perigee**;

perihelion.)

pericenter, argument of: one of the **Keplerian elements**. It is the angle measured in the **orbit** plane from the ascending node of a reference plane (usually the **ecliptic**) to the **pericenter**.

perigee: the point at which a body in **orbit** around the Earth is closest to the Earth. Perigee is sometimes used with reference to the apparent orbit of the Sun around the Earth.

perihelion: the point at which a body in **orbit** around the Sun is closest to the Sun.

period: the interval of time required to complete one revolution in an **orbit** or one cycle of a periodic phenomenon, such as a cycle of phases. (See **phase**.)

perturbations: deviations between the actual **orbit** of a celestial body and an assumed reference orbit; also, the forces that cause deviations between the actual and reference orbits. Perturbations, according to the first meaning, are usually calculated as quantities to be added to the coordinates of the reference orbit to obtain the precise coordinates.

phase: the name applied to the apparent degree of illumination of the disk of the Moon or a planet as seen from Earth (crescent, gibbous, full, etc.). Numerically, the ratio of the illuminated area of the apparent disk of a celestial body to the entire area of the apparent disk; i.e., the fraction illuminated. Phase is also used, loosely, to refer to one aspect of an **eclipse** (partial phase, annular phase, etc.). (Also see **lunar phases**.)

phase angle: the angle measured at the center of an illuminated body between the light source and the observer.

photometry: a measurement of the intensity of light, usually specified for a specific wavelength range.

planetocentric coordinates: coordinates for general use, where the z-axis is the mean axis of rotation, the x-axis is the intersection of the planetary **equator** (normal to the z-axis through the center of mass) and an arbitrary prime **meridian**, and the y-axis completes a right-hand coordinate system. Longitude of a point is measured positive to the prime meridian as defined by rotational elements. Latitude of a point is the angle between the planetary equator and a line to the center of mass. The radius is measured from the center of mass to the surface point.

planetographic coordinates: coordinates for cartographic purposes dependent on an equipotential surface as a reference surface. Longitude of a point is measured in the direction opposite to the rotation (positive to the west for direct rotation) from the cartographic position of the prime **meridian** defined by a clearly observable surface feature. Latitude of a point is the angle between the planetary **equator** (normal to the z-axis and through the center of mass) and the normal to the reference surface at the point. The **height** of a point is specified as the distance above a point with the same longitude and latitude on the reference surface.

polar motion: the irregularly varying motion of the Earth's pole of rotation with respect to the Earth's crust. (See **Celestial Ephemeris Pole**.)

pole, celestial: either of the two points projected onto the **celestial sphere** by the Earth's axis. Usually, this is the axis of the **Celestial Intermediate Pole**, but it may also refer to the instantaneous axis of rotation, or the angular momentum vector. All of these axes are within $0\overset{''}{.}1$ of each other. If greater accuracy is desired, the specific axis should be designated.

pole, Tisserand mean: the angular momentum pole for the Earth about which the total internal angular momentum of the Earth is zero. The motions of the **Celestial Intermediate Pole** (described by the conventional theories of **precession** and **nutation**) are those of the Tisserand mean pole with periods greater than two days in a celestial reference system (specifically, the **Geocentric Celestial Reference System (GCRS)**).

precession: the uniformly progressing motion of the rotation pole of a freely rotating body in a complex (nonprincipal) spin state. Precession is caused by a singular event (a collision or a progenitor's disruption, or a tidal interaction at a close approach) or by a prolonged influence (jetting, in the case of comets, or continuous torques, in the case of planets). In the case of the Earth, the component of precession caused mainly by the Sun and Moon acting on the Earth's equatorial bulge is called lunisolar precession. The motion of the **ecliptic** due to the action of the planets on the Earth is called planetary precession (i.e., it is a precession of the Earth's orbital plane), and the sum of lunisolar and planetary precession is called general precession. (See **nutation**.)

proper motion: the projection onto the **celestial sphere** of the space motion of a star relative to the solar system; thus, the transverse component of the space motion of a star with respect to the solar system. Proper motion is usually tabulated in star catalogs as changes in **right ascension** and **declination** per year or century.

quadrature: a configuration in which two celestial bodies have apparent longitudes that differ by 90° as viewed from a third body. Quadratures are usually tabulated with respect to the Sun as viewed from the center of the Earth. (See **longitude, celestial**.)

radial velocity: the rate of change of the distance, usually corrected for the Earth's motion with respect to the solar system **barycenter**.

refraction: the change in direction of travel (bending) of a light ray as it passes obliquely from a medium of lesser/greater density to a medium of greater/lesser density.

refraction, astronomical: the change in direction of travel (bending) of a light ray as it passes obliquely through the atmosphere. As a result of refraction the observed **altitude** of a celestial object is greater than its geometric altitude. The amount of refraction depends on the altitude of the object and on atmospheric conditions.

retrograde motion: for orbital motion in the solar system, motion that is clockwise in the **orbit** as seen from the north pole of the **ecliptic**; for an object observed on the **celestial sphere**, motion that is from east to west, resulting from the relative motion of the object and the Earth. (See **direct motion**.)

right ascension: angular distance on the **celestial sphere** measured eastward along the **celestial equator** from the **equinox** to the **hour circle** passing through the celestial object. Right ascension is usually given in combination with **declination**.

second, Système International (SI second): the duration of 9 192 631 770 cycles of radiation corresponding to the transition between two hyperfine levels of the ground state of cesium 133.

selenocentric: with reference to, or pertaining to, the center of the Moon.

semidiameter: the angle at the observer subtended by the equatorial radius of the Sun, Moon or a planet.

semimajor axis: half the length of the major axis of an ellipse; a standard element used to describe an elliptical **orbit**. (See **orbital elements**.)

SI second: see **second, Système International**.

sidereal day: the interval of time between two consecutive **transits** of the **catalog equinox**. (See **sidereal time**.)

sidereal hour angle: angular distance on the **celestial sphere** measured westward along the **celestial equator** from the **catalog equinox** to the **hour circle** passing through the celestial object. It is equal to 360° minus **right ascension** in degrees.

sidereal time: the measure of time defined by the apparent **diurnal motion** of the **catalog equinox**; hence, a measure of the rotation of the Earth with respect to the stars rather than the Sun.

solstice: either of the two points on the **ecliptic** at which the apparent longitude of the Sun is 90° or 270°; also, the time at which the Sun is at either point. (See **longitude, celestial**.)

spectral types or classes: categorization of stars according to their spectra, primarily due to differing temperatures of the stellar atmosphere. From hottest to coolest, the spectral types are O, B, A, F, G, K and M.

standard epoch: a date and time that specifies the reference system to which celestial coordinates are referred. (See **mean equator and equinox**.)

stationary point: the time or position at which the rate of change of the apparent **right ascension** of a planet is momentarily zero. (See **apparent place**.)

sunrise, sunset: the times at which the apparent upper **limb** of the Sun is on the astronomical **horizon**; i.e., when the true **zenith distance**, referred to the center of the Earth, of the central point of the disk is $90°50'$, based on adopted values of $34'$ for horizontal **refraction** and $16'$ for the Sun's **semidiameter**.

surface brightness: the visual magnitude of an average square arcsecond area of the illuminated portion of the apparent disk of the Moon or a planet.

synodic period: the mean interval of time between successive **conjunctions** of a pair of planets, as observed from the Sun; or the mean interval between successive conjunctions of a satellite with the Sun, as observed from the satellite's primary.

synodic time: pertaining to successive conjunctions; successive returns of a planet to the same **aspect** as determined by Earth.

TAI: see **International Atomic Time (TAI)**.

TCB: see **Barycentric Coordinate Time (TCB)**.

TCG: see **Geocentric Coordinate Time (TCG)**.

TDB: see **Barycentric Coordinate Time (TCB)**.

T_{eph}: the independent argument of the JPL planetary and lunar ephemerides DE405/LE405; in the terminology of General Relativity, a **barycentric** coordinate time scale. T_{eph} is a linear function of **Barycentric Coordinate Time (TCB)** and has the same rate as **Terrestrial Time (TT)** over the time span of the ephemeris. In this volume, T_{eph} is regarded as functionally equivalent to **Barycentric dynamical time (TDB)**. (See **Barycentric Coordinate Time (TCB)**; **Terrestrial Time (TT)**; **Barycentric Dynamical Time (TDB)**).

terminator: the boundary between the illuminated and dark areas of a celestial body.

Terrestrial Ephemeris Origin (TEO): the non-rotating origin of the **International Terrestrial Reference System (ITRS)**, established by the **IAU** in 2000. Same as **Terrestrial Intermediate Origin (TIO)**; TIO has yet to be formally adopted by the IAU but is used throughout this book.

Terrestrial Intermediate Origin (TIO): the non-rotating origin of the **International Terrestrial Reference System (ITRS)**, established by the **IAU** in 2000. Same as **Terrestrial Ephemeris Origin (TEO)**; TIO has yet to be formally adopted by the IAU but is used throughout this book.

Terrestrial Time (TT): an idealized form of **International Atomic Time (TAI)** with an epoch offset; in practice, TT = TAI + $32^s.184$. TT thus advances by **SI seconds** on the **geoid**. Used as the independent argument for apparent **geocentric** ephemerides. (See **second, Système International**.)

TT: see **Terrestrial Time (TT)**.

topocentric: with reference to, or pertaining to, a point on the surface of the Earth.

transit: the passage of the apparent center of the disk of a celestial object across a **meridian**; also, the passage of one celestial body in front of another of greater apparent diameter (e.g., the passage of Mercury or Venus across the Sun or Jupiter's satellites across its disk); however, the passage of the Moon in front of the larger apparent Sun is called an annular **eclipse**. The passage of a body's shadow across another body is called a shadow transit; however, the passage of the Moon's shadow across the Earth is called a solar eclipse. (See **eclipse, annular; eclipse, solar**).

true anomaly: the angle, measured at the focus nearest the **pericenter** of an elliptical **orbit**, between the pericenter and the radius vector from the focus to the orbiting body; one of the standard orbital elements. (See **orbital elements; eccentric anomaly; mean anomaly**.)

true equator and equinox: the celestial coordinate system determined by the instantaneous positions of the **celestial equator** and **ecliptic**. The motion of this system is due to the progressive effect of **precession** and the short-term, periodic variations of **nutation**. (See **mean equator and equinox**.)

twilight: the interval of time preceding sunrise and following sunset during which the sky is partially illuminated. Civil twilight comprises the interval when the **zenith distance**, referred to the center of the Earth, of the central point of the Sun's disk is between 90° 50′ and 96°, nautical twilight comprises the interval from 96° to 102°, astronomical twilight comprises the interval from 102° to 108°. (See **sunrise, sunset**.)

umbra: the portion of a shadow cone in which none of the light from an extended light source (ignoring **refraction**) can be observed.

Universal Time (UT): a generic reference to one of several time scales that approximate the mean **diurnal motion** of the Sun; loosely, **mean solar time** on the Greenwich meridian (previously referred to as Greenwich Mean Time). In current usage, UT refers either to a time scale called UT1 or to **Coordinated Universal Time (UTC)**; in this volume, UT always refers to UT1. UT1 is formally defined by a mathematical expression that relates it to **sidereal time**. Thus, UT1 is observationally determined by the apparent diurnal motions of celestial bodies, and is affected by irregularities in the Earth's rate of rotation. UTC is an atomic time scale but is maintained within $0.^{s}9$ of UT1 by the introduction of 1-second steps when necessary. (See **leap second**.)

UT1: see **Universal Time**.

UTC: see **Coordinated Universal Time (UTC)**.

vernal equinox: see **equinox, vernal**.

vertical: the apparent direction of gravity at the point of observation (normal to the plane of a free level surface).

week: an arbitrary period of days, usually seven days; approximately equal to the number of days counted between the four phases of the Moon. (See **lunar phases**.)

year: a period of time based on the revolution of the Earth around the Sun. The calendar year is an approximation to the tropical year. The anomalistic year is the mean interval between successive passages of the Earth through **perihelion**. The sidereal year is the mean period of revolution with respect to the background stars. (See **Gregorian calendar**; **year, tropical**; **Julian year**.)

year, Besselian: the period of one complete revolution in **right ascension** of the fictitious mean Sun, as defined by Newcomb.

year, Julian: see **Julian year**.

year, tropical: the period of one complete revolution of the mean longitude of the Sun with respect to the **dynamical equinox**. The tropical year comprises a complete cycle of seasons, and its length is approximated in the long term by the civil (Gregorian) calendar.

zenith: in general, the point directly overhead on the **celestial sphere**. The **astronomical zenith** is the extension to infinity of a plumb line. The **geocentric zenith** is defined by the line from the center of the Earth through the observer. The **geodetic zenith** is the normal to the geodetic ellipsoid at the observer's location.

zenith, astronomical: the extension to infinity of a plumb line from an observer's location.

zenith distance: angular distance on the **celestial sphere** measured along the great circle from the **zenith** to the celestial object. Zenith distance is 90° minus **altitude**.

zenith, geocentric: the point projected onto the **celestial sphere** by a line that passes through the **geocenter** and an observer.

zenith, geodetic: the point projected onto the **celestial sphere** by the line normal to the Earth's geodetic ellipsoid at an observer's location.

Definitions of astronomical terms are provided in the Glossary, Section M. Entries in the Glossary are not cited in the Index.

Definitions of astronomical terms are provided in the Glossary, Section M. Entries in the Glossary are not cited in the Index.

Definitions of astronomical terms are provided in the Glossary, Section M. Entries in the Glossary are not cited in the Index.

Definitions of astronomical terms are provided in the Glossary, Section M. Entries in the Glossary are not cited in the Index.

Definitions of astronomical terms are provided in the Glossary, Section M. Entries in the Glossary are not cited in the Index.

Definitions of astronomical terms are provided in the Glossary, Section M. Entries in the Glossary are not cited in the Index.

Definitions of astronomical terms are provided in the Glossary, Section M. Entries in the Glossary are not cited in the Index.

G:PO U.S. GOVERNMENT PRINTING OFFICE : 2006–321-796/82261

ISBN 0-11-887337-7

50995

9 780118 873376